Mendebaldeko Saharako Tirisen kultura-iragana ezagutzeko ekarpen berriak

Arkeologia Ondarearen Inbentarioa

Nuevas aportaciones al conocimiento del pasado cultural del Tiris, Sahara Occidental

Inventario del Patrimonio Arqueológico

مساهمات جديدة لمعرفة الماضي الثقافي لتيرس، الصحراء الغربية

سجل التراث الاثري خلال

Nouveaux apports à la connaissance du passé culturel du Tiris, Sahara Occidental

Inventaire du Patrimoine Archéologique

2008-2011

Andoni Sáenz de Buruaga
آندونيساينث دي بورٌواڱا

EUSKO JAURLARITZA GOBIERNO VASCO

HEZKUNTZA, HIZKUNTZA POLITIKA ETA KULTURA SAILA
Kultura, Gazteria eta Kirol Sailburuordetza
Kultura Ondarearen Zuzendaritza

DEPARTAMENTO DE EDUCACIÓN, POLÍTICA LINGÜÍSTICA Y CULTURA
Viceconsejería de Cultura, Juventud y Deportes
Dirección de Patrimonio Cultural

Eusko Jaurlaritzaren Argitalpen Zerbitzu Nagusia
Servicio Central de Publicaciones del Gobierno Vasco

Vitoria-Gasteiz 2014

Lan honen bibliografia-erregistroa Eusko Jaurlaritzaren *Bibliotekak* sarearen katalogoan aurki daiteke: http://www.bibliotekak.euskadi.net/WebOpac

Un registro bibliográfico de esta obra puede consultarse en el catálogo de la red *Bibliotekak* del Gobierno Vasco: http://www.bibliotekak.euskadi.net/WebOpac

ديوان مرجعي لهذا الكتاب يمكن الاستطلاع عنه في كتالوج المكتبة العامة للحكومة الباسكية:
http://www.bibliotekak.euskadi.net/WebOpac

On pent consulter un enregistrement bibliographique de cette oeuvre dans le catalogue du réseau *Bibliotekak* du Gouvernement Basque: http://www.bibliotekak.euskadi.net/WebOpac

Argitaraldia: Edición: النشر: Édition:	1.a, 2014ko abendua 1ª, diciembre 2014 أول نشرة ديسمبر 2014 1ère, décembre 2014
Ale kopura: Tirada: عدد النسخ المطبوعة: Tirade:	1.500 1.500 ejemplares 1.500 نموذج 1.500 exemplaires

Internet:	www.euskadi.net
Argitaratzailea: Edita: الناشر: Éditeur:	Eusko Jaurlaritzaren Argitalpen Zerbitzu Nagusia. Servicio Central de Publicaciones del Gobierno Vasco Donostia-San Sebastián, 1. 01010 Vitoria-Gasteiz مصلحة النشر المركزية للحكومة الباسكية دونوستيا- سان سيباستيان، 1. 01010 فيتوريا - غاستيث Eusko Jaurlaritzaren Argitalpen Zerbitzu Nagusia. Service Central de Publications du Gouvernement Basque Donostia-San Sebastián, 1. 01010 Vitoria-Gasteiz
Testua: Texto: النص: Texte:	Andoni Sáenz de Buruaga آندونيساينث دي بورّواكا
Itzulpena: Traducción: الترجمة: Traduction:	I.V.A.P., Ali Salem Iselmu, Hasanna Molud اعلي سالم اسلموا و حسن مولود
Diseinua eta maketagintza: Diseño y maquetación: نموذج وتصميم: Dessein et maquettage:	Sormen Creativos S.A.
Imprimaketa: Impresión: الطباعة: Impression:	SACAL
ISBN:	978-84-457-3356-1
LG: D.L.: المستودع الشرعي:	VI 551-2014

Mendebaldeko Saharako Tirisen kultura-iragana ezagutzeko ekarpen berriak

Nuevas aportaciones al conocimiento del pasado cultural del Tiris, Sahara Occidental

مساهمات جديدة لمعرفة الماضي الثقافي لتيرس الصحراء الغربية

Nouveaux apports à la connaissance du passé culturel du Tiris, Sahara Occidental

Asko eta aspaldikoak dira euskal herria eta saharar herria lotzen dituen laguntasun- eta senidetasun-lokarriak. Horrekin bat etorriz, Mendebaldeko Saharari adiskidetasuna eta elkartasuna eskaintzen jarraitu du, irmoki, Eusko Jaurlaritzak, sustapen- eta lankidetza-arlo oso desberdinetatik. Baita kulturaren arlotik ere. Azken batean, besteak beste gure aurrekoek utzitako ondarea gureganatzea eta baloratzea baita kultura zaintzea eta errespetatzea; hau da, gu garen bezalakoak egin gaituena eta gure idiosinkrasia eman diguna aintzatestea.

Ikuskera horrekin, Eusko Jaurlaritzako Hezkuntza, Hizkuntza Politika eta Kultura Sailak laguntza eta sostengua ematen dio Saharako Errepublika Arabiar Demokratikoko "lurralde liberatuetako" Tiris eskualdean 2004az geroztik egiten ari diren kultura-ondarearen kontrol, berreskuratze eta ikerketa-lanari. Hain zuzen ere, ikerlari euskaldunak eta sahararrak ari dira lan horretan, Euskal Herriko Unibertsitateko Prehistoriako irakaslea den Andoni Sáenz de Buruaga irakaslearen zuzendaritzapean.

Iraganeko kultura-ondarea oso ahula da Mendebaldeko Saharan; ez inguruan duen desertu bortitzarengatik bakarrik, baita herrialde honek nazioartearen aldetik pairatzen duen egoera bidegabearengatik ere. Jakina denez, sahararren lurraldea "harresi" batek zatitzen du, eta herritarrak Argeliako errefuxiatuen kanpamenduetan daude bilduta,Tindouf-en.

Horiek horrela, ezinbestekoa zen kultura-ondasunak erregistratzea eta babesean jartzea. Eta hain zuzen ere, horixe da talde eusko-saharar hori egiten ari dena. Urte hauetan zehar, arkeologian aritu dira, batik bat; Tiriseko iraganari buruzko testigantza soziokulturalak bilatzen eta interpretatzen. Eta lan horren erakusgarri dugu aztarnategi arkeologiko kontrolatuetan aurkitu diren erreferentzia arkeologikoen kopuru itzela. Giza egoera ugari eta mota askotakoak aurkitu dira eta, horrek, zalantzarik gabe, froga bidez dokumentatzen du ikuskatutako lurraldearen ondare-aberastasun handia.

Eusko Jaurlaritzako Kultura Sailaren iritziz, beharrezkoa da ikerketa-lan horrekin batera, aldi berean, eskuratutako ezagupenak eta ezagupen horiek ziurtatzen dituzten frogak erakustea gizarteari eta zientzia-komunitateari; hau da, aztarnategi arkeologikoen eta testuinguruko ingurumenaren berri ematea. Horregatik, 2005etik 2007ra egindako jardueretan erregistratutako testigantzak katalogo-inbentario batean bildu eta lehenengo monografia gisa argitaratu zituen sail honek, 2008. urtean. Erreferentzia bihurtu zen lan haren jarraipena dugu lan berri hau. Oraingo honetan, 2008. eta 2011. urteen artean jasotako informazioa bildu dugu, eta, beraz, baita Tiriseko iraganaren ezagutzari buruz lortu dugun aurrerapen intelektuala ere.

Izan ere, eskuratutako jakintza transmititzea ezinbestekoa baitute ondare-lanak eta landa-ikerketak, betiere saharar kultura-ondarearenganako gizarte-kontzientzia

Son muchos y vienen de lejos los vínculos de amistad y fraternidad entre el Pueblo Vasco y el Pueblo Saharaui. En consonancia con ello, el Gobierno Vasco ha seguido impulsando, tradicional y firmemente, el afecto y la solidaridad con el Sahara Occidental desde muy plurales campos de estímulo y cooperación. Y, la Cultura no iba a ser menos. Al fin y al cabo, cuidar y respetar la cultura no es sino asimilar y valorar, entre otros, el legado de los que nos han precedido; es decir, el reconocer lo que nos ha forjado tal como somos, dotándonos de nuestra propia idiosincrasia.

Bajo esta perspectiva, el Departamento de Educación, Política Lingüística y Cultura del Gobierno Vasco ha venido apoyando y sosteniendo el proyecto de control, recuperación y estudio del patrimonio cultural que, desde 2004, viene llevándose a cabo en la región del Tiris, en los "territorios liberados" de la República Árabe Saharaui Democrática (RASD), por un equipo de estudiosos vascos y saharauis, bajo la dirección de Andoni Sáenz de Buruaga, Profesor de Prehistoria de la Universidad del País Vasco (UPV-EHU).

El patrimonio cultural del pasado sufre una situación de alta fragilidad en el Sahara Occidental: no ya sólo por el agresivo medio desértico que lo envuelve, sino por la injusta situación internacional que padece este país. Como bien se sabe, fracturado territorialmente por un "muro" y con una población aglutinada en torno a los Campamentos de Refugiados Saharauis de Tindouf (Argelia).

Ante ello, se imponía imperativamente una tarea prioritaria de registro y salvaguarda de los bienes culturales. Y eso es lo que ha venido realizando ese equipo vasco-saharaui. A lo largo de estos años, una parte significativa de su labor se ha centrado en la Arqueología, es decir, en la búsqueda e interpretación de los testimonios socio-culturales del pasado del Tiris. Y prueba de ese quehacer es el ingente volumen de referencias arqueológicas controladas en forma de yacimientos. Un efectivo plural y variopinto de situaciones humanas que, sin lugar a dudas, documentan fehacientemente la alta riqueza patrimonial del territorio reconocido.

En paralelo con esta labor de investigación sobre el terreno, el Departamento de Cultura del Gobierno Vasco entiende asimismo necesario el comunicar, social y científicamente, el conocimiento adquirido y las pruebas que lo avalan, es decir, los yacimientos arqueológicos y medioambientales de contexto. Por ello, una primera monografía, editada por este Departamento en 2008, se encargó, en su momento, de incluir, a modo de catálogo-inventario, los testimonios registrados en las actuaciones llevadas a cabo entre los años 2005 y 2007. A aquella obra de referencia, sigue ahora precisamente ésta nueva, centrada en las informaciones recabadas entre los años 2008 y 2011, y, lógicamente, en el consecuente avance intelectual experimentado en el conocimiento del pasado del Tiris.

كثيرة وعميقة الجذور، هي اواصر الصداقة والاخاء التي تربط بين الشعب الباسكي والشعب الصحراوي، وتماشيا مع ذلك استمرت الحكومة الباسكية، بشكل تقليدي وثابت، في دفع المحبة والتضامن مع الصحراء الغربية، من خلال عديد مجالات التعاون والتحفيز، ولم تكن الثقافة لتكون اقلها.

ان المحافظة على الثقافة واحترامها، من بين اشياء اخرى، ليس في نهاية المطاف، سوى عملية استيعاب وتقييم الموروث من لدن اولئك الذين سبقونا، بما يعني الاعتراف بالذي قد شـكلنا كما نحن، مزودين بخصوصيتنا المتميزة.

ومن خلال هذا المنظور، ما فتئت مصلحة التربية والسياسة اللغوية والثقافية لحكومة الباسك، تقوم بدعم ومساندة مشروع دراسة واسترجاع وصيانة التراث الثقافي، الجاري القيام بتنفيذه منذ سنة 2004، في منطقة تيرس بـ"الاراضي المحررة"، من الجمهورية العربية الصحراوية الديمراطية (R.A.S.D)، من طرف فريق من الباحثين الباسكيين والصحراويين، تحت اشراف آندوني ساينث دي بورواكا، استاذ ما قبل التاريخ بجامعة بلد الباسك(UPV-EHU).

لقد عانى التراث الثقافي الماضي، في الصحراء الغربية حالة جد هشة، ليس فقط جراء عدوان البيئة الصحراوية التي تحيطه، وانما بسبب الوضعية الدولية غير العادلة التي يعانيها هذا البلد المقسمة ارضه، كما هو معلوم جدا، بواسطة "جدار"، ويتجمع سكانه حول مخيمات اللاجئين الصحراويين بتندوف (الجزائر).

وامام ذلك فقد فرضت حتميا، مهمة ذات اولوية لتسجيل وصيانة الممتلكات الثقافية، و ذلك هو ما يقوم بانجازه الفريق الباسكي - الصحراوي، مركزا جانبا كبيرا من مهمته، طوال هذه السنوات، على الاثار، اي على بحث وتفسير الشهادات السوسيوثقافية حول الماضي بتيرس، والدليل على ذلك العمل هو الحجم الكبير من المراجع الاثرية، التي تم ضبطها على شكل مواقع اثرية: مجموعة متنوعة ومختلفة من الحالات الانسانية، التي توثق بما لا يدع مجالا للشك، وبصورة مؤكدة، الغنى المرتفع للتراث بالاراضي المتعرف عليها.

وتزامنا مع مهمة البحث على الارض هذه، فان مصلحة الثقافة بحكومة الباسك، تدرك كذلك ضرورة الابلاغ، علميا واجتماعيا، للمعرفة المكتسبة، والدلائل التي تؤكدها، اي المواقع الاثرية والبيئية في الميدان. لذلك تكفلت الدراسة الاولى الصادرة وقتها عن هذه المصلحة سنة 2008 ، باحتواء الشهادات المسجلة، على شكل قائمة - جرد، خلال النشاطات المقام بها ما بين سنوات 2005 و 2007. واثر

Ce sont nombreux et lointains dans le temps les liens d'amitié et de fraternité entre le Peuple Basque et le Peuple Sahraoui. Conséquemment, le Gouvernement Basque a continué d'impulser, de manière traditionnelle et ferme, l'affection et la solidarité avec le Sahara Occidental au travers de multiples champs de stimulation et coopération. Et il ne pouvait pas en être autrement de la Culture. En fin de compte, le soin et le respect envers la culture répond au besoin d'assimiler et de mettre en valeur, entre autres, le legs de ceux qui nous ont précédé; c'est-à-dire, reconnaître ce qui nous a forgé en tant que tels, ce qui nous a doué de notre propre idiosyncrasie.

Sous cette perspective, le Département de l'Éducation, de la Politique Linguistique et de la Culture du Gouvernement Basque a traditionnellement appuyé et soutenu le projet de contrôle, récupération et étude du patrimoine culturel qui, depuis 2004, a lieu dans la région du Tiris, dans les "territoires libérés" de la République Arabe Sahraouie Démocratique (RASD), de la main d'une équipe de spécialistes basques et sahraouis, sous la direction d'Andoni Sáenz de Buruaga, Professeur de Préhistoire de l'Université du Pays Basque (UPV-EHU).

Le patrimoine culturel du passé supporte une situation de grande fragilité dans le Sahara Occidental: non seulement par l'agressivité du milieu désertique qui l'entoure mais aussi par l'injuste situation internationale soufferte par ce pays. Comme il est bien connu, fracturé territorialement par un "mur" et avec une population qui s'agglutine autour des Camps de Réfugiés Sahraouis à Tindouf (Alger).

Cela en vue, il était impératif de mettre en oeuvre la tâche prioritaire d'enregistrement et sauvegarde des biens culturels. Et c'est bien cela ce qui a été réalisé par cette équipe basque-sahraouie. Tout au long de ces années, une partie significative de son travail a été centrée sur l'Archéologie, c'est-à-dire, la recherche et l'interprétation des témoignages socioculturels du passé du Tiris. En fait foi l'énorme volume de références archéologiques contrôlées sous forme de gisements. Un effectif pluriel et très divers de situations humaines qui, sans aucun doute, documentent irréfutablement la grande richesse patrimoniale du territoire reconnu.

Parallèlement à ce travail d'investigation sur le terrain, le Département de la Culture du Gouvernement Basque a considéré qu'il était nécessaire de communiquer, sociale et scientifiquement, les connaissances acquises et les preuves qui en font foi, c'est-à-dire, les gisements archéologiques et environnementaux du contexte. Pour ce faire, une première monographie, éditée par ce Département en 2008, se chargea alors de recueillir, sous forme de catalogue-inventaire, les témoignages enregistrés au cours des interventions pendant la période 2005-2007. À cette oeuvre de référence vient se joindre cette nouvelle, dont elle constitue la suite, centrée sur les informations recueieraginkor, irmo eta solidarioa lortu nahi badugu. Horrela, bada, ea 2008tik 2011rako arkeologia-corpus berri honek laguntzen duen Mendebaldeko Sahararen iragana nazioartean zaintzen eta ezagutarazten eta, horrekin batera, ea baliagarria den saharar gizartearen garapen intelektualean aurrerapausoak emateko.

Hortaz, hauexek ditugu monografia berri honen ekarpen garrantzitsuenak: kultura-ondarearen tratamenduan jarritako arreta, iraganari buruzko testigantzen transmisio didaktikoa, eta Mendebaldeko Saharako antzinako kulturaren adierazpen bikain hauek nazioarteko zientzia-komunitatearen zerbitzura jartzea.

Cristina Uriarte Toledo.
Hezkuntza, Hizkuntza Politika eta Kultura Sailburua.

Y es que la tarea patrimonial e investigadora de campo son indisociables de la de transmisión pública de esas enseñanzas adquiridas. Todo ello, en aras a la gestación de una eficaz, sólida y solidaria conciencia social del Patrimonio cultural saharaui. Así pues, que este nuevo corpus arqueológico de 2008-2011 contribuya, no sólo al cuidado y el conocimiento internacional del pasado del Sahara Occidental, sino simultáneamente al progresivo desarrollo intelectual de la sociedad saharaui.

Por consiguiente, reténganse como aportaciones más significativas de esta nueva monografía: el esmero en el tratamiento del patrimonio cultural, la transmisión didáctica de los testimonios del pasado, y el compromiso por poner al servicio de la comunidad científica internacional estas excepcionales expresiones de la antigua cultura del Sahara Occidental.

Cristina Uriarte Toledo.
Consejera de Educación, Política Lingüística y Cultura.

ذلك العمل المرجعي، يستمر عملنا الحالى بالضبط، مركزين على المعلومات المحصل عليها خلال سنوات 2008 ـ2011، ومنطقيا، على ما يترتب من تقدم فكرى مجرب في معرفة ماضي تيرس.

ان واجب مهمات التراث والبحث الميداني، غير قابلة للانفصال عن تلك المتعلقة بالنقل العمومي للتعاليم المكتسبة. كل ذلك من اجل تنمية وعي اجتماعي فعال، وقوي ومتضامن، بالتراث الثقافي الصحراوي. هكذا اذن تساعد مجموعة النصوص الاثرية الجديدة التى تخص سنوات2008-2011، ليس فقط على الحفاظ، وتعريف العالم، على ماضي الصحراء الغربية، ولكن في الوقت نفسه، على التطوير الفكري تدريجيا، للمجتمع الصحراوي.

وبنا على ذلك، تضم هذه الدراسة الجديدة، كمساهمات اكثر تعبيرا: التفاني في معالجة التراث الثقافي، الابلاغ التعليمي لشهادات الماضي، الالتزام بوضع تلك التعابير الاستثنائية للثقافة القديمة بالصحراء الغربية، في خدمة المجموعة العلمية الدولية.

كريستينا أوريارتي توليدو.
مستشارة التربية، والسياسة اللغوية و الثقافة.

llies au cours de la période 2008-2011 et, logiquement, sur le conséquent progrès intellectuel expérimenté dans la connaissance du passé du Tiris.

Il va sans dire que le travail patrimonial et d'investigation sur le terrain est indissociable de la transmission publique de ces connaissances acquises. Tout cela, en vue de la consécution d'une efficace, solide et solidaire conscience sociale du Patrimoine culturel sahraoui. Cela dit, espérons que ce nouveau corpus archéologique 2008-2011 contribue, non seulement à la sauvegarde et à la connaissance internationale du passé du Sahara Occidental, mais aussi en même temps, au progressif développement intellectuel de la société sahraouie.

Par conséquent, il est à retenir comme des apports les plus significatifs de cette nouvelle monographie: le grand soin appliqué au traitement du patrimoine culturel, la transmission didactique des témoignages du passé et l'engagement de mettre au service de la communauté scientifique internationale ces exceptionnelles expressions de l'ancienne culture du Sahara Occidental.

Cristina Uriarte Toledo.
Conseillère de l'Éducation, de la Politique Linguistique et de la Culture.

AURKIBIDEA

ÍNDICE

فهرس

INDEX

AURKEZPENA

PRESENTACIÓN

تقديم

PRÉSENTATION

AURKEZPENA

2008ko abenduan, «*Tirisko kultura-iragana ezagutzeko ekarpena. Mendebaldeko Sahara. Ondare Arkeologikoaren inbentarioa, 2005-2007*» monografia argitaratu zen; hain justu urtebete lehenago bukatu genuen hori idazten, hau da, 2007. urtearen amaieran.

Testu hori Tirisko eskualdearen iragana ezagutzeko bide bat zen, askotariko adierazpen arkeologikoen kontrolaren eta erregistroaren bitartez; horretarako, esplorazioko 3 misio egin genituen 2005., 2006. eta 2007. urteetan, bertara joan eta eremuaren azaleko prospekzioa egiteko. Horregatik, hautemandako hainbat egoerek adierazten zuten historiaurreko iraganaren dinamika soziokulturala interpretatzeaz gain, obra hori Saharako ondare arkeologikoaren lehen katalogo sistematiko eta antolatutzat har daiteke, iraganeko lekukotza eta froga material guztiak fitxategi normalizatu moduan biltzen baititu.

Obra taxutzeko garaian, interes zientifikoarekin, gizartean ezagutaraztearekin eta ondarea babestearekin loturiko arrazoien artean beharrezko eta bidezko oreka lortzea izan zen xede. Hori bai, kokapena, lurraldearen giza osagaia eta, horrekin guztiarekin batera, pertsonalki gu bideratzen gintuzten estimulu humanitarioak beti gogoan izanik. Horregatik, batik bat, geure berezko bizikidetza-esparruari, gure mendebaldeko gizarteari edo subjektu erakargarri horiekin ingurune akademikoetan edo ikerketako inguruneetan sor litezkeen eztabaidei eta itxaropenei erreparatzen dien idazki bat egitea baino gehiago, Saharako gizarteari bere iraganaren zati bat modu didaktikoan azaltzeko asmoari eman genion balioa, sentsibilitate handiz, zorroztasun zientifikoan oinarrituta, eta erkatutako datu eta informazioen objektibotasunetik, kontrastetik eta kritikatik abiatuta. Jokaera zientifikoaren baldintzak betez, gizarteak ulertzeko moduko testu bat egin nahi genuen, Saharako mendebaldearen zati hau eraginpean hartzen duten hainbat gai plazaratzea eta horiei buruz hausnartzea ahalbidetzeko. Bestela eta labur esateko, motibazio intelektualeko elementu bat; jakiteko, ezagutzeko, ikertzeko akuilu bat. Zalantzarik gabe, gure herriak Saharako herriarekin duen konpromiso solidario sendoa ulertzeko eta gauzatzeko modu berezia zen.

Eta arrazoi horiek berak dira orain aurkezten ari garen monografia berri honen eragile: hausnarketa eta eztabaida transmititzea eta sustatzea gaur egungo froga materialetan oinarrituta, froga horiek interpretazioak proposatzeko, aurrera egiteko eta gure ikuspegiak zabaltzeko aukera ematen baitigute.

Ondare arkeologikoari erreparatuta, lehen obra hartan 219 erreferentzia erregistratu genituen: 183 erreferentzia arkeologiko eta 36 ingurumenarekin loturikoak, giza taldeen biziraupenerako iturriei dagozkionak. Kata-

PRESENTACIÓN

En diciembre de 2008 aparecía editada «*Contribución al conocimiento del pasado cultural del Tiris. Sahara Occidental. Inventario del Patrimonio Arqueológico, 2005-2007*», una monografía que concluíamos de redactar justamente un año antes, a finales de 2007.

El texto en cuestión se entendía como un medio de aproximación al pasado de la región del Tiris desde el control y registro de las plurales expresiones arqueológicas, reconocidas por medio de la prospección superficial del terreno durante las 3 misiones exploratorias que se efectuaron los años 2005, 2006 y 2007. Por ello, además de la correspondiente interpretación de la dinámica sociocultural del pasado prehistórico que procuraban las diversas situaciones advertidas, la obra se erigía, en paralelo, como un primer catálogo, sistemático y organizado, del patrimonio arqueológico saharaui, al incluir en forma de fichero normalizado el repertorio de esos testimonios y pruebas materiales de lo pretérito.

La justa y equilibrada correspondencia entre razones de interés científico, de difusión social y de salvaguarda patrimonial, impulsaban y orientaban la configuración de la obra. Eso sí, teniendo siempre muy presente el dónde se ubicaba, quién era el componente humano del territorio y, junto con ello, los estímulos humanitarios que personalmente nos guiaban. Por ello, más que elaborar un escrito mirando preferentemente a nuestro propio marco de convivencia, a nuestra sociedad occidental, a las cuestiones que en los medios académicos o de investigación pudieran suscitarse con los atractivos sujetos aportados y las expectativas que pudieran generarse, valorábamos, con alta sensibilidad, el propósito de exponer didácticamente a la sociedad saharaui una parte de su propio pasado, desde el rigor científico, desde la objetividad, la contrastación y la crítica pertinente de las informaciones y datos cotejados. Pretendíamos un texto que, conforme a los requisitos del proceder científico, resultara socialmente inteligible y favoreciera el planteamiento y la reflexión sobre las diversas cuestiones que conciernen a la Antigüedad de esta parte del Oeste sahariano. En otras y breves palabras, un elemento de motivación intelectual; un acicate por conocer, por saber, por indagar. Sin duda, se trataba de una manera particular de entender y abordar el compromiso solidario que el Pueblo Vasco mantiene firmemente con el Pueblo Saharaui.

Y aquellos mismos móviles siguen ahora fomentando la esencia de la nueva monografía que aquí se presenta: transmitir y estimular la reflexión y la discusión desde el repertorio actual de pruebas materiales que nos posibilitan plantear unas interpretaciones, y progresar y ampliar nuestras perspectivas.

تقديم

ظهرت للنشر خلال ديسمبر 2008 "اسهاما في معرفة الماضي الثقافي لتيرس، الصحراء الغربية، جرد للتراث الاثري، 2005 ـ 2007"، دراسة كنا انهينا تحريرها سنة قبل ذلك، مع نهاية 2007.

النص يأتي كوسيلة من اجل التقرب الى ماضي منطقة تيرس، بغية التحكم والتسجيل لمختلف التعابير الاثرية المعروفة، من خلال التنقيب السطحي للارض، خلال ثلاث بعثات استكشافية تم القيام بها سنوات 2005، 2006 و 2007. لذلك، اضافة الى التفسير المتوالي لديناميكية اجتماعية وثقافية، لماضي ما قبل التاريخ، التي سعت الى التنبيه لها حالات من الملاحظات المختلة. هذا العمل بنيَّ كأول جرد تسلسلي ومنظم للتراث الاثري الصحراوي، مضاف اليه كملف تطبيعي، شهادات وادلة ملموسة عن الماضي.

ان التجاوب المناسب والعادل، بين دوافع الاهتمام العلمي والنشرالاجتماعي من جهة، و بين الحفاظ على التراث ،هي الموجه والدافع٠من وراء انجاز هذا الكتاب. هكذا مستحضرين دائما، اين يوجد، ومن هو العنصر البشري للارض؛ نضيف الى ذلك، الحوافز الانسانية التى قادتني شخصيا. لذلك وفضلا عن تحقيق عمل مكتوب، ومراعاة، على الافضل، الى محيط تعايشنا الخاص، بمجتمعنا الغربي، والمسائل التي يمكن ان تثار في الاوساط الاكاديمية، اوفي دوائر الابحاث، حيال تقديم المواضيع الجذابة، والتوقعات التي يمكن ان تحدث؛ قيمنا باحساس كبير هدف العرض التعليمي للمجتمع الصحراوي، لجزء من ماضيه، انطلاقا من الصرامة العلمية والموضوعية، متطابقة مع النقد المتصل بالمعلومات والتفاصيل الثابتة. سعينا لنص موافق للشروط العلمية، يكون مفهوما اجتماعيا، لصالح الطرح والتفكير حول المسائل ذات العلاقة بالماضي، في الجهة الغربية من الصحراء. بكلمات اخرى قليلة ومختصرة، عنصر من اجل التحفيز الفكري، من اجل المعرفة، من اجل التعلم، من اجل البحث. يتعلق الامر، بدون شك، بوسيلة خاصة للفهم، وتناول الالتزام التضامني الراسخ الذي يحافظ عليه الشعب الباسكي، بصورة دائمة، مع الشعب الصحراوي.

تلكم الحوافز نفسها هي دافعنا الان، لبناء جوهرالدراسة الجديدة، التي تقدم هنا: نقل وتحفيز التفكيروالنقاش، انطلاقا من المرجع الحالي للادلة المادية، التي تمكننا من تقديم بعض الشروحات، ومن لتطوير وتوسيع نظرتنا.

ونحن نركز الآن على التراث الاثري، يوجد من خلال ذاك العمل الاول، 219 مراجعا من الاشارات المسجلة، منها

PRÉSENTATION

En décembre 2008 paraissait l'édition de «*Contribution à la connaissance du passé culturel du Tiris. Sahara Occidental. Inventaire du Patrimoine Archéologique, 2005-2007*», une monographie que nous venions de rédiger tout juste l'année d'avant, en fin 2007.

Le texte en question était perçu comme un moyen d'approximation du passé de la région du Tiris au travers le contrôle et le registre des plurielles expressions archéologiques, reconnues au moyen de la prospection superficielle du terrain pendant les 3 missions exploratoires qui ont été effectuées au cours des années 2005, 2006 et 2007. De ce fait, outre la correspondante interprétation de la dynamique socio-culturelle du passé préhistorique que procuraient les diverses situations constatées, l'œuvre s'érigeait, en parallèle, comme un premier catalogue systématique et organisé, du patrimoine archéologique sahraoui, rassemblant sous la forme de fichier normalisé le répertoire de ces témoignages et preuves matérielles du passé.

Le dosage savant et équilibré de raisons d'intérêt scientifique, de diffusion sociale et de sauvegarde du patrimoine, ont impulsé et orienté la configuration de l'œuvre. Toujours gardant à l'esprit, certes, la situation géographique et la composante humaine du territoire et, bien sûr, les motivations humanitaires qui personnellement nous guidaient. Pour cette raison, plutôt que l'élaboration d'un écrit repéré sur notre propre cadre de convivialité, sur notre société occidentale, sur les questions qui dans les milieux académiques ou d'investigation seraient suscitées à l'égard des attractifs sujets apportés et les expectatives qui pourraient en découler, nous avons valorisé davantage, avec la plus grande sensibilité, le propos d'exposer de manière didactique à la société sahraoui une partie de son propre passé, depuis la rigueur scientifique, depuis l'objectivité, le contraste et la critique pertinente des informations et des données confrontées. Nous prétendions un texte qui, sans délaisser la procédure scientifique, résultât socialement intelligible et favorisât l'exposé et la réflexion sur les diverses questions qui concernent l'Antiquité de cette partie de l'Ouest sahraoui. Autrement dit, et plus brièvement, un élément de motivation intellectuelle; un aiguillon poussant à connaître, à savoir, à rechercher. Sans doute, il s'agissait d'une manière particulière de comprendre et d'aborder le compromis solidaire que le Peuple Basque maintient fermement avec le Peuple Sahraoui.

Et ce sont ces mêmes raisons qui soutiennent maintenant l'essence de la nouvelle monographie qui est ici présentée: celle de transmettre et de stimuler la réflexion et la discussion basées sur le répertoire actuel de preuves matérielles qui nous permettent de poser des interprétations à la fois que progresser et étendre nos perspectives.

logatutako informazioen bolumen izugarria inprimatutako formatuarekin bateragarri egiteko betebeharraren ondorioz, fitxategi hori murriztu eta lagin adierazgarri bat txertatu behar izan genuen: 100 erregistro arkeologiko eta ingurune naturalenak 10... Orain, azken 4 urteotan (2008, 2009, 2010 eta 2011), kontrolatutako egoera berrien inbentarioan 480 erregistro ditugu. Horietatik gehien-gehienak subjektu arkeologikoak dira (443 fitxa) eta sorta txikiago bat interes paleosozial estrategikoa duten testuinguru naturalei buruzkoa da (37 fitxa)... Esan gabe doa aurrekoan sartu gabe geratu zenari lehentasuna eman behar geniola baina oraingoan ere inprimatuta argitaratu behar dugunez, mugatuta gaude eta serie berriaren zati garrantzitsu bat garatu gabe geratuko zaigu... Nolanahi ere, 2008-2011 aldian fitxa berri asko eskuratu ditugu: guztira 699 fitxategi ditugu jada informatizatuta. Hazkunde kuantitatibo garrantzitsu horrek Tirisko kulturairaganaren gaineko ezagutzan eta interpretazioan aurrera egin dela adierazten du eta lurralde sahararretan bizi izandako ikerketaldi berri hau argitaratzea justifikatzen du.

Bestalde, zenbatekoei begiratuta, ondare-adierazpenen potentzial izugarria eta erakargarria dagoela esan dezakegu. Ondasunen ondare aberats hori ez dagokio soilik eremu arkeologikoari, baizik eta, halaber, bestelako azterketa-subjektuetan ere (etno-antropologia, toponimia...) antzematen ari gara eta, horri esker, hain hurbil eta hain urrun dugun lurralde honen kultura-balioaren garrantziaz jabetzen ari gara. Eta balioaniztasun horren pertzepzioak "ondare-zereginaren" zentzuari buruzko hausnarketa egitera garamatza, zeharka bada ere, testuinguru berezi honetan.

Centrándonos ahora en el patrimonio arqueológico, en aquella primera obra eran 219 las referencias registradas: 183 de definición arqueológica y 36 de contenido más medioambiental y relacionado con las fuentes de subsistencia de los grupos humanos. A causa del deber compatibilizar el formato impreso con el denso volumen de informaciones catalogadas, se debió restringir la inclusión de ese fichero a una muestra representativa, compuesta de 100 registros arqueológicos y 10 de medios naturales... Ahora, en estos 4 últimos años (2008, 2009, 2010 y 2011), el inventario de nuevas situaciones controladas asciende a 480. De ellas, la gran mayoría corresponden a sujetos arqueológicos (443 fichas) y una serie bastante más pequeña a contextos naturales de estratégico interés paleoecosocial (37 fichas)... Ni que decir tiene que la obligación de priorizar aquello que entonces quedó pendiente de inclusión y el nuevamente limitado marco impreso de acogida, volverán a dejar en espera de desarrollo a una parte considerable de la nueva serie... En cualquier caso, el incremento de fichas aportadas en el tramo 2008-2011 es muy notable: elevándose a un total de 699 el número de archivos ya informatizados. Un incremento cuantitativo remarcable que encierra un progreso intelectual en el conocimiento e interpretación del pasado cultural del Tiris y que justifica la edición de este nuevo período de investigaciones en las tierras saharauis.

Las cifras, por otro lado, traducen un magnífico y atractivo potencial de expresiones patrimoniales. Un rico legado de bienes que, no solamente se limita al campo arqueológico, sino que asimismo venimos apercibiendo en otros sujetos de estudio (etno-antropológico, toponími-

Jaimak eta adobezko eraikinak ikus daitezke errefuxiatu sahararren kanpalekuetan (Tindouf, Aljeria).
Jaimas y construcciones de adobe se entremezclan en los campamentos de refugiados saharauis (Tindouf, Argelia).
الخيام وبناءات الطوب تختلط في مخيمات اللاجئين الصحراويين (تندوف، الجزائر).
Khaïmas et constructions en pisé s'entremêlent dans les camps de réfugiés sahraouis (Tindouf, Algérie).

Il est temps maintenant de nous centrer sur le patrimoine archéologique qui, dans cette première œuvre, était de 219 références enregistrées: 183 de définition archéologique et 36 de contenu plus environnemental et en relation avec les ressources de subsistance des groupes humains. Contraints de rendre compatible le format imprimerie avec le grand volume des informations cataloguées, nous avons dû restreindre l'inclusion de ce fichier en échange d'un échantillon représentatif, composé de 100 registres archéologiques et 10 milieux naturels... À présent, au cours de ces 4 dernières années (2008, 2009, 2010 et 2011), l'inventaire des nouvelles situations contrôlées s'élève à 480. Parmi celles-ci, la plus grande partie correspond à des sujets archéologiques (443 fiches) et une série beaucoup plus réduite à des contextes naturels de stratégique intérêt paléo-écosocial (37 fiches)... Il va sans dire que l'obligation de donner de la priorité à ce qui en ce moment-là resta en instance d'inclusion et la toujours présente limitation du format d'accueil, laisseront à nouveau en attente de développement une partie considérable de la nouvelle série... Quoi qu'il en soit, l'accroissement des fiches apportées dans la période de 2008-2011 est très notable: étant au nombre de 699 les fichiers déjà informatisés. Un accroissement quantitatif remarquable qui renferme un progrès intellectuel dans la connaissance et l'interprétation du passé culturel du Tiris et qui justifie l'édition de cette nouvelle période d'investigation dans les terres sahraouies.

Les chiffres, par ailleurs, traduisent un magnifique et attractif potentiel d'expressions patrimoniales. Un riche legs de biens qui n'est pas uniquement limité au champ archéologique, ayant été également perçu à propos d'autres sujets d'étude (ethno-anthropologique, toponymique...) et qui nous fait découvrir l'intégrité de la valeur culturelle de cette terre, d'autre part, aussi proche et aussi lointaine. La perception de cette pluridisciplinarité nous conduit collatéralement à une particulière réflexion sur le sens propre de «travail patrimonial» dans un contexte aussi particulier que celui auquel nous avons affaire.

Sans doute le Sahara est un magnifique archive de documents du passé, de notre passé humain. Cependant, le temps, les agents atmosphériques, la modernité, etc. se sont chargés de restreindre, compliquer et handicaper –de manière très accélérée et sévère– sa survivance, sa récupération et sa conservation. Nous devons continuer, sans délai et avec dévouement, le travail d'enregistrement, consolidation, lecture et interprétation de toutes les anciennes références encore existantes. Elles constituent les témoignages latents du patrimoine historique et de l'idiosyncrasie des collectifs humains sahraouis. Et, en même temps, elles s'érigent en tant que des gestes émergents d'une extraordinaire réalité beaucoup plus vaste, la Culture de l'Humanité et sa diversité d'expressions. En fin de compte, les sociétés n'ont jamais perçu, ni d'ailleurs perçoivent, la réalité de manière uniforme, analogue: ni dans l'espace, ni dans le temps. Voilà précisément, notre grande richesse, notre plus original et authentique patrimoine: la pluralité et complexité de manifestations culturelles.

183 تعريفا اثريا، و36 اخرى هي ذات اصل بئوي، متعلقة بمصادر عيش المجموعات البشرية. وبسبب وجوب تطابق الكتاب مع الحجم المكثف من المعلومات المسجلة، ينبغي تقليص المضمون، ليكون فقط عبارة عن عينة تمثيلية، مكونة من 100 سجل اثري، و10 وسائل اخرى طبيعية...

الآن في السنوات الاربع الاخيرة (2008، 2009، 2010، 2011) كان الجرد المحصل عليه قد ارتفع ليصل 480 حالة مسجلة، الاغلبية منها متناسبة مع الموضوعات الاثرية (443 بطاقة اثرية)، ومجموعة اخرى اصغر، اي 37 بطاقة اثرية، هي بسياغات طبيعية ذات اهمية استراتيجية، تتناسب مع الماضي الاجتماعي البئوي القديم (paleoecosocial)... وغني عن القول ان الالتزام باعطاء الاولوية لما كان معلقا، ريثما يتم ادراجه، لم يترك مكانا في الكتاب، لجزء مهم من المعلومات الجديدة... وعلى كل حال فان الزيادة في البطاقات الاثرية خلال مرحلة 2008 - 2011 هي زيادة جد معتبرة، تصل 699 بطاقة اثرية، تمت ارشفتها آليا، وهي زيادة كمية ملحوظة تؤطر لتقدم ثقافي ومعرفي لتفسير التاريخ الماضي بتيرس، وهو ما يبرر هذه الطبعة الجديدة من البحوث في الاراضي الصحراوية.

الارقام من جهة اخرى، تفسر تراثا تعبيريا قويا وجذابا ورائعا؛ ومعطيات الارث غنية لا تنحصر في مجال الاثار فقط، بل كذلك نلاحظ اشياء اخرى لدراسة الاسماء العرقية الجغرافية (etno – antropológico, toponímico)، تجعلنا نكتشف وحدة القيمة الثقافية لهذه الارض البعيدة والقريبة معا. هذا الاحساس التعددي يقودنا بشكل جانبي الى انعكاس خاص حول مفهوم "العمل التراثي" في الميدان الذي نوجد فيه.

لا شك بان الصحراء هي مخزون رائع للوثائق الماضية، وللماضي البشري. ومع ذلك فان الزمن وعناصر الغلاف الجوي والحداثة...، اخذت تقلص وتصعِّب وتعقد، بطريقة سريعة، عملية ابقاه والمحافظة عليه واسترجاعه؛ وعلينا الاستمرار بكل جدية وعناية، دونما تأجيل، لتسجيل و توطيد قراءة وتفسيرالادلة المرجعية للماضي، التي لا تزال شاهدة، وهي الشهادة الملموسة للمكتسبات والهوية التاريخية للمجموعات البشرية الصحراوية. وفي نفس الوقت تقوم الثقافة البشرية وتعابيرها المختلفة على اماءات حقيقية صاعدة، غير عادية وبعيدة الامتداد. ان المجتمعات في النهاية، لا تتلقى الواقع بصورة متساوية، تناظرية، لا في المكان ولا في الزمان؛ وهذا بالضبط هو ما يجعل تراثنا اكثر غنى واكثر اصالة: التنوع، وتمازج المظاهر الثقافية.

الكتاب الذي نقوم بتقديمه الان، على غرار العمل السابق، يحافظ على نفس التنظيم، اذ يقوم على ثلاثة محاور كبرى.

Zalantzarik gabe, Sahara iraganeko dokumentuen artxibo bikaina da, gure giza iraganaren artxibo ezin hobea. Alabaina, denborak, agente atmosferikoek, modernotasunak eta beste hainbat faktorek artxibo horren biziraupena, berreskuratzea eta kontserbazioa mugatu, konplikatu eta eragotzi dute, biziki eta oso bizkor. Denborarik galdu gabe eta arreta osoa jarrita, oraindik bizirik dauden erreferentzia zaharrak erregistratzen, finkatzen, irakurtzen eta interpretatzen jarraitu behar dugu. Erreferentzia horiek Saharako giza kolektiboen idiosinkrasiaren eta ondare historikoaren ezkutuko lekukotza dira. Eta, aldi berean, askoz ere zabalagoa den aparteko errealitate baten keinu ere badira: Gizadiaren Kulturaren keinu eta kultura horren askotariko adierazpenen keinu. Azken buruan, gizarteetan errealitatea ez dugu berdin ikusten eta ez dugu berdin ikusi izan, ez orain eta ez iraganean ere, eta ez hemen eta ez beste nonbait ere. Hain justu horixe da gure aberastasun handia, gure ondare original eta berezkoena: kultura-adierazpenen aniztasuna eta konplexutasuna.

Aurreko lana bezalaxe, orain aurkezten ari garen lan hau ere hiru gai nagusiren arabera egituratu dugu.

Lehenengoan 2008tik 2011ra bitarte egindako askotariko jardunen laburpen bat bildu dugu eta, jarraian, kontrolatutako informazioen arabera, eskuratutako jakintzaren balioespen orokorra egin dugu, Tirisko gizartearen, kulturaren eta ingurumenaren iraganaren bilakaerari dagokionez.

Bigarren zatian ondare-katalogoa azalduko dugu: inbentario arkeologikoa eta bizirauteko baliabide eta bitartekoen inbentarioa, hurrenez hurren. Berez, aurreko atalean aipatu ditugun interpretazio horiek egiteko aukera ematen diguten frogak eta lekukotzak idatziz jartzea baino ez dugu egin. Bolumen aldetik, monografiaren zatirik handiena da hau.

Hirugarrenean, ikerketaren unean eguneratutako dokumentazio kartografikoa bildu dugu. Erreferentzia geografiko horiek didaktikoki oso baliagarriak izan daitezke lurraldean bertan egindako prospekzioen eraginaz konturatzeko eta balioesteko.

Azkenik, 4 urte hauetan modu batera edo bestera abentura zirraragarri honetan inplikatu direnei eskerrak eman nahi dizkiegu, bihotz-bihotzez, ilusioa errealitate bihurtzen lagundu baitigute.

Proiekturako laguntza finantzarioa eta administratiboa ematen duten EAEko administrazioei: Eusko Jaurlaritzaren Hezkuntza, Hizkuntza Politika eta Kultura Sailari eta Euskal Herriko Unibertsitateari (UPV-EHU).

Saharako Errepublika Arabiar Demokratikoko agintariei, konfiantza eta prestasuna adierazteagatik: bereziki, Kultura Ministerioari, Defentsa Ministerioari eta SEADeko Protokolo Zuzendaritza Nazionalari.

Fronte Polisarioari, Tirisko hainbat eskualdetan (Mijek, Agüenit eta Duguech) arreta eta laguntza emateagatik pertsonen aldetik eta azpiegitura logistikoaren aldetik.

co,...), y que nos hace descubrir la integridad de la valía cultural de esta tierra, por otra parte, tan cercana y tan lejana. Y esta percepción de lo plurivalente nos conduce colateralmente a una particular reflexión sobre el propio sentido de la "labor patrimonial" en un contexto tan particular como en el que nos desenvolvemos.

No hay duda que el Sahara es un magnífico archivo de documentos del pasado, de nuestro pasado humano. Sin embargo, el tiempo, los agentes atmosféricos, la modernidad, etc. se han venido encargando de restringir, complicar y dificultar –de manera muy acelerada y severa– su supervivencia, su recuperación y su conservación. Debemos continuar obrando, sin demora y con todo esmero, en el registro, la consolidación, la lectura y la interpretación de todas las antiguas referencias aún persistentes. Ellas son los testimonios latentes del acervo histórico y de la idiosincrasia de los colectivos humanos saharianos. Y, a la vez, se erigen en los gestos emergentes de una extraordinaria realidad mucho más dilatada, la Cultura de la Humanidad y su diversidad de expresiones. Al fin y al cabo, las sociedades no hemos apercibido, ni apercibimos, la realidad de forma uniforme, análoga: ni en el espacio, ni en el tiempo. Precisamente, esta es nuestra gran riqueza, nuestro más original y genuino patrimonio: la pluralidad y complejidad de manifestaciones culturales.

Al igual que con su predecesora, la obra que ahora presentamos ha seguido manteniendo una organización interna en torno a tres grandes enunciados temáticos.

El primero contiene una síntesis de las diversas actuaciones efectuadas entre 2008 y 2011 y, tras ello, en función de las informaciones controladas, se propone una valoración general del conocimiento adquirido en relación a la evolución del pasado sociocultural y medioambiental del Tiris.

El segundo se destina a la exposición del catálogo patrimonial: con el inventario arqueológico y el inventario de medios y recursos de subsistencia, respectivamente. Se trata, en realidad, de la consignación de las pruebas y testimonios que nos posibilitan trazar esas oportunas interpretaciones a que nos referíamos en la parte anterior. En volumen, este bloque representa el cuerpo más denso de la monografía.

El tercero incluye la documentación cartográfica actualizada al momento de la investigación. Unas referencias geográficas de suma utilidad didáctica a la hora de apercibir y valorar la incidencia de las prospecciones sobre el territorio.

Finalmente, queremos expresar nuestro profundo y sincero agradecimiento a todos aquellos que durante estos 4 años se han implicado decididamente, de una u otra forma, en esta apasionante aventura, y han hecho posible que la ilusión se haya materializado en realidad.

A las instituciones del País Vasco que sostienen financiera y administrativamente el Proyecto: al Departamento

Beduinoen jaima bat Zug inguruan (Duguech).
Una jaima de beduinos en las inmediaciones de Zug (Duguech).
خيمة بدويين في ضواحي زوڭ (الـــدوڭج).
Une khaïma de bédouins aux alentours de Zug (Duguech).

الاول يحتوي على توليف حول مختلف الاعمال المنجزة ما بين سنوات 2008 و 2011 وبناء على المعلومات، يقترح وضع تقييم شامل لما تم الحصول عليه فيما يتعلق بالتطور الاجتماعي الثقافي البئوي لتيرس.

الثاني خصص لعرض الجرد التراثي: المخزون الاثري، ادوات ومصادرالبقاء، المتعلقة في الواقع، بحشد الدلائل والشهادات التى تسمح لنا برسم التفاسير المناسبة التي اشرنا اليها مسبقا. وتمثل هذه الدراسة الجسم الاكبر حجما وكثافة.

الثالث يحتوي الوثائق الخرائطية المستحدثة، مرجعيات جغرافية ذات اهمية تعليمية، في نفس الوقت الذي نلاحظ فيه ونقيم التأثير على الارض.

وفي النهاية نريد ان نشكر كل الذين اشتركوا بطريقة جدية، بشكل او بآخر، في هذا العمل المثير، وحولوه من امنية الى حقيقة واقعة.

الى مؤسسات بلد الباسك التي ساندت هذا المشروع ماديا واداريا: قطاع التعليم، قطاع السياسة اللغوية والثقافية للحكومة الباسكية، والى جامعة بلد الباسك (UPV-EHU).

الى سلطات الجمهورية العربية الصحراوية الديمقراطية، على مدى الثقة والاستعداد، خصوصا وزارة الثقافة، وزارة الدفاع، والمؤسسة الوطنية لتشريفات الج. الع. الص. الد.

De même que sa devancière, l'œuvre que nous présentons maintenant conserve une organisation interne autour de trois grands énoncés thématiques.

Le premier contient une synthèse des diverses interventions effectués entre 2008 et 2011 après quoi, en fonction des informations contrôlées, il est proposé une valorisation générale de la connaissance acquise par rapport à l'évolution du passé socioculturel et environnemental du Tiris.

Le deuxième est destiné à l'exposition du catalogue patrimonial réunissant l'inventaire archéologique et l'inventaire des environnements et ressources de subsistance, respectivement. Il s'agit, à vrai dire, de la consignation des preuves et témoignages qui nous ont permis de tracer ces opportunes interprétations auxquelles nous avons fait référence supra. En termes de volume, ce bloc représente le corps plus dense de la monographie.

Le troisième comprend la documentation cartographique actualisée au moment de l'investigation. Des références géographiques de grande utilité didactique pour percevoir et évaluer l'incidence des prospections sur le territoire.

Finalement, nous voulons exprimer notre plus profond et sincère remerciement à tous ceux qui pendant ces 4 années se sont impliqués résolument, d'une manière ou d'une autre, dans cette passionnante aventure, et qui ont fait possible que l'illusion se soit matérialisée en réalité.

Datu arkeologikoen eta, oro har, iraganeko kulturari buruzko datuen hazkundea oso handia ian da 2008-2011 aldian. Materialak katalogatzen eta gordetzen Agüenit-eko Basean.

El incremento de datos arqueológicos y, en general, de la cultura del pasado ha sido muy notable en el cuatrienio 2008-2011. Catalogación y depósito de materiales en la Base de Agüenit.

زيادة المعلومات عن الاثار، وحول الثقافة في الماضي بصفة عامة، كانت جد معتبرة، خلال السنوات الاربع 2008_2011. تم تسجيل وايداع المواد لدى قاعدة اغوينيت.

L'accroissement de données archéologiques et, en général, de la culture du passé a été très notable au cours de la période 2008-2011. Catalogage et dépôt de matériels dans la Base d'Agüenit.

Espediziokideei, euskal-saharar esperientzia honetan ikerketak egiten eta lankidetzan ahalegin eta ilusio handiak jarri dituztelako: Hossien Mohamed Aliri, Juan Maria Arruabarrenari, Daday Mohamed Mbereki, María Rosario García Ortegari, Halienna Badadi Aliri, Juan Carlos López Quintanari, Malainin Aomar Sidi-Saidi, Amagoia Guenagari, Ahmed Abdi Aliri, Asier Olazabali, Chej Ouana Sidahmedi, Etor Telleriari, Abdati Sidi-Mohamed Abdeljalili, Sergio Martínez de Rituertori, Ali-Salem Iselmu Abderrahmani, Patxi Salaberriri, Mata-la Saleh Cheji, Xabier Errastiri, Bachari Lamen Dadiri, Hamdi Ali Hammari, Ali Salek Hasennari, Mohamed-Lamin Yamâa Brehri, Saleh Dahe Belaleri, Bachir Aibad Alamini, Salamo Daday Mohamedi eta Azman Haida Ambeiriki.

Eta, hango nahiz hemengo, adiskidetasun- eta konfiantza-keinuen bitartez Saharako mendebaldeko txoko zoragarri honen iragan erakargarria arakatzen jarraitzeko laguntza eman diguten guztiei.

de Educación, Política Lingüística y Cultura del Gobierno Vasco, y a la Universidad del País Vasco (UPV-EHU).

A las autoridades de la República Árabe Saharaui Democrática, por su confianža y disponibilidad: en especial, al Ministerio de Cultura, al Ministerio de Defensa y a la Dirección Nacional de Protocolo de la R.A.S.D.

Al Frente Polisario, por su atención y apoyo humano y en infraestructura logística en las regiones del Tiris en las que actuamos: las de Mijek, Agüenit y Duguech.

A los compañeros de expediciones que han volcado esfuerzo y entusiasmo en favor de esta fraternal experiencia de investigación y cooperación vasco-saharaui: a Hossien Mohamed Ali, a Juan María Arruabarrena, a Daday Mohamed Mberek, a María Rosario García Ortega, a Halienna Badadi Ali, a Juan Carlos López Quintana, a Malainin Aomar Sidi-Said, a Amagoia Guenaga, a Ahmed Abdi Ali, a Asier Olazabal, a Chej Ouana Sidahmed, a Etor Telleria, a Abdati Sidi-Mohamed Abdeljalil, a Sergio Martínez de Rituerto, a Ali-Salem Iselmu Abderrahman, a Patxi Salaberri, a Mata-la Saleh Chej, a Xabier Errasti, a Bachari Lamen Dadi, a Hamdi Ali Hamma, a Ali Salek Hasenna, a Mohamed-Lamin Yamâa Breh, a Saleh Dahe Belale, a Bachir Aibad Alamin, a Salamo Daday Mohamed y a Azman Haida Ambeirik.

Y a cuantas personas, de aquí y de allí, que con sus diferentes gestos de amistad y confianza nos han ayudado también a seguir indagando el atractivo pasado de este extraordinario rincón del Occidente sahariano.

و الى جبهة البوليساريو، على العناية والمساعدة بالافراد والوسائل المادية في مناطق تيرس كـ**ميجك** و**آغوينيت وكذلك الدوگج.**

والى الزملاء الذين كرسوا جهودهم لصالح هذه التجربة البحثية التعاونية، الباسكية الصحراوية: الى الحسين محمد عالي، الى خوان ماريا اروبيا الرينا، دداي محمد امبارك، الى ماريا الروساريو غارثيا اورتيغا، الى خليهن بدادي اعلي، الى خوان كارلوس لوبيث كينتانا، الى ماء العينين عمر سيدي سعيد، الى آماغويا غويناغا، الى احمد عبدي اعلى، الى آسيير اولاثابال، الى الشيخ ونة سيداحمد، الى ايطور تيْيّريا، الى عبداتي سيدى محمد عبد الجليل، الى سيرخيو مارتينيث دي الريتويرتو، الى اعلى سالم اسلموعبد الرحمن، إلى اباتشي سالابيْرّي، الى معطّل الصالح الشيخ، الى سابيير ايْرّاستي، الى بشارلمن ددي، الى حندي عالي حمة، الى عالي السالك احسينة، محمدالامين جامع ابريه، الصالح الدحة بلال، البشير عيبد المين، الى سلامو ددي محمد، والى عثمان حيدة امبيريك.

والى كل الذين شاركوا من هنا ومن هناك، وساعدونا بصدق وثقة، لمتابعة البحث الماضي الجذاب، لهذا الغرب الصحرواي.

Aux institutions du Pays Basque qui soutiennent financière et administrativement le Projet: au Département de l'Éducation, de la Politique Linguistique et de la Culture du Gouvernement Basque et à l'Université du Pays Basque (UPV-EHU).

Aux autorités de la République Arabe Sahraouie Démocratique, pour leur confiance et disponibilité: spécialement, le Ministère de la Culture, le Ministère de la Défense et la Direction Nationale du Protocole de la R.A.S.D.

Au Front Polisario, pour son attention et appui humain et en infrastructure logistique dans les régions du Tiris dans lesquelles nous avons agi: celles de Mijek, Agüenit et Duguech.

Aux compagnons des expéditions qui se sont dévoués avec effort et enthousiasme en faveur de cette fraternelle expérience d'investigation et coopération basco-sahraouie: Hossien Mohamed Ali, Juan María Arruabarrena, Daday Mohamed Mberek, María Rosario García Ortega, Halienna Badadi Ali, Juan Carlos López Quintana, Malainin Aomar Sidi-Said, Amagoia Guenaga, Ahmed Abdi Ali, Asier Olazabal, Chej Ouana Sidahmed, Etor Telleria, Abdati Sidi-Mohamed Abdeljalil, Sergio Martínez de Rituerto, Ali-Salem Iselmu Abderrahman, Patxi Salaberri, Mata-la Saleh Chej, Xabier Errasti, Bachari Lamen Dadi, Hamdi Ali Hamma, Ali Salek Hasenna, Mohamed-Lamin Yamâa Breh, Saleh Dahe Belale, Bachir Aibad Alamin, Salamo Daday Mohamed et Azman Haida Ambeirik.

Et à toutes les personnes, d'ici et de là-bas, qui nous ont aidé, avec leurs différents gestes d'amitié et de confiance, à continuer la recherche dans l'attractif passé de cet extraordinaire coin de l'Occident sahraoui.

Badator hondar-ekaitza.
La tormenta de arena se aproxima.
العاصفة الرملية تقترب.
La tempête de sable approche.

1

MENDEBALDEKO SAHARAN KULTURA-ARLOKO LANKIDETZAKO ETA IKERKETAKO PROIEKTUA 2008-2011 ALDIAN.

EL PROYECTO DE INVESTIGACIÓN Y COOPERACIÓN CULTURAL EN EL SAHARA OCCIDENTAL ENTRE LOS AÑOS 2008 Y 2011

مشروع البحث والتعاون الثقافي في الصحراء الغربية ما بين سنوات 2008 و 2011

LE PROJET D'INVESTIGATION ET COOPÉRATION CULTURELLE AU SAHARA OCCIDENTAL ENTRE LES ANNÉES 2008 ET 2011

I. EGONKORTASUNA ETA BERRIKUNTZA PROIEKTUAREN JARRAIPENEAN

I. ESTABILIDAD E INNOVACIÓN EN LA PROSECUCIÓN DEL PROYECTO

I. ثبات المشروع والابتكار في متابعته

I. STABILITÉ ET INNOVATION DANS LA POURSUITE DU PROJET

2008. urtean, esperientzia honen ibilbidean etapa berri bati ekin genion. Urte hartan bi espedizio zientifiko egin genituen Tirisko "lurralde liberatuetara" baina ordura arte urtean esplorazio-kanpaina bakarra egiten zen -betiere mugatuagoa izaten zen eta zehaztugabeko proiekzioarekin-; beraz, Proiektu hau sendotzeko eta kohesionatzeko itxaropenak indartu egin ziren. Jauzi kualitatibo horretaz gain, urte anitzeko plangintza ere proposatu zen eta administrazioak 2009., 2010. eta 2011. urteetarako hiru urteko proposamena onartu zuen.

Logikari jarraiki, ordura arte helburuak urtebetekoak izaten ziren baina denbora-ikuspegi zabalagoa izatearen ondorioz lurraldean bertan egindako ikerketa-programen praxia eta antolakuntza hobetu egin ziren: proposaturiko aztergaiak sakondu eta zabaldu egin ziren, modu adierazgarrian. Beraz, Proiektuaren oinarri ziren funtsezko printzipio eta ideiak berretsi egin ziren.

Horregatik, urte hauetan eskatu izan dugun sendotasunak, zalantzarik gabe, lurraldean, denboran eta emaitza zientifiko eta sozialetan egonkortasuna eta berrikuntza eman dizkio Mendebaldeko Saharan kultura-arloko lankidetzako eta ikerketako gure proposamenari.

1. LANDA-IKERKETAKO DINAMIKAREN ANTOLAKETA, ESTRATEGIA ETA HELBURUAK.

2004. urtean lurraldea ezagutzeko eta balioesteko bisitaldi bat egin genuen eta, horren ondoren, 2005. urtean Mendebaldeko Sahararen iragana ikertzen hasi ginen, modu sistematikoan.

2005etik 2007ra bitarte, urtean jardun bakarra egin ahal izan genuen lurraldean bertan: hein handi batean, prospekzio arkeologikoa izan zen ardatz. 2008tik aurrera, lehen esan dugunez, misio erregularrak bi izan dira. Hazkunde horrek garrantzi kualitatibo handia izan du; izan ere, horri esker, azken urteotan, lurraldea hobeto ezagutzen asko aurreratzeaz gain, lehendik bideratutako hainbat ikerketa-ildotan aurrerapen garrantzitsuak ere egin ditugu, eta beste hainbat azterketa-eremu ere oso modu eraginkorrean garatu eta bultzatu ahal izan ditugu, proba oso gutxi eta eskasak eginda genituen arren.

Con el año 2008, comenzábamos una nueva etapa en la trayectoria de esta experiencia. La realización ese año de dos expediciones científicas a las "tierras liberadas" del Tiris quebraba la dinámica de la, hasta entonces, única campaña de exploración anual –siempre más limitada y de proyección más indecisa–; lo que comportaba un nuevo impulso a las expectativas de afianzamiento y cohesión de este Proyecto. Un salto cualitativo que iba a verse fortalecido con el aditivo de un planteamiento plurianual, materializado con la aprobación administrativa de una propuesta trianual para los años 2009, 2010 y 2011.

Lógicamente, el poder contemplar unos objetivos desde un prisma temporal más dilatado que el habitualmente anual iba a redundar directamente en la mejor organización y praxis de los programas de investigación en el terreno: reforzando y ampliando, de forma significativa, las áreas de estudio propuestas. Ello suponía, pues, una revalidación de los principios e ideas esenciales que venían sustentado el Proyecto.

Por ello, podemos afirmar que la conveniente consolidación de que se requería en estos años, ha infundido, sin ningún género de duda, estabilidad e innovación en el territorio, en el tiempo y en los resultados, científicos y sociales, a nuestra propuesta de investigación y cooperación cultural en el Sahara Occidental.

1. ORGANIZACIÓN, ESTRATEGIA Y OBJETIVOS EN LA DINÁMICA DE INVESTIGACIÓN DE CAMPO.

Tras una puntual estancia de reconocimiento y valoración territorial efectuada en 2004, comenzamos a trabajar de forma sistemática en la investigación del pasado del Sahara Occidental desde 2005.

Entre 2005 y 2007 solamente pudimos efectuar una única intervención anual sobre el terreno: focalizándose, en gran parte, en la prospección arqueológica. A partir de 2008, como decíamos, el número de misiones regulares se ha visto incrementado a dos. Una ampliación ésta, de trascendencia cualitativa, que nos ha posibilitado durante estos últimos años, no solo progresar sensiblemente en el

مع سنة 2008، بدأنا مرحلة جديدة لمتابعة هذه التجربة، حيث قمنا برحلتين علميتين لأراضي تيرس المحررة، مما اعطى دينامية جديدة للمشروع، بعد ان تبين ان رحلة واحدة فقط للسنة، تعتبر غير كافية، واعطت الموافقة على ثلاثة سنوات (2009، 2010، 2011)، بمعدل رحلتين للسنة، قفزة نوعية واندفاعة جديدة، وتماسكا اقوى لهذا المشروع.

من الطبيعي انه عندما ننظر الى اهداف مرحلة زمنية اطول امتدادا من سنة، كما كان عليه الحال، ستكون اكثر اسهاما في تحسين التنظيم والتطبيق العملى لبرامج البحث الميداني في مجال تطبيق الدراسة؛ وبالتالي السماح بمراجعة المبادئ والافكار التى جاءت لدعم المشروع.

لذلك يمكننا ان نؤكد على ان ما كان مطلوبا في تلك السنوات، من تثبيت وتجديد، تم توطيده بدون شك، في المكان والزمان، وبالنتائج العلمية التي تضمنها مقترحنا للبحث التعاوني الثقافي في الصحراء الغربية.

1. تنظيم واستراتيجية واهداف ديناميكية البحث الميدانى

بعد تواجد استكشافي وتقييمي للارض تم القيام به سنة 2004، بدأنا بالعمل بشكل متواصل في بحث ماضي الصحراء الغربية منذ 2005.

ما بين 2005 و 2007 استطعنا القيام بتدخل ميداني واحد في السنة مركزين على التنقيب الاثري؛ و ابتداء من سنة 2008 كما قلنا، ارتفع عدد المهمات العادية الى مرتين في السنة؛ وكان لهذه الزيادة اهميتها النوعية التي سمحت لنا خلال السنوات الاخيرة، ليس فقط بالتقدم المحسوس لمعرفة، والتعرف على الميدان، وانما كذلك التقدم بصورة ذات اهمية في اتجاهات اخرى من البحث كانت مستهدفة في السابق، كما استطعنا بطريقة فعالة، تناول مجالات اخرى من الدراسة لم تكن متناولة من قبل.

En 2008, nous commencions une nouvelle étape dans la trajectoire de cette expérience. La réalisation cette année de deux expéditions scientifiques dans les «terres libérées» du Tiris brisait la dynamique de celle qui était, jusque là, l'unique campagne d'exploration annuelle –toujours plus limitée et de projection plus indécise–; ce qui comportait une nouvelle poussée aux expectatives de consolidation et de cohésion de ce Projet. Un saut qualitatif qui allait se voir raffermi par l'ajout d'une approche pluriannuelle, matérialisée par l'approbation administrative d'une proposition trisannuelle pour les années 2009, 2010 et 2011.

Logiquement, la possibilité d'envisager des objectifs sous un prisme temporel plus ample que l'année habituelle allait aboutir directement sur une meilleure organisation et praxis des programmes d'investigation sur le terrain: renforçant et amplifiant, de manière significative, les aires d'étude proposées. Ceci supposait, dès lors, une revalidation des principes et des idées essentiels qui jusque là soutenaient le Projet.

C'est pour cela que nous pouvons affirmer que la souhaitable consolidation qui était requise durant ces dernières années, a insufflé, sans aucun doute, de la stabilité et de l'innovation, quant au territoire, au temps et aux résultats scientifiques et sociaux, à notre proposition d'investigation et coopération culturelle dans le Sahara Occidental.

1. ORGANISATION, STRATÉGIE ET OBJECTIFS DANS LA DYNAMIQUE D'INVESTIGATION SUR LE TERRAIN.

Après un ponctuel séjour d'évaluation et reconnaissance territoriale effectuée en 2004, nous commençons à travailler de manière systématique dans l'investigation du passé du Sahara Occidental dès 2005.

Entre 2005 et 2007 nous ne pûmes effectuer qu'une seule intervention annuelle sur le terrain: focalisée, en grande partie, sur la prospection archéologique. À partir de 2008, tel qu'il a été précisé, le nombre de missions régulières a été augmenté à deux. Une ampliation celle-ci,

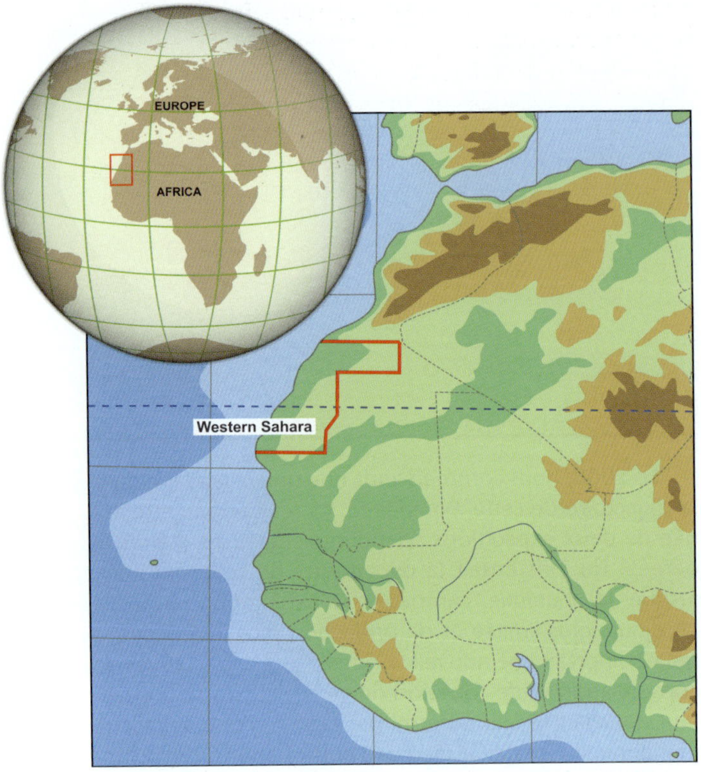

Mendebaldeko Sahara, Afrika Iparraldeko testuinguru politikoak.
El Sahara Occidental en el contexto político del Norte de África.
الصحراء الغربية في النطاق السياسي لشمال افرقيا.
Le Sahara Occidental dans le contexte politique du Nord de l'Afrique.

Halaber, egoera berriari esker, diziplina anitzeko ikerketaren ildoak modu normalizatuan antolatzeko plangintza egin ahal izan dugu, urtero programatutako espedizioekin bat etorrita. Horren ondorioz, ohiko misio bakoitza azterketa-xede estrategiko zehatz eta berezien arabera pentsatzen da. Hartara, neguko kanpainan, batik bat, ikerketa arkeologikoak, paleoklimatikoak, ingurumenekoak eta kartografikoak egiten dira. Aldiz, udazkeneko kanpainan alderdi etnografikoak eta toponimikoak izaten dira aztergai eta, horren osagarri, arkeologiarekin eta ondarearen tratamenduarekin loturiko zenbait alderdi ere lantzen dira. Bestalde, 2010. eta 2011. urteetan, behaketa eta azterketa etno-antropologikoa egiteko egonaldiak egin ahal izan ditugu udaberrian, eta familia beduinoekin batera bizitzeko aukera izan genuen.

Nolanahi ere, ez dugu ahaztu behar Mendebaldeko Saharako esku-hartzearen gure ardatz teorikoen ibilbidea zein den: une honetan, Tirisko lurretan fokalizatuta dago. Eta, horrekin batera, Saharako Errepublika Arabiar Demokratikoko Kultura Ministerioarekin adostuta, 2005. urtean bi jardun-helburu nagusi finkatu genituela gogoratu behar dugu eta basamortuko gure lanean gidari izan ditugu: 1) Tirisko kultura-ondarearen aberastasunaren katalogo-inbentarioa egitea arian-arian; eta, 2) Aztergai dugun lurraldeko gizartearen, kulturaren eta ingurumenaren bilakaera-prozesua ikuspegi zientifikotik aztertzea.

mejor conocimiento y reconocimiento del territorio, sino avanzar de forma importante en algunas líneas de investigación previamente encauzadas, e incluso poder impulsar y desarrollar, de manera muy eficaz, algunas otras áreas de estudio muy escasa y deficientemente ensayadas.

De igual manera, la nueva situación ha propiciado planificar una organización normalizada de los diversos cauces de investigación pluridisciplinar en correspondencia con las expediciones programadas anualmente. En consecuencia, cada una de las misiones ordinarias es concebida, en principio, conforme a unos propósitos estratégicos de estudio, concretos y específicos. De esta suerte, la campaña de invierno se destina preferentemente a las investigaciones arqueológicas, paleoclimáticas, medioambientales y cartográficas. Mientras, la campaña de otoño se tiende a centrar en las áreas de estudio más etnográfico y toponímico, abordándose, de manera complementaria, algunas facetas de índole arqueológica y de tratamiento patrimonial. Por otra parte, debe de añadirse a ello que, durante 2010 y 2011, se han podido llevar a cabo, en primavera, sendas estancias de observación y análisis etno-antropológico a través de la cohabitación con algunas familias beduinas.

En cualquier caso, conviene tener bien presente el trazado de nuestros ejes teóricos de intervención en el Sahara Occidental: focalizados en estos momentos en torno a las tierras del Tiris. Y, con ello, recordar que, en concordancia con el Ministerio de Cultura de la R.A.S.D., convenimos en 2005 dos objetivos preferentes de actuación que son los que han guiando nuestro trabajo en el desierto: 1) La progresiva realización del catálogo-inventario de la riqueza del patrimonio cultural del Tiris; y, 2) La aproximación científica al proceso de evolución sociocultural y medioambiental de ese territorio de estudio.

En coherencia con ello, desde esa fecha, hemos venido procediendo al inventario sistemático de las referencias del pasado cultural a través de la elaboración sobre el terreno de fichas analíticas de los diferentes sujetos temáticos abordados.

Nuestro trabajo prioritario, pues, ha estado orientado hacia la recuperación exhaustiva de los gestos y expresiones del patrimonio cultural. Lo que implica: identificar, registrar, clasificar, recuperar y consolidar la biodiversidad y la pluralidad de la cultura del pasado, para conocer, salvar y estudiar su significado… Un primer nivel en el proceso del conocimiento y una práctica elemental que asimismo nos consiente aproximarnos al conocimiento de los eventos históricos y trazar, en una relativa medida, una interpretación provisional de los grandes rasgos del proceso de evolución social y medioambiental de nuestro marco de investigación.

de transcendance qualitative, qui nous a permis pendant ces dernières années, non seulement de progresser sensiblement dans la meilleure connaissance et reconnaissance du territoire, mais aussi d'avancer de manière importante sur quelques lignes d'investigation préalablement canalisées, et même de parvenir à impulser et développer, de manière très efficace, d'autres domaines d'étude essayés de manière très faible et déficiente.

De même, la nouvelle situation a permis de planifier une organisation normalisée des divers réseaux d'investigation pluridisciplinaire en correspondance avec les expéditions programmées annuellement. En conséquence, chacune des missions ordinaires est conçue, en principe, suivant des propos stratégiques d'étude, concrets et spécifiques. De la sorte, la campagne d'hiver est destinée de façon préférentielle aux investigations archéologiques, paléoclimatiques, environnementales et cartographiques. Tandis que la campagne d'automne est plutôt centrée sur des aires d'étude ethnographique et toponymique, en abordant, de manière complémentaire, des aspects archéologiques et de traitement patrimonial. D'un autre côté, il faut ajouter à tout ceci qu'en 2010 et 2011, on a pu mettre en œuvre, au printemps, des séjours d'observation et analyse ethno-anthropologique au travers la cohabitation au sein de plusieurs familles bédouines.

Quoi qu'il en soit, il convient de garder à l'esprit le tracé de nos axes théoriques d'intervention au Sahara Occidental: focalisés en ce moment autour des terres du Tiris. Et, ceci étant, se souvenir que nous avons convenu en 2005, en accord avec le Ministère de la Culture de la R.A.S.D., deux objectifs préférentiels d'activité qui sont ceux qui ont guidé notre travail dans le désert: 1) La progressive réalisation du catalogue-inventaire de la richesse du patrimoine culturel du Tiris; et, 2) L'approche scientifique du procès d'évolution socioculturel et environnemental sur ce territoire d'étude.

Conséquemment, depuis cette date, nous avons procédé à l'inventaire systématique des références du passé culturel au moyen de l'élaboration sur le terrain de fiches analytiques des différents sujets thématiques abordés.

Notre travail prioritaire, donc, a été orienté vers la récupération exhaustive des gestes et expressions du patrimoine culturel. Ce qui implique: identifier, enregistrer, classifier, récupérer et consolider la biodiversité et la pluralité de la culture du passé, pour connaître, sauvegarder et étudier sa signification... Un premier niveau dans le procès de connaissance et une pratique élémentaire qui nous permet d'approcher la connaissance des événements historiques à la fois que tracer, dans une certaine mesure, une interprétation provisionnelle des grands traits du procès d'évolution sociale et environnementale de notre cadre d'investigation.

وقد سمح لنا الوضع الجديد ان نقوم ببرمجة طبيعية لمختلف مجالات البحث متعدد التخصصات، الموافقة للرحلات المبرمجة سنويا. ان كل من البعثات العادية، هي من حيث المبدأ، تصور لاغراض استراتيجية من الدراسة، ملموسة ومحددة؛ بهذه الطريقة يتم توجيه الحملة الشتوية اساسا، للبحوث الاثرية، للمنا خ القديم، والوسط البئي والخرائطي؛ بينما حملة الخريف تتركز على المجالات الاثنوغرافية، واسماء المواقع الجغرافية(toponímico)، اضافة الى مجالات اثرية وتراثية. و مع ذلك، نضيف انه خلال سنتي 2010 و 2011 استطعنا، خلال فصل الربيع، الاقامة بجانب عائلات بدوية من اجل دراستها.

ومهما كان الحال، ينبغي ان نستحضر جيدا تخطيط المحاور النظرية، للتدخل في الصحراء الغربية، بالتركيز على اراضي تيرس. ونذكر بان هذا تم بموافقة وزارة الثقافة للجمهورية العربية الصحراوية الديمقراطية. فلقد اتفقنا في سنة 2005 على هدفين اثنين قادا مهمتنا للعمل في الصحراء:1) انجزنا بشكل متقدم كاتالوج ـ سجل، للتراث الثقافي الغني لتيرس. 2) التقرب علميا من سلسلة التطور الاجتماعي الثقافي البئوي لهذه الارض مجال الدراسة.

وتماشيا مع هذا، ومنذ ذلك التاريخ، لقد تم الشروع في اعداد جرد منظم من المراجع حول الماضي الثقافي، من خلال انجاز بطاقات اثرية تحليلية لمختلف العناصر والمسائل الموضوعية المتناولة.

عملنا الاولوي كان موجها من اجل الاسترجاع الشامل لإشارات وتعابير التراث الثقافي. مما يعني تحديد وتسجيل وتصنيف، واسترجاع وتوطيد التنوع، البيولوجي والماضي، من اجل معرفته وانقاذه ودراسة معانيه... المستوى الاول لمسلسل المعرفة والممارسة الاساسية، هي التي تجعلنا نقترب من التعرف على الاحداث التاريخية، والرسم المناسب للتفسير المؤقت، للمميزات الكبرى للتطور الاجتماعي و البئي في مجال بحثنا.

2. تدعيم و تطوير مسارات المعرفة

عندما ذهبنا الى الصحراء و عرضنا تطوير مشروع حول الماضي الثقافي، لم يكن منطلقنا من فكرة تركز على موضوع الآثار فحسب، ولكن من خلالها، دراسة الثقافة في وقائع الماضي، المجسدة ضمن الوسائل المادية. لقد تفهمنا بشكل مرن، انه عندما نواجه الماضي الثقافي، سنكون بصدد شركة متعددة الابعاد، تحملنا الى التقرب من الاشارات والسلوكات والظروف المختلفة للمجتمعات. وبالنتيجة ادركنا في صددنا لهذا الهدف، انه ليس من الضروري

Horrekin koherente izanik, harrezkero kultura-iraganeko erreferentzien inbentario sistematikoa egin dugu eta, horretarako, aztertutako subjektu tematikoen azterketa-fitxak egin ditugu lurraldean bertan.

Gure lan nagusia, beraz, kultura-ondarearen keinuak eta adierazpenak berreskuratzera bideratu dugu. Horrek zera esan nahi du: iraganeko kulturaren bioaniztasuna eta pluraltasuna identifikatu, erregistratu, sailkatu, berreskuratu eta finkatu behar dela, esanahia ezagutu, salbatu eta aztertzeko... Ezagutza-prozesuaren lehen mailatzat hartzen da hori, bai eta oinarrizko jardunbidetzat ere, gertaera historikoak ezagutzen hasteko eta, hein batean, gure ikerketa-esparruko gizartearen eta ingurumenaren bilakaera-prozesuaren ezaugarri nagusien behin-behineko interpretazioa egiteko.

2. JAKINTZA-BIDEEN FINKAPENA ETA AURRERABIDEA

Saharara joan eta kultura-iraganari buruzko proiektu bat egitea proposatu genuenean, gure asmoa ez zen gure lana soilik arkeologiara mugatzea, nahiz eta, bestalde, iraganeko egoeren kultura materiala aztertzeko bide egokia eta bidezkoa den. Ikuspegi malguagoa genuen, hau da, kultura-iragana aztertzea dimentsio anitzeko lantzat hartzen genuen eta, horretarako, gizarteen keinu, jokabide eta zirkunstantzietara hurbildu behar genuela uste genuen. Horren ondorioz, helburu hori betetzeko, egoera arkeologikoak kontrolatu eta interpretatzeaz gain, egoera horiek gertatzen diren ingurune eta esparru naturalak ere kontrolatu eta interpretatu behar direla pentsatzen genuen, egoera horiek eraldatu eta modu batera edo bestera egokiarazten dituzten fluxu klimatikoak, giza kolektiboen mekanismo eta ohitura ideologikoak, hizkuntza-adierazpeneko moduak, espazioaren erabilgarritasun, potentzialtasun eta okupazioa, geografia fisikoa eta giza geografia eta abar.

Hortaz, kultura-iragana azterketa-subjektu integral eta integratzailetzat hartzen genuen, dimentsio anitzeko eta interdependentea. Planteamendu teorikoa zehatza zen eta, horrekin batera, bai eta helburua eta hurbiltzeko moduak ere. Eta ikusmolde horrekin bat zetozen hainbat jakintza-ildo proposatu eta abiarazi genituen lurraldean bertan. Hala ere, programak gehiago edo gutxiago garatzen ziren lurraldean bertan urtero misioak egiteko aukeraren arabera...

2008tik 2011ra bitarte ikerketa-kanpaina gehiago izan direnez, azterbideak ere indartu eta areagotu egin dira arian-arian. Gogora dezagun, labur-labur, Tirisen landu ditugun diziplina anitzeko ikerketa-esparruak:

1) *Ondare arkeologikoa* kontrolatu eta erregistratzea eta iraganeko *datu soziokulturalak* aztertzea. Programa horretan, *eremuaren azaleko prospekzioa* eta kontrolatutako kultura materialaren elementuen balioespen laburra egin dira. Inolaz ere ez dugu ezein erreferentzia edo tes-

2. CONSOLIDACIÓN Y PROGRESO DE LAS VÍAS DE CONOCIMIENTO

Cuando fuimos al Sahara y planteamos el desarrollo de un proyecto sobre el pasado cultural, no partíamos con la idea de que nuestra labor debía de focalizarse exclusivamente en la Arqueología -por otra parte, justo y pertinente vehículo de estudio de la cultura material de las situaciones pretéritas. Entendíamos, más flexiblemente, que abordar el pasado cultural era una empresa de magnitud multidimensional que conllevaba aproximarse a los diferentes gestos, comportamientos, circunstancias de las sociedades. En consecuencia, comprendíamos que, de cara a este propósito, no solo eran necesarios el control e interpretación de las situaciones arqueológicas, sino, concurrentemente, de los medios y marcos naturales en los que se desarrollan, de los flujos climáticos que los transforman y orientan adaptativamente de una u otra forma, de los mecanismos y hábitos ideológicos de los colectivos humanos, de sus formas de expresión lingüística, de la disponibilidad, potencialidad y ocupación del espacio, de su geografía física y humana, etc.

Valorábamos el pasado cultural, por consiguiente, como un sujeto de estudio integral e integrador, pluridimensional e interdependiente. El planteamiento teórico era claro: y, con ello, su objetivo y los medios de aproximación. Y, conforme a este prisma de entendimiento, trazábamos y poníamos en marcha diversas líneas de conocimiento convergentes sobre el terreno. Unos programas, no obstante, cuyo mayor o menor desarrollo quedaba ajustado a la disponibilidad de misiones anuales sobre el terreno...

El aumento de campañas de investigación entre 2008 y 2011 ha conllevado el refuerzo y crecimiento progresivos de las vías de estudio. Recordemos, brevemente, que los campos de investigación pluridisciplinar con que hemos venido operando en el Tiris se orientaban en torno a:

1) El control y registro del *patrimonio arqueológico* y el análisis de los *datos socioculturales* del pasado. Un programa que se ha conducido desde la *prospección superficial del terreno* y la valoración sumaria de los elementos de la cultura material controlados. En ningún caso se ha procedido al sondeo o excavación de referencia o contexto arqueológico alguno. Recordemos, además, que en el caso de los conjuntos industriales y lugares de habitación, se procede únicamente a tomar una muestra limitada y lo más representativa posible de los utillajes arqueológicos existentes, dejándose todo el resto sobre el terreno.

2) La identificación y determinación de los diferentes *ecosistemas ambientales* y la organización, distribución y significación de los *recursos de subsistencia* en el espacio y tiempo. Un programa de catalogación del *patrimonio de sitios naturales* de cara al conocimiento climático, biogeográfico y socio-territorial de los contextos medioambientales del pasado. Una aproximación que se efectúa desde la *prospección y el registro topográfico* de esos referentes, acompañado eventualmente del *sondeo estratigráfico y*

Testuinguru jakin batzuetan prospekzio arkeologikoko programak areagotzearen ondorioz informazioa biderkatu egin da zenbait azterketa-esparrutan. Adibidez, labar-artearen kasuan oso garrantzitsua izan da.

La intensificación de los programas de prospección arqueológica en determinados contextos ha multiplicado las informaciones en algunos campos de estudio. Por ejemplo, en el caso del arte rupestre ha resultado muy relevante.

تقوية برامج التنقيب الاثري في نطاقات محددة، تضاعف المعلومات في بعض ميادين الدراسة. فعلى سيبيل المثال فقد كانت هامة جدا، في ما يتعلق بالفن الصخري.

L'intensification des programmes de prospection archéologique sur des contextes déterminés a multiplié les informations de certains champs d'étude. Par exemple, dans le cas de l'art rupestre le résultat a été significatif.

مراقبة وتفسير الاوضاع الاثرية فقط، وانما في نفس الوقت اعتبار الوسائل والمحيطات الطبيعية التي تطورها كتدفقات الطقس، وتحولها وتكيفها بشكل او بآخر، وكذا الميكانيزمات والعادات الايديولوجية للمجموعات البشرية، واشكال تعابيرها اللغوية، و مدى تحملها وقدرتها على الاستيطان البشرى الطبيعي...

قمنا بتقييم الماضي الثقافي، على اساس كونه موضوعا لدراسة متكاملة، جامعة و مترابطة، ومتعددة الابعاد. ان الطرح النظري كان واضحا حول الهدف و وسائل التقرب اليه، و وقفا لذلك المفهوم، وضعنا حيز التنفيذ، مجموعة من الخطط المتقاربة، على الميدان، والتي يبقى مدى انجازها من عدمه، مرتبطا بمستوى جاهيزية البعثات السنوية للعمل في الميدان...

2. CONSOLIDATION ET PROGRÈS DES VOIES DE CONNAISSANCE

Lorsque nous sommes arrivés au Sahara et que nous avons proposé le développement d'un projet sur le passé culturel, nous ne partions pas dans l'idée de focaliser notre travail exclusivement sur l'Archéologie -par ailleurs, le véhicule plus adéquat pour l'étude de la culture matérielle des situations du passé. Nous envisagions, de manière plus large, l'abord du passé culturel comme une entreprise d'une magnitude multidimensionnelle comportant l'approche des différents gestes, comportements et circonstances des sociétés. En conséquence, nous avons compris qu'il fallait, en vue de ce propos, contrôler et interpréter non seulement des situations archéologiques, mais aussi, concurremment, les milieux et cadres naturels dans lesquels elles se développent, les flux climatiques qui les transforment et orientent en les adaptant d'une manière ou d'une autre, les mécanismes et habitudes idéologiques des collectifs humains, leurs formes d'expression linguistuinguru arkeologikoren zundaketa edo indusketarik egin. Ez dugu ahaztu behar, gainera, industria-multzoen eta egoteko lekuen kasuan, zegoen tresneria arkeologikoaren lagin bat baino ez genuela hartu, lagin mugatua eta ahalik eta adierazgarriena, eta gainerako guztia bertan utzi genuen.

2) *Ingurumen-ekosistemak* identifikatzea eta *bizirauteko baliabideak* antolatu, banatu eta nabarmentzea espazioan eta denboran. *Toki naturalen ondarea* katalogatzeko programa da, iraganeko ingurumen-testuinguruetako klima, biogeografia, gizartea eta lurraldeak ezagutzeko. Hurbilketa hori egiteko, erreferente horien *prospekzioa eta erregistro topografikoa* egiten da, eta agian, zenbait metaketaren *zundaketa estratigrafikoa eta sedimentologiko selektiboa*, oinarrizko tratamendu analitiko eta guzti.

3) *Informazio paleosozioetnografikoak* bilatzea, Antzinaroko gizarte-jarreretara hurbiltzeko baliabide potentzial diren aldetik. *Ondare etno-antropologikoa* gordetzeko eta jatorrizko gizarte beduinoaren jakintza eta jakinduria berreskuratzeko programa. Saiakuntza paleoetnologikoa bi modutara egin zen: *elkarrizketa espezializatuak* eginda eta "*parte hartuz behatzean*" oinarritutako zuzeneko kontaktuaren bitartez, edo talde nomadekin batera biziz denboraldi batez.

4) *Ondare toponimikoa* erregistratzea. Miaketa soziolinguistikoa egin zen, alde batetik, "*ohar toponimikoen koadernotxoa*" banatuta; toki-izenen fitxategi moduan, kolektibo beduinoen artean banatzen da, egiten duten ibilbidearen arabera bete dezaten. Eta, bestetik, eremua-

sedimentológico selectivo de algunos depósitos y de su elemental tratamiento analítico.

3) La búsqueda de *informaciones paleosocioetnográficas* como potencial recurso de aproximación a las conductas sociales de la Antigüedad. Un programa de salvaguardia del *patrimonio etno-antropológico* y de la recuperación del conocimiento y sabiduría de la primitiva sociedad beduina. Un ensayo paleoetnológico que se efectúa a través de dos vías sobre el terreno: la práctica de *entrevistas especializadas* y el contacto directo desde la "*observación participante*", o la cohabitación temporal con los grupos nómadas.

4) El registro del *patrimonio toponímico*. Un rastreo sociolingüístico que se efectúa, por un lado, a través de la distribución de un "*cuadernillo de anotaciones toponímicas*" que, a modo de fichero de nombres de lugar, se reparte entre los colectivos beduinos para su cumplimentado siguiendo la ruta que realicen. Y, por otro lado, por la *corrección directa de los topónimos sobre antiguos mapas* del territorio con aquellas personas conocedoras de la geografía física de las diferentes regiones.

5) La *reconstrucción cartográfica del espacio*, por medio del procesado y gestión georreferencial de los datos e informaciones de campo recabadas: especialmente, merced al control topográfico de los contextos significativos y a la práctica complementaria de acotamientos perimétricos de algunos marcos de alto interés científico para la comprensión del pasado y de la organización territorial por los colectivos sociales (medios paleohidrográficos, aflo-

Legteitira-ko (Agüenit) mendietatik ikusten den paisaia.
Paisaje desde las montañas de Legteitira (Agüenit).
منظر طبيعي من خلال جبال لـﯖطيطيرة (اغوينيت).
Paysage depuis les montagnes de Legteitira (Agüenit).

ان زيادة حملات البحث ما بين سنوا ت 2008 و2011، قد ادت الى تعزيز والتنمية المتقدمة لطرق الدراسة. ونشير في البداية، الى ان مجالات البحث متعدد التخصصات الذي نقوم بانجازه في تيرس، تم توجيهها حول:

1) ضبط وتسجيل التراث الاثري، وتحليل المعلومات الاجتماعية الثقافية المتعلقة بالماضي. برنامج قاد الى التنقيب السطحي للارض، والتقييم الموجز لعناصر الثقافة المادية المضبوطة. ولم يقام باية حفريات او تنقيبات اخرى حول التراث على مستوى العمق. واضافة لذلك نشير انه بالنسبة للتركيبات الصناعية والاماكن المسكونة، كنا نؤخذ فقط عينة تمثيلية محدودة من التراث الموجود، تاركين الباقي في مكانه.

2) تحديد وتعريف مختلف النظم الايكولوجية البئية، وتنظيم وتوزيع، ومدى اهمية وسائل وموارد الكفاف في المكان والزمان؛ برامج لفهرسة تراث مواقع طبيعية، موجه لمعرفة المومناخ الجغرافي البيولوجي، والاجتماعي الاقليمي، من اجل معرفة المفاهيم البئية للماضي. تقرب يقام به من خلال التنقيب والتسجيل الخرائطي للمراجع، مرفقا احيانا، بمسح لطبقات وترسبات انتقائية لبعض المستودعات وعلاجها التحليلي الاساسي.

3) البحث عن المعلومات حول الجماعات القديمة، كمصادر قوية، للتقرب من معرفة السلوك الاجتماعي القديم. برنامج للحفاظ على التراث العرقي الاثنو انتروبولوجي (Etno-antropológico)، ولاسترجاع معرفة وحكمة المجتمع البدوي القديم. سبر اختبار حول الشعوب القديمة، والذي يتم تطبيقه ميدانيا من خلال طريقتين: اجراء مقابلات مختصة، والاتصال المباشر، والمعايشة المؤقتة، مع مجموعات الرحل.

4) تسجيل خرائط التراث (اسماء المواقع الجغرافية)، ويقتضي تتبعا اجتماعيا لغويا، يتم القيام به، من جهة، من خلال توزيع "سجل للمواقع الجغرافية" بين مجموعات بدوية يقومون بانجازه، اثناء عبورهم للطرق، ومن جهة اخرى، من اجل التصحيح المباشر للاسماء القديمة ،لأماكن الارض، مع اولئك الاشخاص العارفين بمختلف مناطق الجغرافية الطبيعية.

5) اعادة بناء خرائط الاماكن، من خلال تجهيز وتسيير بيانات المراجع المعلوماتية، المحصلة ميدانيا، و خاصة بفضل السيطرة الطوبوغرافية على المواقع ذات الاهمية، وبفضل وجود السواتر المحيطة ببعض الاماكن التي لها اهمية علمية كبيرة، لفهم الماضي التنظيمي والاقليمي للتكتلات الاجتماعية، (وضعيات المياه في الزمن

tique, la disponibilité, potentialité et occupation de leur espace, de leur géographie physique et humaine, etc.

Nous évaluons le passé culturel, par conséquent, comme un sujet d'étude intégrale et intégrateur, pluridimensionnel et interdépendant. L'exposé théorique était clair: et, ceci étant, son objectif et les moyens d'approche. Et, conforme à ce prisme de jugement, nous avons tracé et mis en œuvre les diverses lignes de connaissance convergentes sur le terrain. Des programmes, cependant, dont le plus ou moins ample développement était assujetti à la disponibilité de missions annuelles sur le terrain...

L'augmentation des campagnes d'investigation entre 2008 et 2011 a entraîné le renfort et l'accroissement progressifs des voies d'étude. Il est à rappeler, brièvement, que les champs d'investigation pluridisciplinaire sur lesquels nous avons habituellement opéré dans le Tiris se sont orientés autour des points suivants:

1) Le contrôle et l'enregistrement du *patrimoine archéologique* et l'analyse des *données socioculturelles* du passé. Un programme qui a été conduit au moyen de la *prospection superficielle du terrain* et l'évaluation sommaire des éléments de la culture matérielle contrôlés. En aucun cas il a été procédé au sondage ou à la fouille d'une référence ou d'un contexte archéologique quelconque. Il est à rappeler, en outre, que dans le cas des ensembles industriels et des lieux d'habitation, il n'est procédé qu'à des prélèvements d'échantillons limités et le plus représentatif possible des outillages archéologiques existants, laissant tout le reste sur le terrain.

2) L'identification et la détermination des différents *écosystèmes environnementaux* et l'organisation, distribution et signification des *ressources de subsistance* dans l'espace et dans le temps. Un programme de catalogage du *patrimoine des sites naturels* en vue de la connaissance climatique, biogéographique et socio-territoriale des contextes environnementaux du passé. Une approche qui s'effectue au travers la *prospection et le registre topographique* de ces repères, accompagné éventuellement du *sondage stratigraphique et sédimentologique sélectif* de quelques dépôts et de son élémentaire traitement analytique.

3) La recherche d'*informations paléosocioethnographiques* comme potentiel recours d'approche des conduites sociales de l'Antiquité. Un programme de sauvegarde du *patrimoine ethno-anthropologique* et de récupération de la connaissance et de la sagesse populaire de la primitive société bédouine. Un essai paléoethnologique qui s'effectue au moyen de deux voies sur le terrain: la pratique d'*interviews spécialisées* et le contact direct par le biais de l'*«observation participante»* , ou la cohabitation temporaire avec des groupes nomades.

4) Le registre du *patrimoine toponymique.* Un pistage sociolinguistique qui s'effectue, d'un côté, au moyen de la distribution d'un *«cahier d'annotations toponymiques»* qui, en guise de fichier de noms de lieu, est distribué parmi les collectifs bédouins pour qu'il soit rempli suivant la

ren *mapa zaharren gainean toponimoak zuzenean zuzenduta,* eskualde horietako geografia fisikoa ongi ezagutzen dutenekin.

5) *Espazioaren berreraikuntza kartografikoa,* landa-lanean bildutako informazio eta datuen prozesatze eta kudeaketa geoerreferentzialaren bitartez: bereziki, testuinguru adierazgarrien kontrol topografikoari esker eta, horren osagarri, interes zientifiko handiko zenbait esparruren perimetroa mugatzeari esker, betiere gizarte-kolektiboen lurraldea antolatzeko modua eta iragana (baliabide paleohidrografikoak, zenbait materia bereziren harkaitz-azaleratzeak eta abar) ulertzeko. Informatikaren bidez bideratzen da programa, *Informazio Geografikoko Sistemen* metodologiaren arabera eta hasierako adierazpenetan lurraldearen kartografia tematiko berritzailea agertzen da.

Azken 4 urteotan, aztertutako egoera arkeologikoen kopurua oso garrantzitsua izan da, lehen esan dugunez –eta aurrerago ere gehiago sakonduko dugu horretan–. 2007. urtera bitarte erregistratutako 183 erreferentziatatik 2011. urtearen amaieran 626 erreferentzia izatera igaro gara. Alegia, 443 fitxategi berri idatzi dira: horrek esan nahi du 2005-2007 hirurtekoarekin alderatuta % 242,1eko hazkundea izan dela.

Aldi berean, informazio paleoetnologikoak berreskuratzen aurrerapen handia egin dugu, batik bat, Tirisko lurretan barrena ibiltzen diren beduinoekin egindako elkarrizketei esker. Izan ere, guztira 81 inkesta egin ditugu eta elkarrizketak grabatuta gorde ditugu (160 ordu baino gehiagoko soinu-erregistroak dira). Eta gainera, azken bi urte hauetan "*bizikidetza etno-antropologikoko*" 2 egonaldi ere egin ditugu[1].

Bestalde, datu paleoklimatikoak garrantzia hartzen ari dira Tirisko gizartearen eta ingurumenaren iragana ezagutzeko gure proiektuan. Metaketa paleolakustre eta paleodunarrak kontrolatzea lagungarri da Holozenoko zenbait alditan eta Pleistozenoaren amaiera aldera lurraldean zegoen klimaren hedadura eta txandakatzeak denboran kokatzeko eta zehazteko: horri esker, lurraldearen zirkunstantzia paleoanbientalen ikuspegi originala lortu dugu, bai eta giza taldeekiko izan zuen adierazgarritasunarena ere.

Alde batetik, bide zuzenetik goazela uste dugu, ondare toponimikoa berreskuratzeari dagokionez. Ingurune fisikoa ezagutzen dutenak eta bertako biztanleak lan horretan inplikatu ditugu informazioaren zuzeneko eragiletzat eta, hartara, bildutako datuen balioa bermatuta dago. Etorkizunean, ondare toponimikoaren katalogo-inbentario zorrotz eta zehatza lortzea da gure asmoa: Saharako Tirisko hizkuntza-aberastasunaren eta -aniztasunaren jatorrizko datu-basea. Informazioen potentzial horrek, gainera, gure azterketa-esparruaren mapa toponimiko berria egitea ahalbidetuko digu. Baina bide luzea dugu oraindik aurrean, zalantzarik gabe, helburu horiek betetzeko[2].

Lurraldearen berreraikuntza kartografikoari dagokionez, landa-lanean egindako ekarpen berriak eta informazioen tratamendu digitalizatu eta geoerreferentziatuari jarraipena ematea berme dira espazio fisikoaren ikuspegi berria, berritua eta tematikoki plurala lortzeko helburuan. Eta, horrekin batera, ondare-katalogo oro egiteko nahitaezko osagarria den iturri didaktiko bihurtzen dira.

ramientos rocosos de algunas materias singulares, etc.). Un programa conducido informáticamente conforme a la metódica de los *Sistemas de Información Geográfica* y cuyas primeras expresiones traducen una novedosa cartografía temática del territorio.

En estos 4 últimos años el número de situaciones arqueológicas reconocidas, tal como hemos adelantado –y posteriormente profundizaremos en ello–, ha sido muy importante. Sirva como avance que de las 183 referencias registradas hasta finales de 2007 se ha pasado, a la conclusión de 2011, a las 626. Es decir, que se han redactado 443 nuevos archivos: lo que porcentualmente supone un incremento del 242,1% con relación al trienio 2005-2007.

En paralelo, el progreso experimentado en la recuperación de informaciones paleoetnológicas, especialmente a través de la práctica de entrevistas a los beduinos que transitan las tierras del Tiris, ha sido francamente considerable. Así, se han efectuado un total de 81 encuestas que sobrepasan en más de 160 las horas grabadas de registros sonoros con los diálogos mantenidos. Y a ello hay que añadir las 2 estancias de "*convivencia etno-antropológica*" efectuadas estos dos últimos años[1].

Por su parte, los datos paleoclimáticos están comenzando a ocupar un puesto significativo en nuestra pretensión de aproximación al pasado socio-ambiental del Tiris. El control de algunos depósitos paleolacustres y paleodunares contribuyen a esclarecer y precisar, temporalmente, la amplitud y alternancias climáticas en el territorio durante diferentes tramos del Holoceno y de la parte más avanzada del precedente Pleistoceno: procurando, con ello, una perspectiva original de las diferentes circunstancias paleoambientales del territorio y de su significación para con los grupos humanos.

Creemos, por otro lado, que estamos en una dirección correcta en lo que concierne a la recuperación del patrimonio toponímico. El gesto de implicar en esta tarea a los habitantes y personas conocedoras del medio físico, como agentes directos de la información, supone una garantía en la valía de los datos compilados. Nuestro propósito es el intentar disponer en el futuro de un exhaustivo y riguroso catálogo-inventario del patrimonio toponímico: la base de datos original de la riqueza y variedad lingüística del Tiris saharaui. Un potencial de informaciones que, a la postre, posibilitarán la elaboración de un nuevo mapa toponímico de nuestro marco de estudio. Unos objetivos para los que todavía resta, indudablemente un largo camino por recorrer[2].

En lo que respecta a la reconstrucción cartográfica del territorio, las nuevas aportaciones de campo efectuadas y la continuidad en el tratamiento digitalizado y georreferenciado de esas informaciones siguen suponiendo una garantía en el propósito de lograr una nueva perspectiva, renovada y temáticamente plural, del espacio físico. Y, junto a ello, se erigen en la fuente didáctica de obligado complemento en la confección de todo catálogo patrimonial.

Antzinako idazkera berbertarraren ikurrak, Lejuad VIII-ko harpearen (Duguech) harkaitzezko hormetan pintatuta (Erreprodukzio hau "J/DStretch" irudi-analizagailuaren bidez aztertu da kromatikoki).

Signos de la vieja escritura beréber pintados en las paredes rocosas del abrigo de Lejuad VIII (Duguech) (Reproducción contrastada cromáticamente mediante analizador de imágenes "J/DStretch").

رموز الكتابة البربرية القديمة، مرسومة فوق الجدران الصخرية لملجأ لجواد VIII (الدوڨج) (استنساخ مقوى بالالوان من خلال جهاز تحليل الصور "J/DStretch").

Des signes de la vieille écriture berbère peints sur les parois rocheux de l'abri de Lejuad VIII (Duguech) (Reproduction confrontée chromatiquement au moyen de l'analyseur d'images "J/DStretch").

route qu'ils réalisent. Et, d'un autre côté, au moyen de la *correction directe des toponymiques sur les anciennes cartes* du territoire à l'aide des personnes maîtrisant la géographie physique des différentes régions.

5) La *reconstruction cartographique de l'espace*, au moyen du traitement et de la gestion géoréférentielle des données et des informations recueillies sur le terrain: spécialement, grâce au contrôle topographique des contextes significatifs et à la pratique complémentaire d'accotements périmétriques de certains cadres à haut intérêt scientifique pour la compréhension du passé et de l'organisation territoriale pour les collectifs sociaux (moyens paléohydrographiques, affleurements rocheux de certaines matières singulières, etc.). Un programme conduit informatiquement conforme à la méthode des *Systèmes d'Information Géographique* et dont les premières expressions ont fourni une nouvelle cartographie thématique du territoire.

Au cours de ces 4 dernières années le nombre de situations archéologiques reconnues, tel que nous l'avons déjà avancé -et postérieurement nous y approfondirons-, a été très important. On peut avancer que des 183 références enregistrées en fin 2007 on est passé aux 626 en fin 2011. C'est à dire que 443 nouveaux archives ont été rédigés: ce qui en termes de pourcentage représente un accroissement de 242,1% par rapport au triennat 2005-2007.

En parallèle, le progrès expérimenté dans la récupération d'informations paléoethnologiques, spécialement grâce à la pratique d'interviews aux bédouins qui transitent les terres du Tiris, a été franchement considérable. Ainsi, un total de 81 enquêtes ont été effectuées qui surpassent au-delà de 160 les heures enregistrées de supports sonores avec les dialogues maintenus. Et à cela il faut ajouter les 2 séjours en *«communauté de vie ethnoanthropologique»* effectués au cours de ces deux dernières années[1].

En ce qui concerne les données paléoclimatiques, elles commencent à occuper une place significative dans notre

القديم(paleohidrográfico)، البروزات الحجرية الفريدة من نوعها ...الخ). برنامج موجه بطريقة الاعلام الالي المتطابقة مع مواصفات رسم الخرائط المواضعية للارض.

في السنوات الاربع الاخيرة، كما اسلفنا، فان رقم الحالات الاثرية المتعرف عليها، ـ والتي سيتم التركيزعليها لاحقا ـ كانت جد هامة، حيث انتقل عدد المراجع المسجلة حتى نهاية 2007، من 183 مرجعا الى ما مجموعه في سنة 2011 ست مئة و ستة وعشرون 626. اي انه تم تحرير443 سجلا جديدا، مما يفترض نسبة 242,1 % مقارنة بعامي2005 ـ2007 وبالموازاة، فان التقدم التجريبي المحرز في مجال استرجاع المعلومات البشرية القديمة (paleoetnológicas)، خاصة من خلال تجربة المقابلات مع البدو العابرين لاراضي تيرس، كان معتبرا جدا، حيث تم تحقيق81 مقابلة والتي تجاوزت 160 ساعة من الحوارات المسجلة بحافظات صوتية،. وينبغي ان نضيف الى ذلك إقامتين بصورة "معاشرات انسانية بدائية" تم القيام بهما خلال السنتين الاخرتين[1].

ومن جهة اخرى، بدأت المعلومات المناخية القديمة تأخذ مكانا معتبرا في غرضنا من اجل التقرب من الماضي الاجتماعي البئوي لتيرس.

ان مراقبة المستودعات الكثبانية والبحيراتية القديمة، توضح وتحدد مرحليا، مدى الاتساع والتناوبات البئية في الارض خلال مختلف مراحل العصر الجديد (الهولوسين)، وفي المرحلة المتقدمة من العصر القديم، وقد سعينا بذلك الى منظور اصلي لمختلف طقوس العصر القديم (paleoambientales)، في الارض، واهميته بالنسبة للمجموعات البشرية.

نعقتد من جهة اخرى، اننا نسير في الاتجاه الصحيح في ما يتعلق باسترجاع الاماكن الجغرافية للتراث. ان بادرة اقحام السكان والاشخاص العارفين بالارض، كعناصرمباشرة

mazio horien tratamendu digitalizatu eta geoerreferentziatuaren jarraipenak bermetzat hartzen ditugu espazio fisikoaren ikuspegi berria lortzeko gure asmoan, ikuspegi berritua eta tematikoki anitza. Eta, horrekin batera, ondare-katalogoak egiteko garaian nahitaez bete beharreko iturri didaktiko ere bihurtu dira.

Azkenik, Tirisko labar-artearen ondarearen kontserbazio-egoera balioesteko programa berezi bat lortzera bideratutako lehen urratsak ere egin ditugula esan behar dugu. Arazo larria da eta kontserbazioko eta zaharberritzeko prebentzio-neurriak berehala hartzea ezinbestekoa da[3].

3. LURRALDEA ESPLORATZEKO IKERKETA-KANPAINAK ETA ORIENTAZIOAK

Esan gabe doa martxan ditugun askotariko ikerketa-ildoetan datu asko berreskuratu ditugula. Gai asko izateak, alde batetik, lantzen ari garen azterketa-esparru guztietan garapen-maila eta jakintza-maila desberdinak izango direla pentsarazten digu. Eta, bestetik, gure jardunaren esparru geografikoaren hedadura zenbatekoa den kontuan izanik (hau da, "liberatutako" Saharako Tiris, 30.000 km² inguruko azalera duela), oraindik ere eskualdearen diseinu kartografikoan lurraldearen errekonozimenduari dagokionez hutsuneak egon daitezkeela pentsa dezakegu. Horrek esan nahi du hasieran proposaturiko zenbait helburu bete eta lortu ditugula baina, halaber, abiarazitako jardunean buru-belarri jarraitu behar dugula. Hori horrela izanik, etorkizun hurbilean, ikerketa zientifikoan sakontzeko ikuspegi eta estrategia berriak landu beharko genituzke, ondarea berreskuratzeko lanari eustearekin batera.

Adibidez, azken lau urte hauetan lurraldearen perspektiban aurrera egin dugula esan dezakegu. Espazio berriak esploratu ditugu eta aurreko kanpainetan azaletik ezagututako testuinguruak ere ikuskatu ditugunez, Tirisi buruz dugun ikuspegi kuantitatibo eta kualitatiboa areagotu egin da. Izan ere, gero eta lurralde zabalagoa arakatu dugu eta, gainera, lurralde hori osatzen duten ingurune geofisiko bereziek osatzen duten askotariko mosaikoaz jabetzen ari gara.

Horren guztiaren ondorioz, Tirisko geografiaren irudi gero eta objektiboagoa eta bidezkoagoa lortzen ari gara, paisaiaren antolamendu topografikoarena, erliebearen banaketa eta eraketarena..., eta, horrekin batera, bertako prozesu geomorfologikoen ezagutza eta esanahiarena ere bai. Horri esker, kontrolatutako kultura-keinuen laginaren adierazkortasunari eta ordezkagarritasunari buruzko balioespen fidagarriagoa egin dugu. Bestela esateko, Tirisko kultura- eta ingurumen-iragana adierazten duten lekukotzen baliagarritasunari buruzko balioespen fidagarriagoa.

Dena den, nahiz eta jardunak areagotu eta zabaldu egin ditugun espazioan, eta nahiz eta Tirisko hiru administrazio-barrutietan egindako jardunen arteko proportzionaltasuna lortu nahi izan dugun –horrek ez du esan

Finalmente, añadamos a todo ello que asimismo se han dado los primeros pasos orientados hacia la formulación de un programa específico de valoración del estado de conservación del patrimonio artístico rupestre del Tiris. Un grave problema que requiere de urgentes medidas preventivas de conservación y restauración[3].

3. CAMPAÑAS DE INVESTIGACIÓN Y ORIENTACIONES EN LA EXPLORACIÓN DEL TERRITORIO

Evidentemente, son muy numerosos los datos recuperados en las asimismo diversificadas líneas de investigación en curso. Esta pluralidad temática induce a pensar, por una parte, que habrá que contemplar, comparativamente, diferencias de progreso y conocimiento disponible en los diferentes campos de estudio tratados. Y, por otra parte, que teniendo presente la magnitud superficial de nuestro marco geográfico de operaciones, el Tiris saharaui "liberado", con una superficie próxima a los 30.000 km², que resten aún importantes vacíos de reconocimiento territorial en el diseño cartográfico de la región. Todo lo cual significa que hemos cubierto y alcanzado algunos de los objetivos planteados, mas que debemos de perseverar en la tarea emprendida. Así pues, el futuro inmediato debiera contemplar y conjugar, en buena lógica, nuevas perspectivas y estrategias que puedan proponerse de cara a una profundización en la investigación científica, junto a la prosecución en la labor de recuperación patrimonial.

Así, por ejemplo, podemos avanzar que, en este último cuatrienio, se ha progresado sensiblemente en la perspectiva del territorio. La exploración de nuevos espacios y la inspección de contextos reconocidos superficialmente en otras campañas, han contribuido a ampliar nuestra visión cuantitativa y cualitativa del Tiris. Pues, además de ser cada vez más extenso el terreno rastreado, se advierte asimismo el diversificado mosaico de entornos geofísicos particulares que lo configuran.

Todo ello, aporta, en principio, una imagen progresivamente más objetiva y justa de la geografía del Tiris, de la organización topográfica del paisaje, de la distribución y configuración del relieve,..., y, con ello, del conocimiento y significado de sus procesos geomorfológicos. Lo que asimismo transfiere una valoración más fidedigna sobre la representación y la representatividad del muestreo de gestos culturales controlados. En otras palabras, de la valía de los testimonios demostrativos de su pasado cultural y ambiental.

No obstante, a pesar de la intensificación y expansión de las actuaciones en el tránsito del espacio, y a pesar de nuestra pretendida –y no por ello lograda– proporcionalidad en las actuaciones de campo entre las tres circunscripciones administrativas del Tiris, queda aún una labor de considerable envergadura por realizar. Por diversas circunstancias, las áreas meridionales del Tiris son las que concentran el mayor número de actuaciones y, por lo tanto, donde los resultados son más perceptibles. Una

للافادة بالمعلومات، تعتبر ضمانة لقيمة المعلومات المحصلة؛ هدفنا هو محاولة الحصول مستقبلا على فهرس - جرد شامل ودقيق لأسماء المواقع الجغرافية: قاعدة المعلومات الاصلية للثراء والتنوع اللغوي لتيرس الصحراوية، وفرة من المعلومات التي تسمح في المستقبل، بوضع خريطة من اسماء المواقع الجغرافية لمجال دراستنا. اهداف لايزال طريق العبور دونها طويلا [2].

ان المساهمات الميدانية الجديدة المقام بها، ومتابعة المعالجة الرقمية للمعلومات والمراجع الجغرافية، فيما يتعلق باعادة البناء الخرائطي للارض، تبقى هي الضمانة لهدف تحقيق منظور جديد ومتجدد، متعدد المواضيع، في المجال الطبيعي للارض. ويضاف الى ذلك اقامة مصادر تعليمية كتكميل لازم من اجل انجاز الجرد التراثي.

اخيرا نضيف الى ذلك انه تم اتخاذ خطوات اولية لوضع برنامج خاص بتقييم حالة التراث الفني الصخري لتيرس، والذي يتطلب اجراءات عاجلة من اجل صيانته والمحافظة عليه [3].

3. حملات البحث و التوجيه في مجال استكشاف الارض

كثيرة هي المعلومات المتَحصل عليها مؤخرا، وكذلك طرق البحث الجاري، وهو تنوع موضوعي يحث على التفكير من جهة، اذ ينبغي التأمل بشكل يقارن بين التقدم ومختلف المعلومات المتاحة، في شتى ميادين الدراسة، التي تم التطرق لها. ومن جهة اخرى، نستحضر سعة المساحة الجغرافية لعملياتنا. فتيرس الصحراوية "المحررة" تقارب مساحتها حوالي 30.000 كلمترا مربعا، ولاتزل اجزاء هامة منها خارج التصميم الخرائطي لدراسة الاقليم. كل هذا يعني اننا حققنا بعض الاهداف المرسومة، ويجب علينا مزيد من المثابرة في المهمة التي نضطلع بها. هكذا ينبغي التأمل في المستقبل القريب بمنظور واستراتيجية جديدة، يمكن ان تُقترح من اجل تعميق البحث العلمي، الى جانب مهمة استرجاع التراث.

بهذا يمكننا ان نتقدم؛ بحيث انه في السنوات الاربع الاخيرة تم احراز تطور ملموس على مستوى المنظور الميداني. فاكتشاف مجالات جديدة للبحث في سياقات ميدانية معروفة على مستوى السطح، خلال حملات اخرى، ساهمت في توسيع نظرتنا لتيرس كما ونوعا، و فضلا على ان مجال تتبع البحث يأخذ في الاتساع مرة بعد اخرى، نلاحظ وجود فسيفساء من البيئات الجيوفيزيائية الخاصة في تشكيلها.

prétention d'approche du passé socio-environnemental du Tiris. Le contrôle de certains dépôts paléolacustres et paléodunaires contribuent à éclaircir et préciser temporellement, l'amplitude et les alternances climatiques dans le territoire durant les différents tronçons de l'Holocène et la partie plus avancée du précédent Pléistocène: cela apporte une perspective originale des différentes circonstances paléoenvironnementales du territoire et de leur signification pour ce qui a trait aux groupes humains.

Nous croyons, d'autre part, suivre la bonne voie en ce qui concerne la récupération du patrimoine toponymique. Le geste d'impliquer dans cette tâche tous les habitants et les personnes connaissant le milieu physique, en tant qu'agents directs de l'information, suppose une garantie de la validité des données recueillies. Notre propos étant d'essayer de disposer dans le futur d'un exhaustif et rigoureux catalogue-inventaire du patrimoine toponymique: une base de données originale de la richesse et de la variété linguistique du Tiris sahraoui. Un potentiel d'informations qui, en définitive, permette l'élaboration d'une nouvelle carte toponymique de notre cadre d'étude. Des objectifs pour l'atteinte desquels il reste encore, indubitablement, un long chemin à parcourir[2].

En ce qui concerne la reconstruction cartographique du territoire, les nouveaux apports de terrain effectués et la continuité du traitement digitalisé et géoréférencé des ces informations constituent toujours une garantie dans le propos d'obtenir une nouvelle perspective, renouvelée et thématiquement plurielle, de l'espace physique. Et, de plus, ils s'érigent en tant que source didactique complémentaire et indispensable dans la confection de tout catalogue patrimonial.

Finalement, ajoutons à tout ceci que l'on a fait également les premiers pas vers la formulation d'un programme spécifique d'évaluation de l'état de conservation du patrimoine artistique rupestre du Tiris. Un grave problème qui requiert d'urgentes mesures préventives de conservation et de restauration[3].

3. CAMPAGNES D'INVESTIGATION ET ORIENTATIONS DANS L'EXPLORATION DU TERRITOIRE

Évidemment, ce sont nombreuses les données récupérées dans les également diversifiées lignes d'investigation en cours. Cette pluralité thématique induit à penser, d'une part, qu'il faudra contempler, comparativement, des différences de progrès et de connaissance disponible dans les différents champs d'étude traités. Et, d'autre part, compte tenu de la magnitude superficielle de notre cadre géographique opérationnel, le Tiris sahraoui «libéré», d'une superficie approchant les 30.000 km², qu'il reste encore des importants vides de reconnaissance territoriale dans la conception cartographique de la région. Tout cela signifie que nous avons couvert et atteint certains des objectifs posés, mais que nous devons persévérer dans la tâche entreprise. Pourtant, le futur immédiat devrait envi-

Basamortua zeharkatzea beti da zaila eta neketsua baina, zenbait kasutan, are gogorragoa eta konplikatuagoa izan daiteke.
La siempre difícil y costosa travesía del desierto puede resultar en casos bastante más dura y complicada.
عبور الصحراء، الصعب والمكلف دائما، قد يحصل في بعض الاحيان ان تكون اكثر قساوة وتعقيدا.
La toujours difficile et coûteuse traversée du désert peut parfois devenir davantage dure et compliquée.

nahi lortu dugunik–, oraindik ere lan handia dugu egiteko. Hainbat arrazoigatik, Tirisko hegoaldeko eremuan pilatu dira jardun gehien eta, beraz, emaitzak eremu horretan dira nabariagoak. Baina etorkizun hurbilean joera hori zuzendu egin beharko dugu eta beste eremu batzuetan berariaz indartu beharko ditugu esplorazio-misioak. Izan ere, egia esan, zenbait eremu oso-oso handiak eta garrantzitsuak dira: adibidez, iparraldeko heren ia osoa, hego-ekialdeko muturrak edo mendebaldeko zerrenda, nabarmenenak aipatzearren.

Azken 4 urteotan, segidako 8 ikerketa-kanpaina egin ditugu lurraldean bertan (urtean bi) eta behaketa etno-antropologikoa egiteko 2 egonaldi. Horien guztien jarduteko lurralde-esparrua Tirisko lurralde "libreak" izan ziren. Talde guztiak aintzat hartuta, 29 lagunek parte hartu zuten modu aktiboan (horietatik 19 sahararrak). Oro har, neguko kanpainetan 3.500 km baino gehiago egin ditugu basamortuan eta, udazkenekoetan, aldiz, 3.000 km inguru. 8 misio erregular horietan guztira 209 egun inbertitu ditugu. Bizikidetza antropologikorako bi egonaldietan, aldiz, 46 egun.

Hona hemen 10 misioak, kronologikoki antolatuta:

1. V. ESPLORAZIO KANPAINA: 2008KO OTSAILAREN 16TIK MARTXOAREN 15ERA.

Jarduera nagusiak honako hauek izan ziren: prospekzio arkeologikoa, ingurune naturalen kontrola eta Tirisko 3 eskualdeetako erregistro kartografikoa. Gehien arakatu ziren eremuak honako hauek izan ziren: a) Mijek-en: Oum Agneina, Kidhiet Mijek-Ethabâa harana, Tamnairatn eta

orientación que deberá corregirse en el futuro inmediato con la potenciación de misiones exploratorias específicamente sobre otras partes del territorio. Y es que algunas de estas resultan, ciertamente, de muy notable extensión y entidad: como, por ejemplo, la práctica integridad del tercio septentrional, el extremo suroriental o la franja occidental, por señalar aquellas más aparentes.

En estos últimos 4 años se han realizado de forma consecutiva 8 campañas regulares de investigación sobre el terreno (dos por cada año) y 2 estancias de observación etno-antropológica. Todas ellas tuvieron como marco territorial de actuación las tierras "libres" del Tiris. Participaron activamente en los distintos equipos 29 personas diferentes (de las que 19 fueron ciudadanos saharauis). En general, las campañas de invierno han sobrepasado los 3.500 km de recorrido por el desierto, mientras que las de otoño se ajustan más a los 3.000 km. El total de días invertidos en esas 8 misiones regulares fue de 209. Las dos estancias de cohabitación antropológica, por su parte, sumaron los 46 días.

He aquí la ordenación cronológica de las 10 misiones:

1. V CAMPAÑA DE EXPLORACIONES: DEL 16 DE FEBRERO AL 15 DE MARZO DE 2008.

Centró su actividad investigadora en la prospección arqueológica, el control de medios naturales y el registro cartográfico en las 3 regiones del Tiris. Las zonas más intensamente reconocidas fueron: a) en Mijek: Oum Agneina, Kidhiet Mijek-Valle de Ethabâa, Tamnairatn y Timkerdad; b) en Agüenit: Gleb Raui y Gleb Tinlluleg; y,

كل ذلك يوفر من حيث المبدأ، تصورا تدريجيا اكثر موضوعية وهاديفية لجغرافية تيرس، للتنظيم التوبوغرافي للمشهد العام، والتوزيع، والشكل التضاريسي. ومع ذلك لمعرفة وفهم مسلسل عملياته الجغرافية الحية (الجيومورفولوجية)، مما يعطي كذلك تقييما موثوقا عما تمثله عينات الاشارات الثقافية التي تم القيام بفحصها. بعبارة اخرى، قيمة الشهادات التي تبرهن على الماضي الثقافي والبيئي.

وبالرغم من تكثيف وتوسّع الانشطة في عبور المجال، ـ والمساعي التي لم تتم ـ فان نسبة العمل الميداني في المحافظات الادارية الثلاثة لتيرس، الذي لم يتم القيام به بعد، تبقى نسبة معتبرة. وبسبب مجموعة من الظروف المختلفة، فان المناطق الجنوبية من تيرس، هي التي شهدت اكثر الانشطة، والتي كانت النتائج فيها ملموسة. هذا التوجه يجب تصحيحه في المستقبل المنظور، من خلال تقويته ببعثات استكشافية خاصة، حول مواقع اخرى من المنطقة. ان بعض تلك المناطق الواسعة: على سبيل المثال، اجمالي الثلث الشمالي، والطرف الجنوبي الشرقي او القطاع الغربي، هي اماكن واسعة يجب الاشارة اليها.

لقد تم القيام، في السنوات الاربع الاخيرة، بثماني رحلات بحث عادية، بطريقة متواصلة في الميدان (رحلتان للسنة)، واقامتان من اجل الملاحظة والدراسة، لسلوك المجموعات البشرية القديمة (etno – antropológica). كل ذلك تم القيام به على الاراضي المحررة من تيرس. وقد شارك في العمل بحيوية فرق مختلفة تتكون من 29 فردا (من بين هذا الرقم 19 فردا صحراويا). وعلى العموم ان الرحلات الشتوية قطعت مسافة تتجاوز 3500 كلم من الصحراء، بينما الرحلات الخريفية اجتازت 3000 كلم. وقد استغرقت مدة القيام بالرحلات الثمانية، ما مجموعه 209 ايام. وقد بلغت مدة اقامتيْ المعايشة ستة واربعين يوما (46).

وتم وضع ترتيب زمني للمهام العشر(10):

1. الحملة الخامسة للاستكشافات: من 16 فبراير الى 15 مارس 2008.

ركزت نشاطها البحثي على المسح الاثري، ومراقبة الوسائل الطبيعية والتسيجل الخرائطي، في المناطق الثلاث لتيرس. ان المناطق المتعرف عليها اكثر هي: ا) في **ميجك: ام اڭنَيْنَه، كديتْ ميجك ـ وادي الظبعة، تامْنيْراتن، تيمْكرداد.** ب) في آغوينيت: **ڭلِيبِ الراوِي، اڭليب تنْيولـڭ.** ج) في **الدوڭج: امهيْرزات، فلكلكْ، آدكمار، آمزڭزاڭ لمديْسمات، ڭلاّبت خيرلل، ڭلاّبت الخيل.**

sager et conjuguer, en bonne logique, les nouvelles perspectives et stratégies pouvant être proposées en vue d'un approfondissement de l'investigation scientifique, joint à la poursuite du travail de récupération patrimoniale.

Ainsi, par exemple, nous pouvons avancer qu'au cours de ces quatre dernières années, il y a eu un sensible progrès dans la perspective du territoire. L'exploration de nouveaux espaces et l'inspection de contextes reconnus superficiellement dans d'autres campagnes, a contribué à amplifier notre vision quantitative et qualitative du Tiris. Mais, outre la plus grande étendue de terrain ratissé, il est à remarquer le diversifié mosaïque d'environnements géophysiques particuliers qui le configurent.

Tout cela, apporte, en principe, une image progressivement plus objective et juste de la géographie du Tiris, de l'organisation topographique du paysage, de la distribution et de la configuration du relief... et, conjointement, la connaissance et la signification de ses procès géomorphologiques. Ce qui également transfère une évaluation plus fidèle de la représentation et la représentativité de l'échantillonnage de gestes culturels contrôlés. En d'autres termes, de la valeur des témoignages démonstratifs de son passé culturel et environnemental.

Néanmoins, malgré l'intensification et l'expansion des interventions dans le transit de l'espace, et malgré notre prétendue –et non pas pour autant réussie– proportionnalité dans les interventions de terrain entre les trois circonscriptions administratives du Tiris, il reste encore un travail de considérable envergure à réaliser. Dû à des diverses circonstances, les aires méridionales du Tiris sont celles qui concentrent le plus grand nombre d'interventions et, en conséquent, où les résultats sont plus perceptibles. Une orientation qui devra être corrigée dans le futur immédiat par l'élévation des missions exploratoires spécifiquement sur d'autres parties du territoire. Si bien il est vrai que quelques-unes d'entre elles présentent, certainement, une notable étendue et entité: comme, par exemple, la pratique totalité du tiers septentrional, l'extrême sud-oriental ou la frange occidentale, ne signalant par-là que les plus apparentes.

Au cours de ces 4 dernières années ont été réalisées de manière consécutive 8 campagnes régulières d'investigation sur le terrain (deux par an) et 2 séjours d'observation ethno-anthropologique. Elles ont eu toutes comme cadre territorial d'opération les terres «libres» du Tiris. Reparties en équipes, 29 personnes différentes ont participé activement (dont 19 étaient des citoyens sahraouis). En général, les campagnes d'hiver ont dépassé 3.500 km de parcours à travers le désert, tandis que celles d'automne en sont restées à environ 3.000 km Le total de journées investies dans ces 8 missions régulières a été de 209. Quant aux deux séjours de cohabitation anthropologique, ils ont additionné 46 journées.

Voici l'ordre chronologique des 10 missions:

Timkerdad; b) Agüenit-en: Gleb Raui eta Gleb Tinlluleg; eta, c) Duguech-en: Emherisat, Feleklek, Adakmar, Amzagzag, Lemdeismat, Galabt Jeral-la eta Galabt El Jeil.

Lan taldea honako hauek osatu zuten: Andoni Saenz de Buruaga, Hossien Mohamed Ali, Juan Mari Arruabarrena, Chej Ouana Sidahmed, Xabier Errasti, Daday Mohamed Mberek, Bachari Lamen Dadi eta Salamo Daday Mohamed.

2. VI. ESPLORAZIO KANPAINA: 2008KO IRAILAREN 27TIK URRIAREN 18RA.

Kanpaina horretan azterketa-esparru paleosozioetnografikoaren eta toponimikoaren ikerketa sistematikoari ekin zitzaion. Hori horrela, alde batetik, 2006. eta 2007. urteetan hainbat proba metodologiko egin ostean, Tirisko beduinoei elkarrizketa espezializatuak egiteko programa erregularra martxan jarri genuen: guztira 17 elkarrizketa egin genituen eta 26 bat orduko soinu-erregistroa sortu genuen, elkarrizketekin. Bestetik, "*ohar toponimikoen koadernotxoak*" banatu genituen, 12 hain justu, Saharako mendebaldeko eskualde horietan barrena ibiltzen diren kolektibo nomaden artean.

Arkeologiari dagokionez, beste garai batzuetan bibliografikoki erregistratutako aztarnategiak modu sistematikoan berraztertu genituen: jardun nagusiak Bu Lejzeimat, Eij, Lejuad eta Galb Admar-en ondoren dagoen lautadaren inguruan gauzatu genituen.

Hona hemen taldekideak: Andoni Saenz de Buruaga, Hossien Mohamed Ali, María Rosario García Ortega, Daday Mohamed Mberek, Asier Olazabal, Halienna Badadi Ali, Mata-la Saleh Chej eta Bachari Lamen Dadi.

3. VII. ESPLORAZIO KANPAINA: 2009KO OTSAILAREN 17TIK MARTXOAREN 14RA.

Prospekzio arkeologikoa, ingurumeneko baliabide eta testuinguruen ikuskapena eta Tirisko 3 administrazio-barrutietan erregistro kartografikoa egiteaz gain, kanpaina horretan aztergai dugun lurraldeko ingurune geologikoa eta askotariko inguru sedimentarioak ikertu genituen. Horren osagarri, zundaketa sedimentologikoa egin genuen Galabt Jeral-la W-1 sebjako (Duguech) muinolekuko batean.

Gehien arakatu ziren eremuak honako hauek izan ziren: a) Mijek-en: Emdeinat El Fâa, Gleb Terzuz, Bu Lejzeimat, El Haulía lautada, Gleibat El Barka eta Gleibat Audeirat; b) Agüenit-en: Azaig Bdrag, Âlam sebja eta El Jathra sebja; eta, c) Duguech-en: Lemdeismat, Eij, Galabt Jeral-la, Batn El Kelba, Gleb Bajuag, Gnefisat Bayda, Shikshak eta Karrashiet.

Lan-taldean parte hartu zutenak: Andoni Saenz de Buruaga, Hossien Mohamed Ali, Juan Mari Arruabarrena, Daday Mohamed Mberek, Sergio Martínez de Rituerto, Mohamed-Lamin Yamâa Breh, Bachir Aibad Alamin eta Maichan Liman Kmach.

c) en Duguech: Emherisat, Feleklek, Adakmar, Amzagzag, Lemdeismat, Galabt Jeral-la y Galabt El Jeil.

El equipo de trabajo estuvo integrado por: Andoni Sáenz de Buruaga, Hossien Mohamed Ali, Juan María Arruabarrena, Chej Ouana Sidahmed, Xabier Errasti, Daday Mohamed Mberek, Bachari Lamen Dadi y Salamo Daday Mohamed.

2. VI CAMPAÑA DE EXPLORACIONES: DEL 27 DE SEPTIEMBRE AL 18 DE OCTUBRE DE 2008.

En esta campaña se dio inicio a la investigación sistemática de los campos de estudio paleosocioetnográfico y toponímico. Así, por una parte, tras unos ensayos metodológicos puntuales en 2006 y 2007, se comenzó con el programa regular de entrevistas especializadas a la población beduina del Tiris: realizándose un total de 17 y registrándose en torno a las 26 horas de sonido con diálogos efectivos. Por otra parte, se repartieron 12 "*cuadernillos de anotaciones toponímicas*" entre los colectivos nómadas que transitan estas regiones del Oeste sahariano.

En la vertiente arqueológica se procedió a la revisión sistemática de los yacimientos registrados bibliográficamente en otras épocas: focalizándose las actuaciones en torno a Bu Lejzeimat, Eij, Lejuad y la planicie inmediata a Galb Admar.

Compusieron el equipo de trabajo: Andoni Sáenz de Buruaga, Hossien Mohamed Ali, María Rosario García Ortega, Daday Mohamed Mberek, Asier Olazabal, Halienna Badadi Ali, Mata-la Saleh Chej y Bachari Lamen Dadi.

3. VII CAMPAÑA DE EXPLORACIONES: DEL 17 DE FEBRERO AL 14 DE MARZO DE 2009.

Además de la práctica de la prospección arqueológica, de la inspección de contextos y recursos medioambientales y del registro cartográfico en las 3 circunscripciones administrativas del Tiris, se trabajó en esta ocasión en el conocimiento del medio geológico y de los diversificados ambientes sedimentarios del territorio de estudio. Complementariamente, se procedió a la realización de un sondeo sedimentológico en una mota-testigo de la sebja de Galabt Jeral-la W-1 (Duguech).

Las áreas más activamente rastreadas fueron: a) en Mijek: Emdeinat El Fâa, Gleb Terzuz, Bu Lejzeimat, planicie El Haulía, Gleibat El Barka y Gleibat Audeirat; b) en Agüenit: Azaig Bdrag, sebja Âlam y sebja El Jathra; y, c) en Duguech: Lemdeismat, Eij, Galabt Jeral-la, Batn El Kelba, Gleb Bajuag, Gnefisat Bayda, Shikshak y Karrashiet.

Participaron en el equipo de trabajo: Andoni Sáenz de Buruaga, Hossien Mohamed Ali, Juan María Arruabarrena, Daday Mohamed Mberek, Sergio Martínez de Rituerto, Mohamed-Lamin Yamâa Breh, Bachir Aibad Alamin y Maichan Liman Kmach.

1. V CAMPAGNE D'EXPLORATIONS: DU 16 FÉVRIER AU 15 MARS 2008.

Elle a centré son activité d'investigation sur la prospection archéologique, le contrôle des milieux naturels et le registre cartographique dans les 3 régions du Tiris. Les zones les plus intensément reconnues ont été : a) à Mijek: Oum Agneina, Kidhiet Mijek-Vallée d'Ethabâa, Tamnairatn et Timkerdad; b) à Agüenit: Gleb Raui et Gleb Tinllu-leg; et, c) à Duguech: Emherisat, Feleklek, Adakmar, Amzagzag, Lemdeismat, Galabt Jeral-la et Galabt El Jeil.

L'équipe de travail a été intégrée par: Andoni Sáenz de Buruaga, Hossien Mohamed Ali, Juan María Arruabarrena, Chej Ouana Sidahmed, Xabier Errasti, Daday Mohamed Mberek, Bachari Lamen Dadi et Salamo Daday Mohamed.

2. VI CAMPAGNE D'EXPLORATIONS: DU 27 SEPTEMBRE AU 18 OCTOBRE 2008.

Lors de cette campagne commence l'investigation systématique des champs d'étude paléosocioethnographique et toponymique. Ainsi, d'une part, après des essais méthodologiques ponctuels en 2006 et 2007, commença le programme régulier d'interviews spécialisées à la population bédouine du Tiris: un total de 17 ont été réalisées et environ 26 heures enregistrées de support sonore avec des dialogues effectifs. D'autre part, on a distribué 12 *«cahiers d'annotations toponymiques»* aux collectifs nomades qui transitent par les régions de l'Ouest sahraoui.

Du côté archéologique il a été procédé à la révision systématique des gisements registrés bibliographiquement à d'autres époques: les interventions ont été focalisées autour de Bu Lejzeimat, Eij, Lejuad et la plaine immédiate à Galb Admar.

L'équipe de travail a été intégrée par: Andoni Sáenz de Buruaga, Hossien Mohamed Ali, María Rosario García Ortega, Daday Mohamed Mberek, Asier Olazabal, Halienna Badadi Ali, Mata-la Saleh Chej et Bachari Lamen Dadi.

3. VII CAMPAGNE D'EXPLORATIONS: DU 17 FÉVRIER AU 14 MARS 2009.

En plus de la pratique de la prospection archéologique, de l'inspection des contextes et des ressources environnementales et du registre cartographique dans les 3 circonscriptions administratives du Tiris, le travail visa à cette occasion la connaissance du milieu géologique et des diversifiées ambiances sédimentaires du territoire d'étude. Complémentairement, il a été procédé à la réalisation d'un sondage sédimentologique sur une poussière-témoin de la sebkha de Galabt Jeral-la W-1 (Duguech).

Les aires les plus activement ratissées ont été: a) à Mijek: Emdeinat El Fâa, Gleb Terzuz, Bu Lejzeimat, plaine d'El Haulía, Gleibat El Barka et Gleibat Audeirat; b) à Agüenit: Azaig Bdrag, sebkha Âlam et sebkha El Jathra; et, c) à

لقد كان فريق العمل يتكون من: اندونيساينث دي بورواڭا. الحسين محمد عالي. خوان ماريا آروبيا آرينا. الشيخ ونة سيداحمد. سابيير ايراستي. دداي محمد امبارك. بشاري لمن ددي. سلامو ددي محمد.

2. الحملة السادسة للاسكتشافات: من 27 سبتمبر الى 18 اكتوبر 2008.

نجمت عن هذه الحملة انطلاقة البحث المنهجي لمجالات دراسة المجوعات العرقية للعصر الحجري القديم (paleosocioetnográfica)، ولاسماء المواقع الجغرافية (toponímico). هكذا وبعد اجراء بعض الاختبارات المنهجية الدقيقة في سنتي 2006 و2007، تم البدء ببرنامج عادي، من المقابلات الموجه للسكان البدو بتيرس، محققين 17 مقابلة وموثقين حوالي 26 ساعة من التسجيلات الصوتية من الحوارات الفعلية. ومن جهة اخرى تم توزيع 12 كتيبا لتسجيل الاسماء الجغرافية، على مجموعات الرحل العابرين لتلك المنطقة من الغرب الصحراوي، وفي الجانب الاثري، تم الشروع في المراجعة المنهجية للاثار الثقافية القديمة (yacimientos)، الموثقة ببليوغرافيا، في فترات اخرى، و مركزين الجهود حول مناطق **بولخزيمات، ايج، لجواد،** والسهل المباشر **لـڭلب آدمار.**

وتم تشكيل فريق العمل من: آندوني ساينث دي بورواڭا. الحسين محمد عالي. ماريا الروساريو. غارثيا اورتيغا. دداي محمد امبارك. آسير اولاثابال. خليهن بدادي اعلي. معطّل الصالح الشيخ. بشاري لمن ددي.

3. الحملة السابعة للاستكشافات: من 17 فبرايرالى 14 مارس 2009.

اضافة الى ممارسة عمل التنقيب الاثري، وبحث الظروف الميدانية والمصادر البيئية، والتسجيل الخرائطي، بالمحافظات الثلاث لتيرس، تم العمل ايضا، من اجل التعرف على الوسط الجيولوجي، ولمختلف الرسوبات البيئية في المجال الارضي للدراسة. وقد تم الشروع بصورة اضافية، في عملية تنقيب على صخور رسوبية، في بقعة من بحيرة قديمة، بسبخة **ڭلاّبت خير الل** غرب1 **(الدوڭح)** 1- W.

وكانت المناطق التي تم التركيز عليها بالمسح هي: ا) في **مجيك: امدينات اللفاع، ڭليب الترثوث، بولخزيمات، سهل الحولية، اڭليبات البركه، اڭليبات آوديْرات.** ب) **آغوينيت: آزايـڭ بدْرڭ سبخة العالم، السبخة الخظرة.** ج) في **الدوڭح: لمديسمات، أيج، ڭلاّبت خير الل، بطن الكلبه، اڭليب بخواڭ خنيفيسة البيظه، الشكشاك، الكرّاشيات.**

4. VIII. ESPLORAZIO KANPAINA: 2009KO IRAILAREN 19TIK URRIAREN 10ERA.

2008ko udazkeneko kanpainan bezalaxe, ikerketa paleosozioetnografikoa eta toponimikoa bultzatzen jarraitu genuen. Horren ondorioz, 14 elkarrizketa egin genituen (gutxi gorabehera 28 ordu daude grabatuta) eta *"ohar toponimikoen koadernotxoak"* banatu (8 koadernotxo).

Horretaz gain, beste garai batzuetan bibliografikoki erregistratutako aztarnategiak aztertzen jarraitu genuen: batik bat, Lejuad eta Eij inguruetan. Bestalde, labar-artearen kontserbazio-egoeraren aldez aurreko balioespena egin genuen eta arte-kokaleku bat (Lejuad VIII-ko harpea) zehatz-mehatz aztertu.

Lan taldea honako hauek osatu zuten: Andoni Saenz de Buruaga, Hossien Mohamed Ali, Juan Carlos López Quintana, Daday Mohamed Mberk, María Rosario García Ortega, Malainin Aomar Sidi-Said, Amagoia Guenaga, Ahmed Abdi Ali eta Hamdi Ali Hamma.

5. IX. ESPLORAZIO KANPAINA: 2010EKO OTSAILAREN 9TIK MARTXOAREN 6RA.

Oraingoan, prospekzio arkeologikoa, ingurumenekoa eta kartografikoa egiteaz gain, toponimia-lanari eman zitzaion garrantzia eta *"ohar toponimikoen koadernotxoak"* banatu genituen (guztira, 18, Tirisko eskualde bakoitzean 6) eta toponimoak in situ zuzendu genituen, argitaratutako orri kartografikoetan agertzen den nomenklaturari eta kokapenari jarraiki. Bestalde, 2 zundaketa sedimen-

4. VIII CAMPAÑA DE EXPLORACIONES: DEL 19 DE SEPTIEMBRE AL 10 DE OCTUBRE DE 2009.

Como en la campaña de otoño de 2008, se siguió impulsando la investigación paleosocioetnográfica y toponímica. En consecuencia, se efectuaron 14 entrevistas (con un número cercano a las 28 horas de diálogos registrados) y se distribuyeron 8 *"cuadernillos de anotaciones toponímicas"*.

Además, se continuó con la revisión sistemática de los yacimientos registrados bibliográficamente en otras épocas: especialmente, en torno a las áreas de Lejuad y Eij. Por otra parte, se procedió a una valoración preliminar del estado de conservación del arte rupestre y al estudio, más detallado, de una estación artística (el abrigo de Lejuad VIII).

El equipo de trabajo estuvo formado por: Andoni Sáenz de Buruaga, Hossien Mohamed Ali, Juan Carlos López Quintana, Daday Mohamed Mberk, María Rosario García Ortega, Malainin Aomar Sidi-Said, Amagoia Guenaga, Ahmed Abdi Ali y Hamdi Ali Hamma.

5. IX CAMPAÑA DE EXPLORACIONES: DEL 9 DE FEBRERO AL 6 DE MARZO DE 2010.

En esta ocasión, junto a las tareas de prospección arqueológica, medioambiental y cartográfica, se dio un impulso a la labor toponímica con la distribución de 18 *"cuadernillos de anotaciones toponímicas"* (6 en cada una de las regiones del Tiris) y la corrección in situ de topóni-

Egitura trabertinikoa, Farfarat-eko sebjan (Mijek) kontrolatua.
Formación travertínica controlada en la sebja de Farfarat (Mijek).
التشكلة الجيرية travertínica المضبوطة، بسبخة الفرفارات (ميجك).
Formation travertinique contrôlée dans la sebkha de Farfarat (Mijek).

Duguech: Lemdeismat, Eij, Galabt Jeral-la, Batn El Kelba, Gleb Bajuag, Gnefisat Bayda, Shikshak et Karrashiet.

L'équipe de travail a été intégrée par: Andoni Sáenz de Buruaga, Hossien Mohamed Ali, Juan María Arruabarrena, Daday Mohamed Mberek, Sergio Martínez de Rituerto, Mohamed-Lamin Yamâa Breh, Bachir Aibad Alamin et Maichan Liman Kmach.

4. VIII CAMPAGNE D'EXPLORATIONS: DU 19 SEPTEMBRE AU 10 OCTOBRE 2009.

Comme dans la campagne d'automne 2008, on a continué d'impulser l'investigation paléosocioethnographique et toponymique. En conséquence, ont été effectuées 14 interviews (avec un nombre approchant les 28 heures de dialogues enregistrés) et ont été distribués 8 *«cahiers d'annotations toponymiques»*..

En outre, on a poursuivi la révision systématique des gisements enregistrés bibliographiquement à d'autres époques: spécialement, autour des aires de Lejuad et Eij. D'autre part, on a procédé à l'évaluation préliminaire de l'état de conservation de l'art rupestre et à l'étude, plus en détail, d'une station artistique (l'abri de Lejuad VIII).

L'équipe de travail a été intégrée par: Andoni Sáenz de Buruaga, Hossien Mohamed Ali, Juan Carlos López Quintana, Daday Mohamed Mberk, María Rosario García Ortega, Malainin Aomar Sidi-Said, Amagoia Guenaga, Ahmed Abdi Ali et Hamdi Ali Hamma.

5. IX CAMPAGNE D'EXPLORATIONS: DU 9 FÉVRIER AU 6 MARS 2010.

À cette occasion, conjointement aux tâches de prospection archéologique, environnementale et cartographique, on a promu le travail toponymique avec la distribution de 18 *«cahiers d'annotations toponymiques»* (6 dans chacune des régions du Tiris) et la correction in situ des toponymes conforme à la nomenclature et localisation qui présentent les feuilles cartographiques éditées. En outre, on a réalisé 2 sondages sédimentologiques dans les dépôts travertiniques des rebords du segment de la sebkha d'Emherisat 1-NW/1 (Duguech).

Les zones plus intensément reconnues ont été: a) à Mijek: plaine d'Oum Tbul, Agsumal, Gleb El Cabo et Gleibat El Barka; b) à Agüenit: Arakim Âajen, Grona, Buder Bala et Larruia; et, c) à Duguech: Tingefuf, Galabt Duguech, Lejuad et Sebkha Zug.

L'équipe de travail a été intégrée par: Andoni Sáenz de Buruaga, Hossien Mohamed Ali, Juan María Arruabarrena, Daday Mohamed Mberek, Patxi Salaberri, Halienna Badadi Ali, Ahmed Abdi Ali et Malainin Aomar Sidi-Said.

6. I SÉJOUR D'OBSERVATION ETHNO-ANTHROPOLOGIQUE: DU 13 AVRIL AU 1ER MAI 2010.

اما المشاركون في فريق العمل فهم: اندونيساينث دي بوروواكا. الحسين محمد عالي. خوان ماريا آرويبا اروينا. دداي محمد امبارك. سيْرخيو مارتينيث دي الريتويْرتو. محمد الامين جامع ابريه. البشير عبيد المين. ميشان لمام اكماش.

4. الحملة الثامنة للاستكشافات: من 19 سبتمبر الى 10 اكتوبر 2009.

كما هو الحال بالنسبة لحملة خريف 2008، فقد تواصلت عملية دفع البحوث حول المجموعات العرقية للعصرالحجري القديم (paleosocioetnográfica)، واسماء المواقع الجغرافية (toponímica). وطبقا لما سلف، فقد تم اجراء 14 مقابلة (حوالى28 ساعة من الحوارات المسجلة)، وتم توزيع ثماني "كتيبات لتسجيل المواقع الجغرافية" .

ومع ذلك تابعنا المراجعة المنهجية للاثار الثقافية القديمة (yacimientos) المسجلة بالقوائم المرجعية، خلال فترات اخرى. وخصوصا حول منطقة **الاجواد** و **أيْج**.

ومن جهة اخرى تم القيام بتقييم مسبق لحالة حفظ الفن الصخرى، والدراسة باكثر تفاصيل للمحطة الفنية: (ملجأ **الاجواد** 8).

وكان فريق العمل يتكون من: اندوني ساينث دي بوروواغا. الحسين محمد عالي.خوان كارلوس لوبيث كينتانا. دداي محمد امبارك. ماريا الروساريو غارثيا اورتيغا. ماءالعينين عمر سيدي سعيد. آماغويّا غويناغا. احمد عبدي اعلي. حندي اعلى حمه.

5. الحملة التاسعة للاستكشافات: من 9 فبراير الى 6 مارس 2010

اضافة الى مهام التنقيب الاثري والدراسة البيئية والخرائطية، تم في هذه المره، الدفع بالعمل في اطار تسجل اسماء المواقع الجغرافية، بتوزيع 18 "كتيبات تسجيل المواقع الجعرافية"، (6 كتيبات لكل منطقة من مناطق تيرس)، ثم تم القيام بالتصحيح تلك الاسماء في عين المكان، حسب دلالاتها ومواقعها، في الاوراق الخرائطية المطبوعة. كما تم القيام ايضا بتحقيق حفريات رسوبية بالمستودعات الحجرية الجيرية (travertínicos)، بقطعة من حواف سبخة **امهيْريزات** شمال غرب **الدوڭج** 1/ NW - 1.

المناطق المعروفة جدا: ا) في **ميجك**: سهل **ام اطبول، آغزومال، اڭليب الكابو، اڭليْبات البركة**. ب) في **آغوينيت: اريكيم عجيْن، اڭرونة، بودِرباله، لرْويّه**، ج) في **الدوڭج: تنـْڭافوف، ڭلابت الدوڭج، لجواد**، سبْخة **زوڭ**.

tologiko egin genituen Emherisat 1-NW/1 sebjako (Duguech) segmentuaren ertzetako metaketa trabertinikoetan.

Hona hemen gehien arakatu genituen eremuak: a) Mijek-en: Oum Tbul lautada, Agsumal, Gleb El Cabo eta Gleibat El Barka; b) Agüenit-en: Arakim Âajen, Grona, Buder Bala eta Larruia; eta, c) Duguech-en: Tingefuf, Galabt Duguech, Lejuad eta Sebja Zug.

Lan-talde honetan aritu zirenak: Andoni Saenz de Buruaga, Hossien Mohamed Ali, Juan Mari Arruabarrena, Daday Mohamed Mberek, Patxi Salaberri, Halienna Badadi Ali, Ahmed Abdi Ali eta Malainin Aomar Sidi-Said.

6. BEHAKETA ETNO-ANTROPOLOGIKOA EGITEKO I. EGONALDIA: 2010EKO APIRILAREN 13TIK MAIATZAREN 1ERA.

"*Parte hartuz behatzeko*" lehen esperientzia hori Duguech-eko hegoaldean burutu zen. 3 familia beduinoekin batera egon ginen bizitzen: Ouadad ould Seiluka-ren familia, Zug-eko sebja inguruan; Ahmed Rajel ould El Bujari-ren familia, Batn El Kelba inguruan; eta, Abdaua ould Efuchal-en familia, Lemdeismat-eko lautadan.

Giza taldean ahalik eta jende gutxien egon zen. Hona hemen partaideak: Andoni Saenz de Buruaga, Malainin Aomar Sidi-Said (interprete-lanetan eta Saharako Errepublika Arabiar Demokratikoko agintariekiko harremanetarako bitartekari ofiziala) eta Ahmed Abdi Ali (gidari eta sukaldaria).

7. X. ESPLORAZIO KANPAINA: 2010EKO IRAILAREN 14TIK URRIAREN 9RA.

Kanpaina horretan, funtsean, ikerketa paleosozioetnografikoa egin genuen, Tirisen barrena ibiltzen diren beduinoei inkestak eginez. Guztira 21 elkarrizketa egin genituen eta 50 orduko grabazioa dago jasota. Horren osagarri, Mijek-eko ekialdeko hainbat testuinguru natural eta Duguech eskualdearen hegoaldeko Zug inguruan kokatuta dauden hainbat aztarnategi aztertu genituen.

Lan taldea honako hauek osatu zuten: Andoni Saenz de Buruaga, Hossien Mohamed Ali, María Rosario García Ortega, Daday Mohamed Mberek, Abdati Sidi-Mohamed Abdeljalil, Ahmed Abdi Ali, Malainin Aomar Sidi-Said eta Ali Salek Hasenna.

8. XI. ESPLORAZIO KANPAINA: 2011KO URTARRILAREN 29TIK OTSAILAREN 26RA.

Batik bat, Tirisko hegoaldeko eremuak aztertu genituen: bereziki, Duguech eskualdea eta, hein txikiagoan, Agüenit. Jardun gehienak prospekzio arkeologikokoak izan ziren baina ingurumenarekin eta kartografiarekin loturiko beste hainbat jardun ere egin genituen. Horretaz gain, "*ohar toponimikoen koadernotxoak*" banatu genituen (6 koadernotxo).

mos conforme a la nomenclatura y ubicación que presentan las hojas cartográficas editadas. Además, se realizaron 2 sondeos sedimentológicos en los depósitos travertínicos de los rebordes del segmento de sebja de Emherisat 1-NW/1 (Duguech).

Las zonas más intensamente reconocidas fueron: a) en Mijek: planicie Oum Tbul, Agsumal, Gleb El Cabo y Gleibat El Barka; b) en Agüenit: Arakim Âajen, Grona, Buder Bala y Larruia; y, c) en Duguech: Tingefuf, Galabt Duguech, Lejuad y Sebja Zug.

Formaron parte del equipo de trabajo: Andoni Sáenz de Buruaga, Hossien Mohamed Ali, Juan María Arruabarrena, Daday Mohamed Mberek, Patxi Salaberri, Halienna Badadi Ali, Ahmed Abdi Ali y Malainin Aomar Sidi-Said.

6. I ESTANCIA DE OBSERVACIÓN ETNO-ANTROPOLÓGICA: DEL 13 DE ABRIL AL 1 DE MAYO DE 2010.

Esta primera experiencia de "*observación participante*" se centró en el entorno de la región meridional de Duguech. El objetivo de convivencia lo constituyeron 3 familias beduinas: la de Ouadad ould Seiluka, en las inmediaciones de la sebja de Zug; la de Ahmed Rajel ould El Bujari, en el área de Batn El Kelba; y, la de Abdaua ould Efuchal, en la planicie de Lemdeismat.

El equipo humano estuvo integrado por el mínimo número de personas imprescindibles para la ocasión. Lo compusieron: Andoni Sáenz de Buruaga, Malainin Aomar Sidi-Said (como intérprete y enlace oficial de las autoridades de la RASD) y Ahmed Abdi Ali (como conductor y cocinero).

7. X CAMPAÑA DE EXPLORACIONES: DEL 14 DE SEPTIEMBRE AL 9 DE OCTUBRE DE 2010.

La campaña se centró, fundamentalmente, en la investigación paleosocioetnográfica por medio de la realización de encuestas a los beduinos en tránsito por el Tiris. Así, se efectuaron un total de 21 entrevistas con cerca de 50 horas de diálogos registrados. De forma complementaria se procedió asimismo a la revisión de algunos contextos naturales del E de Mijek y de diversos yacimientos arqueológicos ubicados en el entorno de Zug, al S de la región de Duguech.

El equipo de trabajo estuvo compuesto por: Andoni Sáenz de Buruaga, Hossien Mohamed Ali, María Rosario García Ortega, Daday Mohamed Mberek, Abdati Sidi-Mohamed Abdeljalil, Ahmed Abdi Ali, Malainin Aomar Sidi-Said y Ali Salek Hasenna.

8. XI CAMPAÑA DE EXPLORACIONES: DEL 29 DE ENERO AL 26 DE FEBRERO DE 2011.

La misión tendió a centrarse en los tramos meridionales del Tiris: especialmente, de la región de Duguech

وقد تألف فريق العمل في هذه الحملة من: آندوني ساينث دي بوروآكًا. الحسين محمد عالى. خوان ماريا آرويبا ارينا. دداي محمد امبارك. اباتشي سالابيْري. خليهن بدادي اعلي. احمد عبدي اعلي. ماء العينين عمر سيدي سعيد.

6. الاقامة الاولى من اجل الملاحظة الاثنو آنتروبولوجية: من 13 ابريل الى 1 ماي 2010.

لقد تركزت تلك التجربة الاولى ل"الملاحظة بالمشاركة"، حول منطقة جنوب **الدوگج**. وكان الهدف منها هو التعايش مع ثلاث عائلات بدوية: عائلة وداد ولد سيلوكة التي كانت حينها في ضواحي سبخة **زوگ**؛ وعائلة احمد راجل ولد البخاري بمنطقة **بطن الكلبة**، واخيرا عائلة عبداوة ولد آفوشال في سهل **لمديسمات**.

وقد تشكل فِريق العمل من اقل عدد ملائم لهذه المهمة. وضم كلا من: آندوني ساينث دي بوروآكًا. ماء العينين عمر سيدي سعيد (كمترجم ومنسق رسمي مع سلطات الجمهورية العربية الصحراوية الديمقراطية). واحمد عبدي اعلي (كسائق وطبّاخ).

7. الحملة العاشرة للاستكشافات: من 14 سبتمبر الى 10 اكتوبر 2010.

ركزت هذه الحملة بالاساس، على البحث في نطاق المعلومات المتعلقة بدراسة المجموعات العرقية بالعصر

Cette première expérience d' *«observation participante»* a été centrée sur l'entourage de la région méridionale de Duguech. L'objectif de la cohabitation a été constitué par 3 familles bédouines: celle d'Ouadad ould Seiluka, aux alentours de la sebkha de Zug; celle d'Ahmed Rajel ould El Bujari, dans l'aire de Batn El Kelba; et, celle d'Abdaua ould Efuchal, dans la plaine de Lemdeismat.

L'équipe humaine a été réduite au minimum de personnes indispensables pour l'occasion. Elle a été intégrée par: Andoni Sáenz de Buruaga, Malainin Aomar Sidi-Said (en tant qu'interprète et lien officiel avec les autorités de la RASD) et Ahmed Abdi Ali (en tant que chauffeur et cuisinier).

7. X CAMPAGNE D'EXPLORATIONS: DU 14 SEPTEMBRE AU 9 OCTOBRE 2010.

La campagne a été centrée, essentiellement, sur l'investigation paléosocioethnographique au moyen de la réalisation d'enquêtes aux bédouins en transit par le Tiris. Ainsi, on a effectué 21 interviews et environ 50 heures de dialogues enregistrés. De manière complémentaire on a procédé également à la révision de certains contextes naturels de l'Est de Mijek et de divers gisements archéologiques situés dans l'entourage de Zug, au sud de la région de Duguech.

L'équipe de travail a été composée par: Andoni Sáenz de Buruaga, Hossien Mohamed Ali, María Rosario García Ortega, Daday Mohamed Mberek, Abdati Sidi-Mohamed Abdeljalil, Ahmed Abdi Ali, Malainin Aomar Sidi-Said et Ali Salek Hasenna.

8. XI CAMPAGNE D'EXPLORATIONS: DU 29 JANVIER AU 26 FÉVRIER 2011.

La mission a été centrée essentiellement sur les tranches méridionales du Tiris: spécialement, celle de la région de Duguech et, en moindre mesure, celle d'Agüenit. La prospection archéologique focalisa une grande partie des interventions, si bien on effectua quelques interventions ponctuelles d'intérêt environnemental et cartographique. De plus, on repartit 6 *«cahiers d'annotations toponymiques»*.

Les zones les plus activement inspectées ont été: a) à Agüenit: Oum Duayat, Bu Aaleiba, Admar, Larui Bu Garn, Grona et plaine d'Agüenit; et, b) à Duguech: Lejuad, Eij, Dbeat, plaine de Duguech, Ijublán, Oued El Harek et Zug.

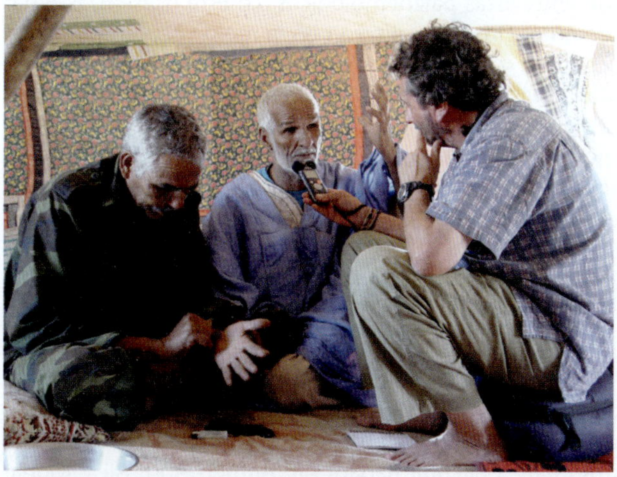

Ahmed Rajel ould El Bujari ould Hamad beduinoari (erdian) elkarrizketa egin genion bere jaiman, Batn El Kelba eremuan (Duguech), 2010eko urriaren 1ean. Ezkerretara Malainin Aomar Sidi-Said interpretea.

Entrevista al beduino Ahmed Rajel ould El Bujari ould Hamad (en el centro) en su jaima instalada en el área de Batn El Kelba (Duguech) el 1 de Octubre de 2010. A la izquierda, el intérprete Malainin Aomar Sidi-Said.

مقابلة مع البدوي احمد الراجل ولد البخاري ولد حماد (في الوسط)، بخيمته المقامة في منطقة بطن الكلبة (الدوگج)، في الاول من اكتوبر 2010. الى اليسار المترجم ماء العينين عمر سيدي سعيد.

Interview au bédouin Ahmed Rajel ould El Bujari ould Hamad (centre) dans sa khaïma instalée dans l'aire de Batn El Kelba (Duguech) le 1er octobre 2010. À gauche, l'interprète Malainin Aomar Sidi-Said.

Gehien arakatu ziren eremuak honako hauek izan ziren: a) Agüenit-en: Oum Duayat, Bu Aaleiba, Admar, Larui Bu Garn, Grona eta Agüenit lautada; eta, b) Duguech-en: Lejuad, Eij, Dbeat, Duguech lautada, Ijublán, Oued El Harek eta Zug.

Lan-taldeko kideak honako hauek izan ziren: Andoni Saenz de Buruaga, Hossien Mohamed Ali, Juan Mari Arruabarrena, Malainin Aomar Sidi-Said, Etor Telleria, Ahmed Abdi Ali, Halienna Badadi Ali, Chej Ouana Sidahmed, Saleh Dahe Belale eta Azman Haida Amberik.

9. BEHAKETA ETNO-ANTROPOLOGIKOA EGITEKO II. EGONALDIA: 2011KO APIRILAREN 5ETIK 30ERA.

"*Parte hartuz behatzeko*" bigarren esperientzia hori Agüenit eskualdean burutu zen. Egonaldi guztia familia bakarrarekin egin genuen: Omar Srey Oueida-ren familiarekin, Bu Garn inguruan.

Bi partaide baino ez ginen izan: Andoni Saenz de Buruaga eta Ahmed Abdi Ali (gidari, sukaldari eta interprete izaten zen, behar zenean).

10. XII. ESPLORAZIO KANPAINA: 2011KO IRAILAREN 10ETIK URRIAREN 8RA.

Kanpaina horretan, batik bat, elkarrizketa paleoetnologikoak egin genituen. Tirisen ez ezik, Zemmur-eko iparraldeko eskualdean eta Tindouf-en (Aljeria) dauden Saharako Errefuxiatuen Kanpalekuetan ere egin genituen elkarrizketak. Guztira 29 elkarrizketa egin genituen eta 60 orduko grabazioa lortu genuen. Horrekin batera, "*ohar toponimikoen koadernotxoak*" banatu genituen (18 koadernotxo).

Bestalde, Mijek eta Duguech eskualdeetan aldez aurretik aztertutako hainbat testuinguru natural eta hainbat aztarnategi berraztertu genituen.

Hona hemen taldekideak: Andoni Saenz de Buruaga, Hossien Mohamed Ali, María Rosario García Ortega, Daday Mohamed Mberek, Ali-Salem Iselmu Abderrahman, Halienna Badadi Ali, Ahmed Abdi Ali eta Mohamed Mohamed Ahmed.

4. LABORATEGIKO ANALITIKAK ETA BALIO KRONOMETRIKO BERRIEN EKARPEN ZEHATZA.

Tirisko gure azterketa-esparruan aspalditik genuen arazo larrietako bat datazio absoluturik eza zen. Alegia, ez zegoen funtsezko argudiorik iraganeko gizarte-adierazpenen bilduma trinkoa modu sekuentzialean ordenatzen laguntza adierazgarria emango zuenik.

Denbora eta espazioa bilakaera historikoaren koordinatu erabakigarriak dira. Gertaerak non ez ezik, noiz gertatu diren ere azaltzeko premia izaten dugu: historiaren

y, en menor medida, de la de Agüenit. La prospección arqueológica focalizó una gran parte de las actuaciones, si bien se llevaron a cabo asimismo algunas intervenciones puntuales de interés medioambiental y cartográfico. Además, se repartieron 6 "*cuadernillos de anotaciones toponímicas*".

Las zonas más activamente inspeccionadas fueron: a) en Agüenit: Oum Duayat, Bu Aaleiba, Admar, Larui Bu Garn, Grona y planicie de Agüenit; y, b) en Duguech: Lejuad, Eij, Dbeat, planicie de Duguech, Ijublán, Oued El Harek y Zug.

Integraron el equipo de trabajo: Andoni Sáenz de Buruaga, Hossien Mohamed Ali, Juan María Arruabarrena, Malainin Aomar Sidi-Said, Etor Telleria, Ahmed Abdi Ali, Halienna Badadi Ali, Chej Ouana Sidahmed, Saleh Dahe Belale y Azman Haida Amberik.

9. II ESTANCIA DE OBSERVACIÓN ETNO-ANTROPOLÓGICA: DEL 5 AL 30 DE ABRIL DE 2011.

Esta segunda experiencia de "*observación participante*" se desarrolló en la región de Agüenit. En esta ocasión, la estancia de cohabitación se llevó a cabo íntegramente con una sola familia: la de Omar Srey Oueida, en el entorno de Bu Garn.

Solamente dos personas compusimos el equipo humano: Andoni Sáenz de Buruaga y Ahmed Abdi Ali (como conductor, cocinero y eventual intérprete).

10. XII CAMPAÑA DE EXPLORACIONES: DEL 10 DE SEPTIEMBRE AL 8 DE OCTUBRE DE 2011.

La campaña se centró, especialmente, en la realización de entrevistas paleoetnológicas. En esta ocasión, además de en el Tiris, se realizaron en la región septentrional del Zemmur y asimismo en los Campamentos de Refugiados Saharauis en Tindouf (Argelia). Con todo, se efectuaron 29 entrevistas con algo más de 60 horas de registros sonoros. En paralelo, se distribuyeron 18 "*cuadernillos de anotaciones toponímicas*".

Por otra parte, se sometieron a revisión algunos contextos naturales y yacimientos arqueológicos ya reconocidos previamente en las regiones de Mijek y de Duguech.

El equipo de trabajo lo formaron: Andoni Sáenz de Buruaga, Hossien Mohamed Ali, María Rosario García Ortega, Daday Mohamed Mberek, Ali-Salem Iselmu Abderrahman, Halienna Badadi Ali, Ahmed Abdi Ali y Mohamed Mohamed Ahmed.

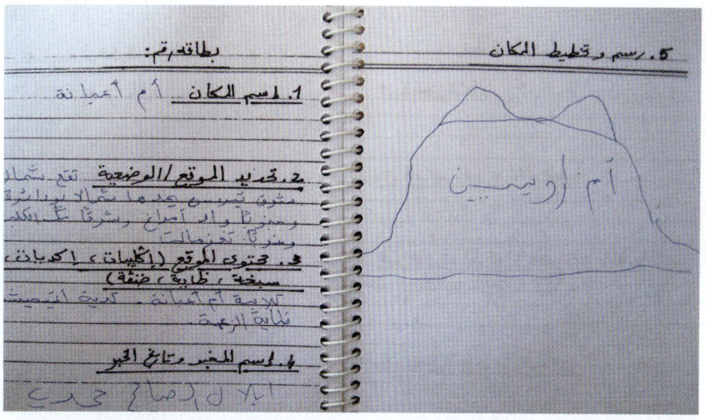

Informazio toponimikoa duen koadernotxoa.
Cuadernillo con informaciones toponímicas.
كتيب معلومات الاسماء الاصلية للاماكن.
Petit cahier contenant des informations toponymiques.

الحجري القديم (paleosocioetnográfica)، من خلال اجراء مقابلات مع الاشخاص البدويين العابرين لـ**تيرس؛** وهكذا تم انجاز 21 مقابلة في ما تقارب مدته 50 ساعة من الحوارات المسجلة. وبشكل تكميلي تواصلت المراجعة لبعض الظروف الميدانية لشرق **ميجك**، ولأنواع من الاثار الثقافية القديمة (yacimientos arqueológicos)، الموجودة بضواحي **زوڭ** الى الجنوب من منطقة **الدوڭج**.

وكان فريق العمل قد تشكل من كل من: آندوني ساينث دي بورواڭا. الحسين محمد عالي. ماريا الروساريو غارثيا اورتيغا. دداي محمد امبارك. عبداتي سيدي محمد عبد الجليل. احمد عبدي اعلي. ماء العينين عمر سيدي سعيد. عالي السالك حسينة.

8. الحملة الحادية عشر للاستكشافات: من 29 يناير الى 26 فبراير 2011.

كانت من اجل التركيز على المناطق الجنوبية من تيرس، خاصة منطقة **الدوڭج**، وبشكل اقل من ذلك، في منطقة **آغوينيت**. معظم ما تم استهدافه هو التنقيب الاثري، كما تم، بالاضافة لذلك، اجراء تدخلات في المجال البيئي والخرائطي. و وُزّعت "كتيبات لتسجيل اسماء المواقع الجغرافية".

وكانت المناطق الاكثر تفتيشا هي: ا) في **آغوينيت: ام الظويات، بوعليبة، آدمار، لروي بوڭرن، اڭرونة**، وسهل **آغوينيت**. ب) في **الدوڭج: لجواد، ايج، الظبيعات**، سهل **الدوڭج، ايجبلان، وادي الحارك، وزوڭ**.

وقد تشكل فريق العمل في هذه الحملة من الافراد التالية اسماؤهم: آندوني ساينث دي بوروواڭا. الحسين محمدعالي. خوان ماريا آرويبا آرينا. ماء العينين عمر سيدي سعيد. ايطور تيْرّيا. احمد عبدي اعلي. خليهن بدادي اعلي. الشيخ ونة سيداحمد. الصالح الدحة بلالي. و عثمان حيدة امبيريك.

9. الاقامة الثانية من اجل الملاحظة الاثنو آنتروبولوجية: من 5 الى 30 ابريل 2011.

هذه التجربة الثانية ل"الملاحظة بالمشاركة" تم القيام بها في منطقة **آغوينيت**. في هذه المناسبة تعايشنا طوال المدة، مع عائلة واحدة، هي عائلة عمر اسريْ احويده، في ضواحي **بوڭرن**.

L'équipe de travail a été intégrée par: Andoni Sáenz de Buruaga, Hossien Mohamed Ali, Juan María Arruabarrena, Malainin Aomar Sidi-Said, Etor Telleria, Ahmed Abdi Ali, Halienna Badadi Ali, Chej Ouana Sidahmed, Saleh Dahe Belale et Azman Haida Amberik.

9. II SÉJOUR D'OBSERVATION ETHNO-ANTHROPOLOGIQUE: DU 5 AU 30 AVRIL 2011.

Cette deuxième expérience d' *«observation participante»* se développa dans la région d'Agüenit. À cette occasion, le séjour de cohabitation eut lieu intégralement au sein d'une seule famille: celle d'Omar Srey Oueida, dans l'entourage de Bu Garn.

Uniquement deux personnes composâmes l'équipe humaine: Andoni Sáenz de Buruaga et Ahmed Abdi Ali (en tant que chauffeur, cuisinier et éventuel interprète).

10. XII CAMPAGNE D'EXPLORATIONS: DU 10 SEPTEMBRE AU 8 OCTOBRE 2011.

La campagne a été centrée, spécialement, sur la réalisation d'interviews paléoethnologiques. À cette occasion, en plus du Tiris, elles ont été aussi réalisées dans la région septentrionale du Zemmur et également dans les Camps de Réfugiés Sahraouis à Tindouf (Alger). Le tout rassemblé, ont été effectuées 29 interviews avec un peu plus de 60 heures de registres sonores. En parallèle, ont été distribués 18 *«cahiers d'annotations toponymiques»*.

D'autre part, on a soumis à révision certains contextes naturels et gisements archéologiques déjà reconnus préalablement dans les régions de Mijek et Duguech.

L'équipe de travail a été intégrée par: Andoni Sáenz de Buruaga, Hossien Mohamed Ali, María Rosario García Ortega, Daday Mohamed Mberek, Ali-Salem Iselmu Abderrahman, Halienna Badadi Ali, Ahmed Abdi Ali et Mohamed Mohamed Ahmed.

Duna-kordoia, Gnefisa Jathra-ko mendia eta Kidhiet Amzagzag-eko erliebeak; Duguech-eko eskualdearen hegoaldean dago hori dena.
Cordón dunar, montaña de Gnefisa Jathra y relieves de Kidhiet Amzagzag, todo ello al sur de la región de Duguech.
خيط كثيبي، جبل اخنيفيسه الحظرا وتضاريس كدية آمزڭزاڭ كل ذلك الى الجنوب من منطقة الدوڭج.
Cordon dunaire, montagne de Gnefisa Jathra et reliefs de Kidhiet Amzagzag, tous les deux au sud de la région de Duguech.

dinamikan izan duten garrantzia ulertzeko eta, zehazkiago, fenomenoek geure berariazko lurralde-esparruan izan duten segida ulertzeko.

XX. mendearen erdialdetik aurrera, erradiokarbonoaren edo C14aren metodoa aurkitu zenetik berebiziko aurrerapena egin da datazio absolutuaren esparruan: oinarri erradioaktiboa duten sistemen aukera gero eta handiagoa dago -eta, aldi berean, gero eta fidagarriagoak dira-. Horien artean, bi ezagunenak karbono-14a (C14) eta termolumineszentzia (TL) dira. Lehenengoa elementu organikoen kasuan (hezurrak, ikatzak, haziak eta abar) aplikatzen da eta bigarrena material inorganikoen kasuan eta, horien artetik, bereziki, zeramikazko objektuetan; zeramikazko objektu asko eta asko aurki daitezke Saharako basamortuko lautadetan. Horretaz gain, erradiokarbonoa partikula-azeleratzailearen espektrometriaren (AMS teknika) bitartez perfekzionatuta, datazioak zehaztu eta luzatzeko aukera dugu materialaren lagin oso txikia izanik ere...

Alabaina, basamortuko ingurumen- eta higaduraagenteek (korrasioak, deflazioak, intsolazioak, aridotasunak...) eragin ezin txarragoa izaten dute edukitzaile estratigrafikoan eta horren barruko eduki materialean eta, horren ondorioz, oso zaila da datazioak modu fidagarrian egitea dela sedimentazio-egoeretan (oro har, testuingurutik at egoten delako), dela material arkeologikoetan (adibidez, arrasto organikoen kontserbazioa ezin txarragoa delako, edo hezur-elementuetan kolagenorik ez delako egoten, sakabanatuta eta lur gainean agerian egoten direnez).

Gainera, geure ikerketa-prozesuko fasean –lurraldearen azaleko prospekzioa egiten ari ginen– oso zaila egiten zitzaigun bestelako landa-lan "sakonagoak" egitea.

4. LAS ANALÍTICAS DE LABORATORIO Y LA CONTRIBUCIÓN PRECISA DE LOS NUEVOS VALORES CRONOMÉTRICOS.

Uno de los graves problemas que venía arrastrando nuestro marco de estudio del Tiris era la carencia manifiesta de dataciones absolutas. Es decir, la falta de argumentos de entidad que pudieran contribuir, de forma significativa, a la ordenación secuencial del denso repertorio de manifestaciones sociales del pasado.

El tiempo, como el espacio, son coordenadas determinantes de la evolución histórica. Tenemos necesidad de explicar, no sólo el dónde, sino el cuándo de los acontecimientos: de cara a entender su significación en la dinámica de la historia y, más específicamente, la particular sucesión de los fenómenos en nuestro propio marco territorial.

Desde mediados del siglo XX, con el descubrimiento del método del radiocarbono, o C14, se ha experimentado un avance extraordinario en el campo de la datación absoluta: con un abanico cada vez más dilatado –y simultáneamente fidedigno– de sistemas con fundamento radiactivo. Entre estos, dos de los más renombrados son el carbono 14 (C14) y la termoluminiscencia (TL). Si el primero se aplica sobre elementos orgánicos (huesos, carbones, semillas, etc.), el segundo puede ensayarse sobre materiales inorgánicos y, entre estos, muy particularmente, sobre los objetos cerámicos, tan abundantes, por otra parte, en las planicies desérticas saharianas. Además, un perfeccionamiento del radiocarbono mediante la espectrometría del acelerador de partículas (o técnica AMS) permite afinar y alargar las dataciones con una muestra muy pequeña de material disponible...

وقد قام شخصان فقط بهذه المهمة، هما: آندوني ساينث دي بورواگا، واحمد عبدي اعلي (كسائق وطباخ، ومترجم في بعض الاحيان)

10. الحملة الاستكشافية الثانية عشر: من 10 سبتمبر الى 8 اكتوبر 2011.

لقد استهدفت هذه الحملة بصفة خاصة، انجاز مقابلات حول المجموعات البشرية القديمة (paleoetnológicas). وقد شملت في هذه المرة، بالاضافة الى منطقة تيرس، منطقة اخرى وهي **زمور**، وكذلك مخيما ت اللاجئين الصحراويين في تندوف (الجزائر). وبالموازاة مع ذلك، تم توزيع 18 كتيبا من "كتيبات اسماء المواقع الجغرافية".

ومن جهة اخرى فقد خضعت لعملية تفتيش، بعضُ الحالات الطبيعية والاثار القديمة، المعروفة في منطقة **الدوگج** و **ميجك**.

وعمل في هذه الحملة فريق يتكون من: اندوني ساينث ديبورواغا. الحسين محمد عالي. ماريا الروساريو غارثيا اورتيغا. دداي محمد امبارك. اعلى سالم ايسلمو عبد الرحمن. خليهن بدداي اعلى. احمد عبدي اعلى. محمد محمداحمد.

4. التحاليل المخبرية ومساهمة القيم الكرونوميترية (قياسات الزمن الماضي)

ان واحدة من الاشكالات التي تجرها مهمتنا في اطار العمل، لدراسة تيرس، هي الافتقار البيِّن، لمعلومات مؤرخة بشكل مطلق؛ اي غياب سلطة الحجج التي يمكنها ان تساهم بطريقة معتبرة، في تنظيم تسلسلي للمراجع الكثيفة، لمظاهر الماضي الاجتماعي.

ان احداثيات الزمان والمكان، هي التي تحدد التطور التاريخي؛ لذلك لا تكمن حاجتنا فقط في طرح، السؤال **أين**، وانما كذلك، في سؤال آخر هو **متى**، وذلك من اجل فهم الديناميكية التاريخية، وعلى وجه الخصوص، تسلسل الظواهر والاحداث في مجال محيطنا الجغرافي.

منذ اواسط القرن العشرين، مع اكتشاف طريقة الكربون المشع اوC14 ، حدثت تجربة تقدم رائع في مجال التأريخ المطلق: مع مجموعة من الخيارات، التي تأخذ في الامتداد كل مرة اكثر فاكثر- مع ذلك موثوق بها - تعمل بنظام ذي اسس اشعاعية فعالة؛ من بينها اثنان هما الاكثر اشتهارا، وهما نظام الكاربون14 (C14) ونظام معان بالحرارة (TL)، يتم تطبيق الاول على العناصر العضوية (العظام،الفحم، البذور...)، والاخر من اجل اختبار المواد

4. LES ANALYSES DE LABORATOIRE ET LA CONTRIBUTION PRÉCISE DES NOUVELLES VALEURS CHRONOMÉTRIQUES.

L'un des plus graves problèmes qui traînait notre cadre d'étude était la carence manifeste de datations absolues. C'est-à-dire, le manque d'arguments d'entité qui puissent contribuer, de manière significative, au rangement séquentiel du dense répertoire de manifestations sociales du passé.

Le temps, ainsi que l'espace, sont des coordonnées déterminantes de l'évolution historique. Nous avons besoin d'expliquer, non seulement où, mais aussi quand, ont eu lieu les événements: en vue de comprendre leur signification dans la dynamique de l'histoire et, plus spécifiquement, la particulière succession de phénomènes dans notre propre cadre territorial.

Depuis la moitié du XXème siècle, avec la découverte de la méthode du radiocarbone, ou C14, on a expérimenté une avancée extraordinaire dans le champs de la datation absolue: avec un éventail chaque fois plus élargi -et simultanément fidèle- de systèmes fondés sur la radioactivité. Parmi ceux-ci, deux des plus renommés sont le carbone 14 (C14) et la thermoluminescence (TL). Si le premier s'applique sur des éléments organiques (os, charbons, semences, etc.), le deuxième peut être essayé sur des matières inorganiques et, parmi celles-ci, très particulièrement, sur les objets céramiques, si abondants, par ailleurs, dans les plaines désertiques sahraouies. De plus, un perfectionnement du radiocarbone par le biais de la spectrométrie de l'accélérateur de particules (ou technique AMS) permet d'affiner et d'élargir les datations à partir d'un tout petit échantillon de matériel disponible.

La néfaste incidence, néanmoins, que les agents érosifs et environnementaux propres au milieu désertique (corrosion, déflation, insolation, aridité…) impriment aux contenant stratigraphique et au contenu matériel de celui-ci, restreint radicalement la possibilité de dater, avec fiabilité, autant des situations sédimentaires (par le manque de contexte généralisé) que des matériaux archéologiques (par exemple, par la très déficiente conservation des restes organiques ou également par l'absence habituelle de collagène dans les éléments osseux, éparpillés et exposés en surface).

En outre, la phase du procès d'investigation dans laquelle nous nous trouvions –cernée à la prospection superficielle du terrain– conditionnait sévèrement la pratique de tout autre type d'interventions de terrain de plus grande «profondeur».

Tout cela, cependant, ne devait pas servir d'excuse argumentaire pour ne pas essayer de surmonter cette carence d'informations ou reporter sa pratique à un moment plus opportun.

Admise, en conséquence, l'importance d'une datation précise pour la compréhension scientifique des événements du passé dans un territoire, on a tracé un pro-

Hala ere, hori guztia ez zen aitzakia informazio-gabezia hori gainditzeko, ez eta lan hori beste une egokiago baterako uzteko ere.

Beraz, lurralde baten iraganeko gertaerak modu zientifikoan ulertzeko data zehatzak oso garrantzitsuak direla jakinda, analisi kronometrikoen berariazko programa bat eratu genuen, landa-ikerketekin batera garatzeko asmoz. Adierazle fidagarriak bilatu behar genituen, Tirisko iraganeko gizartearen, kulturaren eta ingurumenaren arloko adierazpenetara hurbilketa bat egiteko aukera izatearren, denboraren aldetik hurbilketa zehatzagoa izanik.

Ikuspegi horretatik begiratuta, guztira 33 lagin bidali genituen hainbat laborategitara analisi kronometrikoa egiteko. Horietatik 5 laginek ez zuten emaitzarik eman hezurretan ez zegoelako kolagenorik. Beraz, 28 lagin datatu ditugu.

Material motaren arabera, laborategi espezializatu batera edo bestera bidali genituen. Hezurrezko lagin organikoak, zur ikaztuak eta gasteropodoak Holandako Groningen-eko Unibertsitateko *Centrum voor IsotopenOnderzoek* zentrora bidali genituen. Metaketa trabertinikoen analisia Polonian, Poznan-eko A. Mickiewicz Unibertsitateko *Poznan Radiocarbon Laboratory* laborategian egin zuten. Zeramika zatien tratamenduak Atenaseko (Grezia) Aghia Paraskevi-ko *National Center for Scientific Research "Demokritos"* zentroan eta Kalamatako (Grezia) Peloponesoko Unibertsitateko *Laboratory of Archeometry* laborategian egin zituzten.

Zeramikazko ontzien analisi kronometrikoak TLa aplikatuta neurtu ziren. Gainerako laginak datazio erradiokarbonikoaren protokoloaren arabera landu ziren, AMS teknikaren bitartez.

Jarraian, lortutako emaitzak azalduko ditugu; 3 lotetan banatuta daude, oinarrizko materialaren eta analisia egin duen laborategiaren arabera:

a) Lagin organikoak, *Centrum voor IsotopenOnderzoek* zentroan (Groningen-eko Unibertsitatea, Holanda) tratatu direnak:

- Feleklek-eko metaketa paleolakustrean aurkitutako zur ikaztu zatia: *3.705±30 B.P.* (GrA-38070) (ez kalibratua).
- Emherisat 1-N/1-P2 sebjako goiko metaketan aurkitutako gasteropodoen seriea: *8.050±40 B.P.* (GrA-43440) (ez kalibratua).
- Emherisat 1-N/1-P1 sebjako goiko metaketan aurkitutako gasteropodoen seriea: *7.485±45 B.P.* (GrA-48227) (ez kalibratua).
- Gleb Tinlluleg-eko tumulu multzoan aurkitutako giza garezur zatia: *3.020±30 B.P.* (GrA-42749) (ez kalibratua).

b) Metaketa trabertinikoko hondakin organikoen lagina, *Poznan Radiocarbon Laboratory* laborategian (A. Mickiewicz Unibertsitatea, Poznan, Polonia) aztertu dena:

La nefasta incidencia, sin embargo, que los agentes erosivos y ambientales propios del medio desértico (corrasión, deflación, insolación, aridez,...) imprimen sobre el continente estratigráfico y sobre el contenido material del mismo, restringe radicalmente la posibilidad de datar, con fiabilidad, tanto situaciones sedimentarias (por descontextualización generalizada), como materiales arqueológicos (por ejemplo, por la más que deficiente conservación de los restos orgánicos, o asimismo por la corriente ausencia de colágeno en los elementos óseos, desperdigados y expuestos superficialmente).

Además, la fase del proceso de investigación en que nos encontrábamos –ajustada a la prospección superficial del terreno– condicionaba severamente la práctica de otro tipo de actuaciones de campo de mayor "profundidad".

Todo ello, sin embargo, no debía obrar como escusa argumental para no intentar superar esa carencia de informaciones, o sino relegar su práctica a un momento más oportuno.

Asumida, en consecuencia, la importancia que adquieren las fechas precisas en la comprensión científica de los eventos del pasado en un territorio, trazamos un programa específico de análisis cronométricos que marchara en consonancia con el avance de las investigaciones de campo. Debíamos buscar indicadores fidedignos que posibilitaran plantear una aproximación, temporalmente más precisa, a algunas de las expresiones socioculturales y medioambientales del pasado del Tiris.

Bajo esta perspectiva, un total de 33 muestras fueron enviadas a diferentes laboratorios para su análisis cronométrico. De ellas, 5 no aportaron resultado alguno por la falta de colágeno en los restos óseos. En consecuencia, han sido 28 las que hemos conseguido datar.

En función del tipo de material disponible, se cursaron a diferentes laboratorios especializados. Las muestras orgánicas de hueso, maderas carbonizadas y gasterópodos se encomendaron al *Centrum voor IsotopenOnderzoek*, de la Universidad de Groningen (Holanda). El análisis de depósitos travertínicos se hizo en el *Poznan Radiocarbon Laboratory*, de la Universidad A. Mickiewicz (Poznan, Polonia). Los tratamientos de los restos cerámicos se realizaron en el *National Center for Scientific Research "Demokritos"*, de Aghia Paraskevi (Atenas, Grecia), y en el *Laboratory of Archeometry*, de la Universidad del Peloponeso (Kalamata, Grecia), respectivamente.

Los análisis cronométricos de los recipientes cerámicos se midieron mediante la aplicación de la TL. Las muestras restantes se trataron conforme al protocolo de la datación radiocarbónica mediante la técnica AMS.

De seguido, exponemos los resultados procurados, distribuidos en 3 lotes a partir del material de base y el laboratorio implicado en el análisis:

a) Muestras orgánicas tratadas en el *Centrum voor IsotopenOnderzoek* (Universidad de Groningen, Holanda):

Panoramika Farfarat-eko mendietatik (Mijek).
Panorámica desde las montañas de Farfarat (Mijek).
منظر شامل عبر جبال الفرفارات (ميجك).
Panoramique depuis les montagnes de Farfarat (Mijek).

غير العضوية، والتي من بينها على الخصوص، القطع الخزفية الموجودة بكثرة بالسهول الصحراوية . ان تحسين الكربون ذي النشاط الاشعاعي، من خلال طيف مسرع الجسيمات، او ما يعرف ب تقنية (AMS)، يسمح بصقل وتمديد ما يتم الرجوع اليه، من خلال أخذ عينة جد صغيرة من المواد المتاحة. ان آثار العوامل الضارة الخاصة بالوسط الصحراوي: كالنحت،الانكماش، التشمس، الجفاف... التي ترتسم فوق الطبقة القارية ومكونها المادي، تحد بصفة جذرية من امكانية التعاطي بشكل موثوق مع الحالات الرسوبية (من خلال سياقاتها التصميمية) وكمواد أثرية (لنقص احتفاظها مثلا بباقيا المواد العضوية، وايضا لغياب مادة "الكولاجينو" في العناصرالعظمية، بسبب التفتت او التبعثر على السطح).

وعلاوة على ذلك فان الفترة التي استغرقها مسلسل البحث، والمخصصة للتنقيب السطحي للميدان، ضيَّقت الفرصة من اجل القيام بانشطة ميدانية على مستوى العمق.

gramme spécifique d'analyse chronométrique qui puisse avancer en consonance avec le progrès des investigations de terrain. On devait trouver des indicateurs fiables permettant d'établir une approximation, temporellement plus précise, pour certaines des expressions socioculturelles et environnementales du passé du Tiris.

Sous cette perspective, un total de 33 échantillons ont été envoyés à des différentes laboratoires pour leur analyse chronométrique. Parmi ceux-ci, 5 n'apportèrent aucun résultat dû au manque de collagène sur les restes osseux. En conséquence, ce sont 28 ceux que l'on est parvenu à dater.

En fonction du type de matériel disponible, ils furent envoyés à des différents laboratoires spécialisés. Les échantillons organiques en os, bois carbonisés et gastéropodes furent confiés au *Centrum voor IsotopenOnderzoek*, de l'Université de Groningen (Hollande). L'analyse des dépôts travertiniques se fit au *Poznan Radiocarbon Laboratory*, de l'Université A. Mickiewicz (Poznan, Pologne). Les traitements des restes céramiques se réalisèrent au *National Center for Scientific Research "Demokritos"*, d'Aghia Paraskevi (Athènes, Grèce), et au *Laboratory of Archeometry*, de l'Université du Péloponnèse (Kalamata, Grèce), respectivement.

Toponimoak egiaztatzen Mijek-eko Baseko soldaduekin, Tirisko kartografia zahar batean.

Verificando topónimos sobre una antigua cartografía del Tiris con combatientes de la Base de Mijek.

التثبت من اسماء الاماكن، في رسم خرائطي قديم لتيرس، مع مقاتلين من قاعدة ميجك.

Vérifiant des toponymes sur une ancienne cartographie du Tiris avec des combattants de la Base de Mijek.

• Feleklek-eko metaketa paleolakustrean aurkitutako trabertinoaren lagina: *9.590±80 B.P.* (Poz-37971) (ez kalibratua).

c) Zeramika zatien laginak:

c.1) *National Center for Scientific Research "Demokritos"* zentroan (Atenas, Grezia) aztertu ziren 2009. urtean:

• 2 zenbakidun lagina (Sebja Lemelha-1): *3.600±230 B.P.* (LUM 99/09).

• 3 zenbakidun lagina (Sebja Lemelha-1): *3.410±300 B.P.* (LUM 100/09).

• 4 zenbakidun lagina (Gnefisa Oum Agraid SW-1 lautada): *2.720±250 B.P.* (LUM 101/09).

• 6 zenbakidun lagina (Gnefisa Oum Agraid SW-1 lautada): *2.910±255 B.P.* (LUM 102/09).

• 7 zenbakidun lagina (*Tagerfet* Gleibat Ethiba 1-E/1): *4.280±370 B.P.* (LUM 103/09).

• 8 zenbakidun lagina (Zug NW Sebja): *4.660±385 B.P.* (LUM 104/09).

• 9 zenbakidun lagina (Zug NW Sebja): *5.345±500 B.P.* (LUM 105/09).

• 10 zenbakidun lagina (*Smeila* Feleklek N): *5.450±510 B.P.* (LUM 106/09).

• 12 zenbakidun lagina (Gleb Raui): *3.600±235 B.P.* (LUM 107/09).

• 13 zenbakidun lagina (Gleb Raui): *3.720±235 B.P.* (LUM 108/09).

• 14 zenbakidun lagina (*Bir* Adam Ahmed Molud): *2.710±255 B.P.* (LUM 109/09).

• 15 zenbakidun lagina (*Bir* Adam Ahmed Molud): *2.940±235 B.P.* (LUM 110/09).

• Fragmento de madera carbonizada del depósito paleolacustre de Feleklek: *3.705±30 B.P.* (GrA-38070) (no calibrada).

• Serie de gasterópodos del depósito superior de la sebja Emherisat 1-N/1-P2: *8.050±40 B.P.* (GrA-43440) (no calibrada).

• Serie de gasterópodos del depósito superior de la sebja Emherisat 1-N/1-P1: *7.485±45 B.P.* (GrA-48227) (no calibrada).

• Trozo craneal humano del conjunto tumular de Gleb Tinlluleg: *3.020±30 B.P.* (GrA-42749) (no calibrada).

b) Muestra de restos orgánicos en depósito travertínico tratada en el *Poznan Radiocarbon Laboratory* (Universidad A. Mickiewicz, Poznan, Polonia):

• Muestra de travertino del depósito paleolacustre de Feleklek: *9.590±80 B.P.* (Poz-37971) (no calibrada).

c) Muestras de fragmentos cerámicos:

c.1) Tratadas en el *National Center for Scientific Research "Demokritos"* (Atenas, Grecia) en el año 2009:

• Muestra nº 2 (Sebja Lemelha-1): *3.600±230 B.P.* (LUM 99/09).

• Muestra nº 3 (Sebja Lemelha-1): *3.410±300 B.P.* (LUM 100/09).

• Muestra nº 4 (Planicie Gnefisa Oum Agraid SW-1): *2.720±250 B.P.* (LUM 101/09).

• Muestra nº 6 (Planicie Gnefisa Oum Agraid SW-1): *2.910±255 B.P.* (LUM 102/09).

• Muestra nº 7 (*Tagerfet* Gleibat Ethiba 1-E/1): *4.280±370 B.P.* (LUM 103/09).

• Muestra nº 8 (Sebja Zug NW): *4.660±385 B.P.* (LUM 104/09).

• Muestra nº 9 (Sebja Zug NW): *5.345±500 B.P.* (LUM 105/09).

• Muestra nº 10 (*Smeila* Feleklek N): *5.450±510 B.P.* (LUM 106/09).

• Muestra nº 12 (Gleb Raui): *3.600±235 B.P.* (LUM 107/09).

• Muestra nº 13 (Gleb Raui): *3.720±235 B.P.* (LUM 108/09).

• Muestra nº 14 (*Bir* Adam Ahmed Molud): *2.710±255 B.P.* (LUM 109/09).

Les analyses chronométriques des récipients céramiques ont été mesurés par l'application de la TL. Le reste des échantillons ont été traités conformément au protocole de datation au radiocarbone suivant la technique AMS.

En suivant, nous faisons l'exposé des résultats obtenus, distribués en 3 lots à partir du matériel de base et le laboratoire impliqué dans l'analyse:

a) Échantillons organiques traités au *Centrum voor IsotopenOnderzoek* (Université de Groningen, Hollande):

- Fragment de bois carbonisé du dépôt paléolacustre de Feleklek: *3.705±30 B.P.* (GrA-38070) (non calibré).
- Série de gastéropodes du dépôt supérieur de la sebkha Emherisat 1-N/1-P2: *8.050±40 B.P.* (GrA-43440) (non calibrée).
- Série de gastéropodes du dépôt supérieur de la sebkha Emherisat 1-N/1-P1: *7.485±45 B.P.* (GrA-48227) (non calibrée).
- Fragment de crâne humain de l'ensemble tumulaire de Gleb Tinlluleg: *3.020±30 B.P.* (GrA-42749) (non calibré).

b) Échantillon de restes organiques en dépôt travertinique traité au *Poznan Radiocarbon Laboratory* (Université A. Mickiewicz, Poznan, Pologne):

وعلى الرغم من كل ذلك، انه لا ينبغي ان يشكل الامر ذريعة لعدم محاولة تجاوز مشكلة الافتقار للمعلومات، او بل حتى تأخيرها لوقت آخر يكون مناسبا اكثر.

واعتبارا للاهمية التي تكتسيها دقة التواريخ من اجل الفهم العلمي للاحداث الماضية على الارض، رسمنا برنامجا خاصا للتحاليل الكرونوميترية، التي تتماشى مع تقدم الابحاث في الميدان. و ينبغي علينا البحث عن مؤشرات موثوقة، تسمح بطرح مقاربة اكثر دقة من الناحية الزمنية، لبعض التعبيرات الاجتماعية الثقافية والبيئية لماضي تيرس.

وفقا لهذا المنظور، تم ارسال 33 عينة، الى مخابر مختلفة من اجل التحليل الكرونوميتري؛ ومن بين هذه العينات 5 لم تسفر عن اية نتائج، لعدم وجود مادة الكولاجين في البقايا العظمية، فيما تم تحديد الزمن التاريخي ل 33 عينة المتبقية.

وبالاعتماد على المواد المتوفرة، تم بعث العينات العضوية من بقايا العظام والاخشاب المتفحمة والرخويات، الى المخابرالمختصة في IsotopenOnderzoek Centrum voor، التابعة لجامعة "غرونينغين"، Groningen (هولاندا)، و مستودعات الاحجار الجيرية، تم القيام بتحاليلها في Poznan Radiocarbon Laboratory, لجامعة A. Mickiewiez (بوثنان، بولونيا). اما معالجات البقايا الخزفية فقد تمت معالجتها في National Center for Scientific Research Demokritos", de "Aghia Paraskevi (اثينا، اليونان)، و كذلك في Laboratory of Archeometry لجامعة بيلوبونيسو(Peloponeso)، (كالاماتا، اليونان).

التحاليل الكرونوميترية للاواني الخزفية، تم قياسها من خلال تطبيق معان بالحرارة TL. اما العينات الباقية فتمت معالجتها حسب نظام الكربون المشع للقياسات الزمنية من خلال تقنية الطيف (AMS):

ا) عينات عضوية معالجة في Centrum voor IsotopenOnderzoek (جامعة غرونينغين، هولاندا):

- جزء من الخشب المتفحم بمستودع البحيرات القديمة (paleolacustre)بـ**فلكلك**: 3.705±30 B.P(GrA-38070) (غير معايرة).
- مجموعة من الرخويات بالمستودع القديم لسبخة **امهيرزات** 1-N/ 1-P1: 8.050±40 B.P.(GrA-43440) (غير معايرة).

Hegoaldeko Tiriserako bidean, Lahfera-ko mendi-eremutik barrena, Mauritaniaren eta Sahararen artean dagoen Zemmur-eko zatian.
Camino hacia el meridional Tiris a través de la zona montañosa de Lahfera, en el tramo mauritano-saharaui del Zemmur.
طريق الى تيرس الجنوب، عبر منطقة لحفيره الجبلية، في القطاع المورتاني ـ الصحراوي، من زمور.
Chemin vers le méridional Tiris à travers la zone montagneuse de Lahfera, dans le tronçon mauritano-sahraoui du Zemmur.

Legteitira W-1 lautadako (Agüenit) tumulu-monumentua. Zeramika zati baten TL analisiari esker jakin dugu K.o. III. mendean egin zutela: beraz, kultura berbertarraren garapen historikoarekin loturik dago.

Monumento tumuliforme de la planicie de Legteitira W-1 (Agüenit). El análisis TL de un fragmento cerámico sitúa su edificación a mediados del siglo III d.C.: vinculándolo, de esta suerte, con el desarrollo histórico de la cultura beréber.

اثر تذكاري جنائزي من شكل تيميليس، بسهل لـگطيطيره، الى الغرب W-1 (اغوينيت). تعيد التحاليل التي اجريت بواسطة جهاز TL لقطعة خزفية، تاريخ بنائه الى اواسط القرن III بعد الميلاد، رابطة اياه، في هذه الحالة، بالتطور التاريخي للثقافة البربرية.

Monument tumuliforme de la plaine de Legteitira W-1 (Agüenit). L'analyse TL d'un fragment céramique situe son édification au milieu du IIIe siècle ap. J-C ce qui permet de le relier au développement historique de la culture berbère.

- 16 zenbakidun lagina (Ajuerat S-2): *4.470±420 B.P.* (LUM 111/09).
- 17 zenbakidun lagina (*Dhâya* Gleb Feleklek W): *3.710±255 B.P.* (LUM 112/09).
- 18 zenbakidun lagina (*Dhâya* Gleb Feleklek W): *3.025±210 B.P.* (LUM 113/09) [erreserba posiblearekin].

c.2) *Laboratory of Archaeometry* laborategian (Peloponesoko Unibertsitatea, Kalamata, Grezia) aztertu ziren, 2010. urtean:

- 19 zenbakidun lagina (Legteitira W-1 lautadako tumulu-monumentua): *1.747±155 B.P.* (LUM 214/10).
- 20 zenbakidun lagina (*Dhâya* Lâarig S-1): *5.132±455 B.P.* (LUM 215/10).
- 21 zenbakidun lagina (Lejuad III labar-harpea): *5.560±485 B.P.* (LUM 216/10).
- 22 zenbakidun lagina (Lejuad V labar-harpeak): *5.368±475 B.P.* (LUM 217/10).
- 23 zenbakidun lagina (Lejuad V labar-harpeak): *5.600±500 B.P.* (LUM 218/10).
- 24 zenbakidun lagina (Lejuad V labar-harpeak): *5.876±525 B.P.* (LUM 219/10).
- 25 zenbakidun lagina (Gleb Eij W-1 inf.): *5.480±515 B.P.* (LUM 220/10).

- Muestra nº 15 (*Bir* Adam Ahmed Molud): *2.940±235 B.P.* (LUM 110/09).
- Muestra nº 16 (Ajuerat S-2): *4.470±420 B.P.* (LUM 111/09).
- Muestra nº 17 (*Dhâya* Gleb Feleklek W): *3.710±255 B.P.* (LUM 112/09).
- Muestra nº 18 (*Dhâya* Gleb Feleklek W): *3.025±210 B.P.* (LUM 113/09) [con posible reserva].

c.2) Tratadas en el *Laboratory of Archaeometry* (Universidad del Peloponeso, Kalamata, Grecia) en el año 2010:

- Muestra nº 19 (Monumento tumular Planicie Legteitira W-1): *1.747±155 B.P.* (LUM 214/10).
- Muestra nº 20 (*Dhâya* Lâarig S-1): *5.132±455 B.P.* (LUM 215/10).
- Muestra nº 21 (Abrigo rupestre Lejuad III): *5.560 ±485 B.P.* (LUM 216/10).
- Muestra nº 22 (Abrigos rupestres Lejuad V): *5.368 ±475 B.P.* (LUM 217/10).
- Muestra nº 23 (Abrigos rupestres Lejuad V): *5.600 ±500 B.P.* (LUM 218/10).
- Muestra nº 24 (Abrigos rupestres Lejuad V): *5.876 ±525 B.P.* (LUM 219/10).

• سلسلة من الرخويات بالمستودع العلوي لسبخة **امهيرزات** (GrA-48227) 1-N/1-P1:7.485±45B.P. (غير معايرة).

• قطعة من جمجمة بشرية في مجموعة الركامات الحجرية بـ**ـڭليب تنيولـڭ**: (GrA-42749) 3.020±30 B.P. (غير معايرة).

ب) عينة من بقايا عضوية من حوض جيري معالجة في: Radiocarbon Laboratory (جامعة ا. ميثكيوايس، بوثنان، بولونيا):

• عينة من حجر جيري من حول البحيرة القديمة لـ**فلكلك**: (Poz-37971) 9.590±80 B.P. (غير معايرة).

ج) عينات من قطع خزفية:

ج.1) تمت معالجتها في
National Center for Scientific Research "Demokritos"
(آثينا، اليونان) في سنة 2009:

• عينة رقم 2 (سبخة **لميلحة - 1**):
3.600±230 B.P. (LUM 99/09)

• عينة رقم 3 (سبخة **لميلحة - 1**):
3.410±300 B.P. (LUM 100/09)

• عينة رقم 4 (سهل **اخنيفيسة ام اغريد** SW-1):
2.720±250 B.P. (LUM 101/09)

• عينة رقم 6 (سهل **اخنيفيسة ام اغريد** SW_ 1):
2.910±255 B.P. (LUM 102/09)

• عينة رقم 7 (**تغرفت اڭليبات الذيبة** 1-E/1):
4.280±370 B.P. (LUM 103/09)

• عينة رقم 8 (سبخة **زوڭ** NW):
4.660±385 B.P. (LUM 104/09)

• عينة رقم 9 (سبخة **زوڭ** NW):
5.345±500 B.P. (LUM 105/09)

• عينة رقم 10 (**ازميلتْ فلكلك** N):
5.450±510 B.P. (LUM 106/09)

• عينة رقم 12 (**ڭليب الراوي**):
3.600±235 B.P. (LUM 107/09)

• عينة رقم 13 (**ڭليب الراوي**):
3.720±235 B.P. (LUM 108/09)

• عينة رقم 14 (بئر **اعظم احمد مولود**):
2.710±255 B.P. (LUM 109/09)

• عينة رقم 15 (بئر **اعظم احمد مولود**):
2.940±235 B.P.(LUM 110/09)

• عينة رقم 16 (**آجويرات** S-2):
4.470±420 B.P. (LUM 111/09)

• Échantillon de travertin du dépôt paléolacustre de Feleklek: *9.590±80 B.P.* (Poz-37971) (non calibré).

c) Échantillons de fragments céramiques:

c.1) Traités au *National Center for Scientific Research "Demokritos"* (Athènes, Grèce) en l'an 2009:

• Échantillon nº2 (Sebkha Lemelha-1): *3.600±230 B.P.* (LUM 99/09).

• Échantillon nº 3 (Sebkha Lemelha-1): *3.410±300 B.P.* (LUM 100/09).

• Échantillon nº 4 (Plaine Gnefisa Oum Agraid SW-1): *2.720±250 B.P.* (LUM 101/09).

• Échantillon nº 6 (Plaine Gnefisa Oum Agraid SW-1): *2.910±255 B.P.* (LUM 102/09).

• Échantillon nº 7 (*Tagerfet* Gleibat Ethiba 1-E/1): *4.280±370 B.P.* (LUM 103/09).

• Échantillon nº 8 (Sebkha Zug NW): *4.660±385 B.P.* (LUM 104/09).

• Échantillon nº 9 (Sebkha Zug NW): *5.345±500 B.P.* (LUM 105/09).

• Échantillon nº 10 (*Smeila* Feleklek N): *5.450±510 B.P.* (LUM 106/09).

• Échantillon nº 12 (Gleb Raui): *3.600±235 B.P.* (LUM 107/09).

• Échantillon nº 13 (Gleb Raui): *3.720±235 B.P.* (LUM 108/09).

• Échantillon nº 14 (*Bir* Adam Ahmed Molud): *2.710 ±255 B.P.* (LUM 109/09).

• Échantillon nº 15 (*Bir* Adam Ahmed Molud): *2.940 ±235 B.P.* (LUM 110/09).

• Échantillon nº 16 (Ajuerat S-2): *4.470±420 B.P.* (LUM 111/09).

• Échantillon nº 17 (*Dhâya* Gleb Feleklek W): *3.710 ±255 B.P.* (LUM 112/09).

• Échantillon nº 18 (*Dhâya* Gleb Feleklek W): *3.025 ±210 B.P.* (LUM 113/09) [sous possible réserve].

c.2) Traités au *Laboratory of Archaeometry* (Université du Péloponnèse, Kalamata, Grèce) en l'an 2010:

• Échantillon nº 19 (Monument tumulaire Plaine Legteitira W-1): *1.747±155 B.P.* (LUM 214/10).

• Échantillon nº 20 (*Dhâya* Lâarig S-1): *5.132±455 B.P.* (LUM 215/10).

• Échantillon nº 21 (Abri rupestre Lejuad III): *5.560 ±485 B.P.* (LUM 216/10).

• Échantillon nº 22 (Abris rupestres Lejuad V): *5.368 ±475 B.P.* (LUM 217/10).

• Échantillon nº 23 (Abris rupestres Lejuad V): *5.600 ±500 B.P.* (LUM 218/10).

• Échantillon nº 24 (Abris rupestres Lejuad V): *5.876 ±525 B.P.* (LUM 219/10).

• 26 zenbakidun lagina (Gleb Eij W-1 inf.): *5.740±535 B.P.* (LUM 221/10).

Balio horiek guztiak kontuan izanik, Holozenoan egoera arkeologiko eta paleoklimatikoak askotarikoak izan zirela esan dezakegu, hasierako faseetatik geroagoko gertaera berriagoetara. Eta, logikari jarraiki, horrek guztiak zuzen-zuzenean eragiten du Tirisko lurretan azken hamabi milurtekoetan izan den ingurumen- eta gizarte-dinamikari buruz lor daitekeen informazioan. Hurrengo puntuan ikusi ahal izango dugu hori.

Dena den, zera ondoriozta dezakegu, Tirisko lagin kontrolatuetan egindako datazio absolutuko baliabideen bitartez lortzen ari garen emaitzak lagungarri izaten ari zaizkigula lurralde horretako prozesu klimatikoen, paleoanbientalen, soziokulturalen edo giza kolektiboek utzitako marka berezien garrantzia zuzenean –ez kanpoko erreferentzia analogikoen bitartez– kalibratzeko. Horrek esan nahi du informazio hori guztia oso baliagarri izaten ari zaigula Tirisko iraganeko historiaren zati bat interpretatzeko Tirisen bertan erregistratutako lekukotzetan eta frogetan oinarrituta eta ez kanpoko beste espazio batzuetatik (antzekoak izanagatik ere) hartutako maileguetan; izan ere, maileguen kasuan ondorioak kontu handiz atera behar baitira. Azken batean, azterketa horiei guztiei esker, zorroztasun, legitimotasun eta egokitasun handiagoz mintza gaitezke Tirisko iraganari buruz.

• Muestra nº 25 (Gleb Eij W-1 inf.): *5.480±515 B.P.* (LUM 220/10).

• Muestra nº 26 (Gleb Eij W-1 inf.): *5.740±535 B.P.* (LUM 221/10).

Todos estos valores refieren un panorama diversificado de situaciones arqueológicas y paleoclimáticas del Holoceno, desde sus fases antiguas a episodios ya avanzados y recientes. Y ello, como es lógico, tiene una incidencia muy directa en las informaciones que pueden aportarse en relación a la dinámica medioambiental y social de los últimos doce milenios en las tierras del Tiris. Algo que podremos constatar en el punto siguiente.

Podemos concluir, con todo, que los resultados analíticos que están procurando los recursos de datación absoluta sobre muestras controladas en el Tiris están contribuyendo a calibrar directamente –y no a través de referencias analógicas externas– la magnitud de los diversos procesos climáticos, paleoambientales, socioculturales o de singular impronta de los colectivos humanos en este territorio. Quiere ello decir que estas informaciones nos están ayudando a interpretar una parte de la historia pasada del Tiris a partir de testimonios y pruebas registradas en el mismo Tiris, y no por el intermediario de préstamos tomados de otros espacios foráneos o relativamente equiparables, y por lo tanto de predicado más cautelar. Este hecho, en definitiva, nos posibilita hablar con mayor propiedad, rigor y legitimidad del pasado del Tiris.

Lagin sedimentologikoen zutabea, Galabt Jeral-la-ko sebjaren (Duguech) hondar-lekuko estratigrafiko batean.
Columna de muestreo sedimentológico en un testigo estratigráfico residual de la sebja de Galabt Jeral-la (Duguech).
سلسلة من عينات تكونة رسوبية، في شهادة طبقات اثرية متبقية، بسبخة ڭلابت خير الل (الدوڭج)
Colonne d'échantillonnage sédimentologique sur un témoin stratigraphique de la sebkha de Galabt Jeral-la (Duguech).

• عينة رقم 17 (**ظايتْ اڭليب فلكلك** W):
3.710±255B.P. (LUM 112/09)

• عينة رقم 18 (**ظايتْ ڭليب فلكلك** W):
[بتحفظ] 3.025±210 B.P. (LUM 113/09)

ج.**2)** معالجة في مخبر ارتشوميتري (Laboratory of Archaeometry) بجامعة بيْلوبونيسو، كالاماتا، اليونان. في سنة 2010:

• عينة رقم 19 (ركام حجري تمثالي بسهل **لـڭطيطيره** W-1):
1.747±155 B.P. (LUM 214/10)

• عينة رقم 20 (**ظايتْ لعريـڭ** S-1):
5.132±455 B.P. (LUM 215/10)

• عينة رقم 21 (المحمية الصخرية الثالثة بـ**لجواد**):
5.560±485 B.P. (LUM 216/10)

• عينة رقم 22 (المحمية الصخرية الخامسة بـ**لجواد**):
5.368±475 B.P. .(LUM 217-10)

• عينة 23 (المحمية الصخرية الخامسة بـ**لجواد**):
5.600±500 B.P. (LUM 218/10)

• عينة رقم 24 (الحمية الصخرية الخامسة بـ**لجواد**):
5.876±525 B.P. (LUM219/10)

• عينة رقم 25 (ڭلب ايج W-1 inf.):
5480±515 B.P. (LUM 220/10)

• عينة رقم 26 (**ڭلب ايج** W-1 inf.):
5740±535 B.P. (LUM 221/10)

كل هذه المعايير تشير الى مشهد (بانوراما) متنوع من الحالات الاثرية، وخزان بيئي للعصر القديم (الهولوسين) منذ مراحله الاولى الى حلقاته المتقدمة والحديثة. وهذا بالطبع له تأثيره جد المباشر في المعلومات التي يمكن اعطاؤها فيما يتعلق بديناميكية الوسط البيئي والاجتماعي، في الالفية الاثنى عشر الاخيرة، على ارض تيرس، الشئ الذي يمكن ان نراه في الفقرة التالية.

يمكننا ان نستخلص من خلال نتائج التحاليل التي تقدمها وسائل التأريخ المرجعي المطلقة، عن العينات المأخوذة بتيرس، كونها تساهم في المعايرة المباشرة ـ وليس من خلال مراجع تناظرية خارجية ـ للحجم الكبير والمتنوع لمسلسل الموناخ البيئي الاجتماعي والثقافي القديم، او مجموعة الاثار المميزة للمجموعات البشرية قديما، في هذه الارض. ذلك ما تريد ان تقوله لنا، تلك المعلومات، التي تساعدنا على تفسير جانب من التاريخ الماضي لتيرس، انطلاقا من الشهادات والتجارب المسجلة في نفس الارض، وليس من خلال وسيط مستعار من مجالات اخرى، قابلة للمقارنة نسبيا، والتي هي بالتالي امر يجب تناوله بحذر. هذه الحقيقة في النهاية، تسمح لنا بالتحدث بشكل صحيح، بصحراحة وبمشروعية عن ماضي تيرس.

• Échantillon nº 25 (Gleb Eij W-1 inf.): *5.480±515 B.P.* (LUM 220/10).

• Échantillon nº 26 (Gleb Eij W-1 inf.): *5.740±535 B.P.* (LUM 221/10).

Toutes ces valeurs représentent un panorama diversifié de situations archéologiques et paléoclimatiques de l'Holocène, depuis ses phases anciennes jusqu'à des épisodes déjà avancés et récents. Et cela, logiquement, a une incidence très directe sur les informations qui peuvent être apportées en ce qui concerne la dynamique environnementale et sociale des derniers douze millénaires dans les terres du Tiris. Ce que l'on pourra constater dans le point suivant.

On peut conclure, à la vue de ce qui précède, que les résultats analytiques qui sont en train de procurer les recours de datation absolue sur les échantillons contrôlés du Tiris, contribuent à calibrer directement –et non pas au travers de références analogiques externes– la magnitude des divers procès climatiques, paléoenvironnementaux, socioculturels ou de singulière empreinte des collectifs humains dans ce territoire. Cela veut dire que les informations nous aident à interpréter une partie de l'histoire passée du Tiris à partir des témoignages et preuves enregistrés sur le Tiris même, et non pas par l'intermédiaire de prêts empruntés à d'autres espaces étrangers ou relativement similaires, qui doivent pourtant, être pris en considération beaucoup plus prudemment. Ce fait, en définitive, nous permet de parler avec une plus grande propriété, rigueur et légitimité du passé du Tiris.

II. AURRERAPENAK TIRISKO KULTURA-, GIZARTE- ETA INGURUMEN-IRAGANAREN INTERPRETAZIOAREKIKO HURBILKETAN

II. AVANCES EN LA APROXIMACIÓN A LA INTERPRETACIÓN DEL PASADO SOCIOCULTURAL Y AMBIENTAL DEL TIRIS

II. التقدم في تفسير الماضي الثقافي الاجتماعي والبيئي لتيرس

II. PROGRÈS DANS L'APPROXIMATION DE L'INTERPRÉTATION DU PASSÉ SOCIOCULTUREL ET ENVIRONNEMENTAL DU TIRIS.

Urte hauetan guztietan informazio eta datu asko eskuratu ditugu gure esplorazioetan eta landa-lanetan. Kontrolatutako erreferentziak asko izaki eta zorrotz interpretatu ditugunez, gure azterketa-esparruaren bilakaera historikoaren zenbait zatiren zentzuzko ikuspegia proposa dezakegu. Eta, bereziki, zehatz-mehatz adieraz dezakegu, alde batetik, dinamika paleoklimatikoan eta ingurumendinamikan eta, bestetik, adierazpen arkeologikoen esanahian eskuratutako jakintzaren hedadura, betiere bi alderdi horiek elkarren mendeko izanik. Horrek argi adierazten du intelektualki zein unetan gauden eta, hein batean, etorkizuneko ikerketaren jarraibideak, itxaropenak eta orientabideak erdizka ikusteko aukera ematen digu. Nolanahi ere, modu objektiboan, Tirisko ingurumen-, gizarte- eta kultura-iraganaren interpretaziora hurbiltzeko helburuan 2008-2011 aldiko ikerketa-etapa honetan lortu dugun aurrerapenaren adierazgarri da.

1. KLIMA- ETA INGURUMEN-ERREGISTRO ZAHARRA

Tirisko duna-eremuen eta erdi-hondarrezko eremuen barruan identifikatu ditugun lekukotza sedimentologikoak kontrolatuta, datu paleoklimatiko eta ingurumen-datu berri-berriak lortu ditugula esan dezakegu.

Izan ere, alde batetik, egitura trabertiniko ugari aztertu ditugu sebjen eta beste hainbat metaketa lakustreren ertzekin eta barne-eremuekin loturik; bestetik, egitura laminarra eta sorrera lakustrea duten zenbait muino-lekuko; eta, halaber, hainbat duna-metaketa gotortu edo kontsolidatuak, mendi-profilekin ongi beretuta edo sakonune hidrografikoetan iraun dutenak.

Egitura horiek guztiek informazio potentzial handia ezkutatzen dute Holozenoko fase hezeen eta idorren arteko txandakatzeari eta aldakortasunari buruz -bereziki, XII. milurtekoaren erdialdetik IV. milurtekora bitarte-, bai eta Goi Pleistozenoko aldi aurreratuenei buruz ere.

Lekukotza adierazgarrienak Gleb Terzuz, Farfarat, Emherisat, Feleklek eta Lemelha-ko sebjetan eta Galb Ziza-ko mendian identifikatu ditugu.

En estos años de experiencia son muchas las informaciones y datos que estamos obteniendo de nuestras exploraciones y trabajos de campo. El alto efectivo de referencias controladas, junto a su rigurosa lectura, nos permiten proponer una perspectiva razonable de algunos tramos de la evolución histórica de nuestro marco de estudio. Y, muy particularmente, precisar el alcance del conocimiento de que disfrutamos, interdependientemente, en la dinámica paleoclimática y medioambiental, por una parte, y en la significación de las manifestaciones arqueológicas, por la otra. Ello testimonia el momento en que nos encontramos intelectualmente y hace entrever, en cierta medida, las directrices, expectativas y orientaciones de la investigación futura. En cualquier caso, constituye objetivamente una expresión pertinente del avance experimentado en el propósito de aproximación a la interpretación del pasado ambiental y sociocultural del Tiris durante esta etapa de investigaciones de 2008-2011.

1. EL ANTIGUO REGISTRO CLIMÁTICO Y MEDIOAMBIENTAL

Podemos hablar de novedosos datos paleoclimáticos y medioambientales, a partir del control de diferentes testimonios sedimentológicos, identificados en el interior de las áreas dunares y semi-arenosas del Tiris.

En efecto, hemos reconocido, por una parte, un número interesante de formaciones travertínicas asociadas a los rebordes y áreas interiores de sebjas y de otros antiguos depósitos lacustres; por otra parte, alguna mota-testigo de estructura laminar y génesis lacustre; y, asimismo algunos depósitos dunares consolidados, bien anexionados a los perfiles montañosos o conservados residualmente en algunas depresiones hidrográficas.

Todas estas formaciones encierran un potencial de informaciones de considerable magnitud sobre la variabilidad y alternancia climática entre fases húmedas y áridas del Holoceno –en especial, de sus tramos antiguo y medio, entre aproximadamente mediados del XII y del IV milenios–, e, incluso, de los episodios más avanzados del Pleistoceno superior.

في تجربة هذه السنوات، حصلنا على كثير من المعلومات والمعطيات، من خلال الاستكشافات والعمل الميداني؛ التي تسمح لنا، مع الفعالية الكبيرة للمراجع المحصل عليها، وقراءتها الصارمة، باقتراح منظور معقول، لبعض مراحل التطور التاريخي، لمجال دراستنا، وبصفة خاصة، تحديد مجال معلوماتنا المرتبطة بديناميكية البيئات القديمة والمناخ من جهة، وبمفهوم المظاهر الاثرية من جهة اخرى.

ذلك يشهد فكريا، على اللحظة التي نوجد فيها، ويجعلنا نستشعر بطريقة ما، الخطوط التوجهية والارشادات، والتوقعات لبحثنا في المستقبل.

ويشكل هذا على كل حال، تعبيرا متصلا بالتقدم المحصل عليه، بهدف التقرب لفهم الماضي البيئي والاجتماعي الثقافي لتيرس، خلال مرحلة البحوث 2008 - 2011.

1. السجل القديم للبيئة والموناخ

يمكننا التحدث عن المعلومات الجديدة، حول البيئات والمنوخات القديمة، انطلاقا من التحكم في الشهادات الرسوبية المختلفة، المتعرف عليها في داخل المناطق الكثبانية، وشبه الرملية بتيرس.

وبالفعل تعرفنا من جهة، علي كمية هامة من التشكيلات الجيرية، المرتبطة بالحواف والمناطق الداخلية لاحواض السباخ، وبحيرات قديمة اخرى. ومن جهة ثانية هناك القطع الشاهدة، التي على شكل هياكل رقائقية، من اصل نشأة البحيرات، وكذلك بعض المستودعات الكثبانية الملتحمة، الملتحقة بجوانب جبلية، او المحفوظة كبقايا، ببعض المنخفضات المائية، قديما.

وتحتوي كل تلك التشكيلات على معلومات قوية، حول حجم معتبر، من التنوع والتناوب المناخي، بين فترات الرطوبة والجفاف، خلال عهد الهولوسين، وبالخصوص في

Au cours de ces années d'expérience ce sont nombreuses les informations et les données que nous sommes en train d'obtenir de nos explorations et travaux de terrain. Le grand effectif de références contrôlées, conjointement à sa rigoureuse lecture, nous permettent de proposer une perspective raisonnable de certains tronçons de l'évolution historique de notre cadre d'étude. Et, très particulièrement, de préciser la portée de la connaissance dont on profite, en interdépendance, quant à la dynamique paléoclimatique et environnementale, d'une part, et quant à la signification des manifestations archéologiques, d'autre part. Ceci témoigne du moment dans lequel nous nous trouvons intellectuellement et laisse entrevoir, dans une certaine mesure, les directrices, expectatives et orientations de l'investigation future. Quoi qu'il en soit, cela constitue objectivement une expression pertinente du progrès expérimenté dans le propos d'approximation de l'interprétation du passé environnemental et socioculturel du Tiris durant cette étape d'investigations 2008-2011.

1. L'ANCIEN REGISTRE CLIMATIQUE ET ENVIRONNEMENTAL

Nous pouvons parler de nouveautés en ce qui concerne les données paléoclimatiques et environnementales, à partir du contrôle des différents témoignages sédimentologiques, identifiés à l'intérieur des aires dunaires et semi-sablonneuses du Tiris.

En effet, nous avons reconnu, d'une part, un nombre intéressant de formations travertiniques associées aux rebords et aux aires intérieures des sebkhas et d'autres anciens dépôts lacustres; d'autre part, quelque poussière-témoin à structure laminaire et genèse lacustre; et, également quelques dépôts dunaires consolidés, bien annexés aux profils montagneux ou conservés résiduellement dans certaines dépressions hydrographiques.

Toutes ces formations enferment un potentiel d'informations d'une considérable magnitude quant à la variabilité et alternance climatique entre les phases humides et arides de l'Holocène –en spécial, de ses tronçons ancien et moyen, entre la moitié du XIIe et du IVe millénaires– et

Emherisat-eko sebjako (Azefal, Duguech) zundaketa sedimentologikoa: goiko metaketa Holozenoko trabertinoak dira eta behekoa, aldiz, Pleistozenoko hondarrak.

Sondeo sedimentológico en la sebja de Emherisat (Azefal, Duguech): depósito superior de travertinos holocenos y depósito inferior de arenas pleistocenas.

سبر لأصل طبقات رسوبية في سبخة امهيرزات (آزفال، الدوڨج): مستودع علوي ترافيرتيني (جيري) هوليسيني (يخص عصر الهولوسين)، ومستودع سفلي من الرمال البلايستوسينية (تخص عصر البلايستوسين).

Sondage sédimentologique dans la sebkha d'Emherisat (Azefal, Duguech): dépôt supérieur de travertins holocènes et dépôt inférieur de sables pléistocènes.

• Gleb Terzuz-eko sebjan (Mijek) hainbat metaketa litifikatu aurkitu ditugu eta azken aldi idorraren aurreko ingurumen-ekosistema zahar eta bereiziekin lotu behar dira; metaketa horiek duela *ca.* 3.000 urte daude hor. Izan ere, behin-behineko moduan, aldez aurreko gutxienez bost fazie sedimentario bereizi ditugu: trabertino estratifikatuak, trabertino masiboak, kalkarenitak, kare-mikroarraila eta hareharriak, geruzapen gurutzatuarekin. Lehen laurek itxura trabertiniko generikoa eta kolore grisaxka-zurixka dute eta euri-ekosistemetakoak direla ematen dute. Bosgarrena, kolore gorri bizia duen duna-arrasto fosila da eta klima-ingurune idorragokoa izango litzateke.

Bestalde, aurrekotik hurbil samar dagoen Farfarat-eko sebjan (Mijek), era berean, metrotik gorako lodiera duten egitura trabertiniko garrantzitsuak ere badira. Halaber, Lemelha-ko (Duguech) hegoaldeko sebjaren hainbat sektoretan ongi ikusten dira hainbat geruza trabertiniko, Holozenoan izandako klima-gertakari hezeagoen adierazgarri.

Los testimonios más ilustrativos los hemos identificado en las sebjas de Gleb Terzuz, Farfarat, Emherisat, Feleklek y Lemelha, y en la montaña de Galb Ziza.

• En la sebja de Gleb Terzuz (Mijek) se advierten diversos depósitos litificados que deben de relacionarse con antiguos y diferenciados ecosistemas ambientales previos al episodio árido reciente, presente ya desde hace *ca.* 3.000 años. De hecho, se han diferenciado provisionalmente, al menos, cinco facies sedimentarias previas, identificadas como: de travertinos estratificados, de travertinos masivos, de calcarenitas, de microbrecha calcárea y de areniscas con estratificación cruzada. Las cuatro primeras, de genérica apariencia travertínica y coloración grisáceo-blanquecina, parecen más propias de ecosistemas pluviales. La quinta, a modo de vestigio dunar fósil de color rojo intenso, respondería ciertamente a un ambiente climático más árido.

Por su parte, en la cercana sebja de Farfarat (Mijek) se constatan asimismo importantes formaciones traver-

مراحله القديمة والوسطى، تقريبا بين اواسط الثاني عشر والرابع من الالفية، بما في ذلك الحلقات المتقدمة من زمن البلايستوسن الاعلى (pleistoceno superior).

ان الشهادات الاكثر توضيحا، هي التي تم تحديدها في سباخ: **اڭليب الترثوث، الفرفارات، امهيرزات، فلكلك، لميلحه**، وفي جبل **ڭلب زيزا.**

• ففي سبخة **اڭليب الترثوث (ميجك)**، لوحظ وجود مستودعات مختلفة من تشكيلات رسوبية متعلقة بمختلف النظم الإيجيولوجية البيئية القديمة، التي سبقت حلقات ازمنة التصحر الحديثة، اي منذ 3,000 عام. وفعلا تم التمييز مسبقا لخمس خصوصيات رسوبية: طبقة حجر جيري، وحجرجيري متكتل، واحجار كالكارينية، وميكروبريتشا كالكاريا، و رملية ذات طبقات متقاطعة. النوعيات الاربع الاولى: المتجانسة المظهر الترافيرتيني ذات اللون الرمادي البيضاوي؛ تبدو هي الاكثرصلة بالنظم الايكولوجية المطيرة. اما الخامسة فهي بقايا كثبانية حفرية، ذات لون احمر قاني، تستجيب بصورة مؤكدة، لموناخ بيئي اكثر تصحرا. وقد لوحظ كذلك بناحية **الفرفارات** ب(**ميجك**)، وجود تشكل ترافيرتيني (حجر جيري) مهم، يتجاوز سمكه حدود المتر، وبنفس الطريقة، تجب الاشارة ايضا الى انه، بعدة قطاعات من سبخة **لميلحة** ب(**الدوڭج**)، يلاحظ بشكل محسوس، وجود طبقات ترافيرتينية (احجار جيرية)، كشهادات على احداث سابقة، لموناخ اكثر رطوبة، من عهد الهولوسين.

• وفي سبخة **ڭلابت خيرالل (الدوڭج)**، تعرفنا على شهادة بحوض البحيرة القديمة، في ذلك الجانب من تيرس، الموجود على بعد 70كلم الى الغرب من مكان **الدوڭج**، ويتعلق الامر بنوع من قطعة ترابية معزولة، لمورفولوجيا بيضاوية الشكل، وبمقدار حوالي 10,5×8×1,5 م، بالقطاع الغربي لمجموع المرتفعات التي تشكل **ڭلاّبت خيرالل.**

وهذه الشهادة تعرض التشكيل الطبقي الجانبي، المتميز بوجود صفحات ملمْترِيَّة، والذي تحدث فيه بشكل اقاعي، فضلات سوداء مَتبَوعَة باخرى ملْحيَّة بيضاء. ان التناوب المتكرر للحلقات الزمنية، واحدةَ تلوى الاخرى، ينصح بقراءة زمنية لمسلسل الترسبات: استحضار نموذج زمني مرتب وفقا لترتيبات الموناخ عبر فصول السنة (الترسبات خلال فترة الرطوبة، وتكدس الاملاح اثر تبخر المياه في ازمنة الجفاف). وبهدف التأكد من هذه الفرضية، تم القيام بعملية تنظيف لطبقات رسوبية (refresco estratigráfico)، في الجهة الجنوبية من البقعة ـ الشاهدة، بالبحيرة القديمة، على مسافة قدرها 30 سنتمرا عرضا، وبقوة 1,30 مترا، وتابعنا في اخذ عينات بفواصل من 10 سنتمترات. وستساعد التحاليل المخبرية لهذه العينات مستقبلا، في تحديد اقاعات تشكيل نظم البحيرات، والظروف الموناخية الباعثة.

même, des épisodes plus avancés du Pléistocène supérieur.

Les témoignages plus illustratifs ont été identifiés dans les sebkhas de Gleb Terzuz, Farfarat, Emherisat, Feleklek et Lemelha, et dans la montagne de Galb Ziza.

• Dans la sebkha de Gleb Terzuz (Mijek) on apprécie divers dépôts lithifiés qui doivent être mis en relation avec des anciens et différenciés écosystèmes environnementaux préalables à l'épisode aride récent, présent déjà depuis il y a *ca.* 3.000 ans. En fait, ont été différenciés de manière provisionnelle, au moins cinq faciès sédimentaires préalables, selon l'identification suivante: travertins stratifiés, travertins massifs, calcarénites, microfissure calcaire et grès à stratification croisée. Les quatre premiers, de générique apparence travertinique et coloration gris-blanchâtre, semblent plus particuliers aux écosystèmes pluviaux. Le cinquième, en guise de vestige dunaire fossile de couleur rouge intense, répondrait-il certainement à une ambiance climatique plus aride.

Pour sa part, dans la voisine sebkha de Farfarat (Mijek) on constate également des importantes formations travertiniques qui dépassent une mètre d'épaisseur. Également, il faut signaler que sur plusieurs secteurs de la méridionale sebkha de Lemelha (Duguech), sont nettement perceptibles des différentes couches travertiniques, témoignage d'antérieurs événements climatiques humides de l'Holocène.

• Dans la sebkha de Galabt Jeral-la (Duguech) nous avons reconnu un témoin d'anciens dépôts lacustres dans cette partie du Tiris située quelques 70 km au nord-ouest de l'emplacement de Duguech. Il s'agit d'une espèce de butte terreuse isolée, de morphologie ovale et d'environ 10,5x8x1,5 m, placée dans le secteur occidental de l'ensemble des inselbergs qui configurent ce groupement montagneux de Galabt Jeral-la.

Le témoin offrait un profil stratigraphique caractérisé par la présence de lamellations millimétriques dans lesquelles se succédaient, de façon rythmique, des dépôts lutitiques noirâtres suivis d'autres salins blanchâtres. L'alternance répetée des ces épisodes suggérait une lecture cyclique du procès de dépôt: en évoquant un modèle temporel de rang il se peut stationnaire, adapté aux variations climatiques annuelles (d'apport de sédiments en saison humide et de précipitation de sels causée par l'évaporation en saison sèche).

Dans l'intention de confronter ces hypothèses, on a réalisé une colonne de rafraîchissement stratigraphique dans le profil méridional de la butte-témoin, de 30 cm de large et 1,30 m de puissance, procédant au prélèvement d'échantillons à des intervalles de 10 cm. L'analyse de laboratoire future de ces échantillons aidera à préciser les rythmes de conformation du système lacustre et les circonstances climatiques inductrices.

En tout cas, la présence de ce type de témoignage, en plus de ses enseignements paléoclimatiques, constitue

• Galabt Jeral-la-ko sebjan (Duguech), antzinako metaketa lakustreen lekuko bat aurkitu genuen Duguech-etik ipar-mendebaldera 70 bat kilometrora dagoen Tirisko ingurune horretan. Lurrezko muino isolatu bat da, morfologia obalatua duena eta 10,5 x 8 x 1,5 metroko neurriak, eta Galabt Jeral-la-eko mendi multzoa osatzen duten inselberg edo mendi-irla sortaren mendebaldeko sektorean kokatuta dago.

Lekukoaren profil estratigrafikoan laminazio milimetrikoak zeuden eta, bertan, modu erritmikoan, jalkin lutitiko beltzaxkak eta gatz-jalkin zurixkak tartekatzen ziren. Bi jalkinak behin eta berriz txandaka agertzeak jalkitzeprozesua modu ziklikoan gertatu zela pentsarazten du: agian urtaroak izango zituen garaia izango zen, urteko klima-aldaketen arabera (sasoi hezean sedimentuak jalkitzen ziren eta lurrunketa bidezko gatz-prezipitazioak sasoi idorrean).

Hipotesi horiek egiaztatzeko asmoz, zehaztapen estratigrafikoa egiteko zutabe bat egin genuen muino-lekukoaren hegoaldeko profilean; zutabeak 30 cm zabal zabal eta 1,30 metroko potentzia zuen eta laginak 10 cm-ko tartea utzita hartu genituen. Lagin sedimentologiko horiek laborategian aztertzen dituztenean, sistema lakustrea eratzeko erritmoak eta hori eragin zuten klima-zirkunstantziak zehaztu ahal izango ditugu.

Nolanahi ere, horrelako lekukotzak izateak ikasbide paleoklimatikoa eskaintzeaz gain, Tirisko eta Saharako mendebaldeko ingurune honetako geografian eta paisaian Holozenoko beste garai batzuetan izan ziren eraldaketen berri ere ematen digu.

• Emherisat-eko sebja (Duguech, Galabt Jeral-la-tik 85 km hego-hegoelkialdera) aztertu genuenean, eta Azefaleko ergaren barruko eremuetan sartuta, hainbat segmentutan kontserbatutako metaketa trabertinikoen hainbat zati identifikatu genituen -"partzelak", alegia-, antzinako sakonune lakustre hori gaur egun horrela banatuta baitago. Izan ere, sebjak garai batean izan behar zuen azalera handia -baliteke hamarnaka km² asko izatea- Azefaleko dunek okupatzearen ondorioz, gaur egun duen mosaiko edo puzzle itxurako "zatikatzea" sortu zen, duna-eremu eta kordoi handiago edo txikiagoen bidez elkarren artean bereizitako "segmentu lakustreez" osatuta. Sakonune hidrografikoaren ipar-mendebaldeko sektorean kokatuta dagoen segmentu horietako batean, metaketa trabertiniko interesgarriak aztertu genituen eta, goiko aldean, aintzira-inguruneetan agertu ohi diren gasteropodoen ekarpen sedimentarioak zeuden; besteak beste, *Bulinus* eta *Planorbis* generoetako espezieak aurkitu genituen.

2 zundaketa egin genituen, elkarren artean 300 m utzita, osaera trabertinikoaren berri izateko asmoz. Ebakietan sekuentzia estratigrafiko desberdina atera zen, hainbat fazie sedimentariorekin: eraketa ere trabertinikoa zen eta, kasu batean, metroko lodiera ere bazuen. Fazie horiek bertikal osoan nola banatzen ziren ikusita, esan gabe doa klima-gertakari hezeak elkarren segidan gertatu zirela... Goragoko mailako metaketan eta lurraren arra-

tínicas que llegan a sobrepasar el metro de espesor. De igual manera, hay que señalar que en varios sectores de la meridional sebja de Lemelha (Duguech), son bien perceptibles diferentes capas travertínicas, testimonio de anteriores eventos climáticos más húmedos del Holoceno.

• En la sebja de Galabt Jeral-la (Duguech) reconocimos un testigo de antiguos depósitos lacustres en esta parte del Tiris situada unos 70 km al NW del sitio de Duguech. Se trata de una especie de mota terrosa aislada, de morfología ovalada y de unos 10,5 x 8 x 1,5 m, emplazada en el sector occidental del conjunto de inselberges que configuran esta agrupación montañosa de Galabt Jeral-la.

El testigo ofrecía un perfil estratigráfico caracterizado por la presencia de laminaciones milimétricas en las que se sucedían, de forma rítmica, deposiciones lutíticas negruzcas sucedidas por otras salinas blanquecinas. La alternancia reiterada de unos y otros episodios sugería una lectura cíclica del proceso depositacional: evocando un modelo temporal de rango acaso estacional, ajustado a las variaciones climáticas anuales (de aporte de sedimentos en la temporada húmeda y de precipitación de sales por evaporación en la temporada seca).

Con el propósito de contrastar estas hipótesis, se realizó una columna de refresco estratigráfico en el perfil meridional de la mota-testigo, de 30 cm de ancho y 1,30 m de potencia, procediéndose a la toma de muestras en intervalos de 10 cm. El análisis futuro en el laboratorio de esas muestras sedimentológicas ayudará a precisar los ritmos de conformación del sistema lacustre y las circunstancias climáticas inductoras.

En cualquier caso, la presencia de este tipo de testimonios, además de sus enseñanzas paleoclimáticas, constituye un gesto revelador de las transformaciones del medio geográfico y paisajístico que en otros momentos del Holoceno contextualizaron esta parte del Tiris y del Oeste sahariano.

• En la inspección de la sebja de Emherisat (Duguech), unos 85 km al S.SE de Galabt Jeral-la y dentro ya de las áreas interiores del erg de Azefal, identificamos varios tramos de depósitos travertínicos conservados en diversos segmentos, o "parcelas", en que hoy se muestra repartida esta antigua depresión lacustre. En efecto, la invasión por las dunas del Azefal de la importante superficie que debió poseer la sebja –probablemente, de un considerable número de decenas de km²– ha dado lugar a su "fragmentación" actual en forma de mosaico o puzle conformado por "segmentos lacustres" separados entre sí por cordones y áreas dunares de mayor o menor amplitud. En uno de estos segmentos, emplazado en el sector noroccidental de la depresión hidrográfica se reconocieron interesantes depósitos travertínicos que, en su tramo superior, ofrecían aportes sedimentarios de gasterópodos propios de medios lagunares, entre los que se advirtieron especies propias de los géneros *Bulinus* y *Planorbis*.

Se practicaron aquí 2 sondeos, en sendos puntos separados entre sí unos 300 m, con la idea de conocer la

وعلى كل حال فان وجود هذا النوع من الشهادات، بالاضافة الى ما يفيده عن الموناخ في الزمن الماضي، فهو يشكل اشارة الى تطور تغيرات الوسط الجغرافي والمشاهد الطبييعية، في مراحل من عهد الهولوسين، اطرت هذا الجزء من **تيرس**، ومن الغرب الصحراوي.

• ومن خلال بحثنا في سبخة **امهيرزات**، بمنطقة (**الدوگج**)، حوالى 85 كلمترا الى الجنوب، جنوب شرق (S.SE) **گلابت خير الل**، وبوسط المناطق الداخلية لعرق آزفال، حددنا عدة أماكن لمستودعات احجار جيرية، محفوظة في القطاعات التي تتوزع في تلك البحيرة الجوفية القديمة. وفي الواقع، إن غزو الكثبان الرملية بمنطقة ازفال، لمساحة هامة، كان ينبغي ان تحوزها السبخة، - يمكن ان تكون بعشرات الكلمترات المربعة - أدت الى تجزئتها الحالية، على شكل فسيفساء، او لغز مشكل من بحيرات قديمة، مقسمة في ما بينها بخيوط ومناطق كثبانية، بمساحات متفاوتة.

وفي احدة من تلك البقعات الموجودة بالقطاع الشمالي الغربي من الجوف المائي القديم، تم التعرف على بعض المستودعات الترافيرتنية (الجيرية) الهامة التي، بقسمها الاعلى، تقدم مساهمات عن ترسبات لبَطنيَّات (رخويات) تخص البحيرات؛ ومن ضمنها تمت ملاَحظة انواع خاصة من جنس المحار الملتوي والمقوقعات المستوية .(Bulinus y Planorbis)

Laginak hartzen Lemelha 2-ko sebjako (Azefal, Agüenit) egitura trabertinikoan, eta sebjarekin loturiko uretako gasteropodoak.

Toma de muestras en la formación travertínica de la sebja de Lemelha 2 (Azefal, Agüenit) y gasterópodos acuáticos a ella asociados.

اخذ لعينة من التشكلة الجيرية بسبخة لميلحة 2 (ازفال، اغوينيت)، ورخويات مائية تنتمي لها.

Prélèvement d'échantillons dans la formation travertinique de la sebkha de Lemelha 2 (Azefal, Agüenit) et gastéropodes aquatiques associés à celle-ci.

un geste révélateur des transformations du milieu géographique et paysager qui à d'autres moments de l'Holocène ont placé dans son contexte cette partie du Tiris et de l'Ouest sahraoui.

• Lors de l'inspection de la sebkha d'Emherisat (Duguech), environ 85 km au sud/sud-est de Galabt Jeral-la et déjà à l'intérieur des aires internes de l'erg d'Azefal, nous avons identifié plusieurs tronçons de dépôts travertiniques conservés en divers segments, ou «parcelles», dans lesquelles se montre actuellement repartie cette ancienne dépression lacustre. En effet, l'envahissement par les dunes de l'Azefal de l'importante superficie qu'autrefois posséda la sebkha –probablement, d'un considérable nombre de dizaines de km^2– a donné lieu à sa «fragmentation» actuelle sous forme de mosaïque ou puzzle conformé par des «segments lacustres» séparés les uns des autres par des cordons et des aires dunaires de plus ou moins grande amplitude. Sur l'un de ces segments, situé dans le secteur nord-occidental de la dépression hydrographique ont été reconnus des intéressants dépôts travertiniques qui, dans son tronçon supérieur, offraient des apports sédimentaires de gastéropodes propres des milieux palustres, parmi lesquels on a averti des espèces appartenant aux genres *Bulinus* et *Planorbis*.

On pratiqua ici 2 sondages, à des points séparés entre eux environ 300 m, en vue de connaître la composition travertinique sous-jacente. Les coupures ont apporté une séquence stratigraphique différenciée avec des divers faciès sédimentaires: de configuration également travertinique et qui, en un cas précis atteignait un mètre d'épais-

Eij IV-eko labar-harpean (Duguech) tinta gorriz egindako ehiza-egoera: ehiztaria eta elefantea (erreprodukzio hau "J/DStretch" irudi-analizagailuaren bidez aztertu da kromatikoki).

Escena cinegética de cazador y elefante pintada en tinta roja en el abrigo rupestre de Eij IV (Duguech) (Reproducción contrastada cromáticamente mediante analizador de imágenes "J/DStretch").

مشهد صيد، لصياد وفيل، تم رسمهما باللون الاحمر بالكهف الصخري لأيج IV (الدوگج) (استنساخ مقوى بالالوان من خلال جهاز تحليل الصور .("J/DStretch")

Scène cynégétique de chasseur et éléphant peinte à l'encre rouge dans l'abri rupestre d'Eij IV (Duguech) (Reproduction confrontée chromatiquement au moyen de l'analyseur d'images "J/DStretch").

sean ur gezako gasteropodo lakustreen oskolak agertu zirenez, AMS analisi kronometrikoa egin ahal izan zen. Bi zundaketetako goi-goiko zatirako bi datazio atera ziren: bata 8.050±40 B.P. (GrA-43440) eta bestea 7.485±45 B.P. (GrA-48227). Balio ez-kalibratu horien arabera, metaketa trabertinikoaren goi-goiko zatia Kristo aurreko IX. milurtekoaren bigarren erdialdera sortu zen.

Bestalde, Feleklek mendien inguruan, sebja horretatik 10 km NWra putzu zahar bat dago, aspaldiko sebja baten gainean egin zena; gaur egun, hondar-metaketez estalita dago erabat. «*Bir*»-aren goiko hodiaren profil estratigrafikoan hainbat metaketa egonkor aurki daitezke eta, horien artean, bi gertakari heze antzeman zitezkeen. Goiko metaketa hondar-sedimentu batez eta legarrez osatuta dago eta kolore grisaxka du; ebakiaren zehaztapen estratigrafikoa egiteko unean bere kokalekuan kontrolatu ahal izan genuen zur zati ikaztu bati esker datatu ahal izan genuen metaketa hori. Akaziaren aztarna txikia aztertuta, datazio hau atera zen: 3.705±30 B.P. (GrA-38070); horrek zera esan nahi du, espektro kronologikoa 2.098-2.036 cal.B.C. dela, hau da, Kristo aurreko IV. milurtekoaren hasiera inguruan. Bestalde, beheko metaketa sedimentu trabertiniko kontsolidatu eta grisaxka batez osatuta dago eta oinarrizko substratu granitikoaren gainean dago zuzenean; datazio hau atera da: 9.590±80 B.P. (Poz-37971). Beraz, 9.091-8.834 cal.B.C. inguru garatu zen, hau da, gure garaiaren aurreko XI. milurtekoaren hasieran.

composición travertínica subyacente. Los cortes proporcionaron una secuencia estratigráfica diferenciada con diversas facies sedimentarias: de configuración asimismo travertínica y que en uno de los casos llega al metro de espesor. Evidentemente, la disposición consecutiva de estas facies a lo largo de la vertical, traduce una sucesión de diferentes eventos climáticos húmedos... La presencia de caparazones de gasterópodos lacustres de agua dulce en el depósito más superior, y a ras del suelo, posibilitaron su análisis cronométrico AMS. Se obtuvieron dos dataciones para el tramo más superior de ambos sondeos: una de 8.050±40 B.P. (GrA-43440) y otra de 7.485±45 B.P. (GrA-48227). Conforme a estos valores no calibrados, la parte más superior del depósito travertínico se habría generado a lo largo de la segunda mitad del IX milenio antes de nuestros días.

Por otra parte, unos 10 km al NW de esta sebja se encuentra un viejo pozo abierto sobre una antigua sebja, hoy cubierta plenamente por depósitos arenosos, a la altura de las montañas de Feleklek. El perfil estratigráfico del conducto superior del «*bir*» ofrece una sucesión de depósitos estables, entre los que se podían reconocer dos episodios húmedos. El depósito superior, formado por un sedimento arenoso con gravas y de coloración grisácea, pudo ser datado merced a un fragmento carbonizado de madera que se pudo controlar en posición en el momento del refresco estratigráfico del corte. El análisis del pequeño resto de acacia procuró una datación de 3.705±30 B.P. (GrA-38070), lo que precisa su espectro cronológico entre 2.098-2.036 cal.B.C., es decir, en torno al inicio del IV milenio antes del presente. Por su lado, el depósito inferior, compuesto por un sedimento travertínico, consolidado y grisáceo, que descansa directamente sobre el substrato granítico de base, ha procurado una fecha de 9.590±80 B.P. (Poz-37971), determinando su desarrollo entre 9.091-8.834 cal.B.C., es decir, en los inicios del XI milenio previo a nuestro presente.

Esta última datación resulta altamente interesante para el conocimiento en el marco regional del comienzo

تم القيام بعمليتي تنقيب، في نقطتين منفصلتين بمسافة 300 مترا، من اجل معرفة مكون الحجر الجيرى (الترابيرتين) الكامن بالاسفل، واعطت القطع سلسلة من الخصوصيات الطبقية المتميزة بعدة سحنات رسوبية: بتشكل جيري (ترابيرتيني)، يصل سمكها في بعض الاحيان حوالى المتر.

من الواضح ان الترتيب المتوالى لتلك السحنات، على الطول العمودى، يترجم سلسلة من مختلف الاحداث المناخية الرطبة...ان وجود اصداف الرخويات المنتمية لبحيرات المياه العذبة في المستودع الاعلى، والملتسقة بالسطح، قد سمح جهاز(AMS) بتحليلها الكرونوميتري. وتم الحصول على تأريخات لمعلومات مرجعية (dataciones) خلال المرحلة الاعلى من عمليتي التنقيب: واحدة من 8.050±40 B.P. (GrA-43440) والثانية من 7.485±45 B.P. (GrA-48227). وطبقا لهذه القيم غير المعايرة، فان الجهة الاعلى من المستودع الجيري (الترابيرتيني)، نشأت خلال المرحلة الثانية من الالفية التاسعة قبل زماننا الراهن.

ومن جهة اخرى، وعلى بعد عشر كلمترات شمال غرب (N W) هذه السبخة (امهيرزات) يعثر على بئرعتيقة، مفتوحة في سبخة قديمة، تغطيها اليوم كليا، مستودعات من الرمال، على مسافة من مرتفعات **فلكلك**. ان الواجهة الطبقية لقناة البئر، تعرض سلسلة من المستودعات القارة، التي تعرَّفنا من خلالها على حلقتين تتميزان بالرطوبة؛ فالمستودع العلوي متكون من ترسب رملي وحجري ذي اللون الرمادي، يمكن ان يؤرخ له زمنيا، بفضل وجود قطعة من الخشب متفحمة، تم ضبطها في وقت القيام بعملية تنظيف الطبقات الرسوبية (refresco estratigráfico)؛ ان التحليل الذي اجري على قطعة من شجر الطلح، كان قد اعطى مرجعية زمنية (GrA-38-070) 3.705±30 B.P.، مما يحدد الطيف الزمني بين 2.098-2036 cal. B.C.، اي بداية الالفية الرابعة قبل زمننا الراهن. اما المستودع السفلي فيتكون من ترسبات جيرية، رمادية مجمعة، الذي يوجد مباشرة فوق الطبقة الغرانيتية السفلية. وقد تم اعطاء مرجعية زمنية (Poz-37971) 9.590±80 B.P. وتحديد تطورها ما بين 9.091-8.834 cal.B.C.، وهذا يعني بداية الالفية الحادية عشر قبل زمننا الحالي.

هذا التاريخ الزمني الاخير له اهميته في المجال الاقليمي، لمعرفة بدايات اول تطور لأمثل موناخ، بالعهد الهولوسيني القديم؛ هي حلقة رطوبة قديمة لـ**فلكلك**، يمكن ان ترتبط بالمستودعات الجيرية السفلية، التي اشرنا اليها في الحديث عن امهيرزات. في هذه الظروف الافتراضية، وُجدنا امام شهادة مفيدة جدا لفترة الزمن التشادى (Chadiense)، المتصلة بمرحلة الرطوبة للهولوسين القديم؛ وحسب المعلوما ت المتوفرة، ما بين حوالي11.000-8.000 سنة. اذا كان الامر كذلك، فتلك الالفية الثالثة من تطور

seur. Évidemment, la disposition consécutive de ces faciès le long de la verticale, traduit une succession de différents événements climatiques humides… La présence de carapaces de gastéropodes lacustres d'eau douce dans le dépôt plus supérieur, et à ras du sol, ont permis son analyse chronométrique AMS. On obtint deux datations pour le tronçon plus supérieur des deux sondages: l'une de 8.050±40 B.P. (GrA-43440) et l'autre de 7.485±45 B.P. (GrA-48227). Conformément à ces valeurs non calibrées, la partie plus supérieure du dépôt travertinique se serait générée le long de la deuxième moitié du IX millénaire avant nos jours.

D'autre part, environ 10 km au nord-ouest de cette sebkha se trouve un vieux puits creusé dans une ancienne sebkha, actuellement couverte par des dépôts sablonneux, dans l'entourage des montagnes de Feleklek. Le profil stratigraphique du conduit supérieur du *«bir»* offre une succession de dépôts stables, parmi lesquels on pouvait reconnaître des épisodes humains. Le dépôt supérieur, formé par un sédiment sableux avec du cailloutis et de coloration grisâtre, a pu être daté grâce à un fragment carbonisé de bois que l'on a pu contrôler en position au moment du rafraîchissement stratigraphique de la coupe. L'analyse du petit bout d'acacia procura une datation de 3.705±30 B.P. (GrA-38070), ce qui précise son spectre chronologique entre 2.098-2.036 cal.B.C., c'est-à-dire, autour du début du IV millénaire avant le présent. Quant au dépôt inférieur, il est composé d'un sédiment travertinique, consolidé et grisâtre, qui repose directement sur le substrat granitique de base et a procuré une date de 9.590±80 B.P. (Poz-37971), déterminant son développement entre 9.091-8.834 cal.B.C., c'est-à-dire, dans les débuts du XI millénaire préalable à notre présent.

Cette dernière datation résulte d'un grand intérêt pour la connaissance du cadre régional du début et du premier développement de l'optimum climatique de l'Holocène ancien. Un vieil épisode humide de Feleklek que l'on pourrait peut être corréler avec les dépôts travertiniques inférieurs auxquels nous avons fait référence dans la séquence d'Emherisat. Dans cette circonstance hypothétique, nous nous trouverions en présence d'un témoignage hautement utile du Tchadien, concernant toute la période humide de l'Holocène ancien, selon les données disponibles, entre les *ca.* 11.000-8.000 ans. Si tel est le cas, ces trois millénaires du premier développement de l'Holocène seraient caractérisés ici par l'importante présence d'épisodes pluviaux (déterminés en rang, intensité, amplitude et discontinuité par des différentes faciès sédimentaires de travertins de structure hétérogène). Un cadre temporel suffisamment dilaté qui s'érigerait en une des plus importantes périodes humides de ce contexte régional: une époque pluviale dénommée, parfois, le «Grand Humide» holocène. De manière complémentaire, l'autre date mentionnée de Feleklek, environ 4.000 ans, correspond à l'autre des principales périodes humides –si bien beaucoup plus minorée– de l'ouest sahraoui, situant d'autre part, le troisième d'entre eux environ 6.500 ans avant le présent.

Galb Ziza-ko paleoduna (Mijek).
Paleoduna de Galb Ziza (Mijek).
كثيب قديم بـڭـلب زيزا (ميجك).
Paléodune de Galb Ziza (Mijek).

y primer desarrollo del óptimo climático del Holoceno antiguo. Un viejo episodio húmedo de Feleklek que acaso pudiera correlacionarse con los depósitos travertínicos inferiores a que hemos hecho referencia en la secuencia de Emherisat. En esta circunstancia hipotética, nos encontraríamos en presencia de un testimonio altamente útil del Chadiense, concerniendo a todo el período húmedo del Holoceno antiguo, según los datos disponibles, entre los *ca.* 11.000-8.000 años. De ser así, esos tres milenios del primer desarrollo del Holoceno estarían caracterizados aquí por la importante presencia de episodios pluviales (determinados en rango, intensidad, amplitud y discontinuidad por diferentes facies sedimentarias de travertinos de estructura heterogénea). Un marco temporal suficientemente dilatado que se erigiría en uno de los más importantes períodos húmedos de este contexto regional: una época pluvial denominada, en ocasiones, como el "Gran Húmedo" holoceno. De forma complementaria, la otra fecha mencionada de Feleklek, de en torno a los 4.000 años, corresponde a otro de los principales períodos húmedos -si bien mucho más aminorado- del Oeste sahariano, situándose, por otra parte el tercero de ellos hacia los 6.500 años antes del presente.

• Y no solo vamos a ceñirnos a las informaciones del Holoceno. Podemos adelantar una serie de datos en relación con las circunstancias paleoclimáticas inmediatamente previas de las últimas fases del Pleistoceno.

الهولوسين، ستكون متميزة باهمية وجود حلقات زمنية، مَطيرة (المحددة بالدرجة، والإتساع، وبعدم الاستمرار، من خلَال مختلف الخصوصيات الرسوبية والترافيرْتينية ذات التشكلات غير المتجانسة). انه مجال زمني ممتد بما يكفي، مبني على احدى مراحل الرطوبة الهامة في هذا النطاق الاقليمي: مرحلة متميزة بالامطار،احيانا، مثل "الرطوبة الكبرى" خلال الهولوسين. وبشكل اضافي، فان التاريخ المشار اليه حول **فلكلك**، منذ حوالي 4.000 سنة، يناسبٍ احد فصول الرطوبة الرئيسية ـ على الرغم من انه اكثر بطاـ في الغرب الصحراي، محددين من جهة اخرى تاريخ الثالث منها، منذ حوالى 6500 سنة خلت.

• ولن ننحصر في مجال الحديث عن الهولوسين فقط؛ بل نستطيع ان نتقدم بقدر من المعلومات، في ما يتعلق بالظروف المناخية القديمة، التي سبقت مباشرة مرحلة العصر الحديث الاقرب "البلايستوسين".

وفي الواقع فان احد المفاتيح، تبينها المستودعات المغطاة بالسلسلة "الترافيرتينية" في امهيرزات. بعد ان قمنا باحد التنقيبات، وتجاوزنا حزمة موحدة من السحنات الجيرية، حوالي 60 سنتمرا من السمك الاجمالي، تم التوصل الى مستودع رملي بألالوان: الشاحب، والاصفر، والزيتوني. ان كل المؤشرات تدل على تطور واسع. والخصوصيات الجديدة في مسالة هذه الرسوبات، بدون شك، هي خصوصيات كثيبية، تتوافق مع تطور الموناخ الصحراوي ذي الكثبان الرملية الكثيرة، ومع المرحلة الاخيرة من العصر الحديث الاقرب "Ogoliense"، في المرحلة النهائية من البلايستوسين الاعلى، وفترته الحرجة الشديدة القحل، التي يبدو ان زمنها ما بين 20.000-18.000 B.P، ومتطابق مع التغير المونـاخي الصارم لجليد الالب، الذي عرفته مناطق القارة الاوربية... ان قوة الاعاصير شبه الاستوائية المضادة بالصحراء في هذا الزمن، وتأثيراتها المباشرة على مضاعفات الاشعة الشمسية، وعنف الرياح التجارية القارية الجافة، سوف تزيد مساحة التصحر"desierto ogoliense" في اكثر من مليونْي كلمتر مربع، بغزوها للمناطق الجنوبية الساحلية.

ان الاتصال، في امهيرزات، بين مستودع الرملي الجاف "ogoliense"، والمستودع التشادي الترافيرتيني والرطب المغطى، هو التقاء واضح: يلاحظ وجود ثغرة تآكل بين كل الشكلين، مما يعني حدوث انقطاع جذري، او فجوة طبقية بسبب زوال الرواسب، بفعل ظاهرة التآكل الطبيعي.

وبفضل التحديد الدقيق لوجود غياب سلسلة الرواسب تلك، صار من الممكن ارجاع اصل نشأتها الى بدايات عصر الهولوسين المطير. هكذا اذن، حسب تلك الفرضية، فان بداية الهولوسين قد حدثت في منطقتنا، بشكل حاد، آخذين في الاعتبار مقارنة زمن الاحجار الجيرية "الترافيرتين" بـ**فلكلك** مع السحنات السفلية لسلسلة الاحجار الجيرية

• Et nous n'allons pas seulement nous en tenir aux informations de l'Holocène. On peut avancer une série de données en relation avec les circonstances paléoclimatiques immédiatement préalables aux dernières phases du Pléistocène.

En effet, l'une des clés est apportée par les dépôts sous-jacents à la série travertinique d'Emherisat. Ici, dans l'un des sondages effectués, derrière un paquet consolidé de faciès travertiniques d'environ 60 cm d'épaisseur globale, on a atteint un dépôt sableux de coloration jaune pâle-olivâtre dont tous les indices suggèrent un très ample développement. Le nouveau faciès sédimentaire, en question, d'incontestable caractérisation dunaire, doit correspondre avec le développement de l'ambiance désertique hyperaride de l'Ogolien, dans le tronçon final du Pléistocène supérieur, et dont l'épisode critique d'aridité extrême semble avoir eu lieu entre *ca.* 20.000-18.000 B.P., coïncidant avec le *minimum* climatique plus rigoureux de la glaciation alpine dans les aires du continent européen … La forte puissance au Sahara, à ce moment-là, des anticyclones subtropicaux, et les conséquences directes sur la multiplication de la radiation solaire, et la virulence des vents secs alizés continentaux, feront augmenter la superficie du «désert ogolien» en plus de 2 millions de km², envahissant totalement les aires sahéliennes méridionales.

Le contact à Emherisat entre ce dépôt «ogolien», sablonneux et sec, et le sus-jacent dépôt «tchadien», travertinique et humide, est net: et un tel hiatus érosif se constate entre les deux formations. Cela signifie que l'on assiste à une radicale interruption, ou lacune stratigraphique, déterminée par l'élimination des apports sédimentaires par l'effet d'un phénomène érosif. L'emplacement précis de cette absence de sédiments dans la séquence stratigraphique, permet-il assurément de faire correspondre sa genèse avec le début du pluvial holocène. Ainsi, donc, selon cette hypothèse, le début de l'Holocène se serait-il produit dans notre contexte de manière brusque et, si l'on accepte l'équivalence entre la datation des travertins de Feleklek et celle du faciès inférieur de la série travertinique d'Emherisat, à un moment qu'il faudrait situer, tout au moins, durant le développement du XII millénaire avant le présent. S'il en est ainsi, la forte incidence des moussons, aurait transformé subitement l'ambiance désertique en une autre plus humide qui facilita l'installation initiale d'un régime steppique sur les antérieurs sols dépourvus de végétation. Et, tout de suite après, la persistance des conditions pluviales aurait favorisé progressivement l'évolution vers des écosystèmes au développement végétatif important.

Et tant que l'on parle de ce «Grand Aride» du Pléistocène récent qui précède le début de l'actualité climatique de l'Holocène, et aux conditions environnementales plus extrêmes que l'»Aride actuel», on ne peut pas omettre un autre témoignage qui fort probablement doit être mis en relation avec son développement: la paléodune de Galb Ziza (Mijek).

Emherisat-eko sebjako (Azefal, Duguech) alde biko pare bat tresna achelense, ongi formateatuak.

Un par de bifaces achelenses, bien formateados, de la sebja de Emherisat (Azefal, Duguech).

قطعتان من ذات الوجهين، تعودان لزمن «اتشيلينسي»، مهيأتان جيدا، من سبخة امهيرزات (آزفال، الدوكّج).

Une paire de bifaces acheuléennes, bien formatées, de la sebkha d'Emherisat (Azefal, Duguech).

Azken datazio hori biziki interesgarria da antzinako Holozenoko klima-optimoaren hasiera eta lehen garapena eskualde honetan nolakoa izan zen jakiteko. Feleklek-eko gertakari heze zaharrak agian lotura izan dezake Emherisat-eko sekuentzian aipatu ditugun beheko metaketa trabertinikoekin. Zirkunstantzia hipotetiko hori egia izango balitz, Chadienseko lekukotza oso erabilgarria izango litzateke, antzinako Holozenoko aldi heze osoa bilduko lukeena *ca.* 11.000-8.000 urteen artean, eskura ditugun datuen arabera. Horrela izanez gero, Holozenoaren lehen garapeneko hiru milurteko horietan euri-gertakari asko izango ziratekeen (egitura heterogeneoa duten trabertinoen fazie sedimentarioen bidez zehatz daiteke bakoitzaren maila, intentsitatea, anplitudea eta jarraitutasunik eza). Denbora-esparru hori luze samarra izan zela esan dezakegu eta eskualde honetan hezealdi garrantzitsuenetako bat izatera iritsiko zen: zenbaitek Holozenoko "Heze Handia" ere esaten dio eurialdi horri. Horren osagarri, Feleklek-eko beste data (4.000 urte ingurukoa) Saharako mendebaldeko beste hezealdi garrantzitsu bati dagokio –baina ez hain handia–; eta, azkenik, hirugarrena gure garaia baino 6.500 urte lehenagokoa da.

• Baina ez ditugu soilik Holozenoko informazioak aztertuko. Justu aurretiazko zirkunstantzia paleoklimatikoei buruzko hainbat datu ere eman ditzakegu, Pleistozenoaren azken faseetakoak.

Izan ere, daturik garrantzitsuenetako bat Emherisat-eko serie trabertinikoaren azpian dauden metaketetatik atera da. Han egindako zundaketa batean, 60 cm inguruko lodiera globala zuten fazie trabertinikoen pakete kontsolidatu baten atzean, kolore hori argia-oliba zuen hondar-metaketa batera iritsi ginen eta, zantzu guztien arabera garapen handia izan zuen. Fazie sedimentario berri horrek duna-itxura nabarmena du eta Goi Pleistozenoaren azkenaldiko Ogolienseko basamortu-giro hiperridorraren garapenarekin bat etorri beharko luke; badirudi garai horretako muturreko idorraldi kritikoa *ca.* 20.000-18.000 B.P. izan zela, Europako kontinenteko eremuetan

En efecto, una de las claves la aportan los depósitos que subyacen a la serie travertínica de Emherisat. Aquí, en uno de los sondeos efectuados, tras una paquete consolidado de facies travertínicas de unos 60 cm de espesor global, se alcanzó un depósito arenoso de coloración amarilla pálida-olivácea que todos los indicios sugieren un muy amplio desarrollo. La nueva facies sedimentaria, en cuestión, de incuestionable caracterización dunar, debe de corresponderse con el desarrollo del ambiente desértico hiperárido del Ogoliense, en el tramo final del Pleistoceno superior, y cuyo episodio crítico de aridez extrema parece haberse situado entre *ca.* 20.000-18.000 B.P., coincidiendo con el *minimum* climático más riguroso de la glaciación alpina en las áreas del continente europeo... La acusada potencia en el Sahara, en estos momentos, de los anticiclones subtropicales, y sus consecuencias directas sobre la multiplicación de la radiación solar, y la virulencia de los secos vientos alisios continentales, harán aumentar la superficie del "desierto ogoliense" en más de 2 millones de km^2, invadiendo plenamente las áreas sahelianas meridionales.

El contacto en Emherisat entre ese depósito "ogoliense", arenoso y seco, y el suprayacente depósito "chadiense", travertínico y húmedo, es neto: y un tal hiato erosivo se constata entre las dos formaciones. Significa ello que se asiste a una radical interrupción, o laguna estratigráfica, determinada por la eliminación de aportes sedimentarios a cuenta de un fenómeno erosivo. Merced a la ubicación precisa de esa ausencia de sedimentos en la secuencia estratigráfica, bien pudiera hacerse corresponder su génesis con el inicio del pluvial holoceno. Así, pues, según esta hipótesis, el comienzo del Holoceno se habría producido en nuestro contexto de forma brusca y, aceptando la equiparación de la data de los travertinos de Feleklek con la facies inferior de la serie travertínica de Emherisat, en un momento que habría que situar, al menos, durante el desarrollo del XII milenio antes del presente. De ser así, la marcada incidencia de los monzones, transformarían súbitamente el ámbito desértico en otro más húmedo que posibilitó la instalación inicial de un régimen estepario sobre los anteriores suelos desnudos de vegetación. Y, de seguido, la persistencia de las condiciones pluviales favorecería progresivamente el avance hacia ecosistemas de importante desarrollo vegetativo.

Y ya que estamos hablando de ese "Gran Árido" del Pleistoceno reciente que antecede al inicio de la actualidad climática del Holoceno, y de condiciones ambientales más extremas que el "Árido actual", no podemos

بـ**مهيرزات**، في الوقت الذي ينبغي ان نرجع تاريخها، على الاقل، الى زمن تطور الالفية الثانية عشر قبل وقتنا الحاضر. واذا كان الامر هكذا، فان حدوث الامطار الموسمية الملحوظ، حوّل بصورة مفاجئة، المجال الى مجال آخر اكثر رطوبة، قاد الى بداية نشأة نظام سهوبي فوق تربة الاراضي السابقة العارية من النباتات. وقد ساعد استمرار تلك الظروف المطيرة، بصفة تدريجية، على تقدم النظم البيئية، والنمو النباتي بشكل كبير.

بما أننا نتحدث عن ذلك التصحر، الكبير للعصر الحديث الاقرب، السابق لبدايات موناخ الهولوسين الراهن، وعن الظروف البيئية القاسية اكثر من "التصحر الحالي"، لا يمكننا تجاهل شهادة اخرى، يحتمل ان تكون متعلقة بتطور الكثبان القديمة لـ**گلب زيزا (ميجك)**.

ويتعلق الامر بمستودع كثباني متمعدن، في واجهة التضاريس الحجرية لـ**گلب زيزا** - جبل فريد من نوعه، من خلال شكله الهرمي، وهو موجود حوالى 80 كلمترا الى الشمال والشمال الغربي من **ميجك** N.NW.-، وهذا المستودع يشكل جزءا من الواجهة الجنوبية من مرتفع زيزا نفسه.

يبدِو متصلبا على شكل حجري، ويبدو كما لو كان تشكلة من الرمال، لونه في بعض الاحيان برتقالي - احمر، وأحيانا اخرى، يكون اصفرَ مكثفا، وهو شهادة متبقية من خيط من كثيب احفوري، يتجاوز طوله حدود المئة متر، من مساحة الواجهة الجبلية، وفي بعض اجزاءه يلاحظ بجلاء طبقات متميزة في تشكيله؛ وعلى العموم فان هذا المستودع بدون شك يدل على حلقة تصحر، تتناسب مع

Il s'agit d'un dense dépôt dunaire minéralisé, adhéré au profil du relief rocheux de Galb Ziza –une singulière montagne de morphologie pyramidale qui se trouve localisée quelques 80 km au N.NW du site de Mijek–, et dont il configure le flanc méridional. Solidifié en forme de rocher, il se présente comme une formation en grès de coloration, tantôt rouge-orangeâtre, tantôt jaune intense. Ce témoignage résiduel d'un cordon de dune fossile dépasse, dans le secteur immédiat au profil de la montagne, 100 m de hauteur, et sur certains de ses tronçons sont perceptibles les laminages caractéristiques de la formation. À en croire ce qui précède, le dépôt est sans doute révélateur d'un épisode aride correspondant à quelque phase du Pléistocène: peut être aussi avec quelques épisodes arides et hyperarides de l'Ogolien qui précèdent l'Holocène.

En conclusion, on peut affirmer que la série de données collectées sont en train d'apporter des informations d'importance relatives à l'histoire climatique et géographique du Tiris durant le développement de l'Holocène ancien et moyen: s'érigeant en des clés scientifiques pour comprendre le cadre environnemental et la dynamique socioculturelle de la gestion du territoire avant l'instalation de l'épisode aride récent.

Et, de la même manière, on commence à disposer de témoignages paléoclimatiques, de spécial intérêt, de l'immédiat épisode du «désert ogolien» et, à côté de cela, du procès de transition du Pléistocène à l'Holocène. Ce qui va permettre dans un futur proche de progresser sensiblement dans la compréhension et interprétation du passé: en élargissant la connaissance scientifique des variations biogéographiques qui ont eu lieu dans cette partie de l'ouest sahraoui jusqu'aux derniers 20.000 ans.

Agsumal-eko mendia (Mijek). Oinarriaren perimetroaren inguruan Achelenseko industrien sorta garrantzitsuak berreskuratu dira.
Montaña de Agsumal (Mijek). En torno a su perímetro de base se han recuperado importantes lotes de industrias del Achelense.
جبل اغزومال (ميجك)، في محيط قاعدته، تم استرجاع مجموعة هامة من الصناعات، تعود زمنيا الى مرحلة «آتشيليني»
Montagne d'Agsumal (Mijek). Aux alentours de son périmètre de base ont été récupérés des importants lots d'industries de l'Acheuléen.

glaziazio alpinoaren *minimum* klimatiko latzenarekin batera… Garai hartan, antizikloi subtropikalak indar biziz eragiten ari ziren Saharan eta, horren ondorioz, eguzki-erradiazioa ugaritu eta kontinenteko alisio haize lehorrek indar handia hartu zutenez, "basamortu ogoliensearen" azalera 2 milioi km² baino gehiago handitu zen eta hegoaldeko eremu saheliarrak erabat hartu zituen.

Emherisat-en, hondarrezko metaketa "ogoliense" idorraren eta gainean duen metaketa "chadiense" trabertiniko eta hezearen arteko kontaktua garbi-garbia da: eta bi egituren artean higadura-hiatoa ikus daiteke. Horrek zera esan nahi du, errotikako etena edo hutsune estratigrafikoa gertatu dela, higadura-fenomeno baten ondorioz ekarpen sedimentarioak desagertu direlako. Sekuentzia estratigrafikoan sedimentuen gabezia horren kokapen zehatzari esker, horren sorrera Holozenoko euri-aroaren hasierarekin bat etor daitekeela pentsa dezakegu. Hori horrela izanik, hipotesi horren arabera, Holozenoaren hasiera bat-batean gertatu izango zen geure testuinguruan eta, Feleklek-eko trabertinoen data Emherisat-eko serie trabertinikoaren beheko faziearekin parekatzea onartuz gero, gutxienez, geure garaiaren aurreko XII. milurtekoaren garapeneko uneren batean kokatu beharko litzateke. Hala izanez gero, montzoien eragin nabarmenak basamortu-eremua bat-batean eraldatuko zuen eta eremu hezeago bihurtuko zuen; hartara, landarerik gabeko lurzoru soilaren gainean estepa-erregimena instalatu ahal izan zen. Eta, segidan, euria etengabe egiten zuenez, garapen begetatibo garrantzitsua duten ekosistemak sortzen hasi ziren arian-arian.

Eta Holozenoko egungo klima hasi aurreko Pleistozenoko "Idorraldi Handiaz" ari garenez, eta "Gaur egungo idorraldia" baino ingurumen-baldintza gogorragoak aipatu ditugunez, bada beste lekukotza bat ziurrenik horren garapenarekin loturik dagoena: Galb Ziza-ko (Mijek) paleoduna.

Duna-metaketa mineralizatu bat da, Galb Ziza-ko erliebe harritsuaren profilari atxikita dagoena –mendi bere-

pasar por alto otro testimonio que muy probablemente deba ponerse en relación con su desarrollo: la paleoduna de Galb Ziza (Mijek).

Se trata de un denso depósito dunar mineralizado, adherido al perfil del relieve rocoso de Galb Ziza –una singular montaña por su morfología piramidal que se encuentra emplazada unos 80 km al N.NW del sitio de Mijek–, de quien configura su ladera meridional. Solidificada en forma de roca, se presenta como una formación de areniscas de coloración, en casos rojizo-anaranjada, en casos más amarilla intensa. Este testimonio residual de un cordón de duna fósil llega a superar, en el sector inmediato al perfil de la montaña, los 100 m de altura, y en algunos de sus tramos son bien perceptibles las laminaciones características de la formación. En términos generales, el depósito es indudablemente revelador de un episodio árido correspondiente con alguna fase de desarrollo del Pleistoceno: acaso también con algunos de los episodios áridos e hiperáridos del Ogoliense que preceden al Holoceno.

En conclusión, podemos afirmar que la serie de datos colectados están aportando informaciones de relevancia en relación a la historia climática y geográfica del Tiris durante el desarrollo del Holoceno antiguo y medio: erigiéndose en las claves científicas para comprender el marco medioambiental y la dinámica sociocultural de gestión del territorio antes de la instalación del episodio árido reciente.

Y, de igual manera, comenzamos a disponer de testimonios paleoclimáticos, de especial interés, del inmediato episodio del "desierto ogoliense" y, junto a ello, del proceso de transición del Pleistoceno al Holoceno. Lo que nos va a posibilitar en un futuro cercano una avance importante en la comprensión e interpretación del pasado: alargando el conocimiento científico de las variaciones biogeográficas acaecidas en esta parte del Oeste sahariano hasta los últimos 20.000 años.

Pero, además, en la superficie de algunas sebjas, como en la de Emherisat, se han controlado varios trozos de antiguos travertinos fosilizados, descontextualizados con relación a su originaria posición estratigráfica, que refieren un medio hidrográfico de una importante antigüedad en el Pleistoceno. Precisamente, en este caso concreto señalado, bien pudiera plantearse, a modo de hipótesis, si esos elementos no tendrían algo que ver con el contexto ambiental de las industrias de bifaces del Achelense evolucionado que asimismo se encuentran esparcidas por las mismas superficies. Ambos sujetos levantan cuestiones y extremos que deberán considerarse y abordarse con aten-

Nukleo eta lauza "makrolitiko" achelenseak, Zug NW-2-ko sebjaren inguruan (Duguech).

Núcleos y lascas "macrolíticos" achelenses de las inmediaciones de la sebja de Zug NW-2 (Duguech).

نويات و رقائق حجرية ("macrolíticos") تعود لزمن اتشيلينسي، بضواحي سبخة زوڤ الى جهة الشمال و الغرب NW-2 (الدوڤـج).

Núcleus et éclats «macrolithiques» acheuléens aux alentours de la sebkha de Zug NW-2 (Duguech).

مرحلة تطور العصر الحديث الاقرب (البلايستوسين): ربما تتناسب ايضا مع حلقات تصحر قوي من عصر"ogoliense" السابق للعصر الحديث.

وبخلاصة يمكننا ان نؤكد ان سلسلة الادلة التي تم جمعها، تفيد معلومات مهمة، فيما يتعلق بالتاريخ المناخي والجغرافي لتيرس، خلال تطور عصر الهولوسين القديم والمتوسط: بناء على الاسس العلمية لفهم النطاق البيئي، والديناميكية الاجتماعية الثقافية، التي تم بها تسيير الاقليم، قبل دخول الحلقة الرملية الاخيرة.

وهكذا، بدأنا نحصل على شهادات ذات اهمية خاصة، حول الموناخ القديم خلال الحلقة المباشرة من مرحلة التصحر "desierto ogoliense" وكذا لمسلسل الانتقالي من العصر الحديث الاقرب "البلايستوسين" الى العصر الحديث "الهولوسين". مما يسمح لنا في مستقبل قريب، بتقدم مهم في عملية فهم وتفسير الماضي: من خلال توسيع المعرفة العلمية للتغيرات البيوجوغرافية، التي حدثت في هذا الجزء الغربي من الصحراء، حتى العشرين الف سنة الاخيرة .20.000

ولكن ايضا على اسطح بعض السباخ، كما في امهيرزات، تم ضبط عدة قطع جيرية متحجرة، خارج اطار انتمائها الطبقي، تُعزى لوسط هيدروغرافي، ذي اهمية من حيث الاقدمية بالانتماء الى العصر الحديث الاقرب؛ في هذه الحالة المذكورة، نستطيع ان نضع بشكل افتراضي، ما اذا كان لهذه العناصرعلاقة باطار بيئي للصناعات ذات الوجهين للعصر الحجري المتطور"Achelense" والتي توجد متناثرة على سطح الارض. العنصران يطرحان مسائل وقضايا، ينبغي مواجهتها واخذها بكثير من الاهتمام والاعتبار: التحليل والايضاح في عمليات البحث المستقبلية. ولا شك انه شئ اكثر من جذاب لدراسة علمية لاحقة.

ان هذه العناصر بدون اي شك، تكتسي اهميتها القصوى في مطمحنا من اجل متابعة وبحث، أهمية واشتراك التغيرات المناخية، في تطور وصيرورة المسلسلات المتداخلة، والعاكسة للتطور الاجتماعي والبيئي.

2. تنوع المظاهر الاثرية وبعض تعاليمها

لقد تم خلال السنوات الاربع الاخيرة، جمع 443 سجلا جديدا موثقا بالاعلام الآلي، ثلاثة (3) قطع منها تنتمي لادوات طحن، عثر عليها باماكن معزولة؛ و440 الاخرى عبارة عن تماثيل ومحطات، ومجموعات اثرية، تنتمي في اغلبيتها، لبيئات ما قبل التاريخ.

Mais, en outre, dans la surface de quelques sebkhas, comme celle d'Emherisat, on a contrôlé plusieurs morceaux d'anciens travertins fossilisés, hors contexte par rapport à son originaire position stratigraphique, qui réfère un milieu hydrographique d'une importante antiquité dans le Pléistocène. Précisément, dans ce cas particulier signalé, on pourrait bien poser, en guise d'hypothèse, si ces éléments n'auraient pas eu de relation avec le contexte environnemental des industries des bifaces de l'Acheuléen évolué qui également se trouvent éparpillées sur les mêmes surfaces. Ces deux sujets soulèvent des questions et des extrêmes qui devront être considérés et abordés soigneusement au travers leur analyse et éclaircissement au cours des prochaines missions d'investigation. Sans doute, un plus qu'attractif sujet d'étude scientifique à reprendre.

Des faits qui, tous compris, acquièrent, sans aucun doute, une importance capitale en ce qui concerne notre particulier souhait de découverte et investigation des changements climatiques dans l'évolution et le devenir des procès interdépendants et réflexifs de l'évolution sociale et environnementale.

2. LA PLURALITÉ DES MANIFESTATIONS ARCHÉOLOGIQUES ET QUELQUES-UNS DE LEURS ENSEIGNEMENTS.

Ce sont au nombre de 443 les nouveaux registres informatisés au cours de ces 4 dernières années. Parmi ceux-ci, 3 correspondent à des pièces de broyage localisées de manière isolée et 440 à des monuments, stations et ensembles archéologiques, la plupart d'ambiance préhistorique.

Cette série de 440 gisements peut être présentée comparativement avec les 178 références de rang similaire, que nous avions documenté en fin 2007, de la manière qui suit:

- *Ensembles monumentaux lithiques, sépulcraux et rituels, de tradition néolithique et d'époque préhistorique:* 172 (39,1%) nouveaux ensembles qui s'additionnent aux 97 (54,5%) inventoriés entre 2005-2007. Ceci fait un total de 269 (43,5%), ayant été comptés et reconnus parmi ceux-ci plus de 3.000 monuments individualisés.

- *Habitats et ensembles industriels de tradition néolithique et d'époque protohistorique:* 165 (37,5%) nouveaux sites qui joints aux 45 (25,3%) comptés jusqu'en 2007[4] font un total de 210 (34,0%) lieux.

- *Stations artistiques rupestres de tradition néolithique et d'époque protohistorique:* 71 (16,1%) nouveaux ensembles qui doivent être additionés aux 12 (6,7%) registrés dans le *corpus* de 2005-2007. Ainsi donc, ce sont déjà 83 (13,4%) les stations d'art documentées jusqu'en 2011.

- *Ensembles et séries industrielles paléolithiques:* 19 (4,3%) nouveaux emplacements à additionner aux 12 zia da, piramide-itxurako morfologia baitu eta Mijek-etik 80 km N.NWra kokatuta dago–, eta horren hegoaldeko hegala osatzen du. Harkaitz moduan solidifikatuta izaki, batzuetan kolore gorrixka-laranjatua eta beste batzuetan kolore hori biziagoa duen hareharrizko egitura bat da. Duna-kordoi fosil baten arrastoaren lekukotza horrek, mendiaren profilaren ondo-ondoko sektorean, 100 metroko altuera gainditzen du eta zenbait zatitan egituraren bereizgarri diren laminazioak ere hauteman daitezke. Oro har, metaketak Pleistozenoko garapen-faseren batean idorraldia izan zela adierazten du: agian, Holozenoaren aurreko Ogoliensean izandako idorraldi eta hiperidorraldiekin ere loturik egongo da.

Ondorio gisa zera esango dugu, bildutako datuei esker informazio garrantzitsua lortzen ari garela antzinako eta erdiko Holozenoaren garapenean Tirisko historia klimatiko eta geografikoari buruz: azken idorraldia ezarri aurretik lurralde-kudeaketaren dinamika soziokulturala eta ingurumen-esparrua ulertzeko gako zientifiko bihurtu dira.

Eta halaber, "basamortu ogoliensearen" eta, horrekin batera, Pleistozenotik Holozenorako trantsizio-prozesuaren lekukotza paleoklimatikoak, bereziki interesgarriak, lortzen ari gara. Horri esker, etorkizun hurbilean asko aurreratuko dugu iraganaren ulermenean eta interpretazioan: Saharako mendebaldeko alde honetan gertatu diren aldaketen gaineko jakintza zientifikoa azken 20.000 urteetara luzatuta.

Baina horretaz gain, besteak beste, Emherisat-eko sebjaren gainazalean trabertino fosilizatu zaharren hainbat zati kontrolatu ditugu eta horiek jatorrizko posizio estratigrafikoari dagokionez testuingurutik kanpo zeuden, Pleistozenoan antzinatasun handiko ingurune hidrografiko bat zegoela adierazten baitute. Hain justu kasu zehatz horretan, hipotesi moduan honako hau proposa dezakegu: elementu horiek agian zerikusirik izan dezaketela Achelense aurreratuko alde biko industrien inguruko testuinguruarekin, lurralde beretan baitaude. Bi subjektuek zalantzak eta galderak eragiten dituzte eta arreta handiz aztertu beharko dira: aurreragoko ikerketa-misioetan ikertu eta argitu beharko da kontu hori. Zalantzarik gabe, aztertzeko dagoen aztergai zientifiko erakargarria da.

Gertakari horiek guztiek berebiziko garrantzia hartu dute guretzat, klima-aldaketek gizartearen eta ingurumenaren bilakaera-prozesuen (elkarren mendekoak eta bihurkariak dira prozesu horiek) bilakaera ikertzeko eta arakatzeko geure asmoari dagokionez.

2. ADIERAZPEN ARKEOLOGIKOEN ANIZTASUNA ETA HORIEN ZENBAIT IRAKASPEN.

Azken 4 urteotan guztira 443 erregistro informatizatu berri egin ditugu. Horien artetik 3 ehotzeko piezak dira, modu isolatuan aurkitutakoak; 440 erregistro monumentu, kokaleku eta multzo arkeologikoetakoak dira eta gehientsuenak historiaurrekoak.

ción: analizándose y dilucidándose en próximas misiones investigadoras. Sin duda, un más que atractivo sujeto de estudio científico pendiente.

Hechos, todos estos, que, sin duda alguna, cobran una capital importancia dentro de nuestro especial empeño por rastrear e indagar la implicación y transcendencia de los cambios climáticos en la evolución y devenir de los procesos interdependientes y reflexivos de la evolución social y medioambiental.

2. LA PLURALIDAD DE LAS MANIFESTACIONES ARQUEOLÓGICAS Y ALGUNAS DE SUS ENSEÑANZAS.

Suman 443 los nuevos registros informatizados durante estos 4 últimos años. De ellos, 3 corresponden a piezas de molienda localizadas de forma aislada y 440 a monumentos, estaciones y conjuntos arqueológicos, en su inmensa mayoría, de ambientación pre-histórica.

Esta serie de 440 yacimientos puede presentarse comparativamente con las 178 referencias de rango similar, que habíamos documentado al final de 2007, de la siguiente manera:

• *Conjuntos monumentales líticos, sepulcrales y rituales, de tradición neolítica y época protohistórica*: 172 (39,1%) nuevos conjuntos que se suman a los 97 (54,5%) inventariados entre 2005-2007. Ello hace un total de 269 (43,5%), habiéndose computado y reconocido en ellos más de 3.000 monumentos individualizados.

• *Hábitats y conjuntos industriales de tradición neolítica y época protohistórica*: 165 (37,5%) nuevos sitios que unidos a los 45 (25,3%) computados hasta 2007[4] hacen un total de 210 (34,0%) lugares.

• *Estaciones artísticas rupestres de tradición neolítica y época protohistórica*: 71 (16,1%) nuevos conjuntos que se deben añadir a los 12 (6,7%) registrados en el *corpus* de 2005-2007. Así pues, son ya 83 (13,4%) las estaciones de arte documentadas hasta 2011.

• *Conjuntos y series industriales paleolíticas*: 19 (4,3%) nuevos emplazamientos a adicionar a los 12 (6,7%) catalogados hasta 2007. Totalizan, pues, 31 (5,0%) este tipo de registros con lotes de industrias pleistocenas.

• *Talleres de explotación de rocas silíceas, de tradición neolítica y época protohistórica*: 13 (3,0%) nuevos lugares que junto a los 12 (6,7%) controlados hasta 2007 hacen un efectivo total de 25 (4,0%) sitios reconocidos.

Es evidente que la mayor parte de los yacimientos se corresponde con situaciones postpaleolíticas, propias de los episodios neolíticos y de la etapa protohistórica. Así, con la excepción de esas 19 series paleolíticas, las restantes 421 referencias se ajustan a esos patrones culturales holocenos. Unos efectivos que, en todo caso, no hacen sino insistir *grosso modo* en la misma dirección advertida entre 2005 y 2007.

"Tradizio neolitikoko" zeramikazko ontzien hormetan ohiko moduan aplikatzen diren teknika apaingarriak ebakiguneak eta marka instrumentalak izaten dira.

Impresiones instrumentales e incisiones constituyen las técnicas decorativas más habituales que se aplican sobre las paredes de los recipientes cerámicos "de tradición neolítica".

الكشط ونسخ الادوات، تشكل تقنية التزيين المعروفة اكثر، المطبقة على جدران الاواني الخزفية التي تعود «لتقاليد العصر الحجري الحديث».

Impressions instrumentales et incisions constituent les techniques décoratives plus habituelles qui s'appliquent sur la surface des récipients céramiques «de tradition néolithique».

هذه السلسلة الاربع مئة واربعين من الاثار الثقافية القديمة، يمكن ان تعطي مقارنة مع ال178 مرجعا مشابها لها، التي تم توثيقا في نهاية سنة 2007 بالطريقة التالية:

• مجموعة معالم حجرية، وشواهد لقبور جنائزية، وطقوس، من تقاليد العصر الحجري الحديث، والمرحلة التالية من عصر ما قبل التاريخ (protohistórica): عددها172 ونسبتها المئوية (39,1%)، ومجموعات جديدة تضاف الى 97 اخرى، نسبتها المئوية (54,5%) تم ضبطها ما بين سنوات 2005 ـ 2007. وهو ما مجموعه 269 ونسبته المئوية (43,5%)، وتم حفظه بصفة آلية؛ والتعرف على 3000 من التماثيل الاثرية المنفردة.

• الموائل (السكنات) والتركيبات الصناعية، من تقاليد العصر الحجري الحديث، والمرحلة التالية من عصر ما قبل التاريخ: 165 (37,5%) مواقعا جديدا، والتي تضاف الى 45 بنسب (25,3%)، تم تسجيلها حتى سنة[4] 2007 بما مجموعه 210 من الاماكن نسبتها المئوية (34,0%).

• محطات فنية صخرية من تقاليد العصر الحجري الحديث والمرحلة التالية من عصر ماقبل التاريخ: المجموعات الجديدة المتكونة من 71 نسبتها المئوية(16,1%) التي ينبغي اضافتها لمجموعة اخرى عددها 12 و نسبتها المئوية(6,7%)،المسجلة في قائمة 2005ـ2007؛ هكذا يكون العدد 83، ونسبته المئوية (13,4%)، وهي المحطات الفنية التي تم تسجيلها حتى سنة 2011 .

• عناصر ومجموعات مصنوعة منذ العصر الحجري القديم: يوجد 19 موقعا جديدا بنسبة مئوية(4,3%) بالاضافة الى 12 اخرى نسبتها المئوية(6,7%) مدونة حتى سنة 2007، ومجموعها 31 بنسبة (5,0%)، هذا النوع المسجل، تضاف له ايضا دفعة من صناعات العصر الحديث الاقرب.

• ورشات استغلال صخور الصوّان (التمّيش) من تقاليد العصر الحجري الحديث والمرحلة التالية من عصر ما قبل التاريخ: لقد تم حتى سنة 2007 ضبط 13 موقعا جديدا بما نسبته (3,0%) بالاضافة الى 12 التي تشكل نسبة (6,7%) اي ما مجموعه 25 موقعا، تم التعرف عليه ونسبته المئوية (4,0%).

(6,7%) catalogués jusqu'en 2007. On totalise, donc, 31 (5,0%) registres de ce type avec des lots d'industries pléistocènes.

• *Ateliers d'exploitation de roches siliceuses, de tradition néolithique et d'époque protohistorique:* 13 (3,0%) nouveaux lieux qui joints aux 12 (6,7%) contrôlés jusqu'en 2007 font un effectif total de 25 (4,0%) sites reconnus.

Il est évident que la plupart des gisements se correspondent à des situations postpaléolithiques, propres aux épisodes néolithiques et de l'étape protohistorique. Ainsi, à l'exception de ces 19 séries paléolithiques, les restantes 421 références s'adaptent à ces patrons culturels holocènes. Des effectifs qui ne font, en tout cas, que soutenir *grosso modo* la même direction avertie entre 2005 et 2007.

D'autre part, il est incontestable que cette dense relation de références archéologiques enferme un riche contenu d'informations de particulier intérêt pour la connaissance du passé humain du Tiris. Certes, certaines de ces données ne représentent que la ratification et consolidation de quelques appréciations inférées durant les premières années de cette expérience d'investigation. D'autres, cependant, plus nouvelles, contribuent essentiellement à amplifier et améliorer notre perception du toujours complexe procès de l'évolution socioculturelle dans le territoire.

En ce sens, nous centrerons notre attention, quoique de manière sommaire puisque nous devons nous en tenir au script, sur 4 sujets spécifiques. On commencera la sélection par celui illustrant des lointaines époques paléolithiques pour continuer avec trois autres relatifs aux expressions préhistoriques postpaléolithiques.

Gleb El Hairch-eko habitata (Duguech). Erliebe horren lur gainean tresna asko aurkitu izan dira, antzinako okupazioaren adierazgarri.

Hábitat de Gleb El Hairch (Duguech). Sobre el suelo de este relieve son muy numerosos los restos de utensilios derivados de su antigua ocupación.

موائل اكّـليب الحيرش (الدوكّـج). كثيرة هي بقايا الاواني الموجودة فوق سطح تضاريس هذا المكان، والتي تدل على وظيفته قديما كموقع سكن.

Habitat de Gleb El Hairch (Duguech). Sur le sol de ce relief sont présents en très grand nombre les restes d'outillages dérivés de son ancienne occupation.

440 aztarnategi horien seriea 2007. urtearen amaieran dokumentatu genituen antzeko 178 erreferentziekin parekatuta aurkez daitezke; honela:

• *Monumentu multzo litikoak, hilobietakoak eta errituetakoak, tradizio neolitikoa dutenak eta garai protohistorikokoak*: 172 (% 39,1) multzo berri, 2005-2007 aldian inbentarioan sartutako 97 (% 54,5) multzoei gehitzeko. Horrela, guztira 269 (% 43,5) dira eta horietan guztietan 3.000 monumentu indibidualizatu baino gehiago zenbatu eta aztertu dira.

• *Habitat eta multzo industrialak, tradizio neolitikoa dutenak eta garai protohistorikokoak*: 165 (% 37,5) toki berri; 2007. urtera bitarte zenbatutako 45 (% 25,3) tokiei batuta[4] guztira 210 (% 34,0) toki dira.

• *Labar-arteko kokalekuak, tradizio neolitikoa dutenak eta garai protohistorikokoak*: 71 (% 16,1) multzo berri, 2005-2007 aldiko *corpus*ean sartutako 12 (% 6,7) multzoei gehitzeko. Hartara, 2011. urtera bitarte 83 artekokaleku (% 13,4) dokumentatu ditugu.

• *Industria-multzo eta -serieak, Paleolitikokoak*: 19 (% 4,3) kokaleku berri, 2007. urtera bitarte katalogatutako 12 (% 6,7) kokalekuei gehitzeko. Horrela, bada, Pleistozenoko industrien loteak dituzten mota horretako 31 (% 5,0) erregistro daude, guztira.

• *Harri silizeoak ustiatzeko tailerrak, tradizio neolitikoa dutenak eta garai protohistorikokoak*: 13 (% 3,0) toki berri; 2007. urtera bitarte kontrolatutako 12 (% 6,7) tokiei batuta guztira 25 (% 4,0) toki dira.

Por otra parte, es indudable que esta densa relación de referencias arqueológicas encierra un rico contenido de informaciones de particular interés para el conocimiento del pasado humano del Tiris. Ciertamente, algunos de estos datos no suponen sino una ratificación y consolidación de algunas apreciaciones inferidas durante los primeros años de esta experiencia investigadora. Otros, sin embargo, más novedosos, contribuyen sustancialmente a amplificar y mejorar nuestra percepción sobre el siempre complejo proceso de la evolución sociocultural en el territorio.

En este sentido, centraremos nuestra atención, aunque por imperativo del guión deba de hacerse de forma sumaria, en 4 sujetos específicos. Comenzaremos la selección por uno ilustrativo de las remotas épocas paleolíticas para seguir por otros tres relacionados con expresiones prehistóricas postpaleolíticas.

1) La representación cualitativa de algunos complejos industriales del Paleolítico inferior.

Venimos de advertir la limitada representatividad de los testimonios paleolíticos para con el efectivo global de yacimientos y situaciones prehistóricas registradas. Conviene precisar, sin embargo, que en estos últimos años hemos controlado una serie importante, en términos cualitativos, de referencias industriales pleistocenas que, en ciertos casos, incluyen unos lotes con un efectivo remarcable de evidencias manufacturadas. Especialmente, nos referimos a un grupo de conjuntos que deben ponerse en

1) La représentation qualitative de certains complexes industriels du Paléolithique inférieur.

Après avoir fait le point sur la faible représentativité des témoignages paléolithiques par rapport à l'effectif global de gisements et de situations préhistoriques registrées, il convient de préciser, cependant, qu'au cours de ces dernières années nous avons contrôlé une série importante, en termes qualitatifs, de références industrielles pléistocènes qui, dans certains cas, incluent des lots avec un effectif remarquable d'évidences manufacturées. Spécialement, nous faisons référence à un groupe d'ensembles qui doivent être corrélés avec les techno-complexes industriels du Paléolithique inférieur –et, plus concrètement, avec ceux de l'Acheuléen moyen et supérieur–, de développement basique au long de certaines phases du Pléistocène moyen (*ca.* 800.000-130.000 B.P.). Les cas les plus éclairants proviennent des sites d'Emdeinat El Fâa (Mijek), d'Agsumal (Mijek), d'Emherisat (Duguech) et de l'entourage de Zug (Duguech).

Les trois premiers d'entre eux résultent représentatifs des classiques complexes acheuléens à présence de bifaces. Il s'agit d'endroits localisés autour de dépressions lacustres. Dans le cas d'Emdeinat El Fâa, une sebkha formée dans la plaine orientale immédiate aux montagnes de Kidhiet Mijek; dans le cas d'Agsumal, la grande sebkha qui existe là-bas et les alentours à la base de la spectaculaire montagne d'Agsumal; et dans le cas d'Emherisat, une sebkha située à l'intérieur de l'erg d'Azefal. Dans tous ces cas, les outils plus caractéristiques sont, sans doute, les bifaces. Une bonne partie de ceux-ci offrent, de son côté, un format régularisé et symétrique: ce qui pourrait indiquer une estimation chrono-culturelle en accord avec l'Acheuléen supérieur (*ca.* 500.000-300.000 B.P.) de l'occident du Sahara, Il y a, cependant, entremêlés dans certains cas d'autres types moins «évolués», à tendance plus asymétrique et aux profils sinueux, qui pourraient traduire l'existence d'autres épisodes acheuléens peut être plus proches d'un Acheuléen moyen avancé (*ca.* 600.000-500.000 B.P.). En plus des bifaces, on apprécie aussi, plus secondairement, quelques *hachereaux* et d'autres outils typonométriquement plus petits, tels que des racloirs et des denticulés.

Le quatrième de ces endroits, contrôlé dans la plaine proche à la sebkha de Zug, représente la confirmation d'un modèle de gestion technique particulière, aussi au sein de ces mêmes épisodes chrono-culturels acheuléens, que nous avons déjà dénoncé lors de la trouvaille de la station de Gnefisa Oum Agraid (Duguech) et de quelques autres références ponctuelles en provenance des aires immédiates à celle-ci (comme celles des *smeilas* de Gnefisa Bayda 3 et 4). En effet, le dit ensemble industriel aux abords de la sebkha de Zug, joint à d'autres nouveaux localisés dans cette même région de Duguech au cours de ces dernières années (comme en Kidhiet Adakmar, Kidhiet Amzagzag ou dans la *dhâya* d'Agasal), illustrent un patron de production technique orienté vers l'obtention de grands éclats à partir de l'application de techniques prédéterminatives de configuration *levalloïde* ainsi que

من البديهي ان الاغلبية من الاثار الثقافية القديمة، تتطابق مع احوال مابعد العصر الحجري القديم، تخص حلقات من العصر الحجري الحديث، والمرحلة التالية من عصر ما قبل التاريخ، هكذا باستثناء ال19 سلسلة من العصر الحجري القديم، فان ال421 مرجعا المتبقية، تتفق مع الانماط الثقافية لعهد الهولوسين؛ وهو عدد على اية حال، لا يدل سوى على تأكيد، بشكل تقريبي، نفس ما تمت الاشارة اليه ما بين 2005_2007.

وانه لبدون شك ان المراجع الاثرية الكثيفة، تحتوى على كمية غنية من المعلومات، ذات الاهمية الخاصة، من اجل معرفة الماضي الانساني لتيرس. بالتأكيد ان جزءا من تلك المعلومات لا تعني سوى تأكيد وتقوية بعض التقييمات الاستدلالية، خلال السنوات الاولى من خوض تجربة البحث؛ في حين ان معلومات اخرى اكثر حداثة، تساعد جوهريا، على توسيع وتحسين مستوى ادراكنا لمسلسل معقد من التطور الاجتماعي الثقافي على الارض.

وفي هذا الاتجاه، نركز انتباهنا، على الرغم من حتمية البرنامج السطر، على انه ينبغي القيام، باربعة مواضيع محددة، بطريقة موجزة؛ واحد منها توضيحي لمراحل ماضية من العصر الحجري القديم، لكي نتابع مع ثلاث مراحل اخرى، تتعلق بزمن ما قبل التاريخ، وما بعد العصر الحجري القديم.

1) التمثيل النوعي لبعض المجمعات الصناعية للعصر الحجري السفلي القديم.

لقد اشرنا للتمثيل المحدود لشاهدات العصر الحجري القديم، لمجموع الاثار الثقافية القديمة، ولحالات ما قبل التاريخ المسجلة. ويجب ان نحدد مع ذلك انه في السنوات الاخيرة، ضبطنا سلسلة هامة من حيث النوعية، من المراجع المصنعة، تعود للعصر الحديث الاقرب "البلايستوسين"، التي تضم في بعض الحالات عددا ملحوظا من الادلة الصناعية اليدوية. لقد اشرنا الى عناصر مركبة ذات علاقة بمجموعات تقنية تخص العصر الحجري السفلى القديم، _ بشكل اكثر تحديدا، متعلقة بمرحلتيْ المتوسط والاعلى من (Achelense) _ مع التطورالاساسي طوال بعض مراحل العصر الحديث الاقرب المتوسط، حوالي (800,000-130,000 B.P.) والحالات الاكثر توضيحا تأتي من مناطق **امدينات اللفاع (ميجك)** ومن **آغزومال (ميجك)** و**امهيرزات (الدوگج)** ونواحي **زوگ (الدوگج)**.

الثلاثة الاولى منها تمثل مجموعات كلاسيكية، لمرحلة من العصرالحجرى السفلي القديم (Achelense)، وهي قطع ذات الوجهين، تتعلق بأماكن تقع بمنخفضات البحيرات القديمة. وهو الحالة بالنسبة **لمدينات اللفاع** مع سبخة مُشكلة في سهل بالجهة الشرقية المباشرة لجبال كدية **ميجك**،

Historiaurreko moletak eta errota amigdaloideak erabiltzen dituzte oraindik ere, gaur egun, Tirisen barrena ibiltzen diren beduinoen zenbait taldek.

Moletas y molinos amigdaloides prehistóricos continúan aún siendo usados por algunos grupos beduinos que actualmente recorren el Tiris.

مساحق و رحي لوزية الشكل، تعود لزمن ما قبل التاريخ، لاتزال تستعمل من طرف بعض مجموعات البدو الذين يعبرون تيرس في الوقت الحالي.

Molettes et moulins amygdaloïdes préhistoriques continuent d'être utilisés par certains groupes bédouins qui actuellement parcourent le Tiris.

Esan gabe doa aztarnategi gehienak Paleolito ondoko egoerei dagozkiela, Neolitoko eta garai protohistorikoko gertaerekin loturik baitaude. Izan ere, Paleolitoko 19 serie horien salbuespena salbuespen, gainerako 421 erreferentziak Holozenoko kultura-ereduekin bat datoz. Nolanahi ere, elementu berri horiek 2005-2007 aldiko joera *grosso modo* berretsi egiten dute.

Bestalde, zalantzarik gabe erreferentzia arkeologikoen zerrenda luze horretan Tirisko giza iragana ezagutzeko informazio interesgarri eta aberasgarria biltzen da. Egia esan, ikerketa-esperientzia honen hasierako urteetan ondorioztatutako zenbait ikuspuntu berretsi eta finkatu egin dira hainbat daturen bitartez. Berritzaileagoak izaki, beste datu batzuek lurraldeko gizartearen eta kulturaren bilakaera-prozesu konplexuari buruz dugun pertzepzioa zabaltzen eta hobetzen lagundu digute.

Horrela, bada, nahiz eta gidoiak aginduta labur-labur egin beharko dugun, 4 subjektu bereziri erreparatuko diegu. Hasteko, Paleolitoko aspaldiko garaien adierazgarri bat aztertuko dugu eta gainerako hirurak Paleolito ondoko historiaurreko adierazpenekin loturik daude.

1) Behe Paleolitoko zenbait industriaguneren adierazpen kualitatiboa.

Aldez aurretik nabarmendu nahi dugu Paleolitoko lekukotzak ez direla oso adierazgarriak erregistratutako historiaurreko kokapen eta aztarnategien guztizko zenbatekoari dagokionez. Alabaina, azken urteotan Pleistozenoko industria-erreferentzien serie garrantzitsu bat (kalitateari dagokionez) kontrolatu dugu eta, zenbait kasutan, eskuz egindako ebidentzien kopuru nabarmena duten loteak ere sartzen dira. Bereziki, Behe Paleolitoko –eta, ze-

relación con los tecno-complejos industriales del Paleolítico inferior –y, más en concreto, con los del Achelense medio y superior–, con desarrollo básico a lo largo de algunas fases del Pleistoceno medio (*ca.* 800.000-130.000 B.P.). Los casos más ilustrativos provienen de los sitios de Emdeinat El Fâa (Mijek), de Agsumal (Mijek), de Emherisat (Duguech) y del entorno de Zug (Duguech).

Los tres primeros de ellos resultan representativos de los clásicos complejos achelenses con bifaces. Se trata de lugares emplazados en torno a depresiones lacustres. Emdeinat El Fâa lo hace con una sebja formada en la planicie oriental inmediata a las montañas de Kidhiet Mijek; Agsumal, con la gran sebja allá existente y el entorno de base de la espectacular montaña de Agsumal; y, Emherisat con una sebja ubicada en el interior del erg de Azefal. En todos ellos, los utensilios más característicos son, sin duda, los bifaces. Una buena parte de éstos ofrecen, por su lado, un formato regularizado y simétrico: lo que pudiera apuntar una estimación crono-cultural acorde con el Achelense superior (*ca.* 500.000-300.000 B.P.) del Occidente del Sahara. Hay, no obstante, mezclados en algún caso otros tipos menos "evolucionados", de tendencia más asimétrica y perfiles sinuosos, que pudieran traducir la existencia de otros episodios achelenses acaso más cercanos a un Achelenser medio avanzado (*ca.* 600.000-500.000 B.P.). Además de bifaces, se aprecian también, más secundariamente, algunos *hachereaux* y otros útiles tipométricamente más pequeños, como raederas y denticulados.

El cuarto de los lugares, controlado en la planicie próxima a la sebja de Zug, representa la ratificación de un modelo de gestión técnica particular, asimismo durante esos mismos episodios crono-culturales achelenses, que ya denunciamos en su momento con el hallazgo de la estación de Gnefisa Oum Agraid (Duguech) y de algunas otras referencias puntuales provenientes de las áreas inmediatas a ella (como las de las *smeilas* de Gnefisa Bayda 3 y 4). En efecto, el referido conjunto industrial de las inmediaciones de la sebja de Zug, junto a otros nuevos localizados en esa misma región de Duguech en estos últimos años (como en Kidhiet Adakmar, Kidhiet Amzagzag o en la *dhâya* de Agasal), ilustran un patrón de producción técnica orientado a la obtención de grandes lascas a partir de la aplicación de técnicas predeterminativas de configuración *levalloide* y asimismo de tipo *kombewa* so-

وآغزومال مع السبخة الكبيرة الموجودة هناك، ومحيط قاعدة جبل **اغزومال** الرائع، و**امهيرزات** مع سبخة موجودة بداخل عرق **آزفال**؛ وتتميز كل هذه الاماكن، بدون شك، بوجود ادوات من الحجارة والصوان ذات الوجهين، وجانب لابأس به منها يقدم من جهته شكلا تقنينا ومتماثلا؛ الشئ الذي يمكن ان يؤثر في التقييم الكرونوثقافي ويطابق العصر الحجري السفلي القديم، مرحلة (Achelense الاعلى)، حوالى (500,000-300,000.B.P) بالغرب الصحراوي، وهناك مع ذلك، في حالة معينة، انواع مختلطة اقل "تطورا" و لها ميول غير تماثلية وتشكيلات جانبية متعرجة، التي يمكن ان تترجم وجود بعض حلقات عصر (Achelense)، ربما هي اكثر قربا الى المرحلة الوسطى المتقدمة منه، حوالى:-600,000) 500,000 B.P)ومع ذلك هي من الادوات ذات الوجهين، ويظهر ايضا على نحو ثانوي بعض السواطير والادوات ذات الاحجام الصغيرة مثل المكاشط والمسننات.

والمكان الرابع الذي تم تسجيله بالقرب من سبخة **زوڭ** يؤكد على نموذج مسّير بتقنية خاصة، اثناء تلك الحلقات الكرونوثقافية، من مرحلة من العصر الحجري (Achelense)، التي كشفنا عنها بالحقائق في محطة **اخنيفيسة ام اغريد (الدوڭج)** وبعض المراجع المحددة في مناطقها المباشرة (مثل تلك المتعلقة ازميلات **اخنيفيسة البيظة** 3 و 4)؛ وبالفعل فان المجمع الصناعي المشار اليه والمجاور لسبخة **زوڭ** بالاضافة الى اخرى موجودة بنفس تلك المنطقة لـ**الدوڭج**، في السنوات الاخيرة (كما في **كديتْ آدكمار**، و**كديت آمزڭزاڭ**، او في **ظايتْ آغسّال**) توضح نمطا من الانتاج التقني موجه من اجل الحصول على شظايا كبيرة من خلال تطبيق تقنية محددة مسبقا، بشكل (levalloide)وكذلك من نوع (kombewa)، على اسس ونويات بمساحات وابعاد معتبرة، مشكلا في الواقع استراتيجية انتاجية "ماكروليتيكا". انه تسيير مرتبط من الناحية الوظيفية باستغلال "ورشات" سدود الصخور المنصهرة والصخور المتحولة التي تغطي سهولا واسعة، لذلك كثيرة هي بقايا القطع التقنية (نويات، شظايا)، وقليلة هي الادوات الموجودة منها حاليا. ومن وجهة النظر المتعلقة بالمواد الاولية، فان الصناعات السائدة هي خاصة، "الديوريت"، او الصخور بركانية الاصل "microgabro" بالرغم من التعرف في بعض الاحيان على النيس (صخور متحولة)، تجب الاشارة من جهة اخرى الى ان تلك المجموعات الفريدة من الصناعات الحجرية الكبيرة (macrolítica)، يتم العثور عليها، الى حد الساعة، بشكل اكثر، محدودة جغرافيا على المنطقة الجنوبية من نطاق دراستنا لتيرس الصحراوية.

اضافة الى تلك المجمّعات المتميزة بانتمائها للعصر الحديث الاوسط (البلايستوسين) فقد حددنا اخرى، ترجع صناعتها الى زمن متقدم من نفس العصر، هكذا من جهة،

du type *kombewa* sur, logiquement, des supports et des nucléus aux dimensions et envergure considérables. Cela constitue, en réalité, une véritable stratégie de production «macrolithique». Une gestion qui fonctionnellement se trouve associée à l'exploitation en «ateliers» des filons de roches magmatiques et métamorphiques qui parcourent les larges plaines. D'où que soient fréquents les restes de débitage technique (nucléus et éclats) et très rares les outils présents. Du point de vue de la matière première, prédominent spécialement les industries en diorite ou microgabbro, si bien elles ont été identifiées parfois en gneiss. Il faut signaler, d'autre part, que, jusque là, tous ces singuliers ensembles macrolithiques se trouvent géographiquement limités à la zone plus méridionale de notre cadre d'étude dans le Tiris sahraoui.

En plus de ces séries caractéristiques du Pléistocène moyen, nous avons identifié d'autres références industrielles pléistocènes temporellement plus avancées. Ainsi, d'un côté, quelques ponctuels ensembles sans bifaces et de gestion technique *levallois* pourraient être ajoutés à ceux pour lesquels on suggéra, en ce moment-là, une relation avec un Moustérien archaïque, avec développement dans une phase il se peut plus récente du Pléistocène moyen. D'un autre côté et, pour la première fois, nous avons enregistré des indices lithiques qui se correspondent, de manière incontestable, avec le développement de l'Atérien: un techno-complexe aux types pédonculés dont le développement plein coïncide avec le Pléistocène supérieur, en parallèle avec le développement dans le sud-ouest de l'Europe du Moustérien plein et avancé et des complexes industriels du Paléolithique supérieur initial. Jusque là on ignorait leur présence directe dans notre cadre de prospections. Le vide de connaissance dans la séquence chrono-culturelle, pourtant, a été résolu en une certaine mesure. À cela ont contribué les trouvailles des caractéristiques «pointes atériennes» dans des sites tels que Gleb Alaz (Mijek), Gleibat El Barka (Mijek) ou Enfaj (Duguech). Ils sont tous en relation avec des contextes hydrographiques: sous forme de *dhâyas*, tel est le cas des deux premiers, ou d'une sebkha, le cas du troisième.

2) L'apport quantitatif des évidences d'habitation de tradition néolithique.

Aussi varié que le nombre d'objets céramiques, d'instruments taillés en pierre ou polis qui dénoncent «l'ambiance néolithique» sur le terrain résulte son prolongé maintien et pratique d'usage dans le temps. Certes, il y a eu une survivance très nette d'une bonne partie de ces «traditions industrielles néolithiques», non seulement au temps préhistorique mais aussi ultérieurement. Ainsi donc, en parlant de «tradition néolithique» nous sommes conscients, d'une part, du fait de rassembler sous le même épigraphe des périodes différentes; d'autre part, d'effectuer une certaine homogénéisation des diversités culturelles et des étapes du procès d'évolution néolithique; et finalement, d'accepter une prolongation et diffusion dans le temps de concepts et connaissances élémentaires, la transmission d'une tradition, sous la forme de ce hazkiago, Erdi eta Goi Achelense garaiko– tekno-konplexu industrialekin lotu behar diren multzoen sorta bati buruz ari gara, erdiko Pleistozenoko zenbait fasetan (*ca.* 800.000-130.000 B.P.) garatu zirenak oinarrizko mailan. Kasu adierazgarrienak Emdeinat El Fâa (Mijek), Agsumal (Mijek), Emherisat (Duguech) tokietatik eta Zug ingurutik (Duguech) ateratakoak dira.

Lehenengo hirurak konplexu achelense klasikotzat har daitezke, alde biko tresna eta guzti. Sakonune lakustreen inguruan kokatutako tokiak dira. Emdeinat El Fâa, Kidhiet Mijek mendien jarraian dagoen ekialdeko lautadan sortutako sebjarekin; Agsumal, han dagoen sebja handiarekin eta Agsumal-eko mendi ikusgarriaren oinarrizko inguruarekin; eta, Emherisat, aldiz, Azefal-go ergaren barruan dagoen sebja batekin. Kasu guztietan, zalantzarik gabe, tresna bereizgarriena alde bikoak dira. Tresna horietako gehienek formatu erregularizatua eta simetrikoa dute; kronologiari eta kulturari erreparatuta, Saharako mendebaldeko Goi Acheliensearekin (*ca.* 500.000-300.000 B.P.) bat datozela esan dezakegu. Dena dela, zenbait kasutan beste mota batzuk ere nahastuta agertu dira, ez hain "aurreratuak", joera asimetrikoagoa dutenak eta ertzak okerrak; horrek agian esan nahi du erdiko Achelense aurreratu batetik (*ca.* 600.000-500.000 B.P.) hurbilago dauden beste gertaera batzuk ere izan daitezkeela. Alde biko tresnez gain, bigarren mailan, *hachereaux* eta beste tresna tipometrikoki txikiago batzuk ere agertu dira, hala nola, palar edo harraskagailuak eta dentikulatuak.

Laugarren tokia Zug-eko sebjatik gertu dagoen lautadan kontrolatu genuen eta kudeaketa teknikoko eredu berezi bat berrestea eragin zuen, gertaera krono-kultural achelense horien garai berean, Gnefisa Oum Agraid-eko (Duguech) kokalekua eta handik gertuko eremuetako beste zenbait erreferentzia puntual (esaterako, Gnefisa Bayda 3 eta 4-ko *smeilak*) aurkitu genituenean salatu genuenez. Izan ere, Zug-eko sebjaren inguruko industria-multzoan eta Duguech-eko eskualde horretan bertan azken urteotan aurkitutako berrietan (Kidhiet Adakmar-en, Kidhiet Amzagzag-en edo Agasal-eko *dhâya*-n) ikus daitekeenez, produkzio teknikoaren eredua harri ezpal handiak lortzera bideratuta zegoen, eta horretarako forma aldez aurretik zehazten duten teknikak aplikatzen zituzten euskarri eta nukleo handietan: alde batetik, *levalloide* teknika eta, bestetik, *kombewa* motakoa. Egia esan, produkzio "makrolitikoko" estrategiatzat har daiteke. Kudeaketa mota hori lautada zabalak zeharkatzen dituzten harkaitz magmatiko eta metamorfikoen dikeak "tailer" moduan ustiatzearekin loturik dago. Horregatik, gehienetan ezpaltze teknikoaren arrastoak (nukleoak, ezpalak) aurkitzen dira, eta tresnak aurkitzea oso arraroa izaten da. Lehengaiari dagokionez, dioritan eta mikrogabroan oinarritutako industriak dira nagusi baina gneisean oinarritutakoak ere aurkitu izan ditugu. Bestalde, orain arte, multzo makrolitiko berezi horiek guztiak geografikoki Saharako Tirisko gure azterketa-esparruaren hegoaldeko eremuan soilik egon direla aipatu behar dugu.

Erdi Pleistozenoko serie bereizgarri horietaz gain, Pleistozenoko industria-erreferentzia aurreratuagoak ere

bre, lógicamente, soportes y núcleos de dimensiones y envergadura considerables. Constituye, en realidad, una verdadera estrategia de producción "macrolítica". Una gestión que funcionalmente se encuentra asociada a la explotación como "talleres" de los diques de rocas magmáticas y metamórficas que recorren las amplias planicies. Por ello, son frecuentes los restos del debitado técnico (núcleos, lascas) y muy raros los útiles presentes. Desde el punto de vista de la materia prima, predominan especialmente las industrias en diorita o microgabro, si bien las hemos identificado en alguna ocasión sobre gneis. Hay que señalar, por otra parte, que, hasta el momento, todos estos singulares conjuntos macrolíticos se encuentran geográficamente limitados a la zona más meridional de nuestro marco de estudio en el Tiris saharaui.

Además de estas series características del Pleistoceno medio, hemos identificado otras referencias industriales pleistocenas temporalmente más avanzadas. Así, por un lado, algunos puntuales conjuntos sin bifaces y de gestión técnica *levallois* pudieran añadirse a aquellos para los que, en su momento, sugerimos una relación con un Musteriense arcaico, con desarrollo quizás en una fase más reciente del Pleistoceno medio. Por otro lado, y por vez primera, hemos registrado indicios líticos concretos que se corresponden, de forma indudable, con el desarrollo del Ateriense: un tecno-complejo éste de tipos pedunculados cuyo desarrollo pleno coincide con el Pleistoceno superior, en paralelo con el desarrollo en el Sudoeste de Europa del Musteriense pleno y avanzado y de los complejos industriales del Paleolítico superior inicial. Hasta ahora, desconocíamos su presencia directa en nuestro marco de prospecciones. El vacío de conocimiento en la secuencia crono-cultural, por lo tanto, se ha solventado en alguna medida. A ello han contribuido los hallazgos de características "puntas aterienses" en sitios como Gleb Alaz (Mijek), Gleibat El Barka (Mijek) o Enfaj (Duguech). Todos ellos relacionados con contextos hidrográficos: en forma de *dhâyas*, como en los dos primeros, o de una sebja, para el tercero.

2) El aporte cuantitativo de las evidencias de habitación de tradición neolítica.

Si variados son los objetos cerámicos, instrumentos tallados en piedra o pulidos que denuncian la "ambientación neolítica" sobre el terreno, resulta igualmente dilatada su continuidad y práctica de uso en el tiempo. Pues, ha habido una pervivencia muy marcada de buena parte de esas "tradiciones industriales neolíticas", no ya sólo en los tiempos prehistóricos, sino en momentos ulteriores. Así pues, cuando hablamos de "tradición neolítica" somos conscientes de que, por un lado, incluimos bajo el mismo epígrafe períodos diferentes; por otro, que tendemos a homogeneizar las diversidades culturales y etapas del proceso de evolución neolítica; y, por otro más, que aceptamos una prolongación y difusión en el tiempo de unos conceptos y conocimientos elementales, de la transmisión de una tradición, en forma de los que pudiéramos entender como "elementos de substrato". Un *continuum*,

Karrashiet-eko sebjaren eta Adakmar-eko mendien artean (Azefal-go erg-an) dauden "smeiletan", espazio berean aurki daitezke habitat-adierazpenak eta lurraren gainazalean zuzenean egindako hileta-lurperatzeak.

En algunas "smeilas" situadas entre la sebja de Karrashiet y las montañas de Adakmar, en el erg de Azefal, coexisten espacialmente manifestaciones de hábitat y enterramientos funerarios practicados directamente sobre la superficie del suelo.

فوق بعض «الزميلات» (التلال)، التي تقع بين سبخة الكراشيات وجبال ادكمار، بعرق ازفال، تتقاسم نفس المجال، مظاهر سكنات قديمة، الى جانب مدافن جنائزية، تم اجراءها عمليا، مباشرة على سطح الارض.

Sur certaines "smeilas" situées entre la sebkha de Karrashiet et les montagnes d'Adakmar, dans l'erg d'Azefal, coexistent dans le même espace des manifestations d'habitat et enterrements funéraires pratiqués directement sur le sol.

فان بعض المجموعات المحددة غير ذات الوجهين المسيرة بتقنية "levallois"، يمكن ان تضاف الى تلك التى لها علاقة بفترة الموستيري القديم، مع التطور، ربما في مرحلة متقدمة من البلايستوسين الاوسط؛ ومن جهة اخرى ولأول مرة قمنا بتسجيل اشارات حجرية ملموسة، تتطابق بصورة لا تدعو للشك، مع تطور ateriense (اخر مرحلة من العصر الحجرى القديم)، وهي مجموعة تقنية من النوع المعنق (اي ذات عنق)، وتطورها يتماشى مع زمن عصر البلايستوسين الاعلى، وبالموازاة مع تطور جنوب غرب اوربّا وتمام عصر الموستيري المتقدم، ومع المجموعات الصناعية البداية العصر الحجري القديم الاعلى؛ والى حد الان فاننا نجهل حضورها المباشر، في مجال التنقيبات التي نجريها. انها فجوة معرفية في التسلسل الكرونوثقافي؛ ومع ذلك فانه قد تم حلها الى حدما؛ وقد ساهمت في ذلك النتائج ذات الخصوصيات الحضارية ("رؤوس آتيرنيينسي") في اماكن مثل **اڭليب اللز** (**ميجك**) **اڭليبات البركة** (**ميجك**) **النفاخ** (**الدوڭج**) ولها علاقة كلها بالاطار الهيدروغرافي: على شكل أضاة (ظاية) مثل المنطقتين الاولى والثانية، (**اڭلِيبِ اللز واڭليبات البركة**) او سبخة، بالنسبة للثالث وهو **انفاخ**.

2) المساهمات الكمية لادلة السكن التقليدية للعصر الحجري الحديث

اذا تعددت الاجسام الخزفية والادوات المنحوتة بالحجارة، او المصقولة، التى تكشف بيئة العصر الحجري الحديث على الارض، انها كذلك تنم عن استمراريتها، وطول زمنها في الاستخدام. هناك اذن قدرة على البقاء بالنسبة لجانب لابأس به من تلك المصنوعات التقليدية، التي تخص العصر الحجري الحديث، ليس فقط في ازمنة ما قبل التاريخ، ولكن ايضا في ازمنة اخرى لاحقة. هكذا اذن فعندما نتكلم عن تقاليد العصر الحجري الحديث، فاننا واعون من جهة، بادراجنا لمراحل مختلفة، تحت نفس العنوان، وانه علينا من جهة اخرى، مجانسة التنوع الثقافي مع مراحل مسلسل تطور العصر الحجري الحديث؛ ومن جهة اخرى ايضا، ان نقبل بامتداد وانتشار بعض المفاهيم والمهارات الاساسية، في الزمن، وكذا بانتقال تقاليد من شكل التي استطعنا فهمها، مثل "عناصر الطبقة السفلية". وتماشيا مع ذلك، فالمصنوعات اليدوية، قد تغيرت فقط، من خلال وجود بعض التقنيات النوعية المبتكرة المحددة، بطريقة تشكيل او صنع اواني، من خلال اضافة عناصر نادرة

que l'on peut saisir comme des «éléments de substrat». Un *continuum*, donc, de manufactures, uniquement altéré par la présence de quelques ponctuelles et qualitatives innovations techniques dans le façonnement des récipients, par l'ajout de rares objets de cuivre ou par l'irruption nouvelle d'inscriptions et écriteaux en caractères *tifinâgh*, le plus souvent peints plutôt que taillés, sur les parois et frises rocheuses.

Vu, en conséquence, le cumul d'adversités inhérentes aux «séries néolithiques» en surface –les seules dont on dispose, d'ailleurs, en absence de tout autre contexte stratigraphique stable de référence– on peut, néanmoins, proposer une esquisse ou perspective très globale, de l'occupation de notre espace, au travers la haute densité d'ensembles industriels offrant ces «indicateurs» chrono-culturels.

En effet, le nombre d'enregistrements présentant accumulation d'outils travaillés en pierre ou céramique qui participent de la «tradition industrielle néolithique» est très considérable. Une circonstance celle-ci pleinement vérifiable dans des multiples contextes des plaines sahraouies, si bien avec une signification spéciale autour des contextes hydrographiques et des entourages montagneux. En premier lieu, et en première instance, il faut signaler que la répartition des lieux d'habitation est en relation directe avec la distribution et la potentialité des identifikatu ditugu. Alde batetik, multzo jakin batzuetan ez dugu alde bikorik aurkitu eta *levallois* kudeaketa teknika erabiltzen zuten; kasu horiek gure ustez Musteriense arkaiko batekin loturik egon zitezkeen beste batzuekin loturik egon daitezke, erdiko Pleistozenoko fase berriago batean garatuta agian. Bestetik, eta lehen aldiz, Ateriensearen garapenarekin bat datozen aztarna litiko zehatzak aurkitu ditugu: mota pedunkulatuen tekno-konplexu bat, Goi Pleistozenoan erabat garatu zena eta, aldi berean, Europako hego-mendebaldean Musteriense bete-betea eta aurreratua eta hasierako Goi Paleolitoko konplexu industrialak garatu ziren. Orain arte, ez genekien gure prospekzio-esparruan zuzenean horrelakorik bazegoenik. Hortaz, sekuentzia krono-kulturaleko jakintza-hutsunea gainditu dugu, nola edo hala. Horretarako lagungarri izan dira Gleb Alaz-en (Mijek), Gleibat El Barka-n (Mijek) edo Enfaj-en (Duguech) aurkitutako "punta aterienseak". Horiek guztiak testuinguru hidrografikoekin loturik daude: *dhâya* moduan, lehen bi kasuetan; edo sebja moduan, hirugarren kasuan.

2) Tradizio neolitikoa egon izanaren ebidentzien ekarpen kuantitatiboa.

Lurraldean "girotze neolitikoa" izan zela adierazten duten zeramikazko objektuak eta harrian zizelkatutako edo leundutako tresnak askotarikoak izan dira, eta gainera, objektu horien erabilerak jarraitutasun eta praktika luzea izan du, halaber, denboran. Izan ere, "industria-tradizio neolitiko" horietako askok iraupen oso handia izan dute, pues, de manufacturas, sólo alterado por la presencia de algunas puntuales y cualitativas innovaciones técnicas en el modo de confección de los recipientes, por el añadido de raros objetos de cobre, o por la novedosa irrupción de inscripciones y rótulos en caracteres *tifinâgh*, con mayor frecuencia pintados que grabados sobre paredes y frisos rocosos.

Asumiendo, en consecuencia, el cúmulo de adversidades inherentes a las "series neolíticas" de superficie -por otra parte, las únicas de que disponemos, en ausencia de cualquier contexto estratigráfico estable de referencia-, podemos, no obstante, proponer un esbozo, o perspectiva muy global, de la ocupación de nuestro espacio, merced a la alta densidad de conjuntos industriales con esos "indicadores" crono-culturales.

En efecto, es muy considerable el número de registros con acumulaciones de utensilios trabajados en piedra o cerámica que participan de la "tradición industrial neolítica". Una circunstancia ésta plenamente verificable en múltiples contextos de las planicies saharianas, si bien con una significación especial en torno a los contextos hidrográficos y a los entornos montañosos. En primer lugar, y en primera instancia, hay que señalar que la repartición de los lugares de habitación está en relación directa con la distribución y potencialidad del entramado hídrico (fluvial, lacustre o palustre): disponiéndose de forma más o menos intensa o dispersa en función de la fertilidad y extensión de los mantos de agua superficiales y del derivado

Tumuluak Shikshak-eko "janga"-n, Zug-eko eta Amzagzag-eko mendien artean (Duguech).
Túmulos en la "janga" de Shikshak, entre las montañas de Zug y de Amzagzag (Duguech).
اثر تذكاري من نوع تيميليس بـ«خنـڭـة» الشكشاك، بين جبال زوڭ وآمزڭـزاڭ (الدوڭـج).
Tumulus dans la "janga" de Shikshak, entre les montagnes de Zug et d'Amzagzag (Duguech).

ressources hydriques (fluviales, lacustres ou palustres): distribués de manière plus ou moins intense ou éparse en fonction de la fertilité et l'étendue des couches d'eau superficielle et de la dérive des aquifères. Mais, au surplus, on les a documentés de manière réitérée dans l'entourage et sur tout format au relief rocheux, d'une certaine apparence, saillant dans la plaine: des montagnes, des collines, des buttes, etc. Et non seulement sur les flancs et sur les aires de base mais aussi sur les tronçons occupant le sommet des formations les plus élevées.

Certains de ces endroits montrent, toujours en surface, une profusion extraordinaire de matériels manufacturés: instruments lithiques taillés, fragments céramiques lisses et décorés, pièces polies, outils de broyage, perles perforées et parures ornementales, etc. D'autres, cependant, n'offrent qu'un modeste échantillonnage: serait-ce peut-être la conséquence de sa particulière fonction, stationnarité ou patron de mobilité régissant les modes d'occupation et de gestion du territoire et des leurs composants par les groupes humains.

À en croire les datations TL d'un hétérogène échantillonnage de restes céramiques –auquel on s'est référé supra– la plupart des lieux d'habitation pendant la Préhistoire montrant des céramiques aurait tendance à se développer entre le début du VIe et le début du IIIe millénaire B.P. Précisons, avant tout, que les références analysées ont été prélevées sur des différents lieux d'habitation «néolithiques», aux alentours d'abris rupestres, sebkhas et *dhâyas*. En effet, coïncidant avec les prolégomènes d'une phase humide dans l'Occident sahraoui, à la fin du VIIe millénaire, les dates s'échelonnent consécutivement tout au long des trois millénaires suivants. Néanmoins, un vide sensible doit être signalé au Ve millénaire où les valeurs ont tendance à se concentrer dans la seconde moitié: peut-être, une possible coïncidence de cette lacune initiale avec le développement de la crise climatique aride de la première moitié de ce millénaire. Les dates plus tardives, d'autre part, ne vont pas au-delà du premier tiers du Ier millénaire av.J-C., au moment où les conditions climatiques proprement sahraouies s'installent pleinement. Suivant ces estimations chronologiques, il faudrait raccorder le tronçon optimal de ces occupations avec le développement du Néolithique plein (VIe et V^{e} millénaires) et du Néolithique récent (IVe et IIIe millénaires) de l'Occident du Sahara.

D'autre part, il n'est pas rare de constater sur les lieux d'habitation en plein air la coexistence de tumulus et de monuments lithiques aux fins sépulcrales et rituelles. Un fait, par ailleurs, relativement fréquent. Il y a, cependant, une formule plus singulière de ce type de cohabitation spatio-fonctionnelle que l'on a pu apercevoir sur quelques *smeilas* situées déjà à l'intérieur de l'erg d'Azefal, dans le tronçon plus méridional du Tiris sahraoui et immédiat déjà au territoire de la Mauritanie. Ici, quelques riches habitats néolithiques partagent le même espace que des dépôts funéraires non tumulaires…

من النحاس، او من خلال بروز جديد لنقوش وتسميات برموز "تيفيناغ" (لغة الطوارق البربرية)، في اغلب الحالات المتكررة ملونة، اكثرمنها منقوشة على الجدران والافاريز الصخرية.

ونأخذ في الاعتبار بالتالى، تراكم الظروف الصعبة، التى تشتمل عليها السلاسل السطحية، خلال العصر الحجري الحديث، من جهة اخرى هي الوحيدة لدينا امام غياب اية مراجع تتعلق بالاطار الثابت للطبقات الاثرية ـ ويمكننا مع ذلك اقتراح مخطط، او وجهة نظر عامة جدا، من اجل استغلال مجالنا، بفضل الكثافة العالية للتركيبات الصّناعية مع تلك المؤشرات الكرونوثقافية.

وبالفعل فان عدد السجلات التى تضم تراكمات من الاواني المعدة من الحجارة او الخزف، التي شاركت في "الصناعة التقليدية للعصر الحجري الحديث"، هي جد معتبرة. ويمكن التحقق من ذلك الظرف الزمني، في مناطق متعددة من سهول صحراوية موجودة هناك، وبمعنى ادق، في محيط المجالات الهيدروغرافية، وفي المحيطات الجبلية. في المقام الاول، وقبل كل شئ، يجب الاشارة الى ان توزيع الاماكن الى سكنات، في الزمن الاول، امر يتعلق مباشرة بتوزيع، ومنسوب، شبكة المياه (الانهار، البحيرات، المستنقعات): متواجدة بشكل اقل اواكثر كثافة وتبعثرا، وحسب الخصوبة، وكذا مساحات وغطاءات المياه السطحية ومنسوبها. وقد قمنا بتوثيق ذلك بشكل متكرر في الميدان، وفي نطاق اي من التضاريس الحجرية التي تبدو بارزة المعالم في السهول: ان كانت جبالا او تلالا او مرتفعات ...الخ. وليس فقط على مستوى بعض السفوح والمناطق القاعدية، بل كذلك في اتجاهات القمم الاكثر ارتفاعا.

في بعض تلك الاماكن تظهر، دائما على السطح، وفرة غير عادية من الوسائل اليدوية الصنع: الادوات الحجرية المنحوتة، شظايا خزفية مملسة ومزخرفة، قطع مصقولة، تحف مطاحن، ادوات صناعة القلائد وخرز للتجميل...الخ. وبالعكس توجد هناك اخرى تعرض قدرا اقل من عينات الادلة: ربما نتيجة لوظيفتها الخاصة، الموسمية او لنمط التنقل في نموذج الوظيفة، والتسيير الميداني ومكوناته، من قبل تلك المجموعات البشرية.

اذا حكمنا من خلال المرجعيات الزمنية، المحددة بجهاز TL لعينة غير متجانسة من البقايا الخزفية ـ وحول التي تم ذكرها من خلال سطور ماضية ـ فان سمك الاماكن السكنية خلال عصر ما قبل التاريخ، حيث يوجد الخزف، يجب ان يكون تطورها قد حدث ما بين بدايات الالفية السادسة والالفية الثالثة B.P، محددين قبل كل شئ، ان المراجع التي تم تحليلها، تم أخذها من اماكن مختلفة من السكنات، خلال العصر الحجري الحديث، في محيط الملاجئ الصخرية، في السباخ وفي الاضوات (الظي)،

historiaurreko garaietan ez ezik, geroagoko uneetan ere. Horrela, bada, "tradizio neolitikoa" esaten dugunean, jakin badakigu alde batetik, epigrafe beraren azpian hainbat aldi sartzen ditugula; eta bestetik, bilakaera neolitikoaren prozesuan izandako hainbat etapa eta kultura-aniztasun homogeneizatzeko joera dugula; eta, beste alde batetik, oinarrizko zenbait jakintzaren eta zenbait kontzepturen, tradizio baten transmisioa denboran luzatzea eta zabaltzea onartzen dugula, "substratu-elementutzat" har ditzakegunen moduan. Beraz, manufakturen *continuum* bat, ontziak egiteko moduan izandako berrikuntza tekniko puntual eta kualitatiboen bidez baino aldatu ez dena, kobrezko objektu arraroen agerpenaren bidez edo harrizko friso edo hormetan grabatuta baino gehiago pintatuta agertu diren *tifinâgh* karaktereetan egindako inskripzio eta errotuluen bidez.

Hortaz, azaleko "serie neolitikoei" atxikitako ezbehar piloa onartuta -bestalde, horiek dira ditugun bakarrak, erreferentziazko bestelako testuinguru estratigrafiko egonkorrik ez dagoenez-, gure espazioaren okupazioaren zirriborro bat edo ikuspegi oso orokor bat proposa dezakegu, denboraren eta kulturaren "adierazle" horiek dituzten multzo industrialen dentsitate handiari esker.

Izan ere, "Neolitoko industria-tradizioa" osatzen duten harrizko edo zeramikazko tresna landuen pilaketak biltzen dituzten erregistroak asko eta asko dira. Egoera hori erabat egiaztagarria da Saharako lautadetako testuinguru ugaritan, baina garrantzi berezia hartzen du testuinguru hidrografikoei eta ingurune menditsuei dagokienez. Lehenik, eta hasteko, egoteko lekuen banaketa sare hidrikoaren (ibaiak, aintzirak edo zingirak) banaketarekin eta potentzialtasunarekin zuzen-zuzenean loturik dagoela esan behar dugu: lurrazaleko ur geruzen hedaduraren eta emankortasunaren eta horren ondoriozko akuiferoen mailaren arabera kokatuta egoten ziren, elkarren ondoan edo sakabanatuta. Baina horretaz gain, behin eta berriz dokumentatu ditugu lautadan nabarmentzen den taxuzko edozein harkaitz-erlieberen gainean eta ingurunean: mendiak, muinoak, mendixkak eta abar. Eta hegaletan eta oinarrizko eremuetan ez ezik, egitura handienen goialdeko zatietan ere.

Horrelako zenbait tokitan, gainazalean betiere, material manufakturatu asko baino gehiago aurkitu izan da: zizelkatutako tresna litikoak, zeramika zati lisoak eta apainduak, pieza leunduak, ehotzeko gailuak, ale zulatuak eta apaingarriak eta abar. Beste zenbait tokitan, ordea, oso ebidentzia gutxi agertu dira: agian, tokiak bete izan zuen eginkizun bereziagatik, edo aldi baterako izan zelako edo giza taldeek lurraldea eta lurraldearen osagaiak okupatzeko eta kudeatzeko zituzten ohituren ondoriozko mugikortasun-ereduarengatik.

Zeramikazko arrastoen lagin heterogeneo bati –gorago aipatu dugun horri– egindako TL datazioen arabera, Historiaurrean egoteko leku izan diren eta zeramikak agertu diren toki gehienak geure garaiaren aurreko VI. milurtekoaren hasieratik III. milurtekoen hasierara bitarte garatu ziren. Baina beste ezertan hasi aurretik, zera zehaztu

nivel de los acuíferos. Pero, además, los hemos documentado de forma reiterada en el entorno y sobre cualquier formato de relieve rocoso, de cierta apariencia, que resalte en la llanura: sean montañas, colinas, cerros, etc. Y no solamente en las faldas y áreas de base, sino asimismo en los tramos cimeros de las formaciones más elevadas.

Algunos de estos sitios muestran, siempre en superficie, una profusión extraordinaria de materiales manufacturados: instrumentos líticos tallados, fragmentos cerámicos lisos y decorados, piezas pulimentadas, artefactos de molienda, cuentas perforadas y abalorios de ornamento, etc. Otros, por el contrario, se ofrecen bastante más parcos en el muestreo de evidencias: quizás, a consecuencia de su particular función, estacionalidad o patrón de movilidad en las pautas de ocupación y gestión del territorio y de sus componentes por los grupos humanos.

A juzgar por las dataciones TL de un heterogéneo muestreo de restos cerámicos –y sobre el que hemos hecho mención líneas atrás–, el grueso de lugares de habitación durante la Prehistoria con cerámicas se tendería a desarrollar entre los inicios del VI y los inicios del III milenio B.P. Precisemos, antes de nada, que las referencias analizadas se han tomado de diferentes lugares de habitación "neolíticos", en torno a abrigos rupestres, a sebjas y a *dhâyas*. En efecto, coincidiendo con los prolegómenos de una fase húmeda en el Occidente sahariano, de finales del VII milenio, las datas se escalonan consecutivamente a lo largo de los tres milenios siguientes. Un vacío sensible, no obstante, debe de señalarse en el V milenio, donde los valores se tienden a concentrar en la segunda mitad: acaso, una posible coincidencia de esa laguna inicial con el desarrollo de la crisis climática árida de la primera mitad de ese milenio. Las fechas más tardías, por su parte, no van más allá del primer tercio del I milenio a.C., momento en el que las condiciones climáticas propiamente saharianas se instalan plenamente. De acuerdo con esas estimaciones cronológicas, habría que hacer concordar el tramo óptimo de estas ocupaciones con el desarrollo del Neolítico pleno (VI y V milenios) y del Neolítico reciente (IV y III milenios) del Occidente del Sahara.

Por otra parte, no resulta extraño constatar sobre los lugares de habitación al aire libre la coexistencia de túmulos y monumentos líticos de fines sepulcrales y rituales. Esto es un hecho relativamente frecuente. Hay, sin embargo, una fórmula más singular de este tipo de "convivencia" espacio-funcional que la hemos advertido sobre algunas *smeilas* ubicadas ya en el interior del erg de Azefal, en el tramo más meridional del Tiris saharaui e inmediato ya con las tierras de Mauritania. Aquí, algunos ricos hábitats neolíticos comparten el mismo espacio con depósitos funerarios no tumulares...

En efecto, sobre las ligeras pendientes o plataformas cimeras de varias colinas, se advierten concentrados en su superficie un numerosísimo efectivo de diversificados materiales arqueológicos que denuncian su uso como lugar de habitación estable: utensilios líticos tallados de amplio espectro tecno-tipológico, restos cerámicos, instrumen-

ويتصادف بالفعل، مع مراحل سابقة، حلّت قبل مرحلة رطبة، حدثت في الغرب الصحراوي، في نهايات الالفية السابعة. وقد تواصلت التواريخ الزمنية، تباعا عبر ثلاث آلاف سنة؛ وهناك فراغ ملحوظ، ينبغي ان يشار اليه في الالفية الخامسة، حيث اتجهت المعايير الى التمركز خلال النصف الاخير من هذه الالفية: ربما امكانية تصادف تلك الفجوة البدائية مع تطور ازمنة المونا‌خ التصحري، في النصف الاول من تلك الالفية. ومن جهة اخرى فان آخر التواريخ، لم تذهب بعيدا عن الثلث الاول من الالف الاولى **ق م**، حيث كانت الظروف المونا‌خية الصحراوية بصورة خاصة، قد تشكلت تماما؛ وتماشيا مع تلك التقديرات المسجلة للاحداث. يجب ان نطابق بين المرحلة المثلى لتلك المهن، وبين تطور العصر الحجري الحديث الاوسط (من الالفية السادسة الى الالفية الخامسة)، ومع المرحلة الاخيرة من العصر الحجري الحديث الاقرب (من الالفية الرابعة الى الثالثة) في المنطقة الغربية من الصحراء.

وليس من المستغرب، من جهة اخرى، اذا لاحظنا، في الاماكن المأهولة (قديما)، الموجودة بالهواء الطلق، ذلك التعايش بين الابنية الجنائزية وبين الآثار الحجرية، في ما يتعلق بالمعاني الدفنيّة والقبور والطقوس، وهو امر يبدو انه يتكرر نسبيا؛ وهناك ايضا صغة فريدة من نوعها لهذا "التعايش" المجالي ـ الوظيفي، الذي اشرنا اليه، فوق بعض النتوآت الارضية (ازميلات)، الموجودة بداخل عرق **ازفّال**، في الجهة الجنوبية لتيرس الصحراوية، المواجهة للاراضي المورتانية. وتوجد هناك بعض الموائل (مجموعة العوامل

En effet, sur des légères pentes ou sur des plates-formes au sommet de plusieurs collines, on avertit, concentrés en surface, un très nombreux effectif de diversifiés matériaux archéologiques qui dénoncent l'usage en tant que lieu d'habitation stable: outils lithiques taillés d'ample spectre techno-typologique, débris céramiques, instruments polis, moulins, molettes et mortiers, perles variées, etc. Et, partageant les mêmes assises topographiques, on reconnaît une formule sépulcrale particulière qui ne comporte point de tumulus, ni monument pierreux. Il s'agit, de fait, d'inhumations simples, individuelles ou collectives, pratiquées de manière directe sur le sol même de la *smeila* et accompagnées, comme des possibles éléments rituels, de gros récipients céramiques, au format globulaire ou subsphériques et des restes osseux bovins. En tout cas, il s'agit d'un autre type de dépôt funéraire qui semble se développer en parallèle au plus fréquent des monuments lithiques que l'on aborde, en suivant, plus largement.

3) Le riche patrimoine de structures tumulaires et l'originalité de certains monuments lithiques.

En parallèle aux lieux d'habitation «de tradition néolithique» se trouve le très important volume de monuments lithiques reconnus. Un effectif qui dépasse déjà les 3.000 sujets individuels.

Apparemment, ce sont rares les coins au Tiris où l'on n'avertit pas la présence de quelconque de ces structures pierreuses manipulées aux fins sépulcrales ou rituelles. Si bien, de même que pour les habitats, ce sont deux les

Grona-ko mendi-eremuko (Agüenit) "bazina" bat.
Una "bazina" del área montañosa de Grona (Agüenit).
«بازينة» (شكل بناء) بالمنطقة الجبلية باكْـرونة (اغوينيت).
Une "bazina" de l'aire montagneuse de Grona (Agüenit).

Hezur zati txiki baten C14/AMS datazioari esker, Gleb Tinlluleg-eko tumulu hau (Agüenit) K.a. II. milurtekoaren bigarren erdikoa dela esan dezakegu.

La datación C14/AMS de un pequeño fragmento óseo situaría la cronología de este túmulo de Gleb Tinlluleg (Agüenit) en torno a mediados de la segunda mitad del II milenio a.C.

تحديد العمر الزمني بواسطة C14/AMS لقطعة عظمية صغيرة، تعيد تاريخ مبنى تيميليس جنائزي، بـڭـلب تنيولڭ (اغوينيت)، الى ما حول اواسط النصف الثاني من الالفية الثانية قبل الميلاد.

La datation C14/AMS d'un petit fragment osseux situe la chronologie de ce tumulus de Gleb Tinlluleg (Agüenit) aux environs du milieu de la seconde moitié du IIe millénaire.

behar dugu, aztertu ditugun erreferentziak egoteko hainbat leku "neolitikotan" hartu ditugula, harpeen, sebjen eta *dhâyen* inguruan. Izan ere, VII. milurtekoaren amaieran, Saharako mendebaldean izan zen fase hezearen hastapenarekin batera, datak hurrengo hiru milurtekoetan mailakatuta banatzen dira. Dena den, V. milurtekoan hutsune nabaria dago, balioak bigarren erdian metatzen baitira: agian, milurteko horren lehen erdian klima-krisi idorraren garapenarekin bat etor daiteke. Bestalde, data berankorrenak K.a. I. milurtekoko lehen herenean amaitzen dira, une horretan Saharako berariazko klimaren baldintzak guztiz finkatu baitziren. Estimazio kronologiko horiei jarraiki, okupazio horien aldi optimoa Saharako mendebaldean Neolito bete-betearen (VI. eta V. milurtekoak) eta azken Neolitoaren (IV. eta III. milurtekoak) garapenarekin bat datorrela esan dezakegu.

Bestalde, ez da harritzekoa aire zabaleko egoteko lekuetan hilobietarako eta errituetarako erabiltzen ziren tumulu eta monumentu litikoak batera aurkitzea. Askotan gertatu izan da hori. Alabaina, "bizikidetzako" espazio-funtzional mota horren formula bereziago bat ere bada eta Azefal-go ergaren barruan kokatutako hainbat *smeilatan*, Saharako Tirisen hegoaldean eta Mauritaniako lurren ondo-ondoan dauden zatietan. Hemen, habitat neolitiko aberatsek tumulu-forma ez duten hilobi-metaketekin partekatzen dute espazio bera...

Izan ere, zenbait muinoetako malda arinetan edo gailurretako plataformetan askotariko material arkeologikoaren elementu asko eta asko aurkitu izan dira: espektro tekno-tipologiko zabaleko tresna litiko zizelkatuak, zeramika arrastoak, tresna leunduak, errotak, moletak eta motrailuak, askotariko aleak eta abar; eta horrek zera adierazten du, egoteko leku egonkortzat erabiltzen zirela toki horiek. Eta kokaleku topografiko berean hilobi-formula berezi bat aurkitu izan da, tumulurik eta harrizko ezein monumenturik gabe. Ehorzketa sinpleak dira, banakakoak edo kolektiboak, *smeila*ren lurzoruan zuzenean egiten zirenak eta, errituetarako elementu izan zitezkeela, formatu globularra edo subesferikoa duten zeramikazko

tos pulimentados, molinos, moletas y morteros, cuentas variadas, etc. Y compartiendo el mismo asiento topográfico se reconoce una fórmula sepulcral particular que no conlleva túmulo, ni monumento pétreo alguno. Se trata, de hecho, de inhumaciones simples, individuales o colectivas, practicadas de forma directa sobre el mismo suelo de la *smeila* y acompañadas, a modo de posibles elementos rituales, de gruesos recipientes cerámicos, de formato globular o subesférico, y de restos óseos de bovinos. En cualquier caso, se trata de otro tipo de depósito funerario que parece desarrollarse en paralelo al más frecuente de los monumentos líticos y sobre los que, seguidamente, abundaremos.

3) El rico patrimonio de estructuras tumulares y la originalidad de algunos monumentos líticos.

En paralelo con los lugares de habitación "de tradición neolítica" se encuentra el importantísimo volumen de monumentos líticos reconocidos. Un efectivo que supera ya los 3.000 sujetos individuales.

Aparentemente, raro es el rincón del Tiris en el que no se advierta la presencia de alguna de estas estructuras pétreas manipuladas con fines sepulcrales o rituales. Si bien, como acontecía con los hábitats, son dos los contextos en los que tienden a sobresalir de forma extraordinaria: los entornos hidrográficos y las formaciones montañosas y rocosas.

Los marcos hidrográficos, en tanto que referentes de primer orden en la estrategia básica de ocupación del territorio, concitan asimismo en torno a ellos la presencia de túmulos y, en general, de arquitecturas pétreas, construidos por los grupos humanos y asociados, en buena parte de los casos, con prácticas funerarias.

Los ámbitos rocosos (especialmente, en forma de relieves montañosos y de diques alineados), por su parte, constituyen las fuentes preferentes del material de base para la configuración de estos particulares monumentos a base de piedras. Su presencia, a veces aislada en medio de las inmensas planicies, los ha erigido en verdaderas reservas, limitadas y delimitadas, de aprovisionamiento de la materia prima necesaria. De ahí que, a juzgar por la evidencia, a estos contextos se ha acudido, de forma reiterada a ejecutar *in situ* las prácticas cultuales que participan de esas arquitecturas pétreas.

الجغرافية المتعلقة بسكن الانسان) الغنية، المتعلقة بالعصر الحجري الحديث، تتقاسم نفس المجال مع مستودعات جنائزية، ليست من تلك التي على شكل تلال... وتوجد في الواقع فوق المواقع الخفيفة التابعة، او الأعالى المستوية بعدد من التلال، اذ يلاحظ فوق سطوحها كثافة متعدده ومتنوعة، من الوسائل الاثرية، التي يكشف استخدامها عن وجود اماكن سكن قارة: اواني حجرية منحوتة ذات طيف تكنوتصنيفي (tecno-tipológico) الواسع، بقايا خزفية، ادوات مصقولة، مطاحن، رحي ومهاريس، مساحق وادوات متنوعة اخرى...الخ. وبصورة تقاسمية مع ذلك، تم التعرف، فوق نفس المقعد الطوبوغرافي، على نموذج لقبر خاص لا ينتمي الى لبناء جنائزي، ولا الى نصب تذكاري، بل يتعلق الامر هنا بدفون قبرية بسيطة، فردية او جماعية، اقيمت بطريقة مباشرة فوق نفس السطح، لاحدى التلال، على تبدو انها طريقة طقوسية معينة، مع اواني خزفية سميكة، وبوضعية نصف دائرية، وبرفقة بقايا من عظام مواشي. وعلى اية حال، فالامر هنا يتعلق بنوع من المستودعات الجنائزية، التي يبدو ان تطورها يتزامن اكثر، وبصورة متواترة، مع تطور الاثار الحجرية، التي سنلح عليها لاحقا.

3) التراث الغني للابنية الجنائزية (تيميليس) واصالة بعض المعالم الحجرية.

وبالموازاة مع الاماكن السكنية، "لتقاليد العصرالحجري الحديث"، يوجد كذلك حجم هام جدا من المعالم الاثرية الحجرية المتعرف عليها، التي يتجاوز احصاؤها 3000 من العناصر الفردية. ويبدو انه من النادر اي مكان من تيرس الا ويعثر فيه على وجود بعِض تلك الهياكل الحجرية، المصنوعة من اجل غايات دَفَنيّة او طقوسية. وكماهو الشأن بالنسبة للموائل، فهناك مَجالات تميل الى الظهور من خلالهما، بطريقة غير عادية، تلك البيئات الهيدروغرافية والتشكيلات الجبلية والصخرية.

ان المجالات الهيدروغرافية، بقدرما هي مرجع، في المقام الاول، للاستراتيجية الاساسية لشغل، او احتلال الارض، فيحتل المرتبة الاولى في محيطها كذلك، وجود الابنية الجنائزية، التي هي بصورة عامة، هياكل عمرانية من الحجارة، مشيدة من طرف مجموعات بشرية، ومتعلقة في جانب لاباس به من حالاتها، بتطبيقات جنائزية.

ان المناطق الحجرية (خاصة التي على شكل تضاريس جبلية، وسدود على شكل خطوط)، تشكل من جهتها، المصادر المفضلة للمواد الاساسية، التى تم من خلالها تشكيل تلك المعالم الخاصة، المبنية من الحجارة. وجودها احيانا، يبدو منعزلا في وسط السهول الواسعة. لقد شيدوها كاحياطات حقيقية محدودة، ومحددة، للتزويد بالمواد الاولية الخام.

contextes dans lesquels elles sont présentes de manière plus saillante: les entourages hydrographiques et les formations montagneuses et rocheuses.

Les cadres hydrographiques, en tant que référents de premier ordre dans la stratégie fondamentale d'occupation du territoire, rassemblent autour d'eux la présence de tumulus et, en général, d'architectures pierreuses, construits par les groupes humains et associés, dans bon nombre de cas, à des pratiques funéraires.

Les entourages rocheux (spécialement, sous la forme de reliefs montagneux et de filons alignés), constituent les sources préférentielles de matériel de base pour la configuration de ces particuliers monuments de pierre. Sa présence, parfois isolée au milieu des immenses plaines, les a érigés en une véritable réserve, limitée et délimitée d'approvisionnements de la matière première nécessaire. D'où que l'on y ait accouru, de manière réitérée, à en croire l'évidence, pour exécuter *in situ* les pratiques culturelles dont participent ces architecture pierreuses.

Malgré tout, il est impressionnant d'avertir, parfois, le grand nombre d'exemplaires qui se regroupent autour de ces espaces. Ainsi, par exemple, sur les pitons rocheux de Gleibat El Barka 2 (Mijek) on a comptabilisé 150 structures lithiques construites; ou à côté des *smeilas* localisées dans le tronçon central de la *janga*, ou corridor de passage, de Shishak (Duguech) on en a identifié presque une centaine agglutinées autour d'une surface de terrain d'environ 600x150 m; ou, même, sur le rebord immédiat qui contourne la sebkha d'Admar (Agüenit) on en a comptabilisé plus de 200... Des concentrations qui, dans certains cas, très probablement pourraient être mises en relation avec des véritables nécropoles.

Cette densité spatiale est indissociable également de la riche diversité typologique dont participent les monuments représentés. Tumulus hémisphériques simples, pointus ou coniques, en calotte, tronconiques, à cratère, à plate-forme rehaussée, «bazinas», monuments en croissant, aux antennes en V, monuments étoilés, monuments circulaires, monolithes isolés... décrivent, terminologiquement, une bonne partie de la variété des formats de construction. Une pluralité qui n'est point par définition aléatoire, puisque l'on pourrait déduire, dans certains cas, des possibles corrélations entre certains types et déterminés contextes du territoire: ce qui, de fait, permettrait de poser l'idée de certaines «zones typologiques», différenciées et particulières, à l'intérieur de l'espace. Quoi qu'il en soit, on peut affirmer que les exemplaires plus fréquents sont les tumulus hémisphériques au format simple (et ses variantes: plus pointu, ou conique, et plus aplati, ou en calotte de sphère) et les monuments en croissant (qui résultent, d'autre part, ceux aux plus grandes dimensions: atteignant parfois plusieurs centaines de mètres de développement).

Par ailleurs, tel que nous l'avons tenu depuis le début des prospections systématiques en 2005, les structures funéraires appartenant à la «tradition musulmane», ne sont

Eij N-1-eko lautadan (Duguech) dagoen monumentu gorakor handiaren zati bat.
Parte del gran monumento en creciente de la planicie de Eij N-1 (Duguech).
جانب من المعلم الاثري الكبير، ذي الشكل الهلالي، الموجود بسهل ايج الى الشمال N-1 (الدوڭـج).
Une partie du grand monument en croissant de la plaine d'Eij N-1 (Duguech).

ontzi lodiak eta behien hezur arrastoak ere egoten ziren horiekin batera. Nolanahi ere, beste mota bateko hileta-metaketa bat da eta, antza, ohikoagoa zen monumentu litikoen motarekin batera garatu zen; jarraian aztertuko ditugu azken horiek.

3) Tumulu-egituren ondare aberatsa eta zenbait monumentu litikoren originaltasuna.

"Tradizio neolitikoko" egoteko lekuekin batera, monumentu litikoen bolumen oso garrantzitsua aurkitu da. Guztira banakako 3.000 subjektu baino gehiago dira.

Itxuraz, Tirisko txoko guzti-guztietan agertzen dira harrizko egitura horiek, hilobietarako edo erritUetarako manipulatzen zituzten egiturak izanik. Baina, habitaten kasuan bezalaxe, batik bat, bi testuingurutan nabarmentzen dira: ingurune hidrografikoetan eta mendi- nahiz harkaitz-egituretan.

Lurraldea okupatzeko oinarrizko estrategietan lehen mailako erreferente diren aldetik, esparru hidrografikoek tumuluen eta, oro har, harrizko arkitekturen presentzia eragiten dute beren inguruan; giza taldeek eraikitzen dituzte eta, kasu gehienetan, hilobiratzeekin loturik egoten dira.

Con todo, resulta impresionante advertir, en ocasiones, el elevado número de ejemplares que tienden a agruparse en torno a estos espacios. Así, por ejemplo, sobre los pitones rocosos de Gleibat El Barka 2 (Mijek) llegamos a computar las 150 estructuras líticas construidas; o, junto a las *smeilas* emplazadas en el tramo central de la *janga*, o corredor de paso, de Shishak (Duguech) identificamos casi un centenar de ellas aglutinadas en torno a una superficie de terreno de unos 600 x 150 m; o, incluso, en el reborde inmediato que circunda la sebja de Admar (Agüenit) hemos contabilizado más de 200… Unas concentraciones que, en casos, muy probablemente puedan ponerse en relación con verdaderas necrópolis.

Esta densidad espacial es indisociable asimismo de la rica diversidad tipológica de la que participan los monumentos representados. Túmulos hemisféricos simples, apuntados o cónicos, en calota, troncocónicos, con cráter, sobre plataforma realzada, "bazinas", monumentos en creciente, monumentos con antenas en V, monumentos esteliformes, monumentos circulares, monolitos aislados,… describen, terminológicamente, buena parte de la variedad de formatos constructivos. Una pluralidad no por definición aleatoria, pues parecen poder intuirse, en

من هناك نلاحظ الادلة او البينات، بهذه المواقع، على التواجد المتكرر للانسان، لممارسة التقاليد الثقافية التي شاركت بذلك العمران الحجري.

ومن المثير للاعجاب مع ذلك، ان نلاحظ، في بعض الاحيان، العدد المرتفع من النماذج المتجمعة حول هذه المواقع؛ على سبيل المثال الاشكال الحجرية با**كْليبات البركة 2 (ميجك)**، حيث قمنا باحصاء 150 مبنىً هيكليا حجريا، قبالة التلال (الزميلات) الموجودة في القسم الاوسط من ممر (خنـگـة) **آشكشَاك** ب(**الدوگج**)، وحددنا حوالي 100 منها متجمعة في مساحة قدرها 600×150 مترا، وكذلك في الضواحي المباشرة لسبخة **آدمار**(**آغوينيت**)، اذ حصينا اكثر من 200 منها؛ وهي تجمعات من المحتمل جدا ان تكون لها علاقة بوجود مقابر كبيرة.

هذه الكثافة في المكان، لايمكن فصلها عن الاصناف الغنية والمتنوعة التي تتمثل مشاركة المعالم الاثرية: الابنية الجنائزية النصف كروية البسيطة، والحادة، والمخروطية الشكل، والتي على شكل قذائف، والمخروطية الأسافل' والمفوهة، منتصبة على قواعد، بشكل منصات، "بازينة"، هلالية الاشكال، على شكل شارة النصر(V)، معالم منتصبة، معالم دائرية، على شكل كتل صخرية منعزلة... هذا توصيف اصطلاحي لأغلبية الاشكال البنائية المتنوعة. انه تعدد لا يمكن تفسيره بطريقة عشوائية، وانما نحس في بعض الحالات، بامكانية وجود علاقة بين بعض الانواع ومجالات محددة من الارض، الشئ الذي يسمح لنا في الواقع، بوضع فكرة مفادها ان بعض المناطق المحتوية على مختلف النماذج، هي مناطق متميزة وخاصة في مكانها من الارض؛ وعلى اي حال يمكن التأكد من ان النماذج الاكثر وجودا هي ابنية جنائزية على شكل نصف دائري بسيط (انواعها: حادة، مخروطية الشكل، مستوية السطح، وبشكل قذائف كروية)، ومعالم اخرى على شكل اهلة (تصل مساحاتها عدة مئات من الامتار).

وقد قمنا، من جهة اخرى، منذ سنة 2005 بعملية تنقيب ممنهجة، ولاحظنا في ذلك الوقت ان اشكال القبور المتعلقة بالتقاليد الاسلامية، لم تكن موجودة قديما، بل في كثير من الحالات، إن اغلبها شاركت بصورة دخلية، في قبور المجموعات القديمة، حتى انها احالت، في بعض الاحيان، معالم القبور القديمة، الى قبور ذات مرجعية اسلامية جديدة.

وفي ما يتعلق بالانتاج، في ازمنة ما قبل الاسلام، تجدر الاشارة الى ان جزءا هاما من الابنية ينبغي، بشكل مبدئ محتمل جدا، ان تتطابق مع الفاصل الزمني الذي سُجّل خلاله اكبر عدد من الاماكن السكنية "لتقاليد العصر الحجري الحديث" ،اي منذ بداية الالفية السادسة الى

pas pour l'instant inventoriées, si bien il faut signaler que dans beaucoup de cas elles participent «intrusivement» des mêmes ensembles sépulcraux de chronologie plus ancienne. Ou, même, elles sont parvenues à «transformer» l'ancien monument en une nouvelle référence de culte islamique.

En ce qui concerne la chronologie des prospections préislamiques, il faut signaler qu'une partie substantielle des constructions, en principe, doit se faire correspondre, très probablement, avec la fourchette temporelle qui pointait la plus grande densité des lieux d'habitation «de tradition néolithique»; c'est-à-dire, depuis le début du VIe millénaire jusqu'au début du IIIe millénaire B.P. À ce tronçon précisement appartient la datation indirecte d'un tumulus altéré de Gleb Tinlluleg (Agüenit), obtenue à partir de l'analyse AMS d'un petit morceau de crâne humain et qui permet de le situer à la fin du IVe millénaire B.P. (ou qu'il faudrait, en valeurs calibrées, déplacer tout probablement jusqu'au tronçon 1.320-1.250 av.J-C.).

Une «assimilation» générique avec la chronologie des habitats qu'il faudrait, appréhender, logiquement, de manière très flexible. D'autant plus que le fait n'exclut pas l'existence de productions de chronologie plus ancienne (tel que l'ont dénoncé beaucoup de tumulus hémisphériques simples et coniques de l'Occident du Sahara) et des survivances également plus tardives pendant les étapes protohistorique et historique (comme certaines «bazinas» et des structures façonnées à l'aide d'un appareil de construction sophistiqué, et également les généralisés tumulus hémisphériques).

Dans ce cas de prolongation historique il faut signaler probablement un monument très particulier situé dans la plaine occidentale des montagnes de Legteitira (Agüenit). Il constitue une espèce de grande plate-forme rehaussée «complexe», de plan circulaire et forme tronconique, configurée à l'aide d'appareillage constructif. En annexe, il montre d'une part, un monument étoilée très apparent et, d'autre part, une structure de pierre en alignement courbe et plate-forme pierreuse adjointe. L'étage supérieur du corps central ayant été altéré par des déplacements d'une certaine envergure, on a pu récupérer ici quelques objets archéologiques qui doivent être associés au monument. L'un d'eux, en concret, un fragment céramique, qui a été soumis à l'analyse TL et procura une date de 1.747±155 B.P.: ce qui, de façon indirecte, situerait la construction aux environs de l'année 260 d.C., c'est-à-dire, le cadre des anciens groupes berbères pré islamisés.

Cela vu, il est logique de penser, d'autre part, qu'au sein de l'extrêmement dense répertoire de tumulus, monuments, nécropoles, enregistrés au cours de ces dernières années peuvent exister de nombreux autres exemples exceptionnels, par l'originalité de certains de leurs attributs ou par son inhabituelle fréquence dans ces aires.

L'un de ces exemples est un monument lithique localisé dans le secteur septentrional de la plaine immédiate

Bestalde, harkaitz-eremuak (bereziki, mendi-erliebeen eta lerrokatutako dikeen forma duten kasuetan) dira harriz egindako monumentu berezi horiek egituratzeko oinarrizko materialaren iturri nagusi. Egitura horien presentziak (zenbait kasutan, isolatuta agertzen dira lautada zabaletan) beharrezkoa den lehengaiz hornitzeko erreserba mugatu eta mugarritu bihurtu ditu. Beraz, ebidentziaren arabera, testuinguru horietara jo izan da behin eta berriro harrizko arkitektura horiek partekatzen dituzten kultura-praktikak *in situ* gauzatzera.

Hala ere, harritzeko modukoa izaten da, batzuetan, espazio horien inguruan zenbat ale biltzen diren ikustea. Adibidez, Gleibat El Barka 2-ko (Mijek) tontor harritsuetan eraikitako 150 egitura litiko zenbatu genituen; edo, Shishak-eko (Duguech) *janga* edo pasadizoko korridorearen erdiko zatian kokatuta dauden *smeilen* ondoan ia ehun identifikatu genituen 600 x 150 m inguruko lur eremu batean pilatuta; edo, Admar-eko (Agüenit) sebja inguratzen duen ertzean 200 baino gehiago kontabilizatu ditugu... Pilaketa horiek nekropolitzat ere har daitezke, zenbait kasutan.

Era berean, espazio-dentsitate hori irudikatutako monumentuek partekatzen duten aniztasun tipologikoarekin lotu-loturik dago. Tumulu hemisferiko sinpleak, puntadunak edo konikoak, kalotan, kono-enbor formakoak, kraterdunak, goratutako plataformaren gainean, "bazinak", monumentu gorakorrak, V formako antenak dituzten monumentuak, estela formako monumentuak, monumentu zirkularrak, monolito isolatuak... aipa ditzakegu, terminologia aldetik, eraikuntza-formatuen aniztasuna azaltzeko. Pluraltasun hori ez da ausazkoa zeren, zenbait kasutan, mota jakin batzuen eta lurraldearen testuinguru jakin batzuen artean korrelazioren bat dagoela suma baitaiteke: horren arabera, espazioaren barruan "zona tipologiko" bereiziak eta bereziak egon daitezkeela pentsa dezakegu. Nolanahi ere, gehien agertzen diren aleak formatu hemisferiko sinpleko tumuluak (bai eta horien aldaerak ere: punta zorrotzagoa edo konikoa dutenak, eta lautuagoa, edo esfera-kalota formakoa) eta elementu gorakorrak (bestalde, handienak dira: zenbait kasutan ehunka metroko garapena izaten dute) dira.

Bestalde, 2005ean prospekzio sistematikoak egiten hasi ginenetik jokatu izan dugun moduari jarraiki, "tradizio musulmanari" dagozkion hileta-egiturak, oraingoz, ez ditugu inbentarioan sartu, baina kasu askotan, kronologikoki zaharragoak diren hilobi multzo berak baliatzen dituztela esan behar dugu. Edo, zenbait kasutan, monumentu zaharra "eraldatzera" ere iritsi dira, Islamaren gurtza-erreferentzia bihurtzeko

Islamaren aurreko produkzioen kronologiari dagokionez, eraikuntzen zati garrantzitsu bat, ziurrenik, "tradizio neolitikoko" egoteko lekuen dentsitate handiena biltzen zuen denbora tartearekin lotu behar da; hau da, B.P. VI. milurtekoaren hasieratik III. milurtekoaren hasierara bitarte. Tarte horri dagokio, hain justu, Gleb Tinlluleg-en (Agüenit) eraldatuta dagoen tumulu baten zeharkako datazioa; giza garezur zati txiki batean AMS analisia eginda

algunos casos, posibles correlaciones entre algunos tipos y determinados contextos del territorio: lo que, de hecho, posibilitaría plantear la idea de algunas "zonas tipológicas", diferenciadas y particulares, dentro del espacio. En cualquier caso, puede afirmarse que los ejemplares más frecuentes son los túmulos de formato hemisférico simple (y sus variantes: más apuntada, o cónica, y más aplanada, o en calota de esfera) y los monumentos en creciente (que resultan, por otro lado, los de mayores dimensiones: alcanzando en ocasiones varios centenares de metros de desarrollo).

Por otra parte, tal y como venimos conduciéndonos desde el inicio de las prospecciones sistemáticas en 2005, las estructuras funerarias pertenecientes a la "tradición musulmana", por el momento, no se inventarían, si bien hay que señalar que en muchos casos participan "intrusivamente" de los mismos conjuntos sepulcrales de cronología más antigua. O, incluso, han llegado a "transformar" el antiguo monumento en nueva referencia de culto islámica

Respecto a la cronología de las producciones preislámicas, habría que señalar que una parte sustancial de las construcciones, en principio, deben de ponerse en correspondencia, muy probablemente, con la horquilla temporal que marcaba la mayor densidad de los lugares de habitación "de tradición neolítica"; es decir, desde los inicios del VI milenio a los inicios del III milenio B.P. A este tramo precisamente se ajustaría la datación indirecta de un túmulo alterado de Gleb Tinlluleg (Agüenit), obtenida a partir del análisis AMS de un pequeño trozo craneal humano, y que lo situaría a finales del IV milenio B.P. (o que, en valores calibrados, habría que llevar con mayor probabilidad al tramo 1.320-1.250 a.C.).

Una "asimilación" genérica con la cronología de los hábitats que, lógicamente, habría que entenderla de forma muy flexible. Pues, el hecho no excluiría la existencia de producciones de cronología más antigua (como lo denuncian muchos túmulos hemisféricos simples y cónicos en el Occidente del Sahara) y pervivencias asimismo más tardías durante las etapas protohistórica e histórica (como ciertas "bazinas" y estructuras tramadas por medio de un aparejo constructivo sofisticado, y asimismo los generalizados túmulos hemisféricos).

En este caso de prolongación histórica habría que señalar probablemente un monumento muy particular situado en la planicie occidental de las montañas de Legteitira (Agüenit). Constituye una especie de gran plataforma realzada "compleja", de planta circular y alzado troncocónico, configurada con aparejo constructivo. Como anejos a la misma, muestra, por una parte, un monumento esteliforme muy aparente, y, por otra, una estructura pétrea con alineamiento curvo y plataforma pedregosa adjunta. Habiendo sido alterado el "piso" superior del cuerpo central por remociones de cierta envergadura, pudimos recuperar aquí algunos objetos arqueológicos que deben de asociarse con el monumento. Uno de éstos, en concreto, un fragmento cerámico, fue sometido a

Draâ Feleklek S-1 megatumulua (Azefal, Duguech).
Megatúmulo de Drâa Feleklek S-1 (Azefal, Duguech).
مبنى جنائزي عملاق من نوع تيميليس، باذراع فلكلك، الى الجنوب S-1 (ازفال، الدوكَج).
Megatumulus de Drâa Feleklek S-1 (Azefal, Duguech).

بداية الالفية الثالثة، قبل الزمن الحاضر (B.P). فمع تلك المرحلة بالضبط يتطابق التأريخ غير المباشر، لبناء جنائزي متغير البنية، بـكَلب تنيولـكَ (اغوينيت)، تم التعرف عليه بعد اجراء تحاليل (AMS) لجزء صغير من جمجمة بشرية، ارجع تاريخها الى الالفية الرابعة قبل وقتنا الراهن B. P (قيم معايرة، تعود باحتمال كبير الى مرحلة قبل الميلاد. (1.320-1.250 a.C

استيعاب متجانس مع التأريخات الزمنية للموائل، ينبغي فهمه منطقيا بشكل مرن، الامر اذن لايستبعد وجود منتوجات في تواريخ زمنية قديمة (كما تكشف اغلبية الابنية الجنائزية النصف كروية البسيطة، والمخروطية الاشكال، الموجودة في الغرب الصحراوي)، والبقاء الى زمن متأخر عبر مراحل من التاريخ، ومن ما قبل التاريخ، بالنسبة لبعض "الباسينات" والتصميمات البنائية على شكل منصات هيكلية متطورة، وكذلك البناءات الجنائزية نصف الكروية الواسعة النطاق.

في هذه الحالة من التاريخ الممتد، ينبغي الاشارة الى معلم خاص جدا، يوجد بالسهل الغربي لجبال **لـكَطيطيرة (اغوينيت)**، يشكل نموذجا لمنصة عملاقة مرفوعة، "معقدة"، من طابق دائري، الجزء البارز منها، شكله مخروطي ناقص، مشكلة بتصميم بنائي. يلتحق بها من جهة معلمٌ بارز (esteliforme)، ومن جهة اخرى بناء حجري لمنصة ملحقة، منحنية الصفوف: وكانت الطبقة العلوية من جسمه المركزي قد تأثرت، وقد استطعنا ان نسترجع بعض تلك الاشياء الاثرية، لتلتحق بالمعلم من جديد. احدها بالضبط، قطعة خزفية كانت قد اخضعت لتحليل TL وقد ارجع تاريخها الى 1.747±155 B.P. قبل الزمن الحاضر، مما يعني بصورة غير مباشرة، وضع الهيكل البنائي قريبا من زمن 260 سنة بعد الميلاد، اي في نطاق زمن المجموعات البربرية التي سبقت الاسلام.

بالنظر الى هذه الحالة، يكون من المنطقي ان نفكر، من جهة اخرى، ان ضمن كثير من الابنية الجنائزية، والمعالم، والمقابر الكبيرة، التي تم ضبطها في السنوا ت الاخيرة، يمكن العثور على نماذج اخرى استثنائية كثيرة، وذلك بفضل تنظيم بعض خصوصياتها او وجودها غير المعتاد في تلك المناطق.

احد تلك النماذج هو معالم حجري موجود في ذلك القطاع الجنوبي من السهول المباشرة لجبال **ايج (الدوكَج)**، تبدو على شكل هلالي نصف دائري، مساحة قطره حوالى835مترا.

aux montagnes d'Eij (Duguech). Il montre un dessin en croissant ultrasémicirculaire et son traçage périmétrique se rapproche des 835 m

Un autre, défini par quelques monuments tumulaires de grandes dimensions, localisés dans l'erg d'Azefal, et configurés à partir de l'amoncellement et juxtaposition de différents tumulus simples, de moyenne grandeur, disposés en ordre et de manière à procurer au «grand monument» un dessin régulier. Il s'agit, donc, d'un type particulier de structure composée. Et, en constitue un bon exemple le cas du véritable «mégatumulus» de Drâa Feleklek S-1 (Duguech): formé par 25 tumulus qui lui octroient un dessin de plan circulaire, d'environ 53 m de diamètre et 6 m de haut. Face à ces cas «composés» il y a également quelque «simple» de grande envergure: comme celui hémisphérique pointu érigé sur l'un des secteurs périphériques de la sebkha de Karrashiet (Duguech), également dans le champs de dunes fixes de l'Azefal, dont les dimensions atteignent environ 35 x 30 x 6 m

Finalement, il est à remarquer les nouvelles morphologies incorporées à la relation typologique existante, tel le cas d'une structure en «goulet», localisée dans la plaine orientale de Gleb Tingefuf (Duguech). Elle constitue un type particulier de monument lithique au dessin bilobé que l'on n'avait pas jusqu'alors identifié au cours de nos prospections au Tiris. Par contre, il est parfaitement représenté dans la région septentrionale du Zemmur, à quelques 550 km d'ici, où l'archéologue M. Milburn est même parvenu à fouiller quelques-uns au cours de ces dernières années.

4) L'émergence d'un nouveau foyer artistique dans le cadre régional de l'Occident du Sahara.

lortu zen datazioa eta, horren arabera, B.P. IV. milurtekoaren amaierakoa da (edo, balio kalibratuetan, ziurrenik K.a. 1.320-1.250 tartean kokatuko litzateke).

Habitaten kronologiarekin egindako "asimilazio" generiko hori, zalantzarik gabe, modu oso malguan ulertu behar da. Izan ere, horrek ez du esan nahi produkzio zaharragorik ez dagoenik (Saharako mendebaldean dauden tumulu hemisferiko sinple eta koniko ugarik horixe adierazten baitute) eta etapa protohistorikoetan eta historikoetan geroago ere iraungo ez dutenik (adibidez, hainbat "bazina" eta eraikuntzako aparailu sofistikatu baten bidez bilbatutako hainbat egitura, bai eta tumulu hemisferiko orokortuak ere).

Historian irauteko kasu horri dagokionez, Legteitira-ko (Agüenit) mendietako mendebaldeko lautadan dagoen monumentu oso berezi bat aipatu behar dugu. Plataforma goratu "konplexua" da, oinplano zirkularra eta aurretiko bista kono-enbor formakoa dituena, eraikuntzako aparailuekin eratutakoa. Horren eranskin gisa, alde batetik, estela formako monumentu oso ageriko bat dago eta, bestetik, lerrokada kurbatua duen harrizko egitura bat, plataforma harritsu bat atxikita duela. Atal nagusiaren goiko "solairua" aldatuta dago, elementu asko kendu izan direlako, baina monumentuarekin lotu behar diren hainbat objektu arkeologiko berreskuratu genituen bertan. Horietako bati, hain zuzen ere, zeramika zati bati TL analisia eginarazi genion eta 1.747±155 B.P. data eman zuen: beraz, K.o. 260 urte inguruan eraiki zela esan nahi du, hau da, islamiartu aurreko berbertarren antzinako taldeen esparruan.

Kasua ikusita, azken urteotan erregistratu ditugun tumulu, monumentu eta nekropolien bilduma zabalean salbuespenezko beste adibide asko ere topa daitezkeela pentsatzea logikoa izango litzateke, ezaugarrien originaltasunagatik edo eremu horietan gutxitan agertzen direlako.

Adibide horietako bat monumentu litiko bat da, Eij-eko (Duguech) mendien ondo-ondoan dagoen lautadaren iparraldeko sektorean kokatuta dagoena. Diseinu gorakor ultraerdizirkularra du eta 835 m inguruko perimetroa.

Beste adibide bat: Azefal-go ergean aurkitutako hainbat tumulu-monumentu handi, tumulu sinple ertainak pilatu eta elkarren ondo-ondoan jartzearen ondorioz sortutakoak, baina tumulu ertain horiek modu ordenatuan kokatuta daudela eta "monumentu handiari" diseinu erregularra ematen diotela. Beraz, egitura konposatuko mota berezi bat da. Eta, horren erakusgarri, Drâa Feleklek S-1-eko (Duguech) benetako "megatumulua": 25 tumuluz osatuta dago eta zirkulu-formako oinplanoa du, 53 m inguruko diametroa eta 6 m inguruko altuera. Kasu "konposatu" horietaz gain, bada tamaina handiko kasu "sinpleren" bat ere: hemisferiko puntaduna da eta Karrashiet-eko (Duguech) sebjaren periferiako sektore batean kokatuta dago; neurriak: 35 x 30 x 6 m.

Azkenik, lehendik genuen tipologia-zerrendari atxikitako morfologia berrien artetik, "goulet" egitura duen

un análisis TL y procuró una fecha de 1.747±155 B.P.: lo que, de forma indirecta, situaría la construcción alrededor del 260 d.C., es decir, en el marco de los antiguos grupos beréberes preislamizados.

Visto el caso, resultaría lógico pensar, por otro lado, que en el densísimo repertorio de túmulos, monumentos, necrópolis, registrados estos últimos años pueden encontrarse otros muchos ejemplos excepcionales, merced a la originalidad de alguno de sus atributos o a su inhabitual frecuencia en estas áreas.

Uno de estos ejemplos es un monumento lítico emplazado en el sector septentrional de la planicie inmediata a las montañas de Eij (Duguech). Muestra un diseño en creciente ultrasemicircular y su trazado perimétrico se aproxima a los 835 m.

Otro, lo definen algunos monumentos tumulares de grandes dimensiones, localizados en el erg de Azefal, y configurados a partir del amontonamiento y yuxtaposición de diferentes túmulos simples, de tamaño medio, dispuestos ordenadamente y de tal manera que procuran al "gran monumento" un diseño regular. Se trata, pues, de un tipo particular de estructura compuesta. Y, buen ejemplo de ello, es el caso del verdadero "megatúmulo" de Drâa Feleklek S-1 (Duguech): formado por 25 túmulos que le otorgan un diseño de planta circular, de unos 53 m de diámetro y en torno a los 6 m de alto. Frente a estos casos "compuestos" hay asimismo alguno "simple" de notable envergadura: como uno hemisférico apuntado erigido en uno de los sectores periféricos de la sebja de Karrashiet (Duguech), asimismo en el campo de dunas fijas del Azefal, cuyas dimensiones rondan los 35 x 30 x 6 m.

Finalmente, debe destacarse entre las nuevas morfologías incorporadas a la relación tipológica existente, el caso de una estructura en "goulet", emplazada en la planicie oriental de Gleb Tingefuf (Duguech). Es éste un tipo particular de monumento lítico de diseño bilobulado que hasta ahora no habíamos identificado en nuestras prospecciones por el Tiris. Por el contrario, sí se encuentra perfectamente representado en la región septentrional del Zemmur, a unos 550 km de aquí, donde incluso el arqueólogo M. Milburn ha llegado a excavar alguno de ellos en estos últimos años.

4) La emergencia de un nuevo foco artístico en el ámbito regional del Occidente del Sahara.

El avance experimentado estos 4 últimos años en el conocimiento del arte rupestre de esta parte del Tiris ha sido francamente muy destacable.

Hasta el 2005 las informaciones que conocíamos por las referencias bibliográficas se limitaban a 1 estación artística en la región de Mijek (en Bu Lejzeimat), 2 en la región de Agüenit (en Legteitira y en el Abrigo del Capitán Justo) y 12 en la de Duguech (de las que 7 se encontraban en Lejuad, 3 en Eij y 1 en Darâa El Kelba –o, como nosotros preferimos denominar, Batn El Kelba– y 1 en la sebja de Zug). Es decir, 15 lugares con grabados y pinturas rupestres.

نوع اخر يتحدد من خلال معالم الابنية الجنائزية، ذات المساحات الكبيرة، الواقعة في عرق **آزفال**، والتي تظهر على شكل تراكمات متجاورة، من مختلف الابنية الجنائزية البسيطة، من احجام متوسطة، تم اعدادها بشكل مرتب، وبطريقة تحاول ان تشكل رسما ل"معلم كبير"، ويتعلق الامر بنوع خاص من البناء المركب؛ واحسن ميثال على ذلك حالة البناء الجنائزي الضخم "megatúmulo" الواضحة في **ذراع فلكلك** جنوب 1، (S-1) ب**الدوڭج**، والمتكونة من 25بناء جنائزيا، تقدم رسما لطابق دائري يبلغ قطره حوالى 53 مترا، ويبلغ ارتفاعه 6 امتار. وفي مقابل تلك الحالات "المركبة" هناك كذلك حالات اخرى بسيطة وبمساحة متسعة: مثل احدها الذي شكل نصف كروي مدبب، تم تشييده في احد القطاعات بضواحي سبخة **الكراشيات (الدوڭج)**، وكذلك آخر، بمجال الكثبان الرملية ب**ازفال**، والذي تبلغ مساحته الكلية 6×30×35 متر.

في النهاية ينبغي ان نبرز من بين الاشكال المورفولوجية المدرجة ضمن للاصناف الموجودة، حالة البناء الهيكلي "goulet" (مَعدَة) الموجودة في السهل الشرقي **ڭلب تنـڭافوف** (الدَوڭج). انه نوع خاص من المعالم الحجرية بتصميم مُتَمَفصل، والذي لم نقم، الى حد الساعة، بتشخيصه، ضمن المسوحات التى قمنا بها في تيرس؛ وبالعكس من ذلك قد تم العثور على هذا النوع، في المنطقة الجنوبية من زمور، حوالى 550 كلمترا من الدوڭج، حيث قام الاركولوجي م. ميلبورن. بالتنقيب على احد هذه الانواع في السنوات الاخيرة.

4) ظهور بؤرة فنية جديدة في المجال الاقليمي من الغرب الصحراوي

ان التقدم المحرز، في معرفة الفنون الصخرية، خلال السنوات الاربع، بهذه الجهة من تيرس، كان بارزا بشكل واضح.

Le progrès expérimenté au cours de ces quatre dernières années dans la connaissance de l'art rupestre de cette partie du Tiris a été franchement très remarquable.

Jusqu'en 2005 les informations dont on avait connaissance au travers des références bibliographiques se limitaient à 1 station artistique dans la région de Mijek (à Bu Lejzeimat), 2 dans la région d'Agüenit (à Legteitira et dans l'Abri Capitán Justo) et 12 dans celle de Duguech (dont 7 se trouvaient à Lejuad, 3 à Eij et 1 à Darâa El Kelba –ou, tel que nous préférons dénommer, Batn El Kelba– et 1 dans la sebkha de Zug). C'est-à-dire, 15 lieux avec des gravures et des peintures rupestres.

Entre 2005 et 2007 nous avons apporté, de notre côté, 8 autres nouveaux lieux artistiques: les abris d'Aicha Ethjera NW sur les terres mauritaniennes immédiates, les abris de Grona 1 et 2 (à Agüenit), et les *smeilas* de Gnefisa Bayda 1, 2 et 4, le relief montagneux de Gnefisa Oum Agraid et le Tagerfet de Gnefisa Oum Agraid, toutes ces dernières à Duguech. Avec cela, on atteignait en fin 2007 le chiffre de 23 stations artistiques.

Aujourd'hui, en fin 2011, on peut parler d'un total de 83. Cela signifie qu'entre 2008 et 2011, nous avons découvert 60 nouveaux lieux d'art au Tiris. Une partie des découvertes est due à la nécessaire vérification, confrontation et registre des stations bibliographiquement connues: ce qui a entraîné la pratique d'inspections systématiques des contextes où celles-ci se trouvaient. Une autre partie, de son côté, est le fruit de la reconnaissance programmée de nouveaux entourages et, dans certains cas, des informations procurées par les bédouins. Cela étant, vu le nombre atteint, il n'est pas difficile de supposer que cet

Tingefuf-eko ekialdeko lautadaren puntu batean eraikitako "goulet"-a (Duguech).

"Goulet" construido en un punto de la planicie oriental de Tingefuf (Duguech).

«ڭــوليت» (بناء جنائزي اثري شكل قناة هضمية) تم بناءه في نقطة من السهل الشرقي تنـڭفوف (الدوڭــج).

"Goulet" construit sur un point de la plaine orientale de Tingefuf (Duguech).

kasu bat aipatu nahi dugu; Gleb Tingefuf-eko (Duguech) ekialdeko lautadan dago. Gingilbiko diseinua duen monumentu litiko berezia da eta diseinu hori orain arte identifikatu gabe genuen Tirisen barrena prospekzioak egin izan ditugunean. Aitzitik, aurrekotik 550 km ingurura, Zemmur-eko iparraldeko eskualdean bada horren adibiderik eta M. Milburn arkeologoak bat edo beste ere induskatu du azken urteotan.

4) Sahara，ren mendebaldeko eskualde-eremuan foku artistiko berri baten sorrera.

Azken 4 urteotan aurrerapen handia egin dugu Tirisko alde honetako labar-artearen ezagutzan.

2005. urtera bitarte, erreferentzia bibliografikoen bidez jasotako informazioetan honako hauen berri genuen: arte-kokaleku 1 Mijek-eko eskualdean (Bu Lejzeimat-en), 2 Agüenit-eko eskualdean (Legteitira-n eta Abrigo del Capitán Justo harpean) eta 12 Duguech-en (horietatik 7 Lejuad-en daude, 3 Eij-en eta 1 Darâa El Kelba-an –edo, guk gogokoago dugun izena erabilita, Batn El Kelba– eta 1 Zug-eko sebjan). Alegia, 15 tokitan grabatuak eta labarpinturak zeuden.

2005etik 2007ra bitarte, guk, geure aldetik, beste 8 arte-toki aurkitu genituen: Aicha Ethjera NW-ko harpean Mauritaniako lurretan, Grona 1 eta 2-ko harpeak (Agüenit-en), eta Gnefisa Bayda 1, 2 eta 4-ko *smeilak*, Gnefisa Oum Agraid-eko mendi-erliebea eta Gnefisa Oum Agraid-eko Tagerfet, guztiak ere Duguech-en. Hartara, 2007. urtearen amaieran 23 arte-kokaleku genituen.

Gaur, 2011. urtearen amaieran, guztira 83 ditugula esan dezakegu. Horrek esan nahi du 2008tik 2011ra bitarte artea duten 60 toki berri aurkitu ditugula Tirisen. Bibliografiaren bidez ezagututako kokalekuak egiaztatu, kontrastatu eta erregistratu egin behar genituelarik, aurkikuntza berrien zati bat prozesu horretan egin genuen: horren ondorioz, kokalekuen inguruan ikuskapenak modu sistematikoan egin ditugu. Beste zati bat ingurune berrien programatutako azterketaren ondorio da eta, zenbait kasutan, beduinoek emandako informazioaren ondorio. Dena dela, kokalekuen kopurua ikusita, etorkizuneko lurralde-prospekzioekin multzo hori erraz gaindituko dugula pentsa dezakegu.

Zalantzarik gabe, Tirisko hegoaldeko zatian agertu dira emaitza garrantzitsuenak. Izan ere, Mijek-eko eskualdean kokaleku bakarra ezagutzen dugu oraindik baina Agüenit-ekoan 4tik 9ra igaro gara (aire zabaleko harkaitzblokeen gaineko arte-kokalekuen erregistro berriak dira); Duguech-eko eskualdean, aldiz, aurrerapen oso handia egin dugu (eta dike magmatikoen gaineko aire zabaleko grabatuez gain, pintura eta arte-grabatuak dituzten harpe ugari ere kontrolatu ditugu).

Duguech-eko eremu horretan, bibliografian aipatzen ziren kokalekuak Lejuad-eko eta Eij-eko mendi-esparruen inguruan pilatuta zeuden, elkarren artean 10 km inguruko distantziarekin eta Duguech-eko Basetik berrogeita

Entre 2005 y 2007 nosotros aportamos, por nuestro lado, otros 8 nuevos lugares artísticos: los abrigos de Aicha Ethjera NW en tierras mauritanas inmeditas, los abrigos de Grona 1 y 2 (en Agüenit), y las *smeilas* de Gnefisa Bayda 1, 2 y 4, el relieve montañoso de Gnefisa Oum Agraid y el Tagerfet de Gnefisa Oum Agraid, todas estas en Duguech. Con ello, alcanzábamos a finales de 2007 la cifra de 23 estaciones artísticas.

Hoy, a finales de 2011, podemos hablar de un total de 83. Significa ello que, entre 2008 y 2011, hemos descubierto 60 nuevos lugares con arte en el Tiris. Una parte de los hallazgos se ha debido a la necesaria verificación, contraste y registro de las estaciones bibliográficamente conocidas: lo que ha conllevado la práctica de inspecciones sistemáticas por los contextos en los que se encontraban. Otra parte, por su lado, es fruto del reconocimiento programado de nuevos entornos y, en algunos casos, de las informaciones procuradas por los beduinos. Con todo, vistos los números alcanzados, no es difícil suponer que este conjunto se verá largamente superado con la futura prosecución de nuevas inspecciones territoriales.

Sin duda, es la parte meridional del Tiris la que viene aportando los resultados más remarcables. Así, mientras en la región de Mijek continuamos conociendo 1 sola estación y en la de Agüenit hemos pasado de 4 a 9 (tratándose los nuevos registros de estaciones de arte sobre bloques rocosos al aire libre), es en la región de Duguech donde hemos progresado de forma muy significativa (y en donde, además de grabados al aire libre sobre diques magmáticos, hemos controlado un número muy interesante de abrigos rupestres con pinturas y grabados artísticos).

En efecto, en este ámbito de Duguech, la revisión de las estaciones citadas en la bibliografía, esencialmente, agrupadas en torno a los marcos montañosos de Lejuad y Eij –a unos 10 km de distancia entre sí y en torno a medio centenar de km al NW de la Base de Duguech– nos ha posibilitado incorporar, de paso, un buen número de nuevas estaciones emplazadas en esos mismos contextos. Así, en los mismos inselberges centrales de Lejuad, de las 7 denunciadas historiográficamente, pasamos ya a computar las 18. A estas, además, habría que añadir las algo más periféricas de Abueilai Lejuad (1 abrigo) y de Batn El Kelba (2 abrigos, de los que ya hemos señalado que uno era conocido). Por su parte, en las montañas de Eij alcanzamos ya, de momento, las 15 estaciones frente a las 3 citadas en los textos previos. A ellas, además, habría que sumar las 2 estaciones controladas sobre los diques de diorita ubicados en la inmediata planicie septentrional. Y, para no diseminar (ni distorsionar) la atención, habría que incluir provisionalmente en la misma área geográfica genérica de Lejuad-Eij a las nuevas estaciones controladas en los marcos montañosos, relativamente próximos, de Galabt Jeral-la (3 estaciones) y Galabt El Jeil (3 estaciones). Con todo, pues, contabilizaríamos en esta zona situada al NW de la región de Duguech un conjunto de 44 sitios artísticos rupestres. Un número que, como hemos apun-

و حتى العام 2005 كانت المعلومات الموجودة لدينا، من خلال المراجع البيبليوغرافية، قد اقتصرت على المحطات الفنية: واحدة في منطقة **ميجك** (في **بولخزيمات**)، محطتين اثنتين في منطقة (**آغوينيت** ومحمية **كابتان خوستو**)، و اثنا عشر محطة في **الدوگج** (سبعة منها في **لجواد** وثلاث في **أيج**، وواحدة في **ظرع الكلبة** ـ او كما نسميه نحن **بطن الكلبة** ـ ومحطة واحدة في سبخة **زوگ**). أي خمسة عشر موقعا، بها نقوش ورسومات حجرية.

وقد اضفنا، ما بين سنتي 2005 و 2007، ثمانية مواقع فنية جديدة هي: محمية **عيشة اذخيرة** بالشمال الغربي بالاراضي الموريتانية القريبة، محميات **اگرونة** الاولى والثانية (في **آغوينيت**)، وازميلات **اخنيفيسة البيظة**، الاولى، والثانية، والرابعة، والتضاريس الجبلية **باخنيفيسة ام اغريد، وتغرفت اخنيفيست ام اغريد**، وهذه كلها موجودة في **الدوگج**، وقد حصلنا بهذا، في نهاية 2007، على ما مجموعه 23 محطة فنية.

واليوم مع نهاية 2011، يمكننا الحديث عن ما مجموعه 83 محطة فنية؛ بما يمعناه انه خلال سنوات 2008 و 2011 قد اكتشفنا 60 موقعا فنيا بتيرس. وجزء هام من النتائج التي تم الحصول عليها، كانت بفضل عمليات التحري الضرورية والمقارنة والضبط، للمحطات المعروفة بيبليوغرافيا: وهو ما جعلنا نقوم باجراء التفتيش الممنهج، للمواقع التي توجد بها هذه الآثار. وجزء اخر كان بفضل عمليات الكشف المبرمج لبئات جديدة، وفي بعض الحالات، بفضل معلومات مكتسبة عن طريق البدو، وبالنظر الى الارقام المحصلة، انه ليس من الصعب القول ان هذا العدد سيتم تجاوزه خلال متابعة حملات التفتيش المستقبلية الجديدة بالاقليم.

بدون شك ان الجهة الجنوبية لتيرس هي التي ساهمت في اكثر النتائج المحققة، بينما في منطقة **ميجك** تم الاستمرار في عملية التعرف على محطة واحدة، وفي اغوينيت انتقلنا من اربعة محطات الى تسع (متعاملين مع التسجيلات الخاصة بالاثار الفنية الموجودة فوق كتل صخرية بالهواء الطلق)، وذلك في منطقة **الدوگج**، حيث تقدمنا بقدر كبير (وفضلا عن الرسومات على اسوار الصخور البركانية في الهواء الطلق، قمنا بضبط عدد جد هام من المحميات(ملاجئ) الصخرية التي بها رسوم ونقوشات فنية).

وبالفعل انه بمراجعة المحطات المشار اليها في البيليوغرافيا، بمنطقة **الدوگج**، المتمركزة اساسا في ضواحي المناطق الجبلية ب**لجواد وايج** ـ بفارق عشر كلمترات بينهما ـ ، وحوالى 50 كلمترا شمال غرب قاعد **الدوگج** ـ وقد استطعنا ان نضيف بشكل عابر، عددا هاما من المحطات الجديدة، المتواجدة في تلك الاماكن نفسها، بالمرتفعات الوسطى ب**لجواد**، من 7 محطات المعلن عنها، والمقيدة في

ensemble sera largement dépassé avec la future poursuite de nouvelles inspections territoriales.

Sans doute, la partie qui a apporté les résultats les plus remarquables est celle du Tiris. Ainsi, tandis que dans la région de Mijek on ne connaît toujours qu'une seule station et dans celle d'Agüenit on est passé de 4 à 9 (compte tenu des nouveaux registres de stations d'art sur les blocs rocheux en plein air), c'est dans la région de Duguech que nous avons progressé de manière très significative (et où, en plus des gravures en plein air sur des filons magmatiques, nous avons contrôlé un nombre très intéressant d'abris rupestres avec des peintures et des gravures artistiques).

En effet, dans cet entourage de Duguech, la révision des stations citées dans la bibliographie, essentiellement groupées autour des cadres montagneux de Lejuad et d'Eij -séparés entre eux d'environ 10 km de distance et autour d'une demi-centaine de km au nord-ouest de la Base de Duguech- nous a permis d'incorporer, au passage, un bon nombre de nouvelles stations localisées dans ces mêmes contextes. Ainsi, dans les inselbergs centraux de Lejuad, des 7 dénoncées historiographiquement, on est arrivé à computer 18. Auxquelles il faudrait ajouter celles, un peu plus périphériques, d'Abueilai Lejuad (1 abri) et de Batn El Kelba (2 abris, dont l'un était déjà connu tel que l'on a signalé). Pour sa part, dans les montagnes d'Eij nous avons atteint déjà 15 stations face aux 3 citées dans des textes préalables. À celles-ci, en plus, il faut ajouter les 2 stations contrôlées sur les filons de diorite situés dans l'immédiate plaine septentrionale. Et, pour ne pas disperser (ni dénaturer) l'attention, il faudrait inclure provisoirement dans la même aire géographique générique de Lejuad-Eij les nouvelles stations contrôlées dans les cadres montagneux, relativement proches, de Galabt Jeral-la (3 stations) et Galabt El Jeil (3 stations). Ceci étant, donc, on compterait sur cette zone située au nord-ouest de la région de Duguech un ensemble de 44 sites artistiques rupestres. Un nombre qui, tel que l'on a déjà signalé quelques lignes plus haut, sans doute continuera de s'accroître avec la poursuite des prospections dans la zone.

Mais, en outre, nous sommes en train de contrôler des nouvelles stations artistiques dans d'autres aires plus distantes de cette région de Duguech. En tout, on additionne ici 73 stations: soit, le 88% de l'effectif total des lieux artistiques que nous avons inventorié dans les terres du Tiris.

En guise de proposition, vu les données disponibles, on pourrait suggérer l'existence, en principe, de 6 contextes privilégiés, sous la forme d'aires artistiques différenciées, dans cette région de Duguech.

1. *Aire de Lejuad-Eij*: 44 stations.

Tel qu'il a été signalé, en plus des stations contrôlées autour des inselbergs de Lejuad (18), d'Abueilai Lejuad (1), de Batn El Kelba (2), de Eij (17), sont comprises, de manière provisoire, celles de Galabt Jeral-la (3) et de Galabt El Jeil (3).

Gainjarrita dauden Lejuad Va eta Vb labar-harpeen ikuspegia (Duguech).
Perspectiva de los abrigos rupestres superpuestos de Lejuad Va y Vb (Duguech).
مشهد للملاجئ الصخرية، الواقعة فوق بعضها البعض، بلجواد Va و Vb (الدوگـــج).
Perspective des abris rupestres superposés de Lejuad Va y Vb (Duguech).

hamar bat kilometro NWra; horri esker, testuinguru horietan kokatutako kokaleku berri asko txertatu ahal izan ditugu. Esaterako, Lejuad-eko inselbergetan, historiografian aipatutakoak 7 ziren eta orain 18 ditugu. Horietaz gain, urrunxeago daudenak ere badira: Abueilai Lejuad-en (harpe 1) eta Batn El Kelba-n (2 harpe; lehen esan dugunez, horietako bat lehendik ezaguna genuen). Bestalde, Eij-eko mendietan, oraingoz, 15 kokaleku aurkitu ditugu eta aurretiazko testuetan 3 baino ez ziren aipatzen. Horietaz gain, iparraldeko lautadan dauden dioritazko dikeen gainean beste 2 kokaleku kontrolatu ditugu. Eta, arreta ez sakabanatzeko (eta ez desitxuratzeko), Lejuad-Eij-eko eremu geografiko generiko berean sartu beharko genituzke Galabt Jeral-la (3 kokaleku) eta Galabt El Jeil-eko (3 kokaleku) mendi-esparruetan kontrolatu ditugun kokaleku berriak. Horrela, bada, Duguech-eko eskualdearen iparmendebaldeko ingurune horretan guztira labar-arteko 44 toki zenbatu ditugu. Gorago aipatu dugunez, kopuru hori handitu egingo da, zalantzarik gabe, prospekzioak egiten jarraitzen dugunean.

tado líneas atrás, no tenemos duda que continuará incrementándose con la prosecución de las prospecciones en la zona.

Pero, además, estamos asimismo controlando nuevas estaciones artísticas en otras áreas más distantes de esta región de Duguech. Con todo, sumamos aquí las 73 estaciones: es decir, el 88% del efectivo total de los lugares artísticos que hemos inventariado en las tierras del Tiris.

A modo de propuesta, con los datos disponibles, podríamos sugerir la existencia, en principio, de 6 contextos privilegiados, en forma de áreas artísticas diferenciadas, dentro de esta región de Duguech.

1. ***Área de Lejuad-Eij***: 44 estaciones.

Tal como hemos señalado, además de las estaciones controladas en torno a los inselberges de Lejuad (18), de Abueilai Lejuad (1), de Batn El Kelba (2), de Eij (17), se incluyen, de forma provisional, las de Galabt Jeral-la (3) y de Galabt El Jeil (3).

السجلات التاريخية، وصلنا الى تسجيل 18 محطة. وينبغي اضافة محمية واحدة **آبولائي لجواد** (محمية1) و(محميتان في بطن الكلبة احداها معروفة سابقا). وفي جبال **ايج** من جهتها، توصلنا الى حد الان، لخمسة عشر محطة 15 مقارنة مع لتلك الثلاث المذورة في النصوص السابقة. وينبغي ان نضيف لها محطتان تم ضبطهما فوق اسوار من الحجارة بركانية الاصل، متواجدة في السهل الشمالي القريب. ولكن حتى لا نشتت الانتباه، يجب ان نضيف، بشكل مؤقت، الى نفس المنطقة الجغرافية العامة ب**الاجواد- ايج**، والمحطات المضبوطة في المحيطات الجبلية القريبة نسبيا، **بـڭلابت خير الل** (ثلاث محطات) و**ڭلابت الخيل** (ثلاث محطات). بذلك كله اذن نحصل على ما مجموعه 44 من المواقع الصخرية الفنية، الموجودة شمال غرب منطقة الدوڭج، وهو عدد، كما اشرنا في سطور سابقة، لاشك انه يأخذ في التزايد مع استمرار عمليات المسح في المنطقة.

ولكننا نقوم ايضا بمراقبة محطات فنية جديدة، في مناطق اخرى بعيدة عن تلك المنطقة من الدوڭج، وبذلك نكون قد حصلنا على ما مجموعه 73 محطة: اي 88% من المجموع للمواقع الفنية التي قمنا بجردها من اراضي تيرس.

وقد نقترح مبدئيا، مع المعطيات المتاحة امكانية وجود ستة مجالات6 متميزة على شكل مناطق فنية مختلفة، في تلك المنطقة بالدوڭج.

1. منطقة **لجواد ـ أيج** 44 محطة:

زيادة على المحطات التي تم ضبطها، كما اشرنا، في محيط مرتفعات **لجواد** (18 محطة) وفي **آبويلاي لجواد** (1 محطة) وفي **بطن الكلبة** (محطتان2)، وفي **ايج** (17 محطة)، وقد اضيفت بصفة مؤقتة تلك التي **بـڭلابت خيرالل** (3 محطات)، و**ڭلابت الخيل** (3 محطات).

2. منطقة **ڭلابت الدوڭج ـ بودرڭة ـ الحيرش** 9 محطات:

تضم هنا سلسلة من المحطات تقع في محيط المنعرجات الجبلية باتجاه الشمال، والشمال الغربي ـ الجنوب، الجنوب الشرقي N.NW-S.SE وتمتد على طول عشرات الكلمترات الى الغرب من قاعدة **الدوڭج**. يتعلق الامر بالمجموعات الفنية المضبوطة، لحد الان، في محيط **ڭلابت الدوڭج** (3 محطات). **بودرڭة** (4 محطات)، **ڭلب الحيرش** (محطة واحدة1). ويضاف الى تلك المنطقة، بصورة مؤقتة، محطة صخرية بالهواء الطلق موجودة **بظاية آغسال**، على بعد بضعة كلمترات الى الجهة الغربية والجنوبية الغربيةW.SW، عندما نتجاوز جبال **الدوڭج**، وفوق سهل **اعظم لحمار**.

2. *Aire de Galabt Duguech-Budarga-El Hairch*: 9 stations.

On inclut ici une série de stations situées autour de l'alignement de montagnes qui en direction N.NW-S.SE se prolongent quelques dizaines de km à l'ouest de la Base de Duguech. Il s'agit des ensembles artistiques enregistrés, pour l'instant, autour de Galabt Duguech (3 stations), Budarga (4 stations) et Gleb El Hairch (1 station). On ajoute, en plus, provisoirement, à cette aire la station rupestre en plein air de la *dhâya* d'Agasal: quelques kms plus à l'ouest/sud-ouest, une fois traversées les montagnes de Duguech et sur la plaine d'Adam Lahmar.

3. *Aire de Ijublán*: 7 stations.

Regroupe plusieurs abris découverts dans l'ensemble d'inselbergs de cet espace situé à l'est de la plaine de Duguech. Pour le moment, les stations ont été reconnues dans les montagnes d'Ajabel Be Esfaf (4), d'Ajabel Bujuima (2) et d'Ajabel (1).

4. *Aire de Lemdeismat*: 3 stations.

La plaine de Lemdeismat, immédiatement au nord des montagnes de Duguech, est parsemée de quelques ponctuels reliefs montagneux isolés et de quelques filons magmatiques qui parcourent en alignement leurs surfaces aplaties. Sur ces deux types de formations rocheuses nous avons trouvé des vestiges d'art rupestre. Ainsi, dans un abri rupestre de la montagne de Gleb Lemdeismat 1 (1 station) et dans chacun des deux blocs microcristalins du secteur méridional de la plaine de Lemdeismat (2 stations).

5. *Aire de Gnefisat*: 7 stations.

Dans la zone des reliefs rocheux de Gnefisat, au sud/sud-est de Duguech et au nord-est de Zug, nous avons reconnu déjà en 2005 et 2007 plusieurs ensembles artistiques disposés sur les filons de diorite qui parcourent les plaines et quelques collines. Nous avons déjà mentionné, préalablement, les cas de Gnefisat Bayda (3 stations: concrètement dans les *smeilas* de Gnefisa Bayda 1, 2 et 4), du relief montagneux de Gnefisa Oum Agraid (1 station) et du Tagerfet de Gnefisa Oum Agraid (1 station). De plus, de manière provisoire, on a ajouté à cette série celle qui a été découverte également sur des filons rocheux de la plaine septentrionale d'Oued El Harek (1 station) et du tronçon méridional de Kidhiet Amzagzag (1 station). Dans tous les cas, il s'agit d'exemples de stations en plein air avec des gravures artistiques.

6. *Aire de Zug*: 3 stations.

Comme dans le cas précédant, il s'agit de séries de gravures réalisées sur des blocs magmatiques. Elles sont localisées aux alentours de la sebkha de Zug. Pour l'instant, nous avons reconnu 3 sites différents: deux autour du secteur nord-occidental de la sebkha et le troisième aux alentours d'Oued Lehdej. L'aire de Zug se trouve quelques 20-25 km au S.SW de celle de Gnefisat.

Baina, gainera, Duguech-eko eskualdean, urrunago dauden beste eremu batzuetan arte-kokaleku berriak kontrolatzen ari gara. Beraz, guztira 73 kokaleku ditugu: hau da, Tirisko lurretan inbentariatu ditugun arte-toki guztiguztien % 88.

Proposamen bat egitearren, eskura ditugun datuen arabera, Duguech-eko eskualde honen barruan 6 testuinguru pribilegiatu daudela esan dezakegu, arte-eremu bereizitzat hartuta.

1. ***Lejuad-Eij-eko eremua***: 44 kokaleku.

Aipatu dugunez, Lejuad-eko (18), Abueilai Lejuad-eko (1), Batn El Kelba-ko (2) eta Eij-eko (17) inselbergen inguruan kontrolatutako kokalekuez gain, behin-behinekoz, Galabt Jeral-la-ko (3) eta Galabt El Jeil-eko (3) kokalekuak ere sartu ditugu.

2. ***Galabt Duguech-Budarga-El Hairch-eko eremua***: 9 kokaleku.

Duguech-eko Basetik hamarnaka km mendebaldera luzatzen diren (N.NW-S.SE noranzkoan) mendien lerrokaduraren inguruan kokatutako hainbat kokaleku sartu ditugu. Orain arte, Galabt Duguech (3 kokaleku), Budarga (4 kokaleku) eta Gleb El Hairch (kokaleku 1) inguruan erregistratutako arte multzoak dira. Eremu honetan sartzen da, behin-behinekoz, Agasal-eko *dhâya*-n dagoen aire zabaleko labar-kokalekua: W.SWra hainbat km eginda, Duguech-eko mendiak igaro eta Adam Lahmar-eko lautadaren gainean.

3. ***Ijublán-eko eremua***: 7 kokaleku.

Duguech-eko lautadaren ekialdera kokatuta dagoen inselberg multzoan aurkitutako hainbat arte-harpe biltzen ditu. Oraingoz, Ajabel Be Esfaf (4), Ajabel Bujuima (2) eta Ajabel-eko (1) mendietan aurkitu dira kokalekuak.

4. ***Lemdeismat-eko eremua***: 3 kokaleku.

Lemdeismat-eko lautadan (Duguech-eko mendietatik iparraldera dago, ondo-ondoan) hainbat mendi-erliebe isolatu aurki daitezke, bai eta gainazal lautuak lerrokatuta zeharkatzen dituzten hainbat dike magmatiko ere. Bi harkaitz-egitura mota horietan labar-artearen aztarnak topatu ditugu. Gleb Lemdeismat 1-eko mendiaren labarharpe batean (kokaleku 1) eta Lemdeismat-eko lautadaren hegoaldeko sektoreko bloke mikrokristalinoetan (2 kokaleku).

5. ***Gnefisat-eko eremua***: 7 kokaleku.

Gnefisat-eko harkaitz-erliebeen inguruan, Duguechen S.SEra eta Zug-en NEra, 2005-2007 aldian jada hainbat arte multzo arakatu genituen lautadak eta hainbat muino zeharkatzen dituzten dioritazko dikeen gainean. Lehen ere aipatu ditugu honako kasu hauek: Gnefisat Bayda-koa (3 kokaleku: hain justu, Gnefisa Bayda 1, 2 eta 4-ko *smeilatan*), Gnefisa Oum Agraid-eko mendi-erliebearena (kokaleku 1) eta Gnefisa Oum Agraid-eko Tagerfet-

2. ***Área de Galabt Duguech-Budarga-El Hairch***: 9 estaciones.

Se incluyen aquí una serie de estaciones ubicadas en torno al alineamiento de montañas que en dirección N.NW-S.SE se prolongan algunas decenas de kms al W de la Base de Duguech. Se trata de los conjuntos artísticos registrados, hasta ahora, en torno a Galabt Duguech (3 estaciones), Budarga (4 estaciones) y Gleb El Hairch (1 estación). Se añade, además, provisionalmente, a esta área la estación rupestre al aire libre de la *dhâya* de Agasal: unos kms algo más al W.SW, una vez traspasadas las montañas de Duguech y sobre la planicie de Adam Lahmar.

3. ***Área de Ijublán***: 7 estaciones.

Aglutina varios abrigos artísticos descubiertos en el conjunto de inselberges de este espacio situado al E de la planicie de Duguech. Por el momento, las estaciones se han reconocido en las montañas de Ajabel Be Esfaf (4), de Ajabel Bujuima (2) y de Ajabel (1).

4. ***Área de Lemdeismat***: 3 estaciones.

La planicie de Lemdeismat, inmediatamente al N de las montañas de Duguech, está salpicada por algunos puntuales relieves montañosos aislados y por varios diques magmáticos que recorren alineadamente sus aplanadas superficies. En estos ambos tipos de formaciones rocosas hemos hallado vestigios de arte rupestre. Así, en un abrigo rupestre de la montaña de Gleb Lemdeismat 1 (1 estación) y en sendos bloques microcristalinos del sector meridional de la planicie de Lemdeismat (2 estaciones).

5. ***Área de Gnefisat***: 7 estaciones.

En la zona de los relieves rocosos de Gnefisat, al S.SE de Duguech y al NE de Zug, reconocimos ya entre los años 2005 y 2007 varios conjuntos artísticos dispuestos sobre los diques de diorita que recorren planicies y algunas colinas. Ya hemos hecho mención, con antelación, a los casos de Gnefisat Bayda (3 estaciones: concretamente en las *smeilas* de Gnefisa Bayda 1, 2 y 4), del relieve montañoso de Gnefisa Oum Agraid (1 estación) y del Tagerfet de Gnefisa Oum Agraid (1 estación). Además, de forma provisional, añadimos a esta serie los hallazgos asimismo en diques rocosos de la planicie septentrional de Oued El Harek (1 estación) y del tramo meridional de Kidhiet Amzagzag (1 estación). En todos los casos, constituyen ejemplos de estaciones al aire libre con grabados artísticos.

6. ***Área de Zug***: 3 estaciones.

Como en el caso anterior, se trata de series de grabados realizados sobre bloques magmáticos. Se encuentran emplazados en las inmediaciones de la sebja de Zug. Por el momento, hemos reconocido 3 sitios diferentes: dos de ellos en torno al sector noroccidental de la sebja y el tercero en los alrededores de Oued Lehdej. El área de Zug se encuentra unos 20-25 km al S.SW de la de Gnefisat.

Gorriz margotutako jirafa multzoa eta pinturak, Lejuad Va harpearen hormetan (erreprodukzio hau "J/DStretch" irudi-analizagailuaren bidez aztertu da kromatikoki).

Grupo de jirafas y pinturas en rojo sobre las paredes del abrigo de Lejuad Va (Reproducción contrastada cromáticamente mediante analizador de imágenes "J/DStretch").

مجموعة من الزرافات والاصباغ الحمراء فوق جدران ملجأ لجواد Va (استنساخ مدعم بالالوان بواسطة جهاز تحليل الصور "J/DStretch").

Groupe de girafes et peintures en rouge sur les parois de l'abri de Lejuad Va (Reproduction confrontée chromatiquement au moyen de l'analyseur d'images "J/DStretch").

3. منطقة **إجبلان** 7محطات:

وتضم عددا من المحميات (الكهوف او المآوي) الفنية المكتشفة في مجمع المرتفعات بالارض الموجودة الى الشرق من سهل **الدوكّج**. وفي الوقت الحاضر تم التعرف على محطات في **ايجبلان: اجبيل بصْفف** (4محطات)، اجبيل **بوخويمه** (محطتين اثنيتين2)، **اجبيل** الاخر (محطة واحدة 1).

4. منطقة **لمديسمات** 3 محطات:

سهل **لمديسمات**، مباشرة الى الشمال N من جبال الدوكّج، حيث تنتشر بعض التضاريس الجبلية الحادة والمنعزلة، ذات السدود الحجرية البركانية (magmáticas)، تمتد عابرة سطوحها، المستوية. في ذلك النوع من المواقع ذات الاشكال الصخرية، وجدنا بقايا من الفنون الصخرية. وهكذا في المحمية الصخرية لـ**ڭلب لمديسمات** 1، (محطة واحدة1)، وفي كلا الكتلتين "الجريزوفولفين" بالقطاع الجنوبي من سهل **لمديسمات** (محطتان اثنتان2).

En conséquence, toute cette série d'apports quantitatifs nous permet d'avancer que nous sommes en train de dévoiler une nouvelle référence artistique d'entité autour de cette partie méridionale du Tiris. On peut parler, de fait, de l'émergence d'un nouveau noyau d'art rupestre dans l'entourage régional. Tout compte fait, en vue des données dont on dispose, il est indéniable que cette frange du Tiris concentre un échantillonnage très significatif des manifestations artistiques registrées dans cette partie de l'ouest sahraoui. Il faut maintenant entreprendre la tâche d'évaluer quantitativement ses différentes composantes et agrégés: c'est-à-dire, procéder au correspondant examen exhaustif de la documentation qui a été cataloguée. Un travail-ci que nous espérons pouvoir entreprendre au cours de ces prochaines années.

En tout cas, on peut signaler dès l'instant la notoire présence de représentations reliées à l'étape «libyco-berbère» de l'art rupestre sahraoui. En plus de celles-ci, il y a de même d'autres ensembles qui dénoncent, pour leur part, des canons artistiques plus «naturalistes» et «stylisés», chronologiquement plus anciens (et peut-être en relation avec le développement du Néolithique plein et

Zaldi grabatuen multzoa, Galabt El Jeil-eko mendi-erliebeetako batean dagoen labar-harpe bateko frisoan (Duguech).
Grupo de caballos grabados en el friso de un abrigo rupestre en uno de los relieves montañosos de Galabt El Jeil (Duguech).
رسم لمجموعة من الاحصنة على افريز باحدى المحميات (الملاجئ) الصخرية، باحدى التضاريس الجبلية لـﭬلابت الخيل (الدوﭬـــج).
Groupe de chevaux gravés sur une frise de l'abri rupestre de l'un des reliefs montagneux de Galabt El Jeil (Duguech).

ena (kokaleku 1). Horietaz gain, behin-behinekoz, Oued El Harek-eko iparraldeko lautadako dike harritsuetan (kokaleku 1) eta Kidhiet Amzagzag-eko hegoaldeko zatian (kokaleku 1) egindako aurkikuntzak ere zerrenda horretan sartuko ditugu. Kasu guztietan, arte-grabatuak dituzten aire zabaleko kokalekuen adibideak dira.

6. ***Zug-eko eremua***: 3 kokaleku.

Aurreko kasuan bezalaxe, bloke magmatikoen gainean egindako grabatuen serieak dira. Zug-eko sebjaren inguruan kokatuta daude. Oraingoz, 3 toki aztertu ditugu: horietako bi sebjaren ipar-mendebaldeko sektorean eta hirugarrena Oued Lehdej-en inguruan. Zug-eko eremua Gnefisat-eko eremutik 20-25 kilometrotara dago, S.SWra.

Horren ondorioz, ekarpen kuantitatiboen serie hori guztia aintzat hartuta, Tirisko hegoaldeko zati honetako arte-erreferentzia garrantzitsu bat ezagutarazten ari garela esan dezakegu. Izan ere, eskualde-eremuan labar-artearen nukleo berri bat sortzen ari da. Azken batean, eskura ditugun datuen arabera, ezin dugu ukatu Tirisko zerrenda honetan pilatzen dela Saharako mendebaldeko zati honetan erregistratutako arte-adierazpenen lagin garrantzitsu bat. Orain, osagai eta eranskin guztiak kualitatiboki balioestea geratzen zaigu, hau da, katalogatzen ari garen dokumentazioa zehatz-mehatz aztertzea. Eta espero dugu datozen urteotan ekin ahal izango diogula lan horri.

Nolanahi ere, Saharako labar-artearen "libiko-berbertar" etaparekin loturiko adierazpenen presentzia nabaria dela esateko moduan gaude. Horietaz gain, beste hainbat multzotan arte-kanon "naturalistagoak" eta "estilizatuagoak" agertzen dira eta multzo horiek kronologikoki zaharragoak dira (eta, agian, Neolito bete-betearen eta

En consecuencia, con toda esta serie de aportes cuantitativos podemos adelantar que estamos desvelando una nueva referencia artística de entidad en torno a esta parte meridional del Tiris. Está emergiendo, de hecho, un nuevo núcleo de arte rupestre en el ámbito regional. Al fin y al cabo, con los datos de que disponemos, es innegable que esta franja del Tiris concentra una muestra muy significativa de las manifestaciones artísticas registradas en esta parte del Oeste sahariano. Quedará ahora la tarea de valorar cualitativamente sus diferentes componentes y agregados: es decir, proceder al correspondiente examen exhaustivo de la documentación que se viene catalogando. Una labor ésta que esperamos poder acometer en estos próximos años.

En cualquier caso, podemos señalar ya la notoria presencia de representaciones vinculadas con la etapa "líbico-beréber" del arte rupestre sahariano. Además de ellas, hay asimismo otros conjuntos que denuncian, por su parte, unos cánones artísticos más "naturalistas" y "estilizados", cronológicamente más antiguos (y relacionados acaso con el desarrollo del Neolítico pleno y avanzado, entre el VI y el III milenio B.P.), que distan estilística e iconográficamente de las composiciones más lineales y de los signos escriturales "*tifinâgh*", más ajustados ambos a una cronología protohistórica y de ambientación protoberéber (a lo largo del III milenio B.P.) o, en cualquier caso, preislámica.

Para concluir, queremos esbozar dos breves comentarios en relación al arte presente sobre diques rocosos al aire libre y al estado de conservación del repertorio artístico.

• Si covachas y abrigos rupestres denuncian habitualmente uno de los soportes más usuales de plasmación del

5. منطقة اخنيفسات 7 محطات:

لقد تعرفنا، في منطقة التضاريس الحجرية بـ**خنيفسات**، الى الجنوب والجنوب الشرقي S.SE من **الدوگج**، والى الشمال الشرقي N.E من زوگ بين سنوات 2005 و 2007، على عدة مجمّعات فنية، فوق خطوط من الصخور البركانية (diorita)، العابرة للسهول، ولعدة مرتفعات. ولقد ذكرنا سابقا حالات **اخنيفيسة البيظه** (3 محطات)، في تلال **اخنيفسة البيظه** الاولى، والثانية، والرابعة)، والتضاريس الجبلية بـ**خنيفيسة ام اغريد** (محطة واحدة)، **وتغرفت اخنيفيست ام اغريد** (محطة واحدة). واضفنا كذلك بشكل مؤقت، الى هذه سلسلة، المكتشفات الموجودةَ بالسدود الحجرية بالسهل الجنوبي بـ**وادي اَلحارك** (محطة واحدة 1)، والامتداد الجنوبي لكدية **امزگزاگ** (محطة واحدة 1). وفي كل تلك الحالات، تتشكل نماذج من المحطات، في الهواء الطلق، ذات نقوشات فنية.

6. منطقة **زوگ** 3 محطات:

يتعلق الامر، كما هو الشأن بالنسبة للحالة السابقة، بسلسلة من النقوش المطبقة فوق كتلة من الصخور البركانية الاصل (magmáticos)، يعثر عليها بضواحي سبخة **زوگ** حيث تعرفنا في الوقت الحالي، على ثلاثة مواقع مختلفة، اثنان منها في نطاق القطاع الجنوبي الغربي من السبخة، والثلاثة الاخرى بضواحي **واد لحدج**. وتقع منطقة **زوگ** حوالي 20 الى 25 كلمترا الى الجنوب والجنوب الغربي من **اخنيفسات**.

وفي هذا السياق، مع كل تلك السلسلة من المساهمات الكمية، يمكننا ان نتحدث عن كوننا نكتشف مراجع فنية ذات قيمة، في محيط تلك الجهة الجنوبية من تيرس، حيث تظهر، في الواقع، نواة جديدة من الفن الصخري في ذلك المجال الاقليمي. وبوجود بالمعلومات المتوفرة لدينا اخيرا، لا شك ان قطاع تيرس تتركز به نوعيات جد هامة من المظاهر الفنية المسجلة في تلك الجهة من الغرب الصحراوي. تبقى علينا الان مهمة تقسيم مختلف مكوناتها وملحقاتها من حيث النوعية: اي الانتقال الى المراجعة الشاملة والمعمقة والمناسبة، للوثائق الجاري تنظيمها. وهو العمل المنتظر القيام به في السنوات المقبلة.

وعلى اي حال يمكننا الإشارة الى الوجود الملحوظ، للتمثيليات ذات الصلة بالمرحلة "الليبية البربرية" للفن الصخري الصحراوي، وفضلا عن ذلك، هناك ايضا مجمّعات اخرى، تكتشف من جانبها، صيغا فنية اكثر "طبيعية"، "منمنمة" واكثر اقدمية في الزمن (متعلقة ربما، بتطور العصر الحجري الحديث الاوسط المتقدم، ما بين الالفية السادسة والالفية الثالثة قبل الزمن الحاضر B.P) والتي تبتعد من حيث الاسلوب والرموز، عن الاشكال الخطية

Behiaren familiako animalien irudiak, Lejuad VIII-ko harpearen (Duguech) sabaian gorriz margotuak (erreprodukzio hau "J/DStretch" irudi-analizagailuaren bidez aztertu da kromatikoki).

Figuras de bovinos pintados en rojo en el techo del abrigo de Lejuad VIII (Duguech) (Reproducción contrastada cromáticamente mediante analizador de imágenes "J/DStretch").

اشكال لبقريات مرسومة باللون الاحمر، بسقف محمية (ملجأ) لجواد VIII (الدوگـــج)، (استنساخ مدعم بالالوان، بواسطة جهاز تحليل الصور "J/DStretch").

Figures de bovins peints en rouge sur le plafond de l'abri Lejuad VIII (Duguech) (Reproduction confrontée chromatiquement au moyen de l'analyseur d'images "J/DStretch").

avancé, entre le VIe et le IIIe millénaire B.P.), qui sont éloignés du point de vue du style et de l'iconographie des compositions plus linéaires et des signes de l'écriture "*tifinâgh*", mais cernés tous les deux par une chronologie protoberbère (le long du IIIe millénaire B.P.) ou, en tout cas, préislamique.

Pour conclure, on aimerait ébaucher deux brefs commentaires relatifs à l'art présent sur les filons rocheux en plein air et à l'état de conservation du répertoire artistique.

• Si les caveaux et les abris rupestres sont ceux qui dénoncent habituellement l'un des supports plus usuels d'expression de l'art, les blocs de diorite constituent, quant à eux, l'autre de ces assises qui ont été assidûment utilisées par les sociétés du passé pour y graver différentes iconographies.

Effectivement, de fait, ce sont déjà plusieurs les filons sur lesquels on a pu constater la présence de stations artistiques. Ainsi, si jusqu'en 2007 on le dénonçait sur des sites comme Gnefisat Bayda, la sebkha de Zug ou Gnefisa Oum Agraid, les missions exploratoires développées postérieurement ont multiplié les trouvailles de ce type de nouvelles stations. Certaines d'entre elles incluent des vraiment magnifiques exemplaires artistiques: comme aurreratuaren garapenaren lotuta egon daitezke, hau da, B.P. VI. milurtekotik III milurtekora bitarte); estiloari eta ikonografiari dagokienez ez dute zerikusirik konposizio linealagoekin eta "*tifinâgh*" idazketa-zeinuekin, bi horiek lotura handiagoa baitute kronologia protohistoriko batekin eta protoberber-ingurune batekin (B.P. III milurtekoan) edo, nolanahi ere, islamaurreko ingurunearekin.

Bukatzeko, bi iruzkin labur egin nahi ditugu aire zabaleko dike harritsuen gainean agertzen den arteari buruz eta arte-ondarearen kontserbazio-egoerari buruz.

• Haitzulo eta labar-harpeak izan ohi dira artea adierazteko euskarri nagusiak, baina iraganeko gizarteek hainbat ikonografia grabatzen zituzten dioritako blokeetan ere.

Izan ere, dike batean baino gehiagotan aurkitu ditugu jada arte-kokalekuak. 2007. urtera bitarte Gnefisat Bayda-n, Zug-eko sebjan edo Gnefisa Oum Agraid-en aurkitu genituen eta harrezkero egindako esplorazio-misioetan mota horretako kokaleku berrien aurkikuntzak biderkatu egin dira. Horietako batzuetan arte-ale zoragarriak aurki daitezke; esate baterako, Arakim Âajen-en (Agüenit), Larruia-ko sebjan (Agüenit), Agasal-eko (Duguech) *dhâya*n edo Zug-eko (Duguech) sebjaren inguruko beste puntu batean aztertu ditugunak. Lau kasu horietan ehunka motibo grabatu ikus daitezke, askotariko gaien inguruan.

arte, los bloques de diorita constituyen, por su parte, otro de esos asientos que han sido reiteradamente utilizados por las sociedades del pasado para grabar sobre ellos diferentes iconografías.

En efecto, de hecho, son ya varios los diques en los que venimos constatando la presencia de estaciones artísticas. Así, si hasta 2007 lo denunciamos en sitios como Gnefisat Bayda, sebja de Zug o Gnefisa Oum Agraid, las misiones exploratorias desarrolladas con posterioridad han multiplicado los hallazgos de este tipo de nuevas estaciones. Algunas de estas, incluyen realmente magníficos ejemplares artísticos: como los reconocidos en Arakim Âajen (Agüenit), en la sebja de Larruia (Agüenit), en la *dhâya* de Agasal (Duguech) o en otro punto del entorno de la sebja de Zug (Duguech). Cuatro casos éstos que aglutinan un notable efectivo de varios centenares de motivos grabados de diversificada temática.

Advertida, pues, esta especial significación artística de los bloques microcristalinos, sería conveniente comenzar a esbozar un programa de actuación particularizada: orientado al rastreo y reconocimiento sistemático de estos frecuentes alineamientos rocosos sobre las planicies. Todo ello, en aras a esa conveniente y rigurosa profundización, análisis y valoración del arte rupestre en el Tiris a la que hemos aludido en líneas previas.

Y, precisamente, hablando de estaciones rupestres al aire libre, no resulta extraño constatar cómo algunos de los conjuntos artísticos grabados sobre los diques rocosos coinciden espacialmente con agrupaciones de túmulos y monumentos líticos. Una observación que no sólo la hemos retenido en la región de Duguech, sino asimismo en algunos de los repertorios emplazados en las otras regiones del Tiris. En principio, unos aparentes "vínculos" externos por la común materia prima... No obstante, no parecería ilusorio el plantear, a modo de hipótesis de trabajo, una posible relación, no ya sólo cronológica, sino en

Gleb Lemdeismat 1-eko mendiko (Duguech) harpe batean dagoen arte-sekuentzia honetan bi irudikapen mota ikus daitezke, pintura-tonu eta kronologia desberdina dutela.

Dos tipos de representaciones, de diferentes tonos pictóricos y cronología, alternan en esta secuencia artística plasmada en un abrigo de la montaña de Gleb Lemdeismat 1 (Duguech).

نوعان من التماثيل، بدرجة تصوير ونطاق زمني مختلفين، تبدوان بشكل تناوبي، ضمن هذه السلسلة الفنية، المرسومة بمحمية (ملجأ) جبل ڭليــب لمديسمات 1 (الدوڭــج).

Deux types de représentations, de différentes tonalités et chronologie, alternent dans cette séquence artistique façonnée dans un abri de la montagne de Gleb Lemdeismat 1 (Duguech).

والعلامات الكتابية " تيفيناغ". كلها تطابق المرحلة الاخير مما قبل التاريخ والبئات البربرية (على طول الالفية الثالثة قبل الزمن الحاضرB.P) وفي جميع الحالات، زمن ما قبل الاسلام.

ولكي نختتم، نريد ان نرسم تعليقين مختصرين، يتعلقان بهذا الفن الموجود على السدود الصخرية بالهواء الطلق، وكذا بحالة الحفاظ على هذه الذخيرة الفنية.

• اذا كانت التجاويف والاماكن الحجرية المحمية طبيعيا، تكشف عادة احدى الدعامات الاكثر استعمالا لتشخيص الفن، فإن كتل الصخور البركانية "diorita" تشكل من جهتها، احد المستندات التي طالما تم استخدامها، لنقش مختلف الرموز، من قبَل تلك المجتمعات في الزمن الماضي.

وفي الواقع، فانها كثيرة هي السدود الحجرية التي لاحظنا بها وجود محطات فنية. هكذا وحتى سنة 2007 قد اكتشفنا ذلك في مواقع مثل **اخنيفيسه البيظه، سبخة زوكْ اخنيفسة ام** اغريد. وقد تطورت البعثات الاستكشافية لاحقا، وضاعفت النتائج المحصلة على مستوى هذا النوع الجديد من المحطات. وهي التي يشتمل بعضها، في الواقع، على نماذج فنية رائعة: مثل تلك المكتشفة في **آركيم اعجين (آغوينيت)**، وفي **سبخة لروية (آغوينيت)**، في **ظاية آغسال (الدوكْج)**، او في نقاط اخرى بضواحي **سبخة زوكْ (الدوكْج)**، وهي اربع حالات تضم عددا مهما من ميئات النقوش المتنوعة المواضيع.

لقد لاحظنا اذن، الاهمية الخاصة التي تكتسيها الكتل الصخرية الفنية (مكروكريستالين)، وانه لمن المفيد وضع خطط عريضة لبرنامج عمل موجه خصيصا للمتابعة والتعرف المنهج، على تلك التحالفات الصخرية، التى تظهر بشكل متكرر فوق السهول. كل ذلك من اجل التعمق الجاد والمناسب في مجال الفن الصخري بتيرس، وتحليله وتقييمه، كما اشرنا سابقا.

ونحن نتحدث بصفة خاصة، عن المحطات الصخرية الموجودة في الهواء الطلق، ليس من الغريب ان نلاحظ، كيف ان بعض النقوشات الفنية على السدود الصخرية، تتقاسم المجال مع تجمعات الابنية الجنائزية والمعالم الحجرية. وهي ملاحظة ليست محصورة على منطقة الدوكْج فقط، لكن كذلك في بعض السلاسل الموجودة في مناطق اخرى من تيرس. ومن حيث المبدأ توجد هناك "علائق" خارجية ظاهرة من خلال الاشتراك في المادة الاولية... ورغم ذلك فانه يبدو من الواقعي، ان نطرح كفرضية عمل، امكانية وجود علاقة، ليس فقط من حيث التسلسل الزمني للاحداث، بل اكثر من ذلك، حالة الطقوس والقبور المشيدة من طرف تلك المجموعات البشرية في الماضي.

ceux reconnus à Arakim Âajen (Agüenit), dans la sebkha de Larruia (Agüenit), dans la *dhâya* d'Agasal (Duguech) ou dans un autre point de l'entourage de la sebkha de Zug (Duguech). Ces quatre cas agglutinent un notable effectif de plusieurs centaines de gravures de diversifiée thématique.

Une fois constatée, donc, cette spéciale signification artistique des blocs microcristalins, il serait convenable de commencer l'ébauche d'un programme d'intervention particularisée: orienté sur le ratissage et la reconnaissance systématique de ces fréquents alignements rocheux sur les plaines. Tout cela, en vue de ce convenable et rigoureux approfondissement, analyse et évaluation de l'art rupestre dans le Tiris auquel nous avons fait référence quelques paragraphes plus haut.

Et, justement, en parlant de stations rupestres en plein air, il n'est pas étonnant de constater que certains des ensembles artistiques gravés sur les filons rocheux coïncident spatialement avec des groupements de tumulus et des monuments lithiques. Une observation que nous avons retenue non seulement dans la région de Duguech mais aussi dans certains des répertoires localisés dans les autres régions du Tiris. En principe, des apparents «liens» externes du fait de la matière première… Cependant, il ne semblerait pas illusoire de poser, en guise d'hypothèse de travail, une possible relation, autant chronologique que culturelle dans certains cas, avec les manifestations sépulcrales et rituelles érigées par les collectifs humains du passé.

• En ce qui concerne l'état de conservation des manifestations artistiques, il ressort à première vue et immé-

Lejuad III labar-harpe handia (Duguech) kokatuta dagoen inselberg ikusgarria.

El soberbio inselberge en el que se encuentra el gran abrigo rupestre de Lejuad III (Duguech).

المرتفع الجبلي الرائع، الذي توجد به المحمية الصخرية الكبيرة (ملجأ صخري) لـ لجواد III (الدوكـج).

Le magnifique inselberg sur lequel se trouve l'abri rupestre de Lejuad III (Duguech).

Bloke mikrokristalinoen garrantzi artistiko berezi horretaz jabetuta, jardun-programa berezitua osatzea komeni da, lautaden gainean maiz agertzen diren harkaitzlerrokadura horiek modu sistematikoan miatu eta arakatzeko. Betiere, gorago aipatu dugunez, ezinbestekoa delako Tirisko labar-artean zorrotz sakontzea, aztertzea eta balioestea.

Eta, hain justu, aire zabaleko labar-kokalekuez ari garela, dike harritsuen gainean grabatutako zenbait arte multzo bat datoz, espazioari dagokionez, tumuluen eta monumentu litikoen multzoekin. Eta Duguech-eko eskualdean ez ezik, Tirisko beste zenbait tokitan ere egiaztatu ahal izan dugu hori. Hasieran, "loturak" itxuraz kanpokoak ziren lehengai berdina zutelako... Baina gure ustez ez litzateke ameskeria izango, lan-hipotesitzat, lotura kronologikoaz gain, lotura kulturalagoa ere proposatzea iraganeko giza kolektiboek eraikitako hilobietako eta errituetako adierazpenekin.

- Arte-adierazpenen kontserbazio-egoerari dagokionez, bista-bistakoa da eta berehala ikusten da labar-pinturak oso egoera delikatuan daudela.

Egia esateko, oso hondatuta daude. Pigmentuek haizearen urradura edo abrasio bizia pairatu dute eta, kasu askotan, lamina finetan harrotuta daudela, horma eta sabaietatik askatu egiten dira eta behin betiko lurrera erori.

Bestalde, aire zabaleko bloke askotan eta zenbait harpetan dauden grabatuek haizearen abrasioa eta termoklastia pairatu dituzte. Horregatik, kasu askotan, arte-diseinuak ia desagertuta daude haizeak (eta, bereziki, maiz airean esekita egoten diren harea-partikulek) egindako "igurtzien" ondorioz. Beste zenbait kasutan, ordea, euskarriak, basamortuko ingurunean berezkoak izaten diren kontraste termikoen eraginez, ezkatatu eta puskatu egin direlako hondatu dira. Logikari jarraiki, arazoa larriagotu egiten da lanak oso azalekoak direnean, perimetroan ebakigune finak baino ez badaude edo marrazkien barnealdea azaletik karraskatuta baino ez badago.

Beraz, ezinbestekoa da prebentzio-neurrien premiazko plan bat abiaraztea. Bestela esateko, konponbideak berehala aktibatu behar dira, kalteak "sendatzeko" baino gehiago, hondatze-prozesua "arintzeko" asmoz. Oro har, Tirisko labar-ondarea oso hondatuta dago eta egoera benetan larria da.

3. TIRISKO HISTORIAURREKO POPULATZEAREN SEKUENTZIAN IZANDAKO ZENBAIT EZEGONKORTASUN ETA HUTSUNE.

Pieza isolatuen katalogatutako aurkikuntza puntualak alde batera utzita, 2008-2011 aldian kontrolatutako 440 aztarnategiei 2005-2007 aldian erregistratutako 178 aztarnategiak batuz gero, gaur egun guztira 618 aztarnategi ditugu. Zalantzarik gabe, kopuru hori oso garrantzitsua da eta, gainera, milaka monumentu litiko biltzen ditu, hilobietarako eta errituetarako erabiltzen zirenak.

casos más cultual, con las manifestaciones sepulcrales y rituales erigidas por los colectivos humanos del pasado.

- En lo que respecta al estado de conservación de las manifestaciones artísticas, salta a la vista, y de inmediato, la más que delicada situación en que corrientemente se encuentran las pinturas rupestres.

Están francamente muy degradadas. Los pigmentos han sufrido la intensa abrasión eólica y los soportes, en muchos casos ahuecados en finas láminas, tienden a desprenderse irreversiblemente de las paredes y techos, y caer definitiva al suelo.

Por su parte, los grabados presentes en muchos bloques al aire libre y en algunos abrigos han padecido asimismo la incidencia de la erosión eólica y de la termoclastia. Por ello, en numerosos casos, los diseños artísticos prácticamente se han desdibujado a causa del "frotado" del viento (y especialmente de las partículas arenosas que, de forma frecuente, lleva en suspensión). En otros casos, sin embargo, su deterioro es manifiesto por la descamación y fractura de los soportes de asiento a consecuencia de los marcados contrastes térmicos que caracterizan al medio desértico. Lógicamente, el problema se agudiza aún más cuando se han utilizado técnicas de ejecución muy superficiales, a base de finas incisiones perimétricas o del raspado somero del interior de los motivos.

Con todo, resulta imperativa la puesta en marcha de un plan urgente de medidas preventivas. Es decir, que prima activar ya una serie de remedios, no ya con finalidad "curativa", sino básicamente "paliativa", con el propósito elemental de intentar mitigar su proceso de deterioro. El grado de alteración, en general, del patrimonio rupestre del Tiris es muy elevado y la situación es realmente grave.

3. ALGUNAS INESTABILIDADES Y LAGUNAS EN LA SECUENCIA DEL POBLAMIENTO PREHISTÓRICO EN EL TIRIS.

Dejando a un lado los puntuales hallazgos catalogados de piezas aisladas, si a los 440 yacimientos, controlados como tales entre 2008-2011, a que venimos de referirnos, le añadimos los 178 registrados entre 2005-2007, alcanzamos en el presente un total de 618. Un número, sin duda, muy importante y en el que, además, se contienen varios millares de monumentos líticos de finalidad funeraria y ritual.

Como hemos intentado ilustrar en los dos puntos previos, estos testimonios son una prueba de que estamos avanzando sustancialmente en el conocimiento del pasado cultural y ambiental del Tiris. Nuestra percepción de la secuencia del poblamiento en la antigüedad en estas tierras se ha afianzado y alargado cualitativamente, en el espacio y en la escala temporal. Mas, reconozcamos que no hay avance sin vacíos. Por ello, probablemente, diatement, la plus que délicate situation dans laquelle se trouvent d'habitude les peinture rupestres.

Elles sont franchement très dégradées. Les pigments ont souffert l'intense abrasion éolique et les supports, dans bon nombre de cas évidés en fines lamelles, se détachent des parois et plafonds et tombent par terre définitivement.

Pour leur part, les gravures présentes dans les blocs en plein air et dans certains abris ont subi également l'incidence de l'érosion éolique et de la thermoclastie. C'est pourquoi, dans beaucoup de cas, les dessins artistiques se sont pratiquement estompés à cause du «frottement»» du vent (et spécialement des particules sableuses qui, fréquemment, il porte en suspension). Dans d'autres cas, cependant, sa dégradation est manifeste par l'écaillage et la fracture des supports d'assise à conséquence des nets contrastes thermiques qui caractérisent le milieu désertique. Logiquement, le problème s'accroît davantage lorsque les techniques d'exécution utilisées ont été superficielles, au moyen de minces entailles périmétriques ou du grattage sommaire de l'intérieur des motifs.

Quoi qu'il en soit, il devient impératif de mettre en œuvre un plan d'urgence envisageant des mesures préventives. C'est-à-dire, qu'il faut activer d'ores et déjà une série de remèdes, non pas pour «guérir» mais surtout pour «pallier», dans le propos élémentaire d'essayer de mitiger ce procès de détérioration. En général, le degré d'altération du patrimoine du Tiris est très élevé et la situation est vraiment grave.

3. QUELQUES INSTABILITÉS ET LACUNES DANS LA SÉQUENCE DU PEUPLEMENT PRÉHISTORIQUE AU TIRIS.

Laissant de côté les ponctuelles trouvailles cataloguées de pièces isolées, si aux 440 gisements, contrôlés en tant que tels entre 2008-2011, auxquels nous venons de faire référence, on ajoute les 178 enregistrés entre 2005-2007, on atteint au présent un total de 618. Un chiffre, sans doute, très important et dans lequel, de surplus, sont contenus plusieurs milliers de monuments lithiques aux fins funéraires et rituelles.

Tel que nous avons tenté d'illustrer dans les deux points antérieurs, ces témoignages font la preuve de notre substantiel progrès dans la connaissance du passé culturel et environnemental du Tiris. Notre perception de la séquence du peuplement dans l'antiquité sur ces terres s'est raffermie et allongée qualitativement, dans l'espace et dans l'échelle temporelle. Mais, nous avons à reconnaître qu'il n'y a point de progrès sans lacunes. D'où que quelques carences aient pu être comblées maintenant dans une certaine mesure. D'autres, au contraire, devront attendre pour le faire peut-être dans un futur. Et encore d'autres, font irruption maintenant avec force dans le nouveau scénario généré: en dénonçant des nouvelles

• وفي ما يتعلق بحالة صيانة المظاهر الفنية، يبدو واضحا بصورة مباشرة، الوضعية الاكثر من حساسة، التي توجد فيها حاليا، اللوحات (النقوش) الصخرية، في الوقت الحالي.

انها بصراحة في حالة متدهورة. فالاخضبة عانت من التآكل الحاد بفعل الرياح، والدعامات التي هي في اغلب حالاتها، عبارة عن رقائق، تعرضت للتجويف، وتكاد ترحل بدون رجوع، من تلك الجدران والسقوف، وتقع في نهاية المطاف على الارض.

والنقوش الحالية من جهتها، في كثير من الكتل الصخرية، في الهواء الطلق، في بعض المواقع المحمية طبيعيا (abrigos)، عانت هي الاخرى، من تأثيرات نحت الرياح وتناقضات درجة الحرارة على الصخور. لذلك فالتصاميم الفنية، في العديد من الحالات، في الواقع، قد تشوشت او مُحيت بسبب حك الرياح (وبصفة خاصة الجزيئات الرملية التي عادة ما تحملها تلك الرياح)، وفي بعض الحالات الاخرى، يظهر تلف تلك التصاميم في تقشّر اوتكسّر دعائمها، بفعل المتناقضا ت الحرارية التي تميز الوسط الصحراوي. ومن المنطقي ان المشكل يزداد حدة أكثر، كلما كانت التطبيقات التقنية خفيفة، متخذة شكل كشوط، او جروح سطحية دقيقة، وسط تلك الصخور الفنية.

ولذلك كله فإنه من اللازم، وضعُ خطة لإجراءات وقائية مستعجلة. اي العمل على تفعيل مجموعة من المعالجات، وليس "المعالجة" فقط، وانما اساسا "المهدِّئة"، الهادفة الى تخفيف مسلسل تضرر هذه الاثار. ان درجة تدهور التراث الصحرى بتيرس، بصفة عامة، جد مرتفعة، والوضعية خطيرة تماما.

3. فجوات وحالات من عدم الاستقرار في الاستيطان المتعاقب لتيرس في مرحلة ما قبل التاريخ

اذا وضعنا جانبا المكتشفات المحددة، من القطع الفردية، التي تم تدوينها، واخذنا 440 من مواقع الاثار الثقافية المضبوطة خلال سنوات 2008 و2011، المشار اليها سلفا، ثم اضفنا اليها 178 موقعا، المدونة ما بين سنوات 2007 و 2005، نحصل على ما مجموعه في الوقت الحالي 618. وهو عدد هام جدا بدون شك، ويحتوي، فضلا عن ذلك، على الآلاف من المعالم الحجرية، ذات المعاني الشعائرية والجنائزية.

كما حوالنا ان نوضع، من خلال النقطتين السالفتين، فان هذه الشهادات تدل على أننا نأخذ في التقدم بشكل كبير، من اجل التعرف على الماضي الثقافي والبيئي لتيرس. ان تصوُرنا للاستيطان المتتالي في تلك الاراضي، قديما، قد شهد

Datuak hartzen eta argazkiak ateratzen, Zug NW-2-ko sebjan (Duguech) dagoen aire zabaleko arte-kokalekuko bloke grabatuetako batean.
Tomando datos y fotos en uno de los bloques grabados de la estación artística al aire libre de la sebja de Zug NW-2 (Duguech).
اخذ معلومات وصور لاحدى المجموعات المرسومة بالمحطة الفنية الموجودة بالهواء الطلق في سبخة زوڨ الى الشمال الغربي NW-2 (الدوڨـــج).
Prise de données et de photographies sur l'un des blocs gravés de la station artistique en plein air de la sebkha de Zug NW-2 (Duguech).

Aurreko bi puntuetan azaldu nahi izan dugunez, lekukotza horiek argi erakusten dute Tirisko kultura- eta ingurumen-iragana ezagutzen aurrerapauso handiak egiten ari garela. Lurralde hauetako antzinako populatzearen sekuentziari buruzko gure usteak berretsi eta zabaldu egin dira kualitatiboki, bai espazioan, bai denbora-eskalan. Baina onartu behar dugu ez dagoela hutsunerik gabeko aurrerabiderik. Horregatik, ziurrenik, gabezia batzuk estali ahal izan ditugu orain, hein batean. Beste batzuk, ordea, agian etorkizunean bete ahal izango ditugu. Eta beste batzuk orain agertu dira bizi-bizi, sortu zaigun agertoki berrian, bilakaera-prozesua ulertzeko garaian gabezia eta zehaztugabetasun berriak daudela agerian utzita. Aurrerapenaren eta garapenaren adierazgarri eta etorkizuneko ikerketarako pizgarri eta adore-emaile.

Klimaren -edo hobeto esateko, klimaren oszilazioeneraginez, gizartearen eta kulturaren erritmoak kontrajarriak izan dira, zenbait kasutan, bilakaeraren dinamikan. Izan ere, oro har, kultura-prozesu mailakatua klima-etapa egonkorrekin batera gertatzen da, eta gizartearen eta kulturaren hausturak ingurumenean bat-bateko gorabeherak izan direla adierazten du. Beraz, esan gabe doa klimak gizarte-dinamikaren aldaketak bultzatzen eta aktibatzen dituela. Arrazoibide eboluzionistaren araua da hori. Ez dago, beraz, gizarte-prozesuak (eta lurraldearen okupazioaren arauak eta jarraibideak) ulertzerik aldi berean ingurume-

algunas carencias se habrán podido cubrir ahora en una relativa medida. Otras, por el contrario, esperan poder hacerlo quizás en un futuro. Y otras más, irrumpen ahora con fuerza en el nuevo escenario generado: denunciando nuevas inexistencias e indefiniciones en la comprensión del proceso de evolución. Una señal inequívoca de avance y progreso, y un estímulo y aliento para la investigación venidera.

El clima –o mejor, las oscilaciones climáticas– han hecho que los ritmos socioculturales en la dinámica evolutiva sean, en casos, contrapuestos. Así, en términos generales, mientras el proceso cultural gradual acompaña a unas etapas climáticas estables, la ruptura sociocultural manifiesta la brusca alteración medioambiental. El clima –está claro, pues– impulsa y activa los cambios en la dinámica social. Una máxima de razón evolucionista. No hay, por lo tanto, comprensión de los procesos sociales (y de las pautas y directrices en la ocupación del territorio) sin entendimiento simultáneo de las circunstancias medioambientales. La implicación y transcendencia de los cambios climáticos es indisociable del devenir de los procesos de evolución sociocultural.

En este sentido, poco a poco, vamos haciéndonos con pruebas que cada vez documentan mejor las alternancias entre fases húmedas y áridas en el Holoceno. Todavía, sin

رسوخا وامتدادا نوعيا في نطاقيْ المكان والزمان. ولايمكننا ان نتقدم، (في دراسة هذا الماضي) دون الاعتراف بوجود ثغرات، وعندها فمن المحتمل امكانية تغطية بعض تلك الثغرات المفقودة، بصورة نسبية، بينما على العكس من ذلك، ستبقى ثغرات اخرى، ربما، تنتظر المستقبل. كما ان حالات اخرى من هذا الفراغ، تدخل بقوة في نطاق السيناريو المتولد مجددا: نكشف عن حالات من اللا وجود، واللا تحديد، من اجل التوصل الى فهم مسلسل تطور الماضي؛ وهذه اشارة لا لبس فيها، تحفز من اجل التقدم، وتشجع على البحث مستقبلا.

ان الموناخ - او لنقول التذبذبات المموناخية - جعلت الاقاعات الاجتماعية الثقافية متناقضة احيانا في ديناميكية التطور. وعموما، فبينما ترافق حلقات المسلسل الثقافي مراحل موناخية مستقرة، فان الانقطاع الاجتماعي الثقافي، يظهر عندما يحدث التغيير الفظ والمفاجئ، في البيئة الموناخية. و من الواضح اذن، ان الموناخ يحفّز ويدفع التغيرات في الديناميكية الاجتماعية. انه السبب المنطقي الاقصى في التطور، ولذلك لا يوجد فهم للعمليات الاجتماعية (ولا للضوابط والمبادئ ازاء احتلال الارض)، دون ان نفهم مع ذلك في نفس الوقت، الظروف البيئية الموناخية. ان مشاركة واهمية التغيرات الموناخية، غير قابلة للانفصال عن متحوّلات مسلسل التطور الاجتماعي الثقافي.

في هذا الاتجاه، نحصل شيئا فشيئا على الادلة التي توّثق في كل مرة، بشكل افضل، التناوب بين مراحل الرطوبة ومراحل الجفاف في عصر الهولوسين. ومع ذلك لا زلنا بعيدين عن تقديم مشهد متراص ومحدد، حول الديناميكية التي حدثت خلال الـ12 الف سنة الاخيرة. ويمكننا وضع خطوط عريضة، حول الملامح الكبرى، لتطور الموناخ خلال عصر الهولوسين.

واذا كنا نصطدم بفقدان الشهادات، حتي في ما يتعلق بالماضي القريب، فان المشهد يأخذ في النقص بصورة جذرية، كلما عدنا الى المراحل الغابرة، من العصر الحديث الاقرب (البلايستوسين)، على الرغم من ان بعض المؤشرات تسمح لنا بتأكيد بعض المراحل المحددة، وخاصة في مسلسلها النهائي، خلال "التصحر الكبير"، في المرحلة الاخيرة من عصر البلايستوسين، ذات البيئات الشديدة الجفاف. وفي ماعدا هذه الاستثناءات، فانه لا توجد لدينا ادلة مناخية مؤكدة، حول التطور البيئي للعصر الحديث الاقرب، وهو العائق الذي نحاول اجتيازه في ما يتعلق ببعض المراحل المحددة، من خلال نقل تحاليل مستخلصة من مناطق اخرى في الغرب الصحراوي. وبالرغم من ذلك فان معلوماتنا حول تاريخ الموناخ، في عصر البلايستوسين، تعتبر شحيحة جدا، وهو الامر الذي يزداد حدة اكثر، كلما استحضرنا ذلك المسلسل الزمني البعيد.

existences et indéterminations dans la compréhension du procès d'évolution. Un signe indubitable d'avancement et de progrès et un stimulant qui encourage les investigations à venir.

Le climat -ou plutôt, les oscillations climatiques- ont fait que les rythmes socioculturels dans la dynamique évolutive soient, parfois, opposés. Ainsi, en termes généraux, tandis que le procès culturel graduel accompagne des étapes climatiques stables, la rupture socioculturelle manifeste la brusque altération environnementale. Le climat -pour sûr, donc- pousse et active les changements dans la dynamique sociale. Une maxime du raisonnement évolutionniste. Il n'y a pas, dès lors, compréhension des procès sociaux (et des règles et directrices de l'occupation de territoire) sans appréhension simultanée des circonstances environnementales. L'implication et la transcendance des changements climatiques est indissociable du devenir des procès d'évolution socioculturelle.

En ce sens, petit à petit, on recueille des preuves qui documentent chaque fois mieux les alternances entre les phases humides et arides à l'Holocène. Cependant, on est encore loin de pouvoir offrir un panorama compact et précis de la dynamique qui a eu lieu au cours des 12.000 dernières années. Par contre on est capable, là oui, de faire l'ébauche des grands traits de l'évolution climatique holocène.

Et si dans ce passé récent nous sommes encore confrontés aux carences testimoniales, le panorama est radicalement déficient pour le plus lointain pléistocène. Si bien, certains indices nous permettent d'affirmer quelques tronçons ponctuels, spécialement, de son procès final: au sein du «Grand Aride» du Pléistocène récent, d'ambiance extrêmement désertique. Mais, à part ces exceptions, nous manquons de preuves climatiques directes certaines de l'évolution environnementale pléistocène. Un handicap que nous essayons de surmonter, pour quelques tronçons ponctuels, au moyen de transferts analogiques extraits d'autres contextes de l'Occident du Sahara. Malgré cela, notre connaissance directe de l'histoire climatique du Pléistocène est plus que déficitaire. Une carence qui s'accentue, de plus, au fur et à mesure que nous remontons vers le lointain dans la séquence temporelle...

Et tout ce procédé accompagne, en relative consonance, notre perception des procès sociaux contemporains, spécialement de certains tronçons préhistoriques. Avouons, certes, que dans ce cas, en termes globaux, nous avons recours à une autre densité d'indices et de preuves testimoniales culturelles. Néanmoins, il faut garder à l'esprit que notre programme d'investigation sur le terrain a été centré sur la prospection archéologique et que, conséquemment, on doit accepter d'ores et déjà une limite aux prétentions théoriques et à la portée de l'interprétation. Malgré tout, voyons, en définitive, certaines de ces instabilités et lacunes qui émergent dans la séquence du peuplement préhistorique au Tiris.

naren zirkunstantziak ulertzen ez badira. Klima-aldaketen inplikazioa eta garrantzia lotu-loturik dago gizartearen eta kulturaren bilakaera-prozesuen bilakabidearekin.

Ildo beretik, arian-arian, frogak lortzen ari gara eta gero eta hobeto dokumenta ditzakegu Holozenoko fase hezeen eta idorren arteko txandakatzeak. Baina, hala ere, oraindik asko falta zaigu azken 12.000 urteotan gertatutako dinamikaren panorama trinko eta zehatza eskaini ahal izateko. Hori bai: Holozenoko klimaren bilakaeraren ezaugarri nagusien zirriborroa egiteko moduan gaude.

Eta azkenaldiko iragan honetan lekukotzen gabeziak baldin baditugu, panorama askoz ere okerragoa da, hutsune askoz ere handiagoak ditugu Pleistozenoko iragan urrunaren kasuan. Zenbait zantzuri esker denbora-tarte jakin batzuen berri izan dezakegu, batik bat, bukaerako prozesuan: Pleistozenoaren amaierako "Idorraldi Handia" esaten zaionaren barruan, basamortuko muturreko giroa zegoela. Baina, salbuespenak salbuespen, ez dugu Pleistozenoko giroaren bilakaeraren zuzeneko klima-froga ziurrik. Eta handicap edo eragozpen hori gainditzeko ahaleginetan, denbora-tarte jakin batzuen kasuan, Saharako mendebaldeko beste testuinguru batzuetatik ateratako transferentzia analogikoak egiten ditugu. Hala eta guztiz ere, Pleistozenoko klima-historiari buruz zuzenean ezagutzen duguna eskasa baino eskasagoa da. Eta gabezia hori areagotu egiten da, gainera, denbora-sekuentzian atzera egiten dugun heinean.

Eta diseinu hau guztia bat dator, hein batean, gizarte-prozesu garaikideei buruz dugun pertzepzioarekin, batik bat, historiaurreko zenbait tartetan. Hala ere, onartu behar dugu kasu honetan, eta oro har, kultura-arloko lekukotzaren zantzu eta frogen beste dentsitate bat dugula. Alabaina, ez dugu ahaztu behar lurraldean bertan gauzatu dugun geure ikerketa-programaren ardatza prospekzio arkeologikoa izan dela eta, horren ondorioz, asmo teorikoek eta interpretazioaren hedadurak muga bat dutela onartu beharrean gaude. Dena den, ikus ditzagun Tirisko historiaurreko populatzearen sekuentzian izandako zenbait ezegonkortasun eta hutsune.

• Behe eta Erdi Paleolitoko kultura-bilakaerari buruz, oro har, ezagutzen duguna oraindik ere oso gutxi eta zehaztugabea da. Ez dugu dokumentu garrantzitsu asko eta eskura dugun materialarekin, oso zaila –ausartegia ez esateagatik– izango litzateke erlazio sekuentzial tekno-tipologikoak eta kronologikoak ezarri nahi izatea. Kasurik hoberenean, dokumentatutako erreferentziek Erdi eta Goi Pleistozenoko zenbait adierazpide zehatzen orientabide orokorrak (krono-kulturalak, funtzionalak eta abar) baino ez dituzte azaltzen. Egia esan, gabeziak gehiegizkoak direla esatea gutxi da. Musterienseko eta Aterienseko teknokonplexu aurreratuenak ere benetan oso arraroak dira. Horregatik, lan handia dugu oraindik egiteko Tirisko Historiaurreko etapa zaharrenetara hurbiltzeko bidean: zenbait konplexuren presentzia puntualetatik beste batzuen adierazpenik ezera edo adierazpen eskasetara.

embargo, estamos lejos de ofrecer un panorama compacto y preciso de la dinámica acaecida en los 12.000 últimos años. Eso sí: podemos esbozar los grandes rasgos de la evolución climática holocena.

Y si en este pasado reciente topamos aún con carencias testimoniales, el panorama pasa a ser radicalmente deficiente para el más remoto pasado pleistoceno. Si bien, algunos indicios nos posibilitan afirmar ciertos tramos puntuales, especialmente, de su proceso final: dentro del "Gran Árido" del Pleistoceno reciente, de ambientación extremadamente desértica. Mas, salvo estas excepciones, carecemos de pruebas climáticas directas seguras de la evolución ambiental pleistocena. Un hándicap que intentamos suplir, en algunos tramos puntuales, a través de transferencias analógicas extraídas de otros contextos del Occidente del Sahara. A pesar de ello, es más que deficitario nuestro conocimiento directo de la historia climática del Pleistoceno. Una carencia que se agudiza, además, a medida que nos retrotraemos en la lejanía de la secuencia temporal...

Y todo este diseño acompaña, en relativa consonancia, a nuestra percepción de los procesos sociales coetáneos, especialmente de algunos tramos prehistóricos. Eso sí, reconozcamos que en este caso, en términos globales, contamos con otra densidad de indicios y pruebas testimoniales culturales. Mas, no obstante, recordemos que nuestro programa de investigación sobre el terreno se ha centrado en la prospección arqueológica y que, en consecuencia, se debe de aceptar ya un límite a las pretensiones teóricas y al alcance de la interpretación. Con todo, veamos, en definitiva, algunas de las inestabilidades y lagunas que van aflorando en la secuencia del poblamiento prehistórico en el Tiris.

• Resulta aún muy deficiente e impreciso el conocimiento que poseemos, en general, de la evolución cultural del Paleolítico inferior y medio. Carecemos de muchos documentos sustanciales, y con el material disponible resultaría complicado –por no decir mejor, aventurado– pretender establecer unas relaciones secuenciales tecnotipológicas y cronológicas. Las referencias documentadas señalan, en el mejor de los casos, ciertas orientaciones globales (crono-culturales, funcionales, etc.) de algunas expresiones concretas del Pleistoceno medio y reciente. Ciertamente, las carencias resultan más que excesivas. Incluso los tecno-complejos temporalmente más avanzados del Musteriense y del Ateriense se ofrecen francamente raros. Por ello, resta aún una labor muy importante a emprender de cara a la aproximación de las antiguas etapas de la Prehistoria del Tiris: de las presencias puntuales de algunos complejos y de la poca o casi nula representación de otros.

• No hay duda que nuestro conocimiento mejora en relación a la Prehistoria holocena, especialmente a partir del Holoceno medio (*ca.* 7.000-5.000 B.P.), coincidiendo con el desarrollo del Neolítico medio. Sin embargo, ¿qué sabemos del Holoceno antiguo, de sus posibles expresiones socioculturales?

Historiaurreko grabatuak dituzten blokeak; Larruia W-1-eko sebjan (Agüenit) dagoen "aruakim"-eko arte-kokalekuan.
Bloques con grabados prehistóricos reconocidos en la estación artística del "aruakim" de la sebja de Larruia W-1 (Agüenit).
مجموعات برسوم تعود لما قبل التاريخ، معروفة بالمحطة الفنية «آرواكيم» سبخة لرويه، الى الغرب W-1 (آغوينيت).
Blocs avec des gravures préhistoriques reconnus dans la station artistique de l'"aruakim" de la sebkha de Larruia W-1 (Agüenit).

كل هذا التصميم يرافق بشكل متناغم نسبيا، ادراكنا الحسيَّ للمسلسلات الاجتماعية المتزامنة، وخصوصا في بعض مراحل ما قبل التاريخ. ونذكر اننا نملك، في هذه الحالة عموما، ادلة ومؤشرات كشهادات ثقافية كثيرة. وان برنامج بحثنا في الميدان، قد ركز على التنقيب الاثري، فحان الاوان بالتالي ان نضع حدا للادعاءات النظرية ومدى سعة التفاسير. وفي نهاية المطاف، نرى من خلال ذلك كله. بعض الحالات من عدم الاستقرار، والفجوات التي برزت خلال مسلسل الاستيطان بتيرس في زمن ما قبل التاريخ.

• ان المعلومات التي نمتلكها، بصورة عامة، حول التطور الثقافي للعصر الحجري القديم الاسفل والمتوسط، هي جد شحيحة وغير دقيقة، اذ نفتقر لكثير من الوثائق الاساسية. وسيكون من الصعوبة ـ بالوسائل التي نمتلكها ـ ، إن لم نقل انه من قبيل المغامرة، محاولة وضع علاقات متسلسلة من الناحية التكنو تصنيفية tecno-tipológica، وكذا من حيث الترتيب الزمني. ان المراجع الوثائقية تشير، في احسن الاحوال، الى بعض التوجيهات العامة (كرونوثقافية، وظيفية الخ)، لبعض التعبيرات المحددة حول عصر البلايستوسين الاوسط والاعلى. وفي الحقيقة ان الفجوات تبدو جد

• Il s'avère toujours très déficiente et imprécise la connaissance que nous possédons, en général, de l'évolution culturelle du Paléolithique inférieur et moyen. Nous manquons de beaucoup des documents substantiels et avec le matériel disponible ce serait compliqué -voire téméraire- prétendre établir des relations séquentielles techno-typologiques et chronologiques. Les références documentées signalent, dans le meilleur des cas, certaines orientations globales (chrono-culturelles, fonctionnelles, etc.) de certaines expressions concrètes du Pléistocène moyen et récent. Certainement, les carences résultent plus qu'excessives. Même les techno-complexes temporellement plus avancés du Moustérien et de l'Atérien sont franchement rares. Il reste, donc, un très important travail à fournir en vue de l'approximation des anciennes étapes de la Préhistoire du Tiris: des présences ponctuelles de certains complexes et de la faible ou presque nulle représentation d'autres.

• Il n'y a pas de doute quant au fait que notre connaissance s'améliore en ce qui concerne la Préhistoire holocène, spécialement à partir de l'Holocène moyen (*ca.* 7.000-5.000 B.P.), en coïncidence avec le développement du Néolithique moyen. Cependant, qu'en savons-nous de l'Holocène ancien, de ses possibles expressions socio-culturelles?

• Zalantzarik gabe, Holozenoko historiaurreari buruz gero eta gauza gehiago ezagutzen ditugu, bereziki, Erdi Holozenotik aurrera (*ca.* 7.000-5.000 B.P.), Erdi Neolitoaren garapenarekin bat datorrela. Alabaina, zer dakigu antzinako Holozenoari buruz, izan zitzakeen gizarte- eta kultura-adierazpenei buruz?

Lehen esan dugunez, klimaren hainbat lekukotzari esker, jakin badakigu antzinako Holozenoan (*ca.* 11.500-7.000 B.P.) euri ugari egin zuela eta Holozenoaren aurreko "basamortu ogoliensearen" fase idor eta hiperridorretan zeharo lehortu ziren lurpeko akuiferoak berriz betetzera iritsi zirela. Dena den, ez dugu zuzeneko argudio kronologikorik zenbait industria-serie "gaur egungo" klimaren lehen zati horrekin lotzeko. Baina horrek ez du esan nahi argudio horiek ez direnik existitzen. Izan ere, gu ziur gaude presentzia hori izan badagoela.

Hori horrela dela, zenbait multzo "azeramiko" funtzio operatibo jakin baterako izan zitezkeen –esate baterako, material litikoa ustiatzeko eta lantzeko "tailerrekin" loturikoa: horrek, noski, zeramikazko ontzi zatien "testuingururik" ez egotea azal dezake, eta horrekin batera, Holozenoko historiaurreko etapetan noiznahi agertzea–, baina, zenbait kasutan, zeramikaren aurreko fase neolitikoa dela adierazteaz gainera, gertakari epipaleolitikoen berri ere eman dezakete. Hain justu, Epipaleolitoko zenbait fazieri balioa eman zaie azken urtetan Saharako mendebaldeko testuinguruetan: esaterako, Arguin-eko golkoko Mauritaniako zatian, R. Vernet-ek egindako lanaren ostean edo M. Tauveron-ek ere adierazi duen moduan, Chech ergaren esparru aljeriar-maliarrean; R. Vernet-ek, "Foum Arguin"-eko konplexu epipaleolitikoa lurralde-eremu zabal-zabal batera hedatu zela proposatu du, hau da, Banc d'Arguin-etik Adrar-en azpiko ekialdeko lautadetara eta, hortik, iparraldeko Oued Draa-raino).

• Bestalde, nahiz eta "tradizio neolitikoko" egoteko lekuetan igarotzen diren etapei buruz gauzak jakiten hasi baino ez garen egin, hilobietako eta errituetako monu-

Merced a algunos testimonios climáticos durante el Holoceno antiguo (*ca.* 11.500-7.000 B.P.), tal y como hemos ya referido, las precipitaciones debieron ser abundantes y consiguieron volver a rellenar los acuíferos subterráneos desecados radicalmente durante las fases áridas e hiperáridas del "desierto ogolinese" que precedieron al Holoceno. Sin embargo, no contamos con argumentos cronológicos directos para poder relacionar algunas series industriales con ese primer tramo de la "actualidad" climática. Ello, evidentemente, no quiere decir que no existan. Una presencia de la que, por otra parte, estamos plenamente convencidos.

Así, conjuntos "acerámicos" que si bien en algunos casos pudieran responder a una función operativa muy particular –como la relacionada con los "talleres" de explotación y talla de material lítico: lo que, lógicamente, pudiera avalar la ausencia en estos "contextos" de trozos de recipientes cerámicos, y unido a ello su indistinta posición temporal en las etapas prehistóricas holocenas–, quizás, en ciertas ocasiones, además de poder denunciar una fase neolítica pre-cerámica, pudieran asimismo ilustrar episodios propiamente epipaleolíticos. Un Epipaleolítico, precisamente, del que alguna de sus facies han sido puestas en valor en los últimos años en contextos del Occidente del Sahara: como en la zona mauritana del Golfo de Arguin, tras los trabajos de R. Vernet (quien además sugiere para el complejo epipaleolítico de "Foum Arguin" un amplísimo territorio de expansión que se extendería desde el Banc d'Arguin a las llanuras orientales al pie del Adrar y, de aquí, hasta el septentrional Oued Draa), o como al parecer lo ha advertido M. Tauveron en el marco argelino-maliense del erg Chech.

• Por otra parte, a pesar del todavía incipiente conocimiento de las diferentes etapas que se suceden en los lugares de habitación "de tradición neolítica", la concurrencia sobre los mismos contextos espaciales con monumentos líticos funerarios y rituales posibilitará, en principio, indagar acerca de las relaciones entre ambas expresiones sociales prehistóricas, y acaso pueda contribuir a precisar, en alguna forma, los tramos de la evolución cultural, máxime si se contemplara un programa de excavaciones arqueológicas de estos depósitos sepulcrales.

• Antes de terminar, no queremos aprovechar la oportunidad para tocar un último punto en relación a otro sujeto particularmente atractivo, como es el arte rupestre,

Kromatismoaren galera oso nabaria da Lejuad VI harpean (Duguech) dagoen pintura multzo honetan. Gainera, horien gainean marrak egin dituzte ikatzarekin, berriki.

La pérdida de cromatismo es muy aparente en este conjunto pictórico del abrigo de Lejuad VI (Duguech). A ello, además, se superpone una serie de trazos de reciente ejecución realizados con carbón.

انه من الواضح جدا ضياع الالوان، في هذه المجموعة التصويرية بمحمية لجواد VI (الدوڭــج)، ضف الى ذلك ايضا انه تعلوها سلسلة من الخطوط المطبَّقة حديثا بواسطة الفحم النباتي.

La perte de chromatisme est très nette sur cet ensemble de l'abri de Lejuad VI (Duguech). À cela s'ajoute, en outre, une série de traits de récente exécution réalisés au charbon.

Grâce à l'apport de quelques témoignages climatiques pendant l'Holocène ancien (*ca.* 11.500-7.000 B.P.), tel que nous l'avons référé, les précipitations furent abondantes et parvinrent à remplir à nouveau les aquifères souterrains desséchés radicalement durant les phases arides et hyperarides du «désert ogolien» qui ont précédé l'Holocène. Cependant, nous manquons d'arguments chronologiques directs pour pouvoir mettre en relation certaines séries industrielles avec ce premier tronçon de «l'actualité» climatique. Ce qui, évidemment, ne veut pas dire qu'elles n'existent pas. Une présence dont nous sommes, par ailleurs, pleinement convaincus.

Ainsi, des ensembles «acéramiques» qui, bien que répondant vraisemblablement dans certains cas à une fonction opérationnelle très particulière -comme celle reliée aux «ateliers» d'exploitation et taille de matériel lithique: ce qui, logiquement, pourrait expliquer l'absence dans ces «contextes» de débris de récipients céramiques et, par rattachement, leur indistinct positionnement temporel au sein des étapes préhistoriques holocènes-, peut-être, dans certaines occasions, en plus de pouvoir dénoncer une phase néolithique pré-céramique, pourraient-ils également illustrer des épisodes proprement épipaléolithiques. Un Épipaléolithique, précisément, dont certains des faciès ont été mis en valeur ces dernières années dans le contexte de l'Occident du Sahara: comme dans la zone mauritanienne du Golf d'Arguin, suite aux travaux de R. Vernet (qui en outre suggère pour le complexe épipaléolithique de «Forum Arguin» un très ample territoire d'expansion qui s'étendrait depuis le Banc d'Arguin jusqu'aux plaines orientales au pied de l'Adrar et de là jusqu'à la septentrionale Oued Draa), ou comme paraît-il l'a fait remarquer M. Tauveron dans le cadre algéro-malien de l'erg Chech.

• D'autre part, malgré la toujours naissante connaissance des différentes étapes qui se succèdent dans les lieux d'habitation «de tradition néolithique», leur coïncidence sur les mêmes contextes spatiaux avec des monuments lithiques funéraires et rituels permet, en principe, de s'enquérir sur les relations de ces deux expressions préhistoriques et, à la rigueur, contribuer à préciser, d'une manière ou d'une autre, les tronçons de l'évolution culturelle, surtout si un programme de fouilles archéologiques de ces dépôts sépulcraux pouvait être envisagé.

• Avant de conclure, on ne veut pas délaisser l'opportunité d'aborder un dernier point en ce qui concerne l'autre sujet particulièrement attractif, l'art rupestre, ou plus précisément, la chronologie d'une bonne partie de son répertoire iconographique.

Les restrictions imposées par le milieu désertique, dans tous les ordres, se font aussi sentir en ce qui concerne la possibilité de datation de peintures artistiques. Hormis des cas vraiment exceptionnels, les analyses au radiocarbone ne sont point ici déterminantes. D'où que l'ordonnancement séquentiel des productions artistiques soit toujours guidé par des critères stylistiques, conjointement à ceux éventuellement apportés par les thématiques représentées, les juxtapositions ou superpositions de types figurés

مفْرطة، كما ان مجموعة التقنيات المتقدمة زمنيا في عصر "الموستيري" القديم، وكذا في عصر اول حضارة اقليمية في افريقيا، ما قبل التاريخ Ateriense، يبدو انها نادرة جدا. لذلك سيظل هناك امامنا مزيد من العمل، حتى يمكننا ان نتقرب الى المراحل الماضية، من زمن ما قبل التاريخ، في تيرس: وجود مجمّعات تقنية (اثرية) محدودة، واخرى موجودة بشكل قليل، او تكاد تكون منعدمة.

• لاشك ان معرفتنا تتحسن، في ما يتعلق بزمن ما قبل تاريخ الهولوسين، وخصوصا ابتداء من الهولوسين الاوسط (ca. 7.000-5.000 B.P.)، بما يتوافق مع تطور العصر الحجري الحديث الاوسط. ولكن مع ذلك، فماذا نعرف عن الهولوسين القديم، وعن تعبيراته الاجتماعية الثقافية المحتملة؟.

بفضل بعض الشهادات المناخية خلال الهولوسين القديم (ca. 11.500-7.000 B.P.) كما اشرنا على ذلك سابقا، فمن المرجّح ان الامطار كانت غزيرة، فوصل الحال الى ان امتلأت الاجواف المائية الموجودة تحت الارض، والتي هِي مطلوبة بشكل ملح خلال مراحل التصحر"desierto ogoliense" القاحلة، والقاحلة جدا، التي سبقت عصر الهولوسين. ومع ذلك فلا نملك حججا حول الترتيب الزمني المباشر،من اجل ربط بعض المجموعات المصنوعة، بتلك المرحلة الاولى من الموناخ "الحالي"، بيد ان هذا لاينفي وجود تلك العلاقة، التي نحن، من جهة اخرى، متأكدون منها تماما.

هكذا، المجموعات في مرحلة ماقبل وجود الخزف "acerámicos"، التي يمكن في بعض الحالات، ان تستجيب لوظيفة عملية جد خاصة ـ مثل تلك المتعلقة ب"ورشات" استغلال ونحت الادوات الحجرية: تؤكد منطقيا غياب قطع الاواني الخزفية في تلك الظروف الزمنية، ومع ذلك لم يتم تمييز وضعها الزمني في مراحل ما قبل التاريخ الهولوسيني ـ ربما في بعض المناسبات، زيادة على ذلك، يمكن ابراز مرحلة من العصرالحجري الحديث (قبل ظهور الخزف)، ويمكن كذلك توضيح حلقات تخص ما فوق العصر الحجري القديم (epipaleolítico)، وهو زمن حظيت بعض خصوصياته بالاهمية، في السنوات الاخيرة، في محيطات من الغرب الصحراوي: مثل المنطقة الموريتانية خليج **آرڭين**، إثر العمل الذي قام به R. Vernet (الذي طرح فكرة امتداد المجمع epipaleolítico ل"فم آرڭين"، الذي يمتد من **بنك آرڭين** حتى السهول الشرقية القريبة من ادرار؛ ومن هناك حتى وادي درعة)، او كما لاحظ M. Tauveron في الجهة الجزائرية المالية، بـ**عرق الشاش**.

• من جهة اخرى فبالرغم من كون المعلومات اولية لحد الساعة، في ما يتعلق مختلف المراحل التي عرفتها اماكن الاستيطان "لتقاليد العصر الحجري الحديث"،

mentu litikoak dituzten espazio-testuinguru beretan gertatzen direnez, historiaurreko bi gizarte-adierazpenen arteko harremanak ikertzen hasteko aukera izango dugu eta, agian, nola edo hala, kultura-bilakaeraren tartean zehazteko lagungarri izan dakiguke, eta are gehiago hilobi-metaketa horien indusketa arkeologikoak egiteko programa bat egongo balitz.

• Bukatu aurretik, aukera hau baliatu nahi dugu bereziki erakargarria den beste subjektu bati buruzko azken puntu bat aipatzeko; hain zuzen ere, labar-artea edo, zehazkiago esateko, labar-artearen ikonografia sortaren zati handi baten kronologia.

Basamortuko inguruneak murrizketak ezartzen ditu alderdi guztietan eta, halaber, arte-pinturen datazioak egiteko aukeran ere bai. Sahararen eremu globalean ezohiko salbuespenen bat kenduta, analisi erradiokarbonikoek ez dute emaitzarik ematen. Horregatik, arte-produkzioak sekuentziaren arabera ordenatzeko estilo-irizpideei jarraitzen zaie oraindik ere, eta noiz edo noiz, beste hainbat irizpideri ere: irudikatutako gaia, horma eta arte-palinpsestoen gainean irudikatutako motak elkarren ondoan edo gainean agertzea, edo itxuraz duten antzinatasuna handiagoa edo txikiagoa freskotasun-mailarengatik edo estaltzen dituen patinaren mineralizazio-mailarengatik.

Gure aldetik, bide berriak bilatzea dugu xede, agian, etorkizun hurbilean, Saharako arte-produkzioen kronologian berrikuntzaren bat ekar ditzaketen bide berriak, eta azkenaldian, lan-ildo berri bati ekin diogu; ildo horretan, pigmentuen egitura kimikoa zehaztea eta aire zabaleko harkaitz nahiz harpeetako gainazaletan sortzen den –eta patina baten moduan estaltzen dituen– kaltzio oxalatoaren (CaC_2O_4) mintz edo laminazio finak arakatzea dira

o, de forma más precisa, la cronología de buena parte de su repertorio iconográfico.

Las restricciones que impone el medio desértico, en todos los órdenes, se dejan sentir asimismo en lo que concierne a la posibilidad de datación de pinturas artísticas. Con alguna más que excepcional salvedad en el ámbito global del Sahara, los análisis radiocarbónicos no son aquí resolutivos. Por ello, la ordenación secuencial de las producciones artísticas sigue guiándose por criterios estilísticos, a los que eventualmente se suman los aportados por las temáticas representadas, las yuxtaposiciones o superposiciones de tipos figurados sobre paredes y palimpsestos artísticos, o la aparente mayor o menor antigüedad por el grado de frescura o de mineralización de la pátina que las recubre.

Por nuestra parte, con el propósito de buscar nuevos caminos que quizás en un futuro cercano puedan aportar algo novedoso en relación a la cronología de las producciones artísticas saharianas, venimos recientemente de iniciar una nueva vía de trabajo centrada en la determinación química de los pigmentos y en el rastreo de películas o finas laminaciones de oxalato cálcico (CaC_2O_4) que se forma –y recubre a modo de pátina– sobre las superficies de las rocas al aire libre y de los abrigos rupestres, y que, merced a su contenido, puede ser, en casos, susceptible de una analítica cronométrica AMS/C14.

Como experiencia piloto, vamos a ensayar con una serie de pigmentos de la pequeña covacha de Tuama Budarga E-1 (Duguech), tomados de diferentes rótulos pictóricos "*tifinâgh*", y con otros colorantes del abrigo rupestre de Galb Budarga 1/1 (Duguech), que probablemente deban también asociarse a la etapa "líbico-beréber" del

Gleibat el Barka-ko "dhâya" (Mijek); Aterienseko aztarna tipologikoak berreskuratu dira.
"Dhâya" de Gleibat el Barka (Mijek) en la que se han recuperado algunos indicios tipológicos del Ateriense.
«ظاية» (أضاة) گـليبات البركه (ميجك)، التي تم بها استرجاع بعض الاشارات التي تعود تصنيفيا، لزمن Ateriense.
"Dhâya" de Gleibat el Barka (Mijek) sur laquelle ont été récupérés quelques indices typologiques de l'Atérien.

فتزامنها فوق نفس المواقع، مع المعالم الحجرية الجنائزية والطقوسية، تساعد مبدئيا، على البحث حول العلاقات بين كلا التعبيرين الاجتماعيين في ما قبل التاريخ، وربما يمكن ان تساهم، بشكل ما، في تحديد مراحل التطور الثقافي، لاسيما اذا فكرنا في برنامج للتنقيب الاثري، بتلك المستودعات الخاصة بالقبور.

• وقبل ان ننهي، لانريد ان نستغل الفرصة من اجل التطرق الى اخر نقطة، تتعلق بعنصر آخر جذاب بشكل خاص، مثل الفن الصخري، او بشكل ادق، كرونولوجية جانب كبير من المراجع الايكنو غرافية.

ان القيود التي يفرضها الوسط الصحراوي (desértico) على جميع الاصعدة، تجعلنا نحس بالصعوبة، في ما يتعلق بامكانية التأريخ المرجعي للرسوم الفنية، مع حالة استثنائية في المجال الصحراوي بصفة عامة. فالتحاليل بواسطة الكربون المشع، لم تكن مجدية، لذلك فالتسلسل المرتب للمنتوجات الفنية، يتم التعرف عليه فقط عن طريق معايير اسلوبية، يضاف اليها بشكل مؤقت، مساهمات من المواضيع الممثلة، والانواع المتراكمة المرسومة فوق الجدران، والرق الممسوح الفني (palimpestos)، او الظهور الاكبر اوالاصغر في الاقدمية، وعن طريق درجة الجدة، او الصدأ الذي يغطي هذه الرسوم الفنية.

ومن جهتنا، من اجل البحث عن طرق جديدة، ربما تأتي بالجديد في المستقبل القريب، في ما يتعلق بالتأريخ الكرونولوجي للمنتوجات الفنية الصحراوية قديما، فقد بدأنا مؤخرا باتخاذ اسلوب جديد للعمل، يركز على التحديد الكيميائي للاصباغ، وعلى تتبع طبقات من رقائق اوكسالات الكالسيوم (CaC_2O_4)، التي تشكل اغطية من الصدأ على سطوح الصخور الموجودة في الهواء الطلق، وفي الملاجئ الصخرية، والتي يمكن بفضل محتواها، في بعض الحالات، ان تكون عرضة للتحليلات الكرونوميترية (AMS/C14) وكتجربة رائدة، نقوم باختبار مجموعة من الاصباغ، موجودة بكهف صغير **بتوامت بودرگة** شرق1 (E1) ب**الدڴج**، مأخوذة من رسومات تصويرية مختلفة "تيفيناغ" ومع اصباغ اخرى بالملجأ الصخري بقلب **بودرگة** 1/1 ب**الدوڴج** التي من المحتمل ان تكون متعلقة بمرحلة "الليبي البربري" للفن الصخري الصحراوي. هكذا اذن نحصل نسبيا، على تسلسل زمني، من حيث المبدأ، للعناصر التي سيتم تحليلها. ونأمل ان تدعّم تلك النتائج هدفنا. بهذا يمكن ان نفتح طريقا جديدة للمرجعية الزمية (datación) للفن، ليس فقط في الصحراء الغربية، ولكن في ما يتعلق بالتراث الغني في الصحراء بصفة عامة: بما يتطلب ذلك من مراجعة، ونقد، وتقدم فكري، في ما يتعلق باصالة واقدمية منتوجاتها الرمزية والمختلفة.

sur les parois et palimpsestes artistiques, ou l'apparente plus ou moins grande antiquité par le degré de fraîcheur ou de minéralisation de la patine qui les recouvre.

Pour notre part, dans le propos de quête de nouvelles issues qui peut-être dans un futur apporteront du renouveau à la chronologie des productions artistiques sahraouies, nous venons récemment d'initier une nouvelle voie de travail centrée sur la détermination chimique des pigments et le ratissage de pellicules ou mince laminage d'oxalate de calcium (CaC_2O_4) qui se forment –et recouvrent sous forme de patine– toutes les surfaces des roches en plein air et des abris rupestres, et qui, au travers de son contenu, peuvent être, selon les cas, susceptibles d'une analyse chronométrique AMS/C14.

En expérience pilote, nous allons essayer avec une série de pigments du petit caveau de Tuama Budarga E-1 (Duguech), prélevés des différents panonceaux picturaux "*tifinâgh*", et avec d'autres colorants de l'abri rupestre de Galb Budarga 1/1 (Duguech), qui probablement aient aussi à être associés à l'étape «libyco-berbère» de l'art rupestre sahraoui. Ainsi donc, nous comptons, en principe, sur une chronologie relative pour les sujets à analyser. Toujours dans l'espoir que les résultats se portent garants de notre propos. Ce serait possible, dès lors, d'ouvrir une nouvelle voie de datation de l'art, non seulement du Sahara Occidental mais encore de l'extrêmement riche patrimoine sahraoui: ce qui amènerait la révision, la critique et le progrès intellectuel concernant l'origine et l'antiquité des différentes productions symboliques.

Quoi qu'il en soit, une fois acceptées celles-ci et autant d'autres indéterminations et doutes qui accompagnent l'image que nous avons du procès d'évolution préhistorique au Tiris, on ne peut pour le moins que s'affermir dans l'acquis hautement positif au cours de ces années d'expérience. Et si on avait à souligner les apports capitaux –ou, d'après nous, ceux de plus grande envergure– réalisés pendant cette étape, l'accent serait mis sur les deux contributions spécifiques qui suivent:

• La mise en valeur de la richesse patrimoniale du territoire. Une richesse et valeur témoignées: a) d'une part, par la découverte d'une très notable quantité de témoignages archéologiques: et, en ce sens, il faut rappeler que jusqu'en 2005 le nombre de sites dénoncés bibliographiquement au Tiris ne dépassait pas la vingtaine, face aux plus de 600 références (représentant quelques milliers de monuments) documentées jusqu'en 2011; b) d'autre part, par la potentialité scientifique des trouvailles et des questions qui en puissent dériver pour le futur de l'investigation; et c) finalement, par les implications sociales et patrimoniales inhérentes à leur gestion par les autorités sahraouies.

• La construction de la première séquence du peuplement et du développement environnemental d'un vaste espace de l'ouest du Sahara scientifiquement inconnu: procurant une première connaissance de la dynamique d'occupation de la région du Tiris. Effectivement, petit ardatz nagusiak. Izan ere, mintz edo laminazio fin horiei, edukiaren arabera, AMS/C14 analisi kronometrikoa egiten ahal zaie zenbait kasutan.

Esperientzia pilotu moduan, Tuama Budarga E-1-eko (Duguech) haitzulo txiki bateko "*tifinâgh*" errotulu piktorikoetatik hartutako pigmentu multzo batekin egingo ditugu probak, bai eta Galb Budarga 1/1-eko (Duguech) labar-harpeko koloratzaileekin ere; azken horiek ere, ziurrenik, Saharako labar-artearen "libiar-berbertar" etaparekin lotu beharko lirateke. Horrela, bada, hasteko, aztertu beharreko subjektuetarako kronologia erlatibo bat badugu. Eta emaitzen bitartez gure asmoa bermatuko ahal da! Hartara, artearen datazioak egiteko bide berri bat zabaldu ahal izango genuke, Mendebaldeko Sahararako ez ezik, Sahara osoko ondare aberats guztirako ere; horren ondorioz, produkzio sinbolikoen originaltasunari eta antzinatasunari dagokienez, berrikuspen, kritika eta aurrerapen intelektual handia lortuko genuke.

Nolanahi ere, Tirisko historiaurreko bilakaera-prozesuari buruz osatzen ari garen irudian ditugun zehaztugabetasun eta zalantza horiek eta gehiago ere onartuta, urte hauetako esperientzia guztiz positiboa izan dela esan behar dugu. Eta prospekzio arkeologikoen etapa honetan egindako ekarpen nagusiak –edo, gure ustez, garrantzitsuenak– nabarmendu beharko bagenitu, honako bi ekarpen zehatz hauek aipatuko genituzke:

• Lurraldean dagoen ondare-aberastasunari balioa ematea. Aberastasuna eta balioa frogatuta daude: a) alde batetik, froga arkeologiko asko aurkitu direlako eta, ildo beretik, ez dugu ahaztu behar 2005. urtera bitarte bibliografian aipatzen ziren Tirisko lekuak hogei baino gutxiago zirela eta 2011. urtera bitarte 600 erreferentzia baino gehiago lortu direla (milaka monumenturekin); b) bestetik, aurkikuntzen potentzialtasun zientifikoarengatik eta horrek ikerketaren etorkizunerako eragin dezakeenarengatik; eta, c) azkenik, Saharako agintarien kudeaketak gizartean eta ondarean izandako ondorioengatik.

• Zientziaren aldetik orain arte ezezaguna zen Saharako mendebaldeko espazio zabal baten ingurumen-garapenaren eta populatzearen lehen sekuentzia osatzea, Tirisko eskualdearen okupazioaren dinamika ezagutzen hasteko. Izan ere, pixkanaka-pixkanaka, orain arte lurralde ezezaguna izaki, Tiris Saharako mendebaldearen iraganari buruzko azterlanetan erreferentziazko eskualdea izatea lortu dugu. Hein batean, Saharako mendebaldean "probintzia arkeologiko" berri bat ezagutarazten hasi garela esan dezakegu.

Erreferentzia horietan, nola edo hala, zientziaren, ondarearen eta gizartearen arloetako pizgarri edo estimuluak uztartzen dira, Mendebaldeko Saharan kultura-arloko lankidetzaren eta ikerketaren saiakuntza hau sustatzen duten estimuluak.

arte rupestre sahariano. Así pues, contamos, en principio, con una cronología relativa para los sujetos a analizar. Y ojalá que los resultados avalen nuestro propósito. Se pudiera abrir, así, una nueva vía de datación del arte, no ya del Sahara Occidental, sino del riquísimo patrimonio sahariano: con lo que ello supondría de revisión, crítica y avance intelectual en relación a la originalidad y antigüedad de sus diferentes producciones simbólicas.

En cualquier caso, asumiendo estas y otras más indefiniciones y dudas que acompañan a nuestra imagen del proceso de evolución prehistórica en el Tiris, no podemos sino afirmarnos en lo altamente positivo de estos años de experiencia. Y si tuviéramos que enfatizar las aportaciones capitales –o, a nuestro juicio, de mayor entidad–, realizadas durante esta etapa de prospecciones arqueológicas, pondríamos el acento en estas dos contribuciones específicas:

• La puesta en valor de la riqueza patrimonial del territorio. Riqueza y valía atestiguadas: a) por una parte, por el descubrimiento de una muy notable cantidad de testimonios arqueológicos: y, en este sentido, hay que recordar que hasta el año 2005 el número de sitios denunciados bibliográficamente en el Tiris no superaba la veintena, frente a las más de 600 referencias (con algunos millares de monumentos) documentadas hasta 2011; b) por otra parte, por la potencialidad científica de los hallazgos y las cuestiones que de ellos pueden derivarse para el futuro de la investigación; y, c) finalmente, por la implicaciones sociales y patrimoniales inherentes a su gestión por las autoridades saharauis.

• La construcción de la primera secuencia de poblamiento y de desarrollo medioambiental de un vasto espacio del Oeste del Sahara científicamente desconocido: procurando un primer conocimiento de la dinámica de ocupación de la región del Tiris. Y es que, poco a poco, estamos logrando que el Tiris pase a ser de un territorio desconocido a una referencia regional en los estudios del pasado del Oeste sahariano. En cierta manera, pudiéramos hablar que comenzamos a desvelar una nueva "provincia arqueológica" en el Occidente del Sahara.

Unas referencias que, en cierta manera, conjugan los estímulos científicos, patrimoniales y sociales que vienen impulsando este ensayo de investigación y cooperación cultural en el Sahara Occidental.

Ogolienseko idorraldi bizian, Sahara asko zabaldu zen.
Durante el intenso episodio árido del Ogoliense, el Sahara extendió considerablemente sus dimensiones.
لقد امتدت مساحات الصحراء، بشكل معتبر، خلال حلقة التصحر القاسية من زمن «اوڤـوليينس».
Au cours de l'intense épisode aride de l'Ogolien, le Sahara étendit considérablement ses dimensions.

à petit, on est parvenu à convertir ce Tiris inconnu en une référence régionale des études du passé de l'ouest sahraoui. En un certain sens, on peut parler du dévoilement d'une nouvelle «province archéologique» dans l'Occident du Sahara.

Des références qui, d'une certaine manière, conjuguent les stimulants scientifiques, patrimoniaux et sociaux impulsant cet essai d'investigation et coopération culturelle au Sahara Occidental.

على اي حال، نتحمل تلك اللا محددات وغيرها، والتخمينات التي ترافق تصورنا لمسلسل التطور، في زمن ما قبل التاريخ في تيرس. ولا يمكننا الا ان نؤكد الايجابية الكبيرة لتلك السنوات من التجربة. واذا كان علينا ان نركز على المساهمات الاساسية ـ ذات الاهمية الكبيرة بحكمنا ـ المحصلة طوال تلك المرحلة من التنقيب الاثري، فانه يمكننا التشديد على مساهمتين جديدتين:

• تقييم الثروة التراثية للارض. الثروة والقيمة تؤكد ان: أ) الاكتشاف المعتبر من جهة، من خلال جزء لا بأس به من الشهادات الاثرية: في هذا الاتجاه نذكر انه حتى سنة 2005، لم يكن عدد المواقع المعروفة، من خلال المراجع البيبليوغرافية في تيرس اكثر العشرين، مقابل اكثر من 600 مرجع (بآلاف المعالم الاثرية) المسجلة حتى سنة 2011. ب) من جهة اخرى، من خلال القوة العلمية للمكتشفات والمسائل التي يمكن ان تنشأ عنها، من اجل مستقبل البحث. ج) وفي النهاية من خلال الاشراك الاجتماعي والتراثي المتصل بالتسيير من طرف السلطات الصحراوية.

• ان بناء المسلسل الاول للاستيطان، والتطور المونانخي بمساحات شاسعة من الغرب الصحراوي، غير معروفة من الناحية العلمية، لذلك نحاول الحصول على معلومات اولية حول ديناميكية احتلال اقليم تيرس، لننتقل بهذا الاقليم شيئا فشيئا، من كونه مجالا غير معروف، الى ان يصبح مرجعا اقليميا للدراسات، حول الماضي بالغرب الصحراوي. بطريقة اخرى يمكننا التحدث عن اننا بدأنا نكتشف "ولاية اثرية" جديدة في الغرب الصحراوي.

هي مراجع، بطريقة او باخرى، تجمع الحوافز العلمية والتراثية والاجماعية، التي تدفع تجربة البحث والتعاون الثقافي في الصحراء الغربية.

III. PROIEKTUA ETA ETORKIZUNA

III. PROYECTO Y PERSPECTIVAS

III. مشروع وآفاق

III. PROJET ET PERSPECTIVES

2004. urtean, Mendebaldeko Saharan lan egiteko aukerari buruz pentsatzen hasi ginen, arkeologia- eta kultura-ondarea berreskuratzea, kontserbatzea eta azterketa integrala egitea xede izango zituen proiektu baten esparruan.

Kultura Ministerioko agintari sahararrekin hitz egin eta ados jarri ostean, 2005. urtean ekin genion geure ikerketa-lanari. Tirisko hegoaldeko eskualdea izango zen gure lurralde-esparrua, gure saiakuntza berezia egiteko tokia... Eta harrezkero 7 urte igaro dira, landa-lan sistematikoa etengabe egiten aritu garen 7 urte.

Zeregin horretan, Tirisko kultura-iraganari eta ondareari buruzko datu eta informazio interesgarri eta garrantzitsuak bildu ditugu. Horrela, bada, antzinako kultura-ondarearen adierazpen eta keinuen aniztasuna zehatz-mehatz berreskuratzen jardun dugu. Helburu horretan, iraganeko kulturaren bioaniztasuna, besteak beste, bilatzea, identifikatzea, erregistratzea, sailkatzea, berreskuratzea eta finkatzea lortu nahi dugu, modu interaktiboan.

Dinamika horri esker ondare horren nondik norakoaren, balioaren eta potentzialtasun zientifikoaren ikuspegi zehatza eskuratzen ari gara. Eta, aldi berean, Tirisko gizartearen, kulturaren eta ingurumenaren bilakaeraren zenbait ezaugarri aurkezteko aukera ere izaten ari gara. Balantzea oso-oso aberasgarria izan da, argi eta garbi. Eta, lehen aipatu dugunez, erantzun ugari lortu baditugu ere, sortu zaizkigun galdera berriak biderkatu egin dira. Beraz, bide egokia hartu dugula pentsa dezakegu.

Proiektuaren egitura kulturaren eta kultura-iraganaren ikusmolde teoriko multidimentsional eta interdependente batean oinarritzen da. Horren ondorioz, diziplina anitzeko hainbat ikerketa-programa aldi berean gauzatu ditugu lurraldean bertan. Funtsean, gure praxi operatiboa hiru estrategia hauetan oinarritu dela esan dezakegu: a) *lurraldea ezagutzea*: elementu geografikoak, ingurune naturalak, espazioaren antolamendu topografikoa, baliabideen banaketa, klima-eraldaketen esparru horretan duen eragina; b) *jendea, biztanleak ezagutzea*: jarrerak, ohiturak, praktika sozioekonomikoak, bizirauteko baliabideak; eta c) *antzinako kultura materialaren adierazpen ideologikoak ezagutzea*: arrastoak eta gizarte-zantzuak argituz, katalogatuz eta sekuentzialki ordenatuz.

En 2004 concebíamos la posibilidad de trabajar en el Sahara Occidental en el marco de un proyecto centrado en torno a la recuperación, la conservación y el estudio integral del patrimonio arqueológico y cultural.

Tras la convergencia y el común acuerdo con las autoridades saharauis del Ministerio de Cultura, comenzábamos propiamente nuestra tarea de investigación en el año 2005. La región sureña del Tiris iba a constituir nuestro marco territorial en el cual poner en práctica este particular ensayo... Y han transcurrido ya 7 años de continuada labor sistemática de campo.

Una tarea ésta que ha estado orientada, en este tramo, a la compilación de datos e informaciones de interés y relevancia en torno al patrimonio y al pasado cultural del Tiris. En consecuencia, nuestra labor se ha centrado en la recuperación minuciosa de la pluralidad de gestos y expresiones del antiguo patrimonio cultural. Un propósito del que interactivamente participan la búsqueda, la identificación, el registro, la clasificación, la recuperación y la consolidación, entre otros, de la biodiversidad de la cultura del pasado.

Esta dinámica nos está aportando una perspectiva precisa del alcance de ese patrimonio, de su valía y de su potencialidad científica. Y, en paralelo, nos permite presentar algunos de los rasgos de la evolución sociocultural y ambiental del Tiris. El balance, a todas luces, ha sido francamente muy enriquecedor. Y, como hemos señalado, si numerosas han sido las respuestas obtenidas, las nuevas cuestiones que se plantean se han multiplicado. Lo que nos hace pensar que estamos caminando en una correcta dirección.

El engranaje del proyecto se fundamenta en una concepción teórica multidimensional e interdependiente de la cultura, del pasado cultural. Lo que, en consecuencia, ha conllevado la implicación simultáneamente sobre el terreno de diversos programas de investigación pluridisciplinar. Básicamente, podemos convenir que nuestra praxis operativa se ha venido sustentando en esta triple estrategia: a) *conocer el territorio*: sus accidentes geográficos, sus medios naturales, la organización topográfica del espacio, la distribución de sus recursos, la incidencia sobre ese marco de las transformaciones climáticas; b)

لقد قمنا في سنة 2004 برسم صورة حول امكانية العمل في الصحراء الغربية، في اطار مشروع يتمحور حول نطاق استرجاع وصيانة التراث الاثري والثقافي، ودراسته بشكل عام.

بعد الاتفاق المشترك مع السلطات الصحراوية، وزارة الثقافة، بدأنا مهمة بحثنا خاصة في سنة 2005. وكانت المنطقة الجنوبية من تيرس شكلت الاطار الميداني الذي تم في نطاقه تطبيق ذلك الاختبار التجريبي الخاص... وقد مضت الان سبع سنوات (7) من العمل المنظم والمتواصل ميدانيا.

لقد كانت المهمة موجهة، في تلك المرحلة، من اجل تجميع البيانات والمعلومات، ذات الفائدة والاهمية، في مجال التراث والماضي الثقافي لتيرس، و وفقا لذلك فقد تركز عملنا على الاسترجاع الشامل لعديد الاشارات والتعابير المتعلقة بالتراث الثقافي القديم. هدف يجمع بصورة تفاعلية، كلا من البحث، وتحديد هوية، وتدوين، وترتيب، واسترجاع وتدعيم، (من بين مزيد) ذلك التنوع البيولوجي للثقافة في الماضي.

وتزودنا هذه الديناميكية بمنظور دقيق، لتناول ذلك التراث، لقيمته ولقوته العلمية، كما تسمح لنا، بالموازاة مع ذلك، بالتعرض لبعض ملامح التطور الاجتماعي والثقافي في تيرس.

لقد كانت الحصيلة غنية بشكل واضح، وكما اشرنا انه اذا كانت الاجابات المحصل عليها عديدة، فالمسائل الجديدة المطروحة قد تضاعفت، وهو ما يجعلنا نعتقد باننا نسير في الاتجاه الصحيح.

ان اعتمادنا للمشروع تأسس على تصور نظري مترابط ومتعدد الابعاد، حول الثقافة في الماضي، وهو ما ادى بالتالي، الى الاشراك الموازي لعدة برامج في الميدان، من اجل البحث متعدد التخصصات. ويمكننا ان نجمع على كون تطبيقنا العملي، قد ارتكز بالاساس، على تلك الثلاثية الاستراتيجية:

En 2004 on concevait la possibilité de travailler au Sahara Occidental dans le cadre d'un projet visant la récupération, la conservation et l'étude intégrale du patrimoine archéologique et culturel.

Suite à la convergence et au commun accord avec les autorités sahraouies du Ministère de la Culture, on commençait la tâche d'investigation proprement dite en 2005. La région du sud du Tiris allait constituer le cadre territorial sur lequel mener à la pratique ce particulier essai… Cela fait déjà 7 ans de travail continu systématique sur le terrain.

Une tâche celle-ci qui a été orientée, sur ce tronçon, sur la compilation de données et d'informations d'intérêt et relevance au sujet du patrimoine et du passé culturel du Tiris. En conséquence, notre travail s'est centré sur la récupération minutieuse de la pluralité de gestes et expressions de l'ancien patrimoine culturel. Un propos duquel participent la recherche, l'identification, le registre, la classification, la récupération et la consolidation, entre autres, de la biodiversité de la culture du passe.

Cette dynamique nous apporte une perspective précise de l'étendue de ce patrimoine, de sa valeur et de sa potentialité scientifique. Et, en parallèle, nous permet de présenter quelques traits de l'évolution socioculturelle et environnementale du Tiris. Le bilan, de tout point de vue, a été franchement très enrichissant. Et, tel que nous l'avons signalé, si nombreuses ont été les réponses obtenues, les nouvelles questions qui se posent se sont multipliées. Ce qui nous amène à penser que nous marchons dans la bonne direction.

L'engrenage du projet est fondé sur une conception théorique multidimensionnelle et interdépendante de la culture, du passé culturel. Ce qui, en conséquence, a entraîné l'implication simultanée sur le terrain de divers programmes d'investigation pluridisciplinaire. Essentiellement, on peut convenir que notre praxis opérationnelle a été soutenue par cette triple stratégie: a) *connaître le terrain*: ses accidents géographiques, ses milieux naturels, l'organisation topographique de l'espace, la distribution de ses recours, l'incidence sur ce cadre des tranformations climatiques; b) *connaître les personnes, ses habitants:* leurs conduites, habitudes, coutumes, pratiques socioé-

Aniztasun hori uztartzea zaila da, baldin eta konplexutasun horren forma guztien bilakaera-prozesua ez bada aztertzen eta ulertzen. Hori guztia ezinbestekoa da kultura-iraganaren alderdi guztiak ezagutzeko gure xedea bete nahi badugu.

Gure ustez, horixe da, hain justu, saiakuntza zientifiko honen ezaugarri originaletako bat. Ez dela ikerketa-proiektu "espezializatu" arrunt bat, baizik eta jakintzaren alderdi guztiak biltzen dituena, betiere diziplinaz haraindiko dialektikaren eta inter/intra-harremanen bitartez, iraganeko kulturari buruzko ezagutzaren ikuspegi osoa eta informazioa lortzea xede izanik. Bere globaltasun konplexua abiapuntu hartuta ulertzeko ahalegina.

Mendebaldeko Saharan gauzatzen ari garen proiektu honen formulazio orokorrean, lehen fasea ikerketa-fasea da eta lurraldeari buruzko informazioa biltzea izan da lan nagusia, orain arte zorrotz egin dugun moduan. Oinarrizko prozesu bat da: ezagutu ahal izateko dokumentatzea.

Logikari jarraiki, fase horrek hurrengo urteetan ere jarraitu beharko luke baina landutako azterketa-esparruetan sakontzera bideratzen den planteamendu berriarekin. Orain, hurrengo prozesua aztertzea da, asimilatzeko eta intelektualki aurrera egiteko; bestela esateko, alderdi kuantitatibotik kualitatibora igarotzea. Zeren, gauzak argiago ikusten hasi garen arren, oraindik lan izugarri handia baitugu egiteko gure azterketa-esparruan iragana bilatzen, hausnartzen eta interpretatzen.

conocer a las personas, a sus habitantes: sus conductas, hábitos, costumbres, prácticas socioeconómicas, recursos de subsistencia; y, c) *conocer las manifestaciones y expresiones ideológicas de la cultura material de la antigüedad*: descifrando, catalogando y ordenando secuencialmente sus restos y rastro sociales.

Una diversidad aparentemente compleja de ensamblar sino es estudiando y comprendiendo el proceso evolutivo de las diferentes formas de esa complejidad. Todo ello, una apuesta necesaria de cara a nuestra pretensión de aproximación a un conocimiento integral del pasado cultural.

A nuestro juicio, esta es precisamente una de las originalidades de este ensayo científico. El no tratarse del común proyecto de investigación "especializado", sino entenderse como una pluralidad de facetas del saber cuyo propósito es aspirar, a través de una dialéctica transdisciplinar y de inter/intra-relaciones, a una información y perspectiva íntegra del entendimiento sobre la cultura del pasado. Un esfuerzo por comprenderla desde su globalidad compleja.

En la formulación general de este proyecto que desarrollamos en el Sahara Occidental, hemos concebido una primera fase de investigaciones orientada esencialmente a esta labor compilatoria de informaciones sobre el terreno que hasta ahora hemos venido rigurosamente practicando. Se trata del proceso elemental de documentar para conocer.

Monumentu litikoak eta pintura-adierazpenak batera ikus daitezke, kasu askotan, dike harritsuen inguruan.
Monumentos líticos y representaciones pictóricas concurren, en muchos casos, en torno a los diques rocosos.
معلم اثري صخري، وتماثيل تصويرية متجمعة، في كثير من الحالات، حول السدود الصخرية.
Monuments lithiques et représentations picturales coïncident, très souvent, aux alentours des filons rocheux.

conomiques, recours de subsistance; et, c) *connaître les manifestations et les expressions idéologiques de la culture matérielle de l'antiquité:* déchiffrant, cataloguant et ordonnant séquentiellement ses restes et traces sociaux.

Une diversité apparemment complexe d'assembler si ce n'est au travers de l'étude et la compréhension du procès évolutif des différentes formes de cette complexité. Tout cela représente un pari nécessaire en vue de notre prétention d'approximation d'une connaissance intégrale du passé culturel.

À notre avis, c'est ce qui constitue précisément une des originalités de notre essai scientifique. Le fait de ne pas constituer un commun projet d'investigation «spécialisé», mais de l'envisager en tant qu'une pluralité de facettes du savoir dont le propos est d'aspirer, par le biais d'une dialectique transdisciplinaire et d'inter/intrarelations, à une information et une perspective intègre de l'entendement sur la culture du passé. Un effort de compréhension depuis sa complexe globalité.

Dans la formulation générale de ce projet que nous développons au Sahara Occidental, nous avons conçu une première phase d'investigations orientée essentiellement sur ce travail compilateur d'informations sur le terrain que nous avons jusque là rigoureusement accompli. Il s'agit du procès élémentaire de documenter pour connaître.

Logiquement, cette phase devrait se poursuivre dans les années à venir avec l'ajout d'une nouvelle approche orientée vers l'approfondissement dans les différents champs d'étude abordés. Il s'agit, pour l'instant, du procédé consécutif d'étudier pour assimiler et progresser intellectuellement: en d'autres termes, le passage du quantitatif au qualitatif. Puisque, malgré que l'on commence à y voir plus clair, il reste encore un énorme travail à fournir autour de la recherche, la réflexion et l'interprétation du passé dans notre cadre d'étude.

Nous devons, donc, persister dans cet effort pour essayer de faire du Tiris une référence chaque fois plus solide dans la connaissance préhistorique de l'Occident sahraoui et de sa particulière culture nomade. Cela requiert non seulement que l'on propose de nouvelles voies d'investigation mais aussi que l'on insiste, étende et approfondisse au moyen de celles déjà existantes.

Et, logiquement, tout en poursuivant la divulgation et transmission, scientifique et sociale, des progrès réalisés, continuer d'impliquer les citoyens sahraouis dans la méthodologie d'étude du passé et dans la formation technique et la gestion de son magnifique patrimoine culturel. En d'autres termes, persister dans notre propos de travailler solidairement sous la perspective du patrimoine en tant que sujet de coopération, moyen d'investigation et voie de progrès intellectuel. Tout compte fait, quel que soit le point de vue, réflexivement, la culture est synonyme de pensée tout comme la pensée l'est de la culture.

Au moment de conclure ce texte, en fin 2011, le futur du Peuple Sahraoui est ressenti toujours aussi délicat

ا) معرفة الارض: حوادثها الجغرافية، وسائلها الطبيعية، تنظيم المجال الطوبوغرافي، توزيع الموارد، تأثير التحولات المواخية على تلك الارض. ب) معرفة الناس، وسكان تلك الاماكن: سلوكاتهم، عاداتهم، تقاليدهم، الممارسات الاجتماعية الاقتصادية، وموارد الكفاف. ج) معرفة المظاهر والتعابير الايديولوجية الثقافية والوسائل المادية في الزمن الماضي: فك الرموز، التسجيل، التنظيم المتسلسل، للبقايا والآثار الاجتماعية.

انه تنوع يصعب تجميعه، كما يبدو، ما لم نقم بدراسة وفهم سلسلة تطور مختلف اشكال ذلك التعقيد. كل ذلك رهان ضروري امام هدفنا في التقرب من معرفة شاملة للماضي الثقافي.

وفي حكمنا ان ذلك بالضبط، هو احد اصول هذه التجربة العلمية. ان الامر لايتعلق بمشروع بحث علمي "متخصص" بل يفهم كنوع من معرفة متعددة الاوجه، تهدف من خلال جدلية مترابطة، ومتجاوزة للتخصصات، للوصل الى معلومات ومنظور شامل حول مفهوم الثقافة في الماضي، وانه لابد من بذل جهد حتى يمكن فهم تلك الشمولية المعقدة.

وضمن هذا المشروع العام، الذي ننفذه في الصحراء الغربية، حددنا مرحلة اولى من البحوث، موجهة بصورة رئيسية ، من اجل تجميع المعلومات الميدانية التي نطبقها بشكل صارم، ويتعلق الامر بسلسلة اساسية من التوثيق من اجل المعرفة.

ومن المنطقي ان تستمر هذه المرحلة من البحوث خلال السنوات المقبلة، بالاضافة الى طرح جديد موجه من اجل التعميق في مختلف مجالات الدراسة المتناولة، ويتعلق الامر الان بسلسلة من الدراسة المتتالية، بغرض الاستيعاب والتقدم الفكري. وبمعنى اخر، من اجل الانتقال من ما هو كمي الى ما هو نوعي. وبالرغم من ان رؤيتنا بدأت تتضح، لكن لاتزال هناك مهمة شاقة، بانتظار التطبيق، في مجال بحث وتأمل وتفسير الماضي، المتعلق بمجال دراستنا.

وينبغي اذن متابعة هذا الجهد، لنحاول ان نجعل من تيرس مرجعا، يتقوى في كل مرة، لمعرفة ماضي ما قبل التاريخ، وثقافته البدوية الخاصة، في الجهة الغربية من الصحراء. لذلك لا يتطلب الامر اقتراح طرق جديدة للبحث فقط، وانما الاصرار، والتوسيع والتعمق من خلال الطرق القائمة.

ويتم ايضا بشكل منطقي، الى جانب الكشف المستمر، والانتقال العلمي والاجتماعي، للخطوات التجريبية، استمرارُ اشراك المواطنين الصحراويين في منهجية دراسة الماضي، وفي التكوين التقني وتسيير تراثهم الثقافي الرائع.

Beraz, Saharako mendebaldearen historiaurrea eta bertako kultura nomada berezia ezagutzeko prozesuan Tiris erreferentzia gero eta sendoago bihurtzeko ahaleginari eutsi behar diogu. Horretarako, ikerketa-bide berriak proposatzeaz gain, lehendik ditugun bideekin ekin eta ekin egin beharko dugu, bide horiek zabaldu eta sakontzearren.

Eta, logikari jarraiki, lortzen ditugun aurrerapenak zientziaren arloan eta gizartean etengabe ezagutarazi eta transmititzearekin batera, sahararrak iragana aztertzeko metodologian eta prestakuntza teknikoan inplikatzen jarraitu behar dugu, euren kultura-ondare zoragarria kudea dezaten. Bestela esateko, ondarea lankidetza-subjektutzat, ikerketa-baliabidetzat eta garapen intelektualerako bidetzat hartuta elkartasunezko lana egiten jarraitu nahi dugu. Azken batean, alde batetik nahiz bestetik begiratu, kultura pentsamenduaren sinonimo da eta pentsamendua kulturaren sinonimo.

Testu hau bukatzen ari garelarik, 2011ko amaieran, saharar herriaren etorkizuna zaila eta gorabeheratsua izango delakoan gaude, nazioarteko komunitate "boteretsuaren" itsukeriak eta ezjakintasunak -kontziente edo inkontzienteak, aktibo edo pasiboak- mehatxatuta eta estututa baitago.

Benetan espero dugu ezarritako desintegrazioaren eta disoluzioaren katastrofearen mehatxua ez dela sekula gauzatuko, eta emantzipazioaren haizeak, bidezkoa bezain duina den haize horrek itzal eta etsipen oro uxatu eta gaindituko dituela. Arrazoibidearen logikari jarraiki, ez dezagun ahantzi subjektu oro ukatzeak, praktikan, subjektu horren presentzia eta existentzia bera iragartzen dituela. Eta barnera begira jarrita, F. Nietzsche-k zioenez, gogoan izan «*bizitzeko zergatik bat duenak, nola ia guztiak jasan ditzake*».

Andoni Saenz de Buruaga
Vitoria-Gasteiz, 2011ko abendua

Lógicamente, esta fase debiera continuarse en años venideros con el añadido de un nuevo planteamiento orientado a la profundización en los diferentes campos de estudio abordados. Se trata, ahora, del proceso consecutivo de estudiar para asimilar y progresar intelectualmente: en otros términos, el paso de lo cuantitativo a lo cualitativo. Pues, a pesar de que efectivamente comenzamos a ver más claro, no es menos cierto que queda aún una ingente tarea por desarrollar en torno a la búsqueda, la reflexión y la interpretación del pasado en nuestro marco de estudio.

Debemos, pues, persistir con este esfuerzo para intentar hacer del Tiris una referencia cada vez más sólida en el conocimiento prehistórico del Occidente sahariano y de su particular cultura nómada. Para ello se requerirá, no solamente proponer nuevas vías de investigación, sino insistir, extender y profundizar con la ya existentes.

Y, lógicamente, junto a la continuada divulgación y transmisión, científica y social, de los avances experimentados, el seguir implicando a los ciudadanos saharauis en la metodología de estudio del pasado y en la formación técnica y la gestión de su magnífico patrimonio cultural. En otros términos, en nuestro empeño por continuar trabajando solidariamente desde el patrimonio como sujeto de cooperación, como medio de investigación y como vía de progreso intelectual. Al fin y al cabo, se mire por el lado que se desee, reflexivamente, la cultura es sinónimo de pensamiento y el pensamiento lo es de cultura.

En el momento de concluir este texto, a finales de 2011, el futuro del Pueblo Saharaui lo seguimos sintiendo, tan delicado y tormentoso, como amenazado y atenazado por la ceguera y la ignorancia -conscientes o inconscientes, activas o pasivas- de la "poderosa" comunidad internacional.

Confiemos en que la acechante catástrofe de la desintegración y de la disolución impositivas no lleguen a dar nunca el paso nefasto, y que el justo y digno soplo emancipador disipen y superen cualquier atisbo de sombra y desesperanza. Tengamos presente, conforme a la lógica del razonamiento, que la negación de cualquier sujeto encierra, en la práctica, el anuncio de su propia presencia y existencia. Y no olvidemos, más introspectivamente, como argüía F. Nietzsche, que «*quien tiene un porqué para vivir, puede soportar casi cualquier cómo*».

Andoni Sáenz de Buruaga
Vitoria-Gasteiz, diciembre de 2011

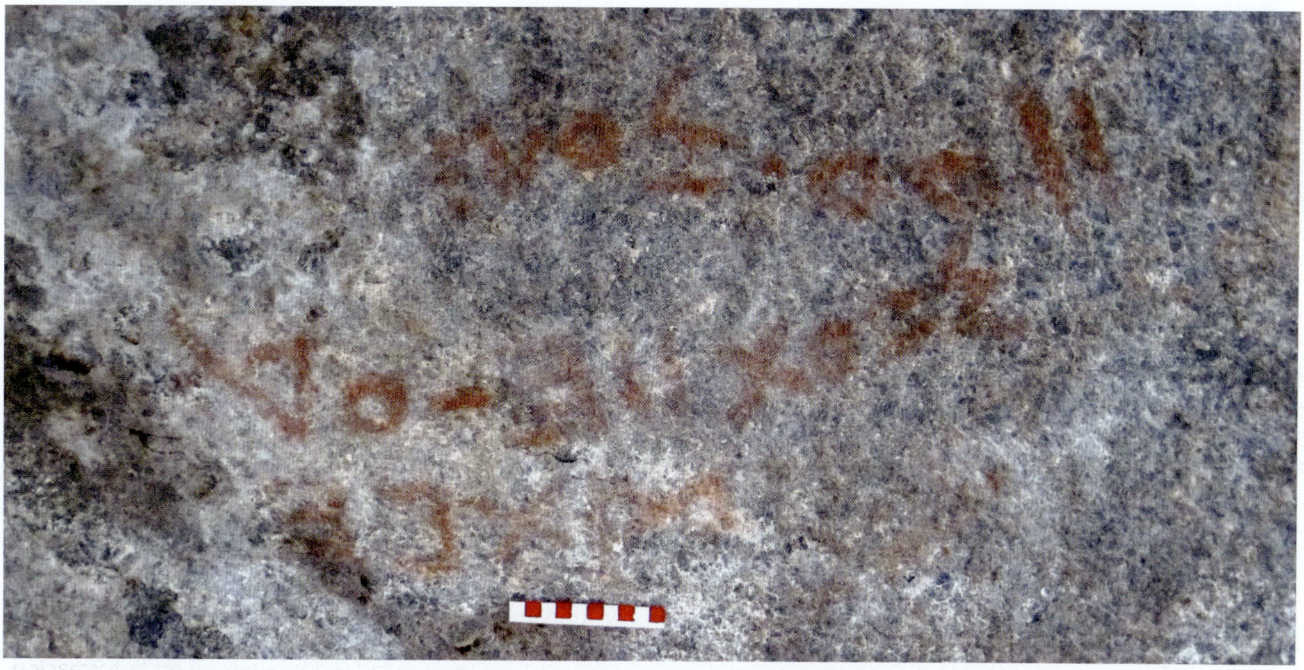

"Tifinâgh" karaktereak dituzten antzinako testuak, Tuama Budarga E-1-eko labar-harpearen (Duguech) sabaian.
Antiguos textos en caracteres "tifinâgh" plasmados en el techo del abrigo rupestre de Tuama Budarga E-1 (Duguech).
مجموعة نصوص من نوع «تيفيناغ» مرسومة على سقف الملجأ الصخرى لـ توامت بودرڭــة، الى الشرق E-1 (الدوڭــج).
Anciens textes en caractères "tifinâgh" façonnés au plafond de l'abri rupestre de Tuama Budarga E-1 (Duguech).

بمعنى اخر، مواصلة الجهود بشكل تضامني من خلال التراث، كعنصر تعاون، وكوسيلة للبحث، وطريقة للتقدم الفكري. وبالتالي يُنظر من جهة الميول، غريزيا، ان الثقافة هي مرادف التفكير، والتفكير هو الثقافة.

وفي الوقت الذي ننهي فيه هذا النص، مع نهاية سنة 2011، نشعر دائما ان مستقبل الشعب الصحري، عاصف وحساس، كما انه مهدد ومُجتاح، بالعمى والجهل، الواعي او غير الواعي، والفاعل او غير الفاعل، من طرف المجموعة الدولية "القوية".

ونعتقد بان كارثة التفكك المترصدة، والتذويب المفروض، سوف لن تصل الى الخطوة الكاريثية، وانِ نفخة الخلاص الكريم والعادل، سوف تُبَدِّدُ، وتَتَجَاوَز أيّةَ شارة ظل او يأس، وينبغي ان نستحضر هنا، تماشيا مع منطق العقل، أنّ انكار ايِّ عنصر، يحتوي في الواقع على اعلان حضوره و وجوده الخاص، ولا ننسى بصورة أكثر استبطانا، ما قاله **فريديرش. نييتشي** ان " من يمتلك لماذا لكي يعيش، يمكن ان يتحمل، تقريبا، اية كيف"

آندوني ساينْث دي بورُّواڭا
فيتوريا ـ ڭاستا ئيث نوفمبر 2011

et orageux que menacé et étreint par l'aveuglement et l'ignorance -conscients ou inconscients, actifs ou passifs- de la «puissante» communauté internationale.

Espérons que la menaçante catastrophe de désintégration et dissolution contraignantes ne franchissent jamais le pas néfaste, et que le juste et digne souffle émancipateur dissipe et surmonte tout soupçon d'ombre et désespoir. Gardons toujours à l'esprit, suivant la logique du raisonnement, que la négation de tout sujet renferme, dans la pratique, l'annonce de sa propre présence et existence. Et n'oublions pas, plus introspectivement, tel qu'affirmé par F. Nietzsche, que *«celui qui a un pourquoi qui lui tient lieu de but, peut vivre avec n'importe quel comment.»*.

Andoni Sáenz de Buruaga
Vitoria-Gasteiz, décembre 2011

KAPITULU OHARRAK

(1) Ikerketa paleosozioetnografikoa 2008ko udazkenean abiarazi genuen modu sistematikoan eta beduinoei elkarrizketa espezializatuak egiten genizkien lurraldean bertan. Dena den, metodologiari dagokionez, "ahozko" jakintza-iturri hori, pertsonen memorian eta oroimen bizian berretsitako jakintza-iturri hori, ahal zen heinean, kontrastatu egin behar zela pentsatzen genuen eta partaidetza handiagoko ekarpenekin aberasten saiatu, azterketaren objektu eta subjektu diren gizarte-kolektibo "ez-modernoekin" zuzenean bizitzearen ondoriozko ikasbideen fluxu berria sortzeko. Beraz, azterketa egiteko bi modu horiek batuta, hasieran, Tirisko giza taldeen bizimodu tradizionala eta gizarte-adierazpenak ezagutzeko euskarri objektiboagoa eta zorrotzagoa lortuko genuela uste genuen eta, amaieran, Saharako mendebaldeko antzinako kultura nomadaren iragana (paleoetnologikoa) ulertzea eta interpretatzea ahalbidetuko digun hurbilketa sendoagoa eta funtsatuagoa. Egokitzapen metodologiko horren ondorioz, 2010eko udaberrian jakintza-bide berezi bat abiarazi genuen "*parte hartuz behatzean*" oinarrituta. Jakin badakigu azterketa etno-antropologikoa egiteko tresna horrek, alde batetik, giza taldeekin eguneroko bizitza partekatzea eta elkarrekin bizitza dakarrela eta, bestetik, eguneroko zereginak eta euren ohiko jarduera eta ohiturak zuzenean behatu, aztertu eta balioestea, hori guztia lurraldean bertan. Beraz, "bestea" zuzenean hautemateko modua da, harreman estua izanik eta elkarrekin biziz. Gure kasuan, "ohitura tradizionalak" dituzten beduinoen jardunbideetan, erritmoetan, jokabideetan, jarreretan, bizimoduan eta abarren "behaketaren bidez parte hartzea" da kontua.

(2) 2008ko udazkenetik "*ohar toponimikoen 60 koaderno*" baino gehiago banatu ditugu Tirisko nomaden artean. Logikari jarraiki, zein giza ingurunera bideratuta dagoen arabera, zuhurtziazko denboraldi bat utzi beharko da horren garrantzia balioesteko. Baina, hala ere, dagoeneko 16 berreskuratu ditugu eta betetako fitxen kopurua ere onargarria da; beraz, bide onetik goazela pentsa dezakegu. Nolanahi ere, seinale positibo eta itxaropentsutzat hartuko dugu... Dena dela, hurrengo misioetan jakintza-bide hori indartzen jarraitu beharko dugu.

(3) Izan ere, hainbat arte-kokalekutan ikuskapen arkeologikoa egin behar genuenez, bide batez, adierazpen ikonografikoen aurretiazko balioespena ere egin genuen, hondatzea eragiten duten agenteak aztertu, degradazioko prozesuek eta fenomenoek izan duten eragina aurreikusi, irudikapen artistikoen eta horiek kokatzen diren testuinguru espazio-anbientalaren (litologia, ingurune geografikoa...) "osasun-egoeraren" diagnostiko eguneratua egin, eta abar. Hori guztia oinarrizko subjektutzat hartuta, labar-arteko multzoen ondarea babesteko eta prebentzioko -hau da, kontserbatzeko, zaharberritzeko eta finkatzeko- neurri eta baliabideen egokitasunaren eta komenientziaren gaineko hausnarketa teorikoa argudiatzea

NOTAS DEL CAPÍTULO

(1) Iniciada de forma sistemática en otoño de 2008, la investigación paleosocioetnográfica la habíamos venido sustentando sobre el terreno en la realización de entrevistas especializadas a la población beduina. No obstante, desde el punto de vista metodológico, pensábamos que esa fuente de conocimiento "oral", afirmado en la memoria y el recuerdo vivo de las personas, debía de contrastarse en la medida de lo posible, e intentar enriquecerse con otras aportaciones más participativas que procuraran un nuevo flujo de enseñanzas derivadas directamente de la convivencia personal con los colectivos sociales "no-modernos" objeto y sujeto de estudio. Entendíamos, por consiguiente, que la convergencia entre estas dos vías de análisis conllevaría, inicialmente, un soporte más objetivo y riguroso de los tradicionales modos de vida y expresiones sociales de los grupos humanos del Tiris, y que, a la postre, bien pudiera aportar una aproximación más sólida y fundamentada de cara a la comprensión e interpretación del pasado (paleoetnológico) de la antigua cultura nómada del Oeste sahariano. Esta conveniencia metodológica impulsó la puesta en marcha, en la primavera de 2010, de este particular cauce de conocimiento que conducimos desde lo que se conoce como "*observación participante*". Como es sabido, este instrumento de estudio etno-antropológico conlleva sobre el terreno, por una parte, el convivir y compartir con los grupos humanos su vida diaria, y, por la otra, el observar, analizar y valorar, de forma directa los quehaceres cotidianos y sus actividades y costumbre habituales. Constituye, pues, una forma de percepción directa del "otro" a través de la relación estrecha y la cohabitación. En nuestro caso, se trata de "participar con la observación" de las prácticas, ritmos, comportamientos, actitudes, normas de vida, etc. de los beduinos "de hábitos tradicionales".

(2) Desde el otoño de 2008 se han repartido algo más de 60 "*cuadernos de anotaciones toponímicas*" entre la población nómada del Tiris. Lógicamente, en función del medio humano al que va dirigido, se requiere de un tiempo prudencial para valorar el calado de la misma. Ahora bien, el hecho de haber comenzado a recuperar ya 16 de ellos, con un número aceptable de fichas completadas, pueda entenderse acaso como un buen presagio. En cualquier caso, una positiva y esperanzadora señal... Con todo, será imperativo continuar impulsando en próximas misiones esta vía de conocimiento.

(3) En efecto, aprovechando la inspección arqueológica que debíamos realizar en diferentes estaciones artísticas, se llevó a cabo una valoración preliminar de las manifestaciones iconográficas, un análisis de los agentes causales del deterioro, una estimación de la incidencia de los diferentes fenómenos y procesos de degradación, un diagnóstico actualizado del "estado de salud" de las representaciones artísticas y de sus contextos espacio-ambientales de asiento (litología, medio geográfico,...), etc. Todo ello como sujetos de base de cara a plantear,

اضاحات حول الفصل

(1) بدأنا بحث المجموعات القديمة بطريقة منهجية في خريف2008، في الميدان من خلال مقابلات مع السكان البدو. و من وجهة النظر المنهجية رأينا ان تلك المصادر الشفهية المثبتة في الذهن والذاكرة الحية للاشخاص، ينبغي ان تكون متطابقة ما امكن، ونحاول اثراء المساهمات باكثر مشاركة ممكنة، و تدفق المعلومات المعرفية، انطلاقا من المعاشرة الشخصية للتكتلات الاجتماعية «غير الحديثة» موضوع الدراسة. ادركنا، بناء على ذلك، ان المقاربة بين طريقتي التحليل تؤدي بصورة اساسية، اكثر موضوعية ودقة، الى الطرق التقليدية والتعابير الاجتماعية للمجموعات الانسانية بتيرس. وانه فيما بعد، يمكن ان يأتي ذلك بمقاربة قوية واساسية تؤدي الى فهم وتفسير الماضي الاجتماعي للثقافة البدوية القديمة للغرب الصحراوي. هذه الملاءمة المنهجية دفعت الى الانطلاق في ربيع2010، بهذا الجدول الخاص من المعلومات الذي نقوم به من خلال ما عرف ب«ملاحظات مشارك». هذه الاداة الدراسية، كما هو معروف، تؤدي من جهة، الى معايشة المجموعات الانسانية وتقاسمها حياتها اليومية، ومن جهة اخرى، الى الملاحظة والتحليل والتقييم بطريقة مباشرة للواجبات اليومية والانشطة والعادات المألوفة. تشكل اذن طريقة مباشرة لملاحظتنا ل«الاخر» من خلال العلاقة عن قرب والمعاشرة، وفي ما يخصنا يتعلق الامر ب «المشاركة بالملاحظة» ل التطبيقات العملية، الاقاعات، التصرفات، المواقف، نظام الحياة... للبدويين وتقاليدهم.

(2) منذ خريف 2008 تم توزيع اكثر من 60 سجلا لإسماء المواقع الجغرافية بين السكان الرحل لتيرس، بمنطق الاعتماد على البئة الانسانية نفسها، والشروع في استرجاع 16 ملفا منها، وهو رقم مقبول من الملفات المستكملة، بما يمكن فهمه كمبشر جيد وعلامة امل اجابية؛ ومع ذلك سيكون من الحتمي الاستمرار في عملية دفع البعثات المقبلة في هذا الاتجاه من المعرفة.

(3) وبينما نحن نستغل حملة التفتيش التراثي في محطات فنية مختلفة، تم القيام بتقييم للمظاهر الرموزية والعوامل البيئة المحدثة للتدهور، وكذا تقييمات لحدوث ظواهر الانحطاط، تحديث التشخيص "للحالة الصحية" للرموزات الفنية ومضامينها البيئية الميدانية، (الخصائص الصخرية، الوسط الجغرافي...)، كل ذلك كقاعدة توجيه وبرهان، نظري حول امكانية الملاءمة بين مختلف اجراءات وامكانيات صيانة وحماية التراث؛ اي الحفظ والصيانة والتثبيت، للمجموعات الفنية الصخرية. انه رهان ضروري جدا، ليس فقط من اجل الحفاظ على عنصر التراث، ولكن من اجل معالجته وتعميقه من الناحية العلمية مستقبلا؛

NOTES DU CHAPITRE

(1) Établie de manière systématique en automne 2008, l'investigation paléosocioethnographique était soutenue sur le terrain par la réalisation d'interviews spécialisées à la population bédouine. Cependant, du point de vue méthodologique, nous avons trouvé que cette source de connaissance «orale», affirmée dans la mémoire et le souvenir vif des personnes, devait être confrontée dans la mesure du possible, et enrichie avec d'autres apports plus participatifs qui procurassent un nouveau flux d'enseignements dérivés directement de la cohabitation personnelle avec les collectifs sociaux «non-modernes» objet et sujet de l'étude. Nous avons réalisé, par conséquent, que la convergence entre ces deux voies d'analyse entraînerait, initialement, un support plus objectif et rigoureux des traditionnels modes de vie et expressions sociales des groupements humains du Tiris, et qu' elle pourrait, en définitive, apporter une approche plus solide et fondée en vue de la compréhension et interprétation du passé (paléoethnologique) de l'ancienne culture nomade de l'Ouest sahraoui. Cette cohabitation méthodologique impulsa la mise en œuvre, au printemps 2010, de cette particulière voie de connaissance que nous conduisons au travers ce que l'on connaît sous le terme *«observation participante»* . Il est bien connu que cet instrument d'étude ethno-anthropologique comporte sur le terrain, d'une part, cohabiter et partager avec les groupes humains leur vie quotidienne et, d'autre part, observer, analyser et évaluer, de manière directe les tâches journalières et leurs activités et usages habituels. Elle constitue, dès lors, une forme de perception directe de «l'autre» au moyen de la relation étroite et la cohabitation. Dans notre cas, il s'agissait de «participer avec l'observation» des pratiques, rythmes, comportements, attitudes, normes de vie, etc. des bédouins «aux usages traditionnels».

(2) Dès l'automne 2008 ont été distribués environ 60 *«cahiers d'annotations toponymiques»* parmi la population nomade du Tiris. Logiquement, en fonction de l'élément humain auquel l'action est dirigée, il fallait accorder un délai prudent avant d'évaluer la percée de la même. Si bien, le fait d'avoir commencé déjà à récupérer 16 d'entre eux, avec un nombre acceptable de fiches complétées, peut être interprété comme un bon présage. En tout cas, un positif et encourageant signe... Néanmoins, il est impératif de continuer d'impulser dans des prochaines missions cette voie de connaissance.

(3) En effet, profitant de l'inspection archéologique que nous devions réaliser dans les différentes stations artistiques, on effectua une évaluation préliminaire des manifestations iconographiques, une analyse des agents responsables de la détérioration, une estimation de l'incidence des différents phénomènes et procès de dégradation, un diagnostic actualisé de "l'état de santé" des représentations artistiques et de leurs contextes spatio-environnementaux d'assise (lithologie, milieu géographique...), etc. Tout ce qui précède entendu en tant que xede izanik. Bestalde, une hauetan behar-beharrezkoa da hori egitea, ondare-agente adierazgarri eta erakargarria babesteko ez ezik, etorkizunean horren tratamendu eta sakontze zientifikoa bermatzeko ere. Eta, horrekin batera, modu osagarrian, ondare horri balioa eman behar zaio lehenbailehen, kultura-kudeaketako eta sentsibilizazioko plan berezien bitartez.

(4) Tirisko 2005-2007 aldiko Inbentario Arkeologikoan "garai protohistorikoko eta klasikoko erreferentzia material" bakarra zegoen (Saenz de Buruaga, A. 2008. *Tirisen kultura-iragana ezagutzeko ekarpena Mendebaldeko Sahara. Ondare arkeologikoaren inbentarioa, 2005-2007.* Eusko Jaurlaritzaren Argitalpen Zerbitzu Nagusia-Kultura Saila, Vitoria-Gasteiz, 132. or.) Adibide isolatu hori kategoria orokorrago baten barnean sartzen da orain; kategoria horretan, herrixkak eta egoteko lekuak ez ezik, serie industrialak ere sartzen dira.

argumentalmente, una reflexión teórica sobre la oportunidad y conveniencia de diferentes medidas y recursos de prevención y protección patrimonial –es decir, de conservación, restauración y consolidación– de los conjuntos artísticos rupestres. Una apuesta, por otra parte, absolutamente necesaria en estos momentos, no ya solo para la salvaguardia de este ilustrativo y atractivo agente patrimonial, sino igualmente para asegurar en el futuro su tratamiento y profundización científicos. Y, junto con ello, en lo más inmediato, favorecer complementariamente su necesaria puesta en valor a través de específicos planes de sensibilización y de gestión cultural.

(4) En el Inventario Arqueológico del Tiris, de 2005-2007, se aportaba un solo caso de "referencias materiales de época protohistórica y clásica" (Sáenz de Buruaga, A. 2008. *Contribución al conocimiento del pasado cultural del Tiris. Sahara Occidental. Inventario del patrimonio arqueológico, 2005-2007.* Ed. Servicio Central de Publicaciones del Gobierno Vasco-Departamento de Cultura, Vitoria-Gasteiz, p. 132). Este ejemplo aislado se incluye ahora dentro de esta categoría más general, en la que además de poblados y lugares de habitación se contemplan asimismo series industriales.

بالاضافة الى ذلك، والاكثر استعجالا، هو تشجيعه و وضعه محط القيمه، في ضمن المشاريع الخاصة للتحسيس والتسيير الثقافي.

(4) في الجرد الاثري لتيرس، لسنتي 2005-2007، أضيفت حالة واحدة "المراجع المادية للزمن التالي للمرحلة لكلاسيكية لما قبل التاريخ".
(Sáenz de Buruaga, A. 2008. Contribución al conocimiento del pasado cultural del Tiris. Sahara Occidental. Inventario del patrimonio arqueológico, 2005-2007. Ed. Servicio Central de Publicaciones del Gobierno Vasco-Departamento de Cultura, Vitoria-Gasteiz, p. 132)
هذا المثال المنفصل يندرج الان ضمن الصنف العام، الذي فضلا، عن كونه ذا صلة بمواقع سكنية، فهو ايضا يوحي بجود سلاسل صناعية.

sujets de base en vue de poser, argumentairement, une réflexion théorique sur l'opportunité et l'intérêt des différentes mesures et moyens de prévention et protection patrimoniale –c'est à dire, de conservation, restauration et consolidation– des ensembles artistiques rupestres. Un pari, d'autre part, absolument nécessaire actuellement, non seulement pour la sauvegarde de cet illustratif et attractif agent patrimonial, mais aussi pour assurer dans le futur son traitement et approffondissement scientifique. Et, conjointement, dans l'immédiat, favoriser complémentairement sa nécessaire mise en valeur au travers de plans spécifiques de sensibilisation et de gestion culturelle.

(4) Sur l'inventaire Archéologique du Tiris, de 2005-2007, on ne rapportait qu'un seul cas de "références matérielles d'époque protohistorique et classique" (Sáenz de Buruaga, A. 2008. *Contribution à la connaissance du passé culturel du Tiris. Sahara Occidental. Inventaire du patrimoine archéologique, 2005-2007*. Éd. Service Central de Publications du Gouvernement Basque-Département de Culture, Vitoria-Gasteiz, p. 132). Cet exemple isolé est compris maintenant dans cette catégorie plus générale, dans laquelle en plus des villages et lieux d'habitation on contemple aussi des séries industrielles.

2

Tirisko Ondare Arkeologikoaren Katalogo Inbentarioa

Catálogo-Inventario del Patrimonio Arqueológico del Tiris

سجل ـ جرد التراث الاثري بتيرس

Catalogue-Inventaire du Patrimoine Archéologique du Tiris

TIRISKO ONDARE ARKEOLOGIKOAREN KATALOGO INBENTARIOA

CATÁLOGO-INVENTARIO DEL PATRIMONIO ARQUEOLÓGICO DEL TIRIS

سجل - جرد التراث الاثري بتيرس

CATALOGUE-INVENTAIRE DU PATRIMOINE ARCHÉOLOGIQUE DU TIRIS

2005-2007 aldiko Tirisko Ondare Arkeologikoaren Katalogo Inbentarioan guztira 219 fitxa analitiko biltzen ziren: 183 erreferentzia arkeologikoak ziren eta 36 testuinguru natural eta biziraupenekoak, interes arkeologiko potentziala zutenak (Saenz de Buruaga, A. 2008a).

Multzo horretatik, inprimatutako argitalpenean fitxategien kopuru mugatua sartu ahal izan ge nuen, obraren edukiera eta operatibotasuna zela-eta: kasu horretan, 100 subjektu arkeologiko eta 10 testuinguru natural eta biziraupenekoak. Orduan ohartarazi genuenez, 109 fitxa (83 arkeologikoak eta 26 naturalak) geratu ziren argitaratu gabe eta Katalogoaren bigarren liburuki honetan txertatu beharko lirateke. Baina Mauritaniako ondo-ondoko tokiei dagozkien 9 fitxak (7 arkeologikoak eta 2 naturalak) beste une baterako utziko ditugu; izan ere, hainbat datu ezin izan ditugu kontrastatu 2008. urteaz geroztik herrialde horretan bizitzen ari diren egoera oso zaila delako eta segurtasun-neurriak nabarmen areagotu direlako (horrek dakartzan mugekin).

Bestalde, Tirisko lurretan azken 4 urteotan (2008, 2009, 2010 eta 2011) egin ditugun prospekzio sistematikoko kanpainei esker fitxa ugari lortu ditugu: 443 fitxa gai arkeologikoei buruzkoak eta 37 fitxa elementu eta baliabide naturalenak. Guztira, 480 fitxa.

Hortaz, ulertzeko modukoa da lehen liburuki hartan hainbat fitxa sartzeko murriztapenak ezarri zizkiguten arrazoi berdin-berdinengatik 2008-2011 aldi honetan erregistratutako multzoaren lagin bat hautatu behar izatea. Horregatik, azken 480 fitxategi berrietatik soilik 90 (85 arkeologikoak eta 5 elementu naturalenak) garatuko ditugu azken argitalpen honetan. Eta 2005-2007 alditik "zintzilik" geratu zitzaizkigun 100 fitxa (76 arkeologikoak eta 24 naturalak) gehituta, guztira 190 fitxa garatuko ditugu obra honetan. Baina horrek zera esan nahi du, gainerako 399 fitxak (365 arkeologikoak eta 34 naturalak) etorkizuneko liburuki monografikoetan txertatu beharko ditugula, baldin eta ikerketaren aurrerabideak ahalbidetzen badu.

Hori horrela izanik, lurraldean bertan segidako 7 urtez lanean jardutearen ondorio den Tirisko Ondare Arkeologikoaren Katalogo-Inbentarioan 699 erregistro biltzen dira jada; horietatik 626 egoera arkeologikoak dira eta 73

El Catálogo-Inventario del Patrimonio Arqueológico del Tiris de 2005-2007 enunciaba un total de 219 fichas analíticas: 183 de referencias arqueológicas y 36 de contextos naturales y de subsistencia con potencial interés arqueológico (Sáenz de Buruaga, A. 2008a).

De ese conjunto, la edición impresa se vio obligada a limitar la inclusión de archivos por razones de capacidad y operatividad de la obra: seleccionándose para la ocasión 100 sujetos arqueológicos y 10 contextos naturales y de subsistencia. Tal como entonces se advertía, el efectivo pendiente de 109 fichas (83 arqueológicas y 26 naturales) debería insertarse en este segundo volumen del Catálogo. Sin embargo, las 9 correspondientes a lugares mauritanos inmediatos (7 arqueológicas y 2 naturales) se dejarán para otra ocasión más propicia: al no haberse podido contrastar algunos de los datos, merced a la delicada situación política que, desde 2008, atraviesa el país y al sensible incremento de medidas de seguridad (y derivadas limitaciones) que, en consonancia, nos han venido acompañando.

Por su parte, las campañas de prospección sistemática llevadas a cabo en las tierras del Tiris a lo largo de estos 4 últimos años (2008, 2009, 2010 y 2011) han contribuido con una copiosa relación de fichas: 443 de temas arqueológicos y 37 de elementos y recursos naturales. Lo que totaliza 480 fichas.

Resultará, pues, comprensible que aquellas mismas razones que restringieron la inserción de varias fichas en el primer volumen vuelvan ahora a tener vigencia: forzando la elección de una muestra del conjunto registrado en este tramo de 2008-2011. De esta suerte, de los 480 últimos nuevos archivos se presentan desarrollados en esta edición solo 90 (85 arqueológicos y 5 de elementos naturales). Ello, unido a las señaladas 100 "pendientes" de 2005-2007 (76 arqueológicas y 24 naturales), eleva a 190 el número de fichas "desarrolladas" que se incluirán en esta obra. Lo que, por otra parte, significa que las 399 restantes (365 arqueológicas y 34 naturales) deberán ir encontrando acomodo en futuros volúmenes monográficos que el avance de la investigación siga procurando en años venideros.

ينص جرد التراث الاثري بتيرس، خلال سنوات 2005 -2007، على 219 بطاقة تحليلية: 183 منها مراجع اثرية، و36 الاخرى تتعلق بسياقات طبيعية وكفافية ،ذات الاهمية الاثرية (Sáenz de Buruaga, A. 2008a).

ان النسخة المطبوعة من هذه المجموعة، لم تتسع لإدراج الارشيف، وذلك لاسباب تتعلق بالسعة والقابليته العملية للكتاب، فاخترنا لهذه المناسبة عدد 100 من العناصر الاثرية، و10 من السياقات الطبيعية و وسائل الكفاف. كما قد لاحظنا ان عدد 109 بطاقة المتبقية (بالضبط 83 بطاقة اثرية، و26 طبيعية) ينبغي ادراجها في الفصل الاخير من السجل، ولكن تسعة (9) منها منتمية لأماكن من مناطق مورتانية قريبة (7 منها اثرية و2 طبيعية)، قد تُركت الى مناسبة اخرى مواتية اكثر وذلك بسبب عدم القدرة على اخضاع بعض المعلومات للأختبار، نظرا للوضعية السياسية الحساسة، حيث عرف البلد منذ سنة 2008 زيادة محسوسة في اجراءات السلامة (ومضاعفات القيود) التي رافقتنا بالتالى.

ان حملات التنقيب المبرمجة، المقام بها في اراضي تيرس، طوال السنوات الاربع الاخيرة (2008 - 2009 - 2010 - 2011)، قد ساهمت بعدد وفير من البطاقات الاثرية: 443 ذات موضوعات اثرية، و37 اخرى حول عناصر ومصادر طبيعية، وهو ما بلغ مجموعه 480 بطاقة.

ومن المعلوم ان الاسباب التي منعت من ادراج عدد من البطاقات (الاثرية) ضمن الفصل الاول، لم تزل قائمة الى حد الآن: لقد كان لزاما علينا اختيار عينة من المجموعة المسجلة خلال سنوات 2008 - 2011، وبهذه الطريقة، فانه من بين 480 من الارشيفات الجديدة الأخيرة، تم تقديم 90 فقط، ليتم عرضها في الكتاب الجديد (85 منها عناصر اثرية و5 عناصر اخرى طبيعية)، تضاف تلك الى الـعدد 100 المشار اليه سابقا، و"المعلق" منذ 2005 - 2007 (76 بطاقة اثرية و 24 بطاقة اخرى طبيعية) فيرتفع العدد ليصل 190 بطاقة "مطبوعة" والتي ستدرج في هذا الكتاب، وهو ما يعني، من جهة اخرى، ان الـ399 الباقية (365 اثرية و 34 طبيعية)، ينبغي ان يوجد لها مكان مناسب، لإدراجها مستقبلا ضمن الفصول المونوغرافية، التي يسعى البحث من اجل تحقيقها في السنوات القادمة.

Le Catalogue-Inventaire du Patrimoine Archéologique du Tiris de 2005-2007 énonçait un total de 219 fiches analytiques: 183 de références archéologiques et 36 de contextes naturels et de subsistance susceptibles d'intérêt archéologique (Sáenz de Buruaga, A. 2008a).

De cet ensemble, l'édition imprimée fut contrainte de limiter l'inclusion d'archives pour des raisons de capacité et de fonctionnalité de l'œuvre: on sélectionna pour l'occasion 100 sujets archéologiques et 10 contextes naturels et de subsistance. Tel que l'on annonçait alors, l'effectif reporté de 109 fiches (83 archéologiques et 26 naturelles) devrait être inclus sur le deuxième volume du Catalogue. Cependant, les 9 correspondantes à des lieux mauritaniens immédiats (7 archéologiques et 2 naturels) seront repoussées à une occasion plus propice: certaines données n'ayant pas pu être confrontées, dû à la délicate situation politique qui depuis 2008 traverse le pays et au sensible accroîssement de mesures de sécurité (et les limitations qui en découlent) qui, conséquemment, nous ont accompagné.

Quant aux campagnes de prospection systématique entreprises dans les terres du Tiris au cours de ces 4 dernières années (2008, 2009, 2010 y 2011) elles ont contribué avec l'apport d'une volumineuse relation de fiches: 443 sur des thèmes archéologiques et 37 sur des éléments et ressources naturels. Ce qui fait un total de 480 fiches.

D'où que les mêmes raisons qui ont restreint l'insertion de plusieurs fiches dans le premier volume soient toujours en vigueur au présent: forçant l'élection d'un échantillonnage de l'ensemble registré dans ce tronçon de 2008-2011. De sorte que, des 480 derniers nouveaux archives seulement 90 se présentent développés dans cette édition (85 archéologiques et 5 d'éléments naturels). Ceux-ci joints aux 100 fiches «reportées» de la période 2005-2007 (76 archéologiques et 24 naturelles) font augmenter à 190 le nombre de fiches «développées» qui seront comprises dans cette œuvre. Ce qui, d'autre part, signifie que les 399 qui restent (365 archéologiques et 34 naturelles) devront trouver progressivement accueil dans les futurs volumes monographiques que le progrès de l'investigation apportera dans les années à venir.

testuinguru naturalak eta baliabide sozio-ekonomikoak. I. koadroan, segidako bi ikerketaldi horiei dagozkien fitxen banaketa kuantitatiboa ikus daiteke.

Gogora dezagun, bestalde, lurralde-esparru horren azterketa sistematikoa egin dugunean Tiris banatuta dagoen 3 eskualde militarren arabera egin dugula. Iparraldetik Hegoaldera: Mijek, Agüenit eta Duguech. Lurralde zabal hau hobeto ulertzearren, *eskualde* horietako bakoitza, egiturari dagokionez, hainbat *sektore* espazialetan banatzen da eta sektore horietan, aldi berean, hainbat *eremu* topografiko biltzen dira, ingurumen-unitate moduan.

	2005-2007	2008-2011	2005-2011
Monumentu multzo litikoak, hilobietakoak eta errituetakoak	97	172	269
Habitat eta multzo industrialak	57	184	241
Labar-arteko kokalekuak	12	71	83
Harri silizeoak ustiatzeko tailerrak	12	13	25
Pieza isolatuak	5	3	8
FITXA ARKEOLOGIKOAK, GUZTIRA	***183***	***443***	***626***
Sebjak eta *dhâyak*.	24	26	50
Materia silizeoen azaleratzeak	6	3	9
Hainbat	6	8	14
INGURUNE NATURALEN FITXAK, GUZTIRA	***36***	***37***	***73***
	219	**480**	**699**

1. koadroa. 2005. urtetik 2011. urtera bitarte idatzitako fitxategien kuantifikazio orokorra: fitxategi arkeologikoak (goian) eta ingurumenarekin eta bizirauteko baliabideekin loturiko fitxategiak (behean). Katalogo bakoitzari dagozkion denbora-tarteetan banatu ditugu: lehenengoa 2005etik 2007ra bitarte eta bigarrena 2008tik 2011ra bitarte.

FITXATEGIEN ANTOLAKETA

Jakin badakigunez, gure Katalogoan berariazko bi inbentario mota biltzen dira: subjektu arkeologikoen inbentarioa bata, eta ingurumen-erreferentzien eta bizirauteko baliabideen inbentarioa bestea. Ikerketa-eremuan bikoiztasun horren arabera, egoera guztiak erregistratu ditugu fitxa analitikoen geure eredu propioak erabilita.

Gai arkeologikoen fitxategia.

Oinarrizko informazio-elementu hauek biltzen ditu: "*Sektorea/Eremua*" (edo kokapen geografikoko unitate orokorrak), "*Kokalekua*" (edo berariazko espazio-kokagunea), "*Tipologia*" (edo identifikatutako gai mota), "*Kronologia*" (edo subjektuaren denbora-esparrua), "*Deskribapena*" (edo landutako gaiaren azalpen laburra) eta "*Erregistratze-data*" (edo lurraldean bertan ikuskapena egin eta fitxa bete zen data). Horretaz gain, zenbait fitxaren kasuan berariazko informazioari dagozkion beste 2 esparru ere egon daitezke: "*Material arkeologikoa*" (edo guk tokian bertan jasotako industria-laginaren deskriba-

Con todo, podemos decir que el Catálogo-Inventario del Patrimonio Arqueológico del Tiris, tras estos 7 años consecutivos de labor en el territorio, alcanza ya los 699 registros, de los que 626 responden a situaciones arqueológicas y 73 a contextos naturales y recursos socioeconómicos. Una distribución cuantitativa de las fichas correspondientes en estos dos períodos consecutivos de investigación puede contemplarse en el cuadro 1.

Recordemos, por otra parte, que la inspección sistemática de ese marco territorial se efectúa conforme a la distribución del Tiris en 3 regiones militares. De N a S: las de Mijek, Agüenit y Duguech. Por nuestra parte, de cara a facilitar el mejor entendimiento de este vasto territorio, cada una de esas *regiones* se reparte, estructuralmente, en diversos *sectores* espaciales que, a su vez, aglutinan diferentes *áreas* topográficas, a modo de unidades ambientales.

	2005-2007	2008-2011	2005-2011
Conjuntos monumentales líticos, sepulcrales y rituales	97	172	269
Hábitats y conjuntos industriales	57	184	241
Estaciones artísticas rupestres	12	71	83
Talleres de explotación de rocas silíceas	12	13	25
Piezas aisladas	5	3	8
TOTAL FICHAS ARQUEOLÓGICAS	***183***	***443***	***626***
Sebjas y *dhâyas*	24	26	50
Afloramientos de materias silíceas	6	3	9
Varios	6	8	14
TOTAL FICHAS MEDIOS NATURALES	***36***	***37***	***73***
	219	**480**	**699**

Cuadro 1. Cuantificación general de los ficheros arqueológicos (arriba) y medioambientales y de recursos de subsistencia (abajo) redactados de 2005 a 2011. Se han distribuido en los tramos temporales que refieren cada uno de los Catálogos: uno primero, de 2005 a 2007, y uno segundo, de 2008 a 2011.

ORGANIZACIÓN DE LOS FICHEROS

Como es sabido, la composición de nuestro particular Catálogo aglutina dos tipos de inventarios específicos: uno propiamente de sujetos arqueológicos y otro de referencias medioambientales y de recursos de subsistencia. En función de esta dualidad de áreas de investigación, se procede al registro de las diferentes situaciones a través de sendos modelos propios de fichas analíticas.

Archivo de temas arqueológicos.

Se compone de los siguientes elementos de información básica: "*Sector/Área*" (o unidades generales de ubicación geográfica), "*Emplazamiento*" (o asiento espacial específico), "*Tipología*" (o clase de tema identificado),

وبهذا كله يمكننا القول ان جرد التراث الأثري بتيرس، بعد سبع سنوات متتالية من العمل في المنطقة، قد وصل 699 سجلا، من بينها 626 تستجيب لحالات اثرية، و 73 اخرى هي عبارة سياقات طبيعية، ومصادراجتماعية اقتصادية؛ وهو توزيع كمي، يمكن ان نراه من خلال الجدول1.

ونذكر، من جهة اخرى، ان التفتيش الممنهج في ذلك النطاق الارضـي، تم القيام به وفقا لتوزيع تيرس، من الشمال الى الجنوب، الى ثلاث مناطق عسكرية، في كل من ميجك واغوينيت والدوگج. ومن جهة اخرى، ولكي نسهل امامنا عملية فهم تلك الاراضي الشاسعة، فقد قمنا بتقسيم كل واحدة من تلك النواحي هيكليا، الى عدة قطاعات ارضية، تضم بدورها مناطق طوبوغرافية مختلفة، على شكل وحدات بيئية .

2005-2011	2008-2011	2005-2007	
269	172	97	مجموعات معالم اثرية حجرية، جنائزية وطقوسية
241	184	57	سكنات ومجموعات ادوات صناعية
83	71	12	محطات فنية صخرية
25	13	12	ورشات استغلال الصخور الصوّانية
8	3	5	قطع معزولة
626	***443***	***183***	**مجموع البطاقات الاثرية**
50	26	24	السباخ والاضوات (الظّي)
9	3	6	بروزات من مادة الصخور الصوّانية
14	8	6	اخـــــــرى
73	***37***	***36***	**مجموع بطاقات من الوسط الطبيعي**
699	**480**	**219**	

الجدول 1. تحديد الكمية العامة من الملفات الاثرية اعلاه، والبيئية ومصادر البقاء، ادناه. والمقيدة خلال سنوات 2005 - 2011. وتم توزيعها في المراحل الزمنية المشار اليها في السجلات: الاول من 2005 الى 2007، والثاني من 2008 الى 2011.

تنظيم الملفات

كما هو معروف، تتكون القائمة التي تخصنا (الجرد)، من نوعين من السجلات المحددة: احدها يتعلق بالعناصر الاثرية، والآخر حول المراجع البيئية ومصادر الكفاف. وعملا بازدواجية مجاليْ البحث، فاننا نقوم بتسجيل مختلف الحالات، من خلال كلا النموذجين الخاصين بالبطاقات التحليلية.

ارشيف الموضوعات الاثرية

ويتكون من العناصر المعلوماتية الاساسية: "قطاع/ منطقة" (وحـدات عامة محددة جغرافيا)، "تحديد المكان" (مكان الموقع الخاص به)، "تيبولوجية" (صنف

Néanmoins, on peut affirmer que le Catalogue-Inventaire du Patrimoine Archéologique du Tiris, après ces 7 années consécutives de travail dans le territoire, atteint déjà les 699 registres, dont 626 appartiennent à des situations archéologiques et 73 à des contextes naturels et ressources socio-économiques. Une distribution quantitative des fiches correspondantes à ces deux périodes consécutives d'investigation peut être contemplée dans le cadre 1.

Il faut rappeler, d'autre part, que l'inspection systématique de ce cadre territorial s'effectue selon la distribution du Tiris en 3 régions militaires. Du N au S: celles de Mijek, Agüenit et Duguech. Pour notre part, en vue de faciliter la meilleur compréhension de ce vaste territoire, chacune de ces *régions* a été divisée, structurellement, en divers *secteurs* spatiaux, qui à leur tour, agglutinent différentes *aires* topographiques, en guise d'unités environnementales.

	2005-2007	2008-2011	2005-2011
Ensembles monumentaux lithiques, sépulcraux et rituels	97	172	269
Habitats et ensembles industriels	57	184	241
Stations artistiques rupestres	12	71	83
Ateliers d'exploitation de roches siliceuses	12	13	25
Pièces isolées	5	3	8
TOTAL FICHES ARCHÉOLOGIQUES	***183***	***443***	***626***
Sebkhas et *dhâyas*	24	26	50
Affleurements de matières siliceuses	6	3	9
Autres	6	8	14
TOTAL FICHES ENVIRONNEMENTS NATURELS	***36***	***37***	***73***
	219	**480**	**699**

Cadre 1. Quantification générale des fichiers archéologiques (haut) et environnementaux et de ressources de subsistance (bas) rédigés de 2005 à 2011. Il ont été distribués en fonction des tronçons temporels qui réfèrent chacun des Catalogues: un premier, de 2005 à 2007 et un second de 2008 à 2011.

ORGANISATION DES FICHIERS

Comme dans le précédent volume, la composition de notre particulier Catalogue agglutine deux types d'inventaires spécifiques: l'un contenant des sujets proprement archéologiques et l'autre des références environnementales et des ressources de subsistance. En fonction de cette dualité des aires d'investigation, il est procédé au registre des différentes situations au travers deux modèles de fiches analytiques.

Timkerdad-eko mendi-erliebeetako baten perspektiba (Mijek).
Perspectiva de uno de los relieves montañosos de Timkerdad (Mijek).
منظر لأحدى التضاريس الجبلية من تيمكرداد (ميجك).
Perspective de l'un des reliefs montagneux de Timkerdad (Mijek).

pen laburra) eta *"Bibliografia"* (edo elementu arkeologiko jakin bati buruzko aldez aurreko tratamendu historiografikoko erreferentziak).

Natur baliabideen fitxategia.

Fitxa horretan honako informazio-eremu hauek agertzen dira: *"Sektorea/Eremua"* (edo erregistratutako erreferentziaren kokapen geografiko orokorra), *"Kokalekua"* (edo espazio-kokagune zehatza), *"Tipologia"* (edo kontrolatutako subjektu tematikoa), *"Deskribapena"* (edo gaiaren azalpen laburra) eta *"Erregistratze-data"* (edo lurraldean bertan egindako kontrolaren eta datuak *in situ* hartzearen denbora-erreferentzia).

Aurreko liburukian bezalaxe. bi fitxategietan ez ditugu zehaztuko aztertu ditugun tokien koordinatu geografikoak, nahita. Kokaguneen segurtasunarekin eta kontserbazioarekin loturiko arrazoiek bultzatu gaituzte erabaki hori hartzera. Eta horrela jokatzea erabaki dugu nahiz eta informazio hori ez agertzeak fitxaren eraginkortasunari eta balio operatiboari muga eta ekarpen negatiboak erantsi. Ongi jabetu gara horretaz, baina kultura-onda-

"Cronología" (o marco temporal del sujeto), *"Descripción"* (o exposición sumaria del tema abordado) y *"Fecha de registro"* (o data en que se procede a la inspección y cumplimentación de la ficha sobre el terreno). Además, de manera eventual, algunas fichas pueden incluir otros 2 campos de información específica: *"Material arqueológico"* (o descripción abreviada de la muestra industrial recogida por nosotros en el lugar) y *"Bibliografía"* (o referencias de tratamiento historiográfico previo del elemento arqueológico en cuestión).

Archivo de medios y recursos naturales.

Su ficha incluye los siguientes campos de información: *"Sector/Área"* (o situación geográfica global de la referencia registrada), *"Emplazamiento"* (o enclave espacial preciso de asiento), *"Tipología"* (o sujeto temático controlado), *"Descripción"* (o exposición abreviada del tema) y *"Fecha de registro"* (o referencia temporal de su control sobre el terreno y de la toma de datos *in situ*).

Al igual que como se obró en el volumen anterior con ambos archivos, no se precisarán, de forma voluntaria, las

موضوع محدد)، "كرونولوجية" (النطاق الزمني للعنصر)، "وصف" (توصيف ملخص للموضوع المتناول)، "تاريخ تدوين" (التاريخ الذي تم فيه التفتيش واستكمال البطاقة ميدانيا). يمكن ان تشتمل البطاقات مؤقتا، على نوعين من المعلومات الخاصة: "مادة اثرية" (وصف موجز لعينة صناعية اخذت من المكان)، "بيبليوغرافية" (مراجع لمعالجة تاريخ سابق لعنصر اثري).

ارشيف الوسائل والموارد الطبيعية

بطاقته تضم انواع المعلومات التالية: "قطاع/منطقة" (الوضع الجغرافي العام للمرجع المسجل)، "تحديد المكان" (مكان محدد في مساحة)، "تيبولوجية" (عنصر موضوعي مضبوط)، "وصف" (عرض موجز حول موضوع)، "تاريخ التدوين" (مراجع زمنية حول العنصر وأخذ المعلومات عنه في المكان).

مثل ما هو التعامل مع الارشيفين في المؤلَّف السابق، قصدنا عدم تحديد الاحداثيات الجغرافية للمواقع التي تم كشفها، وذلك لأسباب تتعلق بالحفاظ على هذه المواقع وامنها، مما ينصح بالاستمرار على هذا المنوال. وهذا على الرغم من القيود وما يجلبه فقدان المعلومات، من سلبية على الفعالية والصلاحية العملية لتلك البطاقات. ونحن جد واعون بهذا الامر؛ كما ان سوق الوسائل الثقافية يزداد رواجا اكثر فاكثر: شركة متنامية اثر البعد التكنولوجي الجديد الذي اخذته "اماكن البيع والشراء". ان المتاجرة والتهريب غير المشروع، بعناصر التراث، تغذي عمليات السلب والنهب المستهدفة للاثارالثقافية القديمة. ونظرا لحصول اسباب مختلفة، فان مناطق الصحراء بصفة عامة، تشكل احدى البؤر الجذابة لأعمال السلب هته، التى تغذي التعاملات غير المشروعة بتلك القطع والاشياء القديمة.

ان عدم التحديد الدقيق للجغرافية، يؤثر على فعالية الجرد الاثري في الميدان، وهذا ما دفعنا الى اخذ عدد من الصور، من أجل البرهنة على وجود هذه المواقع غير المحددة بدقة، وكذا على محتواها الخاص.

وتماشيا مع ذلك، فقد تم الشروع في العرض المناسب لكل من الجرود: الاول في ما يتعلق باسماء جميع البطاقات المنجزة في الميدان، وبعد ذلك في ما يتعلق بحصيلة الارشيفات المختارة، لهذا المؤلَّف، والبطاقات المناسبة، الجاهزة والمفسَّرة.

1. الجرد الاثري

في نهاية العام 2011، كما اشرنا، كان عدد البطاقات المحررة في الموقع الطبيعي(in situ)، 626 بطاقة متعلقة، بمراجع اثرية تم ضبطها في اراضي تيرس، من ضمنها 183 بطاقة قد نصَّ عليها في المؤلف الذي جمع بحث السنوات الثلاث من 2005 الى 2007، و443 بطاقة اخرى ضُبطت خلال مرحلة 2008 - 2011.

Archive de thèmes archéologiques

Il se compose des suivants éléments d'information élémentaire: *"Secteur/Aire"* (ou unités générales de localisation géographique), *"Emplacement"* (ou assise spatiale spécifique), *"Typologie"* (ou classement du thème identifié), *"Chronologie"* (ou cadre temporel du sujet), *"Description"* (ou exposition sommaire du thème abordé) et *"Date d'enregistrement"* (ou date à laquelle on procède à l'inspection et remplissage de la fiche sur le terrain). De plus, de manière éventuelle, quelques fiches peuvent contenir 2 champs d'information spécifique: *"Matériel archéologique"* (ou description abrégée de l'échantillonnage industriel recueilli sur place) et *"Bibliographie"* (ou références du traitement historiographique préalable de l'élément archéologique en question).

Archive de milieux et ressources naturels

Cette fiche comprend les suivants champs d'information: *"Secteur/Aire"* (o situation géographique globale de la référence registrée), *"Emplacement"* (ou enclave spatiale précise d'assise), *"Typologie"* (ou sujet thématique contrôlé), *"Description"* (ou exposition sommaire du thème) et *"Date d'enregistrement"* (ou référence temporelle de son contrôle sur le terrain et de la prise de données *in situ*).

Suivant la même procédure adoptée pour le volume précédent concernant les deux archives, ne seront pas précisées, de manière volontaire, les coordonnées géographiques de chacun des endroits reconnus. Des solides raisons de sécurité et de préservation des enclaves conseillent de continuer d'agir de cette manière. Et ce, malgré les limitations et apports négatifs avec lesquels ce manque informatif imprègne l'efficacité et la valeur opérationnelle de la fiche. Nous sommes bien conscients de ce fait, mais le «marché» de biens culturels paraît, de plus en plus, une affaire dernièrement en hausse avec le concours de la nouvelle dimension technologique des «sites achat-vente». La commercialisation et le trafic illégal d'objets patrimoniaux alimentent la spoliation et saccage systématiques des gisements archéologiques. Pour des raisons diverses, le désert du Sahara, en termes généraux, est devenu un des foyers plus «attractifs» de pillage et ravitaillement de ces illicites transactions de pièces et antiquités.

L'insuffisante localisation géographique précise qui dérive pour l'efficacité du Catalogue sur le terrain nous a poussé à développer, dans la mesure du possible, le nombre de vues photographiques, illustratives de quelques uns des sites plus imprécis et de leur particulier contenu.

Dans les lignes qui suivent, il est procédé à l'exposition correspondante à chacun des inventaires: d'abord, la relation nominale de la totalité des fiches prélevées sur le terrain et ensuite, le répertoire des archives sélectionnés pour ce volume et leurs correspondantes fiches convenablement développées et explicitées.

sunen "merkatua" gero eta indar handiagoa hartzen ari den enpresa bat dela iruditzen zaigu, salerosketak egiteko webguneak direla-eta. Aztarnategi arkeologikoetan modu sistematikoan lapurtzen eta arpilatzen ari dira ondare-objektuen salerosketa eta legez kanpoko trafikoaren eraginez. Hainbat arrazoirengatik, Saharako basamortua, oro har, antzinako pieza eta elementuen legez kanpoko transakzio horietarako hornitzeko eta lapurretarako gune "erakargarrienetako" bat da.

Katalogoaren eraginkortasunaren ondoriozko kokapen geografikoa aski zehatza ez denez, ahal dugun heinean, argazki gehiago egin ditugu, zehaztugabetasun handieneko tokien eta bertako edukien adierazgarri.

Jarraian, inbentario bakoitzaren azalpena egingo dugu: lehenik, lurraldean bertan egindako fitxa guzti-guztien zerrenda nominala eta, bigarrenik, liburuki honetarako hautatu ditugun fitxategien sorta, fitxak garatuta eta azalduta.

coordenadas geográficas de cada uno de los lugares reconocidos. Sólidas razones de seguridad y de conservación de los enclaves aconsejan el seguir conduciéndonos de esta manera. Y ello a pesar de las limitaciones y aportaciones negativas que tal carencia informativa impregna a la eficacia y valía operativa de la ficha. Somos bien conscientes del hecho, mas el "mercado" de bienes culturales parece, de más en más, una empresa en alza tras la nueva dimensión tecnológica de los "sitios de compra y venta". La comercialización y el tráfico ilegal de objetos patrimoniales alimentan el sistemático expolio y saqueo de los yacimientos arqueológicos. Por diversas razones, el desierto del Sahara, en términos globales, resulta uno de los focos más "atractivos" de pillaje y de avituallamiento de esas ilícitas transacciones de piezas y antigüedades.

La insuficiente ubicación geográfica precisa que deriva para la eficacia del Catálogo sobre el terreno nos ha impulsado a desarrollar, en la medida de lo posible, el número de tomas fotográficas, ilustrativas de algunos de los sitios más imprecisos y de su particular contenido.

De seguido, se procede a la exposición correspondiente de cada uno de los inventarios: primero, con la relación nominal de la totalidad de las fichas levantadas sobre el terreno y, después, con el repertorio de los archivos seleccionados para este volumen y sus correspondientes fichas convenientemente desarrolladas y explicitadas.

Lautadaren ikuspegia Bu Lejzeimat-eko gainetik begiratuta (Mijek).
Vista de la planicie desde lo alto de Bu Lejzeimat (Mijek).
منظر للسهل، انطلاقا من اعلى مرتفع بولخزَيّمات (ميجــك).
Vue de la plaine depuis le sommet de Bu Lejzeimat (Mijek).

تجدر الاشارة الى ان الملفات، تم توزيعها حسب الموضوعات، الى خمس مجموعات، وهي كالتالي: 1) أماكن سكن ومجموعات مصنوعة. 2) ورشات استغلال مواد حجرية. 3) معالم اثرية حجرية جنائزية وطقوسية. 4) محطات فنية صخرية. 5) قطع معزولة. وكل واحد من هذه الاجزاء يبدو مرتبا بالحروف الابجدية للغة قشتالة.

ملف 2005 - 2007 "المعلق"

يشتمل على 76 سجلاً، والتي يشار الى تسمياتها الخاصة، والى المناطق الجغرافية المنتمية لها، وكذا ومطابقتها للبطاقات المعروضة في الارشيف. ولم تضاف لها، كما اشرنا، البطاقات السبع الموجودة اداريا، في المناطق المورتانية المحاذية؛ وهي اربعة اماكن لسكنات قديمة ومجموعات ادوات المصنوعة، بكل من (**عيشة اذخيرة** شمال شرق NE-1، عيشة اذخيرة شمال شرق NE-2، سبخة **عين آسكاف** 1، ازميلة عيشة اذخيرة)، مجموعات معالم اثرية حجرية (مجموعة معالم اثرية جنائزية بـ**عيشة اذخيرة** شمـال N، ومجموعة معالم اثرية جنائزية بازميلة **عيشة اذخيرة** شمال غرب NW-1)، ومحطة فنية واحدة (محطة صخرية بملجأ **عيشة اذخيرة** شمال غرب NW).

وقد تـم توزيع العدد حسب الموضوعات الى 38 من المعالم الاثرية الحجرية، القبرية والطقوسيـة، 29 موقـعا سكنيا ومجموعات آثار صناعية، 5 قطع معزولة، محطتيْ صخور فنيـة 2، ورشتيْ استغلال مواد صخرية 2.

نقوم الآن في ما يلي بعرض أسماء الارشيفات، في مجموعاتها المواضيعية ذات الصلة، وبالاضافة الى ذلك، وكملاحظة متصلة، ينبغي ان نشير الى انه في حالة ادخال بعض التغيير الاصطلاحي، في ما يتعلق بالتسميات المبينة في الجزء الذي يخص سنوات 2005 - 2007، فاننا سنشير الى ذلك، ضمن المجموعة المحددة ذات الصلة بالموضوع.

اماكن سكن ومجموعات ادوات صناعية

لقد اخذنا اضافة بسيطة، من موقع "تاغرفت ام اعبانه، الى الجنوب الشرقي SE"، من حصيلة سنوات 2005 -2007 فالحقناها الآن بـ"تاغرفت ام اعبانه، الى الجنوب الشرقي SE-3".

بعد ذلك قمنا بتسمية سلسلة محددة من مواقع السكن ومجموعات الادوات الصناعية:

- اذراع ام اعبانه (الدوگج): بطاقة 159
- اذراع ام اعبانه 1 (الدوگج): بطاقة 160
- اكْليب اجويرات، الى الجنوب S-2 (ميجك): بطاقة 189
- لقطيطرة، الى الشمال N-1 (اغوينيت): بطاقة 194
- واد لقطيطرة (اغوينيت): بطاقة 220

1. L'INVENTAIRE ARCHÉOLOGIQUE

À la fin 2011, tel que nous l'avons signalé, ce sont 626 les fiches rédigées *in situ* sur des références archéologiques registrées aux terres du Tiris. Parmi celles-ci, 183 ont été énoncées dans le volume qui recueille l'investigation du triennat 2005-2007 et d'autres 443 ont été contrôlées dans le tronçon 2008-2011.

En vue de sa distribution, on commence par ceux des archives de 2005-2007 qui furent reportés pour continuer, postérieurement avec les nouveaux de 2008-2011.

Il convient de signaler que les fichiers sont distribués thématiquement en 5 blocs énoncés de la manière suivante: 1) Lieux d'habitation et ensembles industriels; 2) Ateliers d'exploitation de matières lithiques; 3) Monuments lithiques, sépulcraux et rituels; 4) Stations artistiques rupestres; et, 5) Pièces isolées. Le contenu de chacun de ces blocs apparaît ordonné alphabétiquement suivant le lexique en langue espagnole.

LE FICHIER «REPORTÉ» DE 2005-2007

Il totalise 76 registres dont on signale la dénomination particulière, la région géographique de correspondance et l'identification dans l'archive de fiches développées. Tel que l'on a averti précédemment, n'y sont pas comprises les 7 fiches qui administrativement se trouvent dans les voisines terres mauritaniennes. Il s'agit des suivantes: 4 fiches de lieux d'habitation et ensembles industriels (Aicha Ethjera NE-1, Aicha Ethjera NE-2, Sebkha Ain Askaf 1 et Smeila Aicha Ethjera), 2 fiches d'ensembles monumentaux lithiques (Ensemble tumulaire Aicha Ethjera N et Ensemble tumulaire Smeila Aicha Ethjera NW-1) et 1 fiche d'une station artistique (Station rupestre Abris Aicha Ethjera NW).

L'effectif est distribué, thématiquement en : 38 monuments lithiques, sépulcraux et rituels, 29 lieux d'habitation et ensembles industriels, 5 pièces isolées, 2 stations artistiques rupestres et 2 ateliers d'exploitation de matières lithiques.

Il est procédé à continuation, à l'exposition nominale des archives à l'intérieur de leurs correspondants blocs thématiques. Aussi, en guise d'observation pertinente, il est à signaler que dans le cas où une quelconque modification terminologique ait été introduite par rapport à la nomenclature exprimée sur le volume de 2005-2007, la référence de cette altération est recueillie dans le groupe thématique spécifique.

Lieux d'habitation et ensembles industriels

On a introduit un léger ajout relatif au site du *"Tagerfet Oum Âbana SE"* de l'inventaire de 2005-2007: il apparaît maintenant comme *"Tagerfet Oum Âbana SE-3"*.

Après cela, procédons à l'énoncé de la série précise de lieux d'habitation et ensembles industriels:

Aicha Ethjera-ko mendi harritsuak, Mauritaniako Tijirit-en.
Montañas rocosas de Aicha Ethjera, en el vecino Tijirit mauritano.
الجبال الصخرية لعيشة اذخيرة، بتيجيريت المورتانية المجاورة.
Montagnes rocheuses d'Aicha Ethjera, et le voisin Tijirit mauritanien.

1. INBENTARIO ARKEOLOGIKOA

2011. urtearen amaieran 626 fitxa ditugu Tirisko lurretan erregistratutako erreferentzia arkeologikoei buruz *in situ* idatzita. Horien artetik 183 fitxa 2005-2007 aldiko ikerketaren berri emateko liburukian txertatu genituen eta beste 443 fitxa 2008-2011 aldian kontrolatu ditugu.

Banaketari dagokionez, hasteko 2005-2007 alditik geratu zitzaizkigun fitxategiak azalduko ditugu eta, segidan, 2008-2011 aldiko fitxategi berriak.

Fitxategiak 5 bloketan banatzen dira, honako gai hauen arabera: 1) Egoteko lekuak eta industria-multzoak; 2) Materia litikoak ustiatzeko tailerrak; 3) Monumentu litikoak, hilobietakoak eta errituetakoak; 4) Labar-arteko kokalekuak; eta, 5) Pieza isolatuak. Atal bakoitza alfabetoaren hurrenkeran ordenatuta dago, gaztelaniazko lexikoari jarraiki.

2005-2007 ALDITIK "GERATUTAKO" FITXATEGIA

Guztira 76 erregistro daude eta honako datu hauek biltzen dituzte: izen berezia, dagokion eskualde geografikoa eta garatutako fitxen fitxategian duen identifikazioa. Lehen esan dugunez, administratiboki Mauritaniako lurretan dauden 7 fitxak ez ditugu sartu. Honako hauek

1. EL INVENTARIO ARQUEOLÓGICO

A la conclusión del año 2011, como ya apuntábamos, son 626 las fichas redactadas *in situ* sobre referencias arqueológicas registradas en las tierras del Tiris. De ellas, 183 ya se enunciaron en el volumen que recogía la investigación del trienio 2005-2007 y otras 443 se han controlado en el tramo 2008-2011.

De cara a su distribución, se comienza por aquellos archivos pendientes de 2005-2007 para seguir, posteriormente, con aquellos nuevos de 2008-2011.

Conviene señalar que los ficheros se reparten temáticamente en 5 bloques en torno a los siguientes enunciados: 1) Lugares de habitación y conjuntos industriales; 2) Talleres de explotación de materias líticas; 3) Monumentos líticos, sepulcrales y rituales; 4) Estaciones artísticas rupestres; y, 5) Piezas aisladas. Cada uno de estos apartados aparece ordenado alfabéticamente desde el léxico en lengua castellana.

EL FICHERO "PENDIENTE" DE 2005-2007

Totaliza 76 registros, de los que se señalan su denominación particular, su región geográfica de correspondencia y su identificación en el archivo de fichas desarro-

• ام اعبانة، الى الجنوب الشرقي SE-1 (الدوگج): بطاقة 221
• سهل اشكشاك، الى الجنوب S-1 (الدوگج): 223
• منصة قاعدية بالملجأ الكبير بلجواد (الدوگج): بطاقة 225
• منصة قاعدية بازميلت ام اگـنينة، الى الشرق E (ميجك): بطاقة 227
• منصة قاعدية بازميلت ام اگنينة، الى الجنوب الغربي SW (ميجك): بطاقة 228
• سبخة انفاخ، الى الغرب W-1 (الدوگج): بطاقة 230
• سبخة لميلحه 2 (اغوينيت): بطاقة 232
• سبخة سل آوريج (اغوينيت): بطاقة 234
• ازميلة فلكلك، الشمال الغربي N-1/W (الدوگج): بطاقة 237
• ازميلة اخنيفيسة البيظه 2 (الدوگج): بطاقة 238
• ازميلة اخنيفيسة البيظه 3 (الدوگج): بطاقة 239
• ازميلة الكراشيات 4 (الدوگج): بطاقة 240
• ازميلة الكراشيات 5 (الدوگج): بطاقة 241
• ازميلة لروي بوگرن 2 (اغوينيت) بطاقة 242
• ازميلة ام اگنينة (ميجك): بطاقة 244
• ازميلة سهل الكراشيات، الى الشرق E-1 (الدوگج): بطاقة 245
• تاغرفت حاشيت اذراع ام اعبانة 3 (الدوگج): بطاقة 249
• تاغرفت الكراشيات، الى الشمال الشرقي NE (الدوگج): بطاقة 250
• تاغرفت ام اعبانه، الى الشمال الشرقي NE-2 (الدوگج): بطاقة 251
• تاغرفت ام اعبانه، الى الشمال الشرقي NE-3 (الدوگج): بطاقة 252
• تاغرفت ام اعبانه، الى الشرق E-1 (الدوگج): بطاقة 253
• تاغرفت ام اعبانة، الى الشرق E-2 (الدوگج): بطاقة 254
• تاغرفت ام اعبانه، الى الجنوب الشرقي SE-3 (الدوگج): بطاقة 255
• واد الظبعه، الى الشمال N-1 (ميجك): بطاقة 260

ورشات استغلال مواد حجرية.

• ورشة قمة ازميلة اگليبات الذيبة 1 (الـدوگج): بطاقة 256
• ورشة ازميلة تامنيراتن 1 (ميجك): بطاقة 258

معالم اثرية حجرية، جنائزية وطقوسية.

ينبغي، قبل كل شئ، ان نشير الى تعديلين اثنين، حدثا في اللائحة المقدمة في الدراسة التي تخص سنوات 2005 -2007. فـ "مجموعة تيميليس الجنائزية بالتعكريش" في النص السابق، اصبح اسمها الآن "مجموعة تيميليس الجنائزية سبخة حاشيت اذراع ام اعبانه، الى الجنوب الشرقي SE-1" وكذلك الشأن بالنسبة لـ "المجموعة الجنائزية بسهل اكدًا الرمِيْثات، الى الشرق E-1"، الواردة في القسم الاول من المؤلف، اصبحت تسمى الان بـ "مجموعة تيميليس الجنائزية اگليبات الطيور، الى الجنـــــوب S-1".

وبعدا ان تم اجراء هذه التعديلات، نتطرق الان الى عرض مجموعة المعالم الاثارية الصخرية:

• مجموعة الابنية الجنائزية من نوع تيميليس باغوينيت، الى الغرب W-1 (اغوينيت): بطاقة 103
• مجموعة الابنية الجنائزية من نـوع تيميليس بظايت فلكلك، الى الجنوب الغربي SW-1 (الدوگج): بطاقة 104
• مجموعة الابنية الجنائزية من نوع تيميليس بامدينات الزز، الى الشمال الشرقي NE-1 (الدوگج): بطاقة 106

• Drâa-Oum Âbana (Duguech): *fiche 159*
• Drâa Oum-Âbana 1 (Duguech): *fiche 160*
• Gleb Ajuerat S-2 (Mijek): *fiche 189*
• Legteitira N-1 (Agüenit): *fiche 194*
• Oued Legteitira (Agüenit): *fiche 220*
• Oum Âbana SE-1 (Duguech): *fiche 221*
• Plaine Shikshak S-1 (Duguech): *fiche 223*
• Plateforme base Grand Abri Lejuad (Duguech): *fiche 225*
• Plateforme base Smeila Oum Agneina E (Mijek): *fiche 227*
• Plateforme base Smeila Oum Agneina SW (Mijek): *fiche 228*
• Sebkha Enfaj W-1 (Duguech): *fiche 230*
• Sebkha Lemelha 2 (Agüenit): *fiche 233*
• Sebkha Sel Aurich (Agüenit): *fiche 234*
• Smeila Feleklek N-1/W (Duguech): *fiche 237*
• Smeila Gnefisa Bayda 2 (Duguech): *fiche 238*
• Smeila Gnefisa Bayda 3 (Duguech): *fiche 239*
• Smeila Karrashiet 4 (Duguech): *fiche 240*
• Smeila Karrashiet 5 (Duguech): *fiche 241*

Monumentu litiko asko arriskupean daude ibilgailu modernoak ibiltzeko egiten dituzten pistak direla-eta.

Muchos monumentos líticos se encuentran seriamente amenazados por las pistas abiertas por el tránsito de los modernos vehículos.

الكثير من المعالم الاثرية الصخرية توجد في حالة تهديد حقيقية، نظرا للطرق المفتوحة، باسباب عبور السيارات الحديثة.

Beaucoup de monuments lithiques se trouvent sérieusement menacés par les pistes ouvertes pour la circulation des véhicules modernes.

dira: 4 egoteko leku eta industria-multzo (Aicha Ethjera NE-1, Aicha Ethjera NE-2, Sebja Ain Askaf 1 eta Smeila Aicha Ethjera), 2 monumentu multzo litiko (Aicha Ethjera N tumulu multzoa eta Smeila Aicha Ethjera NW-1 tumulu multzoa) eta arte-kokaleku 1 (Aicha Ethjera NW harpeetako labar-kokalekua).

Gaiaren aldetik, fitxak honela sailkatzen dira: 38 monumentu litiko, hilobietakoak eta errituetakoak, 29 egoteko leku eta industria-multzo, 5 pieza isolatu, labar-arteko 2 kokaleku eta materia litikoak ustiatzeko 2 tailer.

Jarraian, fitxategiak banan-banan azalduko ditugu, gaiaren araberako blokeetan banatuta. Horretaz gain, ohar bat: 2005-2007 aldiko liburukian jasotako nomenklaturan aldaketa terminologikoren bat gertatu bada, dagokion gaikako taldean aipatuko da aldaketa hori.

Egoteko lekuak eta industria-multzoak

2005-2007 aldiko inbentarioan agertzen zen "*Tagerfet Oum Âbana SE*" tokiari dagokionez, orain "*Tagerfet Oum Âbana SE-3*" da.

Eta zehaztapen hori eginda, jarraian, egoteko lekuen eta industria-multzoen serie zehatza aipatuko dugu:

- Drâa-Oum Âbana (Duguech): *159. fitxa*
- Drâa Oum-Âbana 1 (Duguech): *160. fitxa*
- Gleb Ajuerat S-2 (Mijek): *189. fitxa*
- Legteitira N-1 (Agüenit): *194. fitxa*
- Oued Legteitira (Agüenit): *220. fitxa*
- Oum Âbana SE-1 (Duguech): *221. fitxa*
- Shikshak lautada S-1 (Duguech): *223. fitxa*
- Lejuad Harpe Handiko oinarrizko plataforma (Duguech): *225. fitxa*
- Smeila Oum Agneina E oinarrizko plataforma (Mijek): *227. fitxa*
- Smeila Oum Agneina SW oinarrizko plataforma (Mijek): *228. fitxa*
- Sebja Enfaj W-1 (Duguech): *230. fitxa*
- Sebja Lemelha 2 (Agüenit): *233. fitxa*
- Sebja Sel Aurich (Agüenit): *234. fitxa*
- Smeila Feleklek N-1/W (Duguech): *237. fitxa*
- Smeila Gnefisa Bayda 2 (Duguech): *238. fitxa*
- Smeila Gnefisa Bayda 3 (Duguech): *239. fitxa*
- Smeila Karrashiet 4 (Duguech): *240. fitxa*
- Smeila Karrashiet 5 (Duguech): *241. fitxa*
- Smeila Larui Bu Garn 2 (Agüenit): *242. fitxa*
- Smeila Oum Agneina (Mijek): *244. fitxa*
- Smeila, Karrashiet E-1 lautada (Duguech): *245. fitxa*
- Tagerfet Hashiat Drâa-Oum Âbana 3 (Duguech): *249. fitxa*
- Tagerfet Karrashiet NE (Duguech): *250. fitxa*
- Tagerfet Oum Âbana NE-2 (Duguech): *251. fitxa*
- Tagerfet Oum Âbana NE-3 (Duguech): *252. fitxa*
- Tagerfet Oum Âbana E-1 (Duguech): *253. fitxa*
- Tagerfet Oum Âbana E-2 (Duguech): *254. fitxa*
- Tagerfet Oum Âbana SE-3 (Duguech): *255. fitxa*
- Ethabâa N-1 harana (Mijek): *260. fitxa*

lladas. No se han incluido, como se ha advertido, las 7 fichas que administrativamente se encuentran dentro de las vecinas tierras mauritanas. Se tratan éstas de: 4 lugares de habitación y conjuntos industriales (Aicha Ethjera NE-1, Aicha Ethjera NE-2, Sebja Ain Askaf 1 y Smeila Aicha Ethjera), 2 de conjuntos monumentales líticos (Conjunto tumular Aicha Ethjera N y Conjunto tumular Smeila Aicha Ethjera NW-1) y 1 de una estación artística (Estación rupestre Abrigos Aicha Ethjera NW).

El efectivo se reparte, temáticamente, en: 38 monumentos líticos, sepulcrales y rituales, 29 lugares de habitación y conjuntos industriales, 5 piezas aisladas, 2 estaciones artísticas rupestres y 2 talleres de explotación de materias líticas.

Se procede, a continuación, a la exposición nominal de los archivos en sus correspondientes bloques temáticos. Además, a modo de observación pertinente, debe de señalarse que en el caso de introducirse alguna modificación terminológica por relación a la nomenclatura expresada en el volumen de 2005-2007, se hace referencia a esa alteración en el grupo temático específico.

Lugares de habitación y conjuntos industriales

Hemos introducido un ligero añadido en relación al sitio del "*Tagerfet Oum Âbana SE*" del inventario de 2005-2007: ajustándolo ahora al de "*Tagerfet Oum Âbana SE-3*".

Tras ello, procedemos a enunciar la serie precisa de lugares de habitación y conjuntos industriales:

- Drâa-Oum Âbana (Duguech): *ficha 159*
- Drâa Oum-Âbana 1 (Duguech): *ficha 160*
- Gleb Ajuerat S-2 (Mijek): *ficha 189*
- Legteitira N-1 (Agüenit): *ficha 194*
- Oued Legteitira (Agüenit): *ficha 220*
- Oum Âbana SE-1 (Duguech): *ficha 221*
- Planicie Shikshak S-1 (Duguech): *ficha 223*
- Plataforma base Gran Abrigo Lejuad (Duguech): *ficha 225*
- Plataforma base Smeila Oum Agneina E (Mijek): *ficha 227*
- Plataforma base Smeila Oum Agneina SW (Mijek): *ficha 228*
- Sebja Enfaj W-1 (Duguech): *ficha 230*
- Sebja Lemelha 2 (Agüenit): *ficha 233*
- Sebja Sel Aurich (Agüenit): *ficha 234*
- Smeila Feleklek N-1/W (Duguech): *ficha 237*
- Smeila Gnefisa Bayda 2 (Duguech): *ficha 238*
- Smeila Gnefisa Bayda 3 (Duguech): *ficha 239*
- Smeila Karrashiet 4 (Duguech): *ficha 240*
- Smeila Karrashiet 5 (Duguech): *ficha 241*
- Smeila Larui Bu Garn 2 (Agüenit): *ficha 242*
- Smeila Oum Agneina (Mijek): *ficha 244*
- Smeila Planicie Karrashiet E-1 (Duguech): *ficha 245*
- Tagerfet Hashiat Drâa-Oum Âbana 3 (Duguech): *ficha 249*
- Tagerfet Karrashiet NE (Duguech): *ficha 250*
- Tagerfet Oum Âbana NE-2 (Duguech): *ficha 251*
- Tagerfet Oum Âbana NE-3 (Duguech): *ficha 252*
- Tagerfet Oum Âbana E-1 (Duguech): *ficha 253*
- Tagerfet Oum Âbana E-2 (Duguech): *ficha 254*

- مجموعة الابنية الجنائزية من نوع تيميليس بـﭬـليب اصفار، الى الشرق E (الدوڭج): بطاقة 107
- مجموعة الابنية الجنائزية من نوع تيميليس بـﭬـليب اصفار، الى الجنوب S (الدوڭج): بطاقة 108
- مجموعة الابنية الجنائزية من نوع تيميليس بـﭬـليبات الطيور، الى الجنوب S-1 (اغوينيت): بطاقة 119
- مجموعة الابنية الجنائزية من نوع تيميليس بكديت ميجك، الى الشمال الشرقي NE-2 (ميجك): بطاقة123
- مجموعة الابنية الجنائزية من نوع تيميليس بمفلك وتد زوڭ الى الشمال الشرقي NE-1 (الدوڭج): بطاقة 124
- مجموعة الابنية الجنائزية من نوع تيميليس بسهل امخيول تويزرفاتن، الى الجنوب S-3 (اغوينيت): بطاقة 128
- مجموعة الابنية الجنائزية من نوع تيميليس بسهل اڭليب اصفار/ الكراشيات 1 (الدوڭج): بطاقة 133
- مجموعة الابنية الجنائزية من نوع تيميليس بسهل ڭليب الراوي، الى الجنوب S-1 (اغوينيت): بطاقة 134
- مجموعة الابنية الجنائزية من نوع تيميليس بسهل ڭليبات اكرازا، الى الشمال N-1 (اغوينيت): بطاقة 135
- مجموعة الابنيــة الجنائزيــة من نوع تيميليس بقاعدة ازميلــة ام اڭنيــنــة، الى الشـمـال N (ميجك): بطاقة 137.
- مجموعة الابنية الجنائزية من نوع تيميليس بقاعدة ازميلة ام اڭنينة، الى الجنوب الغربي SW (ميجك): بطاقة 138
- مجموعة الابنية الجنائزية من نوع تيميليس بقاعدة ازميلت ام اڭنينة، الى الجنوب الشرقي SE (ميجك): بطاقة 139
- مجموعة الابنية الجنائزية من نوع تيميليس برأس ازميلت ڭليبات الذيبة، الى الجنوب الشرقي S-SE (الدوڭج): بطاقة 141
- مجموعة الابنية الجنائزية من نوع تيميليس بسبخة انفاخ، الى الغرب W-1 (الدوڭج): بطاقة 144
- مجموعة الابنية الجنائزية من نوع تيميليس بسبخة حاشيت ذراع ام اعبانه، الى الجنوب الشرقي SE-1 (الدوڭج): بطاقة 145
- مجموعة الابنية الجنائزية من نوع تيميليس بازميلت الكراشيات 3 (الدوڭج): بطاقة 147
- مجموعة الابنية الجنائزية من نوع تيميليس بازميلت الكراشيات 1/4 (الدوڭج): بطاقة 148
- مجموعة الابنية الجنائزية من نوع تيميليس بازميلت ام اڭنينة (ميجك): بطاقة 149
- مجموعة الابنية الجنائزية من نوع تيميليس بازميلت تامنيراتن 1 (ميجك): بطاقة 150
- مجموعة الابنية الجنائزية من نوع تيميليس بواد الظبعة، الى الشمال N-1 (ميجك): بطاقة 152
- مجموعة الابنية الجنائزية من نوع تيميليس بواد الظبعة، الى الشمال N-2 (ميجك): بطاقة 153
- الهيكل الخاتمي (شكل خاتم) بـﭬـليب الراوي، الى الشرقE (اغوينيت): بطاقة 188
- المعلم الدائري المتراص بسهل امخيول تويزرفاتن، الى الجنوب S-3 (اغوينيت): بطاقة 200
- المعلم الجنائزي باجويرات، الى جهة الغرب W-1 (ميجك): بطاقة 202
- المعلم الجنائزي بامدينات التـڭردي (ميجك): بطاقة 205
- المعلم الجنائزي بـﭬـليب اجويرات، الى جهة الجنوب S-2 (ميجك): البطاقة 206
- المعلم الجنائزي بالكراشيات 1/2(الدوڭج): بطاقة 207
- المعلم الجنائزي بسهل امخيول اتويزرفاتن، الى جهة الشمال S-2 (اغوينيت): بطاقة 209
- المعلم الجنائزي بسهل اخنيفيسة البيظه، الى جهة الشمال S-1 (الدوڭج): بطاقة 211
- المعلم الجنائزي بسهل اخنيفيسة البيظه، الى الشمال S-3 (الدوڭج): بطاقة 212

- Smeila Larui Bu Garn 2 (Agüenit): *fiche 242*
- Smeila Oum Agneina (Mijek): *fiche 244*
- Smeila Plaine Karrashiet E-1 (Duguech): *fiche 245*
- Tagerfet Hashiat Drâa-Oum Âbana 3 (Duguech): *fiche 249*
- Tagerfet Karrashiet NE (Duguech): *fiche 250*
- Tagerfet Oum Âbana NE-2 (Duguech): *fiche 251*
- Tagerfet Oum Âbana NE-3 (Duguech): *fiche 252*
- Tagerfet Oum Âbana E-1 (Duguech): *fiche 253*
- Tagerfet Oum Âbana E-2 (Duguech): *fiche 254*
- Tagerfet Oum Âbana SE-3 (Duguech): *fiche 255*
- Vallée d'Ethabâa N-1 (Mijek): *fiche 260*

Ateliers d'exploitation de matières lithiques

- Atelier Pointe Smeila Gleibat Ethiba 1 (Duguech): *fiche 256*
- Atelier Smeila Tamnairatn 1 (Mijek): *fiche 258*

Monuments lithiques, sépulcraux et rituels

Il faut avertir, avant tout, de deux changements terminologiques par rapport au rôle présenté dans la monographie de 2005-2007. D'une part, l'"*Ensemble tumulaire Etâkrich*" du précédent texte est maintenant dénommé "*Ensemble tumulaire Sebkha Hashiat Drâa-Oum Âbana SE-1*". D'autre part, l'"*Ensemble tumulaire Plaine Akda Ermaithat E-1*" du premier volume est remplacé maintenant par "*Ensemble tumulaire Gleibat Etiur S-1*".

Une fois précisées les modifications, passons à l'exposé de la série corrigée de monuments lithiques:

- Ensemble tumulaire Agüenit W-1 (Agüenit): *fiche 103*
- Ensemble tumulaire Dhâya Feleklek SW-1 (Duguech): *fiche 104*
- Ensemble tumulaire Emdeinat Ezaz NE-1 (Duguech): *fiche 106*
- Ensemble tumulaire Gleb Asfar E (Duguech): *fiche 107*
- Ensemble tumulaire Gleb Asfar S (Duguech): *fiche 108*
- Ensemble tumulaire Gleibat Etiur S-1 (Agüenit): *fiche 119*
- Ensemble tumulaire Kidhiet Mijek NE-2 (Mijek): *fiche 123*
- Ensemble tumulaire Meflek Uted-Zug NE-1 (Duguech): *fiche 124*
- Ensemble tumulaire Plaine Amjewal Tuizerfatn S-3 (Agüenit): *fiche 128*

Materia litikoak ustiatzeko tailerrak

- Punta Smeila Gelibat Ethiba 1 tailerra (Duguech): *256. fitxa*
- Smeila Tamnairatn 1 tailerra (Mijek): *258. fitxa*

Monumentu litikoak, hilobietakoak eta errituetakoak

Hasi aurretik, 2005-2007 aldiko monografian aurkeztutako zerrendan hainbat aldaketa terminologiko egin ditugula aipatu behar dugu. Alde batetik, aurreko testuko *"Etâkrich tumulu-multzoa"* orain *"Sebja Hashiat Drâa-Oum Âbana SE-1 tumulu-multzoa"* da. Bestetik, lehen liburukian *"Akda Ermaithat E-1 lautadako tumulu-multzoa"* zena orain *"Gleibat Etiur S-1 tumulu-multzoa"* da.

Aldaketak aipatu ostean, monumentu litikoen serie zuzendua azalduko dugu:

- Agüenit W-1 tumulu-multzoa (Agüenit): *103. fitxa*
- Dhâya Feleklek SW-1 tumulu-multzoa (Duguech): *104. fitxa*
- Emdeinat Ezaz NE-1 tumulu-multzoa (Duguech): *106. fitxa*
- Gleb Asfar E tumulu-multzoa (Duguech): *107. fitxa*
- Gleb Asfar S tumulu-multzoa (Duguech): *108. fitxa*
- Gleibat Etiur S-1 tumulu-multzoa (Agüenit): *119. fitxa*
- Kidhiet Mijek NE-2 tumulu-multzoa (Mijek): *123. fitxa*
- Meflek Uted-Zug NE-1 tumulu-multzoa (Duguech): *124. fitxa*
- Amjewal Tuizerfatn S-3 lautadako tumulu-multzoa (Agüenit): *128. fitxa*
- Gleb Asfar/Karrashiet 1 lautadako tumulu-multzoa (Duguech): *133. fitxa*
- Gleb Raui S-1 lautadako tumulu-multzoa (Agüenit): *134. fitxa*
- Gleibat Akraza N-1 lautadako tumulu-multzoa (Agüenit): *135. fitxa*
- Smeila Oum Agneina N oinarrizko plataformako tumulu-multzoa (Mijek): *137. fitxa*
- Smeila Oum Agneina SW oinarrizko plataformako tumulu-multzoa (Mijek): *138. fitxa*
- Smeila Oum Agneina SE oinarrizko plataformako tumulu-multzoa (Mijek): *139. fitxa*
- Punta Smeila Gleibat Ethiba 5-SE tumulu-multzoa (Duguech): *141. fitxa*
- Sebja Enfaj W-1 tumulu-multzoa (Duguech): *144. fitxa*
- Sebja Hashiat Drâa-Oum Âbana SE-1 tumulu-monumentua (Duguech): *145. fitxa*
- Smeila Karrashiet 3 tumulu-multzoa (Duguech): *147. fitxa*
- Smeila Oum Agneina tumulu-multzoa (Mijek): *149. fitxa*
- Smeila Tamnairatn 1 tumulu-multzoa (Mijek): *150. fitxa*
- Ethabâa N-1 haraneko tumulu-multzoa (Mijek): *152. fitxa*
- Ethabâa N-2 haraneko tumulu-multzoa (Mijek): *153. fitxa*
- Gleb Raui E eraztun-itxurako egiturak (Agüenit): *188. fitxa*
- Amjewal Tuizerfatn S-3 lautadako monumentu zirkular monolitikoa (Agüenit): *200. fitxa*
- Ajuerat W-1 tumulu-monumentua (Mijek): *202. fitxa*
- Emdeinat Etgardi tumulu-monumentua (Mijek): *205. fitxa*
- Tagerfet Oum Âbana SE-3 (Duguech): *ficha 255*
- Valle Ethabâa N-1 (Mijek): *ficha 260*

Talleres de explotación de materias líticas

- Taller Punta Smeila Gleibat Ethiba 1 (Duguech): *ficha 256*
- Taller Smeila Tamnairatn 1 (Mijek): *ficha 258*

Monumentos líticos, sepulcrales y rituales

Hay que advertir, antes de nada, de un par de cambios terminológicos respecto al listado presentado en la monografía correspondiente a 2005-2007. Por una parte, el *"Conjunto tumular Etâkrich"* del anterior texto pasa a denominarse *"Conjunto tumular Sebja Hashiat Drâa-Oum Âbana SE-1"*. Por otra parte, el *"Conjunto tumular Planicie Akda Ermaithat E-1"* de primer volumen se remplaza ahora por *"Conjunto tumular Gleibat Etiur S-1"*.

Una vez precisadas las modificaciones, pasamos a exponer la serie corregida de monumentos líticos:

- Conjunto tumular Agüenit W-1 (Agüenit): *ficha 103*
- Conjunto tumular Dhâya Feleklek SW-1 (Duguech): *ficha 104*
- Conjunto tumular Emdeinat Ezaz NE-1 (Duguech): *ficha 106*
- Conjunto tumular Gleb Asfar E (Duguech): *ficha 107*
- Conjunto tumular Gleb Asfar S (Duguech): *ficha 108*
- Conjunto tumular Gleibat Etiur S-1 (Agüenit): *ficha 119*
- Conjunto tumular Kidhiet Mijek NE-2 (Mijek): *ficha 123*
- Conjunto tumular Meflek Uted-Zug NE-1 (Duguech): *ficha 124*
- Conjunto tumular Planicie Amjewal Tuizerfatn S-3 (Agüenit): *ficha 128*
- Conjunto tumular Planicie Gleb Asfar/Karrashiet 1 (Duguech): *ficha 133*
- Conjunto tumular Planicie Gleb Raui S-1 (Agüenit): *ficha 134*
- Conjunto tumular Planicie Gleibat Akraza N-1 (Agüenit): *ficha 135*
- Conjunto tumular Plataforma base Smeila Oum Agneina N (Mijek): *ficha 137*
- Conjunto tumular Plataforma base Smeila Oum Agneina SW (Mijek): *ficha 138*
- Conjunto tumular Plataforma base Smeila Oum Agneina SE (Mijek): *ficha 139*
- Conjunto tumular Punta Smeila Gleibat Ethiba 5-SE (Duguech): *ficha 141*
- Conjunto tumular Sebja Enfaj W-1 (Duguech): *ficha 144*
- Conjunto tumular Sebja Hashiat Drâa-Oum Âbana SE-1 (Duguech): *ficha 145*
- Conjunto tumular Smeila Karrashiet 3 (Duguech): *ficha 147*
- Conjunto tumular Smeila Karrashiet 1/4 (Duguech): *ficha 148*
- Conjunto tumular Smeila Oum Agneina (Mijek): *ficha 149*
- Conjunto tumular Smeila Tamnairatn 1 (Mijek): *ficha 150*

- Ensemble tumulaire Plaine Gleb Asfar/Karrashiet 1 (Duguech): *fiche 133*
- Ensemble tumulaire Plaine Gleb Raui S-1 (Agüenit): *fiche 134*
- Ensemble tumulaire Plaine Gleibat Akraza N-1 (Agüenit): *fiche 135*
- Ensemble tumulaire Plateforme base Smeila Oum Agneina N (Mijek): *fiche 137*
- Ensemble tumulaire Plateforme base Smeila Oum Agneina SW (Mijek): *fiche 138*
- Ensemble tumulaire Plateforme base Smeila Oum Agneina SE (Mijek): *fiche 139*
- Ensemble tumulaire Pointe Smeila Gleibat Ethiba 5-SE (Duguech): *fiche 141*
- Ensemble tumulaire Sebkha Enfaj W-1 (Duguech): *fiche 144*
- Ensemble tumulaire Sebkha Hashiat Drâa-Oum Âbana SE-1 (Duguech): *fiche 145*
- Ensemble tumulaire Smeila Karrashiet 3 (Duguech): *fiche 147*
- Ensemble tumulaire Smeila Karrashiet 1/4 (Duguech): *fiche 148*
- Ensemble tumulaire Smeila Oum Agneina (Mijek): *fiche 149*
- Ensemble tumulaire Smeila Tamnairatn 1 (Mijek): *fiche 150*
- Ensemble tumulaire Vallée d'Ethabâa N-1 (Mijek): *fiche 152*
- Ensemble tumulaire Vallée d'Ethabâa N-2 (Mijek): *fiche 153*
- Structures annulaires Gleb Raui E (Agüenit): *fiche 188*
- Monument circulaire monolithique Plaine Amjewal Tuizerfatn S-3 (Agüenit): *fiche 200*
- Monument tumulaire Ajuerat W-1 (Mijek): *fiche 202*
- Monument tumulaire Emdeinat Etgardi (Mijek): *fiche 205*
- Monument tumulaire Gleb Ajuerat S-2 (Mijek): *fiche 206*
- Monument tumulaire Karrashiet 1/2 (Duguech): *fiche 207*
- Monument tumulaire Plaine Amjewal Tuizerfatn S-2 (Agüenit): *fiche 209*
- Monument tumulaire Plaine Gnefisat Bayda S-1 (Duguech): *fiche 211*
- Monument tumulaire Plaine Gnefisat Bayda S-3 (Duguech): *fiche 212*
- Monument tumulaire Plaine Shikshak S-1 (Duguech): *fiche 214*
- Monument tumulaire Sebkha Zug NW (Duguech): *fiche 216*
- Monument tumulaire Sel Aurich N-1 (Agüenit): *fiche 217*
- Monument tumulaire Shikshak J/SE-1 (Duguech): *fiche 218*
- Monument tumulaire Tamnairatn N-1 (Mijek): *fiche 219*

- المعلم الجنائزي بسهل اشكشاك، الى الشمال S-1 (الدوڭج): بطاقة 214
- المعلم الجنائزي بسبخة زوڭ الى الشمال الغربي NW (الدوڭج): بطاقة 216
- المعلم الجنائزي بسل اوريج، الى الشمال N-1 (اغوينيت): بطاقة 217
- المعلم الجنائزي باشكشاك، الى الجنوب الشرقي J/SE-1 (الدوڭج): بطاقة 218
- المعلم الجنائزي بتامنيراتن، الى الشمال N-1 (ميجك): بطاقة 219

محطات فنية صخرية.

نشير الى تعديل الترقيم المتعلق بمحطتي اڭرونه، الوحيدتين اللتين تم ادراجهما، حيث كانت الارقام 1 و 2، فاصبحت 1/1 و2/1، فصارتا بالشكل التالي:

- محطة صخرية بملجأ ڭرونه 1/1 (اغوينيت): بطاقة 173
- محطة صخرية بملجأ ڭرونه 2/1 (اغوينيت): بطاقة 174

قطع منعزلة.

- مسحقة بام اعبانه، الى جهة الشرق E/1 (الدوڭج): بطاقة 195
- رحى بقاعدة الدوڭج 1/ (الدوڭج):بطاقة 196
- رحى بالمدادّة، الى جهة الجنوب الغربي SW-1 (اغوينيت): بطاقة 197
- رحى بحاسي زوڭ الى الشمال الشرقي NE/1 (الدوڭج): بطاقة 198
- رحى بسبخة زوڭ الى الجنوب الغربي SW-1 (الدوڭج): بطاقة 199

تفاصيل وتصحيحات حول الملف "المطبوع" في 2005- 2007

وينبغي ان نصحح الان ثلاثة اخطاء واغفالات، دخلت في نطاق البطاقات الاثرية المصاحبة لطبعة الحصيلة المنتقاة، خلال سنوات 2005-2007
:(Sáenz de buruaga, A. 2008 a)

• بطاقة رقم 20 (مجموعة الابنية الجنائزية بـ**لروي بوڭـرن** (W; Op. cit., p. 252-253): في ما يتعلق بالمنطقة التي توجد بها مجموعة الابنية الجنائزية، فانه ينبغي تصحيح الموقع الخطأ وهو الدوڭـج المشار اليه، واستبداله بالموقع الصحيح وهو اغوينيت، وكما بيَّنا سلفا في ما يتعلق بقائمة اسماء الاثار الثقافية القديمة، بتلك الدراسة (صفحة 206).

• بطاقة رقم 43 (مجموعة الابنية جنائزية بازميلة ڭليبات الذيبة 6؛ Op. cit., P. 298-299): وفي بداية الفقرة الخاصة بتوصيف مجموعة الابنية الجنائزية، يجب تغير رقم **ازميلة ڭليبات الذيبة** المشار لها، من الرقم 5 الى الرقم 6.

• بطاقة رقم 65 (ڭـرارة امخيول تويزرفاتن؛ Op. cit., p. 342-343): في نهاية تسمية هذه البطاقة الاثرية يجب

- Gleb Ajuerat S-2 tumulu-monumentua (Mijek): *206. fitxa*
- Karrashiet 1/2 tumulu-monumentua (Duguech): *207. fitxa*
- Amjewal Tuizerfatn S-2 lautadako tumulu-monumentua (Agüenit): *209. fitxa*
- Gnefisat Bayda S-1 lautadako tumulu-monumentua (Duguech): *211. fitxa*
- Gnefisat Bayda S-3 lautadako tumulu-monumentua (Duguech): *212. fitxa*
- Shikshak S-1 lautadako tumulu-monumentua (Duguech): *214. fitxa*
- Sebja Zug NW tumulu-monumentua (Duguech): *216. fitxa*
- Sel Aurich N-1 tumulu-monumentua (Agüenit): *217. fitxa*
- Shikshak J/SE-1 tumulu-monumentua (Duguech): *218. fitxa*
- Tamnairatn N-1 tumulu-monumentua (Mijek): *219. fitxa*

Labar-arteko kokalekuak

Gronako bi kokalekuen zenbakiei dagokienez zehaztapen bat egin behar dugu. Lehen 1 eta 2 zirenak, orain 1/1 eta 1/2 dira; honela:

- Grona 1/1 harpeko labar-kokalekua (Agüenit): *173. fitxa*
- Grona 1/2 harpeko labar-kokalekua (Agüenit): *174. fitxa*

- Conjunto tumular Valle Ethabâa N-1 (Mijek): *ficha 152*
- Conjunto tumular Valle Ethabâa N-2 (Mijek): *ficha 153*
- Estructuras anulares Gleb Raui E (Agüenit): *ficha 188*
- Monumento circular monolítico Planicie Amjewal Tuizerfatn S-3 (Agüenit): *ficha 200*
- Monumento tumular Ajuerat W-1 (Mijek): *ficha 202*
- Monumento tumular Emdeinat Etgardi (Mijek): *ficha 205*
- Monumento tumular Gleb Ajuerat S-2 (Mijek): *ficha 206*
- Monumento tumular Karrashiet 1/2 (Duguech): *ficha 207*
- Monumento tumular Planicie Amjewal Tuizerfatn S-2 (Agüenit): *ficha 209*
- Monumento tumular Planicie Gnefisat Bayda S-1 (Duguech): *ficha 211*
- Monumento tumular Planicie Gnefisat Bayda S-3 (Duguech): *ficha 212*
- Monumento tumular Planicie Shikshak S-1 (Duguech): *ficha 214*
- Monumento tumular Sebja Zug NW (Duguech): *ficha 216*
- Monumento tumular Sel Aurich N-1 (Agüenit): *ficha 217*
- Monumento tumular Shikshak J/SE-1 (Duguech): *ficha 218*
- Monumento tumular Tamnairatn N-1 (Mijek): *ficha 219*

Estaciones artísticas rupestres

Una puntualización debe contemplarse en relación al numeral de las dos estaciones de Grona únicamente incluidas. Los antiguos 1 y 2 se han remplazado ahora por 1/1 y 1/2, de esta forma:

- Estación rupestre Abrigo Grona 1/1 (Agüenit): *ficha 173*
- Estación rupestre Abrigo Grona 1/2 (Agüenit): *ficha 174*

Tanyaragatn-eko mendiak, Agüenit-en.
Serie de montañas de Tanyaragatn, en Agüenit.
سلسلة جبال تنيْرغاتن، بآغوينيت.
Série de montagnes de Tanyaragatn, à Agüenit.

ان نضيف الرقم: 1 وذلك بنفس الشكل الذي تبدو به في قائمة اسماء الآثار، في الصفحة 202 "ݣرارة امخيول تويزرفاتن 1".

الملف "الجديد" لـ 2008-2011.

يشتمل على 443 مرجعا مسجلا خلال الفترة من 2008 الى 2011. وتتوزع على المواضيع التالية: 184 مواقعُ سكن (موائل) و مجموعاتُ ادات صناعية (41.5%)، 172 معالم حجرية، جنائزية وطقوسيّة (38.8%)، 71 محطة فنية صخرية (16%)، 13 ورشات استغلال المواد الحجرية (2.9%) و3 قطع معزولة (0.7%).

من هذه السلسلة الجديدة، هناك 279 حالة تم التعرف عليها في منطقة الدوݣـــج بنسبة مئوية (63.0%)، 95 في ميجك نسبتها المئوية (21.4%)، و 70 في اغوينيت نسبتها المئوية (15.8%).

كما في الحالة السابقة، فان قائمة اسماء الملفات، يتم تنظيمها من خلال مختلف مجموعات المواضيع المتفق عليها.

مواقع سكن و مجموعات ادوات صناعية.

- ملجأ اجبيل - 1 (الدوݣج)
- ملجأ اجبيل بوخويمة - 1 (الدوݣج)
- ملجأ اجبيل بوخويمة - 2 (الدوݣج)
- ملجأ ايج IV (الدوݣج)
- ملجأ ايج V (الدوݣج)
- ملجأ ايج IX (الدوݣج)
- ملجأ ݣلابت الخيل 1/1 (الدوݣج)
- ملجأ ݣلابت خير الل 1/1(الدوݣج)
- ملجأ ݣليب لمديسمات1/1 (الدوݣج)
- ملجأ ݣليبات بطن الكلبة 2/1 (الدوݣج)
- ملجأ ݣرونه 1 (اغوينيت)
- ملجأ لجواد II (الدوݣج)
- ملجأ لجواد III (الدوݣج)
- ملجأ لجواد VI (الدوݣج)
- ملجأ لجواد VIII (الدوݣج)
- ملجأ لجواد الأعلى XII (الدوݣج)
- إيركيم عجين ـ السد الواقع جهة الجنوب S-1 (اغوينيت)
- ارواكيم ݣليبات الطيور، الى الجنوب S-1 (اغوينيت)
- ارواكيم سبخة لروية، الى الغرب W-1/1 (اغوينيت)
- بئر ازايـݣ بـدرݣ الى الجنوب الشرقي SE-1 (اغوينيت): بطاقة 101
- بئرازايـݣ بدرݣ ـ السد الواقع الى الشرق E-1/1 (اغوينيت)
- بئر الظبيعات (الدوݣج)
- بولخزيمات الى الجنوب S (ميجك)
- بوخزيمات الى الغرب W (ميجك)
- ظاية اعظم لحمار الى الشمال الغربي NW-1 (الدوݣج)
- ظاية اغسال (الدوݣج)
- ظاية اغسال الى الشرق E-1 (الدوݣج)
- ظاية اجبيل بصفف الى الغرب W-1 (الدوغج)
- ظاية بودرباله الى الجنوب S-1 (اغوينيت): بطاقة 154
- ظاية ݣليبات البركة 1(ميجك): بطاقة 155

Stations artistiques rupestres

Une précision doit être faite relative à la numérotation des seules deux stations de Grona qui y sont comprises. Les anciens 1 et 2 sont maintenant remplacés par 1/1 et 1/2, de cette manière:

- Station rupestre Abri Grona 1/1 (Agüenit): *fiche 173*
- Station rupestre Abri Grona 1/2 (Agüenit): *fiche 174*

Pièces isolées

- Molette Oum Âbana E/1 (Duguech): *fiche 195*
- Moulin Base Duguech/1 (Duguech): *fiche 196*
- Moulin El Medada SW-1 (Agüenit): *fiche 197*
- Moulin Hassi Zug NE/1 (Duguech): *fiche 198*
- Moulin Sebkha Zug SW-1 (Duguech): *fiche 199*

Précisions et corrections sur le fichier "édité" de 2005-2007

Tout de suite après, nous devons régler 3 ponctuelles erreurs et omissions qui ont été introduites dans la relation des fiches archéologiques «développées» qui accompagnèrent l'édition de l'inventaire sélectif de 2005-2007 (Sáenz de Buruaga, A. 2008a):

- *Fiche 20* (Ensemble tumulaire Larui Bu Garn W; Op.cit., p. 252-253): quant à la région dans laquelle se trouve l'ensemble il faut remplacer l'incorrectement signalée Duguech par la correcte Agüenit, tel qu'il fut indiqué préalablement dans la relation nominale de gisements de cette monographie (p. 206).

- *Fiche 43* (Ensemble tumulaire Smeila Gleibat Ethiba 6; Op.cit., p. 298-299): au début de l'énoncé de la description, il faut corriger la numérotation de la *smeila* de Gleibat Ethiba à laquelle il est fait référence: ce n'est plus le 5, mais le 6.

- *Fiche 65* (Grara Amjewal Tuizerfatn; Op.cit., p. 342-343): dans la dénomination du gisement il faut ajouter à la fin le numéro 1, tel qu'il lui a été assigné dans la relation nominale de gisements (p. 202): "Grara Amjewal Tuizerfatn 1".

LE FICHIER «NOUVEAU» DE 2008-2011

Il agglutine 443 références registrées au long de la période 2008-2011. Les thèmes sont distribués comme suit: 184 lieux d'habitation et ensembles industriels (41.5%), 172 monuments lithiques, sépulcraux et rituels (38.8%), 71 stations artistiques rupestres (16.0%), 13 ateliers d'exploitation de matières lithiques (2.9%) et 3 pièces isolées (0.7%).

Pieza isolatuak

- Oum Âbana E/1 moleta (Duguech): *195. fitxa*
- Duguech/1 Oinarriko errota (Duguech): *196. fitxa*
- El Medada SW-1 errota (Agüenit): *197. fitxa*
- Hassi Zug NE/1 errota (Duguech): *198. fitxa*
- Sebja Zug SW-1 errota (Duguech): *199. fitxa*

2005-2007 aldiko fitxategi "editatuari" dagozkion zehaztapen eta zuzenketak

Jarraian, 2005-2007 aldiko hautatutako inbentarioaren argitalpenean (Saenz de Buruaga, A. 2008a) agertu ziren fitxa arkeologiko "garatuen" zerrendan egindako 3 akats zuzenduko ditugu:

- *20. fitxa* (Larui Bu Garn W tumulu-multzoa; *Op. cit.*, 252-253. or.): multzoa Duguech eskualdean zegoela aipatzen zen baina hori ez da zuzena; Agüenit eskualdean dago, monografia horretako aztarnategien zerrendan (206. or) ongi aipatzen zenez.

- *43. fitxa* (Smeila Gleibat Ethiba 6 tumulu-multzoa; *Op. cit.*, 298-299. or.): deskribapenaren atalaren hasieran, Gleibat Ethiba-ko *smeila*ren zenbakia oker dago: ez da 5, baizik eta 6.

- *65. fitxa* (Grara Amjewal Tuizerfatn; *Op. cit.*, 342-343. or.): aztarnategiaaren izenari bukaeran 1 zenbakia erantsi behar zaio, aztarnategien zerrendan agertzen den modu berean jartzeko (202. or.): "Grara Amjewal Tuizerfatn 1".

2008-2011 ALDIKO FITXATEGI "BERRIA"

2008-2011 aldian erregistratutako 443 erreferentzia biltzen ditu. Gaiak honela banatzen dira: 184 egoteko leku eta industria-multzo (% 41.5), 172 monumentu litiko, hilobietakoak eta errituetakoak (% 38.8), labar-arteko 71 kokaleku (% 16.0), materia litikoak ustiatzeko 13 tailer (% 2.9) eta 3 pieza isolatu (% 0.7).

Serie berri horretatik, 279 egoera Duguech eskualdean kokatu dira (% 63.0), 95 Mijek eskualdean (% 21.4) eta 70 Agüenit-en (% 15.8).

Aurreko kasuan bezalaxe, fitxategien zerrenda gaiaren araera antolatuta dago.

Egoteko lekuak eta industria-multzoak

- Ajabel-1 harpea (Duguech)
- Ajabel Bujuima-1 harpea (Duguech)
- Ajabel Bujuima-2 harpea (Duguech)
- Eij IV harpea (Duguech)
- Eij V harpea (Duguech)
- Eij IX harpea (Duguech)
- Galabt El Jeil 1/1 harpea (Duguech)
- Galabt Jeral-la 1/1 harpea (Duguech)
- Gleb Lemdeismat 1/1 harpea (Duguech)
- Gleibat Batn El Kelba 1/2 harpea (Duguech)
- Grona 1 harpea (Agüenit)
- Lejuad II harpea (Duguech)

Piezas aisladas

- Moleta Oum Âbana E/1 (Duguech): *ficha 195*
- Molino Base Duguech/1 (Duguech): *ficha 196*
- Molino El Medada SW-1 (Agüenit): *ficha 197*
- Molino Hassi Zug NE/1 (Duguech): *ficha 198*
- Molino Sebja Zug SW-1 (Duguech): *ficha 199*

Precisiones y correcciones sobre el fichero "editado" de 2005-2007

A renglón seguido, debemos subsanar 3 puntuales errores y omisiones que se introdujeron en la relación de fichas arqueológicas "desarrolladas" que acompañaron a la edición del inventrio selectivo de 2005-2007 (Sáenz de Buruaga, A. 2008a):

- *Ficha 20* (Conjunto tumular Larui Bu Garn W; *Op. cit.*, p. 252-253): respecto a la región en que se encuentra el conjunto debe de remplazarse la errónea señalada de Duguech por la correcta de Agüenit, tal como se indicó previamente en la relación nominal de yacimientos de esa monografía (p. 206).

- *Ficha 43* (Conjunto tumular Smeila Gleibat Ethiba 6; *Op. cit.*, p. 298-299): en el comienzo del apartado de la descripción, debe de corregirse el numeral de la *smeila* de Gleibat Ethiba a que se hace referencia: no es el 5, sino el 6.

- *Ficha 65* (Grara Amjewal Tuizerfatn; *Op. cit.*, p. 342-343): en la denominación del yacimiento debe de añadirse al final de la misma el numeral 1, de la misma forma en que aprece consignada en la relación nominal de yacimientos (p. 202): "Grara Amjewal Tuizerfatn 1".

EL FICHERO "NUEVO" DE 2008-2011

Aglutina 443 referencias registradas a lo largo del período 2008-2011. Los temas se reparten como sigue: 184 lugares de habitación y conjuntos industriales (41.5%), 172 monumentos líticos, sepulcrales y rituales (38.8%), 71 estaciones artísticas rupestres (16.0%), 13 talleres de explotación de materias líticas (2.9%) y 3 piezas aisladas (0.7%).

De esta nueva serie, 279 situaciones se han reconocido en la región de Duguech (63.0%), 95 en la de Mijek (21.4%) y 70 en la de Agüenit (15.8%).

Como en el caso precedente, la relación nominal de los ficheros se organiza a través de los diferentes bloques temáticos convenidos.

Lugares de habitación y conjuntos industriales

- Abrigo Ajabel-1 (Duguech)
- Abrigo Ajabel Bujuima-1 (Duguech)
- Abrigo Ajabel Bujuima-2 (Duguech)
- Abrigo Eij IV (Duguech)
- Abrigo Eij V (Duguech)
- Abrigo Eij IX (Duguech)

- ظاية اڭليبات البركة، الى الجنوب S-1/2 (ميجك): بطاقة 156
- ظاية اڭنيفة ايج (الدوڭج)
- ظاية لعْريْـڭ الى الجنوب S-1(ميجك): بطاقة 157
- ظاية سهل بولخزيمات الى الشرق E-1 (ميجك): بطاقة 158
- ظاية السبيطة (اغوينيت)
- ظاية تنيولـڭ الى الجنوب الشرقي SE-1 (اغوينيت)
- ظاية تنيولـڭ الى الجنوب S-1 (اغوينيت)
- جوف لرويات، الى الشمال N-1 (اغوينيت)
- امدينا اللفاع الى الجنوب S-1 (ميجك)
- امدينات اللفاع الى الجنوب S-2 (ميجك)
- امدنات اللفاع الى الجنوب S-3 (ميجك)
- امدينات اللفاع الى الجنوب S-4 (ميجك)
- امدينات اللفاع الى الجنوب S-5 (ميجك)
- امدينات اللفاع الى الجنوب S-6 (ميجك): بطاقة 161
- امدينات اللفاع الى الشمال N-1 (ميجك)
- ڭلب ابويلاي لجواد (الدوڭج)
- ڭلب اجبيل (الدوڭج)
- ڭلب اجبيل بصفف (الدوڭج)
- ڭليب اجبيل بوخويمة (الدوڭج)
- ڭلب بودرڭة 1(الدوڭج)
- ڭلب ايج الى الشرق E-1 الاعلى (الدوڭج)
- ڭلب ايج الى الغرب W-1 الاعلى (الدوڭج)
- ڭلب ايج الى الغرب W-1 الاسفل (الدوڭج)
- ڭلب ايج الى الشمال N-1 الاعلى (الدوڭج)
- ڭلابت الدوڭج - ڭلب 1 (الدوڭج)
- ڭلابت الدوڭج - ڭلب 2 (الدوڭج)
- ڭلابت الدوڭج - ڭلب 3 (الدوڭج)
- ڭلابت الدوڭج - ڭلب 4 (الدوڭج)
- ڭلابت الدوڭج - ڭلب 5 (الدوڭج)
- ڭلابت الدوڭج - ڭلب 6 (الدوڭج)
- ڭلابت الدوڭج - ڭلب 7 (الدوڭج)
- ڭلابت الدوڭج - ڭلب 9 (الدوڭج)
- ڭلابت الدوڭج - ڭلب 10 (الدوڭج)
- ڭلابت الدوڭج - ڭلب 11 (الدوڭج)
- ڭلابت الدوڭج - المنصة القاعدية ڭلب 2 (الدوڭج)
- ڭلابت الدوڭج - منصة قاعدية ڭلب 3 (الدوڭج)
- ڭلابت الدوڭغ - منصة قاعدية ڭلب 8 (الدوڭج)
- ڭلابت الدوڭج - منصة قاعدية ڭليب 10 (الدوڭج)
- ڭلابت الدوڭج - منصة قاعدية ڭليب 11 (الدوڭج)
- ڭلابت الدوڭج - منصة قاعدية ڭلب الدوڭج - 1 (الدوڭج)
- ڭلابت الدوڭج - منصة قاعدية ڭلب الدوڭج - 2 (الدوڭج)
- ڭلابت الخيلٍّ 1 (الدوڭج)
- ڭلابت خيراللٍّ 1 (الدوڭج)
- ڭلابت خير الل 2 (الدوڭج)
- ڭلابت لجواد - ڭلب 3 (الدوڭج)
- ڭلابت لجواد - منصة قاعدية ڭلب 3 (الدوڭج)
- ڭلابت لجواد - منصة قاعدية ڭلب 4 (الدوڭج)
- ڭلابت لجواد - منصة قاعدية ڭليب 8 (الدوڭج)
- ڭليب بخواڭ 1 (الدوڭج)
- ڭليب بوعليبة، الى الشمال NW-1 الغربي (اغوينيت)
- ڭليب بولخزيمات، الى الشمال N (ميجك)
- ڭليب بوخويمة، الى الشرق E-1 (الدوڭج)
- ڭليب الحيرش، الى الجنوب S (الدوڭج)
- ڭليب امهيرزات1 (الدوڭج)
- ڭليب امهيرزات 2 (الدوڭج)
- ڭليب امهيرزات 3 (الدوغج)
- ڭليب اڭرونه 1 (اغوينيت)

De cette nouvelle série, 279 situations ont été reconnues dans la région de Duguech (63.0%), 95 dans celle de Mijek (21.4%) et 70 dans celle d'Agüenit (15.8%).

Comme dans le cas précédent, la relation nominale des fichiers s'organise au travers des différents blocs thématiques convenus.

Lieux d'habitations et ensembles industriels

- Abri Ajabel-1 (Duguech)
- Abri Ajabel Bujuima-1 (Duguech)
- Abri Ajabel Bujuima-2 (Duguech)
- Abri Eij IV (Duguech)
- Abri Eij V (Duguech)
- Abri Eij IX (Duguech)
- Abri Galabt El Jeil 1/1 (Duguech)
- Abri Galabt Jeral-la 1/1 (Duguech)
- Abri Gleb Lemdeismat 1/1 (Duguech)
- Abri Gleibat Batn El Kelba 1/2 (Duguech)
- Abri Grona 1 (Agüenit)
- Abri Lejuad II (Duguech)
- Abri Lejuad III (Duguech)
- Abri Lejuad VI (Duguech)
- Abri Lejuad VIII (Duguech)
- Abri Lejuad XII sup. (Duguech)
- Arakim Âajen-filon 1-S (Agüenit)
- Aruakim Gleibat Etiur S-1 (Agüenit)
- Aruakim Sebkha Larruia W-1/1 (Agüenit)
- Bir Azaig Bdrag SE-1 (Agüenit): *fiche 101*
- Bir Azaig Bdrag-filon 1/E-1 (Agüenit)
- Bir Dbeat (Duguech)
- Bu Lejzeimat S (Mijek)
- Bu Lejzeimat W (Mijek)
- Dhâya Adam Lahmar NW-1 (Duguech)
- Dhâya Agasal (Duguech)
- Dhâya Agasal E-1 (Duguech)
- Dhâya Ajabel Be Esfaf W-1 (Duguech)
- Dhâya Buder Bala S-1 (Agüenit): *fiche 154*
- Dhâya Gleibat El Barka 1 (Mijek): *fiche 155*
- Dhâya Gleibat El Barka 2/S-1 (Mijek): *fiche 156*
- Dhâya Gnifa Eij (Duguech)
- Dhâya Lâarig S-1 (Mijek): *fiche 157*
- Dhâya Plaine Bu Lejzeimat E-1 (Mijek): *fiche 158*
- Dhâya Sbeeta (Agüenit)
- Dhâya Tinlluleg SE-1 (Agüenit)
- Dhâya Tinlluleg S-1 (Agüenit)
- Djuf Laruiat N-1 (Agüenit)
- Emdeinat El Fâa S-1 (Mijek)
- Emdeinat El Fâa S-2 (Mijek)
- Emdeinat El Fâa S-3 (Mijek)
- Emdeinat El Fâa S-4 (Mijek)
- Emdeinat El Fâa S-5 (Mijek)
- Emdeinat El Fâa S-6 (Mijek): *fiche 161*
- Emdeinat El Fâa N-1 (Mijek)
- Galb Abueilai Lejuad (Duguech)
- Galb Ajabel (Duguech)
- Galb Ajabel Be Esfaf (Duguech)
- Galb Ajabel Bujuima (Duguech)
- Galb Budarga 1 (Duguech)

- Lejuad III harpea (Duguech)
- Lejuad VI harpea (Duguech)
- Lejuad VIII harpea (Duguech)
- Lejuad XII sup. harpea (Duguech)
- Arakim Âajen-1-S dikea (Agüenit)
- Aruakim Gleibat Etiur S-1 (Agüenit)
- Aruakim Sebja Larruia W-1/1 (Agüenit)
- Bir Azaig Bdrag SE-1 (Agüenit): *101. fitxa*
- Bir Azaig Bdrag-1/E-1 dikea (Agüenit)
- Bir Dbeat (Duguech)
- Bu Lejzeimat S (Mijek)
- Bu Lejzeimat W (Mijek)
- Dhâya Adam Lahmar NW-1 (Duguech)
- Dhâya Agasal (Duguech)
- Dhâya Agasal E-1 (Duguech)
- Dhâya Ajabel Be Esfaf W-1 (Duguech)
- Dhâya Buder Bala S-1 (Agüenit): *154. fitxa*
- Dhâya Gleibat El Barka 1 (Mijek): *155. fitxa*
- Dhâya Gleibat El Barka 2/S-1 (Mijek): *156. fitxa*
- Dhâya Gnifa Eij (Duguech)
- Dhâya Lâarig S-1 (Mijek): *157. fitxa*
- Dhâya, Bu Lejzeimat E-1 lautada (Mijek): *158. fitxa*
- Dhâya Sbeeta (Agüenit)
- Dhâya Tinlluleg SE-1 (Agüenit)
- Dhâya Tinlluleg S-1 (Agüenit)
- Djuf Laruiat N-1 (Agüenit)
- Emdeinat El Fâa S-1 (Mijek)
- Emdeinat El Fâa S-2 (Mijek)
- Emdeinat El Fâa S-3 (Mijek)
- Emdeinat El Fâa S-4 (Mijek)
- Emdeinat El Fâa S-5 (Mijek)
- Emdeinat El Fâa S-6 (Mijek): *161. fitxa*
- Emdeinat El Fâa N-1 (Mijek)
- Galb Abueilai Lejuad (Duguech)
- Galb Ajabel (Duguech)
- Galb Ajabel Be Esfaf (Duguech)
- Galb Ajabel Bujuima (Duguech)
- Galb Budarga 1 (Duguech)
- Galb Eij E-1 sup. (Duguech)
- Galb Eij W-1 sup. (Duguech)
- Galb Eij W-1 inf. (Duguech)
- Galb Eij N-1 sup. (Duguech)
- Galabt Duguech-Galb 1 (Duguech)
- Galabt Duguech-Galb 2 (Duguech)
- Galabt Duguech-Galb 3 (Duguech)
- Galabt Duguech-Galb 4 (Duguech)
- Galabt Duguech-Galb 5 (Duguech)
- Galabt Duguech-Galb 6 (Duguech)
- Galabt Duguech-Galb 7 (Duguech)
- Galabt Duguech-Galb 9 (Duguech)
- Galabt Duguech-Galb 10 (Duguech)
- Galabt Duguech-Galb 11 (Duguech)
- Galabt Duguech-Galb 2 oinarrizko plataforma (Duguech)
- Galabt Duguech-Galb 3 oinarrizko plataforma (Duguech)
- Galabt Duguech-Galb 8 oinarrizko plataforma (Duguech)
- Galabt Duguech-Galb 10 oinarrizko plataforma (Duguech)
- Galabt Duguech-Galb 11 oinarrizko plataforma (Duguech)
- Galabt Duguech-Galb Duguech-1 oinarrizko plataforma (Duguech)
- Galabt Duguech-Galb Duguech-2 oinarrizko plataforma (Duguech)

- Abrigo Galabt El Jeil 1/1 (Duguech)
- Abrigo Galabt Jeral-la 1/1 (Duguech)
- Abrigo Gleb Lemdeismat 1/1 (Duguech)
- Abrigo Gleibat Batn El Kelba 1/2 (Duguech)
- Abrigo Grona 1 (Agüenit)
- Abrigo Lejuad II (Duguech)
- Abrigo Lejuad III (Duguech)
- Abrigo Lejuad VI (Duguech)
- Abrigo Lejuad VIII (Duguech)
- Abrigo Lejuad XII sup. (Duguech)
- Arakim Âajen-dique 1-S (Agüenit)
- Aruakim Gleibat Etiur S-1 (Agüenit)
- Aruakim Sebja Larruia W-1/1 (Agüenit)
- Bir Azaig Bdrag SE-1 (Agüenit): *ficha 101*
- Bir Azaig Bdrag-dique 1/E-1 (Agüenit)
- Bir Dbeat (Duguech)
- Bu Lejzeimat S (Mijek)
- Bu Lejzeimat W (Mijek)
- Dhâya Adam Lahmar NW-1 (Duguech)
- Dhâya Agasal (Duguech)
- Dhâya Agasal E-1 (Duguech)
- Dhâya Ajabel Be Esfaf W-1 (Duguech)
- Dhâya Buder Bala S-1 (Agüenit): *ficha 154*
- Dhâya Gleibat El Barka 1 (Mijek): *ficha 155*
- Dhâya Gleibat El Barka 2/S-1 (Mijek): *ficha 156*
- Dhâya Gnifa Eij (Duguech)
- Dhâya Lâarig S-1 (Mijek): *ficha 157*
- Dhâya Planicie Bu Lejzeimat E-1 (Mijek): *ficha 158*
- Dhâya Sbeeta (Agüenit)
- Dhâya Tinlluleg SE-1 (Agüenit)
- Dhâya Tinlluleg S-1 (Agüenit)
- Djuf Laruiat N-1 (Agüenit)
- Emdeinat El Fâa S-1 (Mijek)
- Emdeinat El Fâa S-2 (Mijek)
- Emdeinat El Fâa S-3 (Mijek)
- Emdeinat El Fâa S-4 (Mijek)
- Emdeinat El Fâa S-5 (Mijek)
- Emdeinat El Fâa S-6 (Mijek): *ficha 161*
- Emdeinat El Fâa N-1 (Mijek)
- Galb Abueilai Lejuad (Duguech)
- Galb Ajabel (Duguech)
- Galb Ajabel Be Esfaf (Duguech)
- Galb Ajabel Bujuima (Duguech)
- Galb Budarga 1 (Duguech)
- Galb Eij E-1 sup. (Duguech)
- Galb Eij W-1 sup. (Duguech)
- Galb Eij W-1 inf. (Duguech)
- Galb Eij N-1 sup. (Duguech)
- Galabt Duguech-Galb 1 (Duguech)
- Galabt Duguech-Galb 2 (Duguech)
- Galabt Duguech-Galb 3 (Duguech)
- Galabt Duguech-Galb 4 (Duguech)
- Galabt Duguech-Galb 5 (Duguech)
- Galabt Duguech-Galb 6 (Duguech)
- Galabt Duguech-Galb 7 (Duguech)
- Galabt Duguech-Galb 9 (Duguech)
- Galabt Duguech-Gleb 10 (Duguech)
- Galabt Duguech- Gleb 11 (Duguech)
- Galabt Duguech-plataforma base Galb 2 (Duguech)
- Galabt Duguech-plataforma base Galb 3 (Duguech)

- Galb Eij E-1 sup. (Duguech)
- Galb Eij W-1 sup. (Duguech)
- Galb Eij W-1 inf. (Duguech)
- Galb Eij N-1 sup. (Duguech)
- Galabt Duguech-Galb 1 (Duguech)
- Galabt Duguech-Galb 2 (Duguech)
- Galabt Duguech-Galb 3 (Duguech)
- Galabt Duguech-Galb 4 (Duguech)
- Galabt Duguech-Galb 5 (Duguech)
- Galabt Duguech-Galb 6 (Duguech)
- Galabt Duguech-Galb 7 (Duguech)
- Galabt Duguech-Galb 9 (Duguech)
- Galabt Duguech-Gleb 10 (Duguech)
- Galabt Duguech- Gleb 11 (Duguech)
- Galabt Duguech-plateforme base Galb 2 (Duguech)
- Galabt Duguech-plateforme base Galb 3 (Duguech)
- Galabt Duguech-plateforme base Galb 8 (Duguech)
- Galabt Duguech-plateforme base Gleb 10 (Duguech)
- Galabt Duguech-plateforme base Gleb 11 (Duguech)
- Galabt Duguech-plateforme base Galb Duguech-1 (Duguech)
- Galabt Duguech-plateforme base Galb Duguech-2 (Duguech)
- Galabt El Jeil 1 (Duguech)
- Galabt Jeral-la 1 (Duguech)
- Galabt Jeral-la 2 (Duguech)
- Galabt Lejuad-Galb 3 (Duguech)
- Galabt Lejuad-plateforme base Galb 3 (Duguech)
- Galabt Lejuad-plateforme base Galb 4 (Duguech)
- Galabt Lejuad-plateforme base Gleb 8 (Duguech)
- Gleb Bajuag 1 (Duguech)
- Gleb Bu Aaleiba NW-1 (Agüenit)
- Gleb Bu Lejzeimat N (Mijek)
- Gleb Bujuima E-1 (Duguech)
- Gleb El Hairch S (Duguech)
- Gleb Emherisat 1 (Duguech)
- Gleb Emherisat 2 (Duguech)
- Gleb Emherisat 3 (Duguech)
- Gleb Grona 1 (Agüenit)
- Gleb Lemdeisma Jathra (Duguech)
- Gleb Lemdeismat 1 (Duguech)
- Gleb Lemdeismat 2 (Duguech)
- Gleb Tingefuf (Duguech): *fiche 190*
- Gleb Tuama Budarga W (Duguech)
- Gleb Tuama-Grona E-1 (Agüenit)
- Gleibat Batn El Kelba 1 (Duguech)
- Gleibat Dbeat S (Duguech)
- Gleibat Dbeat N (Duguech)
- Gleibat El Barka 1 (Mijek)
- Gleibat El Barka 2/W-1 (Mijek)
- Issarn Plaine Alaz E-1 (Mijek): *fiche 191*
- Issarn Janga Richt Bechrark E-1 (Mijek)
- Kidhiet Adakmar E-1 (Duguech): *fiche 192*
- Kidhiet Adakmar W-1/1 (Duguech)
- Kidhiet Adakmar W-1/2 (Duguech): *fiche 193*
- Kidhiet Amzagzag S/W-2 (Duguech)
- Kidhiet Amzagzag J-S/W-1/2 (Duguech)
- Kidhiet Amzagzag-Plaine ext. Grona S-1 (Duguech)
- Kidhiet Mijek N-1 (Mijek)
- Oudei en Grair Labiar N-1 (Mijek)

- ڭليب لمديسمة الخظرة (الدوڭج)
- ڭليب لديسمات1 (الدوڭج)
- ڭليب لمديسمات 2 (الدوڭج)
- ڭليب تنـڭافوف (الدوڭج): بطاقة 190
- ڭليب اتوامت بودرڭـة، الى الغرب W (الدوڭج)
- ڭليب اتوامت اڭرونة الى الشرق E-1 (اغوينيت)
- ڭليبات بطن الكلبة 1 (الدوڭج)
- ڭليبات الظبيعات الى الجنوب S (الدوڭج)
- ڭليبات الظبيعات الى الشمال N (الدوڭج)
- ڭليبات البركة 1 (ميجك)
- ڭليبات البركة الى الغرب 2/W-1 (ميجك)
- ايسّارن سِهل اللز الي الشرق E-1 (ميجك): بطاقة 191
- ايسّارن خَنـْڭة ريشتْ بُشْرَارك الى الشرق E-1 (ميجك)
- كدية ادكمارالى الشرق E-1 (الدوڭج): بطاقة 192
- كدية ادكمار الى الغربW-1/1 (الدوڭج)
- كدية ادكمار الى الغرب W-1/2 (الدوڭج): بطاقة 193
- كدية امزڭزاڭ الى الجنوب الغربي S/W-2 (الدوڭج)
- كدية امزڭزاڭ الى الجنوب الغربي J-S/W-1/2 (الدوڭج)
- كدية امزڭزاڭالسهل الخارجي - اڭرونة الى الجنوب S-1(الدوڭج)
- كدية ميجك الى الشمال N-1 (ميجك)
- أودي في اڭرائر الابيار الى الشمال N-1 (ميجك)
- وديان لعروڭ الى الشمال N-1 (ميجك)
- واد الحارك الى الشمال-N - السد 1/1 (الدوڭج)
- ام اڭنينة شمال شرق NE-1 (ميجك)
- ام اڭنينة الى الشمال الشرقي NE-2 (ميجك)
- ام اڭنينة الى الشمال الشرقي NE-3 (ميجك)
- المرتفع الحجري ڭليب الكابو، الى الجنوب S-1 (ميجك)
- سهل ازايـڭ بدرڭ الى الجنوب الشرقي SE-1 (اغوينيت)
- سهل اذراع ادكمار، الى الشمال الشرقي NE-1 (الدوڭج)
- سهل ايج الى الجنوب S-1 (الدوڭج): بطاقة 222
- سهل ايج الى الشمال N - سد1 - اركيم غرب W-1 (الدوڭج)
- سهل فلكلك، الى الشمال الشرقي NE-1 (الدوڭج)
- سهل فلكلك، الى الشمال الشرقي NE-2 (الدوڭج)
- سهل ڭليب الترثوث الى الشمال الشرقي NW (ميجك)
- سهل ڭليب تنيولـڭ الى الشمال N-1 (اغوينيت)
- سهل ڭليبات اكشيت، الى الجنوب S-1 (اغوينيت)
- سهل لمديسمات ـ سد الى الجنوب 2-S/1 (الدوڭج)
- سهل ام الطبول، الى الجنوب S-1 (ميجك)
- سهل تنـڭافوف، الى الشرق E-2 (الدوڭج)
- سهل تنـڭافوف، الى الشرق E-3 (الدوڭج)
- منصة قاعدية بملجأ لجواد III (الدوڭج)
- منصة قاعدية بملجأ لجواد V (الدوڭج)
- منصة قاعدية بملجأ لجواد VIII (الدوڭج)
- منصة قاعدية بملجأ لجواد XII (الدوڭج)
- منصة قاعدية بملجأ لجواد XV (الدوڭج)
- منصة قاعدية بملجأ لجواد XVI (الدوڭج)
- منصة قاعدية ڭلب ابيلاي لجواد (الـدوڭج)
- منصة قاعدية ڭليب اجبيل (الدوڭج)
- منصة قاعدية ڭلب اجبيل بصفف (الدوڭج)
- منصة قاعدية ڭلب اجبيل بوخويمة (الدوڭج)
- منصة قاعدية ڭلب بوعلية (اغوينيت)
- منصة قاعدية ڭلب بودرڭة1 (الدوڭج)
- منصة قاعدية ڭلابت خير الل 1 (الدوڭج)
- منصة قاعدية ڭلابت خيرالل2 (الدوڭج)
- منصة قاعدية ڭليب ايج الى الغرب W-1 (الدوڭج)
- منصة قاعدية ڭليب الحيرش الى الجنوب S (الدوڭج)
- منصة قاعدية ڭليب لمديسمة الخظرة (الدوڭج)
- منصة قاعدية ڭليب اتوامت بودرڭة الى الشرق E (الدوڭج)

- Galabt El Jeil 1 (Duguech)
- Galabt Jeral-la 1 (Duguech)
- Galabt Jeral-la 2 (Duguech)
- Galabt Lejuad-Galb 3 (Duguech)
- Galabt Lejuad-Galb 3 oinarrizko plataforma (Duguech)
- Galabt Lejuad-Galb 4 oinarrizko plataforma (Duguech)
- Galabt Lejuad-Gleb 8 oinarrizko plataforma (Duguech)
- Gleb Bajuag 1 (Duguech)
- Gleb Bu Aaleiba NW-1 (Agüenit)
- Gleb Bu Lejzeimat N (Mijek)
- Gleb Bujuima E-1 (Duguech)
- Gleb El Hairch S (Duguech)
- Gleb Emherisat 1 (Duguech)
- Gleb Emherisat 2 (Duguech)
- Gleb Emherisat 3 (Duguech)
- Gleb Grona 1 (Agüenit)
- Gleb Lemdeisma Jathra (Duguech)
- Gleb Lemdeismat 1 (Duguech)
- Gleb Lemdeismat 2 (Duguech)
- Gleb Tingefuf (Duguech): *190. fitxa*
- Gleb Tuama Budarga W (Duguech)
- Gleb Tuama-Grona E-1 (Agüenit)
- Gleibat Batn El Kelba 1 (Duguech)
- Gleibat Dbeat S (Duguech)
- Gleibat Dbeat N (Duguech)
- Gleibat El Barka 1 (Mijek)
- Gleibat El Barka 2/W-1 (Mijek)
- Issarn, Alaz E-1 lautada (Mijek): *191. fitxa*
- Issarn Janga Richt Bechrark E-1 (Mijek)
- Kidhiet Adakmar E-1 (Duguech): *192. fitxa*
- Kidhiet Adakmar W-1/1 (Duguech)
- Kidhiet Adakmar W-1/2 (Duguech): *193. fitxa*
- Kidhiet Amzagzag S/W-2 (Duguech)
- Kidhiet Amzagzag J-S/W-1/2 (Duguech)
- Kidhiet Amzagzag-Grona S-1 kanp. lautada (Duguech)
- Kidhiet Mijek N-1 (Mijek)
- Oudei Grair Labiar N-1en (Mijek)
- Oudian Leruk N-1 (Mijek)
- Oued El Harek N-1/1 dikea (Duguech)
- Oum Agneina NE-1 (Mijek)
- Oum Agneina NE-2 (Mijek)
- Oum Agneina NE-3 (Mijek)
- El Cabo S-1 harkaitza (Mijek)
- Azaig Bdrag SE-1 lautada (Agüenit)
- Drâa Adakmar NE-1 lautada (Duguech)
- Eij S-1 lautada (Duguech): *222. fitxa*
- Eij N lautada-1. dikea/arekim W-1 (Duguech)
- Feleklek NE-1 lautada (Duguech)
- Feleklek NE-2 lautada (Duguech)
- Gleb Terzuz NW lautada (Mijek)
- Gleb Tinlluleg N-1 lautada (Agüenit)
- Gleibat Akchit S-1 lautada (Agüenit)
- Lemdeismat lautada-2. dikea-S/1 (Duguech)
- Oum Tbul S-1 lautada (Mijek)
- Tingefuf E-2 lautada (Duguech)
- Tingefuf E-3 lautada (Duguech)
- Lejuad III harpeko oinarrizko plataforma (Duguech)
- Lejuad V harpeetako oinarrizko plataforma (Duguech)
- Lejuad VIII harpeetako oinarrizko plataforma (Duguech)
- Lejuad XII harpeko oinarrizko plataforma (Duguech)

- Galabt Duguech-plataforma base Galb 8 (Duguech)
- Galabt Duguech-plataforma base Gleb 10 (Duguech)
- Galabt Duguech-plataforma base Gleb 11 (Duguech)
- Galabt Duguech-plataforma base Galb Duguech-1 (Duguech)
- Galabt Duguech-plataforma base Galb Duguech-2 (Duguech)
- Galabt El Jeil 1 (Duguech)
- Galabt Jeral-la 1 (Duguech)
- Galabt Jeral-la 2 (Duguech)
- Galabt Lejuad-Galb 3 (Duguech)
- Galabt Lejuad-plataforma base Galb 3 (Duguech)
- Galabt Lejuad-plataforma base Galb 4 (Duguech)
- Galabt Lejuad-plataforma base Gleb 8 (Duguech)
- Gleb Bajuag 1 (Duguech)
- Gleb Bu Aaleiba NW-1 (Agüenit)
- Gleb Bu Lejzeimat N (Mijek)
- Gleb Bujuima E-1 (Duguech)
- Gleb El Hairch S (Duguech)
- Gleb Emherisat 1 (Duguech)
- Gleb Emherisat 2 (Duguech)
- Gleb Emherisat 3 (Duguech)
- Gleb Grona 1 (Agüenit)
- Gleb Lemdeisma Jathra (Duguech)
- Gleb Lemdeismat 1 (Duguech)
- Gleb Lemdeismat 2 (Duguech)
- Gleb Tingefuf (Duguech): *ficha 190*
- Gleb Tuama Budarga W (Duguech)
- Gleb Tuama-Grona E-1 (Agüenit)
- Gleibat Batn El Kelba 1 (Duguech)
- Gleibat Dbeat S (Duguech)
- Gleibat Dbeat N (Duguech)
- Gleibat El Barka 1 (Mijek)
- Gleibat El Barka 2/W-1 (Mijek)
- Issarn Planicie Alaz E-1 (Mijek): *ficha 191*
- Issarn Janga Richt Bechrark E-1 (Mijek)
- Kidhiet Adakmar E-1 (Duguech): *ficha 192*
- Kidhiet Adakmar W-1/1 (Duguech)
- Kidhiet Adakmar W-1/2 (Duguech): *ficha 193*
- Kidhiet Amzagzag S/W-2 (Duguech)
- Kidhiet Amzagzag J-S/W-1/2 (Duguech)
- Kidhiet Amzagzag-Planicie ext. Grona S-1 (Duguech)
- Kidhiet Mijek N-1 (Mijek)
- Oudei en Grair Labiar N-1 (Mijek)
- Oudian Leruk N-1 (Mijek)
- Oued El Harek N-dique 1/1 (Duguech)
- Oum Agneina NE-1 (Mijek)
- Oum Agneina NE-2 (Mijek)
- Oum Agneina NE-3 (Mijek)
- Peñón El Cabo S-1 (Mijek)
- Planicie Azaig Bdrag SE-1 (Agüenit)
- Planicie Drâa Adakmar NE-1 (Duguech)
- Planicie Eij S-1 (Duguech): *ficha 222*
- Planicie Eij N-dique 1/arekim W-1 (Duguech)
- Planicie Feleklek NE-1 (Duguech)
- Planicie Feleklek NE-2 (Duguech)
- Planicie Gleb Terzuz NW (Mijek)
- Planicie Gleb Tinlluleg N-1 (Agüenit)
- Planicie Gleibat Akchit S-1 (Agüenit)
- Planicie Lemdeismat-dique 2-S/1 (Duguech)

- Oudian Leruk N-1 (Mijek)
- Oued El Harek N-filon 1/1 (Duguech)
- Oum Agneina NE-1 (Mijek)
- Oum Agneina NE-2 (Mijek)
- Oum Agneina NE-3 (Mijek)
- Rocher El Cabo S-1 (Mijek)
- Plaine Azaig Bdrag SE-1 (Agüenit)
- Plaine Drâa Adakmar NE-1 (Duguech)
- Plaine Eij S-1 (Duguech): *fiche 222*
- Plaine Eij N-filon 1/arekim W-1 (Duguech)
- Plaine Feleklek NE-1 (Duguech)
- Plaine Feleklek NE-2 (Duguech)
- Plaine Gleb Terzuz NW (Mijek)
- Plaine Gleb Tinlluleg N-1 (Agüenit)
- Plaine Gleibat Akchit S-1 (Agüenit)
- Plaine Lemdeismat-filon 2-S/1 (Duguech)
- Plaine Oum Tbul S-1 (Mijek)
- Plaine Tingefuf E-2 (Duguech)
- Plaine Tingefuf E-3 (Duguech)
- Plateforme base Abri Lejuad III (Duguech)
- Plateforme base Abris Lejuad V (Duguech)
- Plateforme base Abris Lejuad VIII (Duguech)
- Plateforme base Abri Lejuad XII (Duguech)
- Plateforme base Abri Lejuad XV (Duguech)
- Plateforme base Abri Lejuad XVI (Duguech)
- Plateforme base Galb Abueilai Lejuad (Duguech)
- Plateforme base Galb Ajabel (Duguech)
- Plateforme base Galb Ajabel Be Esfaf (Duguech)
- Plateforme base Galb Ajabel Bujuima (Duguech)
- Plateforme base Galb Bu Aaleiba (Agüenit)
- Plateforme base Galb Budarga 1 (Duguech)
- Plateforme base Galabt Jeral-la 1 (Duguech)
- Plateforme base Galabt Jeral-la 2 (Duguech)
- Plateforme base Gleb Eij W-1 (Duguech)
- Plateforme base Gleb El Hairch S (Duguech)
- Plateforme base Gleb Lemdeisma Jathra (Duguech)
- Plateforme base Gleb Tuama Budarga E (Duguech)
- Plateforme base Gleb Tuama Budarga W (Duguech)
- Plateforme base Gleb Tuama-Grona E-1 (Agüenit)
- Plateforme base Gleibat Audeirat N-1/E-1 (Mijek)
- Plateforme base Gleibat Audeirat N-1/W-1 (Mijek)
- Plateforme base Gleibat Batn El Kelba 1 (Duguech): *fiche 224*
- Plateforme base Kidhiet Agsumal-secteur S/W-1 (Mijek): *fiche 226*
- Plateforme base Rocher El Cabo S-1 (Mijek)
- Plateforme base Smeila Gleb Terzuz E-1 (Mijek)
- Plateforme base Smeilat Gnefisat Bayda 5 (Duguech)
- Plateforme base Tmemicht Agsumal S/E-1 (Mijek)
- Schmul Ziza 1 (Mijek)
- Sebkha Admar (Agüenit)
- Sebkha-dhâya Âlam NE-1 (Agüenit)
- Sebkha-dhâya Âlam-rocher S/1 (Agüenit)
- Sebkha Amarag-Etâkrich 1 (Duguech)
- Sebkha Emherisat 1-NW/1 (Duguech): *fiche 229*
- Sebkha Emherisat 1-N/1 (Duguech)
- Sebkha Gleb Terzuz SE-1 (Mijek): *fiche 231*
- Sebkha Hashiat Drâa-Oum Âbana SE (Duguech)
- Sebkha Karrashiet E-1 (Duguech)
- Sebkha Karrashiet NW-1 (Duguech): *fiche 232*

- منصة قاعدية ݣليب اتوامت بودرݣة الى الغرب W (الدوݣج)
- منصة قاعدية ݣليب اتوامت اݣرونة الى الشرق E-1 (اغوينيت)
- منصة قاعدية ݣليبات اودارات،الشمال الشرقي N-1/E-1 (ميجك)
- منصة قاعدية ݣليبات اودارات،الشمال الغربي N-1/W-1 (ميجك)
- منصة قاعدية ݣليبات بطن الكلبة 1 (الدوݣج): بطاقة 224
- منصة قاعدية كديت اغزومال قطاع الجنوب الغربي S/W-1 (ميجك): بطاقة 226
- منصة قاعدية المرتفع الحجري ݣليب الكابو، الى الجنوب S-1 (ميجك)
- منصة قاعدية ازميلة ݣليب الترثوث، الى الشرق E-1 (ميجك)
- منصة قاعدية ازميلة اخنيفيسة البيظة 5 (الدوݣج)
- منصة قاعدية اتميميشة اغزومال،الجنوب الشرقي S/E-1 (ميجك)
- اشمال زيزة 1 (ميجك)
- سبخة ادمار (اغوينيت)
- سبخة/ظايت العالم، الى الشمال الشرقي NE-1 (اغوينيت)
- سبخة/ظاية العالم المرتفع الحجري،الى الجنوب S/1 (اغوينيت)
- سبخة اماراغ التعكريش 1 (الدوݣج)
- سبخة امهيرزات، الى الشمال الشرقي 1-NW/1 (الدوݣج) بطاقة: 229
- سبخة امهيزات، الى الشمال 1-N/1 (الدوݣج)
- سبخة ݣليب الترثوث، الى الجنوب الشرقي SE-1 (ميجك): بطاقة 231
- سبخة حاشيت اذراع ام اعبانة، الى الجنوب الشرقي SE (الدوݣج)
- سبخة الكراشيات، الى الشرق E-1 (الدوݣج)
- سبخة الكراشيات، الى الشمال الغربي NW-1 (الدوݣج)
- سبخة الكراشيات، الى الجنوب الغربي SW-1 (الدوݣج)
- سبخة لروي بوݣرن الى الجنوب S/1 (اغوينيت)
- سبخة زوݣ الى الشمال الغربي NW-2 (الدوݣج): بطاقة 235
- ازميلة اعظم لحمار الى الشمال N-1 (الدوݣج)
- ازميلة عين اݣليب ازفال الى الغرب (اغوينيت): بطاقة 236
- ازميلة اخنيفيسة البيظة 6 (الدوݣج)
- ازميلة خنݣة الشكشاك المنطقة الوسطى (الدوݣج)
- ازميلة لرويات الى الشمال N-1 (اغوينيت): بطاقة 243
- ازميلة واد الحارك الى الشمال N-1 (الدوݣج)
- ازميلة سهل الكراشيات/ ادكمار الى الغرب W-1 (الدوݣج): بطاقة 246
- ازميلة سهل الكراشيات / ادكمار الى الغرب W-2 (الدوݣج): بطاقة 247
- ازميلة تامنيراتن 3 (ميجك): بطاقة 248
- ازميلة تامنيراتن 4 (ميجك)
- ازميلة تامنيراتن 5 (ميجك)
- ازميلة تامنيراتن 6 (ميجك)
- تاغرفة ام اݣنينة الى الشمال الشرقي NE-2 (ميجك)
- واد الظبعة الى الجنوب الغربي SW-1 (ميجك)
- واد الظبعة الى الغرب W-1 (ميجك): بطاقة 261

ورشات استغلال المواد الحجرية

- ورشة ابويلاي لجواد الى الشمال ـ المرتفع 1 (الدوݣج)
- ورشة ݣلابت خير الل 1 (الدوݣج)
- ورشة سهل امعينات الى الجنوب ـ المرتفع 1 (ميجك)
- ورشة سهل ازايݣ بدرݣ الجنوب الشرقي المرتفع 1 (اغوينيت)
- ورشة ازميلت سهل الكراشيات الى الشرق E-1 (الدوݣج)
- ورشة سهل تامنيراتن الى الشمال N-1 (ميجك)
- ورشة راس ازميلت تامنيراتن الجنوب S-2 (ميجك)
- ورشة سبخة اماراغ التعكريش 1/1 (الدوݣج): بطاقة 257

- Lejuad XV harpeko oinarrizko plataforma (Duguech)
- Lejuad XVI harpeko oinarrizko plataforma (Duguech)
- Galb Abueilai Lejuad oinarrizko plataforma (Duguech)
- Galb Ajabel oinarrizko plataforma (Duguech)
- Galb Ajabel Be Esfaf oinarrizko plataforma (Duguech)
- Galb Ajabel Bujuima oinarrizko plataforma (Duguech)
- Galb Bu Aaleiba oinarrizko plataforma (Agüenit)
- Galb Budarga 1 oinarrizko plataforma (Duguech)
- Galabt Jeral-la 1 oinarrizko plataforma (Duguech)
- Galabt Jeral-la 2 oinarrizko plataforma (Duguech)
- Gleb Eij W-1 oinarrizko plataforma (Duguech)
- Gleb El Hairch S oinarrizko plataforma (Duguech)
- Gleb Lemdeisma Jathra oinarrizko plataforma (Duguech)
- Gleb Tuama Budarga E oinarrizko plataforma (Duguech)
- Gleb Tuama Budarga W oinarrizko plataforma (Duguech)
- Gleb Tuama-Grona E-1 oinarrizko plataforma (Agüenit)
- Gleibat Audeirat N-1/E-1 oinarrizko plataforma (Mijek)
- Gleibat Audeirat N-1/W-1 oinarrizko plataforma (Mijek)
- Gleibat Batn El Kelba 1 oinarrizko plataforma (Duguech): *224. fitxa*
- Kidhiet Agsumal oinarrizko plataforma-S/W-1 sektorea (Mijek): *226. fitxa*
- El Cabo S-1 harkaitzeko oinarrizko plataforma (Mijek)
- Smeila Gleb Terzuz E-1 oinarrizko plataforma (Mijek)
- Smeilat Gnefisat Bayda 5 oinarrizko plataforma (Duguech)
- Tmemicht Agsumal S/E-1 oinarrizko plataforma (Mijek)
- Schmul Ziza 1 (Mijek)
- Sebja Admar (Agüenit)
- Sebja-dhâya Âlam NE-1 (Agüenit)
- Sebja-dhâya Âlam-S/1 harkaitza (Agüenit)
- Sebja Amarag-Etâkrich 1 (Duguech)
- Sebja Emherisat 1-NW/1 (Duguech): *229. fitxa*
- Sebja Emherisat 1-N/1 (Duguech)
- Sebja Gleb Terzuz SE-1 (Mijek): *231. fitxa*
- Sebja Hashiat Drâa-Oum Âbana SE (Duguech)
- Sebja Karrashiet E-1 (Duguech)
- Sebja Karrashiet NW-1 (Duguech): *232. fitxa*
- Sebja Karrashiet SW-1 (Duguech)
- Sebja Larui Bu Garn-S/1 (Agüenit)
- Sebja Zug NW-2 (Duguech): *235. fitxa*
- Smeila Adam Lahmar N-1 (Duguech)
- Smeila Ain Gleb Azafal W-1 (Agüenit): *236. fitxa*
- Smeila Gnefisa Bayda 6 (Duguech)
- Smeilat Janga Shikshak-erdiko eremua (Duguech)
- Smeila Larruiat N-1 (Agüenit): *243. fitxa*
- Smeila Oued El Harek N-1 (Duguech)
- Smeila, Karrashiet/Adakmar W-1 lautada (Duguech): *246. fitxa*
- Smeila, Karrashiet/Adakmar W-2 lautada (Duguech): *247. fitxa*
- Smeila Tamnairatn 3 (Mijek): *248. fitxa*
- Smeila Tamnairatn 4 (Mijek)
- Smeila Tamnairatn 5 (Mijek)
- Smeila Tamnairatn 6 (Mijek)
- Tagerfet Oum Agneina NE-2 (Mijek)
- Ethabâa SW-1 harana (Mijek)
- Ethabâa W-1 harana (Mijek): *261. fitxa*

- Planicie Oum Tbul S-1 (Mijek)
- Planicie Tingefuf E-2 (Duguech)
- Planicie Tingefuf E-3 (Duguech)
- Plataforma base Abrigo Lejuad III (Duguech)
- Plataforma base Abrigos Lejuad V (Duguech)
- Plataforma base Abrigos Lejuad VIII (Duguech)
- Plataforma base Abrigo Lejuad XII (Duguech)
- Plataforma base Abrigo Lejuad XV (Duguech)
- Plataforma base Abrigo Lejuad XVI (Duguech)
- Plataforma base Galb Abueilai Lejuad (Duguech)
- Plataforma base Galb Ajabel (Duguech)
- Plataforma base Galb Ajabel Be Esfaf (Duguech)
- Plataforma base Galb Ajabel Bujuima (Duguech)
- Plataforma base Galb Bu Aaleiba (Agüenit)
- Plataforma base Galb Budarga 1 (Duguech)
- Plataforma base Galabt Jeral-la 1 (Duguech)
- Plataforma base Galabt Jeral-la 2 (Duguech)
- Plataforma base Gleb Eij W-1 (Duguech)
- Plataforma base Gleb El Hairch S (Duguech)
- Plataforma base Gleb Lemdeisma Jathra (Duguech)
- Plataforma base Gleb Tuama Budarga E (Duguech)
- Plataforma base Gleb Tuama Budarga W (Duguech)
- Plataforma base Gleb Tuama-Grona E-1 (Agüenit)
- Plataforma base Gleibat Audeirat N-1/E-1 (Mijek)
- Plataforma base Gleibat Audeirat N-1/W-1 (Mijek)
- Plataforma base Gleibat Batn El Kelba 1 (Duguech): *ficha 224*
- Plataforma base Kidhiet Agsumal-sector S/W-1 (Mijek): *ficha 226*
- Plataforma base Peñón El Cabo S-1 (Mijek)
- Plataforma base Smeila Gleb Terzuz E-1 (Mijek)
- Plataforma base Smeilat Gnefisat Bayda 5 (Duguech)
- Plataforma base Tmemicht Agsumal S/E-1 (Mijek)
- Schmul Ziza 1 (Mijek)
- Sebja Admar (Agüenit)
- Sebja-dhâya Âlam NE-1 (Agüenit)
- Sebja-dhâya Âlam-peñón S/1 (Agüenit)
- Sebja Amarag-Etâkrich 1 (Duguech)
- Sebja Emherisat 1-NW/1 (Duguech): *ficha 229*
- Sebja Emherisat 1-N/1 (Duguech)
- Sebja Gleb Terzuz SE-1 (Mijek): *ficha 231*
- Sebja Hashiat Drâa-Oum Âbana SE (Duguech)
- Sebja Karrashiet E-1 (Duguech)
- Sebja Karrashiet NW-1 (Duguech): *ficha 232*
- Sebja Karrashiet SW-1 (Duguech)
- Sebja Larui Bu Garn-S/1 (Agüenit)
- Sebja Zug NW-2 (Duguech): *ficha 235*
- Smeila Adam Lahmar N-1 (Duguech)
- Smeila Ain Gleb Azafal W-1 (Agüenit): *ficha 236*
- Smeila Gnefisa Bayda 6 (Duguech)
- Smeilat Janga Shikshak-área central (Duguech)
- Smeila Larruiat N-1 (Agüenit): *ficha 243*
- Smeila Oued El Harek N-1 (Duguech)
- Smeila Planicie Karrashiet/Adakmar W-1 (Duguech): *ficha 246*
- Smeila Planicie Karrashiet/Adakmar W-2 (Duguech): *ficha 247*
- Smeila Tamnairatn 3 (Mijek): *ficha 248*
- Smeila Tamnairatn 4 (Mijek)
- Smeila Tamnairatn 5 (Mijek)

- ورشة سبخة امهيرزات الجنوب الغربي 1/NW-1 (الدوگج)
- ورشة ازميلة اعظم لحمار الى الشمال N-1 (الدوگج)
- ورشة ازميلة واد الحارك الى الشمال N-1 (الدوگج)
- ورشة ازميلة تامنيراتن2 (ميجك): بطاقة 259
- ازميلة تامنيراتن 7 (ميجك)

معالم حجرية، جنائزية وطقوسية

- مجمع قبري ازميلة غاجوجيت 1 (الدوگج)
- مجمع قبري بازميلة سهل الكراشيات/ ادكمار الى الغرب W-2 (الدوگج): بطاقة 102
- مجموعة جنائزية من نوع تيميليس باغوينيت الى الشرق ارواكيم 1 (اغوينيت)
- مجموعة جنائزية من نوع تيميليس باغوينيت الى الغرب W-2 (اغوينيت)
- مجموعة جنائزية من نوع تيميليس باريكيم عجين ـ السد 1 (اغوينيت)
- مجموعة جنائزية من نوع تيميليس اريكيم العريش الى الجنوب S-1 (اغوينيت)
- مجموعة جنائزية من نوع تيميليس بام الطبول / امخيول الريشات 1 (ميجك)
- مجموعة جنائزية من نوع تيميليس بسبخة لروية الى الغرب -1W (اغوينيت)
- مجموعة جنائزية من نوع تيميليس بقاعدة ملجأ لجواد VIII (الدوگج)
- مجموعة جنائزية من نوع تيميليس ازايـڭ بدرڭ الى الشرق -1E (اغوينيت)
- مجموعة جنائزية من نوع تيمسليس ازايـڭ بدرڭ - السد1 (اغوينيت)
- مجموعة جنائزية من نـوع تيميليس بولخزيمات الى الشمال N (ميجك)
- مجموعة جنائزية من نـوع تيميليس بولخزيمات الى الغرب W (ميجك)
- مجموعة جنائزية من نوع تيميليس بظايت اغسال الى الشرق E (الدوگج)
- مجموعة جنائزية من نوع تيميليس بظايت سهل اللزE-1 (ميجك)
- مجموعة جنائزية من نوع تيميليس بـاذراع فلكلك الى الشرق E-4 (الدوگج): بطاقة 105
- مجموعة جنائزية من نوع تيميليس بـاذراع فلكلك الى الجنوب S-1 (الدوگج)
- مجموعة جنائزية من نوع تيميليس ڭلابت خير الل 1 (الدوگج)
- مجموعة جنائزية من نوع تيميليس ڭلابت خير الل 2 (الدوگج)
- مجموعة جنائزية من نوع تيميليس ڭلابت لجواد ـ ڭلب 1 (الدوگج)
- مجموعة جنائزية من نوع تيميليس ڭلب لجواد 4ـ اسطيلة الى الشرق E-1 (الدوگج)
- مجموعة جنائزية من نوع تيميليس ڭليب بخواڭ 1 (الدوگج)
- مجموعة جنائزية من نوع تيميليس بـڭليب امهيرزات 1 (الدوگج): بطاقة 109
- مجموعة جنائزية من نوع تيميليس بـڭليب امهيريزات 2 (الدوگج): بطاقة 110
- مجموعة جنائزية من نوع تيميليس بـڭليب امهيريزات 3 (الدوگج): بطاقة 111
- مجموعة جنائزية من نوع تيميليس بـڭليب اڭرونة 1 (اغوينيت): بطاقة 112
- مجموعة جنائزية من نوع تيميليس بـڭليب لجواد 8ـ اسطيلة الى الشمال الشرقي NW-1 (الدوگج)
- مجموعة جنائزية من نوع تيميليس بـڭليب لمديسمات 2 (الدوگج)

- Sebkha Karrashiet SW-1 (Duguech)
- Sebkha Larui Bu Garn-S/1 (Agüenit)
- Sebkha Zug NW-2 (Duguech): *fiche 235*
- Smeila Adam Lahmar N-1 (Duguech)
- Smeila Ain Gleb Azafal W-1 (Agüenit): *fiche 236*
- Smeila Gnefisa Bayda 6 (Duguech)
- Smeilat Janga Shikshak-aire centrale (Duguech)
- Smeila Larruiat N-1 (Agüenit): *fiche 243*
- Smeila Oued El Harek N-1 (Duguech)
- Smeila Plaine Karrashiet/Adakmar W-1 (Duguech): *fiche 246*
- Smeila Plaine Karrashiet/Adakmar W-2 (Duguech): *fiche 247*
- Smeila Tamnairatn 3 (Mijek): *fiche 248*
- Smeila Tamnairatn 4 (Mijek)
- Smeila Tamnairatn 5 (Mijek)
- Smeila Tamnairatn 6 (Mijek)
- Tagerfet Oum Agneina NE-2 (Mijek)
- Vallée Ethabâa SW-1 (Mijek)
- Vallée Ethabâa W-1 (Mijek): *fiche 261*

Ateliers d'exploitations de matières lithiques

- Atelier Abueilai Lejuad N-piton 1 (Duguech)
- Atelier Galabt Jeral-la 1 (Duguech)
- Atelier Plaine Amâainat S-piton 1 (Mijek)
- Atelier Plaine Azaig Bdrag SE-piton 1 (Agüenit)
- Atelier Smeila Plaine Karrashiet E-1 (Duguech)
- Atelier Plaine Tamnairatn N-1 (Mijek)
- Atelier Pointe Smeila Tamnairatn 2-S (Mijek)
- Atelier Sebkha Amarag-Etâkrich 1/1 (Duguech): *fiche 257*
- Atelier Sebkha Emherisat 1/NW-1 (Duguech)
- Atelier Smeila Adam Lahmar N-1 (Duguech)
- Atelier Smeila Oued El Harek N-1 (Duguech)
- Atelier Smeila Tamnairatn 2 (Mijek): *fiche 259*
- Atelier Smeila Tamnairatn 7 (Mijek)

Monuments lithiques, sépulcraux et rituels

- Ensemble sépulcral Smeila Gajujiet 1 (Duguech)
- Ensemble sépulcral Smeila Plaine Karrashiet/Adakmar W-2 (Duguech): *fiche 102*
- Ensemble tumulaire Agüenit E-aruakim 1 (Agüenit)
- Ensemble tumulaire Agüenit W-2 (Agüenit)
- Ensemble tumulaire Arekim Âajen-filon 1 (Agüenit)
- Ensemble tumulaire Arekim Lâarich S-1 (Agüenit)
- Ensemble tumulaire Arekim Oum Tbul/Amjewal Richt 1 (Mijek)
- Ensemble tumulaire Aruakim Sebkha Larruia W-1 (Agüenit)
- Ensemble tumulaire Base Abri Lejuad VIII (Duguech)
- Ensemble tumulaire Bir Azaig Bdrag E-1 (Agüenit)
- Ensemble tumulaire Bir Azaig Bdrag-filon 1 (Agüenit)
- Ensemble tumulaire Bu Lejzeimat N (Mijek)
- Ensemble tumulaire Bu Lejzeimat W (Mijek)
- Ensemble tumulaire Dhâya Agasal E-1 (Duguech)
- Ensemble tumulaire Dhâya Plaine Alaz E-1 (Mijek)
- Ensemble tumulaire Drâa Feleklek E-4 (Duguech): *fiche 105*
- Ensemble tumulaire Drâa Feleklek S-1 (Duguech)

Materia litikoak ustiatzeko tailerrak

- Abueilai Lejuad N-1. tontorreko tailerra (Duguech)
- Galabt Jeral-la 1 tailerra (Duguech)
- Amâainat S lautada-1. tontorreko tailerra (Mijek)
- Azaig Bdrag SE lautada-1. tontorreko tailerra (Agüenit)
- Karrashiet E-1 lautadako Smeilako tailerra (Duguech)
- Tamnairatn N-1 lautadako tailerra (Mijek)
- Punta Smeila Tamnairatn 2-S tailerra (Mijek)
- Sebja Amarag-Etâkrich 1/1 tailerra (Duguech) *257. fitxa*
- Sebja Emherisat 1/NW-1 tailerra (Duguech)
- Smeila Adam Lahmar N-1 tailerra (Duguech)
- Smeila Oued El Harek N-1 tailerra (Duguech)
- Smeila Tamnairatn 2 tailerra (Mijek): *259. fitxa*
- Smeila Tamnairatn 7 tailerra (Mijek)

Monumentu litikoak, hilobietakoak eta errituetakoak

- Smeila Gajujiet 1 hilobi-multzoa (Duguech)
- Karrashiet/Adakmar W-2 lautadako Smeilako hilobi-multzoa (Duguech): *102. fitxa*
- Agüenit E-aruakim 1 tumulu-multzoa (Agüenit)
- Agüenit W-2 tumulu-multzoa (Agüenit)
- Arekim Âajen-1. dikea tumulu-multzoa (Agüenit)
- Arekim Lâarich S-1 tumulu-multzoa (Agüenit)
- Arekim Oum Tbul/Amjewal Richt 1 tumulu-multzoa (Mijek)
- Aruakim Sebja Larruia W-1 tumulu-multzoa (Agüenit)
- Lejuad VIII harpeko oinarrizko tumulu-multzoa (Duguech)
- Bir Azaig Bdrag E-1 tumulu-multzoa (Agüenit)
- Bir Azaig Bdrag-1. dikea tumulu-multzoa (Agüenit)
- Bu Lejzeimat N tumulu-multzoa (Mijek)
- Bu Lejzeimat W tumulu-multzoa (Mijek)
- Dhâya Agasal E-1 tumulu-multzoa (Duguech)
- Alaz E-1 lautadako Dhâya tumulu-multzoa (Mijek)
- Draâ Feleklek E-4 tumulu-multzoa (Duguech): *105. fitxa*
- Draâ Feleklek S-1 tumulu-multzoa (Duguech)
- Galabt Jeral-la 1 tumulu-multzoa (Duguech)
- Galabt Jeral-la 2 tumulu-multzoa (Duguech)
- Galabt Lejuad-Galb 1 tumulu-multzoa (Duguech)
- Galb Lejuad 4-Staila E-1 tumulu-multzoa (Duguech)
- Gleb Bajuag 1 tumulu-multzoa (Duguech)
- Gleb Emherisat 1 tumulu-multzoa (Duguech): *109. fitxa*
- Gleb Emherisat 2 tumulu-multzoa (Duguech): *110. fitxa*
- Gleb Emherisat 3 tumulu-multzoa (Duguech): *111. fitxa*
- Gleb Grona 1 tumulu-multzoa (Agüenit): *112. fitxa*
- Gleb Lejuad 8-Staila NW-1 tumulu-multzoa (Duguech)
- Gleb Lemdeismat 2 tumulu-multzoa (Duguech)
- Gleb Terzuz tumulu-multzoa (Mijek): *113. fitxa*
- Gleb Timkerdad 1 tumulu-multzoa (Mijek): *114. fitxa*
- Gleb Timkerdad 2 tumulu-multzoa (Mijek): *115. fitxa*
- Gleb Tinlluleg tumulu-multzoa (Agüenit): *116. fitxa*
- Gleibat Audeirat N-1 tumulu-multzoa (Mijek): *117. fitxa*
- Gleibat Dbeat S tumulu-multzoa (Duguech)
- Gleibat Dbeat N tumulu-multzoa (Duguech)
- Gleibat El Barka 1/1 tumulu-multzoa (Mijek)
- Gleibat El Barka 1/2 tumulu-multzoa (Mijek)
- Gleibat El Barka 2/N tumulu-multzoa (Mijek); *118. fitxa*

- Smeila Tamnairatn 6 (Mijek)
- Tagerfet Oum Agneina NE-2 (Mijek)
- Valle Ethabâa SW-1 (Mijek)
- Valle Ethabâa W-1 (Mijek): *ficha 261*

Talleres de explotación de materias líticas

- Taller Abueilai Lejuad N-pitón 1 (Duguech)
- Taller Galabt Jeral-la 1 (Duguech)
- Taller Planicie Amâainat S-pitón 1 (Mijek)
- Taller Planicie Azaig Bdrag SE-pitón 1 (Agüenit)
- Taller Smeila Planicie Karrashiet E-1 (Duguech)
- Taller Planicie Tamnairatn N-1 (Mijek)
- Taller Punta Smeila Tamnairatn 2-S (Mijek)
- Taller Sebja Amarag-Etâkrich 1/1 (Duguech): *ficha 257*
- Taller Sebja Emherisat 1/NW-1 (Duguech)
- Taller Smeila Adam Lahmar N-1 (Duguech)
- Taller Smeila Oued El Harek N-1 (Duguech)
- Taller Smeila Tamnairatn 2 (Mijek): *ficha 259*
- Taller Smeila Tamnairatn 7 (Mijek)

Monumentos líticos, sepulcrales y rituales

- Conjunto sepulcral Smeila Gajujiet 1 (Duguech)
- Conjunto sepulcral Smeila Planicie Karrashiet/Adakmar W-2 (Duguech): *ficha 102*
- Conjunto tumular Agüenit E-aruakim 1 (Agüenit)
- Conjunto tumular Agüenit W-2 (Agüenit)
- Conjunto tumular Arekim Âajen-dique 1 (Agüenit)
- Conjunto tumular Arekim Lâarich S-1 (Agüenit)
- Conjunto tumular Arekim Oum Tbul/Amjewal Richt 1 (Mijek)
- Conjunto tumular Aruakim Sebja Larruia W-1 (Agüenit)
- Conjunto tumular Base Abrigo Lejuad VIII (Duguech)
- Conjunto tumular Bir Azaig Bdrag E-1 (Agüenit)
- Conjunto tumular Bir Azaig Bdrag-dique 1 (Agüenit)
- Conjunto tumular Bu Lejzeimat N (Mijek)
- Conjunto tumular Bu Lejzeimat W (Mijek)
- Conjunto tumular Dhâya Agasal E-1 (Duguech)
- Conjunto tumular Dhâya Planicie Alaz E-1 (Mijek)
- Conjunto tumular Drâa Feleklek E-4 (Duguech): *ficha 105*
- Conjunto tumular Drâa Feleklek S-1 (Duguech)
- Conjunto tumular Galabt Jeral-la 1 (Duguech)
- Conjunto tumular Galabt Jeral-la 2 (Duguech)
- Conjunto tumular Galabt Lejuad-Galb 1 (Duguech)
- Conjunto tumular Galb Lejuad 4-Staila E-1 (Duguech)
- Conjunto tumular Gleb Bajuag 1 (Duguech)
- Conjunto tumular Gleb Emherisat 1 (Duguech): *ficha 109*
- Conjunto tumular Gleb Emherisat 2 (Duguech): *ficha 110*
- Conjunto tumular Gleb Emherisat 3 (Duguech): *ficha 111*
- Conjunto tumular Gleb Grona 1 (Agüenit): *ficha 112*
- Conjunto tumular Gleb Lejuad 8-Staila NW-1 (Duguech)
- Conjunto tumular Gleb Lemdeismat 2 (Duguech)
- Conjunto tumular Gleb Terzuz (Mijek): *ficha 113*
- Conjunto tumular Gleb Timkerdad 1 (Mijek): *ficha 114*

- مجموعة جنائزية من نوع تيميليس بـڭليب الترثوث (ميجك): بطاقة 113
- مجموعة جنائزية من نوع تيميليس بـڭليب تيمكرداد 1 (ميجك): بطاقة 114
- مجموعة جنائزية من نوع تيميليس بـڭليب تيمكرداد 2 (ميجك): بطاقة 115
- مجموعة جنائزية من نوع تيميليس بـڭليب تينولـڭ (اغوينيت): بطاقة 116
- مجموعة جنائزية من نوع تيميليس بـڭليبات اوديـرات الشمال N-1 (ميجك): بطاقة 117
- مجموعة جنائزية من نوع تيميليس بـڭليبات الظبيعات الى الجنوب S (الدوڭج)
- مجموعة جنائزية من نوع تيميليس بـڭليبات الظبيعات الى الشمال N (الدوڭج)
- مجموعة جنائزية من نوع تيميليس بـڭليبات البركة 1/1 (ميجك)
- مجموعة جنائزية من نوع تيميليس بـڭليبات البركة 1/2 (ميجك)
- مجموعة جنائزية من نوع تيميليس بـڭليبات البركة الى الشمال 2/N (ميجك): بطاقة 118
- مجموعة جنائزية من نوع تيميليس بـڭليبات البركة الى الجنوب 2/S (ميجك)
- مجموعة جنائزية من نوع تيميليس بـڭرائر لبيار، الى الشمال N (ميجك)
- مجموعة جنائزية من نوع تيميليس بكدية ادكمار الى الشرق E-1 (ميجك)
- مجموعة جنائزية من نوع تيميليس بكدية ادكمار الى الغرب W-1 (الدوڭج): بطاقة 120
- مجموعة جنائزية من نوع تيميليس بكدية امزڭزاڭ الى الجنوب S/1 (الدوڭج): بطاقة 121
- مجموعة جنائزية من نوع تيميليس بكدية امزڭزاڭ الى الجنوب S/2 (الدوڭج)
- مجموعة جنائزية من نوع تيميليس بكدية امزڭزاڭ الى الجنوب S/3 (الدوڭج)
- مجموعة جنائزية من نوع تيميليس بكدية امزڭزاڭ الى الجنوب JS1/2 (الدوڭج): بطاقة 122
- مجموعة جنائزية من نوع تيميليس بكدية امزڭزاڭ ـ السهل الخارجي.اڭرونه الى الجنوب S-1 (الدوڭج)
- مجموعة جنائزية من نوع تيميليس بكدية ميجك الى الشرق E-1 (ميجك)
- مجموعة جنائزية من نوع تيميليس بكدية ميجك الى الغرب W-1 (ميجك)
- مجموعة جنائزية من نوع تيميليس اودي ڭرائر لبيار الى الشمال N-1 (ميجك)
- مجموعة جنائزية من نوع تيميليس بواد الحارك الى الشمال N ـ السد 1/1 (الدوڭج)
- مجموعة جنائزية من نوع تيميليس بواد لحدج ـ السد 1 (ميجك)
- مجموعة جنائزية من نوع تيميليس بام اڭنينة الى الشمال الشرقي NE-1 (ميجك): بطاقة 125
- مجموعة جنائزية من وع تيميليس بام اڭنينة الى الشمال الشرقي NE-2 (ميجك): بطاقة 126
- مجموعة جنائزية من نوع تيميليس بام اڭنية الى الشمال الشرقي NE-3 (ميجك)
- مجموعة جنائزية من نوع تيميليس بام اڭنينة الى الشمال الشرقي NE-4 (ميجك)
- مجموعة جنائزية من نوع تيميليس بام اڭنينة الى الشمال الشرقي NE-5 (ميجك)
- مجموعة جنائزية من نوع تيميليس بالمرتفع الحجري الكابو الى الجنوب S-1 (ميجك)

- Ensemble tumulaire Galabt Jeral-la 1 (Duguech)
- Ensemble tumulaire Galabt Jeral-la 2 (Duguech)
- Ensemble tumulaire Galabt Lejuad-Galb 1 (Duguech)
- Ensemble tumulaire Galb Lejuad 4-Staila E-1 (Duguech)
- Ensemble tumulaire Gleb Bajuag 1 (Duguech)
- Ensemble tumulaire Gleb Emherisat 1 (Duguech): *fiche 109*
- Ensemble tumulaire Gleb Emherisat 2 (Duguech): *fiche 110*
- Ensemble tumulaire Gleb Emherisat 3 (Duguech): *fiche 111*
- Ensemble tumulaire Gleb Grona 1 (Agüenit): *fiche 112*
- Ensemble tumulaire Gleb Lejuad 8-Staila NW-1 (Duguech)
- Ensemble tumulaire Gleb Lemdeismat 2 (Duguech)
- Ensemble tumulaire Gleb Terzuz (Mijek): *fiche 113*
- Ensemble tumulaire Gleb Timkerdad 1 (Mijek): *fiche 114*
- Ensemble tumulaire Gleb Timkerdad 2 (Mijek): *fiche 115*
- Ensemble tumulaire Gleb Tinlluleg (Agüenit): *fiche 116*
- Ensemble tumulaire Gleibat Audeirat N-1 (Mijek): *fiche 117*
- Ensemble tumulaire Gleibat Dbeat S (Duguech)
- Ensemble tumulaire Gleibat Dbeat N (Duguech)
- Ensemble tumulaire Gleibat El Barka 1/1 (Mijek)
- Ensemble tumulaire Gleibat El Barka 1/2 (Mijek)
- Ensemble tumulaire Gleibat El Barka 2/N (Mijek): *fiche 118*
- Ensemble tumulaire Gleibat El Barka 2/S (Mijek)
- Ensemble tumulaire Grair Labiar N-1 (Mijek)
- Ensemble tumulaire Kidhiet Adakmar E-1 (Duguech)
- Ensemble tumulaire Kidhiet Adakmar W-1 (Duguech): *fiche 120*
- Ensemble tumulaire Kidhiet Amzagzag-S/1 (Duguech): *fiche 121*
- Ensemble tumulaire Kidhiet Amzagzag-S/2 (Duguech)
- Ensemble tumulaire Kidhiet Amzagzag-S/3 (Duguech)
- Ensemble tumulaire Kidhiet Amzagzag-J-S1/2 (Duguech): *fiche 122*
- Ensemble tumulaire Kidhiet Amzagzag-Plaine ext. Grona S-1 (Duguech)
- Ensemble tumulaire Kidhiet Mijek E-1 (Mijek)
- Ensemble tumulaire Kidhiet Mijek W-1 (Mijek)
- Ensemble tumulaire Oudei en Grair Labiar N-1 (Mijek)
- Ensemble tumulaire Oued El Harek N-filon 1/1 (Duguech)
- Ensemble tumulaire Oued Lehdej-filon 1 (Duguech)
- Ensemble tumulaire Oum Agneina NE-1 (Mijek): *fiche 125*
- Ensemble tumulaire Oum Agneina NE-2 (Mijek): *fiche 126*
- Ensemble tumulaire Oum Agneina NE-3 (Mijek)
- Ensemble tumulaire Oum Agneina NE-4 (Mijek)
- Ensemble tumulaire Oum Agneina NE-5 (Mijek)
- Ensemble tumulaire Rocher El Cabo S-1 (Mijek)
- Ensemble tumulaire Piton Smeila Tamnairatn 7-E (Mijek): *fiche 127*
- Ensemble tumulaire Plaine Azaig Bdrag E-filon 1 (Agüenit): *fiche 129*
- Ensemble tumulaire Plaine Azaig Bdrag E-filon 2 (Agüenit)
- Ensemble tumulaire Plaine Azaig E-rocher 1 (Agüenit)
- Ensemble tumulaire Plaine Buder Bala S-1 (Agüenit)

- مجموعة جنائزية من نوع تيميليس بالمرتفع الحجري ازميلة تامنيراتن الى الشرق E-7 (ميجك)
- مجموعة جنائزية من نوع تيميليس بسهل ازايـﯕ بدرﯕ الى الشرق E- السد 1 (اغوينيت)
- مجموعة جنائزية من نوع تيميليس بسهل ازايـﯕ بدرﯕ الى الشرق E- السد 2 (اغوينيت)
- مجموعة جنائزية من نوع تيميليس بسهل ازايـﯕ الى الشرق E بمرتفع 1 (اغوينيت)
- مجموعة جنائزية من نوع تيميليس بسهل بودرباله الى الجنوب S-1 (اغوينيت)
- مجموعة جنائزية من نوع تيميليس بسهل ﯕلب بودرﯕة 1- اسطيلة الى الغرب W-1 (الدوﯕج)
- مجموعة جنائزية من نوع تيميليس بسهل ايج الى الجنوب S-1 (الدوﯕج): بطاقة 130
- مجموعة جنائزية من نوع تيميليس بسهل ايج الى الشمال N - السد 1/ قطاع الى الجنوب S-1 (الدوﯕج)
- مجموعة جنائزية من نوع تيميليس بسهل الحولية الى الغرب W-1 (ميجك): بطاقة131
- مجموعة جنائزية من نوع تيميليس بسهل الحولية الى الغرب W-2 (ميجك)
- مجموعة جنائزية من نوع تيميليس بسهل امديسمة اماراغ الى الشرق E-1 (الدوﯕج)
- مجموعة جنائزية من نوع تيميليس بسهل فلكلك الى الشمال الشرقي NE-1 (الدوﯕج): بطاقة 132
- مجموعة جنائزية من نوع تيميليس بسهل فلكلك الى الشمال الشرقي NE-3 (الدوﯕج)
- مجموعة جنائزية من نوع تيميليس بسهل ﯕليب الترثوث الى الشمال الغربي NW-1 (ميجك)
- مجموعة جنائزية من نوع تيميليس بسهل اخنيفيسة البيظه الى الشرق 5-E/1 (الدوﯕج)
- مجموعة جنائزية من نوع تيميليس بسهل اﯕرونـه الى الجنوب S - ارواكيم 1 (اغوينيت)
- مجموعة جنائزية من نوع تيميليس بسهل لقطيطيرة الى الجنوب S-1 (اغوينيت): بطاقة 136
- مجموعة جنائزية من نوع تيميليس بسهل لجواد الى الجنوب S-1 (الدوﯕج)
- مجموعة جنائزية من نوع تيميليس بسهل لمديسمات الى الجنوب S - السد 1/1 (الدوﯕج)
- مجموعة جنائزية من نوع تيميليس بسهل لمديسمات الى الجنوب S - السد 1/2 (الدوﯕج)
- مجموعة جنائزية من نوع تيميليس بسهل لمديسمات - السد 2 (الدوﯕج)
- مجموعة جنائزية من نوع تيميليس بسهل لمديسمات - السد 3 (الدوﯕج)
- مجموعة جنائزية من نوع تيميليس بسهل ام ادويات الى الجنوب S-1 (اغوينيت)
- مجموعة جنائزية من نوع تيميليس بسهل ام الطبول الى الجنوب S-1 (ميجك)
- مجموعة جنائزية من نوع تيميليس بسهل سبخة ادمار الى الغرب W-1 (اغوينيت)
- مجموعة جنائزية من نوع تيميليس بسهل سبخة ام ادويات الى الجنوب S-1 (اغوينيت)
- مجموعة جنائزية من نوع تيميليس بسهل تنـﯕافوف الى الشرق E-1 (الدوﯕج)
- مجموعة جنائزية من نوع تيميليس بسهل تنـﯕافوف الى الشرق E-2 (الدوﯕج)
- مجموعة جنائزية من نوع تيميليس بسهل تنـﯕافوف الى الجنوب S-1 (الدوﯕج)

- Ensemble tumulaire Plaine Galb Budarga 1-Stailat W-1 (Duguech)
- Ensemble tumulaire Plaine Eij S-1 (Duguech): *fiche 130*
- Ensemble tumulaire Plaine Eij N-filon 1/secteur S-1 (Duguech)
- Ensemble tumulaire Plaine El Haulía W-1 (Mijek): *fiche 131*
- Ensemble tumulaire Plaine El Haulía W-2 (Mijek)
- Ensemble tumulaire Plaine Emdesmet Amarak E-1 (Duguech)
- Ensemble tumulaire Plaine Feleklek NE-1 (Duguech): *fiche 132*
- Ensemble tumulaire Plaine Feleklek NE-3 (Duguech)
- Ensemble tumulaire Plaine Gleb Terzuz NW-1 (Mijek)
- Ensemble tumulaire Plaine Gnefisat Bayda 5-E/1 (Duguech)
- Ensemble tumulaire Plaine Grona S-aruakim 1 (Agüenit)
- Ensemble tumulaire Plaine Legteitira S-1 (Agüenit): *fiche 136*
- Ensemble tumulaire Plaine Lejuad S-1 (Duguech)
- Ensemble tumulaire Plaine Lemdeismat S-filon 1/1 (Duguech)
- Ensemble tumulaire Plaine Lemdeismat S-filon 1/2 (Duguech)
- Ensemble tumulaire Plaine Lemdeismat-filon 2 (Duguech)
- Ensemble tumulaire Plaine Lemdeismat-filon 3 (Duguech)
- Ensemble tumulaire Plaine Oum Duayat S-1 (Agüenit)
- Ensemble tumulaire Plaine Oum Tbul S-1 (Mijek)
- Ensemble tumulaire Plaine Sebkha Admar W-1 (Agüenit)
- Ensemble tumulaire Plaine Sebkha Oum Duayat S-1 (Agüenit)
- Ensemble tumulaire Plaine Tingefuf E-1 (Duguech)
- Ensemble tumulaire Plaine Tingefuf E-2 (Duguech)
- Ensemble tumulaire Plaine Tingefuf S-1 (Duguech)
- Ensemble tumulaire Plaine Tingefuf S-2 (Duguech)
- Ensemble tumulaire Plateforme base Galb Ajabel (Duguech)
- Ensemble tumulaire Plateforme base Galb Ajabel Be Esfaf (Duguech)
- Ensemble tumulaire Plateforme base Galb Ajabel Bujuima (Duguech)
- Ensemble tumulaire Plateforme base Galb Bu Aaleiba (Agüenit)
- Ensemble tumulaire Plateforme base Galb Duguech-2 (Duguech)
- Ensemble tumulaire Plateforme base Galabt Duguech-Galb 3 (Duguech)
- Ensemble tumulaire Plateforme base Galabt Lejuad-Galb 3 (Duguech)
- Ensemble tumulaire Plateforme base Galabt Lejuad-Galb 4 (Duguech)
- Ensemble tumulaire Plateforme base Galabt Lejuad-Gleb 10 (Duguech)
- Ensemble tumulaire Plateforme base Galb Abueilai Lejuad (Duguech)
- Ensemble tumulaire Plateforme base Galb Eij E-1/E (Duguech)

- Sebja Oum Duayat S-1 lautadako tumulu-multzoa (Agüenit)
- Tingefuf E-1 lautadako tumulu-multzoa (Duguech)
- Tingefuf E-2 lautadako tumulu-multzoa (Duguech)
- Tingefuf S-1 lautadako tumulu-multzoa (Duguech)
- Tingefuf S-2 lautadako tumulu-multzoa (Duguech)
- Galb Ajabel oinarrizko plataformako tumulu-multzoa (Duguech)
- Galb Ajabel Be Esfaf oinarrizko plataformako tumulu-multzoa (Duguech)
- Galb Ajabel Bujuima oinarrizko plataformako tumulu-multzoa (Duguech)
- Galb Bu Aaleiba oinarrizko plataformako tumulu-multzoa (Agüenit)
- Galb Duguech-2 oinarrizko plataformako tumulu-multzoa (Duguech)
- Galabt Duguech-Galb 3 oinarrizko plataformako tumulu-multzoa (Duguech)
- Galabt Lejuad-Galb 3 oinarrizko plataformako tumulu-multzoa (Duguech)
- Galabt Lejuad-Galb 4 oinarrizko plataformako tumulu-multzoa (Duguech)
- Galabt Lejuad-Gleb 10 oinarrizko plataformako tumulu-multzoa (Duguech)
- Galb Abueilai Lejuad oinarrizko plataformako tumulu-multzoa (Duguech)
- Galb Eij E-1/E oinarrizko plataformako tumulu-multzoa (Duguech)
- Galb Eij W-1 oinarrizko plataformako tumulu-multzoa (Duguech)
- Gleb Bu Aaleiba NW-1 oinarrizko plataformako tumulu-multzoa (Agüenit)
- Gleb Lejuad 5 oinarrizko plataformako tumulu-multzoa (Duguech)
- Gleb Lemdeisma Jathra oinarrizko plataformako tumulu-multzoa (Duguech)
- Gleb Tuama Budarga W oinarrizko plataformako tumulu-multzoa (Duguech)
- Gleb Tuama-Grona E-1 oinarrizko plataformako tumulu-multzoa (Agüenit)
- Kidhiet Agsumal S/W-1 oinarrizko plataformako tumulu-multzoa (Mijek)
- Kidhiet Mijek E/NE-1 gaineko tumulu-multzoa (Mijek): *140. fitxa*
- Schmul Ziza 1 tumulu-multzoa (Mijek)
- Sebja Admar E tumulu-multzoa (Agüenit)
- Sebja Admar W tumulu-multzoa (Agüenit)
- Sebja-dhâya Âlam E tumulu-multzoa (Agüenit): *142. fitxa*
- Sebja El Jathra W tumulu-multzoa (Agüenit): *143. fitxa*
- Sebja Karrashiet E-1 tumulu-multzoa (Duguech): *148. fitxa*
- Sebja Karrashiet NW-1 tumulu-multzoa (Duguech)
- Sebja Zug NW-2 tumulu-multzoa (Duguech)
- Smeila Adam Lahmar N-1 tumulu-multzoa (Duguech)
- Smeila Azaig Bdrag E-1 tumulu-multzoa (Agüenit)
- Smeila Emdeinat El Fâa tumulu-multzoa (Mijek)
- Smeila Gleb Terzuz E-1 tumulu-multzoa (Mijek)

- Conjunto tumular Planicie Legteitira S-1 (Agüenit): *ficha 136*
- Conjunto tumular Planicie Lejuad S-1 (Duguech)
- Conjunto tumular Planicie Lemdeismat S-dique 1/1 (Duguech)
- Conjunto tumular Planicie Lemdeismat S-dique 1/2 (Duguech)
- Conjunto tumular Planicie Lemdeismat-dique 2 (Duguech)
- Conjunto tumular Planicie Lemdeismat-dique 3 (Duguech)
- Conjunto tumular Planicie Oum Duayat S-1 (Agüenit)
- Conjunto tumular Planicie Oum Tbul S-1 (Mijek)
- Conjunto tumular Planicie Sebja Admar W-1 (Agüenit)
- Conjunto tumular Planicie Sebja Oum Duayat S-1 (Agüenit)
- Conjunto tumular Planicie Tingefuf E-1 (Duguech)
- Conjunto tumular Planicie Tingefuf E-2 (Duguech)
- Conjunto tumular Planicie Tingefuf S-1 (Duguech)
- Conjunto tumular Planicie Tingefuf S-2 (Duguech)
- Conjunto tumular Plataforma base Galb Ajabel (Duguech)
- Conjunto tumular Plataforma base Galb Ajabel Be Esfaf (Duguech)
- Conjunto tumular Plataforma base Galb Ajabel Bujuima (Duguech)
- Conjunto tumular Plataforma base Galb Bu Aaleiba (Agüenit)
- Conjunto tumular Plataforma base Galb Duguech-2 (Duguech)
- Conjunto tumular Plataforma base Galabt Duguech-Galb 3 (Duguech)
- Conjunto tumular Plataforma base Galabt Lejuad-Galb 3 (Duguech)
- Conjunto tumular Plataforma base Galabt Lejuad-Galb 4 (Duguech)
- Conjunto tumular Plataforma base Galabt Lejuad-Gleb 10 (Duguech)
- Conjunto tumular Plataforma base Galb Abueilai Lejuad (Duguech)
- Conjunto tumular Plataforma base Galb Eij E-1/E (Duguech)
- Conjunto tumular Plataforma base Galb Eij W-1 (Duguech)
- Conjunto tumular Plataforma base Gleb Bu Aaleiba NW-1 (Agüenit)
- Conjunto tumular Plataforma base Gleb Lejuad 5 (Duguech)
- Conjunto tumular Plataforma base Gleb Lemdeisma Jathra (Duguech)
- Conjunto tumular Plataforma base Gleb Tuama Budarga W (Duguech)
- Conjunto tumular Plataforma base Gleb Tuama-Grona E-1 (Agüenit)
- Conjunto tumular Plataforma base Kidhiet Agsumal S/W-1 (Mijek)
- Conjunto tumular Promontorio Kidhiet Mijek E/NE-1 (Mijek): *ficha 140*
- Conjunto tumular Schmul Ziza 1 (Mijek)
- Conjunto tumular Sebja Admar E (Agüenit)

- Ensemble tumulaire Plateforme base Galb Eij W-1 (Duguech)
- Ensemble tumulaire Plateforme base Gleb Bu Aaleiba NW-1 (Agüenit)
- Ensemble tumulaire Plateforme base Gleb Lejuad 5 (Duguech)
- Ensemble tumulaire Plateforme base Gleb Lemdeisma Jathra (Duguech)
- Ensemble tumulaire Plateforme base Gleb Tuama Budarga W (Duguech)
- Ensemble tumulaire Plateforme base Gleb Tuama-Grona E-1 (Agüenit)
- Ensemble tumulaire Plateforme base Kidhiet Agsumal S/W-1 (Mijek)
- Ensemble tumulaire Promontoire Kidhiet Mijek E/NE-1 (Mijek): *fiche 140*
- Ensemble tumulaire Schmul Ziza 1 (Mijek)
- Ensemble tumulaire Sebkha Admar E (Agüenit)
- Ensemble tumulaire Sebkha Admar W (Agüenit)
- Ensemble tumulaire Sebkha-dhâya Âlam E (Agüenit): *fiche 142*
- Ensemble tumulaire Sebkha El Jathra W (Agüenit): *fiche 143*
- Ensemble tumulaire Sebkha Karrashiet E-1 (Duguech): *fiche 148*
- Ensemble tumulaire Sebkha Karrashiet NW-1 (Duguech)
- Ensemble tumulaire Sebkha Zug NW-2 (Duguech)
- Ensemble tumulaire Smeila Adam Lahmar N-1 (Duguech)
- Ensemble tumulaire Smeila Azaig Bdrag E-1 (Agüenit)
- Ensemble tumulaire Smeila Emdeinat El Fâa (Mijek)
- Ensemble tumulaire Smeila Gleb Terzuz E-1 (Mijek)
- Ensemble tumulaire Smeila Gleibat El Barka 2/NE-1 (Mijek)
- Ensemble tumulaire Smeila Gleibat El Barka 2/NE-2 (Mijek)
- Ensemble tumulaire Smeila Gnefisa Bayda 6 (Duguech)
- Ensemble tumulaire Smeilat Gnefisat Bayda 5 (Duguech)
- Ensemble tumulaire Smeila Oued El Harek N-1 (Duguech)
- Ensemble tumulaire Smeilat Janga Shikshak-aire centrale (Duguech): *fiche 151*
- Ensemble tumulaire Smeila Tamnairatn 2 (Mijek)
- Ensemble tumulaire Smeila Tamnairatn 5 (Mijek)
- Ensemble tumulaire Smeila Tamnairatn 6 (Mijek)
- Ensemble tumulaire Smeila Tamnairatn 7 (Mijek)
- Monolithe Plaine Emdesmet Amarak E-1 (Duguech)
- Monument circulaire monolithique Gleb Lemdeisma Jathra S (Duguech)
- Monument circulaire monolithique Gleb Tinlluleg E-1 (Agüenit)
- Monument circulaire monolithique Plaine Eij S-1 (Duguech)
- Monument circulaire monolithique Plaine Oum Tbul S-1/1 (Mijek): *fiche 201*
- Monument circulaire monolithique Plaine Oum Tbul S-1/2 (Mijek)

- مجموعة جنائزية من نوع تيميليس بسهل تنـكافوف الى الجنوب S-2 (الدوڭج)
- مجموعة جنائزية من نوع تيميليس بالمنصة القاعدية ڭلب اجبيل (الدوڭج)
- مجموعة جنائزية من نوع تيميليس بالمنصة القاعدية اجبيل بصفف (الدوڭج)
- مجموعة جنائزية من نوع تيميليس بالمنصة القاعدية اجبيل بوخويمة (الدوڭج)
- مجموعة جنائزية من نوع تيميليس بالمنصة القاعدية بـڭلب بوعليبة (اغوينيت)
- مجموعة جنائزية من نوع تيميليس بالمنصة القاعدية بـڭلب الدوڭج ـ 2 (الدوڭج)
- مجموعة جنائزية من نوع تيميليس بالمنصة القاعدية بـڭلب الدوڭج ـ ڭلب 3 (الدوڭج)
- مجموعة جنائزية من نوع تيميليس بالمنصة القاعدية بـڭلب لجواد ـ ڭلب 3 (الدوڭج)
- مجموعة جنائزية من نوع تيميليس بالمنصة القاعدية بـڭلابت لجواد ـ ڭلب 4 (الدوڭج)
- مجموعة جنائزية من نوع تيميليس بالمنصة القاعدية ڭلابت لجواد ـ ڭليب 10 (الدوڭج)
- مجموعة جنائزية من نوع تيميليس بالمنصة القاعدية بـڭلب ابويلاي لجواد (الدوڭج)
- مجموعة جنائزية من نوع تيميليس بالمنصة القاعدية بـڭلب ايج الى الشرق E-1/E (الدوڭج)
- مجموعة جنائزية من نوع تيميليس بالمنصة القاعدية بـڭلب ايج الى الغرب W-1 (الدوڭج)
- مجموعة جنائزية من نوع تيميليس بالمنصة القاعدية بـڭلب بوعليبة الى الشمال الغربي NW-1 (اغوينيت)
- مجموعة جنائزية من نوع تيميليس بالمنصة القاعدية بـڭليب لجواد 5 (الدوڭج)
- مجموعة جنائزية من نوع تيميليس بالمنصة القاعدية بـڭليب لمديسمة الخظرة (الدوڭج)
- مجموعة جنائزية من نوع تيميليس بالمنصة القاعدية بـڭلب توامت بودرڭة الى الغرب W (الدوغج)
- مجموعة جنائزية من نوع تيميليس بالمنصة القاعدية بـڭليب توامت ـ اڭرونة الى الشرق E-1 (اغوينبت)
- مجموعة جنائزية من نوع تيميليس بالمنصة القاعدية بكديت اغزومال الى الجنوب الشرقي S/W-1 (ميجك)
- مجموعة جنائزية من نوع تيميليس قليل الارتفاع بكدية ميجك الى الشرق/شمال الشرق E/NE-1 (مِيجك): بطاقة 140
- مجموعة جنائزية من نوع تيميليس بشْمَال زيزا 1 (ميجك)
- مجموعة جنائزية من نوع تيميليس بسبخة ادمار الى الشرق E الى الشرق (ميجك)
- مجموعة جنائزية من نوع تيميليس بسبخة ادمار الى الغرب W الى الغرب (اغوينيت)
- مجموعة جنائزية من نوع تيميليس بسبخة ـ ظاية العالم الى الشرق E (اغوينيت): بطاقة 142
- مجموعة جنائزية من نوع تيميليس بالسبخة الخظره الى الغرب W (اغوينيت): بطاقة 143
- مجموعة جنائزية من نوع تيميليس بسبخة الكراشيات E-1 الى الشرق 1 (الدوڭج): بطاقة 148
- مجموعة جنائزية من نوع تيميليس بسبخة الكراشيات NW-1 الى الشمال الغربي (بالدوڭج)
- مجموعة جنائزية من نوع تيميليس بسبخة زوڭ NW-2 الى الشمال الغربي (الدوڭج)
- مجموعة جنائزية من نوع تيميليس بازميلت اعظم لحمار N-1 الى الشمال (الدوڭج)

- Smeila Gleibat El Barka 2/NE-1 tumulu-multzoa (Mijek)
- Smeila Gleibat El Barka 2/NE-2 tumulu-multzoa (Mijek)
- Smeila Gnefisa Bayda 6 tumulu-multzoa (Duguech)
- Smeilat Gnefisat Bayda 5 tumulu-multzoa (Duguech)
- Smeila Oued El Harek N-1 tumulu-multzoa (Duguech)
- Smeilat Janga Shikshak-erdiko eremuko tumulu-multzoa (Duguech): *151. fitxa*
- Smeila Tamnairatn 2 tumulu-multzoa (Mijek)
- Smeila Tamnairatn 5 tumulu-multzoa (Mijek)
- Smeila Tamnairatn 6 tumulu-multzoa (Mijek)
- Smeila Tamnairatn 7 tumulu-multzoa (Mijek)
- Emdesmet Amarak E-1 lautadako monolitoa (Duguech)
- Gleb Lemdeisma Jathra S monumentu zirkular monolitikoa (Duguech)
- Gleb Tinlluleg E-1 monumentu zirkular monolitikoa (Agüenit)
- Eij S-1 lautadako monumentu zirkular monolitikoa (Duguech)
- Oum Tbul S-1/1 lautadako monumentu zirkular monolitikoa (Mijek): *201. fitxa*
- Oum Tbul S-1/2 lautadako monumentu zirkular monolitikoa (Mijek)
- Arekim Âajen-1. dikeko monumentu lineal monolitikoa (Agüenit)
- Feleklek NE-1 lautadako monumentu lineal monolitikoa (Duguech)
- Aruakim Sebja Larruia W-1/1 tumulu-monumentua (Agüenit): *203. fitxa*
- Aruakim Sebja Larruia W-1/2 tumulu-monumentua (Agüenit)
- Bir Azaig Bdrag-1/1 dikeko tumulu-monumentua (Agüenit): *204. fitxa*
- Bir Dbeat N-1 tumulu-monumentua (Duguech)
- Dhâya Agasal E-1 tumulu-monumentua (Duguech)
- Drâa Adakmar NE-1 tumulu-monumentua (Duguech)
- Drâa Feleklek E-1 tumulu-monumentua (Duguech)
- Drâa Feleklek E-2 tumulu-monumentua (Duguech)
- Drâa Feleklek E-3 tumulu-monumentua (Duguech)
- Gleb Bu Lejzeimat N tumulu-monumentua (Mijek)
- Gleb Bu Lejzeimat S tumulu-monumentua (Mijek)
- Gleibat Dbeat S-1 tumulu-monumentua (Duguech)
- Gleibat Dbeat N-1 tumulu-monumentua (Duguech)
- Oued El Harek N-1/1 dikeko tumulu-monumentua (Duguech)
- Oum Agneina NE-2 tumulu-monumentua (Mijek)
- El Cabo S-1 harkaitzeko tumulu-monumentua (Mijek)
- Ajabel SW-1 lautadako tumulu-monumentua (Duguech): *208. fitxa*
- Eij N-1 lautadako tumulu-monumentua (Duguech): *210. fitxa*
- Gleb Tinlluleg N-1 lautadako tumulu-monumentua (Agüenit)
- Gleibat Akraza S-1 lautadako tumulu-monumentua (Agüenit)
- Legteitira W-1 lautadako tumulu-monumentua (Agüenit): *213. fitxa*
- Sebja Oum Duayat S-2 lautadako tumulu-multzoa (Agüenit)
- Tingefuf E-1 lautadako tumulu-monumentua (Duguech) *215. fitxa*

- Conjunto tumular Sebja Admar W (Agüenit)
- Conjunto tumular Sebja-dhâya Âlam E (Agüenit): *ficha 142*
- Conjunto tumular Sebja El Jathra W (Agüenit): *ficha 143*
- Conjunto tumular Sebja Karrashiet E-1 (Duguech): *ficha 148*
- Conjunto tumular Sebja Karrashiet NW-1 (Duguech)
- Conjunto tumular Sebja Zug NW-2 (Duguech)
- Conjunto tumular Smeila Adam Lahmar N-1 (Duguech)
- Conjunto tumular Smeila Azaig Bdrag E-1 (Agüenit)
- Conjunto tumular Smeila Emdeinat El Fâa (Mijek)
- Conjunto tumular Smeila Gleb Terzuz E-1 (Mijek)
- Conjunto tumular Smeila Gleibat El Barka 2/NE-1 (Mijek)
- Conjunto tumular Smeila Gleibat El Barka 2/NE-2 (Mijek)
- Conjunto tumular Smeila Gnefisa Bayda 6 (Duguech)
- Conjunto tumular Smeilat Gnefisat Bayda 5 (Duguech)
- Conjunto tumular Smeila Oued El Harek N-1 (Duguech)
- Conjunto tumular Smeilat Janga Shikshak-área central (Duguech): *ficha 151*
- Conjunto tumular Smeila Tamnairatn 2 (Mijek)
- Conjunto tumular Smeila Tamnairatn 5 (Mijek)
- Conjunto tumular Smeila Tamnairatn 6 (Mijek)
- Conjunto tumular Smeila Tamnairatn 7 (Mijek)
- Monolito Planicie Emdesmet Amarak E-1 (Duguech)
- Monumento circular monolítico Gleb Lemdeisma Jathra S (Duguech)
- Monumento circular monolítico Gleb Tinlluleg E-1 (Agüenit)
- Monumento circular monolítico Planicie Eij S-1 (Duguech)
- Monumento circular monolítico Planicie Oum Tbul S-1/1 (Mijek): *ficha 201*
- Monumento circular monolítico Planicie Oum Tbul S-1/2 (Mijek)
- Monumento lineal monolítico Arekim Âajen-dique 1 (Agüenit)
- Monumento lineal monolítico Planicie Feleklek NE-1 (Duguech)
- Monumento tumular Aruakim Sebja Larruia W-1/1 (Agüenit): *ficha 203*
- Monumento tumular Aruakim Sebja Larruia W-1/2 (Agüenit)
- Monumento tumular Bir Azaig Bdrag-dique 1/1 (Agüenit): *ficha 204*
- Monumento tumular Bir Dbeat N-1 (Duguech)
- Monumento tumular Dhâya Agasal E-1 (Duguech)
- Monumento tumular Drâa Adakmar NE-1 (Duguech)
- Monumento tumular Drâa Feleklek E-1 (Duguech)
- Monumento tumular Drâa Feleklek E-2 (Duguech)
- Monumento tumular Drâa Feleklek E-3 (Duguech)
- Monumento tumular Gleb Bu Lejzeimat N (Mijek)
- Monumento tumular Gleb Bu Lejzeimat S (Mijek)
- Monumento tumular Gleibat Dbeat S-1 (Duguech)
- Monumento tumular Gleibat Dbeat N-1 (Duguech)
- Monumento tumular Oued El Harek N-dique 1/1 (Duguech)
- Monumento tumular Oum Agneina NE-2 (Mijek)
- Monumento tumular Peñón El Cabo S-1 (Mijek)
- Monumento tumular Planicie Ajabel SW-1 (Duguech): *ficha 208*
- Monumento tumular Planicie Eij N-1 (Duguech): *ficha 210*

- مجموعة جنائزية من نوع تيميليس بازميلة بازايگ بدْرَگ E-1 الى الشرق (اغوينيت)
- مجوعة جنائزية من نوع تيميليس بازميلت امدينات اللفاع (ميجك)
- مجموعة جنائزية من نوع تيميليس بازميلة بـگـلب الترثوث E-1 الى الشرق ـ1 (ميجك)
- مجموعة جنائزية من نوع تيميليس بازميلة بـگليبات البركة/2 NE-1 الى الشمال الشرقي (ميجك)
- مجموعة جنائزية من نوع تيميليس بازميلة گليبات البركة،/2 NE-2 بالشمال الشرقي (ميجك)
- مجموعة جنائزية من نوع تيميليس بازميلة اخنيفيسة البيظه 6 (الدوگج)
- مجموعة جنائزية من نوع تيميليس بازميلة اخنيفيسة البيظه 5 (الدوگج)
- مجموعة جنائزية من نوع تيميليس بازميلة واد الحارك،N-1 الى الشمال (الدوگج)
- مجموعـة جنائزيـة من نوع تيميليس بازميلة خنـگـة الشـگـشـاك، المنطقـة الوسطـى (الدوگج): بطاقـة 151
- مجموعة جنائزية من نوع تيميليس بازميلة تامنيراتن 2 (ميجك)
- مجموعة جنائزية من نوع تيميليس بازميلة تامنيراتن 5 (ميجك)
- مجموعة جنائزية من نوع تيميليس بازميلة تامنيراتن 6 (ميجك)
- مجموعة جنائزية من نوع تيميليس بازميلة تامنيراتن 7 (ميجك)
- مرتفع حجري بسهل امديسمت امراغ، E-1 الى الشرق (الدوگج)
- معلم دائري متراص بـگليب لمديسمة الخظره S، الى الجنوب (الدوگج)
- معلم دائري متراص بـگليب تنيولـگ E-1 الى الشرق (اغوينيت)
- معلم دائري متراص بسهل ايج، S-1 الى الجنوب (الدوگج)
- معلم دائري متراص بسهل ام اطبول S-1/1 (ميجك): بطاقة 201
- معلم دائري متراص بسهل ام اطبول الى الجنوب S-1/2 (ميجك)
- معلم اثري متراص ومستقيم باركيم عجين سد1 (اغوينيت)
- معلم اثري متراص ومستقيم بسهل فلكلك الى الشمال الشرق NE-1 (الدوگج)
- معلم جنائزي من نـوع تيميليس بارواكيم سبخـة لرويـة، الى الغرب W-1/1 (اغوينيت): بطاقـة 203
- معلم جنائزي من نوع تيميليس بارواكيم سبخة لروية الى الغرب W-1/2 (اغوينيت)
- معلم جنائزي من نوع تيميليس بئر ازايگ بدْرگ ـ السد 1/1 (اغوينيت): بطاقة 204
- معلم جنائزي من شكل تيميليس بئر الظبيعات الى الشمال N-1 (الدوگج)
- معلم جنائزي من نوع تيميليس بظاية اغسال الى الشرقE-1 (الدوگج)
- معلم جنائزي من نوع تيميليس باذراع ادكمارالى الشمال الشرقي NE-1 (الدوگج)
- معلم جنائزي من نوع تيميليس باذراع فلكلك الى الشرقE-1 (الدوگج)
- معلم جنائزي من نوع تيميليس باذراع فلكلك الى الشرقE-2 (الدوگج)
- معلم جنائزي من نوع تيميليس باذراع فلكلك الى الشرقE-3 (الدوگج)
- معلم جنائزي من نوع تيميليس بـگـليب بولخزيمات الى الشمال N (ميجك)
- معلم جنائزي من نوع تيميليس بـگـليب بولخزيمات الى الجنوب S (ميجك)
- معلم جنائزي من نوع تيميليس بـگـليبات الظبيعات الى الجنوب S-1 (الدوگج)

- Monument linéaire monolithique Arekim Âajen-filon 1 (Agüenit)
- Monument linéaire monolithique Plaine Feleklek NE-1 (Duguech)
- Monument tumulaire Aruakim Sebkha Larruia W-1/1 (Agüenit): *fiche 203*
- Monument tumulaire Aruakim Sebkha Larruia W-1/2 (Agüenit)
- Monument tumulaire Bir Azaig Bdrag-filon 1/1 (Agüenit): *fiche 204*
- Monument tumulaire Bir Dbeat N-1 (Duguech)
- Monument tumulaire Dhâya Agasal E-1 (Duguech)
- Monument tumulaire Drâa Adakmar NE-1 (Duguech)
- Monument tumulaire Drâa Feleklek E-1 (Duguech)
- Monument tumulaire Drâa Feleklek E-2 (Duguech)
- Monument tumulaire Drâa Feleklek E-3 (Duguech)
- Monument tumulaire Gleb Bu Lejzeimat N (Mijek)
- Monument tumulaire Gleb Bu Lejzeimat S (Mijek)
- Monument tumulaire Gleibat Dbeat S-1 (Duguech)
- Monument tumulaire Gleibat Dbeat N-1 (Duguech)
- Monument tumulaire Oued El Harek N-filon 1/1 (Duguech)
- Monument tumulaire Oum Agneina NE-2 (Mijek)
- Monument tumulaire Rocher El Cabo S-1 (Mijek)
- Monument tumulaire Plaine Ajabel SW-1 (Duguech): *fiche 208*
- Monument tumulaire Plaine Eij N-1 (Duguech): *fiche 210*
- Monument tumulaire Plaine Gleb Tinlluleg N-1 (Agüenit)
- Monument tumulaire Plaine Gleibat Akraza S-1 (Agüenit)
- Monument tumulaire Plaine Legteitira W-1 (Agüenit): *fiche 213*
- Monument tumulaire Plaine Sebkha Oum Duayat S-2 (Agüenit)
- Monument tumulaire Plaine Tingefuf E-1 (Duguech): *fiche 215*
- Monument tumulaire Plateforme base Galabt Duguech-Galb 1 (Duguech)
- Monument tumulaire Plateforme base Galabt Duguech-Galb 2 (Duguech)
- Monument tumulaire Plateforme base Galabt Duguech-Gleb 11 (Duguech)
- Monument tumulaire Plateforme base Galb Bu Aaleiba E-1 (Agüenit)
- Monument tumulaire Plateforme base Galb Budarga 1 (Duguech)
- Monument tumulaire Plateforme base Galb Eij W-1 (Duguech)
- Monument tumulaire Plateforme base Gleb Tuama Budarga E (Duguech)
- Monument tumulaire Promontoire Kidhiet Mijek E/SW-1 (Mijek)
- Monument tumulaire Pointe Oum Agneina NE-2a (Mijek)
- Monument tumulaire Pointe Oum Agneina NE-2b (Mijek)
- Monument tumulaire Smeila Gleb Terzuz E-1 (Mijek)
- Monument tumulaire Staila Grona 1 (Agüenit)

- Galabt Duguech-Galb 1 oinarrizko plataformako tumulu-monumentua (Duguech)
- Galabt Duguech-Galb 2 oinarrizko plataformako tumulu-monumentua (Duguech)
- Galabt Duguech-Gleb 11 oinarrizko plataformako tumulu-monumentua (Duguech)
- Galb Bu Aaleiba E-1 oinarrizko plataformako tumulu-monumentua (Agüenit)
- Galb Budarga 1 oinarrizko plataformako tumulu-monumentua (Duguech)
- Galb Eij W-1 oinarrizko plataformako tumulu-monumentua (Duguech)
- Gleb Tuama Budarga E oinarrizko plataformako tumulu-monumentua (Duguech)
- Kidhiet Mijek E/SW-1 gaineko tumulu-monumentua (Mijek)
- Punta Oum Agneina NE-2a tumulu-monumentua (Mijek)
- Punta Oum Agneina NE-2b tumulu-monumentua (Mijek)
- Smeila Gleb Terzuz E-1 tumulu-monumentua (Mijek)
- Staila Grona 1 tumulu-monumentua (Agüenit)

Labar-arteko kokalekuak

- Ajabel-1 harpeko labar-kokalekua (Duguech)
- Abueilai Lejuad I harpeko labar-kokalekua (Duguech)
- Ajabel Be Esfaf-1a harpeko labar-kokalekua (Duguech)
- Ajabel Be Esfaf-1b harpeko labar-kokalekua (Duguech)
- Ajabel Be Esfaf-2a harpeko labar-kokalekua (Duguech)
- Ajabel Be Esfaf-2b harpeko labar-kokalekua (Duguech)
- Ajabel Bujuima-1 harpeko labar-kokalekua (Duguech)
- Ajabel Bujuima-2 harpeko labar-kokalekua (Duguech)
- Capitán Justo harpeko labar-kokalekua (Agüenit): *162. fitxa*
- Eij I harpeko labar-kokalekua (Duguech)
- Eij II harpeko labar-kokalekua (Duguech)
- Eij III harpeko labar-kokalekua (Duguech): *163. fitxa*
- Eij IV harpeko labar-kokalekua (Duguech): *164. fitxa*
- Eij V harpeko labar-kokalekua (Duguech)
- Eij VI harpeko labar-kokalekua (Duguech)
- Eij VII harpeko labar-kokalekua (Duguech): *165. fitxa*
- Eij VIII harpeko labar-kokalekua (Duguech)
- Eij IX harpeko labar-kokalekua (Duguech)
- Eij X harpeko labar-kokalekua (Duguech): *166. fitxa*
- Eij XI harpeko labar-kokalekua (Duguech): *167. fitxa*
- Eij XII harpeko labar-kokalekua (Duguech): *168. fitxa*
- Eij XIII harpeko labar-kokalekua (Duguech)
- Eij XIV harpeko labar-kokalekua (Duguech): *169. fitxa*
- Eij XV harpeko labar-kokalekua (Duguech)
- Galabt Duguech-Galb 1/1 harpeko labar-kokalekua (Duguech)
- Galabt Duguech-Gleb 10/1 harpeko labar-kokalekua (Duguech)
- Galabt Duguech-Gleb 11/1 harpeko labar-kokalekua (Duguech)
- Galabt El Jeil 1/1 harpeko labar-kokalekua (Duguech)
- Galabt El Jeil 2/1 harpeko labar-kokalekua (Duguech): *170. fitxa*
- Galabt El Jeil 2/2 harpeko labar-kokalekua (Duguech)

- Monumento tumular Planicie Gleb Tinlluleg N-1 (Agüenit)
- Monumento tumular Planicie Gleibat Akraza S-1 (Agüenit)
- Monumento tumular Planicie Legteitira W-1 (Agüenit): *ficha 213*
- Monumento tumular Planicie Sebja Oum Duayat S-2 (Agüenit)
- Monumento tumular Planicie Tingefuf E-1 (Duguech): *ficha 215*
- Monumento tumular Plataforma base Galabt Duguech-Galb 1 (Duguech)
- Monumento tumular Plataforma base Galabt Duguech-Galb 2 (Duguech)
- Monumento tumular Plataforma base Galabt Duguech-Gleb 11 (Duguech)
- Monumento tumular Plataforma base Galb Bu Aaleiba E-1 (Agüenit)
- Monumento tumular Plataforma base Galb Budarga 1 (Duguech)
- Monumento tumular Plataforma base Galb Eij W-1 (Duguech)
- Monumento tumular Plataforma base Gleb Tuama Budarga E (Duguech)
- Monumento tumular Promontorio Kidhiet Mijek E/SW-1 (Mijek)
- Monumento tumular Punta Oum Agneina NE-2a (Mijek)
- Monumento tumular Punta Oum Agneina NE-2b (Mijek)
- Monumento tumular Smeila Gleb Terzuz E-1 (Mijek)
- Monumento tumular Staila Grona 1 (Agüenit)

Estaciones artísticas rupestres

- Estación rupestre Abrigo Ajabel-1 (Duguech)
- Estación rupestre Abrigo Abueilai Lejuad I (Duguech)
- Estación rupestre Abrigo Ajabel Be Esfaf-1a (Duguech)
- Estación rupestre Abrigo Ajabel Be Esfaf-1b (Duguech)
- Estación rupestre Abrigo Ajabel Be Esfaf-2a (Duguech)
- Estación rupestre Abrigo Ajabel Be Esfaf-2b (Duguech)
- Estación rupestre Abrigo Ajabel Bujuima-1 (Duguech)
- Estación rupestre Abrigo Ajabel Bujuima-2 (Duguech)
- Estación rupestre Abrigo Capitán Justo (Agüenit): *ficha 162*
- Estación rupestre Abrigo Eij I (Duguech)
- Estación rupestre Abrigo Eij II (Duguech)
- Estación rupestre Abrigo Eij III (Duguech): *ficha 163*
- Estación rupestre Abrigo Eij IV (Duguech): *ficha 164*
- Estación rupestre Abrigo Eij V (Duguech)
- Estación rupestre Abrigo Eij VI (Duguech)
- Estación rupestre Abrigo Eij VII (Duguech): *ficha 165*
- Estación rupestre Abrigo Eij VIII (Duguech)
- Estación rupestre Abrigo Eij IX (Duguech)
- Estación rupestre Abrigo Eij X (Duguech): *ficha 166*
- Estación rupestre Abrigo Eij XI (Duguech): *ficha 167*
- Estación rupestre Abrigo Eij XII (Duguech): *ficha 168*
- Estación rupestre Abrigo Eij XIII (Duguech)
- Estación rupestre Abrigo Eij XIV (Duguech): *ficha 169*
- Estación rupestre Abrigo Eij XV (Duguech)
- Estación rupestre Abrigo Galabt Duguech-Galb 1/1 (Duguech)

- معلم جنائزي من نوع تيميليس بـڭليبات الظبيعات الى الشمال N-1 (الدوڭج)
- معلم جنائزي من نوع تيميليس بواد الحارك، الى الشمال N، سد 1/1 (الدوڭج)
- معلم جنائزي من نوع تميليس في ام اڭنينة الى الشمال الشرقي NE-2 (ميجك)
- معلم جنائزي من نوع تيميليس بالمرتفع الحجري **الكابو** الى الجنوب S-1 (ميجك)
- معلم جنائزي من نوع تيميليس بسهل اجبيل الى الجنوب الغربي SW-1 (الدوڭج): بطاقة 208
- معلم جنائزي من نوع تيميليس بسهل ايج الى الشمال N-1 (الدوڭج): بطاقة 210
- معلم جنائزي من نوع تيميليس بسهل ڭليب تنولـڭ الى الشمال N-1 (اغوينيت)
- معلم جنائزي من نوع تيميليس بسهل ڭليبات اكرازا الى الجنوب S-1 (اغوينيت)
- معلم جنائزي من نوع تيميليس بسهل لقطيطيرة الى الغرب W-1 (اغوينيت): بطاقة 213
- معلم جنائزي من نوع تيميليس بسهل سبخة ام الدويات الى الجنوب S-2 (اغوينيت)
- معلم جنائزي من نوع تيميليس بسهل تـنـڭافوف الى الشرق E-1 (الدوڭج): بطاقة 215
- معلم جنائزي من نوع تيميليس بمنصة قاعدية بـڭليبات الدوڭج ـ ڭلب 1 (الدوڭج)
- معلم جنائزي من نوع تيميليس بمنصة قاعدية بـڭلابت الدوڭج ڭلب 2 (الدوڭج)
- معلم جنائزي من نوع تيميليس بمنصة قاعدية بـڭلابت الدوڭج ـ ڭليب 11 (الدوڭج)
- معلم جنائزي من نوع تيميليس بمنصة قاعدية بـڭلب بوعليبة الى الشرق E-1 (اغوينيت)
- معلم جنائزي من نوع تيميليس بمنصة قاعدية بـڭلب بودرڭة 1 (الدوڭج)
- معلم جنائزي من نوع تيميليس بمنصة قاعدية بـڭلب ايج الى الغرب W-1 (الدوڭج)
- معلم جنائزي من نوع تيميليس بمنصة قاعدية بـڭليب اتوامت بودرڭة الى الشرق E (الدوڭج)
- معلم جنائزي من نوع تيميليس قليل الارتفاع بكدية ميجك الى الشرق/والجنوب الغرب E/SW-1 (ميجك)
- معلم جنائزي من نوع تيميليس رأس ام اڭنينة الى الشمال الشرقي NE-2 a (ميجك)
- معلم جنائزي من نوع تيميليس رأس ام اڭنينة الى الشمال الشرقي NE-2 b (ميجك)
- معلم جنائزي من نوع تيميليس ازميلة ڭليب الترثوث الى الشرق E-1 (ميجك)
- معلم جنائزي من نوع تيميليس باسطيلت اڭرونه 1 (اغوينيت)

محطات فنية صخرية

- محطة صخرية بملجأ اجبيل ـ1 (الدوڭج)
- محطة صخرية بملجأ آبويلاي لجواد I (الدوڭج)
- محطة صخرية بملجأ اجبيل بوصفف -1a (الدوڭج)
- محطة صخرية بملجأ اجبيل بوصفف -1b (الدوڭج)
- محطة صخرية بملجأ اجبيل بوصفف -2a (الدوڭج)
- محطة صخرية بملجأ اجبيل بوصفف -2b (الدوڭج)
- محطة صخرية بملجأ اجبيل بوخويمة -1 (الدوڭج)
- محطة صخرية بملجأ اجبيل بوخويمة -2 (الدوڭج)
- محطة صخرية بملجأ كابتان خوستو (اغوينيت): بطاقة 162

Stations artistiques rupestres

- Station rupestre Abri Ajabel-1 (Duguech)
- Station rupestre Abri Abueilai Lejuad I (Duguech)
- Station rupestre Abri Ajabel Be Esfaf-1a (Duguech)
- Station rupestre Abri Ajabel Be Esfaf-1b (Duguech)
- Station rupestre Abri Ajabel Be Esfaf-2a (Duguech)
- Station rupestre Abri Ajabel Be Esfaf-2b (Duguech)
- Station rupestre Abri Ajabel Bujuima-1 (Duguech)
- Station rupestre Abri Ajabel Bujuima-2 (Duguech)
- Station rupestre Abri Capitán Justo (Agüenit): *fiche 162*
- Station rupestre Abri Eij I (Duguech)
- Station rupestre Abri Eij II (Duguech)
- Station rupestre Abri Eij III (Duguech): *fiche 163*
- Station rupestre Abri Eij IV (Duguech): *fiche 164*
- Station rupestre Abri Eij V (Duguech)
- Station rupestre Abri Eij VI (Duguech)
- Station rupestre Abri Eij VII (Duguech): *fiche 165*
- Station rupestre Abri Eij VIII (Duguech)
- Station rupestre Abri Eij IX (Duguech)
- Station rupestre Abri Eij X (Duguech): *fiche 166*
- Station rupestre Abri Eij XI (Duguech): *fiche 167*
- Station rupestre Abri Eij XII (Duguech): *fiche 168*
- Station rupestre Abri Eij XIII (Duguech)
- Station rupestre Abri Eij XIV (Duguech): *fiche 169*
- Station rupestre Abri Eij XV (Duguech)
- Station rupestre Abri Galabt Duguech-Galb 1/1 (Duguech)
- Station rupestre Abri Galabt Duguech-Gleb 10/1 (Duguech)
- Station rupestre Abri Galabt Duguech-Gleb 11/1 (Duguech)
- Station rupestre Abri Galabt El Jeil 1/1 (Duguech)
- Station rupestre Abri Galabt El Jeil 2/1 (Duguech): *fiche 170*
- Station rupestre Abri Galabt El Jeil 2/2 (Duguech)
- Station rupestre Abri Galabt Jeral-la 1/1 (Duguech): *fiche 171*
- Station rupestre Abri Galabt Jeral-la 1/2 (Duguech)
- Station rupestre Abri Galabt Jerala 2/1 (Duguech)
- Station rupestre Abri Galb Budarga 1/1 (Duguech)
- Station rupestre Abri Gleb El Hairch S-1 (Duguech)
- Station rupestre Abri Gleb Lemdeismat 1/1 (Duguech): *fiche 172*
- Station rupestre Abri Lejuad II (Duguech): *fiche 175*
- Station rupestre Abri Lejuad III (Duguech): *fiche 176*

- Galabt Jeral-la 1/1 harpeko labar-kokalekua (Duguech): *171. fitxa*
- Galabt Jeral-la 1/2 harpeko labar-kokalekua (Duguech)
- Galabt Duguech-Gleb 2/1 harpeko labar-kokalekua (Duguech)
- Galb Budarga 1/1 harpeko labar-kokalekua (Duguech)
- Abrigo Gleb El Hairch S-1 harpeko labar-kokalekua (Duguech)
- Gleb Lemdeismat 1/1 harpeko labar-kokalekua (Duguech): *172. fitxa*
- Lejuad II harpeko labar-kokalekua (Duguech): *175. fitxa*
- Lejuad III harpeko labar-kokalekua (Duguech): *176. fitxa*
- Lejuad IV harpeko labar-kokalekua (Duguech): *177. fitxa*
- Lejuad Va harpeko labar-kokalekua (Duguech): *178. fitxa*
- Lejuad Vb harpeko labar-kokalekua (Duguech): *179. fitxa*
- Lejuad VI harpeko labar-kokalekua (Duguech): *180. fitxa*
- Lejuad VII harpeko labar-kokalekua (Duguech): *181. fitxa*
- Lejuad VIII harpeko labar-kokalekua (Duguech): *182. fitxa*
- Lejuad IX harpeko labar-kokalekua (Duguech)
- Lejuad X harpeko labar-kokalekua (Duguech)
- Lejuad XI harpeko labar-kokalekua (Duguech)
- Lejuad XII harpeko labar-kokalekua (Duguech)
- Lejuad XIII harpeko labar-kokalekua (Duguech)
- Lejuad XIV harpeko labar-kokalekua (Duguech)
- Lejuad XV harpeko labar-kokalekua (Duguech)
- Lejuad XVI harpeko labar-kokalekua (Duguech)
- Lejuad XVII harpeko labar-kokalekua (Duguech)
- Tuama Budarga E-1 harpeko labar-kokalekua (Duguech)
- Tuama Budarga W-1 harpeko labar-kokalekua (Duguech)
- Tuama Budarga W-2 harpeko labar-kokalekua (Duguech)
- Agüenit E-aruakim 1 labar-kokalekua (Agüenit)
- Arekim Âajen-1. dikeko labar-kokalekua (Agüenit)
- Aruakim Sebja Larruia W-1 labar-kokalekua (Agüenit): *183. fitxa*
- Dhâya Agasal-1. dikeko labar-kokalekua (Duguech)
- Gleibat Batn El Kelba 1/1 labar-kokalekua (Duguech): *184. fitxa*
- Gleibat Batn El Kelba 1/2 labar-kokalekua (Duguech): *185. fitxa*
- Kidhiet Amzagzag-Grona S-1 kanp. lautadako labar-kokalekua (Duguech)
- Oued El Harek N-1/1 dikeko labar-kokalekua (Duguech)
- Oued Lehdej-1. dikeko labar-kokalekua (Duguech)
- Eij N lautada-1. dikea/S-1 sektoreko labar-kokalekua (Duguech)
- Eij N lautada-1. dikea/S-2 sektoreko labar-kokalekua (Duguech)
- Gleibat Akchit S/1 lautadako labar-kokalekua (Agüenit): *186. fitxa*
- Lemdeismat S lautada-1. dikeko labar-kokalekua (Duguech)
- Lemdeismat S lautada-2/1 dikeko labar-kokalekua

- Estación rupestre Abrigo Galabt Duguech-Gleb 10/1 (Duguech)
- Estación rupestre Abrigo Galabt Duguech-Gleb 11/1 (Duguech)
- Estación rupestre Abrigo Galabt El Jeil 1/1 (Duguech)
- Estación rupestre Abrigo Galabt El Jeil 2/1 (Duguech): *ficha 170*
- Estación rupestre Abrigo Galabt El Jeil 2/2 (Duguech)
- Estación rupestre Abrigo Galabt Jeral-la 1/1 (Duguech): *ficha 171*
- Estación rupestre Abrigo Galabt Jeral-la 1/2 (Duguech)
- Estación rupestre Abrigo Galabt Jerala 2/1 (Duguech)
- Estación rupestre Abrigo Galb Budarga 1/1 (Duguech)
- Estación rupestre Abrigo Gleb El Hairch S-1 (Duguech)
- Estación rupestre Abrigo Gleb Lemdeismat 1/1 (Duguech): *ficha 172*
- Estación rupestre Abrigo Lejuad II (Duguech): *ficha 175*
- Estación rupestre Abrigo Lejuad III (Duguech): *ficha 176*
- Estación rupestre Abrigo Lejuad IV (Duguech): *ficha 177*
- Estación rupestre Abrigo Lejuad Va (Duguech): *ficha 178*
- Estación rupestre Abrigo Lejuad Vb (Duguech): *ficha 179*
- Estación rupestre Abrigo Lejuad VI (Duguech): *ficha 180*
- Estación rupestre Abrigo Lejuad VII (Duguech): *ficha 181*
- Estación rupestre Abrigo Lejuad VIII (Duguech): *ficha 182*
- Estación rupestre Abrigo Lejuad IX (Duguech)
- Estación rupestre Abrigo Lejuad X (Duguech)
- Estación rupestre Abrigo Lejuad XI (Duguech)
- Estación rupestre Abrigo Lejuad XII (Duguech)
- Estación rupestre Abrigo Lejuad XIII (Duguech)
- Estación rupestre Abrigo Lejuad XIV (Duguech)
- Estación rupestre Abrigo Lejuad XV (Duguech)
- Estación rupestre Abrigo Lejuad XVI (Duguech)
- Estación rupestre Abrigo Lejuad XVII (Duguech)
- Estación rupestre Abrigo Tuama Budarga E-1 (Duguech)
- Estación rupestre Abrigo Tuama Budarga W-1 (Duguech)
- Estación rupestre Abrigo Tuama Budarga W-2 (Duguech)
- Estación rupestre Agüenit E-aruakim 1 (Agüenit)
- Estación rupestre Arekim Âajen-dique 1 (Agüenit)
- Estación rupestre Aruakim Sebja Laruia W-1 (Agüenit): *ficha 183*
- Estación rupestre Dhâya Agasal-dique 1 (Duguech)
- Estación rupestre Gleibat Batn El Kelba 1/1 (Duguech): *ficha 184*
- Estación rupestre Gleibat Batn El Kelba 1/2 (Duguech): *ficha 185*
- Estación rupestre Kidhiet Amzagzag-Planicie ext. Grona 1 (Duguech)
- Estación rupestre Oued El Harek N-dique 1/1 (Duguech)
- Estación rupestre Oued Lehdej-dique 1 (Duguech)
- Estación rupestre Planicie Eij N-dique 1/sector S-1 (Duguech)
- Estación rupestre Planicie Eij N-dique 1/sector S-2 (Duguech)
- Estación rupestre Planicie Gleibat Akchit S/1 (Agüenit): *ficha 186*
- Estación rupestre Planicie Lemdeismat S-dique 1 (Duguech)

• محطة صخرية بملجأ ايج I (الدوڭج)
• محطة صخرية بملجأ ايج II (الدوڭج)
• محطة صخرية بملجأ ايج III (الدوڭج): بطاقة 163
• محطة صخرية بملجأ ايج IV (الدوڭج): بطاقة 164
• محطة صخرية بملجأ ايجV (الدوڭج)
• محطة صخرية بملجأ ايج VI (الدوڭج)
• محطة صخرية بملجأ ايج VII (الدوڭج): بطاقة 165
• محطة صخرية بملجأ ايج VIII (الدوڭج)
• محطة صخرية بملجأ ايج IX (الدوڭج)
• محطة صخرية بملجأ ايج X (الدوڭج): بطاقة 166
• محطة صخرية بملجأ ايج XI (الدوڭج): بطاقة 167
• محطة صخرية بملجأ ايج XII (الدوڭج): بطاقة 168
• محطة صخرية بملجأ ايج XIII (الدوڭج)
• محطة صخرية بملجأ ايج XV (الدوڭج): بطاقة 169
• محطة صخرية بملجأ ايج XV (الدوڭج)
• محطة صخرية بملجأ ڭلايبت الدوڭج ـ ڭلب 1/1 (الدوڭج)
• محطة صخرية بملجأ ڭلايبت الدوڭج ـ ڭليب 10/1 (الدوڭج)
• محطة صخرية بملجأ ڭلايبت الدوڭج ـ ڭليب 11/1 (الدوڭج)
• محطة صخرية بملجأ ڭلايبت الخيل 1/1 (الدوڭج)
• محطة صخرية بملجأ ڭلايبت الخيل 2/1 (الدوڭج): بطاقة 170
• محطة صخرية بملجأ ڭلايبت الخيل 2/2 (الدوڭج)
• محطة صخرية بملجأ ڭلاّبت خير الل 1/1 (الدوڭج): بطاقة 171
• محطة صخرية بـڭلآبت خير الل 1/2 (الدوڭج)
• محطة صخرية بملجأ ڭلاّبت خير الل 2/1 (الدوڭج)
• محطة صخرية بـڭلايت بودرڭة 1/1 (الدوڭج)
• محطة صخرية بملجأ ڭليب الحيرش الى الجنوب S-1 (الدوڭج)
• محطة صخرية بملجأ ڭليب I لمديسمات 1/1 (الدوڭج): بطاقة 172
• محطة صخرية بملجأ لجواد II (الدوڭج): بطاقة 175
• محطة صخرية بملجأ لجواد III (الدوڭج): بطاقة 176
• محطة صخرية بملجأ لجواد IV (الدوڭج): بطاقة 177
• محطة صخرية بملجأ لجواد Va (الدوڭج): بطاقة 178
• محطة صخرية بملجأ لجواد Vb (الدوڭج): بطاقة 179
• محطة صخرية بملجأ لجواد VI (الدوڭج): بطاقة 180
• محطة صخرية بملجأ لجواد VII (الدوڭج): بطاقة 181
• محطة صخرية بملجأ لجواد VIII (الدوڭج): بطاقة 182
• محطة صخرية بملجأ لجواد IX (الدوڭج)
• محـطة صخرية بملجأ لجواد X (الدوڭج)
• محطة صخرية بملجأ لجواد XI (الدوڭج)
• محطة صخرية بملجأ لجواد XII (الدوڭج)
• محطة صخرية بملجأ لجواد XIII (الدوڭج)
• محطة صخرية بملجأ لجواد XIV (الدوڭج)
• محطة صخرية بملجأ لجواد XV (الدوڭج)
• محطة صخرية بملجأ لجواد XVI (الدوڭج)
• محطة صخرية بملجأ لجواد XVII (الدوڭج)
• محطة صخرية بملجأ اتوامت بودرڭة الى الشرق E-1 (الدوڭج)
• محطة صخرية بملجأ اتوامت بودرڭة الى الغرب W-1 (الدوڭج)
• محطة صخرية بتوامت بودرڭة الى الغرب W-2 (الدوڭج)
• محطة صخرية باغوينيت الى الشرق E ـ أرواكيم 1 (اغوينيت)
• محطة صخرية بأريكيم عجين ـ سد1 (اغوينيت)
• محطة صخرية بسبخة لروية الى الغرب W-1 (اغوينيت): بطاقة 183
• محطة صخرية بظاية اغسال ـ سد 1 (الدوڭج)
• محطة صخرية بـڭليبات بطن الكلبة 1/1 (الدوڭج): بطاقة 184
• محطة صخرية بـڭليبات بطن الكلبة 1/2 (الدوڭج): بطاقة 185

- Station rupestre Abri Lejuad IV (Duguech): *fiche 177*
- Station rupestre Abri Lejuad Va (Duguech): *fiche 178*
- Station rupestre Abri Lejuad Vb (Duguech): *fiche 179*
- Station rupestre Abri Lejuad VI (Duguech): *fiche 180*
- Station rupestre Abri Lejuad VII (Duguech): *fiche 181*
- Station rupestre Abri Lejuad VIII (Duguech): *fiche 182*
- Station rupestre Abri Lejuad IX (Duguech)
- Station rupestre Abri Lejuad X (Duguech)
- Station rupestre Abri Lejuad XI (Duguech)
- Station rupestre Abri Lejuad XII (Duguech)
- Station rupestre Abri Lejuad XIII (Duguech)
- Station rupestre Abri Lejuad XIV (Duguech)
- Station rupestre Abri Lejuad XV (Duguech)
- Station rupestre Abri Lejuad XVI (Duguech)
- Station rupestre Abri Lejuad XVII (Duguech)
- Station rupestre Abri Tuama Budarga E-1 (Duguech)
- Station rupestre Abri Tuama Budarga W-1 (Duguech)
- Station rupestre Abri Tuama Budarga W-2 (Duguech)
- Station rupestre Agüenit E-aruakim 1 (Agüenit)
- Station rupestre Arekim Âajen-filon 1 (Agüenit)
- Station rupestre Aruakim Sebkha Laruia W-1 (Agüenit): *fiche 183*
- Station rupestre Dhâya Agasal-filon 1 (Duguech)
- Station rupestre Gleibat Batn El Kelba 1/1 (Duguech): *fiche 184*
- Station rupestre Gleibat Batn El Kelba 1/2 (Duguech): *fiche 185*
- Station rupestre Kidhiet Amzagzag-Plaine ext. Grona 1 (Duguech)
- Station rupestre Oued El Harek N-filon 1/1 (Duguech)
- Station rupestre Oued Lehdej-filon 1 (Duguech)
- Station rupestre Plaine Eij N-filon 1/secteur S-1 (Duguech)
- Station rupestre Plaine Eij N-filon 1/secteur S-2 (Duguech)
- Station rupestre Plaine Gleibat Akchit S/1 (Agüenit): *fiche 186*
- Station rupestre Plaine Lemdeismat S-filon 1 (Duguech)
- Station rupestre Plaine Lemdeismat S-filon 2/1 (Duguech)
- Station rupestre Sebkha Zug NW-2 (Duguech): *fiche 187*

Pièces isolées

- Moulin Gleibat Etiur/1 (Agüenit)
- Moulin Hashiat Drâa-Oum Âbana E/1 (Duguech)
- Moulin Plaine Oum Duayat S/1 (Agüenit)

INVENTAIRE SÉLECTIF

Las 161 fiches archéologiques sélectionnées s'ordonnent consécutivement de manière alphabétique suivant leur dénomination en langue espagnole.

(Duguech)
- Sebja Zug NW-2 labar-kokalekua (Duguech): *187. fitxa*

Pieza isolatuak

- Gleibat Etiur/1 errota (Agüenit)
- Hashiat Drâa-Oum Âbana E/1 errota (Duguech)
- Oum Duayat S/1 lautadako errota (Agüenit)

HAUTATUTAKO INBENTARIOA

Hautatutako 161 fitxa arkeologikoak alfabetoaren hurrenkeran ordenatuta daude, gaztelaniazko izenaren arabera.

Fitxategien zenbakia bat dator 2005-2007 aldiko Katalogoan inprimatutako fitxen multzoarekin. Horregatik, Katalogo hartan azken zenbakia 100 zenez, oraingoan 101. zenbakitik hasiko gara.

Serie honetan honako elementu hauek identifikatu ditugu: 73 monumentu litiko, hilobietakoak eta errituetakoak, 53 egoteko leku eta industria-multzo, labar-arteko 26 kokaleku, 5 pieza isolatu eta materia litikoak ustiatzeko 4 tailer.

Lehen ere esan dugunez, 76 erreferentzia 2005-2007 alditik "geratutako" inbentariokoak dira eta beste 85ak 2008-2011 aldiko inbentario "berrikoak". Ekarpen berri horiekin, bi liburukietan argitaratutako fitxa arkeologiko "garatuak" 261 dira, guztira. Horrek esan nahi du oraindik ez garela erdira ere iritsi (% 41.7), 2005. urtetik 2011. urtera bitarte egindako behin-behineko 626 erregistro arkeologikoak kontuan hartuta. Beraz, 365 fitxako sorta mardula geratzen zaigu oraindik "zintzilik", Tirisko ondare arkeologikoaren katalogo integrala azaltzen jarraitzeko etorkizunean argitara daitezkeen monografietan txertatu ahal izateko.

- Estación rupestre Planicie Lemdeismat S-dique 2/1 (Duguech)
- Estación rupestre Sebja Zug NW-2 (Duguech): *ficha 187*

Piezas aisladas

- Molino Gleibat Etiur/1 (Agüenit)
- Molino Hashiat Drâa-Oum Âbana E/1 (Duguech)
- Molino Planicie Oum Duayat S/1 (Agüenit)

INVENTARIO SELECTIVO

Las 161 fichas arqueológicas seleccionadas se ordenan consecutivamente conforme a su denominación alfabética desde la lengua castellana.

La numeración de los archivos enlaza y sigue al conjunto de fichas ya impresas en el Catálogo de 2005-2007. Por ello, al ser la última de aquellas la 100, se iniciará ahora la nueva relación con la 101.

La serie incluida identifica: 73 fichas de monumentos líticos, sepulcrales y rituales, 53 de lugares de habitación y conjuntos industriales, 26 de estaciones artísticas rupestres, 5 de piezas aisladas y 4 de talleres de explotación de materias líticas.

Como ya hemos señalado, 76 de las referencias corresponden al inventario "pendiente" de 2005-2007 y 85 al inventario "nuevo" de 2008-2011. Con estas actuales aportaciones, el total de fichas arqueológicas "desarrolladas" ya editadas entre ambos volúmenes asciende a 261. Ello significa que aún se dista bastante de llegar a la mitad (41.7%) del total provisional de los 626 registros arqueológicos anotados entre 2005 y 2011. Un denso bloque, pues, de 365 fichas quedan "pendientes" de poder ser incorporadas en ulteriores monografías que puedan seguir mostrando el catálogo integral del patrimonio arqueológico del Tiris.

La numérotation des archives enchaîne et continue celle de l'ensemble des fiches déjà imprimées sur le catalogue de 2005-2007. La dernière ce celles-ci étant la 100, la nouvelle relation commencera donc maintenant par la 101.

La série comprise identifie: 73 fiches de monuments lithiques, sépulcraux et rituels, 53 lieux d'habitation et ensembles industriels, 26 stations artistiques rupestres, 5 pièces isolées et 4 ateliers d'exploitation de matières lithiques.

Tel qu'il a été déjà signalé, 76 de ces références correspondent à l'inventaire «reporté» de 2005-2007 et 85 à l'inventaire «nouveau» de 2008-2011. Avec les actuels apports, le total de fiches archéologiques «développées» déjà éditées entre les deux volumes monte à 261. Cela signifie qu'on est encore loin de la moitié (41.7%) d'un total provisoire de 626 registres archéologiques notés entre 2005 et 2011. Un dense bloc de 365 fiches reste donc en attente de pouvoir être incorporé à des ultérieures monographies qui continueront de montrer le catalogue intégral du patrimoine archéologique du Tiris.

- محطة صخرية بكدية امزڭزاڭ ـ السهل الخارجي. اڭرونة 1 (الدوڭج)
- محطة صخرية بواد الحارك الى الشمال N ـ سد 1/1 (الدوڭج)
- محطة صخرية بواد لحدج ـ سد 1 (الدوڭج)
- محطة صخرية بسهل ايج الى الشمال N- سد 1/ قطاع جنوب S-1 (الدوڭج)
- محطة صخرية بسهل ايج الى الشمال N- سد 1/ قطاع جنوب S-2 (الدوڭج)
- محطة صخرية بسهل ڭليبات اكشيت الى الجنوبS-1 بطاقة 186
- محطة صخرية بسهل لمديسمات الى الجنوب S- سد 1 (الدوڭج)
- محطة صخرية بلمديسمات الي الجنوب S- سد 1/2 (الدوڭج)
- محطة صخرية بسبخة زوڭ الى الشمال الغربيNW-2 (الدوڭج): بطاقة 187

قطع معزولة

- رحى بـڭليبات الطيور /1 (اغوينيت)
- رحى بحاشيت اذراع ام اعبانة الى الشرق E-1 (الدوڭج)
- رحى بسهل ام الدويات الى الجنوب S-1 (اغوينيت)

الجرد الانتقائي

لقد تم تنظيم 161 بطاقة اثرية، المنتقاة، حسب الترتيب الابجدي باللغة القشتالية.

ان ترقيم الارشيفات متعلق وتابع للبطاقت التي طبعت في الجرد الاثري لسنوات 2005 - 2007 وبما ان الترقيم الاخير كان هو الـ100، فسنستأنف القائمة الآن ابتداء من العدد 101.

يتبين من خلال المجموعة المدرجة، ان 73 بطاقة هي من المعالم الحجرية، الجنائزية والطقوسية، و 53 حول مواقع سكن، ومجموعات ادوات صناعية، و 26 من المحطات الفنية الصخرية، و 5 هي قطع منعزلة، والـ 4 الاخرى هي حول ورشات استغلال مواد حجرية.

وكما اشرنا، فان 76 مرجعا تنتمي للجرد"المعلق" منذ 2005-2007، والـــ 85 الاخـــرى، متعلقة بالجرد "الجديد"2008ـ2011، وبهذه المساهمات الحالية، فان مجموع البطاقات الاثرية التي تم اعدادها، والصادرة في الطبعتين، يبلغ عددها 261 بطاقة، مما يعني انه لا تزال امامنا مسافة دون ان نصل حتى الى النصف، (7,41 %) من مجموع السجلات الاثرية المؤقتة، البالغ عددها 226، المقيدة ما بين سنة 2005 و سنة 2011. مجموعة مكثفة اذن تتكون من 365 بطاقة

ظلت "معلقة" ليمكن ادراجها ضمن الدراسات اللاحقة، التي سيظهر من خلالها الجرد الشامل للتراث الاثري بتيرس .

101

BIR AZAIG BDRAG SE-1

Eskualdea: Agüenit.

Sektorea/Eremua: Agüenit N – Azaig Bdrag-eko mendiak.

Kokalekua: Plataforma harritsua.

Tipologia: Habitata.

Kronologia: Paleolito ondokoa: tradizio neolitikokoa.

Deskribapena: Azaig Bdrag-eko putzutik *ca.* 1 km hego-ekialdera, eta plataforma harritsu higatu baten gainean, Paleolito ondoko historiaurreko kronologia duten industria-aztarna ugari aurkitu dira pilatuta: silex, kuartzita eta kuartzoan landutako tresnak, zeramika zatiak eta abar. Ebidentziak "bir" edo putzuraino aurkitu dira, bai eta ingurune hurbilean ere. Bestalde, plataforma berean Bir Azaig SE-1-eko tumulu-multzoa kontrolatu zen.

Erregistratze-data: 2009.02.27

Material Arkeologikoa: *Industria litikoa*: karrakagailuak, dentikulatuak, bek edo mokoak, atzealde-puntak eta -xaflak, foliazeoak, ezkatak; lauzak, nukleoak eta debitatu laminarra. *Material zeramikoa*: zati lisoak eta apainduak. *Bestelakoak*: moluskuen maskorren arrastoak.

BIR AZAIG BDRAG SE-1

Región: Agüenit.

Sector/Área: Agüenit N – Montaña de Azaig Bdrag.

Emplazamiento: Plataforma rocosa.

Tipología: Hábitat.

Cronología: Postpaleolítico: de tradición neolítica.

Descripción: A *ca.* 1 km al SE del pozo de Azaig Bdrag, y sobre una plataforma rocosa degradada, se advierte una concentración considerable de diversos restos industriales prehistóricos de cronología postpaleolítica: utensilios tallados en sílex, cuarcita y cuarzo, fragmentos cerámicos, etc. Las evidencias se reconocen asimismo hasta el mismo "bir", o pozo, y en su entorno inmediato. Por otra parte, en esa misma plataforma se controló el conjunto tumular de Bir Azaig SE-1.

Fecha de registro: 27.02.2009.

Material Arqueológico: *Industria lítica*: raspadores, denticulados, truncaduras, becs, puntas y láminas de dorso, foliáceos, ecaillés; avivados, microburiles; lascas, núcleos y debitado laminar. *Material cerámico*: fragmentos lisos y decorados. *Varios*: restos de conchas de moluscos.

بئر ازايـڭ بدرڭ الى الجنوب الشرقي SE-1

الناحية: اغوينيت.

القطاع/ المنطقة: اغوينيت، الى الشمال ـ جبل ازايـڭ بدرڭ.

المكان المحدد: قاعدة صخرية.

تيبولوجية/صنف الموضوع المحدد: موائل (سكنات).

كرونولوجية/النطاق الزمني للعنصر: مابعد العصر الحجري القديم: من تقاليد العصر الحجري الحديث.

الوصـــف: على بعد حوالى كلمتر واحد الى الجنوب الشرقي من بئر ازايـڭ بدرڭ وفوق قاعدة صخرية متدهورة، لوحظت كثافة معتبرة من البقايا الصناعية، تعود الى ما قبل التاريخ، زمن ما بعد العصر الحجري القديم: ادوات منحوتة من الصوان، الكوارتزيت والكوارتز، شظايا من الخزف الخ. ان الاثارالدالة تم التعرف عليها كذلك حتى عند البئرنفسه وفي محيطه القريب. من ناحية اخرى، وبتلك القاعدة نفسها، فلقد تم ضبط مجموعة اثرية جنائزية من نوع تيميليس عند بئر ازايـڭ الى الجنوب الشرقي :SE-1

تاريخ التسجيل: 27 - 02 - 2009.

المواد الاثرية: صناعة حجرية: مكاشط، مسننات، مبتورات طرف، مناقير، روؤس وصفائح ذات قفا، ورقيات، محرشفات، مبرودات، ازاميل صغيرة، رقائق، نويات ومخصومات صفائحية. مادة خزفية: شظايا ملساء ومزينة. اخرى: بقايا من اصداف رخويات.

BIR AZAIG BDRAG SE-1

Région: Agüenit.

Secteur/Aire: Agüenit N – Montagne d'Azaig Bdrag.

Emplacement: Plateforme rocheuse.

Typologie: Habitat.

Chronologie: Postpaléolithique: de tradition néolithique.

Description: À *ca.* 1 km au sud-est du puits d'Azaig Bdrag, et sur une plateforme rocheuse dégradée, on avertit une concentration considérable de divers restes industriels préhistoriques de chronologie postpaléolithique: outils taillés en silex, quartzite et quartz, débris céramiques, etc. Les évidences se reconnaissent également jusqu'au «bir» même, ou puits, et dans son entourage immédiat. D'autre part, dans cette même plateforme a été contrôlé l'ensemble tumulaire de Bir Azaig SE-1.

Date d'enregistrement: 27.02.2009.

Matériel Archéologique: *Industrie lithique*: racloirs, denticulés, troncatures, becs, pointes et lames à dos, foliacés, écaillés; avivements, microburins; éclats, nucléus et débitage laminaire. *Matériel céramique*: fragments lisses et décorés. *Autres*: restes de coquillages.

102

KARRASHIET/ADAKMAR W-2 LAUTADAKO SMEILAKO HILOBI MULTZOA

Eskualdea: Duguech.

Sektorea/Eremua: Zug – Azefal-go erg-a (Karrashiet-eko sebja).

Kokalekua: Muinoa.

Tipologia: Hilobi-multzoa.

Kronologia: Paleolito ondokoa: tradizio neolitikokoa.

Deskribapena: Muino hau Adakmar W-1-eko "smeila"-tik 700 m mendebaldera eta Gleb Adakmar-eko mendien erdiko sektoretik 10 km mendebaldera dago. Erliebearen gailurrean tumulu bakarra dago; hemisferiko sinplea da eta neurriak: 5x4x0,70 m. Hala ere, goiko zatian elkarren segidan dauden hainbat puntutan giza aztarnak agertu dira, zeramikazko zati handiekin eta belarjaleen hezur arrastoekin batera. Ebidentziak zuzenean hondarraren gainean daude, tumulu edo zistarik gabe, eta lurperatze mota berezi bat osatzen dute horrela. Bestalde, aipatu dugun tumulu horretatik 15 m ekialdera plataforma harritsu zirkular bat ere badago, 3 metroko diametroa duena.

Erregistratze-data: 2009.03.05

Bibliografia: Saenz de Buruaga, A. *et alii* 2009, 20-21 or.; Saenz de Buruaga, A. 2010a, 127. or., 132. irudia.

CONJUNTO SEPULCRAL SMEILA PLANICIE KARRASHIET/ADAKMAR W-2

Región: Duguech.

Sector/Área: Zug – Erg de Azefal (Sebja de Karrashiet).

Emplazamiento: Colina.

Tipología: Conjunto sepulcral.

Cronología: Postpaleolítico: de tradición neolítica.

Descripción: Colina situada unos 700 m al W de la "smeila" de Adakmar W-1 y a unos 10 km al W del sector central de las montañas de Gleb Adakmar. En la cima del relieve hay un único túmulo, de tipo hemisférico simple, de 5x4x0,70 m. Sin embargo, en varios puntos contiguos del tramo superior se advierte la aparición de restos humanos, asociados con grandes trozos cerámicos y restos óseos de herbívoros. Las evidencias descansan directamente sobre la arena, sin túmulo o cista alguna, conformando un tipo particular de enterramiento. Por otra parte, hay también, a unos 15 m al E del túmulo referido, una plataforma pedregosa circular de unos 3 m de diámetro.

Fecha de registro: 05.03.2009.

Bibliografía: Sáenz de Buruaga, A. *et alii* 2009, p. 20-21; Sáenz de Buruaga, A. 2010a, p. 127, fig. 132.

مجموعة قبرية بازميلة سهل الكراشيات ـ ادكمار، الى الغرب W-2

الناحية: الدوگج.

القطاع/المنطقة: زوڭ ـ عرق ازفال (سبخة الكراشيات).

المكان المحدد: تــــــل.

تيبولوجية/صنف الموضوع المحدد: مجموعة قبرية.

كرونولوجية/النطاق الزمني للعنصر: ما بعد العصر الحجري القديم: من تقاليد العصر الحجري الحديث.

الوصــــــف: تل يوجد على بعد 700 متر الى الغرب من ازميلة ادكمار W-1، وقرابة 10 كلمترات الى الغرب من القطاع الاوسط من ڭليبات ادكمار، وفوق قمة تلك التضاريس هناك، يوجد قبر تيميليس جنائزي وحيد، ذو شكل نصف كروي بسيط، بمساحة 5×4×0،70 متر. وتوجد اضافة الى ذلك، في عدة نقاط من القسم الاعلى من هذا المكان، بقايا بشرية يبدو انها ذات صلة بقطع خزفية كبيرة، وشظايا من عظام حيوانات عشبية موجودة هناك. هذه الدلائل توجد ملقاة على الارض، بمعزل عن اي تيميليس او مدفن جنائزي اخر. ومن جهة اخرى ايضا، توجد هناك على بعد 15مترا، الى الشرق من البناء الجنائزي المذكور، منصة حجرية دائرية الشكل، تصل مساحة قطرها 3 امتار.

تاريخ التسجيل: 05 - 03 - 2009.

المراجع: Sáenz de Buruaga, A. et alii 2009, p. 20-21; Sáenz de Buruaga, A. 2010 a, p. 127, fig. 132.

ENSEMBLE SÉPULCRAL SMEILA PLAINE KARRASHIET/ADAKMAR W-2

Région: Duguech.

Secteur/Aire: Zug – Erg d'Azefal (Sebkha de Karrashiet).

Emplacement: Colline.

Typologie: Ensemble sépulcral.

Chronologie: Postpaléolithique: de tradition néolithique.

Description: Colline située à environ 700 m à l'ouest de la «smeila» d'Adakmar W-1 et à environ 10 km à l'ouest du secteur central des montagnes de Gleb Adakmar. Au sommet du relief il y a un unique tumulus, de type hémisphérique simple de 5x4x0,70 m Cependant, sur plusieurs points attenants du tronçon supérieur on avertit l'apparition de restes humains, associés à des grands débris céramiques et restes osseux d'herbivores. Les évidences reposent directement sur le sable, sans tumulus ou ciste quelconque, conformant un type particulier d'enterrement. D'autre part, il y a aussi, à environ 15 m à l'est du tumulus précité, une plateforme pierreuse circulaire d'à peu près 3 m de diamètre.

Date d'enregistrement: 05.03.2009.

Bibliographie: Sáenz de Buruaga, A. *et alii* 2009, p. 20-21; Sáenz de Buruaga, A. 2010a, p. 127, fig. 132.

103

AGÜENIT W-1 TUMULU MULTZOA

Eskualdea: Agüenit.

Sektorea/Eremua: Agüenit-eko lautada – Tanyaragtn-eko mendiak.

Kokalekua: Mendia.

Tipologia: Tumulu-multzoa.

Kronologia: Paleolito ondokoa: tradizio neolitikokoa.

Deskribapena: Agüenit-eko basetik mendebaldera 600 bat metro inguru dagoen mendi txiki baten gailurrean, hegaletan eta oinarrian dauden sei bat tumuluz osatutako seriea. Askotariko motakoak dira baina zirkulu- eta obalo-formako oinplanoa duten hemisferikoak dira nagusi; batez besteko neurriak: 5-7 metroko diametroa eta 0,60 metroko altuera. Zenbait ale gorakorrak eta kraterdunak ere badira. Agüenit W-2-ko tumulu-multzoa kokatuta dagoen mendi-erliebetik 400 m iparraldera dago multzoa.

Erregistratze-data: 2005.04.13

CONJUNTO TUMULAR AGÜENIT W-1

Región: Agüenit.

Sector/Área: Planicie de Agüenit – Montañas de Tanyaragtn.

Emplazamiento: Montaña.

Tipología: Conjunto tumular.

Cronología: Postpaleolítico: de tradición neolítica.

Descripción: Serie de alrededor de media docena de túmulos dispuestos sobre la cumbre, laderas y base de una ligera montaña emplazada unos 600 m al W de la base de Agüenit. Son de variada tipología, predominando los hemisféricos de planta circular y ovalada, con dimensiones medias de 5-7 m de diámetro y 0,60 m de alto. Hay también algunos ejemplos en creciente y con cráter. El conjunto se halla a unos 400 m al N del relieve montañosos en que se encuentra el conjunto tumular de Agüenit W-2.

Fecha de registro: 13.04.2005.

مجموعة ابنية جنائزية من نــوع تيميليس باغوينيت، الى الــغرب W-1

الناحية: اغوينيت.

القطاع/المنطقة: سهل اغوينيت ـ جبال تنيارغات.

المكان المحدد: جبل.

تيبولوجية/صنف الموضوع المحدد: مجموعة جنائزية من نوع تيميليس.

كرونولوجية/النطاق الزمني للعنصر: ما بعد العصر الحجري القديم: من تقاليد العصر الحجــري الحديث.

الوصــف: سلسلة من حوالى نصف دزينة من البناءات الجنائزية من نوع تيميليس، تقع فوق قمة، وجوانب، وقاعدة جبل خفيف يوجد حوالى 600 متر الى الغرب من قاعدة اغوينيت. انها اصناف مختلفة معظمها بشكل نصف كروي وذي قاعدة دائرية وبيضاوية، وباحجام متوسطة، قطرها من 5 الى 7 مترات، وبارتفاع 0،60 مترا، كما هناك انواع اخرى هلالية الشكل، ومفوهة. هذه المجموعة توجد على بعد 400 متر الى الشمال من التضاريس الجبلية التي يوجد بها المجمع الجنائزي لاغوينيت، الى الغرب W-2.

تاريخ التسجيل: 13 - 04 - 2005.

ENSEMBLE TUMULAIRE AGÜENIT W-1

Région: Agüenit.

Secteur/Aire: Plaine d'Agüenit – Montagnes de Tanyaragtn.

Emplacement: Montagne.

Typologie: Ensemble tumulaire.

Chronologie: Postpaléolithique: de tradition néolithique.

Description: Série d'environ une demi-douzaine de tumulus disposés sur le sommet, les flancs et la base d'une légère montagne localisée quelques 600 m à l'ouest de la base d'Agüenit. De typologie variée, prédominent les hémisphériques de plan circulaire et ovale, dont les dimensions en moyenne sont de 5-7 m de diamètre et 0,60 m de haut. Il y a aussi quelques exemples en croissant et à cratère. L'ensemble se trouve à environ 400 m au nord du relief montagneux sur lequel se trouve l'ensemble tumulaire d'Agüenit W-2.

Date d'enregistrement: 13.04.2005.

104

DHÂYA FELEKLEK SW-1 TUMULU MULTZOA

Eskualdea: Duguech.

Sektorea/Eremua: Azefal-go erg-a – Feleklek-eko mendiak.

Kokalekua: Dike harritsua.

Tipologia: Tumulu-multzoa.

Kronologia: Paleolito ondokoa: tradizio neolitikokoa.

Deskribapena: Feleklek W-ko "dhâya"-ren hego-mendebaldeko ertzetik gertu dagoen lautadaren aldean tumulu asko daude sakabanatuta, tipologia heterogeneoa duten eta hainbat lerrokaduraren forman daude sakanabatuta. "Dhâya"-tik gertuen dagoen tumulu-multzoan 2 dozena ale baino gehiago biltzen dira: guztiak ere nahiko txikiak dira. Aurrekotik 1,5 km hegoaldera dagoen beste multzo batean dozena bat inguru biltzen dira eta kasu horretan handiagoak dira. Nolanahi ere, kasu guztiak SW-NE trazatuari jarraitzen dioten dike magmatikoen gainean daude kokatuta: horregatik dute lerrokadura-itxura. Bestalde, ez dugu ahaztu behar hortik gertu Smeila Feleklek W-ko tumulu-multzoa dagoela.

Erregistratze-data: 2007.03.15

CONJUNTO TUMULAR DHÂYA FELEKLEK SW-1

Región: Duguech.

Sector/Área: Erg de Azefal – Montañas de Feleklek.

Emplazamiento: Dique rocoso.

Tipología: Conjunto tumular.

Cronología: Postpaleolítico: de tradición neolítica.

Descripción: Sobre la parte de la planicie próxima al reborde SW de la "dhâya" de Feleklek W se encuentran repartidos un importante número de túmulos, de heterogénea tipología, distribuidos en forma de varias alineaciones. La agrupación de éstas más próxima a la "dhâya" concentra más de 2 docenas de ejemplares: todos de dimensiones bastante reducidas. Otra agrupación, a unos 1,5 km al S de la anterior, incluye en torno a 1 docena y sus tipos son algo mayores. En todos los casos se encuentran asentados sobre diques magmáticos de trazado SW-NE: de ahí su configuración alineada. Por otra parte, hay que recordar que en el contexto cercano se encuentra el conjunto tumular de la Smeila Feleklek W.

Fecha de registro: 15.03.2007.

مجموعة ابنية جنائزية من نوع تيميليس بظاية فلكلك، الى الجنوب الغربي SW-1

الناحيـــــة: الدوگّج.

القطاع/ المنطقة: عرق ازفال ـ جبال فلكلك.

المكان المحدد: ســد صخري.

تيبولوجية/صنف الموضوع المحدد: مجموعة جنائزية من نوع تيميليس.

كرونولوجية/النطاق الزمني للعنصر: ما بعد العصر الحجري القديم: من تقاليد العصر الحجري الحديث.

الوصـــــف: فوق جهة سهل قريبة من الحافة الجنوبية الغربية من ظاية فلكلك الى الغرب، يوجد عدد هام من الانبية الجنائزية (تيميليس)، من مختلف الاصناف، متوزعة على شكل خطوط. ويضم هذا التجمع الاقرب الى "الظاية"، اكثر من دازينتين من الامثلة: كلها بمساحات قليلة. ومجموعة اخرى على بعد 1،5 كلمتر الى الجنوب منها، وتضم حوالى دزينة واحدة، وهي من نوع اكبر حجما. وفي كل الحالات، يعثر عليها فوق سدود من الصخور البركانية (ماگّماتيكا)، وبوضع جنوب غرب ـ شمال شرق. وهذا ما يجعلها بوضع ذي تشكيل خطي. ومن جهة اخرى ينبغي ان نذكر انه في الموقع القريب يوجد المجمع الجنائزي لزميلة فلكلك، الى الغرب.

تاريخ التسجيل: 15 - 03 - 2007.

ENSEMBLE TUMULAIRE DHÂYA FELEKLEK SW-1

Région: Duguech.

Secteur/Aire: Erg d'Azefal – Montagnes de Feleklek.

Emplacement: Filon rocheux.

Typologie: Ensemble tumulaire.

Chronologie: Postpaléolithique: de tradition néolithique.

Description: Sur la partie de la plaine proche au rebord sud-ouest de la "dhâya" de Feleklek W se trouvent repartis un important nombre de tumulus, d'hétérogène typologie, distribués sous forme de plusieurs alignements. Le groupement plus proche de la "dhâya" concentre plus de 2 douzaines d'exemplaires: tous d'assez petite grandeur. Un autre groupement, à environ 1,5 km au sud de l'antérieur, comprend environ 1 douzaine et leurs types sont un peu plus grands. Dans tous les cas ils se trouvent assis sur des filons magmatiques de tracé sud-ouest/nord-est: de là sa configuration en alignement. D'autre part, il faut rappeler que dans le contexte voisin se trouve l'ensemble tumulaire de la Smeila Feleklek W.

Date d'enregistrement: 15.03.2007.

105

DRÂA FELELEK E-4 TUMULU MULTZOA

Eskualdea: Duguech.

Sektorea/Eremua: Azefal-go erg-a – Feleklek-eko mendiak.

Kokalekua: Hondar-lautada.

Tipologia: Tumulu-multzoa.

Kronologia: Paleolito ondokoa: tradizio neolitikokoa.

Deskribapena: Elkarren ondoan jarritako 6 tumuluz (tipologia hemisferiko sinplea eta kono-enbor forma dute) osatutako megatumulu-egitura handi batek osatzen du seriea; oro har, 54x31x4 m ditu eta trapezoide-antzeko formatu irregularra du. Horren ondoan beste bi tumulu exentu daude, hemisferikoak, ipar-mendebaldeko sektorean kokatuta. Tumulu-multzoa Azefal-go erg-aren hondar-lautadan dago, Feleklek-eko mendietatik hurbil samar (2,5 km S.SEra).

Erregistratze-data: 2008.02.29.

Bibliografia: Saenz de Buruaga, A., 2010a, 5. or.

CONJUNTO TUMULAR DRÂA FELELEK E-4

Región: Duguech.

Sector/Área: Erg de Azefal – Montañas de Feleklek.

Emplazamiento: Planicie arenosa.

Tipología: Conjunto tumular.

Cronología: Postpaleolítico: de tradición neolítica.

Descripción: Serie integrada por una gran estructura megatumular, formada por 6 túmulos yuxtapuestos –de tipologías hemisféricas simples y tronco-cónicas– que alcanza globalmente los 54x31x4 m, ofreciendo un formato irregular tendente hacia lo trapezoidal. Adyacente a la misma hay otros 2 túmulos exentos, de tipo hemisférico, situados en el sector NW. El conjunto tumular se halla sobre la planicie arenosa del erg de Azefal, relativamente próxima a las montañas Feleklek, a unos 2,5 km al S.SE de esos relieves.

Fecha de registro: 29.02.2008.

Bibliografía: Sáenz de Buruaga, A. 2010a, p. 5.

مجموعة جنائزية من نوع تيميليس باذراع فلكلك، الى الشرق E-4

الناحية: الدوڭج.

القطاع/المنطقة: عرق ازفال ـ جبال فلكلك.

المكان المحدد: سهل رملي.

تيبولوجية/صنف الموضوع المحدد: مجموعة جنائزية من نوع تيميليس

كرونولوجية/النطاق الزمني للعنصر: ما بعد العصر الحجري القديم: من تقاليد العصر الحجري الحديث.

الوصـــــف: سلسلة مركبة من هيكل بنائي كبير، من نوع تيميليس، يتكون من 6 ابنية اثرية جنائزية الى جانب بعضها البعض، لها اشكال نصف كروية بسيطة وذات قاعدة مخروطية، تبلغ مساحتها الاجمالية 54×31×4 مترا، وهي تعرض شكلا غير عادي شبه منحرف، ويوجد الى جانبها ـ بقطاعها الشمالي الغربي ـ مبنيان اخران منعزلان، من نوع تيميليس، شكلهما نصف كروي. ويوجد هذا المجمع الجنائزي، في السهل الرملي لعرق ازفال، قريبا نسبيا من جبال فلكلك، على بعد حوالى 5,2 كلمتر، الى الجنوب والجنوب الشرقي من تلك التضاريس.

تاريخ التسجيل: 29 - 02 - 2008.

المراجع: Sáenz de Buruaga, A. 2010 a, p. 5.

ENSEMBLE TUMULAIRE DRÂA FELELEK E-4

Région: Duguech.

Secteur/Aire: Erg d'Azefal – Montagnes de Feleklek.

Emplacement: Plaine sablonneuse.

Typologie: Ensemble tumulaire.

Chronologie: Postpaléolithique: de tradition néolithique.

Description: Série intégrée par une grande structure mégatumulaire, formée par 6 tumulus juxtaposés –de typologie hémisphériques simples et tronconiques– qui atteignent globalement 54x31x4 m, offrant un format irrégulier à tendance trapézoïdale. Adjacente à celle-ci il y a 2 tumulus exempts, de type hémisphérique, situés dans le secteur nord-ouest. L'ensemble tumulaire se trouve sur une plaine sablonneuse de l'erg d'Azefal, relativement proche des montagnes Feleklek, à environ 2,5 km au sud/sud-est de ces reliefs.

Date d'enregistrement: 29.02.2008.

Bibliographie: Sáenz de Buruaga, A. 2010a, p. 5.

106

EMDEINAT EZAZ NE-1 TUMULU MULTZOA

Eskualdea: Duguech.

Sektorea/Eremua: Zug E – Zug-Oum Âbana-ko mendiak.

Kokalekua: Dike harritsua.

Tipologia: Tumulu-multzoa.

Kronologia: Paleolito ondokoa: tradizio neolitikokoa.

Deskribapena: Emdeinat Ezaz-eko "smeila"-tik 4 km ipar-ekialdera dagoen dike magmatikoaren zati baten gainean kokatuta dauden 3 tumuluz osatutako multzoa. Monumentuetako bi (hemisferio lautuaren motakoak dira) txikiak dira; hirugarrena, gorakorra, handixeagoa da: *ca.* 14x6x1,20 m.

Erregistratze-data: 2007.03.16

CONJUNTO TUMULAR EMDEINAT EZAZ NE-1

Región: Duguech.

Sector/Área: Zug E – Montañas de Zug-Oum Âbana.

Emplazamiento: Dique rocoso.

Tipología: Conjunto tumular.

Cronología: Postpaleolítico: de tradición neolítica.

Descripción: Conjunto de 3 túmulos emplazados sobre un tramo de un dique magmático situado a unos 4 km al NE de la "smeila" de Emdeinat Ezaz. Dos de los monumentos, de tipo hemisférico aplanado, son de pequeñas dimensiones; el tercero, de formato en creciente, es más notable, alcanzando los *ca.* 14x6x1,20 m.

Fecha de registro: 16.03.2007.

مجموعة ابنية جنائزية من نوع تيميليس بامديْنَّة الزّزْ، الى الشمــال الشرقي NE-1

الناحية: الدوڭـــــــج.

القطاع/المنطقة: زوڭ الى الشرق ـ جبال زوڭ ـ ام اعبانه.

المكان المحدد: ســـد حجري.

تيبولوجية/صنف الموضوع المحدد: مجموعة ابنية جنائزية من نوع تيميليس.

كرونولوجية/النطاق الزمني للعنصر: مـــا بعد العصر الحجري القديم: من تقاليد العصر الحجــري الحديـــــث.

الوصـــف: مجموعة من 3 ابنية جنائزية من نوع تيميليس، تقع على امتداد سد من الصخور البركانية، حوالى 4 كلمترات الى الشمال الشرقي من "ازميلة" امديْنَّة الزّزْ؛ اثنان من هذه المعالم ذات شكل كروي مسطح، وهي صغيرة المساحة، بينما الثالث منها تم بناءه على شكل هلال وهو اكثر بروزا من الاخرين، تصل مساحته حوالى 14×6×1،20 مترا.

تاريخ التسجيل: 16 - 03 - 2007.

ENSEMBLE TUMULAIRE EMDEINAT EZAZ NE-1

Région: Duguech.

Secteur/Aire: Zug E – Montagnes de Zug-Oum Âbana.

Emplacement: Filon rocheux.

Typologie: Ensemble tumulaire.

Chronologie: Postpaléolithique: de tradition néolithique.

Description: Ensemble de 3 tumulus localisés sur une travée de filon magmatique situé à environ 4 km au nord-est de la "smeila" d'Emdeinat Ezaz. Deux des monuments, de type hémisphérique aplati, sont de petite grandeur; le troisième, en croissant, est plus notable, atteignant les *ca.* 14x6x1,20 m

Date d'enregistrement: 16.03.2007.

107

GLEB ASFAR E TUMULU MULTZOA

Eskualdea: Duguech.

Sektorea/Eremua: Zug E – Azefal-go Erg-a (Gleb Asfar-eko mendia).

Kokalekua: Mendi-oinarria.

Tipologia: Tumulu-multzoa.

Kronologia: Paleolito ondokoa: tradizio neolitikokoa.

Deskribapena: Gleb Asfar-eko mendiaren ekialdeko hegalaren maldan, Oum Âbana-ko mendi-lerrokaduratik 8 km hegoaldera, gutxienez hemezortzi tumulu-monumentuen multzo bat dago. Formatu hemisferiko sinpleak eta lautuak dira nagusi, bai eta diseinu zirkularreko eta obalatuko oinplanoak ere. Egia esateko, neurriak askotarikoak dira. Zenbait monumentu handi samarra dira: hemisferiko sinple batek 10 metroko diametroa eta 0,80 metroko altuera du; hemisferiko lautu baten diametroa 9 m ingurukoa da eta 0,40 m inguruko altuera du. Beste batzuk, ordea, askoz ere txikiagoa dira: hemisferiko lautu batek plataforma-itxura du eta 3 metroko diametroa eta 0,25 metroko altuera ditu. Bestalde, banakako egiturak maiz agertzen diren arren, beste zenbait ale bikoteka ere agertu dira.

Erregistratze-data: 2005.04.06

CONJUNTO TUMULAR GLEB ASFAR E

Región: Duguech.

Sector/Área: Zug – Erg de Azefal (Montaña de Gleb Asfar).

Emplazamiento: Base de montaña.

Tipología: Conjunto tumular.

Cronología: Postpaleolítico: de tradición neolítica.

Descripción: En la falda de la ladera oriental de la montaña de Gleb Asfar, a unos 8 km al S de la alineación montañosa de Oum Âbana, se advierte una agrupación, al menos, de una docena y media de monumentos tumulares. Predominan los formatos hemisféricos simples y aplanados, y las plantas de diseño circular y ovalado. Las dimensiones son, ciertamente, variables. Hay algunos monumentos de considerable envergadura: como un hemisférico simple de unos 10 m de diámetro y 0,80 m de alto, o un hemisférico aplanado de en torno a los 9 m de diámetro y los 0,40 m de altura. Otros, sin embargo, resultan bastante más reducidos: como un hemisférico aplanado, a modo de plataforma, de aproximadamente los 3 m de diámetro y los 0,25 m de alto. Por otra parte, además de las frecuentes configuraciones individuales, hay que señalar que ciertos ejemplares se han dispuesto de forma pareada.

Fecha de registro: 06.04.2005.

مجموعة ابنية جنائزية بـ ڭليب اصفار، الى الشرق

الناحية: الدوڭج.

القطاع/المنطقة: زوڭ ـ عرق ازفال (جبل ڭليب اصفار).

المكان المحدد: قاعدة جبلية.

تيبولوجية/صنف الموضوع المحدد: مجموعة جنائزية من نوع تيميليس.

كرونولوجية/النطاق الزمني للعنصر: ما بعد العصر الحجري القديم: من تقاليد العصر الحجري الحديث.

الوصـــــف: في سفح الواجهة الشرقية من ڭليب اصفار، حوالى 8 كلمترات الى الجنوب بمحاذاة جبل ام اعبانه، يلاحظ مجمع، يتكون من دزينة ونصف، من المعالم الجنائزية؛ اغلبيتها ذات شكل نصف كروي بسيطة ومستوية، وبقواعد دائرية وبيضاوية، ومتفاوتة من حيث المساحة. وهناك بعض المعالم بمساحات معتبرة: مثل احدها ذي الشكل نصف الكروي البسيط، يبلغ قطره عشرة امتار وطوله 0،80 مترا، واخر بشكل نصف كروي مستوي، يبلغ قطره حوالي تسعة امتار،وطوله 0،40 من المتر. وهناك معالم اخرى ذات حجام مقلصة: مثل احدها الذي يبدو على شكل منصة، قطره حوالى 3 امتار وبارتفاع 0،25 مترا. ومن جهة اخرى، بالاضافة الى الاشكال الفردية، ينبغي الاشارة الى امثلة اخري ذات اشكال مزدوجة.

تاريخ التسجيل: 06ـ 04 ـ 2005.

ENSEMBLE TUMULAIRE GLEB ASFAR E

Région: Duguech.

Secteur/Aire: Zug – Erg d'Azefal (Montagne de Gleb Asfar).

Emplacement: Base de montagne.

Typologie: Ensemble tumulaire.

Chronologie: Postpaléolithique: de tradition néolithique.

Description: Sur le flanc du versant oriental de la montagne de Gleb Asfar, à environ 8 km au sud de l'alignement montagneux d'Oum Âbana, on avertit un groupement d'au moins une douzaine et demie de monuments tumulaires. Prédominent les formats hémisphériques simples et aplatis, et les plans de dessin circulaire et ovale. Les dimensions sont, certainement, variables. Il y a quelques monuments de considérable envergure: tel un hémisphérique simple d'environ 10 m de diamètre et 0,80 m de hauteur ou un hémisphérique aplati d'environ 9 m de diamètre et 0,40 m de hauteur. D'autres, cependant, se montrent beaucoup plus réduits: ainsi, un hémisphérique aplati, en guise de plateforme, d'environ 3 m de diamètre et 0,25 m de hauteur. D'autre part, en plus des fréquentes configurations individuelles, il faut signaler que certains exemplaires ont été disposés deux á deux.

Date d'enregistrement: 06.04.2005.

108

GLEB ASFAR S TUMULU MULTZOA

Eskualdea: Duguech.

Sektorea/Eremua: Zug E – Azefal-go Erg-a (Gleb Asfar-eko mendia).

Kokalekua: Gain harritsua.

Tipologia: Tumulu-multzoa.

Kronologia: Paleolito ondokoa: tradizio neolitikokoa.

Deskribapena: Gleb Asfar-eko mendiaren hegoaldeko gainaren lerro axialari jarraiki, gutxienez dozena-erdi tumulu agertu dira gainean, elkarren segidan lerrokatuta. Monumentuen morfologia hemisferiko sinplea eta kraterduna da eta oinplanoen diseinuak, aldiz, zirkular eta obalatuak.

Erregistratze-data: 2005.04.06

CONJUNTO TUMULAR GLEB ASFAR S

Región: Duguech.

Sector/Área: Zug – Erg de Azefal (Montaña de Gleb Asfar).

Emplazamiento: Promontorio rocoso.

Tipología: Conjunto tumular.

Cronología: Postpaleolítico: de tradición neolítica.

Descripción: Siguiendo la línea axial del promontorio meridional de la montaña de Gleb Asfar aparecen dispuestos sobre él, al menos, media docena de túmulos consecutivamente alineados. La morfología de los monumentos es hemisférica simple y con cráter, resultando los diseños de sus plantas, circulares y ovalados.

Fecha de registro: 06.04.2005.

مجموعة ابنية جنائزية بـڭليب اصفار، الى الجنوب

الناحية: الدوڭج.

القطاع/المنطقة: زوڭ ـ عرق ازفال (جبل ڭليب اصفار).

المكان المحدد: نتوء حجـــــري.

تيبولوجية/صنف الموضوع المحدد: مجموعة جنائزية من نوع تيميليس.

كرونولوجية/النطاق الزمني للعنصر: ما بعد العصر الحجري القديم: من تقالـــد العصـــر الحجري الحديث.

الوصـــــف: تبعا للخط المحوري للنتوء الحجري الواقع الى الجنوب من جبل ڭليب اصفار، تبدو فوق هذا الاخير، قرابة حوالى نصف دزينة من الابنية الجنائزية المحاذية لبعضها ، ذات اشكال نصف كروية بسيطة ومفوهة، والقاعدة السفلى من تصميمها، دائرية وبيضاوية الشكل.

تاريخ التسجيل: 06 - 04 - 2005.

ENSEMBLE TUMULAIRE GLEB ASFAR S

Région: Duguech.

Secteur/Aire: Zug – Erg d'Azefal (Montagne de Gleb Asfar).

Emplacement: Promontoire rocheux.

Typologie: Ensemble tumulaire.

Chronologie: Postpaléolithique: de tradition néolithique.

Description: Suivant la ligne axiale du promontoire méridional de la montagne de Gleb Asfar y apparaissent disposés, au moins une demi-douzaine de tumulus consécutivement alignés. La morphologie des monuments est hémisphérique simple et à cratère, présentant des plan circulaires et ovales.

Date d'enregistrement: 06.04.2005.

109

GLEB EMHERISAT 1 TUMULU MULTZOA

Eskualdea: Duguech.

Sektorea/Eremua: Azefal-go erg-a – Emherisat-eko mendiak.

Kokalekua: Mendia.

Tipologia: Tumulu-multzoa.

Kronologia: Paleolito ondokoa: tradizio neolitikokoa.

Deskribapena: Multzo honetan gutxienez 12 tumulu biltzen dira; Gleb Emherisat 1-eko mendiaren (hau da, Feleklek-etik nahiko gertu dagoen Emherisat-eko eremuko 3 tontorretatik iparraldeen kokatuta dagoenaren) gailurrean eta ekialdeko eta iparraldeko hegaletan kokatuta daude. Seriean "bazinak" eta kraterdun formatuak dira nagusi, baina aleren bat hemisferiko sinplea ere bada. Sortaren batez besteko neurriak: 3 metroko diametroa eta 1 metroko altuera.

Erregistratze-data: 2008.02.29

CONJUNTO TUMULAR GLEB EMHERISAT 1

Región: Duguech.

Sector/Área: Erg de Azefal – Montañas de Emherisat.

Emplazamiento: Montaña.

Tipología: Conjunto tumular.

Cronología: Postpaleolítico: de tradición neolítica.

Descripción: Conjunto, al menos, de 12 túmulos emplazados sobre la cima y las laderas oriental y septentrional de la montaña de Gleb Emherisat 1, el más septentrional de los 3 picos del área de Emherisat relativamente próxima a la zona de Feleklek. Predominan en la serie monumental las "bazinas" y los formatos con cráter, existiendo también algún ejemplar hemisférico simple. Las dimensiones medias del lote pueden estimarse en torno a 3 m de diámetro y 1 m de alto.

Fecha de registro: 29.02.2008.

مجموعة جنائزية من نوع تيميليس بـڭليب امهيرزات1

الناحية: الدوڭج.

القطاع/المنطقة: عرق ازفّال ـ جبال امهيرزات.

المكان المحدد: جبل.

تيبولوجية/صنف الموضوع المحدد: مجموعة جنائزية من نوع تيميليس.

كرونولوجية/النطاق الزمني للعنصر: ما بعد العصر الحجري القديم: من تقاليد العصر الحجري الحديث.

الوصـــــف: مجموعة تتكون على الاقل، من 12 مبنى جنائزي من نوع تيميليس، تقع فوق القمة، والسفوح الشرقية والشمالية، من جبل ڭليب امهيرزات 1، الاقصى الى الشمال، من بين القمم الثلاثة لمنطقة امهيرزات القريبة نسبيا من فلكلك. تسود في هذه السلسلة اشكال "bazinas" والانواع المفوهة، مع وجدود بعض الامثلة ذات الاشكال النصف الكروية البسيطة. ومتوسط المساحات بالنسبة لهذه المجموعة، يمكن تقديره بحوالى ثلاثة (3) امتار من حيث القطر، و متر واحد (1) في العلو.

تاريخ التسجيل: 29 - 02 - 2008.

ENSEMBLE TUMULAIRE GLEB EMHERISAT 1

Région: Duguech.

Secteur/Aire: Erg d'Azefal – Montagnes d'Emherisat.

Emplacement: Montagne.

Typologie: Ensemble tumulaire.

Chronologie: Postpaléolithique: de tradition néolithique.

Description: Ensemble d'au moins 12 tumulus localisés sur le sommet et les flancs oriental et septentrional de la montagne de Gleb Emherisat 1, le plus septentrional de 3 pics de l'aire d'Emherisat relativement proche de la zone de Feleklek. Prédominent dans la série monumentale les «bazinas» et les formats á cratère, existant aussi quelque exemplaire hémisphérique simple. Les dimensions moyennes du lot peuvent approcher 3 m de diamètre et 1 m de hauteur.

Date d'enregistrement: 29.02.2008.

110

GLEB EMHERISAT 2 TUMULU MULTZOA

Eskualdea: Duguech.

Sektorea/Eremua: Azefal-go erg-a – Emherisat-eko mendiak.

Kokalekua: Mendia.

Tipologia: Tumulu-multzoa.

Kronologia: Paleolito ondokoa: tradizio neolitikokoa.

Deskribapena: Serie honetan gutxienez 7 tumulu biltzen dira; Gleb Emherisat 2 mendiaren iparraldeko eta ekialdeko hegaletan kokatuta daude, Gleb Emherisat 1-etik (eta Feleklek-etik nahiko gertu dagoen Emherisat-eko eremuko 3 tontorretatik mendebaldeen kokatuta dagoenetik) 5 km hego-mendebaldera. Monumentuek formatu hemisferiko sinple eta lautua dute eta oinplanoak zirkulu-antzekoak dira. Batez beste 3 metroko diametroa eta 0,70 metroko altuera dute.

Erregistratze-data: 2008.02.29

CONJUNTO TUMULAR GLEB EMHERISAT 2

Región: Duguech.

Sector/Área: Erg de Azefal – Montañas de Emherisat.

Emplazamiento: Montaña.

Tipología: Conjunto tumular.

Cronología: Postpaleolítico: de tradición neolítica.

Descripción: Serie, al menos, de 7 túmulos emplazados en las laderas septentrional y oriental de la montaña de Gleb Emherisat 2, a unos 5 km al SW de Gleb Emherisat 1, y la más occidental de los 3 picos del área de Emherisat relativamente próxima a la zona de Feleklek. Los monumentos son de formato hemisférico simple y aplanado, con plantas tendentes a lo circular. Sus dimensiones medias rondan los 3 m de diámetro y los 0,70 m de altura.

Fecha de registro: 29.02.2008.

مجموعة جنائزية من نوع تيميليس بـﯕليب امهيرزات 2

الناحية: الدوﯕج.

القطاع/المنطقة: عرق ازفال ـ جبال امهيرزات.

المكان المحدد: جبل.

تيبولوجية/صنف الموضوع المحدد: مجموعة جنائزية من نوع تيميليس.

كرونولوجية/النطاق الزمني للعنصر: ما بعد العصر الحجري القديم: من تقاليد العصر الحجري الحديث.

الوصـــف: سلسلة تتكون على الاقل، من 7 ابنية جنائزية من نوع تيميليس، تقع بالسفوح الشمالية الشرقية من جبل ﯕليب امهيرزات 2، على بعد حوالى خمسة كلمترات الى الجنوب الغربي من ﯕليب امهيرزات 1، الواقع في اقصى الغرب، من بين القمم الثلاث لمنطقة امهيرزات، القريبة نسبيا من ناحية فلكلك، ولهذه المعالم اشكال نصف كروية بسيطة ومستوية، وقواعدها تميل الى الشكل الدائري، وتصل مساحا تها القطرية المتوسطة 3 امتار، و0،70 من المتر علوا.

تاريخ التسجيل: 29 - 02 - 2008.

ENSEMBLE TUMULAIRE GLEB EMHERISAT 2

Région: Duguech.

Secteur/Aire: Erg d'Azefal – Montagnes d'Emherisat.

Emplacement: Montagne.

Typologie: Ensemble tumulaire.

Chronologie: Postpaléolithique: de tradition néolithique.

Description: Série d'au moins 7 tumulus localisés sur les flancs septentrional et oriental de la montagne de Gleb Emherisat 2, à environ 5 km au sud-ouest de Gleb Emherisat 1, et le plus occidental des 3 pics de l'aire d'Emherisat relativement proche de la zone de Feleklek. Les monuments présentent un format hémisphérique simple et aplati aux plans à tendance circulaire. Leurs dimensions en moyenne atteignent 3 m de diamètre et 0,70 m de hauteur.

Date d'enregistrement: 29.02.2008.

111

GLEB EMHERISAT 3 TUMULU MULTZOA

Eskualdea: Duguech.

Sektorea/Eremua: Azefal-go erg-a – Emherisat-eko mendiak.

Kokalekua: Mendia.

Tipologia: Tumulu-multzoa.

Kronologia: Paleolito ondokoa: tradizio neolitikokoa.

Deskribapena: 6 tumuluz osatutako multzoa da; horietako bi gailurreko plataforman daude eta gainerako laurak Gleb Emherisat 3 mendiaren oinarriaren perimetroan, Gleb Emherisat 2-tik 2,5 km ekialdera eta Gleb Emherisat 1-etik (eta Feleklek-etik nahiko gertu dagoen Emherisat-eko eremuko 3 tontorretatik mendebaldeen kokatuta dagoenetik) 3,5 km hegoaldera. Formatu hemisferiko sinplea duten monumentuak dira nagusi, oinplano zirkular eta obalatuekin. Serieko handiena mendiaren mendebaldeko hegaletik gertu dagoen oinarriaren inguruetan kokatuta dago eta neurri hauek ditu: 14x12x2,60 m.

Erregistratze-data: 2008.02.29

CONJUNTO TUMULAR GLEB EMHERISAT 3

Región: Duguech.

Sector/Área: Erg de Azefal – Montañas de Emherisat.

Emplazamiento: Montaña.

Tipología: Conjunto tumular.

Cronología: Postpaleolítico: de tradición neolítica.

Descripción: Conjunto de 6 túmulos emplazados dos de ellos en la plataforma cimera y otros cuatro en el perímetro de base de montaña de Gleb Emherisat 3, a unos 2,5 km al E de Gleb Emherisat 2 y 3,5 km al S de Gleb Emherisat 1, y el más oriental de los 3 picos del área de Emherisat relativamente próxima a la zona de Feleklek. Predominan los monumentos de formato hemisférico simple, con plantas circulares y ovaladas. El más considerable de la serie se encuentra situado en las inmediaciones de la base próxima a la ladera occidental de la montaña: alcanza los 14x12x2,60 m.

Fecha de registro: 29.02.2008.

مجموعة جنائزية من نوع تيميليس بـﮔليب امهيرزات 3

الناحية: الدوﮔج.

القطاع/المنطقة: عرق ازفال ـ جبال امهيرزات.

المكان المحدد: جبل.

تيبولوجية/صنف الموضوع المحدد: مجموعة جنائزية من نوع تيميليس.

كرونولوجية/النطاق الزمني للعنصر: ما بعد العصر الحجري القديم: من تقاليد العصر الحجري الحديث.

الوصـــــــف: مجموعة جنائزية تتكون من 6 ابنية، اثنتان منها يوجدان على منصة قمة، والاربعة الاخرى توجد بمحيط القاعدة الجبلية لـﮔليب امهيرزات 3، على بعد حوالى 2،5 كلمترالى الشرق من ﮔليب امهيرزات 2، و ثلاث كلمترات ونصف الكلمتر، الى الجنوب من ﮔليب امهيرزات 1، والاقصى الى جهة الشرق من القمم الثلاث لمنطقة امهيرزات، قريبا نسبيا من منطقة فلكلك. ويسود هذه المعالم الشكل النصف كروي البسيط ذي القاعدة الدائرية والبيضاوية. وابرز هذه السلسلة يوجد بالضواحي القريبة من السفوح الغربية للجبل. تصل مساحتها 14×12×2،60 متر.

تاريخ التسجيل: 29 - 02 - 2008.

ENSEMBLE TUMULAIRE GLEB EMHERISAT 3

Région: Duguech.

Secteur/Aire: Erg d'Azefal – Montagnes d'Emherisat.

Emplacement: Montagne.

Typologie: Ensemble tumulaire.

Chronologie: Postpaléolithique: de tradition néolithique.

Description: Ensemble de 6 tumulus dont deux sont localisés dans la plateforme du sommet et les quatre autres sur le périmètre à la base de la montagne de Gleb Emherisat 3, à environ 2,5 km à l'est de Gleb Emherisat 2 et 3,5 km au sud de Gleb Emherisat 1, et le plus oriental de 3 pics de l'aire d'Emherisat relativement proche de la zone de Feleklek. Prédominent les monuments au format hémisphérique simple, de plans circulaires et ovales. Le plus considérable de la série se trouve situé aux alentours de la base proche au flanc occidental de la montagne: il atteint 14x12x2,60 m

Date d'enregistrement: 29.02.2008.

112

GLEB GRONA 1 TUMULU MULTZOA

Eskualdea: Agüenit.

Sektorea/Eremua: Agüenit-eko lautada – Grona-ko mendiak

Kokalekua: Mendi-oinarria.

Tipologia: Tumulu-multzoa.

Kronologia: Paleolito ondokoa: tradizio neolitikokoa.

Deskribapena: Serie honetan gutxienez hamar bat tumulu sartzen dira; Grona mendi-multzoaren iparraldeko sektorean kokatuta dagoen "gleb" bat inguratzen duten ingurunean eta oinarrizko plataformaren gainean kokatuta daude. Monumentuak tipologiak askotarikoak dira: hemisferiko sinplea, kraterduna, "bazina"... Adibide berezienak: lau angeluko "bazina" bat (6x5x1 m), sarrera hego-ekialdera begira duena; eta goratutako plataforma baten gaineko tumulu bat, hormatxo baten moduan egindakoa (6 metroko diametroa eta 0,60 metroko altuera).

Erregistratze-data: 2010.02.25

CONJUNTO TUMULAR GLEB GRONA 1

Región: Agüenit.

Sector/Área: Planicie de Agüenit – Montañas de Grona.

Emplazamiento: Base de montaña.

Tipología: Conjunto tumular.

Cronología: Postpaleolítico: de tradición neolítica.

Descripción: Serie, al menos, de una decena de túmulos emplazados sobre la plataforma de base e inmediaciones que rodean un "gleb" ubicado en el sector septentrional del conjunto montañoso de Grona. Los monumentos responden a diferentes tipologías: hemisférica simple, con cráter, "bazina",... Los ejemplos más singulares los representan una "bazina" cuadrangular, de 6x5x1 m, con la entrada al SE, y un túmulo sobre una plataforma realzada y levantada a la manera de un murete, de 6 m de diámetro y 0,60 m de altura.

Fecha de registro: 25.02.2010.

مجموعة جنائزية بـڭليب اڭرونة 1

الناحية: اغوينيت.

القطاع/المنطقة: سهل اغوينيت ـ جبال اڭرونة.

المكان المحدد: قاعدة جبل.

تيبولوجية/صنف الموضوع المحدد: مجموعة جنائزية من نوع تيميليس.

كرونولوجية/النطاق الزمني للعنصر: ما بعد العصر الحجري القديم: من تقاليد العصر الحجري الحديث.

الوصـــــــف: سلسلة تتكون على الاقل، من دازينة من الابنية الجنائزية تيميليس، توجد فوق مكان مرتفع من الارض، في الضواحي المحيطة بـ"الـڭليب" الموجد في القطاع الشمالي من المجموعة الجبلية لأڭرونة. هذه المعالم تتخذ عدة اصناف مختلفة: نصف كروية بسيطة، مفوهة، ومن شكل "bazina"،... ان النماذج الفريدة هنا يمثلها واحد من نوع "بازينة" ذو شكل مربع، تصل مساحته 6×5×1 متر، وله مدخل من الجهة الجنوبية الشرقية. كما يوجد مبنى تيميليس اخر فوق منصة مرتفعة، مبنية على شكل جدار صغير، مساحة قطره تصل 6 امتار، وارتفاعه 0،60 مترا.

تاريخ التسجيل: 25 - 02 - 2010.

ENSEMBLE TUMULAIRE GLEB GRONA 1

Région: Agüenit.

Secteur/Aire: Plaine d'Agüenit – Montagnes de Grona.

Emplacement: Base de montagne.

Typologie: Ensemble tumulaire.

Chronologie: Postpaléolithique: de tradition néolithique.

Description: Série d'au moins une dizaine de tumulus placés sur la plateforme de base et aux alentours d'un «gleb» localisé dans le secteur septentrional de l'ensemble montagneux de Grona. Les monuments présentent différentes typologies: hémisphérique simple, à cratère, «bazina»,... Les exemples plus singuliers sont représentés par une «bazina» quadrangulaire, de 6x5x1 m, dont l'entrée orientée vers le sud-est, et un tumulus sur une plateforme rehaussée et levée en guise de muret, de 6 m de diamètre et 0,60 m de hauteur.

Date d'enregistrement: 25.02.2010.

113

GLEB TERZUZ TUMULU MULTZOA

Eskualdea: Mijek.

Sektorea/Eremua: Mijek N – Gleb Terzuz-eko sebja.

Kokalekua: Mendi-hegala.

Tipologia: Tumulu-multzoa.

Kronologia: Paleolito ondokoa: tradizio neolitikokoa.

Deskribapena: Gleb Terzuz-eko mendiaren ekialdeko hegalean kokatutako 8 tumuluz osatutako seriea da. Askotariko tipologiak dituzte: hemisferiko sinpleak, kraterduna edo gorakorra. Formatu hemisferikoa da nagusi eta zenbait alek 8 metroko diametroa eta 1,50 metroko altuera ere badute. Dena den, handi-handiena monumentu gorakor bat da eta 20x6x0,60 m ditu.

Erregistratze-data: 2009.02.22

CONJUNTO TUMULAR GLEB TERZUZ

Región: Mijek.

Sector/Área: Mijek N – Sebja de Gleb Terzuz.

Emplazamiento: Ladera montañosa.

Tipología: Conjunto tumular.

Cronología: Postpaleolítico: de tradición neolítica.

Descripción: Serie de 8 túmulos emplazados sobre la ladera oriental de la montaña de Gleb Terzuz. Son de variada tipología: hemisféricos simples, con cráter, o en creciente. Predomina en el conjunto el formato hemisférico, algunos de cuyos ejemplares rondan 8 m de diámetro y 1,50 m de altura. No obstante, el mayor de todos es un monumento en creciente de 20x6x0,60 m.

Fecha de registro: 22.02.2009.

مجموعة جنائزية من نوع تيميليس بـڭليب الترثوث

الناحية: ميجك.

القطاع/المنطقة: ميجك الى الشمال ـ سبخة ڭليب الترثوث.

المكان المحدد: سفح جبل.

تيبولوجية/صنف الموضوع المحدد: مجموعة جنائزية من نوع تيميليس.

كرونولوجية/النطاق الزمني للعنصر: ما بعد العصر الحجري القديم: من تقاليد العصر الحجري الحديث.

الوصـــف: سلسلة تتكون من 8 ابنية تيميليس جنائزية، توجد على السفح الشرقي من جبل ڭليب الترثوث، وهي ذات اصناف مختلفة: نصف كروية بسيطة، ومفوهة، وعلى شكل اهلة. ويسودها ذلك الشكل النصف كروي، وبعض الامثلة منها تصل مساحة قطره 8 امتار، و 1،50 مترا ارتفاعا. اكبرها معلم هلالي الشكل مساحته تصل 20×6×0،60 مترا.

تاريخ التسجيل: 22 - 02 - 2009.

ENSEMBLE TUMULAIRE GLEB TERZUZ

Région: Mijek.

Secteur/Aire: Mijek N – Sebkha de Gleb Terzuz.

Emplacement: Flanc montagneux.

Typologie: Ensemble tumulaire.

Chronologie: Postpaléolithique: de tradition néolithique.

Description: Série de 8 tumulus placés sur le flanc oriental de la montagne de Gleb Terzuz. Ils présentent une variée typologie: hémisphériques simples, à cratère ou en croissant. Prédomine dans l'ensemble le format hémisphérique, dont quelques exemplaires approchent 8 m de diamètre et 1,50 de hauteur. Cependant, le plus grand de tous est un monument en croissant de 20x6x0,60 m

Date d'enregistrement: 22.02.2009.

114

GLEB TIMKERDAD 1 TUMULU MULTZOA

Eskualdea: Mijek.

Sektorea/Eremua: Mijek N – Timkerdad-eko mendiak.

Kokalekua: Mendiaren hegala eta oinarria.

Tipologia: Tumulu-multzoa.

Kronologia: Paleolito ondokoa: tradizio neolitikokoa.

Deskribapena: Gleb Timkerdad-etik iparraldeen dagoen mendiaren ingurunea perimetrotik inguratuta, gutxienez, 67 tumulu zenbatu daitezke. Kontzentraziorik handiena NW-N sektorean dago, erdia baino gehiago biltzen baita bertan. Askotariko tipologia dute: hemisferiko sinplea eta lautua (oinplano zirkular eta obalatuekin), gorakorrak eta abar. Neurriak ere askotarikoak dira baina adibiderik onenak mendiaren iparraldeko aldean aurki daitezke: gorakor bat (16x4x0,60 m); hemisferiko obalatu bat (9x6x1,5 m); edo beste hemisferiko zirkular bat (9 metroko diametroa eta 1 metroko altuera). Plataforma harritsuaren gaineko eta formatu zirkularreko tumuluaren aleren bat ere aurki daiteke (14 metroko diametroa eta 0,50 metroko altuera).

Erregistratze-data: 2008.02.25

CONJUNTO TUMULAR GLEB TIMKERDAD 1

Región: Mijek.

Sector/Área: Mijek N – Montañas de Timkerdad.

Emplazamiento: Ladera y base de montaña.

Tipología: Conjunto tumular.

Cronología: Postpaleolítico: de tradición neolítica.

Descripción: Bordeando perimétricamente el contorno de la montaña más septentrional de Gleb Timkerdad se cuentan, al menos, 67 túmulos. La mayor concentración se constata en torno al sector NW-N, donde se computan más de la mitad. Su tipología es variada: hemisférica simple y aplanada (con plantas circulares y ovaladas), en creciente, etc. Las dimensiones son asimismo variables, encontrándose los mejores ejemplos en el tramo septentrional de la montaña: como, uno en creciente, de 16x4x0,60 m; otro, hemisférico ovalado, de 9x6x1,5 m; u otro más, hemisférico circular, de 9 m de diámetro y 1 m de alto. Hay también algún ejemplo de túmulo sobre plataforma pedregosa realzada y formato circular, de 14 m de diámetro y 0,50 m de altura.

Fecha de registro: 25.02.2008.

مجموعة جنائزية من نوع تيميليس بـﯕليب تيمكرداد 1

الناحية: ميجك.

القطاع/المنطقة: ميجك، الى الشمال ـ جبال تيمكرداد.

المكان المحدد: سفح، وقاعدة، جبل.

تيبولوجية/صنف الموضوع المحدد: مجموعة جنائزية من ونوع تيميليس.

كرونولوجية/ النطاق الزمني للعنصر: ما بعد العصر الحجري القديم: من تقاليد العصر الحجري الحيدث.

الوصـــــف: سبعة وستون (67) مبنى جنائزيا، على الاقل، من نوع تيميليس، دائرة حول المحيط الشمالي لـﯕليب تيمكرداد، ويلاحظ تمركزها الاكبر في القطاع الشمالي والشمالي الغربي، حيث تم احصاء اكثر من نصفها هناك، وهي متعددة الاصناف، نصف كروية بسيطة (ذات قواعد دائرية وبيضاوية)، وهلالية الشكل، الخ. كما ان مساحاتها مختلفة. ويوجد احسن هذه النماذج في الامتداد الشمالى من الجبل، احدها هلالي الشكل تبلغ مساحته 16×4×0,60 متر؛ واخرنصف كروي بيضاوي، تصل مساحته 9×6×1،5 متر؛ واخر ايضا ذو شكل نصف كروي دائري، يبلغ ارتفاعه مترا واحدا، وقطره 9 امتار. وهناك مثال اخرمن تيميليس، يوجد فوق مرتفع حجري من الارض، له شكل دائري، يصل قطره 14 مترا، وارتفاعا 0،50 متر.

تاريخ التسجيل: 25 ـ 02 ـ 2008.

ENSEMBLE TUMULAIRE GLEB TIMKERDAD 1

Région: Mijek.

Secteur/Aire: Mijek N – Montagnes de Timkerdad.

Emplacement: Flanc et base de montagne.

Typologie: Ensemble tumulaire.

Chronologie: Postpaléolithique: de tradition néolithique.

Description: Longeant périmétriquement le contour de la montagne plus septentrionale de Gleb Timkerdad on compte, au moins, 67 tumulus. La plus grande concentration est constatée aux alentours du secteur nord-ouest/nord, où se trouve plus de la moitié. Leur typologie est variée: hémisphérique simple et aplatie (de plan circulaire et ovale), en croissant, etc. Les dimensions varient également, les meilleurs exemples se trouvant dans le tronçon septentrional de la montagne: ainsi, un en croissant, de 16x4x0,60 m; un autre, hémisphérique ovale, de 9x6x1,5 m; ou encore un autre, hémisphérique circulaire, de 9 m de diamètre et 1 m de hauteur. Il y a aussi quelque exemple de tumulus sur plateforme pierreuse rehaussée et format circulaire, de 14 m de diamètre et 0,50 m de hauteur.

Date d'enregistrement: 25.02.2008.

115

GLEB TIMKERDAD 2 TUMULU MULTZOA

Eskualdea: Mijek.

Sektorea/Eremua: Mijek N – Timkerdad-eko mendiak.

Kokalekua: Mendiaren hegala eta oinarria.

Tipologia: Tumulu-multzoa.

Kronologia: Paleolito ondokoa: tradizio neolitikokoa.

Deskribapena: Timkerdad-eko hegoaldeen dagoen mendiaren perimetroan, gutxienez, 62 tumulu zenbatu daitezke. Monumentu gorakorrak dira nagusi eta horietako zenbait oso handiak dira: batek 42x4x0,60 m ditu, beste batek 28x6x1,20 m, eta beste batek 25x4x1 m. Ale gorakorrak zenbatutako guztizkoaren herena baino gehiago dira. Gainerakoak tumulu hemisferiko sinpleak, lautuak eta kraterdunak dira, oinplano zirkular eta obalatuekin.

Erregistratze-data: 2002.02.25

CONJUNTO TUMULAR GLEB TIMKERDAD 2

Región: Mijek.

Sector/Área: Mijek N – Montañas de Timkerdad.

Emplazamiento: Ladera y base de montaña.

Tipología: Conjunto tumular.

Cronología: Postpaleolítico: de tradición neolítica.

Descripción: En torno al perímetro de la montaña más meridional de Timkerdad se reconocen, al menos, 62 túmulos. Predominan los monumentos en creciente: varios de ellos de muy considerables dimensiones, como uno de 42x4x0,60 m, otro de 28x6x1,20 m, y otro más de 25x4x1 m. Los ejemplares en creciente vienen a superar el tercio del efectivo total computado. El resto se reparte entre túmulos hemisféricos simples, aplanados y con cráter, de plantas circulares y ovaladas.

Fecha de registro: 25.02.2008.

مجموعة جنائزية من نوع تيميليس بـڭليب تيمكرداد 2

الناحية: ميجك.

القطاع/المنطقة: ميجك الى الشمال ـ جبال تيمكرداد.

المكان المحدد: سفح، وقاعد، جبل.

تيبولوجية/صنف الموضوع المحدد: مجموعة جنائزية من نوع تيميليس.

كرونولوجية/النطاق الزمني للعنصر: ما بعد العصر الحجري القديم: من تقاليد العصر الحجري الحديث.

الوصـــــف: تم التعرف بضاحية محيط الجبل الجنوبي من تيمكرداد، على ما لا يقل عن حوالى 62 بناء جنائزيا من نوع تيميليس، تسود فيها الاشكال الهلالية، العديد منها ذومساحات معتبرة، اذ تبلغ مساحة احدها 42×4×0،60 مترا، ومساحة اخر 28×6×1،20 مترا، وثالث تبلغ مساحته 25×4×1 متر. ويشكل عدد النماذج التي هي على شكل اهلة، اكثر من ثلث العدد العام المسجل، اما البقية فهي ما بين مباني تيميليس من ذات الشكل النصف الكروي البسيط، والشكل المستوي المفوه، ولها قواعد دائرية وبيضاوية.

تاريخ التسجيل: 25 ـ 02 ـ 2008.

ENSEMBLE TUMULAIRE GLEB TIMKERDAD 2

Région: Mijek.

Secteur/Aire: Mijek N – Montagnes de Timkerdad.

Emplacement: Flanc et base de montagne.

Typologie: Ensemble tumulaire.

Chronologie: Postpaléolithique: de tradition néolithique.

Description: Autour du périmètre de la montagne plus méridionale de Timkerdad on reconnaît, au moins, 62 tumulus. Prédominent les monuments en croissant: plusieurs d'entre eux de considérables dimensions, tel celui de 42x4x0,60 m, un autre de 28x6x1,20 m, et encore un autre de 25x4x1 m Les exemplaires en croissant dépassent en nombre le tiers de l'effectif total dénombré. Le reste se distribue entre des tumulus hémisphérique simples, aplatis et à cratère, de plan circulaire et ovale.

Date d'enregistrement: 25.02.2008.

116

GLEB TINLLULEG TUMULU MULTZOA

Eskualdea: Agüenit.

Sektorea/Eremua: Agüenit N – Tinlluleg-eko mendiak.

Kokalekua: Mendiaren hegala eta oinarria.

Tipologia: Tumulu-multzoa.

Kronologia: Paleolito ondokoa: tradizio neolitikokoa.

Deskribapena: Serie honetan gutxienez 53 tumulu biltzen dira eta Gleb Tinlluleg-eko mendiaren perimetroan kokatuta daude. Askotariko tipologia dute eta neurriak, kasu askotan, oso handiak izatera irits daitezke. Izan ere, deigarrienak hemisferiko zirkularrak dira, estela-formako kamera bat erdian dutela (baten neurriak 6x6x1,30 m dira), bai eta estela-formako aurrealdea duten hemisferikoak ere (15 metroko ibilbidea ere badute). Beste batzuk hemisferiko sinpleak dira, kono-enbor formakoak (horietako baten neurriak 12x8x1,20 m dira eta puntu kardinalekin bat datozen lau sarrera ditu), obalatu luzangak E-W norabidean (batek 10x2x0,50 m ditu), hemisferikoak perimetroan estela-formako indargarria dutela, "bazinak"...; ale bat hemisferiko zirkularra da baina estela-formako kamera eta kontrako muturretan sartzeko korridore bikoitza ditu (14x6x0,70 m). Multzo honetan estela-formako monumentuak dira nagusi.

Erregistratze-data: 2008.02.26

Bibliografia: Saenz de Buruaga, A. *et alii* 2009, 10. or., 1. arg.

CONJUNTO TUMULAR GLEB TINLLULEG

Región: Agüenit.

Sector/Área: Agüenit N – Montañas de Tinlluleg.

Emplazamiento: Ladera y base de montaña.

Tipología: Conjunto tumular.

Cronología: Postpaleolítico: de tradición neolítica.

Descripción: Serie integrada, al menos, por 53 túmulos emplazados a lo largo del perímetro de la montaña de Gleb Tinlluleg. Son de muy variada tipología y sus dimensiones, en muchos casos, resultan muy notables. Así, los más llamativos son los hemisféricos circulares con cámara central esteliforme (uno de ellos ronda los 6x6x1,30 m) y los hemisféricos con frente esteliforme (de hasta 15 m de recorrido). Hay otros hemisféricos simples, tronco-cónicos (uno de ellos, de 12x8x1,20 m, con cuatro entradas cardinales de acceso), ovalados alargados en dirección E-W (uno de 10x2x0,50 m), hemisféricos con refuerzo perimétrico esteliforme, "bazinas",..., incluso un hemisférico circular con cámara esteliforme y doble corredor de acceso en los extremos opuestos (de 14x6x0,70 m). En este conjunto predominan netamente los monumentos esteliformes.

Fecha de registro: 26.02.2008.

Bibliografía: Sáenz de Buruaga, A. *et alii* 2009, p. 10, fot. 1.

مجموعة جنائزية من نوع تيميليس بـڭليب تنيولـڭ

الناحية: اغوينيت.

القطاع/المنطقة: اغونيت، الى الشمال ـ جبال تنيولـڭ.

المكان المحدد: قاعدة وسفح حبل.

تيبولوجية/صنف الموضوع المحدد: مجموعة جنائزية من نوع تيميليس.

كرونولوجية/النطاق الزمني للعنصر: ما بعد العصر الحجري القديم: من تقاليد العصر الحجري الحديث.

الوصـــف: مجموعة تتكون على الاقل، من 53 مبنى اثريا جنائزيا من نوع تيميليس، موجودة على طول محيط جبل ڭليب تنيولـڭ وهي متعددة الاصناف، ولها في كثير من الحالات، مساحات معتبرة. ومما يثر الانتباه من بينها، هي تلك التي لها اشكال نصف كروية دائرية، بغرفة مركزية منتصبة (احدها تبلغ مساحته 6×6×1،30 مترا)، و التى لها شكل نصف كروي مع واجهة منتصبة (مساحتها تصل حتى 15 مترا). وهناك اخرى نصف كروية بسيطة، ومخروطية ناقصة، احدها تصل مساحته 12×8×1،20 متر، وله اربعة مداخل حسب الجهات الاربع الرئيسية، وهناك اشكال اخرى بيضاوية مستطيلة، باتجاه غرب شرق، احدها تبلغ مساحته 10×2×0،50 متر، واخرى ايضا نصف كروية مدعومة بإطار منتصب، واخرى على شكل "بازينة"...، كما يوجد اخر نصف كروي دائري له غرفة واقفة esteliforme ومدخلان جانبيان متعاكسان (مساحته 14×6×0،70 متر). وتغلب على هذه المجموعة اشكال المعالم الاثرية البارزة.

تاريخ التسجيل: 26 - 02 - 2008.

المراجع: Sáenz de Buruaga, A. et alii 2009, p. 10, fot. 1.

ENSEMBLE TUMULAIRE GLEB TINLLULEG

Région: Agüenit.

Secteur/Aire: Agüenit N – Montagnes de Tinlluleg.

Emplacement: Flanc et base de montagne.

Typologie: Ensemble tumulaire.

Chronologie: Postpaléolithique: de tradition néolithique.

Description: Série intégrée d'au moins 53 tumulus placés le long du périmètre de la montagne de Gleb Tinlluleg. Ils présentent une très variée typologie et leurs dimensions, dans beaucoup de cas, résultent très notables. Ainsi, les plus voyants sont ceux hémisphériques circulaires à chambre centrale étoilée (l'un d'eux approchant 6x6x1,30 m) et les hémisphériques au front étoilé (arrivant aux 15 m de parcours). Il y a d'autres hémisphériques simples, tronconiques (l'un d'eux, 12x8x1,20 m, avec quatre entrées cardinales d'accès), ovales allongés en direction est-ouest (il y en un de 10x2x0,50 m), hémisphériques au renfort périmétrique étoilé, «bazinas»,…, même un hémisphérique circulaire à chambre étoilée et double corridor d'accès sur les extrémités opposées (de 14x6x0,70 m). Dans cet ensemble prédominent nettement les monuments étoilés.

Date d'enregistrement: 26.02.2008.

Bibliographie: Sáenz de Buruaga, A. *et alii* 2009, p. 10, phot. 1.

117

GLEIBAT AUDEIRAT N-1 TUMULU MULTZOA

Eskualdea: Mijek.

Sektorea/Eremua: Mijek W – Audeirat-eko mendiak.

Kokalekua: Mendia.

Tipologia: Tumulu-multzoa.

Kronologia: Paleolito ondokoa: tradizio neolitikokoa.

Deskribapena: Audeirat-eko eremuko iparraldeko sektorean kokatutako "gleibat" baten gainean 3 tumulu daude. Erliebea lerrokadura edo dike harritsu handi bat da, S-N norabidea duena eta "gleibat"-a lerrokaduraren hegoaldeko zatian dago. Monumentuak hemisferikoak dira eta, kasu batean, kraterduna. Horietako bi harkaitzaren goialdean daude; hirugarrena, aldiz, aurrekoetatik 200 m hegoaldera, eta dikearen beheko aldean dago. Kraterduna da multzoko handiena: 12 metroko diametroa eta 1,20 metroko altuera.

Erregistratze-data: 2009.02.25

CONJUNTO TUMULAR GLEIBAT AUDEIRAT N-1

Región: Mijek.

Sector/Área: Mijek W – Montañas de Audeirat.

Emplazamiento: Montaña.

Tipología: Conjunto tumular.

Cronología: Postpaleolítico: de tradición neolítica.

Descripción: Serie de 3 túmulos emplazados sobre un "gleibat" situado en el sector más septentrional del área de Audeirat. El relieve discurre a modo de alineamiento o gran dique rocoso, de dirección S-N; encontrándose el "gleibat" en el tramo meridional de la alineación. Los monumentos son hemisféricos y, en un caso, con cráter. Dos de ellos se encuentran en el alto del peñón; el tercero, unos 200 m al S de estos, se encuentra en la parte baja del dique. El tipo con cráter resulta el más considerable, tipométricamente, del conjunto: alcanzando los 12 m de diámetro y 1,20 m de alto.

Fecha de registro: 25. 02. 2009.

مجموعة جنائزية من نوع تيميليس بـڭليبات اوديرات، الى الشمال N-1

المنطقة: ميجك.

القطاع/المنطقة: ميجك، الى الغرب - جبال اوديرات.

المكان المحدد: جبل.

تيبولوجية/صنف الموضوع المحدد: مجموعة جنائزية من نوع تيميليس.

كرونولوجية/النطاق الزمني للعنصر: ما بعد العصر الحجري القديم: من تقاليد العصر الحجري الحديث.

الوصـــف: مجموعة تتكون من 3 ابنية جنائزية من نوع تيميليس، تقع فوق "ڭليب" موجود بالقطاع الشمالي الاقصى من منطقة اوديرات. اذ تمتد التضاريس على شكل سد صخري كبير، باتجاهي الشمال والجنوب، حيث يوجد "لـڭليب" في القسم الجنوبي منها. وتتخذ هذه المعالم اشكالا نصف كروية، عدا في حالة واحد منها، فهو من الشكل المفوه. ويوجد اثنان منها فوق الجهة الاعلى من المرتفع، ويقع الثالث الذي يوجد على بعد حوالى 200 متر الى الجنوب من تلك، في الجهة المنخفضة من السد. والنوع ذو الشكل المفوه، يعتبر الاهم من حيث المساحة، من بين تلك المجموعة، اذ يبلغ قطره 12 مترا وارتفاعه 1،20 متر.

تاريخ التسجيل: 25 - 02 - 2009.

ENSEMBLE TUMULAIRE GLEIBAT AUDEIRAT N-1

Région: Mijek.

Secteur/Aire: Mijek W – Montagnes d'Audeirat.

Emplacement: Montagne.

Typologie: Ensemble tumulaire.

Chronologie: Postpaléolithique: de tradition néolithique.

Description: Série de 3 tumulus placés sur un «gleibat» situé dans le secteur plus septentrional de l'aire d'Audeirat. Le relief s'étend en guise d'alignement ou grand filon rocheux, en direction sud-nord; le «gleibat» se trouvant dans le tronçon méridional de l'alignement. Les monuments sont hémisphériques et, dans un cas, à cratère. Deux d'entre eux se trouvent sur le haut du rocher; le troisième, quelques 200 m au sud de ceux-ci, se trouve dans la partie basse du filon. Le type à cratère est celui qui est le plus considérable, typonométriquement, de l'ensemble: il atteint 12 m de diamètre et 1,20 m de hauteur.

Date d'enregistrement: 25.02.2009.

118

GLEIBAT EL BARKA 2/N TUMULU MULTZOA

Eskualdea: Mijek.

Sektorea/Eremua: Mijek S – Gleibat El Barka-ko mendiak.

Kokalekua: Mendia.

Tipologia: Tumulu-multzoa.

Kronologia: Paleolito ondokoa: tradizio neolitikokoa.

Deskribapena: Gleibat El Barka 2-ko sektore menditsu hau osatzen duten "gleibat"-en artetik, iparraldeen dagoenaren goiko aldean, hegaletan eta oinarrizko plataforman kokatuta dago tumulu-multzoa. Seriean gutxienez 104 monumentu biltzen dira. Mota hemisferiko sinpleak dira nagusi, oinplano zirkularrekoak eta obalatukoak. Beste ale batzuk lautuak, kraterdunak eta gorakorrak dira. Monumentu handiena kraterdun hemisferiko bat da eta 14 metroko diametroa eta 2 metroko altuera ditu. Multzo hau Gleibat El Barka 2/S-n erregistratutakoarekin loturik dago.

Erregistratze-data: 2009.02.24

CONJUNTO TUMULAR GLEIBAT EL BARKA 2/N

Región: Mijek.

Sector/Área: Mijek S – Montañas de Gleibat El Barka.

Emplazamiento: Montaña.

Tipología: Conjunto tumular.

Cronología: Postpaleolítico: de tradición neolítica.

Descripción: Conjunto de túmulos emplazados en la parte alta, laderas y plataforma de base del "gleibat" más septentrional de los que componen este sector montañoso de Gleibat El Barka 2. La serie la integran, al menos, 104 monumentos. Predominan los tipos hemisféricos simples, de plantas circulares y ovaladas. Hay también otros ejemplares de tipo aplanado, con cráter y en creciente. El monumento de mayor envergadura es un hemisférico con cráter, de unos 14 m de diámetro y 2 m de alto. El conjunto debe de ponerse en relación con el registrado en Gleibat El Barka 2/S.

Fecha de registro: 24.02.2009.

مجموعة جنائزية من نـــوع تيميليس بـﯕليبـــات البركـــة، الى الشمـــال 2/N

الناحية: ميجك.

القطاع/المنطقة: ميجك، الى الجنوب ـ جبال ﯕليبات البركة.

المكان المحدد: جبل.

تيبولوجية/صنف الموضوع المحدد: مجموعة جنائزية من نوع تيميليس.

كرونولوجية/النطاق الزمني للعنصر: ما بعد العصر الحجري القديم: من تقاليد العصر الحجري الحديث.

الوصـــف: مجموعة من ابنية تيميليس الجنائزية، موجودة في كل من السفح، والسطح المرتفع من الارض، وكذا في الجهة الاعلى من "لـﯕليبات"، الواقعة في اقصى الشمال، المشكلة للقطاع الجبلي لـﯕليبات البركة 2، وتتكون هذه السلسلة من 104 معلم جنائزي، تغلب عليها الاشكال النصف كروية البسيطة، ذات القواعد الدائرية والبيضاوية. وتوجد اشكال اخرى من النوع المستوي، والمفوه، والهلالي. اكبر هذه المعالم مساحة هو ذو شكل نصف كروي مفوه، يصل قطره 14 مترا و ارتفاعه متران. لهذه المجموعة علاقة بتلك الاخرى التي تم تسجيلها في ﯕليبات البركة، الى الجنوب 2/S.

تاريخ التسجيل: 24 - 02 - 2009.

ENSEMBLE TUMULAIRE GLEIBAT EL BARKA 2/N

Région: Mijek.

Secteur/Aire: Mijek S – Montagnes de Gleibat El Barka.

Emplacement: Montagne.

Typologie: Ensemble tumulaire.

Chronologie: Postpaléolithique: de tradition néolithique.

Description: Ensemble de tumulus localisés dans la partie haute, flanc et plateforme de base du «gleibat» plus septentrional de ceux qui composent ce secteur montagneux de Gleibat El Barka 2. La série est intégrée d'au moins 104 monuments. Prédominent les types hémisphériques simples, de plans circulaires et ovales. Il y a aussi d'autres exemplaires de type aplati, à cratère et en croissant. Le monument de plus grande envergure est un hémisphérique à cratère, d'environ 14 m de diamètre et 2 m de hauteur. L'ensemble doit être mis en relation avec celui registré à Gleibat El Barka 2/S.

Date d'enregistrement: 24.02.2009.

119

GLEIBAT ETIUR S-1 TUMULU MULTZOA

Eskualdea: Agüenit.

Sektorea/Eremua: Agüenit-eko lautada – Gleibat Etiur-eko mendiak.

Kokalekua: Lautada.

Tipologia: Tumulu-multzoa.

Kronologia: Paleolito ondokoa: tradizio neolitikokoa.

Deskribapena: 2 tumuluz osatutako seriea Agüenit-eko oinarritik 9 km hego-mendebaldera dagoen lautadaren puntu batean eta Ermaithat-eko mendietatik 4 km ekialdera dago: zehazki, Gleibat Etiur-eko eremuaren hegoaldeko eremuan, erliebe horietatik km 1 hegoaldera eta Larui Bu Garn-eko menditik 4 km iparraldera. "Aruakim" eta goragune harritsu txikiak dituen gunea da. Lehenengo monumentua gorakorra da eta bi antena ditu, oso luzangak eta ongi mugatuak. Ardatz nagusiak 23 m ditu eta erdiko zatian 2 metro zabal ditu. Oso desegina dago eta lurraren gainetik 0,50 m baino ez da altxatzen. Hegoaldeko antenaren puntu batean hilobi islamiko bat dago gainjarrita. Bigarren alea aurrekotik 100 m hego-ekialdera dago. Azken horrek tumulu-plataforma zirkularraren forma du, 2 metroko diametroa eta 0,40 metroko altuera. Aurrekoa bezalaxe, oso desegina dago.

Erregistratze-data: 2006.03.19

CONJUNTO TUMULAR GLEIBAT ETIUR S-1

Región: Agüenit.

Sector/Área: Planicie de Agüenit – Montañas de Gleibat Etiur.

Emplazamiento: Planicie.

Tipología: Conjunto tumular.

Cronología: Postpaleolítico: de tradición neolítica.

Descripción: Serie de 2 túmulos emplazados en un punto de la planicie ubicada unos 9 km al SW de la base de Agüenit y unos 4 km al E de las montañas de Ermaithat: en concreto, en el sector meridional del área de Gleibat Etiur, en torno a 1 km al S de esos relieves y 4 km al N de la montaña de Larui Bu Garn. Se trata de una zona de "aruakim" y de pequeñas elevaciones rocosas. El primero de los monumentos es de tipo en creciente, con dos antenas muy alargadas y bien delimitadas. El eje mayor mide 23 m y su anchura en el tramo central es de 2 m. Se halla muy desmantelado, elevándose apenas los 0,50 m sobre el suelo. En un punto de la antena meridional se encuentra superpuesta una tumba islámica. El segundo de los ejemplares se sitúa unos 100 m al SE del anterior. Éste tiene forma de plataforma tumular circular, y sus dimensiones se aproximan a los 2 m de diámetro y 0,40 m de alto. Como el anterior, se encuentra seriamente desmantelado.

Fecha de registro: 19.03.2006.

مجموعة ابنية جنائزية بـڴليبات الطيور، الى الجنوب S-1

الناحية: اغوينيت.

القطاع/المنطقة: سهل اغوينيت ـ جبال ڴليبات الطيور.

المكان المحدد: سهل.

تيبولوجية/صنف الموضوع المحدد: مجموعة جنائزية من نوع تيميليس.

كرونولوجية/النطاق الزمني للعنصر: ما بعد العصر الحجري القديم: من تقاليد العصر الحجري الحديث:

الوصف: سلسلة من بنائين اثريين جنائزيين من نوع تيميليس، يوجدان في نقطة من سهل يقع حوالى 9 كلمترات الى الجنوب الغربي من قاعدة اغوينيت، وحوالى اربعة كلمترات الى الشرق من جبال الرميثات: وبالضبط في القطاع الجنوبي من منطقة ڴليبات الطيور، حوالى 1 كلمتر؛ والى الجنوب من تلك التضاريس ب 4 كلمترات نحو الشمال من جبل لروي بوڴرن. يتعلق الامربمنطقة من "ارواكيم" وبمرتفعات صخرية صغيرة. الاول من هذه المعالم مبني على شكل هلال، وله قرنين طويلين ومحددين جدا. والمحور الاكبر من هذين يصل طوله 23 مترا وعرضه الداخلي 2 متر. وهو بناء متفكك، ويرتفع عن الارض ب0،50 مترا. وفي نقطة من قرنه الجنوبي يوجد قبر اسلامي دخيل. والنموذج الثاني يوجد حوالى 100 متر الى الجنوب الشرقي من السابق، هو منصة جنائزية دائرية الشكل، بمساحة قطرها حوالى 2 متر، وبارتفاع يصل 0،40 مترا، ويوجد ايضا في حالة تفكك، مثلما هو الحال بالنسبة للسابق.

تاريخ التسجيل: 19 - 03 - 2006.

ENSEMBLE TUMULAIRE GLEIBAT ETIUR S-1

Région: Agüenit.

Secteur/Aire: Plaine de Agüenit – Montagnes de Gleibat Etiur.

Emplacement: Plaine.

Typologie: Ensemble tumulaire.

Chronologie: Postpaléolithique: de tradition néolithique.

Description: Série de 2 tumulus localisés sur un point de la plaine situé à environ 9 km au sud-ouest de la base d'Agüenit et à environ 4 km à l'est des montagnes d'Ermaithat: en concret, dans le secteur méridional de l'aire de Gleibat Etiur, environ à 1 km au sud de ces reliefs et 4 km au nord de la montagne de Larui Bu Garn. Il s'agit d'une zone d'"aruakim" et de petites élévations rocheuses. Le premier des monuments est de type en croissant, avec deux antennes très prolongées et bien délimitées. L'axe majeur mesure 23 m et il est large de 2 m sur le tronçon central. Il se trouve très démantelé, s'élevant à peine 0,50 du sol. Sur un point de l'antenne méridionale se trouve superposée une tombe islamique. Le deuxième des exemplaires se situe à environ 100 m au sud-est de l'antérieur. Celui-ci est disposé sous forme de plateforme tumulaire circulaire et ses dimensions approchent 2 m de diamètre et 0,40 m de hauteur. Comme l'antérieur, il se trouve sérieusement démantelé.

Date d'enregistrement: 19.03.2006.

120

KIDHIET ADAKMAR W-1 TUMULU MULTZOA

Eskualdea: Duguech.

Sektorea/Eremua: Zug – Azefal-go erg-a (Adakmar-eko mendiak).

Kokalekua: Mendi-hegalaren oinarria.

Tipologia: Tumulu-multzoa.

Kronologia: Paleolito ondokoa: tradizio neolitikokoa.

Deskribapena: Kidhiet Adakmar-eko mendebaldeko hegalaren perimetroaren ondo-ondoan dagoen oinarrizko plataformaren gainean gutxienez hogeita hamar tumulu-monumentu daude. Mota hemisferiko sinpleak eta lautuak dira nagusi, oinplano zirkularrekoak eta obalatukoak. Tipometriari dagokionez, ale txikiak (1-1,5 metroko diametroa eta 0,30-0,50 metroko altuera) eta handiagoak (4-5 metroko diametroa eta 1-1,20 metroko altuera) aurki daitezke batera.

Erregistratze-data: 2008.03.02

CONJUNTO TUMULAR KIDHIET ADAKMAR W-1

Región: Duguech.

Sector/Área: Zug – Erg de Azefal (Montañas de Adakmar).

Emplazamiento: Base de ladera montañosa.

Tipología: Conjunto tumular.

Cronología: Postpaleolítico: de tradición neolítica.

Descripción: Sobre la plataforma de base inmediata al perímetro de la ladera occidental de Kidhiet Adakmar se encuentran emplazados, al menos, una treintena de monumentos tumulares. Predominan en la serie los tipos hemisféricos simples y aplanados, con plantas circulares y ovaladas. Tipométricamente, coexisten junto a ejemplares de pequeñas dimensiones (de entre 1-1,5 m de diámetro y 0,30-0,50 m de altura), otros de más considerable envergadura (de entre 4-5 m de diámetro y 1-1,20 m de altura).

Fecha de registro: 02.03.2008.

مجموعة جنائزية بكدية ادكمار، الى الغرب W-1

الناحية: الدوگج.

القطاع/المنطقة: زوگ - عرق ازفال (جبال ادكمار).

المكان المحدد: قاعدة سفح جبلي.

تيبولوجية/صنف الموضوع المحدد: مجموعة جنائزية من نوع تيميليس.

كرونولوجية/النطاق الزمني للعنصر: ما بعد العصر الحجري القديم: من تقاليد العصر الحجري الحديث.

الوصـــف: فوق مرتفع من سطح الارض، قريب من محيطٍ السفح الغربي من كدية ادكمار، تم العثور على الاقل، على ثلاثين معلما اثريا جنائزيا من نوع تيميليس. تسودها الاشكال نصف الكروية والمستوية، ذات القواعد الدائرية والبيضاوية. وهي معالم تتقاسم نفس المكان مع اخرى ذات مساحات اصغر (احدها قطره يتراوح ما بين 1 و 1،5 متر، وارتفاعه ما بين 0،30 و 0،50 مترا) واخرى بمساحات معتبرة (قطراحدها يتروح ما بين 4 و 5 امتار، وارتفاعه ما بين 1 و1،20 مترا).

تاريخ التسجيل: 02 - 03 - 2008.

ENSEMBLE TUMULAIRE KIDHIET ADAKMAR W-1

Région: Duguech.

Secteur/Aire: Zug – Erg d'Azefal (Montagnes d'Adakmar).

Emplacement: Base de flanc montagneux.

Typologie: Ensemble tumulaire.

Chronologie: Postpaléolithique: de tradition néolithique.

Description: Sur la plateforme de base immédiate au périmètre du flanc occidental de Kidhiet Adakmar se trouvent localisés, au moins, une trentaine de monuments tumulaires. Prédominent dans la série les types hémisphériques simples et aplatis, de plan circulaire et ovale. Typonométriquement, coexistent avec des exemplaires aux plus petites dimensions (entre 1-1,5 m de diamètre et 0,30-0,50 m de hauteur), d'autres de plus considérable envergure (entre 4-5 m de diamètre et 1-1,20 m de hauteur).

Date d'enregistrement: 02.03.2008.

121

KIDHIET AMZAGZAG S-1 TUMULU MULTZOA

Eskualdea: Duguech.

Sektorea/Eremua: Zug – Amzagzag-eko mendiak.

Kokalekua: Muinoa.

Tipologia: Tumulu-multzoa.

Kronologia: Paleolito ondokoa: tradizio neolitikokoa.

Deskribapena: Serie honetan gutxienez hirurogei tumulu biltzen dira eta Kidhiet Amzagzag-eko mendi-lerrokaduraren hegoaldeko muturra ixten duen "smeila"-ren goiko aldean eta perimetro-inguruan kokatuta daude. Monumentu gehienak hemisferiko sinpleak dira, oinplano zirkular eta obalatuekin. Batez besteko neurriak: 3-4 metroko diametroa eta 0,50-1 metroko altuera. Alabaina, aleren batek egitura konplexuagoa du, 15 metroko diametroa eta 0,75 metroko altuera dituen plataforma goratu baten gainean eraikia baitago eta ezaugarri bereziagoak ditu.

Erregistratze-data: 2008.03.03

CONJUNTO TUMULAR KIDHIET AMZAGZAG S-1

Región: Duguech.

Sector/Área: Zug – Montañas de Amzagzag.

Emplazamiento: Colina.

Tipología: Conjunto tumular.

Cronología: Postpaleolítico: de tradición neolítica.

Descripción: Serie, al menos, de seis decenas de túmulos emplazados en las partes altas e inmediaciones perimétricas de la "smeila" que cierra el extremo más meridional de la alineación montañosa de Kidhiet Amzagzag. Una mayoría de los monumentos son hemisféricos simples, con plantas circulares y ovaladas. Los tamaños medios se ajustan al módulo de los 3-4 m de diámetro y los 0,50-1 m de altura. Algún ejemplar, sin embargo, de estructura más compleja, al estar levantado sobre una plataforma realzada de 15 m de diámetro y 0,75 m de altura, ofrece rasgos más singulares.

Fecha de registro: 03.03.2008.

مجموعة جنائزية من نوع تيمليس بكدية امزڭزاڭ الى الجنوب S-1

الناحية: الدوڭج.

القطاع/المنطقة: زوڭ - جبال امزڭزاڭ.

المكان المحدد: تل.

تيبولوجية/صنف الموضوع المحدد: مجموعة جنائزية من نوع تيميليس.

كرونولوجية/النطاق الزمني للعنصر: ما بعد العصر الحجري القديم: من تقاليد العصر الحجري الحديث.

الوصـــف: سلسلة تتكون على الاقل، من ستين مبنىً اثريا جنائزيا، تقع في الجهات العاليا والقريبة التي تحيط بـ"الزميلة" الواقعة في اقصى جنوب السفح الجنوبي من كدية امزڭزاڭ. ان اغلبية هذه المعالم تتخذ اشكالا نصف كروية بسيطة، ولها قواعد دائرية وبيضاوية، يبلغ متوسط قطرمساحاتها من 3 الى 4 امتار، ومن 0،50 الى 1 متر ارتفاعا، غير ان احد الامثلة، له بنية معقدة، اذ تم بناءه فوق منصة مرتفعة، ويصل قطره 15 مترا، وارتفاعه 0،75 متر، ولهذا النموذج مميزات فريدة من نوعها.

تاريخ التسجيل: 03 - 03 - 2008.

ENSEMBLE TUMULAIRE KIDHIET AMZAGZAG S-1

Région: Duguech.

Secteur/Aire: Zug – Montagnes d'Amzagzag.

Emplacement: Colline.

Typologie: Ensemble tumulaire.

Chronologie: Postpaléolithique: de tradition néolithique.

Description: Série d'au moins six dizaines de tumulus localisés dans les parties hautes et aux alentours périmétriques de la «smeila» qui ferme l'extrême plus méridional de l'alignement montagneux de Kidhiet Amzagzag. La plupart des monuments sont hémisphériques simples, de plan circulaire et ovale. Les grandeurs moyennes approchent le module de 3-4 m de diamètre et 0,50-1 m de hauteur. Quelque exemplaire, cependant, de structure plus complexe, du fait d'être levé sur une plateforme rehaussé de 15 m de diamètre et 0,75 m de hauteur, offre des traits plus singuliers.

Date d'enregistrement: 03.03.2008.

122

KIDHIET AMZAGZAG J-S1/2 TUMULU MULTZOA

Eskualdea: Duguech.

Sektorea/Eremua: Zug – Amzagzag-eko mendiak.

Kokalekua: Mendi-hegala.

Tipologia: Tumulu-multzoa.

Kronologia: Paleolito ondokoa: tradizio neolitikokoa.

Deskribapena: Kidhiet Amzagzag-eko mendi-lerrokaduraren hegoaldeko eta erdiko sektoreen artean dagoen igarobidearen ipar-mendebaldeko zatian, Grona Amzagzag-erako norabidean dagoen mendi-hegal baten gainean gutxienez 12 tumulu-monumentu daude. Gehien-gehienak hemisferiko sinpleak eta oinplano zirkularrekoak dira eta batez besteko neurriak 4-5 metroko diametroa eta 1,20-1,50 metroko altuera dira. Kraterdun bat edo beste ere bada. Zalantzarik gabe, alerik ikusgarriena tumulu hemisferiko lautu bat da: kraterra du (metro 1 inguruko irekiera, 2,5 metroko diametroa eta 0,40 metroko altuera) eta tumulu-plataforma landu baten gainean eraikita dago. Plataforma ongi zehaztuta dago perimetroan eta 6 metroko diametroa eta 0,50 metroko altuera ditu. Guztira, aleak honako neurri hauek ditu: 6x0,90 m.

Erregistratze-data: 2008.03.04

Bibliografia: Saenz de Buruaga, A., 2010a, 19. or., 10. irudia.

CONJUNTO TUMULAR KIDHIET AMZAGZAG J-S1/2

Región: Duguech.

Sector/Área: Zug – Montañas de Amzagzag.

Emplazamiento: Ladera montañosa.

Tipología: Conjunto tumular.

Cronología: Postpaleolítico: de tradición neolítica.

Descripción: En el tramo más noroccidental del paso existente entre los sectores meridional y central de la alineación montañosa de Kidhiet Amzagzag se hallan emplazados, sobre una ladera montañosa en dirección hacia Grona Amzagzag, al menos, 12 monumentos tumulares. La mayoría son hemisféricos simples y de planta circular, con dimensiones medias de 4-5 m de diámetro y 1,20-1,50 m de altura. Hay también algún tipo con cráter. Sin duda, el ejemplar más espectacular es un túmulo hemisférico aplanado, con un cráter próximo a 1 m de apertura, que alcanza los 2,5 m de diámetro y 0,40 m de alto, y que se ha construido sobre una elaborada plataforma tumular, bien delimitada perimétricamente, de 6 m de diámetro y 0,50 m de alto: con todo, el ejemplar ronda los 6 x 0,90 m.

Fecha de registro: 04.03.2008.

Bibliografía: Sáenz de Buruaga, A. 2010a, p. 19, fig. 10.

مجموعة جنائزية من نوع تيميليس بكديــة امزڭــزاڭ الى الجنــوب J-S1/2

الناحية: الدوڭج.

القطاع/المنطقة: زوڭ ـ جبال امزڭزاڭ.

المكان المحدد: سفح جبلي.

تيبولوجية/صنف الموضوع المحدد: مجموعة جنائزية من نوع تيميليس.

كرونولوجية/النطاق الزمني للعنصر: ما بعد العصر الحجري القديم: من تقاليد العصر الحجري الحديث.

الوصـــف: لقد تم العثور على حوالى 12 معلما من نوع تيميليس، وذلك في القسم الموجود باقصى الشمال الغربي من المعبر الموجود بين القطاع الجنوبي والاوسط، من السلسلة الجبلية لكدية امزڭزاڭ فوق واجهة جبلية، باتجاه اڭرونه امزڭزاڭ الاغلبية منها ذات شكل نصف كروي بسيط، ولها قواعد دائرية، يصل متوسط اقطارها من 4 الى 5 امتار، وارتفاعها من 1،20 الى 1،50 متر، وهناك ايضا نوع منها ذو شكل مفوه. وبدون شك، ان النموذج الميثالي هنا هو تيميليس ذو شكل نصف كروي مستوي له فوهة من 1 متر، يبلغ قطره 2،5 متر، و0،40 متر علوا، وقد بني فوق منصة تيميليس جنائزية ذات نطاق جد محدد، يصل قطرها 6 امتار، و0،50 متر ارتفاعا، مساحته الكلية تصل 6×0،90 متر.

تاريخ التسجيل: 04 ـ 03 ـ 2008.

المراجع: Sáenz de Buruaga, A. 2010 a, p. 19, fig. 10.

ENSEMBLE TUMULAIRE KIDHIET AMZAGZAG J-S1/2

Région: Duguech.

Secteur/Aire: Zug – Montagnes de Amzagzag.

Emplacement: Flanc montagneux.

Typologie: Ensemble tumulaire.

Chronologie: Postpaléolithique: de tradition néolithique.

Description: Dans le tronçon plus nord-occidental du passage existant entre les secteurs méridional et central de l'alignement montagneux de Kidhiet Amzagzag se trouvent localisés, sur un flanc montagneux en direction de Grona Amzagzag, au moins, 12 monuments tumulaires. La plupart sont hémisphériques simples et de plan circulaire, aux dimension moyennes de 4-5 m de diamètre et 1,20-1,50 m de hauteur. Il y a aussi quelque type à cratère. Sans doute, l'exemplaire plus spectaculaire est un tumulus hémisphérique aplati, au cratère proche au 1 m d'ouverture, qui atteint 2,5 m de diamètre et 0,40 m de hauteur, et qui a été construit sur une élaborée plateforme tumulaire, bien délimitée périmétriquement, de 6 m de diamètre et 0,50 m de hauteur: tout compris, l'exemplaire approche 6x0,90 m

Date d'enregistrement: 04.03.2008.

Bibliographie: Sáenz de Buruaga, A. 2010a, p. 19, fig. 10.

123

KIDHIET MIJEK NE-2 TUMULU-MULTZOA

Eskualdea: Mijek.

Sektorea/Eremua: Mijek-eko lautada – Kihiet Mijek-eko mendiak.

Kokalekua: Hegalaren oinarria.

Tipologia: Tumulu-plataformen multzoa.

Kronologia: Paleolito ondokoa: zehaztugabea.

Deskribapena: Kidhiet Mijek-eko ipar-ekialdeko sektore menditsuaren hegoaldeko hegalaren ondo-ondoan dagoen oinarrizko plataforman hamar bat tumulu-egitura lautu daude: morfologia obalatua eta lineala dute, eta bat hemisferiko luzanga da. Askotariko neurriak dituzte. Horietako batek formatu lineala eta 18 metroko luzera du, eta mutur batean tumulu-plataforma obalatu batekin amaitzen da. Beste batek 12 m luze ditu eta, aurrekoak bezala, mutur batean tumulu-plataforma obalatu bat du. Oro har, elementu obalatu horien diametro nagusia 4 metrotik 6 metroa bitartekoa da. Beste ale batek morfologia biribilkara du eta 2,5 metroko diametroa.

Erregistratze-data: 2007.03.11

CONJUNTO TUMULAR KIDHIET MIJEK NE-2

Región: Mijek.

Sector/Área: Planicie de Mijek – Montañas de Kidhiet Mijek.

Emplazamiento: Base de ladera.

Tipología: Conjunto de plataformas tumulares.

Cronología: Postpaleolítico: indeterminada.

Descripción: En torno a una decena de estructuras tumulares aplanadas, de morfología ovalada y lineal, y una hemisférica alargada, se hallan concentradas en la plataforma de base inmediata a la ladera septentrional del sector montañoso nororiental de Kidhiet Mijek. Sus dimensiones son muy variadas. Una de ellas, de formato lineal, de 18 m de longitud, aparece rematada en un extremo por una ligera plataforma tumular ovalada. Otra, de 12 m de longitud, muestra asimismo otra plataforma tumular ovalada en uno de los extremos. En general, estos elementos ovalados oscilan entre los 4 y los 6 m de diámetro mayor. Otro ejemplar, de morfología tendente a lo circular, se aproxima a los 2,5 m de diámetro.

Fecha de registro: 11.03.2007.

مجموعة ابنية جنائزية من نوع تيميليس بكدية ميجك، الى الشمال الشرقي NE-2

الناحيـــــة: ميجك.

القطاع/المنطقة: سهل ميجك ـ جبال كدية ميجك.

المكان المحدد: قاعدة جانبية من الجبل.

تيبولوجية/ صنف الموضوع المحدد: مجموعة منصات جنائزية.

كرونولوجية/النطاق الزمني للعنصر: ما بعد العصر الحجري القديم: غير محدد.

الوصف: حوالى دزينة من البناءات الجنائزية المستوية، ذات اشكال بيضاوية ومستقيمة، احداها نصف كروية ومتمددة. ويعثر على هذه الابنية متمركزة في المنصة القاعدية المباشرة للواجهة الشمالية من قطاع الجبلي الشمالي الشرقي من كدية ميجك، ذات مساحات متنوعة، احداها على شكل خطي، يبلغ طولها على الارض 18 مترا، تلتسق باحد اطرافها، منصة قبرية بيضاوية الشكل، وهناك منصة اخرى بمساحة 12 مترا تبدو ملتسقة باحد اطرافها منصة جنائزية من نوع تيميليس، بيضاوية الشكل. وعلى العموم فهذه العناصر البيضاوية الشكل تتراوح مساحتها ما بين 4 الى 6 امتار. وهناك نموذج اخر يقترب من الشكل الدائري، يقارب قطره 2،5 متر.

تاريخ التسجيل: 11 - 03 - 2007.

ENSEMBLE TUMULAIRE KIDHIET MIJEK NE-2

Région: Mijek.

Secteur/Aire: Plaine de Mijek – Montagnes de Kidhiet Mijek.

Emplacement: Base de flanc.

Typologie: Ensemble de plateformes tumulaires.

Chronologie: Postpaléolithique: indéterminé.

Description: Environ une douzaine de structures tumulaires aplaties, de morphologie ovale et linéaire, parmi lesquelles une hémisphérique allongée, se trouvent concentrées sur la plateforme de base immédiate au flanc septentrional du secteur montagneux nord-oriental de Kidhiet Mijek. Leurs dimensions sont très variées. Une d'elles, au format linéaire, de 18 m de long, apparaît achevée à l'extrémité par une légère plateforme tumulaire ovale. Une autre, de 12 m de long, montre également une autre plateforme tumulaire ovale dans l'une des extrémités. En général, ces éléments ovales oscillent entre 4 et 6 m de diamètre majeur. Un autre exemplaire, de morphologie presque circulaire, se rapproche des 2,5 m de diamètre.

Date d'enregistrement: 11.03.2007.

124

MEFLEK UTED-ZUG NE-1-EKO TUMULU MULTZOA

Eskualdea: Duguech.

Sektorea/Eremua: Zug E – Zug-Oum Âbana-ko mendiak.

Kokalekua: Muino menditsua.

Tipologia: Tumulu-multzoa.

Kronologia: Paleolito ondokoa: tradizio neolitikokoa.

Deskribapena: Zug-eko muinoaren iparraldeko zatiaren ondoan dagoen lautadan eta goiko aldean kokatuta dauden hamar bat tumuluz osatutako seriea, Uted-eko tontor harritsuaren inguruan. Monumentuen morfologia hemisferiko sinplea da eta oinplanoetan diseinu zirkular eta obalatuak ikus daitezke. Batez beste 6 metrotik 8 metrora bitarteko diametroa eta 1-1,5 metroko altuera dute.

Erregistratze-data: 2005.04.08

CONJUNTO TUMULAR MEFLEK UTED-ZUG NE-1

Región: Duguech.

Sector/Área: Zug E – Montañas de Zug-Oum Âbana.

Emplazamiento: Collado montañoso.

Tipología: Conjunto tumular.

Cronología: Postpaleolítico: de tradición neolítica.

Descripción: Serie de una decena de túmulos emplazados en la parte alta y planicie aledaña al tramo septentrional del collado de Zug, en las inmediaciones del pico rocoso de Uted. Los monumentos son de morfología hemisférica simple, mostrando sus plantas diseños circulares y ovalados. Las dimensiones medias oscilan entre los 6-8 m de diámetro y los 1-1,50 m de altura.

Fecha de registro: 08.04.2005.

مجموعة ابنية جنائزية من نوع تيميليس بمفلك ـ وَتِد زوݣ الى الشمال الشرقي NE-1

الناحية: الدوݣج.

القطاع/المنطقة: زوݣ الى الشرق ـ جبال زوݣ ـ ام اعبانه.

المكان المحدد: مرتفع جبلي.

تيبولوجية/صنف الموضوع المحدد: مجموعة ابنية جنائزية من نوع تيميليس.

كرونولوجية/النطاق الزمني للعنصر: ما بعد العصرالحجري القديم: من تقاليد العصر الحجري الحديث.

الوصـــــف: سلسلة يتكون عددها من دزينة من الابنية الجنائزية، موجودة في الجهة العليا، وفي السهل، من الامتداد الشمالى من مرتفع زوݣ وكذلك في القمة الصخرية لـ"وتد زوݣ" وضواحيه؛ وهذه المعالم هي ذات نصف دائري بسيط، ولها قواعد دائرية وبيضاوية، وذات مساحات متوسطة تترواح ما بين 6 و 8 امتار من حيث قطرها، وطولها من 1 الى 1،50 مترا.

تاريخ التسجيل: 08 - 04 - 2005.

ENSEMBLE TUMULAIRE MEFLEK UTED-ZUG NE-1

Région: Duguech.

Secteur/Aire: Zug E – Montagnes de Zug-Oum Âbana.

Emplacement: Col montagneux.

Typologie: Ensemble tumulaire.

Chronologie: Postpaléolithique: de tradition néolithique.

Description: Série de dix tumulus localisés dans la partie haute et la plaine voisine au tronçon septentrional du col de Zug, aux environs du pic rocheux d'Uted. Les monuments sont de morphologie hémisphérique simple, montrant des plans circulaires et ovales. Les dimensions moyennes oscillent entre les 6-8 m de diamètre et 1-1,50 m de hauteur.

Date d'enregistrement: 08.04.2005.

125

OUM AGNEINA NE-1 TUMULU MULTZOA

Eskualdea: Mijek.

Sektorea/Eremua: Mijek S – Oum Agneina-ko sebja.

Kokalekua: Plataforma harritsua.

Tipologia: Tumulu-multzoa.

Kronologia: Paleolito ondokoa: tradizio neolitikokoa.

Deskribapena: Serie honetan bi dozena eta erdi tumulu biltzen dira; goratutako plataforma harritsu txiki baten gainean daude, Oum Agneina-ko "smeila"-tik 2,5 km ipar-ekialdera. Formatu hemisferiko lautuak dira nagusi, obalatuak eta zirkularrak, eta tumulu-plataformak ere ikus daitezke. Kasu bat gorakorra da eta apendizeen muturren artean 70 metroko distantzia dago; gorputz nagusiak 2,50 metroko zabalera eta 0,60 metroko altuera ditu.

Erregistratze-data: 2008.02.23

CONJUNTO TUMULAR OUM AGNEINA NE-1

Región: Mijek.

Sector/Área: Mijek S – Sebja de Oum Agneina.

Emplazamiento: Plataforma rocosa.

Tipología: Conjunto tumular.

Cronología: Postpaleolítico: de tradición neolítica.

Descripción: Serie de, en torno, a dos docenas y media de túmulos emplazados sobre una ligera plataforma rocosa realzada, a unos 2,5 km al NE de la "smeila" de Oum Agneina. Predominan en el conjunto los formatos hemisféricos aplanados, ovalados y circulares, constatándose asimismo tipos a la manera de plataformas tumulares, y un caso más en creciente de 70 m de distancia entre los extremos de los apéndices, con un cuerpo central de 2,50 m de ancho y 0,60 m de alto.

Fecha de registro: 23.02.2008.

مجموعة جنائزية من نوع تيميليس بام اكْنينة الى الشمالNE-1

الناحية: ميجك.

القطاع/المنطقة: ميجك الى الجنوب ـ سبخة ام اكْنينة.

المكان المحدد: مرتفع حجري على سطح الارض.

تيبولوجية/صنف الموضوع المحدد: مجموعة تيميليس جنائزية.

كرونولوجية/النطاق الزمني للعنصر: ما بعد العصر الحجري القديم: من تقاليد العصر الحجري الحديث.

الوصـــــف: انها سلسلة من حوالى دزينتين ونصف، من مباني تيميليس الجنائزية، توجد فوق مرتفع حجري بسيط من سطح الارض، على بعد حوالى 2،5 كلمتر، الى الشمال الشرقي من "ازميلة" ام اكْنينة. وتسود في هذه المجموعة اشكال نصف كروية مستوية، بيضاوية ودائرية، كما يلاحظ انواع اخرى كذلك، على اشكال منصات تيميليس جنائزية، وهناك حالة واحدة على شكل هلال، تصل المساحة الفاصلة بين اطرافه 70 مترا، وجسمه المركزي 2،50 مترا في العرض، و0،60 مترا في الارتفاع.

تاريخ التسجيل: 23 - 02 - 2008.

ENSEMBLE TUMULAIRE OUM AGNEINA NE-1

Région: Mijek.

Secteur/Aire: Mijek S – Sebkha d'Oum Agneina.

Emplacement: Plateforme rocheuse.

Typologie: Ensemble tumulaire.

Chronologie: Postpaléolithique: de tradition néolithique.

Description: Série d'environ deux douzaines et demi de tumulus localisés sur une légère plateforme rocheuse rehaussée, à environ 2,5 km au nord-est de la «smeila» d'Oum Agneina. Prédominent dans l'ensemble les formats hémisphériques aplatis, ovales et circulaires, existant également des types en guise de plateformes tumulaires et un autre cas en croissant qui présente une séparation de 70 m entre les extrémités des appendices, dont le corps central mesure 2,50 m de large et 0,60 m de hauteur.

Date d'enregistrement: 23.02.2008.

126

OUM AGNEINA NE-2 TUMULU MULTZOA

Eskualdea: Mijek.

Sektorea/Eremua: Mijek S – Oum Agneina-ko sebja.

Kokalekua: Muinoa.

Tipologia: Tumulu-multzoa.

Kronologia: Paleolito ondokoa: tradizio neolitikokoa.

Deskribapena: Oum Agneima-ko "smeila"-tik 3 km ipar-ekialdera dagoen muino baten gailurrean 3 tumulu hemisferiko sinple eta lautu daude, oinplano obalatu eta zirkularrak dituztenak. Handienaren neurriak: 10x7x1,20 m. Gainera, badira ere gutxienez beste 4 tumulu eta plataforma mendi-erliebearen mendebaldeko hegalaren oinarrian, beste 3 ale ipar-mendebaldeko eremuan eta beste 1 ekialdeko eremuan.

Erregistratze-data: 2008.02.23

CONJUNTO TUMULAR OUM AGNEINA NE-2

Región: Mijek.

Sector/Área: Mijek S – Sebja de Oum Agneina.

Emplazamiento: Colina.

Tipología: Conjunto tumular.

Cronología: Postpaleolítico: de tradición neolítica.

Descripción: Sobre la cima de una colina, emplaza unos 3 km al NE de la "smeila" de Oum Agneima, se hallan dispuestos 3 túmulos hemisféricos simples y aplanados, de plantas ovaladas y circular. El mayor de ellos alcanza los 10x7x1,20 m. Además, al menos, otros 4 túmulos y plataformas se encuentran situados en la base de la ladera occidental del relieve montañoso, 3 nuevos ejemplares en el área noroccidental y 1 más en el sector oriental.

Fecha de registro: 23.02.2008.

مجموعة جنائزية من نوع تيميليس بام اڭنينة، الى الشمال الشرقيNE-2

الناحية: ميجك.

القطاع/المنطقة: ميجك الى الجنوب ـ سبخة ام اڭنينة.

المكان المحدد: تـــــل.

تيبولوجية/صنف الموضوع المحدد: مجموعة تيميليس جنائزية.

كرونولوجية/النطاق الزمني للعنصر: ما بعد العصر الحجري القديم: من تقاليد العصر الحجري الحديث.

الوصـــــف: ثلاثة ابنية جنائزية من نوع تيميليس، ذات شكل نصف كروي بسيط ومستوي، ولها قواعد بيضاوية ودائرية، تم العثور عليها فوق قمة تل، على بعد 3 كلمترات الى الشمال الشرقي من "ازميلة" ام اڭنينة، تصل اغلبية مساحتها 10×7×1،20 مترا، وتوجد هنا ايضا 4 ابنية جنائزية ومنصات، بقاعدة السفح الغربي من التضاريس الجبلية، 3 منها نماذج جديدة تقع في المنطقة الشمالية الغربية، و واحد اخر يوجد في القطاع الشرقي.

تاريخ التسجيل: 23 - 02 - 2008.

ENSEMBLE TUMULAIRE OUM AGNEINA NE-2

Région: Mijek.

Secteur/Aire: Mijek S – Sebkha d'Oum Agneina.

Emplacement: Colline.

Typologie: Ensemble tumulaire.

Chronologie: Postpaléolithique: de tradition néolithique.

Description: Au sommet d'une colline, localisée quelques 3 km au nord-est de la «smeila» d'Oum Agneima, se trouvent disposés 3 tumulus hémisphériques simples et aplatis, aux plans ovales et circulaires. Le plus grand atteint 10x7x1,20 m De plus, au moins 4 autres tumulus et plateformes se trouvent situés dans la base du flanc occidental du relief montagneus, 3 nouveaux exemplaires dans l'aire nord-occidentale et 1 de plus dans le secteur oriental.

Date d'enregistrement: 23.02.2008.

127

SMEILA TAMNAIRATN 7-E TONTORREKO TUMULU MULTZOA

Eskualdea: Mijek.

Sektorea/Eremua: Adam Ahmed Molud-eko lautada – Tamnairatn-eko smeilak.

Kokalekua: Muinoa.

Tipologia: Tumulu-multzoa.

Kronologia: Paleolito ondokoa: tradizio neolitikokoa.

Deskribapena: Tamnairaat 7-ko "smeila"-tik 250 m ipar-ekialdera dagoen muino txiki batean kokatuta dauden 3 tumuluz osatutako multzoa. Horietako bi hemisferiko lautuak eta hirugarrena gorakorra. Azken hori oso handia da: bi antenen artean 80 metroko distantzia dago, gorputz nagusiak 2,50 m zabal ditu eta 0,40 metroko altuera. gorakorra hego-ekialdera begira dago eta barnealdeko espazioaren hegoaldeko eremuan 2 metroko diametroa duen egitura zirkular bat dago, plataforma liso moduan.

Erregistratze-data: 2008.02.21

Bibliografia: Saenz de Buruaga, A., 2010a, 91. or., 88. irudia.

CONJUNTO TUMULAR PITÓN SMEILA TAMNAIRATN 7-E

Región: Mijek.

Sector/Área: Planicie de Adam Ahmed Molud – Smeilas de Tamnairatn.

Emplazamiento: Colina.

Tipología: Conjunto tumular.

Cronología: Postpaleolítico: de tradición neolítica.

Descripción: Conjunto de 3 túmulos emplazados en una ligera colina situada unos 250 m al NE de la "smeila" de Tamnairaat 7. Dos de ellos son hemisféricos aplanados y el tercero es en creciente. Este último es de muy notables dimensiones: alcanzando los 80 m la distancia entre ambas antenas, los 2,50 m la anchura en su cuerpo central, y su altura los 0,40 m. El creciente está orientado hacia el SE y en el área meridional de su espacio interior incluye una estructura circular, a modo de plataforma lisa, de unos 2 m de diámetro.

Fecha de registro: 21.02.2008.

Bibliografía: Sáenz de Buruaga, A. 2010a, p. 91, fig. 88.

مجموعة جنائزيـــة من نوع تيميليس فـوق مرتفع ازميلة تامنيراتن الى الشرق 7-E

الناحية: ميجك.

القطاع/المنطقة: سهل اعظم احمد مولود ـ ازميلات تامنيراتن.

المكان المحدد: تل.

تيبولوجية/صنف الموضوع المحدد: مجموعة جنائزية من نوع تيميليس.

كرونولوجية/النطاق الزمني للعنصر: ما بعد العصر الحجري القديم: من تقاليد العصر الحجري الحديث.

الوصـــف: مجموعة جنائزية تتكون من 3 ابنية من نوع تيميليس، توجد فوق تل خفيف يقع حوالى 250 مترا الى الشمال الشرقي من "ازميلة" تامنيراتن 7. اثنان من هذه المجموعة لهما شكل نصف كروي مستوي، والثالث على شكل هلال، تفصل اطرافه مساحة جد معتبرة، تصل 80 مترا، ويصل عرض جسمه المركزي 2،50 مترا، بينما يبلغ ارتفاعه 0،40 مترا. ويتجه هذا الهلال نحو الجهة الجنوبية الشرقية، ويحتوي في المنطقة الجنوبية، من مساحته الداخلية، على بناء دائري من شكل منصة ملساء، قطرها من حوالى 2 متر.

تاريخ التسجيل: 21 - 02 - 2008.

المراجع: Sáenz de Buruaga, A. 2010 a, p. 91, fig. 88.

ENSEMBLE TUMULAIRE PITÓN SMEILA TAMNAIRATN 7-E

Région: Mijek.

Secteur/Aire: Plaine d'Adam Ahmed Molud – Smeilas de Tamnairatn.

Emplacement: Colline.

Typologie: Ensemble tumulaire.

Chronologie: Postpaléolithique: de tradition néolithique.

Description: Ensemble de 3 tumulus localisés sur une légère colline située à quelques 250 m au nord-est de la "smeila" de Tamnairaat 7. Deux d'entre eux sont hémisphériques aplatis et le troisième est en croissant. Ce dernier a de très notables dimensions: la distance entre les deux antennes atteint 80 m, la largeur de son corps central est de 2,50 m et sa hauteur de 0,40 m Celui en croissant est orienté vers le sud-est et dans l'aire méridionale de son espace intérieur est comprise une structure circulaire, en guise de plateforme lisse, de 2 m de diamètre.

Date d'enregistrement: 21.02.2008.

Bibliographie: Sáenz de Buruaga, A. 2010a, p. 91, fig. 88.

128

AMJEWAL TUIZERFATN S-3 LAUTADAKO TUMULU MULTZOA

Eskualdea: Agüenit.

Sektorea/Eremua: Agüenit N – Tuizerfatn-eko mendiak.

Kokalekua: Dike harritsua.

Tipologia: Tumulu-multzoa.

Kronologia: Paleolito ondokoa: tradizio neolitikokoa.

Deskribapena: Amjewal Tuizerfatn-eko menditik 4 km hegoaldera (Gleb Raui-rantz) dagoen dike magmatiko baten gainean hamarnaka tumuluz osatutako multzoa dago; dikeak SW-NE orientazioa du. Monumentuak askotarikoak dira: hemisferikoak (sinple eta lautuak), kraterdunak, gorakorrak, plataforma goratuaren gainean eta abar. Oinplano gehienak zirkularrak eta obalatuak dira. Kasuren batean, blokeez osatutako kanpo-uztai batekin mugatuta daude, peristalito moduan. Bestalde, beste kasu batzuetan elkarren ondoan jarrita daude eta inguruan hilobi islamikoak ere aurki daitezke. Oro har, neurri nahiko handiak dituzte: plataforma zirkular baten gainean dagoen kraterdun ale batek 12 metroko diametroa eta 0,50 metroko altuera ditu; beste gorakor baten kasuan, apendizeen muturren artean 40 metroko distantzia dago eta gorputz nagusiaren neurriak 3x0,50 m dira; eta, beste kasu gorakor batean, aldeak oso disimetrikoak dira (batak 30 m eta besteak 5 m ditu). Dena den, tumulu-plataforma forma duten monumentuak dira nagusi seriean.

Erregistratze-data: 2007.03.14

CONJUNTO TUMULAR PLANICIE AMJEWAL TUIZERFATN S-3

Región: Agüenit.

Sector/Área: Agüenit N – Montañas de Tuizerfatn.

Emplazamiento: Dique rocoso.

Tipología: Conjunto tumular.

Cronología: Postpaleolítico: de tradición neolítica.

Descripción: Conjunto integrado por varias decenas de túmulos dispuestos sobre un dique magmático de orientación SW-NE, situado unos 4 km al S de la montaña de Amjewal Tuizerfatn, en dirección hacia Gleb Raui. Los monumentos ofrecen una variada tipología: hemisférica (simple y aplanada), con cráter, en creciente, sobre plataforma realzada, etc. Las plantas tienden a lo circular y ovalado. En algún caso se hallan delimitados asimismo por un anillo exterior de bloques, a modo de peristalito. Hay ocasiones, por otra parte, en que se yuxtaponen entre sí, e, incluso, coexisten en sus inmediaciones con sepulturas islámicas. En general, sus dimensiones resultan bastante considerable: así, un ejemplar con cráter sobre plataforma circular alcanza los 12 m de diámetro y los 0,50 m de altura; otro, en creciente, llega a rondar los 40 m de distancia entre los extremos de los apéndices y muestra un cuerpo central de 3x0,50 m; y, otro, también en creciente, ofrece los lados muy disimétricos (uno de 30 m y el otro de 5 m). Con todo, predominan en la serie los monumentos en forma de plataforma tumular.

Fecha de registro: 14.03.2007.

مجموعة ابنية جنائزية من نوع تيميليس بسهل امخيول تويْزرفاتن، الى الجنوب S-3

الناحية: اغوينيت.

القطاع/المنطقة: اغوينيت، الى الشمال ـ جبال تويْزرفاتن.

المكان المحدد: ســد صخري.

تيبولوجية/صنف الموضوع المحدد: مجموعة ابنية جنائزية من نوع تيميليس.

كرونولوجية/النطاق الزمني للعنصر: ما بعد العصر الحجري القديم: من تقاليد العصر الحجري الحديث.

الوصــــف: مجموعة تتكون من عشرات الابنية الاثرية الجنائزية التى من نوع تيميليس، تقع على سد من الصخور المنصهرة، متجهة الى جنوب غرب، والى شمال شرق، وتقع على مسافة 4 كلمترات جنوبا من جبل امخيول تويزرفاتن، في اتجاه ݣليب الراوي. هذه المعالم تقدم اصنافا متنوعة: نصف كروية (بسيطة ومستوية)، مفوهة، هلالية، على منصة مرتفعة...الخ، وقواعد هذه الابنية الجنائزية تميل الى الشكل الدائري والبيضاوي. وفي بعض الحالات تحدها حلقة خارجية من الكتل الصخرية، على شكل peristalito. وفي بعض الحالات تكون جنبا الى جنب مع بعضها، وقد تتقاسم المساحات مع قبور اسلامية مجاورة. ومساحاتها معتبرة بصفة عامة: مثال على ذلك مفوه يوجد على منصة دائرية يصل قطرها 12 مترا، و يبلغ ارتفاعه 0،50 مترا؛ واخر على شكل هلال تصل المساحة الفاصلة بين اطرافه التابعة، الى اربعين مترا، ويبلغ جسمه المركزي مساحة 3×0،50 متر؛ ويوجد اخر كذلك على شكل هلال، له جوانب غير متناظرة (احدها يصل 30 مترا، ويبلغ الاخر 5 امتار). ومع ذلك كله فالغالبية من هذه المعالم الجنائزية هي على شكل منصات جنائزية.

تاريخ التسجيل: 14 - 03 - 2007.

ENSEMBLE TUMULAIRE PLAINE AMJEWAL TUIZERFATN S-3

Région: Agüenit.

Secteur/Aire: Agüenit N – Montagnes de Tuizerfatn.

Emplacement: Filon rocheux.

Typologie: Ensemble tumulaire.

Chronologie: Postpaléolithique: de tradition néolithique.

Description: Ensemble intégré de plusieurs dizaines de tumulus disposés sur un filon magmatique d'orientation sud-ouest/nord-est, situé à environ 4 km au sud de la montagne d'Amjewal Tuizerfatn, en direction de Gleb Raui. Les monuments offrent une variée typologie: hémisphérique (simple et aplatie), à cratère, en croissant, sur plateforme rehaussée, etc. Les plans sont le plus souvent circulaires et ovales. Parfois ils sont délimités par un anneau extérieur de blocs, en guise de péristalithe. Il y a des fois, d'autre part, où ils se juxtaposent entre eux et, même, coexistent avec des sépultures islamiques des alentours. En général leurs dimensions résultent assez considérables: ainsi, un exemplaire à cratère sur plateforme circulaire atteint 12 m de diamètre et 0,50 m de hauteur: un autre, en croissant, atteint presque 40 m de distance entre les deux extrémités des appendices et montre un corps central de 3 x 0,50 m; et, encore un autre, aussi en croissant, offre les deux côtés dissymétriques (l'un de 30 m et l'autre de 5 m). Toutefois, dans la série il y a prédominance des monuments à plateforme tumulaire.

Date d'enregistrement: 14. 03. 2007.

129

AZAIG BDRAG E LAUTADA-1. dikeko TUMULU MULTZOA

Eskualdea: Agüenit.

Sektorea/Eremua: Agüenit N – Azaig Bdrag-eko mendiak.

Kokalekua: Dike harritsua.

Tipologia: Tumulu-multzoa.

Kronologia: Paleolito ondokoa: tradizio neolitikokoa.

Deskribapena: Hasierako multzoan 8 tumulu-egitura biltzen dira eta Azaig Bdrag-eko lautadaren ekialdeko zatia zeharkatzen duen dike granitikoaren inguruan daude, izen bereko menditik 5 kilometrotara. Lehen taldean 3 tumulu daude. Talde horretan, monumentuetako bat isolatuta dago: formatu hemisferikoa du eta 7x6x0,5 metroko neurriak; gainerako biak elkarren ondoan daude eta hemisferiko lautuak dira (8x5x0,30 metroko azalera osatzen dute). Talde horretatik 100 m hegoaldera monumentu gorakor handi bat dago, 105 metroko perimetroa duena hego-ekialdera begira. Azken horren erdiko zatian 6x4x0,60 metroko tumulu obalatu bat dago eta antenen tarteko espazioan beste 3 tumulu lerrokatu biltzen ditu (aurrekoa eta atzekoa txikiak dira, formatu hemisferiko sinplekoak; erdikoa, aldiz, handiagoa da, hemisferikoa, eta goratutako plataforma harritsu baten gainean dago). Monumentu handi horren ondoan, gorputz nagusiaren kanpoaldean, plataforma zirkular bat izan zitekeenaren arrastoak aurki daitezke; hein handi batean eraitsia dago. Bestalde, mendebalderago, Azaig Bdrag-eko mendirantz eginez gero, tumulu-monumentuen serie gehiago aurki daitezke.

Erregistratze-data: 2009.02.26

CONJUNTO TUMULAR PLANICIE AZAIG BDRAG E - dique 1

Región: Agüenit.

Sector/Área: Agüenit N – Montaña de Azaig Bdrag.

Emplazamiento: Dique rocoso.

Tipología: Conjunto tumular.

Cronología: Postpaleolítico: de tradición neolítica.

Descripción: Conjunto inicial de 8 estructuras tumulares emplazadas en torno a las inmediaciones de un dique granítico que recorre la parte oriental de la planicie de Azaig Bdrag, a unos 5 km de la montaña de homóloga denominación. Hay una primera agrupación de 3 túmulos. En ella, uno de los monumentos, que está aislado, es de formato hemisférico y mide 7x6x0,5 m; los otros dos, adyacentes entre sí, son hemisféricos aplanados que configuran una superficie de 8x5x0,30 m. A unos 100 m al S de este grupo, hay un buen monumento en creciente, de 105 m de recorrido perimétrico, orientado al SE. Éste conlleva en su tramo central un túmulo ovalado de 6x4x0,60 m y en el espacio central que definen las antenas incorpora 3 túmulos alineados (el anterior y posterior, de tamaño reducido, y formato hemisférico simple; el del medio, de mayor envergadura, hemisférico dispuesto sobre una plataforma pedregosa realzada). Junto a este gran monumento, en las inmediaciones exteriores de su cuerpo central, se aprecian restos de una posible plataforma circular, desmantelada en buena medida. Por otra parte, más hacia el W, en dirección a la montaña de Azaig Bdrag se constatan más series de monumentos tumulares.

Fecha de registro: 26.02.2009.

مجموعة جنائزية من نوع تيميليس بسهل ازايـڭ بدرڭ الى الشـــرق ـ سد 1

الناحية: اغوينيت.

القطاع/المنطقة: اغوينيت الى الشمال ـ جبل ازايـڭ بدرڭ.

المكان المحدد: ســـد صخري.

تيبولوجية/صنف الموضوع المحدد: مجموعة جنائزية من نوع تيميليس.

كرونولوجية/النطاق الزمني للعنصر: ما بعد العصر الحجري القديم: من تقاليد العصر الحجري الحديث.

الوصـــــــف: مجموعة بدائية تتكون من 8 ابنية جنائزية، تقع على المشارف القريبة لسد من الصخور الجرانيتية، يمتد بالجهة الشرقية من سهل ازايـڭ بدرڭ على بعد 5 كلمترات من الجبل الذي يحمل نفس الاسم. فهناك مجموعة اولى تتكون من 3 ابنية من نوع تيميليس، من ضمنها معلمٌ اثري منعزل، ذو شكل نصف كروي، تصل مساحته 7×6×0،5 متر، واما الاثنان الاخران المحاذيان لبعضهما، فهما من الشكل النصف كروي المستوي، يشكلان مساحة من 8×5×0،30 متر، ويقعان حوالى 100 متر الى الجنوب من تلك المجموعة، وهناك معلم اثري جيد له شكل هلال متجه ناحية الجنوب الشرقي، مساحته القطرية تصل 105 امتار، ويحمل في قسمه الداخلى تيميليس (اخر) بيضاويَّ الشكل، ذا مساحة تصل 6×4×0،60 متر، وفي ساحته الداخلية المحصورة بين اطرافه، يضم 3 ابنية من نوع تيميليس متتابعة (الاول والاخير حجمهما مقلص، وشكلهما نصف كروي بسيط، والاوسط، ذو حجم كبير، ومن شكل نصف كروي، تم وضعه فوق منصة حجرية مرتفعة)، وتوجد الى جانب هذا المعلم الكبير، في محيطه الخارجي القريب من جسمه المركزي، بقايا مما يحتمل انها منصة دايرية مفككة، الى حد ما. كما توجد ايضا، من جهة اخرى، سلسلة من معالم تيميليس الى جهة الغرب من هناك، في اتجاه جبل ازايـڭ بدرڭ.

تاريخ التسجيل: 26 ـ 02 ـ 2009.

ENSEMBLE TUMULAIRE PLAINE AZAIG BDRAG E - filon 1

Région: Agüenit.

Secteur/Aire: Agüenit N – Montagne d'Azaig Bdrag.

Emplacement: Filon rocheux.

Typologie: Ensemble tumulaire.

Chronologie: Postpaléolithique: de tradition néolithique.

Description: Ensemble initial de 8 structures tumulaires localisées aux alentours d'un filon granitique qui parcourt la partie orientale de la plaine d'Azaig Bdrag, à environ 5 km de la montagne d'homologue dénomination. Il y a un premier groupement de 3 tumulus. Dans celui-ci, l'un des monuments, qui est isolé, est de format hémisphérique et mesure 7x6x0,5 m; les deux autres, adjacents entre eux, sont hémisphériques aplatis et configurent une superficie de 8x5x0,30 m Á quelques 100 m au sud de ce groupe, il y a un beau monument en croissant, dont le parcours périmétrique fait 105 m, orienté vers le sud-est. Celui-ci comporte dans sa travée centrale un tumulus ovale de 6x4x0,60 m et dans l'espace central qui définissent les antennes il incorpore 3 tumulus alignés (l'antérieur et le postérieur, de petite grandeur et au format hémisphérique simple; celui du milieu, de plus grande envergure, hémisphérique placé sur une plateforme pierreuse rehaussée). À côté de ce grand monument, aux alentours extérieurs de son corps central, on apprécie des restes d'une possible plateforme circulaire, démantelée en grande partie. D'autre part, plus vers l'ouest, en direction de la montagne Azaig Bdrag on constate encore d'autres séries de monuments tumulaires.

Date d'enregistrement: 26.02.2009.

130

EIJ S-1 LAUTADAKO TUMULU MULTZOA

Eskualdea: Duguech.

Sektorea/Eremua: Duguech W – Lejuad-eko inselberg-ak (Eij-eko mendiak).

Kokalekua: Lautada.

Tipologia: Tumulu-multzoa.

Kronologia: Paleolito ondokoa: tradizio neolitikokoa.

Deskribapena: Eij-eko mendien hegoaldean dagoen lautadaren sektore batean, mendietatik 3 kilometrotara, hogeitik gora tumulu-monumentu aurki daitezke. Eraikuntza mota nagusia modu bertikalean zutitutako estela da: dela tumulu baten erdian, dela mutur batean, edo zenbait kasutan estela-formako aurrealde bat osatuta elkarren ondoan jarritako estelen bitartez. Nolanahi ere, monumentu mota ugari aurki daitezke: hemisferiko sinpleak eta lautuak (oinplano zirkularra eta obalatua dutenak), plataforma goratuaren gainean, estela-formako aurrealdea dutenak, tumulu-formako plataforma perimetroan blokeez osatutako indargarriarekin edo gabe eta abar. Serie ikusgarriena estela-formako egiturena da. Alerik deigarriena lerrokatuta dauden 4 estelaz osatuta dago eta mutur batean tumulu-plataforma bat du (9x5x0,20 m). Monumentu hori N.NEtik S.SWrantz lerrokatuta dago eta estela nagusiak 190x40x22 cm ditu. Bestalde, espazio horretan bertan hainbat hilobi islamiko ere badira.

Erregistratze-data: 2009.03.02

CONJUNTO TUMULAR PLANICIE EIJ S-1

Región: Duguech.

Sector/Área: Duguech W – Inselberges de Lejuad (Montañas de Eij).

Emplazamiento: Planicie.

Tipología: Conjunto tumular.

Cronología: Postpaleolítico: de tradición neolítica.

Descripción: En un sector de la planicie que trascurre al S de las montañas de Eij, a unos 3 km de las mismas, se advierten algo más de una veintena de monumentos tumulares. El tipo de construcción que más sobresale en el conjunto es la estela erguida verticalmente: bien en el centro de un túmulo, bien en un extremo, o formando a veces un frente esteliforme por la disposición de varias estelas contiguas entre sí. En cualquier caso, son diversos los formatos de los monumentos tipológicos presentes: hemisféricos simples y aplanados (de planta circular y ovalada), sobre plataforma realzada, con frente esteliforme, plataforma tumuliforme con o sin refuerzo perimétrico de bloques, etc. La serie más espectacular es la de las estructuras esteliformes. Especialmente llamativo resulta un ejemplar formado por 4 estelas alineadas, con una plataforma tumular en un extremo, que llega a alcanzar los 9x5x0,20 m. El monumento en cuestión está alineado de N.NE a S.SW y la estela mayor ronda los 190x40x22 cm. Por otra parte, en ese mismo espacio se advierten también varias sepulturas islámicas.

Fecha de registro: 02.03.2009.

مجموعة جنائزية من نوع تيميليس بسهل ايْجْ، الى الجنوب S-1

الناحية: الدوڤج.

القطاع/المنطقة: الدڤج، الى الغرب ـ مرتفع لجواد (جبال ايْجْ).

المكان المحدد: سهل.

تيبولوجية/صنف الموضوع المحدد: مجموعة جنائزية من نوع تيميليس.

كرونولوجية/النطاق الزمني للعنصر: ما بعد العصر الحجري القديم: من تقاليد العصرالحجري الحديث.

الوصـــف: في قطاع من السهل الذي يمتد جنوب جبال ايج، على بعد 3 كلمترات، يلاحظ اكثر من عشرين من معالم تيميليس الاثرية الجنائزية. ان شكل البناء البارز في هذه المجموعة، هو ذلك القائم عموديا، سواء في وسط التيميليس وطرفه، او مشكلا احيانا، واجهة منتصبة، من خلال الوضع الافقي لعدة نُصب محاذية لبعضها. وعلى كل حال، يختلف شكل اصناف هذه المعالم: نصف كروية بسيطة ومستوية (ذات قاعدة دائرية وبيضاوية)، فوق منصة مرفوعة وذات واجهة منتصبة، منصة من شكل تيميليس بـ او بدون، دعامة من الكتل المحيطة، الخ. ان المجموعة الرائعة هنا، هي ذات الابنية العمودية المنتصبة، خاصة ذلك النمَوذج الملفت للنظر، المشكل من اربعة شواهد جنائزية متحاذية، ينتهي احد اطرافه بقاعدة من نوعَ تيميليس، تصل 9×5×0،20 متر. والمعلم الذي نتحدث عنه يمتد خطيا من الشمال والشمال الشرقي باتجاه الجنوب والجنوب الغربي، واكبرشواهده يصل190×40×22 سنتمترا. ومن جهة اخرى، فقد لوحظ في هذا المجال نفسه، وجود عدة مدافن قبرية اسلامية.

تاريخ التسجيل: 02 - 03 - 2009.

ENSEMBLE TUMULAIRE PLAINE EIJ S-1

Région: Duguech.

Secteur/Aire: Duguech W – Inselbergs de Lejuad (Montagnes d'Eij).

Emplacement: Plaine.

Typologie: Ensemble tumulaire.

Chronologie: Postpaléolithique: de tradition néolithique.

Description: Dans un secteur de la plaine qui s'étend au sud des montagnes d'Eij, à environ 3 km de celles-ci, on avertit plus d'une vingtaine de monuments tumulaires. Le type de construction qui saillit dans l'ensemble est la stèle dressée verticalement: autant au centre du tumulus, que dans une extrémité, ou formant parfois un front étoilé par la disposition de plusieurs stèles contiguës les unes des autres. En tout cas, ce sont divers les formats des monuments typologiques présents: hémisphériques simples et aplatis (de plan circulaire et ovale), sur plateforme rehaussée, au front étoilé, plateforme tumulaire avec ou sans renfort périmétrique de blocs, etc. La série la plus spectaculaire est celle aux structures étoilées. Spécialement voyant résulte un exemplaire formé par 4 stèles alignées, avec une plateforme tumulaire dans une extrémité, qui atteint 9x5x0,20 m Le monument en question est aligné de nord/nord-est à sud/sud-ouest et la stèle majeure approchee 190x40x22 cm. D'autre part, dans ce même espace on avertit aussi plusieurs sépultures islamiques.

Date d'enregistrement: 02.03.2009.

131

EL HAULÍA W-1 LAUTADAKO TUMULU MULTZOA

Eskualdea: Mijek.

Sektorea/Eremua: Mijek-eko lautada – El Haulía-ko mendiak.

Kokalekua: Dike harritsua.

Tipologia: Tumulu-multzoa.

Kronologia: Paleolito ondokoa: tradizio neolitikokoa.

Deskribapena: Serie honetan gutxienez 23 tumulu biltzen dira, SW-NE norabidean dauden dike granitiko sendoen gainean; Gleb El Haulía-ko mendietatik 10 km mendebaldera dagoen lautadako eremu batean daude, Mijek-eko basearen (basetik 15 km hegoaldera) eta Gleibat El Barka-ko erliebeen (erliebeetatik 7 km iparraldera) artean. Aleen formatuak askotarikoak dira: hemisferikoak (sinpleak eta lautuak), kraterdunak, gorakorrak, goratutako plataforma harritsuaren gainean eta abar. Hemisferiko motakoak dira nagusi, oinplano zirkularrak eta obalatuak dituztela, eta batez besteko neurriak 6-7 metroko diametroa eta 0,60-0,75 metroko altuera izanik. Hala ere, monumenturen bat oso handia da: 10 metroko diametroa eta 0,40 metroko altuera duen plataforma baten gainean kokatutako monumentu hemisferiko bat.

Erregistratze-data: 2009.02.24

CONJUNTO TUMULAR PLANICIE EL HAULÍA W-1

Región: Mijek.

Sector/Área: Planicie de Mijek – Montañas de El Haulía.

Emplazamiento: Dique rocoso.

Tipología: Conjunto tumular.

Cronología: Postpaleolítico: de tradición neolítica.

Descripción: Serie integrada, al menos, por 23 túmulos dispuestos sobre sendos diques graníticos de dirección SW-NE, en torno a un área de la planicie ubicada unos 10 km al W de las montañas de Gleb El Haulía, entre la base de Mijek (a unos 15 km al S de ésta) y los relieves de Gleibat El Barka (a unos 7 km al N de ellos). Los ejemplares son de variados formatos: hemisféricos (simples y aplanados), con cráter, en creciente, sobre plataforma pedregosa realzada, etc. Predominan los tipos hemisféricos, de plantas circulares y ovaladas con dimensiones medias de 6-7 m de diámetro y 0,60-0,75 m de alto. Hay, no obstante, algún monumento de considerables dimensiones: como un hemisférico dispuesto sobre una plataforma de 10 m de diámetro y 0,40 m de alta.

Fecha de registro: 24.02.2009.

مجموعة تيميليس جنائزية بسهل الحولية، الى الغرب W-1

الناحية: ميجك.

القطاع/المنطقة: سهل ميجك ـ جبال الحولية.

المكان المحدد: سد صخري.

تيبولوجية/صنف الموضوع المحدد: مجموعة جنائزية من نوع تيميليس.

كرونولوجية/النطاق الزمني للعنصر: ما بعد العصر الحجري القديم: من تقاليد العصرالحجري الحديث.

الوصـــف: سلسلة تتشكل على الاقل، من 23 مبنى جنائزيا، تقع فوق سدين من الصخور الجرانيتية، يمتدان في اتجاه جنوب غرب ـ شمال شرق، في محيط منطقة من سهل، يوجد حوالى 10 كلمترات الى الغرب من جبال اكْلاب الحولية، بين قاعدة ميجك (حوالى 15 كلمترا الى الجنوب منها)، وتضاريس اكْليبات البركة (حوالى 7 كلمترات الى الشمال منها)، وتتخذ هذه النماذج عدة اشكال: نصف كروية (بسيطة ومستوية)، مفوهة، هلالية، فوق منصة حجرية مرتفعة، الخ. ان الانواع السائدة هي النصف كروية، ذات القواعد الدائرية والبيضاوية، بمساحات قطرية متوسطة تصل من 6 الى7 امتار، وبارتفاع يتراوح ما بين 0،60 و0،75 مترا، وهناك مع ذلك بعض المعالم الاثرية الجنائزية ذات مساحات معتبرة، مثل احدها الذي على شكل نصف كروي، يقع فوق منصة، يبلغ قطره 10 امتار، وارتفاعه 0،40 متر.

تاريخ التسجيل: 24 - 02 - 2009.

ENSEMBLE TUMULAIRE PLAINE EL HAULÍA W-1

Région: Mijek.

Secteur/Aire: Plaine de Mijek – Montagnes d'El Haulía.

Emplacement: Filon rocheux.

Typologie: Ensemble tumulaire.

Chronologie: Postpaléolithique: de tradition néolithique.

Description: Série intégrée, au moins, de 23 tumulus disposés sur deux filons granitiques de direction sud-ouest/nord-est, dans l'entourage d'une aire de la plaine située à environ 10 km à l'ouest des montagnes de Gleb El Haulía, entre la base de Mijek (à environ 15 km au sud de celle-ci) et les reliefs de Gleibat El Barka (à environ 7 km au nord de ceux-ci). Les exemplaires sont aux formats variés: hémisphériques (simples et aplatis), à cratère, en croissant, sur plateforme pierreuse rehaussée, etc. Prédominent les types hémisphériques, de plan circulaire et ovale, aux dimensions moyennes de 6-7 m de diamètre et 0,60-0,75 m de hauteur. Il y a, cependant, quelque monument de considérables dimensions: ainsi un hémisphérique placé sur une plateforme de 10 m de diamètre et 0,40 m de hauteur.

Date d'enregistrement: 24.02.2009.

132

FELEKLEK NE-1 LAUTADAKO TUMULU MULTZOA

Eskualdea: Duguech.

Sektorea/Eremua: Azefal-go erg-a – Feleklek-eko mendiak.

Kokalekua: Dike harritsua.

Tipologia: Tumulu-multzoa.

Kronologia: Paleolito ondokoa: tradizio neolitikokoa.

Deskribapena: Serie honetan 3 tumulu biltzen dira, izen bereko habitata kokatuta dagoen eremuaren ondo-ondoko hego-ekialdeko ertzean dagoen dike harritsu baten gainean. Monumentuen morfologia hemisferiko sinplea, lautua eta krater-duna da, eta oinplanoak, aldiz, zirkularrak eta obalatuak. Ale handienak 11x9x1,60 m ditu eta harri-zolaz egindako ilara paralelo bikoitz batez osatutako korridore bat badu oraindik; sartzeko korridore hori ekialdean dago eta 6 m luze du. Horretaz guztiaz gain, habitataren espazioan bertan beste bi tumulu daude, hemisferiko lautuak, eta multzo berean sartu behar dira.

Erregistratze-data: 2008.03.01

CONJUNTO TUMULAR PLANICIE FELEKLEK NE-1

Región: Duguech.

Sector/Área: Erg de Azefal – Montañas de Feleklek.

Emplazamiento: Dique rocoso.

Tipología: Conjunto tumular.

Cronología: Postpaleolítico: de tradición neolítica.

Descripción: Serie de 3 túmulos sobre un dique rocoso emplazado en el reborde suroriental inmediato al área en que se halla el hábitat de homónima denominación. La morfología de los monumentos es hemisférica simple, aplanada y con cráter, y sus plantas circulares y ovaladas. El más notable de los ejemplares alcanza los 11x9x1,60 m y conserva un pasillo configurado por una doble hilera paralela de empedrado; esta especie de corredor de acceso está ubicado al E y alcanza los 6 m de longitud. A todo esto debe añadirse que, ya más plenamente en el espacio del hábitat, se encuentran otros dos túmulos más, de tipo hemisférico aplanado, que deben de asociarse con este mismo conjunto.

Fecha de registro: 01.03.2008.

مجموعة جنائزية من نـــوع تيميليس بسهل فلكلك، الى الشمـال الشرقيNE-1

الناحية: الدوڭج.

القطاع/المنطقة: عرق ازفال ـ جبال فلكلك.

المكان المحدد: سد صخري.

تيبولوجية/صنف الموضوع المحدد: مجموعة جنائزية من نوع تيميليس.

كرونولوجية/النطاق الزمني للعنصر: ما بعد العصر الحجري القديم: من تقاليد العصر الحجري الحديث.

الوصــف: سلسلة متكونة من 3 ابنية جنائزية من نوع تيميليس، موجودة على سد صخري، بالحافة الجنوبية الشرقية من المنطقة التي عثر بها على الموئل الحامل لنفس الاسم. وهذه المعالم هي من الشكل النصف كروي البسيط، المستوي، والمفوه، وقواعدها دائرية وبيضاوية، واهم نموذج هنا يبلغ 11×9×1،60 مترا، وله ممر يتكون من صفين من الحجارة متوازيين، يقع في الجهة الشرقية، ويصل عرضه ستة امتار. وينبغي ان نضيف الى ذلك، انه في مجال تلك السكنات، يوجد كذلك مبنيان من نوع تيميليس، من الشكل النصف كروي المستوي، وهما متعلقان بهذه المجموعة نفسها.

تاريخ التسجيل: 01 ـ 03 ـ 2008.

ENSEMBLE TUMULAIRE PLAINE FELEKLEK NE-1

Région: Duguech.

Secteur/Aire: Erg d'Azefal – Montagnes de Feleklek.

Emplacement: Filon rocheux.

Typologie: Ensemble tumulaire.

Chronologie: Postpaléolithique: de tradition néolithique.

Description: Série de 3 tumulus sur un filon rocheux localisé sur le rebord sud-oriental immédiat de l'aire sur laquelle se trouve l'habitat d'homonyme dénomination. La morphologie des monuments est hémisphérique simple, aplatie et à cratère, et les plans circulaires et ovales. Le plus notable des exemplaires atteint 11x9x1,60 m et conserve un couloir configuré par une double rangée parallèle de pavé; cette espèce de corridor d'accès est situé à l'est et atteint 6 m de long. À tout cela il faut ajouter que, déjà pleinement dans l'espace de l'habitat, on trouve deux autres tumulus de plus, de type hémisphérique aplati, qui doivent être associés à ce même ensemble.

Date d'enregistrement: 01.03.2008.

133

GLEB ASFAR/KARRASHIET 1 LAUTADAKO TUMULU MULTZOA

Eskualdea: Duguech.

Sektorea/Eremua: Zug – Azefal-go Erg-a (Karrashiet-eko sebja).

Kokalekua: Dike harritsua.

Tipologia: Tumulu-multzoa.

Kronologia: Paleolito ondokoa: tradizio neolitikokoa.

Deskribapena: Gleb Asfar-eko menditik 7 km mendebaldera eta Oum Âbana-ko (Zug) mendi-lerrokaduratik 10 km hego-mendebaldera dagoen dike harritsu magmatiko batean, Gleb Asfar-etik Karrashiet-eko sebjara bitarteko lautadan, erliebe linealaren gainean dozena-erdi tumulu daude lerrokatuta. Formatu hemisferiko sinpleak dira nagusi, oinplano zirkular eta obalatua dutenak, baina aleren bat lautua eta "bazina"-formakoa ere bada. Zenbait ale handi samarrak dira: hemisferiko sinple baten neurriak *ca.* 12,5x10,5x1,5 m dira. Beste batzuk, ordea, askoz txikiagoak dira: plataforma moduan, 3 metroko diametroa eta 0,25 metroko altuera duen lautu bat. Monumentu ikusgarriena gainjarritako plataforma bikoitzaren gainean dagoen tumulu bat da, egitura mailakatua du eta 14,5 metroko diametroa eta 2,20 metroko altuera izatera iristen da.

Erregistratze-data: 2005.04.05

CONJUNTO TUMULAR PLANICIE GLEB ASFAR/KARRASHIET 1

Región: Duguech.

Sector/Área: Zug - Erg de Azefal (Sebja de Karrashiet).

Emplazamiento: Dique rocoso.

Tipología: Conjunto tumular.

Cronología: Postpaleolítico: de tradición neolítica.

Descripción: En un dique rocoso magmático, ubicado unos 7 km al W de la montaña de Gleb Asfar y a unos 10 km al SW de la alineación montañosa de Oum Âbana (Zug), y sito sobre la planicie que discurre entre Gleb Asfar y la sebja de Karrashiet, aparecen alineados media docena de túmulos sobre el lineal relieve. Predominan los formatos hemisféricos simples, de planta circular y ovalada, si bien se constata asimismo algún ejemplar aplanado y en forma de "bazina". Algunos de los ejemplares muestran dimensiones considerables: como un hemisférico simple, de *ca.* 12,5x10,5x1,5 m. Otros, por el contrario, son bastante más menudos: como uno aplanado, a modo de plataforma, que ronda los 3 m de diámetro y los 0,25 m de alto. El monumento más espectacular es un túmulo sobre doble plataforma superpuesta, de configuración escalonada, que se aproxima a los 14,5 m de diámetro y a los 2,20 m de altura.

Fecha de registro: 05.04.2005.

مجموعة ابنية اثرية جنائزية بسهل ݣليب اصفار/ الكراشيات 1

الناحية: الدوݣج.

القطاع/المنطقة: زوݣ - عرق ازفال (سبخة الكراشيات).

المكان المحدد: سد صخري.

تيبولوجية/صنف الموضوع المحدد: مجموعة جنائزية من نوع تيميليس.

كرونولوجية/النطاق الزمني للعنصر: ما بعد العصر الحجري القديم: من تقاليد العصر الحجري الحديث.

الوصـــف: فوق سد من الصخور المنصهرة، يوجد على بعد 7 كلمترات الى الغرب من جبل ݣليب اصفار، وبضع 10 كلمترات الى الجنوب الغربي من التشكلة الجبلية لأم اعبانه (زوݣ)، وبالضبط على السهل الذي يمتد بين ݣليب اصَفار وسبخة الكراشيات، توجد بالمحاذاة، على خط التضاريس، نِصف دازينة من ابنية تيميليس الجنائزية، معظمها ذات اشكال نصف كروية بسيطة ولها قواعد دائرية وبيضاوية. كما يلاحظ ايضا نموذجٌ اخرمستويٌّ، وعلى شكل "بازينا". وبعض النماذج التي تَعرض لمساحات معتبرة: مثل احدها الذي يظهر على شكل نصف كروي بسيط، مساحته تقارب 12،5×10،5×1،5 متر. وهناك اخرى على العكس من ذلك، ذات احجام صغيرة، مثل احدها الذي يبدو مستويا وعلى شكل منصة، يبلغ قطره 3 امتار، وارتفاعه 0،25 مترا. ان المِعلم الرائع هنا، هو ذلك المبنى الاثري الجنائزي من نوع تيميليس، المقام على منصة مزدوجة التركيب ذات تشكيل سُلَّمي، تقارب 14،5 مترا، من حيث القطر، وارتفاعه حوالى 2،20 مترا.

تاريخ التسجيل: 05 - 04 - 2005.

ENSEMBLE TUMULAIRE PLAINE GLEB ASFAR/KARRASHIET 1

Région: Duguech.

Secteur/Aire: Zug - Erg d'Azefal (Sebkha de Karrashiet).

Emplacement: Filon rocheux.

Typologie: Ensemble tumulaire.

Chronologie: Postpaléolithique: de tradition néolithique.

Description: Sur un filon rocheux magmatique, situé à environ 7 km à l'ouest de la montagne de Gleb Asfar et à environ 10 km au sud-ouest de l'alignement montagneux d'Oum Âbana (Zug), et placé sur la plaine qui se trouve entre Gleb Asfar et la sebkha de Karrashiet, apparaissent alignés une demi-douzaine de tumulus sur le relief linéaire. Prédominent les formats hémisphériques simples, de plan circulaire et ovale, si bien on constate aussi quelque exemplaire aplati et sous forme de "bazina". Certains exemplaires montrent des dimensions considérables: ainsi un hémisphérique simple, de *ca.* 12,5x10,5x1,5 m D'autres, au contraire, sont assez petits: ainsi un aplati, en guise de plateforme, qui aproche 3 m de diamètre et 0,25 m de hauteur. Le monument le plus spectaculaire est un tumulus sur une double plateforme superposée, de configuration échelonnée, qui approche 14,5 m de diamètre et 2,20 m de hauteur.

Date d'enregistrement: 05.04.2005.

134

GLEB RAUI S-1 LAUTADAKO TUMULU MULTZOA

Eskualdea: Agüenit.

Sektorea/Eremua: Agüenit N – Tuizerfatn-eko mendiak.

Kokalekua: Lautada.

Tipologia: Tumulu-multzoa.

Kronologia: Paleolito ondokoa: tradizio neolitikokoa.

Deskribapena: Lautadaren gainean, Gleb Raui-ko menditik 5 km hegoaldera 3 tumulu-monumentu aurkitu dira. Mendebaldeena kokatuta dagoena isolatua dago: hemisferiko lautua da eta neurri hauek ditu: 5 metroko diametroa eta 0,60 metroko altuera. Ekialdeen kokatuta dauden biak aurrekotik 0,5 kilometrotara daude eta bikote moduan kokatu dira; mota lautukoa da eta neurri txikixeagoak ditu. Bestalde, hegoalderago joz gero, hainbat tumulu gehiago aurki daitezke sakabanatuta.

Erregistratze-data: 2007.03.14

CONJUNTO TUMULAR PLANICIE GLEB RAUI S-1

Región: Agüenit.

Sector/Área: Agüenit N – Montañas de Tuizerfatn.

Emplazamiento: Planicie.

Tipología: Conjunto tumular.

Cronología: Postpaleolítico: de tradición neolítica.

Descripción: Emplazados sobre la planicie, y a unos 5 km al S de la montaña de Gleb Raui, se aperciben 3 monumentos tumulares. El más occidental de ellos se encuentra aislado: es hemisférico aplanado y mide los 5 m de diámetro y los 0,60 m de altura. Los dos más orientales, distantes del anterior unos 0,5 km, se han dispuesto de forma pareada, siendo de tipo aplanado y de dimensiones algo menores. Por otra parte, otros diversos túmulos se advierten diseminados en dirección más hacia el S.

Fecha de registro: 14.03.2007.

مجموعة ابنية جنائزية من نوع تيميليس بسهل ݣليب الراوي، الى الجنوب S-1

الناحية: اغوينيت.

القطاع/المنطقة: اغوينيت، الى الشمال ـ جبال تويزرفاتن.

المكان المحدد: سهل.

تيبولوجية/صنف الموضوع المحدد: مجموعة جنائزية من نوع تيميليس.

كرونولوجية/النطاق الزمني للعنصر: ما بعد العصر الحجري القديم: من تقاليد العصر الحجري الحديث.

الوصـــف: تم التعرف على ثلاثة معالم جنائزية من نوع تيميليس، بسهل يقع على بعد 5 كلمترات الى الجنوب من جبل ݣليب الراوي، يعثر هناك على 3 معالم جنائزية من نوع تيميليس، اقصاها الى جهة الغرب منعزل وشكله مستوي ونصف كروي، يبلغ قطره 5 امتار وطوله 0،60 من المتر. اما الاثنان الواقعان الى جهة الشرق، يبعدان عن الاول 0،5 كلمتر، وقد تم ترتيبهما بشكل ازدواجي وبوضعية مستوية على مساحات صغيرة الى حدما. ومن جهة اخرى تلاحظ ايضا مجموعات من ابنية تيميليس اخرى متنوعة، متبعثرة اكثر في اتجاه الجنوب.

تاريخ التسجيل: 14 - 03 - 2007.

ENSEMBLE TUMULAIRE PLAINE GLEB RAUI S-1

Région: Agüenit.

Secteur/Aire: Agüenit N – Montagnes de Tuizerfatn.

Emplacement: Plaine.

Typologie: Ensemble tumulaire.

Chronologie: Postpaléolithique: de tradition néolithique.

Description: Localisés sur la plaine, et à environ 5 km au sud de la montagne de Gleb Raui, on aperçoit 3 monuments tumulaires. Le plus à l'ouest d'entre eux se trouve isolé: il est hémisphérique aplati et mesure 5 m de diamètre et 0,60 m de hauteur. Les deux plus .a l'est, éloignés de 0,5 km de l'antérieur, sont accolés, étant de type aplati et de plus petite grandeur. D'autre part, on avertit de divers autres tumulus parsemés en direction plus au sud.

Date d'enregistrement: 14.03.2007.

135

GLEIBAT AKRAZA N-1 LAUTADAKO TUMULU MULTZOA

Eskualdea: Agüenit.

Sektorea/Eremua: Agüenit N – Tinlluleg-eko mendiak.

Kokalekua: Lautada.

Tipologia: Tumulu-multzoa.

Kronologia: Paleolito ondokoa: tradizio neolitikokoa.

Deskribapena: Gleibat Akraza-ko mendietatik 2 km iparraldera dagoen lautadan sakabanatuta dauden 2 tumuluz osatutako seriea. Ale bat hemisferiko lautua da eta oinplano zirkularra du; besteak, aldiz, diseinu gorakorra du eta kraterra ere badu. Alearen apendizeak hegoaldeko eta iparraldetik aldeetatik ateratzen dira. Monumentu horrek 30x6x1,50 m inguru ditu.

Erregistratze-data: 2007.03.14

CONJUNTO TUMULAR PLANICIE GLEIBAT AKRAZA N-1

Región: Agüenit.

Sector/Área: Agüenit N – Montañas de Tinlluleg.

Emplazamiento: Planicie.

Tipología: Conjunto tumular.

Cronología: Postpaleolítico: de tradición neolítica.

Descripción: Serie de 2 túmulos dispersos sobre la planicie que discurre al N de las montañas de Gleibat Akraza, a unos 2 km de las mismas. Uno de los ejemplares es hemisférico aplanado y de planta circular; el otro muestra un diseño en creciente y posee cráter, prolongándose sus apéndices a partir de sus lados S y N. Este monumento ronda los 30x6x1,50 m.

Fecha de registro: 14.03.2007.

مجموعة ابنية جنائزية بسهل ݣليبات اكرازا، الى الشمال N-1

الناحية: اغوينيت.

القطاع/المنطقة: اغوينيت، الى الشمال ـ جبال تنيولݣ.

المكان المحدد: سهـــــل.

تيبولوجية/صنف الموضوع المحدد: مجموعة ابنية جنائزية.

كرونولوجية/النطاق الزمني للعنصر: ما بعد العصر الحجري القديم: من تقاليد العصر الحجري الحديث.

الوصـــف: مجموعة تتكون من بنائين جنائزيين من نوع تيميليس، يوجدان على السهل الممتد الى الشمال من ݣليبات اكرازا، ويقعان على مسافة تقارب 2 كلمتر من هذه الاخيرة. احد هذين النموذجين كروي الشكل ومستوي ارضا، وله قاعدة دائرية، اما الاخر فيعرض شكلا هلاليا ومفوها، تمتد توابعه من الجهتين الشمالية والجنوبية. وهذا المعلم يحتل مساحة 30×6×1،50 مترا.

تاريخ التسجيل: 14 - 03 - 2007.

ENSEMBLE TUMULAIRE PLAINE GLEIBAT AKRAZA N-1

Région: Agüenit.

Secteur/Aire: Agüenit N – Montagnes de Tinlluleg.

Emplacement: Plaine.

Typologie: Ensemble tumulaire.

Chronologie: Postpaléolithique: de tradition néolithique.

Description: Série de 2 tumulus dispersés sur la plaine qui se trouve au nord des montagnes de Gleibat Akraza, à environ 2 km de celles-ci. L'un des exemplaires est hémisphérique aplati et de plan circulaire; l'autre montre un dessin en croissant et possède un cratère, avec des appendices qui se prolongent à partir de ses côtés sud et nord. Ce monument approche 30x6x1,50 m

Date d'enregistrement: 14.03.2007.

136

LEGTEITIRA S-1 LAUTADAKO TUMULU MULTZOA

Eskualdea: Agüenit.

Sektorea/Eremua: Agüenit-eko lautada – Legteitira-ko mendiak.

Kokalekua: Lautada.

Tipologia: Tumulu-multzoa.

Kronologia: Paleolito ondokoa: tradizio neolitikokoa.

Deskribapena: Estela-formako aurrealdea duten 2 tumuluz osatutako multzoa da eta Legteitira-ko hego-ekialdeko sektorearen kanpoaldeko lautadan kokatuta daude, izen bereko mendietatik 2 kilometrotara. Monumentuen artean 150 metroko distantzia dago. Monumentu handiena hegoaldekoa da, 5 metroko diametroa eta 0,60 metroko altuera ditu eta diseinu lerromakurra duen estela-formako aurrealdea du, 10 m inguruko ibilbidea duela (estela handienaren neurriak: 150x62x14 cm). Tumulu-serie hau Buder Bala SW-eko monumentu zirkularretatik 2,5 km iparraldera dago.

Erregistratze-data: 2008.03.10

CONJUNTO TUMULAR PLANICIE LEGTEITIRA S-1

Región: Agüenit.

Sector/Área: Planicie de Agüenit – Montañas de Legteitira.

Emplazamiento: Planicie.

Tipología: Conjunto tumular.

Cronología: Postpaleolítico: de tradición neolítica.

Descripción: Conjunto de 2 túmulos con frente esteliforme emplazados en la planicie exterior del sector SE de Legteitira, a unos 2 km de las montañas de similar denominación. Los monumentos distan entre sí unos 150 m. El más notable de ellos es el septentrional, que alcanza los 5 m de diámetro y 0,60 m de altura y que conlleva un frente esteliforme de diseño curvilíneo de unos 10 m de recorrido (y cuya estela de mayores dimensiones ronda los 150x62x14 cm). Esta serie tumular se encuentra aproximadamente a unos 2,5 km al N de los monumentos circulares monolíticos de Buder Bala SW.

Fecha de registro: 10.03.2008.

مجموعة جنائزية من نـوع تيميليس بسهـل لـݣطيطيرة، الى الجنوب S-1

الناحية: اغوينيت.

القطاع/المنطقة: سهل اغوينيت ـ جبال لـݣطيطيرة.

المكان المحدد: سهل.

تيبولوجية/صنف الموضوع المحدد: مجموعة جنائزية من نوع تيميليس.

كرونولوجية/النطاق الزمني للعنصر: ما بعد العصر الحجري القديم: من تقاليد العصر الحجري الحديث.

الوصـــــف: مجموعة تتكون من مبنيين من نوع تيميليس، ذات واجهة عمودية، وتوجد بالسهل الخارجي، من القطاع الجنوبي الشرقي، من لـݣطيطيرة، على بعد حوالى 2 كلمتر من الجبال التي تحمل نفس الاسم. وتفصل هذين المعلمين عن بعضهما مسافة حوالي 150 مترا، ابرزهما ذلك الواقع الى الشمال، الذي يبلغ قطر مساحته خمسة امتار، وارتفاعه 0،60 مترا، والذي له واجهة عمودية ذات تصميم منحني، تصل مساحته 10 امتار (مساحة شاهده تصل 150×62×14 سنتم). هذه المجموعة الجنائزية تقع على بعد 2،5 كلمتر تقريبا، الى الشمال من المعالم الدائرية المتراصة، الموجودة في بودربالة، الى الجنوب الغربي.

تاريخ التسجيل: 10 - 03 - 2008.

ENSEMBLE TUMULAIRE PLAINE LEGTEITIRA S-1

Région: Agüenit.

Secteur/Aire: Plaine d'Agüenit – Montagnes de Legteitira.

Emplacement: Plaine.

Typologie: Ensemble tumulaire.

Chronologie: Postpaléolithique: de tradition néolithique.

Description: Ensemble de 2 tumulus au front étoilé localisés dans la plaine extérieure du secteur sud-est de Legteitira, à environ 2 km des montagnes de similaire dénomination. Les monuments sont éloignés entre eux de 150 m Le plus notable de ceux-ci est le septentrional, qui atteint 5 m de diamètre et 0,60 m de hauteur et comporte un front étoilé au dessin curviligne d'environ 10 m de parcours (et dont la stèle aux plus grandes dimensions approche 150x62x14 cm). Cette série tumulaire se trouve à environ 2,5 km au nord des monuments circulaires monolithiques de Buder Bala SW.

Date d'enregistrement: 10.03.2008.

137

SMEILA OUM AGNEINA N OINARRIZKO PLATAFORMAKO TUMULU MULTZOA

Eskualdea: Mijek.

Sektorea/Eremua: Mijek S – Oum Agneina-ko sebja.

Kokalekua: Plataforma harritsua.

Tipologia: Tumulu-multzoa.

Kronologia: Paleolito ondokoa: tradizio neolitikokoa.

Deskribapena: Oum Agneina-ko "smeila"-tik 500/750 m iparraldera eta ipar-mendebaldera dauden bi plataforma harritsuren gainean, 9 tumuluz osatutako seriea dago. Bi espazioen artean 200 bat metroko distantzia dago eta Oum Agneina-ko sebjaren hegoaldeko ertzaren inguruan daude. Tipologiari dagokionez, monumentuak hemisferikoak eta kraterdunak dira eta oinplanoetan diseinu zirkular eta obalatuak ikus daitezke. Horietako sei ipar-mendebaldeko plataforman daude eta gainerako 3rak iparraldeko plataforman. Multzoko handienak 9x7x0,80 m ditu eta txikienak 3 metroko diametroa eta 0,40 metroko altuera.

Erregistratze-data: 2005.04.14

CONJUNTO TUMULAR PLATAFORMA BASE SMEILA OUM AGNEINA N

Región: Mijek.

Sector/Área: Mijek S – Sebja de Oum Agneina.

Emplazamiento: Plataforma pedregosa.

Tipología: Conjunto tumular.

Cronología: Postpaleolítico: de tradición neolítica.

Descripción: Serie de 9 túmulos dispuestos sobre dos plataformas pedregosas emplazadas unos 500/750 m al N y NW de la "smeila" de Oum Agneina. Ambos espacios de asiento distan entre sí unos 200 m y se hallan en las cercanías del reborde meridional de la sebja de Oum Agneina. Tipológicamente, los monumentos son hemisféricos y con cráter, ofreciendo sus plantas diseños circulares y ovalados. Seis de ellos se encuentran en la plataforma NW y los otros 3 en la N. El de mayores dimensiones del conjunto ronda los 9x7x0,80 m, y el más pequeño se ajusta a los 3 m de diámetro y 0,40 m de altura.

Fecha de registro: 14.04.2005.

مجموعة جنائزية من نوع تيميليس بقاعدة ازميلة ام اڭنينة، الى الشمال

الناحية: ميجك.

القطاع/المنطقة: ميجك، الى الجنوب ـ سبخة ام اڭنينة.

المكان المحدد: قاعدة صخرية.

تيبولوجية/صنف الموضوع المحدد: مجموعة ابنية جنائزية من نوع تيميليس.

كرونولوجية/النطاق الزمني للعنصر: ما بعد العصر الحجري القديم: من تقاليد العصر الحجري الحديث.

الوصــف: سلسلة تتكون من 9 ابنية جنائزية من نوع تيميليس، مرتبة فوق قاعدتين حجريتين تقعان حوالى 750/500 مترا الى الشمال، والشمال الغربي من "ازميلة" ام اڭنينة. والمسافة التي تفصل بين هاتين القاعدتين هي 200 متر، وكلاهما توجدان على مقربة من الحوف الجنوبية من سبخة ام اڭنينة. هي من الناحية التصنيفية، معالم ذات اشكال نصف كروية، مفوهة، وقائمة على قواعد دائرية وبيضاوية. ستة منها توجد على قاعدة الى الشمال الغربي، والثلاث الاخرى تقع بجهة الشمال، ومن بين اكبرها حجما واحدٌ تبلغ مساحته 9×7×0،80 مترا، بينما أصغرها يصل قطره 3 امتار، وارتفاعه 0،40 من المتر.

تاريخ التسجيل: 14 - 04 - 2005.

ENSEMBLE TUMULAIRE PLATEFORME BASE SMEILA OUM AGNEINA N

Région: Mijek.

Secteur/Aire: Mijek S – Sebkha d'Oum Agneina.

Emplacement: Plateforme pierreuse.

Typologie: Ensemble tumulaire.

Chronologie: Postpaléolithique: de tradition néolithique.

Description: Série de 9 tumulus disposés sur deux plateformes pierreuses localisées à environ 500/750 m au nord et au nord-ouest de la "smeila" d'Oum Agneina. Les deux espaces d'assise sont éloignés entre eux environ 200 m et se trouvent aux alentours du rebord méridional de la sebkha d'Oum Agneina. Typologiquement, les monuments sont hémisphériques et à cratère, offrant des plans aux dessins circulaires et ovales. Six d'entre eux se trouvent dans la plateforme nord-ouest et les 3 autres dans la nord. Celui aux plus grandes dimensions atteint environ 9x7x0,80 m, et le plus petit en reste à 3 m de diamètre et 0,40 de hauteur.

Date d'enregistrement: 14.04.2005.

138

SMEILA OUM AGNEINA SW OINARRIZKO PLATAFORMAKO TUMULU MULTZOA

Eskualdea: Mijek.

Sektorea/Eremua: Mijek S – Oum Agneina-ko sebja.

Kokalekua: Plataforma harritsua.

Tipologia: Tumulu-multzoa.

Kronologia: Paleolito ondokoa: tradizio neolitikokoa.

Deskribapena: Oum Agneina-ko "smeila"-ren ondo-ondoan dagoen oinarrizko plataformaren hego-mendebaldeko sektorearen inguruan kokatuta dauden 4 tumuluz osatutako seriea. Horietako hiru ezponda harritsu baten gainean daude eta bertan azaleratze silizeoa dagoela adierazten du ezponda horrek; laugarrena beherago dago. Monumentuen morfologia sinple eta lautua da eta oinplanoen diseinua obalatua eta zirkularra. Ale handienak 7 metroko diametroa du, eta 1 metroko altuera.

Erregistratze-data: 2005.04.14

CONJUNTO TUMULAR PLATAFORMA BASE SMEILA OUM AGNEINA SW

Región: Mijek.

Sector/Área: Mijek S – Sebja de Oum Agneina.

Emplazamiento: Plataforma pedregosa.

Tipología: Conjunto tumular.

Cronología: Postpaleolítico: de tradición neolítica.

Descripción: Serie de 4 túmulos emplazados en torno al sector SW de la plataforma de base inmediata a la "smeila" de Oum Agneina. Tres de ellos se encuentran asentados sobre un talud rocoso que denuncia el afloramiento silíceo aquí existente; el cuarto se halla en una zona algo más baja. La morfología de los monumentos es hemisférica simple y aplanada, mostrando sus plantas unos diseños ovalados y circulares. El más notable de los ejemplares se aproxima a los 7 m de diámetro y a 1 m de alto.

Fecha de registro: 14.04.2005.

مجموعة اثرية جنائزية من نوع تيميليس بقاعدة ازميلة ام اڭنينة، الى الجنوب الغربي

الناحية: ميجك.

القطاع/المنطقة: ميجك، الى الجنوب ـ سبخة ام اڭنينة.

المكان المحدد: قاعدة حجرية.

تيبولوجية/صنف الموضوع المحدد: مجموعة ابنية جنائزية من نوع تيميليس.

كرونولوجية/النطاق الزمني للعنصر: ما بعد العصر الحجري القديم: من تقاليد العصر الحجري الحديث.

الوصــف: مجموعة تتكون من 4 ابنية جنائزية من نوع تيميليس، تقع حول القطاع الجنوبي الغربي من القاعدة القريبة الى "ازميلة" ام اڭنينة، ثلاثة منها توجد بالمنحدر الحجري الذي يكشف عن وجود النتوءات الصوانية الكائنة هناك، والرابع يوجد بمنطقة اكثر انخفاضا. لهذه المعالم شكل نصف كروي ومستوي بسيط، وتقدم قواعدها تصاميمَ بيضاوية ودائرية، اكثرها بروزا يصل قطره 7 امتار، و1 متر طولا.

تاريخ التسجيل: 14 - 04 - 2005.

ENSEMBLE TUMULAIRE PLATEFORME BASE SMEILA OUM AGNEINA SW

Région: Mijek.

Secteur/Aire: Mijek S – Sebkha d'Oum Agneina.

Emplacement: Plateforme pierreuse.

Typologie: Ensemble tumulaire.

Chronologie: Postpaléolithique: de tradition néolithique.

Description: Série de 4 tumulus localisés autour du secteur sud-ouest de la plateforme base immédiate à la "smeila" d'Oum Agneina. Trois d'entre eux se trouvent assis sur un talus rocheux qui dénonce l'affleurement siliceux qui existe là; le quatrième se trouve dans une zone un peu plus basse. La morphologie des monuments est hémisphérique simple et aplatie, montrant des plans aux dessins ovales et circulaires. Le plus notable des exemplaires approche 7 m de diamètre et 1 m de hauteur.

Date d'enregistrement: 14.04.2005.

139

SMEILA OUM AGNEINA SE OINARRIZKO PLATAFORMAKO TUMULU MULTZOA

Eskualdea: Mijek.

Sektorea/Eremua: Mijek S – Oum Agneina-ko sebja.

Kokalekua: Plataforma harritsua.

Tipologia: Tumulu-multzoa.

Kronologia: Paleolito ondokoa: tradizio neolitikokoa.

Deskribapena: Oum Agneina-ko "smeila"-tik 750 m hego-ekialdera ondo-ondoan dagoen oinarrizko plataforman kokatutako 3 tumuluz osatutako seriea. Monumentuetako bi oinplano obalatuko hemisferikoak dira eta handienak 10x9x0,70 m ditu. Hirugarrena tumulu-plataforma bat da, V itxura duena: gorputz nagusia hemisferiko lautua da (4x3x0,40 m), eta ongi garatutako bi antena ditu (15 m ingurukoak). Ale hori hego-ekialdera irekita dago eta bi apendizeen muturren artean 27 m daude. Bestalde, espazio horren inguruan hainbat tontor harritsu daudela aipatu behar dugu, silex-azaleratze bati dagozkionak.

Erregistratze-data: 2005.04.14

Bibliografia: Saenz de Buruaga, A., 2010a, 122. or., 124. irudia.

CONJUNTO TUMULAR PLATAFORMA BASE SMEILA OUM AGNEINA SE

Región: Mijek.

Sector/Área: Mijek S – Sebja de Oum Agneina.

Emplazamiento: Plataforma pedregosa.

Tipología: Conjunto tumular.

Cronología: Postpaleolítico: de tradición neolítica.

Descripción: Serie de 3 túmulos emplazados en la plataforma de base inmediata a la "smeila" de Oum Agneina, a unos 750 m al SE de la misma. Dos de los monumentos son hemisféricos de planta ovalada, alcanzando el mayor de ellos los 10x9x0,70 m. El tercero es una plataforma tumular en V con un cuerpo central hemisférico aplanado, de 4x3x0,40 m, y dos antenas bien desarrolladas, de unos 15 m respectivamente. Este ejemplar se encuentra abierto hacia el SE y la distancia entre los extremos de ambos apéndices ronda los 27 m. Por otra parte, hay que señalar que, en las inmediaciones de ese espacio, se advierten varios pitones rocosos correspondientes a un afloramiento de sílex.

Fecha de registro: 14.04.2005.

Bibliografía: Sáenz de Buruaga, A. 2010a, p. 122, fig. 124.

مجموعة ابنية جنائزية من نوع تيميليس بقاعدة ازميلة ام اڭنينة، الى الجنوب الشرقي

الناحية: ميجك.

القطاع/المنطقة: ميجك، الى الجنوب ـ سبخة ام اڭنينة.

المكان المحدد: قاعدة صخرية.

تيبولوجية/صنف الموضوع المحدد: مجموعة ابنية جنائزية من نوع تيميليس.

كرونولوجية/النطاق الزمني للعنصر: ما بعد العصر الحجري القديم: من تقاليد العصر الحجري الحديث.

الوصـــف: مجموعة من ثلاثة ابنية جنائزية، تيميليس، تقع بالقاعدة القريبة الى "ازميلة" ام اڭنينة، حوالى 750 مترا الى الجنوب الشرقي منها، اثنان من هذه المعالم لها شكل نصف كروي وقواعد بيضاوية، يصل اكبرها الى 10×9×0،70 مترا، اما الثالث فهو قاعدة تيميليس جنائزيـــة على شكل V، وجسمه المركزي نصف دائري مستوي، تبلغ مساحته 4×3×0،40 متر، وله قرنان متطوران من حوالى 15 مترا على التوالى. هذا النموذج عثر عليه مفتوحا باتجاه الجنوب الشرقي، والمسافة الفاصلة بين طرفيه كلا هما، تبلغ 27 مترا. ومن جهة اخرى يبنبغي الاشارة الى انه تلاحظ بضاحي ذلك المكان، عدة نتوءات صخرية تسجيب للمواد الصوانية.

تاريخ التسجيل: 14 - 04 - 2005.

المراجع: Sáenz de Buruaga, A. 2010 a, p. 122. fig. 124.

ENSEMBLE TUMULAIRE PLATEFORME BASE SMEILA OUM AGNEINA SE

Région: Mijek.

Secteur/Aire: Mijek S – Sebkha d'Oum Agneina.

Emplacement: Plateforme pierreuse.

Typologie: Ensemble tumulaire.

Chronologie: Postpaléolithique: de tradition néolithique.

Description: Série de 3 tumulus localisés dans la plateforme à la base immédiate à la "smeila" d'Oum Agneina, à environ 750 m au sud-est de la même. Deux des monuments sont hémisphériques de plan ovale, atteignant le plus grand d'entre eux 10x9x0,70 m Le troisième est une plateforme tumulaire en V au corps central hémisphérique aplati, de 4x3x0,40 m, et deux antennes bien développées, d'environ 15 m respectivement. Cet exemplaire se trouve ouvert vers le sud-est et la distance entre les extrêmes de chaque appendice approche 27 m D'autre part, il faut signaler que l'on avertit, aux alentours de cet espace, plusieurs pitons rocheux correspondant à un affleurement de silex.

Date d'enregistrement: 14.04.2005.

Bibliographie: Sáenz de Buruaga, A. 2010a, p. 122, fig. 124.

140

KIDHIET MIJEK E/NE-1 GAINEKO TUMULU MULTZOA

Eskualdea: Mijek.

Sektorea/Eremua: Mijek-eko lautada – Kihiet Mijek-eko mendiak.

Kokalekua: Gain harritsua.

Tipologia: Tumulu-multzoa.

Kronologia: Paleolito ondokoa: tradizio neolitikokoa.

Deskribapena: Serie honetan 7 tumulu biltzen dira, Kidhiet Mijek E-ko kanpoaldeko sektorearen ipar-ekialdeko gainaren inguruan. Oro har, formatu hemisferikoa dute eta oinplanoak obalatuak eta zirkularrak. Ale handienak 5 metroko diametroa eta 0,70 metroko altuera ditu.

Erregistratze-data: 2008.02.22

CONJUNTO TUMULAR PROMONTORIO KIDHIET MIJEK E/NE-1

Región: Mijek.

Sector/Área: Planicie de Mijek – Montañas de Kidhiet Mijek.

Emplazamiento: Promontorio rocoso.

Tipología: Conjunto tumular.

Cronología: Postpaleolítico: de tradición neolítica.

Descripción: Serie de 7 túmulos emplazados en torno al promontorio más nororiental del sector exterior de Kidhiet Mijek E. En general, son de formato hemisférico y sus plantas ovaladas y circulares. El mayor de los ejemplares alcanza los 5 m de diámetro y los 0,70 m de altura.

Fecha de registro: 22.02.2008.

مجموعة ابنية جنائزية من نوع تيميليس، بمرتفع كدية ميجك، الى الشرق و الشمال الشرقيE/NE-1

الناحية: ميجك.

القطاع /المنطقة: سهل ميجك ـ جبال كدية ميجك.

المكان المحدد: مرتفع صخري.

تيبولوجية/صنف الموضوع المحدد: مجموعة ابنية اثرية جنائزية من نوع تيميليس.

كرونولوجية/النطاق الزمني للعنصر: ما بعد العصر الحجري القديم: من تقاليد العصر الحجري الحديث.

الوصـــــف: سلسلة تتكون من 7 ابنية جنائزية من نوع تيميليس، توجد حول المرتفع الواقع في اقصى الشمال الشرقي، من القطاع الخارجي من كدية ميجك، الى الشرق. وهي بصفة عامة ذات اشكال نصف كروية، ولها قواعد دائرية وبيضاوية. الاغلبية من هذه النماذج تصل مساحاتها القطرية 5 امتار وعلوها 0،70 من المتر.

تاريخ التسجيل: 22 - 02 - 2008.

ENSEMBLE TUMULAIRE PROMONTOIRE KIDHIET MIJEK E/NE-1

Région: Mijek.

Secteur/Aire: Plaine de Mijek – Montagnes de Kidhiet Mijek.

Emplacement: Promontoire rocheux.

Typologie: Ensemble tumulaire.

Chronologie: Postpaléolithique: de tradition néolithique.

Description: Série de 7 tumulus localisés dans l'entourage du promontoire plus nord-oriental du secteur extérieur de Kidhiet Mijek E. En général, leur format est hémisphérique et leurs plans ovales et circulaires. Le plus grand des exemplaires atteint 5 m de diamètre et 0,70 m de hauteur.

Date d'enregistrement: 22.02.2008.

141

PUNTA SMEILA GLEIBAT ETHIBA 5-SE TUMULU MULTZOA

Eskualdea: Duguech.

Sektorea/Eremua: Zug E – Zug-Oum Âbana-ko mendiak.

Kokalekua: Tontor harritsua.

Tipologia: Tumulu-multzoa.

Kronologia: Paleolito ondokoa: tradizio neolitikokoa.

Deskribapena: Tontor magmatiko txiki desegin baten gainean, Gleibat Ethiba 5-eko "smeila"-tik 300 m hego-ekialdera, tumulu hemisferiko bat dago, harrizko kokalekuko harkaitz belzkarekin egina. Oinplano obalatua du eta neurriak hauek dira: 8x6x0,90 m. Horretaz gain, hortik 100 hegoaldera eta beste tontor harritsu txiki baten gainean beste bi tumulu lautu daude: batek 8x7x0,60 m ditu eta besteak 4x3,5x0,50 m.

Erregistratze-data: 2007.03.18

CONJUNTO TUMULAR PUNTA SMEILA GLEIBAT ETHIBA 5-SE

Región: Duguech.

Sector/Área: Zug E – Montañas de Zug-Oum Âbana.

Emplazamiento: Pitón rocoso.

Tipología: Conjunto tumular.

Cronología: Postpaleolítico: de tradición neolítica.

Descripción: Sobre un ligero pitón magmático desmantelado, ubicado a unos 300 m al SE de la "smeila" de Gleibat Ethiba 5, hay un túmulo hemisférico construido con las negruzcas rocas del asiento pétreo. Su planta es ovalada y las dimensiones del monumento se encuentran próximas a los 8x6x0,90 m. Además, unos 100 m al S de éste, y sobre otro pequeño pitón rocoso hay emplazados dos túmulos más de tipo aplanado: uno alcanza los 8x7x0,60 m y el otro los 4x3,5x0,50 m.

Fecha de registro: 18.03.2007.

مجموعة ابنية جنائزية من نوع تيميليس على قمة "ازميلة" بـڭليبات الذيبـــة، الى الجنـــوب الشرقـــي .5-SE

الناحية: الدوڭج.

القطاع/المنطقة: زوڭ الى الشرق ـ جبال زوڭ ـ ام اعبانه.

المكان المحدد: مرتفع صخري.

تيبولوجية/صنف الموضوع المحدد: مجموعة جنائزية من نوع تيميليس.

كرونولوجية/النطاق الزمني للعنصر: ما بعد العصر الحجري القديم: من تقاليد العصر الحجري الحديث.

الوصـــف: فوق مرتفع بسيط ذي صخور بركانية مفكك، يوجد على بعد حوالى 300 متر الى الجنوب الشرقي من "ازميلة" ڭليبات الذيبة 5، يوجد هناك مبنى جنائزي من نوع تيميليس، شكله نصف كروي، تم بناءه على مقعد حجري بصخور سوداء. قاعدته بيضاوية الشكل، ومساحته الاجمالية تقارب 8×6×0،90 متر، والى الجنوب منه حوالى 100 متر، على مرتفع حجري صغير اخر، يوجد ايضا مبنيين جنائزيين من نوع تيميليس مستوييْ الشكل، تبلغ مساحة الاول 8×7×0،60 مترا، والثاني 4×3،50×0،50 متر.

تاريخ التسجيل: 18 - 03 - 2007.

ENSEMBLE TUMULAIRE POINTE SMEILA GLEIBAT ETHIBA 5-SE

Région: Duguech.

Secteur/Aire: Zug E – Montagnes de Zug-Oum Âbana.

Emplacement: Piton rocheux.

Typologie: Ensemble tumulaire.

Chronologie: Postpaléolithique: de tradition néolithique.

Description: Sur un léger piton magmatique démantelé, localisé à environ 300 m au sud-est de la “smeila” de Gleibat Ethiba 5, il y a un tumulus hémisphérique, construit avec les noirâtres roches de l’assise pierreuse. Son plan est ovale et les dimensions du monument approchent 8x6x0,90 m De plus, à envrion 100 m au sud de celui-ci, et sur un petit piton rocheux se trouvent emplacés deux tumulus de type aplati; l’un atteint 8x7x0,60 m et l’autre 4x3,5x0,50 m

Date d’enregistrement: 18.03.2007.

142

SEBJA-DHÂYA ÂLAM E TUMULU MULTZOA

Eskualdea: Agüenit.

Sektorea/Eremua: Agüenit N – Âlam-eko Sebja-dhâya.

Kokalekua: Sebja ertza.

Tipologia: Tumulu-multzoa.

Kronologia: Paleolito ondokoa: tradizio neolitikokoa.

Deskribapena: Âlam-eko sebja-"dhâya"-ren ekialdeko ertzaren gainean hogei tumuluz baino gehiagoz osatutako multzoa dago. Tipologia askotarikoa da: tumulu-plataformak, tumulu hemisferiko sinpleak eta lautuak, kraterdunak, kono-enbor formakoak, gorakorrak eta abar. Horietako zenbaitek blokeez osatutako indargarria duten perimetroan eta monumentu konplexuagoen adibideak ere badira. Adibidez, 3 egitura lau-ganbil elkartuta tumulu-plataforma bat eratu da, 14 metroko diametroa eta 0,70 metroko altuera dituen espazio bat osatuz. Monumentu ikusgarriak ere badira, goratutako plataforma baten gainean edo bloke perimetrikoen zirkulu baten barnealdean. Adibidez, tumulu-monumentu hemisferiko bat (20 metroko diametroa eta 1,50 metroko altuera), korridorea duena, plataforma lau baten gainean dago eta bloke perimetrikoz mugatuta dago. Beste bat plataforma harritsuen gainean dagoen monumentu mailakatua da: kanpoko plataformak 28 metroko diametroa du eta barrukoak 11,5 metrokoa; 2,50 m inguruko altuera du. Kono-enbor formako beste ale bat ere bada, 17 metroko diametroa eta 3 metroko altuera dituena, eta hego-ekialdera agian sarrera zena izan dezake 53 metroko diametroa duen espazio zirkular handi baten barruan. Espazio zirkular hori bloke perimetroz osatutako eraztun batek mugatzen du.

Erregistratze-data: 2009.02.27

CONJUNTO TUMULAR SEBJA-DHÂYA ÂLAM E

Región: Agüenit.

Sector/Área: Agüenit N – Sebja-dhâya de Âlam.

Emplazamiento: Reborde de sebja.

Tipología: Conjunto tumular.

Cronología: Postpaleolítico: de tradición neolítica.

Descripción: Sobre el reborde oriental de la sebja-"dhâya" de Âlam hay una agrupación superior a las 2 decenas de túmulos. Su tipología es variada: plataformas tumulares, túmulos hemisféricos simples y aplanados, con cráter, troncocónicos, en creciente, etc. Varios de ellos incorporan un refuerzo perimétrico de bloques y hay casos de monumentos más complejos. Así, una plataforma tumular se ha configurado por la anexión de 3 estructuras plano-convexas, definiendo, todo ello, un espacio de 14 m de diámetro y 0,70 m de alto. Hay, también, varios casos de monumentos espectaculares dispuestos sobre una plataforma realzada o en el interior de un círculo de bloques perimétricos. Así, por ejemplo, un monumento tumular hemisférico con corredor, emplazado sobre una plataforma plana, delimitada con bloques perimétricos, de 20 m de diámetro y 1,50 m de alto. Otro, es un monumento escalonado sobre plataformas pedregosas: la plataforma exterior es de 28 m de diámetro y la interior de 11,5 m; su altura, ronda los 2,50 m. Otro más, configura un ejemplar troncocónico de 17 m de diámetro y 3 m de alto, con una posible entrada al SE que se halla en el interior de un gran espacio circular, de 53 m de diámetro, definido por un anillo de bloques perimétricos.

Fecha de registro: 27.02.2009.

مجموعة جنائزية من نوع تيميليس - ظاية العالم، الى الشرق

الناحية: اغوينيت.

القطاع/ المنطقة: اغوينيت الى الشمال - سبخة - ظاية العالِم.

المكان المحدد: حافة سبخة.

تيبولوجية/صنف الموضوع المحدد: مجموعة ابنية جنائزية من نوع تيميليس.

كرونولوجية/النطاق الزمني للعنصر: ما بعد العصر الحجري القديم: من تقاليد العصر الحجري الحديث.

الوصــــف: على الحافة الغربية من السبخة - "ظاية" العالم، يوجد تجمع يفوق عدده عشرين من ابنية تيميليس الاثرية الجنائزية التي لها اشكال متعددة: تيميليس على شكل منصة، وتيميليس نصف كروي بسيط مستوي، واخرى مفوهة، ومخروطية ناقصة، وهلالية الشكل، الخ. واغلبيتها محاطة بدعامات من الكتل الصخرية، وتوجد حالات من هذه المعالم اكثرتعقيدا، كما هو الشأن بالنسبة لمنصة جنائزية مركبة من ثلاثة مباني اثرية مستوية - محدبة. ويشكل ذلك كله مساحة قطرها 14 مترا، وبعلو قدره 0،70 مترا. وهناك عدة حالات من المعالم الاثرية الضخمة، موضوعة فوق منصات مرفوعة، او بداخل نطاق من ألكتل الصخرية المحيطة، على سبيل المثال، معلم جنائزي نصف كروي وله ممر، يوجد فوق منصة مستوية، قطرها محدد بالكتل الصخرية، ويصل 20 مترا، ويبلغ علوه 1،50 مترا. ومعلم اثري اخر تم ترتيبه فوق منصتين حجريتين: المنصة الخارجية يبلغ قطرها 28 مترا، والداخلية 11،5 متر، يصل علو المعلم يصل2،50 متر. ومعلم اخر ايضا يشكل نموذجا مخروطيا ناقصا، قطره من 17 مترا، وعلوه ثلاثة امتار، مع امكانية مدخل الى الجنوب الشرقي منه، والذي يوجد بداخل مساحة دائرية كبيرة، قطرها من 53 مترا، محددة بحلقة من الكتل الصخرية المحيطة.

تاريخ التسجيل: 27 - 02 - 2009.

ENSEMBLE TUMULAIRE SEBKHA-DHÂYA ÂLAM E

Région: Agüenit.

Secteur/Aire: Agüenit N – Sebkha-dhâya d'Âlam.

Emplacement: Rebord de sebkha.

Typologie: Ensemble tumulaire.

Chronologie: Postpaléolithique: de tradition néolithique.

Description: Sur le rebord oriental de la sebkha-"dhâya" d'Âlam il y a un groupement supérieur aux 2 dizaines de tumulus. Leur typologie est variée: plateformes tumulaires, tumulus hémisphériques simples et aplatis, à cratère, tronconiques, en croissant, etc. Plusieurs incorporent un renfort périmétrique de blocs et il y a des cas de monuments plus complexes. Ainsi, une plateforme tumulaire est configurée par l'annexion de 3 structures plano-convexes, définissant, le tout compris, un espace de 14 m de diamètre et 0,70 m de hauteur. Il y a, aussi, plusieurs cas de monuments spectaculaires disposés sur une plateforme rehaussée ou à l'intérieur d'un cercle de blocs périmétriques. Ainsi, par exemple, un monument tumulaire hémisphérique à corridor, localisé sur une plateforme plaine délimitée par des blocs périmétriques, de 20 m de diamètre et 1,50 m de hauteur. Un autre, c'est un monument échelonné sur des plateformes pierreuse: la plateforme extérieure fait 28 m de diamètre et l'intérieure 11,5 m; sa hauteur approche 2,50 m Encore un autre, configure un exemplaire tronconique de 17 m de diamètre et 3 m de hauteur, avec une possible entrée au sud-est qui se trouve à l'intérieur d'un grand espace circulaire, de 53 m de diamètre, défini par un anneau de blocs périmétriques.

Date d'enregistrement: 27. 02. 2009.

143

SEBJA EL JATHRA TUMULU MULTZOA

Eskualdea: Agüenit.

Sektorea/Eremua: Agüenit N – El Jathra-ko sebja.

Kokalekua: Sebja ertza.

Tipologia: Tumulu-multzoa.

Kronologia: Paleolito ondokoa: tradizio neolitikokoa.

Deskribapena: El Jathra-ko sebjaren mendebaldeko lobuluaren kanpo-perimetroan hogeitik gora tumulu daude. Kontzentraziorik handiena ipar-ekialdean dagoen tontor harritsu baten inguruan aurki daiteke, 17 tumulu baitaude. Tipologia nagusia hemisferiko sinplea da baina hemisferiko lautuak, gorakorrak eta tumulu-plataforma antzekoak ere badira. Hemisferikoen artean, handienak 9 metroko diametroa eta 1,70 metroko altuera ditu. Monumentu ikusgarriena kraterdun hemisferiko bat da; 10 metroko diametroa eta 1,20 metroko altuera ditu eta goratutako plataforma harritsu baten gainean dago, blokez osatutako ertz perimetriko eta guzti (25 metroko diametroa eta 0,50 metroko altuera).

Erregistratze-data: 2009.02.28

CONJUNTO TUMULAR SEBJA EL JATHRA

Región: Agüenit.

Sector/Área: Agüenit N – Sebja de El Jathra.

Emplazamiento: Reborde de sebja.

Tipología: Conjunto tumular.

Cronología: Postpaleolítico: de tradición neolítica.

Descripción: En el perímetro exterior del lóbulo occidental de la sebja de El Jathra se encuentran dispuestos algo más de una veintena de túmulos. La mayor concentración se produce en torno a un pitón rocoso situado al NE, donde se agrupan 17 de ellos. Su tipología es, predominantemente, hemisférica simple y hay también algunos otros tipos hemisféricos aplanados, en creciente y a modo de plataformas tumulares. Entre los hemisféricos, el mayor de ellos alcanza los 9 m de diámetro y 1,70 m de alto. El monumento más espectacular es uno hemisférico con cráter, de 10 m de diámetro y 1,20 m de alto, dispuesto sobre una plataforma pedregosa realzada, con reborde perimétrico de bloques, de 25 m de diámetro y 0,50 m de alto.

Fecha de registro: 28.02.2009.

مجموعة جنائزية من نوع تيميليس بالسبخة الخظره

الناحية: اغوينيت.

القطاع/المنطقة: اغوينيت، الى الشمال ـ السبخة الخظره.

المكان المحدد: حافة سبخة.

تيبولوجية/ صنف الموضوع المحدد: مجموعة جنائزية من نوع تيميليس.

كرونولوجية/النطاق الزمني للعنصر: ما بعد العصر الحجري القديم: من تقاليد العصر الحجري الحديث.

الوصـــف: لقد تم العثورعلى اكثر من 20 مبنى جنائزيا من نوع تيميليس، مبنية في المحيط الخارجي من الطرف الغربي من السبخة الخظره، يتمركز معظمها في مرتفع صخري يوجد بالجهة الشمالية الشرقية، حيث تتجمع 17 منها هناك، وتسود في غالبيتها الاشكال النصف الكروية البسيطة، مع ان هناك ايضا انواعا اخرى باشكال نصف كروية مستوية، وهلالية، وعلى هيئة منصة تيميليس. الاكبر من بين هذه الاشكال النصف كروية، تصل مساحة قطره 9 امتار، وارتفاعه 1،70 مترا. و المعلم المثير للانتباه اكثر هو ذلك الذي شكله نصف كروي مفوه، البالغة مساحة قطره 10 امتار، و ارتفاع 1،20 متر، تم وضعه فوق منصة حجرية مرتفعة، تحيطها حافة من الكتل الصخرية، يصل قطرها 25 مترا، وذات ارتفاع يبلغ 0،50 مترا.

تاريخ التسجيل: 28 - 02 - 2009.

ENSEMBLE TUMULAIRE SEBKHA EL JATHRA

Région: Agüenit.

Secteur/Aire: Agüenit N – Sebkha d'El Jathra.

Emplacement: Rebord de sebkha.

Typologie: Ensemble tumulaire.

Chronologie: Postpaléolithique: de tradition néolithique.

Description: Sur le périmètre extérieur du lobe occidental de la sebkha d'El Jathra se trouvent disposés un peu plus d'une vingtaine de tumulus. La plus grande concentration se produit dans l'entourage d'un piton rocheux situé au nord-est, où il y a un groupement de 17. Leur typologie est à prédominance hémisphérique simple et il y a aussi quelques autres hémisphériques aplatis, en croissant et en guise de plateformes tumulaires. Parmi les hémisphériques, le plus grand atteint 9 m de diamètre et 1,70 m de hauteur. Le monument plus spectaculaires est un hémisphérique à cratère qui fait 10 m de diamètre et 1,20 m de hauteur, disposé sur une plateforme pierreuse rehaussée, paré d'un rebord périmétrique de blocs de 25 m de diamètre et 0,50 m de hauteur.

Date d'enregistrement: 28.02.2009.

144

SEBJA ENFAJ W-1 TUMULU MULTZOA

Eskualdea: Duguech.

Sektorea/Eremua: Duguech S – Enfaj-eko sebja.

Kokalekua: Sebja ertza.

Tipologia: Tumulu-multzoa.

Kronologia: Paleolito ondokoa: tradizio neolitikokoa.

Deskribapena: Serie hori hogei bat tumuluk osatzen dute; Enfaj-eko sebjaren kanpoko perimetroaren mendebaldeko sektorean dauden ezponda harritsuen gainean kokatuta daude. Morfologia hemisferiko sinplea duten monumentuak dira nagusi eta oinplanoen diseinuak zirkularrak eta obalatu-antzekoak dira. Halaber, formatu gorakorreko zenbait ale ere badira multzoan. Alerik handiena hemisferikoa da (14x12x1,70 m).

Erregistratze-data: 2007.03.16

CONJUNTO TUMULAR SEBJA ENFAJ W-1

Región: Duguech.

Sector/Área: Duguech S – Sebja de Enfaj.

Emplazamiento: Reborde de sebja.

Tipología: Conjunto tumular.

Cronología: Postpaleolítico: de tradición neolítica.

Descripción: Serie próxima a la veintena de túmulos emplazados sobre unos taludes rocosos existentes en el sector occidental del perímetro exterior de la sebja de Enfaj. Predominan los monumentos de morfología hemisférica simple, mostrando sus plantas diseños circulares y tendentes a lo ovalado. Hay asimismo en el conjunto algunos tipos de formato en creciente. El ejemplar de mayor envergadura es un hemisférico que ronda los 14x12x1,70 m.

Fecha de registro: 16.03.2007.

مجموعة ابنية جنائزية من نوع تيميلس بسبخة انفاخ، الى الغرب W-1

الناحية: الدوڭج.

القطاع/المنطقة: الدوڭج، الى الجنوب ـ سبخة انفاخ.

المكان المحدد: حافة سبخـــة.

تيبولوجية/صنف الموضوع المحدد: مجموعة جنائزية من نوع تيميليس.

كرونولوجية/النطاق الزمني للعنصر: ما بعد العصر الحجري القديم: من تقاليد العصر الحجري الحديث.

الوصـــف: مجموعة تتكون من قرابة العشرين من الابنية الاثرية الجنائزية من ونوع تيميليس، تقع في منحدرات حجرية، موجودة بالقطاع الغربي من المحيط الخارجي لسبخة انفاخ، اغلبها على شكل نصف كروي بسيط، وقد صممت قواعدها بصورة دائرية تميل الى الشكل البيضاوي. وهناك كذلك البعض من هذه المجموعة مبني على شكل هلال. والنموذج الاكثر امتدادا من بين هذه الابنية له شكل نصف كروية تبلغ مساحته 14×12×1،70 متر.

تراريخ التسجيل: 16 - 03 - 2007.

ENSEMBLE TUMULAIRE SEBKHA ENFAJ W-1

Région: Duguech.

Secteur/Aire: Duguech S – Sebkha d'Enfaj.

Emplacement: Rebord de sebkha.

Typologie: Ensemble tumulaire.

Chronologie: Postpaléolithique: de tradition néolithique.

Description: Série approchant la vingtaine de tumulus localisés sur des talus rocheux existant dans le secteur occidental du périmètre extérieur de la sebkha d'Enfaj. Prédominent les monuments de morphologie hémisphérique simple, montrant des plans aux dessins circulaires et plutôt ovales. Il y a également dans l'ensemble quelques types au format croissant. L'exemplaire de plus grande envergure est un hémisphérique qui approche 14x12x1,70 m.

Date d'enregistrement: 16.03.2007.

145

SEBJA HASHIAT DRÂA-OUM ÂBANA SE-1 TUMULU MULTZOA

Eskualdea: Duguech.

Sektorea/Eremua: Zug E – Azefal-go Erg-a (Zug-Oum Âbana-ko mendiak).

Kokalekua: Sebja.

Tipologia: Tumulu-multzoa.

Kronologia: Paleolito ondokoa: tradizio neolitikokoa.

Deskribapena: Gutxienez hamar bat tumuluz osatutako multzoa da eta tumulu guztiak Hashiat Drâa-Oum Âbana SE-ko sebjaren iparraldeko sektorearen inguruan pilatuta daude. Funtsean, tipologia hemisferikoa (sinplea eta lautua) dute eta, halaber, tumulu-plataforma txikiren bat ere bada. Monumentu garrantzitsuenetako bat morfologia obalatua duen mega-tumulu bat da (neurriak: *ca.* 26x22x2,5 m); egiturari dagokionez, elkarren ondoan dauden bi tumulu handiz osatuta dago (bata hemisferiko sinplea da eta bestea lautuagoa).

Erregistratze-data: 2006.11.03

CONJUNTO TUMULAR SEBJA HASHIAT DRÂA-OUM ÂBANA SE-1

Región: Duguech.

Sector/Área: Zug E – Erg de Azefal (Montañas de Zug-Oum Âbana).

Emplazamiento: Sebja.

Tipología: Conjunto tumular.

Cronología: Postpaleolítico: de tradición neolítica.

Descripción: Conjunto formado, al menos, por una decena de túmulos concentrados en torno al sector septentrional de la sebja de Hashiat Drâa-Oum Âbana SE. Son, fundamentalmente, de tipología hemisférica (simple y aplanada) y hay asimismo alguna pequeña plataforma tumular. Uno de los monumentos más considerables es un verdadero megatúmulo de morfología ovalada, de *ca.* 26x22x2,5 m, formado estructuralmente por la conjunción de dos grandes túmulos adyacentes entre sí (uno hemisférico simple y el otro más aplanado).

Fecha de registro: 11.03.2006.

مجموعة ابنية جنائزية من نوع تيميليس بسبخة حاشيت اذراع ام اعبانه، الى الجنوب الشـــرقي SE-1

الناحية: الدوݣج.

القطاع/المنطقة: زوݣ الى الشرق ـ عرق ازفال (جبال زوݣ ـ ام اعبانه).

المكان المحدد: سبخـــــة.

تيبولوجية/صنف الموضوع المحدد: مجموعة ابنية جنائزية من نوع تميليس.

كرونولوجية/النطاق الزمني للعنصر: ما بعد العصر الحجري القديم: من تقاليد العصر الحجري الحديث.

الوصـــف: مجموعة مكونة مما لايقل عن دزينة من الابنية الجنائزية، من نوع تيميليس، متركزة في نطاق القطاع الشمالي من سبخة حاشيت اذراع ام اعبانه، الى الجنوب الشرقي. انها اساسا من صنف نصف كروي (مستوية بسيطة)، كما ان هناك ايضا منصة جنائزية صغيرة. احد هذه المعالم يعتبر المبنى الجنائزي الاكبر، وهو على شكل بيضاوي، تبلغ مساحته حوالى 26×22×2،5 متر، مشكل هيكليا من قبرين جنائزيين مقترنين، متاخمين لبعضهما (احدهما نصف كروي بسيط، والاخر مستوي).

تاريخ التسجيل: 11 - 03 - 2006.

ENSEMBLE TUMULAIRE SEBKHA HASHIAT DRÂA-OUM ÂBANA SE-1

Région: Duguech.

Secteur/Aire: Zug E – Erg d'Azefal (Montagnes de Zug-Oum Âbana).

Emplacement: Sebkha.

Typologie: Ensemble tumulaire.

Chronologie: Postpaléolithique: de tradition néolithique.

Description: Ensemble composé, au moins, par une douzaine de tumulus concentrés autour du secteur septentrional de la sebkha de Hashiat Drâa-Oum Âbana SE. Ils sont de typologie fondamentalement hémisphérique (simple et aplatie) et il y a également quelque petite plateforme tumulaire. Un des monuments plus considérables est un véritable mégatumulus de morphologie ovale, de *ca.* 26x22x2,5 m, formé structurellement par la conjonction de deux grand tumulus adjacents entre eux (l'un hémisphérique simple et l'autre un peu plus aplati).

Date d'enregistrement: 11.03.2006.

146

SMEILA KARRASHIET 3 TUMULU MULTZOA

Eskualdea: Duguech.

Sektorea/Eremua: Zug – Azefal-go Erg-a (Karrashiet-eko sebja).

Kokalekua: Muino-hegala.

Tipologia: Tumulu-multzoa.

Kronologia: Paleolito ondokoa: tradizio neolitikokoa.

Deskribapena: Karrashiet 3ko "smeila"-ren hegoaldeko profilari atxikitako 6 tumulu, gutxienez, biltzen dira serie honetan. Multzo hau Smeila Karrashiet 6-ko tumulu-multzoaren egiturazko zatitzat hartu behar da; multzo horretatik 100 metrotara dago eta, topografiari dagokionez, iparraldeko gune beheragotu bat okupatzen du. Aleek askotariko tipologiak eta tipometriak dituzte. Izan ere, "bazina" antzeko forma duen batek (12,5x9,5x0,70 m) goiko aldean ganbera ireki bat du. Beste bi hemisferiko lautuak dira eta egitura enbor-zirkularra dute; batek 4,5 metroko diametroa x 0,40 metroko altuera eta besteak 3 metroko diametroa x 0,30 metroko altuera dituzte, hurrenez hurren. Bukatzeko, ale hemisferiko sinple bat 10,5x9x1,20 m baino handiagoa da.

Erregistratze-data: 2005.04.08

CONJUNTO TUMULAR SMEILA KARRASHIET 3

Región: Duguech.

Sector/Área: Zug - Erg de Azefal (Sebja de Karrashiet).

Emplazamiento: Ladera de colina.

Tipología: Conjunto tumular.

Cronología: Postpaleolítico: de tradición neolítica.

Descripción: Serie, al menos, de 6 túmulos anexos al perfil meridional de la "smeila" de Karrashiet 3. Esta agrupación debe de entenderse como una parte estructural del conjunto tumular de la Smeila Karrashiet 6, de la que se halla separada unos 100 m y por relación a la que ocupa, topográficamente, una zona septentrional más deprimida. Los ejemplares son de variadas tipologías y tipometrías. Así, un tipo tendente a "bazina", con cámara abierta en su parte superior, alcanza los 12,5x9,5x0,70 m. Otros dos, en este caso, hemisféricos aplanados y de configuración tronco-circular, rondan los 4,5 m de diámetro x 0,40 m de alto y los 3 m de diámetro x 0,30 m de alto, respectivamente. Finalmente, un ejemplar hemisférico simple supera los 10,5x9x1,20 m.

Fecha de registro: 08.04.2005.

مجموعة ابنية جنائزية من نوع تيميليس بـ"ازميلة" الكراشيات 3

الناحية: الدوكَج.

القطاع/المنطقة: زوكَ ـ عرق ازفال (سبخة الكراشيات).

المكان المحدد: واجهة من تل.

تيبولوجية/صنف الموضوع المحدد: مجموعة جنائزية من نوع تيميليس.

كرونولوجية/النطاق الزمني للعنصر: ما بعد العصر الحجري القديم: من تقاليد العصر الحجري الحديث.

الوصـــف: سلسلة تتكون على الاقل من 6 ابنية جنائزية من نوع تيميليس، مرفقة بالواجهة الجنوبية من "ازميلة" الكراشيات 3. هذا التجمع ينبغي فهمه كجزء من الابنية الجنائزية الموجودة بازميلة الكراشيات 6، التي تفصلها عنها حوالى 100 متر، وهي منطقة تعتبر، فيما يتعلق بتصنيفها الجغرافي، جد منخفضة و واقعة الى الشمال. وهذه النماذج متفاوتة من حيث الاصناف والمساحات. هكذا فاحدها يميل الى شكل "بازينا" ، وله سياج مفتوح من جانبه العلوي، تبلغ مساحته حوالى 12،5×9،5×0،70 متر. واثنان اخران، في هذه الحالة، على شكليْ: نصف كروى مستوي، ودائري مبتور. تبلغ مساحتهما على التاوالي: 4،5 متر قطرا، و 0،40 علوا، و3 امتار قطرا 0،30 علوا. واخيرا نموذج نصف كروي بسيط، تتجاوز مساحته 10،5×9×1،20 مترا.

تاريخ التسجيل: 08 - 04 - 2005.

ENSEMBLE TUMULAIRE SMEILA KARRASHIET 3

Región: Duguech.

Secteur/Aire: Zug - Erg d'Azefal (Sebkha de Karrashiet).

Emplacement: Flanc de colline.

Typologie: Ensemble tumulaire.

Chronologie: Postpaléolithique: de tradition néolithique.

Description: Série d'au moins 6 tumulus annexes au profil méridional de la "smeila" de Karrashiet 3. Ce groupement doit être entendu comme une partie structurelle de l'ensemble tumulaire de la Smeila Karrashiet 6, de laquelle il est éloigné de quelques 100 m et, par rapport à celle qu'il occupe, topographiquement, une zone septentrionale plus déprimée. Les exemplaires présentent un grand assortiment typologique et typométrique. Ainsi, un type à tendance "bazina", à chambre ouverte dans sa partie supérieure, atteint 12,5x9,5x0,70 m Deux autres, dans ce cas, hémisphériques aplatis et de configuration tronco-circulaire, approchent 4,5 m de diamètre x 0,40 m de hauteur et 3 m de diamètre x 0,30 m de hauteur, respectivement. Finalement, un exemplaire hémisphérique simple qui dépasse 10,5x9x1,20 m

Date d'enregistrement: 08.04.2005.

147

SMEILA KARRASHIET 1/4 TUMULU MULTZOA

Eskualdea: Duguech.

Sektorea/Eremua: Zug – Azefal-go Erg-a (Karrashiet-eko sebja).

Kokalekua: Muino-hegala.

Tipologia: Tumulu-multzoa.

Kronologia: Paleolito ondokoa: tradizio neolitikokoa.

Deskribapena: Karrashiet 1-eko eta 4-ko "smeilen" arteko lursail beheratu batean dozena bat pasatxo tumulu-monumentu pilatzen dira. Formatu hemisferiko lautua duten 9 alez osatutako multzoa erdiko aldean dago eta zenbait ale elkarren ondoan daude. Gainerakoak hego-ekialdeko sektorean sakabanatuta daude eta motarik garrantzitsuenetako bat aurki daiteke bertan: 3 tumulu hemisferiko sinple elkarren ondoan jarrita osatuta dagoena, *ca.* 23x15x1,70 m inguru dituena.

Erregistratze-data: 2005.04.08

CONJUNTO TUMULAR SMEILA KARRASHIET 1/4

Región: Duguech.

Sector/Área: Zug - Erg de Azefal (Sebja de Karrashiet).

Emplazamiento: Ladera de colina.

Tipología: Conjunto tumular.

Cronología: Postpaleolítico: de tradición neolítica.

Descripción: En una depresión del terreno emplazada entre las "smeilas" de Karrashiet 1 y 4 se concentran más de una docena de monumentos tumulares. Una agrupación de 9 ejemplares de formato hemisférico aplanado se sitúa en torno a la parte central, mostrándose algunos de ellos adyacentes entre sí. El resto tiende a repartirse por el sector suroccidental, donde se puede advertir uno de los tipos más relevantes: formado por la yuxtaposición de 3 túmulos hemisféricos simples que llega a totalizar los *ca.* 23x15x1,70 m.

Fecha de registro: 08.04.2005.

مجموعة ابنية جنائزية بـ"ازميلة" الكراشيات 1/4

الناحية: الدوڭج.

القطاع/المنطقة: زوڭ ـ عرق ازفال (سبخة الكراشيات).

المكان المحدد: واجهة تل.

تيبولوجية/صنف الموضوع المحدد: مجموعة ابنية جنائزية من نوع تيميليس.

كرونولوجية/النطاق الزمني للعنصر: ما بعد العصرالحجري القديم: من تقاليد العصرالحجري الحديث.

الوصـــف: في منخفض من الارض، يقع بين "ازميلات" الكراشيات 1 و 4، تتمركز اكثرمن دزينة من معالم التيميليس الجنائزية، من بينها مجموعة تتكون من 9، ذات شكل نصف كروي مستوي، توجد في الجهة الداخلية، جزء منها متاخم بعضه لبعض، والجزء الآخر يتوزع في القطاع الجنوبي الغربي، حيث يمكن ملاحظة احد اكثر هذه الانواع اهمية: تشكلة من 3 ابنية جنائزية متجاورة، نصف كروية بسيطة، تصل مساحتها تقريبا 23×15×1،70 مترا.

تاريخ التسجيل: 08 - 04 - 2005.

ENSEMBLE TUMULAIRE SMEILA KARRASHIET 1/4

Région: Duguech.

Secteur/Aire: Zug - Erg d'Azefal (Sebkha de Karrashiet).

Emplacement: Flanc de colline.

Typologie: Ensemble tumulaire.

Chronologie: Postpaléolithique: de tradition néolithique.

Description: Sur une dépression du terrain localisée parmi les "smeilas" de Karrashiet 1 et 4 se concentrent plus d'une douzaine de monuments tumulaires. Un groupement de 9 exemplaires au format hémisphérique aplati se situe autour de la partie centrale, quelques-uns adjacents entre eux. Le reste est distribué dans le secteur sud-occidental, où l'on avertit un des types plus relevants: formé par la juxtaposition de 3 tumulus hémisphériques simples qui atteignent *ca.* 23x15x1,70 m

Date d'enregistrement: 08.04.2005.

148

SEBJA KARRASHIET E-1 TUMULU MULTZOA

Eskualdea: Duguech.

Sektorea/Eremua: Zug – Azefal-go erg-a (Karrashiet-eko sebja).

Kokalekua: Sebja.

Tipologia: Tumulu-multzoa.

Kronologia: Paleolito ondokoa: tradizio neolitikokoa.

Deskribapena: Karrashiet-eko sebjaren ekialdeko kanpo-perimetroaren inguruan 2 tumulu-monumentu daude. Bat egungo ertzetik oso gertu dago, hemisferiko sinplea da eta 7 metroko diametroa eta 0,60 metroko altuera du. Bestea aurrekotik 150 metro hego-ekialdera dago eta oso handia delako nabarmentzen da. Megatumulu hemisferiko puntaduna da, konoforma duena, eta mendebaldeko hegalean tumulu hemisferiko txikiren bat du ondoan jarrita, bai eta hego-mendebaldeko sektorerantz bideratutako plataforma lau-ganbil erantsia ere. Ale horren neurriak: 35x30x6 m. Hain handia izaki, Oum Âbana E-ko eta SE-ko tumulu handiak gogorarazten ditu.

Erregistratze-data: 2009.03.05

Bibliografia: Saenz de Buruaga, A., 2010a, 171. or., 191. irudia.

CONJUNTO TUMULAR SEBJA KARRASHIET E-1

Región: Duguech.

Sector/Área: Zug – Erg de Azefal (Sebja de Karrashiet).

Emplazamiento: Sebja.

Tipología: Conjunto tumular.

Cronología: Postpaleolítico: de tradición neolítica.

Descripción: En torno al perímetro exterior oriental de la sebja de Karrashiet se hallan emplazados 2 monumentos tumulares. Uno, muy cerca del actual borde, es hemisférico simple, de unos 7 m de diámetro y 0,60 m de alto. El otro, a unos 150 m al SE de éste, llama la atención por su gran envergadura. Se trata, en efecto, de un verdadero megatúmulo de tipo hemisférico apuntado, coniforme, en cuya ladera occidental muestra yuxtapuesto algún pequeño túmulo hemisférico, y con una plataforma plano-convexa aneja dispuesta hacia el sector SW. Las dimensiones de este ejemplar rondan los 35x30x6 m. Recuerda, por su monumentalidad, a los grandes túmulos de Oum Âbana E y SE.

Fecha de registro: 05.03.2009.

Bibliografía: Sáenz de Buruaga, A. 2010a, p. 171, fig. 191.

مجموعة جنائزية من نوع تيميليس بسخة الكراشيات، الى الشـرق E -1

الناحية: الدوڭج.

القطاع/المنطقة: زوڭ - عرق ازفال (سبخة الكراشيات).

المكان المحدد: سبخة.

صنف الموضوع المحدد: مجموعة جنائزية من نوع تيميليس.

كرونولوجية/النطاق الزمني للعنصر: مابعد العصر الحجري القديم: من تقاليد العصر الحجري الحديث.

الوصـــــف: مبنيان اثريان من نوع تيميليس، تم العثور عليهما حول المحيط الخارجي الشرقي من سبخة الكراشيات، احدهما قريب من حافتها الحالية، شكله نصف كروي بسيط، قطره من حوالى 7 امتار، وعلوه 0،60 من المتر. وهناك اخر يبعد عنه بـ 150 مترا الى الجنوب الشرقي وهو ملفت للانتباه نظرا لحجمه الكبير، فهو مبنى جنائزي عملاق، ذو شكل نصف كروي مخروطي حاد، يلتسق به من الجهة الغربية مبنى تيميليس اخر صغير ذو شكل نصف كروي، وذو قاعدة مستوية محدبة، متجهة الى الناحية الجنوبية الغربية منه، تبلغ مساحته 35×30×6 متر، يذكر من حيث طبيعته الاثرية، بتلك الموجودة في ام اعبانه، الى الشرق والجنوب الشرقي.

تاريخ التسجل: 05 - 03 - 2009.

المراجع: Sáenz de Buruaga, A. 2010 a, p. 171, fig. 191.

ENSEMBLE TUMULAIRE SEBKHA KARRASHIET E-1

Région: Duguech.

Secteur/Aire: Zug – Erg d'Azefal (Sebkha de Karrashiet).

Emplacement: Sebkha.

Typologie: Ensemble tumulaire.

Chronologie: Postpaléolithique: de tradition néolithique.

Description: Autour du périmètre extérieur oriental de la sebkha de Karrashiet se trouvent localisés 2 monuments tumulaires. L'un, très proche de l'actuel bord, est hémisphérique simple, d'environ 7 m de diamètre et 0,60 m de hauteur. L'autre, à environ 150 m au sud-est de celui-ci, saillit par sa grande envergure. Il s'agit, en effet, d'un véritable mégatumulus de type hémisphérique pointé, coniforme, dont le flanc occidental montre en juxtaposition un petit tumulus hémisphérique, et à plateforme plano-convexe annexe orientée vers le secteur sud-ouest. Les dimensions de cet exemplaire approchent 35x30x6 m Il rappelle, par sa monoumentalité, les grands tumulus d'Oum Âbana E et SE.

Date d'enregistrement: 05.03.2009.

Bibliographie: Sáenz de Buruaga, A. 2010a, p. 171, fig. 191.

149

SMEILA OUM AGNEINA TUMULU MULTZOA

Eskualdea: Mijek.

Sektorea/Eremua: Mijek S – Oum Agneina-ko sebja.

Kokalekua: Muinoa.

Tipologia: Tumulu-multzoa.

Kronologia: Paleolito ondokoa: tradizio neolitikokoa.

Deskribapena: Hasierako seriean 4 tumulu daude; Oum Agneina-ko "smeila"-ren gailurreko ekialdeko sektorearen inguruan eta bertara iristeko hegalean kokatuta daude. Monumentuek formatu hemisferiko lautua dute eta obalo-itxurako oinplanoa. Handienak 6x5x0,50 m ditu. Sorta osatzeko, beste 3 tumulu daude erliebearen hegoaldeko hegaletik gertu.

Erregistratze-data: 2005.04.14

CONJUNTO TUMULAR SMEILA OUM AGNEINA

Región: Mijek.

Sector/Área: Mijek S – Sebja de Oum Agneina.

Emplazamiento: Colina.

Tipología: Conjunto tumular.

Cronología: Postpaleolítico: de tradición neolítica.

Descripción: Serie inicial de 4 túmulos emplazados en torno al sector oriental de la cima de la "smeila" de Oum Agneina y sobre su ladera inmediata de acceso. Los monumentos son de formato hemisférico aplanado y sus plantas tienden a lo ovalado. El mayor de ellos alcanza los 6x5x0,50 m. El repertorio se completa con otros 3 túmulos más situados en las cercanías de la ladera meridional del relieve.

Fecha de registro: 14.04.2005.

مجموعة ابنية جنائزية من نوع تيميليس بزميلة ام اڭنينة

الناحية: ميجـــــك.

القطاع/المنطقة: ميجك، الى الجنوب ـ سبخة ام اڭنينة.

المكان المحدد: تل.

تيبولوجية/صنف الموضوع المحدد: مجموعة ابنية جنائزية من نوع تيميليس.

كرونولوجية/النطاق الزمني للعنصر: ما بعد العصر الحجري القديم: من تقاليد العصر الحجري الحديث.

الوصـــــف: سلسلة اولية تتكون من اربعة ابنية جنائزية، موجودة حول القطاع الشرقي من قمة "ازميلة" ام اڭنينة، وفوق الجانب الاقرب الى نقطة الدخول. هذه المعالم لها اشكال نصف كروية مستوية، وقاعدتها تميل الى الشكل البيضاوي، واكبرها تصل مساحته 6×5×0،50 مترا. هذه المجموعة تلتحق بمجموعة اخرى تتكون من 3 ابنية جنائزية من نوع تيميليس، توجد على مشارف الواجهة الجنوبية من التضاريس.

تاريخ التسجيل: 14 - 04 - 2005.

ENSEMBLE TUMULAIRE SMEILA OUM AGNEINA

Région: Mijek.

Secteur/Aire: Mijek S – Sebkha d'Oum Agneina.

Emplacement: Colline.

Typologie: Ensemble tumulaire.

Chronologie: Postpaléolithique: de tradition néolithique.

Description: Série initiale de 4 tumulus localisés autour du secteur oriental du sommet de la "smeila" d'Oum Agneina et sur le flanc immédiat d'accès. Les monuments ont un format hémisphérique aplati et leurs plans ont une tendance ovale. Le plus grand d'entre eux atteint 6x5x0,50 m Le répertoire se complète avec 3 autres tumulus situés aux alentours du flanc méridional du relief.

Date d'enregistrement: 14.04.2005.

150

SMEILA TAMNAIRATN 1 TUMULU MULTZOA

Eskualdea: Mijek.

Sektorea/Eremua: Adam Ahmed Molud-eko lautada – Tamnairatn-eko smeilak.

Kokalekua: Muinoa.

Tipologia: Tumulu-multzoa.

Kronologia: Paleolito ondokoa: tradizio neolitikokoa.

Deskribapena: Tamnairatn 1-eko "smeila"-ren gainean eraikitako 3 tumuluz osatutako multzoa. Horietako bi erliebearen goiko aldean daude: iparraldean dagoena hemisferiko lautua da, oinplano zirkularra du eta 6 metroko diametroa eta 0,30 metroko altuera ditu (ondoan hilobi islamiko bat du); mendebaldean kokatuta dagoena aurrekotik 30 bat metrotara dago, antzeko motakoa da eta 9 metroko diametroa eta 0,30 metroko altuerara iristen da. Hirugarren alea aurrekoetatik 80 m mendebaldera dago, muinoaren oinarritik gertu dagoen gune batean; hemisferiko sinplea da, oinplanoa bat dator formatu zirkularrarekin eta 11 metroko diametroa eta 1,60 metroko altuera ditu. Inguruan hilobi islamiko bat dago. Hiru monumentuak, funtsean, bloke silizeoekin eraiki dira, "smeila"-n bertan dagoen azaleratzetik hartuta.

Erregistratze-data: 2007.03.10

CONJUNTO TUMULAR SMEILA TAMNAIRATN 1

Región: Mijek.

Sector/Área: Planicie de Adam Ahmed Molud – Smeilas de Tamnairatn.

Emplazamiento: Colina.

Tipología: Conjunto tumular.

Cronología: Postpaleolítico: de tradición neolítica.

Descripción: Conjunto formado por 3 túmulos levantados sobre la "smeila" de Tamnairatn 1. Dos de ellos se encuentran en la parte superior del relieve: el situado al N es hemisférico aplanado, de planta circular, ronda los 6 m de diámetro y los 0,30 m de alto, disponiéndose junto a él una tumba islámica; el emplazado al W, a unos 30 m del anterior, es de similar tipología y alcanza los 9 m de diámetro y los 0,30 m de altura. El tercero de los ejemplares está desplazado unos 80 m al W de los anteriores, en un espacio próximo ya a la base de la colina: es de tipo hemisférico simple, su planta se ajusta al formato circular, sus dimensiones se aproximan a los 11 m de diámetro y los 1,60 m de alto y en sus inmediaciones se ha ejecutado una sepultura islámica. Los tres monumentos se han construido, fundamentalmente, a base de bloques silíceos recogidos del afloramiento presente en la misma "smeila".

Fecha de registro: 10.03.2007.

مجموعة ابنية جنائزية من نوع تيميليس بازميلة تامنيراتن 1

الناحية: ميجك.

القطاع/المنطقة: عظم احمد مولود ـ ازميلة تامنيراتن.

المكان المحدد: تل.

تيبولوجية/صنف الموضوع المحدد: مجموعة ابنية اثرية من نوع تيميليس.

كرونولوجية/النطاق الزمني للعنصر: ما بعد العصر الحجري القديم: من تقاليد العصر الحجري الحديث.

الوصـــف: مجموعة مكونة من ثلاثة ابنية جنائزية من نوع تيميليس، مبنية فوق"ازميلة" تامنيراتن 1، اثنتان منها في الجهة العلوية من التضاريس، والشمالي منها ذو شكل نصف كروي مستوي فوق قاعدة دائرية، تبلغ مساحة قطره 6 امتار و 0،30 من المتر ارتفاعا فوق سطح الارض، يرقد الى جانبه قبر اسلامي. ان الذي يوجد الى الجهة الغربية، على بعد 30 مترا عن السابق هو من صنف مشابه، ويبلغ قطره 9 امتار وارتفاعه 0،30 متر. والنموذج الثالث ينزاح غربا عن السالفة الذكر، بحوالي 80 مترا، في مجال قريب من قاعدة التل، وهو من النوع نصف الكروي البسيط، وتتخذ قاعدته شكلا دائريا، مساحته تقارب 11 مترا من حيث القطر، وارتفاعه 1،60 متر، وثمة قبر اسلامي قد دخل الى قريب منه. المعالم الاثرية الثلاثة تم بناءها، اساسا، على قاعدة من صخورالصوان المأخوذة من النتوءات الموجودة بنفس "الزميلة".

تاريخ التسجيل:10 - 03 - 2007.

ENSEMBLE TUMULAIRE SMEILA TAMNAIRATN 1

Région: Mijek.

Secteur/Aire: Plaine d'Adam Ahmed Molud – Smeilas de Tamnairatn.

Emplacement: Colline.

Typologie: Ensemble tumulaire.

Chronologie: Postpaléolithique: de tradition néolithique.

Description: Ensemble formé par 3 tumulus érigés sur la "smeila" de Tamnairatn 1. Deux d'entre eux se trouvent dans la partie supérieure du relief: celui situé au nord est hémisphérique aplati, de plan circulaire, approchant 6 m de diamètre et 0,30 m de hauteur, à côté duquel est disposée une tombe islamique; celui emplacé à l'ouest, à environ 30 m de l'antérieur, est de semblable typologie et atteint 9 m de diamètre et 0,30 m de hauteur. Le troisième des exemplaires est déplacé 80 m à l'ouest des antérieurs, dans un espace proche déjà de la base de la colline: il est de type hémisphérique simple, son plan adopte un format circulaire, ses dimensions approchent 11 m de diamétre et 1,60 m de hauteur et aux alentours a été exécutée une sépulture islamique. Les trois monuments ont été construits, fondamentalement, au moyen de blocs siliceux extraits de l'affleurement présent sur la "smeila" même.

Date d'enregistrement: 10.03.2007.

151

SMEILAT SHIKSHAK-erdiko eremua TUMULU MULTZOA

Eskualdea: Duguech.

Sektorea/Eremua: Zug E – Zug-Oum Âbana-ko mendiak (Shikshak-eko janga).

Kokalekua: Muinoa.

Tipologia: Tumulu-multzoa.

Kronologia: Paleolito ondokoa: tradizio neolitikokoa.

Deskribapena: Shikshak-eko igarobidearen erdiko zatian elkarren ondoko 2 "smeila" daude, iparraldetik hegoalderantz, eta elkarren artean 700 m daude. Bi erliebeetan, bai eta bien tarteko ibilbidean ere, gutxienez 97 tumulu aurki daitezke. Monumentuen tipologia askotarikoa da: hemisferiko sinple eta lautuak (oinplano zirkular eta obalatuekin), kraterdunak, plataforma harritsuen gainean, gorakorrak, tumulu-formako plataformak eta abar. Halaber, ale berezi bat plataforma baten gaineko tumulua da, baina blokez osatutako eraztun zentrokide bikoitzaren bitartez mugatuta dago. Multzoaren batez besteko neurriak: 10 metroko diametroa eta 1,50 metroko altuera, baina plataforma gaineko zenbait aleren kasuan, 25-30 metroko diametroa eta 2 metroko altuerara ere iristen dira.

Erregistratze-data: 2009.03.06

Bibliografia: Saenz de Buruaga, A. *et alii* 2009, 18-19 or., 6. arg.

CONJUNTO TUMULAR SMEILAT SHIKSHAK-área central

Región: Duguech.

Sector/Área: Zug E – Montañas de Zug-Oum Âbana (Janga de Shikshak).

Emplazamiento: Colina.

Tipología: Conjunto tumular.

Cronología: Postpaleolítico: de tradición neolítica.

Descripción: En la parte central del paso de Shikshak hay 2 "smeilas" consecutivas, orientadas de N a S, y separadas entre sí unos 700 m. En ambos relieves, así como en el trayecto comprendido entre ellos, se computan, al menos, 97 túmulos. Los monumentos son de tipología muy variada: hemisféricos simples y aplanados (de plantas circulares y ovaladas), con cráter, sobre plataforma pedregosa, en creciente, plataformas tumuliformes, etc. Hay asimismo algún ejemplo singular de túmulo sobre plataforma delimitada por un doble anillo concéntrico de bloques. Las dimensiones medias del conjunto rondan los 10 m de diámetro y los 1,50 m de alto, si bien hay varios ejemplos sobre plataforma que se aproximan a los 25-30 m de diámetro y 2 m de altura.

Fecha de registro: 06.03.2009.

Bibliografía: Sáenz de Buruaga, A. *et alii* 2009, p. 18-19, fot. 6.

مجموعة جنائزية من ابنية تيميليس بازميلات الشكشاك (المنطقة الوسطى)

الناحية: الدوڭج.

القطاع/المنطقة: زوڭ الى الشرق - جبال زوڭ - ام اعبانه (خنـڭة الشكشاك).

المكان المحدد: تـــــل.

تيبولوجية/صنف الموضوع المحدد: مجموعة جنائزية من نوع تيميليس.

كرونولوجية/النطاق الزمني للعنصر: ما بعد العصر الحجري القديم: من تقاليد العصر الحجري الحديث.

الوصـــــف: تلاَّن اثنان: "ازميلات" تفصل بينهما حوالى سبعة مئة متر (700)، احداهما جنوب الاخرى، في الجهة الوسطى من معبر الشكشاك، ويوجد بتضاريس كل منهما، كما بالمنطقة الفاصلة بينهما، ما لا يقل عن 97 من ابنية تيميليس، التي تم احصاءها، وهي جد مختلفة من حيث الاشكال، فالنصف كروية البسيطة المستوية، ذات القاعدة الدائرية البيضاوية، والمفوهة، والمبنية على منصة حجرية، فالتي على شكل هلال، ثم التي على صورة منصة تيميليس، الخ. كما ان هناك ايضا نموذجا وحيدا، من ابنية تيميليس، فوق منصة محددة بحلقة مزدوجة ومركزة، من الكتل الصخرية. والمساحة المتوسطة لاقطار هذه المجموعة، تبلغ 10 امتار، بينما يصل ارتفاعها 1،50 متر، في حين ان هناك العديد من النماذج مبنية فوق منصات، تقارب اقطارها من 25 الى 30 مترا، ومتران (2) علوا.

تاريخ التسجيل: 06 - 03 - 2009.

المراجع: Sáenz de Buruaga, A. et alii 2009, p. 18-19, fot. 6.

ENSEMBLE TUMULAIRE SMEILAT SHIKSHAK-área central

Région: Duguech.

Secteur/Aire: Zug E – Montagnes de Zug-Oum Âbana (Janga de Shikshak).

Emplacement: Colline.

Typologie: Ensemble tumulaire.

Chronologie: Postpaléolithique: de tradition néolithique.

Description: Dans la partie centrale du passage de Shikshak il y a 2 «smeilas» consécutives, d'orientation nord-sud, et séparées entre elles environ 700 m Sur les deux reliefs, ainsi que sur le trajet compris entre eux, on compte, au moins, 97 tumulus. Les monuments sont de typologie très variée: hémisphériques simples et aplatis (de plan circulaire et ovale), à cratère, sur plateforme pierreuse, en croissant, plateformes tumulaires, etc. Il y a également quelque exemple singulier de tumulus sur plateforme délimitée par un double anneau concentrique de blocs. Les dimensions moyennes de l'ensemble approchent 10 m de diamètre et 1,50 m de haut, si bien il y a plusieurs exemples sur plateforme qui approchent 25-30 m de diamètre et 2 m de hauteur.

Date d'enregistrement: 06.03.2009.

Bibliographie: Sáenz de Buruaga, A. *et alii* 2009, p. 18-19, phot. 6.

152

ETHABÂA N-1 HARANEKO TUMULU MULTZOA

Eskualdea: Mijek.

Sektorea/Eremua: Mijek-eko lautada – Kihiet Mijek-eko mendiak.

Kokalekua: Oued ertza.

Tipologia: Tumulu-plataformen multzoa.

Kronologia: Paleolito ondokoa: zehaztugabea.

Deskribapena: Harrizko hormatxo multzoa da; Ethabâa haran-hondoaren iparraldeko sektorean daude, oued baten bidearen ondo-ondoan. 0,5 hektarea inguru dituen gune baten gainean daude. Seriean, tipologiari dagokionez, egitura zuzenak eta zirkularrak elkarren ondoan daude eta, noizean behin, obulu-forma luzanga duten tumuluak ere izaten dira inguruan. Hein batean, lehendik erregistratutako Kidhiet Mijek N-2-ko tumulu-multzoa gogorarazten dute.

Erregistratze-data: 2007.03.11

CONJUNTO TUMULAR VALLE ETHABÂA N-1

Región: Mijek.

Sector/Área: Planicie de Mijek – Montañas de Kidhiet Mijek.

Emplazamiento: Reborde de oued.

Tipología: Conjunto de plataformas tumulares.

Cronología: Postpaleolítico: indeterminada.

Descripción: Conjunto de muretes pétreos emplazados en el sector septentrional del fondo del valle de Ethabâa, e inmediatos al curso de un oued. Se hallan dispuestos sobre una considerable superficie: de en torno a las 0,5 hect. La serie viene definida tipológicamente por estructuras rectas y circulares anejas entre sí, acompañadas eventualmente de algunos ejemplos tumulares de formatos ovalados alargados. Recuerdan, en cierta manera, al ya registrado conjunto tumular de Kidhiet Mijek N-2.

Fecha de registro: 11.03.2007.

مجموعة ابنية جنائزية من نوع تيميليس بوادي الظبعة، الى الشمال N-1

الناحية: ميجك.

القطاع/المنطقة: سهل ميجك ـ جبال كدية ميجك.

المكان المحدد: حافة رافد واديٍّ.

تيبولوجية/صنف الموضوع المحدد: مجموعة منصات جنائزية من نوع تيميليس.

كرونولوجية/النطاق الزمني للعنصر: ما بعد العصر الحجري القديم: غير محدد.

الوصـــف: مجموعة من الحزيِّمات الحجرية التي تقع بالقطاع الشمالي من عمق واد الظبعة، قريبا من مجرى احد الروافد. تم العثور عليها مرتبة فوق مساحة من الارض، تبلغ حوالى 0،5 من الهكتار. هذه السلسلة تتحدد من الناحية التصنيفية، من خلال بنائها المستطيل، والدائري المترابط، مرفوقا في بعض الاحيان، ببعض النماذج البنائية الجنائزية، ذات الاشكال البيضاوية المستطيلة، التي تذكر بشكل ما، بتلك المجموعات الجنائزية التي تم تسجيلها بكدية ميجك، الى الشمال N-2.

تاريخ التسجيل: 11 - 03 - 2007.

ENSEMBLE TUMULAIRE VALLÉE ETHABÂA N-1

Région: Mijek.

Secteur/Aire: Plaine de Mijek – Montagnes de Kidhiet Mijek.

Emplacement: Rebord d'oued.

Typologie: Ensemble de plateformes tumulaires.

Chronologie: Postpaléolithique: indéterminée.

Description: Ensemble de murets pierreux localisés dans le secteur septentrional du fond de la vallée d'Ethabâa, et immédiats au cours d'un oued. Ils sont disposés sur une considérable superficie: environ 0,5 hect. La série est définie typologiquement par des structures droites et circulaires annexées, accompagnées éventuellement de quelques exemples tumulaires au format ovale allongé. Ils rappellent, d'une certaine manière, l'ensemble tumulaire déjà registré de Kidhiet Mijek N-2.

Date d'enregistrement: 11.03.2007.

153

ETHABÂA N-2 HARANEKO TUMULU MULTZOA

Eskualdea: Mijek.

Sektorea/Eremua: Mijek-eko lautada – Kihiet Mijek-eko mendiak.

Kokalekua: Oued ertza.

Tipologia: Tumulu-plataformen multzoa.

Kronologia: Paleolito ondokoa: zehaztugabea.

Deskribapena: Bi tumulu-egiturez osatutako multzoa; bi egiturak Ethabâa oued-aren hegoaldeko ertzetik gertu daude, Kidhiet Mijek-eko mendien barrualdean sortutako izen berdineko haranaren iparraldeko zatian. Horietako bat tumulu-plataforma bat da, morfologia zirkularrekoa (*ca.* 4x4x3 m;) bestea 40 m inguruko distantzian dago eta tumulu luzanga bat da, formatu obalatua duena (*ca.* 8x5x1,20 m). Horietaz gain, urrunago baina oued-aren ertze beraren inguruan, diseinu lerromakur irekia duen harrizko hormatxo bat dago eta muturretako baten bukaeran tumulu-plataforma bat du (alearen neurriak: 50x25x0,40 m). Serie honek, halaber, Etabâa N-1 haraneko tumulu-multzoan eta Kidhiet Mijek N-2-ko tumulu-multzoan erregistraturikoak gogorarazten ditu.

Erregistratze-data: 2007.03.11

CONJUNTO TUMULAR VALLE ETHABÂA N-2

Región: Mijek.

Sector/Área: Planicie de Mijek – Montañas de Kidhiet Mijek.

Emplazamiento: Reborde de oued.

Tipología: Conjunto de plataformas tumulares.

Cronología: Postpaleolítico: indeterminada.

Descripción: Conjunto integrado por dos estructuras tumulares, próximas al reborde meridional del oued Ethabâa, en el tramo N del valle de denominación homóloga, formado en el interior de las montañas de Kidhiet Mijek. Una de ellas es una plataforma tumular, de morfología circular, de *ca.* 4x4x3 m; la otra, a unos 40 m de distancia, corresponde a un túmulo alargado, de formato ovalado, de *ca.* 8x5x1,20 m. Además, algo más alejado, si bien en torno al mismo reborde del oued, se encuentra un murete pétreo de diseño curvilíneo abierto que muestra una plataforma tumular como remate en uno de sus extremos: el ejemplar alcanza los 50x25x0,40 m. Esta serie recuerda a las asimismo registradas en el conjunto tumular de Valle Etabâa N-1 y en el conjunto tumular de Kidhiet Mijek N-2.

Fecha de registro: 11.03.2007.

مجموعة ابنية جنائزية من نوع تيميليس، بواد الظبعة، الى الشمـــال N-2

الناحية: ميجك.

القطاع/المنطقة: سهل ميجك ـ جبال كدية ميجك.

المكان المحدد: حافة رافد واديّ.

تيبولوجية/صنف الموضوع المحدد: مجموعة منصات جنائزية من نوع تيميليس.

كرونولوجية/النطاق الزمني للعنصر: ما بعد العصر الحجري القديم: غير محدد.

الوصـــف: مجموعة مكونة من بنائين اثريين جنائزيين من نوع تيميليس، قريبة من الحافة الجنوبية من واد الظبعة، في الفرع الشمالى من الوادي، الذي يحمل نفس الاسم، مشكلة بداخل جبال كدية ميجك. احدها عبارة منصة جنائزية ذات تشكيل دائري، مساحتها حوالى 4×4×3 متر. والاخرى توجد على بعد حوالى 40 مترا، وهي عبارة عن مجموعة جنائزية مستطيلة بشكل بيضاوي، مساحتها من حوالى 8×5×1،20 مترا. وبالاضافة الى ذلك، وعلى مسافة من هناك، ولنقول على حافة الوادي نفسها، يوجد حُزيِّم حجريٌّ، بتصميم منحرف مفتوح، يعرض منصة جنائزية كنقطة اقصى لأحد اطرافه. هذا النموذج تصل مساحته 50×25×0،40 مترا.هذه السلسلة تذكر ايضا بالسلسلة الاخرى التي تم تسجيلها بخصوص المجموعة الجنائزية بوادي الظبعة، الى الشمال N-1 وبالمجموعة الجنائزية بكدية ميجك، الى الشمال N-2.

تاريخ التسجيل:11 - 03 - 2007.

ENSEMBLE TUMULAIRE VALLE ETHABÂA N-2

Région: Mijek.

Secteur/Aire: Plaine de Mijek – Montagnes de Kidhiet Mijek.

Emplacement: Rebord d'oued.

Typologie: Ensemble de plateforme tumulaires.

Chronologie: Postpaléolithique: indéterminée.

Description: Ensemble intégré par deux structures tumulaires, proches du rebord méridional de l'oued Ethabâa, dans le tronçon nord de la vallée d'homologue dénomination, formée à l'intérieur des montagnes de Kidhiet Mijek. L'une d'elles est une plateforme tumulaire, de morphologie circulaire, de *ca.* 4x4x3 m; l'autre, à environ 40 m de distance, correspond à un tumulus allongé, au format ovale de *ca.* 8x5x1,20 m De plus, un peu plus éloigné, bien qu'autour du même rebord de l'oued, se trouve un muret pierreux au dessin curviligne ouvert qui montre une plateforme tumulaire en achèvement de l'un des ses extrêmes: l'exemplaire atteint 50x25x0,40 m Cette série rappelle celles également registrées dans l'ensemble tumulaire de la Vallée d'Etabâa N-1 et dans l'ensemble tumulaire de Kidhiet Mijek N-2.

Date d'enregistrement: 11.03.2007.

154

DHÂYA BUDER BALA S-1

Eskualdea: Agüenit.

Sektorea/Eremua: Agüenit-eko lautada – Buder Bala-ko mendiak.

Kokalekua: Dhâya.

Tipologia: Habitata.

Kronologia: Paleolito ondokoa: tradizio neolitikokoa.

Deskribapena: Buder Bala-ko mendiaren hegoaldeko hegalaren hego-mendebaldera ondo-ondoan dagoen "dhâya"-ren gainazalean, sakabanatuta, Paleolito ondoko historiaurreko industria-ale ugari aurkitu dira eta ingurune hidrografikoarekin loturiko habitatak izan zirela pentsarazten digu horrek. Tresneria litiko landuak aurkitu dira (silex, kuartzo, kuartzita eta dioritazkoak), zeramikazko ontzien zatiak eta objektu leunduak nahiz ehotzekoak.

Erregistratze-data: 2010.02.25

Material Arkeologikoa: *Industria litikoa*: harraskagailuak, karrakagailuak, dentikulatuak, bec edo mokoak, atzealde-puntak eta atzealde-xaflak, bitrunkadura geometriko segmentoideak, foliazeoak, ezkatak; abibatuak, mikrogubilak; lauzak, nukleoak eta debitatu laminarra. *Material zeramikoa*: zati lisoak. *Elementu leunduak*: leungailuak; moletak, errota zatikatuak.

DHÂYA BUDER BALA S-1

Región: Agüenit.

Sector/Área: Planicie de Agüenit – Montañas de Buder Bala.

Emplazamiento: Dhâya.

Tipología: Hábitat.

Cronología: Postpaleolítico: de tradición neolítica.

Descripción: Sobre la superficie de la "dhâya" situada inmediatamente al SW de la ladera meridional de la montaña de Buder Bala, se encuentran esparcidos un considerable número de efectivos industriales prehistóricos postpaleolíticos que sugieren la existencia de hábitats asociados al medio hidrográfico. Se reconocen diversificados utillajes líticos tallados, en sílex, cuarzo, cuarcita y diorita, trozos de recipientes cerámicos y objetos pulimentados y de molienda.

Fecha de registro: 25.02.2010.

Material Arqueológico: *Industria lítica*: raederas, raspadores, denticulados, becs, puntas y láminas de dorso, bitruncaduras geométricas segmentoides, foliáceos, ecaillés; avivados, microburiles; lascas, núcleos y debitado laminar. *Material cerámico*: fragmentos lisos. *Elementos pulimentados*: alisadores; moletas, molinos fragmentarios.

ظاية بودرباله، الى الجنوب S-1

الناحية: اغوينيت.

القطاع/المنطقة: سهل اغوينيت ـ جبال بودرباله.

المكان المحدد: "ظاية".

تيبولوجية/صنف الموضوع المحدد: موائل (سكنات).

كرونولوجية/النطاق الزمني للعنصر: ما بعد العصر الحجري القديم: من تقاليد العصر الحجري الحديث.

الوصـــف: على سطح موقع "الظاية" التي توجد مباشرة الى الجنوب الغربي من الواجهة الجنوبية من جبل بودرباله، يعثر على عدد معتبر من بقايا صناعة عينية، تعود الى ما بعد العصر الحجري القديم من زمن ما قبل التاريخ، والتي تدل على وجود سكنات متعلقة بالوسط الهيدروغرافي. لقد تم التعرف على انواع الادوات الحجرية المنحوتة من الصوان والكوارتز والكوارتزيت والجرانستون، اضافة الى قطع من الاواني الخزفية، واشياء من المطاحن والادوات المصقولة.

تاريخ التسجيل: 25 ـ 02 ـ 2010.

المواد الاثرية: صناعة حجرية: ادوات قطع، مكاشط، مسننات، مناقير، رؤوس صفائحية ذات قفا، مبتورات طرفين هندسية شبه مقوسة، ورقيات، محرشفات، مبرودات، ازاميل صغيرة، رقائق، نويات ومخصومات صفائحية. مواد خزفية: شظايا ملساء. عناصر مصقولة: ادوات صقل، مساحق، رحي مجزأة.

DHÂYA BUDER BALA S-1

Región: Agüenit.

Secteur/Aire: Plaine d'Agüenit – Montagnes de Buder Bala.

Emplacement: Dhâya.

Typologie: Habitat.

Chronologie: Postpaléolithique: de tradition néolithique.

Description: En surface de la «dhâya» située immédiatement au sud-ouest du flanc méridional de la montagne de Buder Bala, se trouvent parsemés un considérable nombre d'effectifs industriels préhistoriques postpaléolithiques qui suggèrent l'existence d'habitats associés au milieu hydrographique. On reconnaît divers outillages lithiques taillés en silex, quartz, quartzite et diorite, des débris de récipients céramiques et des objets polis et de broyage.

Date d'enregistrement: 25. 02. 2010.

Matériel Archéologique: *Industrie lithique*: curettes, racloirs, denticulés, becs et lames à dos, bitroncatures géométriques segmentoïdes, foliacés, écaillés; avivements, microburins; éclats, nucléus et débitage laminaire. *Matériel céramique*: fragments lisses. *Éléments polis*: lissoirs; molettes, moulins fragmentaires.

155

DHÂYA GLEIBAT EL BARKA 1

Eskualdea: Mijek.

Sektorea/Eremua: Mijek S – Gleibat El Barka-ko mendiak.

Kokalekua: Dhâya.

Tipologia: Industria-multzoa.

Kronologia: Erdi Paleolitoa: Ateriensea; Paleolito ondokoa: tradizio neolitikokoa.

Deskribapena: Gleibat El Barka 1-eko harkaitzaren hego-mendebaldeko profilaren ondoan sortutako "dhâya"-ren gainazalean Paleolito ondoko historiaurreko hainbat industria-aztarna agertu dira sakabanatuta: tresneria litiko landuak (silexean, kuartzoan eta kuartzitan), zeramika zatiak, aztarna leunduak eta ehotzekoak eta abar. Era berean, kuartzitazko industria biribilduak ere badira, denboraren eta kulturaren aldetik zaharragoak eta tekno-konplexu aterienseen tipologiaren arrastoa dutenak.

Erregistratze-data: 2010.02.14

Material Arkeologikoa: "Tradizio aterienseko seriea": *Industria litikoa*: punta desbideratuak eta pedunkulatuak. "Tradizio neolitikoko seriea": *Industria litikoa*: harraskagailuak, puntak, dentikulatuak, atzealde-puntak eta atzealde-xaflak, bitrunkadura geometriko (segmentoideak, triangeluarrak eta trapezoideak), foliazeoak, ezkatak; abibatuak, mikrogubilak; lauzak, nukleoak eta debitatu laminarra. *Material zeramikoa*: zati lisoak. *Elementu leunduak*: moletak, pieza leundu errota zatikatuak.

Bibliografia: Saenz de Buruaga, A. *et alii* 2011, 22. or., 11. arg.

DHÂYA GLEIBAT EL BARKA 1

Región: Mijek.

Sector/Área: Mijek S – Montañas de Gleibat El Barka.

Emplazamiento: Dhâya.

Tipología: Conjunto industrial.

Cronología: Paleolítico medio: Ateriense; Postpaleolítico: de tradición neolítica.

Descripción: Sobre la superficie de la "dhâya" formada junto al perfil SW del peñón rocoso de Gleibat El Barka 1 se encuentran esparcidos diversos restos industriales prehistóricos postapaleolíticos: utillajes líticos tallados (en sílex, cuarzo y cuarcita), fragmentos cerámicos, restos pulimentados y de molienda, etc. Hay asimismo algunas industrias rodadas en cuarcita, crono-culturalmente más antiguas e indicios tipológicos de los tecno-complejos aterienses.

Fecha de registro: 14. 02. 2010.

Material Arqueológico: "Serie de tradición ateriense": *Industria lítica*: puntas desviadas y pedunculadas. "Serie de tradición neolítica": *Industria lítica*: raederas, puntas, denticulados, puntas y láminas de dorso, bitruncaduras geométricas (segmentoides, triangulares y trapezoides), foliáceos, ecaillés; avivados, microburiles; lascas, núcleos y debitado laminar. *Material cerámico*: fragmentos lisos. *Elementos pulimentados*: moletas, piezas pulidas fragmentarias.

Bibliografía: Sáenz de Buruaga, A. *et alii* 2011, p. 22, fot. 11.

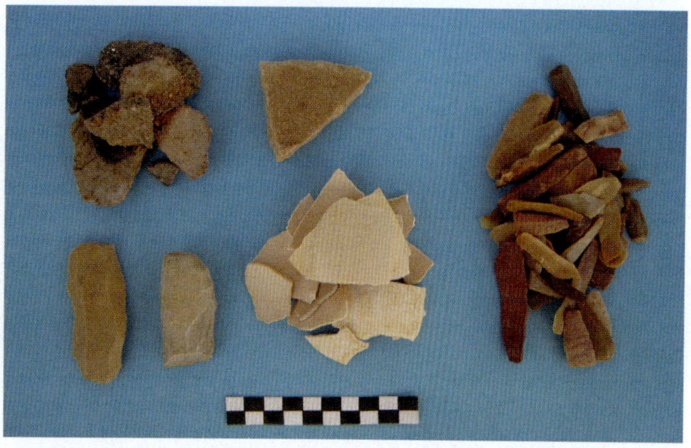

ظاية ڭليبات البركة 1

الناحية: ميجك.

القطاع/المنطقة: ميجك، الى الجنوب ـ جبال اڭليبات البركة.

المكان المحدد: ظاية.

تيبولوجية/صنف الموضوع المحدد: مجموعة من الادوات الصناعية.

كرونولوجية/النطاق الزمني للعنصر: العصر الحجري القديم الاوسط: اتيرينسي؛ ما بعد العصرالحجري القديم: من تقاليد العصر الحجري الحديث.

الوصـــف: على سطح موقع "الظاية" المشكلة قبالة الجهة الجنوبية الغربية من المرتفع الحجري لـڭليبات البركة1، تم العثور على عدة بقايا صناعية متفرقة، تعود لما بعد العصر الحجري القديم، من زمن ما قبل التاريخ: ادوات حجرية منحوتة (من الصوان، الكوارتز والكوارتزيت)، شظايا خزفية، وبقايا رحي وادوات مصقولة، الخ. وهناك ايضا بعض الصناعات المعَدَّة من الكوارتزيت، والتي هي قديمة من الناحية الكرونوثقافية، ومؤشرات من صنف المركبات الفنية التي تخص مرحلة الاتيرينسي.

تاريخ التسجيل: 14 - 02 - 2010.

المواد الاثرية: "سلسلة من تقاليد اتيرينسي": صناعة حجرية: رؤوس منحرفة ومسوقة (ذات ساق). "سلسلة من تقاليد العصر الحجري الحديث": صناعة حجرية: ادوات قطع، رؤوس، مسننات، رؤوس وصفائح ذات قفا، مبتورة طرفين هندسية (شبه مقوسة، مثلثة وشبه منحرفة)، ورقيات، محرشفات، مبرودات، ازاميل صغيرة، رقائق، نويات، ومخصومات صفائحية. مواد خزفية: شظايا ملساء. عناصر مصقولة: مساحق، قطع مصقولة مجزأة.

المراجع: Sáenz de Buruaga, A. et alii 2011, p. 22, fot. 11.

DHÂYA GLEIBAT EL BARKA 1

Région: Mijek.

Secteur/Aire: Mijek S – Montagnes de Gleibat El Barka.

Emplacement: Dhâya.

Typologie: Ensemble industriel.

Chronologie: Paléolithique moyen: Atérien; Postpaléolithique: de tradition néolithique.

Description: En surface de la «dhâya» formée à côté du profil sud-ouest du rocher de Gleibat El Barka 1 se trouvent parsemés divers restes industriels préhistoriques postpaléolithiques: outillages lithiques taillés (en silex, quartz et quartzite), débris céramiques, débris polis et de broyage, etc. Il y a également quelques industries travaillées en quartzite, chronoculturellement plus anciennes et des indices typologiques des techno-complexes atériens.

Date d'enregistrement: 14.02.2010.

Matériel Archéologique: "Série de tradition atérienne": *Industrie lithique*: pointes déviées et pédonculées. "Série de tradition néolithique": *Industrie lithique*: curettes, pointes, denticulés et lames à dos, bitroncatures géométriques (segmentoïdes, triangulaires et trapézoïdales), foliacés, écaillés; avivements, microburins; éclats, nucléus et débitage laminaire. *Matériel céramique*: fragments lisses. *Éléments polis*: molettes, pièces polies fragmentaires.

Bibliographie: Sáenz de Buruaga, A. *et alii* 2011, p. 22, phot. 11.

156

DHÂYA GLEIBAT EL BARKA 2/S-1

Eskualdea: Mijek.

Sektorea/Eremua: Mijek S – Gleibat El Barka-ko mendiak.

Kokalekua: Dhâya.

Tipologia: Industria-multzoa.

Kronologia: Erdi Paleolitoa: Musteriensea (?); Paleolito ondokoa: tradizio neolitikokoa.

Deskribapena: Gleibat El Barka 2-ko mendien hego-ekialdeko zatiaren oinarrian sortutako "dhâya"-ren gainazalean Paleolito ondoko historiaurreko hainbat industria-aztarna aurkitu dira sakabanatuta. Silexean eta kuartzitan landutako ebidentzia litiko asko daude, zeramika zatiak, elementu leunduak eta ehotzekoak eta abar. Halaber, kuartzitazko zenbait arrasto tipologiko ere badira, higatuagoak, eta agian tekno-konplexu musteroideekin loturik egon daitezke.

Erregistratze-data: 2009.02.25

Material Arkeologikoa: "Tradizio musterienseko seriea": *Industria litikoa*: dentikulatuak. "Tradizio neolitikoko seriea": *Industria litikoa*: harraskagailuak, puntak, karrakagailuak, dentikulatuak, atzealde-puntak, foliazeoak; lauzak eta debitatu laminarra. *Material zeramikoa*: zati lisoak. *Elementu leunduak*: aizkorak; errota zatikatuak.

DHÂYA GLEIBAT EL BARKA 2/S-1

Región: Mijek.

Sector/Área: Mijek S – Montañas de Gleibat El Barka.

Emplazamiento: Dhâya.

Tipología: Conjunto industrial.

Cronología: Paleolítico medio: Musteriense (?); Postpaleolítico: de tradición neolítica.

Descripción: Sobre la superficie de la "dhâya" formada al pie del tramo suroriental de las montañas de Gleibat El Barka 2, se encuentran desperdigados diversos restos industriales prehistóricos postpaleolíticos. Se advierten, de esta suerte, un buen número de evidencias líticas talladas en sílex y cuarcita, fragmentos cerámicos, elementos pulimentados y de molienda,... Se reconocen asimismo algunos indicios tipológicos, sobre cuarcita, más erosionados, que acaso puedan correlacionarse con los tecno-complejos musteroides.

Fecha de registro: 25.02.2009.

Material Arqueológico: "Serie de tradición musteriense": *Industria lítica*: denticulados. "Serie de tradición neolítica": *Industria lítica*: raederas, puntas, raspadores, denticulados, puntas de dorso, foliáceos; lascas y debitado laminar. *Material cerámico*: fragmentos lisos. *Elementos pulimentados*: hachas; molinos fragmentarios.

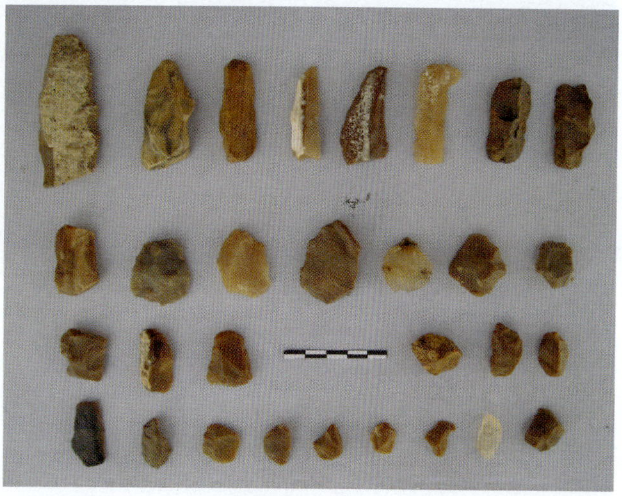

ظاية ڨليبات البركة، الى الجنوب 2/S-1

الناحية: ميجـــــك.

القطاع/المنطقة: ميجك، الى الجنوب ـ جبال ڨليبات البركة.

المكان المحدد: "ظاية".

تيبولوجية/صنف الموضوع المحدد: مجموعة ادوات صناعية.

كرونولوجية/النطاق الزمني للعنصر: العصر الحجريي القديم الاوسط: الموستيري (؟)؛ ما بعد العصر الحجري القديم: من تقاليد العصر الحجري الحديث.

الوصـــــف: فوق سطح موقع "الظاية" المتشكلة بالقرب من القسم الجنوبي الشرقي من جبال ڨليبات البركة2، تم العثور على مختلف البقايا الصناعية المتبعثرة، تعود لما بعد العصر الحجري القديم، من زمن ما قبل التاريخ، ويلاحظ، بخصوص هذه المجموعة، عدد لا بأس به من الاثار الدالة المنحوتة من صخور الصوان، والكوارتزيت، والشظايا الخزفية، وعناصر مصقولة وادوات طحن،... كما تم التعرف ايضا على اصناف اثرية جد متأكلة، فوق صخورالكوارتزيت، والتي ربما تعود للتركيبات الفنية لعصر الموستيري.

تاريخ التسجيل: 25 - 02 - 2009.

المواد الاثرية: "سلسلة من تقاليد الموستيري": صناعة حجرية: مسننات. "سلسلة من تقاليد العصر الحجري الحديث": صناعة حجرية: ادوات قطع، رؤوس، مكاشط، مسننات، رؤوس ذات قفا، ورقيات، رقائق ومخصومات صفائحية. مواد خزفية: شظايا ملساء. عناصر مصقولة: فؤوس؛ رحي مجزأة.

DHÂYA GLEIBAT EL BARKA 2/S-1

Région: Mijek.

Secteur/Aire: Mijek S – Montagnes de Gleibat El Barka.

Emplacement: Dhâya.

Typologie: Ensemble industriel.

Chronologie: Paléolithique moyen: Moustérien (?); Postpaléolithique: de tradition néolithique.

Description: En surface de la "dhâya" formée au pied du tronçon sud-oriental des montagnes de Gleibat El Barka 2, se trouvent parsemés divers restes industriels préhistoriques postpaléolithiques. On avertit, de cette sorte, un bon nombre d'évidences lithiques taillées en silex et quartzite, fragments céramiques, éléments polis et de broyage,... On reconnaît également quelques indices typologiques, en quartzite, plus érodés, qui pourraient-ils peut-être se corréler aux techno-complexes moustéroïdes.

Date d'enregistrement: 25.02.2009.

Matériel Archéologique: "Série de tradition moustérienne": *Industrie lithique*: denticulés. "Série de tradition néolithique": *Industrie lithique*: curettes, pointes, racloirs, denticulés, pointes à dos, foliacés; éclats et débitage laminaire. *Matériel céramique*: fragments lisses. *Éléments polis*: haches; moulins fragmentaires.

DHÂYA LÂARIG S-1

Eskualdea: Mijek.

Sektorea/Eremua: Mijek-eko lautada – Kihiet Mijek-eko mendiak.

Kokalekua: Dhâya.

Tipologia: Industria-multzoa.

Kronologia: Behe Paleolitoa: Achelensea; Paleolito ondokoa: tradizio neolitikokoa.

Deskribapena: Lâarig S-1-eko "dhâya"-ren inguruan dagoen espazioan, hau da, Mijek-eko lautadaren iparraldeko sektorearen inguruan (Basetik 3 km ipar-ekialdera eta Kidhiet Mijek-etik 5 km ekialdera) hainbat lekukotza arkeologiko agertu dira sakabanatuta; besteak beste, kuartzitan landutako industriak nabarmenduko ditugu. Horietako zenbait higatuagoak daude eta zaharragoak ematen dute; agian, Achelensearen garapen aurreratuarekin loturik egon daitezke. Beste zenbait pieza "freskoagoak" dira eta Paleolito ondoko historiaurreko tekno-konplexuekin erlaziona daitezke. Horietaz gain, hein txikiagoan silexean landutako adibide laminarrak ere aurki daitezke, bai eta eskuz egindako zeramika zatiak ere, guztiak ere Paleolito ondoko historiaurreko industriekin loturik.

Erregistratze-data: 2009.09.23

Material Arkeologikoa: "Tradizio achelenseko seriea": *Industria litikoa*: dentikulatuak, alde biko tresnak; lauzak, nukleoak. "Tradizio neolitikoko seriea": *Industria litikoa*: karrakagailuak, dentikulatuak, bek edo mokoak; abibatuak; lauzak, nukleoak eta debitatu laminarra. *Material zeramikoa*: zati lisoak.

DHÂYA LÂARIG S-1

Región: Mijek.

Sector/Área: Planicie de Mijek – Montañas de Kidhiet Mijek.

Emplazamiento: Dhâya.

Tipología: Conjunto industrial.

Cronología: Paleolítico inferior: Achelense; Postpaleolítico: de tradición neolítica.

Descripción: En el espacio que circunda a la "dhâya" de Lâarig S-1, ubicada en torno al sector septentrional de la planicie de Mijek –a unos 3 km al NE de la Base y a unos 5 km al E de Kidhiet Mijek–, se encuentran esparcidos, en superficie, diversos testimonios arqueológicos, entre los que sobresalen las industrias talladas en cuarcita. Unas de éstas, más erosionadas, parecen de cronología antigua y quizás en relación con el desarrollo avanzado del Achelense; otras, más "frescas", pueden vincularse con algunos tecno-complejos prehistóricos postpaleolíticos. Además, se reconocen, en menor medida, ejemplos laminares tallados en sílex y trozos cerámicos a mano relacionados con las industrias prehistóricas postpaleolíticas.

Fecha de registro: 23.09.2009.

Material Arqueológico: "Serie de tradición achelense": *Industria lítica*: denticulados, bifaces; lascas, núcleos. "Serie de tradición neolítica": *Industria lítica*: raspadores, denticulados, becs; avivados; lascas, núcleos y debitado laminar. *Material cerámico*: fragmentos lisos.

ظاية لعريـڭ الى الجنوب S-1

الناحية: ميجـــك.

القطاع/المنطقة: سهل ميجك ـ جبال كدية ميجك.

المكان المحدد: "ظاية".

تيبولوجية/صنف الموضوع المحدد: مجموعة ادوات صناعية.

كرونولوجية/النطاق الزمني للعنصر: العصر الحجري القديم الاسفل: اتشيلينسي؛ ما بعد العصر الحجري القديم: من تقاليد العصر الحجري الحديث.

الوصـــف: في الضواحي المحيطة بظاية لعريـڭ الى الجنوب S-1، وفي نطاق القطاع الشمالي من سهل ميجك ـ حوالى 3 كلمترات الى الشمال الشرقي من القاعدة وحوالى 5 كلمترات الى الشرق من كدية ميجك ـ ، توجد مختلف الشهادات الاثرية المتناثرة، التي تظهر من خلالها صناعات منحوتة من مادة الكوارتزيت، احداها تبدو جد متأكلة، يبدو انها ذات مرجعية زمنية قديمة، ولربما تكون لها علاقة بتطور مرحلة اتشيلينسي؛ وهناك اخرى "طازجة" اكثر، يمكن ان تكون ذات صلة ببعض المركبات الفنية لزمن ما قبل اتاريخ، ما بعد العصر الحجري القديم. وقد تم ايضا التعرف، بصورة اقل، على نماذج منحوتة من الصوان، وقطع من الخزف مصنوعة يدويا، متعلقة كذلك، بصناعات ما قبل التاريخ وما بعد العصر الحجري القديم.

تاريخ التسجيل: 23 ـ 09 ـ 2009.

المواد الاثرية: "سلسلة من تقاليد اتشيلينسي": صناعة حجرية: مسننات، ذات وجهين، رقائق، نويات. "سلسلة من تقاليد العصر الحجري الحديث": صناعة حجرية: مكاشط، مسننات، مناقير،مبرودات، رقائق، نويات، مخصومات صفائحية. مواد خزفية: شظايا ملساء.

DHÂYA LÂARIG S-1

Région: Mijek.

Secteur/Aire: Plaine de Mijek – Montagnes de Kidhiet Mijek.

Emplacement: Dhâya.

Typologie: Ensemble industriel.

Chronologie: Paléolithique inférieur: Acheuléen; Postpaléolithique: de tradition néolithique.

Description: Sur l'espace qui entoure la "dhâya" de Lâarig S-1, localisée autour du secteur septentrional de la plaine Mijek –à environ 3 km au nord-est de la Base et à environ 5 km à l'est de Kidhiet Mijek–, se trouvent parsemés, en surface, divers témoignages archéologiques, parmi lesquels saillissent les industries taillées en quartzite. Quelques-unes parmi celles-ci semblent de chronologie ancienne et peut-être en relation avec le développement avancé de l'Acheuléen; d'autres, plus «fraîches», peuvent être reliées à certains techno-complexes préhistoriques postpaléolithiques. De plus, on reconnaît, en moindre mesure, des exemples laminaires taillés en silex et débris céramiques faits à la main reliés aux industries préhistoriques postpaléolithiques.

Date d'enregistrement: 23.09.2009.

Matériel Archéologique: "Série de tradition acheuléenne": *Industrie lithique*: denticulés, bifaces; éclats, nucléus. "Série de tradition néolithique": *Industrie lithique*: curettes, denticulés, becs; avivements; éclats, nucléus et débitage laminaire. *Matériel céramique*: fragments lisses.

158

DHÂYA, BU LEJZEIMAT E-1 LAUTADA

Eskualdea: Mijek.

Sektorea/Eremua: Mijek N – Bu Lejzeimat-eko mendiak.

Kokalekua: Dhâya.

Tipologia: Habitata.

Kronologia: Paleolito ondokoa: tradizio neolitikokoa.

Deskribapena: Gleb Bu Lejzeimat-eko mendietatik 4 km E.SEra eta Ajuerat-eko mendietatik 8 km ipar-ekialdera, "dhâya" handi-handi bat dago. Horren gainazalean, sakabanatuta, Paleolito ondoko historiaurreko industrien ale ugari agertu dira: batik bat, landutako aztarna litikoak (silexean, kuartzoan eta kuartzitan), bai eta leundutako zenbait ale ere, ehotzeko jarduerekin loturikoak.

Erregistratze-data: 2010.02.13

Material Arkeologikoa: *Industria litikoa*: harraskagailuak, karrakagailuak, dentikulatuak, bec edo mokoak, atzealde-puntak, bitrunkadura geometriko triangeluarrak, foliazeoak, ezkatak; abibatuak; lauzak, nukleoak eta debitatu laminarra. *Elementu leunduak*: moletak.

Bibliografia: Saenz de Buruaga, A. *et alii* 2011, 23. or., 13. arg.

DHÂYA PLANICIE BU LEJZEIMAT E-1

Región: Mijek.

Sector/Área: Mijek N – Montañas de Bu Lejzeimat.

Emplazamiento: Dhâya.

Tipología: Hábitat.

Cronología: Postpaleolítico: de tradición neolítica.

Descripción: A unos 4 km al E.SE de las montañas de Gleb Bu Lejzeimat, y a unos 8 km al NE de las de Ajuerat, se encuentra una "dhâya" de considerables dimensiones. Sobre la superficie de la misma se halla desperdigado un considerable efectivo de industrias prehistóricas postpaleolíticas: fundamentalmente, restos líticos tallados (en sílex, cuarzo, y cuarcita), además de algunos ejemplares pulimentados relacionados con actividades de molienda.

Fecha de registro: 13.02.2010.

Material Arqueológico: *Industria lítica*: raederas, raspadores, denticulados, becs, puntas de dorso, bitruncaduras geométricas triangulares, foliáceos, ecaillés; avivados; lascas, núcleos y debitado laminar. *Elementos pulimentados*: moletas.

Bibliografía: Sáenz de Buruaga, A. *et alii* 2011, p. 23, fot. 13.

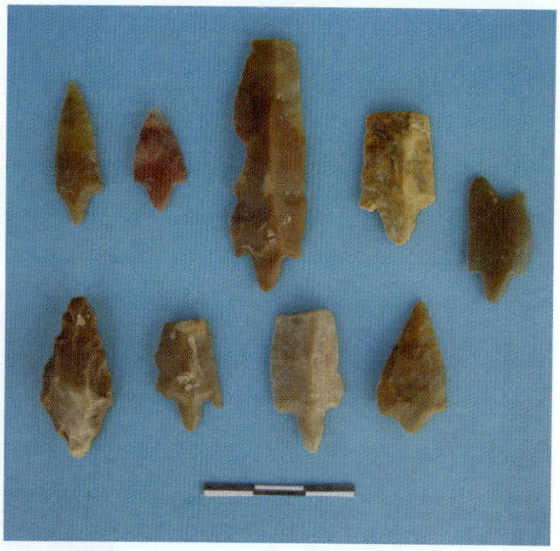

ظاية سهل بولخزيمات، الى الشرق E-1

الناحية: ميجك.

القطاع/المنطقة: ميجك الى الشمال ـ جبال بولخزيمات.

المكان المحدد: "ظاية".

تيبولوجية/صنف الموضوع المحدد: موائل (سكنات).

كرونولوجية/النطاق الزمني للعنصر: ما بعد العصر الحجري القديم: من تقاليد العصر الحجري الحديث.

الوصـــف: على بعد اربعة كلمترات الى الشرق، والى الجنوب الشرقي، من جبال كًليب بولخزيمات، و ثمانية كلمترات الى الشمال الشرقي من اجويرات، يعثر على "ظاية" ذات مساحة معتبرة. وعلى سطح موقع هذه الظاية نفسها، يوجد عدد معتبرمن الصناعات المتبعثرة، تعود الى بما بعد العصر الحجري القديم من زمن ما قبل التاريخ، وخاصة بقايا الحجارة المنحوتة (من الصوان والكوارتز والكوارتزيت)، واضافة الى ذلك توجد انواع اخرى مصقولة متعلقة باعمال الطحن.

تاريخ التسجيل: 13 - 02 - 2010.

المواد الاثرية: صناعة حجرية: ادوات قطع، مكاشط، مسننات، مناقير، رؤوس ذات قفا، مبتورات طرفين هندسية مثلثة، ورقيات، محرشفات، مبرودات، رقائق، نويات، ومخصومات صفائحية. عناصر مصقولة: مساحق.

المراجع: Sáenz de Buruaga, A. et alii 2011, p. 23, fot. 13.

DHÂYA PLAINE BU LEJZEIMAT E-1

Région: Mijek.

Secteur/Aire: Mijek N – Montagnes de Bu Lejzeimat.

Emplacement: Dhâya.

Typologie: Habitat.

Chronologie: Postpaléolithique: de tradition néolithique.

Description: Á environ 4 km à l'est/sud-est des montagnes de Gleb Bu Lejzeimat, et à environ 8 km au nord-est de celles d'Ajuerat, se trouve une «dhâya» de considérable grandeur. En surface de la même se trouve parsemé un considérable effectif d'industries préhistoriques paléolithiques: fondamentalement, restes lithiques taillés (en silex, quartz et quartzite), en plus de quelque exemplaires polis reliés aux activités de broyage.

Date d'enregistrement: 13.02.2010.

Materiel Archéologique: *Industrie lithique*: curettes, racloirs, denticulés, becs, pointes à dos, bitroncatures géométriques triangulaires, foliacés, écaillés; avivements; éclats, nucléus et débitage laminaire. *Éléments polis*: molettes.

Bibliographie: Sáenz de Buruaga, A. *et alii* 2011, p. 23, phot. 13.

159

DRÂA-OUM ÂBANA

Eskualdea: Duguech.

Sektorea/Eremua: Azefal-go erg-a – Zug-Oum Âbana-ko mendiak

Kokalekua: Lautada.

Tipologia: Industria-multzoa.

Kronologia: Paleolito ondokoa: tradizio neolitikokoa.

Deskribapena: Zug-Oum Âbana mendi-lerrokaduratik ekialdera 20 km ingurura kokatutako hainbat "tagerfet" dauden ingurune batean eta hondarrezko kordoi arinez inbadituta, hainbat material arkeologiko daude sakabanatuta. Dunaz inguratuta dagoen espazio horrek 100 x 20 metroko azalera betetzen du eta arrasto gehienak *ca.* 20 x 10 metroko eremu txiki batean daude pilatuta. Silexean, kuartzoan eta obsidianan landutako pieza litiko asko daude, zeramika zatiak, tresna leunduak eta ehotzekoak eta abar; guztiak ere Paleolito ondoko historiaurreko garaikoak.

Erregistratze-data: 2006.03.12

Material Arkeologikoa: *Industria litikoa*: harraskagailuak, puntak, karrakagailuak, dentikulatuak, atzealde-puntak, bitrunkadura geometrikoak (triangeluarrak eta trapezoideak), foliazeoak, gubilak, ezkatak; abibatuak; lauzak, nukleoak eta debitatu laminarra. *Material zeramikoa*: zati lisoak. *Elementu leunduak*: aizkorak, zeio edo opaitzurrak; moletak, errotak; kolpekariak-ingudeak.

DRÂA-OUM ÂBANA

Región: Duguech.

Sector/Área: Erg de Azefal – Montañas de Zug- Oum Âbana.

Emplazamiento: Planicie.

Tipología: Conjunto industrial.

Cronología: Postpaleolítico: de tradición neolítica.

Descripción: En torno a una zona de varios "tagerfet", situados unos 20 km al E de la alineación montañosa de Zug-Oum Âbana, e invadidos por ligeros cordones de arena, se encuentran esparcidos diversos materiales arqueológicos. El espacio, rodeado a su vez de dunas, ocupa una superficie de unos 100 x 20 m, concentrándose la mayor parte de los restos en una pequeña área de *ca.* 20 x 10 m. Se reconoce un buen número de efectivos líticos tallados (en sílex, cuarzo y obsidiana), trozos cerámicos, instrumentos pulimentados y de molienda, etc.; todos ellos, de ambientación prehistórica postpaleolítica.

Fecha de registro: 12.03.2006.

Material Arqueológico: *Industria lítica*: raederas, puntas, raspadores, denticulados, puntas de dorso, bitruncaduras geométricas (triangulares y trapezoides), foliáceos, buriles, ecaillés; avivados; lascas, núcleos y debitado laminar. *Material cerámico*: fragmentos lisos. *Elementos pulimentados*: hachas, azuelas; moletas, molinos; percutores-yunques.

اذراع ـ ام اعبانة

الناحيـــــــــة: الدوكَّج.

القطاع/المنطقة: عرق ازفّال ـ جبال زوكَّ ـ ام اعبانة.

المكان المحدد: سهـــــل.

تيبولوجية / صنف الموضوع المحدد: مجموعة ادوات صناعية.

كرونولوجية/النطاق الزمني للعنصر: ما بعد العصر الحجري القديم: تقاليد العصر الحجري الحديث.

الوصـــــف: ضمن نطاق منطقة من عدة "تغرفاتن"، تقع حوالى 20 كلمترا الى الشرق من المحاذاة الجبلية لزوكَّ ـ ام اعبانة، والتي تغزوها خيوط خفيفة من الرمال، توجد وسائل اثرية مختلفة، متناثرة هناك. ويحتل ذلك المكان المحفوف بالكثبان، مساحة قدرها حوالي 20×100 متر، ويلاحظ رقم لاباس به من مجموعة حجارة منحوتــة (من الصوّان، الكوارتز، السبـــج، الخ)، مجموعات خزفية ، ادوات مصقولة، وادوات طحن ...الخ وكل ذلك حول بيئا ت العصر الحجري القديم في زمن ما قبل التاريخ.

تاريخ التدوين: 12 ـ 03 ـ 2006

المواد الاثريــــة: صناعة حجريــة: ادوات قطع، رؤوس، مكاشط، مسننات، رؤوس مقفاة، مبتورة طرفين هندسية (مثلثة وشبه منحرفة)، ورقيات (على شكل اوراق)، ازاميل، حرشفيات (ذات حراشف)، مبرودات، نويات (من قلب الصخور)، خصوم صفائحية. ادوات خزفية: شظايا ملساء. عناصر مصقولة: فؤوس، ادوات نجارة، مساحق، مطاحن، سنادين.

DRÂA-OUM ÂBANA

Région: Duguech.

Secteur/Aire: Erg d'Azefal – Montagnes de Zug- Oum Âbana.

Emplacement: Plaine.

Typologie: Ensemble industriel.

Chronologie: Postpaléolithique: de tradition néolithique.

Description: Autour d'une zone de plusieurs "tagerfet", situés environ 20 km à l'est de l'alignement montagneux de Zug-Oum Âbana, et envahis par des légers cordons de sable, se trouvent éparpillés divers matériaux archéologiques. L'espace, entouré de dunes à son tour, occupe une superficie d'environ 100 x 20 m, la plupart des restes étant concentrés sur une petite aire de *ca.* 20 x 10 m On reconnaît un bon nombre d'effectifs lithiques taillés (en silex, quartz et obsidienne), débris céramiques, instruments polis et de broyage, etc; la totalité, d'ambiance préhistorique postpaléolithique.

Date d'enregistrement*:* 12.03.2006.

Matériel Archéologique: *Industrie lithique:* racloirs, pointes, curettes, denticulés, pointes à dos, bitroncatures géométriques (triangulaires et trapézoïdales), foliacés, burins, écaillés; avivements; éclats, nucléus et débitage laminaire. *Matériel céramique*: fragments lisses. *Éléments polis*: haches, herminettes; molettes, moulins; percuteurs-enclumes.

160

DRÂA-OUM ÂBANA

Eskualdea: Duguech.

Sektorea/Eremua: Azefal-go erg-a – Zug-Oum Âbana-ko mendiak.

Kokalekua: Lautada.

Tipologia: Industria-multzoa.

Kronologia: Paleolito ondokoa: tradizio neolitikokoa.

Deskribapena: Drâa-Oum Âbana 1-eko tumulu-multzoa kokatuta dagoen oinarrizko eremuaren inguruan, Paleolito ondoko historiaurreko kronologia duen material arkeologiko asko dago, barreiatuta: tresna litiko landuak, zeramika zatiak, elementu leunduak eta ehotzekoak eta abar.

Erregistratze-data: 2006.03.12

Material Arkeologikoa: *Industria litikoa*: harraskagailuak, karrakagailuak, bitrunkadura geometrikoak (segmentoideak eta triangeluarrak), ezkatak; lauzak eta debitatu laminarra. *Material zeramikoa*: zati lisoak eta apainduak. *Elementu leunduak*: aizkora; errota amigdaloidea.

DRÂA-OUM ÂBANA 1

Región: Duguech.

Sector/Área: Erg de Azefal – Montañas de Zug-Oum Âbana.

Emplazamiento: Planicie.

Tipología: Conjunto industrial.

Cronología: Postpaleolítico: de tradición neolítica.

Descripción: En torno al área de base sobre la que se encuentra emplazado el conjunto tumular de Drâa-Oum Âbana 1, se hallan diseminados, en número considerable, variados materiales arqueológicos de cronología prehistórica postpaleolítica: utensilios líticos tallados, trozos cerámicos, elementos pulimentados y de molienda, etc.

Fecha de registro: 12.03.2006.

Material Arqueológico: *Industria lítica*: raederas, raspadores, bitruncaduras geométricas (segmentoides y triangulares), ecaillés; lascas y debitado laminar. *Material cerámico*: fragmentos lisos y decorados. *Elementos pulimentados*: hacha; molino amigdaloide.

اذراع ـ ام اعبانـــة 1

الناحية: الدوگـــج

المنطقة/القطاع: عرق ازفال ـ جبال زوگ ـ ام اعبانة

المكان المحدد: سهـــــل

تيبولوجية/صنف الموضوع المحدد: مجموعة من الادوات الاثرية

كرونولوجية/النطاق الزمني للعنصر: ما بعد العصر الحجري القديم: تقاليد العصر الحجري الحديث

الوصف: في المنطقة القاعدية التي عثر بها على مجمع بناء جنائـزي من نـوع تيميليــس، فـي ام اعبانة 1، يوجد عدد لا بأس به، متفرق من الادوات الاثرية التي تنتمي الى ما بعد العصر الحجري القديم، من زمن ما قبل التاريخ: ادوات حجرية منحوتة، قطع خزفية، عناصر مصقولة، واخرى للطحن...الخ.

تاريخ التسجيل: 12 - 03 - 2006.

المواد الاثريـــــة: صناعة حجرية: ادوات للقطع، مكاشط، مبتورة طرفين هندسية، (شبه مقوسة ومثلثة)، محرشفات، رقائق وصفائح مخصومة. مواد خزفية: شظايا ملساء ومزينة. عناصر مصقولة: فأس، رحىً لوزية.

DRÂA-OUM ÂBANA 1

Région: Duguech.

Secteur/Aire: Erg d'Azefal – Montagnes de Zug-Oum Âbana.

Emplacement: Plaine.

Typologie: Ensemble industriel.

Chronologie: Postpaléolithique: de tradition néolithique.

Description: Autour de l'aire de base sur laquelle se trouve localisé l'ensemble tumulaire de Drâa-Oum Âbana 1, se trouvent éparpillés, en grand nombre, plusieurs matériaux archéologiques de chronologie préhistorique postpaléolithique: outils lithiques taillés, débris céramiques, éléments polis et de broyage, etc.

Date d'enregistrement: 12.03.2006.

Matériel Archéologique: *Industrie lithique*: racloirs, curettes, bitroncatures géométriques (segmentoïdes et triangulaires), écaillés; éclats et débitage laminaire. *Matériel céramique*: fragments lisses et décorés. *Éléments polis*: hache; moulin amygdaloïde.

161

EMDEINAT EL FÂA S-6

Eskualdea: Mijek.

Sektorea/Eremua: Mijek-eko lautada – Kihiet Mijek-eko mendiak.

Kokalekua: Lautada.

Tipologia: Industria-multzoa.

Kronologia: Behe Paleolitoa: Achelensea.

Deskribapena: Mijek-eko lautadaren puntu batean, Emdeinat El Fâa-ko "smeila"-tik 4 km hegoaldera eta Kidhiet Mijek-eko ipar-ekialdeko sektorera sartzeko zintzurretik 4 km ekialdera, ezaugarri krono-kultural achelenseak dituzten zenbait industria-arrasto agertu dira sakabanatuta. Kontrolatutako multzoan 2 serie bereiz ditzakegu tekno-tipologiari erreparatuta: bata higatuagoa dago eta bestea zorrotzagoa eta "freskoagoa" da. Bi serieek Achelenseko industria-ezaugarriak betetzen dituzte. Baina, ziurrenik, sorta higatuena "freskoa" baino zaharragoa izango dela pentsa dezakegu eta, halaber, sorta higatuenak besteak baino desplazamendu handiagoa jasan duela.

Erregistratze-data: 2009.02.21

Material Arkeologikoa: *Industria litikoa*: alde biko tresnak; levallois-lauzak, nukleo zentripetoak.

Bibliografia: Saenz de Buruaga, A. *et alii* 2009, 28-29 or.; Saenz de Buruaga, A. 2010a, 92. eta 94. or., 90. eta 92. irudiak.

EMDEINAT EL FÂA S-6

Región: Mijek.

Sector/Área: Planicie de Mijek – Montañas de Kidhiet Mijek.

Emplazamiento: Planicie.

Tipología: Conjunto industrial.

Cronología: Paleolítico inferior: Achelense.

Descripción: En un punto de la planicie de Mijek, situado a unos 4 km al S de la "smeila" de Emdeinat El Fâa y a otros 4 km al E de la garganta de entrada al sector NE de Kidhiet Mijek, se encuentran dispersos por el terreno varios restos industriales de caracterización crono-cultural achelense. En el conjunto controlado se ponen de manifiesto 2 series tecno-tipológicas diferenciadas: una más erosionada y desgastada; otra, más aristada y "fresca". Los tipos de ambas participan de los atributos industriales característicos del Achelense. Ahora bien, muy probablemente, habría que suponer, en principio, una mayor antigüedad para el lote más erosionado que para el "fresco" y asimismo debiera de entenderse que aquélla haya sufrido un mayor desplazamiento que ésta.

Fecha de registro: 21.02.2009.

Material Arqueológico: *Industria lítica*: bifaces; lascas levalloides, núcleos centrípetos.

Bibliografía: Sáenz de Buruaga, A. *et alii* 2009, p. 28-29; Sáenz de Buruaga, A. 2010a, p. 92 y 94, fig. 90 y 92.

امدينات اللفاع، الى الجنوب S-6

الناحية: ميجك.

القطاع/المنطقة: سهل ميجك ـ جبال كدية ميجك.

المكان المحدد: سهل.

تيبولوجية/صنف الموضوع المحدد: مجموعة ادوات صناعية.

كرونولوجية/النطاق الزمني للعنصر: العصر الحجري القديم الاسفل: اتشيلينسي.

الوصـــف: في نقطة من سهل ميجك، تقع على بعد اربعة كلمترات الى الجنوب من "ازميلة" امدينات اللفاع، واربعة كلمترات اخرى الى الشرق من مدخل القطاع الشمالي الشرقي من كدية ميجك، يعثر على عدة بقايا صناعية متبعثرة على سطح الارض، ذات مميزات كرونوثقافية لمرحلة اتشيلينسي. وتظهرمن خلال المجموعة التي تم ضبطها، سلسلتان تختلفان من حيث التصنيف التقني: احداها بالية ومتآكلة، والاخرى "جديدة" وذات حواف. النوعان كلاهما يشتركان مع السمات الصناعية المميزة لمرحلة اتشيلينسي. ومن المحتمل جدا الآن ان نفترض من حيث المبدأ، الاقدمية الأسبق بالنسبة للجموعة المتآكلة اكثر، منها بالنسبة للمجموعة "الجديدة"، وهكذا ينبغي ان نفهم كونَ الاولى قد عانت نزوحا زمنيا اطول.

تاريخ التسجيل: 21 - 02 - 2009.

المواد الاثرية: صناعة حجرية: ذات وجهين، رقائق من تقنية "levalloides" نويات جاذبة.

المراجع: Sáenz de Buruaga, A. et alii 2009, p. 28-29; Sáenz de Buruaga, A. 2010 a, p. 92 y 94, fig. 90 y 92.

EMDEINAT EL FÂA S-6

Région: Mijek.

Secteur/Aire: Plaine de Mijek – Montagnes de Kidhiet Mijek.

Emplacement: Plaine.

Typologie: Ensemble industriel.

Chronologie: Paléolithique inférieur: Acheuléen.

Description: Sur un point de la plaine de Mijek, situé à environ 4 km au sud de la «smeila» d'Emdeinat El Fâa et à environ 4 km à l'est de la gorge d'entrée au secteur nord-est de Kidhiet Mijek, se trouvent parsemés sur le terrain divers restes industriels de caractérisation chrono-culturelle acheuléenne. Dans l'ensemble contrôlé saillissent 2 séries techno-typologiques différenciées: l'une plus érodée et usée; l'autre, aux arêtes plus vives et «fraîche». Les types des deux séries participent des attributs industriels caractéristiques de l'Acheuléen. Cependant, très probablement, il faut supposer, en principe, une plus grande antiquité pour le lot plus érodé que pour le «frais» et également il faut entendre que celle-là aura souffert un plus grand déplacement que celle-ci.

Date d'enregistrement: 21.02.2009.

Matériel Archéologique: *Industrie lithique*: bifaces; éclats levalloïdes, nucléus centripètes.

Bibliographie: Sáenz de Buruaga, A. *et alii* 2009, p. 28-29; Sáenz de Buruaga, A. 2010a, p. 92 y 94, fig. 90 et 92.

162

CAPITÁN JUSTO HARPEKO LABAR KOKALEKUA

Eskualdea: Agüenit.

Sektorea/Eremua: Agüenit-eko lautada – Galb Admar-eko mendiak.

Kokalekua: Mendiko harpea.

Tipologia: Arte-kokalekua.

Kronologia: Paleolito ondokoa: tradizio neolitikokoa eta protohistorikoa.

Deskribapena: Harpe hau "staila" txiki edo mendixka harritsu batean kokatuta dago, Galb Admar-eko mendien eta Legteitira-ko mendien arteko lautadaren puntu batean. Gutxi gorabehera, lehenengo mendietatik 6 km hego-ekialdera eta bigarrenetatik 6,5 km ipar-ekialdera. Eta Agüenit-eko basetik 25 km ipar-mendebaldera. Hego-ekialdera irekitako zuloguneak 7 m luze ditu, 2,5 m sakon eta 2 metroko altuera. Hormen gainean tinta gorriz egindako pintura asko daude oraindik eta gehientsuenak hego-ekialdeko erdian pilatuta daude. Horien artean, antropomorfoen hainbat irudi eskematiko ikus daitezke, baita animaliak ere, saiheska. Sabaian, eta tinta gorriz horiek ere, ikur geometrikoak daude eta, ziurrenik, "tifinâgh" grafismoekin loturik egongo dira.

Erregistratze-data: 2008.10.14

Bibliografia: Nowak, H. *et alii* 1975, 67. or., 206-210 irudiak; Soler Subils, J. *et alii* 2005, 94. or.; Saenz de Buruaga, A. *et alii* 2009, 25. or., 14. argazkia; Saenz de Buruaga, A. 2010a, 130. or., 135. irudia.

ESTACIÓN RUPESTRE ABRIGO CAPITÁN JUSTO

Región: Agüenit.

Sector/Área: Planicie de Agüenit – Montañas de Galb Admar.

Emplazamiento: Abrigo montañoso.

Tipología: Estación artística.

Cronología: Postpaleolítico: de tradición neolítica y protohistórica.

Descripción: Abrigo situado en una pequeña "staila", o loma rocosa, sobre un punto de la planicie que trascurre entre las montañas de Galb Admar y las de Legteitira. Aproximadamente, a unos 6 km al SE de las primeras y a unos 6,5 km al NE de las segundas. Y a unos 25 km al NW de la base de Agüenit. La oquedad, abierta al SE, alcanza los 7 m de largo, los 2,5 m de profundidad y los 2 m de altura. Sobre sus paredes se conserva un interesante número de pinturas, en tinta roja, que tienden a concentrarse en la mitad SE. Entre ellas, hay varias figuras esquemáticas de antropomorfos, dispuestos frontalmente, así como algunos animales de perfil. En el techo, y asimismo en tinta roja, se aprecian varios signos geométricos relacionados plausiblemente con grafismos "tifinâgh".

Fecha de registro: 14.10.2008.

Bibliografía: Nowak, H. *et alii* 1975, p. 67, fig. 206-210; Soler Subils, J. *et alii* 2005, p. 94; Sáenz de Buruaga, A. *et alii* 2009, p. 25, fot. 14; Sáenz de Buruaga, A. 2010a, p. 130, fig. 135.

محطة صخرية بملجأ كابتان خوستو

الناحية: اغوينيت.

القطاع/المنطقة: سهل اغوينيت ـ جبل "ڭلب ادمار".

المكان المحدد: ملجأ جبلي.

تيبولوجية/صنف الموضوع المحدد: محطة فنية.

كرونولوجية/النطاق الزمني للعنصر: ما بعد العصر الحجري القديم: من تقاليد العصر الحجري الحديث والمرحلة الاخيرة مما قبل التاريخ.

الوصـــف: ملجأ يقع على تل صخري صغير"اسطيلة"، بنقطة من السهل الممتد بين جبال ادمار وجبال لـڭطيطيرة، تقع 6 كلمترات تقريبا الى الجنوب الشرقي من الاولى، وعلى بعد 6،5 كلمترات الى الشمال الشرقي من الاخيرة. وعلى بعد 25 كلمترا الى الشمال الغربي من ناحية اغوينيت. وجوف هذا الملجأ مفتوح باتجاه الجنوب الشرقي، وطوله 7 امتار، وله عمق من 2،5 متر، وارتفاعه متران (2)، وتحتفظ جدرانه بعدد هام من الرسوم ذات اللون الاحمر، يتركز جلها في المنتصف الجنوبي الشرقي، من بينها عدد من الاشكال الممثِّلة للانسان antropomorfos التي تم رسمها بوضعية امامية، وكذا بعض الحيوانات من الجهة الجانبية. ويلاحظ ان بسقف هذا الملجأ، توجد عدة رموز هندسية، بالخضاب الاحمر كذلك، يتوقع انها متعلقة برموز "تيفيناغ".

تاريخ التسجيل: 14 - 10 - 2008.

المراجع: Nowak, H. et alii 1975, p. 67, fig. 206-210; Soler Subils, J. et alii 2005, p. 94; Sáenz de Buruaga, A. et alii 2009, p. 25, fot. 14; Sáenz de Buruaga, A. 2010 a, p. 130, fig. 135.

STATION RUPESTRE ABRI CAPITÁN JUSTO

Région: Agüenit.

Secteur/Aire: Plaine d'Agüenit – Montagnes de Galb Admar.

Emplacement: Abri de montagne.

Typologie: Station artistique.

Chronologie: Postpaléolithique: de tradition néolithique et protohistorique.

Description: Abri situé dans une petite «staila», ou butte rocheuse, sur un point de la plaine qui longe entre les montagnes de Galb Admar et celles de Legteitira. Environ à 6 km au sud-est des premières et à environ 6,5 km au nord-est des secondes. À quelques 25 km au nord-ouest de la base d'Agüenit. La cavité, ouverte vers le sud-est, atteint 7 m de long, 2,5 m de profondeur et 2 m de hauteur. Sur les parois se conservent un intéressant nombre de peintures, à l'encre rouge, qui se concentrent de manière préférentielle dans la moitié sud-est Parmi celles-ci, il y a plusieurs figures schématiques d'anthropomorphes, disposées frontalement, ainsi que quelques animaux de profil. Sur le plafond, et également à l'encre rouge, on apprécie plusieurs signes géométriques reliés probablement à des graphismes «tifinâgh».

Date d'enregistrement: 14.10.2008.

Bibliographie: Nowak, H. *et alii* 1975, p. 67, fig. 206-210; Soler Subils, J. *et alii* 2005, p. 94; Sáenz de Buruaga, A. *et alii* 2009, p. 25, phot. 14; Sáenz de Buruaga, A. 2010a, p. 130, fig. 135.

163

EIJ III HARPEKO LABAR KOKALEKUA

Eskualdea: Duguech.

Sektorea/Eremua: Duguech W – Lejuad-eko inselberg-ak (Eij-eko mendiak).

Kokalekua: Blokepeko harpea.

Tipologia: Arte-kokalekua.

Kronologia: Paleolito ondokoa: tradizio protohistorikoa.

Deskribapena: Eij-en mendebaldeen kokatutako "gleb"-aren iparraldeko hegalean dagoen bloke isolatu batean, oinarrizko oued-etik gertu, elkarren ondoko bi zulogune daude eta horien hormetan hainbat figura daude grabatuta. Iparraldeko zulogunean 3 figura daude: 2 zaldi eta, bien erdian, giza adierazpen baten zati bat. Gainera, pintura gorriz egindako hainbat marra ere ikus litezke agian. Hegoaldeko zulogunean figura bakarra dago grabatuta. Morfologiari eta teknikari erreparatuta, Galabt El Jeil 2/1 harpeko frisoan ageri diren motiboak gogorarazten dituzte. Eij III-ko harpe horren ondoan Gleb Eij W-1-eko habitata dago.

Erregistratze-data: 2008.10.09

Bibliografia: Nowak, H. 1975, 148. or., 19. irudia.

ESTACIÓN RUPESTRE ABRIGO EIJ III

Región: Duguech.

Sector/Área: Duguech W – Inselberges de Lejuad (Montañas de Eij).

Emplazamiento: Abrigo bajo bloque.

Tipología: Estación artística.

Cronología: Postpaleolítico: de tradición protohistórica.

Descripción: En un bloque aislado en la ladera N del "gleb" más occidental de Eij, próximo al oued de base, hay dos oquedades contiguas en cuyas paredes se han grabado algunas figuras. En la oquedad más septentrional hay 3 figuras: 2 caballos y, en medio de ellos, parte de una representación humana. Además, quizás pudieran contemplarse algunos trazos indeterminados de pintura roja. En la oquedad más meridional hay una sola figura grabada. Morfológica y técnicamente recuerdan a los motivos del friso del abrigo de Galabt El Jeil 2/1. Adyacente a este abrigo de Eij III se encuentra emplazado el hábitat de Gleb Eij W-1.

Fecha de registro: 09.10.2008.

Bibliografía: Nowak, H. 1975, p. 148, fig. 19.

محطة صخرية بملجأ ايج III

الناحية: الدوڤج.

القطاع/المنطقة: الدوڤج، الى الغرب ـ مرتفعات لجواد ـ (جبال ايج).

المكان المحدد: ملجأ تحت كتلة صخرية.

تيبولوجية/صنف الموضوع المحدد: محطة فنية.

كروولوجية/النطاق الزمني للعنصر: ما بعد العصر الحجري القديم: من تقاليد المرحلة الاخيرة مما قبل التاريخ.

الوصـــف: مغارتان توجدان معا، بكتلة صخرية منعزلة، بالواجهة الشمالية من "لـڤليب" الذي يقع في اقصى الغرب من جبال ايج، قريبا من الرافد الوادي الذي يمر بسفح الجبل هناك، وقد رُسم على جدرانهما بعض الاشكال. فالتي تقع باقصى الشمال يوجد بها ثلاثة رسوم: حصانان في وسطهما جزء من صورة انسان. وربما يمكن ملاحظة بعض الخطوط الحمراء غير المحددة. و في المغارة الثانية الموجودة جهة الجنوب، يوجد رسم لشكل واحد فقط، وهي تذكر، من حيث الشكل والتقنية، باشكال الافريزالموجود بـڤلّابت الخيل 2/1. وبجوار ملجأ ايج III هذا، يوجد كذلك موئل ڤلب ايج، غرب W-1.

تاريخ التسجيل: 09 - 10 - 2008.

المراجع: Nowak, H. 1975, p. 148, fig. 19.

STATION RUPESTRE ABRI EIJ III

Région: Duguech.

Secteur/Aire: Duguech W – Inselbergs de Lejuad (Montagnes d'Eij).

Emplacement: Abri sous bloc.

Typologie: Station artistique.

Chronologie: Postpaléolithique: de tradition protohistorique.

Description: Dans un bloc isolé sur le flanc nord du «gleb» plus occidental d'Eij, proche de l'oued à la base, il y deux cavités attenantes aux parois sur lesquelles on a gravé quelques figures. Dans la cavité plus septentrionale il y a 3 figures: deux chevaux et, au milieu de ceux-ci, une partie d'une représentation humaine. De plus, on peut entrevoir quelques traits indéterminés de peinture rouge. Dans la cavité plus méridionale il n'y a qu'une seule figure gravée. Morphologique et techniquement elles rappellent les motifs de la frise de l'abri de Galabt El Jeil 2/1. Adjacent à cet abri d'Eij III se trouve localisé l'habitat de Gleb Eij W-1.

Date d'enregistrement: 09.10.2008.

Bibliographie: Nowak, H. 1975, p. 148, fig. 19.

164

EIJ IV HARPEKO LABAR KOKALEKUA

Eskualdea: Duguech.

Sektorea/Eremua: Duguech W – Lejuad-eko inselberg-ak (Eij-eko mendiak).

Kokalekua: Mendiko harpea.

Tipologia: Arte-kokalekua.

Kronologia: Paleolito ondokoa: tradizio neolitikokoa.

Deskribapena: Harpe hau Eij-eko mendebaldeko mendiaren barruko aldean dago. Zulogune handi bat da eta *ca.* 100 m luze, 15 m sakon eta 4 metroko altuera ditu. Harpearen iparraldeko herenean kokatuta dagoen friso batean ehiza-egoera bat adierazten duen marrazki bat dago; tinta gorriz egina dago (Munsell 5YR 6/6) eta elefante bat eta objektu bertikal bat (arku bat, agian) duen antropomorfo bat agertzen dira. Esparru ikonografikoak 39 cm zabal ditu, eta 15 zentimetroko altuera. Eszena horren inguruan, hegoalderago, pintura gehiago ikusten dira. Bestalde, harpearen harkaitz-gainazalean motrailu moduan erabiltzeko hainbat zulo daude eta eskuz egindako aztarna arkeologikoak (silexezkoak, zeramikazkoak...) ere ikus daitezke; izan ere, toki hau egoteko lekutzat erabiltzen zuten.

Erregistratze-data: 2008.10.10

Bibliografia: Saenz de Buruaga, A. *et alii* 2009, 22. or., 10. argazkia; Saenz de Buruaga, A. 2010a, 69. eta 73. or., 67. eta 71. irudiak; id. 2010b, 59-61 or., 6-8 irudiak.

ESTACIÓN RUPESTRE ABRIGO EIJ IV

Región: Duguech.

Sector/Área: Duguech W – Inselberges de Lejuad (Montañas de Eij).

Emplazamiento: Abrigo montañoso.

Tipología: Estación artística.

Cronología: Postpaleolítico: de tradición neolítica.

Descripción: Abrigo emplazado en la parte interior en la montaña más occidental de Eij. Se trata de una amplia oquedad de *ca.* 100 m de largo, 15 m de fondo y 4 m de alto. En un friso ubicado en el tercio septentrional del abrigo, se conserva una escena pictórica de caza, en tinta roja (Munsell 5YR 6/6), compuesta por un elefante y un antropomorfo que porta una objeto vertical, a modo de posible arco. El campo iconográfico es de 39 cm de ancho y 15 cm de alto. Otras pinturas se advierten asimismo en las inmediaciones de la escena y en el sector más meridional. Por otra parte, en la superficie rocosa del abrigo hay varias oquedades labradas a modo de morteros y se observan dispersos varios restos arqueológicos manufacturados (en sílex, cerámica,...), derivados de la función del lugar como sitio de habitación.

Fecha de registro: 10.10.2008.

Bibliografía: Sáenz de Buruaga, A. *et alii* 2009, p. 22, fot. 10; Sáenz de Buruaga, A. 2010a, p. 69 y 73, fig. 67 y 71; id. 2010b, p. 59-61, fig. 6-8.

محطة صخرية بملجأ ايج IV

الـناحية: الدوڤج.

القطاع/المنطقة: الدوڤج، الى الغرب ـ مرتفعات لجواد (جبال ايج).

المكان المحدد: ملجأ جبلي.

تيبولوجية/صنف المضوع المحدد: محطة فنية

كرونولوجية/النطاق الزمني للعنصر: ما عبد العصر الحجري القديم: من تقاليد العصر الحجري الحديث.

الوصـــــف: ملجأ يوجد بالجهة الداخلية في الجبل الغربي من مرتفعات ايج، وهو عبارة عن كهف واسع طوله حوالى 100 متر، وعمقـه 15، مترا، وارتفاعـه 4 امتار، ويلاحـظ بافريز يقـع في الثلث الشمــالي منه وجود مشهد صيد تصويـري، تم رسمـه بالخضـاب الاحمـــــر (Munsell 5YR 6/6) يتكون من صـورة فيل، وصـورة لشبه انسان antropomorfo وهو يحمل شيئا بوضع عمودي، يحتمل ان تكون قوسا، وتبلغ هذه المساحة الايكونوغرافية 39 سنتم عرضا و15 سنتم علوا. ويلاحظ وجود رسوم اخرى كذلك، بالقرب من هذا المشهد، في القسم الجنوبي منه، كما توجد من جهة اخرى، عدة تجاويف مزروعة بالسطح الصخري لهذا الملجأ، على هيئة هواوين (مهاريس)، وكذلك وجود عدد من البقايا الاثرية المتفرقة، المصنوعة يدويا، من صخور الصوان ومن الخزف... تعزى لوظيفة ذلك المكان كموقع سكن.

تاريخ التسجيل: 10 ـ 10 ـ 2008.

المراجع: Sáenz de Buruaga, A. et alii 2009, p. 22, fot. 10; Sáenz de Buruaga, A. 2010 a, p. 69 y 73, fig 67 y71; id. 2010b, p. 59-61, fig. 6-8.

STATION RUPESTRE ABRI EIJ IV

Région: Duguech.

Secteur/Aire: Duguech W – Inselbergs de Lejuad (Montagnes d'Eij).

Emplacement: Abri de montagne.

Typologie: Station artistique.

Chronologie: Postpaléolithique: de tradition néolithique.

Description: Abri localisé dans la partie intérieure de la montagne plus occidentale d'Eij. Il s'agit d'une ample cavité de *ca.* 100 m de long, 15 m de fond et 4 m de hauteur. Sur une frise localisée dans le tiers septentrional de l'abri, se conserve une scène picturale de chasse, à l'encre rouge (Munsell 5YR 6/6), composée d'un éléphant et d'un anthropomorphe qui porte un objet vertical, en guise de probable arc. Le champ iconographique est de 39 cm de large et 15 cm de hauteur. D'autres peintures sont averties également aux alentours de la scène et dans le secteur plus méridional. D'autre part, dans la surface rocheuse de l'abri il y a plusieurs creux travaillés en guise de mortiers et on observe parsemés quelques restes archéologiques manufacturés (en silex, céramique,...), dérivés de la fonction du site en tant que lieu d'habitation.

Date d'enregistrement: 10.10.2008.

Bibliographie: Sáenz de Buruaga, A. *et alii* 2009, p. 22, phot. 10; Sáenz de Buruaga, A. 2010a, p. 69 et 73, fig. 67 et 71; id. 2010b, p. 59-61, fig. 6-8.

165

EIJ VII HARPEKO LABAR KOKALEKUA

Eskualdea: Duguech.

Sektorea/Eremua: Duguech W – Lejuad-eko inselberg-ak (Eij-eko mendiak).

Kokalekua: Mendiko harpea.

Tipologia: Arte-kokalekua.

Kronologia: Paleolito ondokoa: tradizio neolitikokoa.

Deskribapena: Zulogune hau E.SEra begira dago eta 12x6x4,5 m ditu; Eij-eko ekialdeko sektoreko mendirik handienaren goiko erdian kokatuta dago. Atzealdeko horman 3 giza irudi daude, azaleko piketeatuaren edo punteaketaren bitartez grabatuta eta behar besteko patina dutela. Lejuad-eko Harpe Handiko irudien diseinua gogorarazten dute. Iparraldeko muturrean bi giza irudi daude (62x30 cm eta 61x18 cm) eta 84x59 zentimetroko esparru ikonografikoa osatzen dute. Harpearen erdiko aldean beste giza irudi bat dago (62x25 cm), eta horren eskuinaldean, agian, motibo grabaturen baten aztarnak eta azken horien gainean, grabatu berriago bat bi ilaratan (goiko aldekoa grafia arabiarrez eta behekoa zenbaki bat).

Erregistratze-data: 2009.03.02

Bibliografia: Saenz de Buruaga, A., 2010a, 118. or., 120. irudia.

ESTACIÓN RUPESTRE ABRIGO EIJ VII

Región: Duguech.

Sector/Área: Duguech W – Inselberges de Lejuad (Montañas de Eij).

Emplazamiento: Abrigo montañoso.

Tipología: Estación artística.

Cronología: Postpaleolítico: de tradición neolítica.

Descripción: Oquedad orientada al E.SE, de 12x6x4,5 m, emplazada en la mitad superior de la montaña más alta del sector oriental de Eij. En la pared del fondo se conservan 3 representaciones humanas, grabadas por un punteado o piqueteado superficial suficientemente patinado. Su diseño recuerda a las del Gran Abrigo de Lejuad. En el extremo N hay dos figuras humanas –de 62x30 cm y 61x18 cm, respectivamente– que conforman un campo iconográfico de 84x59 cm. En la parte central del abrigo se halla otra figura humana, de 62x25 cm, y a su derecha, quizás, restos de algún motivo grabado y, sobre parte de ello, un grabado reciente en dos filas (la superior con grafía árabe y la inferior con un numeral).

Fecha de registro: 02.03.2009.

Bibliografía: Sáenz de Buruaga, A. 2010a, p. 118, fig. 120.

محطة صخرية بملجأ ايج VII

الناحيـــــة: الدوڭج.

القطاع/المنطقة: الدوڭج، الى الغرب ـ مرتفعات لجواد (جبال ايج).

المكان المحدد: ملجأ جبلي.

تيبولوجية/صنف المضوع المحدد: محطة فنية.

كرونولوجية/النطاق الزمني للعنصر: ما بعد العصر الحجري القديم: من تقاليد العصر الحجري الحديث.

الوصـــف: كهف متجه ناحية الشرق، الجنوب الشرقي، مساحته من 12×6×4،5 مترا، يوجد بالنصف الاعلى من الجبل، الاكثر ارتفاعا بالقطاع الشرقي من ايج. ويلاحظ وجود 3 صورانسانية على الجدار الموجود بعمق هذا الكهف، تم تسجيلها بطريقة التنقيط او النقر السطحي، وتعتبر بالية بما فيه الكفاية، وهي تذكر بتلك الرسوم الموجودة بملجأ لجواد الكبير، وفي طرفها الشمالي هناك رسم لشكل إنسانين اثنين، بمقاس 62×30 و 61×18 سنتمترا على التوالي، بما يشكل مساحة ايكونوغرافية من 84×59 سنتمرا، وتوجد بالقسم المركزي من الملجأ صورة اخرى تمثل هيئة انسان من 62×25 سنمترا، وعن يمينها، ربما بقايا من لوحة مرسومة، الى جانبها نقش حديث، يتألف من صفين (الاعلى بالكتابة العربية، والاسفل عبارة عن ارقام).

تاريخ التسجيل: 02 ـ 03 ـ 2009.

المراجع: Sáenz de Buruaga, A. 2010 a, p. 118, fig. 120.

STATION RUPESTRE ABRI EIJ VII

Région: Duguech.

Secteur/Aire: Duguech W – Inselbergs de Lejuad (Montagnes d'Eij).

Emplacement: Abri de montagne.

Typologie: Station artistique.

Chronologie: Postpaléolithique: de tradition néolithique.

Description: Cavité orientée vers l'est/sud-est, de 12x6x4,5 m, localisée dans la moitié supérieure de la montagne plus haute du secteur oriental d'Eij. Sur la parois du fond se conservent 3 représentations humaines, gravées au moyen d'un pointillage ou piquetage superficiel suffisamment patiné. Leur dessin rappelle celles du Grand Abri de Lejuad. À l'extrême nord il y a deux figures humaines –de 62x30 cm et 61x18 cm, respectivement– qui conforment un champ iconographique de 84x59 cm. Dans la partie centrale de l'abri se trouve une autre figure humaine, de 62x25 cm, et à sa droite, probablement, des restes de quelque motif gravé et, partiellement superposée, une gravure récente en deux rangées (la supérieure en graphie arabe et l'inférieure avec un numéral).

Date d'enregistrement: 02.03.2009.

Bibliographie: Sáenz de Buruaga, A. 2010a, p. 118, fig. 120.

166

EIJ X HARPEKO LABAR KOKALEKUA

Eskualdea: Duguech.

Sektorea/Eremua: Duguech W – Lejuad-eko inselberg-ak (Eij-eko mendiak).

Kokalekua: Mendiko harpea.

Tipologia: Arte-kokalekua.

Kronologia: Paleolito ondokoa: tradizio neolitikokoa eta protohistorikoa.

Deskribapena: Eij-eko mendirik handienaren ekialdeko hegalaren behe-erdiko zatian irekitako zulogunea, Eij IX harpetik 100 m iparraldera. *Ca.* 13x7x1,80 m ditu eta hego-ekialderantz zabaltzen da. Zulogunearen hegoaldeko erdian tinta gorrixka eta laranjaz egindako grabatu eta pinturen aztarnak ikus daitezke. Grabatuen kontserbazio-maila oso kaskarra da: kanpai-itxurako diseinu bat nabarmentzen da, eta Eij VII-ko harpean ikusitakoarekin alderatuta, agian irudi antropomorfo baten besoak eta sorbaldak iruditzen dituen eskema bat izan daiteke. Hori horrela izanez gero, 3 giza irudikapen daudela esan beharko dugu, aurrez aurre jarrita, eta gorputzean elkarren segidan jarritako lerro horizontalak dituztela. Pinturen artean marra isolaturen bat ezin izan dugu deszifratu, ikur konplexuren bat ere bada, eta adierazgarriena eskuinaldean dago: zaldizko baten irudi eskematikoa (16x9 cm). Gainera, zaldizkoaren iruditik hurbil, zulotxo batean eskematismo edo ikur bat dago: lerro bertikalak, horizontalak eta puntu bat ikus daitezke (20x13 cm).

Erregistratze-data: 2009.03.03

ESTACIÓN RUPESTRE ABRIGO EIJ X

Región: Duguech.

Sector/Área: Duguech W – Inselberges de Lejuad (Montañas de Eij).

Emplazamiento: Abrigo montañoso.

Tipología: Estación artística.

Cronología: Postpaleolítico: de tradición neolítica y protohistórica.

Descripción: Oquedad abierta en el tramo meso-inferior de la ladera oriental de la montaña más alta de Eij, a unos 100 m al N del abrigo de Eij IX. Mide los *ca.* 13x7x1,80 m y se abre al SE. La mitad meridional de la oquedad conserva restos de grabados y pinturas en tintas rojizas y anaranjadas. Los grabados se hallan muy deficientemente conservados: lo más ilustrativo es un diseño acampanado que, por analogía con lo apercibido en el abrigo de Eij VII, pudiera corresponder a un esquematismo de brazos y hombros de una figura antropomorfa. En este caso, habría que interpretar aquí la presencia de 3 representaciones humanas, dispuestas frontalmente, con la particularidad de mostrar su cuerpo juegos de rayas horizontales sucesivas. Entre las pinturas, hay algún que otro trazo aislado indescifrable, algún signo complejo, siendo lo más representativo la figura esquemática de un jinete a la derecha, de 16x9 cm. Además, en una pequeña concavidad cercana al jinete hay un esquematismo o signo, formado por líneas verticales, horizontales y un punto, que mide 20x13 cm.

Fecha de registro: 03.03.2009.

محطة صخرية محمية ايج X

الناحية: الدوڭج.

القطاع/المنطقة: الدوڭج، الى الغرب ـ مرتفعات لجواد (جبال ايج).

المكان المحدد: ملجأ جبلي.

تيبولوجية/صنف الموضوع المحدد: محطة فنية.

كرونولوجية/النطاق الزمني للعنصر: ما بعد العصر الحجري القديم: من تقاليد العصر الحجري الحديث والمرحلة الاخيرة مما قبل التاريخ.

الوصـــف: كهف مفتوح، يقع بالقسم المتوسط ـ الاسفل، من الواجهة الشرقية لأطول جبال ايج ، حوالى 100 متر الى الشمال من ملجأ ايج IX، ويصل 13×7×1،80 مترا، وهو مفتوح الى جهة الجنوب الشرقي، ويحتفظ النصف الجنوبي من هذا الجوف ببقايا من النقوش والرسوم، ذات اللون الاحمر والبرتقالي، وهي باقية بشكل ناقص، اكثرها وضوحا هو تصميم على شكل جرس، يمكن، لتشابهه مع ما يوجد بملجأ ايج VII، انه ينتمي لتخطيط، ذي اذرع ومناكب، على هيئة انسان. وفي هذه الحالة يجب تفسير ثلاثة تماثيل بشرية هنا، تم وضعها بشكل امامي، مع خصوصية اظهار الجسم من خلال مجموعة من الخطوط الافقية المتتابعة، وهناك بين الرسوم يوجد استنساخ معزول معقد وغير مفهوم، والاكثر تمثيلا فيه شكل تخطيطي لفارس بجهة اليمين يشغل مساحة 16×9 سنتمتر، وبالاضافة الى ذلك، يوجد ثمة، في قعر صغير، بالقرب من هذا الفارس، تخطيط او رمز يتشكل من خطوط افقية ونقطة، بمساحة 20×13 سنتم.

تاريخ التسجيل: 03 - 03 - 2009.

STATION RUPESTRE ABRI EIJ X

Région: Duguech.

Secteur/Aire: Duguech W – Inselbergs de Lejuad (Montagnes d'Eij).

Emplacement: Abri de montagne.

Typologie: Station artistique.

Chronologie: Postpaléolithique: de tradition néolithique et protohistorique.

Description: Cavité ouverte dans le tronçon méso-inférieur du flanc oriental de la montagne plus haute d'Eij, à environ 100 m au nord de l'abri d'Eij IX. Elle mesure *ca.* 13x7x1,80 m et s'ouvre vers le sud-est. La moitié méridionale de la cavité conserve des restes de gravures et peintures à l'encre rougeâtre et orangeâtre. La conservation des gravures est très déficiente: le plus illustratif est un dessin en forme de cloche qui, par analogie à ce qui a été aperçu dans l'abri d'Eij VII, correspondrait-il à un schématisme des bras et des épaules d'une figure anthropomorphe. Dans ce cas, il faut interpréter ici la présence de 3 représentations humaines, disposées frontalement, à la particularité de montrer leur corps des jeux de rayures horizontales successives. Parmi les peintures il y a quelque trait isolé indéchiffrable, quelque signe complexe, le plus représentatif étant la figure schématique d'un cavalier à droite, de 16x9 cm. De plus, dans un petit creux près du cavalier il y a un schématisme ou signe, formé de lignes verticales, horizontales et un point, qui mesure 20x13 cm.

Date d'enregistrement: 03.03.2009.

167

EIJ XI HARPEKO LABAR KOKALEKUA

Eskualdea: Duguech.

Sektorea/Eremua: Duguech W – Lejuad-eko inselberg-ak (Eij-eko mendiak).

Kokalekua: Mendiko harpea.

Tipologia: Arte-kokalekua.

Kronologia: Paleolito ondokoa: tradizio neolitikokoa eta protohistorikoa.

Deskribapena: Eij-eko mendi handienaren ekialdeko hegalean, Eij IX-ko eta X-eko labar-harpeak dauden tokian, eta azken horretatik 200 m hegoaldera, harpe handi bat dago (*ca.* 70x6x10 m); motibo apaingarriak, grabatuak eta pintatuak ikus daitezke bertan. Irudiak iparraldeko muturrean daude. Hasteko, 5 grabatuz osatutako serie bat ikus daiteke panel baten gainean eta animalien gaiak agertzen dira: lau hankakoak (agian, behien bat) eta ostruka bat (31x16 cm). Dena piketeatuta egina dago. Horren ondoren eta barnealderantz joanda, sabaiaren azpian hainbat ikur daude margotuta, kolore laranja dute eta gurutze-formako edo X-itxurako motiboak ikus daitezke, karratu segmentatuak, marra bertikal luzeak beste laburrago batzuk perpendikular dituztela eta abar; agian, zenbait kasutan, "tifinâgh" grafismoekin bat etor daitezke. Gertuko beste gune batean ere pintura-aztarnak aurkitu dira, baina oso kolorgetuak. Era berean, animalia grabatuak dauden erlaitz berean pintura-arrasto ulertezinen bat ere bada eta, hortik hurbil, ildo zabalez grabatutako testu arabiarrak, harkaitzezko lurzoruaren gainazalean.

Erregistratze-data: 2009.03.03

ESTACIÓN RUPESTRE ABRIGO EIJ XI

Región: Duguech.

Sector/Área: Duguech W – Inselberges de Lejuad (Montañas de Eij).

Emplazamiento: Abrigo montañoso.

Tipología: Estación artística.

Cronología: Postpaleolítico: de tradición neolítica y protohistórica.

Descripción: En la ladera oriental de la mayor de las montañas de Eij, donde se ubican los abrigos rupestres de Eij IX y X, y a unos 200 m al S de este último, se abre un gran abrigo, de *ca.* 70x6x10 m, que conserva diversos motivos ornamentales, grabados y pintados. Las representaciones se centran en torno al extremo septentrional. Aquí, en principio, se advierte una serie de 5 grabados sobre un panel que reflejan temáticas animales: constatándose cuadrúpedos (quizás, algún bovino) y un avestruz (de 31x16 cm). Se ha realizado todo por piqueteado. Tras ello e inmediatamente hacia el interior, bajo el techo contiguo, hay un conjunto de signos pintados, de coloración anaranjada, entre los que se reconocen motivos cruciformes o aspados, cuadrados segmentados, trazos verticales largos con otros perpendiculares más cortos, etc., que acaso, en ciertos casos, pudieran corresponderse con grafismos "tifinâgh". En otra zona próxima a ésta se aprecian también restos de pintura muy deslavada. Hay asimismo que señalar algún resto pictórico ininteligible en la misma cornisa que guarda los animales grabados y, en las inmediaciones, una serie de textos árabes, grabados con ancho surco, y dispuestos igualmente sobre la superficie del suelo rocoso.

Fecha de registro: 03.03.2009.

محطة صخرية بملجأ ايج XI

الناحية: الدوڤّج.

القطاع/ المنطقة: الدوڤّج، الى الغرب ـ مرتفعات لجواد (جبال ايج).

المكان المحدد: ملجأ جبلي.

تيبولوجية/ صنف المضوع المحدد: محطة فنية.

كرونولوجية/ النطاق الزمني للعنصر: ما بعد العصر الحجري القديم: من تقاليد العصر الحجري الحديث والمرحلة الاخيرة مما قبل التاريخ.

الوصـــف: في الواجهة الشرقية من المرتفع الاكبر، من جبال ايج، حيث توجد المحميات الصخريـة لأيج IX وX، وعلى بعد 200 متر الى الجنوب من هذا الاخير، ينفتح هناك ملجأ كبير، من حوالى 70×6×10 متر، يختزن عدة مواضيع تزيينية، منقوشة ومرسومة. وتتركز التماثيل حول الطرف الشمالي منه.

ويلاحظ هنا بصورة مبدأية، سلسلة من 5 نقوش، على لوحة تعكس موضوعات حيوانية، من ذوات الاربع (ربما هي بعض البقريات)، اضافة الى صورة نعامة (من 31×16 سنتمترا) وكل ذلك مرسوم بطريقة النقر، وتوجد الى الخلف منه مباشرة باتجاه الداخل، تحت السقف المجاور، مجموعة من الرموز المخضبة باللون البرتقالي، والتي يلاحظ من بينها بعض الرسوم المتقاطعة الشكل او المزعنفة، والمربعة المجزأة، خطوط عمودية طويلة، مع اخرى قصيرة متعامدة ،الخ. والتي في بعض الحالات ربما تتناسب مع رسوم "تيفيناغ". وفي منطقة اخرى مجاورة لهذه، يلاحظ كذلك وجود بعض بقايا الاصباغ البالية، كما هناك ايضا بقايا لرسوم غير مفهومة، بذلك الافريزالصخري، الذي يحمي تلك الحيوانات المنقوشة، وعلى مقربة من هناك، توجد جمل باللغة العربية، مرسومة على شكل شقوق عريضة، تم وضعها كذلك على تلك السطوح الصخرية.

تاريخ التسجيل: 03 ـ 03 ـ 2009.

STATION RUPESTRE ABRI EIJ XI

Région: Duguech.

Secteur/Aire: Duguech W – Inselbergs de Lejuad (Montagnes d'Eij).

Emplacement: Abri de montagne.

Typologie: Station artistique.

Chronologie: Postpaléolithique: de tradition néolithique et protohistorique.

Description: Sur le flanc oriental de la plus grande des montagnes d'Eij, là où se situent les abris rupestres d'Eij IX y X, et à environ 200 m au sud de ce dernier, se creuse un grand abri, de *ca.* 70x6x10 m, qui conserve divers motifs ornementaux, gravés et peints. Les représentations se centrent à l'extrême septentrional. Ici, en principe, on avertit une série de 5 gravures sur un panneau reflétant des thématiques animales: on constate des quadrupèdes (peut-être, quelque bovin) et une autruche (de 31x16 cm). Le tout a été réalisé au moyen du piquetage. En suivant e immédiatement vers l'intérieur, sous le plafond attenant, il y a un ensemble de signes peints, de coloration orangeâtre, parmi lesquels on reconnaît des motifs cruciformes ou en X, carrés segmentés, des traits verticaux longs assortis d'autres perpendiculaires plus courts, etc, probablement correspondants à des graphismes «tifinâgh». Dans une autre zone voisine de celle-ci on apprécie aussi des restes de peinture très délavée. Il faut également signaler quelque reste pictural inintelligible sur la même corniche abritant les animaux gravés et, dans l'entourage, une série de textes arabes, gravés en gros trait, et disposés également sur la surface du sol rocheux.

Date d'enregistrement: 03.03.2009.

168

EIJ XII HARPEKO LABAR KOKALEKUA

Eskualdea: Duguech.

Sektorea/Eremua: Duguech W – Lejuad-eko inselberg-ak (Eij-eko mendiak).

Kokalekua: Blokepeko harpea.

Tipologia: Arte-kokalekua.

Kronologia: Paleolito ondokoa: tradizio protohistorikoa.

Deskribapena: Zulogune txiki bat da, Eij-en mendebaldeen dagoen "gleb"-aren ipar-mendebaldeko hegalaren beheko herenean kokatuta dagoen bloke alderrai baten gainean. Sarrera obalatua du eta barruko neurriak hauek dira: 2,60x1,60x2,15 m. Eskuineko hormaren beheko aldean ekido irudi bat dago grabatuta, eskuinera begira. Marrazkiaren neurriak: 17x16 cm. Horretaz gain, pareko horman pintura gorriaren zenbait arrasto ikus daitezke, oso hitsak eta morfologia zehatzik gabe, baina baliteke diseinu lerrozuzenen bat osatzea.

Erregistratze-data: 2009.10.01

ESTACIÓN RUPESTRE ABRIGO EIJ XII

Región: Duguech.

Sector/Área: Duguech W – Inselberges de Lejuad (Montañas de Eij).

Emplazamiento: Abrigo bajo bloque.

Tipología: Estación artística.

Cronología: Postpaleolítico: de tradición protohistórica.

Descripción: Pequeña oquedad abierta sobre un bloque errático ubicado en el tercio inferior de la ladera NW del "gleb" más occidental de Eij. Su entrada es ovalada y su interior alcanza los 2,60x1,60x2,15 m. En la parte inferior de la pared derecha se encuentra grabada una figura de équido mirando a la derecha. La representación mide 17x16 cm. Además, en la pared frontal quedan aún algunos restos de pintura roja muy desvaída, sin morfología concreta alguna, si bien ciertos de ellos parecen traducir un diseño rectilíneo.

Fecha de registro: 01.10.2009.

محطة صخرية بملجأ ايج XII

الناحية: الدوگج.

القطاع/المنطقة: الدوگج، الى الغرب ـ مرتفعات لجواد (جبال ايج).

المكان المحدد: ملجأ تحت كتلة صخرية.

تيبولوجية/صنف الموضوع المحدد: محطة فنية.

كرونولوجية/النطاق الزمني للعنصر: ما بعد العصر الحجري القديم: من تقاليد المرحلة الاخيرة مما قبل التاريخ.

الوصـــف: تجويف صغير مفتوح، في كتلة صخرية شاذة، توجد بالثلث السفلي من الواجهة الشمالية الغربية من "لـگليب" الواقع في اقصى الغرب من جبال ايج، له مدخل بيضاوي ومساحته الداخلية تصل 2،60×1،60×2،15 متر، يوجد في الجهة السفلية من جداره الايمن، تمثيل على هيئة حصان ينظرالى الجهة اليمنى، تصل مساحته 17×16 سنتمترا. ولا تزال هناك فوق الجدارالمواجه، بقايا متلاشية من الخضاب الاحمر، دون ان يكون لها شكل محدد، وان كان بعضها يترجم نوعا من التصاميم المستقيمة.

تاريخ التسجيل: 01 - 10 - 2009.

STATION RUPESTRE ABRI EIJ XII

Région: Duguech.

Secteur/Aire: Duguech W – Inselbergs de Lejuad (Montagnes d'Eij).

Emplacement: Abri sous bloc.

Typologie: Station artistique.

Chronologie: Postpaléolithique: de tradition protohistorique.

Description: Petite cavité creusée dans un bloc erratique localisé dans le tiers inférieur du flanc nord-ouest du «gleb» plus occidental d'Eij. Son entrée est ovale et son intérieur atteint 2,60x1,60x2,15 m Dans la partie inférieure de la parois droite se trouve gravée un figure d'équidé qui regarde vers la droite. La représentation mesure 17x16 cm. En outre, dans la parois frontale il reste encore quelques traces de peinture rouge très délavées, sans morphologie concrète quelconque, si bien certains d'entre eux paraissent traduire un dessin rectiligne.

Date d'enregistrement: 01.10.2009.

169

EIJ XIV HARPEKO LABAR KOKALEKUA

Eskualdea: Duguech.

Sektorea/Eremua: Duguech W – Lejuad-eko inselberg-ak (Eij-eko mendiak).

Kokalekua: Blokepeko harpea.

Tipologia: Arte-kokalekua.

Kronologia: Paleolito ondokoa: tradizio neolitikokoa eta protohistorikoa.

Deskribapena: Bloke alderrai txiki batean dagoen zulogune txiki bat da (2,50x1,20x1,10 m) eta Eij-en mendebaldeen kokatutako "gleb"-aren iparraldeko hegalaren ia oinarrian dago. Sabaiaren ezkerreko aldean tinta gorriz egindako pintura-aztarnak ikusten dira: antropomorfo baten irudi eskematikoa eta, horren gainean, "tifinâgh" motako hainbat grafismo; halaber, zaldizko eskematiko baten irudia ere egon daiteke. Horietaz gain, ekido baten irudia ere grabatuta dago, behin eta berriz karrakatuta. Apaindutako esparruak, oro har, 52x51 cm ditu. Arte-kokaleku hau Eij XIII harpeko labar-kokalekutik 75 m ekialdera dago.

Erregistratze-data: 2009.10.01

Bibliografia: Saenz de Buruaga, A. *et alii* 2009, 22. or., 10. arg.; Saenz de Buruaga, A. 2010a, 129. or., 134. irudia.

ESTACIÓN RUPESTRE ABRIGO EIJ XIV

Región: Duguech.

Sector/Área: Duguech W – Inselberges de Lejuad (Montañas de Eij).

Emplazamiento: Abrigo bajo bloque.

Tipología: Estación artística.

Cronología: Postpaleolítico: de tradición neolítica y protohistórica.

Descripción: Ligera oquedad, de unos 2,50x1,20x1,10 m, abierta en un pequeño bloque errático emplazado, prácticamente, en la base de la ladera N del "gleb" más occidental de Eij. Sobre la parte izquierda de su techo se conserva una serie de restos pictóricos, en tinta roja, entre los que se adivina la figura esquemática de un antropomorfo a la que se superponen varios grafismos tipo "tifinâgh" y asimismo una posible representación de un jinete esquemático. Además de ello, se ha grabado, por raspado sucesivo, una figura de un équido. El campo ornamental global alcanza los 52x51 cm. Esta estación artística se encuentra a unos 75 m al E de la estación rupestre del abrigo de Eij XIII.

Fecha de registro: 01.10.2009.

Bibliografía: Sáenz de Buruaga, A. *et alii* 2009, p. 22, fot. 10; Sáenz de Buruaga, A. 2010a, p. 129, fig. 134.

محطة صخرية، محمية ايج XIV

الناحية: الدوكَج.

القطاع/المنطقة: الدوكَج، الى الغرب ـ مرتفعات لجواد (جبال ايج).

المكان المحدد: محمية تحت كتلة صخرية.

تيبولوجية/صنف الموضوع المحدد: محطة فنية.

كرونولوجية/النطاق الزمني للعنصر: ما بعد العصر الحجري القديم: من تقاليد العصر الحجري الحديث والمرحلة الاخيرة مما قبل التاريخ.

الوصـــف: جوف خفيف مساحته من 2،50×1،20×1،10 متر، وهومفتوح بكتلة صخرية صغيرة وشاذة، توجد بقاعدة الواجهة الشمالية من "لـڭليب" الاقصى الى الغرب من جبال ايج، ويلاحظ بالجهة اليسرى من سقفه، وجود بقايا تصويرية، بالاخضبة الحمراء، يبرز من ضمنها تخطيط لهيئة انسان، تعلوها عدة رسوم بيانية من نوع "تيفيناغ"، وكذا تمثيل تخطيطي لهيئة إنسان راكب. وقد نحتت هناك، عن طريق الكشط، اضافة الى ذلك، هيئة لحيوان من فصيلة الخيول. وتبلغ الماسحة العامة، المزينة، 52×51 سنتمترا. توجد هذه المحطة الفنية على مسافة 75 مترا الى الشرق من محطة محمية ايج الصخرية XIII.

تاريخ التسجيل: 01 ـ 10 ـ 2009.

المراجع: Sáenz de Buruaga, A. et alii 2009, p. 22, fot. 10; Sáenz de Buruaga, A. 2010 a, p. 129, fig. 134.

STATION RUPESTRE ABRI EIJ XIV

Région: Duguech.

Secteur/Aire: Duguech W – Inselbergs de Lejuad (Montagnes d'Eij).

Emplacement: Abri sous bloc.

Typologie: Station artistique.

Chronologie: Postpaléolithique: de tradition néolithique et protohistorique.

Description: Légère cavité d'environ 2,50x1,20x1,10 m, creusée dans un petit bloc erratique placé, pratiquement, à la base du flanc nord du «gleb» plus occidental d'Eij. Sur la partie gauche de son plafond se conserve une série de restes picturaux, à l'encre rouge, parmi lesquels on devine la figure schématique d'un anthropomorphe à laquelle se superposent plusieurs graphismes du genre «tifinâgh» et également une possible représentation d'un cavalier schématique. De plus, on a gravé, par râpage successif, une figure d'équidé. Le champ ornemental global atteint 52x51 cm. Cette station artistique se trouve à environ 75 m à l'est de la station rupestre de l'abri d'Eij XIII.

Date d'enregistrement: 01.10.2009.

Bibliographie: Sáenz de Buruaga, A. *et alii* 2009, p. 22, phot. 10; Sáenz de Buruaga, A. 2010a, p. 129, fig. 134.

170

GALABT EL JEIL 2/1 HARPEKO LABAR KOKALEKUA

Eskualdea: Duguech.

Sektorea/Eremua: Duguech W – Galabt El Jeil-eko mendiak.

Kokalekua: Mendiko harpea.

Tipologia: Arte-kokalekua.

Kronologia: Paleolito ondokoa: tradizio protohistorikoa.

Deskribapena: Harpe hau Galabt El Jeil-eko eremuaren hego-ekialdeko sektoreko mendietako batean kokatuta dago, Galabt El Jeil-eko "djuf"-etik 5 km ekialdera. Zulogunea Galabt El Jeil 2 mendiaren mendebaldeko hegalean dago eta hego-mendebalderantz begiratzen du. 15 m zabal, 3 m sakon eta 1,60 metroko luzera ditu; hori guztia oinarrizko lautadatik 20 m metroko altueran. Arte-adierazpenak biltzen dituzten 2 gune bereizten dira: batean irudi antropomorfikoak eta animalienak daude, gorriz margotuta; bestean (eta bigarren hau da garrantzitsuena), aldiz, zaldien grabatuak daude panel baten inguruan eta 25 irudi baino gehiago daude diseinatuta. Bestalde, beltzez margotutako hainbat ikur ere badirela aipatu behar dugu; hainbat tributako "gameluzainen markak" dira eta berri samarrak direla esan dezakegu, pinturen gainean baitaude, partzialki.

Erregistratze-data: 2008.03.07

Bibliografia: Saenz de Buruaga, A., 2008b; id. 2010a, 112. eta 150. or., 114. eta 159. irudiak.

ESTACIÓN RUPESTRE ABRIGO GALABT EL JEIL 2/1

Región: Duguech.

Sector/Área: Duguech W – Montañas de Galabt El Jeil.

Emplazamiento: Abrigo montañoso.

Tipología: Estación artística.

Cronología: Postpaleolítico: de tradición protohistórica.

Descripción: Abrigo ubicado en una de las montañas del sector SE del área de Galabt El Jeil, a unos 5 km al E del "djuf" de Galabt El Jeil. La oquedad se encuentra en la ladera occidental de la montaña que hemos denominado como Galabt El Jeil 2, abriéndose hacia el SW. Mide unos 15 m de ancho, 3 m de fondo y 1,60 m de alto; todo ello a unos 20 m de altura sobre la planicie de base. Se diferencian en él 2 zonas con representaciones artísticas: una, con figuras antropomorfas y de animales, pintadas en rojo; otra, la más significativa, con grabados de caballos, articulados en torno a un panel en el que se han diseñado más de 25 individuos. Por otra parte, debe asimismo señalarse la presencia de una serie de signos, pintados en negro, pertenecientes a "marcas de camelleros" de diferentes tribus, de reciente cronología, superpuestos parcialmente a las pinturas.

Fecha de registro: 07.03.2008.

Bibliografía: Sáenz de Buruaga, A. 2008b; id. 2010a, p. 112 y 150, fig. 114 y 159.

محطة صخرية، محمية ݣلاّبت الخيل 2/1

الناحية: الدوݣج.

القطاع/المنطقة: الدوݣج، الى الغرب ـ جبال ݣلاّبت الخيل.

المكان المحدد: ملجأ جبلي.

تيبولوجية/صنف الموضوع المحدد: محطة فنية.

كرونولوجية/النطاق الزمني للعنصر: مابعد العصر الحجري القديم: من تقاليد المرحلة الاخيرة مما قبل التاريخ.

الوصـــف: محمية (ملجأ) يوجد باحد الجبال، في القطاع الجنوبي الشرقي من منطقة ݣلاّبت الخيل.على بعد 5 كلمترات الى الشرق من جوف ݣلابت الخيل. يوجد هذا التجويف في الواجهة الغربية من الجبل الذي اطلقنا عليه اسم ݣلابت الخيل2، وهومفتوح باتجاه الجنوب الغربي، ويصل 15 مترا في العرض، و3 امتار في العمق و 1،60متر ارتفاعا؛ وكله يقع على ارتفاع حوالى 20 مترا، فوق قاعدة السهل، وتوجد به منطقتان تتميزان من حيث الاشكال الفنية: احداهما باشكال تشبه الانسان والحيوانات، وهي مخضبة باللون الاحمر؛ والاخرى وهي الابرز، تعرض خيولا حول لوحة تم بها رسم 25 حصانا، ومن جهة اخرى ينبغي ان نشير الى وجود سلسلة من الرموز الملونة بالاسود، والتي تشير الى علامات ابل مختلف القبائل، في الزمن الحديث، وقد تداخلت هذه العلامات بصورة جزئية مع الرسوم .

تاريخ التسجيل: 07 - 03 - 2008.

المراجع: Sáenz de Buruaga, A. 2008 b; id. 2010 a, p. 112 y 150, fig. 114 y 159.

STATION RUPESTRE ABRI GALABT EL JEIL 2/1

Région: Duguech.

Secteur/Aire: Duguech W – Montagnes de Galabt El Jeil.

Emplacement: Abri de montagne.

Typologie: Station artistique.

Chronologie: Postpaléolithique: de tradition protohistorique.

Description: Abri localisé dans l'une des montagnes du secteur sud-est de l'aire de Galabt El Jeil, à environ 5 km à l'est du «djuf» de Galabt El Jeil. La cavité se trouve sur le flanc occidental de la montagne que nous avons dénommée Galabt El Jeil 2, s'ouvrant vers le sud-ouest. Elle mesure environ 15 m de large, 3 m de fond et 1,60 m de hauteur; le tout à 20 m de hauteur sur la plaine à la base. On y différencie 2 zones à représentations artistiques: l'une, avec des figures anthropomorphes et d'animaux, peintes en rouge; l'autre, plus significative, avec des gravures de chevaux, articulés autour d'un panneau sur lequel ont été dessinés plus de 25 individus. D'autre part, il faut également signaler la présence d'une série de signes, peints en noir, appartenant à des «marques de chameliers» de différentes tribus, de récente chronologie, superposés partiellement aux peintures.

Date d'enregistrement: 07.03.2008.

Bibliographie: Sáenz de Buruaga, A. 2008b; id. 2010a, p. 112 et 150, fig. 114 et 159.

171

GALABT JERAL-LA 1/1 HARPEKO LABAR KOKALEKUA

Eskualdea: Duguech.

Sektorea/Eremua: Duguech W – Galabt Jeral-la-ko mendiak.

Kokalekua: Mendiko harpea.

Tipologia: Arte-kokalekua.

Kronologia: Paleolito ondokoa: tradizio protohistorikoa.

Deskribapena: Galabt Jeral-la 1-eko mendiaren (Galabt Jeral-la mendi-sektorearen hegoaldeko tonto multzoan sartzen da) ekialdeko hegalaren beheko aldean dagoen harpe irekia da, Duguech-eko tokitik 40 km ipar-mendebaldera. Harpeak 20 m luze, 25 m sakon eta 2 metroko altuera ditu. Kanpoaldeko eremuaren sabaian pintura gorriz egindako hainbat motibo apaingarri daude: panel nagusia (lurretik 80 cm inguru) harpearen aurrealdearen hegoaldeko herenean dago. Hainbat irudi eskematiko ikus daitezke; horietako bat zaldi bat izan daiteke, hainbat ikur lineal zuzen eta lerromakur, bai eta barrutik arrailduta dagoen zirkuluren bat ere. Eta interpretatzeko zailagoak diren beste marra batzuk ere badira. Bestalde, harpea iparraldetik ixten duen erlaitz batean zaldi isolatu baten grabatua dago. Animaliaren barne-diseinu osoa, antza, karrakatu egin zuten eta, beraz, marrazkiaren beix-koloreak kontraste txiki bat egiten du harkaitzaren kolore ilunarekin.

Erregistratze-data: 2008.03.06

Bibliografia: Saenz de Buruaga, A., 2008b, 9. eta 10. irudiak; id. 2010a,101. or., 101. irudia.

ESTACIÓN RUPESTRE ABRIGO GALABT JERAL-LA 1/1

Región: Duguech.

Sector/Área: Duguech W – Montañas de Galabt Jeral-la.

Emplazamiento: Abrigo montañoso.

Tipología: Estación artística.

Cronología: Postpaleolítico: de tradición protohistórica.

Descripción: Abrigo abierto en la parte inferior de la ladera oriental de la montaña de Galabt Jeral-la 1, una de las que configuran el grupo de pitones meridionales del sector montañoso de Galabt Jeral-la, a unos 40 km al NW del sitio de Duguech. El abrigo posee unos 20 m de largo, 2 m de alto y 25 m de fondo. Sobre el techo del área exterior se conservan varios motivos ornamentales con pintura roja: el panel principal, a unos 80 cm del suelo, se halla en el tercio meridional anterior del abrigo. Se reconocen en él una serie de figuras esquemáticas entre las que se pudiera identificarse a un posible caballo, varios signos lineales rectos y curvilíneos, así como algún círculo cuarteado interiormente. Hay también otros trazos más difíciles de interpretar. Por otra parte, en una repisa que cierra el abrigo por su parte N se conserva grabado un caballo aislado. El animal aparece raspado en todo su diseño interno, provocando un sensible contraste entre el tono beige del motivo ornamental y el fondo oscuro de la roca.

Fecha de registro: 06.03.2008.

Bibliografía: Sáenz de Buruaga, A. 2008b, fig. 9 y 10; id. 2010a, p. 101, fig. 101.

محطة صخرية، ملجأ ݣلابت خيرالل 1/1

الناحية: الدوݣج.

القطاع/المنطقة: الدوݣج، الى الغرب ـ جبال ݣلابت خيرالّل.

المكان المحدد: ملجأ جبلي.

تيبولوجية/صنف الموضوع المحدد: محطة فنية.

كرونولوجية/النطاق الزمني للعنصر: ما بعد العصر الحجري القديم: من تقاليد المرحلة الاخيرة مما قبل التاريخ.

الوصـــف: ملجأ مفتوح بالجهة السفلية من الواجهة الشرقية لأحد جبال ݣلابت خيرالل 1، احد مكونات المرتفعات الجنوبية من القطاع الجبلي لـݣلابت خيرالل، على بعد 40 كلمترا الى الشمال الغربي من مكان الدوݣج. هذا الملجأ (المحمية) طوله 20 مترا، وعلوه 2 متر، وعمقه 25 مترا. وتوجد على سطح منطقته الخارجية عدة اشكال مزخرفة بالخضاب الاحمر، ابرزها لوحة رئيسية، على ارتفاع 80 سنتمرا فوق سطح الارض، وتوجد بالثلث الاول الجنوبي من الملجأ، وقد تم التعرف على سلسلة من الاشكال البيانية، التي يمكن من بينها تحديد صورة حصان، وعدد من الرموزالخطية المستقيمة والمنحرفة، اضافة الى رسم دائري متقطع من الداخل، كما توجد هناك ايضا خطوط صعبة التفسير. ومن جهة اخرى، يلاحظ وجود هيئة حصان منعزل تم رسمه فوق نتوء صخري، يسد الجهة الشمالية من الملجأ، ويبدو ان هذا الحيوان قد تم رسم جسمه الداخلى كله، بواسطة الكشط، مما جعل تناقضا محسوسا بين اللون البني الفاتح للرسم الزخرفي، وبين الخلفية القاتمة من جسم الصخرة.

تاريخ التسجيل: 06 - 03 - 2008.

المراجع: Sáenz de Buruaga, A. 2008 b, fig. 9 y 10; id. 2010 a, p. 101, fig. 101.

STATION RUPESTRE ABRI GALABT JERAL-LA 1/1

Région: Duguech.

Secteur/Aire: Duguech W – Montagnes de Galabt Jeral-la.

Emplacement: Abri de montagne.

Typologie: Station artistique.

Chronologie: Postpaléolithique: de tradition protohistorique.

Description: Abri creusé dans la partie inférieure du flanc oriental de la montagne de Galabt Jeral-la 1, une de celles qui configurent le groupe de pitons méridionaux du secteur montagneux de Galabt Jeral-la, à environ 40 km au nord-ouest du site de Duguech. L'abri possède environ 20 m de long, 2 m de hauteur et 25 m de fond. Sur le plafond de l'aire extérieure se conservent plusieurs motifs ornementaux en peinture rouge: le panneau principal, à environ 80 cm du sol, se trouve dans le tiers méridional antérieur de l'abri. Sur celui-ci on reconnaît une série de figures schématiques parmi lesquelles on pourrait identifier un possible cheval, plusieurs signes linéaires droits et curvilignes, ainsi que quelque cercle divisé intérieurement en quartiers. Il y aussi d'autres traits de plus difficile interprétation. D'autre part, sur une console qui ferme l'abri dans sa partie nord se conserve un cheval isolé. Le dessin interne de l'animal est entièrement râpé, ce qui apporte un sensible contraste entre la tonalité beige du motif et le fond obscur de la roche.

Date d'enregistrement: 06.03.2008.

Bibliographie: Sáenz de Buruaga, A. 2008b, fig. 9 et 10; id. 2010a, p. 101, fig. 101.

172

GLEB LEMDEISMAT 1/1 HARPEKO LABAR KOKALEKUA

Eskualdea: Duguech.

Sektorea/Eremua: Duguech W – Lemdeismat-eko lautada.

Kokalekua: Mendiko harpea.

Tipologia: Arte-kokalekua.

Kronologia: Paleolito ondokoa: tradizio neolitikokoa.

Deskribapena: Harpe hau Gleb Lemdesmat 1-eko mendiaren iparraldeko isurialdean dago, Eij-eko mendietatik 7 km hego-ekialdera eta Uted-Lemdesmat-eko menditik 2,5 km ekialdera. Zulogune handi samarra da: 80 metroko luzera x 12 metroko altuera x 10 metroko sakonera. Bereziki ekialdeko hereneko hormaren gainean hainbat pintura-adierazpen ikus daitezke, ongi mugatutako panel batean. Irudiak, gutxi gorabehera, modu linealean antolatuta daude eta bi estilo eta kolore ikus daitezke: a) zaharrena irudikapen estilizatuez osatua dago eta kolore laranja du; behiaren familiako animalien talde bat agertzen da, atzetik giza irudi bat dutela. b) Berriena kolore gorri bizikoa da eta behien familiako hiru animalia daude irudikatuta, ia modu bertikalean, aurreko motiboen artean tartekatuta baitaude. Apaindutako esparruak 63x33 cm ditu. Ziurrenik, harpeko hormetan pintura-panel gehiago egongo ziren, gaur egun oraindik ere hainbat pintura orban eta marra ikus daitezke-eta.

Erregistratze-data: 2008.03.05

Bibliografia: Saenz de Buruaga, A., 2010a, 100. eta 104. or., 100. eta 106. irudiak.

ESTACIÓN RUPESTRE ABRIGO GLEB LEMDEISMAT 1/1

Región: Duguech.

Sector/Área: Duguech W – Planicie de Lemdeismat.

Emplazamiento: Abrigo montañoso.

Tipología: Estación artística.

Cronología: Postpaleolítico: de tradición neolítica.

Descripción: Abrigo emplazado en la vertiente N de la montaña de Gleb Lemdesmat 1, unos 7 km al SE de las montañas de Eij y a unos 2,5 km al E de la montaña de Uted-Lemdesmat. Se trata de una oquedad de grandes dimensiones: de unos 80 m de largo x 12 m de alto x 10 m de fondo. Sobre la pared, especialmente, del tercio oriental conserva una serie de manifestaciones pictóricas en un panel bien delimitado. Las figuras se han dispuesto, más o menos, de forma lineal, y hay dos estilos y colores: a) el más antiguo, formado por unas representaciones de tipo estilizado, de coloración anaranjada, en las que se ha figurado un grupo de bóvidos a los que sigue una figura humana; b) el más reciente, de coloración roja intensa, con tres representaciones de bovinos, en disposición casi vertical, al estar intercalados entre los motivos anteriores. El campo ornamental alcanza los 163x33 cm. Probablemente, otros paneles pictóricos debieron existir en las paredes del abrigo al juzgar por algunas manchas y trazos pictóricos constatables.

Fecha de registro: 05.03.2008.

Bibliografía: Sáenz de Buruaga, A. 2010a, p. 100 y 104, fig. 100 y 106.

محطة صخرية ملجأ، ݣليب لمديسمات 1/1

الناحية: الدوݣج.

القطاع/المنطقة: الدوݣج الى الغرب ـ سهل لمديسمات.

المكان المحدد: ملجأ جبلي.

تيبولوجية/صنف الموضوع المحدد: محطة فنية.

كرونولوجية/النطاق الزمني للعنصر: ما بعد العصر الحجري القديم: من تقاليد العصر الحجري الحديث.

الوصـــف: ملجأ (محمية) يقع بالسفح الشمالي لـݣليب لمديسمات 1، على بعد 7 كلمترات الى الجنوب الشرقي من جبال ايج، وعلى مسافة كلمترين ونصف الى الشرق من جبل اوتد لمديسمات. يتعلق الامر هنا بجوف ذي مساحات كبيرة: 80 مترا طولا×12 مترا علوا×10 مترا عمقا. ولا يزال باقيا فوق جدار هذا الملجأ، وخصوصا بالثلث الشرقي منه، سلسلة من المظاهر التصويرية فوق لوحة محددة جدا. الاشكال تم وضعها بصورة خطية، تقريبا، وهناك نوعان من الاسلوب والالوان: أ) اقدمها مكون من رسوم نمطية، بلون برتقالي تظهر به مجموعة من الحيوانات المجترة متبوعة بصورة انسان. ب) احدثها ذو لون احمر قاني يعرض ثلاثة تماثيل لحيوانات بقرية، وضعت بشكل عمودي تقريبا، لتتداخل مع الاصناف السابقة. المساحة المزينة تصل 163×33 سنتمترا، ويحتمل ان يكون جدار هذا الملجأ قد عرف وجود بعض اللوحات، نظرا لما يلاحظ به من وجود اثارالبقع والخطوط التصويرية.

تاريخ التسجيل: 05 - 03 - 2008.

المراجع: Sáenz de Buruaga, A. 2010 a, p. 100 y 104, fig. 100 y 106.

STATION RUPESTRE ABRI GLEB LEMDEISMAT 1/1

Région: Duguech.

Secteur/Aire: Duguech W – Plaine de Lemdeismat.

Emplacement: Abri de montagne.

Typologie: Station artistique.

Chronologie: Postpaléolithique: de tradition néolithique.

Description: Abri localisé dans le flanc nord de la montagne de Gleb Lemdesmat 1, à environ 7 km au sud-est des montagnes d'Eij et à environ 2,5 km à l'est de la montagne d'Uted-Lemdesmat. Il s'agit d'une cavité aux grandes dimensions: environ 80 m de long x 12 m de hauteur x 10 m de fond. Sur la paroi, spécialement, le tiers oriental se conserve une série de manifestations picturales sur un panneau bien délimité. Les figures ont été disposées, plus ou moins, de manière linéaire et il y a deux styles et couleurs: a) le plus ancien, formé de représentations de type stylisé, de coloration orangeâtre, sur lesquelles figure un groupe de bovidés suivis d'une figure humaine; b) le plus récent, de coloration rouge intense, offre trois représentations de bovides, en disposition quasiment verticale, puisqu'elles ont été intercalées parmi les motifs antérieurs. Le champ ornemental atteint 163x33 cm. Probablement, d'autres panneaux picturaux semblent avoir existé sur les parois à en croire les quelques taches et traits picturaux qui y sont constatés.

Date d'enregistrement: 05.03.2008.

Bibliographie: Sáenz de Buruaga, A. 2010a, p. 100 et 104, fig. 100 et 106.

173

GRONA 1/1 HARPEKO LABAR KOKALEKUA

Eskualdea: Agüenit.

Sektorea/Eremua: Agüenit-eko lautada – Grona-ko mendiak.

Kokalekua: Mendiko harpea.

Tipologia: Arte-kokalekua.

Kronologia: Paleolito ondokoa: tradizio neolitikokoa.

Deskribapena: Grona 1/1-eko harpea Gronako mendien iparraldeko sektorean kokatuta dago, mendi-multzoaren kanpoko perimetroa osatzen duten "gleibat"-en artetik, Grona 1 "gleibat"-aren iparraldeko hegalean. 18x5x3,5 m ditu eta ekialdeko muturra partzialki eraitsia dago. Esparruaren horma granitikoaren erdiko tartean pintura gorriz egindako hainbat marra eta orban ikus daiteke, baina oso lausotuta daude eta ia ulertezinak dira. Graffiti moderno bat egin dute ikatzarekin pintura-aztarna gorrixka horien gainean. Harpe hori Grona 1/2 harpetik 100 m mendebaldera dago, erliebe berean kokatuta, eta hor ere pintura-arrastoak daude.

Erregistratze-data: 2005.04.12

Bibliografia: Soler Subils, J. *et alii* 2005, 93. or.

ESTACIÓN RUPESTRE ABRIGO GRONA 1/1

Región: Agüenit.

Sector/Área: Planicie de Agüenit - Montañas de Grona.

Emplazamiento: Abrigo montañoso.

Tipología: Estación artística.

Cronología: Postpaleolítico: de tradición neolítica.

Descripción: El abrigo de Grona 1/1 se sitúa en el sector septentrional de las montañas de Grona, sobre la ladera N de uno de los "gleibat" –el singularizado como de Grona 1– que definen el perímetro exterior del conjunto montañoso. Sus dimensiones alcanzan los 18x5x3,5 m, encontrándose su extremo oriental parcialmente derrumbado. En el tramo central de la pared granítica del recinto se conservan algunos trazos y manchones de pintura roja muy difuminados y prácticamente ininteligibles. Algún grafiti moderno, realizado con carbón, se superpone a esos restos pictóricos rojizos. Este abrigo se encuentra unos 100 m al W del denominado como Grona 1/2, emplazado en el mismo relieve, que asimismo conserva trazos pictóricos.

Fecha de registro: 12.04.2005.

Bibliografía: Soler Subils, J. *et alii* 2005, p. 93.

محطة صخرية بملجأ اڭرونه 1/1

الناحية: اغوينيت.

القطاع/المنطقة: سهل اغوينيت ـ جبال اڭرونه.

المكان المحدد: ملجأ جبلي.

تيبولوجية/صنف الموضوع المحدد: محطة فنية.

كرونولوجية/النطاق الزمني للعنصر: ما بعد العصر الحجري القديم: من تقاليد العصر الحجري الحديث.

الوصـــف: يوجد ملجأ اڭرونه 1/1، بالقطاع الشمالى من جبال اڭرونة، فوق الواجهة الشمالية من احد "لـڭليبات"، ـ وهو منفرد مثل ذلك الذي يجد باڭرونه 1ـ التي تحدد المحيط الخارجي من المجموعة الجبلية، تصل مساحته 18×5×3،5 متر، وقد انهار الطرف الشرقي منه بصورة جزئية، ويحتفظ القسم المركزي من الجدار الجرانيتي من السياج، ببعض الخطوط والبقع الصبغية الحمراء الجد غامضة، وغير المفهومة، وقد اعتلى تلك البقايا التصويرية، رسم جداري حديث، مطبق بواسطة الكربون، وهذا الملجأ يقع على بعد 100 متر الى الغرب من ذلك المسمى باڭرونه 1/2، الواقع في نفس التضاريس، والذي يحتفظ كذلك ببعض الخطوط التصويرية.

تاريخ التسجيل: 12 ـ 04 ـ 2005.

المراجع: Soler Subils, J. et alii 2005, p. 93.

STATION RUPESTRE ABRI GRONA 1/1

Région: Agüenit.

Secteur/Aire: Plaine d'Agüenit - Montagnes de Grona.

Emplacement: Abri de montagne.

Typologie: Station artistique.

Chronologie: Postpaléolithique: de tradition néolithique.

Description: L'abri de Grona 1/1 se situe dans le secteur septentrional des montagnes de Grona, sur le flanc nord de l'un des "gleibat" –celui singularisé comme Grona 1– qui définissent le périmètre extérieur de l'ensemble montagneux. Ses dimensions atteignent 18x5x3,5 m, partiellement écroulé à l'extrême oriental. Sur la travée centrale de la parois granitique de l'enceinte sont conservés quelques traits et tâches de peinture rouge très estompés et pratiquement inintelligibles. Quelque graffiti moderne, fait au charbon, se superpose à ces restes picturaux rougeâtres. Cet abri se trouve à environ 100 m à l'ouest de celui dénommé Grona 1/2, localisé sur le même relief, qui conserve également des traits picturaux.

Date d'enregistrement: 12.04.2005.

Bibligraphie: Soler Subils, J. et alii 2005, p. 93.

174

GRONA 1/2 HARPEKO LABAR KOKALEKUA

Eskualdea: Duguech.

Sektorea/Eremua: Agüenit-eko lautada – Grona-ko mendiak.

Kokalekua: Mendiko harpea.

Tipologia: Arte-kokalekua.

Kronologia: Paleolito ondokoa: tradizio neolitikokoa.

Deskribapena: Grona 1/2-ko harpea Grona 1/1-eko harpetik 100 m ekialdera dago, Grona-ko mendien hegoaldeko zatiaren kanpoko perimetroa osatzen duen "gleib" granitiko beraren –Grona 1 izena duena– iparraldeko hegalean. 9x4x2 m ditu. Zulogunearen aurrealdeko hormaren gainean pintura gorriz egindako hainbat orban eta marra kontserbatzen dira, eta irudi zoomorforen bat egon zitekeela interpreta daiteke. Gaur egun, esparru hori duna batek hartuta dago eta kanpoaldetik bloke modernoz egindako hormatxo batek mugatzen du.

Erregistratze-data: 2005.04.12

Bibliografia: Soler Subils, J. *et alii* 2005, 93. or.

ESTACIÓN RUPESTRE ABRIGO GRONA 1/2

Región: Duguech.

Sector/Área: Planicie de Agüenit - Montañas de Grona.

Emplazamiento: Abrigo montañoso.

Tipología: Estación artística.

Cronología: Postpaleolítico: de tradición neolítica.

Descripción: El abrigo de Grona 1/2 se halla a unos 100 m al E del de Grona 1/1, sobre la ladera N del mismo "gleib" granítico –el individualizado como Grona 1– que configura el perímetro exterior del tramo septentrional de las montañas de Grona. Sus dimensiones rondan los 9x4x2 m. Sobre la pared frontal de la oquedad se conservan algunas manchas y trazos de pintura roja, entre las que quizás pueda intuirse la figura de algún zoomorfo. Actualmente el recinto se halla invadido por una duna y se encuentra delimitado exteriormente por un murete de bloques de moderna factura

Fecha de registro: 12.04.2005.

Bibliografía: Soler Subils, J. *et alii* 2005, p. 93.

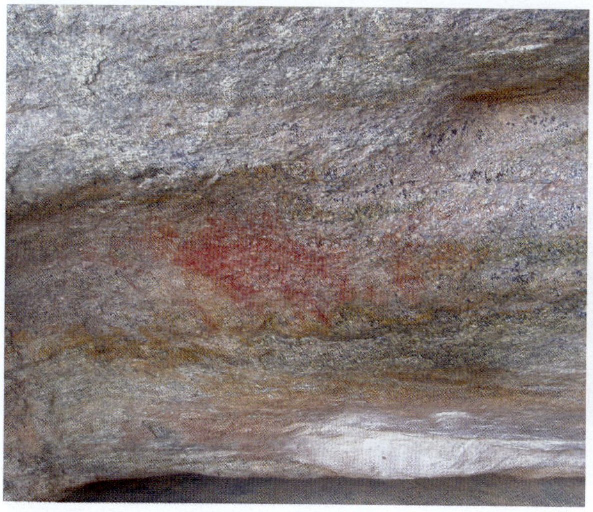

محطة صخرية بملجأ اڤرونه 1/2

الناحية: الدوڤج.

القطاع/المنطقة: سهل اغوينيت ـ جبال اڤرونه.

المكان المحدد: ملجأ جبلي.

تيبولوجية/صنف الموضوع المحدد: محطة فنية.

كرونولوجية/النطاق الزمني للعنصر: ما بعد العصر الحجري القديم: من تقاليد العصر الحجري الحديث.

الوصـــف: يقع ملجأ اڤرونة 1/2، على بعد حوالى 100 متر الى الشرق من اڤرونة 1/1، بالواجهة الشمالية من نفس " لـڤليب" الجرانيتي - وهو منفرد مثل اڤرونة 1 - التي تشكل الاطار الخارجي للقسم الشمالي من جبال اڤرون، وتبلغ مساحته 9×4×2 متر، ولا تزال هناك على الجدار المواجه للتجويف، بعض البقع والخطوط الصبغية الحمراء، التي يمكن ان تشعر فيها بوجود اشكال حيوانية. و يغزو محيطه، في الوقت الراهن، كثيبٌ رمليٌّ، ويطوقه من الخارج حزيّمٌ من الكتل الصخرية حديث العهد.

تاريخ التسجيل: 12 - 04 - 2005.

المراجع: Soler Subils, J. et alii 2005, p. 93.

STATION RUPESTRE ABRI GRONA 1/2

Région: Duguech.

Secteur/Aire: Plaine d'Agüenit - Montagnes de Grona.

Emplacement: Abri de montagne.

Typologie: Station artistique.

Chronologie: Postpaléolithique: de tradition néolithique.

Description: L'abri de Grona 1/2 se trouve à environ 100 m à l'est de celui de Grona 1/1, sur le flanc nord du même "gleib" granitique –celui individualisé comme Grona 1– qui configure le périmètre extérieur du tronçon septentrional des montagnes de Grona. Ses dimensions approchent 9x4x2 m Sur la parois frontale de la cavité sont conservées quelques taches et traits de peinture rouge, parmi lesquels ont peut entrevoir une figure zoomorphique. Actuellement l'enceinte est envahie par une dune et se trouve délimitée extérieurement par un muret de blocs de facture moderne

Date d'enregistrement: 12.04.2005.

Bibliographie: Soler Subils, J. et alii 2005, p.93

175

LEJUAD II HARPEKO LABAR KOKALEKUA

Eskualdea: Duguech.

Sektorea/Eremua: Duguech W – Lejuad-eko inselberg-ak.

Kokalekua: Blokepeko harpea.

Tipologia: Arte-kokalekua.

Kronologia: Paleolito ondokoa: tradizio neolitikokoa eta protohistorikoa.

Deskribapena: Arte-kokaleku hau Lejuad I-eko harpetik 300 m iparraldera dago eta hango inselberg-aren hegaleko higakinen gainean sortu da. Irudikapenak hainbat bloke alderrairen gainean eginak daude, 55 metrotan barrena. Karrakatzearen bitartez egindako animaliak dira nagusi, eta zaldien nahiz behien familiak gailentzen dira; jirafa baten irudikapen on bat ere bada. Horretaz gain, zenbait zulogunetan, horma eta sabaietan lerro eta orban hits-hitsak ere ikusten dira, tinta gorriz egindakoak.

Erregistratze-data: 2008.10.07

Bibliografia: Pellicer, M. *et alii* 1974, 22. or. eta hur., 33-36 irudiak, XII. eta XIII. laminak; Nowak, H. et alii 1975, 65. or. eta hur., 167-169 eta 189-191 irudiak; Balbín Behrmann, R. 1975, 21-22 or.; Soler Masferrer, N. et alii 2005, 82. or.; Soler Subils, J. et alii 2005, 94. or.; Balbín Behrmann, R., Bueno Ramírez, P. 2009, 320-322 or., 10. irudia, 17. eta 18. laminak; Saenz de Buruaga, A. 2010a, 63. eta 20. or., 61. eta 122. irudiak.

ESTACIÓN RUPESTRE ABRIGO LEJUAD II

Región: Duguech.

Sector/Área: Duguech W – Inselberges de Lejuad.

Emplazamiento: Abrigo bajo bloque.

Tipología: Estación artística.

Cronología: Postpaleolítico: de tradición neolítica y protohistórica.

Descripción: Estación artística situada unos 300 m al N del abrigo de Lejuad I, y formada sobre los derrubios de la ladera del inselberge allá existente. Las representaciones se encuentran sobre varios bloques erráticos, repartidos a lo largo de 55 m. Predominan los motivos animales, realizados con técnica de raspado, entre los que sobresalen los temas de équidos y bovinos; incluso, hay alguna buena representación de una jirafa. Además, en algunas de las oquedades se aperciben sobre las paredes y techos, algunos trazos lineales y manchones, muy desvaídos, en tinta roja.

Fecha de registro: 07.10.2008.

Bibliografía: Pellicer, M. *et alii* 1974, p. 22s, fig. 33-36, lám. XII y XIII; Nowak, H. *et alii* 1975, p. 65s, fig. 167-169 y 189-191; Balbín Behrmann, R. 1975, p. 21-22; Soler Masferrer, N. *et alii* 2005, p. 82; Soler Subils, J. *et alii* 2005, p. 94; Balbín Behrmann, R., Bueno Ramírez, P. 2009, p. 320-322, fig. 10, lám. 17 y 18; Sáenz de Buruaga, A. 2010a, p. 63 y 120, fig. 61 y 122.

محطة صخرية، ملجأ لجواد II

الناحية: الدوڭج.

القطاع/المنطقة: الدوڭج، الى الغرب ـ مرتفعات لجواد.

المكان المحدد: محمية تحت كتلة صخرية.

تيبولوجية/صنف الموضوع المحدد: محطة فنية.

كرونولوجية/النطاق الزمني للعنصر: ما بعد العصر الحجري القديم: من تقاليد العصر العصر الحجري الحديث والمرحلة الاخيرة مما قبل التاريخ.

الوصـــــف: محطة فنية تبعد 300 متر الى الشمال من محمية لجواد I، مكونة فوق القطع الصخرية بواجهة المرتفع الجبلي الموجود هناك، حيث يعثرعلى تماثيل فوق عدد من الكتل الصخرية الشاذة، متوزعة على طول 55 مترا، تغلب على موضوعاتها اشكالٌ حيوانية، مرسومة بتقنية الكشط، تبرز من ضمنها موضوعات تتعلق بالحيوانات وحيدة الظلف، والمجترة، بما فيها تمثيل جميل حول زرافة. كما يلاحظ فوق جدران وسقوف بعض التجاويف، وجود خطوط وتسطيرات وبقع، تم تطبيقها بالخضاب الاحمر، وهي باهتة جدا.

تاريخ التسجيل: 07 ـ 10 ـ 2008.

المراجع: Pellicer, M. et alii 1974, p. 22s, fig. 33-36, lám. XII y XIII; Nowak, H. et alii 1975, p. 65s, fig. 167-169 y 189-191; Balbín Behrmann, R. 1975, p. 21-22; Soler Masferrer, N. et alii 2005, p. 82; Soler Subils, J. et alii 2005, p. 94; Balbín Behrmann, R., Bueno Ramírez, P. 2009, p. 320-322, fig. 10, lám. 17 y 18; Sáenz de Buruaga, A. 2010 a, P. 63 y 120, fig. 61 y 122.

STATION RUPESTRE ABRI LEJUAD II

Région: Duguech.

Secteur/Aire: Duguech W – Inselbergs de Lejuad.

Emplacement: Abri sous bloc.

Typologie: Station artistique.

Chronologie: Postpaléolithique: de tradition néolithique et protohistorique.

Description: Station artistique située à environ 300 m au nord de l'abri de Lejuad I, et formée sur les affouillements du flanc de l'inselberg là existant. Les représentations se trouvent sur plusieurs blocs erratiques, repartis au long de 55 m Prédominent les motifs animaux, réalisés avec la technique du râpage, parmi lesquels saillissent les thèmes d'équidés et de bovins; il y a même une bonne représentation d'une girafe. De plus, dans quelques cavités on aperçoit sur les parois et plafonds, quelques traits linéaires et taches, très estompés, à l'encre rouge.

Date d'enregistrement: 07.10.2008.

Bibliographie: Pellicer, M. *et alii* 1974, p. 22s, fig. 33-36, lam. XII et XIII; Nowak, H. *et alii* 1975, p. 65s, fig. 167-169 et 189-191; Balbín Behrmann, R. 1975, p. 21-22; Soler Masferrer, N. *et alii* 2005, p. 82¸Soler Subils, J. *et alii* 2005, p. 94; Balbín Behrmann, R., Bueno Ramírez, P. 2009, p. 320-322, fig. 10, lam. et 18; Sáenz de Buruaga, A. 2010a, p. 63 et 120, fig. 61 et 122.

176

LEJUAD III HARPEKO LABAR KOKALEKUA

Eskualdea: Duguech.

Sektorea/Eremua: Duguech W – Lejuad-eko inselberg-ak.

Kokalekua: Mendiko harpea.

Tipologia: Arte-kokalekua.

Kronologia: Paleolito ondokoa: tradizio neolitikokoa eta protohistorikoa.

Deskribapena: Lejuad III harpearen (Lejuad-eko hegoaldeko inselbergetako baten ekialdeko hegalean dago) hormetako behealdean, bi pintura multzo kontserbatzen dira. Horietako bat erdialdeko-ezkerreko sektorean dago (mendebaldera) eta zaldizkoak eta zaldiak irudikatzen dituzten figura gorri eskematikoak dira nagusi (irudi batzuek bi kolore dituzte, gorria eta beltza), eta "tifinâgh" ikurrak ere badira; horien gainean, gainjarrita, hainbat grafismo arabiar berriagoak ikus daitezke, tinta laranjaz eginak. Beste pintura-multzoa aurrekotik 15 m ekialdera dago, harpearen eskuinaldeko sektorean, eta pintura gorri eskematikoen aztarnak ikus daitezke; horien artean zaldizko bat identifika daiteke. Serie horietako zati handi bat arte-tradizio protoberbertarrarekin loturik dago.

Erregistratze-data: 2009.09.27

Bibliografia: Pellicer, M. *et alii* 1974, 23-25. or., 37-38 eta 46. irudiak, XIV. lamina; Nowak, H. et alii 1975, 66. or., 192-195 irudiak; Soler Subils, J. et alii 2005, 94. or.; Brooks, N. et alii 2006, 93. or, 24. irudia; Sáenz de Buruaga, A. 2010a, 106. or., 108. irudia.

ESTACIÓN RUPESTRE ABRIGO LEJUAD III

Región: Duguech.

Sector/Área: Duguech W – Inselberges de Lejuad.

Emplazamiento: Abrigo montañoso.

Tipología: Estación artística.

Cronología: Postpaleolítico: de tradición neolítica y protohistórica.

Descripción: En la parte inferior de las paredes del abrigo de Lejuad III, abierto sobre la ladera oriental de uno de los inselberges meridionales de Lejuad, se conservan dos agrupaciones pictóricas. Una de ellas, en el sector meso-senestro (al W), muestra un predominio de figuras rojas esquemáticas que representan jinetes y caballos (algunas de ellas son bicromas, en rojo y negro), junto a signos "tifinâgh"; a estos motivos se superponen algunos grafismos árabes recientes en tinta anaranjada. La otra agrupación pictórica, a unos 15 m al E de ésta, en el sector derecho del abrigo, conlleva también restos de pinturas rojas esquemáticas entre las que se llega a identificar a algún jinete. Una buena parte de estas series debe de ponerse en relación con la tradición artística protoberéber.

Fecha de registro: 27.09.2009.

Bibliografía: Pellicer, M. *et alii* 1974, p. 23-25, fig. 37-38 y 46, lám. XIV; Nowak, H. *et alii* 1975, p. 66, fig. 192-195; Soler Subils, J. *et alii* 2005, p. 94; Brooks, N. *et alii* 2006, p. 93. Fig. 24; Sáenz de Buruaga, A. 2010a, p. 106, fig. 108.

محطة صخرية، ملجأ لجواد III

الناحية: الدڭج.

القطاع/المنطقة: الدوڭج، الى الغرب ـ مرتفع لجواد.

المكان المحدد: محمية (ملجأ) جبلية.

تيبولوجية/صنف الموضوع المحدد: محطة فنية.

كرونولوجية/النطاق الزمني للعنصر: ما بعد العصر الحجري القديم: من تقاليد العصر الحجري الحديث والمرحلة الاخيرة مما قبل التاريخ.

الوصـــف: تجمعان تصويريان، مفتوحان على المنحدر الشرقي لاحد المرتفعات الجنوبية من جبال لجواد، وذلك بالقسم الاسفل من جدران محمية لجواد III، احداهما توجد بالقطاع الاوسط (الى الغرب)، تظهراغلبية من الاشكال الحمراء العامة التي تمثل فرسانا واحصنة (بعضها ثنائية اللون، احمر واسود)، الى جانب رموز "تيفيناغ"، وقد اعتَلَتْها بعض الخطوط العربية الحديثة، باللون البرتقالي. اما المجموعة التصويرية الثانية، فتبعد عنها بحوالى 15 مترا الى جهة الشرق، بالقسم الايمن من الملجأ، وتضم كذلك بقايا من الرسوم العامة ذات اللون الاحمر، تم التعرف من بينها، على هيئة انسان راكب. ويمكن ان يكون قسم لا بأس به من هاتين السلسلتين متعلقا بالتقاليد الفنية في الزمن البربري الاول.

تاريخ التسجيل: 27 - 09 - 2009.

المراجع: Pellicer, M. et alii 1974, p. 23-25, fig. 37-38 y 46, lám. XIV; Nowak; H. et alii 1975, p. 66, fig. 192-195; Soler Subils, J. et alii 2005, p. 94; Brooks, N. et alii 2006, p. 93. fig. 24; Sáenz de Buruaga, A. 2010 a, p. 106, fig. 108.

STATION RUPESTRE ABRI LEJUAD III

Région: Duguech.

Secteur/Aire: Duguech W – Inselbergs de Lejuad.

Emplacement: Abri de montagne.

Typologie: Station artistique.

Chronologie: Postpaléolithique: de tradition néolithique et protohistorique.

Description: Dans la partie inférieure des parois de l'abri de Lejuad III, creusé dans le flanc oriental de l'un des inselbergs méridionaux de Lejuad, se conservent deux groupements picturaux. L'un d'eux, dans le secteur méso-senestro (à l'ouest), montre prédominance de figures rouges schématiques qui représentent des cavaliers et des chevaux (quelques-unes sont bichromatiques, en rouge et noir), à côté de signes «tifinâgh»; superposés à ces motifs il y a des graphismes arabes récents à l'encre orangeâtre. L'autre groupement pictural, à environ 15 m à l'est de celui-ci, dans le secteur droit de l'abri, comporte aussi des restes de peintures rouges schématiques parmi lesquelles on arrive à identifier quelque cavalier. Une bonne partie de ces séries doivent être mises en relation avec la tradition artistique protoberbère.

Date d'enregistrement: 27.09.2009.

Bibliographie: Pellicer, M. *et alii* 1974, p. 23-25, fig. 37-38 et 46, lam. XIV; Nowak, H. *et alii* 1975, p. 66, fig. 192-195; Soler Subils, J. *et alii* 2005, p. 94; Brooks, N. *et alii* 2006, p. 93. Fig. 24; Sáenz de Buruaga, A. 2010a, p. 106, fig. 108.

177

LEJUAD IV HARPEKO LABAR KOKALEKUA

Eskualdea: Duguech.

Sektorea/Eremua: Duguech W – Lejuad-eko inselberg-ak.

Kokalekua: Blokepeko harpea.

Tipologia: Arte-kokalekua.

Kronologia: Paleolito ondokoa: tradizio neolitikokoa eta protohistorikoa.

Deskribapena: Harpe hau (*ca.* 15x5x4 m) Lejuad-eko inselberg handienaren hego-ekialdera dagoen mogote granitiko batetik askatutako bloke handi baten oinarrian sortu zen. Zulogunea hego-ekialdera begira dago eta tinta gorriz egindako pintura-adierazpenen serie bat biltzen du harpearen eskuineko aurrealdeko sektorean. Oro har, 3 multzo bereiz ditzakegu: animalien motiboak dituztenak, beste batzuk deszifratu ezin direnak (kontserbazio-egoera kaskarrean daudelako) eta, azkenik, ziurrenik "tifinâgh" motako grafismoekin loturik egon daitezkeen zenbait ikur.

Erregistratze-data: 2009.09.28

Bibliografia: Nowak, H. *et alii* 1975, 66. or., 196-199 irudiak; Soler Subils, J. *et alii* 2005, 95. or.; Saenz de Buruaga, A. 2010a, 27. or., 20. irudia.

ESTACIÓN RUPESTRE ABRIGO LEJUAD IV

Región: Duguech.

Sector/Área: Duguech W – Inselberges de Lejuad.

Emplazamiento: Abrigo bajo bloque.

Tipología: Estación artística.

Cronología: Postpaleolítico: de tradición neolítica y protohistórica.

Descripción: Abrigo de *ca.* 15x5x4 m, formado en la base de un gran bloque desprendido de un mogote granítico situado al SE del inselberge más grande de Lejuad. La oquedad, abierta al SE, incluye una serie de representaciones pictóricas, en tinta roja, dispuestas sobre el sector frontal derecho del abrigo. En general, pudieran señalarse 3 grupos de ellas: incluyendo como temáticas motivos animales, otros más indescifrables, merced a su deficiente estado de conservación, y algunos signos que, probablemente, puedan asociarse con grafismos tipo "tifinâgh".

Fecha de registro: 28.09.2009.

Bibliografía: Nowak, H. *et alii* 1975, p. 66, fig. 196-199; Soler Subils, J. *et alii* 2005, p. 95; Sáenz de Buruaga, A. 2010a, p. 27, fig. 20.

محطة صخرية، ملجأ لجواد IV

الناحية: الدوڭج.

القطاع/المنطقة: الدوڭج، الى الغرب ـ مرتفعات لجواد.

المكان المحدد: محمية (ملجأ) تحت كتلة صخرية.

تيبولوجية/صنف الموضوع المحدد: محطة فنية.

كرونولوجية/النطاق الزمني للعنصر: ما بعد العصر الحجري القديم: من تقاليد العصر الحجري الحديث والمرحلة الاخيرة من مما قبل التاريخ.

الوصـــف: ملجأ مساحته من حوالى 15×5×4 متر، مشكل بقاعدة كتلة كبيرة من الصخور، منفصلة من نتوء جرانيتي، يقع الى الجنوب الشرقي من احد اكبر مرتفعات لجواد، وهو مفتوح الى جهة الجنوب الشرقي، ويضم مجموعة من التماثيل التصورية، المرسومة باللون الاحمر، فوق القطاع الامامي، الايمن من الملجأ. وعلى العموم، يمكننا ان نشير الى ثلاثة مجموعات احداها تحتوي على رسوم حيوانية، كموضوع لها، واخرى يصعب التعرف عليها بسبب حالة نقص الصيانة، اضافة الى بعض الرموز التي يحتمل ان تكون متعلقة بكتابة من نوع "تيفيناغ".

تاريخ التسجيل: 28 - 09 - 2009.

المراجع: Nowak, H. et alii 1975, p. 66, fig. 196-199; Soler Subils, J. et alii 2005, p. 95; Sáenz de Buruaga, A. 2010 a, 27, fig. 20.

STATION RUPESTRE ABRI LEJUAD IV

Région: Duguech.

Secteur/Aire: Duguech W – Inselbergs de Lejuad.

Emplacement: Abri sous bloc.

Typologie: Station artistique.

Chronologie: Postpaléolithique: de tradition néolithique et protohistorique.

Description: Abri de *ca.* 15x5x4 m, formé à la base d'un grand bloc détaché d'une mogote granitique située au sud-est de l'inselberg plus grand de Lejuad. La cavité, ouverte vers le sud-est, inclut une série de représentations picturales, à l'encre rouge, disposées sur le secteur frontal droit de l'abri. En général, on peut signaler 3 groupes de celles-ci: incluant comme thématique des motifs animaux, d'autres indéchiffrables, dû à son déficient état de conservation et d'autres signes qui, probablement, peuvent être associés à des graphismes du genre «tifinâgh».

Date d'enregistrement: 28.09.2009.

Bibliographie: Nowak, H. *et alii* 1975, p. 66, fig. 196-199; Soler Sublis, J. *et alii* 2005, p. 95; Sáenz de Buruaga, A. 2010a, p. 27, fig. 20.

178

LEJUAD Va HARPEKO LABAR KOKALEKUA

Eskualdea: Duguech.

Sektorea/Eremua: Duguech W – Lejuad-eko inselberg-ak.

Kokalekua: Mendiko harpea.

Tipologia: Arte-kokalekua.

Kronologia: Paleolito ondokoa: tradizio neolitikokoa.

Deskribapena: Harpe hau (*ca.* 16x4x1,60 m) hegoaldera begira dago eta Lejuad-eko mendien ipar-mendebaldeko sektoreko mendi-erliebe txiki baten hegoaldeko hegalean kokatuta dago, Lejuad I eta II harpeetako arte-kokalekuak dauden inselberg-aren iparraldean. Zulogunearen sabaian hainbat pintura-irudikapen daude tinta gorriz eta zuriz eginak; animalia basatiak ikus daitezke: jirafak dira nagusi eta antiloperen bat ere bada. Bestalde, ipar-mendebaldera dagoen friso batean, bai eta zulogunearen sabaiko ondo-ondoko zatian ere, pintura gorriz egindako zenbait marra eta orban daude, nahiko kolorgetuak. Gaur egun, harpearen zati handi bat duna batek hartuta dauka.

Erregistratze-data: 2009.09.28

Bibliografia: Nowak, H. *et alii* 1975, 66. or., 170. eta 200-203 irudiak; Soler Subils, J. *et alii* 2005, 95. or.; Sáenz de Buruaga, A. *et alii* 2009, 23. or., 11. arg.; Sáenz de Buruaga, A. 2010a, 110. or., 112. irudia; id. 2011b, II/II, 1. or.

ESTACIÓN RUPESTRE ABRIGO LEJUAD Va

Región: Duguech.

Sector/Área: Duguech W – Inselberges de Lejuad.

Emplazamiento: Abrigo montañoso.

Tipología: Estación artística.

Cronología: Postpaleolítico: de tradición neolítica.

Descripción: Abrigo de *ca.* 16x4x1,60 m, orientado al S, abierto sobre la ladera meridional de un ligero relieve montañoso del sector NW de las montañas de Lejuad, al N del inselberge en el que se hallan las estaciones artísticas de los abrigos de Lejuad I y II. Sobre el techo de la oquedad hay varias representaciones pictóricas, en tinta roja y blanca, de fauna salvajes, sobresaliendo las jirafas y algún antílope. Por otra parte, sobre un friso situado al NW hay varios trazos y manchones deslavados de pintura roja, así como en la parte inmediata del techo de la oquedad. Actualmente, el abrigo se encuentra invadido, en buena parte, por una duna.

Fecha de registro: 28.09.2009.

Bibliografía: Nowak, H. *et alii* 1975, p. 66, fig. 170 y 200-203; Soler Subils, J. *et alii* 2005, p. 95; Sáenz de Buruaga, A. *et alii* 2009, p. 23, fot. 11; Sáenz de Buruaga, A. 2010a, p. 110, fig. 112; id. 2011b, II/II, p. 1.

محطة صخرية، ملجأ لجواد Va

الناحية: الدوكَج.

القطاع/ المنطقة: الدوكَج، الى الغرب ـ مرتفات لجواد.

المكان المحدد: محمية (ملجأ) جبلية.

تيبولوجية/صنف الموضوع المحدد: محطة فنية.

كرونولوجية/النطاق الزمني للعنصر: ما بعد العصر الحجري القديم: من تقاليد العصر الحجري الحديث.

الوصـــــف: ملجأ ذو مساحة تقارب 16×4×1،60 متر، يتجه جنوبا، ومفتوح فوق الواجهة الجنوبية من تضاريس جبلية خفيفة، بالقطاع الشمالي الغربي من مرتفعات لجواد، والى جهة الشمال من المرتفع الذي توجد به المحطات الفنية لمحميات لجواد I و II. ويوجد فوق بسقف هذا الجوف (الملجأ) عدد من التماثيل المرسومة باللونين الاحمر والابيض، تعرض اشكالا لحيوانات متوحشة، تبرزمن ضمنها الزرافات وبعض الظباء. ويوجد من جهة اخرى، عدد من الخطوط والبقع المتلاشية ذات اللون الاحمر، على افريز بالجهة الشمالية الغربية، كما على الجهة المباشرة من سقف هذا الجوف، الذي يقع جانب كبير منه، في الوقت الراهن، عرضة للغزو من طرف كثيب رملي.

تاريخ التسجيل: 28 ـ 09 ـ 2009.

المراجع: Nowak, H. et alii 1975, p. 66, fig. 170 y 200-203; Soler Subils, J. et alii 2005, p. 95; Sáenz de Buruaga, A. et alii 2009, p. 23, fot. 11; Sáenz de Buruaga, A. 2010 a, p. 110, fig. 112; id. 2011b, II/II, p. 1.

STATION RUPESTRE ABRI LEJUAD Va

Région: Duguech.

Secteur/Aire: Duguech W – Inselbergs de Lejuad.

Emplacement: Abri de montagne.

Typologie: Station artistique.

Chronologie: Postpaléolithique: de tradition néolithique.

Description: Abri de *ca.* 16x4x1,60 m, orienté vers le sud, creusé dans le flanc méridional d'un léger relief montagneux du secteur nord-ouest des montagnes de Lejuad, au nord de l'inselberg dans lequel se trouvent les stations artistiques des abris de Lejuad I et II. Au plafond de la cavité il y a plusieurs représentations picturales, à l'encre rouge et blanche, de faune sauvage, parmi lesquelles saillissent les girafes et quelque antilope. D'autre part, sur la frise située au nord-ouest il y plusieurs traits et taches délavés de peinture rouge, ainsi que dans la partie immédiate du plafond de la cavité. Actuellement, l'abri se trouve envahi, en bonne partie, par une dune

Date d'enregistrement: 28.09.2009.

Bibliographie: Nowak, H. *et alii* 1975, p. 66, fig. 170 et 200-203; Soler Subils, J. *et alii* 2005, p. 95; Sáenz de Buruaga, A. *et alii* 2009, p. 23, fot. 11; Sáenz de Buruaga, A. 2010a, p. 110, fig. 112; id. 2011b, II/II, p. 1.

179

LEJUAD Vb HARPEKO LABAR KOKALEKUA

Eskualdea: Duguech.

Sektorea/Eremua: Duguech W – Lejuad-eko inselberg-ak.

Kokalekua: Mendiko harpea.

Tipologia: Arte-kokalekua.

Kronologia: Paleolito ondokoa: tradizio neolitikokoa.

Deskribapena: Harpe hau (*ca.* 27x6x3 m) Lejuad Va harpea dagoen inselberg beraren hegoaldeko hegalean dago, 2 m gorago bertikal berean eta hegoaldera begira. Zulogunearen erdialdeko sektorean, sabaiko eremu baten gainean tinta gorriz, marroiz eta zuriz egindako adierazpen piktorikoak daude. Animalien eta gizakien irudi eskematikoak daude, mugitzen, eta agian ehiza-eszena bat irudikatzen ari dira. Horretaz gain, sabaiaren gaineko zulogune txiki batean, multzo horretatik 6 m mendebaldera, ezkerretara jirafa baten irudikapena kontserbatzen da, tinta gorri lauaz egina.

Erregistratze-data: 2009.09.28

Bibliografia: Nowak, H. *et alii* 1975, 66. or., 170-171 eta 204-205 irudiak; Soler Subils, J. *et alii* 2005, 95. or.; Saenz de Buruaga, A. 2009, 21. or.; id. 2010a, 105. eta 110. or., 107. eta 112. irudiak; id. 2010b, 61. or., 9-11 irudiak; Saenz de Buruaga, A. *et alii* 2009, 23. or., 11. arg.

ESTACIÓN RUPESTRE ABRIGO LEJUAD Vb

Región: Duguech.

Sector/Área: Duguech W – Inselberges de Lejuad.

Emplazamiento: Abrigo montañoso.

Tipología: Estación artística.

Cronología: Postpaleolítico: de tradición neolítica.

Descripción: Abrigo de *ca.* 27x6x3 m, abierto al S sobre la ladera meridional del mismo inselberge en que se halla el abrigo de Lejuad Va: está unos 2 m por encima de éste, en la misma vertical. Sobre un área de la techumbre, en torno al sector central de la oquedad, hay un con junto de representaciones pictóricas, en tinta roja, marrón y blanca. Hay figuras esquemáticas de animales y de seres humanos, en movimiento, formando parte de una posible escena de caza. Además, en una pequeña oquedad sobre el techo, a unos 6 m al W de este conjunto, se conserva la representación de una jirafa a la izquierda, en tinta roja plana.

Fecha de registro: 28.09.2009.

Bibliografía: Nowak, H. *et alii* 1975, p. 66, fig. 170-171 y 204-205; Soler Subils, J. *et alii* 2005, p. 95; Sáenz de Buruaga, A. 2009, p. 21; id. 2010a, p. 105 y 110, fig. 107 y 112; id. 2010b, p. 61, fig. 9-11; Sáenz de Buruaga, A. *et alii* 2009, p. 23, fot. 11.

محطة صخرية، ملجأ لجواد Vb

الناحية: الدوڭج.

القطاع/المنطقة: الدوڭج، الى الغرب ـ مرتفعات لجواد.

المكان المحدد: محمية (ملجأ) جبلية:

تيبولوجية/صنف الموضوع المحدد: محطة فنية.

كرونولوجية/النطاق الزمني للعنصر: ما بعد العصر الحجري القديم: من تقاليد العصرالحجري الحديث.

الوصـــف: ملجأ من حوالى 27×6×3 متر، وهو مفتوح على جهة الجنوب، فوق الواجهة الجنوبية من نفس المرتفع الجبلي حيث يقع ملجأ لجواد Va: (في الاتجاه العمودي، الى الاعلى من هذا الاخير بحوالى 2 متر). حيث توجد به مجموعة من الرسوم التمثيلية، باللون الاحمر والبني والابيض، فوق منطقة من السقف، حول القطاع المركزي من التجويف؛ تعرض اشكالا عامة لحيوانات، وكائنات بشرية، تبدو في وضعية الحركة، مشكلة جانبا من مشهد صيد محتمل. ولاتزال هناك، بالاضافة الى ذلك، صورة زرافة تم رسمها بخضاب احمر مستوي، وذلك في الجهة العليا، بتجويف صغير من السقف، يبعد ستة امتارالى الغرب من هذه المجموعة، في جهة اليسار.

تاريخ التسجيل: 28 ـ 09 ـ 2009.

المراجع: Nowak, H. et alii 1975, p. 66, fig. 170-171 y 204-205; Soler Subils, J. et alii 2005, p. 95; Sáenz de Buruaga, A. 2009, p. 21; id. 2010 a, p. 105 y 110, fig. 107 y 112; id. 2010b, p. 61 fig. 9-11; Sáenz de Buruaga, A. et alii 2009, p. 23, fot. 11.

STATION RUPESTRE ABRI LEJUAD Vb

Région: Duguech.

Secteur/Aire: Duguech W – Inselbergs de Lejuad.

Emplacement: Abri de montagne.

Typologie: Station artistique.

Chronologie: Postpaléolithique: de tradition néolithique.

Description: Abri de *ca.* 27x6x3 m, ouvert au sud sur le flanc méridional de l'inselberg même sur lequel se trouve l'abri de Lejuad Va: il est à environ 2 m par-dessus celui-ci, à l'aplomb. Dans une aire du plafond, autour du secteur central de la cavité, il y a un ensemble de représentations picturales, à l'encre rouge, marron et blanche. Il y a des figures schématiques d'animaux et d'êtres humains, en mouvement, faisant partie d'une possible scène de chasse. En outre, dans un petit creux du plafond, à environ 6 m à l'ouest de cet ensemble, se conserve la représentation d'une girafe à gauche, à l'encre rouge plate.

Date d'enregistrement: 28.09.2009.

Bibliographie: Nowak, H. *et alii* 1975, p. 66, fig. 170-171 et 204-205; Soler Subils, J. *et alii* 2005, p. 95; Sáenz de Buruaga, A. 2009, p. 21; id. 2010a, p. 105 et 110, fig. 107 et 112; id. 2010b, p. 61, fig. 9-11; Sáenz de Buruaga, A. *et alii* 2009, p. 23, phot. 11.

180

LEJUAD VI HARPEKO LABAR KOKALEKUA

Eskualdea: Duguech.

Sektorea/Eremua: Duguech W – Lejuad-eko inselberg-ak.

Kokalekua: Mendiko harpea.

Tipologia: Arte-kokalekua.

Kronologia: Paleolito ondokoa: tradizio neolitikokoa eta protohistorikoa.

Deskribapena: Harpe hau (30x7x3 m) Lejuad-eko hego-ekialdeko sektorean dauden inselberg-etako batean dago. Hormetan eta sabaian pintura-aztarnak daude; giza irudiak eta "tifinâgh" motako grafikoak. Multzo nagusia zulogunearen eskuineko eremuan dago, iparraldera. 2 serie ikus daitezke: 1) Barruko aldean 7 antropomorfo eskematiko daude, tinta gorriz (Munsell 10R 5/8) eginak eta aurrez aurre jarrita 2x1,30 metroko esparru ikonografikoan; horretaz gain, serie horren ondoan orban gorrixka zehaztugabeen sorta bat ere bada, beheragoko friso batean gainean; 2) Kanpoaldeko zatian tinta gorri berdintsuan egindako "tifinâgh" ikurren serie bat dago 75x45 zentimetroko esparru epigrafiko batean. Halaber, harpe honen iparraldera dagoen ondoko beste batean (*ca.* 15x4x1,20 m), pintura gorrixkaren hainbat aztarna aurkitu dira sabaian, baina deszifratu ezin diren orbanak dira.

Erregistratze-data: 2008.10.07

Bibliografia: Nowak, H. 1975, 147. or., 15. irudia; Soler Subils, J. *et alii* 2005, 95. or.

ESTACIÓN RUPESTRE ABRIGO LEJUAD VI

Región: Duguech.

Sector/Área: Duguech W – Inselberges de Lejuad.

Emplazamiento: Abrigo montañoso.

Tipología: Estación artística.

Cronología: Postpaleolítico: de tradición neolítica y protohistórica.

Descripción: Abrigo de unos 30x7x3 m emplazado en uno de los inselberges del sector SE de Lejuad. En sus paredes y techo se conservan restos de pinturas, con figuraciones humanas, y grafismos tipo "tifinâgh". El grupo principal se encuentra en el área derecha de la oquedad, al N. Aquí aparecen representadas 2 series: 1) En la parte más interior, hay 7 antropomorfos esquemáticos, en tinta roja (Munsell 10R 5/8), dispuestos frontalmente, en un campo iconográfico de 2 x 1,30 m; además, adyacente a esta serie hay un conjunto de manchas rojizas indeterminadas perceptibles sobre un friso más inferior; 2) Hacia el tramo exterior aparecen una serie de signos "tifinâgh", en tinta roja similar, dentro de un campo epigráfico de 75x45 cm. Asimismo, en un abrigo adyacente, al N de éste, de *ca.* 15x4x1,20 m, se aprecian sobre el techo algunos restos de pinturas rojizas, a modo de manchones indescifrables.

Fecha de registro: 07.10.2008.

Bibliografía: Nowak, H. 1975, p. 147, fig. 15; Soler Subils, J. *et alii* 2005, p. 95.

محطة صخرية، ملجأ لجواد VI

الناحية: الدوڤج.

القطاع/المنطقة: الدوڤج، الى الغرب ـ مرتفعات لجواد.

المكان المحدد: محمية (ملجأ) جبلية.

تيبولوجية/صنف الموضوع المحدد: محطة فنية.

كرونولوجية/النطاق الزمني للعنصر: ما بعد العصر الحجري القديم: من تقاليد العصر الحجري الحديث والمرحلة الاخيرة مما قبل التاريخ.

الوصـــف: ملجأ من حوالى 30×7×3 مترا، يقع باحد مرتفعات القطاع الجنوبي الشرقي من لجواد، حيث توجد بسقفه وجدرانه، بقايا من الاصباغ مع اشكال انسانية ورموز من نوع "تيفيناغ". المجموعة الرئيسية توجد بالمنطقة اليمنى الى الشمال، بداخل هذا الجوف، وتظهر هنا تماثيل لسلسلتين هما: 1) في عمق الجانب الداخلي توجد 7 اشكال تخطيطية عامة لما يشبه الانسان تم رسمها بالصباغة الحمراء (Munsell 10R 5/8) موضوعة بشكل امامي، تشغل مساحة ايقنوغرافية من 2×1،30 متر، وبجوارها ايضا توجد مجموعة من البقع الحمراء غير المحددة، التي يمكن ملاحظتها، على الافريز الاسفل. 2) وتوجد سلسلة من رموز "تيفيناغ"، بنفس اللون الاحمر، تصل مساحتها المنقوشة 75×45 سنمترا، كما هناك، وجود لبعض البقايا من الخضابات الحمراء، على شكل بقع غير مفهومة، بسقف ملجأ مجاور لهذا الاخير، من جهة الشمال، مساحته من 15×4×1،20 متر.

تاريخ التسجيل: 07 ـ 10 ـ2008.

المراجـــع: Nowak, H. 1975, p. 147, fig. 15; Soler Subils, J. et alii 2005, p. 95.

STATION RUPESTRE ABRI LEJUAD VI

Région: Duguech.

Secteur/Aire: Duguech W – Inselbergs de Lejuad.

Emplacement: Abri de montagne.

Typologie: Station artistique.

Chronologie: Postpaléolithique: de tradition néolithique et protohistorique.

Description: Abri d'environ 30x7x3 m localisé dans l'un des inselbergs du secteur sud-est de Lejuad. Sur les parois et le plafond se conservent des restes de peintures, avec des figurations humaines et des graphismes du genre «tifinâgh». Le groupe principal se trouve dans l'aire droite de la cavité, au nord. Ici sont représentées 2 séries: 1) Dans la partie intérieure, il y a 7 anthropomorphes schématiques, à l'encre rouge (Munsell 10R 5/8), disposé frontalement, insérés dans un champ iconographique de 2x1,30 m; en outre, adjacente à cette série il y a un ensemble de taches rougeâtres indéterminées perceptibles sur une frise située un peu plus bas; 2) Vers le tronçon extérieur apparissent une série de signes «tifinâgh», à l'encre rouge aussi, insérés dans un champ épigraphique de 75x45 cm. De même, dans un abri adjacent, au nord de celui-ci, *ca.* 15x4x1,20 m, s'apprécient sur le plafond quelques restes de peintures rougeâtres, en guise de taches indéchiffrables.

Date d'enregistrement: 07.10.2008.

Bibliographie: Nowak, H. 1975, p. 147, fig. 15; Soler Subils, J. *et alii* 2005, p. 95.

181

LEJUAD VII HARPEKO LABAR KOKALEKUA

Eskualdea: Duguech.

Sektorea/Eremua: Duguech W – Lejuad-eko inselberg-ak.

Kokalekua: Mendiko harpea.

Tipologia: Arte-kokalekua.

Kronologia: Paleolito ondokoa: tradizio protohistorikoa.

Deskribapena: Zulogune hau (15x6x5 m) Lejuad-eko inselbergen hegoaldeko eremuaren kanpoaldeko perimetroan dago. Hego-ekialdera irekita dago eta gainazal guztia harritsua da; lautadaren lurretik 2,5 m gorago dago. Hormetan kolore gorriz egindako grabatuak eta pinturak kontserbatzen dira baina kontserbazio-egoera kaskarrean daude. Ekialdeko muturrean dauden bi dibertikulutan ekidoen grabatuak daude (piketeatuta egindakoak), bai eta pintura-marrak ere, eta azken horien artean giza eskematismoak eta zaldizkoen irudikapenak antzeman daitezke. Harpearen erdialdeko eta mendebaldeko zatietan friso zabal bat dago eta marra gorri ugari aurki daitezke bertan; oro har, oso kolorgetuak daude eta, horien artean, agian, irudi antropomorfoen eskematismoak, zaldizko estilizatuak eta diseinu lerrozuzen eta lerromakurreko sinbolismo geometrikoak identifika ditzakegu.

Erregistratze-data: 2010.02.24

Bibliografia: Saenz de Buruaga, A., 2011a, 22. irudia.

ESTACIÓN RUPESTRE ABRIGO LEJUAD VII

Región: Duguech.

Sector/Área: Duguech W – Inselberges de Lejuad.

Emplazamiento: Abrigo montañoso.

Tipología: Estación artística.

Cronología: Postpaleolítico: de tradición protohistórica.

Descripción: Oquedad de unos 15x6x5 m situada en el perímetro exterior del área meridional de los inselberges de Lejuad. Esta abierta al SW y toda su superficie es rocosa, encontrándose levantada sobre el suelo de la planicie unos 2,5 m. Conserva sobre sus paredes algunos grabados y pinturas de color rojo; éstas en deficiente estado de conservación. En dos divertículos situados en el extremo oriental se concentran algunos grabados de équidos, realizados mediante piqueteado, y diversos trazos pictóricos en los que se reconocen algunos esquematismos humanos y representaciones de jinetes. La parte central y occidental del abrigo muestran un amplio friso con multitud de trazos rojos, por lo general muy deslavados, entre los que, quizás, pudieran identificarse varios esquematismos de figuras antropomorfas, estilizados jinetes y algunos simbolismos geométricos de diseño rectilíneo y curvilíneo.

Fecha de registro: 24.02.2010.

Bibliografía: Sáenz de Buruaga, A. 2011a, fig. 22.

محطة صخرية، ملجأ لجواد VII

الناحية: الدوڭج.

القطاع/المنطقة: الدوڭج، الى الغرب - مرتفعات لجواد.

المكان المحد: محمية (ملجأ) جبلية.

تيبولوجية/صنف الموضوع المحدد: محطة فنية.

كرونولوجية/النطاق الزمني للعنصر: ما بعد العصر الحجري القديم: من تقاليد المرحلة الاخيرة مما قبل التاريخ.

الوصـــف: كهف تبلغ مساحته 15×6×5 من الامتار، يقع في المحيط الخارجي للمنطقة الجنوبية من مرتفعات لجواد، وهو مفتوح باتجاه جنوب غرب، مساحته كلها صخرية، وترتفع مترين ونصف المتر فوق سطح السهل ، تحتفظ جدرانه ببعض الرسوم والاصباغ ذات اللون الاحمر، والتي توجد في وضعية متدهورة.
وتتمركز رسوم بعض الخيليات في رتجيْن موجودين في الجهة الشرقية من الكهف، وهي رسوم وضعت بواسطة النقر، وكذا عدد من الخطوط التصويرية التي يُتعرف من خلالها على اشكال انسانية وتماثيل لفرسان (او رُكاب). ويعرض الجانب الداخلى والغربي من الملجأ افريزا واسعا بالعديد من الاستنساخات بالصباغة الحمراء، وهي بالية بصورة عامة، ولربما امكن من بينها تمييز عدد من الخطوط والاشكال الشبيهة بالانسان، وانماط من الفرسان، وبعض الرموز الهندسية ذات تصميم مستقيم ومنحرف.

تاريخ التسجيل: 24 - 02 - 2010.

المراجع: Sáenz de Buruaga, A. 2011 a, fig. 22.

STATION RUPESTRE ABRI LEJUAD VII

Région: Duguech.

Secteur/Aire: Duguech W – Inselbergs de Lejuad.

Emplacement: Abri de montagne.

Typologie: Station artistique.

Chronologie: Postpaléolithique: de tradition protohistorique.

Description: Cavité d'environ 15x6x5 m située dans le périmètre extérieur de l'aire méridionale des inselbergs de Lejuad. Elle est ouverte vers le sud-ouest et toute sa surface est rocheuse, levée sur le sol de la plaine quelques 2,5 m Elle conserve sur ses parois quelques gravures et peintures de couleur rouge; celles-ci en déficient état de conservation. Dans deux diverticules situés à l'extrême oriental se concentrent quelques gravures d'équidés, réalisé au moyen du piquetage, et divers traits picturaux sur lesquels on reconnaît quelques schématismes humains et des représentations de chevaliers. La partie centrale et occidentale de l'abri montre une ample frise ornée d'un grand nombre de traits rouges, en général très délavés, parmi lesquels, il se peut que l'on identifie plusieurs schématismes de figures anthropomorphes, stylisés chevaliers et quelques symbolismes géométriques de dessin rectiligne et curviligne.

Date d'enregistrement: 24.02.2010.

Bibliographie: Sáenz de Buruaga, A. 2011a, fig. 22.

182

LEJUAD VIII HARPEKO LABAR KOKALEKUA

Eskualdea: Duguech.

Sektorea/Eremua: Duguech W – Lejuad-eko inselberg-ak.

Kokalekua: Mendiko harpea.

Tipologia: Arte-kokalekua.

Kronologia: Paleolito ondokoa: tradizio artistikoa eta protohistorikoa.

Deskribapena: Harpe hau (30x15x3 m) ipa-ekialdera irekita dago, Lejuad-eko iparraldeko sektorearen erdiko erliebe baten hegoaldeko hegalaren erdiko zatian. Zulogunearen sabaian animalien irudiz osatutako multzo eder bat dago (behien familiakoak, antilopeak eta abar), baita zenbait ikur ere, eta zenbait kasutan esanahi konplexua dute. 2 tinta erabili ziren: a) laranja-kolorekoa, argia, zaharragoa, diseinu erdi-naturalistak egiteko erabili dena; eta, b) gorria, biziagoa, gai eskematikoagoak egiteko erabili dena. Horretaz gain, "tifinâgh" motako grafismoak eta idazketa arabiar berriagoak ere badira. Bestalde, ziurrenik ekidoak diren grabatuak ere katalogatu dira barrunbearen erdiko aldeko bloke batean dagoen friso baten gainean.

Erregistratze-data: 2008.10.07

Bibliografia: Saenz de Buruaga, A. *et alii* 2009, 24. or., 12. eta 13. arg.; Saenz de Buruaga, A. 2010a, 102., 107., 111., 113., 115-116 eta 128. or., 103., 109., 113., 115., 117-118 eta 133. irudiak; id. 2011a.

ESTACIÓN RUPESTRE ABRIGO LEJUAD VIII

Región: Duguech.

Sector/Área: Duguech W – Inselberges de Lejuad.

Emplazamiento: Abrigo montañoso.

Tipología: Estación artística.

Cronología: Postpaleolítico: de tradición artística y protohistórica.

Descripción: Abrigo de unos 30x15x3 m, abierto al NE, sobre la parte media de la ladera septentrional de un relieve medio del sector N de Lejuad. En el techo de la oquedad hay un buen conjunto de figuras animales (bovinos, antílopes, etc.) y algunos signos, en casos, de complejo significado. Se advierten 2 tintas diferentes: a) una anaranjada, tenue, más antigua, con la que se efectúan diseños seminaturalistas; y, b) una roja, más intensa, que representa temas más esquemáticos. Además, hay algunos grafismos tipo "tifinâgh" y escrituras árabes recientes. Por otra parte, se han catalogado también algunos grabados, de probables équidos, dispuestos sobre un friso emplazado en un bloque de la zona central de la cavidad.

Fecha de registro: 07.10.2008.

Bibliografía: Sáenz de Buruaga, A. *et alii* 2009, p. 24, fot. 12 y 13; Sáenz de Buruaga, A. 2010a, p. 102, 107, 111, 113, 115-116 y 128, fig. 103, 109, 113, 115, 117-118 y 133; id. 2011a.

محطة صخرية، ملجأ لجواد VIII

الناحية: الدوڨج.

القطاع/المنطقة: الدوڨج، الى الغرب ـ مرتفعات لجواد.

المكان المحدد: محمية (ملجأ) جبلية.

تيبولوجية/صنف الموضوع المحدد: محطة فنية.

كرونولوجية/النطاق الزمني للعنصر: ما بعد العصر الحجري القديم: من التقاليد الفنية، ومن المرحلة الاخيرة مما قبل التاريخ.

الوصـــف: ملجأ مساحته تصل 30×15×3 متر، وهو مفتوح باتجاه شمال شرق، فوق الجهة الوسطى من المنحدر الشمالي من تضاريس متوسطة من القطاع الشمالي من لجواد، وتوجد بسقف هذا الجوف مجموعة لا بأس بها من الاشكال الحيوانية (بقريات، ظباء،الخ.)، وبعض الرموز العصية احيانا على الفهم، ويلاحظ وجود لونين مختلفين من الحبر: ا) احدهما برتقالي وبالي وقديم، رسمت به بعض التصاميم نصف طبيعية. ب) واللون الاخر احمر قاني يمثل مواضيع اكثر عمومية. واضافة الى ذلك هناك بعض الرسوم من نوع "تيفيناغ"، وكتابات عربية حديثة. ومن جهة اخرى فقد تم كذلك تسجيل بعض الرسوم، يحتمل انها تمثل خيليات، موضوعة فوق افريز من كتلة صخرية، في المنطقة الوسطى من التجويف.

تاريخ التسجيل: 07 - 10 - 2008.

المراجع: Sáenz de Buruaga, A. et alii 2009, p. 24, fot. 12 y 13; Sáenz de Buruaga, A. 2010 a, p. 102, 107,111, 113, 115-116 y 128, fig. 103, 109, 113, 115, 117- 118 y 133; id. 2011 a.

STATION RUPESTRE ABRI LEJUAD VIII

Région: Duguech.

Secteur/Aire: Duguech W – Inselbergs de Lejuad.

Emplacement: Abri de montagne.

Typologie: Station artistique.

Chronologie: Postpaléolithique: de tradition artistique et protohistorique.

Description: Abri d'environ 30x15x3 m, ouvert au nord-est, sur la partie moyenne du flanc septentrional d'un relief moyen du secteur nord de Lejuad. Sur le plafond de la cavité il y a un bel ensemble de figures d'animaux (bovins, antilopes, etc) et quelques signes, parfois, de signification complexe. On avertit l'usage de 2 encres différentes: a) une orangeâtre, floue, plus ancienne, utilisée pour les dessins séminaturalistes; et, b) une rouge, plus intense, pour représenter des thémes plus schématiques. En outre, il y a quelques graphismes du genre «tifinâgh» et des écritures arabes récentes. D'autre part, on a catalogué aussi quelques gravures, de probables équidés, disposés sur une frise localisée dans un bloc de la zone centrale de la cavité.

Date d'enregistrement: 07.10.2008.

Bibliographie: Sáenz de Buruaga, A. *et alii* 2009, p. 24, phot. 12 et 13; Sáenz de Buruaga, A. 2010a, p. 102, 107, 111, 113, 115-116 et 128, fig. 103, 109, 113, 115, 117-118 et 133; id. 2011a.

183

SEBJA LARRUIA W-1 HARPEKO LABAR KOKALEKUA

Eskualdea: Agüenit.

Sektorea/Eremua: Agüenit-eko lautada – Larruiat-eko mendiak (Larruia-ko sebja).

Kokalekua: Dike harritsua.

Tipologia: Arte-kokalekua.

Kronologia: Paleolito ondokoa: tradizio neolitikokoa.

Deskribapena: Larruia-ko sebjaren (Mendebaldeko Sahararen eta Mauritaniaren arteko mugako zerrendaren inguruan) mendebaldean kokatuta dagoen "aruakim"-aren erdialdea zeharkatzen duen dioritazko dike batean arte-grabatuak dituzten gutxienez 22 bloke daude. Kiribil-itxurako formak agertzen dira gehien eta, zenbait kasutan, motibo zirkularren bat ere ikus daiteke. Halaber, animalien irudiak (behien familiakoak) ere badira. Piketeatuaren teknikaren bitartez eginak daude. Irudiak egiteko marra lineala erabili da eta, animalien kasuan, alearen ingerada mugatzen du; kasu bereziren batean (eskematikoagoa) gorputza bete ere egiten da. Dike harritsu beraren gainean eta grabatuekin tartekatuta, izen bereko tumulumultzoari dagozkion hainbat tumulu daudela aipatu behar dugu.

Erregistratze-data: 2010.02.26

ESTACIÓN RUPESTRE ARUAKIM SEBJA LARRUIA W-1

Región: Agüenit.

Sector/Área: Planicie de Agüenit – Montañas de Larruiat (Sebja de Larruia).

Emplazamiento: Dique rocoso.

Tipología: Estación artística.

Cronología: Postpaleolítico: de tradición neolítica.

Descripción: En un dique de diorita que atraviesa la parte central del "aruakim" ubicado al W de la sebja de Larruia, en las inmediaciones de la franja fronteriza entre el Sahara Occidental y Mauritania, hay, al menos, 22 bloques con grabados artísticos. Los temas más representados son los espiraliformes, acompañados, eventualmente, por algún motivo circular. Hay asimismo algunas figuras animales entre las que se reconocen bovinos. La técnica utilizada es el piqueteado. Las figuras se materializan por un trazo lineal que, en los animales, define el contorno del ejemplar, y, en algún caso puntual más esquemático, se rellena el cuerpo. Hay que señalar que sobre ese mismo dique rocoso y alternando con los grabados hay varios túmulos pertenecientes al conjunto tumular de homónima denominación.

Fecha de registro: 26.02.2010.

محطة صخرية، أرواكيم سبخة لروية، الى الغرب W-1

الناحية: اغوينيت.

القطاع/المنطقة: سهل اغوينيت ـ جبال لرويات (سبخة لروية).

المكان المحدد: سد صخري.

تيبولوجية/صنف الموضوع المحدد: محطة فنية.

كرونولوجية/النطاق الزمني للعنصر: ما بعد العصر الحجري القديم: من تقاليد العصر الحجري الحديث.

الوصـف: اثنان وعشرون كتلة، على الاقل، تحمل رسوما فنية، تقع فوق سد من صخور الجرينستون، يمر عبر الجهة الوسطى من "أرواكيم"، التي توجد الى الغرب من سبخة لروية، في الضواحي القريبة من القطاع الحدودي، بين الصحراء الغربية وموريتانيا.

المواضيع التى تمثلها هذه الرسوم هي عبارة عن اشكال حلزونية مصحوبة في بعض الاحيان، باخرى دائرية، كما توجد ايضا اشكال حيوانية، تم التعرف من ضمنها على بقريات، وقد تم تحقيق هذه الرسوم من خلال استعمال تقنية النَّقر، حيث يتم وضع الاشكال العامة عن طريق خطوط تحدد المحيط النموذجي للحيوان، وفي بعض الحالات الاقل، يتم ملء الجسم بتخطيط اشمل. وينبغي ان نشير الى انه بجانب هذه الرسوم، هناك ايضا، وعلى هذا السد ذاته، يوجد العديد من البناءات الجنائزية (تيميليس) التي تنتمي للمجموعة المتماصفة (التي تحمل نفس الاسم).

تاريخ التسجيل: 26 ـ 02 ـ 2010.

STATION RUPESTRE ARUAKIM SEBKHA LARRUIA W-1

Région: Agüenit.

Secteur/Aire: Plaine d'Agüenit – Montagnes de Larruiat (Sebkha de Larruia).

Emplacement: Filon rocheux.

Typologie: Station artistique.

Chronologie: Postpaléolithique: de tradition néolithique.

Description: Sur un filon de diorite qui traverse la partie centrale de l'»aruakim» localisé à l'ouest de la sebkha de Larruia, aux alentours de la frange frontalière entre le Sahara Occidental et la Mauritanie, il y a, au moins, 22 blocs portant des gravures artistiques. Les thèmes plus représentés sont les spiraliformes, accompagnes, éventuellement de quelque motif circulaire. Il y a aussi quelques figures d'animaux parmi lesquelles on reconnaît des bovins. La technique utilisée est le piquetage. Les figures se matérialisent au moyen d'un trait linéaire qui, dans le cas des animaux, définit le contour de l'exemplaire, et, dans quelque cas ponctuel plus schématique, on remplit le corps. Il est à signaler que sur ce même filon rocheux et en alternance avec les gravures il y a plusieurs tumulus appartenant à l'ensemble tumulaire d'homonyme dénomination.

Date d'enregistrement: 26.02.2010.

184

GLEIBAT BATN EL KELBA 1/1 LABAR KOKALEKUA

Eskualdea: Duguech.

Sektorea/Eremua: Duguech W – Lejuad-eko inselberg-ak (Batn El Kelba-ko erliebeak).

Kokalekua: Blokepeko harpea.

Tipologia: Arte-kokalekua.

Kronologia: Paleolito ondokoa: tradizio protohistorikoa.

Deskribapena: Zulogune hau Batn El Kelba-ko mendiaren ekialdeko hegalaren oinarrian kokatuta dagoen bloke alderri baten gainean eratu da, Lejuad-eko inselbergetatik 6 km mendebaldera. Harpeak *ca.* 4x2x1,85 m ditu eta hormaren hegoaldeko sektorean 5 grabatu kontserbatzen dira, elkarren segidako 3 lerrotan. Goikoan ekido bat izan daitekeena ikus daiteke, eskuinera begira (25x13 cm), baina kontserbazio-egoera txarrean dago. Erdikoan elkarren segidan 2 ekido daude, eskuinera (18x15 cm eta 21x15 cm, hurrenez hurren). Eta behekoan, interpretatzeko zailak diren bi motibo agertzen dira (animaliak agian?). Multzo osoan, irudi oso-osoa piketeatuaren teknikaren bitartez egina dago. Esparru ikonografikoak 50x46 cm ditu. Segidako blokeetan hainbat motrailu daude landuta eta lurrean industria-arrastoak ere aurki daitezke; beraz, toki horretan habitat bat zegoela esan daiteke. Jarraian, haren gainean, labar-harpe bat dago eta Gleibat Batn El Kelba 1/2-ko arte-kokalekua dago bertan.

Erregistratze-data: 2009.03.03

Bibliografia: Saenz de Buruaga, A., 2010a, 86. or., 85. irudia.

ESTACIÓN RUPESTRE GLEIBAT BATN EL KELBA 1/1

Región: Duguech.

Sector/Área: Duguech W – Inselberges de Lejuad (Relieves de Batn El Kelba).

Emplazamiento: Abrigo bajo bloque.

Tipología: Estación artística.

Cronología: Postpaleolítico: de tradición protohistórica.

Descripción: Oquedad formada sobre un bloque errático ubicado en la base de la ladera oriental de la montaña de Batn El Kelba, a unos 6 km al W de los inselberges de Lejuad. Mide *ca.* 4x2x1,85 m y conserva en el sector meridional de la pared 5 grabados, dispuestos en 3 líneas sucesivas. En la superior, se registra un posible équido (deficientemente conservado), de 25x13 cm, mirando a la derecha. En la media, hay 2 équidos seguidos a la derecha: uno de 18x15 cm y el otro de 21x15 cm. En la inferior, aparecen dos motivos de dificultosa interpretación (¿acaso animales?). La técnica, en todo el conjunto, es el grabado por piqueteado íntegro de la figura. El campo iconográfico global alcanza los 50x46 cm. En los bloques inmediatos hay labrados diversos morteros y sobre el suelo variados restos industriales que atestiguan la presencia de un hábitat sobre el lugar. Inmediatamente, por encima de ella, hay un abrigo rupestre en el que se encuentra la estación artística de Gleibat Batn El Kelba 1/2.

Fecha de registro: 03.03.2009.

Bibliografía: Sáenz de Buruaga, A. 2010a, p. 86, fig. 85.

محطة صخرية باڤليبات بطن الكلبة 1/1

الناحية: الدوڤج.

القطاع/المنطقة: الدوڤج الى الغرب ـ مرتفعات لجواد (تضاريس بطن الكلبة).

المكان المحدد: محمية (كهف) تحت كتلة صخرية.

تيبولوجية/صنف الموضوع المحدد: محطة فنية.

كرونولوجية/النطاق الزمني للعنصر: ما بعد العصر الحجري القديم: من تقاليد المرحلة الاخير مما قبل التاريخ.

الوصــــف: كهف مشكل بكتلة صخرية شاذه، تقع بالواجهة الشرقية من جبل بطن الكلبة، على بعد حوالى 6 كلمترات الى جهة الغرب من مرتفعات لجواد. تصل مساحته قرابة 4×2×1،85 من الامتار، وتوجد بالقطاع الجنوبي من جداره، خمسة تسجيلات تم وضعها في ثلاثة خطوط متتالية، اعلاها مسجل فيه ما يحتمل انه حيوان خيليّ (محفوظ بصورة ناقصة)، يشغل مساحة من 25×13 سنتمترا، ملتفت الى جهة اليمين. وفي الوسط هناك ايضا حيوانان من نفس النوع، احدهما من 18×15 سنتمترا، والاخر 21×15 سنمترا، والى اسفل هناك عنصران يصعب التعرف عليهما (ربما هي حيوانات؟)، والتقنية المطبقة في رسم كل هذه المجموعة، هي التسجيل بواسطة النقرالكلي للشكل. والمساحة الاقونوغرافية العامة تصل 50×46 سنتمترا.

ويوجد عدد من الهاوونات المحفورة في الكتل الصخرية المجاورة لهذا الكهف، كما يوجد عدد من البقايا الصناعية التي تشهد على انه كان هنا سكن فوق هذا المكان، وهناك ملجأ صخري اخر فوق المكان مباشرة، حيث توجد المحطة الفنية لأڤليبات بطن الكلبة 2/1.

تاريخ التسجيل: 03 ـ 03 ـ 2009.

المراجع: Sáenz de Buruaga, A. 2010 a, p. 86, fig. 85.

STATION RUPESTRE GLEIBAT BATN EL KELBA 1/1

Région: Duguech.

Secteur/Aire: Duguech W – Inselbergs de Lejuad (Reliefs de Batn El Kelba).

Emplacement: Abri sous bloc.

Typologie: Station artistique.

Chronologie: Postpaléolithique: de tradition protohistorique.

Description: Cavité creusée sur un bloc erratique localisé à la base du flanc oriental de la montagne de Batn El Kelba, à environ 6 km à l'ouest des inselbergs de Lejuad. Il mesure *ca.* 4x2x1,85 m et conserve dans le secteur méridional de la parois 5 gravures, disposées en 3 lignes successives. Dans la ligne supérieure, se registre un possible équidé (en déficient état de conservation), de 25x13 cm, de profil droit. Dans la ligne du milieu, il y a 2 équidés l'un après l'autre à droite: l'un de 18x15 cm et l'autre de 21x15 cm. Dans la ligne inférieure apparaissent deux motifs de difficile interprétation (il se peut que des animaux). La technique, sur tout l'ensemble, est la gravure au piquetage intégral de la figure. Le champ iconographique global atteint 50x46 cm. Dans les blocs immédiats il y a divers mortiers gravés et sur le sol une variété de restes industriels qui témoignent la présence d'un habitat sur le lieu. Immédiatement, par-dessus celle-ci, il y a un abri rupestre sur lequel se trouve la station artistique de Gleibat Batn El Kelba 1/2.

Date d'enregistrement: 03.03.2009.

Bibliographie: Sáenz de Buruaga, A. 2010a, p. 86, fig. 85.

185

GLEIBAT BATN EL KELBA 1/2 LABAR KOKALEKUA

Eskualdea: Duguech.

Sektorea/Eremua: Duguech W – Lejuad-eko inselberg-ak (Batn El Kelba-ko erliebeak).

Kokalekua: Blokepeko harpea.

Tipologia: Arte-kokalekua.

Kronologia: Paleolito ondokoa: tradizio protohistorikoa.

Deskribapena: Harpe hau (25x7x4 m) Batn El Kelba 1-eko harpearen gain-gainean dago eta hormetan inskripzio arabiar ugari aurki daitezke: pertsonen izenak eta erlijioarekin loturiko aldarriak. Ipar-mendebaldeko sektorearen inguruan pintura-aztarnak daude; kolore gorrixka-granatea dute eta antzinaroko gertakariekin loturik egon daitezke. Marra horizontal nahiz bertikalez osatutako ikur bat ikus daiteke eta, deszifratu ezin den orban baten ondoren, zoomorfo bat (14x10 cm) agertzen da eskuinera, oso-oso eskematikoa. Horretaz gain, serie horretatik metro 1era, goragoko eta ezkerrerago dagoen plano batean, tinta laranjaz egindako ikurrak ikus daitezke.

Erregistratze-data: 2009.03.03

Bibliografia: Nowak, H. 1975, 149. or.; Soler Subils, J. *et alii* 2005, 95. or.

ESTACIÓN RUPESTRE GLEIBAT BATN EL KELBA 1/2

Región: Duguech.

Sector/Área: Duguech W – Inselberges de Lejuad (Relieves de Batn El Kelba).

Emplazamiento: Abrigo bajo bloque.

Tipología: Estación artística.

Cronología: Postpaleolítico: de tradición protohistórica.

Descripción: Abrigo situado inmediatamente por encima del de Batn El Kelba 1, de unos 25x7x4 m. En sus paredes hay un número profuso de inscripciones árabes: nombres de personas y proclamas religiosas. Es en torno al sector NW donde se aperciben algunos restos de pintura, de color rojizo-granate, que pueden relacionarse con episodios de la antigüedad. Como sujetos más claros, se encuentra aquí un signo a base de trazos horizontales y verticales y, tras un manchón indescifrable, la representación de un zoomorfo, a la derecha, de 14x10 cm, muy esquemático. Además, a 1 m de esta serie, en un plano más superior y a la izquierda, se aprecia una serie de signos en tinta anaranjada.

Fecha de registro: 03.03.2009.

Bibliografía: Nowak, H. 1975, p. 149; Soler Subils, J. *et alii* 2005, p. 95.

محطة صخرية باڭليبات بطن الكلبة 1/2

الناحية: الدوڭج.

القطاع/المنطقة: الدوڭج، الى الغرب ـ مرتفعات لجواد (تضاريس بطن الكلبة).

المكان المحدد: محمية (ملجأ) تحت كتلة صخرية.

تيبولوجية/صنف الموضع المحدد: محطة فنية.

كرونولوجية/النطاق الزمني للعنصر: ما بعد العصر الحجري القديم: من تقاليد المرحلة الاخيرة مما قبل التاريخ.

الوصـــــف: كهف يقع مباشرة فوق محمية (ملجأ) بطن الكلبة1، مساحته من 25×7×4 متر، وعلى جدرانه تم تدوين عدد كثيف من التسجيلات باللغة العربية: اسماء اشخاص وتصريحات دينية. وتوجد بقطاعه الشمالي الغربي بعض بقايا الاخضبة ذات اللون الاحمر ـ العقيقي، يمكن ان تكون متعلقة بحلقات زمنية قديمة. وكعناصراكثر وضوحا، يوجد هنا رمز على اساس خطوط افقية وعمودية، يبدو خلف بقعة غامضة، الى جهة اليمين، تمثيل ترسيمي عام لشكل حيواني، مساحته 14×10 سنتمتر. وعلى مسافة متر واحد الى الاعلى من هذه السلسلة، بجهة اليسار، تظهر مجموعة من الرموز بلون برتقالي.

تاريخ التسجيل: 03 ـ 03 ـ 2009.

المراجع: Nowak, H. 1975, p. 149; Soler Subils, J. et alii 2005, p. 95.

STATION RUPESTRE GLEIBAT BATN EL KELBA 1/2

Région: Duguech.

Secteur/Aire: Duguech W – Inselbergs de Lejuad (Reliefs de Batn El Kelba).

Emplacement: Abri sous bloc.

Typologie: Station artistique.

Chronologie: Postpaléolithique: de tradition protohistorique.

Description: Abri situé immédiatement au-dessus de celui de Batn El Kelba 1, d'environ 25x7x4 m Sur les parois il y a un abondant nombre d'inscriptions arabes: des noms de personnes et des proclamations réligieuses. C'est autour du secteur nord-ouest où s'aperçoivent quelques restes de peinture, de couleur rougeâtre-grenat, qui peuvent être mis en relation avec des épisodes de l'antiquité. Parmi les sujets identifiés comme tels, se trouve ici un signe composé de traits horizontaux et verticaux et, à la suite d'une tache indéfinissable, la représentation d'un zoomorphe, à droite, de 14x10 cm, schématisé. En outre, à 1 m de cette série, sur un plan supérieur et à gauche, on apprécie une série de signes à l'encre orangeâtre.

Date d'enregistrement: 03.03.2009.

Bibliographie: Nowak, H. 1975, p. 149; Soler Subils, J. *et alii* 2005, p. 95.

186

GLEIBAT AKCHIT S/1 LAUTADAKO LABAR KOKALEKUA

Eskualdea: Agüenit.

Sektorea/Eremua: Agüenit N – Gleibat Akchit-eko mendiak.

Kokalekua: Bloke isolatua.

Tipologia: Arte-kokalekua.

Kronologia: Paleolito ondokoa: tradizio neolitikokoa.

Deskribapena: Plataforma harritsu batean hainbat bloke granitiko daude; Gleibat Akchit-eko menditik 2,5 km hegoaldera dagoen bloke bat oraindik zutik dago eta, bertan, tinta gorriz, behien familiako animalien gorputza eta lepo luze-luzea bertikalki jarria duen irudi bat (46x15 cm) agertzen da. Horren eskuinaldera beste orban gorrixka luzanga bat (17x6,5 cm) dago eta ziurrenik jada galduta dagoen irudiren bat izango zen.

Erregistratze-data: 2008.03.07

ESTACIÓN RUPESTRE PLANICIE GLEIBAT AKCHIT S/1

Región: Agüenit.

Sector/Área: Agüenit N – Montañas de Gleibat Akchit.

Emplazamiento: Bloque aislado.

Tipología: Estación artística.

Cronología: Postpaleolítico: de tradición neolítica.

Descripción: En una plataforma rocosa con varios bloques graníticos, emplazada uno 2,5 km al S de la montaña de Gleibat Akchit, se conserva sobre uno de los bloques erguidos la representación pictórica, en tinta roja, de un animal con cuerpo de bóvido y largo cuello dispuesto verticalmente, de 46x15 cm. A su derecha otro manchón rojizo alargado, de 17x6,5 cm, constituye el testimonio de un tema figurado ya perdido.

Fecha de registro: 07.03.2008.

محطة صخرية بسهل اڭليبات اكشيت، الى الجنوب S/1

الناحية: اغوينيت.

القطاع/المنطقة: اغوينيت، الى الشمال ـ اڭليبات اكشيت.

المكان المحدد: كتلة منعزلة.

تيبولوجية/صنف الموضوع المحدد: محطة فنية.

كرونولوجية/النطاق الزمني للعنصر: ما بعد العصر الحجري القديم: من تقاليد العصر الحجري الحديث.

الوصــف: تماثيل تصويرية، ذات اللون الاحمر،متبقية فوق احد الكتل الصخرية المنتصبة، تعرض حيوانا له جسم بقري وعنق طويل، وقد تم وضعه بشكل عمودي، مساحته 46×15 سنتمترا، والى اليمين منه توجد بقعة حمراء مستطيلة، مساحتها الكلية 17×6،5 سنتمتر. وتقدم هذه الشهادة شكل عنصر لم يعد موجودا. كل ذلك على منصة صخرية ذات كتل جرانيتية عديدة، وهي تقع على مسافة كلمترين ونصف جنوب اڭليبات آكشيت.

تاريخ التسجيل: 07 - 03 - 2008.

STATION RUPESTRE PLAINE GLEIBAT AKCHIT S/1

Région: Agüenit.

Secteur/Aire: Agüenit N – Montagnes de Gleibat Akchit.

Emplacement: Bloc isolé.

Typologie: Station artistique.

Chronologie: Postpaléolithique: de tradition néolithique.

Description: Sur une plateforme rocheuse formée de plusieurs blocs granitiques, localisée à environ 2,5 km au sud de la montagne de Gleibat Akchit, se conserve sur un des blocs dressés la représentation picturale, à l'encre rouge, d'un animal au corps bovidé et long cou disposé verticalement, de 46x15 cm. À sa droite une autre tache rougeâtre allongée, de 17x6,5 cm, qui constitue le témoignage d'un thème figuré déjà perdu.

Date d'enregistrement: 07.03.2008.

187

SEBJA ZUG NW-2 LABAR KOKALEKUA

Eskualdea: Duguech.

Sektorea/Eremua: Zug – Zug-Oum Âbana-ko mendiak (Zug-eko sebja).

Kokalekua: Dike harritsua.

Tipologia: Arte-kokalekua.

Kronologia: Paleolito ondokoa: tradizio neolitikokoa.

Deskribapena: Grabatu-multzo hau Zug NW-1-eko sebjako arte-kokalekutik 1,3 km N.NWra dauden dikeak osatzen dituzten dioritazko blokeen gainean dago, Sidre-ko "dhâya"-tik ia 2 km hego-ekialdera. Grabatudun 87 bloke, gutxienez, identifikatu dira eta, guztira, irudikatutako motiboak ehunka dira. Gehienbat egikera lodiko piketeatuaren teknikaren bitartez eginak daude baina adibide finagoak ere ikus daitezke, ia-ia karrakatutzat har daitezkeenak. Irudiak egiteko diseinu perimetrikoak egiten zituzten edo, bestela, gorputz osoa. Motibo nagusiak kiribil-formakoak dira eta, horiekin batera, zirkuluak, serpentina-formakoak eta diseinu geometrikoak ere ikus daitezke. Era berean, animalien figurazioak ere badira, batik bat, behien familiakoak. Irudikapen horiek behar bezala patinatuta daude. Beste irudi batzuen kasuan, sinbolismo geometriko antzekoak dituzte baina itxuraz berriagoak direla pentsa dezakegu, patina "freskoa" dutelako eta, era berean, tribu "hassandarren" letrak ere agertzen dira grabatuta. Espazio-testuinguru berean Sebja Zug NW-2-ko sebjako tumulu-multzoa dagoela aipatu behar dugu.

Erregistratze-data: 2010.02.22

Bibliografia: Saenz de Buruaga, A. *et alii* 2011, 17. or., 7. arg.

ESTACIÓN RUPESTRE SEBJA ZUG NW-2

Región: Duguech.

Sector/Área: Zug – Montañas de Zug-Oum Âbana (Sebja de Zug).

Emplazamiento: Dique rocoso.

Tipología: Estación artística.

Cronología: Postpaleolítico: de tradición neolítica.

Descripción: Conjunto de grabados sobre unos bloques de diorita que forman parte de unos diques ubicados a 1,3 km al N.NW de la estación artística de la Sebja de Zug NW-1, y casi a unos 2 km al SE de la "dhâya" de Sidre. Se han identificado, al menos, 87 bloques con grabados en los que se computan varios centenares de motivos representados. Las técnicas utilizadas son, mayormente, el piqueteado de gruesa factura, si bien hay algunos ejemplos más refinados, casi de raspado. Las representaciones se hacen, bien en forma de diseño perimétrico, o bien de cuerpo entero. Los motivos dominantes refieren temas espiraliformes, a los que acompañan círculos, serpentiformes y diseños geométricos. Hay asimismo figuraciones animales, especialmente, de bovinos. Estas representaciones se encuentran bien patinadas. Hay otras, de simbolismos geométricos parecidos, de apariencia más reciente por su "fresca" pátina y asimismo hay grabadas unas letras de algunos grupos tribales "hassaníes". Sobre el mismo contexto espacial conviene señalar que se encuentra el conjunto tumular de la Sebja Zug NW-2.

Fecha de registro: 22.02.2010.

Bibliografía: Sáenz de Buruaga, A. *et alii* 2011, p. 17, fot. 7.

 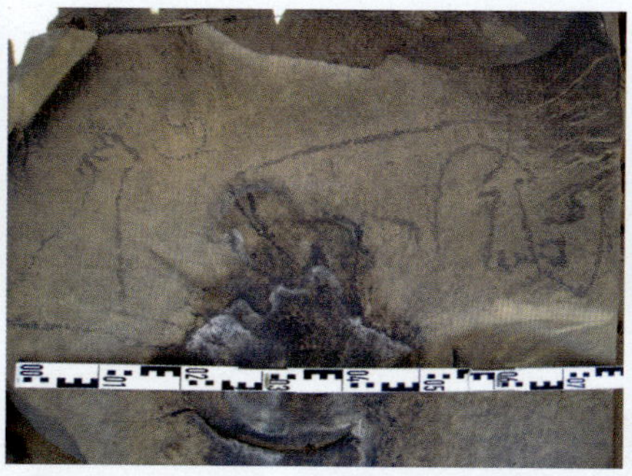 

محطة صخرية بسبخة زوڭ الى الشمال الغربي NW-2

الناحية: الدوڭج.

القطاع/المنطقة: زوڭ ـ جبال زوڭ ـ ام اعبانه (سبخة زوڭ)

المكان المحدد: سد صخري.

تيبولوجية/صنف الموضوع المحدد: محطة فنية.

كرونولوجية/النطاق الزمني للعنصر: ما بعد العصر الحجري القديم: من تقاليد العصر الحجري الحديث.

الوصـف: مجموعة من النقوش المسجلة فوق بعض كتل الجرانيستون (الحجر الاخضر)، التي تشكل جزءا من بعض السدود التي توجد على بعد 1،3 كلمتر الى الشمال، والشمال الغربي، من المحطة الفنية لسبخة زوڭ NW-1، وحوالى كلمترين جنوب شرق "ظاية الصدره". لقد تم التعرف على 87 كتلة على الاقل، تحمل تسجيلات تضم عدة مئات من المواضيع المُمَثلة. اما التقنيات المستعملة في رسمها، فهي غالبا، طريقة النقر بالحجم السميك، بينما هناك نماذج اخرى رقيقة، تشبه طرية الكشط. هذه التماثيل تتم اما بتصميم محيطي، او بتصميم الجسم بصورة كلية. الموضوعات السائدة تتعلق باشكال حلزونية، مصحوبة بدوائر وتمعجات وتصاميم هندسية. كما ان هناك ايضا تشكيلات حيوانية، وخاصة البقريات. وتوجد هذه التماثيل في حالة صدأ بالغ (bien patinadas). وهناك اخرى ذات رمزية هندسية متشابهة، بمظهر اكثر "حداثة"، نظـرا لكدرتها الجديـدة (su"fresca" pátina)، كما توجد ايضا حروف مسجلة من لدن بعض المجموعات "الحسانية" وينبغي ان نشير الى انه توجـد هنا، في نفس المجـال، مجموعـة تيميليس لسبخـة زوڭ شمـال غرب NW-2.

تاريخ التسجيل: 22 - 02 - 2010.

المراجع: Sáenz de Buruaga, A. et alii 2011, p. 17, fot. 7.

STATION RUPESTRE SEBKHA ZUG NW-2

Région: Duguech.

Secteur/Aire: Zug – Montagnes de Zug-Oum Âbana (Sebkha de Zug).

Emplacement: Filon rocheux.

Typologie: Station artistique.

Chronologie: Postpaléolithique: de tradition néolithique.

Description: Ensemble de gravures sur des blocs de diorite qui font partie des filons localisés à 1,3 km au nord/nord-ouest de la Station artistique de la Sebkha de Zug NW-1, et à presque 2 km au sud-est de la «dhâya» de Sidre. On a identifié, au moins, 87 blocs avec des gravures dans lesquels on compte plusieurs centaines de motifs représentés. Les techniques utilisées sont, surtout, le piquetage de grosse facture, si bien il y a quelques exemples plus raffinés, dont la facture se rapproche plus du râpage. Les représentations s'offrent, bien sous forme de dessin périmétrique, bien de corps entier. Les motifs dominants réfèrent des thèmes spiraliformes, accompagnés de cercles, serpentiformes et dessins géométriques. Il y a également des figurations animales, spécialement, des bovins. Ces représentations se trouvent bien patinées. Il y a d'autres, aux symbolismes géométriques semblables, d'apparence plus récente à en croire sa «fraîche» patine ainsi que des lettres gravées appartenant à des groupes tribaux «hassanies». Il faut signaler que dans le même contexte spatial se trouve l'ensemble tumulaire de la Sebkha Zug NW-2.

Date d'enregistrement: 22.02.2010.

Bibliographie: Sáenz de Buruaga, A. *et alii* 2011, p. 17, phot. 7.

188

GLEB RAUI ERAZTUN ITXURAKO EGITURAK

Eskualdea: Agüenit.

Sektorea/Eremua: Agüenit N – Tuizerfatn-eko mendiak.

Kokalekua: Mendi-oinarria.

Tipologia: Erritu-monumentua.

Kronologia: Paleolito ondokoa: tradizio neolitikokoa.

Deskribapena: Eraztun-itxurako 7 egituraz osatutako seriea; forma zirkular eta obalatuen antzekoak dituzte eta, oro har, loturik daude. Harrizko blokeak elkarren segidan eta ondoan jarrita osatuta daude. Handienaren diametroa 5,5x5 m da eta txikienarena 1,5 m. Guztira 24x9 metroko espazioa hartzen dute. Sorta osoa lehendik erregistratutako Gleb Raui-ko tumulu-multzoa dagoen espazio-testuinguru berean dago. Bertan, estela-formako aurrealdea duen monumentu bereziaren perimetroa zehazten duen tumuluaren ondoan dago.

Erregistratze-data: 2007.03.14

ESTRUCTURAS ANULARES GLEB RAUI E

Región: Agüenit.

Sector/Área: Agüenit N – Montañas de Tuizerfatn.

Emplazamiento: Base de montaña.

Tipología: Monumento ritual.

Cronología: Postpaleolítico: de tradición neolítica.

Descripción: Serie de 7 estructuras de formato anular, tendentes a lo circular y ovalado, enlazadas en conjunto y conformadas a partir de la disposición de bloques de piedra consecutivos y adyacentes entre sí. La mayor de ellas es de 5,5x5 m, y la menor de 1,5 m de diámetro. Definen globalmente un espacio que totaliza los 24x9 m. El repertorio forma parte del mismo contexto espacial que el ya registrado conjunto tumular de Gleb Raui: disponiéndose de forma adyacente al túmulo que define el perímetro de un singular monumento con frente esteliforme allá presente.

Fecha de registro: 14.03.2007.

هياكل حَلَقِيّة بـڭليب الراوي، الى الشرق

الناحية: اغوينيت.

القطاع/المنطقة: اغوينيت، الى الشمال ـ جبال تويزرفاتن.

المكان المحدد: قاعدة جبلية.

تيبولوجية/صنف الموضوع المحدد: معلم اثري طقوسي.

كرونولوجية/النطاق الزمني للعنصر: ما بعد العصر الحجري القديم: من تقاليد العصر الحجري الحديث.

الوصــــف: سلسلة تتكون من 7 مباني ذات شكل حَلَقي يميل الى الدائري البيضاوي، مترابطة كمجموعة، مشكلة من كتل من الحجارة، المتتالية والمتقاربة في ما بينها. ان اكبَرها يصل 5،5×5 متر، واصغرها يبلغ قطره 1،5 متر، وتبلغ مساحتها الاجمالية 24×9 متر، وهي تشكل حيِّزا من نفس المساحة المكانية التي تم بها تسجيل مجموعة تيميليس اثرية جنائزية بـڭليب الراوي: مرتبة بشكل متماس مع بناءٍ جنائزي، يحددُ قطرَمساحةِ معلمٍ موجود هناك، فريدٍ من خلال منظره البارزِ.

تاريخ التسجيل: 14 - 03 - 2007.

STRUCTURES ANNULAIRES GLEB RAUI E

Región: Agüenit.

Secteur/Aire: Agüenit N – Montagnes de Tuizerfatn.

Emplacement: Base de montagne.

Typologie: Monument rituel.

Chronologie: Postpaléolithique: de tradition néolithique.

Description: Série de 7 structures au format annulaire, à tendance circulaire et ovale, enlacées en ensemble et conformées à partir de la disposition de blocs de pierre consécutifs et adjacents entre eux. La plupart d'entre elles de 5,5x5 m, et la plus petite de 1,5 m de diamètre. Elles définissent globalement un espace qui comprend 24x9 m Le répertoire fait partie du même contexte spatial que l'ensemble tumulaire déjà registré de Gleb Raui: on trouve là présent, en disposition adjacente au tumulus qui définit le périmètre, un singlulier monument au front étoilé.

Date d'enregistrement: 14.03.2007.

189

GLEB AJUERAT S-2

Eskualdea: Mijek.

Sektorea/Eremua: Mijek N – Ajuerat-eko mendiak.

Kokalekua: Hegalaren oinarria.

Tipologia: Industria-multzoa.

Kronologia: Paleolito ondokoa: tradizio neolitikokoa.

Deskribapena: Ajuerat S-2-ko tumulutik 250 m mendebaldera, Ajuerat-eko mendi-lerrokaduraren hegoaldeko sektoreko haitz baten oinarriaren ondoan, Paleolito ondoko historiaurreko askotariko materiala agertu da pilatuta (silexean landutako tresna litikoak, zeramikazko arrastoak eta abar), 1000 m^2 inguruko azalera duen lur-eremu lautu eta harritsu batean.

Erregistratze-data: 2007.03.12

Material Arkeologikoa: *Industria litikoa*: karrakagailuak, bec edo mokoak, atzealde-puntak; lauzak, nukleoak eta debitatu laminarra. *Material zeramikoa*: zati lisoak.

GLEB AJUERAT S-2

Región: Mijek.

Sector/Área: Mijek N – Montañas de Ajuerat.

Emplazamiento: Base de ladera.

Tipología: Conjunto industrial.

Cronología: Postpaleolítico: de tradición neolítica.

Descripción: A unos 250 m al W del túmulo de Ajuerat S-2, junto a la base de una de las peñas del sector meridional de la alineación montañosa de Ajuerat, aparecen concentrados diversos materiales prehistóricos postpaleolíticos (instrumentos líticos tallados en sílex, restos cerámicos, etc.) en una área de terreno aplanada y pedregosa de en torno a unos 1000 m^2 de superficie.

Fecha de registro: 12.03.2007.

Material Arqueológico: *Industria lítica*: raspadores, becs, puntas de dorso; lascas, núcleos y debitado laminar. *Material cerámico*: fragmentos lisos.

ڭلب اجويرات الى الجنوب S-2

الناحيـــــــــة: ميجك

المنطقة/القطاع: ميجك، الى الشمال ـ جبال اجويرات.

المكان المحدد: واجهة من القاعدة الجلبية.

تيبولوجية/صنف الموضوع المحدد: مجموعة ادوات صناعية.

كرونولوجية/النطاق الزمني للعنصر: ما بعد العصر الحجري القديم: من تقاليد العصر الحجري الحديث.

الوصــــف: على بعد حوالى 250 مترا الى الغرب، من بناء جنائزي من نوع تيميليس باجويرات S-2، قبالة قاعدة الصخور في القطاع الجنوبي من السلسلة الجبلية لأجويرات، تظهر بصورة مكثفة، مختلف المواد الخاصة بزمن ما قبل التاريخ وما بعد العصر الحجري القديم (ادوات حجرية من الصوّان المصقول، وبقايا خزفية...الخ)، في منطقة من الارض حجرية منبسطة، في نطاق تبلغ مساحته حوالي 1000 متر مربع.

تاريخ التسجيل: 12 - 03 - 2007.

المواد الاثريــــــة: صناعة حجرية: مكاشط، مناقير، رؤوس ذات قفا، رقائق، نويات ومخصومات صفائحية. مواد خزفية: شظايا ملساء.

GLEB AJUERAT S-2

Région: Mijek.

Secteur/Aire: Mijek N – Montagnes d'Ajuerat.

Emplacement: Pied de flanc.

Typologie: Ensemble industriel.

Chronologie: Postpaléolithique: de tradition néolithique.

Description: À quelques 250 m à l'ouest du tumulus d'Ajuerat S-2, à côté de la base d'un petit rocher du secteur méridional de l'alignement montagneux d'Ajuerat, apparaissent concentrés plusieurs matériaux préhistoriques postpaléolithiques (instruments lithiques taillés en silex, débris céramiques, etc) dans une aire de terrain aplatie et pierreuse d'environ 1000 m² de surface.

Date d'enregistrement: 12.03.2007.

Matériel Archéologique: *Industrie lithique*: racloirs, becs, pointes à dos; éclats, nucléus et débitage laminaire. *Matériel céramique*: fragments lisses.

190

GLEB TINGEFUF

Eskualdea: Duguech.

Sektorea/Eremua: Duguech-eko lautada – Tingefuf-eko mendia.

Kokalekua: Mendia.

Tipologia: Habitata.

Kronologia: Paleolito ondokoa: tradizio neolitikokoa.

Deskribapena: Tingefuf-eko mendiaren gailurreko plataforman, Duguech-eko basearen ipar-ekialdera, zeramika arrasto asko (horietako asko apainduta) agertu dira sakabanatuta, kuartzoan eta silexean landutako industria litikoekin batera; horietaz gain, erroten zatiak eta bloke solteen gainean nahiz lurreko plataforma harritsuaren gainean egindako zulo ugari ere ikus daitezke, motrailu moduan erabiltzeko. Toki horretan bertan hainbat harpe eta babesleku natural daude, bloke granitiko handi higatuen oinarrian sortutakoak. Elementu horiek guztiak aintzat hartuta, egoteko tokia izan zitekeela pentsa daiteke, Paleolito ondoko historiaurreko garaietan maiz eta modu egonkorrean erabiltzen zutela.

Erregistratze-data: 2008.02.28

Material Arkeologikoa: *Industria litikoa*: poliedroa; lauzak eta debitatu laminarra. *Material zeramikoa*: zati lisoak eta apainduak. *Elementu leunduak*: errota zatikatuak.

GLEB TINGEFUF

Región: Duguech.

Sector/Área: Planicie de Duguech – Montaña de Tingefuf.

Emplazamiento: Montaña.

Tipología: Hábitat.

Cronología: Postpaleolítico: de tradición neolítica.

Descripción: En la plataforma cimera de la montaña de Tingefuf, al NE de la base de Duguech, se hallan dispersos numerosos restos cerámicos (muchos de ellos decorados), junto con industrias líticas talladas en cuarzo y sílex, además de fragmentos de molinos y un importante número de oquedades circulares practicadas sobre bloques sueltos y sobre la misma plataforma rocosa del suelo, a modo de morteros. En ese mismo espacio se encuentran varios abrigos y refugios naturales formados en la base de los grandes bloques graníticos erosionados. Todo ello hace sugerir un lugar de habitación relativamente frecuentado y estable durante las épocas prehistóricas postpaleolíticas.

Fecha de registro: 28.02.2008.

Material Arqueológico: *Industria lítica*: poliedro; lascas y debitado laminar. *Material cerámico*: fragmentos lisos y decorados. *Elementos pulimentados*: molinos fragmentarios.

ڨليب تنـڨافـــــوف

الناحية: الدوڨج.

القطاع/المنطقة: سهل الدوڨج ـ جبل تنـڨافـــوف.

المكان المحدد: جبـــــــل.

تيبولوجية/صنف الوضوع المحدد: موائـــــــل (سكنات).

كرونولوجية/النطاق الزمني للعنصر: ما بعد العصر الحجري القديم: من تقاليد العصر الحجري الحديث.

الوصـــــف: بقاعدة قمة جبل تنـڨافوف، الى الشمال الشرقي من مركز الدوڨج، يعثر على بقايا خزفية متبعثرة (الكثيرمنها مزين)، الى جانب صناعات حجرية منحوتة من مادة الكوارتز والصوان، علاوة على شظايا من الرحي، وعدد هام من القطع المترامية، التي حفرت بها تجاويف دائرية الشكل كهاوونات، فوق تلك المنصة الصخرية ذاتها الموجودة على سطح الارض. وفي هذا المجال نفسه يوجد عدد من المحميات والملاجئ الطبيعية المتشكلة بقاعدة من كتل الصخور الجرانيتية الضخمة المتآكلة. وهذا ما يدل على وجود موائل وسكنات متعاقبة وثابة نسبيا، خلال مراحل ما قبل التارييخ وما بعد العصرالحجري القديم.

تاريخ التسجيل: 28 - 02 - 2008.

المواد الاثرية: صناعة حجرية: متعددة السطوح، رقائق، مخصومات صفائحية. مواد خزفية: شظايا ملساء ومزينة. عناصر مصقولة: رحي مجزأة.

GLEB TINGEFUF

Région: Duguech.

Secteur/Aire: Plaine de Duguech – Montagne de Tingefuf.

Emplacement: Montagne.

Typologie: Habitat.

Chronologie: Postpaléolithique: de tradition néolithique.

Description: Sur la plateforme au sommet de la montagne de Tingefuf, au nord-est de la base de Duguech, se trouvent parsemés des nombreux débris céramiques (la plupart décorés), à côté d'industries lithiques taillées en quartz et silex, en plus de fragments de moulins et un nombre important de cavités circulaires pratiquées sur des blocs détachés et sur la plateforme rocheuse du sol même, en guise de mortiers. Dans ce même espace se trouvent plusieurs abris et refuges naturels formés à la base des grands blocs granitiques érodés. Tout ceci suggère une lieu d'habitation relativement fréquenté et stable pendant les époques préhistoriques postpaléolithiques.

Date d'enregistrement: 28.02.2008.

Matériel Archéologique: *Industrie lithique*: polyèdre; éclats et débitage laminaire. *Matériel céramique*: fragments lisses et décorés. *Éléments polis*: moulins fragmentaires.

191

ISSARN, ALAZ E-1 LAUTADA

Eskualdea: Mijek.

Sektorea/Eremua: Mijek N – Agsumal-eko sebja.

Kokalekua: Issarn.

Tipologia: Industria-multzoa.

Kronologia: Erdi Paleolitoa: Ateriensea; Paleolito ondokoa: tradizio neolitikokoa.

Deskribapena: Gleb Alaz-etik 1,5 km ekialdera, Alaz E-1-eko hondo harritsuen edo "issarn"-en gainazalean Paleolito ondoko historiaurreko habitat zaharren industria-arrasto ugari aurkitu dira, sakabanatuta. Izan ere, landutako tresneria litikoa (silexean, kuartzitan eta kuartzoan), zeramikazko ontzian zatiak, tresna leunduak eta ehotzekoak, moluskuen maskorren eta ostruka-arrautzen azal-arrastoak (horietako batzuk apainduta ere badaude) eta abar agertu dira. Serie "fresko" horrekin batera, bada beste bat, "higatuagoa", Aterienseko tekno-konplexuen bereizgarri diren ezaugarriak dituena.

Erregistratze-data: 2010.03.02

Material Arkeologikoa: "Tradizio aterienseko seriea": *Industria litikoa*: puntak, dentikulatuak, punta dentikulatuak; lauzak, nukleoak eta debitatu laminarra. "Tradizio neolitikoko seriea": *Industria litikoa*: harraskagailuak, puntak, karrakagailuak, dentikulatuak, trunkadurak, bec edo mokoak, atzealde-puntak eta atzealde-xaflak, punta pedunkulatuak, foliazeoak, ezkatak; abibatuak eta mikrogubilak; lauzak, nukleoak eta debitatu laminarra. *Material zeramikoa*: zati lisoak eta apainduak. *Elementu leunduak*: aizkorak; moletak. *Bestelakoak*: apaindutako ostruka-arrautzak, moluskuen maskorrak.

ISSARN PLANICIE ALAZ E-1

Región: Mijek.

Sector/Área: Mijek N – Sebja de Agsumal.

Emplazamiento: Issarn.

Tipología: Conjunto industrial.

Cronología: Paleolítico medio: Ateriense; Postpaleolítico: de tradición neolítica

Descripción: Sobre la superficie del conjunto de fondos rocosos, o "issarn", de Alaz E-1, a 1,5 km al E de Gleb Alaz, se encuentran esparcidos, en considerable densidad, restos industriales de antiguos hábitats prehistóricos postpaleolíticos. Así, se reconocen utillajes líticos tallados (en sílex, cuarcita y cuarzo), trozos de recipientes cerámicos, instrumentos pulimentados y de molienda, fragmentos de conchas de moluscos y de cáscara de huevo de avestruz (de los que alguno, incluso, se encuentra decorado), etc. Alterando con esta serie "fresca" hay otra más "erosionada" que conlleva indicios tipológicos característicos de los tecno-complejos del Ateriense.

Fecha de registro: 02.03.2010.

Material Arqueológico: "Serie de tradición ateriense": *Industria lítica*: puntas, denticulados, puntas denticuladas; lascas, núcleos y debitado laminar. "Serie de tradición neolítica": *Industria lítica*: raederas, puntas, raspadores, denticulados, truncaduras, becs, láminas y puntas de dorso, puntas pedunculadas, foliáceos, buriles, ecaillés; avivados y microburiles; lascas, núcleos y debitado laminar. *Material cerámico*: fragmentos lisos y decorados. *Elementos pulimentados*: hachas; moletas. *Varios*: huevos de avestruz decorados; conchas de molusco.

ايسّارن سهل اللز، الى الشرق E-1

الناحية: ميجـــــك.

القطاع/المنطقة: ميجك، الى الشمال ـ سبخة اغزومال.

المكان المحدد: ايسّارن.

تيبولوجية/صنف الموضوع المحدد: مجموعة ادوات صناعية.

كرونولوجية/النطاق الزمني للعنصر: العصر الحجري القديم الاوسط: اتيرييـنسي؛ ما بعد العصر الحجري القديم: من تقاليد العصر الحجري الحديث.

الوصـــــف: فوق سطح مجموعة القيعان الصخرية، او "ايسّارن" اللز، الى الشرق E-1، على بعد 1،5 كلمتر، الى الشرق من گليب اللز، توجد هناك بكثافة معتبرة، بقايا صناعية لسكنات قديمة، تعود الى ما قبل التاريخ، ما بعد العصر الحجري القيدم. حيث تم التعرف على ادوات حجرية منحوتة (من حجر الصوان، والكوارتزيت، والكوارتز)، قطع من اواني خزفية، ادوات مصقولة، و وسائل طحن، شظايا من اصداف رخويات وقشورمن بيض النعام (بعضها ملون)،الخ. والى جانب هذه السلسلة "الطازجة"، هناك اخرى متأكلة تنم عن ادلة تصنيفية ذات مميزات تخص التركيبات الفنية لمرحلة اتيرييـنسي.

تاريخ التسجيل: 02 - 03 - 2010.

المواد الاثرية: "سلسلة من تقاليد اتيرييـنسي": صناعة حجرية: رؤوس، مسننات، رؤوس مسننة، رقائق، نويات، ومخصومات صفائحية. "سلسلة من تقاليد العصر الحجري الحديث": صناعة حجرية: ادوات قطع، رؤوس، مكاشط، مسننات، مبتورات طرف، مناقير، صفائح ورؤوس ذات قفا، رؤوس مسوقة، ورقيات، ازاميل، محرشفات، مبرودات، ازاميل صغيرة، رقائق، نويات، ومخصومات صفائحية. مواد خزفية: شظايا ملساء ومزينة. عناصر مصقولة: فؤوس، مساحق. اخرى: بقايا من بيض النعام ملونة، اصداف رخويات.

ISSARN PLAINE ALAZ E-1

Région: Mijek.

Secteur/Aire: Mijek N – Sebkha d'Agsumal.

Emplacement: Issarn.

Typologie: Ensemble industriel.

Chronologie: Paléolithique moyen: Atérien; Postpaléolithique: de tradition néolithique

Description: En surface d'un ensemble de fonds rocheux, ou "issarn", d'Alaz E-1, à 1,5 km à l'est de Gleb Alaz, se trouvent parsemés en considérable densité, des restes industriels d'anciens habitats préhistoriques postpaléolithiques. Ainsi, on reconnaît des outillages lithiques taillés (en silex, quartzite et quartz), débris de récipients céramiques, instruments polis et de broyage, fragments de coquillages et de coquille d'œuf d'autruche (certains étant, même, décorés), etc. En alternance avec cette série «fraîche» il y a une autre plus «érodée» qui comporte des indices typologiques caractéristiques des techno-complexes de l'Atérien.

Date d'enregistrement: 02.03.2010.

Matériel Archéologique: «Série de tradition atérienne»: *Industrie lithique:* pointes, denticulés, pointes denticulées; éclats, nucléus et débitage laminaire. «Série de tradition néolithique»: *Industrie lithique:* curettes, pointes, racloirs, denticulés, troncatures, becs, lames et pointes à dos, pointes pédonculées, foliacés, burins, écaillés; avivements et microburins; éclats, nucléus et débitage laminaire. *Matériel céramique:* fragments lisses et décorés. *Éléments polis:* haches, molettes. *Autres:* œufs d'autruche décorés; coquillages.

192

KIDHIET ADAKMAR E-1

Eskualdea: Duguech.

Sektorea/Eremua: Zug – Azefal-go erg-a (Adakmar-eko mendiak).

Kokalekua: Mendi-oinarria.

Tipologia: Habitata.

Kronologia: Paleolito ondokoa: tradizio neolitikokoa.

Deskribapena: Kidhiet Adakmar-eko ekialdeko hegalaren oinarriaren ondo-ondoan dagoen plataforman silexean eta kuartzoan landutako hainbat industria-aztarna agertu dira, lur gainean sakabanaturik, bai eta zeramika zatiak, elementu leunduak eta abar ere. Multzo garrantzitsuena mendien ekialdeko sektorearen iparraldeko aldean dago, mendebaldeko isurialdera iristeko muino baten inguruan. Bertan, gainera, erroten arrastoak eta ehotzeko lanekin lotura duten beste hainbat elementu ere agertu dira. Industria-elementuak aintzat hartuta, Paleolito ondoko historiaurreko habitat bat zegoela pentsa daiteke.

Erregistratze-data: 2008.03.02

Material Arkeologikoa: *Industria litikoa*: karrakagailuak, atzealde-puntak, foliazeoak; lauzak eta debitatu laminarra. *Elementu leunduak*: aztarna leundu zatikatuak.

KIDHIET ADAKMAR E-1

Región: Duguech.

Sector/Área: Zug – Erg de Azefal (Montañas de Adakmar).

Emplazamiento: Base de montaña.

Tipología: Hábitat.

Cronología: Postpaleolítico: de tradición neolítica.

Descripción: En la plataforma inmediata a la base de la ladera oriental de Kidhiet Adakmar se hallan esparcidos, en superficie, diversos restos industriales líticos tallados en sílex y cuarzo, así como varios fragmentos cerámicos, elementos pulimentados, etc. El conjunto más notable se encuentra en el tramo septentrional de este sector oriental montañoso, en las proximidades de un collado de acceso a la vertiente occidental. Aquí, además, se reconocen varios restos de molinos y otros elementos asociados funcionalmente con las tareas de molienda. El repertorio industrial sugiere la existencia de un hábitat prehistórico postpaleolítico.

Fecha de registro: 02.03.2008.

Material Arqueológico: *Industria lítica*: raspadores, puntas de dorso, foliáceos; lascas y debitado laminar. *Elementos pulimentados*: restos pulidos fragmentarios.

كدية ادكمار الى الشرق E-1

الناحية: الدوڭج.

القطاع/المنطقة: زوڭ ـ عرق ازفال (جبال ادكمار).

المكان المحدد: قاعدة جبلية.

تيبولوجية/صنف الموضوع المحدد: موائـــل (سكنات).

كرونولوجية/النطاق الزمني للعنصر: ما بعد العصر الحجري القديم: من تقاليد العصر الحجري الحديث.

الوصـــف: لقد تم العثورعلى بقايا متفرقة من مختلف الصناعات الحجرية المنحوتة من الصوان والكوارتز، وكذا عدد من القطع الخزفية والعناصر المصقولة، الخ. وذلك فوق نقطة من الارض مرتفعة نسبيا، قريبة من قاعدة الواجهة الشرقية من كدية ادكمار. ان المجموعة الاكثر بروزا هنا، عثر عليها في الامتداد الشمالي من هذا القطاع الجبلي الشرقي، بضواحي معبر الدخول الموجود بالمنحدر الغربي. وهنا ايضا تم التعرف على عدة بقايا من الرحي والعناصر الاخرى ذات العلاقة الوظيفية باعمال الطحن. هذه المجموعة من الادوات الصناعية تدل على وجود موائل قديمة تعود الى ما قبل التاريخ، زمن ما بعد العصر الحجري القديم.

تاريخ التسجيل: 02 - 03 - 2008.

المواد الاثرية: صناعة حجرية: مكاشط، رؤوس ذات قفا، ورقيات، رقائق، ومخصومات صفائحية. عناصر مصقولة: بقايا مصقولة مجزأة.

KIDHIET ADAKMAR E-1

Région: Duguech.

Secteur/Aire: Zug – Erg d'Azefal (Montagnes d'Adakmar).

Emplacement: Base de montagne.

Typologie: Habitat.

Chronologie: Postpaléolithique: de tradition néolithique.

Description: Sur la plateforme immédiate à la base du flanc oriental de Kidhiet Adakmar se trouvent parsemés, en surface, plusieurs restes industriels lithiques taillés en silex et quartz, ainsi que plusieurs fragments céramiques, éléments polis, etc. L'ensemble plus notable se trouve dans le tronçon septentrional de ce secteur oriental montagneux, aux alentours d'un col d'accès au flanc occidental. Là, de plus, on reconnaît plusieurs restes de moulins et d'autres éléments associés fonctionnellement aux tâches de broyage. Le répertoire industriel suggère l'existence d'un habitat préhistorique postpaléolithique.

Date d'enregistrement: 02.03.2008.

Matériel Archéologique: *Industrie lithique*: curettes, pointes à dos, foliacés; éclats et débitage laminaire. *Éléments polis*: restes polis fragmentaires.

193

KIDHIET ADAKMAR W-1/2

Eskualdea: Duguech.

Sektorea/Eremua: Zug – Azefal-go erg-a (Adakmar-eko mendiak).

Kokalekua: Mendi-oinarria.

Tipologia: Industria-multzoa (tailerra).

Kronologia: Behe Paleolitoa: Achelensea.

Deskribapena: Kidhiet Adakmar-en mendebaldeko isurialdean iparraldeen dagoen zatian, hegalaren beheko aldearekin eta ondo-ondoan dagoen oinarrizko plataformarekin loturik, tradizio acheloidea duten tekno-konplexuekin erlazionatutako hainbat industria-lekukotza agertu dira sakabanatuta. Serie honetan, llevallois-motakoak dira nagusi eta ale makrolitikoak ere maiz agertzen dira; Gnefisa Oum Agraid-en edo Zug-eko sebjatik gertu dagoen eremuan kontrolatutako tresneriaren oso antzekoak dira. Funtzionalki, bertan dauden bloke magmatiko mikrokristalinoen ustiapenarekin erlazionatu behar da multzoa eta, beraz, "tailer" espezializatutzat har dezakegu. Industria sakabanatuta agertu dira, mendi-hegaletik erori eta puskatutako bloke eta klasto ugariren tartean.

Erregistratze-data: 2008.03.02

Material Arkeologikoa: *Industria litikoa*: lauzak, nukleo zentripetoak, levallois eta poliedrikoak.

Bibliografia: Saenz de Buruaga, A. *et alii* 2009, 27. or., 17. arg.

KIDHIET ADAKMAR W-1/2

Región: Duguech.

Sector/Área: Zug – Erg de Azefal (Montañas de Adakmar).

Emplazamiento: Base de montaña.

Tipología: Conjunto industrial (taller).

Cronología: Paleolítico inferior: Achelense.

Descripción: En el tramo más septentrional de la vertiente occidental de Kidhiet Adakmar, asociado a la parte baja de la ladera y a la plataforma de base inmediata, se hallan esparcidos varios testimonios industriales vinculados con los tecno-complejos de tradición acheloide. Predominan en la serie los tipos llevallois, y son frecuentes los ejemplares macrolíticos: mostrándose muy cercanos a los utillajes controlados en Gnefisa Oum Agraid o en el área cercana a la sebja de Zug. Funcionalmente, el conjunto debe de ponerse en relación con la explotación de los bloques magmáticos microcristalinos presentes: tratándose, en consecuencia, de un "taller" especializado. Las industrias aparecen desperdigadas entre una numerosísima masa de clastos y bloques fracturados y desprendidos por la ladera montañosa.

Fecha de registro: 02.03.2008.

Material Arqueológico: *Industria lítica*: lascas, núcleos centrípetos, levallois y poliédricos.

Bibliografía: Sáenz de Buruaga, A. *et alii* 2009, p. 27, fot. 17.

كدية ادكمـــار، الى الغرب W-1/2

الناحية: الدوڤج.

القطاع/المنطقة: زوڤ ـ عرق ازفال (جبال ادكمار).

المكان المحدد: قاعدة جبلية.

تيبولوجية/صنف الموضوع المحدد: مجموعة ادوات صناعية (ورشة).

كرونولوجية/النطاق الزمني للعنصر: العصر الحجري القديم الاسفل: "اتشيلينسي".

الوصـــــف: في الامتداد الشمالي من المنحدر الغربي من كدية ادكمار، المتاخمة للجهة السفلى من المنحدر، والسطح المرتفع من الارض، القريب، تم العثورعلى عدد من الشهادات الاثرية الصناعية المتبعثرة، متعلقة بالتركيبات الفنية لتقاليد "اتشيلينسي"، الاغلبية منها، من نوع "levallois"، وكثيرة هي النماذج الحجرية التى من حجم اكبر، و يظهر انها تتشابه مع الادوات التي تم ضبطها في اخنيفيسة ام اغريد او في المنطقة القريبة من سبخة زوڤ وهي مجموعة ينبغي ربطها، من الناحية الوظيفية، باستغلال كتل الصخورالمنصهرة الجريزوفولفينية، الموجودة في عين المكان: مما يعني بالتالي وجود "ورشة" مختصة. الادوات الصناعية تبدو متبعثرة بين العديد من القطع والكتل الصخرية المكسرة والمنفصلة عبر السفح الجبلي.

تاريخ التسجيل: 02 - 03 - 2008.

المواد الاثرية: صناعة حجرية: رقائق، نويات جاذبة، "ليبالوإيس"، متعددة السطوح.

المراجع: Sáenz de buruaga, A. et alii 2009, p. 27, fot. 17.

KIDHIET ADAKMAR W-1/2

Région: Duguech.

Secteur/Aire: Zug – Erg d'Azefal (Montagnes d'Adakmar).

Emplacement: Base de montagne.

Typologie: Ensemble industriel (atelier).

Chronologie: Paléolithique inférieur: Acheuléen.

Description: Dans le tronçon plus septentrional du flanc occidental de Kidhiet Adakmar, associés à la partie basse du flanc et à la plateforme base immédiate, se trouvent parsemés plusieurs témoignages industriels reliés aux techno-complexes de tradition acheuloïde. Prédominent dans la série les types levallois, et sont fréquents les exemplaires macrolithiques: se montrant très rapprochés des outillages contrôlés à Gnefisa Oum Agraid ou dans l'aire proche à la sebkha de Zug. Fonctionnellement l'ensemble doit être mis en relation avec l'exploitation des blocs magmatiques microcristalins présents: s'agissant, en conséquence, d'un «atelier» spécialisé. Les industries apparaissent éparpillées parmi une très nombreuse masse de clastes et de blocs fracturés et parsemés sur le flanc de la montagne.

Date d'enregistrement: 02.03.2008.

Matériel Archéologique: *Industrie lithique*: éclats, nucléus centripètes, levallois et polyédriques.

Bibliographie: Sáenz de Buruaga, A. *et alii* 2009, p. 27, phot. 17.

194

LEGTEITIRA N-1

Eskualdea: Agüenit.

Sektorea/Eremua: Agüenit-eko lautada – Legteitira-ko mendiak.

Kokalekua: Oued ertza eta labar-harpeak.

Tipologia: Industria-multzoa.

Kronologia: Paleolito ondokoa: tradizio neolitikokoa.

Deskribapena: Legteitira-ko mendien barnealdearen iparraldeko sektoreko eremu batean, handik igarotzen den oued ertzaren ondoan, eta kokatutako hainbat labar-harperen inguruan, dela mendi-erliebeen oinarrian, dela zenbait bloke alderraietan, Paleolito ondoko historiaurreko itxura duten industria-arrastoak aurkitu dira lur gainean sakabanatuta.

Erregistratze-data: 2005.04.12

Material Arkeologikoa: *Industria litikoa*: karrakagailuak, dentikulatuak; lauzak, nukleoak eta debitatu laminarra. *Material zeramikoa*: zati lisoak eta apainduak. *Bestelakoak*: fauna aztarnak.

LEGTEITIRA N-1

Región: Agüenit.

Sector/Área: Planicie de Agüenit - Montañas de Legteitira.

Emplazamiento: Reborde de oued y abrigos rupestres.

Tipología: Conjunto industrial.

Cronología: Postpaleolítico: de tradición neolítica.

Descripción: En una área del sector septentrional del interior de las montañas de Legteitira, junto al reborde del oued que por allí trascurre, y en las inmediaciones de varios abrigos rupestres emplazados, tanto en la base de los relieves montañosos, como en algunos bloques erráticos, se reconocen diseminados en superficie diversos restos industriales de ambientación prehistórica postpaleolítica.

Fecha de registro: 12.04.2005.

Material Arqueológico: *Industria lítica*: raspadores, denticulados; lascas, núcleos y debitado laminar. *Material cerámico*: fragmentos lisos y decorados. *Varios*: restos de fauna.

لـﮔطيطيـــــرة الى الشمال N-1

الناحية: اغوينيت.

القطاع/المنطقة: سهل اغوينيت ـ جبال لـﮔطيطيرة.

المكان المحدد: حواف وادي وملاجئ صخرية.

تيبولوجية/صنف الموضوع المحدد: مجموعة ادوات صناعية.

كرونولوجية/النطاق الزمني للعنصر: ما بعد العصر الحجري القديم: من تقاليد العصر الحجري الحديث.

الوصـــــف: في منطقة من القطاع الجنوبي، بداخل جبال لـﮔطيطيرة، وقبالة الوادي الذي يمر هناك، وفي ضواحي عدة ملاجئ صخرية متناثرة، بقواعد المرتفعات الجبلية، كما في بعض الكتل غير المنتظمة، تنتشر على سطح الارض، مختلف البقايا الصناعية، تعود لبيئات عصر ما قبل التاريخ، وما بعد العصر الحجري القديم.

تاريخ التسجيل: 12 - 04 - 2005.

المواد الاثرية: صناعة حجرية: مكاشط، مسننات، رقائق، نويات ومخصومات صفائحية. مواد خزفيـــة: شظايا ملساء ومزينة. انواع اخرى: بقايا حيوانية.

LEGTEITIRA N-1

Région: Agüenit.

Secteur/Aire: Plaine d'Agüenit - Montagnes de Legteitira.

Emplacement: Rebord d'oued et abris rupestres.

Typologie: Ensemble industriel.

Chronologie: Postpaléolithique: de tradition néolithique.

Description: Dans une aire du secteur septentrional de l'intérieur des montagnes de Legteitira, à côté du rebord de l'oued qui s'écoule là, et aux alentours de plusieurs abris rupestres localisés, autant dans la base des reliefs montagneux que dans quelques blocs erratiques, on reconnaît parsemés en surface quelques restes industriels d'ambiance préhistorique postpaléolithique.

Date d'enregistrement: 12.04.2005.

Matériel Archéologique: *Industrie lithique*: racloirs, denticulés; éclats, nucléus et débitage laminaire. *Matériel céramique*: fragments lisses et décorés. *Autres*: restes de faune.

195

OUM ÂBANA E/1 MOLETA

Eskualdea: Duguech.

Sektorea/Eremua: Zug E – Zug-Oum Âbana-ko mendiak.

Kokalekua: Lautada.

Tipologia: Pieza isolatua.

Kronologia: Paleolito ondokoa: tradizio neolitikokoa (?).

Deskribapena: Oum Âbana-ko mendien ekialdeko isurialdearen ondo-ondoan dagoen lautadaren puntu batean moleta leundu bat aurkitu zen, itxuraz isolatuta. Alea dioritaz egina dago, sekzio azpi-obalatua du eta neurriak: 13x8x6 cm.

Erregistratze-data: 2006.03.12

Material Arkeologikoa: *Elementu leunduak*: moleta.

MOLETA OUM ÂBANA E/1

Región: Duguech.

Sector/Área: Zug E – Montañas de Zug-Oum Âbana.

Emplazamiento: Planicie.

Tipología: Pieza aislada.

Cronología: Postpaleolítico: de tradición neolítica (?).

Descripción: En un punto de la planicie inmediata a la vertiente oriental de las montañas de Oum Âbana se localizó, aparentemente aislada, una moleta pulimentada. El ejemplar está realizado en diorita, su sección es sub-ovalada y las dimensiones alcanzan los 13x8x6 cm.

Fecha de registro: 12.03.2006.

Material Arqueológico: *Elementos pulimentados*: moleta.

مسحقة بام اعبانة، الى الشرق E/1

الناحية: الدوڭج.

القطاع /المنطقة: زوڭ الى الشرق ـ جبال زوڭ ـ ام اعبانة.

المكان المحدد: سهل.

تيبولوجية/صنف الموضوع المحدد: قطعة معزولة.

كرونولوجية/النطاق الزمني للعنصر: ما بعد العصر الحجري القديم: من تقاليد العصر الحجري الحديث (؟).

الوصـــــف: في نقطة من السهل المباشر للجهة الشرقية من جبال ام اعبانة، تم العثور على مسحقة مصقولة، بشكل منعزل، وهي نموذج مصنوع من حجارة الديوريت، ولها شكل شبه بيضاوي، تصل مساحتها 13×8×6 سنتم.

تاريخ التسجيل: 12 ـ 03 ـ 2006.

المواد الاثرية: عناصر مصقولة: مسحقة.

MOLETTE OUM ÂBANA E/1

Région: Duguech.

Secteur/Aire: Zug E – Montagnes de Zug-Oum Âbana.

Emplacement: Plaine.

Typologie: Pièce isolée.

Chronologie: Postpaléolithique: de tradition néolithique (?).

Description: Sur un point de la plaine immédiate au flanc oriental des montagnes d'Oum Âbana se localise, apparemment isolée, une molette polie. L'exemplaire est réalisé en diorite, de section subovale et dont les dimensions atteignent 13x8x6 cm.

Date d'enregistrement: 12.03.2006.

Matériel Archéologique: *Éléments polis*: molette.

196

DUGUECH/1 BASEKO ERROTA

Eskualdea: Duguech.

Sektorea/Eremua: Duguech-eko lautada.

Kokalekua: Zehaztugabea.

Tipologia: Pieza isolatua.

Kronologia: Paleolito ondokoa: tradizio neolitikokoa.

Deskribapena: Errota amigdaloide baten pieza handi bat da eta Duguech-eko Basearen inguruetako punturen batetik ateratakoa da, gaur egun, esparru militar horretan gordeta dago. Lehengaia kolore berdexka duen harkaitz granitikoa da. Neurriak: 75x42x15 cm.

Erregistratze-data: 2006.03.09

Material Arkeologikoa: *Elementu leunduak*: itsasontzi-formako errota.

Bibliografia: Saenz de Buruaga, A., 2010a, 166. or., 184. irudia.

MOLINO BASE DUGUECH/1

Región: Duguech.

Sector/Área: Planicie de Duguech.

Emplazamiento: Indeterminado.

Tipología: Pieza aislada.

Cronología: Postpaleolítico: de tradición neolítica.

Descripción: Gran pieza de molino amigdaloide, proveniente de algún punto de las inmediaciones de la Base de Duguech y custodiada actualmente en ese recinto militar. La materia prima es una roca granítica de coloración verdosa. Sus dimensiones rondan los 75x42x15 cm.

Fecha de registro: 09.03.2006.

Material Arqueológico: *Elementos pulimentados*: molino barquiforme.

Bibliografía: Sáenz de Buruaga, A. 2010a, p. 166, fig. 184.

رحى بقاعدة الدوڭج/1

الناحية: الدوڭج.

القطاع/المنطقة: سهل الدوڭج.

المكان المحدد: غير محدد.

تيبولوجية/صنف الموضوع المحدد: قطعة منعزلة.

كرونولوجية/النطاق الزمني للعنصر: ما بعد العصر الحجري القديم: من تقاليد العصر الحجري الحديث.

الوصـــــف: قطعة كبيرة لوزية الشكل، مستوردة من نقطة قريبة الى قاعدة الدوڭج، وهي محروسة في الوقت الحالي بذلك الاطار العسكري. مادتها الاولية من حجر الجرانيت ذي اللون الاخضر، تصل مساحتها 75×42×15 سنتم.

تاريخ التسجيل: 09 ـ 03 ـ 2006.

المادة الاثرية: عناصر مصقولة: رحى على شكل باخرة.

المراجع: Sáenz de Buruaga, A. 2010 a, p. 166, fig. 184.

MOULIN BASE DUGUECH/1

Région: Duguech.

Secteur/Aire: Plaine de Duguech.

Emplacement: Indéterminé.

Typologie: Pièce isolée.

Chronologie: Postpaléolithique: de tradition néolithique.

Description: Grande pièce de moulin amygdaloïde, en provenance de quelque point des alentours de la Base de Duguech et actuellement sous garde dans cette enceinte militaire. La matière première est une roche granitique de coloration verdâtre. Ses dimensions approchent 75x42x15 cm.

Date d'enregistrement: 09.03.2006.

Matériel Archéologique: *Éléments polis*: moulin barquiforme.

Bibliographie: Sáenz de Buruaga, A. 2010a, p. 166, fig. 184.

197

EL MEDADA SW-1 ERROTA

Eskualdea: Agüenit.

Sektorea/Eremua: Agüenit N – Sel Aurich-ko sebja.

Kokalekua: Lautada.

Tipologia: Pieza isolatua.

Kronologia: Historikoa.

Deskribapena: Errota zirkularreko pieza hau isolatuta aurkitu zen Sel Aurich eta El Medada artean dagoen lautadan, Gleibat El Medada-ko mendietatik *ca.* 1,5 km hego-mendebaldera. 2 zatitan puskatuta dago eta 6 cm inguruko diametroa duten zuloak ere baditu gorputzean. Lehengaia kolore gorrixka argia duen trebertino-harkaitza da. Neurri orokorrak: 38x31 cm.

Erregistratze-data: 2007.03.25

Material Arkeologikoa: *Elementu leunduak*: errota zirkularreko errotarri baten 2 zati.

MOLINO EL MEDADA SW-1

Región: Agüenit.

Sector/Área: Agüenit N – Sebja de Sel Aurich.

Emplazamiento: Planicie.

Tipología: Pieza aislada.

Cronología: Histórica.

Descripción: Pieza de molino circular localizada aislada en la planicie que discurre entre Sel Aurich y El Medada, a *ca.* 1,5 km al SW de las montañas de Gleibat El Medada. Se encuentra fracturada en 2 trozos y conserva sendos agujeros sobre su cuerpo de unos 6 cm de diámetro, respectivamente. La materia prima es una roca de trevertino de coloración rojiza pálida. Sus dimensiones globales se aproximan a los 38x31 cm.

Fecha de registro: 25.03.2007.

Material Arqueológico: *Elementos pulimentados*: 2 fragmentos de una muela de molino circular.

رحى بـ: المدادة، الى الجنوب الغربي SW-1

الناحية: اغوينيت.

القطاع/المنطقة: اغوينيت، الى الشمال ـ سبخة سل اوريج.

المكان المحدد: سهل.

تيبولوجية/صنف الموضوع المحدد: قطعة منعزلة.

كرونولوجية/النطاق الزمني للعنصر: تاريخية.

الوصـــــف: قطعة من رحى دائرية الشكل، تم العثورعليها معزولة بالسهل الممتد بين المدادة وسل اوريج، حوالى 1،5 كلمتر الى الجنوب الغربي من جبال ݣليبات المدادة، عثر عليها مجزأة الى قطعتين تحتفظ كل جسم منهما بثقب قطره حوالى 6 سنتمرات. و مادتها الاولية هي من حجر الترافيرتين ذي اللون الاحمر الشاحب، تقارب مساحتها الاجمالية 38×31 سنتم.

تاريخ التسجيل: 25 ـ 03 ـ 2007.

المواد الاثرية: عناصر مصقولة: شظيتان من ضرس رحى ذات شكل دائري.

MOULIN EL MEDADA SW-1

Région: Agüenit.

Secteur/Aire: Agüenit N – Sebkha de Sel Aurich.

Emplacement: Plaine.

Typologie: Pièce isolée.

Chronologie: Historique.

Description: Pièce de moulin circulaire localisée isolée dans la plaine qui se trouve entre Sel Aurich et El Medada, à *ca.* 1,5 km au sud-ouest des montagnes de Gleibat El Medada. Elle se trouve fracturée en 2 bouts et conserve deux trous sur son corps d'environ 6 cm de diamètre, respectivement. La matière première est une roche de travertin de coloration rougeâtre pâle. Ses dimensions globales approchent 38x31 cm.

Date d'enregistrement: 25.03.2007.

Matériel Archéologique: *Éléments polis*: 2 fragments d'une meule de moulin circulaire.

198

HASSI ZUG NE/1 ERROTA

Eskualdea: Duguech.

Sektorea/Eremua: Zug – Zug-Oum Âbana-ko mendiak (Zug-eko sebja)

Kokalekua: Sebja.

Tipologia: Pieza isolatua.

Kronologia: Paleolito ondokoa: tradizio neolitikokoa.

Deskribapena: Errota amigdaloide baten pieza handi bat da eta Zug-eko sebjaren ekialdeko sektorean aurkitu zen, lehendik erregistratutako Hassi Zug NE-ko tumulu-multzotik ez oso urren eta sebjaren gaur egungo putzu finkoaren ingurune hurbilean. Neurriak: 67x58x12 cm. Egia esateko, harkaitz-bloke magmatiko bat da eta horren gainean oinplano obalatuko motrailu bat egina dago.

Erregistratze-data: 2005.04.08

Material Arkeologikoa: *Elementu leunduak*: itsasontzi-formako errota.

MOLINO HASSI ZUG NE/1

Región: Duguech.

Sector/Área: Zug – Montañas Zu-Oum Âbana (Sebja de Zug).

Emplazamiento: Sebja.

Tipología: Pieza aislada.

Cronología: Postpaleolítico: de tradición neolítica.

Descripción: Gran pieza de molino amigdaloide localizada en el sector oriental de la sebja de Zug, no lejos del ya registrado conjunto tumular de Hassi Zug NE y en el entorno cercano al actual pozo fijo de la sebja. Sus dimensiones alcanzan los 67x58x12 cm. En realidad, se trata de un bloque rocoso magmático sobre el que se ha practicado un mortero de planta ovalada.

Fecha de registro: 08.04.2005.

Material Arqueológico: *Elementos pulimentados*: molino barquiforme.

رحى عند حاسي زوڭ الى الشمال الشرقي NE/1

الناحية: الدوڭج.

القطاع/المنطقة: زوڭ ـ جبال زوڭ ـ ام اعبانة (سبخة زوڭ).

المكان المحدد: سبخة.

تيبولوجية/صنف الموضوع المحدد: قطعة منعزلة.

كرونولوجية/النطاق الزمني للعنصر: ما بعد العصر الحجري القديم: من تقاليد العصر الحجري الحديث.

الوصـــف: قطعة كبيرة من رحى لوزية الشكل، عثر عليها في القطاع الشرقي من سبخة زوڭ غير بعيد من مجموعة التيميليس الجنائزية التي تم تسجيلها بحاسي زوڭ الى الشمال الشرقي، في المجال القريب من البئر الحالية الموجودة بالسبخة. تبلغ مساحة هذه القطعة حوالى 67×58×12 سنتمتر. انها في الواقع كتلة من صخور منصهرة، حفرت بسطحها قاعدة هاون بيضاوية الشكل.

تاريخ التسجيل: 08 - 04 - 2005.

المادة الاثرية: عناصر مصقولة: رحى على شكل باخرة.

MOULIN HASSI ZUG NE/1

Région: Duguech.

Secteur/Aire: Zug – Montagnes Zu-Oum Âbana (Sebkha de Zug).

Emplacement: Sebkha.

Typologie: Pièce isolée.

Chronologie: Postpaléolithique: de tradition néolithique.

Description: Grande pièce de moulin amygdaloïde localisée dans le secteur oriental de la sebkha de Zug, pas loin de l'ensemble tumulaire déjà registré de Hassi Zug NE et dans l'entourage proche au puits fixe de la sebkha. Ses dimensions atteignent 67x58x12 cm. En réalité, il s'agit d'un bloc rocheux magmatique sur lequel on a réalisé un mortier de plan ovale.

Date d'enregistrement: 08.04.2005.

Matériel Archéologique: *Éléments polis*: moulin barquiforme.

199

SEBJA ZUG SW-1 ERROTA

Eskualdea: Duguech.

Sektorea/Eremua: Zug – Zug-Oum Âbana-ko mendiak (Zug-eko sebja)

Kokalekua: Sebja ertza.

Tipologia: Pieza isolatua.

Kronologia: Paleolito ondokoa: tradizio neolitikokoa.

Deskribapena: Errota amigdaloide baten pieza da eta isolatuta aurkitu zen Zug-eko sebjaren hego-mendebaldeko ertzaren ondoan. Neurriak: 45x35x10 cm; lehengaia granitoa da.

Erregistratze-data: 2007.03.18

Material Arkeologikoa: *Elementu leunduak*: itsasontzi-formako errota.

MOLINO SEBJA ZUG SW-1

Región: Duguech.

Sector/Área: Zug – Montañas Zug-Oum Âbana (Sebja de Zug).

Emplazamiento: Reborde de sebja.

Tipología: Pieza aislada.

Cronología: Postpaleolítico: de tradición neolítica.

Descripción: Pieza de molino amigdaloide localizada, de forma aislada, junto al reborde suroccidental de la sebja de Zug. Sus dimensiones rondan los 45x35x10 cm; la materia prima es el granito.

Fecha de registro: 18.03.2007.

Material Arqueológico: *Elementos pulimentados*: molino barquiforme.

رحى بسبخة زوڭ الى الجنوب الغربي SW-1

الناحية: الدوڭج.

القطاع/المنطقة: زوڭ ـ جبال زوڭ ـ ام اعبانة (سبخة زوڭ).

المكان المحدد: حافة السبخة.

تيبولوجية/صنف الموضوع المحدد: قطعة منعزلة.

كرونولوجية/النطاق الزمني للعنصر: ما بعد العصر الحجري القديم: من تقاليد العصرالحجري الحديث.

الوصــــف: قطعة من رحى لوزية، تم العثور عليها منفردة بالحدود الجنوبية الغربية لسبخة زوڭ تبلغ مساحتها 45×35×10 سنتم، ومادتها الاولية من صخورالجرانيت.

تاريخ التسجيل: 18 - 03 - 2007.

المادة الاثرية: عناصر مصقولة: رحى على شكل باخرة.

MOULIN SEBKHA ZUG SW-1

Région: Duguech.

Secteur/Aire: Zug – Montagnes Zug-Oum Âbana (Sebkha de Zug).

Emplacement: Rebord de sebkha.

Typologie: Pièce isolée.

Chronologie: Postpaléolithique: de tradition néolithique.

Description: Pièce de moulin amygdaloïde localisée, de manière isolée, à côté du rebord sud-occidental de la sebkha de Zug. Ses dimensions approchent 45x35x10 cm; la matière première est le granit.

Date d'enregistrement: 18.03.2007.

Matériel Archéologique: *Éléments polis*: moulin barquiforme.

200

AMJEWAL TUIZERFATN S-3 LAUTADAKO MONUMENTU ZIRKULAR MONOLITIKOA

Eskualdea: Agüenit.

Sektorea/Eremua: Agüenit N – Tuizerfatn-eko mendiak.

Kokalekua: Dike harritsua.

Tipologia: Erritu-monumentua.

Kronologia: Paleolito ondokoa: tradizio neolitikokoa.

Deskribapena: Obalo-antzeko formatua duen harrizko egitura da eta hainbat monolito ertainez eraikia dago; monolitoek 9 metro luze eta 2,20 metro zabal dituen gune bat hartzen dute. Ia deseginda dago. Monumentua lehendik erregistratutako izen berdina duen tumulu-multzoaren espazio berean dago.

Erregistratze-data: 2007.03.14

MONUMENTO CIRCULAR MONOLÍTICO PLANICIE AMJEWAL TUIZERFATN S-3

Región: Agüenit.

Sector/Área: Agüenit N – Montañas de Tuizerfatn.

Emplazamiento: Dique rocoso.

Tipología: Monumento ritual.

Cronología: Postpaleolítico: de tradición neolítica.

Descripción: Estructura pétrea de formato tendente a lo ovalado construida por una serie de monolitos de dimensiones medias que configuran un espacio próximo a los 9 m de largo y los 2,20 m de ancho. Se encuentra relativamente desmantelada. El monumento se encuentra integrado en el mismo espacio que el ya registrado conjunto tumular de similar denominación.

Fecha de registro: 14.03.2007.

معْلم اثري دائري متراص بسهل امخيـوَّل تويزرفاتـن، الى الجنــوب S-3

الناحية: آغوينيت.

القطاع/المنطقة: اغوينيت، الى الشمال ـ جبال تويزرفاتن.

المكان المحدد: سد صخري.

تيبولوجية/صنف الموضوع المحدد: معْلمٌ طقوسي.

كرونولوجية/ النطاق الزمني للعنصر: ما بعد العصر الحجري القديم: من تقاليد العصر الحجري الحديث.

الوصــــف: هيكل حجري يميل شكله الى البيضاوي، تم بناءه من سلسلة متراصة، ذات مساحات متوسطة، تشكل مساحة تقارب حوالى 9 امتار طولا، و 2،20 مترعرضا، وهذا الهيكل يوجد في حالة تفكك نسبي. معلم يندرج في نفس المجال الذي سُجلت به مجموعة جنائزية لها تسمية مشابهة.

تاريخ التسجيل: 14 - 03 - 2007.

MONUMENT CIRCULAIRE MONOLITHIQUE PLAINE AMJEWAL TUIZERFATN S-3

Région: Agüenit.

Secteur/Aire: Agüenit N – Montagnes de Tuizerfatn.

Emplacement: Filon rocheux.

Typologie: Monument rituel.

Chronologie: Postpaléolithique: de tradition néolithique.

Description: Structure pierreuse au format à tendance ovale construit par une série de monolithes de moyenne grandeur qui configurent un espace d'environ 9 m de long et 2,20 m de large. Elle est partiellement démantelée. Le monument se trouve intégré dans le même espace que l'ensemble tumulaire déjà registré de similaire dénomination.

Date d'enregistrement: 14.03.2007.

201

OUM TBUL S-1/1 LAUTADAKO MONUMENTU ZIRKULAR MONOLITIKOA

Eskualdea: Mijek.

Sektorea/Eremua: Mijek N – Richt-eko mendiak.

Kokalekua: Plataforma harritsua.

Tipologia: Erritu-monumentua.

Kronologia: Paleolito ondokoa: tradizio neolitikokoa.

Deskribapena: Monumentu hau Oum Tbul-eko menditik –Richt-eko mendikatea osatzen duten erliebeetako bat da– 8 km hegoaldera dago, lautadaren gainean hainbat metro goratuta dagoen plataforma harritsu txiki baten gainean. Morfologia zirkularra du (30 metroko diametroa) eta bloke granitikoen segida batek osatzen du; zenbait bloke oraindik zutik daude. Horietako handienak ekialdeko sektorean daude eta monolito handienak 80x40x30 cm ditu. Barne-espazioaren erdiko puntuan plataforma harritsu bat izan zitekeenaren arrastoak daude. Puntu hori zirkuluko perimetroaren (15 m) puntuekiko distantziakidea da. Iparraldeko sektorean bloke-lerroa etenda dago 6 metroko hutsartea baitago. Bestalde, mendebaldeko perimetroaren ondoan tumulu bat dago; 2 metro kanpoaldera eraikia dago eta formatu hemisferiko zirkularra du 6 metroko diametroarekin. Gainera, ekialdeko aldean beste tumulu txikiago bat gehitu zaio, ondoan jarrita.

Erregistratze-data: 2010.02.12

Bibliografia: Saenz de Buruaga, A. *et alii* 2011, 16. orr., 6. argazkia.

MONUMENTO CIRCULAR MONOLÍTICO PLANICIE OUM TBUL S-1/1

Región: Mijek.

Sector/Área: Mijek N – Montañas de Richt.

Emplazamiento: Plataforma rocosa.

Tipología: Monumento ritual.

Cronología: Postpaleolítico: de tradición neolítica.

Descripción: Monumento emplazado unos 8 km al S de la montaña de Oum Tbul –uno de los relieves que configuran la cadena montaña de Richt– y dispuesto sobre una ligera plataforma rocosa levantada unos metros sobre la planicie. Posee una morfología circular, de unos 30 m de diámetro, y está materializado por una sucesión de bloques graníticos, varios de ellos aún erguidos. Los más aparentes de éstos se encuentran en el sector oriental, donde el monolito mayor se aproxima a los 80x40x30 cm. En el punto central del espacio interior hay restos de una posible plataforma pedregosa. Este punto es equidistante con los puntos del perímetro del círculo (15 m). En el sector N hay una interrupción de la línea de bloques que define un vano de 6 m. Por otra parte, junto al perímetro occidental se encuentra un túmulo, edificado unos 2 m al exterior, de formato hemisférico circular de unos 6 m de diámetro. Además, en su parte E se ha añadido, de forma yuxtapuesta, otro túmulo más pequeño.

Fecha de registro: 12.02.2010.

Bibliografía: Sáenz de Buruaga, A. *et alii* 2011, p. 16, fot. 6.

معلم اثري دائري متراص، بسهل ام اطبول، الى الجنوب S-1/1

الناحية: ميجك.

القطاع/المنطقة: ميجك، الى الشمال ـ جبال الريش.

المكان المحدد: منصة صخرية.

تيبولوجية/صنف الموضوع المحدد: معلم طقوسي.

كرونولوجية/النطاق الزمني للعنصر: ما بعد العصر الحجري القديم: من تقاليد العصر الحجري الحديث.

الوصـــف: معلم يقع حوالى 8 كلمترات الى الجنوب من جبل ام اطبول (احدى التضاريس المشكلة لسلسلة جبال الريش) تم وضعه فوق منصة حجرية خفيفة، ترتفع بضعة امتار فوق سطح السهل، له شكل دائري، قطره من حوالى 30 مترا، وهو مجهز بسلسلة من الكتل الجرانيتية، التي لايزال العديد منها منتصبا. ان احد ابرز هذه المعالم يوجد في القطاع الشرقي، حيث يصل اكبرها 80×40×30 سنتمرا، وفي النقطة المركزية من فضائه الداخلي، توجد بقايا من منصة حجرية محتملة. وتساوي المساحة بين تلك النقطة وباقي نقاط المحيط الدائري 15 مترا، وهناك بالقسم الشمالي، يلاحظ وجود انقطاع في صف الكتل الصخرية، يخلف فراغا من 6 امتار. ويوجد تيميليس اخر، ايضا، على بعد مترين خارج محيطه الغربي، ذو شكل نصف كروي دائري، قطره حوالى 6 امتار، واضافة الى ذلك، يوجد بمحاذاته من الجهة الشرقية، تيميلس اخر اصغرحجما.

تاريخ التسجيل: 12 - 02 - 2010.

المراجع: Sáenz de Buruaga, A. et alii 2011, p. 16, fot. 6.

MONUMENT CIRCULAIRE MONOLITHIQUE PLAINE OUM TBUL S-1/1

Région: Mijek.

Secteur/Aire: Mijek N – Montagnes de Richt.

Emplacement: Plateforme rocheuse.

Typologie: Monument rituel.

Chronologie: Postpaléolithique: de tradition néolithique.

Description: Monument localisé à environ 8 km au sud de la montagne d'Oum Tbul –un des reliefs qui configurent la chaîne de montagnes de Richt– et disposé sur une légère plateforme rocheuse levée quelques mètres sur la plaine. Il possède une morphologie circulaire, d'environ 30 m de diamètre, et il est matérialisé par une succession de blocs granitiques, plusieurs encore dressés. Les plus apparents parmi ceux-ci se trouvent dans le secteur oriental, où le monolithe majeur approche 80x40x30 cm. Au point central de l'espace intérieur il y a des restes d'une possible plateforme pierreuse. Ce point est équidistant des points du périmètre du cercle (15 m). Dans le secteur nord il y a une interruption de la ligne de blocs qui défini une ouverture de 6 m D'autre part, joint au périmètre occidental se trouve un tumulus, édifié quelques 2 m vers l'extérieur, de format hémisphérique circulaire d'environ 6 m de diamètre. De plus, dans la partie est a été rajouté, en juxtaposition, un autre tumulus plus petit..

Date d'enregistrement: 12.02.2010.

Bibliographie: Sáenz de Buruaga, A. *et alii* 2011, p.16 , phot. 6.

202

AJUERAT W-1 TUMULU MULTZOA

Eskualdea: Mijek.

Sektorea/Eremua: Mijek N – Ajuerat-eko mendiak.

Kokalekua: Sebja ertza.

Tipologia: Tumulua.

Kronologia: Paleolito ondokoa: tradizio neolitikokoa.

Deskribapena: Tumulu hau Ajuerat-eko sebjaren ertzeko alde bat igarotzen duen harrizko plataforma baten gainean dago, Ajuerat-eko mendien erdiko eta hegoaldeko sektoretik *ca.* 1 km mendebaldera. Monumentua hemisferikoa da, oinplano zirkularra du eta 8 metroko diametroa eta 1,70 metroko altuera ditu. Egituran oraindik ikus daiteke sartzeko 4 bao zituela, puntu kardinalen arabera kokatuta. Hain justu, ekialdean dagoenaren ondoan 1,50 metroko diametroa eta 0,25 metroko altuera duen plataforma zirkular bat eraiki da.

Erregistratze-data: 2007.03.12

MONUMENTO TUMULAR AJUERAT W-1

Región: Mijek.

Sector/Área: Mijek N – Montañas de Ajuerat.

Emplazamiento: Reborde de sebja.

Tipología: Túmulo.

Cronología: Postpaleolítico: de tradición neolítica.

Descripción: Túmulo emplazado sobre una plataforma pedregosa que recorre parte del reborde de la sebja de Ajuerat, a *ca.* 1 km al W de sector central y meridional de las montañas de Ajuerat. El monumento es de tipo hemisférico, de planta circular, y sus dimensiones rondan los 8 m de diámetro y 1,70 m de alto. En su estructura se aperciben aún 4 vanos de acceso dispuestos con relación a los puntos cardinales. Precisamente, junto al situado al E se ha construido una plataforma circular de 1,50 m de diámetro y 0,25 m de alto.

Fecha de registro: 12.03.2007.

معْلمٌ جنائزي اثري من نوع تيميليس باجويرات، الى الغرب W-1

الناحية: ميجك.

القطاع/المنطقة: ميجك، الى الشمال ـ جبال اجويرات.

المكان المحدد: حافة سبخـــــة.

تيبولوجية/ صنف الموضوع المحدد: مبنى جنائزي من نوع تيميليس.

كرونولوجية/النطاق الزمني للعنصر: ما بعد العصر الحجري القديم: من تقاليد العصر الحجري الحديث.

الوصـــف: مبنى جنائزي من نوع تيميليس يوجد فوق منصة حجرية، تمتد على حافة سبخة اجويرات، حوالى 1 كلمتر الى الغرب من القطاع الداخلي والجنوبي من جبال اجويرات. هذا المعلم هو من النوع النصف كروي، وقاعدته دائرية، تصل مساحته القطرية 8 امتار، و 1،70 متر في العلو. وله اربعة فتحات للدخول، وحادة في كل اتجاه من الاتجاهات، وقد بنيت قبالة الفتحة الشرقية، منصة دائرية مساحة قطرها 1،50 ويبلغ ارتفاعها 0،25 متر.

تاريخ التسجيل: 12 ـ 03 ـ 2007.

MONUMENT TUMULAIRE AJUERAT W-1

Région: Mijek.

Secteur/Aire: Mijek N – Montagnes d'Ajuerat.

Emplacement: Rebord de sebkha.

Typologie: Tumulus.

Chronologie: Postpaléolithique: de tradition néolithique.

Description: Tumulus localisé sur une plateforme pierreuse qui parcourt le rebord de la sebkha d'Ajuerat, à *ca.* 1 km à l'ouest du secteur central et méridional des montagnes d'Ajuerat. Le monument est de type hémisphérique, de plan circulaire, et ses dimensions approchent 8 m de diamètre et 1,70 m de hauteur. Dans sa structure on aperçoit encore les 4 ouvertures d'accès disposées suivant les quatre points cardinaux. Précisément, à côté de celui que se situe à l'est a été construite une plateforme circulaire de 1,50 m de diamètre et 0,25 m de hauteur.

Date d'enregistrement: 12.03.2007.

203

ARUAKIM SEBJA LARRUIA W-1/1 TUMULU MONUMENTUA

Eskualdea: Agüenit.

Sektorea/Eremua: Agüenit-eko lautada – Larruiat-eko mendiak (Larruia-ko sebja).

Kokalekua: Harkaitz harritsuak.

Tipologia: Tumulua.

Kronologia: Paleolito ondokoa: tradizio neolitikokoa.

Deskribapena: Tumulu gorakor handia da eta Larruia-ko sebjaren mendebaldera dagoen eremu batean kokatuta dago, Mendebaldeko Sahararen eta Mauritaniaren arteko mugan dagoen lurralde-zerrendatik gertu; eremu horretan, bloke granitikoak eta zenbait "gleibat" pilatzen dira. Monumentuaren trazadura lerromakurrak 450 m inguru ditu eta bi antenen muturren artean 250 metroko distantzia dago. Gorputz nagusiak 3 m zabal eta 0,60 metroko altuera ditu. E.SEra begira dago eta hegoaldeko antena (*ca.* 280 m) iparraldekoa (*ca.* 175 m) baino garatuagoa dago; bi apendizeak 2 metroko diametroa duten plataforma zirkularretan amaitzen dira.

Erregistratze-data: 2010.02.26

MONUMENTO TUMULAR ARUAKIM SEBJA LARRUIA W-1/1

Región: Agüenit.

Sector/Área: Planicie de Agüenit – Montañas de Larruiat (Sebja de Larruia).

Emplazamiento: Peñones rocosos.

Tipología: Túmulo.

Cronología: Postpaleolítico: de tradición neolítica.

Descripción: Gran túmulo en creciente situado en un área de concentración de bloques graníticos y algunos "gleibat" ubicada al W de la sebja de Larruia, próxima a la franja territorial limítrofe entre el Sahara Occidental y Mauritania. El trazado curvilíneo del monumento ronda los 450 m y la distancia que separa los extremos de las antenas los 250 m. El cuerpo central posee unos 3 m de ancho y 0,60 m de alto. Está orientado al E.SE y posee más desarrollada la antena S (*ca.* 280 m) que la antena N (*ca.* 175 m); terminando ambos apéndices en sendas plataformas circulares de 2 m de diámetro.

Fecha de registro: 26.02.2010.

بناء من نوع تيميليس بآرواكيم سبخة لروية، الى الغرب W-1/1

الناحية: اغوينيت.

القطاع/المنطقة: سهل اغوينيت ـ جبل لروية (سبخة لرويات).

المكان المحدد: مرتفعات صخرية.

تيبولوجية/صنف الموضوع المحدد: مبنى تيميليس جنائزي.

كرونولوجية/النطاق الزمني: ما بعد العصر الحجري القديم: من تقاليد العصر الحجري الحديث.

الوصـــــف: مبنى جنائزي كبير على شكل هلال، يوجد بمنطقة مكتظة بالصخور الجرانيتية، تقع فيها بعض "لـڭليبات"، الى الغرب من سبخة لرويات قريبا، من قطاع الارض الحدودية بين الصحراء الغربية وموريتانيا. يصل الخط المنحني لهذا المعلم 450 مترا، بينما المسافة الفاصلة بين اطرافه تصل 250 مترا، ولجسمه المركزي عرض من 3 امتار، في حين يبلغ ارتفاعه 0،60 مترا، وهو موجه ناحية الشرق والجنوب الشرقي، وقرنه الجنوبي اطول مساحة (اذ يصل حوالى 280مترا) من قرنه الشمالي البالغ 175 مترا، وهذان القرنان التابعان، ينتهي كل واحد منهما بمنصة دائرية قطرها متران اثنان.

تاريخ التسجيل: 26 - 02 - 2010.

MONUMENT TUMULAIRE ARUAKIM SEBKHA LARRUIA W-1/1

Région: Agüenit.

Secteur/Aire: Plaine d'Agüenit – Montagnes de Larruiat (Sebkha de Laruia).

Emplacement: Rochers.

Typologie: Tumulus.

Chronologie: Postpaléolithique: de tradition néolithique.

Description: Grand tumulus en croissant situé dans une aire de concentration de blocs granitiques et quelques «gleibat» localisée à l'ouest de la sebkha de Larruia, à proximité de la frange territoriale limitrophe entre le Sahara Occidental et la Mauritanie. Le tracé curviligne du monument approche 450 m et la distance qui sépare les deux extrêmes des antennes approche 250 m Le corps central possède environ 3 m de large et 0,60 m de hauteur. Il est orienté vers l'est/sud-est et montre l'antenne sud (*ca.* 280 m) plus développée que l'antenne nord (*ca.* 175 m); les deux appendices sont achevés chacun par des plateformes circulaires de 2 m de diamètre.

Date d'enregistrement: 26.02.2010.

204

BIR AZAIG BDRAG-1/1 dikea TUMULU MONUMENTUA

Eskualdea: Agüenit.

Sektorea/Eremua: Agüenit N – Azaig Bdrag-eko mendiak.

Kokalekua: Dike harritsua.

Tipologia: Tumulua.

Kronologia: Paleolito ondokoa: tradizio neolitikokoa.

Deskribapena: Monumentu berezia da eta Bir Azaig Bdrag-1.dikea tumulu-multzoan sartzen da. Azaig Bdrag-eko putzutik *ca.* 1,5 km hegoaldera dago, dike granitiko baten gainean; dike horrek, hortik hasita, iparraldetik hegoalderako orientazioa hartzen du. Tumulu-plataforma zirkular bat da eta perimetroan blokez osatutako 6 metroko diametroa duen indargarria du; horren barruan, erdialdea, estela exentu handi bat (330x80x13 cm) dago lurrean sartua.

Erregistratze-data: 2009.02.27

Bibliografia: Brooks, N. *et alii* 2006, 79. or., 7. irudia; Saenz de Buruaga, A. 2009, 24. or.; id. 2010a, 123. or., 126. irudia; Saenz de Buruaga, A. *et alii* 2009, 19. or., 7. argazkia.

MONUMENTO TUMULAR BIR AZAIG BDRAG-dique 1/1

Región: Agüenit.

Sector/Área: Agüenit N – Montaña de Azaig Bdrag.

Emplazamiento: Dique rocoso.

Tipología: Túmulo.

Cronología: Postpaleolítico: de tradición neolítica.

Descripción: Constituye un singular monumento que forma parte del denominado como conjunto tumular de Bir Azaig Bdrag-dique 1. Está situado *ca.* 1,5 km al S del pozo de Azaig Bdrag y dispuesto sobre el dique granítico que, desde allí, toma una orientación de N a S. Se trata de una plataforma tumular circular con refuerzo perimétrico de bloques, de unos 6 m de diámetro, en cuyo interior hay hincada, en la parte central, una gran estela, exenta, de unos 330x80x13 cm.

Fecha de registro: 27.02.2009.

Bibliografía: Brooks, N. *et alii* 2006, p. 79, fig. 7; Sáenz de Buruaga, A. 2009, p. 24; id. 2010a, p. 123, fig. 126; Sáenz de Buruaga, A. *et alii* 2009, p. 19, fot. 7.

معلم جنائزي من نوع تيميليس ببئر ازايـڴ بدرڴ ـ ســـد 1/1

الناحية: اغوينيت.

القطاع/المنطقة: اغوينيت، الى الشمال ـ جبل ازايـڴ بدرڴ.

المكان المحدد: سد صخري.

تيبولوجية/صنف الموضوع المحدد: مبنى جنائري من نوع تيميليس.

كرونولوجية/النطاق الزمني للعنصر: ما بعد العصر الحجري القديم: من تقاليد العصر الحجري الحديث.

الوصـــــف: معلم وحيد يشكل جانبا من مجموعة تيميليس لبئر ازايـڴ بدرڴ ـ سد 1. على بعد حوالى 1،5 كلم جنوب البئر، فوق سد من الصخور الجرانيتية، والذي يأخذ في الاتجاه من هنالِك، شمالا جنوبا. انه عبارة عن منصة تيميليس دائرية الشكل، مدعمة باطار من الكتل الصخرية، يصل قطره 6 امتار، وقد أدخِل في القسم المركزي من مجاله الداخلي نصبٌ كبير منعزل، قياسه من 330×80×13 سنتمترا.

تاريخ التسجيل: 27 - 02 - 2009.

المراجــــع: Brooks, N. et alii 2006, p. 79, fig. 7; Sáenz de Buruaga, A. 2009, p. 24; id. 2010 a, p. 123, fig. 126; Sáenz de Buruaga, A. et alii 2009, p. 19, fot. 7.

MONUMENT TUMULAIRE BIR AZAIG BDRAG-filon 1/1

Région: Agüenit.

Secteur/Aire: Agüenit N – Montagne d'Azaig Bdrag.

Emplacement: Filon rocheux.

Typologie: Tumulus.

Chronologie: Postpaléolithique: de tradition néolithique.

Description: Il constitue un singulier monument qui fait partie du dénommé ensemble tumulaire de Bir Azaig Bdrag-***filon*** 1. Il est situé *ca.* 1,5 km au sud du puits d'Azaig Bdrag et disposé sur le filon granitique qui, depuis là, prend une orientation nord-sud. Il s'agit d'une plateforme tumulaire circulaire au renfort périmétrique de blocs, d'environ 6 m de diamètre, à l'intérieur duquel on trouve dressée, dans la partie centrale, une grande stèle, exempte, d'environ 330x80x13 cm.

Date d'enregistrement: 27.02.2009.

Bibliographie: Brooks, N. *et alii* 2006, p. 79, fig. 7; Sáenz de Buruaga, A. 2009, p. 24; id. 2010a, p. 123, fig. 126; Sáenz de Buruaga, A. *et alii* 2009, p. 19, phot. 7.

205

EMDEINAT ETGARDI TUMULU MONUMENTUA

Eskualdea: Mijek.

Sektorea/Eremua: Adam Ahmed Molud-eko lautada – Melhat-eko sebja.

Kokalekua: Dike harritsua.

Tipologia: Tumulua.

Kronologia: Paleolito ondokoa: tradizio neolitikokoa.

Deskribapena: Tumulu hau dike magmatiko degradatu baten gainean dago, Melhat-eko sebjatik hainbat km hegoaldera eta Adam Ahmed Molud-eko lautadaren ondo-ondoan. Alearen morfologia hemisferiko lautua da eta neurriak: 6x5x0,40 m. Bloke eta klasto granitikoz osatuta dago. Urrunxeago, lursailaren goragune txikietan beste tumulu-monumentu batzuk ikus daitezke.

Erregistratze-data: 2007.03.10

MONUMENTO TUMULAR EMDEINAT ETGARDI

Región: Mijek.

Sector/Área: Planicie de Adam Ahmed Molud – Sebja de Melhat

Emplazamiento: Dique rocoso.

Tipología: Túmulo.

Cronología: Postpaleolítico: de tradición neolítica.

Descripción: Túmulo emplazado sobre un dique magmático degradado situado algunos km al S de la sebja de Melhat e inmediato ya con la planicie de Adam Ahmed Molud. El ejemplar es de morfología hemisférica aplanada y sus dimensiones alcanzan los 6x5x0,40 m. Está conformado por bloques y clastos graníticos. Otros monumentos tumulares se advierten, a cierta distancia, sobre otras ligeras elevaciones del terreno.

Fecha de registro: 10.03.2007.

معْلم جنائزي من نوع تيميليس بامدينات اتـﭬردي

الناحية: ميجك.

القطاع/المنطقة: سهل عظم احمد مولود ـ سبخة لميلحة.

المكان المحدد: سد صخري.

تيبولوجية/صنف الموضوع المحدد: مبنى جنائزي من نوع تيميليس.

كرونولوجية/النطاق الزمني للعنصر: ما بعد العصر الحجري القديم: من تقاليد العصر الحجري الحديث.

الوصـــف: مبنى جنائزي من نوع تيميليس، يقع فوق سد من الصخور البركانية المتدهورة، بضعة كلمترات الى الجنوب من سبخة لميلحة، قريبا من سهل اعظم احمد مولود. هذا النموذج يوجد على شكل نصف كروي مستوي، تقارب مساحته 6×5×0،40 متر. وهو متكون من الكتل والقطع الصخرية الجرانيتية. وتلاحظ معالم جنائزية اخرى من نوع تيميليس، على مسافة معينة فوق مرتفعات خفيفة اخرى من الارض هناك.

تاريخ التسجيل: 10 - 03 - 2007.

MONUMENT TUMULAIRE EMDEINAT ETGARDI

Région: Mijek.

Secteur/Aire: Plaine d'Adam Ahmed Molud – Sebkha de Melhat

Emplacement: Filon rocheux.

Typologie: Tumulus.

Chronologie: Postpaléolithique: de tradition néolithique.

Description: Tumulus localisé sur un filon rocheux magmatique dégradé situé quelques km au sud de la sebkha de Melhat et immédiat déjà à la plaine d'Adam Ahmed Molud. L'exemplaire est de morphologie hémisphérique aplatie et ses dimensions atteignent 6x5x0,40 m Il est conformé par des blocs de granit et des clastes granitiques. D'autres monuments tumulaires sont avertis, à une certaine distance, sur d'autres légères élévations du terrain.

Date d'enregistrement: 10.03.2007.

206

GLEB AJUERAT S-2 TUMULU MULTZOA

Eskualdea: Mijek.

Sektorea/Eremua: Mijek N – Ajuerat-eko mendiak.

Kokalekua: Mendi-oinarria.

Tipologia: Tumulua.

Kronologia: Paleolito ondokoa: tradizio neolitikokoa.

Deskribapena: Ajuerat-eko mendi-lerrokaduran hegoaldeen dauden bi haitzen artean kokatuta dagoen tumulua: hain justu, bi erliebeen arteko igarobidean. Monumenturen tipologia hemisferiko sinplea da, oinplanoaren formatua zirkularra eta neurriak: 10 metroko diametroa eta 1,60 metroko altuera. Kolore belzkara duten bloke eta klasto magmatikoekin eraikia dago.

Erregistratze-data: 2007.03.12

MONUMENTO TUMULAR GLEB AJUERAT S-2

Región: Mijek.

Sector/Área: Mijek N – Montañas de Ajuerat.

Emplazamiento: Base de montaña.

Tipología: Túmulo.

Cronología: Postpaleolítico: de tradición neolítica.

Descripción: Túmulo emplazado entre las dos peñas más meridionales de la alineación montañosa de Ajuerat: justamente, en un corredor de paso entre ambos relieves. El monumento es de tipología hemisférica simple, con una planta de formato circular y sus dimensiones se aproximan a los 10 m de diámetro y 1,60 m de altura. Está construido a base de bloques y clastos magmáticos de negruzca coloración.

Fecha de registro: 12.03.2007.

معْلم جنائزي من نــوع تيميليس في ݣليب آجويـــرات، الى الجنـــوب S-2

الناحية: ميجك.

القطاع/المنطقة: ميجك، الى الشمال ـ جبال اجويرات.

المكان المحدد: قاعدة جبلية.

تيبولوجية/صنف الموضوع المحدد: مبنى جنائزي من نوع تيميليس.

كرونولوجية/النطاق الزمني للعنصر: ما بعد العصر الحجري القديم: من تقاليد العصر الحجري الحديث.

الوصـــف: مبنى جنائزي من ونوع تيميليس، يقع بين المرتفعين الجنوبيين من التشكلة الجبلية لآجويرات: وبالضبط في ممـر عبور يقع بينهما. هذا المعلم هو من الشكل النصف الكروي البسيط، وله قاعدة ذات شكل دائري، تقارب مساحة قطره حوالى 10 امتار و 1،60 متر ارتفاعا، وقد بني على قاعدة من الكتل والقطع الصخرية المنصهرة، ذات اللون الاسود.

تاريخ التسجيل: 12 - 03 - 2007.

MONUMENT TUMULAIRE GLEB AJUERAT S-2

Région: Mijek.

Secteur/Aire: Mijek N – Montagnes d'Ajuerat.

Emplacement: Base de montagne.

Typologie: Tumulus.

Chronologie: Postpaléolithique: de tradition néolithique.

Description: Tumulus localisé entre les deux rochers plus méridionales de l'alignement montagneux d'Ajuerat: justement, sur un corridor de passage entre les deux reliefs. Le monument est de typologie hémisphérique simple, de plan au format circulaire et dont les dimensions approchent 10 m de diamètre et 1,60 m de hauteur. Il est construit à base de blocs et clastes magmatiques de coloration noirâtre.

Date d'enregistrement: 12.03.2007.

207

KARRASHIET 1/2 TUMULU MONUMENTUA

Eskualdea: Duguech.

Sektorea/Eremua: Zug – Azefal-go Erg-a (Karrashiet-eko sebja).

Kokalekua: Plataforma harritsua.

Tipologia: Tumulu-multzoa.

Kronologia: Paleolito ondokoa: tradizio neolitikokoa.

Deskribapena: Karrashiet 1-eko eta 2-ko "smeilen" arteko plataforma granitiko batean, han dagoen "tagerfet"-etik gertu, itxuraz isolatuta dagoen tumulu-monumentu bat dago. "Bazina" hemisferiko forma duen mota da eta 8,5x7x0,60 metroko plataforma harritsu baten gainean dago. Hortik gertu, Karrashiet NE-ko "tagerfet"-eko industria-multzoa eta lehen aipatu ditugun Karrashiet 1 eta 2-ko "smeiletako" habitatak daude, Paleolito ondoko historiaurreko garaikoak horiek ere.

Erregistratze-data: 2005.04.05

MONUMENTO TUMULAR KARRASHIET 1/2

Región: Duguech.

Sector/Área: Zug - Erg de Azefal (Sebja de Karrashiet).

Emplazamiento: Plataforma rocosa.

Tipología: Conjunto tumular.

Cronología: Postpaleolítico: de tradición neolítica.

Descripción: En una plataforma granítica situada entre las "smeilas" de Karrashiet 1 y 2, cercana al "tagerfet" allá existente, se localiza un monumento tumular aparentemente aislado. Se trata de un tipo en forma de "bazina" hemisférica levantada sobre una plataforma pedregosa que alcanza los 8,5x7x0,60 m. Próximo a este ejemplar se encuentra el conjunto industrial del "tagerfet" de Karrashiet NE y los hábitats, asimismo de ambientación prehistórica postpaleolítica, de las inicialmente citadas "smeilas" de Karrashiet 1 y 2.

Fecha de registro: 05.04.2005.

معْلم جنائزي من نوع تيميليس، بالكراشيات 1/2

الناحية: الدوگج.

القطاع/المنطقة: زوڭ ـ عرق ازفّال (سبخة الكرّاشيات).

المكان المحدد: قاعدة صخرية.

تيبولوجية/صنف الموضوع المحدد: مجموعة اثرية جنائزية من نوع تيميليس.

كرونولوجية/النطاق الزمني للعنصر: ما بعد العصر الحجري القديم: من تقاليد العصر الحجري الحديث.

الوصـــــف: على منصة من صخور الجرانيت بين "ازميلات" الكراشيات الاولى والثانية، وقريبا من "تاغرفة" موجودة هناك، يبدو معلمٌ جنائزي من نوع تيميليس منعزلا، ويتعلق الامر بصنف على شكل "بازينا" نصف كروية، مرفوعة فوق قاعدة حجرية، تصل مساحتها 8،5×7×0،60 متر، والى القرب من هذا النموذج، توجد مجموعة صناعية ب"تاغرفه" الكراشيات، الى الشمال الشرقي، وكذا موائل من بيئات تعود الى ما بعد العصر الحجري القديم، من زمن ما قبل التاريخ، تتعلق ب"ازميلات" الكراشيات الاولى والثانية التي تم ذكرها.

تاريخ التسجيل: 05 - 04 - 2005.

MONUMENT TUMULAIRE KARRASHIET 1/2

Région: Duguech.

Secteur/Aire: Zug - Erg d'Azefal (Sebkha de Karrashiet).

Emplacement: Plateforme rocheuse.

Typologie: Ensemble tumulaire.

Chronologie: Postpaléolithique: de tradition néolithique.

Description: Sur une plateforme granitique située entre les "smeilas" de Karrashiet 1 et 2, à proximité du "tagerfet" qui se trouve là, se localise un monument tumulaire apparemment isolé. Il s'agit d'un type sous forme de "bazina" hémisphérique levé sur une plateforme pierreuse qui atteint 8,5x7x0,60 m À proximité de ce monument se trouve l'ensemble industriel du "tagerfet" de Karrashiet NE et les habitats, également d'ambiance préhistorique postpaléolithique, des initialement citées "smeilas" de Karrashiet 1 et 2.

Date d'enregistrement: 05.04.2005.

208

AJABEL SW-1 LAUTADAKO TUMULU MONUMENTUA

Eskualdea: Duguech.

Sektorea/Eremua: Duguech-eko lautada – Ijublán-eko mendiak.

Kokalekua: Lautada.

Tipologia: Tumulua.

Kronologia: Paleolito ondokoa: tradizio neolitikokoa.

Deskribapena: Monumentu gorakor handia hau Ajabel Be Esfaf-eko menditik 2 km hego-mendebaldera dago, ekialdera begira. 400 m inguruko perimetroa du eta antenen artean 225 metroko distantzia. Gorputz nagusian tumulu erdi-zirkular bat dago, monumentuaren morfologia lerromakurrari atxikita eta horren parean beste tumulu txiki bat dago, plataforma lautu moduan (2 metroko diametroa). Monumentu arkitektonikoa osatzen duen barne-espazioan estela-formako aurrealdea duen tumulu bat dago (*ca.* 4x3x0,40 m). Horretaz gain, esparruaren kanpaldean tumulu hemisferiko ohikoagoak ere badira. Monumentu berezi hau Tingefuf-eko menditik 8 km ekialdera dago.

Erregistratze-data: 2008.10.11

MONUMENTO TUMULAR PLANICIE AJABEL SW-1

Región: Duguech.

Sector/Área: Planicie de Duguech – Montañas de Ijublán.

Emplazamiento: Planicie.

Tipología: Túmulo.

Cronología: Postpaleolítico: de tradición neolítica

Descripción: Gran monumento en creciente orientado al E y situado unos 2 km al SW de la montaña de Ajabel Be Esfaf. Su perímetro ronda los 400 m y la distancia entre las antenas los 225 m. El cuerpo central conlleva un túmulo semicircular anexo a la morfología curvada del monumento frente al que se ha dispuesto otro ligero túmulo contiguo, a modo de plataforma aplanada, de 2 m de diámetro. En el espacio interior que define el monumento arquitectónico se encuentra emplazado un túmulo con frente esteliforme, de *ca.* 4x3x0,40 m. Además, en el área exterior del recinto hay asimismo algunos otros túmulos hemisféricos más convencionales. Este particular monumento dista unos 8 km (al E) de la montaña de Tingefuf.

Fecha de registro: 11.10.2008.

معلم جنائزي من نوع تيميليس بسهل اجبيل، الى الجنوب الغربيSW-1

الناحية: الدوڭج.

القطاع/المنطقة: سهل الدوڭج ـ جبال إيجبلان.

المكان المحدد: سهل.

تيبولوجية/صنف الموضوع المحدد: معلم من نوع تيميليس.

كرونولوجية/النطاق الزمني للعنصر: ما بعد العصر الحجري القديم: من تقاليد العصر الحجري الحديث.

الوصـــف: معلم كبير يأخذ شكل هلال، متجه ناحية الشرق، يوجد على بعد كلمترين الى الجنوب الغربي من اجبيل بصفف، يصل قطره 400 متر، وله قرنان تفصل بينهما مسافة 225 مترا، يحتوي قسمه المركزي، على تيميليس نصف دائري مرفق بالجسم المنحرف لهذا المعلم الاثري، الذي وضع امامه تيميليس اخر مجاور، من نوع خفيف، على هيئة منصة مستوية، يصل قطره مترين. كما يوجد ايضا تيميليس ذومقدمة عمودية "esteliforme" من حوالى 4×3×0،40 متر، في المساحة الداخلية التي تحدد هذا الاثري المعماري. وهناك كذلك، في المنطقة الخارجية من الضميمة، اشكال اخرى من تيميليس نصف كروية، اكثر تقليدية. هذا المعلم الخاص يبعد حوالى 8 كلمترات الى جهة الشرق، من جبل تنـڨفوف.

تاريخ التسجيل: 11 - 10 - 2008.

MONUMENT TUMULAIRE PLAINE AJABEL SW-1

Région: Duguech.

Secteur/Aire: Plaine de Duguech – Montagnes d'Ijublán.

Emplacement: Plaine.

Typologie: Tumulus.

Chronologie: Postpaléolithique: de tradition néolithique

Description: Gran monument en croissant orienté vers l'est et situé à environ 2 km au sud-ouest de la montagne d'Ajabel Be Esfaf. Son périmètre approche 400 m et la distance entre les antennes 225 m Le corps central comporte un tumulus sémicirculaire annexe à la morphologie curvée du monument en face duquel a été disposé un autre léger tumulus contigu, en guise de plateforme applatie, de 2 m de diamètre. Dans l'espace intérieur qui définit le monument architectonique se trouve localisé un tumulus au front étoilé, *ca.* 4x3x0,40 m De plus, dans l'aire extérieure de l'enceinte il y a également quelques autres tumulus hémisphériques plus conventionnels. Ce particulier monument se trouve à environ 8 km (à l'est) de la montagne de Tingefuf.

Date d'enregistrement: 11.10.2008.

209

AMJEWAL TUIZERFATN S-2 LAUTADAKO TUMULU MONUMENTUA

Eskualdea: Agüenit.

Sektorea/Eremua: Agüenit N – Tuizerfatn-eko mendiak.

Kokalekua: Lautada.

Tipologia: Tumulua.

Kronologia: Paleolito ondokoa: tradizio neolitikokoa.

Deskribapena: Itxuraz isolatuta dagoen tumulu hau Amjewal Tuizerfatn-eko mendiaren hegoaldera dagoen lautadaren puntu batean kokatzen da. Lehendik erregistratutako Amjewal Tuizerfatn S-1-eko tumulu-multzotik 4 km hegoaldera dago. Monumentuaren formatua hemisferiko lautua da, plataforma itxura du eta oinplanoaren diseinua zirkularra da. 5 metroko diametroa dauka eta 0,50 metroko altuera.

Erregistratze-data: 2007.03.14

MONUMENTO TUMULAR PLANICIE AMJEWAL TUIZERFATN S-2

Región: Agüenit.

Sector/Área: Agüenit N – Montañas de Tuizerfatn.

Emplazamiento: Planicie.

Tipología: Túmulo.

Cronología: Postpaleolítico: de tradición neolítica.

Descripción: Túmulo aparentemente aislado y emplazado sobre un punto de la planicie que se extiende al S de la montaña de Amjewal Tuizerfatn. Se encuentra unos 4 km al S del conjunto tumular ya registrado de Amjewal Tuizerfatn S-1. El monumento es de formato hemisférico aplanado, tendente a plataforma, y planta de diseño circular. Sus dimensiones alcanzan los 5 m de diámetro y los 0,50 m de altura.

Fecha de registro: 14.03.2007.

معْلمٌ اثري جنائزي من نوع تيميليس، بسهل امخيول تويزرفاتن، الى الجنوب S-2

الناحية: اغوينيت.

القطاع/المنطقة: اغوينيت، الى الشمال ـ جبال تويزرفاتن.

المكان المحدد: سهل.

تيبولوجية/صنف الموضوع المحدد: معْلم اثري من نوع تيميليس.

كرونولوجية/النطاق الزمني للعنصر: ما بعد العصر الحجري القديم: من تقاليد العصر الحجري الحديث.

الوصــــف: مبنى جنائزي من نوع تيميليس يبدو منعزلا، ويقع في نقطة من السهل الممتد الى الجنوب من جبل امخيول تويزرفاتن، على بعد 4 كلمترات الى الجنوب من المجموعة الجنائزية من نوع تيميليس، التي تم تسجيلها بآمخيوّل تويزرفاتن S-1. ولهذا المعْلم شكل نصف كروي مستوي، يميل الى هيئة منصة ذات تصميم دائري، ومساحة قطره تصل 5 امتار، وعلوه 0،50 متر.

تاريخ التسجيل: 14 - 03 - 2007.

MONUMENT TUMULAIRE PLAINE AMJEWAL TUIZERFATN S-2

Région: Agüenit.

Secteur/Aire: Agüenit N – Montagnes de Tuizerfatn.

Emplacement: Plaine.

Typologie: Tumulus.

Chronologie: Postpaléolithique: de tradition néolithique.

Description: Tumulus apparemment isolé et localisé sur un point de la plaine qui s'étend au sud de la montagne d'Amjewal Tuizerfatn. Il se trouve à environ 4 km au sud de l'ensemble tumulaire déjà registré d'Amjewal Tuizerfatn S-1. Le monument présente un format hémisphérique aplati à tendance de plateforme et plan au dessin circulaire. Ses dimensions atteignent 5 m de diamètre et 0,50 m de hauteur.

Date d'enregistrement: 14.03.2007.

210

EIJ N-1 LAUTADAKO TUMULU MONUMENTUA

Eskualdea: Duguech.

Sektorea/Eremua: Duguech W – Lejuad-eko inselberg-ak (Eij-eko mendiak).

Kokalekua: Lautada.

Tipologia: Tumulua.

Kronologia: Paleolito ondokoa: tradizio neolitikokoa.

Deskribapena: Monumentu gorakor handi hau Eij-eko mendien ipar-mendebaldeko sektoretik 1 km iparraldera kokatuta dago, Lejuad aldera. Perimetroaren ibilbidea 835 m ingurukoa da eta antenen arteko zabalguneak 140 m ditu; gorputz nagusitik antenak lotzen dituen zuzenera 290 metroko distantzia dago. Gorpuz nagusia da egiturako zatirik zabalena eta 4 m zabal izango ditu, 1,50 metroko altuerarekin. Antenen muturretan plataforma harritsu zirkular bana dago. Gainera, 2 metroko diametroa duen beste tumulu bat dago iparraldeko antenaren ondo-ondoan. Bestalde, monumentuaren ondo-ondotik dioritazko dike bat igarotzen dela ere aipatu behar dugu eta dikearen gainean hainbat tumulu daude; halaber, dike hori egitura arkitektoniko hau egiteko hornidura-iturritzat erabili izango zuten.

Erregistratze-data: 2009.03.03

Bibliografia: Saenz de Buruaga, A. *et alii* 2009, 20. or., 8. argazkia; Saenz de Buruaga, A. 2010a, 123. or., 125. irudia.

MONUMENTO TUMULAR PLANICIE EIJ N-1

Región: Duguech.

Sector/Área: Duguech W – Inselberges de Lejuad (Montañas de Eij).

Emplazamiento: Planicie.

Tipología: Túmulo.

Cronología: Postpaleolítico: de tradición neolítica.

Descripción: Gran monumento en creciente situado en torno a 1 km al N del sector noroccidental de las montañas de Eij, en dirección hacia Lejuad. Su recorrido perimétrico se aproxima a los 835 m, alcanzando la apertura entre las antenas los 140 m y rondando 290 m la distancia desde el cuerpo central a la recta de unión de las antenas. El cuerpo central constituye la parte más ancha de la estructura y mide unos 4 m de anchura y unos 1,50 m de altura. Sus antenas aparecen rematadas en los extremos por sendas plataformas pedregosas circulares. Hay además un túmulo de 2 m de diámetro inmediatamente puesto junto a la antena septentrional. Por otra parte, debe de señalarse que inmediato al mismo monumento discurre un dique de diorita sobre el que se advierten varios túmulos, y que ha debido de servir asimismo como fuente de aprovisionamiento para la confección de esta monumental estructura arquitectónica.

Fecha de registro: 03.03.2009.

Bibliografía: Sáenz de Buruaga, A. *et alii* 2009, p. 20, fot. 8; Sáenz de Buruaga, A. 2010a, p. 123, fig. 125.

معلم جنائزي من نوع تيميليس بسهل أيج، الى الشمال N-1

الناحية: الدوگج.

القطاع/المنطقة: الدوگج، الى الغرب ـ مرتفعات لجواد (جبال ايج).

المكان المحدد: سهل.

تيبولوجية/صنف الموضوع المحدد: مبنى جنائزي من نوع تيميليس.

كرونولوجية/ النطاق الزمني للعنصر: ما بعد العصر الحجري القديم: من تقاليد العصر الحجري الحديث.

الوصـــــف: معلم ضخم، مبني على شكل هلال، يقع نحو كلمتر واحد، شمال القطاع الشمالي الغربي من جبال ايج، باتجاه لجواد، تقارب مساحة قطره 835 مترا، وتصل المسافة بين قرنيه 140 مترا، و290 مترا بين جسمه المركزي وخط الاتحاد المستقيم لتوابعه. يشكل قسمه المركزي البناءَ الأوسع، اذ يصل عرضه اربعة امتار، وارتفاعه 1،50 مترا. ويبدو ان قرونه تنتهي اطرافها بمنصات حجرية دائرية. ويوجد بالاضافة لذلك، تيميليس مساحة قطره متران، بالقرب من القرن الشمالي. ويجب الاشارة، من جهة اخرى، الى انه يمتد قريبا من هذا المعلم، سدٌ من صخور الجرينستون، تقع فوقه عدة ابنية من نوع تيميليس، يمكن ان يكون مصدر بناء ذلك الهيكل التذكاري المعماري.

تاريخ التسجيل: 03 - 03 - 2009.

المراجع: Sáenz de Buruaga, A. et alii 2009, p. 20, fot. 8; Sáenz de Buruaga, A. 2010 a, p. 123, fig. 125.

MONUMENT TUMULAIRE PLAINE EIJ N-1

Région: Duguech.

Secteur/Aire: Duguech W – Inselbergs de Lejuad (Montagnes d'Eij).

Emplacement: Plaine.

Typologie: Tumulus.

Chronologie: Postpaléolithique: de tradition néolithique.

Description: Grand monument en croissant situé à environ 1 km au nord du secteur nord-occidental des montagnes d'Eij, en direction de Lejuad. Son parcours périmétrique approche 835 m, l'ouverture entre les antennes étant près des 140 m et la distance entre le corps central et la ligne reliant les antennes étant d'environ 290 m Le corps central constitue la partie la plus large de la structure et mesure environ 4 m de large et 1,50 m de hauteur. Ses antennes sont achevées à chacune des extrémités par des plateformes pierreuses circulaires. Il y a de plus un tumulus de 2 m de diamètre immédiatement placé à côté de l'antenne septentrionale. D'autre part, il faut signaler qu'immédiat à ce monument s'écoule un filon de diorite sur lequel on avertit plusieurs tumulus, et qui a servi également comme source d'approvisionnement pour la confection de cette monumentale structure architectonique.

Date d'enregistrement: 03.03.2009.

Bibliographie: Sáenz de Buruaga, A. *et alii* 2009, p. 20, phot. 8; Sáenz de Buruaga, A. 2010a, p. 123, fig. 125.

211

GNEFISAT BAYDA S-1 LAUTADAKO TUMULU MONUMENTUA

Eskualdea: Duguech.

Sektorea/Eremua: Zug E – Zug-Oum Âbana-ko mendiak (Gnefisat-eko erliebeak).

Kokalekua: Tontor harritsua.

Tipologia: Tumulua.

Kronologia: Paleolito ondokoa: tradizio neolitikokoa.

Deskribapena: Morfologia hemisferiko lautua duen tumulu txiki bat da eta harkaitz-azaleratze batean gainean dago, Gnefisat-eko mendien hegoaldeko sektorean dagoen hondar-harrizko lautadan. Monumentua itxuraz isolatuta dago eta 5 metroko diametroa eta 0,75 metroko altuerara iristen da.

Erregistratze-data: 2006.03.14

MONUMENTO TUMULAR PLANICIE GNEFISAT BAYDA S-1

Región: Duguech.

Sector/Área: Zug E – Montañas de Zug-Oum Âbana (Relieves de Gnefisat).

Emplazamiento: Pitón rocoso.

Tipología: Túmulo.

Cronología: Postpaleolítico: de tradición neolítica.

Descripción: Pequeño túmulo de morfología hemisférica aplanada, levantado sobre un afloramiento rocoso emplazado en la planicie arenoso-pedregosa del sector meridional de las montañas de Gnefisat. El monumento se encuentra aparentemente aislado y sus dimensiones se aproximan a los 5 m de diámetro y los 0,75 m de altura.

Fecha de registro: 14.03.2006.

معْلم اثري جنائزي من نوع تيميليس، بـ"اخنيفسة البيظه"، الى الجنوب S-1

الناحية: الدوگج.

القطاع/المنطقة: زوگ الى الشرق ـ جبال زوگ ـ ام اعبانة (تضاريس اخنيفسات).

المكان المحدد: مرتفع صخري.

تيبولوجية/صنف الموضوع المحدد: معْلم جنائزي من نوع تيميليس.

كرونولوجية/النطاق الزمني للعنصر: ما بعد العصر الحجري القديم: من تقاليد العصر الحجري الحديث.

الوصـــف: مبنى جنائزي صغير من نوع تيميليس، ذو شكل نصف كروي مستوي، منتصب فوق بروزات صخرية، بسهل ذي رمال وحجارة، في القطاع الجنوبي من جبال اخنيفسات. ويوجد هذا المعلم منفردا، تقارب مساحته حوالى 5 امتار من حيث القطر وارتفاعه 0،75 متر.

تاريخ التسجيل: 14 - 03 - 2006.

MONUMENT TUMULAIRE PLAINE GNEFISAT BAYDA S-1

Région: Duguech.

Secteur/Aire: Zug E – Montagnes de Zug-Oum Âbana (Reliefs de Gnefisat).

Emplacement: Piton rocheux.

Typologie: Tumulus.

Chronologie: Postpaléolithique: de tradition néolithique.

Description: Petit tumulus de morphologie hémisphérique aplatie levé sur un affleurement rocheux localisé dans la plaine sablo-pierreuse du secteur méridional des montagnes de Gnefisat. Le monument se trouve apparemment isolé et ses dimensions approchent 5 m de diamètre et 0,75 m de hauteur.

Date d'enregistrement: 14.03.2006.

212

GNEFISAT BAYDA S-3 LAUTADAKO TUMULU MONUMENTUA

Eskualdea: Duguech.

Sektorea/Eremua: Zug E – Zug-Oum Âbana-ko mendiak (Gnefisat-eko erliebeak).

Kokalekua: Lautada.

Tipologia: Tumulua.

Kronologia: Paleolito ondokoa: tradizio neolitikokoa.

Deskribapena: Morfologia gorakorra duen tumulu hau Gnefisat-eko mendien hegoaldeko zatian dagoen hondar-harrizko lautadaren puntu batean kokatuta dago. Ongi garatutako bi apendize ditu eta, horiei esker, luzetara, 50 metroko ibilbidea egiten du monumentuak. Bestalde, monumentuaren aurre-aurrean hilobi islamiko txiki bat eraiki da.

Erregistratze-data: 2006.03.14

MONUMENTO TUMULAR PLANICIE GNEFISAT BAYDA S-3

Región: Duguech.

Sector/Área: Zug E – Montañas de Zug-Oum Âbana (Relieves de Gnefisat).

Emplazamiento: Planicie.

Tipología: Túmulo.

Cronología: Postpaleolítico: de tradición neolítica.

Descripción: Túmulo de morfología en creciente dispuesto en un punto de la planicie arenoso-pedregosa del tramo meridional de las montañas de Gnefisat. Posee dos apéndices bien desarrollados que hacen que el monumento se aproxime, longitudinalmente, a los 50 m de recorrido. Por otra parte, inmediatamente delante del mismo se ha construido una pequeña tumba islámica.

Fecha de registro: 14.03.2006.

معْلم اثري جنائزي من نوع تيميليس، بسهل اخنيفيسة البيظه، الى الجنوب S-3

الناحية: الدوڭج.

القطاع/المنطقة: زوڭ الى الشرق - جبال زوڭ - ام اعبانة (تضاريس اخنيفسات).

المكان المحدد: سهل.

تيبولوجية/صنف الموضوع المحدد: مبنى جنائزي من نوع تيميليس.

كرونولوجية/النطاق الزمني للعنصر: ما بعد العصر الحجري القديم: من تقاليد العصر الحجري الحديث.

الوصـــف: مبنى جنائزي من نوع تيميليس، على شكل هلال، يقع في نقطة من السهل الحجري الرملي بالجهة الجنوبية من جبال اخنيفسات، وله زائدتان جد متطورتان، تجعلان مساحته تصل حتى 50 مترا. ومن جهة اخرى، فقد تم امامه، بناء قبر اسلامي صغير.

تاريخ التسجيل: 14 - 03 - 2006.

MONUMENT TUMULAIRE PLAINE GNEFISAT BAYDA S-3

Région: Duguech.

Secteur/Aire: Zug E – Montagnes de Zug-Oum Âbana (Reliefs de Gnefisat).

Emplacement: Plaine.

Typologie: Tumulus.

Chronologie: Postpaléolithique: de tradition néolithique.

Description: Tumulus de morphologie en croissant disposé sur un point de la plaine sablo-pierreuse du tronçon méridional des montagnes de Gnefisat. Il a deux appendices bien développés qui lui permettent d'atteindre, longitudinalement, 50 m de parcours. D'autre part, immédiatement devant celui-ci, on a construit une petite tombe islamique.

Date d'enregistrement: 14.03.2006.

213

LEGTEITIRA W-1 LAUTADAKO TUMULU MONUMENTUA

Eskualdea: Agüenit.

Sektorea/Eremua: Agüenit-eko lautada – Legteitira-ko mendiak.

Kokalekua: Lautada.

Tipologia: Tumulua.

Kronologia: Historikoa: berberea.

Deskribapena: Tumulu-formako egitura handi honek oinplano azpi-zirkularra du, 23x21 metroko diametroa eta 1,60 metroko altuera; plataforma moduan, gainjarritako solairuen segidako 2 seriez osatuta dago, harrizko hormatxoz egindakoak. Bertara iristeko iparraldean eta ipar-mendebaldean korridore bana daude. Oinarrizko eraztunak 23 metroko diametroa du, eta goikoak 15 metrokoa. Goiko plataforma horren gainean tumulu bat dago baina gehiena eraitsita dago (5 metroko diametroa eta 0,60 metroko altuera). Ipar-mendebaldeko sektorean, eta egiturari atxikita, kanpoaldetik tumulu-formako monumentu bat dago; oinplano zirkularra du, 6x5 metroko diametroa eta 1,60 metroko altuera. Hainbat estela zutik daude oraindik (horietako batek 2,80 metroko altuera du). Bestalde, hego-ekialdeko sektorearen ondo-ondoan lerrokadura kurbatua duen harrizko egitura bat dago, plataforma harritsua atxikita duela.

Erregistratze-data: 2008.10.14

Material Arkeologikoa: *Industria litikoa*: silex-xafla. *Material zeramikoa*: zati lisoak eta apainduak. *Bestelakoak*: maskorrak (ziurrenik *Acanthocardia sp.*) muturrean zulo bat duela; ale esferoidea V formako zuloa duela; eraztun-itxurako elementua, agian kobrezkoa; erretako hezur-ezpalak, zehaztugabeak.

Bibliografia: Saenz de Buruaga, A. *et alii* 2009, 15. or., 5. arg.; Saenz de Buruaga, A. 2010a, 78, or., 76. irudia.

MONUMENTO TUMULAR PLANICIE LEGTEITIRA W-1

Región: Agüenit.

Sector/Área: Planicie de Agüenit – Montañas de Legteitira.

Emplazamiento: Planicie.

Tipología: Túmulo.

Cronología: Histórica: beréber.

Descripción: Gran estructura tumuliforme de planta subcircular, de unos 23x21 m de diámetro y 1,60 m de alto, formada por 2 series consecutivas de pisos superpuestos, a modo de plataformas, construidas por muretes de piedras. Se accede al mismo a través de dos pasillos situados al N y al NW. El anillo de base alcanza los 23 m de diámetro y el superior ronda los 15 m. Sobre esta plataforma superior se levanta un túmulo, desmantelado en buena parte, de unos 5 m de diámetro y 0,60 m de alto. En el sector NW y adyacente a la estructura se ha dispuesto, por el exterior, un monumento tumuliforme de planta circular, de 6x5 m de diámetro y de 1,60 m de alto, con varias estelas erguidas (y entre las que sobresale una pieza de 2,80 m de altura). Por su parte, inmediato al sector SE, se encuentra una estructura pétrea con alineamiento curvo y plataforma pedregosa adjunta.

Fecha de registro: 14.10.2008.

Material Arqueológico: *Industria lítica*: lámina de sílex. *Material cerámico*: fragmentos lisos y decorados. *Varios*: conchas (probablemente de *Acanthocardia sp.*) con perforación apical; cuenta esferoide con perforación en V; elemento anular quizás en cobre; esquirlas óseas quemadas indeterminadas.

Bibliografía: Sáenz de Buruaga, A. *et alii* 2009, p. 15, fot. 5; Sáenz de Buruaga, A. 2010a, p. 78, fig. 76.

معلم تيميليس بسهل لـﯕطيطيرة، الى الغرب W-1

الناحية: اغوينيت.

القطاع/المنطقة: سهل اغوينيت ـ جبال لـﯕطيطيرة.

المكان المحدد: سهل.

تيبولوجية/صنف الموضوع المحدد: مبنى اثري جنائزي من نوع تيميليس.

كرونولوجية/النطاق الزمني للعنصر: التاريخ البربري.

الوصـــف: مبنى ضخم من شكل تيميليس، ذو قاعدة دائرية، قطره 23×21 مترا، وعلوه 1،60 متر، مشكل من سلسلتين على شكل منصتين واحدة فوق الاخرى، تم بناءهما بحزيّمات من الحجارة. ولهذا المبنى مدخلان من جهتيْ الشمال، و الشمال الغربي. يصل قطرحلقته القاعدية 23 مترا، في حين يصل قطر الجانب الاعلى 15 مترا؛ وقد بني تيميليس فوق منصته العليا، يوجد جانب لا باس به منه في حالة تفكك، يصل قطره 5 امتار، وارتفاعه 0،60 مترا. والى جهة الخارج، بجوار هذا المبنى، في القسم الشمالي الغربي، يوجد ايضا، هيكل من شكل تيميلس، ذو قاعدة دائرية، يصل قطرها 6×5، وعلوها 1،60 مترا، مع وجود عدة شواهد منتصبة، ابرزها قطعة علوها من 2،80 متر. كما يوجد بالقرب من قسمه الجنوبي الشرقي، مبنى حجري ذو شكل خطي منحني، تلتحق به منصة حجرية.

تاريخ التسجيل: 14 - 10 - 2008.

المواد الاثرية: صناعة حجرية: رقائق من الصوان. مادة خزفية: شظايا ملساء و مزينة. أخرى: اصداف مثقوبة الاطراف (Acanthocardia sp.)؛ خرز كروي به ثقوب على شكل V؛ حلقة يحتمل ان تكون من مادة النحاس؛ بقايا عظمية محروقة غير محددة.

المراجع: Sáenz de Buruaga, A. et alii 2009, p. 15, fot. 5; Sáenz de Buruaga, A. 2010 a, p. 78, fig 76.

MONUMENT TUMULAIRE PLAINE LEGTEITIRA W-1

Région: Agüenit.

Secteur/Aire: Plaine d'Agüenit – Montagnes de Legteitira.

Emplacement: Plaine.

Typologie: Tumulus.

Chronologie: Historique: berbère.

Description: Grande structure tumuliforme de plan subcirculaire, d'environ 23x21 m de diamètre et 1,60 m de hauteur, formée par 2 séries consécutives d'étages superposés, en guise de plateformes, construites avec des murettes de pierre. On accède au travers deux couloirs situés au nord et au nord-ouest. L'anneau à la base atteint 23 m de diamètre et le supérieur approche 15 m Sur cette plateforme supérieure se lève un tumulus, démantelé en bonne partie, d'environ 5 m de diamètre et 0,60 m de hauteur. Dans le secteur nord-ouest et adjacent à la structure on a disposé, à l'extérieur, un monument tumuliforme de plan circulaire, de 6x5 m de diamètre et 1,60 m de hauteur, avec plusieurs stèles dressées (et parmi lesquelles saillit une pièce de 2,80 m de hauteur). D'autre part, immédiat au secteur sud-est, se trouve une structure de pierre en alignement courbe et plateforme pierreuse adjointe.

Date d'enregistrement: 14.10.2008.

Matériel Archéologique: *Industrie lithique*: lame de silex. *Matériel céramique*: fragments lisses et décorés. *Autres*: coquillages (probablement d'*Acanthocardia sp.*) à perforation apicale; perle sphéroïde perforée en V; élément annulaire vraisemblablement en cuivre; esquilles osseuses brûlées indéterminées.

Bibliographie: Sáenz de Buruaga, A. *et alii* 2009, p. 15, phot. 5; Sáenz de Buruaga, A. 2010a, p. 78, fig. 76.

214

SHIKSHAK S-1 LAUTADAKO TUMULU MONUMENTUA

Eskualdea: Duguech.

Sektorea/Eremua: Zug E – Zug-Amzagzag-eko mendiak (Shikshak-eko janga).

Kokalekua: Dike harritsua.

Tipologia: Tumulua.

Kronologia: Paleolito ondokoa: tradizio neolitikokoa.

Deskribapena: Tumulua Shikshak-eko igarobidearen hegoaldera dagoen dike magmatiko baten gainean kokatuta dago, eta Zug-eko mendian ekialdetik mendebaldera zeharkatzen dituen korridore batetik 2 km hego-ekialdera. Monumentuak estela-formako aurrealdea du eta ongi kontserbatuta dagoela esan dezakegu; 2,5 metroko diametroa eta 0,40 metroko altuera ditu. Ale oso-osoa harkaitzezko kokalekutik ateratako harkaitz mikrokristalino belzkarekin egina dago. Ondo-ondoan, zutikako blokeen aurrealdearen atzeko aldetik joanda, ekialdean egitura zirkular bat dago (egituraren iparraldeko erdia, gutxienez, kontserbatzen da) eta dioritazko eta, batik bat, kuartzo zurizko bloke txikiz osatuta dago. Egiturak *ca.* 9 metroko diametroa du eta, hartara, estela-formako aurrealdearen alboak luzatu egiten ditu.

Erregistratze-data: 2007.03.19

MONUMENTO TUMULAR PLANICIE SHIKSHAK S-1

Región: Duguech.

Sector/Área: Zug E – Montañas de Zug-Amzagzag (Janga de Shikshak).

Emplazamiento: Dique rocoso.

Tipología: Túmulo.

Cronología: Postpaleolítico: de tradición neolítica.

Descripción: Túmulo emplazado sobre un dique magmático al S del paso de Shikshak y a unos 2 km al SE de un corredor que atraviesa, de E a W, las montañas de Zug. Se trata de un monumento con frente esteliforme, relativamente bien conservado, de unos 2,5 m de diámetro y 0,40 m de altura. El ejemplar se ha construido, en su integridad, con las negruzcas rocas microcristalinas originarias de su asiento rocoso. Inmediatamente, por la parte trasera del frente de bloques erguidos, hay dispuesta al E una estructura circular (de la que se conserva, al menos, la mitad N) configurada por bloques menudos de diorita y, especialmente, de cuarzo blanco, de *ca.* 9 m de diámetro, que prolonga, de hecho, los lados del frente esteliforme.

Fecha de registro: 19.03.2007.

معْلم اثري جنائزي من نوع تيميليس، بسهـل الشكشاك، الى الجنوب S-1

الناحية: الدوڭج.

القطاع/المنطقة: زوڭ الى الشرق ـ جبال زوڭ ـ امزڭزاڭ (خنـڭة الشكشاك).

المكان المحدد: سد صخري.

تيبولوجية/صنف الموضوع المحدد: مبنى اثري جنائزي من نوع تيميليس.

كرونولوجية/النطاق الزمني للعنصر: ما عبد العصر الحجري القديم: من تقاليد العصر الحجري الحيث.

الوصـــف: مبنى جنائزي من نوع تيميليس، يقع على سد من الصخور المنصهرة، الى الجنوب من معبر الشكشاك، وعلى بعد كلمترين اثنين، الى الجنوب الشرقي من الممر العابر لجبال زوڭ من الشرق الى الغرب، يتعلق الامر بمعلم اثري، تبدو واجهته الامامية على شكل "رجم/اشايف" مصان بصورة نسبية، تبلغ مساحته القطرية حوالى 2،5، متر، وطوله 0،40 متر. هذا النموذج قد بنيّ كليا من الصخور السوداء الميكروكريستالينية، الموجودة بذات الموقع الصخري. وبالقرب من هناك، الى الخلف من كتل الصخور المنتصبة، يوجد الى الشرق هيكل بنائي دائري الشكل (لازال محتفظا على الاقل، بنصفه الشمالى)، يتكون من كتل صخورالديوريت الصغيرة، وخصوصا من الكوارتز الابيض، قطره حوالى 9 امتار، والتي تمدد في الواقع، جوانب المعلم الاول.

تاريخ التسجيل: 19 - 03 - 2007.

MONUMENT TUMULAIRE PLAINE SHIKSHAK S-1

Région: Duguech.

Secteur/Aire: Zug E – Montagnes de Zug-Amzagzag (Janga de Shikshak).

Emplacement: Filon rocheux.

Typologie: Tumulus.

Chronologie: Postpaléolithique: de tradition néolithique.

Description: Tumulus localisé sur un filon magmatique au sud du passage de Shikshak et à environ 2 km au sud-est d'un corridor qui traverse d'est à ouest, les montagnes de Zug. Il s'agit d'un monument au front étoilé, relativement bien conservé, d'environ 2,5 m de diamètre et 0,40 m de hauteur. L'exemplaire a été construit, tout entier, avec les noirâtres roches microcristalines originaires de son assise rocheuse. Immédiatement à l'arrière du front de blocs érigés, se trouve disposée vers l'est une structure circulaire (dont au moins la moitié est conservée) configurée par des menus blocs de diorite et, spécialement, de quartz blanc, de *ca.* 9 m de diamètre, qui prolonge, de fait, les côtés du front étoilé

Date d'enregistrement: 19.03.2007.

215

TINGEFUF E-1 LAUTADAKO TUMULU MONUMENTUA

Eskualdea: Duguech.

Sektorea/Eremua: Duguech-eko lautada – Tingefuf-eko mendia.

Kokalekua: Lautada.

Tipologia: Erritu-monumentua.

Kronologia: Paleolito ondokoa: tradizio neolitikokoa.

Deskribapena: "Goulet" motako monumentu hau 47 metroko perimetroa duten bi segmentu lobularrez osatuta dago eta erdian 38 metroko luzetarako korridore bat du, E.NEra begira. Erdiko aldean tumulu-egitura zirkular bat du eta bloke-lerro batez partzialki inguratuta dago, peristalito moduan; egiturak 7 metroko diametroa eta 0,30 metroko altuera ditu. Monumentua mendebaldeko aldetik ixteko tumulu hemisferiko lautu bat dago (2,5x2x0,40 m). Duguech-eko basetik iparraldera dagoen lautadako puntu batean kokatuta dago, Tingefuf-eko menditik 3.5 km ekialdera.

Erregistratze-data: 2010.02.16

Bibliografia: Saenz de Buruaga, A. *et alii* 2011, 25. orr., 15. arg.

MONUMENTO TUMULAR PLANICIE TINGEFUF E-1

Región: Duguech.

Sector/Área: Planicie de Duguech – Montaña de Tingefuf.

Emplazamiento: Planicie.

Tipología: Monumento ritual.

Cronología: Postpaleolítico: de tradición neolítica.

Descripción: Monumento de tipo "goulet" formado por dos segmentos lobulares de 47 m de perímetro, respectivamente, con un pasillo longitudinal central de 38 m, orientado al E.NE. En la parte central conserva una estructura tumular circular parcialmente rodeada por una línea de bloques, a modo de peristalito, que alcanza los 7 m de diámetro y los 0,30 m de alto. Un túmulo hemisférico aplanado, de unos 2,5x2x0,40 m, cierra el monumento por su extremo W. Se encuentra emplazado en un punto de la planicie existente al N de la base de Duguech y se sitúa unos 3,5 km al E de la montaña de Tingefuf.

Fecha de registro: 16.02.2010.

Bibliografía: Sáenz de Buruaga, A. *et alii* 2011, p. 25, fot. 15.

معلم جنائزي من نوع تيميليس بسهل تنـڴافوف، الى الشرق E-1

الناحية: الدوڴج.

القطاع/المنطقة: سهل الدوڴج - جبل تنـڴافوف.

المكان المحدد: سهل.

تيبولوجية/صنف الموضوع المحدد: معلم طقوسي.

كرونولوجية/النطاق الزمني للعنصر: ما بعد العصر الحجري القديم: من تقاليد العصر الحجري الحديث.

الوصـــــف: معلم على شكل قناة هضمية "goulet"، متكون من قطعتين قطرهما 47 مترا على التوالى، وله ممر مركزي طوله 38 مترا، متجه ناحية الشرق، الشمال الشرقي. وفي الناحية الوسطى منه، هيكل تيميليس دائري، محاط جزئيا، بخط من الصخور على شكل دائري متقطع، قطره 7 امتار،وعلوه 0،30 مترا. يحده من جهة الطرف الغربي، تيميليس نصف كروي مستوي، مساحته من 2،5×2×0،40 متر. والمعلم موجود في نقطة من السهل، الواقع الى الشمال من قاعدة الدوڴج، وعلى بعد 3،5 كلمتر شرق جبل تنـڴافوف.

تاريخ التسجيل: 16 - 02 - 2010.

المراجع: Sáenz de Buruaga, A. et alii 2011, p. 25, fot. 15.

MONUMENT TUMULAIRE PLAINE TINGEFUF E-1

Région: Duguech.

Secteur/Aire: Plaine de Duguech – Montagne de Tingefuf.

Emplacement: Plaine.

Typologie: Monument rituel.

Chronologie: Postpaléolithique: de tradition néolithique.

Description: Monument de type "goulet" formé par deux segments lobulaires de 47 m de périmètre, respectivement, au couloir longitudinal central de 38 m, orienté vers l'est/nord-est. Dans la partie centrale il conserve une structure tumulaire circulaire partiellement entourée d'une ligne de blocs, en guise de péristalithe, qui atteint 7 m de diamètre et 0,30 m de hauteur. Un tumulus hémisphérique aplati, d'environ 2,5x2x0,40 m, ferme le monument à l'extrême ouest. Il se trouve placé sur un point de la plaine localisé au nord de la base de Duguech et à environ 3,5 km à l'est de la montagne de Tingefuf.

Date d'enregistrement: 16.02.2010.

Bibliographie: Sáenz de Buruaga, A. *et alii* 2011, p.25, phot. 15.

216

SEBJA ZUG NW TUMULU MONUMENTUA

Eskualdea: Duguech.

Sektorea/Eremua: Zug – Zug-Oum Âbana-ko mendiak (Zug-eko sebja).

Kokalekua: Sebja ertza.

Tipologia: Tumulua.

Kronologia: Paleolito ondokoa: tradizio neolitikokoa.

Deskribapena: Zug-eko sebjaren mendebaldeko ertzean, han dauden "bantretatik" hurbil, Zug NW-1-eko sebjan lehendik erregistratutako tumulu-multzotik 500 m hegoaldera eta Zug-eko postutik beste 500 m W.SWra, plataforma granitiko baten gainean tumulu isolatu bat dago. Formatu hemisferiko sinplea du, oinplano zirkularra eta 9 metroko diametroa eta 1,60 metroko altuera ditu. "Aruakim" granitiko baten gainean eraikia dago eta harkaitz hori baliatu zuten eraikitzeko. Monumentuaren perimetroan, gainera, peristalito antzeko elementu baten zati bat kontserbatzen da; hainbat bloke zutik daude oraindik.

Erregistratze-data: 2007.03.17

MONUMENTO TUMULAR SEBJA ZUG NW

Región: Duguech.

Sector/Área: Zug – Montañas de Zug-Oum Âbana (Sebja de Zug).

Emplazamiento: Reborde de sebja.

Tipología: Túmulo.

Cronología: Postpaleolítico: de tradición neolítica.

Descripción: En el reborde occidental de la sebja de Zug, próximo a las "bantras" allá existentes, a unos 500 m al S del ya registrado conjunto tumular de la sebja de Zug NW-1, y a otros 500 m al W.SW del puesto de Zug, se encuentra levantado, sobre la plataforma granítica de asiento, un túmulo aislado. El ejemplar es de formato hemisférico simple, de planta circular y con unas dimensiones próximas a los 9 m de diámetro y 1,60 m de altura. Se ha construido sobre un "aruakim" granítico, y ésta es la roca empleada para su ejecución. El perímetro del monumento conserva, además, parte de una especie de peristalito, del que aún permanecen algunos bloques erguidos.

Fecha de registro: 17.03.2007.

معْلم اثري جنائزي من نوع تيميليس بسبخة زوڭ الى الشمال الغربي

الناحية: الدوكَج.

القطاع/المنطقة: زوڭ ـ جبال زوڭ ـ ام اعبانه (سبخة زوڭ).

المكان المحدد: حافة السبخة.

تيبولوجية/صنف الموضوع المحدد: مبنى اثري جنائزي من نوع تيميليس.

كرونولوجية/النطاق الزمني للعنصر: ما بعد العصر الحجري القديم: من تقاليد العصر الحجري الحديث.

الوصـــف: على الحافة الغربية من سبخة زوڭ بالقرب من "لبناطر" الموجودة هناك، وعلى بعد 500 متر، الى الجنوب من مجموعة تيميليس الجنائزية، المسجلة سابقا بسبخة زوڭ الى الشمال الغربي NW-1، وعلى بعد 500 متر اخرى، الى الغرب والجنوب الغربي W.SW من مركز زوڭ تم العثورعلى مبنى اثري، من نوع تيميليس، منعزلا ومنتصبا فوق منصة من صخورالجرانيت، وهو نموذج ذو شكل نصف كروي بسيط، له قاعدة دائرية، يصل قطره 9 امتار، وطوله 1،60مترا، وقد تم بناءه فوق "اركيم" من الجرانيت، وهي نفس الصخور المستخدمة في بنائه. ولايزال محيط هذا المعلم يحتفظ بجانب من نوع "peristalito"، (دائرة متقطعة من الصخور)، الذي بقيت منه بعض الكتل الصخرية منتصبة.

تاريخ التسجيل: 17 ـ 03 ـ 2007.

MONUMENT TUMULAIRE SEBKHA ZUG NW

Région: Duguech.

Secteur/Aire: Zug – Montagnes de Zug-Oum Âbana (Sebkha de Zug).

Emplacement: Rebord de sebkha.

Typologie: Tumulus.

Chronologie: Postpaléolithique: de tradition néolithique.

Description: Sur le rebord occidental de la sebkha de Zug, à proximité des "bantras" là existantes, à environ 500 m au sud de l'ensemble tumulaire de la sebkha de Zug NW-1 déjà registré, et à environ 500 m à l'ouest/sud-ouest du poste de Zug, se trouve érigé sur la plateforme granitique d'assise, un tumulus isolé. L'exemplaire présente un format hémisphérique simple, de plan circulaire et aux dimensions approchant 9 m de diamètre et 1,60 m de hauteur. Il a été construit sur un "aruakim" granitique, et celle-ci est la roche employée pour sa construction. Le périmètre du monument conserve, de plus, une partie d'une sorte de péristalithe, duquel sont encore présents quelques blocs dressés.

Date d'enregistrement: 17.03.2007.

217

SEL AURICH N-1 TUMULU MONUMENTUA

Eskualdea: Agüenit.

Sektorea/Eremua: Agüenit N – Sel Aurich-ko sebja.

Kokalekua: Plataforma harritsua.

Tipologia: Tumulua.

Kronologia: Paleolito ondokoa: tradizio neolitikokoa.

Deskribapena: Sel Aurich-ko menditik 2 km iparraldera dagoen plataforma harritsu txiki baten gainean eraikitako tumulu isolatua, erliebe horren eta inguruan dauden Gleibat El Medada-ko mendien arteko lautadan. Monumenturen morfologia hemisferiko sinplea da, oinplano zirkularra du eta neurriak: 3 metroko diametroa eta 0,50 metroko altuera.

Erregistratze-data: 2007.03.25

MONUMENTO TUMULAR SEL AURICH N-1

Región: Agüenit.

Sector/Área: Agüenit N – Sebja de Sel Aurich.

Emplazamiento: Plataforma rocosa.

Tipología: Túmulo.

Cronología: Postpaleolítico: de tradición neolítica.

Descripción: Túmulo aislado, construido sobre una ligera plataforma rocosa situada unos 2 km al N de la montaña de Sel Aurich, en la planicie que discurre entre este relieve y las montañas asimismo próximas de Gleibat El Medada. El monumento es de morfología hemisférica simple, su planta es circular y sus dimensiones se aproximan a los 3 m de diámetro y a los 0,50 m de altura.

Fecha de registro: 25.03.2007.

معلم اثري جنائزي من نوع تيميليس، بسل اوريج، الى الشمال -1

الناحية: اغوينيت.

القطاع/المنطقة: اغوينيت، الى اشمال ـ سبخة سل اوريج.

المكان المحدد: منصة صخرية.

تيبولوجية/صنف الموضوع المحدد: مبنى اثري جنائزي من نوع تيميليس.

كرونولوجية/النطاق الزمني للعنصر: ما بعد العصر الحجري القديم: من تقاليد العصر الحجري الحديث.

الوصـــــف: مبنى اثري جنائزي منعزل، تم تشييده فوق منصة حجرية خفيفة، توجد على بعد 2 كلمترالى الشمال من جبل سل اوريج، في السهل الذي يمتد بين تلك التضاريس والجبال القريبة من ݣليبات المدادة، ولهذا المعلم شكل نصف كروي بسيط، وقاعدة دائرية، مساحة قطره تصل3 امتار، وارتفاعه يبلغ 0،50 متر.

تاريخ التسجيل: 25 - 03 - 2007.

MONUMENT TUMULAIRE SEL AURICH N-1

Région: Agüenit.

Secteur/Aire: Agüenit N – Sebkha de Sel Aurich.

Emplacement: Plateforme rocheuse.

Typologie: Tumulus.

Chronologie: Postpaléolithique: de tradition néolithique.

Description: Tumulus isolé, construit sur une légère plateforme rocheuse située à environ 2 km au nord de la montagne de Sel Aurich, dans la plaine qui longe ce relief et les montagnes également proches de Gleibat El Medada. Le monument est de morphologie hémisphérique simple, de plan circulaire et dont les dimensions approchent 3 m de diamètre et 0,50 m de hauteur.

Date d'enregistrement: 25.03.2007.

218

SHIKSHAK J/SE-1 TUMULU MONUMENTUA

Eskualdea: Duguech.

Sektorea/Eremua: Zug E – Zug-Amzagzag-eko mendiak (Shikshak-eko janga).

Kokalekua: Muinoa.

Tipologia: Tumulua.

Kronologia: Paleolito ondokoa: tradizio neolitikokoa.

Deskribapena: Tumulu hau Shikshak J/SE-1-eko azaleratze silizeoa definitzen duten "smeiletako" baten hegoaldeko hegalaren oinarrian kokatuta dago, Zug-eko eta Amzagzag-eko mendien arteko igarobide zabalaren hego-ekialdeko sektorean. Monumentuaren formatua hemisferiko lautua da, oinplano obalatua du eta neurriak: 4x2x0,40 m. Kokatuta dagoen inguruko harkaitz-erliebeko silexezko bloke eta klastoz egina dago.

Erregistratze-data: 2007.03.20

MONUMENTO TUMULAR SHIKSHAK J/SE-1

Región: Duguech.

Sector/Área: Zug E – Montañas de Zug-Amzagzag (Janga de Shikshak).

Emplazamiento: Colina.

Tipología: Túmulo.

Cronología: Postpaleolítico: de tradición neolítica.

Descripción: Túmulo emplazado en la base de la ladera meridional de una de las "smeilas" que definen el afloramiento silíceo de Shikshak J/SE-1, en el sector suroriental del ancho paso entre las montañas de Zug y las de Amzagzag. El monumento es de formato hemisférico aplanado, su planta es ovalada y sus dimensiones alcanzan los 4x2x0,40 m. Se ha construido con bloques y clastos de sílex del inmediato relieve rocoso de asiento.

Fecha de registro: 20.03.2007.

معلم اثري جنائزي من نوع تيميليس، بالشكشـاك، الى الجنـوب الشـرقي J/SE-1

الناحية: الدوڭج.

القطاع/المنطقة: زوڭ الى الشرق - جبال زوڭ - امزڭزاڭ (خنـڭة الشكشاك).

المكان المحدد: تـــل.

تيبولوجية/صنف الموضوع المحدد: مبنى اثري جنائزي من نوع تيميليس.

كرونولوجية/النطاق الزمني للعنصر: ما بعد العصر الحجري القديم: من تقاليد العصر الحجري الحديث.

الوصــــف: معلم يوجد بالقاعدة الجانبية الجنوبية لآحدى "الزميلات" التي تحدد بروزات الصخور الصوانية للشكشاك، الى الجنوب الشرقي J/SE-1 بالقطاع الجنوبي الشرقي من المعبر العريض، الممتد ما بين جبال زوڭ وجبال امزڭزاڭ. هذا المعلم ذو شكل نصف كروي مستوي، وله قاعة بيضاوية، تصل مساحته 4×2×0،40، متر، تم بناءه من الكتل والقطع الصخرية الصوانية، الموجودة بالتضاريس الحجرية القريبة من موقع بنائه.

تاريخ التسجيل: 20 - 03 - 2007.

MONUMENT TUMULAIRE SHIKSHAK J/SE-1

Région: Duguech.

Secteur/Aire: Zug E – Montagnes de Zug-Amzagzag (Janga de Shikshak).

Emplacement: Colline.

Typologie: Tumulus.

Chronologie: Postpaléolithique: de tradition néolithique.

Description: Tumulus localisé à la base du flanc méridional de l'une des "smeilas" qui définissent l'affleurement siliceux de Shikshak J/SE-1, dans le secteur sud-oriental du large passage entre les montagnes de Zug et celles d'Amzagzag. Le monument présente un format hémisphérique aplati, de plan ovale et dont les dimensions atteignent 4x2x0,40 m Il a été construit avec des blocs et clastes de silex de l'immédiat relief rocheux d'assise

Date d'enregistrement: 20.03.2007.

219

TAMNAIRATN N-1 TUMULU MONUMENTUA

Eskualdea: Mijek.

Sektorea/Eremua: Adam Ahmed Molud-eko lautada – Tamnairatn-eko smeilak.

Kokalekua: Lautada.

Tipologia: Tumulua.

Kronologia: Paleolito ondokoa: tradizio neolitikokoa.

Deskribapena: Tumulu hau higatutako mendixka txiki baten gainean dago, Tamnairatn N-1-eko azaleratze silizeotik 200 m hego-mendebaldera eta izen bereko "smeila"-ren inguruan. Monumenturen morfologia hemisferiko lautua da, oinplano zirkularra du eta neurriak: 5 metroko diametroa eta 0,40 metroko altuera. Bloke eta klasto silizeo eta granitikoekin egina dago.

Erregistratze-data: 2007.03.10

MONUMENTO TUMULAR TAMNAIRATN N-1

Región: Mijek.

Sector/Área: Planicie de Adam Ahmed Molud – Smeilas de Tamnairatn.

Emplazamiento: Planicie.

Tipología: Túmulo.

Cronología: Postpaleolítico: de tradición neolítica.

Descripción: Túmulo emplazado sobre una ligera loma erosionada dispuesta unos 200 m al SW del afloramiento silíceo de Tamnairatn N-1 y en las inmediaciones de la "smeila" de homóloga denominación. El ejemplar es de tipología hemisférica aplanada, su planta es circular y sus dimensiones rondan los 5 m de diámetro y los 0,40 m de altura. Se ha construido a partir de bloques y clastos silíceos y graníticos.

Fecha de registro: 10.03.2007.

معلم اثري جنائزي من نوع تيميليس بتامنيراتن، الى الشمال -1

الناحية: ميجك.

القطاع/ المنطقة: سهل عظم احمد مولود ـ ازميلات تامنيراتن.

المكان المحدد: سهل.

تيبولوجية/صنف الموضوع المحدد: مبنى جنائزي من نوع تيميليس.

كرونولوجية/النطاق الزمني للعنصر: ما بعد العصر الحجري القديم: من تقاليد العصر الحجري الديث.

الوصـــــف: معلم جنائزي، يوجد فوق تل خفيف متآكل، يبعد مسافة 200 متر الى الجنوب الغربي من البروزات الصوانية لتامنيراتن، الى الشمال N-1، على مشارف "ازميلة" تحمل ذات الاسم، ويوجد هذا المثال على شكل نصف كروي مستوي، وذي قاعدة دائرية، تقارب مساحته القطرية 5 امتار، وطوله يصل 0،40 مترا، وقد تم بناءه من كتل وقطع صخور الجرانيت والصوان.

تاريخ التسجيل: 10 - 03 - 2007.

MONUMENT TUMULAIRE TAMNAIRATN N-1

Région: Mijek.

Secteur/Aire: Plaine d'Adam Ahmed Molud – Smeilas de Tamnairatn.

Emplacement: Plaine.

Typologie: Tumulus.

Chronologie: Postpaléolithique: de tradition néolithique.

Description: Tumulus localisé sur une légère butte érodée disposée à environ 200 m au sud-ouest de l'affleurement siliceux de Tamnairatn N-1 et aux alentours de la "smeila" d'homologue dénomination. L'exemplaire est de typologie hémisphérique aplatie, de plan circulaire et dont les dimensions approchent 5 m de diamètre et 0,40 m de hauteur. Il a été construit à partir de blocs et clastes siliceux et granitiques.

Date d'enregistrement: 10.03.2007.

220

OUED LEGTEITIRA

Eskualdea: Agüenit.

Sektorea/Eremua: Agüenit-eko lautada – Legteitira-ko mendiak.

Kokalekua: Oued.

Tipologia: Industria-multzoa.

Kronologia: Paleolito ondokoa: tradizio neolitikokoa.

Deskribapena: Legteitira-ko mendien erdiko sektorea barrutik zeharkatzen duen oued-aren inguruan, testuingurutik kanpo, Paleolito ondoko historiaurreko hainbat material aurkitu dira: tresna litiko landuak, zeramika zati lisoak, objektu leunduak eta abar.

Erregistratze-data: 2005.04.12

Material Arkeologikoa: *Industria litikoa*: karrakagailuak, atzealde-puntak, ezkatak; lauzak eta debitatu laminarra. *Material zeramikoa*: zati lisoak. *Elementu leunduak*: pieza zatikatua.

OUED LEGTEITIRA

Región: Agüenit.

Sector/Área: Planicie de Agüenit – Montañas de Legteitira.

Emplazamiento: Oued.

Tipología: Conjunto industrial.

Cronología: Postpaleolítico: de tradición neolítica.

Descripción: En torno al oued que recorre interiormente el sector central de las montañas de Legteitira se reconocen, fuera de contexto, diversos materiales prehistóricos postpaleolíticos: instrumentos líticos tallados, trozos cerámicos lisos, objetos pulimentados, etc.

Fecha de registro: 12.04.2005.

Material Arqueológico: *Industria lítica*: raspadores, láminas de dorso, ecaillés; lascas y debitado laminar. *Material cerámico*: fragmentos lisos. *Elementos pulimentados*: pieza fragmentaria.

وادي لـگْطيطيـــرة

الناحيـــة: آغوينيــت.

القطاع/المنطقة: سهل اغوينيت ـ جبال لـگْطيطيرة.

المكان المحـــدد: وادي.

تيبولوجية/صنف الموضوع المحدد: مجموعة ادوات صناعية

كرونولوجية/النطاق الزمني للعنصر: ما بعد العصر الحجري القديم: تقاليد العصر الحجري الحديث

الوصـــف: في محيط الوادي الذي يعبر بداخل القطاع الاوسط من جبال لـگْطيطيرة، تم التعرف في ذلك المحيط، على مواد مختلفة تنتمي للعصر الحجري القديم من زمن ما قبل التاريخ: ادوات حجرية منحوتة، قطع خزفية ملساء، عناصر مصقولة. الخ.

تاريخ التسجيل: 12 - 04 - 2005.

المـواد الاثريـــــة: صناعة حجريـــة: مكاشط، رقائق ذات قفا، محرشفات، رقائق ومخصومات صفائحية. مواد خزفيـــة: شظايا ملساء. عناصر مصقولة: قطع مجـــزأة.

OUED LEGTEITIRA

Région: Agüenit.

Secteur/Aire: Plaine d'Agüenit – Montagnes de Legteitira.

Emplacement: Oued.

Typologie: Ensemble industriel.

Chronologie: Postpaléolithique: de tradition néolithique.

Description: Autour de l'oued qui s'écoule dans la partie intérieure du secteur central des montagnes de Legteitira on reconnaît, hors contexte, plusieurs matériaux préhistoriques postpaléolithiques: instruments lithiques taillés, débris céramiques lisses, objets polis, etc.

Date d'enregistrement: 12.04.2005.

Matériel Archéologique: *Industrie lithique*: racloirs, lames à dos, écaillés; éclats et débitage laminaire. *Matériel céramique*: fragments lisses. *Éléments polis*: pièce fragmentaire.

221

OUM ÂBANA SE-1

Eskualdea: Duguech.

Sektorea/Eremua: Zug E – Zug-Oum Âbana-ko mendiak.

Kokalekua: Lautada.

Tipologia: Industria-multzoa.

Kronologia: Paleolito ondokoa: tradizio neolitikokoa.

Deskribapena: Oum Âbana-ko mendi-lerrokaduraren ekialdeko isurialdearen ondo-ondoan dagoen lautadaren hegoaldeko eremuko zona batean, eta Zug-eko postutik hegoaldera dagoen muinotik 8 km inguru hego-ekialdera, Paleolito ondoko historiaurreko material arkeologikoa aurkitu da lur gainean. Ebidentziak lurzoru harritsu granitikozko gainazal batean sakabanatuta agertu dira, dunez partzialki estalita.

Erregistratze-data: 2005.04.06

Material Arkeologikoa: *Industria litikoa*: harraskagailuak, karrakagailuak, atzealde-xafla sinpleak eta trunkatuak, bitrunkadura geometrikoak (segmentoideak eta trapezoideak), foliazeoak, ezkatak; lauzak eta debitatu laminarra. *Material zeramikoa*: zati lisoak. *Elementu leunduak*: moletak, errota zatikatuak; kolpekariak. *Bestelakoak*: fauna aztarnak.

OUM ÂBANA SE-1

Región: Duguech.

Sector/Área: Zug E – Montañas de Zug-Oum Âbana.

Emplazamiento: Planicie.

Tipología: Conjunto industrial.

Cronología: Postpaleolítico: de tradición neolítica.

Descripción: Sobre una zona del área meridional de la planicie inmediata a la vertiente oriental de la alineación montañosa de Oum Âbana, y a unos 8 km al SE del collado situado al S del puesto de Zug, se recuperan, en superficie, diversos materiales arqueológicos de ambientación prehistórica postpaleolítica. Las evidencias aparecen diseminadas sobre una superficie de suelo rocoso granítico, parcialmente cubierta por dunas.

Fecha de registro: 06.04.2005.

Material Arqueológico: *Industria lítica*: raederas, raspadores, láminas de dorso simples y truncadas, bitruncaduras geométricas (segmentoides y trapezoides), foliáceos, ecaillés; lascas y debitado laminar. *Material cerámico*: fragmentos lisos. *Elementos pulimentados*: moletas, molinos fragmentarios; percutores. *Varios*: restos de fauna.

ام اعبانه جنوب شرق SE-1

الناحيـــــة: الدوڤـــج.

القطاع/المنطقة: زوڤ الى الغرب ـ جبال زوڤ ـ ام اعبانه.

المكان المحدد: سهـــل.

تيبولوجية/ صنف الموضوع المحدد: مجموعة ادوات صناعية.

كرونولوجية/النطاق الزمني للعنصر: ما بعد العصر الحجري القديم، من تقاليد العصر الحجري الحديث.

الوصـــف: فوق بقعة من المنطقة الجنوبية من السهل المباشر للمنحدر الشرقي من سلسلة جبال ام اعبانه، وعلى بعد حوال 8 كلمترات الى الجنوب الشرقي من المضيق الواقع الى الجنوب من مركز زوڤ تم العثور فوق السطح، على وسائل اثرية متنوعة من بيئات ما بعد العصر الحجري القديم من زمن ما قبل التاريخ. الادلة تظهر فوق سطح ارض حجرية جرانيتية، تغطيها الكثبان بصورة جزئية.

تاريخ التسجيل: 06 - 04 - 2005.

المـــواد الاثريـــــة: صناعة حجريـــة: ادوات قطْع، مكاشط، رقائق ذات قفا بسيطة ومبتورة، مبتورة الطرفين هندسية (شبه مقوسة وشبه منحرفة)، ورقيات (على شكل اوراق)، محرشفات، رقائق ومخصومات صفائحية. مواد خزفية: شظايا ملساء. عناصر مصقولة: مساحق، رحي مجزأة، مطارق. اخرى: بقايا حيوانية.

OUM ÂBANA SE-1

Région: Duguech.

Secteur/Aire: Zug E – Montagnes de Zug-Oum Âbana.

Emplacement: Plaine.

Typologie: Ensemble industriel.

Chronologie: Postpaléolithique: de tradition néolithique.

Description: Sur une zone de l'aire méridionale de la plaine immédiate au flanc oriental de l'alignement montagneux d'Oum Âbana, et environ à 8 km au sud-est du col situé au sud du poste de Zug, on récupère, en surface, divers matériaux archéologiques d'ambiance préhistorique postpaléolithique. Les évidences apparaissent parsemées sur une surface de sol rocheux granitique, partiellement couvert de dunes.

Date d'enregistrement: 06.04.2005.

Matériel Archéologique: *Industrie lithique*: racloirs, curettes, lames à dos simples et tronquées, bitroncatures géométriques (segmentoïdes et trapézoïdales), foliacés, écaillés; éclats et débitage laminaire. *Matériel céramique*: fragments lisses. *Eléments polis*: molettes, moulins fragmentaires; percuteurs. *Autres*: restes de faune.

222

EIJ S-1 LAUTADA

Eskualdea: Duguech.

Sektorea/Eremua: Duguech W – Lejuad-eko inselberg-ak (Eij-eko mendiak).

Kokalekua: Plataforma harritsua.

Tipologia: Habitata.

Kronologia: Paleolito ondokoa: tradizio neolitikokoa.

Deskribapena: Eij-eko hegoaldeko lautadaren puntu batean, izen bereko mendietatik 3 km hegoaldera eta Eij S-1-eko lautadako tumulu-multzoa kokatzen den espazio berean, Paleolito ondoko historiaurreko hainbat arrasto daude lur gainean sakabanatuta: silexean eta kuartzoan landutako industriak, zeramikazko eta leundutako arrastoak, ehotzeko elementuak eta abar. Horietaz gain, bertan dauden plataforma harritsuetako zenbaiten gainazalean zulo zirkular eta obalatuak ere ikus daitezke, motrailutzat erabiltzeko egindakoak. Gneis-bankuetan sortutako hainbat harpe ere badirela aipatu behar dugu; horri esker, agian, tokiaren okupazioa eta bizigarritasuna ahalbidetu da.

Erregistratze-data: 2009.03.02

Material Arkeologikoa: *Industria litikoa*: harraskagailuak, puntak, atzealde-xafla trunkatuak, bitrunkadura geometriko trapezoideak, foliazeoak, gubilak, ezkatak; lauzak eta debitatu laminarra. *Material zeramikoa*: zati lisoak eta apainduak. *Elementu leunduak*: moletak. *Bestelakoak*: zulatutako aleak.

PLANICIE EIJ S-1

Región: Duguech.

Sector/Área: Duguech W – Inselberges de Lejuad (Montañas de Eij).

Emplazamiento: Plataforma rocosa.

Tipología: Hábitat.

Cronología: Postpaleolítico: de tradición neolítica.

Descripción: En un punto de la planicie meridional de Eij, a unos 3 km al S de las montañas de similar denominación, y sobre el mismo espacio en que se halla el conjunto tumular de la Planicie de Eij S-1, se encuentran repartidos, en superficie, diversos restos prehistóricos postpaleolíticos (industrias talladas en sílex y cuarzo, restos cerámicos y pulimentados, elementos de molienda, etc.) Además, sobre la superficie de algunas de las plataformas rocosas presentes, se advierten oquedades, circulares y ovaladas, labradas a modo de morteros. Hay que señalar también la existencia de algunos abrigos formados en los mismos bancos de gneis: ello ha debido favorecer la ocupación y habitabilidad del lugar.

Fecha de registro: 02.03.2009.

Material Arqueológico: *Industria lítica*: raederas, puntas, láminas de dorso truncadas, bitruncaduras geométricas trapezoides, foliáceos, buriles, ecaillés; lascas y debitado laminar. *Material cerámico*: fragmentos lisos y decorados. *Elementos pulimentados*: moletas. *Varios*: cuentas perforadas.

سهل ايْج، الى الجنوب S-1

الناحية: الدوكْج.

القطاع/المنطقة: الدوكْج، الى الغرب ـ مرتفعات لجواد (جبال ايج).

المكان المحدد: قاعدة صخرية.

تيبولوجية/صنف الموضوع المحدد: موائل (سكنات).

كرونولوجية/النطاق الزمني للعنصر: مابعد العصر الحجري القديم: من تقاليد العصر الحجري الحديث.

الوصـــف: وفي نقطة من سهل ايج الجنوبي، على بعد حوالى ثلاثة كلمترات الى الجنوب من الجبال التي تحمل نفس الاسم، وعلى نفس المجال الذي توجد به مجموعة تيميليس الجنائزية بسهل ايج، الى الجنوب S-1، يعثر على مختلف البقايا المتناثرة على سطح الارض، من عهد ما قبل التاريخ، زمن ما بعد العصر الحجري القديم (ادوات صناعية منحوتة من الصوان والكوارتز، بقايا خزفية، ومصقولة، وعناصر طحن، الخ.)، واضافة على ذلك، توجد على السطح منصات صخرية، كما يلاحظ وجود مجوفات ذات اشكال دائرية وبيضاوية لها وظيفة مهاريس. ويجب ان نشير كذلك الى وجود بعض الملاجئ المشكلة بنفس المقاعد من صخورالنيس: مما يدل على الاستطان والاقامة بهذا الموقع.

تاريخ التسجيل: 02 - 03 - 2009.

المواد الاثرية: صناعة حجرية: ادوات قطْع، رؤوس، صفائح ذات قفا مبتورة، مبتورات طرفين هندسية شبه منحرفة، ورقيات، ازاميل، محرشفات، رقائق، ومخصومات صفائحية. مواد خزفية: شظايا ملساء ومزينة. عناصر مصقولة: مساحق. اخرى: خرز مثقوب.

PLAINE EIJ S-1

Région: Duguech.

Secteur/Aire: Duguech W – Inselbergs de Lejuad (Montagnes d'Eij).

Emplacement: Plateforme rocheuse.

Typologie: Habitat.

Chronologie: Postpaléolithique: de tradition néolithique.

Description: Sur un point de la plaine méridionale d'Eij, à environ 3 km au sud des montagnes de similaire dénomination, et dans le même espace où se trouve l'ensemble tumulaire de la Plaine d'Eij S-1, se trouvent parsemés, en surface, divers restes préhistoriques postpaléolithiques (industries taillées en silex et quartz, débris céramiques et polis, éléments de broyage, etc). En outre, en surface de quelques plateformes rocheuses présentes, on avertit des cavités, circulaires et ovales, travaillées en guise de mortiers. Il faut aussi signaler l'existence de plusieurs abris formés dans les bancs même de gneiss: ce qui a pu favoriser l'occupation et habitabilité du lieu.

Date d'enregistrement: 02.03.2009.

Matériel Archéologique: *Industrie lithique*: racloirs, pointes, lames à dos tronquées, bitroncatures géométriques trapézoïdales, foliacés, burins, écaillés; éclats et débitage laminaire. *Éléments polis*: molettes. *Autres*: perles perforées.

223

SHIKSHAK S-1 LAUTADA

Eskualdea: Duguech.

Sektorea/Eremua: Zug E – Zug-Amzagzag-eko mendiak (Shikshak-eko janga).

Kokalekua: Dike harritsua.

Tipologia: Industria-multzoa.

Kronologia: Behe Paleolitoa: Achelensea.

Deskribapena: Shikshak S-1-eko estela-formako aurrealdea duen tumulu-monumentua dagoen dike beraren inguruko espazioan, lurzoru harritsuan hainbat ebidentzia litiko aurkitu dira sakabanatuta lur gainean; dioritan landutakoak dira eta tradizio achelenseko tekno-konplexu industrialekin loturik egon daitezke.

Erregistratze-data: 2007.03.19

Material Arkeologikoa: *Industria litikoa*: alde biko tresnak; lauzak, levallois-nukleoak.

PLANICIE SHIKSHAK S-1

Región: Duguech.

Sector/Área: Zug E – Montañas de Zug-Amzagzag (Janga de Shikshak).

Emplazamiento: Dique rocoso.

Tipología: Conjunto industrial.

Cronología: Paleolítico inferior: Achelense.

Descripción: En el espacio que circunda al mismo dique en que se encuentra el monumento tumular con frente esteliforme de Shikshak S-1, se hallan diseminadas por la superficie del suelo rocoso diversas evidencias líticas talladas en diorita que pueden relacionarse con los tecno-complejos industriales de tradición achelense.

Fecha de registro: 19.03.2007.

Material Arqueológico: *Industria lítica*: bifaces; lascas, núcleos levallois.

سهل الشكشـــاك، الى الجنوب S-1

الناحيــــة: الدوݣـــــج.

القطاع/المنطقة: زوݣ الى الشرق ـ جبال زوݣ ـ امزݣزاݣ (خنـݣة الشكشاك).

المكان المحـــدد: سد حجـــري.

تيبولوجية/صنف الموضوع المحدد: مجموعة ادوات صناعية.

كرونولوجية/النطاق الزمني للعنصر: العصر الحجري القديم السفلي: اتشيلينسي

الوصـــــف: في المجال الدائري حول نفس السد، حيث يوجد المعلم الجنائزي البارز في مواجهة مرتفع الشكشاك، الى الجنوب S-1، عثر على ادلة حجرية متنوعة منحوتة من مادة الجرانيت، متناثرة فوق سطح ارض حجرية، يمكن ان تكون متعلقة بتركبة تقنية صناعية من تقاليد عصـــر اتشيلينسي .

تاريخ التسجيل: 19 - 03 - 2007.

المواد الاثريــــــة: صناعة حجريـــة: ادوات ذات الوجهين، رقائق، نويات "بفالوَا".

PLAINE SHIKSHAK S-1

Région: Duguech.

Secteur/Aire: Zug E – Montagnes de Zug-Amzagzag (Janga de Shikshak).

Emplacement: Filon rocheux.

Typologie: Ensemble industriel.

Chronologie: Paléolithique inférieur: Acheuléen.

Description: Sur l'espace qui contourne le filon même sur lequel se trouve le monument tumulaire au front étoilé de Shikshak S-1, se trouvent parsemés en surface du sol rocheux diverses évidences lithiques taillées en diorite qui peuvent être mises en relation avec les techno- complexes industriels de tradition acheuléenne.

Date d'enregistrement: 19.03.2007.

Matériel Archéologique: *Industrie lithique*: bifaces; éclats, nucléus levallois.

224

GLEIBAT BATN EL KELBA 1-EKO OINARRIZKO PLATAFORMA

Eskualdea: Duguech.

Sektorea/Eremua: Duguech W – Lejuad-eko inselberg-ak (Batn El Kelba-ko erliebeak).

Kokalekua: Mendi-oinarria.

Tipologia: Habitata.

Kronologia: Paleolito ondokoa: tradizio neolitikokoa eta protohistorikoa (?).

Deskribapena: Bath Al Kelba-ko erliebe nagusiaren hegalei atxikitako oinarrizko plataforman, Lejuad-eko inselberg-multzotik 6 km mendebaldera, industria-aztarna ugari aurkitu dira lur gainean sakabanatuta: landutako tresneria (silexean, kuartzitan eta kuartzoan), zeramika arrastoak, elementu leunduak eta ehotzekoak eta abar. Era berean, lurzoru granitikoaren eta zenbait bloke isolaturen gainazaletan motrailuak ere ikus daitezke. Beraz, testuinguru hori Paleolito ondoko historiaurreko egoteko lekutzat erabiltzen zutela esan daiteke.

Erregistratze-data: 2009.03.03

Material Arkeologikoa: *Industria litikoa*: harraskagailuak, karrakagailuak, dentikulatuak, bec edo mokoak, atzealde-puntak, bitrunkadura geometrikoak, foliazeoak, ezkatak; abibatuak, mikrogubilak; lauzak, nukleoak eta debitatu laminarra. *Material zeramikoa*: zati lisoak eta apainduak. *Elementu leunduak*: moletak. *Bestelakoak*: ostruka-arrautzaren azal zatia, apainduta; ostruka-arrautzaren azalezko zintzilikaria; animalien hezur arrastoak.

PLATAFORMA BASE GLEIBAT BATN EL KELBA 1

Región: Duguech.

Sector/Área: Duguech W – Inselberges de Lejuad (Relieves de Batn El Kelba).

Emplazamiento: Base de montaña.

Tipología: Hábitat.

Cronología: Postpaleolítico: de tradición neolítica y protohistórica (?).

Descripción: En la plataforma de base inmediatamente asociada a las laderas del relieve principal de Bath Al Kelba, a unos 6 km al W del conjunto de inselberges de Lejuad, se encuentran esparcidos, en superficie, un considerable número de restos industriales: utillajes tallados (en sílex, cuarcita y cuarzo), restos cerámicos, elementos pulimentados y de molienda, etc. Hay asimismo diversos morteros labrados sobre las superficies del suelo granítico y de algunos bloques aislados. Todo ello tiende a definir el contexto como lugar de habitación prehistórica postpaleolítica.

Fecha de registro: 03.03.2009.

Material Arqueológico: *Industria lítica*: raederas, raspadores, denticulados, becs, puntas de dorso, bitruncaduras geométricas, foliáceos, ecaillés; avivados, microburiles; lascas, núcleos y debitado laminar. *Material cerámico*: fragmentos lisos y decorados. *Elementos pulimentados*: moletas. *Varios*: fragmento de cáscara de huevo de avestruz decorado; colgante en cascada de huevo de avestruz; restos óseos de fauna.

مكان مرتفع من الارض، على شكل منصة قاعدية، بـڴليبات بطن الكلبة 1

الناحية: الدوڴج.

القطاع/المنطقة: الدوڴج، الى الغرب ـ مرتفعات لجواد (تضاريس بطن الكلبة).

المكان المحدد: قاعدة جبل.

تيبولوجية/صنف الموضوع المحدد: موائل (سكنات).

كرونولوجية/النطاق الزمني للعنصر: ما بعد العصرالحجري القديم: من تقاليد العصر الحجري الحديث: المرحلة الاخيرة مما قبل التاريخ (؟).

الوصـــــف: على المرتفع الارضي المتصل مباشرة بالسفوح الرئيسية من بطن الكلبة، على بعد حوالى ستة كلمترات الى الغرب من مجمع مرتفعات لجواد، عثر على عدد معتبر من بقايا الصناعات الاثرية، متبعثرة على سطح الارض: ادوات منحوتة (من الصوان، والكوارتزيت والكوارتز)، بقايا خزفية، عناصر مصقولة وعناصر طحن، الخ. وهناك كذلك مهاريس مختلفة مزروعة هنا وهناك، على السطح الجرانيتي، و ببعض الكتل الصخرية المنعزلة، كل ذلك يشير الى تحديد السياق كموقع سكن في زمن ما قبل التاريخ، ما بعد العصر الحجري القديم.

تاريخ التسجيل: 03 - 03 - 2009.

المواد الاثرية: صناعة حجرية: ادوات قطع، مكاشط، مسننات، مناقير، رؤوس ذات قفا، مبتورات طرفين هندسية، ورقيات، محرشفات، مبرودات، ازاميل صغيرة، نويات ومخصومات صفائحية. مواد خزفية: شظايا ملساء ومزينة. عناصر مصقولة: مساحق. اخرى: شظايا من قشور بيض النعام ملونة، بقايا عظام حيوانية.

PLATEFORME BASE GLEIBAT BATN EL KELBA 1

Région: Duguech.

Secteur/Aire: Duguech W – Inselbergs de Lejuad (Reliefs de Batn El Kelba).

Emplacement: Base de montagne.

Typologie: Habitat.

Chronologie: Postpaléolithique: de tradition néolithique et protohistorique (?).

Description: Dans la plateforme de base immédiatement associée aux flancs du relief principal de Bath Al Kelba, à environ 6 km à l'ouest de l'ensemble d'inselbergs de Lejuad, se trouvent parsemés, en surface, un considérable nombre de restes industriels: outillages taillés (en silex, quartzite et quartz), débris céramiques, éléments polis et de broyage, etc. Il y a également divers mortiers labourés sur les surfaces du sol granitique et de quelques blocs isolés. Ce qui permet de définir le contexte comme lieu d'habitation préhistorique postpaléolithique.

Date d'enregistrement: 03.03.2009.

Matériel Archéologique: *Industrie lithique*: curettes, racloirs, denticulés, becs, pointes à dos, bitroncatures géométriques, foliacés, écaillés; avivements, microburins; éclats, nucléus et débitage laminaire. *Matériel céramique*: fragments lisses et décorés. *Éléments polis*: molettes. *Autres*: fragment de coquille d'œuf d'autruche décoré; pendentif en coquille d'oeuf d'autruche; restes osseux de faune.

225

LEJUAD HARPE HANDIKO OINARRIZKO PLATAFORMA

Eskualdea: Duguech.

Sektorea/Eremua: Duguech W – Lejuad-eko inselberg-ak.

Kokalekua: Mendi-oinarria.

Tipologia: Industria-multzoa.

Kronologia: Paleolito ondokoa: tradizio neolitikokoa.

Deskribapena: Lejuad-eko Harpe Handira iristeko lautadaren gainazalean, eta ondo-ondoko oinarrian, Paleolito ondoko historiaurreko hainbat ebidentzia aurkitu dira: silex, kuartzita eta eskistoan landutako tresna litikoak, zeramika zatiak, pieza landuak eta ehotzekoak eta abar. Espazio horren beraren inguruan, tarteka, "dhâya" bat sortzen da euri-urarekin.

Erregistratze-data: 2005.04.09

Material Arkeologikoa: *Industria litikoa*: karrakagailuak, dentikulatuak, bec edo mokoak, atzealde-puntak, punta biko tresna segmentoideak, bitrunkadura geometriko triangeluarrak, foliazeoak, ezkatak; lauzak, abibatuak, nukleoak eta debitatu laminarra. *Material zeramikoa*: zati lisoak eta apainduak. *Elementu leunduak*: moleta zatikatuak. *Bestelakoak*: fauna aztarnak (belarjaleen hortzak).

PLATAFORMA BASE GRAN ABRIGO LEJUAD

Región: Duguech.

Sector/Área: Duguech W – Inselberges de Lejuad.

Emplazamiento: Base de montaña.

Tipología: Conjunto industrial.

Cronología: Postpaleolítico: de tradición neolítica.

Descripción: Sobre la superficie de la planicie de acceso al Gran Abrigo de Lejuad, e inmediatamente en la base del mismo, se reconocen diversas evidencias prehistóricas postpaleolíticas: utensilios líticos tallados en sílex, cuarcita y esquisto, trozos cerámicos, piezas pulimentadas y de molienda, etc. En las cercanías de ese mismo espacio se llega a formar, eventualmente, una "dhâya" con las aguas de las lluvias.

Fecha de registro: 09.04.2005.

Material Arqueológico: *Industria lítica*: raspadores, denticulados, becs, puntas de dorso, bipuntas segmentoides, bitruncaduras geométricas triangulares, foliáceos, ecaillés; lascas, avivados, núcleos y debitado laminar. *Material cerámico*: fragmentos lisos y decorados. *Elementos pulimentados*: moletas fragmentarias. *Varios*: restos de fauna (dientes de herbívoros).

قاعدة ملجأ لجواد الكبير

الناحية: الدوڨـــج.

القطاع/المنطقة: الدوڨج، الى الغرب ـ مرتفعات لجواد.

المكان المحـــدد: قاعدة جبليــــــة.

تيبولوجية/صنف الموضوع المحدد: مجموعة ادوات صناعية.

كرونولوجية/النطاق الزمني للعنصر: ما بعد العصر الحجري القديم: من تقاليد العصر الحجري الحديث.

الوصـــــف: لقد تم التعرف على ادلة متنوعة تنتمي لما قبل التاريخ، ما بعد العصر الحجري القديم، وذلك على سطح السهل المؤدي الى مدخل الملجأ الكبير للجواد، في، بقاعدة الملجأ نفسه، وهي: ادوات حجرية منحوتة من الصَّوَّان، الكوارتزيت، الشيست، قطع خزفية، قطع مصقولة ومطاحن، الخ. وفي المحيط المجاور لذلك المجال، تتشكل اضاةٌ (ظاية) موسمية مع هطول الامطار.

تاريخ التسجيل: 09 ـ 04 ـ 2005.

المواد الاثريـــــة: صناعة حجرية، مكاشط، مسننات، مناقير، رؤوس مقفاة، ذوات الرأسين شبه مقوسة، مبتورة طرفين هندسية مثلثة، ورقيات، محرشفات، رقائق، مبرودات، نويات، مخصومات صفائحية. مواد خزفية: شظايا ملساء ومزينة. عناصر مصقولة: مساحق مجزأة. اخـرى: بقايا حيوانية (اسنان حيوانات عشبية).

PLATEFORME BASE GRAND ABRI LEJUAD

Région: Duguech.

Secteur/Aire: Duguech W – Inselbergs de Lejuad.

Emplacement: Base de montagne.

Typologie: Ensemble industriel.

Chronologie: Postpaléolithique: de tradition néolithique.

Description: Sur la surface de la plaine d'accès au Grand Abri de Lejuad, et immédiatement à la base du même, on reconnaît diverses évidences préhistoriques postpaléolithiques: outils lithiques taillés en silex, quartzite et schiste, débris céramiques, pièces polies et de broyage, etc. Aux alentours de ce même espace se forme, éventuellement une "dhâya" avec les eaux de pluie.

Date d'enregistrement: 09.04.2005.

Matériel Archéologique: *Industrie lithique*: racloirs, denticulés, becs, pointes à dos, bipointes segmentoïdes, bitroncatures géométriques triangulaires, foliacés, écaillés; éclats, avivements, nucléus et débitage laminaire. *Matériel céramique*: fragments lisses et décorés. *Éléments polis*: molettes fragmentaires. *Autres*: restes de faune (dents d'herbivores).

226

KIDHIET AGSUMAL-SECTOR S/W-1-EKO OINARRIZKO PLATAFORMA

Eskualdea: Mijek

Sektorea/Eremua: Mijek N – Agsumal-eko sebja.

Kokalekua: Mendi-oinarria.

Tipologia: Industria-multzoa.

Kronologia: Behe Paleolitoa: Achelensea; Paleolito ondokoa: tradizio neolitikokoa.

Deskribapena: Agsumal-eko mendiaren hegoaldeko hegalaren mendebaldeko zatia inguratzen duen oinarrizko plataforman historiaurreko hainbat industria-lekukotza daude lur gainean sakabanatuta. Bestalde, kuartzitan, kuartzoan eta dioritan landutako hainbat tresna ere badira eta, alderdi morfo-teknikoari dagokionez, Achelense aurreratuaren industria-konplexuekin lotu behar dira. Eta, beste alde batetik, industria-serie bat ere aurkitu da: tresneria litiko landuak, "freskoagoak", silexean eta kuartzoan egindakoak; zeramikazko ontzian zatiak eta ehotzeko elementuak, Paleolito ondoko historiaurreko garaikoak.

Erregistratze-data: 2010.03.02

Material Arkeologikoa: "Tradizio achelenseko seriea": *Industria litikoa*: Alde biko tresnak, hachereaux-ak, puntak; lauzak eta nukleoak. "Tradizio neolitikoko seriea": *Industria litikoa*: harraskagailuak, dentikulatuak, punta dentikulatuak, ezkatak; lauzak, nukleoak eta debitatu laminarra. *Material zeramikoa*: zati lisoak eta apainduak. *Elementu leunduak*: errota zatikatuak.

Bibliografia: Saenz de Buruaga, A. *et alii* 2011, 21. or., 10. arg.

PLATAFORMA BASE KIDHIET AGSUMAL-SECTOR S/W-1

Región: Mijek

Sector/Área: Mijek N – Sebja de Agsumal.

Emplazamiento: Base de montaña.

Tipología: Conjunto industrial.

Cronología: Paleolítico inferior: Achelense; Postpaleolítico: de tradición neolítica.

Descripción: En la plataforma de base que circunda el tramo occidental de la ladera meridional de la montaña de Agsumal, se encuentran esparcidos en superficie diversos testimonios industriales prehistóricos. Hay, por una parte, un conjunto de instrumentos tallados, en cuarcita, cuarzo y diorita, que morfo-técnicamente deben de asociarse con los complejos industriales del Achelense evolucionado. Y, por otra parte, se constata una serie industrial formada por utillajes líticos tallados, más "frescos", en sílex y cuarzo, trozos de recipientes cerámicos y elementos de molienda propios de una ambientación prehistórica postpaleolítica.

Fecha de registro: 02.03.2010.

Material Arqueológico: "Serie de tradición achelense": *Industria lítica*: Bifaces, hachereaux, puntas; lascas y núcleos. "Serie de tradición neolítica": *Industria lítica*: raederas, denticulados, puntas denticuladas, ecaillés; avivados; lascas, núcleos y debitado laminar. *Material cerámico*: fragmentos lisos y decorados. *Elementos pulimentados*: molinos fragmentarios.

Bibliografía: Sáenz de Buruaga, A. *et alii* 2011, p. 21 , fot. 10.

مرتفـــع من الارض بكديـــة اغزومـــال ـ القطـــاع الجنوبـــي الغربـــي S/W-1

الناحية: ميجك.

القطاع/المنطقة: ميجك، الى الشمال ـ سبخة اغزومال.

المكان المحدد: قاعدة جبل.

تيبولوجية/صنف الموضوع المحدد: مجموعة ادوات صناعية.

كرونولوجية/النطاق الزمني للعنصر: العصر الحجري القديم الاسفل: اتشيلينسي؛ ما بعد العصر الحجري القديم: من تقاليد العصر الحجري الحديث.

الوصـــــف: لقد تم العثور على عدد معتبر من الشهادات الصناعية المختلفة، متناثرة على سطح الارض، والتي تعود الى زمن ما قبل التاريخ. وذلك على المرتفع الارضي المحيط بالامتداد الغربي من السفوح الجنوبية لجبل اغزومال، وهناك ايضا مجموعة من العناصر الصناعية المنحوتة من حجارة الكوارتزيت والكوارتز والجرانيستون، ذات اشكال تقنية متعلقة بالتركيبات الفنية الصناعية الخاصة بعصر "الاتشيلينسي" المتطور. ومن جهة اخرى يلاحظ وجود سلسلة صناعية متكونة من الادوات الحجرية المنحوتة الاكثر "طزاجة": من الصوان والكوارتز، وقطع الاواني الخزفية، وكذا عناصر طحن خاصة ببيئة ما قبل التاريخ وما بعد العصر الحجري القديم.

تاريخ التسجيل: 02 ـ 03 ـ 2010.

المواد الاثرية: "سلسلة من تقاليد اتشيلينسي": صناعة حجرية: ذات وجهين، سواطير، رؤوس، رقائق، نويات. "سلسلة من تقاليد العصر الحجري الحديث": صناعة حجرية: ادوات قطع، مسننات، رؤوس مسننة، محرشفات، مبرودات، رقائق، نويات، مخصومات صفائحية. مواد خزفية: شظايا ملساء وملونة. عناصر مصقولة: مطاحن مجزأة.

المراجع: Sáenz de Buruaga, A. et alii 2011, p. 21, fot. 10.

PLATEFORME BASE KIDHIET AGSUMAL-SECTEUR S/W-1

Région: Mijek

Secteur/Aire: Mijek N – Sebkha d'Agsumal.

Emplacement: Base de montagne.

Typologie: Ensemble industriel.

Chronologie: Paléolithique inférieur: Acheuléen; Postpaléolithique: de tradition néolithique.

Description: Dans la plateforme de base qui entoure le tronçon occidental du flanc méridional de la montagne d'Agsumal, se trouvent parsemés en surface divers témoignages industriels préhistoriques. Il y a, d'autre part, un ensemble d'instruments taillés, en quartzite, quartz et diorite qui, morpho-techniquement, doivent être associés aux complexes industriels de l'Acheuléen évolué. Et, d'autre part, on constate une série industrielle formée par des outillages lithiques plus «frais», en silex et quartz, débris de récipients céramiques et éléments de broyage propres d'une ambiance préhistorique postpaléolithique.

Date d'enregistrement: 02.03.2010.

Matériel Archéologique: "Série de tradition acheuléenne": *Industrie lithique*: Bifaces, hachereaux, pointes; éclats et nucléus. "Série de tradition néolithique": *Industrie lithique*: racloirs, denticulés, pointes denticulées, écaillés; avivements,; éclats, nucléus et débitage laminaire. *Matériel céramique*: fragments lisses et décorés. *Éléments polis*: moulins fragmentaires.

Bibliographie: Sáenz de Buruaga, A. *et alii* 2011, p. 21, phot. 10.

227

SMEILA OUM AGNEINA E OINARRIZKO PLATAFORMA

Eskualdea: Mijek.

Sektorea/Eremua: Mijek S – Oum Agneina-ko sebja.

Kokalekua: Plataforma harritsua.

Tipologia: Habitata.

Kronologia: Paleolito ondokoa: tradizio neolitikokoa.

Deskribapena: Oum Agneina-ko "smeila"-tik 500 m inguru ekialdera, mendi-erliebearen ondo-ondoan dagoen oinarrizko plataformaren gainean hainbat arrasto aurkitu dira eta, ziurrenik, Paleolito ondoko historiaurreko kokaleku batekoak izango dira. Eremu horretako gainazalean, pilatuta, hainbat silex motatan, kuartzitan eta kuartzoan landutako arrasto litiko asko aurkitu dira.

Erregistratze-data: 2005.04.14

Material Arkeologikoa: *Industria litikoa*: harraskagailuak, puntak, atzealde-puntak, bitrunkadura geometriko trapezoideak; lauzak, nukleoak eta debitatu laminarra.

PLATAFORMA BASE SMEILA OUM AGNEINA E

Región: Mijek.

Sector/Área: Mijek S – Sebja de Oum Agneina.

Emplazamiento: Plataforma pedregosa.

Tipología: Hábitat.

Cronología: Postpaleolítico: de tradición neolítica.

Descripción: A unos 500 m al E de la "smeila" de Oum Agneina, sobre la plataforma de base inmediata al relieve montañoso, se hallan diversos restos pertenecientes, probablemente, a un asentamiento prehistórico postpaleolítico. En la superficie de esa área se advierten, concentrados, un elevado efectivo de restos líticos tallados en diversas variedades de sílex, así como en cuarcita y cuarzo.

Fecha de registro: 14.04.2005.

Material Arqueológico: *Industria lítica*: raederas, puntas, denticulados, puntas de dorso, bitruncaduras geométricas trapezoides; lascas, núcleos y debitado laminar.

قاعدة ازميلة ام اكْنينة، الى الشرق

الناحيـــة: ميجـــك.

القطاع/المنطقـــــة: ميجك، الى الجنوب ـ سبخة ام اكْنينة.

المكان المحـــــدد: منصة حجرية.

تيبولوجية/صنف الموضوع المحدد: موائل.

كرونولوجية/النطاق الزمني للعنصر: ما بعد العصر الحجري القديم: من تقاليد العصر الحجري الحديث.

الوصـــف: على بعد حوالى 500 متر الى الشرق من "ازميلة" ام اكْنينة ، فوق المنصة القاعدية المواجهة للتضاريس الجبلية، يعثر على بقايا متنوعة، يحتمل انها تنتمي لمستوطنة ماقبل التاريخ، زمن ما بعد العصر الحجري القديم. فعلى سطح تلك المنطقة، يلاحظ عدد مرتفع من بقايا حجرية منحوتة، متركزة هناك، من مختلف انواع الصوان، وكذا الكوارتزيت، والكوارتز.

تاريخ التسجيل: 14 ـ 04 ـ 2005.

المواد الاثرية: صناعة حجرية: ادوات قطع، رؤوس، مسننات، مسننات مقفاة، مبتورات طرفين هندسية شبه منحرفة، رقائق، نويات ومخصومات صفائحية.

PLATEFORME BASE SMEILA OUM AGNEINA E

Région: Mijek.

Secteur/Aire: Mijek S – Sebkha d'Oum Agneina.

Emplacement: Plateforme pierreuse.

Typologie: Habitat.

Chronologie: Postpaléolithique: de tradition néolithique.

Description: Environ à 500 m à l'est de la "smeila" d'Oum Agneina, sur la plateforme de base immédiate au relief montagneux, se trouvent plusieurs restes appartenant, probablement, à un établissement préhistorique postpaléolithique. Sur la surface de cette aire on avertit, concentrés, un élevé effectif de restes lithiques taillés en diverses variétés de silex, ainsi qu'en quartzite et quartz.

Date d'enregistrement: 14.04.2005.

Matériel Archéologique: *Industrie lithique*: curettes, pointes, denticulés, pointes à dos, bitroncatures géométriques trapézoïdes; éclats, nucléus et débitage laminaire.

228

SMEILA OUM AGNEINA SW OINARRIZKO PLATAFORMA

Eskualdea: Mijek.

Sektorea/Eremua: Mijek S – Oum Agneina-ko sebja.

Kokalekua: Lautada.

Tipologia: Industria-multzoa.

Kronologia: Erdi Paleolitoa: Musteriensea (?); Paleolito ondokoa: tradizio neolitikokoa.

Deskribapena: Oum Agneina-ko "smeila"-tik ipar-mendebaldera dagoen oinarrizko plataformaren gainean, sebjaren hegoaldeko ertzetik gertu, batik bat, kuartzitan eta tokiko silex marroian landutako arrasto litiko landuak aurkitu dira. Hainbat tresna identifikatu ditugu eta, bereziki, debitatuaren produktuak eta nukleoak, levalloide kudeaketa teknologikoarekin loturik. Multzo osoa, industrialki, Erdi Paleolitoko tekno-konplexuekin loturik egon daiteke. Horrelako ebidentzia zaharren ondoan, tresna berriagoak ere badira, Paleolito ondoko historiaurreko industria-multzoetako berezkoak direnak.

Erregistratze-data: 2005.04.14

Material Arkeologikoa: "Tradizio musterienseko seriea": *Industria litikoa*: harraskagailuak, dentikulatuak, landutako ertzak; lauzak eta nukleoak. "Tradizio neolitikoko seriea": *Industria litikoa*: lauzak eta nukleoak.

PLATAFORMA BASE SMEILA OUM AGNEINA SW

Región: Mijek.

Sector/Área: Mijek S – Sebja de Oum Agneina.

Emplazamiento: Planicie.

Tipología: Conjunto industrial.

Cronología: Paleolítico medio: Musteriense (?); Postpaleolítico: de tradición neolítica.

Descripción: Sobre la plataforma de base existente al NW de la "smeila" de Oum Agneina, próxima al reborde meridional de la sebja, se localizan varios restos líticos tallados, esencialmente, en cuarcita y en sílex marrón local. Han sido identificados varios utensilios y, muy especialmente, núcleos y productos de debitado asociados con la gestión tecnológica levalloide. El conjunto quizá pueda relacionarse, industrialmente, con los tecno-complejos del Paleolítico medio. Junto a este tipo de evidencias antiguas, hay otra serie de utensilios, más avanzados temporalmente, propios de los conjuntos industriales de la Prehistoria postpaleolítica.

Fecha de registro: 14.04.2005.

Material Arqueológico: "Serie de tradición musteriense": *Industria lítica*: raederas, denticulados, cantos tallados; lascas y núcleos. "Serie de tradición neolítica": *Industria lítica*: lascas y núcleos.

قاعدة، الى الجنوب الغربي بازميلة ام اڭنينة

الناحيــة: ميجــــك.

القطاع/المنطقة: ميجك الى الجنوب ـ سبخة ام اڭنينة.

المكان المحدد: سهــــــل.

تيبولوجية/صنف الموضوع المحدد: مجموعة ادوات صناعية.

كرونولوجية/النطاق الزمني للعنصر: العصر الحجري القديم الاوسط: الموستيري (؟)؛ ما بعد العصر الحجري القديم: من تقاليد العصر الحجري الحديث.

الوصـــــف: لقد تم العثور على عدة بقايا حجرية منحوتة، فوق المنصة القاعدية الموجودة الى الشمال الغربي من "ازميلة" ام اڭنينة، بالقرب من الحافة الجنوبية للسبخة، وهي بصفة خاصة من الكوارتزيت، والصوان البني المحلي. وتم تمييز عدد من الادوات، وبصورة خاصة جدا، نويات ومنتوجات مخصومة، مسيرة بتقنية levalloide. هذه المجموعة ربما تكون متعلقة، صناعيا، بالتركيبة ـ التقنية للعصر الحجري القديم الاوسط. والى جانب هذا النوع من الادلة القديمة، هناك سلسلة اخرى من الاواني، اكثر تقدما من الناحية الزمنية، تخص مجموعات الادوات الصناعية لما بعد العصر الحجري القديم، في ما قبل التاريخ.

تاريخ التسجيل: 14 ـ 04 ـ 2005.

المواد الاثريــة: "سلسلة تقاليد الموستيري": صناعة حجرية: مكاشط، مسننات، حجارة منحوتة، رقائق ونويات. "سلسلة تقاليد العصر الحجري الحديث": صناعة حجرية: رقائق ونويات.

PLATEFORME BASE SMEILA OUM AGNEINA SW

Région: Mijek.

Secteur/Aire: Mijek S – Sebkha d'Oum Agneina.

Emplacement: Plaine.

Typologie: Ensemble industriel.

Chronologie: Paléolithique moyen: Moustérien (?); Postpaléolithique: de tradition néolithique.

Description: Sur la plateforme de base existante au nord-ouest de la "smeila" d'Oum Agneina, proche au rebord méridional de la sebkha, on localise plusieurs restes lithiques taillés, essentiellement, en quartzite et en silex marron local. On a identifié plusieurs outils et, très spécialement, des nucléus et des produits de débitage associés à la gestion technologique levalloïde. L'ensemble peut être pourrait-il être mis en relation, industriellement, avec les techno-complexes du Paléolithique moyen. Conjointement à ce type d'évidences anciennes, il y a une série d'outils, plus avancés temporellement, propres des ensembles industriels de la Préhistoire postpaléolithique.

Date d'enregistrement: 14.04.2005.

Matériel Archéologique: "Série de tradition moustérienne": *Industrie lithique*: racloirs, denticulés, cailloux taillés; éclats et nucléus. "Série de tradition néolithique": *Industrie lithique*: éclats et nucléus.

229

SEBJA EMHERISAT 1-NW/1

Eskualdea: Duguech.

Sektorea/Eremua: Azefal-go erg-a – Emherisat-eko mendiak.

Kokalekua: Sebja.

Tipologia: Industria-multzoa.

Kronologia: Behe Paleolitoa: Achelensea; Paleolito ondokoa: tradizio neolitikokoa eta protohistorikoa (?).

Deskribapena: Meriset 1-NW-eko "sebja"-sistemaren gainazalean industria-ebidentzia asko eta asko aurkitu dira sakabanatuta. Silexean, kuartzoan eta dioritan landutako tresna makrolitikoz osatuta serie bat tekno-konplexu achelenseekin lotu behar da. Beste serie bat, "freskoagoa", silexean eta kuartzoan landutako material litikoz, zeramika zati ugariz, elementu leunduz eta abarrez osatuta dago eta Paleolito ondoko historiaurreko garaikoak direla esan daiteke. Azken horien arteko zenbait arrasto agian garai protohistoriko aurreratu bateko gertaerekin loturik egon daitezke edo, bestela, garai historiko bateko gertaerekin.

Erregistratze-data: 2008.02.28

Material Arkeologikoa: "Tradizio achelenseko seriea": alde biko tresnak. "Tradizio neolitikoko eta protohistorikoko seriea": *Industria litikoa*: harraskagailuak, karrakagailuak, atzealde-puntak, bitrunkadura geometriko triangeluarrak, foliazeoak, ezkatak; lauzak, nukleoak eta debitatu laminarra. *Material zeramikoa*: eskuz eta tornuarekin egindako ontzien zati lisoak eta apainduak. *Elementu leunduak*: aizkorak, zeio edo opaitzurrak; disko zulatuak; moletak, errota zatikatuak, motrailuen aztarnak. *Bestelakoak*: burdinazko hodi zati bat; animalien hezur arrastoak.

SEBJA EMHERISAT 1-NW/1

Región: Duguech.

Sector/Área: Erg de Azefal – Montañas de Emherisat.

Emplazamiento: Sebja.

Tipología: Conjunto industrial.

Cronología: Paleolítico inferior: Achelense; Postpaleolítico: de tradición neolítica y protohistórica (?).

Descripción: Sobre la superficie del sistema de "sebjas" de Meriset 1-NW se encuentran esparcidos un importante número de evidencias industriales. Una serie, con utensilios macrolíticos tallados en sílex, cuarzo y diorita, debe correlacionarse con los tecno-complejos achelenses. Otra, más "fresca", a base de materiales líticos tallados en sílex y cuarzo, de numerosos fragmentos cerámicos, de elementos pulimentados, etc., responde a una ambientación prehistórica postpaleolítica. Entre estos últimos elementos, hay una serie de indicios que acaso pudieran estar en relación con episodios propios de una época protohistórica avanzada o, incluso, de ambientación inicialmente histórica.

Fecha de registro: 28.02.2008.

Material Arqueológico: "Serie de tradición achelense": bifaces. "Serie de tradición neolítica y protohistórica": *Industria lítica*: raederas, raspadores, puntas de dorso, bitruncaduras geométricas triangulares, foliáceos, ecaillés; lascas, núcleos y debitado laminar. *Material cerámico*: fragmentos lisos y decorados de recipientes a mano y a torno. *Elementos pulimentados*: hachas, azuelas; discos perforados; moletas, molinos fragmentarios, restos de morteros. *Varios*: fragmento de tubo de hierro; restos óseos de fauna.

سبخة امهيرزات، الى الشمال الغربي 1-NW/1

الناحية: الدوڭج.

القطاع/المنطقة: عرق ازفال ـ جبال امهيرزات.

المكان المحدد: سبخة.

تيبولوجية/صنف الموضوع المحدد: مجموعة من الادوات الصناعية.

كرونولوجية/النطاق الزمني للعنصر: العصر الحجري القديم الاسفل: "اتشيلينسي"؛ ما بعد العصر الحجري القديم: من تقاليد العصر العصر الحجري الحديث، والمرحلة الاخيرة مما قبل التاريخ (؟).

الوصـــف: على سطح نظام سباخ امهيرزات، الى الشمال الغربي 1-NW، تم العثور على رقم معتبر من الاثار الصناعية الدالة، المنتشرة فوق السطح، سلسلة منها عبارة عن ادوات منحوتة من صخور كبيرة، من الصوان والكوارتز والجرانيستون، التي لها علاقة بالمركبات التقنية لعصر "اتشيلينسي"، واخرى "طازجة" اكثر، مصنوعة من مادة الكوارتز والصوان، والعديد من الشظايا الخزفية، والعناصر المصقولة، الخ؛ تتناسب مع بيئات ماقبل التاريخ وما بعد العصرالحجري القديم، ومن بين هذه العناصر الاخيرة، هناك سلسلة يمكن ان تكون متعلقة بحلقات خاصة من زمن متقدم، من المرحلة الاخيرة مما قبل التاريخ، او من بيئات بداية التاريخ.

تاريخ التسجيل: 28 ـ 02 ـ 2008.

المواد الاثرية: "سلسلة من تقاليد اتشيلينسي": ذات وجهين. "سلسلة من تقاليد العصر الحجري الحديث والمرحلة الاخير مما قبل التاريخ": صناعة حجرية: ادوات قطع، مكاشط، رؤوس ذات قفا، مبتورة طرفين هندسية مثلثة، ورقيات، محرشفات، رقائق، نويات، مخصومات صفائحية. مواد خزفية: شظايا ملساء من اواني مصنوعة بواسطة اليد والمخرطة. عناصر مصقولة: فؤوس، ادوات نجارة، اقراص مثقوبة، مساحق، مطاحن مجزأة، بقايا مهاريس.اخرى: شظية من انبوب حديدي، بقايا من عظام حيوانية.

SEBKHA EMHERISAT 1-NW/1

Région: Duguech.

Secteur/Aire: Erg d'Azefal – Montagnes d'Emherisat.

Emplacement: Sebkha.

Typologie: Ensemble industriel.

Chronologie: Paléolithique inférieur: Acheuléen; Postpaléolithique; de tradition néolithique et protohistorique (?).

Description: En surface du système de «sebkhas» de Meriset 1-NW se trouvent parsemés un important nombre d'évidences industrielles. Une série, avec des outillages macrolithiques taillés en silex, quartz et diorite, qui doivent être mis en relation avec les techno-complexes acheuléens. Une autre plus «fraîche», á base de matériaux lithiques taillés en silex et quartz, de nombreux fragments céramiques, des éléments polis, etc, répondent à une ambiance préhistorique postpaléolithique. Parmi ces derniers éléments, il y a une série qui peut-être pourrait-elle être mise en relation avec des épisodes propres d'une époque protohistorique avancée ou, même, d'ambiance initialement historique.

Date d'enregistrement: 28.02.2008.

Matériel Archéologique: "Série de tradition acheuléenne": bifaces. "Série de tradition néolithique et protohistorique": *Industrie lithique*: curettes, racloirs, pointes à dos, bitroncatures géométriques triangulaires, foliacés, écaillés; éclats, nucléus et débitage laminaire. *Matériel céramique*: fragments lisses et décorés de récipients faits à la main et au tour. *Éléments polis*: haches, herminettes; disques perforés; molettes, moulins fragmentaires, restes de mortiers. *Autres*: fragment de tube de fer; restes osseux de faune.

230

SEBJA ENFAJ W-1

Eskualdea: Duguech.

Sektorea/Eremua: Duguech S – Enfaj-eko sebja.

Kokalekua: Sebja ertza.

Tipologia: Industria-multzoa.

Kronologia: Erdi Paleolitoa: aztarna aterienseak; Paleolito ondokoa: tradizio neolitikokoa.

Deskribapena: Sebja Enfaj W-1-eko tumulu-multzoa kokatuta dagoen espazio-testuinguru berean hainbat industria-arrasto litiko daude sakabanatuta, silexean, kuartzitan eta kuartzoan landutakoak; halaber, zeramika zatiak eta elementu leunduren bat ere agertu dira. Serie hori Paleolito ondoko historiaurreko tekno-konplexuekin lotu behar da. Era berean, ebidentzien artean Ateriense garaiko industria-aztarna isolaturen bat ere badago.

Erregistratze-data: 2007.03.16

Material Arkeologikoa: "Tradizio aterienseko seriea": *Industria litikoa*: punta pedunkulatuak. "Tradizio neolitikoko seriea": *Industria litikoa*: harraskagailuak, karrakagailuak, dentikulatuak, bec edo mokoak, atzealde-puntak, atzealde-xafla sinpleak eta trunkatuak, bitrunkadura geometrikoak (segmentoideak, triangeluarrak eta trapezoideak), foliazeoak, ezkatak; abibatuak; lauzak eta debitatu laminarra. *Material zeramikoa*: zati lisoak. *Elementu leunduak*: moletak eta errota zatikatuak.

SEBJA ENFAJ W-1

Región: Duguech.

Sector/Área: Duguech S – Sebja de Enfaj.

Emplazamiento: Reborde de sebja.

Tipología: Conjunto industrial.

Cronología: Paleolítico medio: indicios aterienses; Postpaleolítico: de tradición neolítica.

Descripción: En el mismo contexto espacial en que se asienta el conjunto tumular de la Sebja Enfaj W-1 se encuentran diseminados diversos restos industriales líticos, tallados en sílex, cuarcita y cuarzo, así como varios fragmentos cerámicos y algún elemento pulimentado. La serie debe de ponerse en relación con el desarrollo de los tecno-complejos prehistóricos postpaleolíticos. Hay asimismo entre las evidencias algún indicio industrial aislado propio del Ateriense.

Fecha de registro: 16.03.2007.

Material Arqueológico: "Serie de tradición ateriense": *Industria lítica*: punta pedunculada. "Serie de tradición neolítica": *Industria lítica*: raederas, raspadores, denticulados, becs, puntas de dorso, láminas de dorso simples y truncadas, bitruncaduras geométricas (segmentoides, triangulares y trapezoides), foliáceos, ecaillés; avivados; lascas y debitado laminar. *Material cerámico*: fragmentos lisos. *Elementos pulimentados*: moletas y molinos fragmentarios.

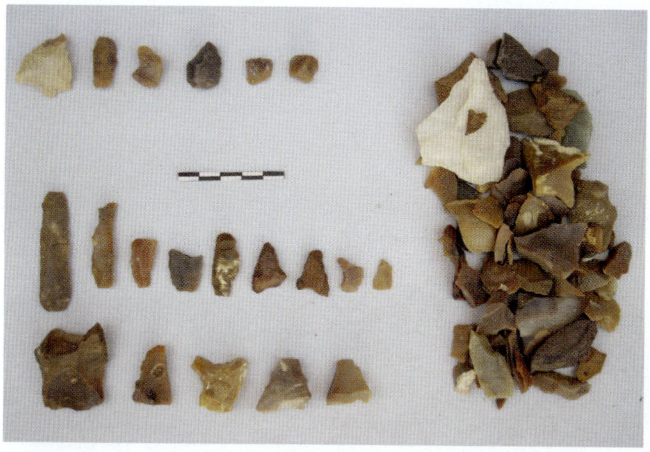

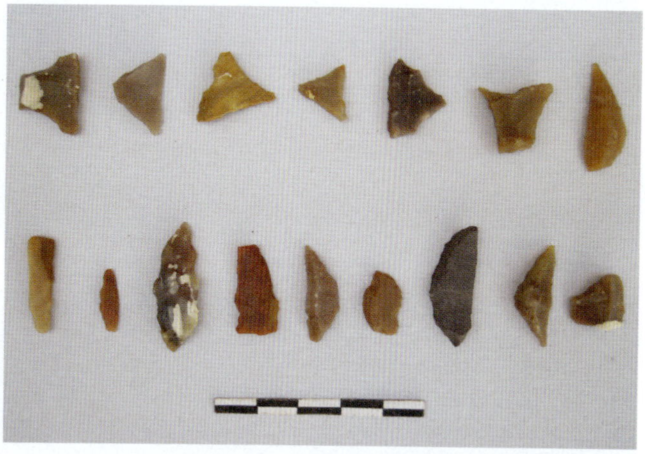

سبخة النفـــــاخ، الى الغرب W-1

الناحية: الدوڤج.

القطاع/المنطقة: الدوڤج، الى الجنوب ـ سبخة النفاخ.

المكان المحدد: حافة السبخة.

تيبولوجية/صنف الموضوع المحدد: مجموعة ادوات صناعية.

كرونولوجية/النطاق الزمني للعنصر: العصر الحجري القديم الاوسط: مؤشرات مرحلة ateriense؛ ما بعد العصر الحجري القديم: تقاليد العصر الحجري الحديث.

الوصـــف: في نفس المكان الذي يجلس فيه مجموعة تيميليس الجنائزية، بسبخة النفاخ، الى الغرب W-1، يعثر هناك على بقايا متناثرة من الصناعات الحجرية المتنوعة، منحوتة من حجر الصوان، الكوارتزيت والكوارتز، وكذا عديد الشظايا الخزفية وبعض العناصر المصقولة. المجموعة قد تكون على صلة بتطور المركبات التقنية لما بعد العصر الحجري القديم، من زمن ما قبل التاريخ. وهناك كذلك من بين الادلة، بعض المؤشرات الصناعية المعزولة الخاصة بالـ Ateriense.

تاريخ التسجيل: 16 - 03 - 2007.

المواد الاثرية: "سلسلة من تقاليد الـ ateriense": صناعة حجرية: رؤوس مسوَّقة (ذات ساق). "سلسلة من تقاليد العصر الحجري الحديث": صناعة حجرية: ادوات قطع، مكاشط، مسننات، مناقير، رؤوس ذات قفا، رقائق ذات ظهور بسيطة مقطوعة طرف، ومقطوعة طرفين هندسية (شبه مقوّسات، مثلثات، وشبه منحنيات)، ورقيات، محرشفات، مبرودات، رقائق ومخصومات صفائحية. ادوات خزفية: شظايا ملساء. عناصر مصقولة: مساحق ورحي مجزأة.

SEBKHA ENFAJ W-1

Région: Duguech.

Secteur/Aire: Duguech S – Sebkha d'Enfaj.

Emplacement: Rebord de sebkha.

Typologie: Ensemble industriel.

Chronologie: Paléolithique moyen: indices atériens; Postpaléolithique: de tradition néolithique.

Description: Dans le même contexte spatial où s'assied l'ensemble tumulaire de la Sebkha Enfaj W-1 se trouvent parsemés divers restes industriels lithiques, taillés en silex, quartzite et quartz, ainsi que plusieurs fragments céramiques et quelque élément poli. La série doit être mise en relation avec le développement des techno-complexes préhistoriques postpaléolithiques. Il y a également parmi les évidences quelque indice industriel isolé propre de l'Atérien.

Date d'enregistrement: 16.03.2007.

Matériel Archéologique: "Série de tradition atérienne": *Industrie lithique*: pointe pédonculée. "Série de tradition néolithique": *Industrie lithique*: racloirs, curettes, denticulés, becs, pointes à dos, lames à dos simples et tronquées, bitroncatures géométriques (segmentoïdes, triangulaires et trapézoïdales), foliacés, écaillés; avivements; éclats et débitage laminaire. *Matériel céramique*: fragments lisses. *Éléments polis*: molettes et moulins fragmentaires.

231

SEBJA GLEB TERZUZ SE-1

Eskualdea: Mijek

Sektorea/Eremua: Mijek N – Gleb Terzuz-eko sebja.

Kokalekua: Sebja.

Tipologia: Industria-multzoa.

Kronologia: Paleolito ondokoa: tradizio neolitikokoa.

Deskribapena: Gleb Terzuz SE-ko sebjaren gainazalean, izen bereko mendiaren hegoaldeko isurialdetik gertu, Paleolito ondoko historiaurreko hainbat aztarna arkeologiko aurkitu dira sakabanatuta: industria litikoak (silexean, kuartzitan eta kuartzoan), zeramika arrastoak, pieza leunduak eta ehotzekoak eta abar. Oro har, materiala beheragunearen barneko aldean dago.

Erregistratze-data: 2009.02.22

Material Arkeologikoa: *Industria litikoa*: harraskagailuak, karrakagailuak, dentikulatuak, bec edo mokoak, atzealde-puntak, bitrunkadura geometrikoak, foliazeoak, ezkatak; abibatuak, mikrogubilak; lauzak, nukleoak eta debitatu laminarra. *Material zeramikoa*: zati lisoak eta apainduak. *Elementu leunduak*: moleta zatikatuak.

SEBJA GLEB TERZUZ SE-1

Región: Mijek

Sector/Área: Mijek N – Sebja de Gleb Terzuz.

Emplazamiento: Sebja.

Tipología: Conjunto industrial.

Cronología: Postpaleolítico: de tradición neolítica.

Descripción: Sobre la superficie de la sebja de Gleb Terzuz SE, próxima a la vertiente meridional de la montaña de similar denominación, se hallan dispersos diversos restos arqueológicos prehistóricos postpaleolíticos: industrias líticas (en sílex, cuarcita y cuarzo), restos cerámicos, piezas pulimentadas y de molienda, etc. El material se encuentra, de forma generalizada, por el espacio interior de la depresión.

Fecha de registro: 22.02.2009.

Material Arqueológico: *Industria lítica*: raederas, raspadores, denticulados, truncaduras, becs, puntas de dorso, bitruncaduras geométricas, foliáceos, ecaillés; avivados, microburiles; lascas, núcleos y debitado laminar. *Material cerámico*: fragmentos lisos y decorados. *Elementos pulimentados*: moletas fragmentarias.

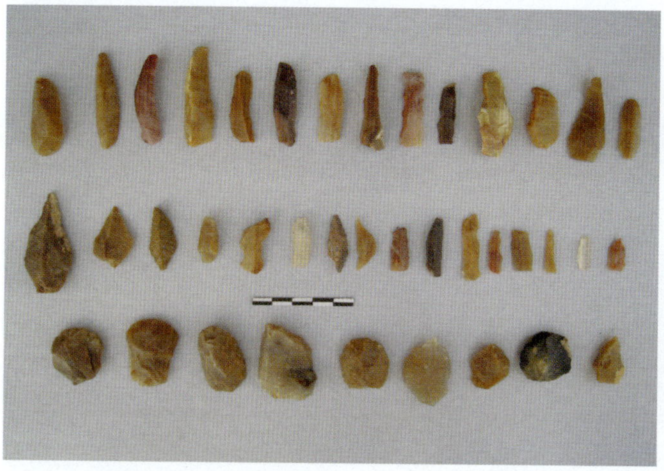

سبخة ڭليب الترثوث، الى الشمال الشرقي SE-1

الناحية: ميجك.

القطاع/المنطقة: ميجك، الى الشمال ـ سبخة ڭليب الترثوث.

المكان المحدد: سبخة.

تيبولوجية/صنف الموضوع المحدد: مجموعة ادوات صناعية.

كرونولوجية/النطاق الزمني للعنصر: ما بعد العصر الحجري القديم: من تقاليد العصر الحجري الحديث.

الوصـــــف: على سطح سبخة ڭليب الترثوث، الى الجنوب الشرقي، قريبا من السفح الجنوبي من الجبل والذي يحمل نفس الاسم، تم العثور على بقايا اثرية مختلفة، متناثرة هناك، والتي تعود لما قبل التاريخ، ما بعد العصر الحجري القديم: صناعات حجرية (من الصوان، والكوارتزيت، والكوارتز)، بقايا خزفية، قطع للطحن مصقولة، الخ. هذه المواد عثر عليها بشكل عام، في المجال الداخلي من المنحدر.

تاريخ التسجيل: 22 - 02 - 2009.

المواد الاثرية: صناعة حجرية: ادوات قطع، مكاشط، مسننات، مبتورة طرف، مناقير، رؤوس ذات قفا، مبتورة طرفين هندسية، ورقيات، محرشفات، مبرودات، ازاميل صغيرة، رقائق، نويات، ومخصومات صفائحية. مواد خزفية: شظايا ملساء ومزينة. عناصر مصقولة: مساحق مجزأة.

SEBKHA GLEB TERZUZ SE-1

Région: Mijek

Secteur/Aire: Mijek N – Sebkha de Gleb Terzuz.

Emplacement: Sebkha.

Typologie: Ensemble industriel.

Chronologie: Postpaléolithique: de tradition néolithique.

Description: En surface de la sebkha de Gleb Terzuz SE, proche au flanc méridional de la montagne de similaire dénomination, se trouvent parsemés divers restes archéologiques préhistoriques postpaléolithique: industries lithiques (en silex, quartzite et quartz), débris céramiques, pièces polies et de broyage, etc. Le matériel se trouve, de manière généralisée, dans l'espace intérieur de la dépression.

Date d'enregistrement: 22.02.2009.

Matériel Archéologique: *Industrie lithique*: curettes, racloirs, denticulés, troncatures, becs, pointes à dos, bitroncatures géométriques, foliacés, écaillés; avivements, microburins; éclats, nucléus et débitage laminaire. *Matériel céramique*: fragments lisses et décorés. *Éléments polis*: molettes fragmentaires.

232

SEBJA KARRASHIET NW-1

Eskualdea: Duguech.

Sektorea/Eremua: Zug – Azefal-go erg-a (Karrashiet-eko sebja).

Kokalekua: Sebja.

Tipologia: Habitata.

Kronologia: Paleolito ondokoa: tradizio neolitikokoa.

Deskribapena: Karrashiet-eko sebjaren ipar-mendebaldeko sektorean, eta bereziki, kanpoko perimetroen zatiaren ondoan, Paleolito ondoko historiaurreko aztarna arkeologikoak daude lur gainean sakabanatuta: tresneria litiko landua (silexean, kuartzoan eta obsidianan), zeramika zatiak, objektu leunduak eta ehotzekoak eta abar. Multzoa hori ikusita, tokia egoteko lekutzat erabiltzen zutela pentsa daiteke.

Erregistratze-data: 2009.03.05

Material Arkeologikoa: *Industria litikoa*: harraskagailuak, puntak, karrakagailuak, dentikulatuak, bec edo mokoak, atzeal-de-puntak, bitrunkadura geometriko triangeluarrak, foliazeoak, ezkatak; abibatuak; lauzak eta debitatu laminarra. *Material zeramikoa*: zati lisoak eta apainduak. *Bestelakoak*: kaltzitazko (?) eta ostruka-arrautzaren azalezko zintzilikariak.

SEBJA KARRASHIET NW-1

Región: Duguech.

Sector/Área: Zug – Erg de Azefal (Sebja de Karrashiet).

Emplazamiento: Sebja.

Tipología: Hábitat.

Cronología: Postpaleolítico: de tradición neolítica.

Descripción: En el sector noroccidental de la sebja de Karrashiet –y muy especialmente, junto al tramo de sus perímetros exteriores– se encuentran esparcidos en superficie diversos restos arqueológicos prehistóricos postpaleolíticos: utillajes líticos tallados (en sílex, cuarzo y obsidiana), trozos cerámicos, objetos pulimentados y de molienda, etc. El conjunto sugiere la función del lugar como sitio de hábitat.

Fecha de registro: 05.03.2009.

Material Arqueológico: *Industria lítica*: raederas, puntas, raspadores, denticulados, becs, puntas de dorso, puntas pedunculadas, bitruncaduras geométricas triangulares, foliáceos, ecaillés; lascas y debitado laminar. *Material cerámico*: fragmentos lisos y decorados. *Varios*: colgantes en calcita (?) y en cáscara de huevo de avestruz.

سبخة الكراشيات، الى الشمال الغربي NW-1

الناحية: الدوڭج.

القطاع/المنطقة: زوڭ - عرق ازفال (سبخة الكراشيات).

المكان المحدد: سبخة.

تيبولوجية/صنف الموضوع المحدد: موائل (سكنات).

كرونولوجية/النطاق الزمني للعنصر: ما بعد العصر الحجري القديم: من تقاليد العصر الحجري الحديث.

الوصـــــف: في القطاع الشمالي الغربي من سبخة الكراشيات - وبصفة خاصة جدا بحدود محيطه الخارجي - تم العثور على مختلف البقايا الاثرية المتبعثرة، التي تعود لما قبل التاريخ، ما بعد العصر الحجري القديم: ادوات حجرية منحوتة (من الصوان والكوارتز والسبج)، قطع خزفية، اشياء مصقولة وعناصر للطحن، الخ. هذه المجموعة من الادوات تشير الى وظيفة المكان قديما كسكنات (موائل).

تاريخ التسجيل: 05 - 03 - 2009.

المواد الاثرية: صناعة حجرية: اودات قطع، رؤوس، مكاشط، مسننات، مناقير، رؤوس مقفاة، رؤوس مسوَّقة، مبتورة طرفين هندسية ومثلثة، ورقيات، محرشفات، رقائق، ومخصومات صفائحية. ادوات خزفية: شظايا ملساء ومزينة. اخرى: قلائد من الكالسيت (؟). و من قشور بيض النعام.

SEBKHA KARRASHIET NW-1

Région: Duguech.

Secteur/Aire: Zug – Erg d'Azefal (Sebkha de Karrashiet).

Emplacement: Sebkha.

Typologie: Habitat.

Chronologie: Postpaléolithique: de tradition néolithique.

Description: Dans le secteur nord-occidental de la sebkha de Karrashiet -et très spécialement, à côté du tronçon de ses périmètres extérieurs- se trouvent parsemés en surface divers restes archéologiques préhistoriques postpaléolithiques: outillages lithiques taillés (en silex, quartz et obsidienne), débris céramiques, objets polis et de broyage, etc. L'ensemble suggère la fonction de l'endroit en tant que lieu d'habitat.

Date d'enregistrement: 05.03.2009.

Matériel Archéologique: *Industrie lithique*: racloirs, pointes, curettes, denticulés, becs, pointes à dos, pointes pédonculées, bitroncatures géométriques triangulaires, foliacés, écaillés; éclats et débitage laminaire. *Matériel céramique*: fragments lisses et décorés. *Autres*: pendentifs en calcite (?) et en coquille d'œuf d'autruche.

233

SEBJA LEMELHA 2

Eskualdea: Agüenit.

Sektorea/Eremua: Azefal-go erg-a – Lemelha-ko sebja.

Kokalekua: Sebja.

Tipologia: Habitata.

Kronologia: Paleolito ondokoa: tradizio neolitikokoa.

Deskribapena: Sebja-segmentu txikia, 100 x 80 metrokoa, forma biribilkara duena; Lemelha 1-eko sebja handiaren iparraldera dago, 500 metrotara. Dista unos 4 km al S.SE de la montaña de Larui Bu Garn-koменditik 4 kilometrotara dago, S.SE aldera eta Taziwalt-ekotik 8 bat km ekialdera. Gainazalean Paleolito ondoko historiaurreko kronologia duten hainbat material arkeologiko aurkitu dira; beraz, egoteko lekua zela pentsa daiteke. Silexean, kuartzitan, kuartzoan, dioritan eta obsidianan landutako tresna litikoak daude, bai eta eskuz egindako zeramikazko ontzien arrastoak, tresna leunduak eta ehotzekoak ere.

Erregistratze-data: 2006.03.18

Material Arkeologikoa: *Industria litikoa*: harraskagailuak, karrakagailuak, dentikulatuak, bec edo mokoak, atzealde-puntak eta atzealde-xaflak, bitrunkadura geometrikoak (segmentoideak, triangeluarrak eta trapezoideak), foliazeoak; abibatuak; lauzak eta debitatu laminarra. *Material zeramikoa*: zati lisoak eta apainduak. *Elementu leunduak*: aizkorak; errota osoak eta zatikatuak, motrailuak. *Bestelakoak*: moluskuen maskorrak.

SEBJA LEMELHA 2

Región: Agüenit.

Sector/Área: Erg de Azefal – Sebja de Lemelha.

Emplazamiento: Sebja.

Tipología: Hábitat.

Cronología: Postpaleolítico: de tradición neolítica.

Descripción: Pequeño segmento de sebja, de morfología tendente a circular, de unos 100 x 80 m, emplazado unos 500 m al N de la gran sebja de Lemelha 1. Dista unos 4 km al S.SE de la montaña de Larui Bu Garn y unos 8 km al E de la de Taziwalt. Sobre la superficie de la misma se reconocen diversos materiales arqueológicos de cronología prehistórica postpaleolítica que deben de responder a su función como lugar de habitación. Hay utensilios líticos tallados (en sílex, cuarcita, cuarzo, diorita y obsidiana), así como restos de recipientes cerámicos a mano y diverso instrumental pulimentado y de molienda.

Fecha de registro: 18.03.2006.

Material Arqueológico: *Industria lítica*: raederas, raspadores, denticulados, becs, puntas y láminas de dorso, bitruncaduras geométricas (segmentoides, triangulares y trapezoides), foliáceos; avivados; lascas y debitado laminar. *Material cerámico*: fragmentos lisos y decorados. *Elementos pulimentados*: hachas; molinos enteros y fragmentarios, restos de morteros. *Varios*: conchas de moluscos.

سبخة لميلحة 2

الناحية: اغوينيت.

القطاع/المنطقة: عرق ازفـال ـ سبخة لميلحة.

المكان المحدد: سبخة.

تيبولوجية/صنف الوضوع المحدد: موائل (سكنات).

كرونولوجية/النطاق الزمني للعنصر: ما بعد العصر الحجري القديم: تقاليد العصر الحجري الحديث.

الوصــــف: طرف صغير من سبخة، تميل الى الشكل الدائري، من حوالي 100×80 مترا، توجد على بعد قرابة 500 متر الى الشمال من السبخة الكبيرة للميلحة1، وتبعد حوالي 4 كلمترات الى الجنوب، الجنوب الشرقي S.SE من جبل لروي بوڭرن، وحوالي 8 كلمترات الى الشرق من تازوالت؛ على وجه الارض هناك، يعثر على ادوات اثرية متنوعة، تعود لما قبل التاريخ، زمن ما بعد العصر الحجري القديم، الذي ينبغي ان تستجيب له، من حيث وظيفتها كمكان سكن. هناك اواني حجرية منحوتة (من الصوان، الكوارتزيت، الكوارتز، جرينستون، السبج)، وكذلك بعض بقايا الاواني الخزفية المصنوعة يدويًا، وادوات متنوعة منحوتة، ومطاحن.

تاريخ التسجيل: 18 ـ 03 ـ 2006.

المواد الاثرية: صناعة حجرية: ادوات قطع، مكاشط، مسننات، مناقير، رؤوس ورقائق مقفاة، مبتورة طرفين هندسية (شبه مقوسات، مثلثات، وشبه منحنيات)، ورقيات؛ مبرودات، رقائق ومخصومات صفائحية. مواد خزفية: شظايا ملساء ومزينة. عناصر مصقولة: فؤوس، رحي كاملة، ومجزأة، بقايا مهاريس.اخرى: اصداف رخويات.

SEBKHA LEMELHA 2

Région: Agüenit.

Secteur/Aire: Erg d'Azefal – Sebkha de Lemelha.

Emplacement: Sebkha.

Typologie: Habitat.

Chronologie: Postpaléolithique: de tradition néolithique.

Description: Petit segment de sebkha, de morphologie plutôt circulaire, d'environ 100 x 80 m, localisée à environ 500 m au nord de la grande sebkha de Lemelha 1. À quelques 4 km au sud/sud-est de la montagne de Larui Bu Garn et quelques 8 km à l'est de celle de Taziwalt. En surface de la même on reconnaît divers matériaux archéologiques de chronologie préhistorique postpaléolithique qui apparemment répondent à sa fonction comme lieu d'habitation. Il y a des outils lithiques taillés (en silex, quartzite, quartz, diorite et obsidienne), ainsi que des restes de récipients céramiques faits à la main et divers outillage poli et de broyage.

Date d'enregistrement: 18.03.2006.

Matériel Archéologique: *Industrie lithique*: curettes, racloirs, denticulés, becs, pointes et lames à dos, bitroncatures géométriques (segmentoïdes, triangulaires et trapézoïdales), foliacés; avivements; éclats et débitage laminaire. *Matériel céramique*: fragments lisses et décorés. *Éléments polis*: haches; moulins entiers et fragmentaires, reste de mortiers. *Autres*: coquillages.

234

SEBJA SEL AURICH

Eskualdea: Agüenit.

Sektorea/Eremua: Agüenit N – Sel Aurich-ko sebja.

Kokalekua: Sebja.

Tipologia: Industria-multzoa.

Kronologia: Paleolito ondokoa: tradizio neolitikokoa.

Deskribapena: Sel Aurich-ko sebjaren barnealdeko hainbat sektoretan, lur gainean sakabanatuta, Paleolito ondoko historiaurreko hainbat industria-lekukotza aurkitu dira: landutako tresna litikoak, zeramikazko zatiak eta abar.

Erregistratze-data: 2005.04.14

Material Arkeologikoa: *Industria litikoa*: karrakagailuak, dentikulatuak, foliazeoak; lauzak eta debitatu laminarra. *Material zeramikoa*: zati lisoak.

SEBJA SEL AURICH

Región: Agüenit.

Sector/Área: Agüenit N – Sebja de Sel Aurich.

Emplazamiento: Sebja.

Tipología: Conjunto industrial.

Cronología: Postpaleolítico: de tradición neolítica.

Descripción: En varios sectores del área interior de la sebja de Sel Aurich se reconocen, diseminados en superficie, diversos testimonios industriales de ambientación prehistórica postpaleolítica: utensilios líticos tallados, trozos cerámicos, etc.

Fecha de registro: 14.04.2005.

Material Arqueológico: *Industria lítica*: raspadores, denticulados, foliáceos; lascas y debitado laminar. *Material cerámico*: fragmentos lisos.

سبخة سل اوريج

الناحيــــة: اغوينيت.

القطاع/المنطقة: اغوينيت الى الشمال ـ سبخة سل اوريج.

المكان المحدد: سبخـــة.

تيبولوجية/صنف الموضوع المحدد: مجموعة ادوات صناعية.

كرونولوجية/النطاق الزمني للعنصر: ما بعد العصر الحجري القديم: من تقاليد العصر الحجري الحديث.

الوصـــف: في عدة قطاعات من المنطقة الوسطى من سبخة سل اوريج، تم التعرف على عدة شهادات صناعية، متناثرة على السطح، تعود لبيئة ما قبل التاريخ، ما بعد العصر الحجري القديم: اواني حجرية منحوتة، قطع من الخزف.الخ.

تاريخ التسجيل: 14 - 04 - 2005.

المواد الاثرية: صناعة حجرية: مكاشط، مسننات، ورقيات، رقائق ومخصومات صفائحية. مواد خزفية: شظايا ملساء.

SEBKHA SEL AURICH

Région: Agüenit.

Secteur/Aire: Agüenit N – Sebkha de Sel Aurich.

Emplacement: Sebkha.

Typologie: Ensemble industriel.

Chronologie: Postpaléolithique: de tradition néolithique.

Description: Sur plusieurs secteurs de l'aire intérieure de la sebkha de Sel Aurich on reconnaît, parsemés en surface, plusieurs témoignages industriels d'ambiance préhistorique postpaléolithique: outils lithiques taillés, débris céramiques, etc.

Date d'enregistrement: 14.04.2005.

Matériel Archéologique: *Industrie lithique*: curettes, denticulés, foliacés; éclats et débitage laminaire. *Matériel céramique*: fragments lisses.

235

SEBJA ZUG NW-2

Eskualdea: Duguech.

Sektorea/Eremua: Zug – Zug-Oum Âbana-ko mendiak (Zug-eko sebja).

Kokalekua: Dike harritsua.

Tipologia: Industria-multzoa (tailerra).

Kronologia: Behe Paleolitoa: Achelensea.

Deskribapena: Zug-eko postutik 2 km ipar-mendebaldera dauden dike magmatikoen inguruan eta Sebja Zug NW-2-ko tumulu-multzoa, alde batetik, eta bestetik, labar-arteko kokalekua kokatuta dauden espazio-testuinguru berean, dioritan landutako industria aztarna ugari agertu dira pilatuta lur gainean, harkaitz-lerrokadura horien ustiapenarekin loturik, "tailer" moduan. Debitatuaren produktu erauziak oso handiak dira, orpo zabalak dituzte eta erraboil markatuak. Teknikoki, zenbait kasutan, "levalloide"-teknikarekin kudeatu dira, zenbait nukleo bereizgarriak adierazten duten moduan. Gnefisa Oum Agraid-eko, Kidhiet Adakmar-eko eta Kidhiet Amzagzag-eko kokalekuetan (gertu samar daude) eta Gnefisat Bayda-ko eremuko zenbait "smeilatan" aurkitutako industrien oso antzekoak dira. Alderdi morfo-teknikoari dagokionez, tradizio acheloideko industria-konplexuekin lotu behar dira.

Erregistratze-data: 2010.02.22

Material Arkeologikoa: *Industria litikoa*: harraskagailuak, dentikulatuak; lauzak, nukleoak.

Bibliografia: Saenz de Buruaga, A. *et alii* 2011, 20. or., 9. arg.

SEBJA ZUG NW-2

Región: Duguech.

Sector/Área: Zug – Montañas de Zug-Oum Âbana (Sebja de Zug).

Emplazamiento: Dique rocoso.

Tipología: Conjunto industrial (taller).

Cronología: Paleolítico inferior: Achelense.

Descripción: En torno a los diques magmáticos situados unos 2 km al NW del puesto de Zug, y formando parte del mismo contexto espacial en que se encuentran, respectivamente, la estación artística rupestre y el conjunto tumular de la Sebja Zug NW-2, aparece concentrado, en superficie, un efectivo importante de restos industriales tallados en diorita y asociados a la explotación, a modo de "taller", de esos alineamientos rocosos. Los productos de debitado extraídos ofrecen grandes dimensiones, amplios talones y marcados bulbos. Técnicamente, participan, en varios casos, de una gestión tecnológica "levalloide", tal como lo ponen de manifiesto algunos núcleos característicos. Las industrias son similares a las reconocidas en las estaciones, relativamente próximas, de Gnefisa Oum Agraid, Kidhiet Adakmar, Kidhiet Amzagzag y en algunas de las "smeilas" del área de Gnefisat Bayda. Morfo-técnicamente, deben de ponerse en relación con los complejos industriales de tradición acheloide.

Fecha de registro: 22.02.2010.

Material Arqueológico: *Industria lítica*: raederas, denticulados; lascas, núcleos.

Bibliografía: Sáenz de Buruaga, A. *et alii* 2011, p, 20, fot. 9.

سبخة زوڭ الى الشمال الغربي NW-2

الناحية: الدوڭج.

القطاع/المنطقة: زوڭ - جبال زوڭ - ام اعبانة (سبخة زوڭ).

المكان المحدد: سد صخري.

تيبولوجية/صنف الموضوع المحدد: مجموعة ادوات صناعية (ورشة).

كرونولوجية/النطاق الزمني للعنصر: العصر الحجري القديم الاسفل: "اتشيلينسي".

الوصـــف: في محيط سدود من الصخور المنصهرة magmáticas، الموجودة حوالى كلمترين الى الشمال الغربي من مركز زوڭ حيث توجد كل من المحطة الصخرية الفنية، ومجموعة تيميليس الجنائزية لسبخة زوڭ الى الشمال الغربيNW-2، اللتان تشكلان على التوالي حيزا من المكان الذي توجدان به، يظهر عدد هام من البقايا الصناعية المنحوتة، متمركزة على السطح، من مادة الجرينستون، تشير الى ما يشبه طريقة "ورشة" لإستغلال تلك الخطوط الصخرية. ان المنتوجات من المخصومات الصخرية المستخرجة، تعرض مساحات كبيرة وكعوب واسعة، وجذوع صخرية محددة. تشارك تقنيا، في بعض الاحيان، في تسيير تقنية levalloide، كما توضح ذلك بعض النويات المتميزة. وهذه الصناعات تشبه تلك التي تم التعرف عليها في المحطات القريبة نسبيا، في اخنيفيسة ام اغريد، وكدية ادكمار، وكدية امزڭزاڭ وفي بعض "ازميلات" منطقة اخنيفيسة البيظه، و ينبغي ان تكون هذه المجموعات، من حيث الاشكال التقنية، ذات صلة بالتركيبات الصناعية لتقاليد "اتشيلينسي".

تاريخ التسجيل: 22 - 02 - 2010.

المواد الاثرية: صناعة حجرية: ادوات قطع، مسننات، رقائق، نويات.

المراجع: Sáenz de Buruaga, A. et alii 2011, p, 20, fot. 9.

SEBKHA ZUG NW-2

Région: Duguech.

Secteur/Aire: Zug – Montagnes de Zug-Oum Âbana (Sebkha de Zug).

Emplacement: Filon rocheux.

Typologie: Ensemble industriel (atelier).

Chronologie: Paléolithique inférieur: Acheuléen

Description: Autour des filons magmatiques situés à environ 2 km au nord-ouest du poste de Zug, et faisant partie du même contexte spatial où se trouvent, respectivement, la station artistique rupestre et l'ensemble tumulaire de la Sebkha Zug NW-2, apparaissent concentrés, en surface, un effectif important de restes industriels taillés en diorite et associés à l'exploitation, en guise «d'atelier», de ces alignements rocheux. Les produits de débitage extraits offrent des grandes dimensions, amples talons et prononcés bulbes. Techniquement, ils participent, dans plusieurs cas, d'une gestion technologique «levalloïde», tel qu'il est manifeste sur certains nucléus caractéristiques. Les industries sont similaires à celles reconnues dans les stations, relativement proches, de Gnefisa Oum Agraid, Kidhiet Adakmar, Kidhiet Amzagzag et certaines «smeilas» de l'aire de Gnefisat Bayda. Morpho-techniquement, elles doivent être mises en relation avec les complexes industriels de tradition acheuloïde.

Date d'enregistrement: 22.02.2010.

Matériel Archéologique: *Industrie lithique*: racloirs, denticulés; éclats, nucléus.

Bibliographie: Sáenz de Buruaga, A. *et alii* 2011, p. 20, phot. 9.

236

SMEILA AIN GLEB AZEFAL W-1

Eskualdea: Agüenit.

Sektorea/Eremua: Azefal-go erg-a – Lemelha-ko sebja.

Kokalekua: Muinoa.

Tipologia: Habitata.

Kronologia: Paleolito ondokoa: tradizio neolitikokoa.

Deskribapena: "Smeila" hau Gleb Azefal-go mendietatik 5 km mendebaldera dago, Lemelha-ko sebjarako eta Taziwalt-eko mendietarako norabidean. Erliebearen gainazalean Paleolito ondoko historiaurreko hainbat aztarna arkeologiko agertu dira sakabanatuta. Silexean eta kuartzoan landutako ale ugari daude, bai eta ehotzeko zereginarekin loturiko elementu leundu asko ere. Horrek guztiak zera adierazten du, muino hori habitat moduan erabiltzen zutela.

Erregistratze-data: 2008.10.13

Material Arkeologikoa: *Industria litikoa*: harraskagailuak, karrakagailuak, dentikulatuak, atzealde-puntak eta atzealde-xaflak, foliazeoak, ezkatak; lauzak, nukleoak eta debitatu laminarra. *Elementu leunduak*: aizkorak, moletak, plaketak.

SMEILA AIN GLEB AZEFAL W-1

Región: Agüenit.

Sector/Área: Erg de Azefal – Sebja de Lemelha.

Emplazamiento: Colina.

Tipología: Hábitat.

Cronología: Postpaleolítico: de tradición neolítica.

Descripción: "Smeila" situada a unos 5 km al W de las montañas de Gleb Azefal, en dirección a la sebja de Lemelha y a las montañas de Taziwalt. En la superficie del relieve se hallan diseminados diversos restos arqueológicos prehistóricos postpaleolíticos. Hay un importante efectivo de restos tallados en sílex y cuarzo, así como muchos elementos pulimentados asociados con tareas de molienda. Todo ello sugiere la función de la colina como sitio de hábitat.

Fecha de registro: 13.10.2008.

Material Arqueológico: *Industria lítica*: raederas, raspadores, denticulados, puntas y láminas de dorso, foliáceos, ecaillés; lascas, núcleos y debitado laminar. *Elementos pulimentados*: hachas, moletas, plaquetas.

ازميلة عين ݣليب ازفال، الى الغرب W-1

الناحية: اغوينيت.

القطاع/المنطقة: عرق ازفال - سبخة لميلحة.

المكان المحدد: تـــــل.

تيبولوجية/صنف الموضوع المحدد: موائـــل (سكنات).

كرونولوجية/النطاق الزمني للعنصر: ما بعد العصر الحجري القديم: من تقاليد العصر الحجري الحديث.

الوصـــــف: على سطح تضاريس"ازميلة" تقع على بعد 5 كلمترات الى الغرب من ݣليبات ازفال، في اتجاه سبخة لميلحة وجبال تازيوالت، تم العثور على مختلف البقايا الاثرية المتبعثرة التي تعود لما قبل التاريخ وما بعد العصر الحجري القديم. هناك مجموعة هامة من البقايا المنحوتة من صخور الصوان والكوارتز، وكذا كثيرمن العناصر المصقولة، التى لها علاقة بوظيفة الطحن، كل ذلك يشير الى ان هذه التل، قد استعمل من قبل كمكان سكن.

تاريخ التسجيل: 13 - 10 - 2008.

المواد الاثرية: صناعة حجرية: ادوات قطع، مكاشط، مسننات، رؤوس وصفائح ذات قفا، ورقيات، محرشفات، رقائق، نويات ومخصومات صفائحية. عناصر مصقولة: فؤوس، مساحق، صفائح.

SMEILA AIN GLEB AZEFAL W-1

Région: Agüenit.

Secteur/Aire: Erg d'Azefal – Sebkha de Lemelha.

Emplacement: Colline.

Typologie: Habitat.

Chronologie: Postpaléolithique: de tradition néolithique.

Description: «Smeila» située à environ 5 km à l'ouest des montagnes de Gleb Azefal, en direction de la sebkha de Lemelha et des montagnes de Taziwalt. En surface du relief se trouvent parsemés divers restes archéologiques préhistoriques postpaléolithiques. Il y a un important effectif de restes taillés en silex et quartz, ainsi que beaucoup d'éléments polis associés aux tâches de broyage. Tout cela suggère la fonction de la colline en tant que lieu d'habitat.

Date d'enregistrement: 13.10.2008.

Matériel Archéologique: *Industrie lithique*: curettes, racloirs, denticulés, pointes et lames à dos, foliacés, écaillés; éclats, nucléus et débitage laminaire. *Éléments polis*: haches, molettes et plaquettes.

237

SMEILA FELEKLEK N-1/W

Eskualdea: Duguech.

Sektorea/Eremua: Azefal-go erg-a – Feleklek-eko mendiak.

Kokalekua: Lautada.

Tipologia: Industria-multzoa.

Kronologia: Paleolito ondokoa: tradizio neolitikokoa.

Deskribapena: Feleklek N-ko "smeila"-ren 150 m inguru mendebaldera, lautadaren gainean Paleolito ondoko historiaurreko hainbat industria-lekukotza agertu dira pilatuta: silex eta kuartzoan landutako tresna litikoak, zeramikazko zatiak eta abar. Feleklek N-ko "smeila"-n aurkitutako industria-multzoarekin harremana baduela esan dezakegu, bi tokien kokalekuagatik ez ezik, industria-elementu komunak agertu direlako ere.

Erregistratze-data: 2007.03.15

Material Arkeologikoa: *Industria litikoa*: lauzak eta debitatu laminarra. *Material zeramikoa*: zati lisoak.

SMEILA FELEKLEK N-1/W

Región: Duguech.

Sector/Área: Erg de Azefal – Montañas de Feleklek.

Emplazamiento: Planicie.

Tipología: Conjunto industrial.

Cronología: Postpaleolítico: de tradición neolítica.

Descripción: Unos 150 m al W de la "smeila" de Feleklek N aparecen concentrados sobre la planicie varios testimonios industriales prehistóricos postpaleolíticos: utensilios líticos tallados en sílex y cuarzo, trozos cerámicos, etc. La relación con el conjunto industrial reconocido en la "smeila" de Feleklek N puede plantearse, no ya sólo por la posición espacial de ambos lugares, sino también por la presencia de elementos industriales comunes.

Fecha de registro: 15.03.2007.

Material Arqueológico: *Industria lítica*: lascas y debitado laminar. *Material cerámico*: fragmentos lisos.

ازميلة فلكلك، الى الشمال الغربي N-1/W

الناحية: الدوگـــج.

القطاع/المنطقـــة: عرق ازفال ـ جبال فلكلك.

المكان المحـــدد: سهـــل.

تيبولوجية/صنف الموضوع المحدد: مجموعة ادوات صناعية.

كرونولوجية/النطاق الزمني للعنصر: ما بعد العصر الحجري القديم: تقاليد العصر الحجري الحديث.

الوصـــــف: تظهر الى الغرب من ازميلة فلكلك، حوالى150 مترا، شهادات صناعية عديدة، لما بعد العصر الحجري القديم، في زمن ما قبل التاريخ، متركزة فوق السهل: ادوات حجرية منحوتة من الصوان والكوارتز، قطع من الخزف، الخ. ان العلاقة بين مجموعة الادوات الصناعية المتعرف عليها، الى الشمال من "ازميلة" فلكلك، يمكن تقديمها، ليس فقط من حيث الوضع المجالى لكلا المكانين، وانما كذلك من خلال وجود العناصر الصناعية المشتركة.

تاريخ التسجيل: 15 - 03 - 2007.

المواد الاثرية: صناعة حجرية: رقائق ومخصومات صفائحية. مادة خزفية: شظايا ملساء.

SMEILA FELEKLEK N-1/W

Région: Duguech.

Secteur/Aire: Erg d'Azefal – Montagnes de Feleklek.

Emplacement: Plaine.

Typologie: Ensemble industriel.

Chronologie: Postpaléolithique: de tradition néolithique.

Description: Quelques 150 m à l'ouest de la "smeila" de Feleklek N apparaissent concentrés sur la plaine plusieurs témoignages industriels préhistoriques postpaléolithiques: outils lithiques taillés en silex et quartz, débris céramiques, etc. La relation avec l'ensemble industriel reconnu dans la "smeila" de Feleklek N peut se poser, non seulement par la position spatiale des deux endroits, mais aussi par la présence d'éléments industriels communs.

Date d'enregistrement: 15.03.2007.

Matériel Archéologique: *Industrie lithique*: éclats et débitage laminaire. *Matériel céramique*: fragments lisses.

238

SMEILA GNEFISA BAYDA 2

Eskualdea: Duguech.

Sektorea/Eremua: Zug E – Zug-Oum Âbana-ko mendiak (Gnefisat-eko erliebeak).

Kokalekua: Muino-dikea.

Tipologia: Industria-multzoa.

Kronologia: Behe Paleolitoa: Achelensea; Paleolito ondokoa: tradizio neolitikokoa (?).

Deskribapena: Gnefisa Jathra-ko menditik *ca.* 4,5 km ekialdera dagoen dike magmatiko baten gainean eta Smeila Gnefisa Bayda 2-ko tumulu-multzoa eta arte-grabatuen serieak dauden espazio-testuinguru beraren inguruan, dioritan landutako hainbat industria aurkitu dira, sakabanatuta, lur gainean. Serie zahar eta patinaduna industria-tradizio acheloidearekin loturik egon daiteke, baina beste alde batzuk, "freskoagoak", agian Paleolito ondoko historiaurreko tekno-konplexuekin parekatu behar dira.

Erregistratze-data: 2007.03.19

Material Arkeologikoa: "Tradizio achelenseko seriea": *Industria litikoa*: dentikulatuak, alde biko tresnak; lauzak, nukleoak. "Tradizio neolitikoko seriea": *Industria litikoa*: alde biko piezak; nukleoak.

SMEILA GNEFISA BAYDA 2

Región: Duguech.

Sector/Área: Zug E – Montañas de Zug-Oum Âbana (Relieves de Gnefisat).

Emplazamiento: Colina-dique.

Tipología: Conjunto industrial.

Cronología: Paleolítico inferior: Achelense; Postpaleolítico: de tradición neolítica (?).

Descripción: Sobre un dique magmático ubicado *ca.* 4,5 km al E de la montaña de Gnefisa Jathra y en torno al mismo contexto espacial en que se encuentran las series de grabados artísticos y el conjunto tumular de la Smeila Gnefisa Bayda 2, se advierten esparcidas, en superficie, diversas industrias talladas en diorita. Una serie antigua y patinada puede relacionarse con la tradición industrial acheloide, mientras que otros ejemplares, más "frescos", quizá deban asimilarse con los tecno-complejos prehistóricos postpaleolíticos.

Fecha de registro: 19.03.2007.

Material Arqueológico: "Serie de tradición achelense": *Industria lítica*: denticulados, bifaces; lascas, núcleos. "Serie de tradición neolítica": *Industria lítica*: piezas bifaciales; núcleos.

ازميلة اخنيفيسة البيظه 2

الناحيــة: الدوڨج.

القطاع/المنطقة: زوڨ الى الشرق ـ جبال زوڨ ـ ام اعبانة (تضاريس اخنيفيسات).

المكان المحدد: تــــل ـ سد.

تيبولوجية/صنف الموضوع الحدد: مجموعة ادوات صناعية.

كرونولوجية/النطاق الزمني للعنصر: العصر الحجري القديم الاسفل: اتشيلينسي؛ ما بعد العصر الحجري القديم: من تقاليد العصر الحجري الحديث (؟).

الوصـــف: على ظهر سد من صخور المنصهرة، يقع حوالى 4،5 كلمتر الى الشرق من جبل اخنيفيسة الخضرا، في ذلك الموقع المكاني نفسه، حيث توجد على سلسلة من النقوش الصخرية، ومجمع جنائزي من نوع تيميليس، بازميلة اخنيفيسة البيظه 2، تلاحظ صناعات مختلفة منحوتة من الديوريت، متبعثرة فوق سطح الارض. مجموعة قديمة وعتيقة، يمكن ان تكون متعلقة بتقاليد مرحلة "اتشيلينسي"، بينما هناك نماذج اخرى "طازجة" ربما تتشابه مع التركيبات التقنية لما بعد العصر الحجري القديم، في زمن ما قبل التاريخ.

تاريخ التسجيل: 19 - 03 - 2007.

المواد الاثرية: "سلسلة من تقاليد اتشيلينسي": صناعة حجرية: مسننات، ذات وجهين،رقائق ونويات. "سلسلة من تقاليد العصر الحجري الحديث": صناعة حجرية: قطع ذات وجهين، نويات.

SMEILA GNEFISA BAYDA 2

Région: Duguech.

Secteur/Aire: Zug E – Montagnes de Zug-Oum Âbana (Reliefs de Gnefisat).

Emplacement: Colline-filon.

Typologie: Ensemble industriel.

Chronologie: Paléolithique inférieur: Acheuléen; Postpaléolithique: de tradition néolithique (?).

Description: Sur un filon magmatique situé *ca.* 4,5 km à l'est de la montagne de Gnefisa Jathra et autour du même contexte spatial dans lequel se trouvent les séries de gravures artistiques et l'ensemble tumulaire de la Smeila Gnefisa Bayda 2, on avertit parsemées en surface, plusieurs industries taillées en diorite. Une série ancienne et patinée peut-elle être mise en relation avec la tradition industrielle acheuloïde, tandis que d'autres exemplaires plus «frais», devraient-ils peut être assimilés aux techno-complexes préhistoriques postpaléolithiques.

Date d'enregistrement: 19.03.2007.

Matériel Archéologique: "Série de tradition acheuléenne": *Industrie lithique*: denticulés, bifaces; éclats, nucléus. "Série de tradition néolithique": *Industrie lithique*: pièces bifaciales; nucléus.

239

SMEILA GNEFISA BAYDA 3

Eskualdea: Duguech.

Sektorea/Eremua: Zug E – Zug-Oum Âbana-ko mendiak (Gnefisat-eko erliebeak).

Kokalekua: Muinoa.

Tipologia: Industria-multzoa.

Kronologia: Behe Paleolitoa: Achelensea; Paleolito ondokoa: tradizio neolitikokoa (?).

Deskribapena: Muino txiki bat da, eta Gnefisa Bayda 1-eko "smeila"-ko arte-grabatuak dituen labar-kokalekutik 0,7 km hego-ekialdera kokatuta dago. Erliebea sakabanatutako material granitiko eta dioritikoz osatuta dago, eta bloke eta klasto forma dute. Gainazalean barreiatuta, dioritan eta kuartzo berde-zurixkan landutako hainbat arrasto litiko aurki daitezke. Horietako zenbait industria-tradizio acheloidearekin loturik egon daitezke; beste batzuek, ordea, berriagoak dirudite eta agian Paleolito ondoko historiaurreko zenbait tekno-konplexurekin erlaziona daitezke. Muino horretatik ez oso urrun Gnefisa Bayda 2-ko "smeila" dago, eta horietatik gertu samar dauden industria-loteak eskaintzen ditu.

Erregistratze-data: 2006.03.13

Material Arkeologikoa: "Tradizio achelenseko seriea": *Industria litikoa*: harraskagailuak, lauzak, levallois-nukleoak. "Tradizio neolitikoko seriea": *Industria litikoa*: alde biko piezak; landutako ertzak; nukleoak.

Bibliografia: Saenz de Buruaga, A., 2006, 408. or.

SMEILA GNEFISA BAYDA 3

Región: Duguech.

Sector/Área: Zug E – Montañas de Zug-Oum Âbana (Relieves de Gnefisat).

Emplazamiento: Colina.

Tipología: Conjunto industrial.

Cronología: Paleolítico inferior: Achelense; Postpaleolítico: de tradición neolítica (?).

Descripción: Pequeña colina situada unos 0,7 km al SE de la estación rupestre de grabados artísticos de la "smeila" de Gnefisa Bayda 1. El relieve está formado por materiales graníticos y dioríticos disgregados en forma de bloques y clastos. Diseminados por su superficie son perceptibles varios restos líticos tallados en diorita y en cuarzo verde-blancuzco. Algunos de ellos pueden estar en relación con la tradición industrial acheloide; otros, sin embargo, parecen más recientes y quizá puedan correlacionarse con algunos de los tecno-complejos industriales de ambientación prehistórica postpaleolítica. No lejos de esta colina se encuentra la "smeila" de Gnefisa Bayda 2, que aporta asimismo unos lotes industriales relativamente próximos a éstos.

Fecha de registro: 13.03.2006.

Material Arqueológico: "Serie de tradición achelense": *Industria lítica*: raederas; lascas, núcleos levalloides. "Serie de tradición neolítica": *Industria lítica*: piezas bifaciales, cantos tallados; núcleos.

Bibliografía: Sáenz de Buruaga, A. 2006, p. 408.

ازميلة اخنيفيسة البيظه 3

الناحية: الدوڭـــــــج.

القطاع/المنطقة: زوڭ الى الشرق - جبل زوڭ - ام اعبانه (تضاريس اخنيفيسات).

تحديد المكان: تـــــــــل.

تيبولوجية/صنف الموضوع المحدد: مجموعة ادوات صناعية.

كرونولوجية/النطاق الزمني للعنصر: العصر الحجري القديم الاسفل: اتشيلينسي؛ ما بعد العصر الحجري القديم: من تقاليد العصر الحجري الحديث (؟).

الوصـــــف: تل صغير يقع حوالى 0،7 الكلمتر، الى الجنوب الشرقي من محطة صخرية بها نقوش فنية، بازميلة اخنيفيسة البيظه 1، حيث تتشكل التضاريس من مواد غرانيتية وديوريتية متفرقة، على شكل كتل وشظايا؛ في ذلك المكان يلاحظ عدد من البقايا الحجرية المنحوتة، متناثرة فوق السطح، من حجارة الديوريت والكوارتز ذي اللون الاخضر- الابيض. وبعض تلك الاثار يمكن ان تكون متعلقة من حيث صناعتها، بـ"الاتشيلينسي"، بيد ان واخرى تبدو اكثر حداثة، ولربما يمكن ان تستجيب لبعض التركيبات الصناعية المتعلقة ببيئات ما بعد العصر الحجري القديم، من زمن ما قبل التراريخ. وغير بعيد عن ذلك التل، توجد "ازميلة" اخنيفيسة البيظه 2، التي تقدم هي الاخرى دفعات صناعية ذات نفس العلاقة.

تاريخ التسجيل: 13 - 03 - 2006.

المواد الاثرية: "سلسلة تقاليد اتشيلينسي": صناعة حجرية: ادوات قطع؛ رقائق، نويات "levalloide". "سلسلة تقاليد العصرالحجري الحديث": صناعة حجرية: قطع ذات وجهين، حجارة بيضاوية مفركة ومنحوتة، نويات.

المراجع: Sáenz de Buruaga, A. 2006, p. 408.

SMEILA GNEFISA BAYDA 3

Région: Duguech.

Secteur/Aire: Zug E – Montagnes de Zug-Oum Âbana (Reliefs de Gnefisat).

Emplacement: Colline.

Typologie: Ensemble industriel.

Chronologie: Paléolithique inférieur: Acheuléen; Postpaléolithique: de tradition néolithique (?).

Description: Petite colline située à environ 0,7 km au sud-est de la station rupestre avec des gravures artistiques de la "smeila" de Gnefisa Bayda 1. Le relief et composé de matériaux granitiques et dioritiques désagrégés sous forme de blocs et clastes. Parsemés en surface on perçoit plusieurs restes lithiques taillés en diorite et en quartz vert-blanchâtre. Certains d'entre eux peuvent être mis en relation avec la tradition industrielle acheuloïde; d'autres, cependant, paraissent plus récents et pourraient se corréler avec quelques techno-complexes industriels d'ambiance préhistorique postpaléolithique. Pas loin de cette colline se trouve la «smeila» de Gnefisa Bayda 2, qui apporte également des lots industriels relativement proches de ceux-ci.

Date d'enregistrement: 13.03.2006.

Matériel Archéologique: "Série de tradition acheuléenne": *Industrie lithique*: racloirs; éclats; nucléus levalloïdes. "Série de tradition neólithique": *Industrie lithique*: pièces bifaciales, cailloux taillés; nucléus.

Bibliographie: Sáenz de Buruaga, A. 2006, p. 408.

240

SMEILA KARRASHIET 4

Eskualdea: Duguech.

Sektorea/Eremua: Zug – Azefal-go Erg-a (Karrashiet-eko sebja).

Kokalekua: Muinoa.

Tipologia: Habitata.

Kronologia: Paleolito ondokoa: tradizio neolitikokoa.

Deskribapena: Paleolito ondoko historiaurreko kokaleku bateko aztarna sorta bat aurkitu da goragune batean, Karrashiet-eko "tagerfet"-aren perimetroa hegoaldeko sektoretik inguratzen duela. Karrashiet 1-eko eta 3-ko "smeilen" artean kokatuta dago; toki horretan, halaber, habitaten hainbat adierazpen erregistratu dira nahiko gertu, bai eta tumulu-multzoren bat ere. Lursailaren gainazalean, testuingurutik kanpo, hainbat industria-elementu arkeologiko aurkitu dira: landutako tresna litikoak, eskuz egindako zeramikazko zatiak, arrasto leunduak eta ehotzekoak eta abar.

Erregistratze-data: 2005.04.07

Material Arkeologikoa: *Industria litikoa*: karrakagailuak, dentikulatuak, atzealde-puntak, bitrunkadura geometrikoak (segmentoideak eta triangeluarrak), ezkatak; lauzak eta debitatu laminarra. *Material zeramikoa*: zati lisoak eta apainduak. *Elementu leunduak*: pieza zatikatuak.

SMEILA KARRASHIET 4

Región: Duguech.

Sector/Área: Zug - Erg de Azefal (Sebja de Karrashiet).

Emplazamiento: Colina.

Tipología: Hábitat.

Cronología: Postpaleolítico: de tradición neolítica

Descripción: Una serie de restos de un asentamiento prehistórico postpaleolítico se advierten sobre una ligera elevación que circunda, perimétricamente, por el sector meridional, el "tagerfet" de Karrashiet. Se encuentra ubicado entre las "smeilas" de Karrashiet 1 y 3: donde asimismo se han registrado diversas manifestaciones de hábitats relativamente próximos, y algún conjunto tumular. Sobre la superficie del terreno se reconocen, fuera de contexto, diversos elementos industriales arqueológicos: utensilios líticos tallados, trozos cerámicos a mano, restos pulimentados y de molienda, etc.

Fecha de registro: 07.04.2005.

Material Arqueológico: *Industria lítica*: raspadores, denticulados, puntas de dorso, bitruncaduras geométricas (segmentoides y triangulares), ecaillés; lascas y debitado laminar. *Material cerámico*: fragmentos lisos y decorados. *Elementos pulimentados*: piezas fragmentarias.

ازميلة الكراشيات 4

الناحية: الدوڨـــــج.

القطاع/المنطقة: زوڨ ـ عرق ازفال (سبخة الكراشيات).

المكان المحدد: تـــــــل.

تيبولوجية/صنف الموضوع المحدد: سكنات (موائل).

كرونولوجية/النطاق الزمني للعنصر: ما بعد العصرالحجري القديم: من تقاليد العصرالحجري الحديث.

الوصـــــف: تلاحظ مجموعة من البقايا لمستوطنة، من مرحلة ما بعد العصر الحجري القديم، زمن ما قبل الترايخ، فوق مكان من الارض مرتفع نسبيا، ومحاط قطريا، بالقطاع الجنوبي لتاغرفت الكراشيات؛ يعثر عليها بين "ازميلات" الكراشيات 1 و 3 حيث تم كذلك، تسجيل مظاهر مختلفة من السكنات القريبة نسبيا، وكذا بعض الابنية الجنائزية من نوع تيميليس؛ وعلى سطح الارض خارج السياق، تم التعرف على عناصر اثرية صناعية مختلفة: ادوات حجرية منحوتة، قطع خزفية مصنوعة يدويا، بقايا مصقولة، وبقايا رحي،الخ.

تاريخ التسجيل: 07 - 04 - 2005.

المواد الاثرية: صناعة حجرية: مكاشط، مسننات، رؤوس ذات قفا، مبتورة طرفين هندسية (شبه مقوسات ومثلثات)، محرشفات، رقائق ومخصومات صفائحية. مواد خزفية: شظايا ملساء ومزينة. عناصر مصقولة: قطع مجزأة.

SMEILA KARRASHIET 4

Région: Duguech.

Secteur/Aire: Zug - Erg d'Azefal (Sebkha de Karrashiet).

Emplacement: Colline.

Typologie: Habitat.

Chronologie: Postpaléolithique: de tradition néolithique.

Description: Une série de restes d'un établissement préhistorique postpaléolithique s'avertit sur une légère élévation qui contourne, périmétriquement, par le secteur méridional, le "tagerfet" de Karrashiet. Il se situe entre les "smeilas" de Karrashiet 1 et 3: là où également ont été registrées plusieurs manifestations d'habitats relativement rapprochés et quelque ensemble tumulaire. En surface du terrain on reconnaît, hors contexte, divers éléments industriels archéologiques: outils lithiques taillés, débris céramiques faits à la main, restes polis et de broyage, etc.

Date d'enregistrement: 07.04.2005.

Matériel Archéologique: *Industrie lithique*: curettes, denticulés, pointes à dos, bitroncatures géométriques (segmentoïdes et triangulaires), écaillés; éclats et débitage laminaire. *Matériel céramique*: fragments lisses et décorés. *Éléments polis*: pièces fragmentaires.

241

SMEILA KARRASHIET 5

Eskualdea: Duguech.

Sektorea/Eremua: Zug – Azefal-go Erg-a (Karrashiet-eko sebja).

Kokalekua: Muinoa.

Tipologia: Habitata.

Kronologia: Paleolito ondokoa: tradizio neolitikokoa.

Deskribapena: Karrashiet 2-ko eta 6-ko "smeilen" artean dagoen mendixka txiki batean (toki horretan, gainera, tumulu-multzoren batez gain, habitataren adierazpenak ere aurkitu dira nahiko gertu), Paleolito ondoko historiaurreko hainbat material aurkitu da lur gainean barreiatuta: tresneria litikoak, zeramikazko ontzien zatiak, ehotzeko tresnak eta abar. Horretaz gain, erliebearen mendebaldeko aldetik, eta Karrashiet 2-ko "smeila"-rantz joanda, tumulu-monumentu bat aurki daiteke.

Erregistratze-data: 2005.04.07

Material Arkeologikoa: *Industria litikoa*: atzealde-puntak eta atzealde-xaflak, bitrunkadura geometrikoak (segmentoideak, triangeluarrak eta trapezoideak), foliazeoak, ezkatak; lauzak eta debitatu laminarra. *Material zeramikoa*: zati lisoak eta apainduak.

SMEILA KARRASHIET 5

Región: Duguech.

Sector/Área: Zug - Erg de Azefal (Sebja de Karrashiet).

Emplazamiento: Colina.

Tipología: Hábitat.

Cronología: Postpaleolítico: de tradición neolítica.

Descripción: En una pequeña loma ubicada entre las "smeilas" de Karrashiet 2 y 6 –donde, además de algún conjunto tumular, se constatan expresiones de hábitat relativamente próximas– se advierten diseminados en superficie diversos materiales prehistóricos postpaleolíticos: utillajes líticos, trozos de recipientes cerámicos, instrumentos de molienda, etc. Además, por el flanco occidental del relieve, y en dirección hacia la "smeila" de Karrashiet 2, se encuentra levantado un monumento tumular.

Fecha de registro: 07.04.2005.

Material Arqueológico: *Industria lítica*: puntas y láminas de dorso, bitruncaduras geométricas (segmentoides, triangulares y trapezoides), foliáceos, ecaillés; lascas y debitado laminar. *Material cerámico*: fragmentos lisos y decorados.

ازميلة الكراشيات 5

الناحية: الدوكّج.

القطاع/المنطقة: زوڤ ـ عرق ازفال (سبخة الكراشيات).

المكان المحدد: تـــــــل

تيبولوجية/صنف الموضوع المحدد: سكنات (موئل)

كرونولوجية/النطاق الزمني للعنصر: ما بعد العصر الحجري القديم: من تقاليد العصر الحجري الحديث.

الوصـــف: فوق ربوة تقع بين ازميلات الكراشيات 2 و 6، حيث انه علاوة على مجمع جنائزي من نوع "تيميليس"، يلاحظ وجود تعابير تدل على وجود سكنات قريبة نسبيا ـ يلاحظ وجود مواد مختلفة متناثرة، تنتمي لزمن ما قبل التاريخ، ما بعد العصر الحجري القديم: ادوات حجرية، قطع من اواني خزفية، وسائل طحن، الخ. واضافة الى ذلك، يعثر على معلم جنائزي من نوع تيميليس، متنصبا في الجهة الغربية من تلك التضاريس، وقبالة ازميلة الكراشات 2.

تاريخ التسجيل: 07 ـ 04 ـ 2005.

المواد الاثرية: صناعة حجرية: رؤوس ورقائق ذات قفا، مبتورة طرفين (شبه مقوسات، مثلثات شبه منحرفة)، ورقيات، محرشفات، رقائق ومخصومات صفائحية. مواد خزفية: شظايا ملساء ومزينة.

SMEILA KARRASHIET 5

Région: Duguech.

Secteur/Aire: Zug - Erg d'Azefal (Sebkha de Karrashiet).

Emplacement: Colline.

Typologie: Habitat.

Chronologie: Postpaléolithique: de tradition néolithique.

Description: Sur une petite butte située entre les "smeilas" de Karrashiet 2 et 6 –où, en plus d'un ensemble tumulaire, on constate des expressions d'habitat relativement proches– on avertit parsemés en surface divers matériaux préhistoriques postpaléolithiques: outillages lithiques, débris de récipients céramiques, instruments de broyage, etc. De plus, sur le flanc occidental du relief et en direction de la "smeila" de Karrashiet 2, se trouve érigé un monument tumulaire.

Date d'enregistrement: 07.04.2005.

Matériel Archéologique: *Industrie lithique*: pointes et lames à dos, bitroncatures géométriques (segmentoïdes, triangulaires et trapézoïdales), foliacés, écaillés; éclats et débitage laminaire. *Matériel céramique*: fragments lisses et décorés.

242

SMEILA LARUI BU GARN 2

Eskualdea: Agüenit.

Sektorea/Eremua: Azefal-go erg-a – Larui Bu Garn-eko sebja.

Kokalekua: Muinoa.

Tipologia: Habitata.

Kronologia: Paleolito ondokoa: tradizio neolitikokoa.

Deskribapena: Muino txikia da, forma obalatua du eta altuera txikia; Larui Bu Garn 1-eko "smeila"-ko habitatetik 300 bat metro S.SEra kokatuta dago: hori guztia, han dagoen sebjaren ertzetako baten inguruan. Erliebearen gainaldean Paleolito ondoko historiaurreko hainbat industria-ebidentzia aurkitu dira sakabanatuta.

Erregistratze-data: 2006.03.19

Material Arkeologikoa: *Industria litikoa*: karrakagailuak, dentikulatuak, atzealde-puntak, foliazeoak, ezkatak; lauzak eta debitatu laminarra.

SMEILA LARUI BU GARN 2

Región: Agüenit.

Sector/Área: Erg de Azefal – Sebja de Larui Bu Garn.

Emplazamiento: Colina.

Tipología: Hábitat.

Cronología: Postpaleolítico: de tradición neolítica.

Descripción: Pequeña colina, de morfología ovalada y elevación escasa, situada a unos 300 m al S.SE del hábitat de la "smeila" de Larui Bu Garn 1: todo ello en las inmediaciones de uno de los rebordes de la sebja allá existente. En la superficie del relieve se encuentran diseminadas diversas evidencias industriales de ambientación prehistórica postpaleolítica.

Fecha de registro: 19.03.2006.

Material Arqueológico: *Industria lítica*: raspadores, denticulados, truncaduras, puntas de dorso, foliáceos, ecaillés; lascas y debitado laminar.

ازميلة لروي بوڭرن 2

الناحية: اقوينيت.

القطاع/المنطقة: عرق ازفال ـ سبخة لروي بوڭرن.

المكان المحدد: تــــل.

تيبولوجية/صنف الموضوع المحدد: سكنات (موائل).

كرونولوجية/النطاق الزمني للعنصر: ما بعد العصر الحجري القديم: من تقاليد العصر الحجري الحديث.

الوصـــف: تل صغير بشكل بيضاوي على ارتفاع منخفض، يوجد حوالى 300 متر الى الجنوب والجنوب الشرقي من موائل في ازميلة لروي بوڭرن 1: وكل ذلك على حواف السبخة هناك. وعلى سطح تلك التضاريس يعثر على مختلف الادلة الصناعية المتبعثرة والتي تنتمي لبيئات ما بعد العصر الحجري القديم من ما قبل التاريخ.

تاريخ التسجيل: 19 - 03 - 2006.

المواد الاثرية: صناعة حجرية: مكاشط، مسننات، مبتورة طرف، رؤوس ذات قفا، ورقيات، محرشفات، رقائق ومخصومات صفائحية.

SMEILA LARUI BU GARN 2

Région: Agüenit.

Secteur/Aire: Erg d'Azefal – Sebkha de Larui Bu Garn.

Emplacement: Colline

Typologie: Habitat.

Chronologie: Postpaléolithique: de tradition néolithique.

Description: Petite colline, de morphologie ovale et faible élévation, située quelques 300 m au sud/sud-est de l'habitat de la "smeila" de Larui Bu Garn 1: tout cela aux alentours de l'un des rebords de la sebkha là existante. En surface du relief se trouvent parsemées diverses évidences industrielles d'ambiance préhistorique postpaléolithique.

Date d'enregistrement: 19.03.2006.

Matériel Archéologique: *Industrie lithique*: curettes, denticulés, troncatures, pointes à dos, foliacés, écaillés; éclats et débitage laminaire.

243

SMEILA LARRUIAT N-1

Eskualdea: Agüenit.

Sektorea/Eremua: Agüenit-eko lautada – Larruiat-eko mendiak.

Kokalekua: Muinoa.

Tipologia: Habitata.

Kronologia: Paleolito ondokoa: tradizio neolitikokoa.

Deskribapena: Larruiat N-1-eko "djuf"-a E.SEko aldetik ixten duen mendiaren ondoan dagoen "smeila" batean, Agüenit-eko oinarritik 10 km hegoaldera, Paleolito ondoko historiaurreko aztarna arkeologiko asko agertu dira lur gainean sakabanaturik. Zenbait kasutan, sektore topografiko jakin batzuen inguruan pilatuta agertu dira, dela erliebearen goiko aldean, dela bertara iristeko hegaletan. Silexean, kuartzitan, kuartzoan... landutako tresna litiko ugari daudela nabarmendu behar da, baina bai eta ehotzeko zereginarekin loturiko elementu leundu asko ere.

Erregistratze-data: 2008.10.13

Material Arkeologikoa: *Industria litikoa*: harraskagailuak, karrakagailuak, dentikulatuak, bec edo mokoak, atzealde-puntak eta atzealde-xaflak, bitrunkadura geometriko segmentoideak, foliazeoak, ezkatak; lauzak, nukleoak eta debitatu laminarra. *Material zeramikoa*: zati lisoak eta apainduak. *Elementu leunduak*: moletak, plaketa zatikatuak.

SMEILA LARRUIAT N-1

Región: Agüenit.

Sector/Área: Planicie de Agüenit – Montañas de Larruiat.

Emplazamiento: Colina.

Tipología: Hábitat.

Cronología: Postpaleolítico: de tradición neolítica.

Descripción: En una "smeila" adyacente a la montaña que cierra por el flanco E.SE el "djuf" de Larruiat N-1, a unos 10 km al S de la base de Agüenit, se advierten diseminados en superficie un buen número de restos arqueológicos prehistóricos postpaleolíticos. En ocasiones aparecen concentrados en torno a algunos sectores topográficos concretos, tanto de la parte superior del relieve, como de sus laderas de acceso. Sobresale un importante número de utillajes líticos tallados en sílex, cuarcita, cuarzo, etc., así como los numerosos elementos pulimentados vinculados con actividades de molienda.

Fecha de registro: 13.10.2008.

Material Arqueológico: *Industria lítica*: raederas, raspadores, denticulados, becs, puntas y láminas de dorso, bitruncaduras geométricas segmentoides, foliáceos, ecaillés; lascas, núcleos y debitado laminar. *Material cerámico*: fragmentos lisos y decorados. *Elementos pulimentados*: moletas, plaquetas fragmentarias.

ازميلة لرويات، الى الشمال N-1

الناحية: اغوينيت.

القطاع/المنطقة: سهل اغوينيت - جبال لوريات.

المكان المحدد: تل.

تيبولوجية/صنف الموضوع المحدد: موائـــل.

كرونولوجية/النطاق الزمني للعنصر: مابعد العصر الحجري القديم: من تقاليد العصر الحجري الحديث.

الوصـــف: يلاحظ عدد معتبر من البقايا الاثرية، من بيئات ما قبل التاريخ وما بعد العصر الحجري القديم، وذلك بـ"ازميلة" متاخمة للجبل، الذي يسد الجهة الشرقية، الجنوبية الشرقية، من "جوف" لرويات، الى الشمال N-1، على بعد حوالى 10 كلمترات الى الجنوب من قاعدة اغوينيت. في بعض الحالات، تتركز هذه الاثار حول بعض القطاعات الطوبوغرافية المحددة، سواء في الجهات المرتفعة من التضاريس، او في مداخلها الجانبية. ويبرز عدد هام من الادوات الحجرية المنحوتة من صخورالصوان والكوارتزيت والكوارتز، الخ. وكذلك العديد من العناصر المصقولة المتعلقة بوظيفة الطحن.

تاريخ التسجيل: 13 - 10 - 2008.

المواد الاثرية: صناعة حجرية: ادوات قطْع، مكاشط، مسننات، مناقير، رؤوس وصفائح ذات قفا، مبتورة طرفين هندسية شبه مقوسة، ورقيات، محرشفات، رقائق، نويات، مخصومات صفائحية. مواد خزفية: شظايا ملساء ومزينة. عناصر مصقولة: مساحق، صفائح متكسرة.

SMEILA LARRUIAT N-1

Région: Agüenit.

Secteur/Aire: Plaine d'Agüenit – Montagnes de Larruiat.

Emplacement: Colline.

Typologie: Habitat.

Chronologie: Postpaléolithique: de tradition néolithique.

Description: Sur une «smeila» adjacente à la montagne qui ferme du côté du flanc est/sud-est le «djuf» de Larruiat N-1, à environ 10 km au sud de la base d'Agüenit, on avertit parsemés en surface un bon nombre de restes archéologiques préhistoriques postpaléolithiques. Ils apparaissent parfois concentrés autour de quelques secteurs topographiques concrets, autant de la partie supérieure du relief que des flancs d'accès. Il saillit un important nombre d'outillages lithiques taillés en silex, quartzite, quartz, etc, ainsi que des nombreux éléments polis reliés aux activités de broyage.

Date d'enregistrement: 13.10.2008.

Matériel Archéologique: *Industrie lithique*: curettes, racloirs, denticulés, becs, pointes et lames à dos, bitroncatures géométriques segmentoïdes, foliacés, écaillés; éclats, nucléus et débitage laminaire. *Matériel céramique*: fragments lisses et décorés. *Éléments polis*: molettes, plaquettes fragmentaires.

244

SMEILA OUM AGNEINA

Eskualdea: Mijek.

Sektorea/Eremua: Mijek S – Oum Agneina-ko sebja.

Kokalekua: Muinoa.

Tipologia: Industria-multzoa.

Kronologia: Erdi Paleolitoa: Musteriensea (?); Paleolito ondokoa: tradizio neolitikokoa.

Deskribapena: Oum Agneina-ko "smeila"-ren gailurreko plataformaren gainazalean lekukotza litiko ugari daude, kuartzitan landutakoak eta levalloide-teknikaren bidez eginak; agian, industria-konplexu musteroideen garapen-faseren batekin loturik egon daitezke. Higatutako profil beraren gainean (forma lautua eta subhorizontala du) silexean eta kuartzitan landutako beste industria-arrasto batzuk ere badira, Paleolito ondoko historiaurrekoak. Denborarekin eta kulturarekin loturiko ezaugarri berdinak dituzten industriak aurkitu dira erliebearen ekialdeko eta hego-ekialdeko oinarrizko plataformaren inguruetan. Azken horiek bereziki erregistratu ditugu, "smeila"-ko eta bere oinarriko hainbat tumulu-multzo bezalaxe.

Erregistratze-data: 2005.04.05

Material Arkeologikoa: "Tradizio museroideko seriea": *Industria litikoa*: harraskagailuak, dentikulatuak, landutako ertzak; lauzak, nukleoak eta levallois-debitatua. "Tradizio neolitikoko seriea": *Industria litikoa*: lauzak, nukleoak.

SMEILA OUM AGNEINA

Región: Mijek.

Sector/Área: Mijek S – Sebja de Oum Agneina.

Emplazamiento: Colina.

Tipología: Conjunto industrial.

Cronología: Paleolítico medio: Musteriense (?); Postpaleolítico: de tradición neolítica.

Descripción: En la superficie de la plataforma cimera de la "smeila" de Oum Agneina se hallan diseminados numerosos testimonios líticos, tallados en cuarcita, de gestión técnica levalloide, que acaso puedan correlacionarse con alguna fase de desarrollo de los complejos industriales musteroides. Sobre el mismo perfil erosionado, y de morfología aplanada y subhorizontal, coexisten otros restos industriales tallados, en sílex y cuarcita, de ambientación prehistórica postpaleolítica. Industrias de homóloga caracterización crono-cultural se encuentran en las inmediaciones de la plataforma de base E y SE del relieve. Éstas, al igual que varios conjuntos tumulares de la "smeila" y de su base, se han registrado particularmente.

Fecha de registro: 05.04.2005.

Material Arqueológico: "Serie de tradición musteroide": *Industria lítica*: raederas, denticulados, cantos tallados; lascas, núcleos y debitado levallois. "Serie de tradición neolítica": *Industria lítica*: lascas, núcleos.

ازميلة ام اڭنينة

الناحية: ميجـــك.

القطاع/المنطقة: ميجك، الى الجنوب ـ سبخة ام اڭنينة.

الموقع المحدد: تــــل.

تيبولوجية/صنف الموضوع المحدد: مجموعة ادوات صناعية.

كرونولوجية/النطاق الزمني للعنصر: العصر الحجري القديم الاوسط: الموستيري (؟)؛ ما بعد العصر الحجري القديم: من تقاليد العصر الحجري الحديث.

الوصـــف: على سطح قمة ازميلة ام اڭنينة، يعثر على العديد من شهادات الاثار الحجرية المتبعثرة المصقولة، من الكوارتزيت، ومسيرة بتقنية levalloide، ويمكن ان تكون لها علاقة بمرحلة من تطور التركيبات الصناعية في عصر الموستيري. وفوق نفس الجهة المتآكلة المسطحة الشكل، والشبه افقية، توجد ايضا بقايا صناعية مصقولة من الصوان، والكوارتزيت، متعلقة ببيئات ما بعد العصر الحجري القديم، من زمن ما قبل التاريخ. صناعة بمميزات كرونوثقافية متماثلة، توجد بضواحي القاعدة الشرقية والجنوبية الشرقية من تلك التضاريس. هذه ومثلها من عدة ابنية جنائزية (تيميليس)، بازميلة ام اڭنينة وقاعدتها، قد تم تسجيلها بصورة خاصة.

تاريخ التسجيل: 05 - 04 - 2005.

المواد الاثرية: "سلسلة من تقاليد الموستيري": صناعة حجرية: ادوات قطْع، مسننات، حجارة مفرمة منحوتة، رقائق، نويات ومخصومات من نوع levallios. "سلسلة تقاليد العصر الحجري الحديث": صناعة حجرية: رقائق، نويات.

SMEILA OUM AGNEINA

Région: Mijek.

Secteur/Aire: Mijek S – Sebkha d'Oum Agneina.

Emplacement: Colline.

Typologie: Ensemble industriel.

Chronologie: Paléolithique moyen: Moustérien (?); Postpaléolithique: de tradition néolithique.

Description: En surface de la plateforme au sommet de la "smeila" d'Oum Agneina se trouvent parsemés des nombreux témoignages lithiques, taillés en quartzite, de gestion technique levalloïde, qui pourraient-ils peut-être se corréler avec quelque phase de développement des complexes industriels moustéroïdes. Sur le même profil érodé, et de morphologie aplatie et subhorizontale, coexistent d'autres restes industriels taillés, en silex et quartzite, d'ambiance préhistorique postpaléolithique. Industries de semblable caractérisation chrono-culturelle se trouvent aux alentours de la plateforme de base est et sud-est du relief. Celles-ci, de même que plusieurs ensembles tumulaires de la "smeila" et de sa base, ont été registrés particulièrement.

Date d'enregistrement: 05.04.2005.

Matériel Archéologique: "Série de tradition mousteroïde": *Industrie lithique*: curettes, denticulés, cailloux taillés; éclats, nucléus et débitage levallois. "Série de tradition néolithique": *Industrie lithique*: éclats, nucléus.

245

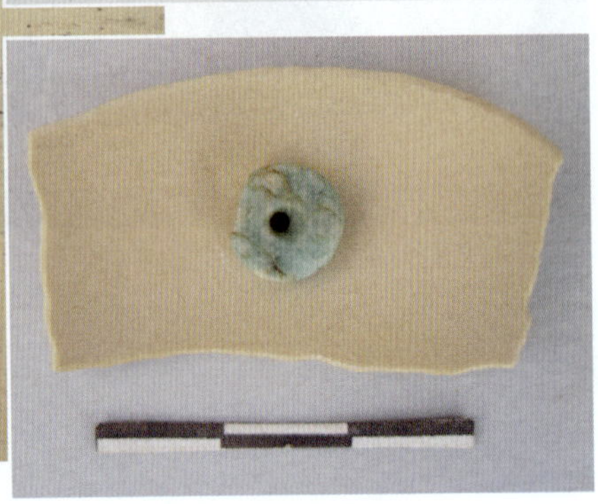

SMEILA, KARRASHIET E-1 LAUTADA

Eskualdea: Duguech.

Sektorea/Eremua: Zug – Azefal-go erg-a (Karrashiet-eko sebja).

Kokalekua: Muinoaren oinarria.

Tipologia: Industria-multzoa.

Kronologia: Paleolito ondokoa: tradizio neolitikokoa.

Deskribapena: Tontor harritsu batean kuartzoaren esplotazioan espezializatutako azaleratze-tailer bat dago eta tontor harritsu horren oinarrian eta ingurunean Paleolito ondoko historiaurreko hainbat ebidentzia arkeologiko aurkitu dira, sakabanatuta. Silexean, kuartzitan, dioritan eta obsidianan landutako tresnak daude, bai eta eskuz egindako zeramikazko ontzi zatiak, tresna leunduak eta ehotzekoak ere. Toki hori Gleb Asfar-eko menditik 3,5 km N.NWra dago, eta Karrashiet-eko sebjatik 8 bat kilometro ekialdera. Ez oso urrun, Planicie Gleb Asfar/Karrashiet 1 lautadako tumulu-multzoa dago.

Erregistratze-data: 2005.04.05

Material Arkeologikoa: *Industria litikoa*: harraskagailuak, karrakagailuak, dentikulatuak, bitrunkadura geometriko segmentoideak, ezkatak; abibatuak; lauzak, nukleoak eta debitatu laminarra. *Material zeramikoa*: zati lisoak eta apainduak. *Elementu leunduak*: moletak, errota zatikatuak; kolpekari-ingudeak. *Bestelakoak*: obsidianazko lepoko baten alea; fauna-aztarnak.

SMEILA PLANICIE KARRASHIET E-1

Región: Duguech.

Sector/Área: Zug – Erg de Azefal (Sebja de Karrashiet).

Emplazamiento: Base de colina.

Tipología: Conjunto industrial.

Cronología: Postpaleolítico: de tradición neolítica.

Descripción: En torno a la base e inmediaciones de un pitón rocoso, que corresponde a un afloramiento-taller especializado en la explotación de cuarzo, se advierten diseminadas diversas evidencias arqueológicas de ambientación prehistórica postpaleolítica. Hay utensilios tallados en sílex, cuarcita, diorita y obsidiana, así como trozos de recipientes cerámicos a mano, y variados instrumentos pulimentados y de molienda. El lugar se situa a unos 3,5 km al N.NW de la montaña de Gleb Asfar y a unos 8 km al E de la sebja de Karrashiet. No excesivamente distante se encuentra registrado el Conjunto tumular Planicie Gleb Asfar/Karrashiet 1.

Fecha de registro: 05.04.2005.

Material Arqueológico: *Industria lítica*: raederas, raspadores, denticulados, bitruncaduras geométricas segmentoides, ecaillés; avivados; lascas, núcleos y debitado laminar. *Material cerámico*: fragmentos lisos y decorados. *Elementos pulimentados*: moletas, molinos fragmentarios; percutores-yunques. *Varios*: cuenta de collar en obsidiana; restos de fauna.

ازميلة سهل الكراشيات الى الشرق E-1

الناحية: الدوڤج.

القطاع/المنطقة: زوڤ ـ عرق ازفال (سبخة الكراشيات).

المكان المحدد: قاعدة تـــــــــــل.

تيبولوجية/صنف الموضوع المحدد: مجموعة ادوات صناعية.

كرونولوجية/النطاق الزمني للعنصر: ما بعد العصر الحجري القديم: من تقاليد العصر الحجري الحديث.

الوصـــــف: في محيط وضواحي مرتفع حجري يتناسب مع بروز ورشة خاصة باستغلال الكوارتز، يلاحظ وجود ادلة مختلفة من الاثار المتبعثرة، تتعلق ببيئة مابعد العصر الحجري القديم، في زمن ما قبل التاريخ، حيث توجد ادوات منحوتة من الصوان والكوارتزيت، والجرانيت، والسبج، وكذا قطع من الخزف مصنوعة يدويا، ومختلف الادوات المصقولة وادوات الطحن. وهذا الموقع يوجد على مسافة 3،5 كلمتر الى الشمال والشمال الغربي من مرتفع ڤليب اصْفار، وعلى بعد 8 كلمترات الى الشرق من سبخة الكراشيات. وقد تم ضبط المجمع الجنائزي من نوع تيميليس، على مقربة من هناك، في سهل ڤليب اصفار / الكراشيات 1.

تاريخ التسجيل: 05 - 04 - 2005.

المواد الاثرية: صناعة حجرية: ادوات قطْع، مكاشط، مسننات، مبتورة طرفين هندسية شبه مقوسة، محرشفات، مبرودات، رقائق، نويات، ومخصومات صفائحية. مواد خزفية: شظايات ملساء ومزينة. عناصر مصقولة: مساحق، رحي مجزأة، سنادين. اخرى: عِقد من السبج، بقايا حيوانية.

SMEILA PLAINE KARRASHIET E-1

Région: Duguech.

Secteur/Aire: Zug – Erg d'Azefal (Sebkha de Karrashiet).

Emplacement: Base de colline.

Typologie: Ensemble industriel.

Chronologie: Postpaléolithique: de tradition néolithique.

Description: Autour de la base et aux alentours d'un piton rocheux, qui correspond à un affleurement-atelier spécialisé dans l'exploitation de quartz, on avertit parsemées diverse évidences archéologiques d'ambiance préhistorique postpaléolithique. Il y a des outils taillés en silex, quartzite, diorite et obsidienne, ainsi que des débris de récipients céramiques faits à la main, et un assortiment d'instruments polis et de broyage. Le lieu se situe à environ 3,5 km au nord/nord-ouest de la montagne de Gleb Asfar et à environ 8 km à l'est de la sebkha de Karrashiet. Pas excessivement loin se trouve registré l'Ensemble tumulaire Plaine Gleb Asfar/Karrashiet 1.

Date d'enregistrement: 05.04.2005.

Matériel Archéologique: *Industrie lithique*: racloirs, curettes, denticulés, bitroncatures géométriques segmentoïdes, écaillés; avivements; éclats, nucléus et débitage laminaire. *Matériel céramique*: fragments lisses et décorés. *Éléments polis*: molettes, moulins fragmentaires; percuteurs-enclumes. *Autres*: perle de collier en obsidienne; restes de faune.

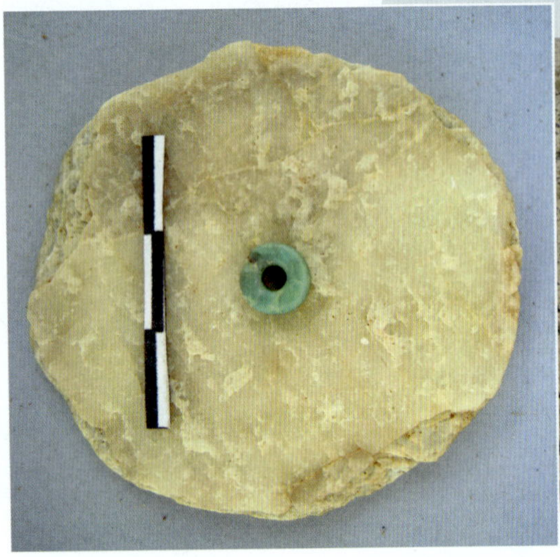

246

SMEILA, KARRASHIET/ADAKMAR W-1 LAUTADA

Eskualdea: Duguech.

Sektorea/Eremua: Zug – Azefal-go erg-a (Karrashiet-eko sebja).

Kokalekua: Muinoa.

Tipologia: Habitata.

Kronologia: Paleolito ondokoa: tradizio neolitikokoa.

Deskribapena: Karrashiet-eko sebjaren eta Adakmar-eko mendien artean kokatuta dagoen muinoa, mendi horien iparraldeko sektoretik 10 km mendebaldera. Erliebe txikiaren beheko aldean, hegaletan eta gailurrean aztarna litiko ugari agertu dira pilatuta (silexean, kuartzitan, kuartzoan eta obsidianan egindakoak), zeramika zatiak, elementu leunduak eta ehotzekoak, belarjaleen hezurren ezpal eta zatiak eta abar. Multzoari erreparatuta, toki hori Paleolito ondoko historiaurreko habitata zela pentsa daiteke.

Erregistratze-data: 2009.03.05

Material Arkeologikoa: *Industria litikoa*: harraskagailuak, karrakagailuak, dentikulatuak, bec edo mokoak, atzealde-puntak eta atzealde-xaflak, bitrunkadura geometriko segmentoideak, foliazeoak, ezkatak; abibatuak, mikrogubilak; lauzak, nukleoak eta debitatu laminarra. *Material zeramikoa*: zati lisoak eta apainduak. *Elementu leunduak*: moletak; disko zulatu zatikatuak. *Bestelakoak*: ingerada zirkular ebakia; zintzilikarioak; moluskuen maskorrak eta animalia-hezurren arrastoak.

SMEILA PLANICIE KARRASHIET/ADAKMAR W-1

Región: Duguech.

Sector/Área: Zug – Erg de Azefal (Sebja de Karrashiet).

Emplazamiento: Colina.

Tipología: Hábitat.

Cronología: Postpaleolítico: de tradición neolítica.

Descripción: Colina situada entre la sebja de Karrashiet y las montañas de Adakmar, a unos 10 km al W del sector septentrional de éstas. Sobre la parte baja, laderas y cima del pequeño relieve se encuentran concentrados, en gran número, restos líticos en sílex, cuarcita, cuarzo y obsidiana, trozos cerámicos, elementos pulimentados y de molienda, esquirlas y trozos óseos de herbívoros, etc. El conjunto pone de manifiesto la función del lugar como sitio de hábitat prehistórico postpaleolítico.

Fecha de registro: 05.03.2009.

Material Arqueológico: *Industria lítica*: raederas, raspadores, denticulados, becs, puntas y láminas de dorso, bitruncaduras geométricas segmentoides, foliáceos, ecaillés; avivados, microburiles; lascas, núcleos y debitado laminar. *Material cerámico*: fragmentos lisos y decorados. *Elementos pulimentados*: moletas; discos perforados fragmentarios. *Varios*: contorno circular recortado; colgantes; conchas de moluscos y restos óseos de fauna.

ازميلة سهل الكراشيات/ادكمـــــار، الى الغرب W-1

الناحية: الدوكَّج.

القطاع/المنطقة: عرق ازفال (سبخة الكراشيات).

المكان المحدد: تل.

تيبولوجية/صنف الموضوع المحدد: موائل (سكنات).

كرونولوجية/النطاق الزمني للعنصر: ما بعد العصر الحجري القديم: من تقاليد العصر الحجري الحديث.

الوصـــف: يوجد عدد كبير متمركز من بقايا الاثارالحجرية، من الصوان، والكوارتزيت، والكاوارتز، والسبج، ومن القطع الخزفية وعناصر الطحن المصقولة، وكذا شظايا وقطع من عظام حيوانات عشبية، وذلك بتل يعقع بين سبخة الكراشيات و جبال ادكمار، حوالى 10 كلمترات الى الغرب من قطاعها الشمالي، فوق الجهة السفلى، بالسفوح والقمة، من التضاريس الصغيرة. هذه المجموعة توضح وظيفة الموقع كمكان للسكن، في زمن ما قبل التاريخ، ما بعد العصر الحجري القديم.

تاريخ التسجيل: 05 - 03 - 2009.

المواد الاثرية: صناعة حجرية: ادوات قطع، مكاشط، مسننات، مناقير، رؤوس وصفائح ذات قفا، مبتورة طرفين هندسية شبه مقوسة، ورقيات، محرشفات، مبرودات، ازاميل صغيرة، رقائق، نويات، ومخصومات صفائحية. مواد خزفية: شظايا ملساء ومزينة. عناصر مصقولة: مساحق، اقراص متجزأة. اخرى: عنصر دائري مخصوم، قلائد، اصداف رخويات وبقايا عظام حيوانية.

SMEILA PLAINE KARRASHIET/ADAKMAR W-1

Région: Duguech.

Secteur/Aire: Zug – Erg d'Azefal (Sebkha de Karrashiet).

Emplacement: Colline.

Typologie: Habitat.

Chronologie: Postpaléolithique: de tradition néolithique.

Description: Colline située entre la sebkha de Karrashiet et les montagnes d'Adakmar, à environ 10 km à l'ouest du secteur septentrional de celles-ci. Dans la partie basse, flancs et sommet du petit relief se trouvent concentrés, en grand nombre, des restes lithiques en silex, quartzite, quartz et obsidienne, débris céramiques, éléments polis et de broyage, esquilles et débris d'os d'herbivores, etc. L'ensemble met en lumière la fonction de l'endroit comme lieu d'habitat préhistorique postpaléolithique.

Date d'enregistrement: 05.03.2009.

Matériel Archéologique: *Industrie lithique*: curettes, racloirs, denticulés, becs, pointes et lames à dos, bitroncatures géométriques segmentoïdes, foliacés, écaillés; avivements, microburins; éclats, nucléus et débitage laminaire. *Éléments polis*: molettes; disques perforés fragmentaires. *Autres*: contour circulaire découpé; pendentifs; coquillages et restes osseux de faune.

247

SMEILA, KARRASHIET/ADAKMAR W-2 LAUTADA

Eskualdea: Duguech.

Sektorea/Eremua: Zug – Azefal-go erg-a (Karrashiet-eko sebja).

Kokalekua: Muinoa.

Tipologia: Habitata.

Kronologia: Paleolito ondokoa: tradizio neolitikokoa.

Deskribapena: Adakmar W-2-ko "smeila"-ren gainazalean (hau da, Adakmar W-1-etik 700 m mendebaldera eta Adakmar-eko mendien erdiko sektoretik 10 km mendebaldera) Paleolito ondoko historiaurreko askotariko materiala agertu da barreiatuta: tresna litiko landuak (silexean, kuartzitan, kuartzoan eta obsidianan), zeramika arrastoak, ehotzeko elementuak, belarjaleen hortzak eta abar. Multzoari erreparatuta, muinoa habitat moduan erabiltzen zutela esan daiteke. Bestalde, espazio horretan berean hilobi-multzo berezi baten adierazpenak ere agertu dira.

Erregistratze-data: 2009.03.05

Material Arkeologikoa: *Industria litikoa*: karrakagailuak, dentikulatuak, bec edo mokoak, atzealde-puntak eta atzealde-xaflak, bitrunkadura geometriko segmentoide eta trapezoideak, punta pedunkulatuak, ezkatak; abibatuak; lauzak, nukleoak eta debitatu laminarra. *Material zeramikoa*: zati lisoak eta apainduak. *Elementu leunduak*: leungailuak; moletak. *Bestelakoak*: animalien hezur arrastoak.

Bibliografia: Saenz de Buruaga, A. *et alii* 2009, 20-21 or., 9. arg.

SMEILA PLANICIE KARRASHIET/ADAKMAR W-2

Región: Duguech.

Sector/Área: Zug – Erg de Azefal (Sebja de Karrashiet).

Emplazamiento: Colina.

Tipología: Hábitat.

Cronología: Postpaleolítico: de tradición neolítica.

Descripción: Sobre la superficie de la "smeila" de Adakmar W-2 –ubicada en torno a unos 700 m al W de la Adakmar W-1 y a unos 10 km al W del sector central de las montañas de Adakmar– se hallan diseminados diversos materiales prehistóricos postpaleolíticos: utensilios líticos tallados (en sílex, cuarcita, cuarzo y obsidiana), restos cerámicos, elementos de molienda, dientes de herbívoros, etc. El conjunto pone de relieve la utilización de la colina como sitio de hábitat. Por otra parte, hay que señalar que en ese mismo espacio se documentan varias manifestaciones de un particular conjunto sepulcral.

Fecha de registro: 05.03.2009.

Material Arqueológico: *Industria lítica*: raspadores, denticulados, becs, puntas y láminas de dorso, bitruncaduras geométricas segmentoides y trapezoides, puntas pedunculadas, ecaillés; avivados; lascas, núcleos y debitado laminar. *Material cerámico*: fragmentos lisos y decorados. *Elementos pulimentados*: alisadores; moletas. *Varios*: restos óseos de fauna.

Bibliografía: Sáenz de Buruaga, A. *et alii* 2009, p. 20-21, fot. 9.

ازميلة سهل الكراشيات/ ادكمار، الى الغرب W-2

الناحية: الدوگج.

القطاع/المنطقة: زوڭ ـ عرق ازفال (سبخة الكراشيات).

المكان المحدد: تل.

تيبولوجية/صنف المكان المحدد: موائل.

كرونولوجية/النطاق الزمني للعنصر: ما بعد العصر الحجري القديم: من تقاليد العصر الحجري الحديث.

الوصـــف: فوق سطح "ازميلة" ادكمار، الى الغرب W-2 ـ تقع حوالى 700 متر الى الغرب من ادكمار W-1، وحوالى 10 كلمترات الى الغرب من القطاع الاوسط من جبال ادكمارـ تم العثور على ادوات مختلفة تعود الى ما قبل التاريخ وما بعد العصر الحجري القديم: ادوات حجرية منحوتة (من الصوان، والكوارتزيت، والكوارتز والسبج)، بقايا خزفية: عناصر طحن، اسنان حيونات عشبية، الخ. هذه المجموعة الاثرية تؤكد استعمال هذا التل كمكان سكن في الزمن القديم. ومن جهة اخرى ينبغي ان نشير الى انه في هذا المكان، تم توثيق عدة مظاهر تتعلق بمجموعة قبرية خاصة.

تاريخ التسجيل: 05 - 03 - 2009.

المواد الاثرية: صناعة حجرية: مكاشط، مسننات، مناقير، رؤوس وصفائح ذات قفا، مبتورات طرفين هندسية شبه مقوسة وشبه منحرفة، رؤوس مسوَّقة، محرشفات، مبرودات، رقائق، نويات، ومخصومات صفائحية. مواد خزفية: شظايا ملساء ومزينة. عناصر مصقولة: مبارد، مساحق. اخرى: بقايا عظام حيوانية.

المراجع: Sáenz de Buruaga, A. et alii 2009, p. 20-21, fot. 9.

SMEILA PLAINE KARRASHIET/ADAKMAR W-2

Région: Duguech.

Secteur/Aire: Zug – Erg d'Azefal (Sebkha de Karrashiet).

Emplacement: Colline.

Typologie: Habitat.

Chronologie: Postpaléolithique: de tradition néolithique.

Description: En surface de la «smeila» d'Adakmar W-2 –localisée à environ 700 m à l'ouest de l'Adakmar W-1 et à environ 10 km à l'ouest du secteur central des montagnes d'Adakmar– se trouvent parsemés divers matériaux préhistoriques postpaléolithiques: outillages lithiques taillés (en silex, quartzite, quartz et obsidienne), débris céramiques, éléments de broyage, dents d'herbivores, etc. L'ensemble met en évidence l'utilisation de la colline en tant qu'habitat. D'autre part, il faut signaler que dans ce même espace se documentent plusieurs manifestations d'un particulier ensemble sépulcral.

Date d'enregistrement: 05.03.2009.

Matériel Archéologique: *Industrie lithique*: curettes, denticulés, becs, pointes et lames à dos, bitroncatures géométriques segmentoïdes et trapézoïdales, pointes pédonculées, écaillés; avivements; éclats, nucléus et débitage laminaire. *Matériel céramique*: fragments lisses et décorés. *Éléments polis*: lissoirs; molettes. *Autres*: restes osseux de faune.

Bibliographie: Sáenz de Buruaga, A. *et alii* 2009, p. 20-21, phot. 9.

248

SMEILA TAMNAIRATN 3

Eskualdea: Mijek.

Sektorea/Eremua: Adam Ahmed Molud-eko lautada – Tamnairatn-eko smeilak.

Kokalekua: Muinoa.

Tipologia: Habitata.

Kronologia: Paleolito ondokoa: tradizio neolitikokoa.

Deskribapena: Tamnairaat 3-ko "smeila"-ren silex-azaleratzearen gainean dagoen kokalekua. Muinoaren gainazalean Paleolito ondoko historiaurreko hainbat manufaktura daude sakabanatuta: silexean landutako tresna litikoak, zeramikazko ontzi zatikatuak eta abar. Harria lantzeko tokiaz gain, toki hori habitat moduan ere erabiltzen zutela pentsa daiteke serie hori ikusita.

Erregistratze-data: 2008.02.21

Material Arkeologikoa: *Industria litikoa*: harraskagailuak, dentikulatuak, atzealde-puntak; lauzak, nukleoak eta debitatu laminarra.

SMEILA TAMNAIRATN 3

Región: Mijek.

Sector/Área: Planicie de Adam Ahmed Molud – Smeilas de Tamnairatn.

Emplazamiento: Colina.

Tipología: Hábitat.

Cronología: Postpaleolítico: de tradición neolítica.

Descripción: Asentamiento emplazado sobre el afloramiento de sílex de la "smeila" de Tamnairaat 3. En la superficie de la colina se encuentran diseminadas diversas manufacturas prehistóricas postpaleolíticas: utensilios líticos tallados en sílex, recipientes cerámicos fragmentarios, etc. Además de lugar de talla, la serie sugiere su posible función como sitio puntual de hábitat.

Fecha de registro: 21.02.2008.

Material Arqueológico: *Industria lítica*: raederas, denticulados, puntas de dorso; lascas, núcleos y debitado laminar.

ازميلة تامنيراتن 3

الـناحية: ميجك.

القطاع/المنطقة: سهل اعظم احمد مولود ـ ازميلات تامنيراتن.

المكان المحدد: تل.

تيبولوجية/صنف الموضوع المحدد: مـــوائل (سكنات).

كرونولوجية/النطاق الزمني للعنصر: ما بعد العصر الحجري القديم: من تقاليد العصر الحجري الحديث.

الوصـــف: مستوطنة في موقع البروزات الصوانية بـ"ازميلة" تامنيراتن 3، تم العثور فوق سطحها، على صناعات يدوية مختلفة، تعود لبيئات ما قبل التاريخ وما بعد العصر الحجري القديم، وهي عبارة ادوات حجرية منحوتة من الصوان، اواني خزفية متجزأة، الخ. وبالاضافة الى ان هذا المكان هو موقع للنحت الحجري، فالسلسلة تدل كذلك على انه كان موقع سكن في زمن معين.

تاريخ التسجيل: 21 - 02 - 2008.

المواد الاثرية: صناعة حجرية: ادوات قطع، مسننات، رؤوس ذات قفا، رقائق، نويات، مخصومات صفائحية.

SMEILA TAMNAIRATN 3

Région: Mijek.

Secteur/Aire: Plaine d'Adam Ahmed Molud – Smeilas de Tamnairatn.

Emplacement: Colline.

Typologie: Habitat.

Chronologie: Postpaléolithique: de tradition néolithique.

Description: Établissement localisé sur l'affleurement de silex de la "smeila" de Tamnairaat 3. En surface de la colline se trouvent parsemées diverses manufactures préhistoriques postpaléolithiques; outillages lithiques taillés en silex, récipients céramiques fragmentaires, etc. Outre un endroit de taille, la série suggère sa possible fonction en tant que lieu ponctuel d'habitat.

Date d'enregistrement: 21.02.2008.

Matériel Archéologique: *Industrie lithique*: racloirs, denticulés, pointes à dos; éclats et débitage laminaire.

249

TAGERFET HASHIAT DRÂA-OUM ÂBANA 3

Eskualdea: Duguech.

Sektorea/Eremua: Azefal-go erg-a – Zug-Oum Âbana-ko mendiak.

Kokalekua: Muinoa.

Tipologia: Industria-multzoa.

Kronologia: Paleolito ondokoa: tradizio neolitikokoa.

Deskribapena: Hashiat Drâa-ko "smeila"-ren hegoaldeko aldearen ondo-ondoan dagoen eremuan hainbat "tagerfet" daude: txikiak dira, forma obalatua dute eta perimetro osoan duna-ezponez mugatuta daude. Gainazalean, Paleolito ondoko historiaurreko kronologia duten historiaurreko materiala aurkitu da sakabanatuta. Landutako aztarna litiko asko daude (gertuko muinoetan agertzen diren silex-azaleratzeen ustiapenaren ondorioz), bai eta kuartzitazko eta dioritazko beste batzuk ere; era berean, ehotzeko hainbat tresna ere badira eta toki hori agian egoteko erabiltzen zutela esan nahi du horrek.

Erregistratze-data: 2006.03.15

Material Arkeologikoa: *Industria litikoa*: dentikulatuak, atzealde-puntak; lauzak, nukleoak eta debitatu laminarra. *Elementu leunduak*: moletak, errota zatikatuak. *Bestelakoak*: fauna aztarnak.

TAGERFET HASHIAT DRÂA-OUM ÂBANA 3

Región: Duguech.

Sector/Área: Erg de Azefal – Montañas de Zug-Oum Âbana.

Emplazamiento: Colina.

Tipología: Conjunto industrial.

Cronología: Postpaleolítico: de tradición neolítica.

Descripción: En el área inmediata a la vertiente meridional de la "smeila" de Hashiat Drâa se encuentran varios "tagerfets", de reducidas dimensiones y morfología ovalada, delimitados por taludes dunares en todo su perímetro. En su superficie, se reconocen diseminados diversos materiales prehistóricos de cronología prehistórica postpaleolítica. Abundan los restos líticos tallados (derivados de la explotación de los afloramientos de sílex emergentes en las colinas próximas), así como algunos otros en cuarcita y diorita, y hay igualmente diversos utensilios de molienda que sugieren su utilización como posible lugar de habitación.

Fecha de registro: 15.03.2006.

Material Arqueológico: *Industria lítica*: denticulados, puntas de dorso; lascas, núcleos y debitado laminar. *Elementos pulimentados*: moletas, molinos fragmentarios. *Varios*: restos de fauna.

تاغرفت حاشيت اذراع ام اعبانة 3

الناحية: الدوگج.

القطاع/المنطقة: عرق ازفال ـ جبال زوگ ـ ام اعبانه.

المكان المحدد: تــــــل.

تيبولوجية/صنف الموضوع المحدد: مجموعة ادوات صناعية.

كرونولوجية/النطاق الزمني للعنصر: ما بعد العصر الحجري القديم: من تقاليد العصر الحجري الحديث.

الوصـــــف: في المنطقة المباشرة للجهة الجنوبية من "ازميلة" حاشيت اذراع ام اعبانة، توجد عدة "تيغرفاتن" بمساحات قصيرة، واشكال بيضاوية، تحدها من جميع الاتجاهات منخفضات كثيبية. وعلى سطوحها يلاحظ انواع مختلفة من ادوات يعود زمنها الى ما قبل التاريخ، ما بعد العصرالحجري القديم. وتوجد بكثافة بقايا من الحجارة المنحوتة (من مشتقات استغلال حجارة الصوان الموجودة في التلال المجاورة)، وذلك مثل اخرى من الكوارتزيت والجرانيت، كما توجد كذلك مختلف ادوات الطحن، التي يدل استعملها على ما يحتمل انه مكان سكن.

تاريخ التسجيل: 15 - 03 - 2006.

المواد الاثرية: صناعة حجرية: مسننات، رؤوس ذات قفا، رقائق، نويات، مخصومات صفائحية. عناصر مصقولة: مساحق، رحي مجزأة. اخرى: بقايا حيوانية.

TAGERFET HASHIAT DRÂA-OUM ÂBANA 3

Région: Duguech.

Secteur/Aire: Erg d'Azefal – Montagnes de Zug-Oum Âbana.

Emplacement: Colline.

Typologie: Ensemble industriel.

Chronologie: Postpaléolithique: de tradition néolithique.

Description: Dans l'aire immédiate au flanc méridional de la "smeila" de Hashiat Drâa se trouvent plusieurs "tagerfets", de petite grandeur et morphologie ovale, délimités par des talus dunaires sur tout son périmètre. En surface on reconnaît parsemés divers matériaux préhistoriques de chronologie préhistorique postpaléolithique. Abondance de restes lithiques taillés (dérivés de l'exploitation d'affleurements de silex émergents dans les collines voisines), ainsi que quelques autres en quartzite et diorite, et il y a également divers outils de broyage qui suggèrent son utilisation comme possible lieu d'habitation.

Date d'enregistrement: 15.03.2006.

Matériel Archéologique: *Industrie lithique*: denticulés, pointes à dos; éclats, nucléus et débitage laminaire. *Éléments polis*: molettes, moulins fragmentaires. *Autres*: restes de faune.

250

TAGERFET KARRASHIET NE

Eskualdea: Duguech.

Sektorea/Eremua: Zug – Azefal-go erg-a (Karrashiet-eko sebja).

Kokalekua: Muinoa.

Tipologia: Industria-multzoa.

Kronologia: Paleolito ondokoa: tradizio neolitikokoa.

Deskribapena: Karrashiet-eko ipar-ekialdeko eremuan dagoen "tagerfet" zabal baten gainazalean hainbat material arkeologiko aurkitu dira eta, horiei esker, leku hori agian egoteko tokitzat erabiltzen zutela pentsa daiteke: silexean, kuartzoan eta obsidianan landutako tresna litikoak, zeramika arrastoak, ehotzeko tresnak eta abar. Materialen osagaiak eta ezaugarri morfoteknikoak kontuan izanik, serie horiek Paleolito ondoko historiaurrekoak direla esan dezakegu.

Erregistratze-data: 2005.04.06

Material Arkeologikoa: *Industria litikoa*: harraskagailuak, karrakagailuak, dentikulatuak, trunkadurak, punta pedunkulatuak, foliazeoak, ezkatak; lauzak eta debitatu laminarra. *Material zeramikoa*: zati lisoak eta apainduak. *Elementu leunduak*: aizkorak; moletak, errota zatikatuak.

TAGERFET KARRASHIET NE

Región: Duguech.

Sector/Área: Zug – Erg de Azefal (Sebja de Karrashiet).

Emplazamiento: Colina.

Tipología: Conjunto industrial.

Cronología: Postpaleolítico: de tradición neolítica.

Descripción: Sobre la superficie de un amplio "tagerfet" situado en el área nororiental de Karrashiet se hallan esparcidos varios materiales arqueológicos que hacen valorar su función como probable lugar de habitación: instrumental lítico tallado en sílex, cuarzo y obsidiana, restos cerámicos, utensilios de molienda, etc. El componente material y sus caracteres morfotécnicos refieren una cronología prehistórica postpaleolítica para las series.

Fecha de registro: 06.04.2005.

Material Arqueológico: *Industria lítica*: raederas, raspadores, denticulados, truncaduras, puntas pedunculadas, foliáceos, ecaillés; lascas y debitado laminar. *Material cerámico*: fragmentos lisos y decorados. *Elementos pulimentados*: hachas; moletas, molinos fragmentarios.

تاغرفت الكراشيات، الى الشمال الشرقي

الناحية: الدوڨـــــج.

القطاع/المنطقة: زوڨ ـ عرق ازفال (سبخة الكراشيات).

المكان المحدد: تـــــل.

تيبولوجية/صنف الموضوع المحدد: مجموعة ادوات صناعية.

كرونولوجية/النطاق الزمني للعنصر: ما بعد العصر الحجري القديم: من تقاليد العصر الحجري الحديث.

الوصـــــف: فوق سطح "تاغرفه" واسعة، في المنطقة الشمالية الشرقية من الكراشيات، توجد مختلف الوسائل الاثرية متبعثرة على الارض، يحتمل في تقييم وظيفتها، كونها تدل على مواقع سكن: ادوات حجرية منحوتة من حجر الصوان والكوارتز والسبج، وبقايا خزفية، وادوات طحن،الخ. المكون المادي لهذه السلسلة، ومميزاتها المورفولوجية، تعود الى ما بعد العصر الحجري القديم، في زمن ما قبل التاريخ.

تاريخ التسجيل: 06 - 04 - 2005.

المادة الاثرية: صناعة حجرية: ادوات قطْع، مكاشط، مسننات، مبتورة طرف، رؤوس مسوقة، ورقيات، محرشفات، رقائق، مخصومات صفائحية. مواد خزفية: شظايا ملساء ومزينة. عناصر مصقولة: فؤوس، مساحق، رحي مجزأة.

TAGERFET KARRASHIET NE

Région: Duguech.

Secteur/Aire: Zug – Erg d'Azefal (Sebkha de Karrashiet).

Emplacement: Colline.

Typologie: Ensemble industriel.

Chronologie: Postpaléolithique: de tradition néolithique.

Description: En surface d'un ample "tagerfet" situé dans l'aire nord-orientale de Karrashiet se trouvent parsemés plusieurs matériaux archéologiques qui permettent évaluer sa fonction en tant que probable lieu d'habitation: outillage lithique taillé en silex, quartz et obsidienne, débris céramiques, outils de broyage, etc. Le composant matériel et leurs caractères morphotechniques réfèrent une chronologie préhistorique postpaléolithique pour les séries.

Date d'enregistrement: 06.04.2005.

Matériel Archéologique: *Industrie lithique*: racloirs, curettes, denticulés, troncatures, pointes pédonculées, foliacés, écaillés; éclats et débitage laminaire. *Matériel céramique*: fragments lisses et décorés. *Éléments polis*: haches; molettes, moulins fragmentaires.

251

TAGERFET OUM ÂBANA NE-2

Eskualdea: Duguech.

Sektorea/Eremua: Zug E – Zug-Oum Âbana-ko mendiak.

Kokalekua: Tagerfet.

Tipologia: Industria-multzoa.

Kronologia: Paleolito ondokoa: tradizio neolitikokoa.

Deskribapena: Oum Âbana-ko mendien ekialdeko isurialdearen ondo-ondoan dagoen lautadaren iparraldeko eremuan dagoen "tagerfet"-aren gainazalean sakabanatuta Paleolito ondoko historiaurreko hainbat industria-aztarna agertu dira. Silexean landutako tresna litikoz eta eskuz egindako zeramika zatiez gain, ehotzeko zenbait elementu aipatu behar ditugu, moleta formakoak, bai eta errota amigdaloide handi bat ere, granitozkoa (58x34x17 cm).

Erregistratze-data: 2006.03.12

Material Arkeologikoa: *Industria litikoa*: foliazeoak, ezkatak; lauzak eta debitatu laminarra. *Material zeramikoa*: zati lisoak. *Elementu leunduak*: moletak, errotak. *Bestelakoak*: fauna aztarnak (belarjaleen hortzak).

TAGERFET OUM ÂBANA NE-2

Región: Duguech.

Sector/Área: Zug E – Montañas de Zug-Oum Âbana.

Emplazamiento: Tagerfet.

Tipología: Conjunto industrial.

Cronología: Postpaleolítico: de tradición neolítica.

Descripción: En el área situada al N de la planicie inmediata a la vertiente oriental de las montañas de Oum Âbana se encuentra este "tagerfet" sobre el que se reconocen, diseminados en superficie, diversos restos industriales prehistóricos postpaleolíticos. Además de utensilios líticos tallados en sílex y de trozos cerámicos a mano, hay que señalar varios elementos de molienda, en forma de moletas y de un gran molino amigdaloide, en granito, de 58x34x17 cm.

Fecha de registro: 12.03.2006.

Material Arqueológico: *Industria lítica*: foliáceos, ecaillés; lascas y debitado laminar. *Material cerámico*: fragmentos lisos. *Elementos pulimentados*: moletas, molinos. *Varios*: restos de fauna (dientes de herbívoros).

تاغرفت ام اعبانه، الى الشمال الشرقي NE-2

الناحية: الدوڭج.

القطاع/المنطقة: زوڭ الى الشرق ـ جبال زوڭ ـ ام اعبانه.

المكان المحدد: تاغرفـــــــه.

تيبولوجية/صنف الموضوع المحدد: مجموعة ادوات صناعية.

كرونولوجية/النطاق الزمني للعنصر: ما بعد العصر الحجري القديم: من تقاليد العصر الحجري الحديث.

الوصـــــف: في منطقة تقع الى الشمال من السهل المباشر للمنحدر الشرقي لجبال ام اعبانه، توجد تلك "التاغرفه" التي تعلو سطحها مختلف البقايا الصناعية المتناثرة، من زمن ما قبل التاريخ، ما بعد العصر الحجري القديم. فعلاوة على ادوات حجرية من حجر الصوان منحوتة، وقطع الخزف المصنوعة يدويا، يلاحظ هناك عدة عناصر من مطاحن على شكل مساحق، ورحى عملاقة لوزية، مصنوعة من مادة الجرانيت، بمقاس 58×34×17 سنتمرا.

تاريخ التسجيل: 12 - 03 - 2006.

المواد الاثرية: صناعة حجرية: ورقيات، محرشفات، رقائق ومخصومات صفائحية. مواد خزفية: شظايا ملساء. عناصر مصقولة: مساحق، رحي. اخرى: بقايا حيوانية (اسنان حيوانات عشبية).

TAGERFET OUM ÂBANA NE-2

Région: Duguech.

Secteur/Aire: Zug E – Montagnes de Zug-Oum Âbana.

Emplacement: Tagerfet.

Typologie: Ensemble industriel.

Chronologie: Postpaléolithique: de tradition néolithique.

Description: Dans l'aire située au nord de la plaine immédiate au flanc oriental des montagnes d'Oum Âbana se trouve ce "tagerfet" sur lequel on reconnaît, parsemés en surface, divers restes industriels préhistoriques paléolithiques. En plus des outils lithiques taillés en silex et des débris céramiques faits à la main, il faut signaler plusieurs éléments de broyage, sous forme de molettes et un grand moulin amygdaloïde, en granit, de 58x34x17 cm.

Date d'enregistrement: 12.03.2006.

Matériel Archéologique: *Industrie lithique*: foliacés, écaillés; éclats et débitage laminaire. *Matériel céramique*: fragments lisses. *Éléments polis*: molettes, moulins. *Autres*: restes de faune (dents d'herbivores).

252

TAGERFET OUM ÂBANA NE-3

Eskualdea: Duguech.

Sektorea/Eremua: Zug E – Zug-Oum Âbana-ko mendiak.

Kokalekua: Tagerfet.

Tipologia: Industria-multzoa.

Kronologia: Paleolito ondokoa: tradizio neolitikokoa.

Deskribapena: Oum Âbana NE-3-ko tumulu-multzoaren oinarrian, mendebaldeko sektoretik metro gutxira, Paleolito ondoko historiaurreko hainbat material aurkitu dira lur gainean barreiatuta: silexean landutako tresna litikoak, zeramika zatiak, objektu leunduak eta abar.

Erregistratze-data: 2006.03.12

Material Arkeologikoa: *Industria litikoa*: atzealde-puntak, foliazeoak; lauzak eta debitatu laminarra. *Material zeramikoa*: zati lisoak. *Elementu leunduak*: aizkorak.

TAGERFET OUM ÂBANA NE-3

Región: Duguech.

Sector/Área: Zug E – Montañas de Zug-Oum Âbana.

Emplazamiento: Tagerfet.

Tipología: Conjunto industrial.

Cronología: Postpaleolítico: de tradición neolítica.

Descripción: En la base del conjunto tumular de Oum Âbana NE-3, a escasos metros de su sector occidental, se encuentran esparcidos, en superficie, diversos materiales prehistóricos postpaleolíticos: utensilios líticos tallados en sílex, trozos cerámicos, objetos pulimentados, etc.

Fecha de registro: 12.03.2006.

Material Arqueológico: *Industria lítica*: puntas de dorso, foliáceos; lascas y debitado laminar. *Material cerámico*: fragmentos lisos. *Elementos pulimentados*: hachas.

تاغرفت ام اعبانه، الى الشمال الشرقي NE-3

الناحية: الدوگـــج.

القطاع/المنطقة: زوگ الى الشرق - جبال زوگ - ام اعبانه.

المكان المحدد: تاغرفه.

تيبولوجية/صنف الموضوع المحدد: مجموعة ادوات صناعية.

كرونولوجية/النطاق الزمني للعنصر: ما بعد العصرالحجري القديم: من تقاليد العصر الحجري الحديث.

الوصـــــف: في قاعدة المجمع الجنائزي تيميليس، بام اعبانه، الى الشمال الشرقي NE-3 على بعد امتار قليلة من القطاع الغربي، يعثر على انواع من الادوات، متبعثرة على السطح، منتمية لما قبل التاريخ، مابعد العصر الحجري القديم: ادوات حجرية منحوتة من حجر الصوان، قطع من الخزف، اشياء مصقولة، الخ.

تاريخ التسجيل: 12 - 03 - 2006.

المواد الاثرية: صناعة حجرية: رؤوس ذات قفا، ورقيات، رقائق ومخصومات صفائحية. مواد خزفية: شظايا ملساء. عناصر مصقولة: فؤوس.

TAGERFET OUM ÂBANA NE-3

Région: Duguech.

Secteur/Aire: Zug E – Montagnes de Zug-Oum Âbana.

Emplacement: Tagerfet.

Typologie: Ensemble industriel.

Chronologie: Postpaléolithique: de tradition néolithique.

Description: À la base de l'ensemble tumulaire d'Oum Âbana NE-3, à peine à quelques mètres de son secteur occidental, se trouvent parsemés, en surface, divers matériaux préhistoriques postpaléolithiques: outils lithiques taillés en silex, débris céramiques, objets polis, etc.

Date d'enregistrement: 12.03.2006.

Matériel Archéologique: *Industrie lithique*: pointes à dos, foliacés; éclats et débitage laminaire. *Matériel céramique*: fragments lisses. *Éléments polis*: haches.

253

TAGERFET OUM ÂBANA E-1

Eskualdea: Duguech.

Sektorea/Eremua: Zug E – Zug-Oum Âbana-ko mendiak.

Kokalekua: Tagerfet.

Tipologia: Industria-multzoa.

Kronologia: Paleolito ondokoa: tradizio neolitikokoa.

Deskribapena: Morfologia zirkularreko tagerfet-a, gutxi gorabehera 50 metroko diametroa duena, garapen ertaineko duna-egiturez inguratuta dago eta Oum Âbana-ko mendien ekialdeko isurialdean dagoen lautadaren puntu batean kokatuta dago. Lursailaren gainazalean barreiatuta, Paleolito ondoko historiaurreko hainbat industria-ale aurkitu dira, hala nola, tresneria litiko landuak, eskuz egindako zeramika aztarnak, objektu leunduak eta abar.

Erregistratze-data: 2006.03.12

Material Arkeologikoa: *Industria litikoa*: atzealde-puntak, foliazeoak; lauzak eta debitatu laminarra. *Material zeramikoa*: zati lisoak. *Elementu leunduak*: aizkorak; moletak. *Bestelakoak*: fauna aztarnak (belarjaleen hortzak).

TAGERFET OUM ÂBANA E-1

Región: Duguech.

Sector/Área: Zug E – Montañas de Zug-Oum Âbana.

Emplazamiento: Tagerfet.

Tipología: Conjunto industrial.

Cronología: Postpaleolítico: de tradición neolítica.

Descripción: Tagerfet de morfología circular, de en torno a los 50 m de diámetro, rodeado de formaciones dunares de desarrollo medio y emplazado en un punto de la planicie dispuesta en la vertiente oriental de las montañas de Oum Âbana. Diseminados sobre la superficie del terreno se han reconocido varios ejemplares industriales prehistóricos postpaleolíticos, en forma de utillajes líticos tallados, restos cerámicos a mano, objetos pulimentados, etc.

Fecha de registro: 12.03.2006.

Material Arqueológico: *Industria lítica*: puntas de dorso, foliáceos; lascas, núcleos y debitado laminar. *Material cerámico*: fragmentos lisos. *Elementos pulimentados*: hachas; moletas. *Varios*: restos de fauna (huesos de herbívoros).

تاغرفت ام اعبانة الى الشرق E-1

الناحية: الدوڭج.

القاع/المنطقة: زوڭ الى الشرق - جبال زوڭ - ام اعبانه.

المكان المحدد: تاغرفه.

تيبولوجية/صنف الموضوع المحدد: مجموعة ادوات صناعية.

كرونولوجية/النطاق الزمني للعنصر: ما بعد العصر الحجري القديم: من تقاليد العصر الحجري الحديث.

الوصـــف: تاغرفه على شكل دائري، قطرها حوالي 50 مترا، محاطة بتشكيلات كثيبية ذات احجام متوسطة، تقع في نقطة من السهل الموجود بجهة المنحدر الشرقي من جبال ام اعبانة، تم التعرف هناك على عدد من النماذج الصناعية منتشرة على السطح، تعود الى ما قبل التاريخ، ما بعد العصر الحجري القديم، وهي على شكل ادوات حجرية منحوتة، وبقايا خزفية مصنوعة باليد، وعناصر مصقولة، الخ.

تاريخ التسجيل: 12 - 03 - 2006.

المواد الاثرية: مواد حجرية: رؤوس ذات قفا، ورقيات، رقائق، نويات ومخصوما صفائحية. ادوات خزفية: شظايا ملساء. عناصر مصقولة: فؤوس،مساحق. اخرى: بقايا حيوانية (عظام حيوانات عشبية).

TAGERFET OUM ÂBANA E-1

Région: Duguech.

Secteur/Aire: Zug E – Montagnes de Zug-Oum Âbana.

Emplacement: Tagerfet.

Typologie: Ensemble industriel.

Chronologie: Postpaléolithique: de tradition néolithique.

Description: Tagerfet de morphologie circulaire, d'environ 50 m de diamètre, entouré de formations dunaires de développement moyen et localisé sur un point de la plaine disposé dans le flanc oriental des montagnes d'Oum Âbana. Parsemés en surface du terrain ont été reconnus plusieurs exemplaires industriels préhistoriques postpaléolithiques, sous forme d'outillages lithiques taillés, débris céramiques faits à la main, objets polis, etc.

Date d'enregistrement: 12.03.2006.

Matériel Archéologique: *Industrie lithique*: pointes à dos, foliacés; éclats, nucléus et débitage laminaire. *Matériel céramique*: fragments lisses. *Éléments polis*: haches; molettes. *Autres*: restes de faune (os d'herbivores).

254

TAGERFET OUM ÂBANA E-2

Eskualdea: Duguech.

Sektorea/Eremua: Zug E – Zug-Oum Âbana-ko mendiak.

Kokalekua: Tagerfet.

Tipologia: Industria-multzoa.

Kronologia: Paleolito ondokoa: tradizio neolitikokoa.

Deskribapena: Morfologia obalatua (100x40 m) duen "tagerfet" hau garapen txikiko duna-egiturez inguratuta dago eta Oum Âbana-ko mendien ekialdeko isurialdearen atzean dagoen lautadaren puntu batean kokatuta dago, Zug-eko muinotik 17 km ekialdera eta Azefal-go erg-aren ondo-ondoan. Hondar-eremu baten gainean dago eta gainazalean zenbait dike dioritiko daude, oso higatuta eta degradatuta. "Tagerfet"-aren ertzetan eta erdiko guneetan, gainazalean sakabanatuta, Paleolito ondoko historiaurreko hainbat material aurkitu da: batik bat, silex eta kuartzitazko tresna landuak eta ehotzeko askotariko tresneria.

Erregistratze-data: 2006.03.12

Material Arkeologikoa: *Industria litikoa*: harraskagailuak, dentikulatuak; lauzak, nukleoak eta debitatu laminarra. *Elementu leunduak*: zorrozteko piezak; moletak, errota zatikatuak. *Bestelakoak*: fauna aztarnak.

TAGERFET OUM ÂBANA E-2

Región: Duguech.

Sector/Área: Zug E – Montañas de Zug-Oum Âbana.

Emplazamiento: Tagerfet.

Tipología: Conjunto industrial.

Cronología: Postpaleolítico: de tradición neolítica.

Descripción: "Tagerfet" de morfología ovalada, de unos 100x40 m, rodeado de formaciones dunares de pequeño desarrollo y situado en un punto de la planicie que discurre tras la vertiente oriental de las montañas de Oum Âbana, a unos 17 km al E del collado de Zug e inmediato ya con el erg de Azefal. Está instalado sobre un área arenosa y sobre su superficie asoman asimismo algunos diques dioríticos muy erosionados y degradados. En los rebordes y partes centrales del "tagerfet" se reconocen, diseminados en superficie, diversos materiales prehistóricos de ambientación postpaleolítica: especialmente, utensilios tallados, en sílex y cuarcita, y un variado instrumental de molienda.

Fecha de registro: 12.03.2006.

Material Arqueológico: *Industria lítica*: raederas, denticulados; lascas, núcleos y debitado laminar. *Elementos pulimentados*: piezas de afilar; moletas, molinos fragmentarios. *Varios*: restos de fauna.

تغرفت ام اعبانه، الى الشرق E-2

الناحية: الدوگـــج.

القطاع/المنطقة: زوگ الى الشرق ـ جبال زوگ ـ ام اعبانه.

المكان المحدد: تاغرفه.

تيبولوجية/ صنف الموضوع المحدد: مجموعة ادوات صناعية.

كرونولوجية/النطاق الزمني للعنصر: ما بعد العصر الحجري القديم: من تقاليد العصر الحجري الحديث.

الوصـــف: "تاغرفه" على شكل بيضاوي بمساحة قدرها حوالى 100×40 مترا محاطة بتشكيلات رملية ذات احجام صغيرة، تقع في نقطة من السهل الممتد خلف المنحدر الشرقي من جبال ام اعبانه، حوالي 17 كلمترا الى الشرق من مرتفع زوگ القريب مباشرة من عرق ازفال، و في منطقة رملية، تطل على سطحها كذلك بعض السدود الجرانيتية المتدهورة والجد متآكلة. على الحواف والمناطق الداخلية من "تاغرفه"، ترى مختلف المواد الاثرية متناثرة فوق السطح، تنتمي لما قبل التاريخ، ولبيئات مابعد العصر الحجري القديم، وهي خصوصا: ادوات منحوتة من حجر الصوان والكوارتزيت، وعدد من ادوات الطحن.

تاريخ التسجيل: 12 - 03 - 2006.

المواد الاثرية: صناعة حجرية: ادوات قطْع، مسننات، رقائق، نويات ومخصومات صفائحية. عناصر مصقولة: قطع للشحذ، مساحق، رحي مجزأة. اخرى: بقايا حيوانية.

TAGERFET OUM ÂBANA E-2

Région: Duguech.

Secteur/Aire: Zug E – Montagnes de Zug-Oum Âbana.

Emplacement: Tagerfet.

Typologie: Ensemble industriel.

Chronologie: Postpaléolithique: de tradition néolithique.

Description: "Tagerfet" de morphologie ovale, d'environ 100x40 m, entouré de formations dunaires à faible développement et situé sur un point de la plaine qui parcourt derrière le flanc oriental des montagnes d'Oum Âbana, à environ 17 km à l'est du col de Zug et voisin de l'erg d'Azefal. Il est isolé sur une aire sableuse et en surface pointent également quelques filons dioritiques très érodés et dégradés. Sur les rebords et parties centrales du "tagerfet" on reconnaît, parsemés en surface, divers matériaux préhistoriques d'ambiance postpaléolithique: spécialement, outils taillés, en silex et quartzite, et un varié outillage de broyage.

Date d'enregistrement: 12.03.2006.

Matériel Archéologique: *Industrie lithique*: curettes, denticulés; éclats, nucléus et débitage laminaire. *Éléments polis*: pièces d'affûtage; molettes, moulins fragmentaires. *Autres*: restes de faune.

255

TAGERFET OUM ÂBANA SE-3

Eskualdea: Duguech.

Sektorea/Eremua: Zug E – Zug-Oum Âbana-ko mendiak.

Kokalekua: Tagerfet.

Tipologia: Industria-multzoa.

Kronologia: Paleolito ondokoa: tradizio neolitikokoa.

Deskribapena: "Tagerfet" hau Oum Âbana SE-3-ko tumulu-multzoaren ipar-ekialdera ondo-ondoan kokatuta dago, Oum Âbana-ko mendien ekialdeko isurialdearen oinarrian dagoen lautadaren hegoaldeko eremu baten inguruan. Okupatzen duen espazioaren perimetro osoa ongi zehaztuta dago, duna-egituren bitartez. Gainazalean, Paleolito ondoko historiaurreko kronologia duten aztarna arkeologikoak aurkitu dira sakabanatuta. Silexean, kuartzitan eta gneisean landutako tresna litikoak daude, bai eta eskuz egindako zeramikazko ontzien aztarnak eta ehotzeko tresnak ere.

Erregistratze-data: 2005.04.06

Material Arkeologikoa: *Industria litikoa*: dentikulatuak, atzealde-puntak, foliazeoak; lauzak eta debitatu laminarra. *Material zeramikoa*: zati lisoak. *Elementu leunduak*: moletak.

TAGERFET OUM ÂBANA SE-3

Región: Duguech.

Sector/Área: Zug E – Montañas de Zug-Oum Âbana.

Emplazamiento: Tagerfet.

Tipología: Conjunto industrial.

Cronología: Postpaleolítico: de tradición neolítica.

Descripción: "Tagerfet" ubicado inmediatamente al NE del conjunto tumular de Oum Âbana SE-3, en torno a un área meridional de la planicie emplazada al pie de de la vertiente oriental de las montañas de Oum Âbana. El espacio que ocupa aparece bien definido en todo su perímetro por formaciones dunares. En su superficie se encuentran diseminados varios restos arqueológicos de cronología prehistórica postpaleolítica. Se reconocen utensilios líticos tallados (en sílex, cuarcita y gneis), así como restos de recipientes cerámicos a mano, y también instrumentos de molienda.

Fecha de registro: 06.04.2005.

Material Arqueológico: *Industria lítica*: denticulados, puntas de dorso, foliáceos; lascas y debitado laminar. *Material cerámico*: fragmentos lisos. *Elementos pulimentados*: moletas.

تاغرفت ام اعبانه، الى الجنوب الشرقي SE-3

الناحية: الدوڨــــــج.

القطاع/المنطقة: زوڨ الى الشرق ـ جبال زوڨ ـ ام اعبانة.

المكان المحدد: تاغرفه.

تيبولوجية/صنف الموضوع المحدد: مجموعة ادوات صناعية.

كرونولوجية/النطاق الزمني للعنصر: ما بعد العصر الحجري القديم: من تقاليد العصر الحجري الحديث.

الوصــــــف: "تاغرفه" تقع بالضواحي الشمالية الشرقية من المجمع الاثري الجنائزي تيميليس بام اعبانه، الى الجهة الجنوبية الشرقية SE-3، في محيط المنطقة الجنوبية من السهل الواقع بالقرب من المنحدر الشرقي من جبال ام اعبانه؛ والمساحة التي تحتلها، تبدو محددة تماما بالتشكيلات الرملية الدائرة حول محيطها؛ وعلى سطحها توجد عدة بقايا متبعثرة، من اثارما قبل التاريخ، وما بعد العصر الحجري القديم، حيث تم التعرف على ادوات حجرية منحوتة (من الصوان والكوارتزيت والنيس)، وكذلك بقايا من اواني خزفية مصنوعة باليد، وادوات للطحن.

تاريخ التسجيل: 06 - 04 - 2005.

المواد الاثرية: صناعة حجرية: مسننات، رؤوس ذات قفا، ورقيات، رقائق ومخصوما صفائحية. مواد خزفية: شظايا ملساء. عناصرمصقولة: مساحق.

TAGERFET OUM ÂBANA SE-3

Région: Duguech.

Secteur/Aire: Zug E – Montagnes de Zug-Oum Âbana.

Emplacement: Tagerfet.

Typologie: Ensemble industriel.

Chronologie: Postpaléolithique: de tradition néolithique.

Description: "Tagerfet" localisé immédiatement au nord-est de l'ensemble tumulaire d'Oum Âbana SE-3, autour d'une aire méridionale de la plaine située au pied du flanc oriental des montagnes d'Oum Âbana. L'espace qui occupe apparaît bien défini dans tout son périmètre par des formations dunaires. En surface se trouvent parsemés plusieurs restes archéologiques de chronologie préhistorique postpaléolithique. On reconnaît des outils lithiques taillés (en silex, quartzite et gneiss), ainsi que des débris de récipients céramiques faits à la main et aussi des outillages de broyage.

Date d'enregistrement: 06.04.2005.

Matériel Archéologique: *Industrie lithique*: denticulés, pointes à dos, foliacés; éclats et débitage laminaire. *Matériel céramique*: fragments lisses. *Éléments polis*: molettes.

256

PUNTA SMEILA GLEIBAT ETHIBA 1 TAILERRA

Eskualdea: Duguech.

Sektorea/Eremua: Zug E – Zug-Oum Âbana-ko mendiak.

Kokalekua: Tontor harritsua.

Tipologia: Silex-tailerra.

Kronologia: Paleolito ondokoa: tradizio neolitikokoa.

Deskribapena: Azaleratze silizeo txikia, lursailean ateratzen den goragune txiki baten forma duena, Gleibat Ethiba 1-eko "smeila"-tik hegoaldera *ca.* km 1era; hor, beste silex-tailer bat ere aurkitu da. Erliebearen gainazalean eta inguruko eremuetan bertan berezkoa den silex marroian landutako aztarna litikoak aurkitu dira; oro har, materiala oso zartatuta eta hondatua dago, meteorizazioaren eraginez. Industria-ebidentziak ez dira asko baina toki hori oso tarteka ustiatzen zutela adieraz dezakete. "Tailerrarekin" loturiko adierazpen horietaz gain, manufaktura arkeologikoak ere aurkitu dira: beste silex mota batzuetan landutako tresnak, zeramika aztarnak eta ehotzeko materialak. Oro har, multzo arkeologikoak Paleolito ondoko historiaurreko egoera dela iradokitzen du.

Erregistratze-data: 2007.03.17

Material Arkeologikoa: *Industria litikoa*: lauzak. *Material zeramikoa*: zati lisoak. *Elementu leunduak*: moletak, plaketak.

TALLER PUNTA SMEILA GLEIBAT ETHIBA 1

Región: Duguech.

Sector/Área: Zug E – Montañas de Zug-Oum Âbana.

Emplazamiento: Pitón rocoso.

Tipología: Taller de sílex.

Cronología: Postpaleolítico: de tradición neolítica.

Descripción: Pequeño afloramiento silíceo en forma de ligero apuntamiento sobre el terreno, a *ca.* 1 km al S de la "smeila" de Gleibat Ethiba 1, donde asimismo se ha reconocido otro taller de sílex. Sobre la superficie del relieve y áreas circundantes se advierten algunos restos líticos tallados en el sílex marrón propio de la zona que, por lo general, se halla muy cuarteado y alterado por meteorización. Las evidencias industriales, no excesivas, parecen sugerir una explotación muy puntual del lugar. Además de estas manifestaciones "de taller", se reconocen también diversas manufacturas arqueológicas, en formas de utensilios tallados en otros tipos de sílex, restos cerámicos y materiales de molienda. En general, el conjunto arqueológico sugiere una ambientación prehistórica postpaleolítica.

Fecha de registro: 17.03.2007.

Material Arqueológico: *Industria lítica*: lascas. *Material cerámico*: fragmentos lisos. *Elementos pulimentados*: moletas, plaquetas.

ورشة قمة ازميلة ڭليبات الذيبة 1

الناحية: الدوڭج.

القطاع/المنطقة: زوڭ الى الشرق - جبال زوڭ - ام اعبانة.

المكان المحدد: مرتفع حجري.

تيبولوجية/صنف الموضوع المحدد: ورشة صوان.

كرونولوجية/النطاق الزمني للعنصر: ما بعد العصرالحجري القديم: من تقاليد العصر الحجري الحديث.

الوصـــف: بروز صغيرمن صخور الصوان، على شكل نتوء حاد على سطح الارض،حوالى كلمتر واحد الى الجنوب من "ازميلة" ڭليبات الذيبة 1، حيث تم التعرف كذلك على ورشة اخرى من حجر الصوان. على سطح التضاريس والمناطق المحاذية، يلاحظ اجزاء من بقايا حجارة منحوتة من الصوان ذي اللون البني الذي تتميز به المنطقة، ويعثر عليه عموما، مجزءا ومتغيرا بفعل عوامل المونا خ. ان الادلة الصناعية، غير المفرطة، تشير الى الاستغلال الجد محدود الموقع. وعلاوة على مظاهر هذه الورشة، تم التعرف كذلك على مصنوعات يدوية اثرية مختلفة، على شكل ادوات منحوتة من انواع اخرى من حجر الصوان، وبقايا من الخزف وادوات طحن. وعلى العموم فان المجموعة الاثرية تشير الى بيئات ما قبل التاريخ، وما بعد العصر الحجري القديم.

تاريخ التسجيل: 17- 03 - 2007.

المواد الاثرية: **صناعة حجرية:** رقائق. مواد خزفية: شظايا ملساء. عناصر مصقولة:مساحق، صفائح.

ATELIER POINTE SMEILA GLEIBAT ETHIBA 1

Région: Duguech.

Secteur/Aire: Zug E – Montagnes de Zug-Oum Âbana.

Emplacement: Piton rocheux.

Typologie: Atelier de silex.

Chronologie: Postpaléolithique: de tradition néolithique.

Description: Petit affleurement siliceux sous forme de légère élévation du terrain, à *ca.* 1 km au sud de la "smeila" de Gleibat Ethiba 1, où également a été reconnu un autre atelier de silex. En surface du relief et dans les aires environnantes on avertit quelques restes lithiques taillés en silex marron propre de la zone qui, en général, se trouve très craquelé et altéré par la météorisation. Les évidences industrielles, pas excessives, suggèrent une exploitation très ponctuelle du lieu. En plus de ces manifestations «d'atelier», on reconnaît aussi diverses manufactures archéologiques, sous forme d'outils taillés en d'autres types de silex, débris céramiques et matériaux de broyage. En général, l'ensemble suggère une ambiance préhistorique postpaléolithique.

Date d'enregistrement: 17.03.2007.

Matériel Archéologique: *Industrie lithique*: éclats. *Matériel céramique*: fragments lisses. *Éléments polis*: molettes, plaquettes.

257

SEBJA AMARAG-ETÂKRICH 1/1 TAILERRA

Eskualdea: Duguech.

Sektorea/Eremua: Azefal-go erg-a – Zug-Oum Âbana-ko mendiak.

Kokalekua: Sebja.

Tipologia: Kuartzo-tailerra.

Kronologia: Paleolito ondokoa: tradizio neolitikokoa.

Deskribapena: Amarag-Etâkrich-eko sebjaren (Hashiat Drâa-Oum Âbana SE-ko sebjatik 10 km N.NEra dago) zenbait segmentu hartzen eta zeharkatzen dituzten kuartzo zaindunezko (kolore berde, zuri eta urdinxkak ditu) tontorretan eta Azefal-go ergaren barruan dagoen Kidhiet Zug-eko mendi-lerrokaduraren ekialdeko lautadaren gainean landutako arrasto litikoak eta lantzeko tresnak agertu dira, betiere harkaitz silizeoaren azaleratze primario horien ustiapenarekin loturik. Materiala lantzeko tokia edo "tailerra" da eta, agian, Paleolito ondoko historiaurreko garaikoa.

Erregistratze-data: 2010.02.21

Material Arkeologikoa: *Industria litikoa*: dentikulatuak, ezkatak; lauzak, nukleoak; kolpekariak.

TALLER SEBJA AMARAG-ETÂKRICH 1/1

Región: Duguech.

Sector/Área: Erg de Azefal – Montañas de Zug-Oum Âbana.

Emplazamiento: Sebja.

Tipología: Taller de cuarzo.

Cronología: Postpaleolítico: de tradición neolítica.

Descripción: En los pitones de cuarzo veteado –en tonos verdes, blancos y azulados– que invaden y cruzan algunos de los segmentos de la sebja de Amarag-Etâkrich –situada unos 10 km al N.NE de la sebja de Hashiat Drâa-Oum Âbana SE, y sobre la planicie que se extiende al E de la alineación montañosa de Kidhiet Zug, dentro ya del erg de Azefal–, se encuentran diseminados restos líticos tallados y algunos instrumentos de talla relacionados con la explotación de estos afloramientos primarios de la roca silícea. Configuran un sitio de talla o "taller", quizás de probable ambientación prehistórica postpaleolítica.

Fecha de registro: 21.02.2010.

Material Arqueológico: *Industria lítica*: denticulados, ecaillés; lascas, núcleos; percutores.

ورشة سبخة امراغ ـ التعكريش 1/1

الناحية: الدوكَج.

القطاع/المنطقة: عرق ازفَّال ـ جبال زوكَ ـ ام اعبانه.

المكان المحدد: سبخة.

تيبولوجية/صنف الموضوع المحدد: ورشة من الكوارتز.

كرونولوجية/النطاق الزمني للعنصر: ما بعد العصرالحجري القديم: من تقاليد العصرالحجري الحديث.

الوصـــف: في مرتفعات الكوارتز الملون، الاخضر والابيض والازرق، التى تغزو وتجتاز بعض الاجزاء من سبخة امراغ ـ التعكريش ـ على مسافة حوالى 10 كلمترات الى الشمال والشمال الشرقي من سبخة حاشيت اذراع ام اعبانه، الى الجنوب الشرقي، وعلى السهل الذي يمتد بالهجة الواقعة الى الشرق من كدية زوكَ في وسط عرق ازفال، هناك تم العثور على بقايا من الحجارة المنحوتة، وعلى بعض ادوات النحت، متعلقة باستغلال تلك المادة الاولية من البروزات الصخرية لحجارة الصوان، تشكل "ورشة" او موقعا للنحت، ربما تعود لبيئات ما قبل التاريخ، ما بعد العصر الحجري القديم.

تاريخ التسجيل: 21 - 02 - 2010.

المواد الاثرية: صناعة حجرية: مسننات، محرشفات، رقائق، نويات، سنادين.

ATELIER SEBKHA AMARAG-ETÂKRICH 1/1

Région: Duguech.

Secteur/Aire: Erg d'Azefal – Montagnes de Zug-Oum Âbana.

Emplacement: Sebkha.

Typologie: Atelier de quartz.

Chronologie: Postpaléolithique: de tradition néolithique.

Description: Sur les pitons de quartz veiné –dans des tonalités vertes, blanches et bleuâtres– qui envahissent et croisent quelques segments de la sebkha d'Amarag-Etâkrich –située à environ 10 km au nord/nord-est de la sebkha de Hashiat Drâa-Oum Âbana SE, et sur la plaine qui s'étend vers l'est de l'alignement montagneux de Kidhiet Zug, déjà à l'intérieur de l'erg d'Azefal–, se trouvent parsemés des restes lithiques taillés et quelques instruments de taille associés à l'exploitation de ces affleurements primaires de la roche siliceuse. Ils configurent un endroit de taille ou «atelier», peut-être de probable ambiance préhistorique postpaléolithique.

Date d'enregistrement: 21.02.2010.

Matériel Archéologique: *Industrie lithique*: denticulés, écaillés; éclats, nucléus; percuteurs.

258

SMEILA TAMNAIRATN 1 TAILERRA

Eskualdea: Mijek.

Sektorea/Eremua: Adam Ahmed Molud-eko lautada – Tamnairatn-eko smeilak.

Kokalekua: Muinoa.

Tipologia: Silex-tailerra.

Kronologia: Paleolito ondokoa: tradizio neolitikokoa.

Deskribapena: Silexeko azaleratze primario baten gainean dago tailerra, Tamnairatn-eko eremuko "smeila" batean: hain justu, Tamnairatn 1-eko "smeila"-ko tumulu-multzoa kokatuta dagoenaren gainean. Hortik 0,5 kilometrotara Tamnairatn N-1-eko tumulu-monumentua ere aurki daiteke. Erliebearen gainazalean nodulu silizeoen ustiapenarekin loturiko industria aztarna asko daude, eta horiekin batera ukituak egindako hainbat pieza ere agertu dira.

Erregistratze-data: 2007.03.10

Material Arkeologikoa: *Industria litikoa*: dentikulatuak, bek edo mokoak, atzealde-puntak eta atzealde-xaflak, bitrunkadura geometrikoak (segmentoideak, triangeluarrak eta trapezoideak), foliazeoak, ezkatak; lauzak eta debitatu laminarra. *Material zeramikoa*: zati lisoak eta apainduak. *Elementu leunduak*: moletak, errota zatikatuak.

TALLER SMEILA TAMNAIRATN 1

Región: Mijek.

Sector/Área: Planicie de Adam Ahmed Molud – Smeilas de Tamnairatn.

Emplazamiento: Colina.

Tipología: Taller de sílex.

Cronología: Postpaleolítico: de tradición neolítica.

Descripción: Taller dispuesto sobre un afloramiento primario de sílex, en una de las "smeilas" del área de Tamnairatn: concretamente, sobre la que acoge el conjunto tumular de la "smeila" de Tamnairatn 1. A unos 0,5 km de la misma se encuentra también el monumento tumular de Tamnairatn N-1. En la superficie del relieve son evidentes los restos industriales vinculados con la explotación de los nódulos silíceos, junto con los que aparecen asimismo algunas piezas retocadas.

Fecha de registro: 10.03.2007.

Material Arqueológico: *Industria lítica*: denticulados, becs, puntas y láminas de dorso, bitruncaduras geométricas (segmentoides, triangulares y trapezoides), foliáceos, ecaillés; lascas y debitado laminar. *Material cerámico*: fragmentos lisos y decorados. *Elementos pulimentados*: moletas, molinos fragmentarios.

ورشة ازميلة تامنيراتن 1

الناحية: ميجـــــك.

القطاع/المنطقة: سهل اعظم احمد مولود ـ ازميلات تامنيراتن.

المكان المحدد: تل.

تيبولوجية/صنف الموضوع المحدد: ورشة من الصوان.

كرونولوجية/النطاق الزمني للعنصر: ما بعد العصر الحجري القديم: من تقاليد العصر الحجري الحديث.

الوصـــــف: ورشة توجد فوق بزور اولي من صخور الصوان، في احدى "ازميلات" منطقة تامنيراتن، وبالضبط فوق "ازميلة" المجمع الجنائزي تيميليس لتامنيراتن 1. وعلى مسافة 0،5 كلمتر من هناك، يوجد كذلك المعلم الجنائزي، الى الشمال N-1. وعلى سطح تلك التضاريس تبدو واضحة بقايا صناية متعلقة باستغلال العقيْدات الصوانية، الى جانب قطع اخرى مستعملة.

تاريخ التسجيل: 10 - 03 - 2007.

المواد الاثرية: صناعة حجرية: مسننات، مناقير، رؤوس، رقائق ذات قفا، مبتورة طرفين هندسية (مقوسة، مثلثة، شبه منحرفة)، ورقيات، محرشفات، رقائق، مخصومات صفائحية. مواد خزفية: شظايا ملساء ومزينة. عناصر مصقولة: مساحق، ورحي مجزأة.

ATELIER SMEILA TAMNAIRATN 1

Région: Mijek.

Secteur/Aire: Plaine d'Adam Ahmed Molud – Smeilas de Tamnairatn.

Emplacement: Colline.

Typologie: Atelier de silex.

Chronologie: Postpaléolithique: de tradition néolithique.

Description: Atelier disposé sur un affleurement primaire de silex, sur l'une des "smeilas" de l'aire de Tamnairatn: concrétement, sur celle qui acueille l'ensemble tumulaire de la "smeila" de Tamnairatn 1. À environ 0,5 km de la même se trouve aussi le monument tumulaire de Tamnairatn N-1. En surface du relief sont évidents les restes industriels reliés à l'exploitation de nodules siliceux, jointes auxquels apparaissent également quelques pièces retouchées.

Date d'enregistrement: 10.03.2007.

Matériel Archéologique: *Industrie lithique*: denticulés, becs, pointes et lames à dos, bitroncatures géométriques (segmentoïdes, triangulaires et trapézoïdales), foliacés, écaillés; éclats et débitage laminaire. *Matériel céramique*: fragments lisses et décorés. *Éléments polis*: molettes, moulins fragmentaires.

259

SMEILA TAMNAIRATN 2 TAILERRA

Eskualdea: Mijek.

Sektorea/Eremua: Adam Ahmed Molud-eko lautada – Tamnairatn-eko smeilak.

Kokalekua: Muinoa.

Tipologia: Silex-tailerra.

Kronologia: Paleolito ondokoa: tradizio neolitikokoa.

Deskribapena: Tamnairatn 1-eko "smeila"-tik 500 m iparraldera dagoen muinoa; bertan, tokiko silex marroiaren azaleratze bat kontrolatu da. Erliebearen gainazalean agerikoak dira "tailer" moduan industria-ustiapenerako erabili izanaren lekukotzak. Elementuei erreparatuta, Paleolito ondoko historiaurrekoak direla pentsa daiteke. Muino berean, gailurraren hego-ekialdeko sektorearen inguruan, 3 tumulu-monumentu daude.

Erregistratze-data: 2008.02.21

Material Arkeologikoa: *Industria litikoa*: harraskagailuak, karrakagailuak, dentikulatuak, atzealde-puntak; lauzak, nukleoak eta debitatu laminarra.

TALLER SMEILA TAMNAIRATN 2

Región: Mijek.

Sector/Área: Planicie de Adam Ahmed Molud – Smeilas de Tamnairatn.

Emplazamiento: Colina.

Tipología: Taller de sílex.

Cronología: Postpaleolítico: de tradición neolítica.

Descripción: Colina emplazada unos 500 m al N de la "smeila" de Tamnairatn 1 y en la que se ha controlado un afloramiento de sílex marrón local. Sobre la superficie del relieve son evidentes los testimonios de su explotación industrial como "taller". El repertorio sugiere, en principio, una ambientación prehistórica postpaleolítica. En esta misma colina, en torno al sector SE de la cumbre, se aperciben 3 monumentos tumulares.

Fecha de registro: 21.02.2008.

Material Arqueológico: *Industria lítica*: raederas, raspadores, denticulados, láminas de dorso; lascas, núcleos y debitado laminar.

ورشة ازميلة تامنيراتن 2

الناحية: ميجك.

القطاع/المنطقة: سهل اعظم احمد مولود ـ ازميلات تامنيراتن.

المكان المحدد: تـــــل.

تيبولوجية/صنف الموضوع المحدد: ورشة صوان.

كرونولوجية/النطاق الزمني للعنصر: ما بعد العصر الحجري القديم: من تقاليد العصر الحجري الحديث.

الوصـــــــف: تل يوجـد على بعد حوالى 500 متر الى الشمال من "ازميلة" تامنيراتن 1، حيث تم العثور على بروزات صخرية محلية ذات اللون البني. ومن الواضح من خلال الادلة فوق سطح تلك التضاريس انها كانت تستغل صناعيا كـ"ورشة". هذه المجموعة تدل على بيئات ما بعد العصر الحجري القديم في زمن ماقبل التاريخ. وبهذا التل نفسه، حول القطاع الجنوبي الشرقي من القمة، يلاحظ وجود ثلاثة معالم جنائزية من نوع تيميليس.

تاريخ التسجيل: 21 - 02 - 2008.

المواد الاثرية: صناعة حجرية: ادوات قطع، مكاشط، مسننات، صفائح ذات قفا، رقائق، نويات، و مخصومات صفائحية.

ATELIER SMEILA TAMNAIRATN 2

Région: Mijek.

Secteur/Aire: Plaine d'Adam Ahmed Molud – Smeilas de Tamnairatn.

Emplacement: Colline.

Typologie: Atelier de silex.

Chronologie: Postpaléolithique: de tradition néolithique.

Description: Colline localisée à environ 500 m au nord de la "smeila" de Tamnairatn 1 et dans laquelle on a contrôlé un affleurement de silex marron local. En surface du relief sont évidents les témoignages de son exploitation industrielle en tant qu'»atelier». Le répertoire suggère, en principe, une ambiance préhistorique postpaléolithique. Sur cette même colline, aux alentours du secteur sud-est du sommet, on aperçoit 3 monuments tumulaires.

Date d'enregistrement: 21.02.2008.

Matériel Archéologique: *Industrie lithique*: racloirs, curettes, denticulés, lames à dos; éclats, nucléus et débitage laminaire.

260

ETHABÂA N-1 HARANA

Eskualdea: Mijek.

Sektorea/Eremua: Mijek-eko lautada – Kihiet Mijek-eko mendiak (Ethabâa harana).

Kokalekua: Oued ertza.

Tipologia: Industria-multzoa.

Kronologia: Behe Paleolitoa: Achelensea; Paleolito ondokoa: tradizio neolitikokoa.

Deskribapena: Ethabâa haranaren barnealdeko iparraldea zeharkatzen duen oued-aren ertzetan, kuartzitazko blokeen masa oso trinko baten tartean, landutako hainbat aztarna litiko aurkitu dira, bereziki, kuartzitan eta ez hainbeste silexean. Horietako serie baten ezaugarriak bat datoz industria-konplexu acheloideen bereizgarri morfoteknikoekin. Beste serie bat, ordea, Paleolito ondoko historiaurreko adierazpenen antzekoa da.

Erregistratze-data: 2007.03.11

Material Arkeologikoa: "Serie achelensea": *Industria litikoa*: harraskagailuak, alde biko tresnak.

VALLE ETHABÂA N-1

Región: Mijek.

Sector/Área: Planicie de Mijek – Montañas de Kidhiet Mijek (Valle Ethabâa).

Emplazamiento: Reborde de oued.

Tipología: Conjunto industrial.

Cronología: Paleolítico inferior: Achelense; Postpaleolítico: de tradición neolítica.

Descripción: En los rebordes del oued que recorre la parte septentrional del interior del valle de Ethabâa, entre una masa muy densa de bloques cuarcíticos, se localizan algunos restos líticos tallados, especialmente, en cuarcita y, más esporádicamente, en sílex. Una serie de ellos participa de los caracteres morfotécnicos propios de los complejos industriales acheloides. Otra serie, sin embargo, muestra manifestaciones propias de un ambiente prehistórico postpaleolítico.

Fecha de registro: 11.03.2007.

Material Arqueológico: "Serie achelense": *Industria lítica*: raederas, bifaces.

وادي الظبعــــة، الى الشمال N-1

الناحية: ميجك.

القطاع/المنطقة: سهل ميجك ـ جبال كدية ميجك (وادي الظبعه).

المكان المحدد: حافة وادي.

تيبولوجية/صنف الموضوع المحدد: مجموعة ادوات صناعية.

كرونولوجية/النطاق الزمني للعنصر: العصر الحجري القديم الاسفل: "اتشيلينسي":ما بعد العصر الحجري القديم: من تقاليد العصر الحجري الحديث.

الوصــــف: على حواف الرافد الوادي الذي يمر بالجهة الشمالية بداخل وادي الظبعة، بين كتلة كثيفة من مجموعات صخور كوارتيزية، توجد بقايا حجارة منحوتة، خاصة من الكوارتزيت، وبصورة اكثر استثناء، من الصوان. سلسلة منها تشترك من حيث شكلها المورفولوجي، مع تركيبات صناعية "اتشيلينسية"؛ وسلسلة اخرى تبدو بمظاهر تخص بيئات العصر الحجري القديم في زمن ما قبل التاريخ.

تاريخ التسجيل: 11 - 03 - 2007.

المواد الاثرية: "سلسلة اتشيلينسي" صناعة حجرية: ادوات قطْع، ذوات وجهين.

VALLÉE D'ETHABÂA N-1

Région: Mijek.

Secteur/Aire: Plaine de Mijek – Montagnes de Kidhiet Mijek (Vallée d'Ethabâa).

Emplacement: Rebord d'oued.

Typologie: Ensemble industriel.

Chronologie: Paléolithique inférieur: Acheuléen; Postpaléolithique: de tradition néolithique.

Description: Sur les rebords de l'oued qui s'écoule dans la partie septentrionale de l'intérieur de la vallée d'Ethabâa, parmi une masse très dense de blocs quartziques, se localisent quelques restes lithiques taillés, spécialement, en quartzite et, plus sporadiquement, en silex. Une série parmi ceux-ci participe des caractères morphotechniques propres des complexes industriels acheuloïdes. Une autre série, cependant, montre des manifestations propres d'une ambiance préhistorique postpaléolithique.

Date d'enregistrement: 11.03.2007.

Matériel Archéologique: "Série acheuléenne": *Industrie lithique*: curettes, bifaces.

261

ETHABÂA W-1 HARANA

Eskualdea: Mijek.

Sektorea/Eremua: Mijek-eko lautada – Kidhiet Mijek-eko mendiak (Ethabâa harana).

Kokalekua: Oued ertza.

Tipologia: Habitata.

Kronologia: Paleolito ondokoa: tradizio neolitikokoa.

Deskribapena: Kokaleku hau Ethabâa oued-aren ezkerreko ertzean kokatuta dago, Kidhiet Mijek-eko mendien barnealdean eta haranetik lautadarako mendebaldeko irteeratik gertu. Gainazal harritsu batean silexean landutako industria aztarna litiko ugari aurkitu dira, zeramika zati asko eta abar, denak pilatuta eta Paleolito ondoko historiaurreko garaikoak. Aztarnategiaren espazio-esparru fisikoa 500 m² inguruko gainazal batera mugatzen da.

Erregistratze-data: 2008.02.22

Material Arkeologikoa: *Industria litikoa*: karrakagailuak, dentikulatuak, bec edo mokoak, atzealde-puntak, ezkatak; lauzak, nukleoak eta debitatu laminarra. *Material zeramikoa*: zati lisoak eta apainduak.

VALLE EHABÂA W-1

Región: Mijek.

Sector/Área: Planicie de Mijek – Montañas de Kidhiet Mijek (Valle de Ethabâa).

Emplazamiento: Reborde de oued.

Tipología: Hábitat.

Cronología: Postpaleolítico: de tradición neolítica.

Descripción: Asentamiento ubicado en torno a la orilla izquierda del oued Ethabâa, en el interior de las montañas de Kidhiet Mijek, próximo ya a la salida occidental del valle a la planicie. Sobre una superficie pedregosa se encuentran concentrados un buen número de restos industriales líticos tallados en sílex, numerosos fragmentos cerámicos, etc., todos ellos de ambientación prehistórica postpaleolítica. El marco espacial físico del yacimiento queda limitado a una superficie restringida que ronda los 500 m².

Fecha de registro: 22.02.2008.

Material Arqueológico: *Industria lítica*: raspadores, denticulados, becs, puntas de dorso, ecaillés; lascas, núcleos y debitado laminar. *Material cerámico*: fragmentos lisos y decorados.

واد الظبعة، الى الغرب W-1

الناحية: ميجك.

القطاع/المنطقة: سهل ميجك ـ جبال كدية ميجك (واد الظبعة).

المكان المحدد: حافة وادي.

تيبولوجية/صنف الموضوع المحدد: سكنات (موائل).

كرونولوجية/النطاق الزمني للعنصر: ما بعد العصر الحجري القديم: من تقاليد العصر الحجري الحديث.

الوصـــف: مستوطنة تقع بضاحية الحافة اليسرى من وادي الظبعة، في المنطقة الداخلية من جبال كدية ميجك، قريبا من الفتحة الغربية من الوادي باتجاه السهل، وعلى سطح حجري، حيث عُثر على عدد لا بأس به متجمع، من بقايا الصناعة الحجرية المنحوتة من صخورالصوان، الى جانب العديد من الشظايا الخزفية، الخ. وكلها تنم عن العلاقة ببيئات ما قبل التاريخ ومابعد العصر الحجري القديم. ويبقى هذا المكان الطبيعي للاثار الثقافية، محدودا على بقعة قليلة من الارض، تصل مساحتها 500 مترمربع.

تاريخ التسجيل: 22 - 02 - 2008.

المواد الاثرية: صناعة حجرية: مكاشط، مسننات، مناقير، رؤوس ذات قفا، محرشفات، رقائق، نويات، ومخصومات صفائحية. مادة خزفية: شظايا ملساء ومزينة.

VALLE EHABÂA W-1

Région: Mijek.

Secteur/Aire: Plaine de Mijek – Montagnes de Kidhiet Mijek (Vallée d'Ethabâa).

Emplacement: Rebord d'oued.

Typologie: Habitat.

Chronologie: Postpaléolithique: de tradition néolithique.

Description: Établissement localisé sur la rive gauche de l'oued Ethabâa, à l'intérieur des montagnes de Kidhiet Mijek, proche déjà de la sortie occidentale de la vallée vers la plaine. Sur une surface pierreuse se trouvent concentrés un bon nombre de restes industriels lithiques taillés en silex, nombreux fragments céramiques, etc , tous d'ambiance préhistorique postpaléolithique. Le cadre spatial physique du gisement est limité à une superficie restreinte d'environ 500 m².

Date d'enregistrement: 22.02.2008.

Matériel Archéologique: *Industrie lithique*: curettes, denticulés, becs, pointes à dos, écaillés; éclats, nucléus et débitage laminaire. *Matériel céramique*: fragments lisses et décorés.

2. NATUR BALIABIDEEN INBENTARIOA

Natur baliabideei eta bizirauteko baliabideei buruzko 73 fitxa egin ditugu; horietatik 36 fitxa 2005-2007 aldian egin genituen eta beste 37ak 2008-2011 aldi honetan. Azalpena egitearren, lehenik aurreko inbentariotik "geratutako" datuen fitxategia aurkeztuko dugu eta, horren ostean, azken hiru urteotan erregistratutako bilduma berria.

Gaiari dagokionez, berriro ere 3 bloke nagusi izango ditugu: 1) *Sebjak* eta *dhâyak*; 2) Lehengaien azaleratzeak; eta, 3) Beste batzuk: askotariko egoerak eta testuinguru bereziak biltzen ditu: labar-harpeak, haranak, gatzagak, paleodunak, putzuak... Atal bakoitza alfabetoaren hurrenkeran ordenatuta dago, gaztelaniazko grafiari jarraiki.

2005-2007 ALDITIK "GERATUTAKO" FITXATEGIA

Ingurumenarekin eta biziraupenarekin loturiko 26 subjektu geratu zitzaizkigun garatu gabe 2005-2007 aldiko liburukian. Gorago aipatu ditugun arrazoiak direla-eta, Mauritaniako lurretan kokatzen diren 2 fitxak ez ditugu sartu: Sebja Aicha Ethjera eta Sebja Ain Askaf 1. Horrela, bada, gainerako 24rak aurkeztuko ditugu; horien artetik: 16 fitxa *dhâya* eta *sebjei* buruzkoak dira, 4 fitxa lehengaien azaleratzeei buruzkoak eta beste 4rak askotariko egoerei dagozkie.

Erregistratutako egoera guzti-guztietan honako datu hauek bildu ditugu: fitxategiaren izen zehatza, Tirisko zein eskualde geografiko-administratiboarekin bat datorren eta "garatutako" fitxen fitxategiarekiko identifikazioa.

Sebjak eta dhâyak

- Dhâya Feleklek W (Duguech): *18. fitxa*
- Dhâya Sidre (Duguech): *19. fitxa*
- Dhâya Timkerdad (Mijek): *20. fitxa*
- Sebja Adam Ahmed Molud (Mijek): *23. fitxa*
- Sebja Aglab El Farfarat (Mijek): *24. fitxa*
- Sebja Ajuerat (Mijek): *25. fitxa*
- Sebja Amarag-Etâkrich (Duguech): *27. fitxa*
- Sebja El Fujaja (Mijek): *28. fitxa*
- Sebja Enfaj (Duguech): *31. fitxa*
- Sebja Karrashiet (Duguech): *32. fitxa*
- Sebja Lemelha 1 (Agüenit): *33. fitxa*
- Sebja Lemelha 2 (Agüenit): *34. fitxa*
- Sebja Melhat (Mijek): *35. fitxa*
- Sebja Oum Agneina (Mijek): *36. fitxa*
- Sebja Oum Edrouss (Mijek): *37. fitxa*
- Sebja Sel Aurich (Agüenit): *40. fitxa*

Lehengaien azaleratzeak

- Oum Agneina N azaleratzea (Mijek): *12. fitxa*
- Shikshak J/SE-1 azaleratzea (Duguech): *13. fitxa*
- Smeila Hashiat Draâ-Oum Âbana 1 azaleratzea (Duguech): *14. fitxa*
- Tamnairatn N-1 azaleratzea (Mijek): *16. fitxa*

2. EL INVENTARIO DE MEDIOS Y RECURSOS NATURALES

De las 73 fichas confeccionadas sobre medios naturales y recursos de subsistencia, 36 se redactaron en el trienio 2005-2007 y 37 en este último tramo de 2008-2011. De cara a su exposición, primero se presentará el fichero de datos "pendientes" del anterior inventario y, tras ello, el nuevo repertorio registrado en estos tres últimos años.

Temáticamente, se siguen distribuyendo en 3 grandes bloques: 1) *Sebjas* y *dhâyas*; 2) Afloramientos de materias primas; y, 3) Varios: en el que se incluye un diversificado abanico de situaciones y contextos particulares (abrigos rupestres, valles, salinas, paleodunas, pozos,...). Cada uno de estos apartados aparece asimismo ordenado conforme a la grafía en lengua castellana.

EL FICHERO "PENDIENTE" DE 2005-2007

Son 26 los sujetos ambientales y de subsistencia que quedaron pendientes de desarrollo en el volumen de 2005-2007. No se incluyen, por las razones ya expuestas, las 2 fichas localizadas en el inmediato territorio mauritano (Sebja Aicha Ethjera y Sebja Ain Askaf 1). Así pues, nos referiremos a las 24 restantes; de ellas: 16 corresponden a *dhâyas* y *sebjas*, 4 a afloramientos de materias primas y 4 a situaciones varias.

En cada una de esas circunstancias registradas, la relación incluye la denominación precisa del archivo, su correspondencia con la región geográfica administrativa del Tiris y su identificación con el archivo de fichas "desarrolladas".

Sebjas y dhâyas

- Dhâya Feleklek W (Duguech): *ficha 18*
- Dhâya Sidre (Duguech): *ficha 19*
- Dhâya Timkerdad (Mijek): *ficha 20*
- Sebja Adam Ahmed Molud (Mijek): *ficha 23*
- Sebja Aglab El Farfarat (Mijek): *ficha 24*
- Sebja Ajuerat (Mijek): *ficha 25*
- Sebja Amarag-Etâkrich (Duguech): *ficha 27*
- Sebja El Fujaja (Mijek): *ficha 28*
- Sebja Enfaj (Duguech): *ficha 31*
- Sebja Karrashiet (Duguech): *ficha 32*
- Sebja Lemelha 1 (Agüenit): *ficha 33*
- Sebja Lemelha 2 (Agüenit): *ficha 34*
- Sebja Melhat (Mijek): *ficha 35*
- Sebja Oum Agneina (Mijek): *ficha 36*
- Sebja Oum Edrouss (Mijek): *ficha 37*
- Sebja Sel Aurich (Agüenit): *ficha 40*

Afloramientos de materias primas

- Afloramiento Oum Agneina N (Mijek): *ficha 12*
- Afloramiento Shikshak J/SE-1 (Duguech): *ficha 13*
- Afloramiento Smeila Hashiat Drâa-Oum Âbana 1 (Duguech): *ficha 14*
- Afloramiento Tamnairatn N-1 (Mijek): *ficha 16*

2. L'INVENTAIRE DES ENVIRONNEMENTS ET DES RESSOURCES NATURELS

Des 73 fiches élaborées sur des environnements naturels et ressources de subsistance, 36 ont été rédigées au cours du triennat 2005-2007 et 37 au cours de ce dernier tronçon 2008-2011. En vue de son exposition, ce sera le fichier de données «reportées» qui sera présenté en premier suivi du nouveau répertoire registré au cours de ces trois dernières années.

Thématiquement elles sont toujours distribuées en 3 grands blocs: 1) *Sebkhas* et *dhâyas*; 2) Affleurements de matières premières; et 3) Autres: incluant un éventail très varié de situations et contextes particuliers (abris rupestres, vallées, salines, paléodunes, puits,...). Chacun de ces alinéas apparaît également ordonné alphabétiquement suivant la graphie en langue espagnole.

LE FICHIER «REPORTÉ» DE 2005-2007

Ce sont au nombre de 26 les sujets environnementaux et de subsistance qui ont été laissés en attente de développement dans le volume de 2005-2007. Pour des raisons déjà exposées précédemment, les deux fiches localisées dans l'immédiat territoire mauritanien (Sebkha Aicha Ethjera et Sebkha Ain Askaf 1) n'ont pas été comprises. Cela dit, il est fait référence aux 24 qui restent; parmi celles-ci: 16 correspondent à des *dhâyas* et *sebkhas*, 4 à des affleurements de matières premières et 4 à des situations diverses.

Pour chacune de ces circonstances enregistrées, la relation spécifie la dénomination précise de l'archive, sa correspondance avec la région géographique administrative du Tiris et son identification dans l'archive de fiches «développées».

Sebkhas et dhâyas

- Dhâya Feleklek W (Duguech): *fiche 18*
- Dhâya Sidre (Duguech): *fiche 19*
- Dhâya Timkerdad (Mijek): *fiche 20*
- Sebkha Adam Ahmed Molud (Mijek): *fiche 23*
- Sebkha Aglab El Farfarat (Mijek): *fiche 24*
- Sebkha Ajuerat (Mijek): *fiche 25*
- Sebkha Amarag-Etâkrich (Duguech): *fiche 27*
- Sebkha El Fujaja (Mijek): *fiche 28*
- Sebkha Enfaj (Duguech): *fiche 31*
- Sebkha Karrashiet (Duguech): *fiche 32*
- Sebkha Lemelha 1 (Agüenit): *fiche 33*
- Sebkha Lemelha 2 (Agüenit): *fiche 34*
- Sebkha Melhat (Mijek): *fiche 35*
- Sebkha Oum Agneina (Mijek): *fiche 36*
- Sebkha Oum Edrouss (Mijek): *fiche 37*
- Sebkha Sel Aurich (Agüenit): *fiche 40*

Affleurements de matières premières

- Affleurement Oum Agneina N (Mijek): *fiche 12*
- Affleurement Shikshak J/SE-1 (Duguech): *fiche 13*

2. جرد الوسائل والموارد الطبيعية.

لقد تم تحرير 36 بطاقة، في الثلاثي السنوي 2005 - 2007، و 37 في المرحلة الاخيرة من 2008 - 2011، وذلك من بين 73 بطاقة جاهزة، تتعلق بوسائل طبيعية وموارد للبقاء. وللقيام بعرضها سيتم اولا تقديم ملف البيانات "المعلق" من الجرد السابق، ثم بعد ذلك، الحصيلة الجديدة، المسجلة خلال السنوات الثلاث الاخيرة.

ويتم توزيع المواضيع الى ثلاثة مجموعات كبيرة: 1) السباخ والاضوات (الظي)؛ 2) بروزات المواد الاولية؛ 3) عناصراخرى: وتضم العديد من الحالات المتنوعة والسياقات الخاصة (ملاجئ صخرية، اودية، سباخ، كثبان قديمة، ابار، ...). وتظهركل واحدة من هذه الفقرات مرتبة حسب الحروف الابجدية للغة قشتالة.

الملف "المعلق" من 2005 - 2007.

ستة وعشرون (26) هو العناصرالمتعلقة بالبيئة ووسائل البقاء، التي بقيت معلقة ولم تنشر في المؤلف لسنوات 2005 - 2007، وذلك للاسباب التي تم عرضها مسبقا. منها البطاقتان اللتان وجدتا بالاراضي المورتانية القريبة (سبخة عيشة اذخيرة، وسبخة عين اسكاف 1) ونذكر ايضا الـ 24 من العناصرالباقية: ستة عشر منها تتعلق بالأضوات والسباخ، واربعة هي ذات صلة بالبروزات الصخرية كمواد اولية، وهناك اربعة حالات اخرى مختلفة.

وتضم اللائحة، في كل واحدة من الحالات المسجلة، التسمية المحددة للارشيف، وانتماءها للاقليم الجغرافي الاداري بتيرس، وتحديدها بارشيف البطاقات "المنجزة".

السباخ والاضوات.

- ظاية فلكلك، الى الغرب (الدوگج): بطاقة 18
- ظاية الصدره (الدوگج): بطاقة 19
- ظاية تيمكرداد (ميجك): بطاقة 20
- سبخة عظم احمد مولود (ميجك): بطاقة 23
- سبخة اكْلاب الفرفارات (ميجك): بطاقة 24
- سبخة اجويرات (ميجك): بطاقة 25
- سبخة امراغ ـ التعكريش (الدوگج): بطاقة 27
- سبخة الفجاجه (ميجك): بطاقة 28
- سبخة النفاخ (الدوگج): بطاقة 31
- سبخة الكراشيات (الدوگج): بطاقة 32
- سبخة لميلحة 1 (اغوينيت): بطاقة 33
- سبخة لميلحة 2 (اغوينيت): بطاقة 34
- سبخة لميلحة (ميجك): بطاقة 35
- سبخة ام اكْنينة (ميجك): بطاقة 36
- سبخة ام الدروس (ميجك): بطاقة 37
- سبخة سلاوريج (اغوينيت): بطاقة 40

Beste batzuk

- Grona harpeak (Agüenit); *11. fitxa*
- Bir Adam Ahmed Molud E-1 (Mijek): *17. fitxa*
- Djuf Galabt El Jeil (Duguech): *21. fitxa*
- Ethabâa harana (Mijek): *41. fitxa*

2008-2011 ALDIKO FITXATEGI "BERRIA"

Ingurumenarekin eta bizirauteko baliabideekin loturiko 37 fitxategi berri biltzen ditu: 26 fitxa *sebjak* eta *dhâyak* dira, 8 fitxa askotariko testuinguruei dagozkie eta 3 fitxatan lehengaien azaleratzeak identifikatu ditugu.

Fitxa horietatik, 15 erreferentzia Duguech eskualdean kokatu dira (% 40.5), 13 Agüenit eskualdean (% 35.1) eta 9 Mijek-en (% 24.3).

Sebjak eta dhâyak

- Dhâya Adam Lahmar NW-1 (Duguech)
- Dhâya Agasal (Duguech)
- Dhâya Ajabel Be Esfaf W-1 (Duguech)
- Dhâya Buder Bala S-1 (Agüenit)
- Dhâya Emherisat 2-N/1 (Duguech)
- Dhâya Gleibat El Barka 2/S-1 (Mijek)
- Dhâya Gnifa Eij (Duguech)
- Dhâya Lâarig S-1 (Mijek)
- Dhâya, Alaz E-1 lautada (Mijek)
- Dhâya, Bu Lejzeimat E-1 lautada (Mijek)
- Dhâya Sbeeta (Agüenit)
- Dhâya Tinlluleg S-1 (Agüenit)
- Dhâya Tinlluleg SE-1 (Agüenit)
- Sebja Admar (Agüenit)
- Sebja-dhâya Âlam (Agüenit): *26. fitxa*
- Sebja Babía (Duguech)
- Sebja El Jathra (Agüenit)
- Sebja Emdeinat El Fâa SW (Mijek)
- Sebja Emherisat 1-N/1 (Duguech): *29. fitxa*
- Sebja Galabt Jeral-la W-1 (Duguech): *31. fitxa*
- Sebja Gleb Ould Dargle S-1 (Duguech)
- Sebja Gleb Terzuz SE (Mijek)
- Sebja Hashiat Drâa-Oum Âbana SE/1 (Duguech)
- Sebja Larui Bu Garn-S/1 (Agüenit)
- Sebja Larruia (Agüenit)
- Sebja Oum Duayat S-1 (Agüenit)

Lehengaien azaleratzeak

- Kidhiet Amzagzag J/S-1/2 azaleratzea (Duguech)
- Tingefuf E-2 lautadako azaleratzea (Duguech)
- Smeila Tamnairatn 3 azaleratzea (Mijek): *15. fitxa*

Beste batzuk

- Bir Aruakim Lâarich S-1 (Agüenit)
- Bir Azaig Bdrag (Agüenit)
- Bir Dbeat (Duguech)
- Bir Gnifa Eij (Duguech)
- Boir Legsal (Duguech)
- Bir Ould El Mammi (Duguech)

Varios

- Abrigos Grona (Agüenit): *ficha 11*
- Bir Adam Ahmed Molud E-1 (Mijek): *ficha 17*
- Djuf Galabt El Jeil (Duguech): *ficha 21*
- Valle Ethabâa (Mijek): *ficha 41*

EL FICHERO "NUEVO" DE 2008-2011

Incorpora un total de 37 nuevos archivos medioambientales y de recursos de subsistencia: 26 pertenecen a *sebjas* y *dhâyas*, 8 refieren contextos varios y 3 identifican afloramientos de materias primas.

De este efectivo, 15 referencias se han reconocido en la región de Duguech (40.5%), otras 13 en la de Agüenit (35.1%) y 9 en la de Mijek (24.3%).

Sebjas y dhâyas

- Dhâya Adam Lahmar NW-1 (Duguech)
- Dhâya Agasal (Duguech)
- Dhâya Ajabel Be Esfaf W-1 (Duguech)
- Dhâya Buder Bala S-1 (Agüenit)
- Dhâya Emherisat 2-N/1 (Duguech)
- Dhâya Gleibat El Barka 2/S-1 (Mijek)
- Dhâya Gnifa Eij (Duguech)
- Dhâya Lâarig S-1 (Mijek)
- Dhâya Planicie Alaz E-1 (Mijek))
- Dhâya Planicie Bu Lejzeimat E-1 (Mijek)
- Dhâya Sbeeta (Agüenit)
- Dhâya Tinlluleg S-1 (Agüenit)
- Dhâya Tinlluleg SE-1 (Agüenit)
- Sebja Admar (Agüenit)
- Sebja-dhâya Âlam (Agüenit): *ficha 26*
- Sebja Babía (Duguech)
- Sebja El Jathra (Agüenit)
- Sebja Emdeinat El Fâa SW (Mijek)
- Sebja Emherisat 1-N/1 (Duguech): *ficha 29*
- Sebja Galabt Jeral-la W-1 (Duguech): *ficha 31*
- Sebja Gleb Ould Dargle S-1 (Duguech)
- Sebja Gleb Terzuz SE (Mijek)
- Sebja Hashiat Drâa-Oum Âbana SE/1 (Duguech)
- Sebja Larui Bu Garn-S/1 (Agüenit)
- Sebja Larruia (Agüenit)
- Sebja Oum Duayat S-1 (Agüenit)

Afloramientos de materias primas

- Afloramiento Kidhiet Amzagzag J/S-1/2 (Duguech)
- Afloramiento Planicie Tingefuf E-2 (Duguech)
- Afloramiento Smeila Tamnairatn 3 (Mijek): *ficha 15*

Varios

- Bir Aruakim Lâarich S-1 (Agüenit)
- Bir Azaig Bdrag (Agüenit)
- Bir Dbeat (Duguech)
- Bir Gnifa Eij (Duguech)
- Boir Legsal (Duguech)
- Bir Ould El Mammi (Duguech)

البروزات الصخرية كمواد اولية

- بروزات ام اڭنينة، الى الشمال (ميجك): بطاقة 12
- بروزات الشكشاك، الى الجنوب الشرقي J/SE-1 (الدوڭج): بطاقة 13
- بروزات ازميلة حاشية اذراع - ام اعبانه 1 (الدوڭج): بطاقة 14
- بـروزات تامنيراتن، الى الشمال N-1 (ميجك): بطاقة 16

عناصر اخرى

- محميات (ملاجئ) اڭرونه (اغوينيت): بطاقة 11
- بئر عظم احمد مولود، الى الشرق E-1 (ميجك): بطاقة 17
- جوف ڭلابت الخيل (الدوڭج): بطاقة 21
- واد الظبعة (ميجك): بطاقة 41

الملف "الجديد" من 2008 - 2011.

يضم ما مجموعه 37 ارشيفا جديدا، متعلقا بالبيئة ومـوارد الكفاف: ستة وعشرون منها تنتمي للسباخ والاضوات، و ثمانية تتعلق بسياقات مختلفة، وثلاثة تحدد بروزات من المواد الاولية.

خمسة عشر مرجعا من هذه الحصيلة تم التعرف عليها بناحية الدوڭج (40.5%)، وثلاثة عشر اخرى باغوينيت (35.1%) و تسعة بميجك (24.3%).

السباخ والاضوات.

- ظاية اعظم لحمار، الى الشمال الغربي NW-1 (الدوڭج)
- ظاية اغسَّال (الدوڭج)
- ظاية اجبيل بصفف، الى الغرب W-1 (الوڭج)
- ظاية بودرباله، الى الجنوب S-1 (اغوينيت)
- ظاية امهيرزات، الى الشمال 2-N/1 (الدوڭج)
- ظاية اڭليبات البركه الي الجنوب 2/S-1 (ميجك)
- ظاية اڭنيفة أيّج (الدوڭج)
- ظاية لعريـڭ الى الجنوب S-1 (ميجك)
- ظاية سهل اللز، الى الشرق E-1 (ميجك)
- ظاية سهل بولخزيمات، الى الشرق E-1 (ميجك)
- ظاية اسبيطة (اغوينيت)
- ظاية تنيولـڭ الى الجنوب S-1 (اغوينيت)
- ظاية تنيولـڭ الى الجنوب الشرقي SE-1 (اغوينيت)
- سبخة ادمار (اغوينيت)
- سبخة - ظاية العالم (اغوينيت): بطاقة 26
- سبخة بابيِّه (الدوڭج)
- السبخة اَلخظره (اغوينيت)
- سبخة امدينات اللفاع، الى جنوب - غرب (ميجك)
- سبخة امهيرزات، الى الشمال 1-N/1 (الدوڭج): بطاقة 29
- سبخة ڭلابت خير اللّ، الى الغرب W-1 (الدوڭج): بطاقة 31
- سبخة اڭليب ولد الدرڤلي، الى الجنوب S-1 (الدوڭج)
- سبخة اڭليب الترثوث، الى الجنوب الشرقي (ميجك)
- سبخة حاشيت اذراع - ام اعبانه، جنوب شرق SE/1 (الدوڭج)
- سبخة لرْو بوڭرن، الى الجنوب S/1 (اغوينيت)
- سبخة لروَيّة (اغوينيت)
- سبخة ام الدويات، الى الجنوب S-1 (اغوينيت)

- Affleurement Smeila Hashiat Drâa-Oum Âbana 1 (Duguech): *fiche 14*
- Affleurement Tamnairatn N-1 (Mijek): *fiche 16*

Autress

- Abris Grona (Agüenit): *fiche 11*
- Bir Adam Ahmed Molud E-1 (Mijek): *fiche 17*
- Djuf Galabt El Jeil (Duguech): *fiche 21*
- Vallée d'Ethabâa (Mijek): *fiche 41*

LE FICHIER «NOUVEAU» DE 2008-2011

Il comprend un total de 37 nouveaux archives environnementaux et de ressources de subsistance: 26 appartiennent à des *sebkhas* et *dhâyas*, 8 se rapportent à des contextes divers et 3 identifient des affleurements de matières premières.

Parmi cet effectif, 15 références ont été reconnues dans la région de Duguech (40.5%), 13 autres dans celle d'Agüenit (35.1%) et 9 dans celle de Mijek (24.3%).

Sebkhas et dhâyas

- Dhâya Adam Lahmar NW-1 (Duguech)
- Dhâya Agasal (Duguech)
- Dhâya Ajabel Be Esfaf W-1 (Duguech)
- Dhâya Buder Bala S-1 (Agüenit)
- Dhâya Emherisat 2-N/1 (Duguech)
- Dhâya Gleibat El Barka 2/S-1 (Mijek)
- Dhâya Gnifa Eij (Duguech)
- Dhâya Lâarig S-1 (Mijek)
- Dhâya Plaine Alaz E-1 (Mijek))
- Dhâya Plaine Bu Lejzeimat E-1 (Mijek)
- Dhâya Sbeeta (Agüenit)
- Dhâya Tinlluleg S-1 (Agüenit)
- Dhâya Tinlluleg SE-1 (Agüenit)
- Sebkha Admar (Agüenit)
- Sebkha-dhâya Âlam (Agüenit): *fiche 26*
- Sebkha Babía (Duguech)
- Sebkha El Jathra (Agüenit)
- Sebkha Emdeinat El Fâa SW (Mijek)
- Sebkha Emherisat 1-N/1 (Duguech): *fiche 29*
- Sebkha Galabt Jeral-la W-1 (Duguech): *fiche 31*
- Sebkha Gleb Ould Dargle S-1 (Duguech)
- Sebkha Gleb Terzuz SE (Mijek)
- Sebkha Hashiat Drâa-Oum Âbana SE/1 (Duguech)
- Sebkha Larui Bu Garn-S/1 (Agüenit)
- Sebkha Larruia (Agüenit)
- Sebkha Oum Duayat S-1 (Agüenit)

Affleurements de matières premières.

- Affleurement Kidhiet Amzagzag J/S-1/2 (Duguech)
- Affleurement Plaine Tingefuf E-2 (Duguech)
- Affleurement Smeila Tamnairatn 3 (Mijek): *fiche 15*

Autres

- Bir Aruakim Lâarich S-1 (Agüenit)
- Bir Azaig Bdrag (Agüenit)

• Galb Ziza S paleoduna (Mijek): *22. fitxa*
• Agsumal gatzaga (Mijek)

HAUTATUTAKO INBENTARIOA

Hautatutako laginean 29 fitxa biltzen dira: 2005-2007 alditik "geratutako" inbentariotik 24 eta beste 5ak 2008-2011 aldiko sorta "berrikoak".

Gaiari dagokionez, multzoa honela banatzen da: 16 *sebja*, 5 silex-azaleratze, 3 *dhâya*, *djuf* 1, *bir* 1, paleoduna 1, labar-harpeen multzo 1 eta haran 1.

2005-2007 aldiko inbentarioan garatutako multzoaren azken erregistrotik abiatuta elkarren segidan zenbakitu ditugu, betiere ohiko moduan alfabetoaren hurrenkeran ordenatuta, gaztelaniazko lexikoari jarraiki; beraz, serie berria 11. zenbakiarekin hasiko da.

Eta, azkenik, 29 fitxa hauei lehendik argitaratutakoak ere gehitzen badizkiegu, bi liburukietan sartutako fitxategiak, guztira, 39 dira. Horrek esan nahi du 2005-2011 aldian erregistratutako tokien (naturarekin eta biziraupenarekin loturikoak, guztiak ere) ondare-zerrenda adierazten duten 73 dokumentuetatik % 53.4 argitaratu dugula. Hortaz, 34 fitxategi geratuko zaizkigu garatu gabe eta Tirisko Katalogo integrala ezagutarazteko eta osatzeko etorkizunean argitara daitezkeen liburuki berrietan txertatu beharko dira, betiere ikerketak aurrera egin ahala eta monografiak prestatu eta erabilgarri diren heinean.

• Paleoduna Galb Ziza S (Mijek): *ficha 22*
• Salinas Agsumal (Mijek)

INVENTARIO SELECTIVO

La muestra seleccionada aglutina 29 fichas: 24 del inventario "pendiente" de 2005-2007 y 5 del "nuevo" repertorio de 2008-2011.

Temáticamente, el conjunto se reparte en: 16 *sebjas*, 5 afloramientos de sílex, 3 *dhâyas*, 1 *djuf*, 1 *bir*, 1 paleoduna, 1 conjunto de abrigos rupestres y 1 valle.

Se han enumerado consecutivamente –disponiéndose, como viene siendo habitual, en orden alfabético desde el léxico castellano– a partir del último registro del grupo desarrollado en el inventario de 2005-2007: en consecuencia, la nueva serie se inicia con el número 11.

Y, por último, si a estas 29 fichas se añaden las ya editadas previamente, el total de archivos integrados en los dos volúmenes impresos alcanza las 39. Lo que se traduce en el 53.4% de los 73 documentos representativos de la relación patrimonial de sitios naturales y de subsistencia registrados entre 2005 y 2011. Por consiguiente, queda pendiente un fondo de 34 archivos que tendrá que integrarse en los nuevos volúmenes que puedan seguir avalando y difundiendo el avance del Catálogo integral del Tiris conforme al progreso de la investigación y a la disponibilidad y eficacia funcionales de las correspondientes monografías.

بروزات صخرية كمواد اولية.

- بروزات كدية امزگزاگ الى الجنوب J/S-1/2 (الدوگج)
- بروزات سهل تنـگافوف، الى الشرق E-2 (الدوگج)
- بروزات ازميلة تامنيراتن 3 (ميجك): بطاقة 15

عناصر اخرى

- بئر ارواكيم لعريش، الى الجنوب S-1 (اغوينيت)
- بئر ازايـگ بدرگ (اغوينيت)
- بئر اظبيعات (الدوگج)
- بئر اگنيفة ايْج (الدوگج)
- ابِّير لغزال (الدوگج)
- ابير ولد المامي (الدوگج)
- الكثبان القديمة بـگلب زيزا، الى الجنوب (ميجك): بطاقة 22
- سباخ اغزومال (ميجك)

الجرد الانتقائي.

تشتمل العينة المختارة على 29 بطاقة: اربع وعشرون (24) منها، من الجرد "المعلق"، من سنوات 2005 - 2007، و خمس (5) بطاقات الاخرى، تنتمي للحصيلة "الجديدة" 2008 ـ 2011.

وتتوزع المجموعة، حسب المواضع، وهي كالتالي: ستة عشرة سبخة (16)، خمس بروزات صخور صوانية (5)، ثلاث اضوات (3 ظـي)، جوف واحـد، بئر واحدة، كثيب رملي واحد قديم، وَاد واحد، ومجموعة واحدة من الملاجئ الصخرية (محميات).

وقد تم ترقيمها بصورة متسلسلة - بالكيفية التى نستعملها عادة، حسب الترتيب الابجدي بالمعجم القشتالي - بدءا من اخر تسجيل للمجموعة المعروضة خلال 2005 - 2007: وهكذا فالسلسلة الجديدة تبدأ بالرقم 11.

واخيرا فـان تسعة وعشرين (29) بطاقة، اذا ما اضيفت لها تلك التي تمت طباعتها مسبقا، سيصل مجموع الارشيفات المدرجة ضمن الجزأين المطبوعين، 39 بطاقة، مما يعني 53.4% من مجموع 73 وثيقة، تمثل قوائم التراث، حول اماكن طبيعية وموارد كفاف، مسجلة ما بين سنوات 2005 و2011. ونتيجة لذلك، تبقى معلقة، مجموعة تتكون من 34 ارشيفا، ينبغي ادراجها بالمؤلفات الجديدة، التي يمكن ان تستمر في ضمان وتعميم تطورالجرد الكامل لتيرس، تماشيا مع تقدم البحث والجاهزية، والفعالية المهنية للدراسات ذات الصلة.

- Bir Dbeat (Duguech)
- Bir Gnifa Eij (Duguech)
- Boir Legsal (Duguech)
- Bir Ould El Mammi (Duguech)
- Paléodune Galb Ziza S (Mijek): *fiche 22*
- Salines Agsumal (Mijek)

INVENTAIRE SÉLECTIF

L'échantillonnage sélectif comprend 29 fiches: 24 en provenance de l'inventaire «reporté» de 2005-2007 et 5 appartenant au «nouveau» répertoire de 2008-2011.

Thématiquement, l'ensemble est divisé en: 16 *sebkhas*, 5 affleurements de silex, 3 *dhâyas*, 1 *djuf*, 1 *bir*, 1 paléodune, 1 ensemble d'abris rupestres et 1 vallée.

Elles ont été numérotées consécutivement -disposées, comme il est devenu habituel, en ordre alphabétique suivant le lexique en langue espagnole- à partir du dernier registre du groupe développé dans l'inventaire de 2005-2007: en conséquence, la nouvelle série débute au numéro 11.

Et, pour conclure, ajoutant à ces 29 fiches celles qui ont été déjà éditées préalablement, le total d'archives intégrés dans les deux volumes atteint le chiffre de 39. Ce qui se traduit en un 53.4% des 73 documents représentatifs de la relation patrimoniale des sites naturels et de subsistance enregistrés de 2005 à 2011. Il reste, donc, en attente de développement un ensemble de 34 archives à intégrer dans les nouveaux volumes qui paraîtront pour continuer ce travail de parrainage et diffusion du Catalogue intégral du Tiris au rythme du progrès de l'investigation et de la disponibilité et effectivité fonctionnelles des monographies correspondantes.

11

GLEB GRONA 1 HARPEAK

Eskualdea: Agüenit.

Sektorea/Eremua: Agüenit-eko lautada - Grona-ko mendiak.

Kokalekua: Hegal harritsua.

Tipologia: Labar-harpeak

Deskribapena: Grona-ko mendietako –hain zuzen ere, Gleb Grona 1 mendiko– iparraldeko sektoreko "gleibat" batean, iparraldeko isurialdean, oinarrizko arroka granitikoak zartatzearen eta higaduraren ondorioz hainbat labar-harpe sortu dira. Oro har, ez dira oso handiak eta hondoa ere mugatua dute. Zenbait kasutan, kanpoaldean harlanduzko hormatxo bat izaten dute espazio mugatzeko, baina gaur egungo kontua da hori.

Erregistratze-data: 2005.04.12

ABRIGOS GLEB GRONA 1

Región: Agüenit.

Sector/Área: Planicie de Agüenit - Montañas de Grona.

Emplazamiento: Ladera rocosa.

Tipología: Abrigos rupestres.

Descripción: En uno de los "gleibat" del sector septentrional de las montañas de Grona –en concreto, el que hemos denominado como Gleb Grona 1– se advierten sobre su ladera N varios abrigos rupestres generados por la erosión y fractura de las rocas graníticas de base. Por lo general, no son de grandes dimensiones y su fondo resulta también limitado. Algunos de ellos poseen, exteriormente, un murete de sillería de delimitación espacial realizado en época contemporánea.

Fecha de registro: 12.04.2005.

ملجأ اڭليب اڭرونــة 1

الناحية: اغوينيت.

القطاع/المنطقة: سهل اغوينيت ـ جبال اڭرونة

المكان المحدد: منحدر صخري.

تيبولوجية/صنف الموضوع المحدد: محمية صخرية، (ملجأ)

الوصـــــف: احد "لـڭليبات"، يقع بالقطاع الشمالي من جبال اڭرونة (الذي سميناه بصفة خاصة، اڭليب اڭرونه 1)، يلاحظ بسفحه الشمالي وجود عدة ملاجئ صخرية متكونة نتيجة عوامل النحت والتآكل الطبيعي، على تلك الصخور الجرانيتية القاعدية.

وليست هذه الملاجئ على العموم، ذات مساحات كبيرة، كما ان لها اعماق محدودة كذلك، ولبعضها من جهة الخارج، حزيٌمات من الحجارة، محدد المساحة، تم انجازها في مراحل حديثة.

تاريخ التسجيل: 12 ـ 04 ـ 2005.

ABRIS GLEB GRONA 1

Région: Agüenit.

Secteur/Aire: Plaine d'Agüenit - Montagnes de Grona.

Emplacement: Flanc rocheux.

Typologie: Abris rupestres.

Description: Sur l'un des "gleibat" du secteur septentrional des montagnes de Grona –concrètement, celui que nous avons dénommé Gleb Grona 1– on aperçoit sur le flanc nord plusieurs abris rupestres générés par l'érosion et la fracture des roches granitiques de base. En général, ils sont de petite grandeur et sa profondeur est aussi limitée. Certains montrent, extérieurement, une murette en pierre de taille de facture contemporaine, qui délimite l'espace.

Date d'enregistrement: 12.04.2005.

12

OUM AGNEINA N AZALERATZEA

Eskualdea: Mijek.

Sektorea/Eremua: Mijek S – Oum Agneina-ko sebja.

Kokalekua: Tontor harritsuak.

Tipologia: Silex-azaleratzea.

Deskribapena: Silize-harkaitzen multzo hau Oum Agneina-ko menditik 2,5 km iparraldera dagoen lautadaren puntu batean kokatuta dago. Kolore marroixka duen silex-azaleratze bat definitzen dute eta arroketan egiturazko alterazioak eta arrailak ikusten dira; horren ondorioz, materialaren kalitatea baldintzatuta geratzen da landu edo zizelkatzeko teknika aplikatzeko garaian. Bestalde, erliebe txiki horien gainean lehendik erregistratutako Oum Agneina N-ko tumulu-multzoaren zati handi bat dago.

Erregistratze-data: 2005.04.14

AFLORAMIENTO OUM AGNEINA N

Región: Mijek.

Sector/Área: Mijek S – Sebja de Oum Agneina.

Emplazamiento: Pitones rocosos.

Tipología: Afloramiento de sílex.

Descripción: Conjunto de pitones silíceos emplazados en un punto de la planicie situado a unos 2,5 km al N de la montaña de Oum Agneina. Definen un afloramiento de sílex de coloración marronácea cuyas rocas muestran cuarteados y alteraciones estructurales: lo que, lógicamente, condiciona la calidad del material de cara a su tratamiento técnológico de talla. Por otra parte, sobre esos ligeros relieves se asienta una buena parte del ya registrado conjunto tumular de Oum Agneina N.

Fecha de registro: 14.04.2005.

بروزات صخرية بام اكْنينة الى الشمال

الناحية: ميجك.

القطاع/المنطقة: ميجك، الى الجنوب ـ سبخة ام اكْنينة.

المكان المحدد: مرتفع حجري.

تيبولوجية/صنف الموضوع المحدد: بروزات من صخور الصوان.

الوصـــف: مجموعة مرتفعات صوانية، توجد في نقطة من السهل الواقع على بعد حوالى 2،5 كلمتر، الى الشمال من جبل ام اكْنينة، تحدد بروزا من صخور الصوان، ذات اللون البني التي تعرض تشكيلات متصدعة ومتغيرة، مما ينعكس منطقيا، على نوعية المواد لدى استعمالها التقني في عملية النحت. ويوجد من جهة اخرى، فوق تلك التضاريس الخفيفة، عدد لاباس به من مجموعة تيميليس المسجلة بام اكْنينة، الى الشمال.

تاريخ التسجيل: 14 - 04 - 2005.

AFFLEUREMENT OUM AGNEINA N

Région: Mijek.

Secteur/Aire: Mijek S – Sebkha d'Oum Agneina.

Emplacement: Pitons rocheux.

Typologie: Affleurement de silex.

Description: Ensemble de pitons siliceux localisés sur un point de la plaine situé à environ 2,5 km au nord de la montagne d'Oum Agneina. Ils définissent un affleurement de silex de coloration marronâtre dont les roches montrent des craquelures et des altération structurelles: ce qui, logiquement, prédispose la qualité du matériel en vue de son traitement technologique de taille. D'autre part, sur ces légers reliefs trouve son assise une bonne partie de l'ensemble tumulaire d'Oum Agneina N, déjà enregistré.

Date d'enregistrement: 14.04.2005.

13

SHIKSHAK J/SE-1 AZALERATZEA

Eskualdea: Duguech.

Sektorea/Eremua: Zug E – Zug-Amzagzag-eko mendiak (Shikshak-eko janga).

Kokalekua: Muinoak.

Tipologia: Silex-azaleratzea.

Deskribapena: Multzo honetan Shikshak-eko igarobidearen hego-ekialdera kokatuta dauden 6 "smeila" eta harkaitz, gutxienez, biltzen dira, Zug-eko mendi-lerrokaduratik 4 km eta Gnfisa Jathra-ko menditik beste 3 km hego-mendebaldera. Oro har, kolore marroixka duen silex-azaleratze bat eratzen dute eta egitura nabarmen kaltetuta du meteorizazioaren eraginez. Bestalde, muinoetako baten oinarrian lehendik erregistratutako Shikshak J/SE-1-eko tumulu-multzoa dago.

Erregistratze-data: 2007.03.20

AFLORAMIENTO SHIKSHAK J/SE-1

Región: Duguech.

Sector/Área: Zug E – Montañas de Zug-Amzagzag (Janga de Shikshak).

Emplazamiento: Colinas.

Tipología: Afloramiento de sílex.

Descripción: Conjunto, al menos, de 6 "smeilas" y pitones rocosos situados al SE del paso de Shikshak: a unos 4 km de la alineación montañosa de Zug y a otros 3 km al SW de la montaña de Gnfisa Jathra. Configuran, en conjunto, un afloramiento de sílex, de coloración marronácea, notablemente alterado en su estructura por meteorización. Por otra parte, en la base de una de las colinas se encuentra emplazado el asimismo registrado monumento tumular de Shikshak J/SE-1.

Fecha de registro: 20.03.2007.

بروز صخري بالشكشاك، الى الجنوب الشرقي J/SE-1

الناحية: الدوگج.

القطاع/المنطقة: زوگ الى الشرق - جبال زوگ - امزگزاگ (خنـگة الشكشاك).

المكان المحدد: تلال.

تيبولوجية/صنف الموضوع المحدد: بروزات من صخور الصوان.

الوصـــــف: مجموعة تتكون على الاقل، من 6 تلال "ازميلات" و نتوءات صخرية، تقع الى جهة الجنوب الشرقي من معبر الشكشاك، على بعد اربعة كلمترات من محاذاة زوگ الجبلية ، ثلاثة كلمترات جنوب غرب جبل خنيفيسة الخظره، تشكل في عمومها بروزا من صخور الصوان ذي اللون البني المتغير بشكل ملحوظ، في بنيته، بسبب التأثيرات الجوية. ويوجد من جهة اخرى، بقاعدة احدى التلال، معلم تيميليس الاثري الجنائزي المسجل بالشكشاك، الى الجنوب الشرقي J/SE-1.

تاريخ التسجيل: 20 - 03 - 2007.

AFFLEUREMENT SHIKSHAK J/SE-1

Région: Duguech.

Secteur/Aire: Zug E – Montagnes de Zug-Amzagzag (Janga de Shikshak).

Emplacement: Collines.

Typologie: Affleurement de silex.

Description: Ensemble d'au moins 6 "smeilas" et pitons rocheux situés au sud-est du passage de Shikshak: à environ 4 km de l'alignement montagneux de Zug et à environ 3 km au sud-ouest de la montagne de Gnfisa Jathra. Ils configurent, dans l'ensemble, un affleurement de silex, de coloration marronâtre, notamment altéré dans sa structure par la météorisation. D'autre part, à la base de l'une des collines se trouve localisé le monument tumulaire de Shikshak J/SE-1, déjà enregistré.

Date d'enregistrement: 20.03.2007.

14

SMEILA HASHIAT DRAÂ-OUM ÂBANA 1 AZALERATZEA

Eskualdea: Duguech.

Sektorea/Eremua: Azefal-go erg-a – Zug-Oum Âbana-ko mendiak.

Kokalekua: Muinoa.

Tipologia: Silex-azaleratzea.

Deskribapena: "Smeila" hau Oum Âbana-ko mendien ekialdeko isurialdearen atzealdeko lautadatik E.NEra dagoen duna-eremu batean kokatuta dago. Gainazalean, hondarretan erdi-lurperatuta, kolore marroi matea duen silex-azaleratze bat ikusten da, baina oso kaltetuta eta arrailduta dago meteorizazioaren eraginez. Materia silizeoa beste antzeko hiru muinoetan dagoenaren oso antzekoa da; beste hiru muino horiek gertu samar daude eta lehendik erregistratuta ditugu: Hashiat Drâa-Oum Âbana 2-ko eta 3-ko "smeiletako" silex-tailerrak eta Hashiat Drâa-Oum Âbana 4-ko "smeila"-ko azaleratzea.

Erregistratze-data: 2006.03.13

AFLORAMIENTO SMEILA HASHIAT DRÂA-OUM ÂBANA 1

Región: Duguech.

Sector/Área: Erg de Azefal – Montañas de Zug-Oum Âbana.

Emplazamiento: Colina.

Tipología: Afloramiento de sílex.

Descripción: "Smeila" situada en un área dunar al E.NE de la planicie que se extiende tras la vertiente oriental de las montañas de Oum Âbana. En su superficie se advierte, semienterrado por la arena, un afloramiento de sílex de color marrón mate, muy alterado y cuarteado por meteorización. La materia silícea es similar a la que se reconoce en otras tres colinas semejantes, ubicadas a escasa distancia y ya registradas: los talleres de sílex de las "smeilas" de Hashiat Drâa-Oum Âbana 2 y 3, y el afloramiento de la "smeila" de Hashiat Drâa-Oum Âbana 4.

Fecha de registro: 13.03.2006.

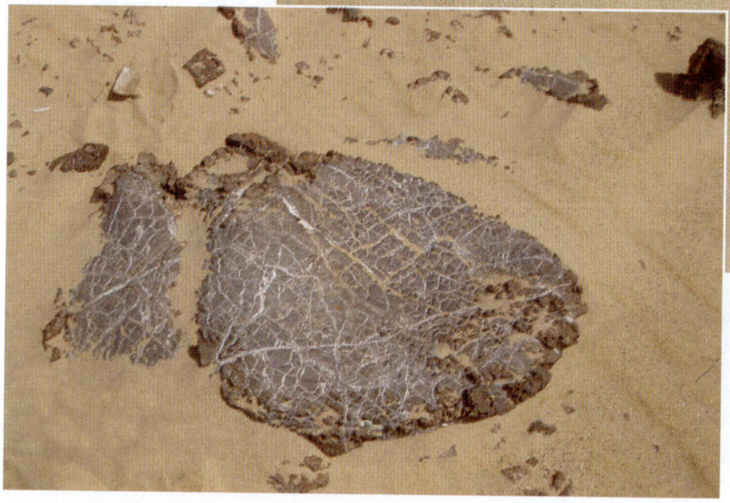

بروزصخري بازميلة حاشيت اذراع ـ ام اعبانه 1

الناحية: الدوڤج.

القطاع/المنطقة: عرق ازفال ـ جبال زوڤـ ام اعبانه.

المكان المحدد: تل.

تيبولوجية/صنف الموضوع المحدد: بروز من صخور الصوان.

الوصـــــف: "ازميلة" تقع بمنطقة رملية الى شرق ـ شمال شرق، من السهل الذي يمتد خلف المنحدر الشرقي لجبال ام اعبانه، يلاحظ فوق سطحها وجود بروز صواني، نصف مطمور بالرمال وذي لون بني خافت، جد متغير ومتصدع، نتيجة تأثيرالعوامل الجوية. هذه المادة الصوانية مشابهة لتلك التي وجدت بالتلال الثلاث الاخرى الموجودة على مسافة قريبة، والمسجلة: ورشات الصوان بـ "ازميلات" حاشيت اذراع ام اعبانه 2 و 3، و البروز الصخري بـ"ازميلة" حاشيت اذراع ام اعبانه 4.

تاريخ التسجيل: 13 ـ 03 ـ 2006.

AFFLEUREMENT SMEILA HASHIAT DRÂA-OUM ÂBANA 1

Région: Duguech.

Secteur/Aire: Erg d'Azefal – Montagnes de Zug-Oum Âbana.

Emplacement: Colline.

Typologie: Affleurement de silex.

Description: "Smeila" située dans une aire dunaire à l'E.NE de la plaine qui s'étend au dos du flanc oriental des montagnes d'Oum Âbana. En surface, on avertit, semi-enterré par le sable, un affleurement de silex de couleur marron mat, très altéré et craquelé par la météorisation. La matière siliceuse est similaire à celle que l'on reconnaît sur les trois autres collines semblables, localisée à peu de distance et déjà enregistrées: les ateliers de silex des "smeilas" de Hashiat Drâa-Oum Âbana 2 et 3, et l'affleurement de la "smeila" de Hashiat Drâa-Oum Âbana 4.

Date d'enregistrement: 13.03.2006.

SMEILA TAMNAIRATN 3 AZALERATZEA

Eskualdea: Mijek.

Sektorea/Eremua: Adam Ahmed Molud-eko lautada – Tamnairatn-eko smeilak.

Kokalekua: Muinoa.

Tipologia: Silex-azaleratzea.

Deskribapena: Muino hau Tamnairatn 2-ko "smeila"-tik km 1 ipar-ekialdera kokatuta dago. Azaleratze interesgarri honetan tokiko silex marroizko blokeak eta beste nodulu batzuk batera aurki daitezke; beste noduluek askoz kalitate hobea dute, finagoak dira, ukitzean xaboi-sentsazioa ematen dute eta kolore asko izaten dituzte (grisaxka, berdexka, horixka, beixa, marroia eta abar). Tirisen ezagutzen ditugun Neolitoko industrien zati bat horrelako materialekin egina dago. Silize kriptokristalino botroidal eta geliformeko plaketez osatutako serie handi bat ere bada, geruzatan, oso bakuolarra, burdin oxidoez beteta.

Erregistratze-data: 2008.02.21

AFLORAMIENTO SMEILA TAMNAIRATN 3

Región: Mijek.

Sector/Área: Planicie de Adam Ahmed Molud – Smeilas de Tamnairatn.

Emplazamiento: Colina.

Tipología: Afloramiento de sílex.

Descripción: Colina situada en torno a 1 km al NE de la "smeila" de Tamnairatn 2. Constituye un interesante afloramiento en el que coexisten bloques de sílex marrón local y otros nódulos, de mucha mejor calidad, finos y jabonosos al tacto, y variados colores (grisáceos, verdosos, amarillentos, beiges, marrones, etc.), sobre el que se ejecuta parte de las industrias neolíticas reconocidas en el Tiris. Hay también una buena serie de plaquetas de sílice criptocristalina botroidal y geliforme, en capas, muy vacuolar, rellenadas con óxidos de hierro.

Fecha de registro: 21.02.2008.

بروز صخري بازميلة تامنيراتن 3

الناحية: ميجك.

القطاع/المنطقة: سهل عظم احمد مولود ـ ازميلات تامنيراتن.

المكان المحدد: تل.

تيبولوجية/صنف الموضوع المحدد: بروزات من الصوان.

الوصــــف: تل يوجد حوالى 1 كلمتر الى الشمال الشرقي من ازميلة تامنيراتن 2. يشكل بروزا صخريا هاما، توجد به كل من الكتل الصوانية المحلية ذات اللون البني، وعقيدات اخرى من نوعية افضل، ناعمة وصابونية الملمس، ومتعددة الالـوان (رمادية، خضـراء، صفـراء، بيجية، بنيـة، الخ) التي مـورس من خلالها، جـانب من الصناعـات المعروفـة بتيرس، في زمـن العصـر الحجـري الحديث. وهنـاك ايضـا سلسلـة لا باس بها مـن صفائح السيليـس خفيـــة البلــورات botroidal y geliforme ذات طبقات فجوية مملوءة باكسيد الحديد.

تاريخ التسجيل: 21 - 02 - 2008.

AFFLEUREMENT SMEILA TAMNAIRATN 3

Région: Mijek.

Secteur/Aire: Plaine d'Adam Ahmed Molud – Smeilas de Tamnairatn.

Emplacement: Colline.

Typologie: Affleurement de silex.

Description: Colline située à environ 1 km au nord-est de la «smeila» de Tamnairatn 2. Elle constitue un intéressant affleurement au sein duquel coexistent des blocs de silex marron de la zone et d'autres nodules, de supérieure qualité, fins et de toucher savonneux, aux couleurs diverses (grisâtres, verdâtres, jaunâtres, beiges, marron, etc.); sur celui-ci aussi ont été exécutées une partie des industries néolithiques reconnues dans le Tiris. Il y aussi une bonne série de plaquettes de silice cryptocristalline botryoïdale et géliforme, par couches, très vacuolaire, farcies d'oxydes de fer.

Date d'enregistrement: 21.02.2008.

TAMNAIRATN N-1 AZALERATZEA

Eskualdea: Mijek.

Sektorea/Eremua: Adam Ahmed Molud-eko lautada – Tamnairatn-eko smeilak.

Kokalekua: Tontor harritsua.

Tipologia: Silex-azaleratzea.

Deskribapena: Harkaitz txiki isolatu baten gainean, Tamnairatn N-1-eko "smeila"-ren inguruan eta lehendik erregistratuta genuen Tamnairatn N-1-eko tumulu-monumentutik 200 m hegoaldera, silex-azaleratze bat dago. Materialak kolore marroixka du eta egitura aldetik kaltetuta eta arrailduta dago, meteorizazioaren eraginez.

Erregistratze-data: 2007.03.10

AFLORAMIENTO TAMNAIRATN N-1

Región: Mijek.

Sector/Área: Planicie de Adam Ahmed Molud – Smeilas de Tamnairatn.

Emplazamiento: Pitón rocoso.

Tipología: Afloramiento de sílex.

Descripción: Sobre un ligero pitón aislado, en las inmediaciones de la "smeila" de Tamnairatn N-1 y a unos 200 m al S del ya registrado monumento tumular de Tamnairatn N-1, se encuentra un afloramiento de sílex. El material, de coloración marronácea, se muestra estructuralmente alterado y cuarteado por meteorización.

Fecha de registro: 10.03.2007.

البروز الصخري بتامنيراتن، الى الشمال N-1

الناحية: ميجك.

القطاع/المنطقة: سهل عظم احمد مولود ـ ازميلات تامنيراتن.

المكان المحدد: نتوء صخري.

تيبولوجية/صنف الموصوع المحدد: بروز من صخور الصوان.

الوصـــف: بروزمن صخر الصوان، تم العثور عليه، فوق نتوء خفيف منعزل، في ضواحي ازميلة تامنيراتن، الى الشمال N-1، وعلى بعد 200 متر الى الجنوب من مبنى تيميليس الاثري المسجل بتامنيراتن الى الشمال N-1. مادة هذا البروز الصواني هي ذات لون بني، يبدو متغيرا من حيث الشكل، ومتقطعا بسبب تأثير العوامل الجوية.

تاريخ التسجيل: 10 - 03 - 2007.

AFFLEUREMENT TAMNAIRATN N-1

Région: Mijek.

Secteur/Aire: Plaine d'Adam Ahmed Molud – Smeilas de Tamnairatn.

Emplacement: Piton rocheux.

Typologie: Affleurement de silex.

Description: Sur un léger piton isolé, aux alentours de la "smeila" de Tamnairatn N-1 et à environ 200 m au sud du monument tumulaire de Tamnairatn N-1, déjà enregistré, se trouve un affleurement de silex. Le matériel, de coloration marronâtre, se montre structurellement altéré et craquelé par la météorisation.

Date d'enregistrement: 10.03.2007.

17

BIR ADAM AHMED MOLUD E-1

Eskualdea: Mijek.

Sektorea/Eremua: Adam Ahmed Molud-eko lautada – Adam Ahmed Molud-eko sebja.

Kokalekua: Sebja ertza.

Tipologia: Putzua.

Deskribapena: Putzu hau Adam Ahmed Molud-eko lautadatik hego-mendebaldera dago, Adam Ahmed Molud-eko sebjaren mendebaldeko perimetrotik gertu dagoen oued baten inguruan. Gaur egun, toki horretan bi putzu daude baina nahiko berriak dira; aurretik zegoen putzu zaharraren ordez egin zituzten. Bi putzu horietatik, bat ez da erabiltzen. Aktibo dagoen "bir"-ari erreparatuta, eremu honetan, mantu hidriko emankorrak 15-20 m sakon ditu.

Erregistratze-data: 2007.03.10

BIR ADAM AHMED MOLUD E-1

Región: Mijek.

Sector/Área: Planicie de Adam Ahmed Molud – Sebja de Adam Ahmed Molud.

Emplazamiento: Reborde de sebja.

Tipología: Pozo.

Descripción: Pozo ubicado al SW de la planicie de Adam Ahmed Molud y abierto en las inmediaciones de un oued próximo al perímetro occidental de la sebja de Adam Ahmed Molud. Actualmente, hay en ese lugar dos pozos, construidos en época reciente, que se hicieron para remplazar a otro más antiguo. De estos dos pozos, uno de ellos está en desuso. A juzgar por el "bir" activo, la profundidad del manto hídrico fértil oscila en esta área entre los 15-20 m.

Fecha de registro: 10.03.2007.

بئر عظم احمد مولود، الى الشرق E-1

الناحية: ميجـــــك.

القطاع/المنطقة: سهل عظم احمد مولود ـ سبخة عظم احمد مولود.

المكان المحدد: حافة سبخة.

تيبولوجية/صنف الموضوع المحدد: بئـــــر.

الوصـــــف: بئر يوجد الى الجنوب الغربي من سهل عظم احمد مولود، مفتوح بضواحي وادي قريب من المحيط الغربي من سبخة عظم احمد مولود. ويوجد بذلك المكان في الوقت الحالى، بئران تم حفرهما حديثا، تعويضا عن بئراخرى قديمة موجودة هناك، واحداهما غير مستعملة في الوقت الراهن، ويُعتقد ان المياه الغزيرة للبئرالحية، في تلك المنطقة تغطي عمقا ما بين 15 و 20 مترا.

تاريخ التسجيل: 10 - 03 - 2007.

BIR ADAM AHMED MOLUD E-1

Région: Mijek.

Secteur/Aire: Plaine d'Adam Ahmed Molud – Sebkha d'Adam Ahmed Molud.

Emplacement: Rebord de sebkha.

Typologie: Puits.

Description: Puits situé au sud-ouest de la plaine d'Adam Ahmed Molud et creusé dans l'entourage d'un oued à proximité du périmètre occidental de la sebkha d'Adam Ahmed Molud. Actuellement, il y a sur ce même endroit deux puits construits il n'y a pas longtemps pour remplacer un autre plus vieux. Des deux puits, l'un n'est plus en usage. À en croire le "bir" actif, la profondeur de la couche hydrique fertile doit varier dans cette aire autour de 15-20 m

Date d'enregistrement: 10.03.2007.

18

DHÂYA FELEKLEK W

Eskualdea: Duguech.

Sektorea/Eremua: Azefal-go erg-a – Feleklek-eko mendiak.

Kokalekua: Mendi-oinarria.

Tipologia: Mendiko dhâya.

Deskribapena: "Dhâya" hau Feleklek-en mendebaldeen dauden harkaitzen mendebaldeko hegalaren ondoan kokatuta dago. Obalo-antzeko morfologia du eta bere azalera, guztira, 1 km² baino txikiagoa da. Egia esateko, ondo-ondoan dagoen lautadaren gaineko beheragune handiaren hondoko zatia da eta perimetroa ongi zehaztuta du. Lautadaren zati horretan malda txiki bat dagoela esan daiteke eta Feleklek-eko mendietatik datorren jariatze-uren bitartez elikatuko da, funtsean.

Erregistratze-data: 2007.03.15

DHÂYA FELEKLEK W

Región: Duguech.

Sector/Área: Erg de Azefal – Montañas de Feleklek.

Emplazamiento: Base de montaña.

Tipología: Dhâya de montaña.

Descripción: "Dhâya" emplazada junto a la ladera W de los peñones más occidentales de Feleklek. Su morfología ofrece cierta tendencia ovalada y su superficie máxima no llega a alcanzar 1 km². En realidad, constituye el tramo de fondo de una amplia depresión sobre la planicie inmediata, bien definida perimétricamente. Junto a la relativa morfología inclinada que muestra esa parte de la planicie, su alimentación fundamental debe producirse por las aguas de escorrentía provenientes de las mismas montañas de Feleklek.

Fecha de registro: 15.03.2007.

ظاية فلكلك، الى جهة الغرب

الناحية: الدوگج.

القطاع/المنطقة: عرق آزفّال ـ جبال فلكلك.

المكان المحدد: قاعدة جبلية.

تيبولوجية/صنف الموضوع المحدد: اضاة (ظاية) بالقرب من جبل.

الوصـــف: "ظاية" توجد قبالة المنحدر الغربي من المرتفعات الغربية من جبال فلكلك، يميل شكلها الى البيضاوي، ومساحتها لا تكاد تصل 1 كلمترا مربعا. انها تشكل في الواقع، امتدادا لعمق منخفض واسع فوق السهل المباشر، وهي جد محددة من الناحية القطرية. وتنتج التغذية الاساسية للأضاة من المياه الجارية، القادمة من جبال فلكلك نفسها، قبالة ذلك التشكيل المنحني الذي يبدو عليه جانب من السهل.

تاريخ التسجيل: 15 - 03 - 2007.

DHÂYA FELEKLEK W

Région: Duguech.

Secteur/Aire: Erg d'Azefal – Montagnes de Feleklek.

Emplacement: Base de montagne.

Typologie: Dhâya de montagne.

Description: "Dhâya" avoisinante du flanc ouest des rochers plus occidentaux de Feleklek. Sa morphologie offre un aspect à tendance ovale et sa superficie maximale n'atteint pas 1 km². En fait, elle constitue le tronçon final d'une vaste dépression qui s'étend sur la plaine immédiate, bien définie périmétriquement. Outre la morphologie relativement inclinée qui montre cette partie de la plaine, son alimentation essentielle se produit au travers des eaux de ruissellement provenant des montagnes de Feleklek.

Date d'enregistrement: 15.03.2007.

19

DHÂYA SIDRE

Eskualdea: Duguech.

Sektorea/Eremua: Zug – Zug-Oum Âbana-ko mendiak (Zug-eko sebja).

Kokalekua: Lautada.

Tipologia: Lautadako dhâya.

Deskribapena: Zug-Oum Âbana-ko mendien mendebaldeko isurialdearen ondo-ondoan dagoen lautadaren gainean dagoen beheragune txiki hidrografikoa da eta Zug-eko "bir" edo putzutik 5 km ipar-mendebaldera dago. Morfologia obalatua du (500x300 m) eta orientazio nagusia, aldiz, mendebaldetik ekialdera. Modu erradialean "dhâya"-ra iristen diren erreka txiki eta erretenen bitartez bermatzen zaio elikadura.

Erregistratze-data: 2007.03.19

DHÂYA SIDRE

Región: Duguech.

Sector/Área: Zug – Montañas de Zug-Oum Âbana (Sebja de Zug).

Emplazamiento: Planicie.

Tipología: Dhâya de planicie.

Descripción: Pequeña depresión hidrográfica situada sobre la planicie inmediata a la vertiente occidental de las montañas de Zug-Oum Âbana: en un punto a unos 5 km al NW del "bir", o pozo, de Zug. Su morfología es ovalada (de unos 500x300 m), con orientación dominante de W a E. Su alimentación parece asegurarse desde las acequias y pequeños arroyos que convergen radialmente en la "dhâya".

Fecha de registro: 19.03.2007.

ظاية الصدره

الناحية: الدوڤج.

القطاع/المنطقة: زوڭ ـ جبال زوڭ ـ ام اعبانه (سبخة زوڭ).

المكان المحدد: سهــــل.

تيبولوجية/صنف الموضوع المحدد: اضاة (ظاية) بسهل.

الوصـــف: منخفض هيدروغرافي صغير، يقع فوق سهل قريب من المنحدر الغربي من جبال زوڭ ـ ام اعبانه، في نقطة على بعد خمس كلمترات الى الشمال الغربي من بئر زوڭ وهي، من الناحية المورفولوجية، ذات شكل بيضاوي، متجهة غالبا من الشرق نحو الغرب، ولها مساحة من حوالى 500x300 متر. وتتغذى هذه الاضاة على ما يبدو، من القنوات والجداول المائية الصغيرة التي تصب فيها.

تاريخ التسجيل: 19 - 03 - 2007.

DHÂYA SIDRE

Région: Duguech.

Secteur/Aire: Zug – Montagnes de Zug-Oum Âbana (Sebkha de Zug).

Emplacement: Plaine.

Typologie: Dhâya de plaine.

Description: Petite dépression hydrographique située dans la plaine immédiate au flanc occidental des montagnes de Zug-Oum Âbana: sur un point à environ 5 km au nord-ouest du "bir", ou puits, de Zug. Sa morphologie est ovale (environ 500x300 m), d'orientation dominante de l'ouest vers l'est. Son alimentation semble être assurée par les rigoles et petits ruisseaux qui convergent radialement sur la "dhâya".

Date d'enregistrement: 19.03.2007.

20

DHÂYA TIMKERDAD

Eskualdea: Mijek.

Sektorea/Eremua: Mijek N – Timkerdad-eko mendiak.

Kokalekua: Mendi-oinarria.

Tipologia: Mendiko dhâya.

Deskribapena: "Dhâya" hau Timkerdad-eko mendien mendebaldeko hegalaren inguruan dago, Mijek-eko lekutik 55 km ipar-mendebaldera. Morfologia obalatua dauka eta 2 km²-ko azalera, gutxi gorabehera. Timkerdad-eko harkaitzen mendebaldean kokatutako beheragunean sartuta dago; harkaitz horiek dira elikadura-iturri nagusia, jariatze-uraren bitartez. Gutxienez 5 putzu daude eginak eta nahiko sakonak dira, 15 metrotik gora.

Erregistratze-data: 2007.03.12

DHÂYA TIMKERDAD

Región: Mijek.

Sector/Área: Mijek N – Montañas de Timkerdad.

Emplazamiento: Base de montaña.

Tipología: Dhâya de montaña.

Descripción: "Dhâya" situada en las inmediaciones de la ladera occidental de las montañas de Timkerdad, unos 55 km al NW del sitio de Mijek. Es de morfología ovalada y su superficie puede rondar los 2 km². Forma parte de una depresión emplazada al W de los peñones rocosos de Timkerdad; relieves éstos que constituyen su principal fuente alimentación a partir de las aguas de escorrentía. Son varios los pozos excavados en ella –de los que se llegan a contabilizar, al menos, 5– y su profundidad resulta considerable, superando los 15 m.

Fecha de registro: 12.03.2007.

ظاية تيمكرداد

الناحية: ميجك.

القطاع/المنطقة: ميجك، الى الشمال ـ جبال تيمكرداد.

المكان المحدد: قاعدة جبلية.

تيبولوجية/صنف الموضوع المحدد: اضاة (ظاية) بالقرب من جبل.

الوصـــف: "ظاية" تقع بضواحي الواجهة الغربية من جبال تيمكرداد، على بعد حوالى 55 كلمترا الى الشمال الغربي من موقع ميجك. لها شكل بيضاوي وتقدر مساحتها بـ 2 كلمتر مربع، وهي تشكل جزءا من منخفض يقع الى الغرب من المرتفعات الصخرية لتيمكرداد، وتعد مياه تلك التضاريس مصدر تغذية رئيسي لهذه الاضاة التي توجد بها عدة ابار محفورة، تم احصاء خمسة منها على الاقل، وهي ذات اعماق معتبرة تتجاوز 15 مترا.

تاريخ التسجيل: 12 - 03 - 2007.

DHÂYA TIMKERDAD

Région: Mijek.

Secteur/Aire: Mijek N – Montagnes de Timkerdad.

Emplacement: Base de montagne.

Typologie: Dhâya de montagne.

Description: "Dhâya" située aux alentours du flanc occidental des montagnes de Timkerdad, à environ 55 km au nord-ouest du site de Mijek. Elle présente une morphologie ovale et sa superficie approche 2 km². Elle fait partie d'une dépression localisée à l'ouest des rochers de Timkerdad; ces reliefs constituent sa principale source d'alimentation à partir des eaux de ruissellement. Des nombreux puits y ont été creusés –on en a comptabilisé au moins 5– dont la considérable profondeur dépasse 15 mètres.

Date d'enregistrement: 12.03.2007.

21

DJUF GALABT EL JEIL

Eskualdea: Duguech.

Sektorea/Eremua: Duguech – Galabt El Jeil-eko mendiak.

Kokalekua: Lautada.

Tipologia: Djuf.

Deskribapena: Beheragune handi edo "jauf" hau Galabt El Jeil-eko mendien ondo-ondoan (hego-mendebaldeko sektoretik) dagoen lautadan kokatuta dago, Galabt Lejuad-eko mendietatik 12 km iparraldera. Morfologia, oro har, azpi-obalatu luzanga da eta *ca.* 3x0,750 km ditu. Beheragunearen hondoan, ohiko moduan, "dhâya" bat sortzen da euri-uraren ondorioz.

Erregistratze-data: 2005.04.09

DJUF GALABT EL JEIL

Región: Duguech.

Sector/Área: Duguech – Montañas de Galabt El Jeil.

Emplazamiento: Planicie.

Tipología: Djuf.

Descripción: Amplia depresión, o "jauf", situada en la planicie inmediata a las montañas de Galabt El Jeil, por su sector SW, y a unos 12 km al N de las de Galabt Lejuad. Su morfología general es subovalada alargada, y alcanza los *ca.* 3 x 0,750 km. En el fondo de la misma se forma habitualmente una "dhâya" con la retención del agua de las lluvias.

Fecha de registro: 09.04.2005.

جــوف ݣلابت الخيل

الناحية: الدوݣج.

القطاع/المنطقة: الدوݣج ـ جبال ݣلابت الخيل.

المكان المحدد: سهل.

تيبولوجية/صنف المكان المحدد: جــــوف.

الوصــــف: منخفض او "جوف" واسع يقع بالسهل القريب من جبال ݣلابت الخيل، عبر قطاعها الجنوبي الغربي، على بعد حوالى 12 كلمترا الى الشمال من ݣلابت لجواد، تشكيله المورفولوجي العام شبه بيضاوي مستطيل، يصل حوالى 3×750،0 كلمترا. وتتشكل في عمق هذا الجوف عادة "ظاية"، بسبب انحصار مياه الامطار.

تاريخ التسجيل: 09 - 04 - 2005.

DJUF GALABT EL JEIL

Région: Duguech.

Secteur/Aire: Duguech – Montagnes de Galabt El Jeil.

Emplacement: Plaine.

Typologie: Djuf.

Description: Vaste dépression, ou "jauf", située dans la plaine immédiate des montagnes de Galabt El Jeil, sur son secteur sud-ouest, et à environ 12 km au nord de celles de Galabt Lejuad. Sa morphologie générale est subovale allongée et atteint *ca.* 3x0,750 km Au fond de la même se forme habituellement une "dhâya" par la rétention de l'eau de pluie.

Date d'enregistrement: 09.04.2005.

22

GALB ZIZA S PALEODUNA

Eskualdea: Mijek.

Sektorea/Eremua: Mijek N – Galb Ziza-ko mendia.

Kokalekua: Mendi-hegala.

Tipologia: Paleoduna.

Deskribapena: Kuaternarioko duna zahar hau finkatuta eta Galb Ziza-ko mendiaren hegoaldeko hegalari atxikita dago, duna-kordoi moduan. Dunaren egitura guztiz solidotua dago eta, noizean behin, kolore laranja bizia eta gorrixka izaten ditu, horixkagoekin tartekatuta. Egituraren potentzia oso handia da; mendiari atxikitako zatian 100 metrotik gora ditu. Klimaren idorraldi-egoera zahar baten lekukotza da eta, ziurrenik, Goi Pleistozenoaren garapen aurreratuarekin loturik egongo da.

Erregistratze-data: 2009.02.23

PALEODUNA GALB ZIZA S

Región: Mijek.

Sector/Área: Mijek N – Montaña de Galb Ziza.

Emplazamiento: Ladera montañosa.

Tipología: Paleoduna.

Descripción: Antigua duna cuaternaria, consolidada, anexa a la ladera meridional de la montaña de Galb Ziza, a modo de cordón dunar. Su estructura está plenamente solidificada y muestra, eventualmente, coloraciones anaranjadas intensas y rojizas que, en tramos, alternan con otras más amarillas. La potencia de la formación es muy considerable: superando, ampliamente, los 100 m en el tramo adjunto a la montaña. Constituye un testimonio de un episodio antiguo de aridez climática, muy probablemente relacionado con el desarrollo avanzado del Pleistoceno superior.

Fecha de registro: 23.02.2009.

كثيب قديم بـ ڭلب زيزا الى الجنوب

الناحية: ميجك.

القطاع/المنطقة: ميجك، الى الشمال ـ جبل ڭلب زيزا

المكان المحدد: سفح جبل.

تيبولوجية/صنف الموضوع المحدد: كثيب رملي قديم.

الوصــــــف: كثيب قديم على شكل خيط من الرمال يلتسق بالسفح الجنوبي من جبل ڭلب زيزا، يعود تشكيله لزمن العصر الرباعي. وهو ثابت التشكيل، يعرض بعض الالوان البرتقالية الحادة والحمراء، التي تتحول احينا في بضع الاجزاء منه، الى اخرى صفراء.

ويتجاوز نفوذ هذا التشكل الرملي في امتداده الملتسق بالجبل، مساحة 100 متر، مشكلاً شهادة على حلقة من موناخ تصحري قديم، من المرجَّح جدا ان تكون متعلقة بالتطورالمتقدم للعصرالحديث الاقرب (البلايستوسين).

تاريخ التسجيل: 23 - 02 - 2009.

PALÓDUNE GALB ZIZA S

Región: Mijek.

Secteur/Aire: Mijek N – Montagne de Galb Ziza.

Emplacement: Flanc montagneux.

Typologie: Paléodune.

Description: Ancienne dune quaternaire, consolidée, annexe au flanc méridional de la montagne de Galb Ziza, en guise de cordon dunaire. Sa structure est pleinement solidifiée et montre, éventuellement, des colorations orangeâtres intenses et rougeâtres en alternance, par tronçons, avec d'autres plus jaunes. La puissance de la formation est très considérable: elle dépasse, largement, 100 mètres dans le tronçon adjoint à la montagne. Elle constitue un témoignage d'un épisode ancien d'aridité climatique, très probablement en relation avec le développement avancé du Pléistocène supérieur.

Date d'enregistrement: 23.02.2009.

23

SEBJA ADAM AHMED MOLUD

Eskualdea: Mijek.

Sektorea/Eremua: Adam Ahmed Molud-eko lautada – Adam Ahmed Molud-eko sebja.

Kokalekua: Lautada.

Tipologia: Lautadako sebja.

Deskribapena: Sebja honen morfologia biribilkara da (5 kilometroko diametroa) eta Adam Ahmed Molud-eko lautadaren hego-mendebaldeko sektorean kokatuta dago, Mauritaniarekiko muga-zerrendatik gertu. Melhat-eko sebjatik 20 kilometrotara dago. Barnealdea, "hassi" zulatu bat aktibo dago eta beduinoek askotan jo izan dute bertara, hainbat garaitan.

Erregistratze-data: 2007.10.03

SEBJA ADAM AHMED MOLUD

Región: Mijek.

Sector/Área: Planicie de Adam Ahmed Molud – Sebja de Adam Ahmed Molud.

Emplazamiento: Planicie.

Tipología: Sebja de planicie.

Descripción: Sebja de morfología tendente a lo circular, de unos 5 km de diámetro, emplazada en el sector suroccidental de la planicie de Adam Ahmed Molud y cercana ya a la franja fronteriza con Mauritania. Dista unos 20 km de la sebja de Melhat. En su interior se controla un "hassi" perforado activo, frecuentado por los beduinos en diversas épocas.

Fecha de registro: 10.03.2007.

سبخة عظم احمد مولود

الناحية: ميجك.

القطاع/المنطقة: سهل عظم احمد مولود ـ سبخة عظم احمد مولود.

المكان المحدد: سهــــل.

تيبولوجية/صنف الموضوع المحدد: سبخة على سطح سهل.

الوصــف: سبخة ذات تشكيل مورفولوجي يميل الى الدائري، قطرها من حوالى 5 كلمترات، وتوجد بالقطاع الجنوبي الشرقي من سهل عظم احمد مولود، قريبا من القطاع الحدودي مع مورتانيا، على بعد حوالى 20 كلمترا عن سبخة لميلحة. وقد تم ضبط بئر حية محفورة بوسط هذه السبخة، وهي موروده بصورة مستمرة من طرف البدو، في العديد من المراحل.

تاريخ التسجيل: 10 ـ 03 ـ 2007.

SEBKHA ADAM AHMED MOLUD

Région: Mijek.

Secteur/Aire: Plaine d'Adam Ahmed Molud – Sebkha d'Adam Ahmed Molud.

Emplacement: Plaine.

Typologie: Sebkha de plaine.

Description: Sebkha de morphologie plutôt circulaire, d'environ 5 km de diamètre, localisée dans le secteur sud-occidental de la plaine d'Adam Ahmed Molud et proche de la frange frontalière avec la Mauritanie. Elle est éloignée de 20 km de la sebkha de Melhat. À l'intérieur a été contrôlé un "hassi" perforé actif, fréquenté par les bédouins à des diverses époques.

Date d'enregistrement: 10.03.2007.

24

SEBJA AGLAB EL FARFARAT

Eskualdea: Mijek.

Sektorea/Eremua: Mijek-eko lautada – Farfarat-eko mendiak.

Kokalekua: Mendi-oinarria.

Tipologia: Mendiko sebja.

Deskribapena: Sebja hau Aglab El Farfarat-eko mendietako profilen ondo-ondoan dagoen lautadan kokatuta dago, Mijek-eko lekutik 15 km iparraldera. Formatu irregularra du: hondoko gune nuklearrak morfologia obalatua du eta ardatz nagusiak 1,5 km inguru ditu; txikienak, aldiz, km 1 baino gutxiago du. Funtsean, Farfarat-eko mendi-erliebeetako jariatze-uraren bitartez elikatzen da; izan ere, mendi horiekin inguratuta dagoela esan daiteke. Egiturari dagokionez, sebja hau ere iparralderago dagoen El Fujaja-ko sebjaren sistema hidrografiko berari dagokio.

Erregistratze-data: 2006.03.08

SEBJA AGLAB EL FARFARAT

Región: Mijek.

Sector/Área: Planicie de Mijek – Montañas de Farfarat.

Emplazamiento: Base de montaña.

Tipología: Sebja de montaña.

Descripción: Sebja emplazada en la planicie inmediata a los perfiles de las montañas de Aglab El Farfarat, a unos 15 km al N del sitio de Mijek. Es de formato irregular: su zona nuclear de fondo adquiere una morfología ovalada, rondando su eje mayor los 1,5 km y siendo el menor inferior a 1 km. Se alimenta, esencialmente, de las aguas de escorrentía de los varios relieves montañosos de Farfarat que, en cierta manera, tienden a circundarla. Estructuralmente, esta sebja forma parte del mismo sistema hidrográfico que la sebja de El Fujaja, ubicada algo más al N.

Fecha de registro: 08.03.2006.

سبخة اڭلاب الفرفارات

الناحية: ميجك.

القطاع/المنطقة: سهل ميجك ـ جبال الفرفارات.

المكان المحدد: قاعدة جبلية.

تيبولوجية/صنف الموضوع المحدد: سبخة بجانب جبل.

الوصــــف: سبخة تقع في السهل المباشر لواجهات أڭلاب الفرفارات، على بعد 15 كلمترا الى الشمال من موقع ميجك، وهي ذات شكل غير عادي: منطقة عمقها بيضاوية التشكل، يصل محورها الاكبر 1،5 كلمتر، والمحورالاصغرلها مساحته اقل من واحد كلمتر، وتتغذى اساسا، من خلال بعض المجاري التي تصلها من جهة تضاريس جبال الفرفارات، الدائرة حولها على نحو ما. وتشكل هذه السبخة من الناحية الهيكلية، جانبا من النظام الهيدروغرافي لسبخة الفجاجة، الموجودة على مسافة من هناك في اتجاه الشمال.

تاريخ التسجيل: 08 ـ 03 ـ 2006.

SEBKHA AGLAB EL FARFARAT

Région: Mijek.

Secteur/Aire: Plaine de Mijek – Montagnes de Farfarat.

Emplacement: Base de montagne.

Typologie: Sebkha de montagne.

Description: Sebkha localisée dans la plaine immédiate des profils des montagnes d'Aglab El Farfarat, à environ 15 km au nord du site de Mijek. Elle présente un format irrégulier: la zone nucléaire de fond acquiert une morphologie ovale, l'axe majeur approchant 1,5 km et l'axe mineur étant inférieur à 1 km Son alimentation essentielle provient, essentiellement, des eaux de ruissellement des plusieurs reliefs montagneux de Farfarat qui, dans une certaine mesure, la contournent. Structurellement, cette sebkha fait partie du même système hydrographique que la sebkha d'El Fujaja, située un peu plus au nord.

Date d'enregistrement: 08.03.2006.

25

SEBJA AJUERAT

Eskualdea: Mijek.

Sektorea/Eremua: Mijek N – Ajuerat-eko mendiak.

Kokalekua: Lautada.

Tipologia: Lautadako sebja.

Deskribapena: Beheragune hidrografiko handi hau Ajuerat-eko mendien mendebaldean dagoen lautadaren gainean dago, Mijek-eko lekutik 50 km iparraldera. Sebjaren diseinua luzanga da eta ardatz nagusiak 5 km luze ditu. Batik bat, Ajuerat-eko mendi-erliebeetatik elikatzen da.

Erregistratze-data: 2006.03.08

SEBJA AJUERAT

Región: Mijek.

Sector/Área: Mijek N – Montañas de Ajuerat.

Emplazamiento: Planicie.

Tipología: Sebja de planicie.

Descripción: Depresión hidrográfica de considerables dimensiones situada sobre la planicie que trascurre al W de las montañas de Ajuerat, unos 50 km al N del sitio de Mijek. La sebja adquiere un diseño alargado, alcanzando su eje mayor los 5 km de longitud. Su alimentación prioritaria proviene de los relieves montañosos de Ajuerat.

Fecha de registro: 08.03.2006.

سبخة اجويرات

الناحية: ميجك.

القطاع/المنطقة: ميجك، الى الشمال ـ جبال اجويرات.

المكان المحدد: سهل.

تيبولوجية/صنف الموضوع المحدد: سبخة على سطح سهل.

الوصـــف: منخفض هيدروغرافي ذو مساحة معتبرة، يقع بالسهل الذي يمتد الى الغرب من جبال اجويرات، حوالى 50 كلمترا الى الشمال من موقع ميجك، وهو عبارة عن سبخة تتخذ شكلا مستطيلا يصل امتداد محورها الاكبر 5 كلمترات، وتتغذ اساسا، من جهة التضاريس الجبلية لأجويرات.

تاريخ التسجيل: 08 - 03 - 2006.

SEBKHA AJUERAT

Région: Mijek.

Secteur/Aire: Mijek N – Montagnes d'Ajuerat.

Emplacement: Plaine.

Typologie: Sebkha de plaine.

Description: Dépression hydrographique de considérables dimensions située dans la plaine qui se longe à l'ouest des montagnes d'Ajuerat, quelques 50 km au nord du site de Mijek. La sebkha acquiert un dessin allongé, son axe majeur atteignant 5 km de long. Son alimentation prioritaire provient des reliefs montagneux d'Ajuerat.

Date d'enregistrement: 08.03.2006.

26

SEBJA-DHÂYA ÂLAM

Eskualdea: Agüenit.

Sektorea/Eremua: Agüenit N – Âlam-eko Sebja-dhâya.

Kokalekua: Lautada.

Tipologia: Lautadako sebja.

Deskribapena: Sebja eta "dhâya" hau Azaig Bdrag-eko menditik 30 km hegoaldera dago. Oro har, formatu oboidea duen beheragunea da eta lobulu anitzeko ertzak ditu: 5,5 km luze eta 2,5 km zabal. Ur-iturri nagusia, mendebaldetik, Jajiat Jathra-ko mendi-eremuko urak biltzen dituen oued zabal bat da. Era berean, beste "oudei" osagarri batzuek ere sebjan isurtzen dituzte urak. Beheragunearen ertzak nahiko ongi definituta daude perimetro osoan. Miatu genuenean, zati handi bat urez beteta zegoen.

Erregistratze-data: 2009.02.27

SEBJA-DHÂYA ÂLAM

Región: Agüenit.

Sector/Área: Agüenit N – Sebja-dhâya de Âlam.

Emplazamiento: Planicie.

Tipología: Sebja de planicie.

Descripción: Sebja y "dhâya" situada unos 30 km al S de la montaña de Azaig Bdrag. Configura una depresión de formato, globalmente, ovoideo y bordes polilobulados: de unos 5,5 km de largo y 2,5 km de ancho. Su principal fuente de alimentación es un ancho oued que recoge las aguas del área montañosa de Jajiat Jathra, al W. Asimismo, existen otros "oudei" complementarios que desaguan en la sebja. Los bordes de la depresión se encuentran, relativamente, bien definidos a lo largo de todo su perímetro. En el momento de su inspección, una parte considerable de ella se encontraba ocupada por agua.

Fecha de registro: 27.02.2009.

سبخة ظاية العِالم

الناحية: اغوينيت.

القطاع/المنطقة: اغوينيت، الى الشمال ـ سبخة ـ ظاية العِالم

المكان المحدد: سهل.

تيبولوجية/صنف الموضوع المحدد: سبخة بسهل.

الوصـــــف: سبخة و"ظاية" توجد على بعد 30 كلمترا الى الجنوب من جبل أزايـڭ بدْرڭ تشكل منخفضا على شكل بيضاوي اجمالا، حوافها ذات فلقات دائرية متعددة polilobulados، طول مساحتها 5،5 وعرضها 2،5 كلمتر، مصادر تغذيتها الرئيسية تأتيها من رافد وادي فسيح، يأخذ مياهه من المنطقة الجبلية لـ لعجاجية الخظرا، الموجودة الى جهة الغرب، كما توجد روافد اخرى تصب مياهها في هذه السبخة.

ولهذا المنخفض حواف جد محددة، نسبيا، على طول محيطهه. وقد وجدنا المياه تِحتل جزءا معتبرا منه، في الوقت الذي كنا نقوم فيه بعملية البحث.

تاريخ التسجيل: 27 - 02 - 2009.

SEBKHA-DHÂYA ÂLAM

Région: Agüenit.

Secteur/Aire: Agüenit N – Sebkha-dhâya d'Âlam.

Emplacement: Plaine.

Typologie: Sebkha de plaine.

Description: Sebkha et "dhâya" située quelques 30 km au sud de la montagne d'Azaig Bdrag. Elle configure une dépression au format, globalement, ovoïde et aux rebords polylobés: d'environ 5,5 km de long et 2,5 km de large. Sa principale source d'alimentation est un large oued qui recueille les eaux de l'aire montagneuse de Jajiat Jathra, à l'ouest. De même, il existe d'autres "oudei" complémentaires qui débouchent sur la sebkha. Les bords de la dépression se trouvent, relativement, bien définis tout le long de son périmètre. Au moment de l'inspection, une partie considérable de celle-ci se trouvait sous l'eau.

Date d'enregistrement: 27.02.2009.

27

SEBJA AMARAG-ETÂKRICH

Eskualdea: Duguech.

Sektorea/Eremua: Azefal-go erg-a – Zug-Oum Âbana-ko mendiak.

Kokalekua: Lautada.

Tipologia: Dunen arteko sebja.

Deskribapena: Sebja hau Zug-Oum Âbana-ko mendi-lerrokaduraren ekialdean dago, Azefal-go erg-eko duna-eremuan, Hashiat Drâa-Oum Âbana-ko sebjatik 10 km E.NEra. Morfologia obalatu luzanga du (1,5x0,6 km) eta perimetroa ongi definituta dauka inguruan dituen dunen ezponden ondorioz. Egia esateko, sebja handi baten puska bat da baina sebja handi hori, gaur egun, duna-egiturek hartuta dago eta hainbat lur-zatitan banatzen dute.

Erregistratze-data: 2006.03.15

SEBJA AMARAG-ETÂKRICH

Región: Duguech.

Sector/Área: Erg de Azefal – Montañas de Zug-Oum Âbana.

Emplazamiento: Planicie.

Tipología: Sebja interdunar.

Descripción: Sebja situada al E de la alineación montañosa de Zug-Oum Âbana, en el área dunar del erg de Azefal, a unos 10 km al E.NE de la sebja de Hashiat Drâa-Oum Âbana. Su morfología es ovalada alargada, de unos 1,5x0,6 km, y su perímetro está bien delimitado por los taludes de las dunas que la circundan. En realidad, se trata de un segmento de una gran sebja, actualmente invadida y seccionada en diferentes parcelas por las formaciones dunares.

Fecha de registro: 15.03.2006.

سبخة امراغ التعكريش

الناحية: الدوكج.

القطاع/المنطقة: عرق ازفال ـ جبال زوكَ ـ ام اعبانه.

المكان المحدد: سهل.

تيبولوجية/صنف الموضوع المحدد: سبخة بين كثبان.

الوصــف: سبخة تقع الى الشرق من المحاذاة الجبلية لزوكَ ـ ام اعبانه، في المنطقة الكثبانية لعرق ازفال، على مسافة 10 كلمترات الى الشرق والشمال الشرقي من سبخة حاشيت اذراع ام اعبانه. ولهذه السبخة مورفولوجية بيضاوية مستطيلة، مساحتها من 1،5×0،6 كلمتر، ومحيطها تحده منعرجات من الكثبان الرملية. انها عبارة عن قطعة من سبخة كبرى، تغزوها في الوقت الراهن، وتقطعها الى اجزاء مختلفة، تشكيلات من الرمال.

تاريخ التسجيل: 15 ـ 03 ـ 2006.

SEBKHA AMARAG-ETÂKRICH

Région: Duguech.

Secteur/Aire: Erg d'Azefal – Montagnes de Zug-Oum Âbana.

Emplacement: Plaine.

Typologie: Sebkha interdunaire.

Description: Sebkha située à l'est de l'alignement montagneux de Zug-Oum Âbana, dans l'aire dunaire de l'erg d'Azefal, à environ 10 km à l'est/nord-est de la sebkha de Hashiat Drâa-Oum Âbana. Elle présente une morphologie ovale allongée, d'environ 1,5x0,6 km, et son périmètre est bien délimité par les talus des dunes qui la contournent. En fait, il s'agit d'un segment d'une grande sebkha, actuellement envahie et sectionnée en plusieurs parcelles par les formations dunaires.

Date d'enregistrement: 15.03.2006.

28

SEBJA EL FUJAJA

Eskualdea: Mijek.

Sektorea/Eremua: Mijek N – El Fujaja-ko mendiak.

Kokalekua: Mendi-oinarria.

Tipologia: Mendiko sebja.

Deskribapena: Sebja hau Mijek-eko Basetik 35 km ipar-mendebaldera dago, Gleb El Fujaja-ren hegoaldeko isurialdearen ondo-ondoan dagoen lautadaren gainean. Obalo-antzeko morfologia du eta 5 km inguruko perimetroa. Funtsean, testuinguru berean sakabanatuta dauden mendietako urekin elikatzen da. Ziurrenik, egiturari dagokionez, sebja hau Ajuerat-eko sebjaren (zenbait km ekialderago dagoen arren) sistema hidrografiko berari dagokio.

Erregistratze-data: 2007.03.12

SEBJA EL FUJAJA

Región: Mijek.

Sector/Área: Mijek N – Montañas de El Fujaja.

Emplazamiento: Base de montaña.

Tipología: Sebja de montaña.

Descripción: Sebja situada unos 35 km al NW de la Base de Mijek, sobre la planicie inmediata a la vertiente meridional de Gleb El Fujaja. Posee una morfología de tendencia ovalada y su perímetro se acerca a los 5 km. Se alimenta, esencialmente, de las aguas de varias montañas repartidas en ese mismo contexto. Probablemente, esta sebja forme parte, desde el punto de vista estructural, del mismo sistema hidrográfico que la sebja de Ajuerat, ésta unos km más al E.

Fecha de registro: 12.03.2007.

سبخة الفجاجة

الناحية: ميجك.

القطاع/المنطقة: ميجك، الى الشمال - جبال الفجاجة.

المكان المحدد: قاعدة جبل.

تيبولوجية/صنف الموضوع المحدد: سبخة بالقرب من جبل.

الوصـــف: سبخة تقع حوالى 35 كلمترا الى جهة الشمال الغربي من قاعدة ميجك، في سهل قريب من السفح الجنوبي لـڭلب الفجاجة، شكلها يميل الى البيضاوي، ومساحة محيطها تقترب من 5 كلمترات، وتصل المياه التي تغذيها، بشكل اساسي، من عدد من الجبال المتوزعة في ذلك النطاق، وقد تشكل، من وجهة النظر البنيوية، جزءا من نفس النظام الهيدروغرافي لسبخة اجويرات، التي توجد على بعد بضعة كلمترات الى الشرق من هناك.

تاريخ التسجيل: 12 - 03 - 2007.

SEBKHA EL FUJAJA

Région: Mijek.

Secteur/Aire: Mijek N – Montagnes d'El Fujaja.

Emplacement: Base de montagne.

Typologie: Sebkha de montagne.

Description: Sebkha située à environ 35 km au nord-ouest de la Base de Mijek, dans la plaine immédiate au flanc méridional de Gleb El Fujaja. Elle présente une morphologie à tendance ovale et son périmètre approche 5 km Elle se nourrit essentiellement des eaux de plusieurs montagnes reparties dans ce même contexte. Probablement, cette sebkha fait partie, du point de vue structurel, du même système hydrographique que la sebkha d'Ajuerat, qui se trouve quelques km plus à l'est.

Date d'enregistrement: 12.03.2007.

29

SEBJA EMHERISAT 1-N/1

Eskualdea: Duguech.

Sektorea/Eremua: Azefal-go erg-a – Emherisat-eko mendiak.

Kokalekua: Hondar-lautada.

Tipologia: Dunen arteko sebja.

Deskribapena: Sebja segmentu honek (700x300 m) morfologia obalatua du eta Gleb Emherisat 1-eko menditik 3 km ipar-mendebaldera dago. Ertz perimetrikoa nahiko ongi definituta dago. Metaketa lakustre zahar bat ere badu oraindik eta trabertino grisez osatutako lurzorua du hondoaren zati handi baten gainean. Metaketa hori, hein handi batean, geroagoko ibai-ekintza mekanikoaren ondorioz higatu da. Inguruan, 200 m hego-ekialdera, beste sebja segmentu bat dago (500x200 m) eta horrek ere metaketa zaharren aztarnak ditu. Hego-mendebalderago joz gero ere beste horrenbeste ikusiko dugu; izan ere, antzeko beste sebja segmentu bat dago (1x0,5 km). Segmentuen mosaikoak 20 km² baino gehiagoko azalera hartzen du eta Gleb Emherisat 1-en mendebaldeko hegalaren ingurutik ere ikus daiteke. Egia esateko, bat egiten duten sebja segmentuen sistema hau sebja handi bat zatikatzearen ondorioa baino ez da, Azefal-go duna-esparruak eremua hartu ostean.

Erregistratze-data: 2008.02.28

SEBJA EMHERISAT 1-N/1

Región: Duguech.

Sector/Área: Erg de Azefal – Montañas de Emherisat.

Emplazamiento: Planicie arenosa.

Tipología: Sebja interdunar.

Descripción: Segmento de sebja de morfología ovalada, de unos 700x300 m, situado unos 3 km al NW de la montaña de Gleb Emherisat 1. El reborde perimétrico del mismo se halla bastante bien definido. Conserva un antiguo depósito lacustre, caracterizado por un suelo de travertinos grises presentes sobre una superficie importante del fondo de la misma. Ese depósito ha sido, en buena parte, erosionado por una acción mecánica fluvial posterior. En las inmediaciones, unos 200 m al SE, hay otro segmento de sebja adyacente, de unos 500x200 m, igualmente con algunos restos de depósitos antiguos. La circunstancia se repite, más al SW, donde otro segmento de sebja de similar caracterización llega a alcanzar los 1x0,5 km. El área que llegan a ocupar el mosaico de segmentos puede superar los 20 km², advirtiéndose ya desde las cercanías de la ladera W de Gleb Emherisat 1. En realidad, este sistema de segmentos de sebjas coalescentes no es más que el resultado de la fragmentación de una gran sebja a consecuencia de la invasión zonal del campo de dunas del Azefal.

Fecha de registro: 28.02.2008.

سبخة امهيرزات، الى الشمال 1-N/1

الناحية: الدوڨج.

القطاع/المنطقة: عرق ازفال ـ جبال امهيرزات.

المكان المحدد: سهل رملي.

تيبولوجية/صنف الموضوع المحدد: سبخة بين كثبان.

الوصـــف: قطعة من سبخة ذات شكل بيضاوي، من 700×300 متر، تقع حوالى 3 كلمترات الى الشمال الغربي من جبل اڨليب امهيرزات 1، حافة محيطها الخارجي جد محددة، ولازال باقيا بها مستودع لبحيرة قديمة، يتميز بوجود تربة ترافيرتينية (جيرية) رمادية اللون، تقع فوق مساحة هامة من قاعها.

وكان جزء كبير من هذا المستودع قد تآكل بفعل تأثيرات المياه النهرية عليه لاحقا. ويوجد على مسافة 200 متر بالضواحي الجنوبية الشرقية منه، قطعة اخرى من سبخة مجاورة تتكون 500×200 متر، بها كذلك بقايا من المستودعات القدمية، ونفس الحالة تتكرر، الى الجنوب الغربي، اين توجد قطعة من سبخة لها نفس المواصفات، تصل مساحتها 1×0،5 كلمتر. ان المنطقة التي تحتلها فسيفساء هذه القطع، تصل مساحتها 20 كلمترا مربعا، وتلاحظ ابتداء من ضواحي السفح الغربي من ڨليب امهيرزات 1.

ان هذا النمط المتألف من قطع السباخ، ما هو في الواقع، الا نتيجة لتقسيم سبخة كبيرة، بسبب غزو مناطق كثبانية رملية من ازفال.

تاريخ التسجيل: 28 - 02 - 2008.

SEBKHA EMHERISAT 1-N/1

Région: Duguech.

Secteur/Aire: Erg d'Azefal – Montagnes d'Emherisat.

Emplacement: Plaine sablonneuse.

Typologie: Sebkha interdunaire.

Description: Segment de sebkha de morphologie ovale, d'environ 700x300 m, situé à peu prés à 3 km au nord-ouest de la montagne de Gleb Emherisat 1. Le rebord périmétrique de celui-ci est assez bien défini. Il conserve son ancien dépôt lacustre, caractérisé par un sol de travertins gris présents sur une superficie importante du fond de la même. Ce dépôt a été, pour une large part, érodé par une action mécanique fluviale postérieure. Aux alentours, quelques 200 m au sud-est, il y a un autre segment de sebkha adjacent, d'environ 500x200 m, qui montre également des restes d'anciens dépôts. La circonstance se répète plus au sud-ouest où un autre segment de sebkha de similaire caractérisation atteint 1x0,5 km L'aire occupée par le mosaïque de segments dépasse 20 km², étant visible déjà depuis les alentours du flanc ouest de Gleb Emherisat 1. En fait, ce système de segments de sebkhas coalescentes est le résultat de la fragmentation d'une grande sebkha du fait de l'invasion de la zone par le champ de dunes de l'Azefal.

Date d'enregistrement: 28.02.2008.

30

SEBJA ENFAJ

Eskualdea: Duguech.

Sektorea/Eremua: Duguech S – Enfaj-eko sebja.

Kokalekua: Lautada.

Tipologia: Lautadako sebja.

Deskribapena: Sebja hau handi samarra da eta Feleklek-eko mendien eta Gnefisat-eko mendien artean dagoen lautadaren puntu batean dago, Gnefisa Jathra-ko erliebetik 13 km ekialdera. Morfologia irregularra du, itxura lobulatua duela eta, gutxi gorabehera, 6 km²-ko azalera dagokio. Perimetroaren ertzak nahiko ongi definituta ditu. Funtsean, testuinguruko zenbait "ouadi"-tatik elikatzen da.

Erregistratze-data: 2007.03.16

SEBJA ENFAJ

Región: Duguech.

Sector/Área: Duguech S – Sebja de Enfaj.

Emplazamiento: Planicie.

Tipología: Sebja de planicie.

Descripción: Sebja de considerables dimensiones emplazada en un punto de la planicie que discurre entre las montañas de Feleklek y las de Gnefisat, a unos 13 km al E del relieve de Gnefisa Jathra. Su morfología es irregular, de aspecto lobulado, estimándose su superficie en torno a los 6 km². Muestra relativamente bien definidos los rebordes perimétricos. Se alimenta, esencialmente, de los aportes de algunos "ouadi" del contexto.

Fecha de registro: 16.03.2007.

سبخة انفـــــاخ

الناحية: الدوڭج.

القطاع/المنطقة: الدوڭج الى الجنوب ـ سبخة انفاخ.

المكان المحدد: سهل.

تيبولوجية/صنف الموضوع المحدد: سبخة بسهل.

الوصــف: سبخة ذات مساحة معتبرة، تقع على نقطة من السهل الممتد بين جبال فلكلك وجبال اخنيفيسات، على بعد 13 كلمترا الى الشرق من تضاريس اخنيفيسة الخظره، ولهذه السبخة شكل غير عادي، مفصص (de aspecto lóbulo)، وتقدر مساحتها ب6 كلمترات مربعة، وتبدو حواف محيطها جد محددة، تغذيتها المائية تأتيها بشكل اساسي من روافد بعض الاودية الموجودة في ذلك المحيط.

تاريخ التسجيل: 16 - 03 - 2007.

SEBKHA ENFAJ

Région: Duguech.

Secteur/Aire: Duguech S – Sebkha d'Enfaj.

Emplacement: Plaine.

Typologie: Sebkha de plaine.

Description: Sebkha de considérables dimensions localisée sur un point de la plaine qui se longe entre les montagnes de Feleklek et celles de Gnefisat, à environ 13 km à l'est du relief de Gnefisa Jathra. Elle a une morphologie irrégulière, d'aspect lobulé et sa superficie estimée est d'environ 6 km². Les rebords périmétriques sont relativement bien définis. Elle se nourrit essentiellement des apports des quelques "ouadi" se trouvant dans l'entourage.

Date d'enregistrement: 16.03.2007.

31

SEBJA GALABT JERAL-LA W-1

Eskualdea: Duguech.

Sektorea/Eremua: Duguech W – Galabt Jeral-la-ko mendiak.

Kokalekua: Mendi-oinarria.

Tipologia: Mendiko sebja.

Deskribapena: Sebja honen (1x0,5 km) morfologia obalatua da eta Galabt Jeral-la-ko mendien mendebaldeko sektorean kokatuta dago. Sebjaren hondoan, gaur egun, "dhâya" bat dago. Lekukotza fosilen bat ere kontserbatzen da, izpi sedimentario obalatu moduan (7x4x1,50 m) eta jalkitze-egitura laminatua duela, Holozeno garaiko gertaera lakustre zaharrekin loturik.

Erregistratze-data: 2008.03.06

SEBJA GALABT JERAL-LA W-1

Región: Duguech.

Sector/Área: Duguech W- Montañas de Galabt Jeral-la.

Emplazamiento: Base de montaña.

Tipología: Sebja de montaña.

Descripción: Sebja de morfología ovalada, de aproximadamente 1x0,5 km, ubicada en el sector occidental de las montañas de Galabt Jeral-la. El fondo de la misma se corresponde, actualmente, con una "dhâya". Hay que señalar que conserva, residualmente, algún testimonio fósil, en forma de mota sedimentaria ovalada, de 7x4x1,50 m, y estructura depositacional laminada, correspondiente a antiguos episodios lacustres de cronología holocena.

Fecha de registro: 06.03.2008.

سبخة ڭلابت خير الل، الى الغرب W-1

الناحية: الدوڭج.

القطاع/المنطقة: الدوڭج ـ الى الغرب ـ جبال ڭلاَّبتْ خيْرالل

المكان المحدد: قاعدة جبل.

تيبولوجية/صنف الموضوع المحدد: سبخة الى القرب من جبل.

الوصـــف: سبخة ذتٍ شكل بيضاوي، تقارب مساحتها 1×0،5 كلمتر، توجد بالقطاع الغربي من جبال ڭلابت خيرالل، وتتشكل في عمقها اضاةٌ (ظاية) في الوقت الحالي. وينبغي ان نشير الى وجود شهادة احفورية، متبقية، على شكل قطعة رسوبية، ذات شكل بيضاوي، بمساحة 7×4×1،50 متر، منطقة ترسبات طبقية، تعود لزمن البحيرات القديمة بعهد الهوليسين.

تاريخ التسجيل: 06 - 03 - 2008.

SEBKHA GALABT JERAL-LA W-1

Région: Duguech.

Secteur/Aire: Duguech W- Montagnes de Galabt Jeral-la.

Emplacement: Base de montagne.

Typologie: Sebkha de montagne.

Description: Sebkha de morphologie ovale, d'environ 1x0,5 km, localisée dans le secteur occidental des montagnes de Galabt Jeral-la. Le fond de celle-ci correspond actuellement à une «dhâya». Il faut signaler qu'elle conserve, résiduellement, quelque témoignage fossile sous forme de poussière sédimentaire ovale, de 7x4x1,50 m, et de structure en déposition laminaire, correspondant à des anciens épisodes lacustres de chronologie holocène.

Date d'enregistrement: 06.03.2008.

32

SEBJA KARRASHIET

Eskualdea: Duguech.

Sektorea/Eremua: Zug – Azefal-go Erg-a (Karrashiet-eko sebja).

Kokalekua: Lautada.

Tipologia: Dunen arteko sebja.

Deskribapena: Sebja hau Azefal-go erg-aren iparraldeko sektorean dago, Zug-eko lekuaren hego-ekialdera eta Adakmareko mendietatik 13 km mendebaldera. Diseinu irregularreko morfologia du, lobulu anitzeko itxurarekin. Egia esateko, elkarren segidan eta ondoan dauden sebjen modura antolatutako hainbat beheragunez osatuta dago, eta guztira 6x5 km-ko lursaila hartzen dute. Perimetroaren ertzak, oro har, ongi definituta daude harkaitz-egituren, "smeilen" eta dunen bitartez. Hainbat "ouadi" ere badira eta, modu erradialean kokatuta daudenez, kubetaren profila hainbat tokitan mozten dute; horiek dira elikadura-iturri. Gaur egun, "bir" aktibo bat du hegoaldeko sektorean; beduinoen premiak betetzeko zulatu zuten.

Erregistratze-data: 2005.04.05

SEBJA KARRASHIET

Región: Duguech.

Sector/Área: Zug - Erg de Azefal (Sebja de Karrashiet).

Emplazamiento: Planicie.

Tipología: Sebja interdunar.

Descripción: Sebja ubicada en el sector septentrional del erg del Azefal, al SE del sitio de Zug y a unos 13 km al W de las montañas de Adakmar. Su morfología es de diseño irregular, multilobulado. En realidad, está constituida por varias depresiones dispuestas a modo de sebjas adyacentes y colaterales, emplazadas sobre una superficie de terreno de unos 6x5 km. Los rebordes perimétricos se encuentran, en general, bien definidos por medio de formaciones rocosas, "smeilas" y dunas. Hay varios "ouadi" que, dispuestos radialmente, cortan en diversos sitios los perfiles de la cubeta: ellos constituyen sus fuentes de alimentación. Actualmente, la sebja alberga un "bir" activo, en su sector meridional, perforado para las necesidades de los beduinos.

Fecha de registro: 05.04.2005.

سبخة الكراشيات

الناحية: الدوگج.

القطاع/المنطقة: زوگ ـ عرق ازفال (سبخة الكراشيات)

المكان المحدد: سهل.

تيبولوجية/صنف الموضوع المحدد: سبخة بين كثبان.

الوصـــف: سبخة توجد بالقطاع الشمالي من عرق ازفال، الى الجنوب الشرقي من مكان زوگ وعلى بعد حوالى 13 كلمترا الى جهة الغرب من جبال ادكمار، وهي غير عادية من حيث تشكيلها المورفولوجي، ذات شكل حلمي متعدد multilobulado. مكونة في الواقع، من عدة منخفضات، على هيئة سباخ متاخمة لبعضها، متقاربة، تقع على سطح من الارض من حوالى 6×5 كلمتر، حوافها المحيطة محددة بصفة عامة، بتشكيلات صخرية، و"ازميلات" وكثبان.

وتوجد عدة اودية بوضعية محيطة، تمر في عدة اماكن من جهات السبخة، هي التي تشكل ينابيع تغذيتها. وتحتضن السبخة في الوقت الراهن بئرا حية في قطاعها الجنوبي، تم حفرها لتلبية حاجيات السكان البدو.

تاريخ التسجيل: 05 - 04 - 2005.

SEBKHA KARRASHIET

Région: Duguech.

Secteur/Aire: Zug - Erg d'Azefal (Sebkha de Karrashiet).

Emplacement: Plaine.

Typologie: Sebkha interdunaire.

Description: Sebkha située dans le secteur septentrional de l'erg d'Azefal, au sud-est du site de Zug et à environ 13 km à l'ouest des montagnes d'Adakmar. Sa morphologie présente un dessin irrégulier, multilobé. En fait, elles est constituée de plusieurs dépressions disposées en guise de sebkhas adjacentes et collatérales, placées sur une surface de terrain d'environ 6x5 km Les rebords périmétriques se trouvent, en général, bien définis par le biais de formations rocheuses, "smeilas" et dunes. Il y a plusieurs "ouadi" qui, en disposition radiale, coupent à plusieurs endroits les profils de l'auge: ils constituent ses sources d'alimentation. Actuellement la sebkha abrite un "bir" actif, dans son secteur méridional, perforé pour pourvoir aux besoins des bédouins.

Date d'enregistrement: 05.04.2005.

33

SEBJA LEMELHA 1

Eskualdea: Agüenit

Sektorea/Eremua: Azefal-go erg-a – Lemelha-ko sebja

Kokalekua: Hondar-lautada.

Tipologia: Dunen arteko sebja

Deskribapena: Sebja hau Azefal-go erg-aren barruan dago, Agüenit-etik hego-ekialdera. Angeluzuzen-itxurako morfologia du (*ca.* 3x1,5 km). Galb Raui-ko menditik 3 km ekialdera dago, Gleb Aiada-ko menditik 6 km iparraldera, Stal Lefrina-tik 8/9 km hego-mendebaldera eta Galb Taziwalt-etik 10 km W.SWra. Barnealdean 4 "hassian" finko ditu eta beduinoek beste batzuk ere egin izan dituzte, aldi baterako. Zenbait sektoretan Paleolito ondoko historiaurreko industrien metaketak aurkitu izan dira.

Erregistratze-data: 2006.03.18

SEBJA LEMELHA 1

Región: Agüenit

Sector/Área: Erg de Azefal – Sebja de Lemelha

Emplazamiento: Planicie arenosa

Tipología: Sebja interdunar

Descripción: Sebja emplazada en el interior erg de Azefal, al SE de Agüenit. Su morfología es de tendencia rectangular, de *ca.* 3 x 1,5 km. Dista unos 3 km de la montaña de Galb Raui, al E, unos 6 km de la de Gleb Aiada, al N, unos 8/9 km de la de Stal Lefrina, al SW, y unos 10 km de la de Galb Taziwalt, al W.SW. En su interior hay 4 "hassian" fijos, a los que se suman otros varios realizados, de forma temporal, por los beduinos. En varios sectores de la misma se han reconocido concentraciones de industrias prehistóricas postpaleolíticas.

Fecha de registro: 18.03.2006.

سبخة لميلحة 1

الناحية: اغوينيت.

القطاع/المنطقة: عرق ازفال ـ سبخة لميلحة.

المكان المحدد: سهل رملي.

تيبولوجية/صنف الموضوع المحدد: سبخة بين كثبان.

الوصـــف: سبخة تقع بداخل عرق ازفال، الى الجنوب الشرقي من اغوينيت، ذات شكل مورفولوجي يميل الى المستطيل، مساحتها حوالى 3×1،5 كلمتر، تبعد حوالي 3 كلمترات الى الشرق من ڭلب الراوي، ستة (6) كلمترات من اڭليب عياده، الى الشمال، ومن 8 الى 9 كلمترات الى الجنوب الغربي من اسطل لفريرينه، و 10 كلمترات من ڭلب تازيوالت الى الغرب، والجنوب الغربي (W.SW). ويوجد بمنتصف هذه السبخة اربعة ابار"حسيان" ثابتة، تضاف الى عدة ابار اخرى تم حفرها بصورة مؤقتة، من طرف البدو. وقد تم التعرف، في عدة قطاعات من هذه السبخة نفسها، على عدد كثيف من اثار الصناعات التى يعود تاريخها الى ما بعد العصر الحجري القديم، زمن ما قبل التاريخ.

تاريخ التسجيل: 18 - 03 - 2006.

SEBKHA LEMELHA 1

Région: Agüenit

Secteur/Aire: Erg d'Azefal – Sebkha de Lemelha

Emplacement: Plaine sablonneuse

Typologie: Sebkha interdunaire

Description: Sebkha localisée à l'intérieur de l'erg d'Azefal, au sud-est d'Agüenit. Elle présente une morphologie à tendance rectangulaire, de *ca.* 3x1,5 km Elle est éloignée de 3 km de la montagne de Galb Raui, à l'est, à environ 6 km de celle de Gleb Aiada, au nord, quelques 8/9 km de celle de Stal Lefrina, au sud-ouest, et quelques 10 km de celle de Galb Taziwalt, à l'ouest/sud-ouest. À l'intérieur il y a 4 "hassian" fixes, auxquels s'ajoutent divers autres réalisés, de manière temporaire, par les bédouins. Sur plusieurs secteurs de celle-ci ont été reconnues des concentrations d'industries préhistoriques post-paléolithiques.

Date d'enregistrement: 18.03.2006.

34

SEBJA LEMELHA 2

Eskualdea: Agüenit.

Sektorea/Eremua: Azefal-go erg-a – Lemelha-ko sebja.

Kokalekua: Hondar-lautada.

Tipologia: Dunen arteko sebja.

Deskribapena: Sebja zati txiki bat da (100x80 m) eta Lemelha-ko sebjea handitik 500 m iparraldera dago; ziurrenik sebja handi horren zati izango da, baina gaur egun Azefal-go erg-aren duna-kordoiek hartuta dagoelako zatikatuko zen. Obalo-antzeko morfologia du. Sebja zati honek badu berezitasuna bat: lur guztia trabertino grisaxka argi, trinko eta itxuraz masibo baten azaleko jalkin baten bitartez definituta dago eta, bertan, uretako zenbait gasteropodo daude txertatuta. Egitura trabertiniko hau antzinako testuinguru hidrografiko endorreiko baten lekukotza izango da, Holozeno-garaikoa, eta gaur egun Lemelha-ko sebja handiak, Lemelha 2-ko segmentu honek eta inguruetan ikus daitezkeen beste sebja zati txikiek okupatzen duten espazioan garatuko zen, ziurrenik.

Erregistratze-data: 2006.03.18

SEBJA LEMELHA 2

Región: Agüenit.

Sector/Área: Erg de Azefal – Sebja de Lemelha.

Emplazamiento: Planicie arenosa.

Tipología: Sebja interdunar.

Descripción: Pequeño segmento de sebja, de unos 100x80 m, emplazado unos 500 m al N de la gran sebja de Lemelha, de quien debe constituir un trozo puntual, segregado actualmente a causa de la invasión de los cordones de dunas del erg de Azefal. Su morfología es de tendencia ovalada. La particularidad de esta parcela de sebja es que suelo está íntegramente definido por un depósito superficial de un travertino grisáceo claro, compacto y aparentemente masivo, en el que se encuentran incrustados diversos gasterópodos acuáticos. Esta formación travertínica debe constituir el testimonio de un antiguo contexto hidrográfico endorreico, de antigua cronología holocena, que debió desarrollarse en el espacio que hoy ocupan la gran sebja de Lemelha, este segmento de Lemelha 2, así como otras reducidas parcelas de sebja que también se aperciben por las inmediaciones.

Fecha de registro: 18.03.2006.

سبخة لميلحة 2

الناحية: اغوينيت.

القطاع/المنطقة: عرق ازفال ـ سبخة لميلحة.

المكان المحدد: سهل رملي.

تيبولوجية/صنف الموضوع المحدد: سبخة بين كثبان.

الوصـــف: قطعة صغيرة من سبخة، مساحتها 100×80 مترا، توجد على بعد 500 متر شمال السبخة الكبرى لـ لميلحه، التي تشكل جزءا منها، الا انها منفصلة عنها في الزمن الراهن، بسبب غزو خيوط الكثبان الرملية من عرق ازفال. الشكل المورفولوجي لها يميل الى البيضاوي.

ان خصوصية هذه القطعة من السبخة، هي انها محددة بشكل كامل بمستودع علوي من الترافيرتين (الحجر الجيري) ذي اللون الرمادي الفاتح، المدمج والمتكتل على ما يبدو، يوجد به مختلف انواع البطنيات (الرخويات) المائية التي ترصعه. هذا التكوين الترافيرتيني الجيري يشكل دليلا على وجود اطار هيدروغرافي محصور (endorreico) قديم، يعود الى عهد الهولوسين، يكون قد حدث في المساحة التي تحتلها اليوم السبخة الكبرى للميلحه، وقطعة لمليحة 2 هذه، مثل قطع اخرى مقلصة من السبخة، والتي يلاحظ وجودها بالضواحي القريبة.

تاريخ التسجيل: 18 - 03 - 2006.

SEBKHA LEMELHA 2

Région: Agüenit.

Secteur/Aire: Erg d'Azefal – Sebkha de Lemelha.

Emplacement: Plaine sablonneuse.

Typologie: Sebkha interdunaire.

Description: Petit segment de sebkha, d'environ 100x80 m, localisée quelques 500 m au nord de la grande sebkha de Lemelha, dont elle constitua une partie ponctuelle, séparée actuellement à cause de l'invasion des cordons de dunes de l'erg d'Azefal. Elle présente une morphologie à tendance ovale. La particularité de cette parcelle de sebkha est que le sol est entièrement défini par un dépôt superficiel de travertin grisâtre clair, compact et apparemment massif, sur lequel se trouvent incrustés quelques gastéropodes aquatiques. Cette formation travertinique constitue le témoignage d'un ancien contexte hydrographique endoréique, d'ancienne chronologie holocène, qui s'étendait sur l'espace occupé aujourd'hui par la grande sebkha de Lemelha, ce segment de Lemelha 2 ainsi que d'autres parcelles réduites de sebkha perçues aux alentours.

Date d'enregistrement: 18.03.2006.

35

SEBJA MELHAT

Eskualdea: Mijek.

Sektorea/Eremua: Adam Ahmed Molud-eko lautada – Melhat-eko sebja.

Kokalekua: Lautada.

Tipologia: Lautadako sebja.

Deskribapena: Sebja honen morfologia obalatu luzanga da (azalera: *ca.* 3x1 km) eta mendebaldetik ekialdera begira dago. Perimetroaren zati batzuetan ertzak higatuta ditu; perimetroa kuartzozko "smeila" eta harkaitzez eta arroka plutonikoz osatuta dago eta zenbait sektoretan ongi definituta dago. Funtsean, Melhat oued-aren ekarpenen (ekialdeko bazterretik sartzen da) ondorioz sortu da, bai eta Leguerga-ko "dhâya"-k iparraldetik isurtzen dituen uren ondorioz ere. Horretaz gain, "oudeiat" edo erreka txikiak ere badira inguruan eta, modu erradialean, perimetroaren hainbat zatitatik sartzen dira. Mauritaniako mendebaldeko sektoretik nahikoa hurbil kokatuta dago eta, batik bat, zenbait zati.

Erregistratze-data: 2007.03.10

SEBJA MELHAT

Región: Mijek.

Sector/Área: Planicie de Adam Ahmed Molud – Sebja de Melhat.

Emplazamiento: Planicie.

Tipología: Sebja de planicie.

Descripción: Sebja de morfología ovalada alargada, orientada de W a E, y de *ca.* 3x1 km de superficie. Conserva rebordes erosionados en algunas partes de su perímetro: formados por pitones y "smeilas" de cuarzo y rocas plutónicas, y bien definidos en ciertos sectores. Está generada, esencialmente, por los aportes del oued Melhat, que penetra por su margen oriental, y por el agua que vierte la "dhâya" de Leguerga, por el N. Además, hay diversos "oudeiat", o pequeñas regatas, que, radialmente, contribuyen por varios tramos perimétricos. Su emplazamiento se halla ya próximo del sector occidental de Mauritania, especialmente, por algunas de sus partes.

Fecha de registro: 10.03.2007.

سبخة لميلحة

الناحية: ميجك.

القطاع/المنطقة: سهل عظم احمد مولود ـ سبخة لميلحة.

المكان المحدد: سهل.

تيبولوجية/صنف الموضوع المحدد: سبخة بسهل.

الوصـــف: سبخة ذات تشكيل بيضاوي مستطيل، ومتجهة من الغرب الى الشرق، بمساحة 3×1 كلمتر تقريبا، لها حواف متآكلة، في جوانب من محيطها، وتتشكل هذه الحواف من أكمات و"ازميلات" من الكوارتز، وصخور جوفية (plutónica)، وهي جد محددة في بعض القطاعات، تكونت اساسا نتيجة لوجود روافد وادي لميلحة، الذي يمر عبر حافتها الشرقية، وكذلك المياه التي تنحدر من "ظاية لغويرگة"، الى الشمال، ويوجد ايضا العديد من الروّيْفدات (لوديّات) والمجاري التي تزود عدة جهات من محيطها بشكل دوري. وتوجد هذه السبخة قريبا من القطاع الغربي من مورتانيا، خاصة بعض الجوانب منها.

تاريخ التسجيل: 10 - 03 - 2007.

SEBKHA MELHAT

Région: Mijek.

Secteur/Aire: Plaine d'Adam Ahmed Molud – Sebkha de Melhat.

Emplacement: Plaine.

Typologie: Sebkha de plaine.

Description: Sebkha de morphologie ovale, d'orientation ouest-estE, et de *ca.* 3x1 km de superficie. Elle conserve des rebords érodés à certains endroits de son périmètre: formés par des pitons et des "smeilas" de quartz et roches plutoniques, et bien définis dans d'autres secteurs. Sa genèse provient des apports de l'oued Melhat, qui pénètre par la marge orientale, et de l'eau versée par la "dhâya" de Leguerga, au nord. En outre, il y a plusieurs "oudeiat", ou petits ruisseaux qui, de manière radiale, contribuent sur plusieurs tronçons périmétriques. Sa localisation, spécialement certaines de ses parties, se trouve à proximité du secteur occidental de la Mauritanie.

Date d'enregistrement: 10.03.2007.

36

SEBJA OUM AGNEINA

Eskualdea: Mijek.

Sektorea/Eremua: Mijek S – Oum Agneina-ko sebja.

Kokalekua: Lautada.

Tipologia: Lautadako sebja.

Deskribapena: Sebja hau Oum Agneina-ko "smeila"-tik 2 km hegoaldera dago, dunak dituen lautada batean. Obalo-antzeko morfologia du eta 2x1,5 km inguruko neurriak. Zenbait sektoretan perimetroaren ertzak ongi zehaztuta daude. Egia esateko, sebja hau lautadaren beheragune handi baten hondoan ("djuf") kokatutako dago. Ez dugu ezagutzen honen inguruan putzu finkorik zulatu ote zen. Zenbaitek Ethmerina deitzen dio sebja honi.

Erregistratze-data: 2005.04.14

SEBJA OUM AGNEINA

Región: Mijek.

Sector/Área: Mijek S – Sebja de Oum Agneina.

Emplazamiento: Planicie.

Tipología: Sebja de planicie.

Descripción: Sebja emplazada unos 2 km al S de la "smeila" de Oum Agneina sobre una planicie con presencia de dunas. Es de morfología de tendencia ovalada y sus dimensiones se aproximan a los 2x1,5 km. En varios sectores se reconocen bien perfilados sus rebordes perimétricos. En realidad, la sebja se encuentra asentada en el fondo de una considerable depresión en la planicie, o "djuf". No se conocen pozos perforados fijos en torno a ella. Algunos identifican a esta sebja con el nombre de Ethmerina.

Fecha de registro: 14.04.2005.

سبخة ام اڭنينة

الناحية: ميجك.

القطاع/المنطقة: ميجك الى الجنوب ـ سبخة ام اڭنينة.

المكان المحدد: سهل.

تيبولوجية/صنف الموضوع المحدد: سبخة بسهل.

الوصـــــف: سبخة تقع على بعد حوالى كلمترين الى الجنوب من "ازميلة" ام اڭنينة، فوق سهل ذي كثبان رملية، يميل شكلها الى البيضاوي، وتقارب مساحتها 2×1،5 كلمتر، وتظهر حوافها المحيطة بشكل واضح، في عدد من قطاعاتها، و في الواقع، توجد هذه السبخة على السهل، في عمق منخفض معتبر ("جوف"). ولم تعرف ابارثابتة في محيط تلك السبخة التي يسميها البعض باظميرينا.

تاريخ التسجيل: 14 - 04 - 2005.

SEBKHA OUM AGNEINA

Région: Mijek.

Secteur/Aire: Mijek S – Sebkha d'Oum Agneina.

Emplacement: Plaine.

Typologie: Sebkha de plaine.

Description: Sebkha localisée à environ 2 km au sud de la "smeila" d'Oum Agneina sur une plaine à présence de dunes. Elle a une morphologie à tendance ovale et ses dimensions approchent 2x1,5 km Sur plusieurs secteurs se reconnaissent nettement profilés les rebords périmétriques. De fait, la sebkha se trouve assise au fond d'une considérable dépression de la plaine, ou "djuf". On ne connaît pas de puits fixes autour de celle-ci. Certains identifient cette sebkha sous le nom d'Ethmerina.

Date d'enregistrement: 14.04.2005.

37

SEBJA OUM EDROUSS

Eskualdea: Mijek.

Sektorea/Eremua: Mijek N – Sebja Oum Edrouss.

Kokalekua: Lautada.

Tipologia: Lautadako sebja.

Deskribapena: Sebja handi honek morfologia obalatua du; ardatz handiak 50/60 km ditu eta txikiak 2/3 km, iparraldetik hegoldera begira, Mendebaldeko Sahararen eta Mauritaniaren arteko ekialdeko mugan. El Haz oued-etik (Richt-eko mendietatik datorrena), batik bat, elikatzen da, Agsumal-eko eremutik emaria eskaintzen dioten beste zenbait "ouadi"-etatik, bai eta Richt-eko mendi-lerrokaduraren hainbat sektoretatik ere.

Erregistratze-data: 2006.03.08

SEBJA OUM EDROUSS

Región: Mijek.

Sector/Área: Mijek N – Sebja Oum Edrouss.

Emplazamiento: Planicie.

Tipología: Sebja de planicie.

Descripción: Gran sebja de morfología ovalada, de aproximadamente unos 50/60 km de eje mayor y 2/3 km de eje menor, ubicada en sentido N-S entre la frontera oriental del Sahara Occidental y la inmediata de Mauritania. Su alimentación principal se produce a partir del oued El Haz, que proviene de las montañas de Richt, y complementariamente de otros varios "ouadi" que aportan su flujo desde el área de Agsumal, al igual que desde diversos sectores de la alineación montañosa de Richt.

Fecha de registro: 08.03.2006.

سبخة ام الدروس

الناحية: ميجك.

القطاع/ المنطقة: ميجك، الى الشمال ـ سبخة ام الدروس

المكان المحدد: سهل.

تيبولوجية/صنف الموضوع المحدد: سبخة بسهل.

الوصـــف: سبخة كبيرة ذات شكل بيضاوي، يقارب محورها الاكبر50/60 كلمترا، ومحورها الاصغر3/2 كلمتر، تقع متجهة شمالا ـ جنوبا، بين الحدود الشرقية للصحراء الغربية والموريتانية المباشرة. تغذيتها الرئيسية تأتي اليها من وادي الحاذ، الذي ينحدر من جبال الريش، كما تأتيها بصورة تكميلية، من عدد من الروافد (اوديات) التي تتدفق اليها من منطقة اغزومال، وكذلك من عدد من قطاعات المحاذاة الجبلية للريش.

تاريخ التسجيل: 08 - 03 - 2006.

SEBKHA OUM EDROUSS

Région: Mijek.

Secteur/Aire: Mijek N – Sebkha Oum Edrouss.

Emplacement: Plaine.

Typologie: Sebkha de plaine.

Description: Grande sebkha de morphologie ovale, d'environ 50/60 km d'axe majeur et 2/3 km d'axe mineur, localisée en sens nord-sud, entre la frontière orientale du Sahara Occidental et l'immédiate Mauritanie. Son alimentation principale provient des apports de l'oued El Haz, qui descend des montagnes de Richt, et complémentairement de plusieurs autres "ouadi" qui apportent son flux depuis l'aire d'Agsumal, ainsi que depuis divers secteurs de l'alignement montagneux de Richt.

Date d'enregistrement: 08.03.2006.

38

SEBJA SEL AURICH

Eskualdea: Agüenit.

Sektorea/Eremua: Agüenit N – Sel Aurich-ko sebja.

Kokalekua: Lautada.

Tipologia: Mendiko sebja.

Deskribapena: Sebja hau Sel Aurich-eko mendiaren hegoaldeko isurialdean dago. Morfologiak biribil-antza du eta gutxienez 2 km-ko diametroa. Iparraldeko sektorean hainbat "mahdar" edo beheragune ikus daitezke eta urak putzu edo urmael moduan irauten du, handiago edo txikiago. Beheragunearen barnealdean Paleolito ondoko historiaurreko industria-ebidentziak kontrolatu dira eta, halaber, ertzetan tumulu-monumentuen multzoak ere aurkitu dira.

Erregistratze-data: 2005.04.14

SEBJA SEL AURICH

Región: Agüenit.

Sector/Área: Agüenit N – Sebja de Sel Aurich.

Emplazamiento: Planicie.

Tipología: Sebja de montaña.

Descripción: Sebja formada en la vertiente meridional de la montaña de Sel Aurich. Su morfología tiende a lo circular y su diámetro alcanza, al menos, los 2 km. En el sector N de advierten varios "mahdares" o depresiones puntuales donde el agua llega a prevalecer a modo de estanque o charco más o menos grande. En el interior de la depresión se han controlado diversas evidencias industriales prehistóricas postpaleolíticas y asimismo se han reconocido, en algunos de sus rebordes, agrupaciones de monumentos tumulares.

Fecha de registro: 14.04.2005.

سبخة سل اوريـــج

الناحية: اغوينيت.

القطاع/المنطقة: اغوينيت، الى الشمال ـ سبخة سل اوريج.

المكان المحدد: سهل.

تيبولوجية/صنف الموضوع المحدد: سبخة بجانب جبل.

الوصـــف: سبخة متشكلة في المنحدر الجنوبي من جبل سل اوريج. شكلها المورفولوجي يميل الى الدائري، وقطرها من كلمترين على الاقل، يلاحظ في القطاع الشمالي منها وجود عدة "مغادر" اومنخفضات محددة، حيث تبقى المياه على شكل بُرك او مستنقعات كبيرة الى حد ما. وقد تم ضبط عدد من الادلة الصناعية، في داخل المنخفض، تعود لما بعد العصر الحجري القديم، من زمن ما قبل التاريخ. ويلاحظ كذلك وجود تجمعات من معالم تيميليس الاثرية الجنائزية، على بعض حواف السبخة.

تاريخ التسجيل: 14 - 04 - 2005.

SEBKHA SEL AURICH

Région: Agüenit.

Secteur/Aire: Agüenit N – Sebkha de Sel Aurich.

Emplacement: Plaine.

Typologie: Sebkha de montagne.

Description: Sebkha formée sur le flanc méridional de la montagne de Sel Aurich. Sa morphologie a tendance circulaire et son diamètre atteint, au moins, 2 km Dans le secteur nord on avertit plusieurs “mahdares” ou dépressions ponctuelles où l’eau parvient à s’accumuler en guise d’étang ou flaque plus ou moins grande. À l’intérieur de la dépression ont été contrôlées plusieurs évidences industrielles préhistoriques postpaléolithiques et aussi, sur certains de ses rebords, des groupements de monuments tumulaires.

Date d’enregistrement: 14.04.2005.

39

ETHABÂA HARANA

Eskualdea: Mijek.

Sektorea/Eremua: Mijek-eko lautada – Kidhiet Mijek-eko mendiak (Ethabâa harana).

Kokalekua: Mendikatea.

Tipologia: Barne-harana.

Deskribapena: Kidhiet Mijek-eko mendien barnealdean haran zabal bat dago; oinplano triangeluarra du eta harana mendebaldetik ixten eta eratzen duten 3 sektore harritsuk bat egiten duten tokian sortu da. Barne-espazio horretatik 2 "ouadi" igarotzen dira, beste bi mendi-lerrokaduren oinarrian sortzen direnak: bata, handiena, iparraldetik igarotzen da eta, bestela, mugatuagoa, hegoaldetik. Espazio itxia eta babestua da eta ur-ekarpen interesgarriak eta testuinguruan berezkoak diren lehengai litikoen baliabide nabariak eskaintzen ditu (erliebeetako arroka kuartzitikoak, taula-formakoak eta prisma primarioaren forma dutenak, edo errekarri globulotsuen itxurarekin, posizio deribatuan).

Erregistratze-data: 2007.03.11

VALLE ETHABÂA

Región: Mijek.

Sector/Área: Planicie de Mijek – Montañas de Kidhiet Mijek (Valle de Ethabâa).

Emplazamiento: Cadena montañosa.

Tipología: Valle interior.

Descripción: En la parte interior de las montañas de Kidhiet Mijek hay un amplio valle, de planta triangular, generado por la convergencia de los 3 sectores rocosos que lo configuran y cierran hacia el W. Por ese espacio interno discurren 2 "ouadi", formados en la base de otras tantas de las alineaciones montañosas: uno, el mayor, transita por la parte N, y el otro, más limitado, lo hace por el S. Constituye un espacio cerrado y protegido, con interesantes aportes acuíferos y notables recursos de materias primas líticas propias del contexto (rocas cuarcíticas de los relieves, en formato tabular y prismático primario o bajo el aspecto de globulosos cantos rodados en posición derivada).

Fecha de registro: 11.03.2007.

وادي الظبعـــة

الناحية: ميجك.

القطاع/المنطقة: سهل ميجك ـ جبال كدية ميجك (وادي الظبعة).

المكان المحدد: سلسلة جبلية.

تيبولوجية/صنف الموضوع المحدد: وادي داخلي.

الوصـــف: وادي واسع يقع في الجهة الوسطى من جبال "كدية ميجك"، ذو قاعدة مثلثة الشكل، وهو ناتج عن التقاء ثلاثة قطاعات صخرية، تشكله لتضيق من جهة الغرب. ويمر في ذلك المجال الداخلي رافدان متشكلان بقاعدة عدد اخر من التشكيلات الجبلية: اكبرهما يمر عبر الشمال، والاخر وهو الاقل مساحة، يمر من الجهة الجنوبية. ويشكل الوادي مجالا ضيقا ومحميا، ذي اجتلابات مائية كبيرة، وموارد اولية للصناعات الحجرية الخاصة بذلك النطاق (صخور كوارتزية منتمية لتلك التضاريس، ذات اشكال مُنْضدِيَّة ومنشوريّة، اوعلى اشكال كريُّات بوضع اشتقاقي.

تاريخ التسجيل: 11 - 03 - 2007.

VALLE ETHABÂA

Région: Mijek.

Secteur/Aire: Plaine de Mijek – Montagnes de Kidhiet Mijek (Vallée d'Ethabâa).

Emplacement: Chaîne montagneuse.

Typologie: Vallée intérieure.

Description: Dans la partie intérieure des montagnes de Kidhiet Mijek il y a une large vallée, de plan triangulaire, générée par la convergence des 3 secteurs rocheux qui la configurent et ferment à l'ouest. À l'intérieur de cet espace interne s'écoulent 2 "ouadi", formés dans la base des autres alignements montagneux: l'un et plus grand, s'écoule dans la partie nord et l'autre plus limité, au sud. Elle constitue un espace fermé et protégé, avec des intéressants apports aquifères et des notables ressources de matières premières lithiques propres au contexte (roches quartziques des reliefs, au format tabulaire et prismatique primaire ou sous l'aspect de cailloux globulés en position dérivée).

Date d'enregistrement: 11.03.2007.

3. AIPATUTAKO ERREFERENTZIA BIBLIOGRAFIKOAK

BALBIN BEHRMANN, R. DE 1975. *Contribución al estudio del arte rupestre del Sahara español.* Argitaratu gabea. Doktore-tesiaren laburpena. Complutense Unibertsitatea, Madril.

BALBIN BEHRMANN, R. DE, BUENO RAMÍREZ, P. 2009: «Recuperación de un yacimiento del Sahara Occidental: Leyuad», in: R de Balbín Behrmann, P. Bueno Ramírez, R. González Antón, C. del Arco Aguilar: *Grabados rupestres de la fachada atlántica europea y africana*, BAR International Series 2043, Oxford, 293-332 or.

BROOKS, N., CLARKE, J., CRISP, J., CRIVELLARO, F., JOUSSE, H., MARKIEWICZ, E., NICHOL, M., RAFFIN, M., ROBINSON, R., WASSE, A., WINTON, V. 2006. «Funerary sites in the "Free Zone": Report on the second and third seasons of fieldwork of the Western Sahara Project». *Sahara*, 17, 2006, 73-94 or.

NOWAK, H. 1975. «Neue felsbildstationem in der Spanischen Sahara». *Almogaren*, V-VI, 1974-1975, 143-163 or.

NOWAK, H., ORTNER, S. & D. 1975. *Flesbilder der Spanischen Sahara.* Akademische Druck- und Verlagsantalt, Graz.

PELLICER, M., ACOSTA, P., HERNÁNDEZ PÉREZ, M. S., MARTÍN SOCAS, D. 1974. «Aportaciones al estudio del arte rupestre del Sáhara Español (Zona Meridional)». *Tabona*, 2, 1973-1974, 1-91 or.

SAENZ DE BURUAGA, A. 2006. «Nuevos testimonios industriales achelenses en el Tiris (Sahara Occidental): presentación del taller de Gnefisa Oum Agraid (Duguech)». *Veleia*, 23, 2006, 405-413 or.

SAENZ DE BURUAGA, A. 2008a. *Tirisen kultura-iragana ezagutzeko ekarpena. Mendebaldeko Sahara. Ondare arkeologikoaren inbentarioa, 2005-2007.* Eusko Jaurlaritzaren Argitalpen Zerbitzu Nagusia-Kultura Saila, Vitoria-Gasteiz.

SAENZ DE BURUAGA, A. 2008b. «Nota sobre un panel con grabados de équidos en El abrigo rupestre de Galabt El Jeil 2 (Tiris, Sahara Occidental)». *Almogaren* XXXIX/2008, 137-152 or.

SAENZ DE BURUAGA, A. 2009. *Tras las huellas del pasado del Oeste sahariano. Investigaciones científicas en la region del Tiris (Sahara Occidental).* Lección inaugural del curso académico 2009-2010 ikasturte-hasierako ikasgaia, Urrutiko Hezkuntzarako Unibertsitate Nazionala (UNED), Vitoria-Gasteiz.

SAENZ DE BURUAGA, A. 2010a. *Pinceladas de un desierto vivo desde la región del Tiris, en las tierras libres del Sahara Occidental.* Eusko Jaurlaritzaren Argitalpen Zerbitzu Nagusia-Kultura Saila, Vitoria-Gasteiz.

SAENZ DE BURUAGA, A. 2010b. «En torno a algunas escenas pictóricas de caza del repertorio artístico del SE del Sahara Occidental». *Veleia*, 27, 2010, 55-68 or.

3. REFERENCIAS BIBLIOGRÁFICAS CITADAS

BALBÍN BEHRMANN, R. DE 1975. *Contribución al estudio del arte rupestre del Sahara español.* Unpubl. Resumen Tesis doctoral. Universidad Complutense, Madrid.

BALBÍN BEHRMANN, R. DE, BUENO RAMÍREZ, P. 2009: «Recuperación de un yacimiento del Sahara Occidental: Leyuad», in: R de Balbín Behrmann, P. Bueno Ramírez, R. González Antón, C. del Arco Aguilar: *Grabados rupestres de la fachada atlántica europea y africana*, BAR International Series 2043, Oxford, p. 293-332.

BROOKS, N., CLARKE, J., CRISP, J., CRIVELLARO, F., JOUSSE, H., MARKIEWICZ, E., NICHOL, M., RAFFIN, M., ROBINSON, R., WASSE, A., WINTON, V. 2006. «Funerary sites in the "Free Zone": Report on the second and third seasons of fieldwork of the Western Sahara Project». *Sahara*, 17, 2006, p. 73-94.

NOWAK, H. 1975. «Neue felsbildstationem in der Spanischen Sahara». *Almogaren* V-VI, 1974-1975, p. 143-163.

NOWAK, H., ORTNER, S. & D. 1975. *Flesbilder der Spanischen Sahara.* Akademische Druck- und Verlagsantalt, Graz.

PELLICER, M., ACOSTA, P., HERNÁNDEZ PÉREZ, M. S., MARTÍN SOCAS, D. 1974. «Aportaciones al estudio del arte rupestre del Sáhara Español (Zona Meridional)». *Tabona* 2, 1973-1974, p, 1-91.

SÁENZ DE BURUAGA, A. 2006. «Nuevos testimonios industriales achelenses en el Tiris (Sahara Occidental): presentación del taller de Gnefisa Oum Agraid (Duguech)». *Veleia* 23, 2006, p. 405-413.

SÁENZ DE BURUAGA, A. 2008a. *Contribución al conocimiento del pasado cultural del Tiris. Sahara Occidental. Inventario del patrimonio arqueológico, 2005-2007.* Servicio Central de Publicaciones del Gobierno Vasco-Departamento de Cultura, Vitoria-Gasteiz.

SÁENZ DE BURUAGA, A. 2008b. «Nota sobre un panel con grabados de équidos en El abrigo rupestre de Galabt El Jeil 2 (Tiris, Sahara Occidental)». *Almogaren* XXXIX/2008, p.137-152.

SÁENZ DE BURUAGA, A. 2009. *Tras las huellas del pasado del Oeste sahariano. Investigaciones científicas en la region del Tiris (Sahara Occidental).* Lección inaugural del curso académico 2009-2010, Universidad Nacional de Educación a Distancia (UNED), Vitoria-Gasteiz.

SÁENZ DE BURUAGA, A. 2010a. *Pinceladas de un desierto vivo desde la región del Tiris, en las tierras libres del Sahara Occidental.* Servicio Central de Publicaciones del Gobierno Vasco-Departamento de Cultura, Vitoria-Gasteiz.

SÁENZ DE BURUAGA, A. 2010b. «En torno a algunas escenas pictóricas de caza del repertorio artístico del SE del Sahara Occidental». *Veleia* 27, 2010, p. 55-68.

SÁENZ DE BURUAGA, A, 2011a. «Una nueva estación artística en el Tiris saharaui: presentación del abrigo rupestre de Lejuad VIII (Duguech, Sahara Occidental)». *Almogaren* XLII/2011, p. 63-87.

3. المراجع البيبليوغرافية المثبّتة

BALBIN BEHRMANN, R. DE 1975. *Contribución al estudio del arte rupestre del Sahara español.* Argitaratu gabea. Doktore-tesiaren laburpena. Complutense Unibertsitatea, Madril.

BALBIN BEHRMANN, R. DE, BUENO RAMÍREZ, P. 2009: «Recuperación de un yacimiento del Sahara Occidental: Leyuad», in: R de Balbín Behrmann, P. Bueno Ramírez, R. González Antón, C. del Arco Aguilar: *Grabados rupestres de la fachada atlántica europea y africana*, BAR International Series 2043, Oxford, 293-332 or.

BROOKS, N., CLARKE, J., CRISP, J., CRIVELLARO, F., JOUSSE, H., MARKIEWICZ, E., NICHOL, M., RAFFIN, M., ROBINSON, R., WASSE, A., WINTON, V. 2006. «Funerary sites in the "Free Zone": Report on the second and third seasons of fieldwork of the Western Sahara Project». *Sahara*, 17, 2006, 73-94 or.

NOWAK, H. 1975. «Neue felsbildstationem in der Spanischen Sahara». *Almogaren*, V-VI, 1974-1975, 143-163 or.

NOWAK, H., ORTNER, S. & D. 1975. *Flesbilder der Spanischen Sahara.* Akademische Druck- und Verlagsantalt, Graz.

PELLICER, M., ACOSTA, P., HERNÁNDEZ PÉREZ, M. S., MARTÍN SOCAS, D. 1974. «Aportaciones al estudio del arte rupestre del Sáhara Español (Zona Meridional)». *Tabona*, 2, 1973-1974, 1-91 or.

SAENZ DE BURUAGA, A. 2006. «Nuevos testimonios industriales achelenses en el Tiris (Sahara Occidental): presentación del taller de Gnefisa Oum Agraid (Duguech)». *Veleia*, 23, 2006, 405-413 or.

SAENZ DE BURUAGA, A. 2008a. *Tirisen kultura-iragana ezagutzeko ekarpena. Mendebaldeko Sahara. Ondare arkeologikoaren inbentarioa, 2005-2007.* Eusko Jaurlaritzaren Argitalpen Zerbitzu Nagusia-Kultura Saila, Vitoria-Gasteiz.

SAENZ DE BURUAGA, A. 2008b. «Nota sobre un panel con grabados de équidos en El abrigo rupestre de Galabt El Jeil 2 (Tiris, Sahara Occidental)». *Almogaren* XXXIX/2008, 137-152 or.

SAENZ DE BURUAGA, A. 2009. *Tras las huellas del pasado del Oeste sahariano. Investigaciones científicas en la region del Tiris (Sahara Occidental).* Lección inaugural del curso académico 2009-2010 ikasturte-hasierako ikasgaia, Urrutiko Hezkuntzarako Unibertsitate Nazionala (UNED), Vitoria-Gasteiz.

SAENZ DE BURUAGA, A. 2010a. *Pinceladas de un desierto vivo desde la región del Tiris, en las tierras libres del Sahara Occidental.* Eusko Jaurlaritzaren Argitalpen Zerbitzu Nagusia-Kultura Saila, Vitoria-Gasteiz.

SAENZ DE BURUAGA, A. 2010b. «En torno a algunas escenas pictóricas de caza del repertorio artístico del SE del Sahara Occidental». *Veleia*, 27, 2010, 55-68 or.

3. RÉFÉRENCES BIBLIOGRAPHIQUES CITÉES.

BALBÍN BEHRMANN, R. DE 1975. *Contribución al estudio del arte rupestre del Sahara español.* Unpubl. Resumé de thèse doctorale. Universidad Complutense, Madrid.

BALBÍN BEHRMANN, R. DE, BUENO RAMÍREZ, P. 2009: «Recuperación de un yacimiento del Sahara Occidental: Leyuad», in: R de Balbín Behrmann, P. Bueno Ramírez, R. González Antón, C. del Arco Aguilar: *Grabados rupestres de la fachada atlántica europea y africana*, BAR International Series 2043, Oxford, p. 293-332.

BROOKS, N., CLARKE, J., CRISP, J., CRIVELLARO, F., JOUSSE, H., MARKIEWICZ, E., NICHOL, M., RAFFIN, M., ROBINSON, R., WASSE, A., WINTON, V. 2006. «Funerary sites in the "Free Zone": Report on the second and third seasons of fieldwork of the Western Sahara Project». *Sahara*, 17, 2006, p. 73-94.

NOWAK, H. 1975. «Neue felsbildstationem in der Spanischen Sahara». *Almogaren* V-VI, 1974-1975, p. 143-163.

NOWAK, H., ORTNER, S. & D. 1975. *Flesbilder der Spanischen Sahara.* Akademische Druck- und Verlagsantalt, Graz.

PELLICER, M., ACOSTA, P., HERNÁNDEZ PÉREZ, M. S., MARTÍN SOCAS, D. 1974. «Aportaciones al estudio del arte rupestre del Sáhara Español (Zona Meridional)». *Tabona* 2, 1973-1974, p, 1-91.

SÁENZ DE BURUAGA, A. 2006. «Nuevos testimonios industriales achelenses en el Tiris (Sahara Occidental): presentación del atelier de Gnefisa Oum Agraid (Duguech)». *Veleia* 23, 2006, p. 405-413.

SÁENZ DE BURUAGA, A. 2008a. *Contribución al conocimiento del pasado cultural del Tiris. Sahara Occidental. Inventario del patrimonio arqueológico, 2005-2007.* Servicio Central de Publicaciones del Gobierno Vasco-Departamento de Cultura, Vitoria-Gasteiz.

SÁENZ DE BURUAGA, A. 2008b. «Nota sobre un panel con grabados de équidos en el abrigo rupestre de Galabt El Jeil 2 (Tiris, Sahara Occidental)». *Almogaren* XXXIX/2008, p.137-152.

SÁENZ DE BURUAGA, A. 2009. *Tras las huellas del pasado del Oeste sahariano. Investigaciones científicas en la RÉGION del Tiris (Sahara Occidental).* Leçon inaugurale de l'année académique 2009-2010, Universidad Nacional de Educación a Distancia (UNED), Vitoria-Gasteiz.

SÁENZ DE BURUAGA, A. 2010a. *Pinceladas de un desierto vivo desde la región del Tiris, en las tierras libres del Sahara Occidental.* Servicio Central de Publicaciones del Gobierno Vasco-Departamento de Cultura, Vitoria-Gasteiz.

SÁENZ DE BURUAGA, A. 2010b. «En torno a algunas escenas pictóricas de caza del repertorio artístico del SE del Sahara Occidental». *Veleia* 27, 2010, p. 55-68.

SAENZ DE BURUAGA, A. 2011a. «Una nueva estación artística en el Tiris saharaui: presentación del abrigo rupestre de Lejuad VIII (Duguech, Sahara Occidental)». *Almogaren* XLII/2011, 63-87 or.

SAENZ DE BURUAGA, A. 2011b. «Patrimonio y pasado cultural del Sahara Occidental. Seis años de investigaciones sistemátivas vasco-saharauis en la región del Tiris (2005-2010)». *Euskonews & Media* 592 eta 593, 1-5 eta 1-3 or.

SAENZ DE BURUAGA, A., MOHAMED ALI, H., LÓPEZ QUINTANA, J.C., MOHAMED MBEREK, D., ARRUABARRENA, J.M., OUANA SIDAHMED, CH., GARCÍA ORTEGA, M.R., AOMAR SIDI-SAID, M., OLAZABAL, A., BADADI ALI, H., GUENAGA, A., SALEH CHEJ, M., MARTÍNEZ DE RITUERTO, S., LAMEN DADI, B., ERRASTI, X., ALI HAMMA, H., ABDI ALI, A., YAMÂA BREH, M.-L., AIBAD ALAMIN, B., DADAY MOHAMED, S. 2009. «Un balance de las expediciones científicas vasco-saharauis de 2008 y 2009 en torno al pasado cultural de las "tierras liberadas" del Tiris (Sahara Occidental)». *Krei* 10/2008-2009, 7-37 or.

SAENZ DE BURUAGA, A., MOHAMED ALI, H., ARRUABARRENA, J.M., MOHAMED MBEREK, D., GARCÍA ORTEGA, M.R., ABDI ALI, A., TELLERIA, E., BADADI ALI, H., SALABERRI, P., AOMAR SIDI-SAID, M., SIDI-MOHAMED ABDELJALIL, A., ISELMU ABDERRAHMAN, A.-S., OUANA SIDAHMED, CH., SALEK HASENNA, A., DAHE BELALE, S., HAIDA AMBERIRIK, A. 2011. «Investigaciones científicas vasco-saharauis durante los años 2010 y 2011 en torno a la cultura y al pasado del la región del Tiris (Sahara Occidental)». *Krei* 11/2010-2011, 5-40 or.

SOLER MASFERRER, N., UNGÉ PLAJA, J., SERRA SALAMÉ, C., SOLER SUBILS, J., ESCOLÀ PUJOL, J. 2005. «Jaciments amb gravats rupestres del Sàhara Occidental». *Roches ornées, roches dréssées: colloque en hommage à Jean Abélanet, Perpignan 24-25 Mai 2001*. A.A.P.-O. Perpignan, Presses Universitaires, 2005, 79-87 or.

SOLER SUBILS, J., SOLER MASFERRER, N., ESCOLÀ PUJOL, J., SERRA SALAMÉ, C., UNGÉ PLAJA, J. 2005. «La pintura rupestre del Sàhara Occidental». *Roches ornées, roches dréssées: colloque en hommage à Jean Abélanet, Perpignan 24-25 Mai 2001*. A.A.P.-O. Perpignan, Presses Universitaires, 2005, 89-96 or.

SÁENZ DE BURUAGA, A. 2011b. «Patrimonio y pasado cultural del Sahara Occidental. Seis años de investigaciones sistemátivas vasco-saharauis en la región del Tiris (2005-2010)». *Euskonews & Media* 592 y 593, p. 1-5 y 1-3.

SÁENZ DE BURUAGA, A., MOHAMED ALI, H., LÓPEZ QUINTANA, J.C., MOHAMED MBEREK, D., ARRUABARRENA, J.M., OUANA SIDAHMED, CH., GARCÍA ORTEGA, M.R., AOMAR SIDI-SAID, M., OLAZABAL, A., BADADI ALI, H., GUENAGA, A., SALEH CHEJ, M., MARTÍNEZ DE RITUERTO, S., LAMEN DADI, B., ERRASTI, X., ALI HAMMA, H., ABDI ALI, A., YAMÂA BREH, M.-L., AIBAD ALAMIN, B., DADAY MOHAMED, S. 2009. «Un balance de las expediciones científicas vasco-saharauis de 2008 y 2009 en torno al pasado cultural de las "tierras liberadas" del Tiris (Sahara Occidental)». *Krei* 10/2008-2009, p. 7-37.

SÁENZ DE BURUAGA, A., MOHAMED ALI, H., ARRUABARRENA, J.M., MOHAMED MBEREK, D., GARCÍA ORTEGA, M.R., ABDI ALI, A., TELLERIA, E., BADADI ALI, H., SALABERRI, P., AOMAR SIDI-SAID, M., SIDI-MOHAMED ABDELJALIL, A., ISELMU ABDERRAHMAN, A.-S., OUANA SIDAHMED, CH., SALEK HASENNA, A., DAHE BELALE, S., HAIDA AMBERIRIK, A. 2011. «Investigaciones científicas vasco-saharauis durante los años 2010 y 2011 en torno a la cultura y al pasado del la región del Tiris (Sahara Occidental)». *Krei* 11/2010-2011, p. 5-40.

SOLER MASFERRER, N., UNGÉ PLAJA, J., SERRA SALAMÉ, C., SOLER SUBILS, J., ESCOLÀ PUJOL, J. 2005. «Jaciments amb gravats rupestres del Sàhara Occidental». *Roches ornées, roches dréssées: colloque en hommage à Jean Abélanet, Perpignan 24-25 Mai 2001*. A.A.P.-O. Perpignan, Presses Universitaires, 2005, p. 79-87.

SOLER SUBILS, J., SOLER MASFERRER, N., ESCOLÀ PUJOL, J., SERRA SALAMÉ, C., UNGÉ PLAJA, J. 2005. «La pintura rupestre del Sàhara Occidental». *Roches ornées, roches dréssées: colloque en hommage à Jean Abélanet, Perpignan 24-25 Mai 2001*. A.A.P.-O. Perpignan, Presses Universitaires, 2005, p. 89-96.

SAENZ DE BURUAGA, A. 2011a. «Una nueva estación artística en el Tiris saharaui: presentación del abrigo rupestre de Lejuad VIII (Duguech, Sahara Occidental)». *Almogaren* XLII/2011, 63-87 or.

SAENZ DE BURUAGA, A. 2011b. «Patrimonio y pasado cultural del Sahara Occidental. Seis años de investigaciones sistemátivas vasco-saharauis en la región del Tiris (2005-2010)». *Euskonews & Media* 592 eta 593, 1-5 eta 1-3 or.

SAENZ DE BURUAGA, A., MOHAMED ALI, H., LÓPEZ QUINTANA, J.C., MOHAMED MBEREK, D., ARRUABARRENA, J.M., OUANA SIDAHMED, CH., GARCÍA ORTEGA, M.R., AOMAR SIDI-SAID, M., OLAZABAL, A., BADADI ALI, H., GUENAGA, A., SALEH CHEJ, M., MARTÍNEZ DE RITUERTO, S., LAMEN DADI, B., ERRASTI, X., ALI HAMMA, H., ABDI ALI, A., YAMÂA BREH, M.-L., AIBAD ALAMIN, B., DADAY MOHAMED, S. 2009. «Un balance de las expediciones científicas vasco-saharauis de 2008 y 2009 en torno al pasado cultural de las "tierras liberadas" del Tiris (Sahara Occidental)». *Krei* 10/2008-2009, 7-37 or.

SAENZ DE BURUAGA, A., MOHAMED ALI, H., ARRUABARRENA, J.M., MOHAMED MBEREK, D., GARCÍA ORTEGA, M.R., ABDI ALI, A., TELLERIA, E., BADADI ALI, H., SALABERRI, P., AOMAR SIDI-SAID, M., SIDI-MOHAMED ABDELJALIL, A., ISELMU ABDERRAHMAN, A.-S., OUANA SIDAHMED, CH., SALEK HASENNA, A., DAHE BELALE, S., HAIDA AMBERIRIK, A. 2011. «Investigaciones científicas vasco-saharauis durante los años 2010 y 2011 en torno a la cultura y al pasado del la región del Tiris (Sahara Occidental)». *Krei* 11/2010-2011, 5-40 or.

SOLER MASFERRER, N., UNGÉ PLAJA, J., SERRA SALAMÉ, C., SOLER SUBILS, J., ESCOLÀ PUJOL, J. 2005. «Jaciments amb gravats rupestres del Sàhara Occidental». *Roches ornées, roches drésées: colloque en hommage à Jean Abélanet, Perpignan 24-25 Mai 2001*. A.A.P.-O. Perpignan, Presses Universitaires, 2005, 79-87 or.

SOLER SUBILS, J., SOLER MASFERRER, N., ESCOLÀ PUJOL, J., SERRA SALAMÉ, C., UNGÉ PLAJA, J. 2005. «La pintura rupestre del Sàhara Occidental». *Roches ornées, roches drèssées: colloque en hommage à Jean Abélanet, Perpignan 24-25 Mai 2001*. A.A.P.-O. Perpignan, Presses Universitaires, 2005, 89-96 or.

SÁENZ DE BURUAGA, A, 2011a. «Una nueva estación artística en el Tiris saharaui: presentación del abrigo rupestre de Lejuad VIII (Duguech, Sahara Occidental)». *Almogaren* XLII/2011, p. 63-87.

SÁENZ DE BURUAGA, A. 2011b. «Patrimonio y pasado cultural del Sahara Occidental. Seis años de investigaciones sistemáticas vasco-saharauis en la región del Tiris (2005-2010)». *Euskonews & Media* 592 y 593, p. 1-5 y 1-3.

SÁENZ DE BURUAGA, A., MOHAMED ALI, H., LÓPEZ QUINTANA, J.C., MOHAMED MBEREK, D., ARRUABARRENA, J.M., OUANA SIDAHMED, CH., GARCÍA ORTEGA, M.R., AOMAR SIDI-SAID, M., OLAZABAL, A., BADADI ALI, H., GUENAGA, A., SALEH CHEJ, M., MARTÍNEZ DE RITUERTO, S., LAMEN DADI, B., ERRASTI, X., ALI HAMMA, H., ABDI ALI, A., YAMÂA BREH, M.-L., AIBAD ALAMIN, B., DADAY MOHAMED, S. 2009. «Un balance de las expediciones científicas vasco-saharauis de 2008 y 2009 en torno al pasado cultural de las "tierras liberadas" del Tiris (Sahara Occidental)». *Krei* 10/2008-2009, p. 7-37.

SÁENZ DE BURUAGA, A., MOHAMED ALI, H., ARRUABARRENA, J.M., MOHAMED MBEREK, D., GARCÍA ORTEGA, M.R., ABDI ALI, A., TELLERIA, E., BADADI ALI, H., SALABERRI, P., AOMAR SIDI-SAID, M., SIDI-MOHAMED ABDELJALIL, A., ISELMU ABDERRAHMAN, A.-S., OUANA SIDAHMED, CH., SALEK HASENNA, A., DAHE BELALE, S., HAIDA AMBERIRIK, A. 2011. «Investigaciones científicas vasco-saharauis durante los años 2010 y 2011 en torno a la cultura y al pasado de la Región del Tiris (Sahara Occidental)». *Krei* 11/2010-2011, p. 5-40.

SOLER MASFERRER, N., UNGÉ PLAJA, J., SERRA SALAMÉ, C., SOLER SUBILS, J., ESCOLÀ PUJOL, J. 2005. «Jaciments amb gravats ruspestres del Sáhara Occidental». *Roches ornées, roches dressées: colloque en hommage à Jean Abélanet, Perpignan 24-25 Mai 2001*. A.A.P.-O. Perpignan, Presses Universitaires, 2005, p. 79-87.

SOLER SUBILS, J., SOLER MASFERRER, N., ESCOLÀ PUJOL, J., SERRA SALAMÉ, C., UNGÉ PLAJA, J. 2005. «La pintura rupestre del Sáhara Occidental». *Roches ornées, roches derssées: colloque en hommage à Jean Abélanet, Perpignan 24/25 Mai 2001*. A.A.P.-O. Perpignan, Presses Universitaires, 2005, p. 89-96.

3

Dokumentazio Kartografikoa. Glosarioa

Documentación Cartográfica. Glosario

الوثائق الخرائطية. مَسْـــــــرَد

Documentation Cartographique. Glossaire

DOKUMENTAZIO KARTOGRAFIKOA

DOCUMENTACIÓN CARTOGRÁFICA

الوثائق الخرائطية

DOCUMENTATION CARTOGRAPHIQUE

Monografia honen hirugarren bloke tematikoan, funtsean, testuan garatutako edukiei buruzko erreferentzia kartografikoak aurkeztuko ditugu, didaktikoki lagungarri diren aldetik.

Gure esparru argigarri nagusia, oraindik ere, jatorrizko mapa bat da; hain zuzen ere, 2005-2007 aldiko Katalogoa egiteko dokumentu-oinarritzat erabili genuen jatorrizko mapa, esanbidez horretarako egin baitzen. Logikari jarraiki, erreferentzia geografiko hori Saharako Tirisko gure azterketa-testuinguruaren egungo egoera geopolitikoaren arabera diseinatu genuen.

Ildo beretik, hainbat mapa txertatu ditugu: lurraldearen nondik norakoak azaltzen dituztenak, ikerketak espazioan nola banatzen diren adierazten dutenak, jakintzaren egoera adierazten dutenak informazio arkeologikoko subjektuen arabera (eta ale kopuru nabarmena duten kasuei erreparatu diegu bereziki).

Mapetan agertzen den puntu bakoitza markatzeko, bertara joan eta zehaztasun metrikoa duen GPS baten bitartez koordenatu geografikoak irakurrita egin dugu. Gainera, adierazi beharra dago GIS programa batek aukera ematen duela kasu bakoitzean bere fitxa analitiko osagarria eta argazki digitalizatuak ordenagailuaren pantailan zabaltzeko. Baina ekarpen hori ez dugu txertatuko oraingoan ere, bere garaian koordenatu topografiko zehatzak ez emateko argudio horiekiko koherentziari eustearren.

Kasu honetan 5 mapa aukeratu ditugu eta denetan 2005etik 2011ra bitarte erregistratutako datuak biltzen dira.

Lehenengo mapan, *in situ* idatzitako fitxa arkeologiko eta ingurumen-fitxa guzti-guztiak agertzen dira. Bestalde, gainerakoetan 2005-2007 aldiko Katalogoan ere argitaratu genituen esparru tematiko guztiak biltzen dira, hau da: erreferentzia arkeologikoak; egoteko lekuak eta industria-multzoak; monumentu litikoak, hilobietakoak eta errituetakoak; eta, labar-arteko kokalekuak. Betiere esparru bakoitzean lurraldean bertan gertatu diren aldaketen balioespen egokia egiteko aukera eskaintzearren.

El tercer bloque temático de esta monografía está destinado, esencialmente, a la presentación de referencias cartográficas, de apoyatura didáctica, sobre los contenidos desarrollados en el texto.

Nuestro marco ilustrativo al respecto, sigue constituyéndolo el mapa original que, confeccionado con esta finalidad, sirvió de base documental para el Catálogo de 2005-2007. Una referencia geográfica, lógicamente, diseñada en función de la situación geopolítica actual de nuestro contexto de estudio del Tiris saharaui.

Se han introducido, en este sentido, diferentes mapas que ilustran el grado de reconocimiento del territorio, la distribución espacial de las investigaciones y el estado del conocimiento por relación a diversos sujetos de información arqueológica, incidiéndose en aquellos con un número de efectivos relativamente "sensible".

Como es sabido, cada uno de los puntos que figuran en ellos, se han proyectado desde la lectura efectuada sobre el terreno de sus coordenadas geográficas por medio de un GPS de precisión métrica. Además, de forma más elaborada, un programa GIS facilita sobre la pantalla del ordenador, el desplegar, en cada uno de los casos, su ficha analítica complementada y fotografías digitalizadas del mismo. Una aportación ésta que debemos seguir omitiendo, en coherencia con las ya aludidas razones que desaconsejaron, en su momento, introducir los valores de las coordenadas topográficas precisas.

Hemos seleccionado para esta ocasión 5 mapas: todos ellos, con los datos registrados entre 2005 y 2011.

El primero de ellos, contiene la integridad de fichas arqueológicas y medioambientales redactadas *in situ*. Los restantes, por su parte, incluyen los diferentes campos temáticos que asimismo se reprodujeron en el Catálogo 2005-2007; es decir: referencias arqueológicas; lugares de habitación y conjuntos industriales; monumentos líticos, sepulcrales y rituales; y, estaciones artísticas rupestres. Todo ello, con el propósito de facilitar la oportuna valoración de los cambios experimentados sobre el territorio en cada campo.

ان المجموعة الثالثة من مواضيع هذه الدراسة، موجهة بالاساس، لعرض المراجع الخرائطية، كنغمة تعليمية، حول المضامين الواردة في النص.

وفي ما يتعلق بالاطار الإيضاحي، فسيظل معتمدا على الخارطة الاصلية التي تم اعدادها لهذا الغرض، كقاعدة وثائقية لجرد سنوات 2005 ـ 2007. وهي مرجع جغرافي مسطر منطقيا، مراعاة للوضع الجيوسياسي القائم حاليا، في مجال دراستنا بتيرس الصحراوية.

وقد تم ادخال مختلف الخرائط في هذا المضمار، والتي توضح درجة التعرف على الارض، والتوزيع المكاني للبحوث، وحالة المعرفة فيما يتعلق بمختلف عناصر المعلومات الاثرية، مركزين في ذلك على عدد من المجموعات "الحساسة" نسبيا.

وكما هو معلوم، فان كل النقاط المبينة في الخرائط، قد تم وضعها من خلال القراءة الميدانية للاحداثيات الجغرافية، بواسطة جهازGPS ذي الدقة المترية. وكذا، وبصورة عملية اكثر، من خلال برنامج GIS الذي يسهل، في كل واحدة من الحالات، عبر شاشة الحاسوب، عملية عرض البطاقات التحليلية المستكملة، وصورها المرقمنة. تلك مساهمة ينبغي الاستمرار في اغفالها، وفقا للدواعي المشار اليها، التي لم تنصح حينها، بادراج قيم الاحداثيات الطوبوغرافية الدقيقة.

لقد اخترنا هذه المرة خمس خرائط، كلها حول البيانات المسجلة ما بين سنوات 2005 و 2011. اولاها تضم جميع البطاقات الاثرية والبيئية المحررة في المكان الطبيعي in situ. اما الاخرى المتبقية فتضم من جهتها، مختلف الموضوعات التي تم نشرها كذلك، في القائمة (كاتالوج) التي تخص 2005 - 2007، اي المراجع الاثرية، واماكن السكن، والمجموعات الصناعية والمعالم التذكارية الحجرية، والجنائزية والطقوسية، والمحطات الفنية الصخرية. كل ذلك بهدف تسهيل التقييم المناسب للتغيرات التي رأيناها، من خلال التجربة على الارض، في كل منطقة.

Le troisième bloc thématique de cette monographie est consacré, essentiellement, à la présentation des références cartographiques, d'appui didactique, des contenus développés dans ce texte.

Notre cadre illustratif de référence est toujours la carte originale qui, dans ce but, a servi de base documentaire pour le Catalogue 2005-2007. Une référence géographique, logiquement, conçue en fonction de la situation géopolitique actuelle de notre contexte d'étude du Tiris Sahraoui.

En ce sens, différentes cartes ont été introduites qui illustrent le degré de reconnaissance du territoire, la distribution spatiale des investigations et l'état de connaissance par rapport aux divers sujets d'information archéologique, mettant l'accent sur ceux dont le nombre d'effectifs est relativement «sensible».

Comme d'habitude, tous les points y figurant ont été projetés à partir de la lecture effectuée sur le terrain de leurs coordonnées géographiques au moyen d'un GPS de précision métrique. En outre, de manière plus élaborée, un programme GIS permet sur l'écran de l'ordinateur de déployer, pour chacun des cas, une fiche analytique complémentée et les photographies digitalisées correspondantes. Un apport que nous devons continuer d'omettre, en cohérence avec les déjà précitées raisons qui déconseillèrent, en ce moment-là, d'introduire les valeurs des coordonnées topographiques précises.

Nous avons sélectionné pour cette occasion 5 cartes qui contiennent les données enregistrées entre 2005 et 2011.

La première de celles-ci contient l'intégralité des fiches archéologiques et environnementales rédigées *in situ*. Celles qui restent, pour leur part, incluent les différents champs thématiques qui ont été également reproduits dans le Catalogue 2005-2007; c'est-à-dire: références archéologiques; lieux d'habitations et ensembles industriels; monuments lithiques, sépulcraux et rituels; et stations artistiques rupestres. Ceci en vue de faciliter la correcte évaluation des changements expérimentés sur le territoire par chacun des champs.

Bestalde, ez zaigu egokia iruditu materia silizeoak ustiatzeko tailerrei dagozkien elementuak eta pieza isolatuen aurkikuntzak proiektuan sartzea, ez direlako oso adierazgarriak. Eta, horrekin guztiarekin batera, "egoteko lekuak eta industria-multzoak" kategorian utzi nahi izan ditugu Paleolito ondoko Historiaurrearekin loturiko toki guztiguztiak (eta ez dira gutxi), bai eta Paleolito-garaikoak ziruditenak ere (azken horiek gutxiago dira).

No se ha estimado oportuno, por otro lado, el proyectar los poco representativos efectivos pertenecientes a los talleres de explotación de materias silíceas y a los hallazgos de piezas aisladas, respectivamente. Y, junto a ello, hemos preferido mantener dentro de la misma categoría de los "lugares de habitación y conjuntos industriales" al numeroso conjunto de sitios relacionados con la Prehistoria postpaleolítica y a los más escasos de ambientación paleolítica.

Il n'a pas été estimé opportun, par ailleurs, de projeter les faiblement représentatifs effectifs appartenant aux ateliers d'exploitation de matières siliceuses et aux trouvailles de pièces isolées, respectivement. Aussi, nous avons préféré de maintenir dans la même catégorie des «lieux d'habitations et ensembles industriels» le grand ensemble des lieux reliés à la Préhistoire postpaléolithique et ceux plus rares d'ambiance paléolithique.

ولـم يكن من المناسب، من جهة اخـرى، عرض المجموعات الاقل تمثيلا، المنتمية لورشات استغلال مواد الصوان، والقطع التي عثرعليها منعزلة؛ وقد فضلنا ايضا ان نُبقي، ضمن نفس الفئة من "اماكن السكنات ومجموعات الادوات الصناعية"، على العديد من مجموعات الاماكن المتعلقة بزمن ما بعد العصر الحجري القديم، فيما قبل التاريخ، وكذا الحالات القليلة التي تعود لبيئة العصر الحجري الحديث.

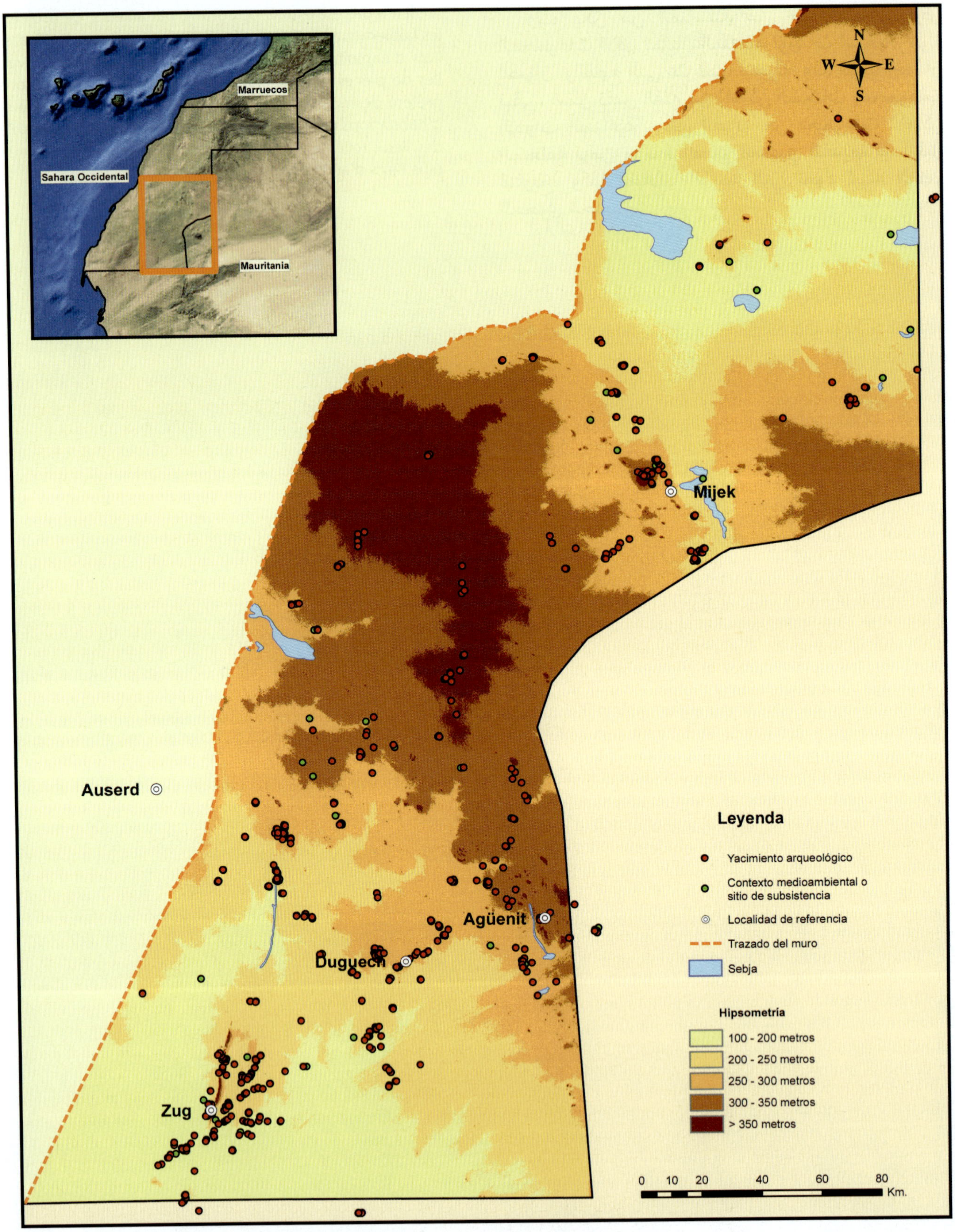

1. Mapa. Erregistratutako aztarnategi arkeologikoen eta ingurumen-aztarnategien banaketa orokorra.

Mapa 1. Repartición general de los sitios arqueológicos y medioambientales registrados.

خارطة 1. توزيع عام للمواقع الاثرية والبيئية المسجلة.

Carte 1. Répartition générale des sites archéologiques et environnementaux enregistrés.

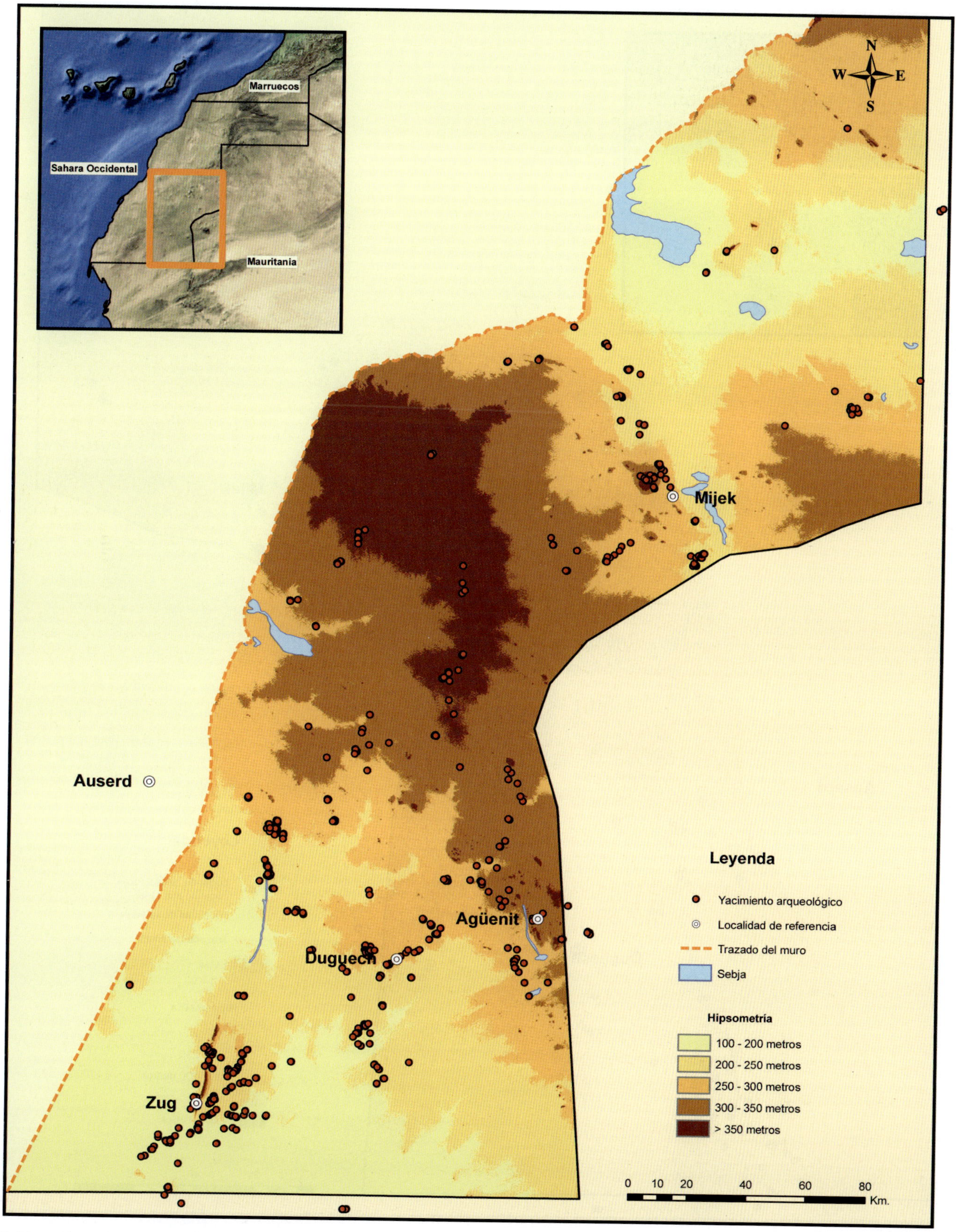

2. Mapa. Kontrolatutako erreferentzia arkeologikoak.
Mapa 2. Las referencias arqueológicas controladas.
خارطة 2. المراجع الاثرية المضبوطة.
Carte 2. Les références archéologiques contrôlées.

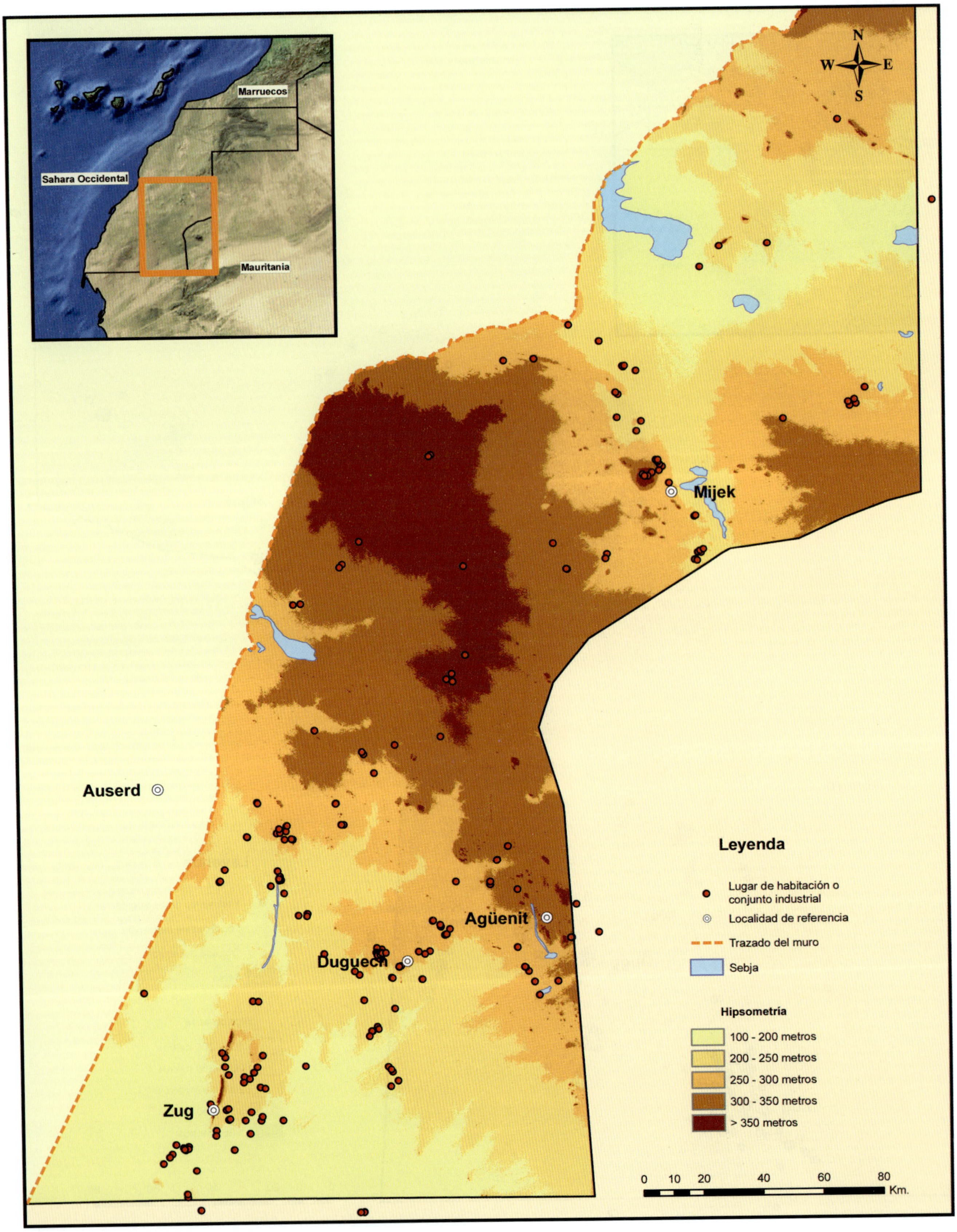

3. Mapa. Historiaurreko egoteko lekuak eta industria-multzoak.
Mapa 3. Lugares de habitación y conjuntos industriales prehistóricos.
خارطة 3. اماكن سكن، ومجموعات ادوات صناعية، تعود لما قبل التاريخ.
Carte 3. Lieux d'habitation et ensembles industriels préhistoriques.

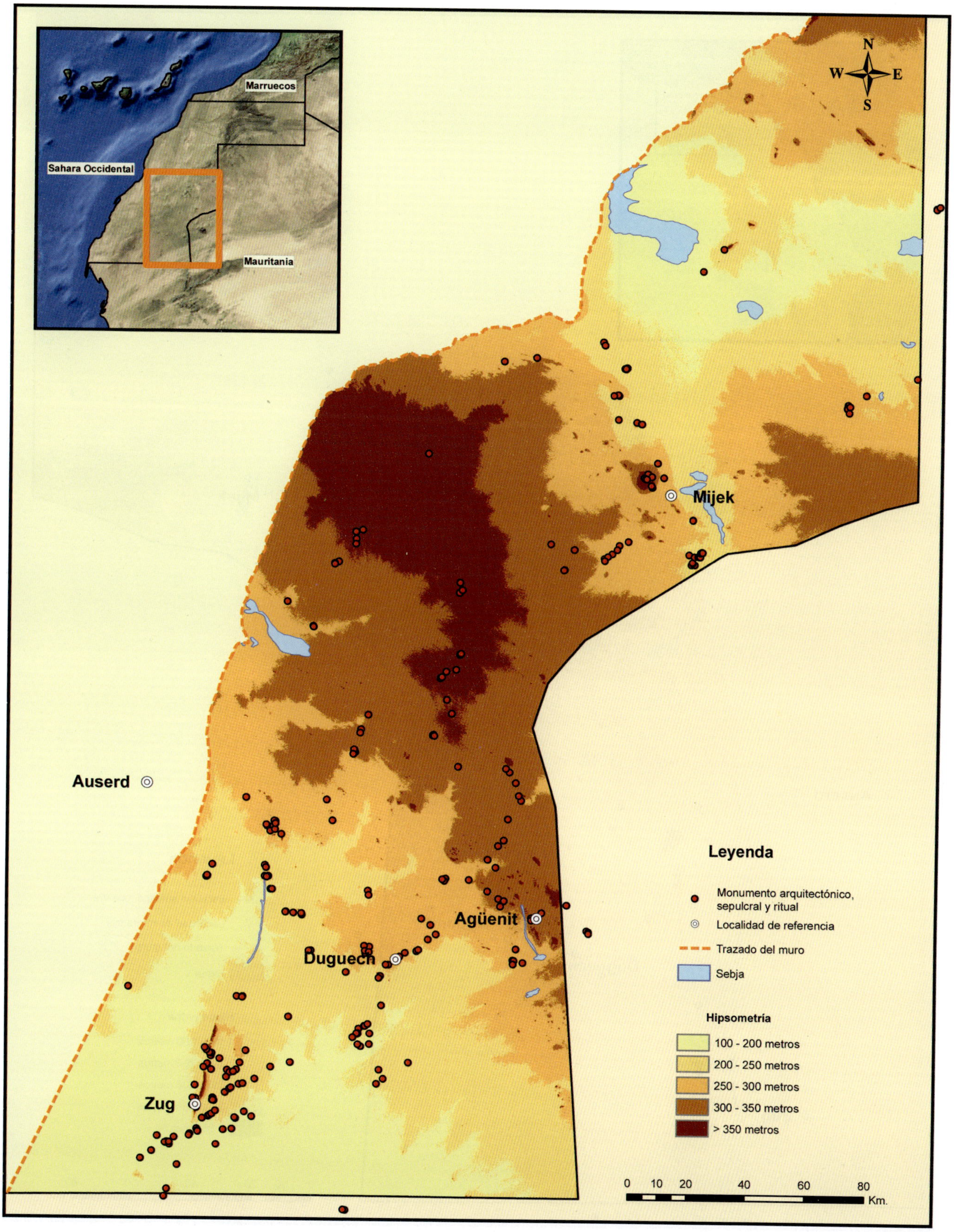

4. Mapa. Historiaurreko monumentu litikoak, hilobietakoak eta errituetakoak.
Mapa 4. Monumentos líticos, sepulcrales y rituales, prehistóricos.
خارطة 4. معالم اثرية صخرية، قبرية وطقوسية، تعود لما قبل التاريخ.
Carte 4. Monuments lithiques, sépulcraux et rituels, préhistoriques.

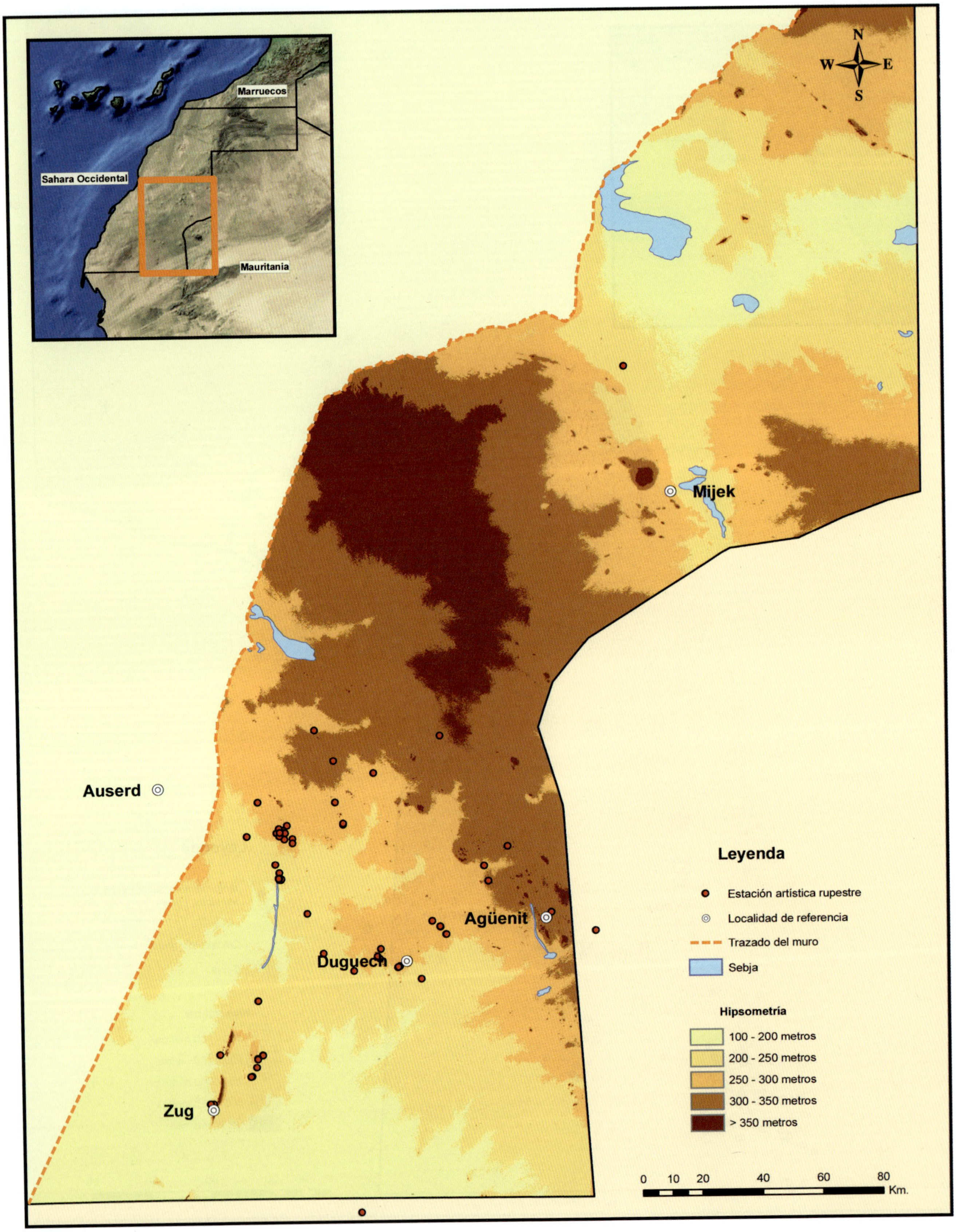

5. Mapa. Historiaurreko garaiko eta garai protohistorikoko labar-arteko kokalekuak.
Mapa 5. Estaciones artísticas rupestres de ambientación pre y protohistórica.
خارطة 5. محطات فنية صخرية، تعود لبيئات ما قبل التاريخ، والمرحلة الاخيرة من زمن ما قبل التاريخ.
Carte 5. Stations artistiques rupestres d'ambiance pré et protohistorique.

GLOSARIOA

GLOSARIO

مَسْرَد

GLOSSAIRE

Aruakim: lautadako gainazalaren gaineko harkaitz-blokeen multzoak, tamaina handia eta erliebe txikia dutenak.

Bantra: zurezko eta latorrizko listoi eta xaflez egindako oinarrizko etxola.

Boir: azalera horizontal txikia eta garapen bertikal handia duen putzua.

Korrasioa: haizeak harkaitzen gainazalean egindako abrasio-ekintza mekanikoa.

Deflazioa: haizeak material sedimentario finak herrestan eramateko eta garraiatzeko ekintza mekanikoa.

Dhâya: buztinezko sakonune edo beheragunea lautadan; gainazalaren hedadura aldakorra da eta euriaren ur geza aldi batez mantentzen du.

Djuf-a: lautadan zabaldutako sakonune edo beheragune handia; hondoan sebja edo dhâya izaten du aldi batez.

Endorreikoa: urak itsasorantz irteerarik ez duen ibai-sistema; barnealdeko lurraldeetara mugatuta dago eta zabalera desberdineko lakuak eta urmaelak sorraraz ditzake.

Erg-a: duna finkoak dituen esparrua edo eskualdea.

Gleb-a: mendia. Gertuko beste aldaera batzuk: Galb, Taraf,...

Grara: lautadan isolatutako beheragunea edo sakana; morfologia obalatua edo zirkularra dauka, hondoa buztinezkoa da eta oso neurri desberdinekoa izan daiteke. Hondoan sastrakadia pilatu ohi da.

Hamada: basamortuko goi-ordokia edo lautada harritsua, subhorizontala eta uniformea; sarritan material karedunek osatzen dute.

Hassi-a: putzuak izendatzeko izen arrunta; putzu horiek modu artifizialean zulatutakoak edo naturalak izan daitezke, ez oso sakonak ("*bir*") edo gainazalekoak ("*archan*").

Higadura hiatoa: goiko estratuak jalki aurretik behe-

Aruakim: agrupación de bloques rocosos, de dimensiones considerables y ligero relieve, sobre la superficie de la planicie.

Bantra: caseta rudimentaria construida a base de listones y chapas de madera y hojalata.

Boir: pozo de pequeña superficie horizontal y desarrollo vertical profundo.

Corrasión: acción mecánica de abrasión por el viento sobre la superficie de las rocas.

Deflación: acción mecánica de arrastre y transporte de los materiales sedimentarios finos por el viento.

Dhâya: depresión arcillosa sobre la llanura, de variable extensión superficial, que retiene, de forma temporal, el agua dulce de las lluvias.

Djuf: gran depresión abierta en una planicie, cuyo fondo mantiene, eventualmente, un depósito de sebja o de "*dhâya*".

Endorreico: sistema fluvial cuyas aguas no presentan salida hacia el mar, manteniéndose restringido a contextos territoriales interiores que pueden favorecer la creación de lagos o lagunas de diferente amplitud.

Erg: campo o región de dunas fijas.

Gleb: montaña. Otras variantes montañosas próximas: Galb, Taraf,...

Grara: ligera depresión u hondonada aislada sobre la llanura, de morfología ovalada o circular, fondo arcilloso y dimensiones muy variables, en la que, en casos, se tienden a concentrar masas vegetales de matorral.

Hamada: gran meseta o llanura desértica rocosa, subhorizontal y uniforme, formada, a menudo, por materiales calcáreos.

Hassi: nombre común que reciben los pozos, perforados artificialmente o naturales, que no son excesivamente profundos ("*bir*") o superficiales ("*archan*").

Hiato erosivo: interrupción sedimentaria determinada por la erosión de los estratos inferiores antes del depó-

Aruakim: groupement de blocs rocheux, de grandes dimensions et léger relief, en surface de la plaine.

Bantra: cabane rudimentaire construite avec des lattes et des plaques de bois et fer-blanc.

Boir: puits de petite surface horizontale et développement vertical profond.

Corrasion: action mécanique d'abrasion faite par le vent sur la surface des roches.

Déflation: action mécanique d'entraînement et de transport de matériaux sédimentaires fins réalisée par le vent.

Dhâya: dépression argileuse sur la plaine, d'étendue superficielle variable, qui retient, de manière temporarie, l'eau douce de pluie.

Djuf: grande dépression ouverte dans la plaine, dont le fond maintient, éventuellement, un dépôt de sebkha ou de "*dhâya*".

Endoréique: système fluvial dont les eaux ne gagnent pas la mer, restreint à des contextes territoriaux intérieurs qui peuvent favoriser la création de lacs ou de lagunes de différente étendue.

Erg: champ ou région de dunes fixes.

Gleb: montagne. Autres variables montagneuses: Galb, Taraf,...

Grara: légère dépression ou combe isolée dans la plaine, de morphologie ovale ou circulaire, fond argileux et de taille très variable, dans laquelle se concentrent fréquemment des masses végétales de buissons.

Hamada: grand plateau ou plaine désertique rocheuse, subhorizontale et uniforme, formé le plus souvent de matériaux calcaires.

Hassi: dénomination commune des puits, perforés de manière artificielle ou naturels, de faible profondeur ("*bir*") ou superficiels ("*archan*").

Hiatus érosif: interruption sédimentaire déterminée par l'érosion des strates inférieurs avant le dépôt des su-

آرواكيم: تجمع من الكتل الصخرية، ذات مساحات معتبرة، وتضاريس خفيفة، على سطح السهل.

بَنْطره: بيت بدائي مبني من القضبان والالـواح والقصدير.

ابْيّـــر: بئر صغيرة ذات مساحة صغيرة افقيا، وامتداد عميق عموديا.

كُورَّاسْيُونْ (Corrasión): تفاعل ميكانيكي يحدث نتيجة تأثير الرياح على سطح الصخور.

ديفْلاثْيُون (Deflación): تفاعل ميكانيكي يحدث نتيجة زحف وتنقل المواد الرسوبية الدقيقة بسبب الرياح.

ظايه: منخفض صلصالي يقع فوق سهل، يختلف امتداد مساحاته السطحية، تنحصر فيه المياه العذبة للامطار، في بعض الاوقات.

جـــوف: منخفض كبير مفتوح على سطح سهل، يحتوي في عمقه عادة، على اضاة ("ظاية") أو سبخة.

أيْنْدوْرِّيكو (Endorreico): نظام نهري ليس لمياهه منفذ على البحر، بحيث تبقى منحصرة في مناطق داخلية من الارض، تتيح امكانية وجود بحيرات او احواض مائية ذات امتدادات مختلفة.

عرق: حقل او منطقة من الكثبان الثابتة.

ڭليـــب: جبل. وجبال اخرى مختلفة تسمى: ڭلب، طـــارف، ...

ڭراره: منخفض خفيف او عميق، منعزل على سحط سهل، ذو تشكيل مورفولوجي بيضاوي او دائري، وعمق طيني، ومساحات مختلفة، تتجمع فيه احيانا، كتل من النباتات المنخفضة.

حمادة: سطح واسع من الارض، او سهل تصحري حجري، شبه افقي ومستوي، مُشكل في الغالب، من الحجارة الكلسية.

koak higatzen direnean gertatzen den etete sedimentarioa. Sinon.: higadura-kontaktua, higadura- etena, higadura-hutsunea, hutsune estratigrafikoa.

Inselberg-a: erliebe menditsu isolatua eta hondarrekoa, irla-mendi itxurakoa; sarritan hegaletako higaduraren higakinez osatutako ezpondak inguratzen du.

Issar-a: "dhâya" mota jakin bat da eta hondoan arrokak dituenez, euri-urari eutsi egiten dio. Maiz, elkarren ondoan dauden sakonune edo beheragune txikien multzo bat izaten da (*"issarn-a"*).

Oued-a: ibaia eta, oro har, ubide lehorra, noizean behin eta aldi baterako jardunean has daitekeena.

Reg-a: lautadako gainazala, hartxintxar eta klasto itxurako harri solte granulometrikoek osatua.

Sebja: sakonune edo beheragunearen hondoa, zabalera desberdinekoa eta ur gaziko laku edo urmael batek betea; gehienetan lurpeko ur-geruza oparo baten gainean egoten da.

Smeila: garapen txikiko eta mugatuko lurrezko mendixka edo muinoa.

Staila: modu uniformean arrokaz osatutako muino edo mendixka, esfera-kalota forma duena.

Tagerfet-a: ur gezako urmael edo putzu txikia, azalera mugatukoa eta aldizkako erregimena duena.

Tifinâgh-a: antzinako "idazki libiar-berbertarra", karaktere eta grafismo geometrikoen sistema bitxi batean oinarritua. Era berean, termino hori erabiltzen da gaur egungo idazkera tuarega izendatzeko.

sito de los superiores. Sinón.: contacto erosivo, discontinuidad erosiva, vacío erosional, laguna estratigráfica.

Inselberge: relieve montañoso aislado y residual, a la manera de monte-isla, rodeado, con frecuencia, por un talud de derrubios de erosión de las laderas.

Issar: especie de "dhâya" sobre fondo rocoso que mantiene el agua de las lluvias. Frecuentemente, se trata de un conjunto ligeras depresiones inmediatas (*"issarn"*).

Oued: río y, en general, curso de agua seco, de eventual y episódica activación.

Reg: superficie de llanura caracterizada por la presencia de piedras sueltas, granulométricamente, en forma de clastos y gravas.

Sebja: fondo de depresión, de diferenciada amplitud, ocupada por un lago o laguna de agua salada y, por lo general, emplazada sobre un manto acuífero fértil subterráneo.

Smeila: colina o loma terrosa de limitado y ligero desarrollo.

Staila: colina o loma uniformemente rocosa, en forma de calota de esfera.

Tagerfet: estanque o pequeña charca de agua dulce, muy limitada superficialmente, y de régimen periódico.

Tifinâgh: antigua "escritura líbico-beréber", basada en un sistema particular de caracteres y grafismos geométricos. Se denomina asimismo con este término a la actual escritura tuareg.

périeurs. Autres dénominations: contact érosif, discontinuité érosive, vide érosif, lacune stratigraphique.

Inselberg: relief montagneux isolé et résiduel, à la manière d'une montagne-île, entouré fréquemment d'un talus d'affouillements d'érosion des flancs.

Issar: espèce de "dhâya" sur fond rocheux qui retient l'eau de pluie. Fréquemment, il s'agit d'un ensemble de légères dépressions immédiates ("*issarn*").

Oued: fleuve et, en général, cours d'eau à sec, d'activation éventuelle et épisodique.

Reg: superficie de plaine caractérisée par la présence de pierres détachées, granulométriquement, sous forme de clastes et cailloutis.

Sebkha: fond de dépression, de différente grandeur, occupée par un lac ou une lagune d'eau salée et, en général, localisée sur une couche aquifère fertile souterraine.

Smeila: colline ou butte terreuse au développement limité et léger.

Staila: colline ou butte uniformement rocheuse, en calotte de sphère.

Tagerfet: étang ou petite mare d'eau douce, très limitée superficiellement et de régime périodique.

Tifinâgh: ancienne «écriture libyco-berbère», basée sur un particulier système de caractères et graphismes géométriques. Sous ce terme est connue aussi l'actuelle écriture touareg.

حاسي: اسم مشترك يطلق على الابار، المحفورة بشكل اصطناعي او طبيعي، والتي ليست عميقة بصورة مفرطة مثل ("البئر")، اوعريضة سطحيا مثل (آرشان).

إياطو أيروسيبو (Hiato erosivo): انقطاع رسوبي معين يحدث بفعل تآكل الطبقات الرسوبية السفلية امام العلوية. او:اتصال تآكلي، انقطاع تآكلي، تجويف تآكلي، فجوة طبقية.

إنسَيلْبيرڭ (Inselberge): تضاريس جبلية منعزلة ومتخلفة، على شكل جبل - جزيرة، محاط عادة بركامات متعرجة من الصخور المتآكلة عبر السفوح.

إيسَّار: نوع من الاضوات (اظِّي)، على ارضية صخرية تحفظ مياه الامطار. وكثيرا ما يتعلق الامر بمجموعة منخفضات خفيفة ومباشرة ("إيسَّارن").

اوِّيْـد: نهر ذو مجرى مائي جاف عادة، ويمكن ان ينشط في بعض المراحل.

رَڭْ: مساحة من سهل، تتميز بوجود الحجارة المتناثرة، ذات الاحجام المحدودة، على شكل شُظيَّات وحصًى.

سبخة: عمق منخفض، ذو مساحات مختلفة، تحتله بحيرة او بُركة مائية مالحة، وعادة ما تقع فوق غطاء مائي غزير يوجد تحت سطح الارض.

ازميله: تل او ربوة ترابية بسيطة الامتداد.

اسطيله: تل او ربوة، متكونة من صخرة واحدة، على شكل قبة كروية.

تاغرفه: حوض او بركة صغيرة من الماء العذب، ذات نظام دوري، ولها مساحة جد محدودة.

تيفيناغ: "كتابة الليبي - البربري" القديمة التي تعتمد نظاما خاصا من الاوصاف والرسوم الهندسية. كما تطلق هذه العبارة ايضا على لغة الطوارق الحالية.